Renaturierungsökologie

Johannes Kollmann
Anita Kirmer
Sabine Tischew
Norbert Hölzel
Kathrin Kiehl

Renaturierungs-ökologie

Johannes Kollmann
Lehrstuhl für Renaturierungsökologie
Technische Universität München
Freising, Deutschland

Anita Kirmer
Studiengang Naturschutz und
Landschaftsplanung
Hochschule Anhalt
Bernburg, Deutschland

Sabine Tischew
Studiengang Naturschutz und
Landschaftsplanung
Hochschule Anhalt
Bernburg, Deutschland

Norbert Hölzel
Institut für Landschaftsökologie
Universität Münster
Münster, Deutschland

Kathrin Kiehl
Vegetationsökologie und Botanik
Hochschule Osnabrück
Osnabrück, Deutschland

ISBN 978-3-662-54912-4 ISBN 978-3-662-54913-1 (eBook)
https://doi.org/10.1007/978-3-662-54913-1

Die Deutsche Nationalbibliothek verzeichnet diese Publikation in der Deutschen Nationalbibliografie; detaillierte bibliografische Daten sind im Internet über http://dnb.d-nb.de abrufbar.

Springer Spektrum
© Springer-Verlag GmbH Deutschland, ein Teil von Springer Nature 2019
Das Werk einschließlich aller seiner Teile ist urheberrechtlich geschützt. Jede Verwertung, die nicht ausdrücklich vom Urheberrechtsgesetz zugelassen ist, bedarf der vorherigen Zustimmung des Verlags. Das gilt insbesondere für Vervielfältigungen, Bearbeitungen, Übersetzungen, Mikroverfilmungen und die Einspeicherung und Verarbeitung in elektronischen Systemen.
Die Wiedergabe von Gebrauchsnamen, Handelsnamen, Warenbezeichnungen usw. in diesem Werk berechtigt auch ohne besondere Kennzeichnung nicht zu der Annahme, dass solche Namen im Sinne der Warenzeichen- und Markenschutz-Gesetzgebung als frei zu betrachten wären und daher von jedermann benutzt werden dürften.
Der Verlag, die Autoren und die Herausgeber gehen davon aus, dass die Angaben und Informationen in diesem Werk zum Zeitpunkt der Veröffentlichung vollständig und korrekt sind. Weder der Verlag, noch die Autoren oder die Herausgeber übernehmen, ausdrücklich oder implizit, Gewähr für den Inhalt des Werkes, etwaige Fehler oder Äußerungen. Der Verlag bleibt im Hinblick auf geografische Zuordnungen und Gebietsbezeichnungen in veröffentlichten Karten und Institutionsadressen neutral.

Einbandabbildung: © J. Kollmann
Verantwortlich im Verlag: Stephanie Wolf

Springer Spektrum ist ein Imprint der eingetragenen Gesellschaft Springer-Verlag GmbH, DE und ist ein Teil von Springer Nature
Die Anschrift der Gesellschaft ist: Heidelberger Platz 3, 14197 Berlin, Germany

Geleitwort

Kaum eine andere Teildisziplin der Ökologie hat in den vergangenen Jahrzehnten einen derart rasanten Aufschwung erfahren wie die Renaturierungsökologie. Vor allem in den dicht besiedelten Regionen Europas ist der Verlust naturbetonter Lebensräume und ihrer Arten so hoch, dass selbst diejenigen Verbände und Institutionen, die in der zweiten Hälfte des 20. Jahrhunderts die Intensivierung der Landnutzung befördert haben, sich mit dem Rückbau von Fließgewässern, der Rückverlegung von Deichen, der Vernässung ausgetrockneter Torflagerstätten und der Extensivierung der Landwirtschaft anfreunden können. Renaturierung, also die Überführung ge- oder zerstörter Lebensräume in einen naturnäheren Zustand, ist neben der Pflege der noch vorhandenen Reste ökologisch intakter Ökosysteme in und außerhalb von Schutzgebieten zu einer wesentlichen Grundlage der heutigen Naturschutzpolitik geworden.

Ein Lehrbuch der Renaturierungsökologie, das die Fülle klassischer und neuester Publikationen übersichtlich aufbereitet und für Studierende ebenso wie für die Praxis zur Verfügung stellt, ist deshalb ein Gebot der Stunde. Denn von den Anfängen dieser Wissenschaft in den 1980er-Jahren bis heute ist mittels zahlreicher Forschungsprojekte viel Wissen angehäuft und veröffentlicht worden, das in diesem Lehrbuch nun in einer kompakten und übersichtlichen Form aufbereitet ist.

Im Vorwort werden als Zielgruppe Bachelor- und Master-Studierende verschiedener Studiengänge wie Landschaftsarchitektur und -planung, Ökologie, Forst- und Agrarwissenschaft sowie Geographie genannt, die sich für die Renaturierung degradierter Ökosysteme interessieren und nach Abschluss ihres Studiums auf dem weiten Gebiet der Sicherung und Entwicklung einer vielfältigen Umwelt zum Nutzen des Menschen tätig sein wollen. Hierfür liefert das Buch zahlreiche Anregungen, weist aber zugleich auch auf die notwendige Weiterentwicklung des Fachs hin: Denn sowohl Arten, Populationen und Lebensgemeinschaften als auch die mit ihnen verbundenen Prozesse wie Stoff- und Energieflüsse unterliegen einer Dynamik, die sowohl vom wirtschaftenden Menschen als auch von globalen Veränderungen wie dem Klimawandel sowie einem wachsenden inner- und zwischenkontinentalen Artenaustausch gesteuert wird. Renaturierungsziele und -verfahren müssen deshalb ständig fortgeschrieben oder neu entwickelt werden. Hinzu kommt, dass Renaturierung auch außerhalb von Europa und Nordamerika zunehmend an Bedeutung gewinnt, wie z. B. in den Tropen und Subtropen. Dort müssten die durch Übernutzung hochgradig gestörten Gebiete in einen naturnäheren Zustand überführt werden, um nicht nur Stoffausträge zu minimieren und die regionale Biodiversität zu bewahren, sondern auch um eine umweltverträgliche Bewirtschaftung natürlicher Ressourcen dauerhaft sicherzustellen.

Dass Ziele und Verfahren der Renaturierungsökologie gesellschaftlich akzeptiert werden müssen, um in praktisches Handeln überführt werden zu können, ist unumstritten. Deshalb tragen auch die naturwissenschaftlich forschenden Ökologinnen und Ökologen persönlich die Verantwortung dafür, dass die Ergebnisse ihrer Arbeit in der

Gesellschaft verstanden werden und auf breite Resonanz stoßen. Das vorliegende Lehrbuch ist ein wichtiger Schritt in diese Richtung. Ich wünsche ihm viele interessierte Leserinnen und Leser sowie eine weite Verbreitung im deutschsprachigen Raum.

Prof. Dr. Jörg S. Pfadenhauer
Freising, den 23. Februar 2018

Vorwort

Landnutzungsänderungen, Eutrophierung, Fragmentierung von Lebensräumen, invasive Neobiota sowie der Klimawandel haben weltweit negative Auswirkungen auf die Biodiversität und viele Ökosystemfunktionen. Vielerorts wird diesen Herausforderungen durch Natur- und Umweltschutz begegnet. In jüngerer Zeit gehört dazu zunehmend die Wiederherstellung von Ökosystemen, z. B. im Rahmen von Baumaßnahmen, bei der Erweiterung von Schutzgebieten oder als Vorbereitung der Wiederansiedlung von Arten. Die Renaturierungsökologie entwickelt dazu neue Konzepte und Methoden, und sie erforscht die Mechanismen und Auswirkungen ökologischer Renaturierung in allen Vegetationszonen und auf fast allen Kontinenten. Diese Anstrengungen werden unter anderem durch die internationale *Society for Ecological Restoration* (▸ www.ser.org) unterstützt. Die wichtigsten anwendungsorientierten Zeitschriften dieser Wissenschaft sind *Restoration Ecology, Journal of Applied Ecology, Ecological Engineering, Applied Vegetation Science, Environmental Management* sowie *Landscape and Urban Planning*. Es gibt außerdem eine Reihe englischsprachiger Lehrbücher, z. B. von Perrow und Davy (2002), Falk et al. (2006) und Andel und Aronson (2012).

Die erfolgreiche Entwicklung der Renaturierungsökologie hat sich auch in Mitteleuropa niedergeschlagen, gefördert unter anderem durch den *Arbeitskreis Naturschutz und Renaturierungsökologie* innerhalb der *Gesellschaft für Ökologie* (▸ www.gfoe.org/de/naturschutz), durch das *Netzwerk Renaturierung* (▸ https://renaweb.standorts-analyse.net/) sowie durch deutschsprachige Zeitschriften wie *Natur und Landschaft* und *Naturschutz und Landschaftsplanung*. An vielen Hochschulen Mitteleuropas werden Inhalte der Renaturierungsökologie in Vorlesungen, Übungen und Praktika vermittelt. Daher besteht ein steigender Bedarf für ein deutschsprachiges Lehrbuch, das einen Überblick über die Prinzipien, Aufgaben und Methoden der ökologischen Renaturierung gibt. Das vorliegende Werk ist eine Weiterentwicklung des Buchs von Zerbe und Wiegleb (2009). Neuste Forschungsergebnisse und aktuelle Themen, wie z. B. die Renaturierung von Äckern, Dünen und Steinbrüchen, die regionale Gewinnung von Pflanzenmaterial und der Umgang mit invasiven Neophyten werden mit anderen Themen der ökologischen Renaturierung verknüpft und in kompakter und einheitlicher Form präsentiert. Das Buch beruht auf unseren Erfahrungen in den vielfältigen Landschaften Mitteleuropas. Daraus ergibt sich eine Gültigkeit der Darstellung für Deutschland sowie die angrenzenden Regionen.

Wir haben das Buch an die Bedürfnisse von Studierenden mittlerer Semester angepasst, die bereits über Basiswissen im Bereich Ökologie, Bodenkunde und Entstehungsgeschichte der Vegetation Mitteleuropas verfügen. Das Buch beginnt mit einer Reihe von Kapiteln zu den Grundlagen der Renaturierungsökologie: Hier beschreiben wir die Aufgaben dieser angewandten Disziplin, erläutern die begrenzenden ökologischen Randbedingungen sowie den rechtlichen und planerischen Rahmen, stellen die Akteure vor und skizzieren ökonomische Fragen der Renaturierung. Daran anschließend stellen die Kapitel der zentralen Teile des Buches die Herausforderungen und Lösungsmöglichkeiten der Renaturierung der wichtigsten natürlichen und anthropogen geprägten Ökosysteme Mitteleuropas dar. Die Schlusskapitel würdigen kritisch die derzeitigen Entwicklungen der Renaturierungsökologie, so beispielsweise den

Umgang mit invasiven Neophyten und neuartigen Ökosystemen, das Verhältnis zum klassischen Naturschutz sowie zukünftige Strategien der Renaturierung. Literaturhinweise und ein Stichwortverzeichnis runden die Kapitel des Buches ab.

Durch klare Definitionen, Kästen und Exkurse zu wichtigen Kurzthemen, passende Illustrationen, Vertiefungsfragen am Ende jedes Kapitels sowie eine Verwendung klassischer und aktueller Literatur möchten wir das Verständnis für die Renaturierungsökologie fördern. Zusatzmaterial steht frei abrufbar auf der Homepage dieses Buches (▶ https://www.springer.com/de/book/9783662549124). Der Schwerpunkt der Wissensvermittlung liegt bei standörtlichen und vegetationsökologischen Themen, die in der praktischen Renaturierungsökologie eine besonders große Rolle spielen, während tier- und pilzökologische Aspekte nur in wenigen Kapiteln behandelt werden. Aus Gründen der Eindeutigkeit und als Vorbereitung auf die berufliche Praxis verwenden wir in dem Buch wissenschaftliche Namen der Gefäßpflanzen (Jäger 2011), Moose (Frahm und Frey 2004) und Flechten (Wirth et al. 2013) sowie der Pflanzengesellschaften (Ellenberg und Leuschner 2010), während bei den vergleichsweise wenigen Tierbeispielen deutsche Namen nach Schaefer (2017) stehen.

Das Buch ist kein Ersatz für grundlegende Werke der Ökologie, Geobotanik und Vegetation Mitteleuropas oder des Naturschutzes. Es möchte Studierende der Landschaftsplanung und Landschaftsarchitektur, der Biologie, Umweltsicherung, Forstwissenschaft, Ingenieur- und Landschaftsökologie sowie des Naturschutzes an die Renaturierungsökologie heranführen und sie auf zukünftige Aufgaben in Planungsbüros, Naturschutzverwaltungen und Verbänden vorbereiten. Zugleich wollen wir zu einer wissenschaftlichen Beschäftigung mit aktuellen Herausforderungen der Renaturierungsökologie in Mitteleuropa und darüber hinaus anregen.

Das Buch basiert auf unserer langjährigen Praxis in Forschung und Lehre der Vegetations- und Renaturierungsökologie. Es wäre aber nicht möglich gewesen ohne die Hilfe und Anregungen zahlreicher Studierender, Doktoranden, Mitarbeiter und Kollegen, mit denen wir an verschiedenen Hochschulen zusammenarbeiten durften. Besonders dankbar sind wir denjenigen Kolleginnen und Kollegen, die einzelne Kapitel kritisch kommentiert, korrigiert und zum Teil ergänzt haben: Dr. Wolfgang Zehlius-Eckert (▶ Kap. 1), Prof. Dr. Gerhard Overbeck (▶ Kap. 2), Prof. Dr.-Ing. Johanna Schoppengerd (▶ Kap. 3), Prof. Dr. Annett Baasch und Dipl.-Ing. Matthias Stolle (▶ Kap. 5), Prof. Dr. Jörg Ewald (▶ Kap. 6), Prof. Dr. Ulrich Hampicke und Dr. Klaus Wiesinger (▶ Kap. 7), Prof. Dr. Jörg Ewald (▶ Kap. 8), Prof. Dr. Jürgen Geist, Prof. Dr. Norbert Müller und Romy Harzer (▶ Kap. 9), Prof. Dr. Jürgen Geist und Dr. Uta Raeder (▶ Kap. 10), Dr. Jan Sliva und Katharina Strobl (▶ Kap. 11), Prof. Dr. Kai Jensen und Dr. Martin Stock (▶ Kap. 12), Dr. Christian Dolnik (▶ Kap. 13), Dr. Albin Blaschka (▶ Kap. 14), Dr. Elke Richert (▶ Kap. 15), Dr. Gabriele Anderlik-Wesinger (▶ Kap. 16), Prof. Dr. Goddert von Oheimb (▶ Kap. 17), Dr. Holger Rößling (▶ Kap. 18), Dr. Thomas Becker (▶ Kap. 19), Prof. Dr. Annett Baasch und Jakob Huber (▶ Kap. 20), PD Dr. Harald Albrecht und Marion Lang (▶ Kap. 21), Dr. Roland Schröder (▶ Kap. 22), Dipl.-Biol. Ingmar Landeck und Prof. Dr. Michael Rademacher (▶ Kap. 23) sowie Dr. Tina Heger (▶ Kap. 24). Die Endversion des Textes ist von der Lektorin Daniela Schmidt sprachlich korrigiert worden. Für die Anfertigung der Strichzeichnungen und die Bearbeitung der Fotos danken wir Sarah Kollmann. Besonders hervorheben und danken möchten wir Prof. Dr. Jörg Pfadenhauer, der fast alle Kapitel kritisch gelesen und mit unzähligen Kommentaren und Korrekturen ganz wesentlich zur Endfassung des Buchs beigetragen hat.

Wir widmen das Buch denjenigen, die sich für die Zukunft der Ökosysteme Mitteleuropas einsetzen, sie erforschen, bewahren und renaturieren wollen.

Es gibt viel zu tun!

J. Kollmann, N. Hölzel, K. Kiehl, A. Kirmer und S. Tischew
Freising, Münster, Osnabrück und Bernburg, im Dezember 2018

Literatur

Andel J van, Aronson J (2012) Restoration ecology: the new frontier. Blackwell Publishing, Malden

Ellenberg H, Leuschner C (2010) Vegetation Mitteleuropas mit den Alpen. Ulmer, Stuttgart

Falk DA, Palmer MA, Zedler JB (2006) Foundations of restoration ecology. Island Press, Washington

Frahm JP, Frey W (2004) Moosflora. Ulmer, Stuttgart

Jäger EJ (2011) Rothmaler – Exkursionsflora von Deutschland. Gefäßpflanzen: Grundband. Springer Spektrum, Heidelberg

Perrow MR, Davy AJ (2002) Handbook of ecological restoration (Bd. 1 und 2). Cambridge University Press, Cambridge

Schaefer M (2017) Brohmer – Fauna von Deutschland: Ein Bestimmungsbuch unserer heimischen Tierwelt. Quelle & Meyer, Wiebelsheim

Wirth V, Hauck M, Schultz M (2013) Die Flechten Deutschlands. Ulmer, Stuttgart

Zerbe S, Wiegleb G (2009) Renaturierung von Ökosystemen in Mitteleuropa. Spektrum Akademischer Verlag, Heidelberg

Inhaltsverzeichnis

Serviceteil

Über die Autoren

Prof. Dr. Johannes Kollmann

Studium der Biologie und Chemie an den Universitäten Kiel und Freiburg, Promotion 1994 an der Universität Freiburg. Postdoc-Aufenthalte an den Universitäten Cambridge und ETH Zürich (Habilitation 2000), 2000–2010 Professor für Vegetationsökologie an der Königlichen Veterinär- und Landwirtschaftsuniversität sowie der Universität Kopenhagen, seit 2010 Leiter des Lehrstuhls für Renaturierungsökologie der Technischen Universität München, 2016–2020 Professor für Renaturierungsökologie NIBIO Oslo. Arbeitsschwerpunkte: Vegetationsdynamik, Tier-Pflanze-Interaktionen, Invasive Neophyten, Pflanzenverwendung in der ökologischen Renaturierung.

PD Dr. Anita Kirmer

Studium der Biologie an der Universität Hohenheim, Promotion 2003 am Institut für Geobotanik der Martin-Luther-Universität Halle-Wittenberg, wissenschaftliche Mitarbeiterin an der Hochschule Anhalt, Habilitation 2017 an der Technischen Universität Berlin. Arbeitsschwerpunkte: Angewandte Biodiversitätsforschung, Sukzessionsprozesse in Tagebaufolgelandschaften, Biodiversität in Agrarlandschaften, Entwicklung ökologischer Renaturierungsmethoden.

Prof. Dr. Sabine Tischew

Studium der Biologie, Promotion 1994 und wissenschaftliche Mitarbeiterin am Institut für Geobotanik der Martin-Luther-Universität Halle-Wittenberg bis 1996. Berufung zur Professorin für Vegetationskunde und Landschaftsökologie an der Hochschule Anhalt 1996, Gastprofessuren (Erasmus exchange and LIFE expert exchange) u. a. an der Çukurova University Adana und Lincoln University Canterbury. 2006 Habilitation an der Technischen Universität Berlin im Fachgebiet Vegetationsökologie. Arbeitsschwerpunkte: Renaturierung nach Braunkohleabbau, Evaluierung von Ausgleichs- und Ersatzmaßnahmen, Renaturierung und Management degradierter Grünlandlebensräume und Heiden, Steigerung der Biodiversität in Agrarlandschaften.

Prof. Dr. Dr. h. c. Norbert Hölzel

Studium der Physischen Geographie, Bodenkunde, Landschaftsökologie und Geobotanik an der Ludwig-Maximilians-Universität München, Promotion 1995 an der Forstwissenschaftlichen Fakultät. Wissenschaftlicher Mitarbeiter und Assistent an der Justus-Liebig-Universität Gießen (Habilitation 2004), seit 2007 Professor für Biodiversität und Ökosystemforschung an der Westfälischen Wilhelms-Universität Münster. Arbeitsschwerpunkte: Funktionale Biodiversitätsforschung, Ökologie, Renaturierung und Management von Grünland, Auen und Mooren, Effekte des Klima- und Landnutzungswandels im zentralen Eurasien (Westsibirien, Kasachstan) auf Biodiversität, Vegetation und Ökosystemfunktionen.

Prof. Dr. Kathrin Kiehl

Studium der Biologie an den Universitäten Osnabrück und Kiel, Promotion 1997 an der Universität Kiel. Forschungsaufenthalt an der Universität Groningen, Postdoc-Aufenthalte an der Universität Lund und am National Environmental Research Institut in Silkeborg, Wissenschaftliche Assistentin an der Technischen Universität München (Habilitation 2006), seit 2007 Professorin für Vegetationsökologie und Botanik an der Hochschule Osnabrück, Umhabilitation an der Universität Osnabrück (2016). Arbeitsschwerpunkte: Renaturierung von Feuchtgebieten, Offenlandökosystemen und urban-industriellen Ökosystemen, Wechselwirkungen zwischen Vegetation und Böden bei unterschiedlicher Landnutzung, Wiederansiedlung naturraumtypischer Vegetation.

Grundlagen der Renaturierungsökologie

Inhaltsverzeichnis

Warum Renaturierung?

Johannes Kollmann

© Springer-Verlag GmbH Deutschland, ein Teil von Springer Nature 2019
J. Kollmann et al., *Renaturierungsökologie,* https://doi.org/10.1007/978-3-662-54913-1_1

Zusammenfassung

In den mitteleuropäischen Landschaften gab es über viele Jahrhunderte eine Förderung der biologischen Vielfalt durch kleinräumig unterschiedliche und meist extensive Landnutzung. Die Intensivierung der Land- und Forstwirtschaft sowie die Industrialisierung haben aber etwa seit Mitte des 19. Jahrhunderts zu steigenden Verlusten an Biodiversität und Ökosystemfunktionen geführt. Andererseits hat der technische Umweltschutz in den vergangenen 50 Jahren eine Verminderung der Belastungen von Luft, Gewässern und Böden erreicht. Positiv ist auch, dass regional ausgestorbene Arten wie Fischotter, Kranich, Seeadler und Wolf zurückgekehrt sind, weil passende Lebensräume zur Verfügung stehen und diese Arten nicht mehr verfolgt werden. Andere Arten der Naturlandschaft sowie viele lokal verschwundene Pflanzenarten der Kulturlandschaft müssen aber wieder eingeführt werden. Eine besondere Herausforderung für die Renaturierungsökologie sind degradierte Landschaften nach land- oder forstwirtschaftlicher Intensivnutzung, Tagebaugebiete und Industriebrachen. Hier reichen die klassischen Methoden des Naturschutzes nicht aus und müssen durch Maßnahmen wie Wiedervernässung, Nährstoffentzug, Wiedereinbringen von Arten und angepasstes Vegetationsmanagement ergänzt werden. Renaturierung ist auch als Kompensationsmaßnahme nach Eingriffen, beispielsweise durch den Straßenbau, gefragt. Zu den wichtigsten Aufgaben der Renaturierung gehören ferner eine Abmilderung der negativen Effekte von Landnutzungsänderungen, Eutrophierung, Habitatfragmentierung, biologischen Invasionen und Klimawandel. Hier gibt es noch große Herausforderungen.

1.1 Umweltgeschichte Mitteleuropas

Ein Blick in die Umweltgeschichte Mitteleuropas erklärt die Notwendigkeit einer Wiederherstellung degradierter Ökosysteme in dieser Region. Seit Beginn menschlicher Landnutzung ist es zu negativen Auswirkungen auf die biologische Vielfalt und die damit verbundenen Ökosystemprozesse in fast allen Teilen Europas gekommen (Emanuelsson 2009, S. 25 f.). Die natürliche Vegetation wurde großflächig umgewandelt, Böden wurden verändert, Schädlinge eingeführt und viele einheimische („indigene") Arten zurückgedrängt oder ausgerottet. Diese Entwicklungen sind gut dokumentiert, aber regional unterschiedlich verlaufen, was sich anhand von Pollendiagrammen, Bodenprofilen, historischen Urkunden und Karten nachweisen lässt (Küster 1995; Bork et al. 1998). Besonders stark betroffen waren die Altsiedelgebiete der Tieflagen, wo sich Waldökosysteme nur in der Nutzungsform von Weide-, Nieder- und Mittelwäldern halten konnten (Rackham 2006). Durch ingenieurtechnische Eingriffe wurden auch die im 19. Jahrhundert urbar gemachten Auengebiete, wie etwa im Oderbruch, am Oberrhein und an der bayerischen Donau, stark verändert (Blackbourne 2007). Ein weiterer Schwerpunkt großflächiger Meliorationen waren die Hochmoorlandschaften Niedersachsens sowie die Niedermoore in Nordostdeutschland und im Voralpenland. Aber auch in den Mittelgebirgen, beispielsweise im Bayerischen Wald, Fichtelgebirge, Harz und Schwarzwald, sind die ursprünglichen Wälder durch den enormen Holzbedarf für Bergbau, Metallverhüttung, Salinenbetrieb und Glasindustrie zum Teil schon im Mittelalter weitgehend zerstört worden (Küster 2008, S. 155 f.).

Seit der Mechanisierung der Land- und Forstwirtschaft sowie der Industrialisierung Mitteleuropas mit starkem Bevölkerungswachstum ab der zweiten Hälfte des 19. Jahrhunderts ist es zunehmend zu negativen Einwirkungen auf die Umwelt gekommen (Blackbourne 2007). Durch die Regulierung der großen Flüsse und Seen, das Trockenlegen von Mooren, das Verbot von Waldweide sowie Aufforstungen mit Monokulturen standortfremder Nadelbäume und großflächige Flurbereinigung ging ein hoher Anteil der jeweils landschaftstypischen Biodiversität verloren (Poschlod 2015). Ungereinigte Industrie- und

Haushaltsabwässer haben zudem die meisten Fließ- und Stillgewässer, vor allem in der Phase des Wirtschaftswachstums nach dem Zweiten Weltkrieg, in einen ökologisch ungünstigen Zustand gebracht (Schönborn und Risse-Buhl 2013, S. 430). Hinzu kamen auch in entlegenen Berglandschaften atmosphärische Schadstoffeinträge, die seit Mitte der 1970er-Jahre zur Versauerung der Böden mit Waldschäden vor allem der Nadelbäume in silikatischen Mittelgebirgen geführt haben (Ellenberg und Leuschner 2010, S. 204 f.). Stickstoffdepositionen aus der Luft wirken sich immer noch negativ auf die Artenvielfalt von Hochmooren, Heiden und Magerrasen aus (Bobbink et al. 2010; Dupre et al. 2010).

Heute sind viele Landschaften Mitteleuropas durch intensive, einheitliche und großflächige Acker- und Grünlandnutzung geprägt (Poschlod 2015, S. 205 f.). Die Grenze zwischen Wald und Offenland ist scharf, und Hecken, Raine, Lesesteinhaufen, Kleingewässer und andere „Kleinstrukturen" sind weitgehend verschwunden, was ungünstige Auswirkungen z. B. auf die Artenvielfalt der Kalkmagerrasen hat (Diacon-Bolli et al. 2012). Die negativen Auswirkungen strukturarmer Landschaften sowie konventioneller Landwirtschaft auf die Biodiversität zeigen sich auch im direkten Vergleich ehemals west- und ostdeutscher Landschaften entlang der innerdeutschen Grenze (Batary et al. 2017). Verkehrswege, Hochspannungsleitungen und Siedlungen durchschneiden vor allem die dicht besiedelten Regionen, wodurch die Verinselung von Habitaten noch gesteigert wird und für viele Pflanzen- und Tierarten keine ausreichende Durchlässigkeit der Landschaft mehr existiert (◘ Abb. 1.1a). Außerdem sind wichtige Ausbreitungsprozesse für Pflanzen- und Tierarten der historischen Agrarlandschaft verlorengegangen, wie z. B. die Wanderschäferei und Plaggenwirtschaft (Bonn und Poschlod 1998). Die meisten Agrarlandschaften Mitteleuropas sind innerhalb der vergangenen Jahrzehnte aufgrund von Entwässerung sowie der Anwendung von Kunstdünger und Pestiziden hochproduktiv, aber auch sehr artenarm geworden. Die Biodiversitätsverluste sind beispielsweise durch Vergleiche alter und neuer Vegetationsaufnahmen sowohl für Äcker als auch für Grünland und für Gewässer Norddeutschlands eindrucksvoll belegt (Wesche et al. 2012; Steffen et al. 2013; Meyer et al. 2013). Aus dem Schweizer Mittelland zeigt der Vergleich mit alten Herbarien, dass vor allem spezialisierte Arten seit dem späten 19. Jahrhundert verschwunden sind (Stehlik et al. 2007). Es gibt zudem negative Auswirkungen intensiver Landwirtschaft auf das Grundwasser. Bestäuber sind rückläufig, Wasser- und Winderosion führen zu Verlusten von Oberboden, und bei Starkregen kommt es immer häufiger zu katastrophalen Überschwemmungen (Heißenhuber et al. 2015). Viel Aufsehen erregten die Befunde des Entomologischen Vereins Krefeld, dass innerhalb von 27 Jahren mehr als 75 % der flugfähigen Insekten in Naturschutzgebieten in Nordrhein-Westfalen, Rheinland-Pfalz und Brandenburg verschwunden sind (Hallmann et al. 2017).

Weitere Herausforderungen für die Renaturierungsökologie sind Industriebrachen sowie die großräumige Zerstörung von Landschaften in den Tagebaugebieten Brandenburgs, Sachsen-Anhalts und des Rheinlands (◘ Abb. 1.1b). Andererseits unterliegen besonders reizvolle Naturlandschaften an den Küsten, an Binnenseen und im Gebirge einer massiven Erholungsnutzung mit immer neuen Konflikten bei der Durchsetzung von Zielen des Naturschutzes gegenüber den neuesten Trends der Freizeitaktivitäten (◘ Abb. 1.1d).

1.2 Entwicklung des Natur- und Umweltschutzes in Mitteleuropa

Die Herausforderungen im Bereich des Natur- und Umweltschutzes sind in Mitteleuropa lokal und regional spätestens seit Beginn der 1970er Jahre bekannt (Frohn und Schmoll 2006), und zahllose Forschungsprojekte haben in den vergangenen Jahrzehnten das Verständnis

■ **Abb. 1.1** Herausforderungen der Renaturierungsökologie in Mitteleuropa: **a** Fragmentierung einer Küstenlandschaft durch Verkehrswege, **b** großflächige Landschaftszerstörung durch den Braunkohletagebau Hambach, **c** Massenauftreten des invasiven Neophyten *Solidago gigantea* auf Ruderalflächen, **d** intensive Freizeitnutzung an der Küste (**a, c** und **d** Kopenhagen). Renaturierung könnte in diesen Fällen zu einer Förderung der Biodiversität und zur Wiederherstellung bestimmter Ökosystemfunktionen führen

der Ursachen und Wirkungen der Biodiversitätsverluste sowie der Abnahme von Ökosystemfunktionen verbessert (z. B. Oliver et al. 2015). Das übergeordnete Ziel von Wissenschaft und Praxis ist daher die Entwicklung einer Nachhaltigkeitsperspektive für das 21. Jahrhundert (Haber 2010).

In vielen praktischen Projekten werden zum Teil sehr erfolgreich Anstrengungen zur Verbesserung der Situation geschützter Arten und Ökosysteme unternommen, z. B. durch Wiederbeweidung von Magerrasen, Besucherlenkung in Schutzgebieten und Bewachung von Horstbäumen seltener Großvögel im Wald. Die klassischen Elemente des Schutzes sind Naturdenkmale, Landschafts- und Naturschutzgebiete, FFH-Gebiete sowie Nationalparks (BfN 2017a). Wegen ihrer Komplexität und widersprüchlicher Nutzungsinteressen sind zusammenhängende Landschaften allerdings bisher nur unzureichend berücksichtigte Schutzobjekte in Deutschland. Durch den Naturschutz wird zwar einerseits das lokale Aussterben einiger Arten unterbunden und die wertvollsten Habitate werden in manchen Gegenden erhalten. Andererseits reicht das für ökologisch funktionsfähige Landschaften oft nicht aus, denn auch in Schutzgebieten wirken sich invasive Neophyten negativ aus (Pysek et al. 2002), die wertvolle Habitate besiedeln (■ Abb. 1.1c). Zudem kommt es in Naturschutzgebieten zu einer Eutrophierung aus der umgebenden Produktionslandschaft (Berg et al. 2011) und unter anderem dadurch verursacht zu weiterhin deutlichen Artenrückgängen (Hallmann et al. 2017). Außerdem kann das Aussterben von Arten in Resthabitaten zeitverzögert erfolgen, was durch den Begriff der „Aussterbeschuld" beschrieben wird (Kuussaari et al. 2009). In solchen Fällen sind die standörtlichen Verhältnisse für ein dauerhaftes Auftreten der Zielarten schon nicht mehr geeignet. Wegen langlebiger Individuen, Dauerstadien im Boden oder wiederholter Einwanderung halten sich aber Restpopulationen in dem degradierten Gebiet.

Naturschutz fokussiert auf die Bewahrung des Naturerbes und dessen biologischer Vielfalt, während der technische Umweltschutz die Reinhaltung der Luft, der Gewässer und des Bodens verfolgt, mit einer eindrucksvollen Bilanz immer neuer Innovationen in der zweiten Hälfte des 20. Jahrhunderts (Brüggemeier und Engels 2005). Erfolgreich waren die Anstrengungen des Umweltschutzes unter anderem durch Rauchgasreinigung, Lärmschutz und mehrstufige Kläranlagen (Schönborn und Risse-Buhl 2013, S. 454). Dennoch sind die atmosphärischen Stickstoffeinträge in den meisten Gegenden Mitteleuropas immer noch zu hoch und die hydrogeomorphologischen Verhältnisse vieler Gewässer unbefriedigend (LAWA 2002). Die Belastungen ganzer Landschaften mit Nitrat- und Pestizidausträgen ins Grundwasser werden seit Jahren thematisiert, sie sind aber nach wie vor ungelöste Probleme der Landwirtschaft (Heißenhuber et al. 2015). Darüber hinaus bedroht der Klimawandel Arten und Ökosysteme mit teilweise noch schwer abschätzbaren Folgen (Thomas et al. 2004), während die Umstellung auf erneuerbare Energien seit einigen Jahren starke Herausforderungen mit sich bringt, weil sich Energiepflanzenanbau, Windkraftanlagen, Pumpspeicherwerke und Stromtrassen negativ auf die Artenvielfalt und das Landschaftsbild auswirken (DRL 2006).

Ohne massive Anstrengungen im Natur- und Umweltschutz werden die skizzierten Umweltprobleme auch künftig zu einer weiteren Abnahme der biologischen Vielfalt, einer Beeinträchtigung von Ökosystemfunktionen und zunehmender Vereinheitlichung der Landschaften Mitteleuropas führen (◘ Abb. 1.2). Diese negativen Entwicklungen verursachen Kosten für die betroffenen Gemeinden, Betriebe und Privathaushalte; diese Kosten sind aber im konkreten Fall schwierig zu quantifizieren (Umweltbundesamt 2012). Zwischen dem eher technisch orientierten Umweltschutz und dem Naturschutz kommt es zudem immer wieder zu Zielkonflikten (Piechocki et al. 2004), wie die Diskussion über die Auswirkungen von Windkraftanlagen auf Großvögel zeigt (Dorda 2018).

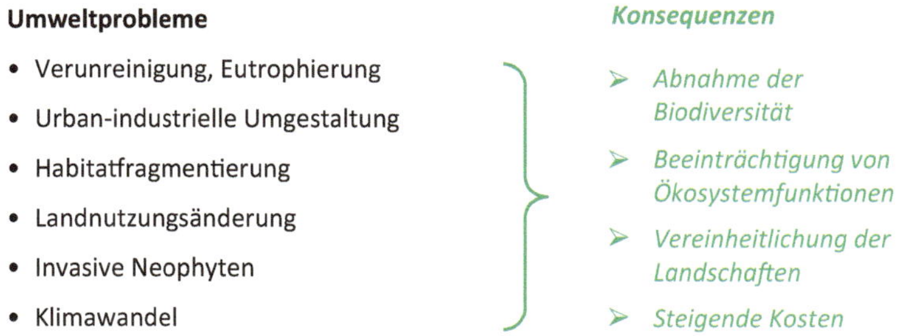

Umweltprobleme

- Verunreinigung, Eutrophierung
- Urban-industrielle Umgestaltung
- Habitatfragmentierung
- Landnutzungsänderung
- Invasive Neophyten
- Klimawandel

Konsequenzen

- ➢ *Abnahme der Biodiversität*
- ➢ *Beeinträchtigung von Ökosystemfunktionen*
- ➢ *Vereinheitlichung der Landschaften*
- ➢ *Steigende Kosten*

◘ **Abb. 1.2** Historische und aktuelle Umweltprobleme führen in vielen Landschaften Mitteleuropas zu abnehmenden Ökosystemdienstleistungen und sind daher eine Herausforderung für den Natur- und Umweltschutz sowie für die Renaturierung degradierter Ökosysteme

1.3 Aufgaben der Renaturierungsökologie

Die Notwendigkeit einer aktiven Aufwertung der Umwelt ergibt sich nicht nur aus dem unbefriedigenden Zustand vieler Ökosysteme trotz des teilweise erfolgreichen Natur- und Umweltschutzes der vergangenen Jahrzehnte, sondern auch aus dem Bedarf an Ausgleichsflächen für Eingriffe in den Naturhaushalt. Zu den häufigsten Eingriffen zählen Siedlungs- und Verkehrswegebauten. Die Eingriffsregelung nach §§ 13 ff. BNatSchG soll die Leistungs- und Funktionsfähigkeit des Naturhaushalts und des Landschaftsbilds auch außerhalb von Schutzgebieten erhalten (BfN 2017b). Unvermeidliche Eingriffe in Natur und Landschaft müssen über Ausgleichs- und Ersatzmaßnahmen kompensiert werden. Mit diesem Vorgehen wird ein flächendeckender Ansatz verfolgt, der sich auf alle Schutzgüter des Naturhaushalts und Landschaftsbildes bezieht. Nach der Eingriffsregelung muss bei jeder Baumaßnahme ein Ausgleich geleistet werden, der in einigen Fällen auf dem überbauten Areal selbst möglich ist, so z. B. bei der Neuanlage von Deichen, die mit artenreichen Magerrasen begrünt werden. Als Ausgleich für die Anlage von Neubaugebieten, Straßen und Gewerbeflächen werden typischerweise Streuobstwiesen angelegt, Hecken gepflanzt oder Kleingewässer ausgebaggert, während naturschutzfachlich anspruchsvollere und qualitativ hochwertigere Maßnahmen leider immer noch zu wenig zur Anwendung kommen.

Der ungünstige Zustand vieler Ökosysteme und der fortschreitende Artenschwund besonders der Normallandschaften Mitteleuropas unterstreichen die Notwendigkeit effektiver Renaturierungskonzepte und -methoden, wie sie auch Berthold (2017) fordert. Auch bei Kompensationsplanungen im Sinne der Eingriffsregelung nach §§ 13 ff. BNatSchG werden daher heutzutage neben punktuellen Maßnahmen immer häufiger komplexe Ökopoolprojekte angeboten, die auf Landschaftsebene wirken (▶ Exkurs 3.1). Da es unrealistisch ist, Arten und Biotope allein über Schutzgebiete zu erhalten, liegt es nahe, Bestrebungen des Naturschutzes auch mit Interessen wirtschaftlicher Nutzung durch den Menschen zu kombinieren. Diese Formen des integrativen Naturschutzes und der Renaturierung werden als „produktionsintegrierte Kompensationsmaßnahmen" (PIK) in der Land- und Forstwirtschaft ausgeführt, z. B. bei der Anlage von herbizid- und düngerlosen Blüh- oder Ackerwildkrautstreifen (Czybulka et al. 2012). Wichtig ist zudem, die Natur auf urban-industriellen Flächen (▶ Kap. 22 und 23) sowie entlang technischer Infrastrukturelemente wie Straßenböschungen, Bahntrassen und Kraftwerksdämmen zu fördern.

Die ingenieursbiologische und ökologische Methodik der Ökosystemaufwertung hat sich seit den Arbeiten von Schiechtl und Stern (1994) stark entwickelt und standardisiert. Was früher als Teil des gestaltenden Naturschutzes und der Landschaftspflege angesehen wurde, fällt daher heute zunehmend in den Bereich der Renaturierungsökologie (Suding 2011; Andel und Aronson 2012). Das Arbeitsfeld der Renaturierungsökologie (▶ Kap. 2) hat sich, aus den USA kommend, mittlerweile weltweit etabliert, und zwar unterstützt von der Society for Ecological Restoration, die in Mitteleuropa durch SER Europe vertreten ist. Auch die Gesellschaft für Ökologie hat über den Arbeitskreis Naturschutz und Renaturierungsökologie besondere Aktivitäten in diesem Bereich. Zudem hat sich seit 2016 ein Netzwerk Renaturierung etabliert.

Da jedes Renaturierungsprojekt fallspezifische abiotische, biotische und gestalterische Charakteristika aufweist, sind lokal angepasste Lösungen notwendig (◘ Abb. 1.3). Grundvoraussetzung für eine erfolgreiche Aufwertung degradierter Ökosysteme ist die Überwindung abiotischer Schwellen, durch die Schaffung passender Standortverhältnisse (▶ Kap. 4). Die Auswahl der Zielbio-

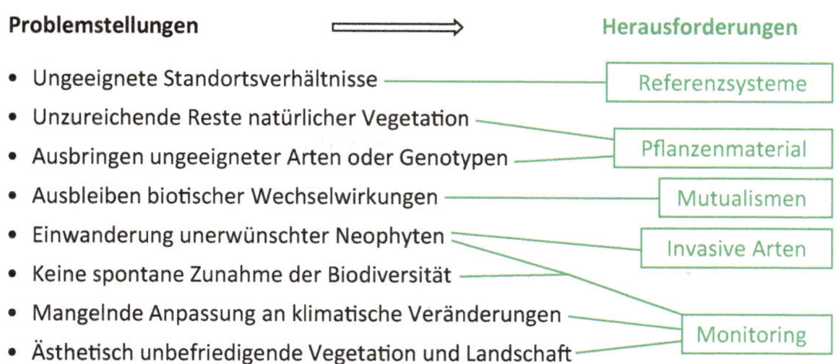

Abb. 1.3 Abiotische, biotische und gestalterische Problemstellungen bei der Renaturierung degradierter Ökosysteme, die konkrete Herausforderungen für die ökologische Renaturierung darstellen

zönose oder des Referenzökosystems, z. B. ein noch intakter Wald, sollte dabei eine Kompensation der Folgen des Eingriffs berücksichtigen. Die Auswahl geeigneter Zielarten ist unter anderem vom Umfang der noch vorhandenen natürlichen Vegetation inklusive der Bodensamenbank abhängig (▶ Kap. 5). Nicht standortgerechte Arten sowie nicht regionale Herkünfte sind zu vermeiden, da sie sich oft nicht etablieren können und nicht den Anforderungen des Bundesnaturschutzgesetzes (2009, § 40) entsprechen. In renaturierten Ökosystemen müssen biotische Wechselwirkungen wie z. B. Bestäubung, Herbivorie oder Samenausbreitung gezielt gefördert werden. Um Fehlentwicklungen rechtzeitig zu erkennen und Gegenmaßnahmen einzuleiten, ist ein Monitoring erforderlich, also eine genaue Beobachtung der weiteren Entwicklung des renaturierten Ökosystems (▶ Kap. 6). Verschiedene Studien belegten allerdings, dass Kompensationsmaßnahmen nur eingeschränkt in dem angestrebten ökologischen Umfang wirken. Tischew et al. (2010) konnten zeigen, dass nur 33 % der untersuchten Kompensationsmaßnahmen die ursprünglich geplanten Ziele überwiegend oder vollständig erreichten. Auch aktuellen Untersuchungen zufolge weisen noch immer 30 % der kontrollierten Kompensationsprojekte entweder Defizite auf oder sie werden gar nicht umgesetzt (Hennig und Naber 2015).

1.4 Rahmenbedingungen der Renaturierung

In Mitteleuropa werden Renaturierungsprojekte durch zwei übergeordnete Anforderungen gestützt. Zum einen folgt aus der Globalen Strategie zur Erhaltung der Biodiversität (CBD 2010), dass 10 % der gefährdeten Arten in Wiederansiedlungs- und Wiederherstellungsprogramme einbezogen werden (UNEP 2002). Zum anderen fordert die EU-Biodiversitätsstrategie, den Verlust an biologischer Vielfalt und die Verschlechterung der Ökosystemdienstleistungen in den Ländern der Europäischen Union zu stoppen und bereits zerstörtes Naturkapital wiederherzustellen (EU 2011; Cortina-Segarra et al. 2016). Dafür sollen bis zum Jahr 2020 eine grüne Infrastruktur etabliert und mindestens 15 % der degradierten Ökosysteme renaturiert werden (Ziel 2).

Vorgeschlagen wird ein „4-Level Concept on Ecosystem Restoration" (ARCADIS 2013). Das Modell gliedert das Kontinuum von Ökosystemzuständen in vier deutlich unterschiedene Stufen – von sehr ungünstigen bis zu sehr günstigen Zuständen mit entsprechenden Ökosystemeigenschaften und Schwellenwerten. **Stufe 1** zeigt gute abiotische Verhältnisse, wobei sowohl die Schlüsselarten, als auch alle Ökosystemprozesse lokal und in der Landschaft in gutem bis sehr gutem Zustand sind, wie es in manchen Waldseen oder in Felsgebieten noch der Fall ist. **Stufe 2** hat befriedigende abiotische Verhältnisse, aber einige Änderungen der Ökosystemprozesse mit der Konsequenz, dass bestimmte Schlüsselarten und die lokale Biodiversität abnehmen, wie es in vielen Kalkmagerrasen und historischen Wäldern beobachtet wird. **Stufe 3** weist deutlich veränderte abiotische Verhältnisse und Ökosystemprozesse auf, die lokal und in der Landschaft sichtbar werden, während noch einige einheimische Tier- und Pflanzenarten vorkommen – das ist der Fall in land- und forstwirtschaftlich geprägten Normallandschaften Mitteleuropas. In **Stufe 4** sind die ursprünglichen ökologischen Verhältnisse nur noch unvollständig erkennbar, es dominieren neuartige Ökosysteme mit wenigen einheimischen Arten, wie z. B. an Straßen, Kanälen und auf Industriebrachen.

Bei der Umsetzung von Ziel 2 der EU-Biodiversitätsstrategie konzentriert sich Deutschland derzeit auf Maßnahmen zur Verbesserung der Ökosysteme Moore und Auen (BMU 2015). Diese Entscheidung beruht auf möglichen Synergieeffekten zwischen dem Schutz der Biodiversität, dem Klimaschutz und der Klimaanpassung. Moore und Auen bieten Lebensraum für seltene Arten, sie puffern den Landschaftswasserhaushalt und unterstützen die Festlegung von Kohlenstoff und Nährstoffen in Sedimenten und Torfen (▶ Kap. 9 und 11). Das ermöglicht aber keinen ausreichenden Schutz zahlreicher Arten und Lebensgemeinschaften der Kulturlandschaft, die unter der jahrhundertealten menschlichen Nutzung entstanden ist und heute stark zurückgeht, z. B. in Zwergstrauchheiden und Kalkmagerrasen (▶ Kap. 17 und 19). Um auch anderen degradierten und gefährdeten Ökosystemen Mitteleuropas Rechnung zu tragen, ist deshalb eine Zusammenarbeit mit den wichtigsten Landnutzern und -besitzern, also der Land- und Forstwirtschaft, anzustreben. Moderne Methoden des Naturschutzes und der Renaturierung, die bereits in einigen Artenhilfsprogrammen formuliert wurden (z. B. Buttschardt et al. 2016), sollten Nutzung und Schutz zukünftig besser verbinden. Ohne einen verantwortungsvolleren Umgang mit natürlichen Ressourcen und eine verbesserte Nachhaltigkeit von Landnutzungssystemen werden weitere Umweltschäden und Biodiversitätsverluste entstehen.

Trotz vielfältiger Möglichkeiten der Ökosystemrenaturierung, die in den folgenden Kapiteln dargestellt werden, muss der Schutz bestehender jeweils regionaltypischer Natur- und Kulturlandschaften weiterhin die höchste Priorität haben. Dabei geht es nicht nur um die Erhaltung der Biodiversität, Ökosystemfunktionen und -leistungen, sondern auch um die Bereitstellung von Spenderbiotopen und Referenzökosystemen für zukünftige Renaturierungsvorhaben.

1.5 Schlussfolgerungen

Der rasche Landnutzungswandel, Habitatfragmentierung, Eutrophierung, invasive Neophyten und der Klimawandel stellen Natur- und Umweltschutz in Mitteleuropa vor große Herausforderungen, die mit den bisherigen Schutzkonzepten allein nicht zu bewältigen sind. Ohne bedeutende Anstrengungen wird es zu einem weiteren Artenschwund, zu Bodenverlusten und zu einer Verschlechterung des Zustands der Gewässer kommen. Die Renaturierungsökologie könnte in den kommenden Jahrzehnten eine Schlüsselrolle bei der Bewältigung dieser Herausforderungen einnehmen. Dies erfordert allerdings eine noch effektivere Unterstützung durch geeignete politische Rahmenbedingungen, wirksamere Methoden der Renaturierung sowie eine enge Zusammenarbeit der beteiligten Interessengruppen.

Fragen zur Vertiefung

- Warum haben viele historische Kulturlandschaften in Mitteleuropa eine höhere Biodiversität als entsprechende Naturlandschaften?
- Was sind die Unterschiede zwischen Naturschutz, Umweltschutz und Renaturierung?
- Nennen Sie fünf aktuelle Herausforderungen der Renaturierungsökologie.
- Beschreiben Sie vier Degenerationsstufen von Ökosystemen.
- Welche internationalen Übereinkommen unterstützen die verstärkte Umsetzung von Renaturierungsmaßnahmen?

Literatur

Andel J van, Aronson J (2012) Restoration ecology: The new frontier. Wiley, Malden

ARCADIS (2013) Implementation of 2020 EU biodiversity strategy: Priorities for the restoration of ecosystems and their services in the EU. European Commission DG ENV, Brussels

Batary P, Galle R, Riesch F, Fischer C, Dormann CF, Mußhoff O, Csaszar P, Fusaro S, Gayer C, Happe A-K, Kurucz K, Molnar D, Rösch V, Wietzke A, Tscharntke T (2017) The former iron curtain still drives biodiversity-profit trade-offs in German agriculture. Nature Ecol Evol 1:1279–1284

Berg LJL van den, Vergeer P, Rich TCG, Smart SM, Guest D, Ashmore MR (2011) Direct and indirect effects of nitrogen deposition on species composition change in calcareous grasslands. Glob Chang Biol 17:1871–1883

Berthold P (2017) Unsere Vögel. Warum wir sie brauchen und wie wir sie schützen können. Ullstein, Berlin

BfN (Bundesamt für Naturschutz) (2017a) Naturschutzgebiete. ▶ www.bfn.de/0308_nsg.html. Zugegriffen: 15.01.17

BfN (Bundesamt für Naturschutz) (2017b) Eingriffsregelung. ▶ www.bfn.de/0306_eingriffsregelung-ablauf.html. Zugegriffen: 15.01.17

Blackbourne D (2007) Die Eroberung der Natur. Eine Geschichte der deutschen Landschaft. Pantheon, München

BMU (2015) Priorisierungsrahmen zur Wiederherstellung verschlechterter Ökosysteme in Deutschland (EU-Biodiversitätsstrategie, Ziel 2, Maßnahme 6a). Bundesministerium für Umwelt, Naturschutz, Bau und Reaktorsicherheit, Berlin. ▶ www.bmub.bund.de/fileadmin/Daten_BMU/Download_PDF/Naturschutz/oekosysteme_priorisierungsrahmen_bf.pdf. Zugegriffen: 13.11.18

Bobbink R, Hicks K, Galloway J, Spranger T, Alkemade R, Ashmore M, Bustamante M, Cinderby S, Davidson E, Dentener F, Emmett B, Erisman JW, Fenn M, Gilliam F, Nordin A, Pardo L, Vries W de (2010) Global assessment of nitrogen deposition effects on terrestrial plant diversity: A synthesis. Ecol Appl 20:30–59

Bonn S, Poschlod P (1998) Ausbreitungsbiologie der Pflanzen Mitteleuropas. Quelle & Meyer, Wiesbaden

Bork HR, Bork H, Dalchow C, Faust B, Piorr HP, Schatz T (1998) Landschaftsentwicklung in Mitteleuropa. Klett-Perthes, Gotha

Brüggemeier FJ, Engels JI (2005) Natur- und Umweltschutz nach 1945, Konzepte, Konflikte, Kompetenzen. Campus, Frankfurt

Bundesnaturschutzgesetz vom 29. Juli 2009 (BGBl. I S. 2542), zuletzt geändert durch das Gesetz vom 15.09.2017 (BGBl. I S. 3434)

Buttschardt T, Ganser W, Brüggemann T, Hogeback S, Kauling S (2016) Produktionsintegrierte Naturschutzmaßnahmen. Stiftung Westfälische Kulturlandschaft & Institut für Landschaftsökologie, Münster

CBD (Convention for Biodiversity) (2010) Decision X/2. Strategic plan for biodiversity 2011–2020 and the Aichi biodiversity targets, Nagoya, Japan, 18–29 October 2010. ▶ https://www.cbd.int/decision/cop/default.shtml?id=12268. Zugegriffen: 13.11.18

Cortina-Segarra J, Decleer K, Kollmann J (2016) Speed restoration of EU ecosystems. Nature 535:231

Czybulka D, Hampicke U, Litterski B (2012) Produktionsintegrierte Kompensation. Rechtliche Möglichkeiten, Akzeptanz, Effizienz und naturschutzgerechte Nutzung. Schmidt, Berlin

Diacon-Bolli J, Dalang T, Holderegger R, Bürgi M (2012) Heterogeneity fosters biodiversity: linking history and ecology of dry calcareous grasslands. Basic Appl Ecol 13:641–653

Dorda D (2018) Windkraft und Naturschutz. In: Kühne O, Weber F (Hrsg) Bausteine der Energiewende. RaumFragen: Stadt – Region – Landschaft. Springer VS, Wiesbaden

DRL (2006) Die Auswirkungen erneuerbarer Energien auf Natur und Landschaft. Schr reihe Dtsch Rat Landespfl 24:1–52

Dupre C, Stevens CJ, Ranke T, Bleeker A, Peppler-Lisbach C, Gowing DJG, Dise NB, Dorland E,

Bobbink R, Diekmann M (2010) Changes in species richness and composition in European acidic grasslands over the past 70 years: The contribution of cumulative atmospheric nitrogen deposition. Glob Change Biol 16:344–357

Ellenberg H, Leuschner C (2010) Vegetation Mitteleuropas mit den Alpen: in ökologischer, dynamischer und historischer Sicht. Ulmer, Stuttgart

Emanuelsson U (2009) The rural landscapes of Europe. How man has shaped European nature. Formas, Stockholm

EU (Europäische Union) (2011) Biodiversitätsstrategie für 2020. Mitteilung der Kommission vom 03.05.2011: Lebensversicherung und Naturkapital: Eine Biodiversitätsstrategie der EU für das Jahr 2020. Europäische Kommission, Brüssel

Frohn HW, Schmoll F (2006) Natur und Staat. Staatlicher Naturschutz in Deutschland 1906–2006. Landwirtschaftsverlag, Münster

Haber W (2010) Die unbequemen Wahrheiten der Ökologie. Oekom, München

Hallmann CA, Sorg M, Jongejans E, Siepel H, Hofland N, Schwan H, Stenmans W, Müller A, Sumser H, Hörren T, Goulson D, Kroon H de (2017) More than 75 percent decline over 27 years in total flying insect biomass in protected areas. PLoS ONE 12:e0185809

Heißenhuber A, Haber W, Krämer C (2015) 30 Jahre SRU-Sondergutachten „Umweltprobleme der Landwirtschaft" - Eine Bilanz. Bundesministeriums für Umwelt, Naturschutz, Bau und Reaktorsicherheit, Berlin

Hennig P, Naber N (2015) Mangelnde Kontrolle bei Ausgleichsflächen. ▸ www.ndr.de/nachrichten/Mangelnde-Kontrolle-bei-ausgleichsflaechen,ausgleichsflaechen100.html. Zugegriffen: 13.11.18

Küster HJ (1995) Landschaftsgeschichte Mitteleuropas. Beck, München

Küster HJ (2008) Geschichte des Waldes: Von der Urzeit bis zur Gegenwart. Beck, München

Kuussaari M, Bommarco R, Heikkinen RK, Helm A, Krauss J, Lindborg R, Öckinger E, Pärtel M, Pino J, Rodà F, Stefanescu C, Teder T, Zobel M, Steffan-Dewenter I (2009) Extinction debt: a challenge for biodiversity conservation. Trends Ecol Evol 24:564–571

LAWA (2002) Gewässergüteatlas der Bundesrepublik Deutschland - Gewässerstruktur in der Bundesrepublik Deutschland 2001. Kulturbuchverlag, Berlin

Meyer S, Wesche K, Krause B, Leuschner C (2013) Dramatic losses of specialist arable plants in Central Germany since the 1950s/60s - A cross-regional analysis. Divers Distrib 19:1175–1187

Oliver TH, Heard MS, Isaac NJB, Roy DB, Procter D, Eigenbrod F, Freckleton R, Hector A, Orme DL, Petchey OL, Proenca V, Raffaelli D, Suttle KB, Mace GM, Martin-Lopez B, Woodcock BA, Bullock JM (2015) Biodiversity and resilience of ecosystem functions. Trends Ecol Evol 30:673–684

Piechocki R, Eisel U, Haber W, Ott K (2004) Vilmer Thesen zum Natur- und Umweltschutz. Nat Landsch 79:529–533

Poschlod P (2015) Geschichte der Kulturlandschaft – Entstehungsursachen und Steuerungsfaktoren der Entwicklung der Kulturlandschaft, Lebensraum- und Artenvielfalt in Mitteleuropa. Ulmer, Stuttgart

Pysek P, Jarosik V, Kucera T (2002) Patterns of invasion in temperate nature reserves. Biol Conserv 104:13–24

Rackham O (2006) Woodlands. Harper Collins, London

Schiechtl HM, Stern R (1994) Handbuch für den naturnahen Wasserbau. Österreichischer Agrarverlag, Wien

Schönborn W, Risse-Buhl U (2013) Lehrbuch der Limnologie. Schweizerbart, Stuttgart

Steffen K, Becker T, Herr W, Leuschner C (2013) Diversity loss in the macrophyte vegetation of northwest German streams and rivers between the 1950s and 2010. Hydrobiologia 713:1–17

Stehlik I, Caspersen JP, Wirth L, Holderegger R (2007) Floral free fall in the Swiss lowlands: Environmental determinants of local plant extinction in a peri-urban landscape. J Ecol 95:734–744

Suding KN (2011) Toward an era of restoration in ecology: Successes, failures, and opportunities ahead. Annu Rev Ecol Syst 42:465–487

Thomas CD, Cameron A, Green RE, Bakkenes M, Beaumont LJ, Collingham YC, Erasmus BFN, de Siqueira MF, Grainger A, Hannah L, Hughes L, Huntley B, Jaarsveld AS van, Midgley GF, Miles L, Ortega-Huerta MA, Peterson AT, Phillips OL, Williams SE (2004) Extinction risk from climate change. Nature 427:145–148

Tischew S, Baasch A, Conrad M, Kirmer A (2010) Evaluating restoration success of frequently implemented compensation measures: Results, and demands for control procedures. Restor Ecol 18:467–480

Umweltbundesamt (2012) Ökonomische Bewertung von Umweltschäden. Methodenkonvention 2.0 zur Schätzung von Umweltkosten. Umweltbundesamt, Dessau-Roßlau

UNEP (United Nations Environment Programme) (2002) Global Strategy for Plant Conservation. Sekretariat des Übereinkommens über die Biologische Vielfalt (CBD) der Vereinten Nationen (UN). Montreal, Kanada

Wesche K, Krause B, Culmsee H, Leuschner C (2012) Fifty years of change in Central European grassland vegetation: Large losses in species richness and animal-pollinated plants. Biol Conserv 150:76–85

Was ist Renaturierungsökologie?

Kathrin Kiehl

© Springer-Verlag GmbH Deutschland, ein Teil von Springer Nature 2019
J. Kollmann et al., *Renaturierungsökologie*, https://doi.org/10.1007/978-3-662-54913-1_2

Zusammenfassung

Schon in der Antike sicherten Menschen mit Wiederaufforstungen Holzressourcen, aber erst im 20. Jahrhundert hat sich die aktive Wiederherstellung degradierter Ökosysteme zur Förderung ihrer charakteristischen Artenvielfalt und Ökosystemfunktionen entwickelt. Seit Ende der 1980er-Jahre wurde die Renaturierungsökologie als anwendungsorientierter Zweig der wissenschaftlichen Ökologie etabliert. Zur passiven Renaturierung eines degradierten Ökosystems kann es durch natürliche Sukzession kommen, wenn Störungen, Belastungen und Ausbreitungshemmnisse reduziert werden. Die aktive Renaturierung unterstützt die Entwicklung oder Wiederherstellung eines durch den Menschen mehr oder weniger stark degradierten bis völlig zerstörten Ökosystems in Richtung eines definierten Referenzzustandes. Häufig geht es dabei um Ökosystemdienstleistungen, die auch für den Menschen von Bedeutung sind. Rekultivierung beschränkt sich auf die Wiedernutzbarmachung von Ökosystemen, z. B. für Land- und Forstwirtschaft oder Freizeitnutzung. Die jeweiligen Ziele der Renaturierung hängen vom ausgewählten Referenzökosystem ab und müssen gesellschaftlich ausgehandelt werden.

2.1 Definitionen und Konzepte der Renaturierung

In der Renaturierungsökologie existieren unterschiedliche Definitionen für die Entwicklung und Wiederherstellung von Ökosystemen, die in der Literatur nicht immer einheitlich verwendet werden. Im Deutschen wird die Begriffsdefinition dadurch erschwert, dass „Renaturierung" im engeren Sinne als „zurück zur Natur" verstanden wird, was immer wieder zu Diskussionen darüber führt, ob der Begriff geeignet ist (Wiegleb et al. 2013). Literaturrecherchen zeigen jedoch, dass der Begriff Renaturierung sich in Deutschland seit 1980 nicht nur für naturnahe Ökosysteme wie Wälder oder Moore, sondern auch für kulturgeprägte wie Grünland oder Heiden eingebürgert hat und inzwischen von den meisten Autoren als Oberbegriff verwendet wird (CAB-Abstracts und DNL-Literaturdatenbank oJ des BfN). Im Folgenden werden die verschiedenen in der Renaturierungsökologie verwendete Begriffe erläutert und den jeweils zugehörigen englischsprachigen Begriffen gegenübergestellt (vgl. SER 2004; Zerbe et al. 2009, S. 3 f.).

Aktuell wird in der Renaturierungsökologie meistens von der Wiederherstellung von Ökosystemen gesprochen. Ökosysteme *(ecosystems)* sind von Lebewesen und ihrer anorganischen Umwelt gebildete Wirkungsgefüge (Tansley 1935; Ellenberg 1973). Abiotische Faktoren prägen in Ökosystemen den „Biotop" (=Lebensraum von Lebensgemeinschaften) bzw. das „Habitat" oder die „Standortbedingungen" einzelner Arten (geologischer Untergrund, Relief, Böden mit Wasser, Nähr- und Schadstoffen, Kleinklima). Charakterisiert sind Ökosysteme außerdem durch biotische Faktoren (Struktur der Biozönosen, Artenzusammensetzung, Interaktionen) und durch Wechselwirkungen zwischen Biozönose und Biotop sowie äußere Faktoren wie Klima oder Bewirtschaftung. Ökosysteme sind darüber hinaus Funktionseinheiten, die durch quantifizierbare Prozesse (Energie- und Stoffflüsse, Ein- und Auswanderung von Organismen) charakterisiert werden und eine gewisse Fähigkeit zur Selbstregulation haben (Leuschner 2005; Nentwig et al. 2007). Besonders wichtige Ökosystemfunktionen sind die Produktion und der Abbau von Biomasse, die Bodenbildung sowie die Regulation des Wasser- und Nährstoffhaushalts.

In einem degradierten Ökosystem sind Strukturen und Funktionen des ursprünglichen Ökosystems durch anthropogene Einflüsse mehr oder weniger stark beeinträchtigt (◘ Abb. 2.1 und 2.2). Degradation *(degradation)* aufgrund von lebensraumuntypischen Störungen oder Belastungen kann dazu führen, dass charakteristische Arten aussterben, Nahrungsnetze unterbrochen werden, nicht-einheimische, invasive Arten einwandern oder dass bestimmte Ökosystemfunktionen nicht mehr oder nur

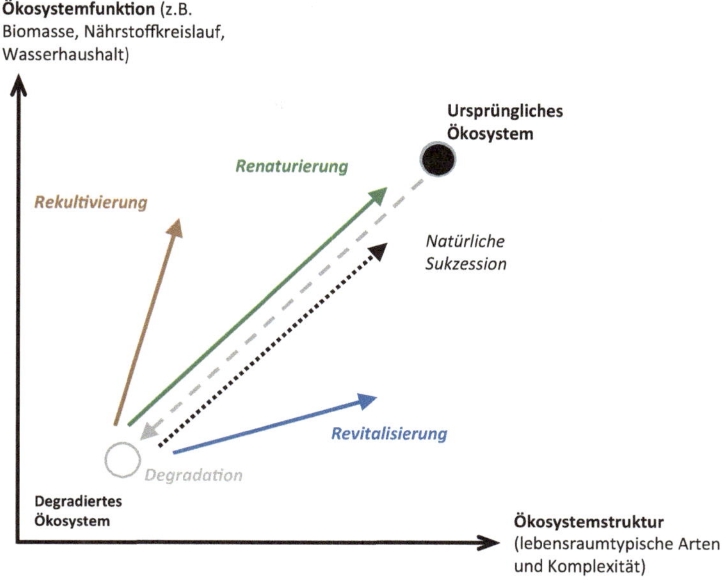

Abb. 2.1 Degradation (grauer Pfeil) und Wiederherstellung von Ökosystemen im Hinblick auf ihre charakteristischen Strukturen und Funktionen. Die Wiederherstellung muss oftmals durch fallspezifische Maßnahmen unterstützt werden, kann aber auch durch natürliche Sukzession (passive Renaturierung) erfolgen, die allerdings meistens langsamer verläuft (nach Bradshaw 1996; weitere Erläuterungen im Text). Eine vollständige Wiederherstellung des Originalzustands ist in der Regel nicht möglich

noch unvollständig ablaufen. Im Extremfall führt die Degradation zur vollständigen Zerstörung und damit zum Verlust des ursprünglichen Ökosystems. Wenn sich ein degradiertes Ökosystem von selbst regenerieren kann, weil Störungen oder Belastungen reduziert werden und keine unüberwindbaren Ausbreitungsschranken für Arten oder abiotische Schwellen bestehen (▶ Kap. 4), geschieht dies durch natürliche Sukzession. Diese Entwicklung in Richtung des ursprünglichen Zustands wird auch als natürliche Regeneration oder passive Renaturierung *(passive restoration)* bezeichnet.

Wird die Wiederherstellung *(recovery)* von Ökosystemstrukturen und -funktionen aktiv unterstützt, so wird im Englischen der Begriff *ecological restoration* verwendet, der folgendermaßen definiert ist (SER 2004):

» Ecological restoration is the process of assisting the recovery of an ecosystem that has been degraded, damaged, or destroyed.

Dieser Prozess wird als Renaturierung bezeichnet, wenn es sich um eine Entwicklung in Richtung des ursprünglichen Zustands des Ökosystems oder eines definierten Referenzzustands handelt (grüne Pfeile in Abb. 2.1 und 2.2; s. auch ▶ Abschn. 2.4). Zerbe et al. (2009) definieren den Begriff „Ökosystemrenaturierung“ folgendermaßen:

» Die Ökosystemrenaturierung unterstützt die Entwicklung bzw. Wiederherstellung eines durch den Menschen mehr oder weniger stark degradierten bis völlig zerstörten Ökosystems im Hinblick auf einen naturnäheren Zustand.

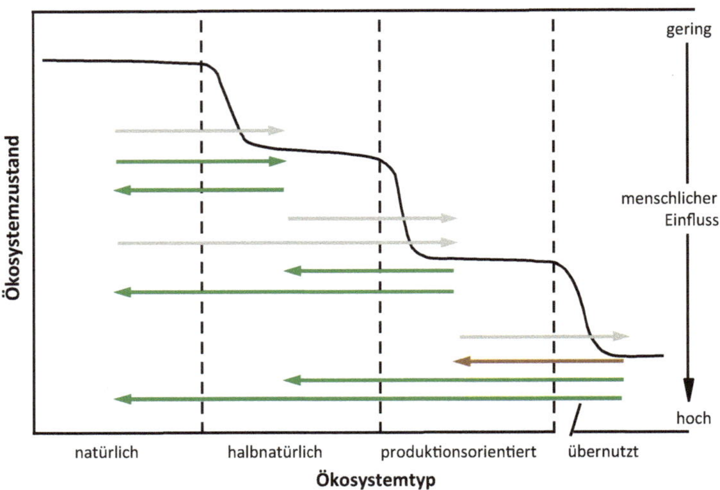

Abb. 2.2 Transformation verschiedener Ökosystemtypen (nach Andel und Aronson 2012). Graue Pfeile stehen für Degradation, grüne für Renaturierung und der braune für Rekultivierung. In Mitteleuropa stehen nicht nur naturnahe, sondern auch halbnatürliche Ökosysteme der historischen Kulturlandschaften (z. B. Heiden, Magerrasen) unter Schutz und stellen als Referenzsysteme Zielzustände der Renaturierung dar (vgl. ▶ Kap. 17 und 18). Bei der Rekultivierung (brauner Pfeil) wird vor allem die Produktionsfunktion wiederhergestellt

Bei dieser Definition ist der Zusatz „im Hinblick auf einen naturnäheren Zustand", der in der ursprünglichen Version von SER (2004) nicht auftaucht, problematisch, weil die Renaturierung durch Nutzung geprägter Ökosysteme wie z. B. Heiden oder Magerrasen nicht eingeschlossen ist.

Wir schlagen daher folgende Definition vor:

> Renaturierung unterstützt die Entwicklung oder Wiederherstellung eines durch den Menschen mehr oder weniger stark degradierten bis völlig zerstörten naturraumtypischen Ökosystems in Richtung eines definierten Referenzzustands.

Diese Definition kann auch auf sogenannte neuartige Ökosysteme (*novel ecosystems*, s. ▶ Kap. 24) angewendet werden, für die es keinen historisch ableitbaren Originalzustand gibt, aber trotzdem ein Zielzustand definiert werden kann. Bei der Renaturierung werden im Idealfall alle charakteristischen Strukturen (z. B. durch Wiederansiedlung lebensraumtypischer Arten) und Funktionen eines Ökosystems (z. B. Biomasseproduktion, Nährstoffrecycling und Bestäubung) wiederhergestellt. In der Praxis handelt es sich aber meistens um die Förderung der Entwicklung in Richtung eines vorher festgelegten Referenzzustands (Abb. 2.2). Bei manchen Ökosystemtypen, deren ursprüngliche Entstehung Jahrtausende gedauert hat (z. B. Hochmoore) können durch Renaturierungsmaßnahmen nur erste Entwicklungen in Richtung eines Referenzzustands initiiert werden (▶ Kap. 11).

Im Gegensatz zur Renaturierung versteht man unter Rekultivierung *(reclamation, recultivation)* die Wiedernutzbarmachung von Ökosystemen, z. B. für Land- und Forstwirtschaft oder Freizeitnutzung. Hierbei liegt der Schwerpunkt meist auf der Wiederherstellung bestimmter Produktionsfunktionen, während die Vielfalt der Arten und die Komplexität der Ökosystemstrukturen in der Regel deutlich geringer sind (Abb. 2.1).

Der vor allem im Zusammenhang mit Gewässern und Mooren gelegentlich verwendete Begriff Revitalisierung *(revitalisation)* beinhaltet die Wiederherstellung bestimmter Ökosystemstrukturen als Voraussetzung für die Ansiedlung standorttypischer Arten oder Lebensgemeinschaften. Dazu zählt beispielsweise das Einbringen von Kies und Totholz als Laichplatz für bestimmte Fischarten in regulierten Flussabschnitten oder das Einrichten von Steilwänden als Brutplatz für Eisvogel und Uferschwalbe.

Der Begriff ökologische Sanierung *(remediation)* wird in der Renaturierungsökologie verwendet, wenn es um die aktive Beseitigung starker Umweltbelastungen zur Verbesserung der abiotischen Bedingungen geht, z. B. im Zusammenhang mit der Sanierung von Altlasten in urban-industriellen Ökosystemen oder bei der Sanierung hypertropher Seen.

Weitere Begriffe im Zusammenhang mit Renaturierung, die in der deutschsprachigen Literatur aber weniger gebräuchlich sind, wären Restitution, Restaurierung, Rehabilitation (fast ausschließlich in englischer Literatur) und Rekonstruktion (überwiegend in Zusammenhang mit paläoökologischen Beschreibungen).

2.2 Geschichte der Renaturierung und der Renaturierungsökologie

Seit dem Beginn der Sesshaftigkeit nahm die Landnutzungsintensität durch Menschen immer mehr zu und es kam stellenweise bereits in vor- und frühgeschichtlicher Zeit zur anthropogen bedingten Degradation von Ökosystemen (s. ▶ Kap. 1). Die ersten Bemühungen um die aktive Wiederherstellung von Wäldern sind bereits für die Antike belegt. So forderte Philipp V. von Makedonien bereits 198 v. Chr. die Wiederanpflanzung zerstörter Haine und Wälder, die zu Heiligtümern gehörten (Nenninger 2001). Neben religiös motivierten Baumpflanzungen wurden schon zur Römerzeit großflächigere Wiederaufforstungen, z. B. mit Eichen im heutigen Italien, betrieben, die in der Regel wirtschaftlich begründet waren (Angaben bei Varro rust. in Nenninger 2001). Es ging bei diesen Maßnahmen also vor allem darum, Holzressourcen zu sichern. Dem gleichen Zweck dienten Nutzungsregeln mittelalterlicher Markgenossenschaften in Deutschland, die das Nachpflanzen von Bäumen nach Baumentnahme forderten, auch wenn dies nicht immer eingehalten wurde (Middendorf 1927). Die Hohenlohische Forstordnung von 1579 regelte die Aufforstung brachliegender Rodungen und Neupflanzungen von Wäldern bereits sehr detailliert (Hohenlohe-Waldenburg 2006) und war damit ein Vorläufer des von Hans Carl von Carlowitz propagierten Nachhaltigkeitsgedankens der Waldbewirtschaftung (Michelsen und Adomßent 2014). Großflächige Wiederaufforstungen wurden in Mitteleuropa aufgrund des Holzmangels und zunehmender Bodendegradation übernutzter Ökosysteme ab dem 19. Jahrhundert durchgeführt (Poschlod 2015, S. 118).

Über Jahrtausende regenerierten sich degradierte Ökosysteme in Mitteleuropa nach Nutzungsaufgabe meistens aber nicht durch aktive Maßnahmen, sondern durch natürliche Sukzession (vgl. Ellenberg und Leuschner 2010, S. 26). Im Mittelalter, beispielsweise im 14. Jahrhundert, und zu Beginn der Neuzeit nahm die Bevölkerung aufgrund von Pestepidemien und Hungersnöten ab und Siedlungen wurden aufgegeben (sogenannte. Wüstungen). Wälder breiteten sich damals durch freie Sukzession auf natürliche Weise wieder aus (Poschlod 2015, S. 87f.). Während des 30-jährigen Kriegs (1618–1648) kehrte dann der Wolf in Gebiete zurück, in denen er im 16. Jahrhundert ausgerottet worden war (Jäger 1994).

Mit zunehmender Entwicklung des konservierenden Naturschutzes wurden vor allem im Verlauf des 20. Jahrhunderts zahlreiche Schutzgebiete weltweit ausgewiesen. In den 1930er-Jahren gab es in den USA auch erste Ansätze zur aktiven Renaturierung ge- und zerstörter Ökosysteme und zwar nicht mit dem Ziel einer Nutzung, sondern um ihre charakteristische Artenvielfalt und ihre Ökosystemfunktionen wiederherzustellen. So wurde 1935 mit der *Curtis Prairie* in Madison, Wisconsin (USA) erstmalig ein Prärieökosystem für wissenschaftliche Zwecke verpflanzt (Jordan et al. 1987; ◘ Abb. 2.3). Im gleichen Jahr begann der Förster und Naturforscher Aldo Leopold mit Aufforstungen und der Wiederherstellung von Prärieökosystemen auf den durch Winderosion stark degradierten Böden einer Farm, die im Zuge der Dürrekatastrophe der 1930er-Jahre im amerikanischen *dust bowl* aufgegebenen worden war. Aldo Leopold war damit einer der Pioniere der Renaturierungsökologie, dessen Gedanken zur Umweltethik 1949 veröffentlicht wurden und heute immer noch aktuell sind (Leopold 1949).

In Europa begründete der Engländer Anthony D. Bradshaw (◘ Abb. 2.4) die wissenschaftliche Renaturierungsökologie. Er hatte erkannt, dass es notwendig ist, dem rein konservierenden Naturschutz aktive Maßnahmen zur Wiederherstellung degradierter Ökosysteme entgegenzusetzen, die im 20. Jahrhundert durch zunehmenden Abbau von Rohstoffen, Brachfallen von Industrieflächen und Nutzungsintensivierungen entstanden waren. Seine Veröffentlichungen klärten wichtige Grundlagen der Renaturierung und lieferten erste Begriffsdefinitionen (Bradshaw und Chadwick 1980; Bradshaw 1996, 2002). Auf ihn geht zudem die Aussage zurück, dass die Renaturierungsökologie ein *acid test* (= Lackmustest) für die Überprüfung wissenschaftlicher Theorien der Ökologie darstellt (Bradshaw 1987). Seit Ende der 1980er-Jahren hat sich die Renaturierungsökologie als anwendungsorientierter Zweig der wissenschaftlichen Ökologie international rasant entwickelt und zwar mit zahlreichen Anknüpfungspunkten an die Biodiversitäts- und Nachhaltigkeitsforschung (Roberts et al. 2009; Andel und Aronson 2012). Die Bezüge zum Naturschutz werden in ▶ Kap. 25 dargestellt. Die bereits in ▶ Kap. 1 erwähnte Society for Ecological Restoration wurde im Jahr 1987 in den USA gegründet und ist inzwischen weltweit aktiv mit zahlreichen Sektionen auf verschiedenen Kontinenten, so

◘ **Abb. 2.3** Renaturierung der Curtis Prairie in Madison, Wisconsin. Hier wurde 1935 erstmalig ein Prärieökosystem u. a. mit *Rudbeckia hirta* für wissenschaftliche Zwecke verpflanzt. (Foto Oktober 2013)

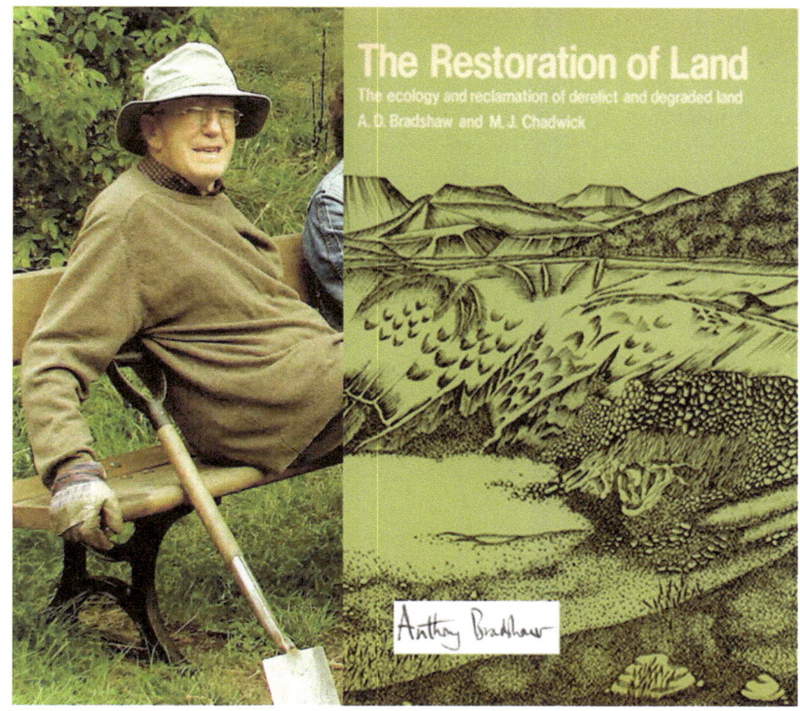

Abb. 2.4 Anthony D. Bradshaw (1926–2008; Foto: N. Desai) war einer der Begründer der Renaturierungsökologie als Wissenschaft (Fitter 2010). Das 1980 von ihm gemeinsam mit M.J. Chadwick veröffentlichte Buch *The Restoration of Land* war das erste umfassende Grundlagenwerk dieses neuen Wissenschaftszweigs innerhalb der Ökologie

beispielsweise SER Europe. In Deutschland hat vor allem Jörg Pfadenhauer mit seiner Arbeitsgruppe die Renaturierungsökologie seit Mitte der 1980er-Jahre maßgeblich vorangebracht (z. B. Pfadenhauer et al. 1987; Pfadenhauer 1989, 1990; Bibliographie in Röder und Albrecht 2009).

2.3 Renaturierung und Gesellschaft

Obwohl die Renaturierungsökologie ihre Wurzeln in der naturwissenschaftlichen Ökologie hat, stellt Renaturierung vor allem eine gesellschaftliche Aufgabe dar (▶ Kap. 7). Dabei geht es einerseits um die Wiederherstellung von Ökosystemstrukturen und -funktionen aus gesellschaftlich festgelegten ethisch-moralischen Gründen, also z. B. um den Schutz und die Förderung von Arten oder bestimmten Zuständen der Natur um ihrer selbst willen oder das „Reparieren" von Umweltschäden (Wiegleb et al. 2013). Andererseits geht es um die Wiederherstellung auf den Menschen bezogener, sogenannter Ökosystemdienstleistungen *(ecosystem services)* sowie die Bereitstellung von Naturgütern *(ecosystem goods)* (TEEB 2010). So können durch die Regulationsfunktion von Ökosystemen wichtige Ökosystemdienstleistungen wie etwa die Wasserretention zur Vermeidung von Hochwasserschäden, Nährstoffrecycling, Klimaregulation oder auch Bestäubung gesichert werden (Groot et al. 2002; Harris et al. 2006). Die Produktionsfunktion sorgt für die Bereitstellung von Nahrungsmitteln und Rohstoffen, und die Habitatfunktion für die Sicherung der Lebensräume wildlebender

Organismen, die zum Teil auch von wirtschaftlicher Bedeutung sind, z. B. Fische, Schalentiere und Wild. Die Informationsfunktion von Ökosystemen ist nicht nur im Hinblick auf das Landschaftsbild („ästhetische Information"), Erholung und Kultur von Bedeutung, sondern auch für Wissenschaft und Bildung.

Wegen der Breite der zu bearbeitenden Fragestellungen arbeitet die Renaturierungsökologie hinsichtlich der Erkenntnisgewinnung interdisziplinär mit anderen Fachdisziplinen zusammen, beispielsweise durch die Kombination von Vegetations- und Tierökologie, Bodenkunde, Hydrologie, Planungs- und Sozialwissenschaften sowie Umweltökonomie. Durch ihren problem- und umsetzungsorientierten Fokus ist die Herangehensweise der Renaturierungsökologie außerdem transdisziplinär (Jaeger und Scheringer 1998). Das heißt, Renaturierung muss nicht nur ökologische Grundlagen berücksichtigen, sondern auch gesellschaftliche Werte und Anforderungen und stellt damit einen übergeordneten, neuartigen Forschungsansatz dar, der nicht an einzelne Fachdisziplinen gebunden ist. Um Renaturierung demokratisch abzusichern und partizipativ zu gestalten, ist es notwendig, alle relevanten gesellschaftlichen Gruppen (neben Verwaltungen auch Landbesitzer und Landnutzer, Nichtregierungsorganisationen, Erholungsuchende und weitere Akteure) in die Entwicklung von Konzepten und Maßnahmen einzubeziehen, um eine dauerhaft tragfähige, natur- und umweltschonende Entwicklung von Lebensräumen zu erreichen (► Kap. 7).

2.4 Renaturierungsziele und Referenzökosysteme

Die Ziele der Renaturierung, nämlich die Frage, welcher Referenzzustand mit einem Renaturierungsprojekt für ein bestimmtes Gebiet angestrebt werden soll, müssen gesellschaftlich ausgehandelt werden. Dabei sind die jeweiligen Akteure zu beteiligen und es müssen die heutigen und gegebenenfalls auch die zukünftigen Standorteigenschaften sowie die rechtlichen Rahmenbedingungen berücksichtigt werden (Andel et al. 2012). Dabei gilt es zu klären, warum welcher Ökosystemtyp mit welchen Strukturen und Funktionen wiederhergestellt werden soll (vgl. ► Kap. 7). Ohne vorher festlegte Ziele ist es nicht möglich, Renaturierungsmaßnahmen zielgerichtet und effizient durchzuführen und später den Erfolg der Maßnahmen zu bewerten.

Bei der Renaturierung von Wäldern kann das Ziel beispielsweise die Entwicklung eines naturnäheren Zustands durch natürliche Sukzession sein (► Kap. 8). Im Gegensatz dazu geht es bei der Renaturierung einer Heide oder eines Magerrasens oft um Rodungen oder Entbuschung, um den angestrebten Zustand des Referenzökosystems zu erreichen (► Kap. 17 und 18). In vielen Fällen müssen definierte lebensraumtypische Zielarten der Renaturierung wegen der Ausbreitungslimitierung in fragmentierten Landschaften zudem aktiv eingeführt werden (Kiehl et al. 2010). Bei der Renaturierungsplanung ist es in der Regel notwendig, sich auf einen bestimmten historischen Zustand (z. B. entweder Wald oder Heide) oder – wenn dieser nicht mehr erreicht werden kann – auf einen neuen Referenzzustand zu einigen. Bei Ökosystemen, die von Natur aus besonders dynamisch sind, kann allerdings auch eine charakteristische Abfolge unterschiedlicher Sukzessionsstadien oder auch das Zulassen natürlicher Prozesse angestrebt werden, etwa bei der Renaturierung von Auen oder Salzmarschen (► Kap. 9 und 12).

In Zeiten des Klimawandels geht es heute oftmals auch um Klimaanpassung und die Förderung der Klimaresilienz von Ökosystemen (Hobbs 2012; Timpane-Padgham et al. 2017). Bei Renaturierung auf Landschaftsebene können für räumlich abgegrenzte Teilgebiete unterschiedliche Ziele und Referenzzustände definiert werden. Dabei sind die räumliche Anordnung und Verbindung der Teilgebiete von großer Bedeutung für den Erfolg der Renaturierung (z. B. Helsen et al. 2013). Bei sehr starker Degradation oder kompletter Transformation historischer Landschaften ist es notwendig, die veränderten Bedingungen und deren (Ir-)Reversibilität zu berücksichtigen, um realistische Ziele zu definieren, wie beispielsweise in Schulz und Schröder (2017) dargestellt.

Zur Ermittlung der Eigenschaften von Referenzökosystemen können (soweit vorhanden) historische Informationen über den Zustand des zu renaturierenden Ökosystem vor der Degradation aus der Literatur, alten Karten und Luftbildern herangezogen oder Daten von Untersuchungen an Reliktstandorten des gleichen Ökosystemtyps im Naturraum verwendet werden (SER 2004). Wenn entsprechendes Material fehlt, können auch Erkenntnisse über ähnliche Ökosysteme aus vergleichbaren Naturräumen genutzt werden.

Nur dann, wenn die Ziele klar definiert werden und Daten über Artenzusammensetzung, Strukturen und Funktionen von Referenzökosystemen vorliegen, ist es möglich, den Erfolg oder Misserfolg von Renaturierungsmaßnahmen zu bewerten und die Maßnahmen – falls notwendig – im Sinne einer adaptiven Renaturierung zu modifizieren (■ Abb. 6.4).

2.5 Schlussfolgerungen

Die Renaturierungsökologie stellt mittlerweile einen eigenen inter- und transdisziplinär arbeitenden Wissenschaftszweig dar. Sie testet sowohl anwendungsorientierte als auch grundlegende ökologische Fragen, um Erkenntnisse zur Verbesserung von Renaturierungsverfahren sowie zum Verständnis von Ökosystemen mit ihren Strukturen und Funktionen zu gewinnen. Für eine bessere Kommunikation müssen wichtige Begriffe der Renaturierungsökologie definiert und möglichst einheitlich verwendet werden. Zur Identifikation von Referenzökosystemen sowie zur Ableitung und Evaluation von Maßnahmen ist eine klare Formulierung von Renaturierungszielen notwendig.

? Fragen zur Vertiefung

- Was ist der Unterschied zwischen Renaturierung und Rekultivierung?
- Nennen und erläutern Sie vier wichtige Ökosystemfunktionen.
- Was ist der Unterschied zwischen Ökosystemfunktionen und Ökosystemdienstleistungen?
- Warum müssen Renaturierungsziele klar definiert werden?
- Auf welche Weise lassen sich Eigenschaften von Referenzökosystemen ermitteln?

Literatur

Andel J van, Aronson J (2012) Getting started. In: Andel J van, Aronson J (Hrsg) Restoration ecology: the new frontier. Wiley-Blackwell, Chichester, S 3–8

Andel J van, Grootjans AP, Aronson J (2012) Unifying concepts. In: Andel J van, Aronson J (Hrsg) Restoration ecology: the new frontier. Wiley-Blackwell, Chichester, S. 9–22

Bradshaw AD (1987) Restoration – an acid test for ecology. In: Jordan III WR, Gilpin ME, Aber ID (Hrsg) Restoration ecology: a synthetic approach to ecological research. Cambridge University Press, Cambridge, S 23–29

Bradshaw AD (1996) Underlying principles of restoration. Can J Fish Aquat Sci 53(Suppl 1):3–9

Bradshaw AD (2002) Introduction and philosophy. In: Perrow MR, Davy AJ (Hrsg) Handbook of ecological restoration. Bd. 1: Principles of restoration. Cambridge University Press, Cambridge, S 3–9

Bradshaw AD, Chadwick MJ (1980) The restoration of land: the ecology and restoration of derelict and degraded land. Blackwell, Oxford

DNL-Literaturdatenbank (oJ) Dokumentation Natur und Landschaft – online (DNL-online), Bundesamt für Naturschutz. ▶ http://www.dnl-online.de. Zugegriffen: 13.11.18

Ellenberg H (1973) Versuch einer Klassifikation der Ökosysteme nach funktionalen Gesichtspunkten. In: Ellenberg H (Hrsg) Ökosystemforschung. Springer, Berlin, S 1–31

Ellenberg H, Leuschner C (2010) Vegetation Mitteleuropas mit den Alpen: in ökologischer, dynamischer und historischer Sicht. Ulmer, Stuttgart

Fitter AH (2010) Anthony David Bradshaw, 17 January 1926 – 21 August 2008. Biogr Mems Fell R Soc 56:25–39

Groot RS de, Wilson M, Boumans RMJ (2002) A typology for the classification, description and valuation of ecosystem functions, goods and services. Ecol Econ 41:393–408

Harris JA, Hobbs RJ, Higgs E, Aronson J (2006) Ecological restoration and global climate change. Restor Ecol 14:170–176

Helsen K, Jacquemyn H, Hermy M, Vandepitte K, Honnay O (2013) Rapid buildup of genetic diversity in founder populations of the gynodioecious plant species *Origanum vulgare* after semi-natural grassland restoration. PLoS ONE 8:e67255

Hobbs R (2012) Environmental management and restoration in climate change. In: Andel J van, Aronson J (Hrsg) Restoration ecology: the new frontier. Wiley-Blackwell, Chichester, S 23–29

Hohenlohe-Waldenburg FK zu (2006) Zur Waldgeschichte des Hohenloher Landes. Ber Freibg Forstl Forsch 65:1–109

Jaeger J, Scheringer M (1998) Transdisziplinarität: Problemorientierung ohne Methodenzwang. Gaia 7:10–25

Jäger H (1994) Einführung in die Umweltgeschichte. Wissenschaftliche Buchgesellschaft, Darmstadt

Jordan WR III, Gilpin ME, Aber ID (1987) Restoration ecology: a synthetic approach to ecological research. Cambridge University Press, Cambridge

Kiehl K, Kirmer A, Donath T, Rasran L, Hölzel N (2010) Species introduction in restoration projects – evaluation of different techniques for the establishment of semi-natural grasslands in Central and Northwestern Europe. Basic Appl Ecol 11:285–299

Leopold A (1949) A sand county almanac and sketches here and there. Oxford University Press, New York

Leuschner C (2005) Vegetation and ecosystems. In: Maarel E van der (Hrsg) Vegetation ecology. Blackwell, Oxford, S 85–105

Michelsen G, Adomßent M (2014) Nachhaltige Entwicklung: Hintergründe und Zusammenhänge. In: Heinrichs H, Michelsen G (Hrsg) Nachhaltigkeitswissenschaften. Springer Spektrum, Berlin, S 3–59

Middendorf R (1927) Der Verfall und die Aufteilung der gemeinen Marken im Fürstentum Osnabrück bis zur napoleonischen Zeit. Osnabrücker Mitt 49:1–157

Nenninger M (2001) Die Römer und der Wald. Untersuchungen zum Umgang mit einem Naturraum am Beispiel der römischen Nordwestprovinzen. Geografica Historica. Steiner, Stuttgart

Nentwig W, Bacher S, Brandl R (2007) Ökologie kompakt. Springer Spektrum, Berlin

Pfadenhauer J (1989) Renaturierung von Torfabbauflächen in Hochmooren des Alpenvorlands. Telma Beih 2:313–332

Pfadenhauer J (1990) Renaturierung der Agrarlandschaft für den Naturschutz. Z Kult tech Landentwickl 31:273–280

Pfadenhauer J, Kapfer A, Maas D (1987) Renaturierung von Futterwiesen auf Niedermoortorf durch Aushagerung. Nat Landsch 62:430–434

Poschlod P (2015) Geschichte der Kulturlandschaft – Entstehungsursachen und Steuerungsfaktoren der Entwicklung der Kulturlandschaft, Lebensraum- und Artenvielfalt in Mitteleuropa. Ulmer, Stuttgart

Roberts L, Stone R, Sugden A (2009) The rise of restoration ecology. Science 325:355

Röder D, Albrecht H (2009) Vita von Prof. Dr. Jörg Pfadenhauer. Laufener Spezialbeitr 2/2009:5–13

Schulz JJ, Schröder B (2017) Identifying suitable multifunctional restoration areas for forest landscape restoration in Central Chile. Ecosphere 8:e01644

SER (Society for Ecological Restoration International Science & Policy Working Group) (2004) The SER international primer on ecological restoration. Tucson, Arizona. ▶ www.ser.org/pdf/primer3.pdf. Zugegriffen: 13.11.18

Tansley AG (1935) The use and abuse of vegetational concepts and terms. Ecology 16:284–302

TEEB (2010) The economics of ecosystems and biodiversity: ecological and economic foundations. Earthscan, London

Timpane-Padgham BL, Beechie T, Klinger T (2017) A systematic review of ecological attributes that confer resilience to climate change in environmental restoration. PLoS ONE 12:e0173812

Wiegleb G, Kiehl K, Ott K, Piechocki R, Potthast T, Wierbinski N (2013) Vilmer Thesen zu Renaturierung und Naturschutz. 12. Sommerakademie vom 8. bis 11. Juli 2012: "Zurück zur Natur? Renaturierung als Naturschutz". Nat Landsch 88:220–224

Zerbe S, Wiegleb G, Rosenthal G (2009) Einführung in die Renaturierungsökologie. In: Zerbe S, Wiegleb G (Hrsg) Renaturierung von Ökosystemen in Mitteleuropa. Spektrum, Berlin, S 1–21

Internationale Übereinkommen und rechtliche Umsetzung

Sabine Tischew

© Springer-Verlag GmbH Deutschland, ein Teil von Springer Nature 2019
J. Kollmann et al., *Renaturierungsökologie*, https://doi.org/10.1007/978-3-662-54913-1_3

Zusammenfassung

Die Renaturierung von Ökosystemen basiert auf internationalen Übereinkommen und Richtlinien sowie deren nationaler rechtlicher Umsetzung. Die Rahmenbedingungen für Renaturierungsvorhaben sind das internationale Übereinkommen für die biologische Vielfalt (CBD) und die europäischen Richtlinien zur Sicherung der Vorkommen wildlebender Arten und ihrer Lebensräume (FFH-RL), die Vogelschutz-Richtlinie sowie die europäische Wasserrahmenrichtlinie. Die wichtigste gesetzliche Grundlage für alle Maßnahmen im Naturschutz in Deutschland ist das Bundesnaturschutzgesetz. Für Abbauvorhaben ist außerdem das Bundesberggesetz zu beachten. Für weitergehende Informationen wird auf die aktuelle und umfassende Darstellung der planerischen Instrumente des Naturschutzes in Bund, Ländern und Gemeinden sowie die rechtlichen Vorschriften der EU und des Bundes in dem Lehrbuch von Riedel et al. (2016) hingewiesen. Dort sind auch bundeslandspezifische Regelungen aufgeführt.

3.1 Internationale Übereinkommen und Richtlinien

Eine wesentliche Triebfeder für Renaturierungsmaßnahmen ist das Übereinkommen über die biologische Vielfalt (CBD), das auf der Konferenz der Vereinten Nationen für Umwelt und Entwicklung (UNCED) 1992 in Rio de Janeiro beschlossen wurde. Die CBD ist ein völkerrechtlicher Vertrag, der inzwischen von 193 Vertragsparteien unterzeichnet und ratifiziert wurde. Die unterzeichnenden Staaten haben sich das Ziel gesetzt, die Vielfalt des Lebens auf der Erde zu schützen, zu erhalten und eine nachhaltige Nutzung so zu gestalten, dass möglichst viele Menschen heute und auch in Zukunft davon leben können. Nachdem das 2010-Ziel der CBD (2010 *Biodiversity Target*), den derzeitigen Verlust der biologischen Vielfalt auf lokaler, regionaler und nationaler Ebene signifikant zu reduzieren, nicht erreicht wurde, wurde der Strategische Plan 2011–2020 für die Erhaltung der biologischen Vielfalt und der gekoppelten Ökosystemdienstleistungen entwickelt (CBD 2010). Zweck dieses Planes ist es, die Umsetzung der CBD durch ein Strategiekonzept wirksamer zu fördern. Im Kernziel 15 wurde vereinbart, dass bis 2020 die Widerstandsfähigkeit der Ökosysteme verbessert und Ökosystemdienstleistungen gesichert werden. In diesem Prozess sollen mindestens 15 % der geschädigten Ökosysteme renaturiert und gleichzeitig ein Beitrag zur Abschwächung des Klimawandels sowie eine Anpassung an dessen Folgen geleistet werden (Cortina-Segarra et al. 2016). Die CBD ist ein völkerrechtliches Übereinkommen, das die Unterzeichnerstaaten nach Inkrafttreten zwar zu dem vereinbarten Handeln verpflichtet, aber keine unmittelbare Rechtswirkung in den Mitgliedstaaten entfaltet. Der Inhalt der CBD muss daher in verbindliches nationales Recht umgesetzt werden (Kluth und Schmeddinck 2013).

In Bezug auf die Wiederansiedlung und Umsiedlung von Tier- und Pflanzenarten hat die Nichtregierungsorganisation International Union for Conservation of Nature and Natural Resources (IUCN) eine Richtlinie erstellt (IUCN/SSC 2013), die fortlaufend aktualisiert wird und die weltweit im staatlichen und nichtstaatlichem Naturschutz anerkannt wird. In dieser Richtlinie werden wichtige Hintergrundinformationen und Entscheidungshilfen für die Planung und Umsetzung von Maßnahmen zur Wiederansiedlung und Umsiedlung von Tier- und Pflanzenarten bereitgestellt. Dabei wird auch auf ökologische und ökonomische Risiken sowie spezielle Situationen hingewiesen, unter denen derartigen Maßnahmen mit einer besonderen Sorgfalt in Sinne einer Risikoanalyse zu prüfen sind.

3.2 Europäische Richtlinien

Die Europäische Union hat im gleichen Jahr wie die CBD die Fauna-Flora-Habitat-Richtlinie (EU 1992) beschlossen. Deren Ziel ist es, wildlebende Arten, ihre Lebensräume und die europaweite Vernetzung dieser Lebensräume zu sichern und zu schützen. Die Vernetzung dient der Bewahrung, Wiederherstellung und Entwicklung ökologischer Wechselbeziehungen sowie der Förderung natürlicher Ausbreitungs- und Wiederbesiedlungsprozesse. Sie dient der Umsetzung der von den EU-Mitgliedstaaten 1992 eingegangenen Verpflichtungen zum Schutz der biologischen Vielfalt. Die FFH-Richtlinie sieht neben dem Verschlechterungsverbot zum Schutz von Arten und Lebensräumen auch explizit die Wiederherstellung eines günstigen Erhaltungszustandes degradierter Lebensräume und Habitate vor. Für die ausgewiesenen Schutzgebiete müssen entsprechende Managementpläne entwickelt werden. Leider sind in vielen dieser Pläne passende Maßnahmen nur unzureichend aufgeführt, und die Methoden und das Vorgehen entsprechen oft nicht dem neuesten Stand der Renaturierungsökologie. Deshalb muss der Wissenstransfer in die Naturschutzpraxis durch geeignete Publikationen, Tagungen und Workshops befördert werden. Defizite der Umsetzung sind teilweise auch dem notwendigen Abstimmungsprozess mit den Flächeneigentümern und Nutzern geschuldet. Vor allem aufwendige Renaturierungsmaßnahmen und die dadurch veränderte Landnutzung werden von Flächeneigentümern und Nutzern oft kritisch gesehen und bedürfen eines langen Beteiligungs- und Abstimmungsprozesses (s. ▶ Kap. 7).

Für die Umsetzung der CBD in der Europäischen Union wurden 2010 sechs Hauptziele formuliert, um den Verlust an biologischer Vielfalt und die Verschlechterung der Ökosystemdienstleistungen in der EU zu stoppen und bereits zerstörtes Naturkapital wiederherzustellen (EEA 2010a, b). Gleichzeitig will die EU mehr zur weltweiten Verringerung des Verlustes biologischer Vielfalt beitragen. Die sechs Hauptziele der Europäischen Biodiversitätsstrategie sind:

1. Die vollständige Umsetzung der Habitat- und der Vogelschutz-Richtlinie (EU 2009) in Verbindung mit dem Aufbau des NATURA-2000-Netzwerks.
2. Bis 2020 sollen die Ökosysteme und ihre Dienstleistungen erhalten und eine grüne Infrastruktur etabliert werden. In diesem Prozess sollen mindestens 15 % der degradierten Ökosysteme wiederhergestellt werden.
3. Der Beitrag der Land- und Forstwirtschaft zur Bewahrung und Förderung der Biodiversität soll erhöht werden.
4. Die nachhaltige Nutzung von Fischereiressourcen soll gesichert werden.
5. Schädliche, invasive gebietsfremde Arten sollen wirksam bekämpft werden.
6. Die Maßnahmen zur Bewältigung der globalen Biodiversitätskrise sollen intensiviert werden.

Für die ländlichen Regionen Europas spielt der Europäische Landwirtschaftsfonds für die Entwicklung des ländlichen Raums (ELER) eine große Rolle (Verordnung (EU) Nr. 1305/2013 des Europäischen Parlaments und des Rates vom 17. Dezember 2013). Die Mitgliedstaaten der EU setzen die ELER-Förderung auf der Grundlage sogenannter Entwicklungsprogramme für den ländlichen Raum (EPLR) um. In Deutschland gibt es für die einzelnen Bundesländer jeweils spezifische Programme. Maßnahmen zur Wiederherstellung, Erhaltung und Verbesserung von Lebensräumen, die von der Land- und Forstwirtschaft abhängig sind, können im Rahmen der Richtlinien zur Förderung von Naturschutz- und Landschaftspflegeprojekten durchgeführt und mit einer naturschutzfachlichen Erfolgskontrolle begleitet werden.

Für Oberflächengewässer und das Grundwasser gibt die Europäische Wasserrahmenrichtlinie (WRRL) den rechtlichen Rahmen innerhalb der EU vor. Diese Richtlinie hat zum Ziel, die Wasserpolitik stärker auf eine nachhaltige und umweltverträgliche Wassernutzung auszurichten und die Oberflächengewässer als Ökosysteme einschließlich der direkt von ihnen abhängigen Landökosysteme zu schützen und in ihrem Zustand zu verbessern (z. B. Albrecht und Hofmann 2014). Der Schutz des Grundwassers schließt auch die Verhältnisse in grundwasserabhängigen Landökosystemen und Feuchtgebieten ein. Auch Auenbereiche müssen in die Bestandsaufnahme und Zustandsüberwachung einbezogen und beurteilt werden (Korn et al. 2006). Wirkt sich der Zustand der Auen-Ökosysteme nachteilig auf die Oberflächengewässer aus, so besteht gemäß WRRL die Verpflichtung, Maßnahmen zur Verbesserung des Zustands der relevanten Auenkompartimente vorzunehmen.

Die Umsetzung der WRRL wird durch spezifische Umweltziele für Oberflächengewässer, für das Grundwasser und für Schutzgebiete sowie durch Vorgaben für Bestandsaufnahme, Überwachung und Maßnahmenkonzepte geregelt. Umweltziele für Oberflächengewässer sind neben dem guten wasserchemischen Zustand auch ein guter ökologischer Zustand. Dazu müssen die Grenzwerte für die spezifischen Schadstoffe eingehalten und die Gewässer in einen naturnahen Zustand gebracht werden. Die Defizite liegen vor allem in der schlechten Gewässerstruktur durch Begradigungen und Sohlverbau von Bächen und Flüssen, in der fehlenden Durchgängigkeit der Gewässer, z. B. für Fische, aufgrund von Querbauwerken sowie in den hohen Stoffeinträgen, die vor allem aus der Landwirtschaft, aber auch aus den Siedlungs- und Bergbaugebieten in die Gewässer gelangen (Borchardt et al. 2013). Für die Erreichung dieser Ziele sind in der Regel umfangreiche Renaturierungsmaßnahmen erforderlich (s. ▶ Kap. 9).

Alle hier vorgestellten europäischen Richtlinien müssen in deutsches Recht umgesetzt werden, um eine unmittelbare Wirkung zu entfalten. Die wichtigsten nationalen Gesetze werden in den folgenden Abschnitten vorgestellt.

3.3 Nationale Gesetze, Verordnungen und Strategien

3.3.1 Bundesnaturschutzgesetz

Die wichtigste gesetzliche Grundlage für alle Maßnahmen im Naturschutz in Deutschland ist das Bundesnaturschutzgesetz (BNatSchG). Mit dem Gesetz zur Neuregelung des Rechts des Naturschutzes und der Landschaftspflege (BNatSchG 2009) wurden im Rahmen der konkurrierenden Gesetzgebung unmittelbar geltende Vollregelungen geschaffen, die mit Inkrafttreten am 1. März 2020 die bisherige Rahmengesetzgebung ersetzen werden. Da die Länder in bestimmten Bereichen ergänzende bzw. abweichende Regelungen treffen können (vgl. Art. 72 Abs. 3 GG), ist es weiterhin notwendig, neben dem BNatSchG zusätzlich das jeweils einschlägige Landesnaturschutzgesetz zugrunde zu legen. Maßnahmen zur Renaturierung von Lebensräumen werden in dem Gesetz vor allem im Rahmen der Eingriffsregelung (§ 13 f. BNatSchG) zur Kompensation von Eingriffen in die Leistungs- und Funktionsfähigkeit des Naturhaushaltes und des Landschaftsbildes, beispielsweise durch Siedlungs- und Verkehrswegebauten, gefordert. Erhebliche Eingriffe in Natur und Landschaft sind vom Verursacher vorrangig zu vermeiden. Nicht vermeidbare erhebliche Beeinträchtigungen sind durch Ausgleichs- oder Ersatzmaßnahmen oder, soweit dies nicht möglich ist, durch einen Ersatz in Geld zu kompensieren. In ▶ Exkurs 3.1 werden Möglichkeiten von Ökopoolprojekte als Instrumente der Renaturierung vorgestellt. Im BNatSchG § 16 Abs. 2 wird festgelegt, dass sich diese Bevorratung von vorgezogenen Ausgleichs- und Ersatzmaßnahmen nach Landesrecht richtet.

Die Vorschriften zur nationalen Umsetzung der FFH-Richtlinie sind in § 31 ff. BNatSchG zu finden. Im § 39 Abs. 4

BNatschG ist das gewerbsmäßige Entnehmen von Samen zur Gewinnung von gebietseigenem Saatgut sowie die Be- und Verarbeitung geregelt, die einer behördlichen Genehmigung bedürfen (vgl. ▶ Kap. 5). Einer Genehmigung ist stattzugeben, wenn der Artenbestand am Entnahmeort nicht gefährdet wird und keine erhebliche Beeinträchtigung des Naturhaushalts zu befürchten ist. Weiterhin heißt es: „Bei der Entscheidung über Entnahmen zu Zwecken der Produktion regionalen Saatguts sind die günstigen Auswirkungen auf die Ziele des Naturschutzes und der Landschaftspflege zu berücksichtigen."

Der § 40 BNatSchG macht Aussagen zu geeigneten Maßnahmen, um eine Gefährdung von Ökosystemen, Biotopen und Arten durch nichtheimische, gebietsfremde und invasive Arten zu vermeiden. „Das Ausbringen von Pflanzen in der freien Natur, deren Art in dem betreffenden Gebiet in freier Natur nicht oder seit mehr als 100 Jahren nicht mehr vorkommt, (...) bedarf der Genehmigung der zuständigen Behörde. Dies gilt nicht für künstlich vermehrte Pflanzen, wenn sie ihren genetischen Ursprung in dem betreffenden Gebiet haben. Die Genehmigung ist zu versagen, wenn eine Gefährdung von Ökosystemen, Biotopen oder Arten (...) nicht auszuschließen ist" (§ 40 Abs. 1). Diese Genehmigungspflicht für die Pflanzung von Gehölzen und das Ausbringen von Samen- und Samengemischen außerhalb ihrer Vorkommensgebiete gilt erst ab dem 1. März 2020 uneingeschränkt. Bereits vor diesem Datum sollte das Saatgut aber „vorzugsweise" innerhalb seiner Vorkommensgebiete ausgebracht werden (§ 40 Abs. 1 S. 4). Das bedeutet: Bis zum Ablauf dieser Übergangsfrist müssen in der freien Natur immer dann Pflanzgut und Samen gebietseigener Herkünfte verwendet werden, wenn ein entsprechendes Angebot besteht (Schumacher und Werk 2010).

Exkurs 3.1

Ausgleichsregelung und Ökopoolprojekte als Instrumente der Renaturierung

Bei unvermeidbaren Eingriffen in Natur und Landschaft fordert das Naturschutzrecht den Nachweis von Ausgleichs- bzw. Ersatzmaßnahmen. Die ausgleichsverpflichteten Eingreifer können sich dabei eines Ökopools in der Region bedienen und hier die volle Verantwortung auf die jeweiligen Flächenagenturen übertragen. Die inzwischen bundesweit etablierten Flächenagenturen werten gezielt degradierte Lebensräume auf. Durch Naturschutzbehörden erfolgt die Bewertung dieser Maßnahmen durch „Ökopunkte". Zukünftige Investoren können dann bereits durchgeführte Kompensationsmaßnahmen aus einem sogenannten Ökokonto abbuchen. Voraussetzung ist, dass die aufgewerteten Flächen in den Naturräumen liegen, wo auch die Eingriffe in Natur und Landschaft stattgefunden haben. Derartige Verträge haben eine komplett befreiende Wirkung für die Eingreifer, das heißt, die Flächenagenturen übernehmen die volle Verantwortung für die Vorbereitung, Umsetzung und vor allem die dauerhafte Pflege der Kompensationsmaßnahmen.

Der große Vorteil für den Naturschutz ist, dass die Kompensation durch diese Bündelung auf größeren Flächen komplexer und naturschutzfachlich hochwertiger umgesetzt werden kann als bisher, beispielsweise bei Kompensationsmaßnahmen im Straßenbau (◘ Abb. 3.1). Ein weiterer wesentlicher Vorteil ist, dass die

3

Maßnahmen durch die Flächenagenturen langfristig zuverlässig betreut und gepflegt werden. Damit wurde auf erhebliche Defizite bei der Umsetzung und Betreuung von Kompensationsmaßnahmen reagiert (z. B. Tischew et al. 2004, 2010).

Die Flächenagenturen haben sich im Verband der Flächenagenturen (▶ www.verband-flaechenagenturen.de/) zusammengeschlossen, die Ökopoolprojekte wirksam umsetzen können (◘ Abb. 3.2). Sie tauschen sich regelmäßig zu Methoden und Standards aus, beispielsweise zur Aufwertung oder Anlage von Grünlandflächen, zur Umsetzung von in die landwirtschaftliche Produktion integrierten Kompensationsmaßnahmen (PIK) wie Ackerrand- oder Blühstreifen und zur Renaturierung von Fließgewässern. Produktionsintegrierte Maßnahmen gewinnen vor dem Hintergrund des anhaltenden Verlustes landwirtschaftlicher Flächen durch Bebauung zunehmend an Bedeutung. Diese Kompensationsmaßnahmen werden in die landwirtschaftliche Produktion integriert und von den Landwirten als Partner in den langfristig angelegten Verträgen durchgeführt. Dazu gibt es in den einzelnen Bundesländern spezifische Vorschriften (z. B. Hessische Kompensationsverordnung 2012).

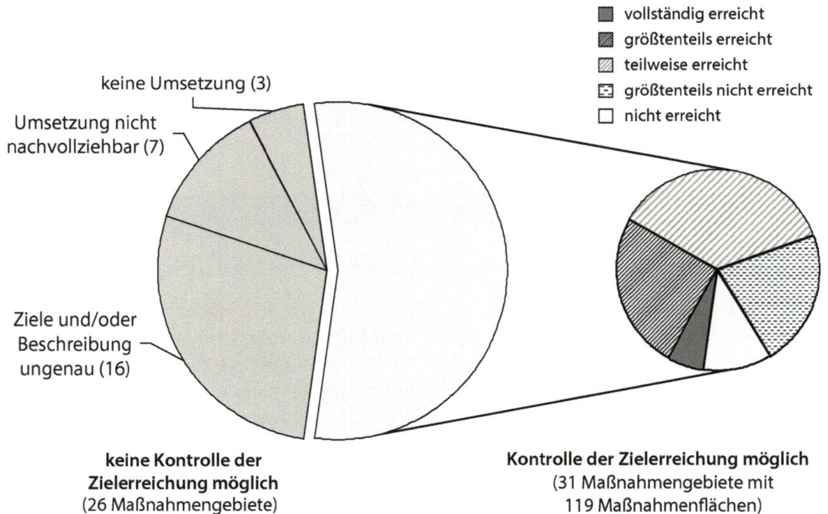

◘ **Abb. 3.1** Ergebnis von Erfolgskontrollen ausgewählter Kompensationsmaßnahmen des Straßenbaus. (Umsetzung 1985–1997; Tischew et al. 2004)

Abb. 3.2 Komplexe Kompensationsmaßnahme im Rahmen eines Ökopoolprojektes der Landgesellschaft Sachsen-Anhalt in der Porphyrkuppenlandschaft bei Halle. Ziel ist die Aufwertung vorhandener Trockenrasen durch gezieltes Beweidungsmanagement und Umwandlung von Äckern zur Vernetzung der Trockenrasen

3.3.2 Wasserhaushaltsgesetz

Zweck des Wasserhaushaltsgesetzes (WHG) ist es, durch eine nachhaltige Gewässerbewirtschaftung die Gewässer als Bestandteil des Naturhaushalts, als Lebensgrundlage des Menschen, als Lebensraum für Tiere und Pflanzen sowie als nutzbares Gut zu schützen (§ 1 WHG). Im Jahr 2002 wurde das WHG umfassend novelliert, um die 2000 in Kraft getretene Wasserrahmenrichtlinie der Europäischen Union umzusetzen. Am 31. März 2010 ist die aktuelle Fassung des WHG in Kraft getreten und löst das bisherige Rahmenrecht durch Vollregelungen des Bundes ab. Das WHG enthält Bestimmungen über den Schutz und die Nutzung der Oberflächengewässer und des Grundwassers sowie Vorschriften über den Ausbau der Gewässer, die wasserwirtschaftliche Planung und den Hochwasserschutz. Beispielsweise sind an oberirdischen Gewässern Überschwemmungsgebiete festzusetzen, für die ein weitreichender Pflichtenkatalog gilt. Dieser umfasst unter anderem die Erhaltung und die Rückgewinnung von Rückhalteflächen, die Umwandlung von Ackerland in Grünland sowie Einschränkungen bei der Bebauung.

3.3.3 Bundesberggesetz

Seit August 1980 gilt in Deutschland das Bundesberggesetz (BBergG), das die Versorgung mit Rohstoffen sichern soll. Der Rohstoffgewinnung wird dabei Vorrang gegenüber anderen Interessen des Gemeinwohls eingeräumt. Nach § 3 BBerG wird zwischen grundeigenen und bergfreien Bodenschätzen unterschieden, wobei das Bergrecht für beide anzuwenden ist. Grundeigene Bodenschätze (Tone, Sande, Kiese, Gips etc.) sind im Eigentum des Grundeigentümers, bergfreie Bodenschätze (Edelmetalle, Erdöl, Erdgas, Kohle, Salze etc.) dagegen nicht. Im Laufe der Bergbaugeschichte wurden solche Bodenschätze als „bergfrei“ eingestuft, die volkswirtschaftlich besonders bedeutend waren. Neben dem Aufsuchen, Gewinnen und Aufbereiten mineralischer Rohstoffe, regelt das Bundesberggesetz auch die Rekultivierung der ausgebeuteten Tagebaue (► Kap. 23).

Bereits vor Abbaubeginn müssen klare planerische Vorstellungen über den Abbau, die Rekultivierung und die späteren Nutzungsabsichten bestehen. Dafür ist eine detaillierte Planung notwendig, die im Rahmen von Genehmigungsverfahren rechtlich abgesichert werden muss. Diese Betriebspläne gem. § 52 BBergG werden von den Unternehmen aufgestellt und müssen vom Bergamt zugelassen werden. Dabei wird zwischen Rahmenbetriebsplänen, Hauptbetriebsplänen, Sonderbetriebsplänen und Abschlussbetriebsplänen unterschieden. Diese Betriebspläne werden unter Einbeziehung der Öffentlichkeit vom jeweilig zuständigen Bergamt zugelassen (§ 55 BBergG). Darin werden z. B. die räumliche und zeitliche Ausdehnung des Abbaus, der Ausgleich der negativen Folgen auf die Umwelt (Wasser- und Naturhaushalt, Immissionen usw.), auf menschliche Siedlungen und Infrastruktur (z. B. Umsiedlung von Ortschaften, Verlegung von Straßen) sowie die Wiedernutzbarmachung des Gebietes nach Abbauende geregelt.

In dem Rahmenbetriebsplan müssen dabei allgemeine Angaben über das beabsichtigte Vorhaben, dessen technische Durchführung und den voraussichtlichen zeitlichen Ablauf enthalten sein. Innerhalb des Rahmenbetriebsplans müssen die Details durch Hauptbetriebs- und Sonderbetriebspläne geregelt werden. Ein Rahmenbetriebsplan ist insbesondere dann zu erstellen, wenn das geplante Abbauvorhaben einer Umweltverträglichkeitsprüfung bedarf. Die Prüfung erfolgt dann im Rahmenbetriebsplanverfahren, welches mit einer Plangenehmigung oder mit einem Planfeststellungsbeschluss abschließt. Für die Einstellung eines Abbaus ist ein Abschlussbetriebsplan aufzustellen, der eine genaue Darstellung der technischen Durchführung und der Dauer der beabsichtigten Betriebseinstellung und Angaben über eine Beseitigung der betrieblichen Anlagen und Einrichtungen oder über deren anderweitige Verwendung enthalten muss. Es muss dabei auch der Nachweis geführt werden, dass die erforderliche Vorsorge zur Wiedernutzbarmachung der Oberfläche und die erforderliche Vorsorge gegen Gefahren für Leben, Gesundheit und zum Schutz von Sachgütern, Beschäftigter und Dritter bei der Durchführung des Abschlussbetriebsplanes und nach der Beendigung der Bergaufsicht erfolgt.

Im Bundesberggesetz ist nach dem Abbau von Bodenschätzen eine Wiedernutzbarmachung der Oberfläche vorgeschrieben. Nach § 4 Abs. 4 wird die Wiedernutzbarmachung als eine ordnungsgemäße Gestaltung der vom Bergbau in Anspruch genommenen Oberfläche unter Beachtung des öffentlichen Interesses definiert. Damit verbunden sind die Gefahrenabwehr im Bereich der stillgelegten Bergbaubetriebe sowie die Wiederherstellung eines ausgeglichenen, sich weitgehend selbst regulierenden Wasserhaushaltes. Erst seit der Jahrhundertwende werden zunehmend auch naturschutzfachliche Ziele in die Sanierungsplanung einbezogen. Beispielsweise werden in den aktuellen Braunkohlenplänen, welche die Festlegungen zum Abbau der Braunkohle sowie zur Wiedernutzbarmachung der abgebauten Tagebaue (Sanierungsrahmenplanung) enthalten, heute 10–15 % der Gesamtfläche als Renaturierungsflächen ausgewiesen.

3.3.4 Bundes-Bodenschutzgesetz und Bundes-Bodenschutzverordnung

Zweck des Bundes-Bodenschutzgesetzes (BBodSchG) ist die nachhaltige Sicherung und Wiederherstellung der Bodenfunktionen. Gefahren für den Boden sollen abgewehrt werden und eingetretene schädliche Bodenveränderungen sind zu sanieren. Das Bundes-Bodenschutzgesetz vom 17. März 1998 (BBodSchG) gilt grundsätzlich nur, soweit andere Gesetze – wie z. B. das Düngemittelgesetz oder das Baurecht – Einwirkungen auf den Boden nicht regeln.

Die entsprechenden Gesetze sind in § 3 des BBodSchG aufgeführt. Der Schwerpunkt des BBodSchG liegt im nachsorgenden Bodenschutz. Die Prüfungsabfolge und Entscheidungsmaßstäbe sind im BBodSchG und in der Bundes-Bodenschutz- und Altlastenverordnung vom 12. Juli 1999 (BBodSchV) geregelt. BBodSchG und BBodSchV enthalten auch Pflichten des vorsorgenden Bodenschutzes. Von besonderer Bedeutung ist insoweit die Festlegung von Vorsorgewerten als auch von Anforderungen an das Ein- und Aufbringen von Materialien in und auf den Boden. Nach § 17 BBodSchG sind die Grundsätze der guten fachlichen Praxis bei landwirtschaftlicher Bodennutzung zu beachten. Die Länder haben vielfach zur Konkretisierung und Umsetzung des BBodSchG und der BBodSchV eigene Ländergesetze erlassen.

3.3.5 Nationale Umsetzung der CBD durch die Nationale Biodiversitätsstrategie

In Deutschland wurde am 7. November 2007 zur Umsetzung der CBD die Nationale Strategie zur biologischen Vielfalt vom Bundeskabinett verabschiedet. Informationen zum aktuellen Umsetzungsprozess sind unter ▶ www.biologischevielfalt.de zu finden. Insgesamt enthält die Strategie rund 330 Ziele und rund 430 Maßnahmen zu allen biodiversitätsrelevanten Themen und ist damit die weltweit anspruchsvollste nationale Biodiversitätsstrategie (Herberg et al. 2015, 2016). Sie ist eine für mindestens vier Legislaturperioden ausgelegte und für die gesamte Bundesregierung verpflichtende Strategie, deren Erfolg anhand eines Indikatorensets und mit Rechenschaftsberichten regelmäßig überprüft werden kann. Die Naturschutzoffensive 2020 soll als Reaktion auf die bislang nur unzureichende Zielerreichung unter anderem auch verstärkt die Wiederherstellung degradierter Lebensräume und Habitate von Arten unterstützen (Arndt et al. 2015). Im Bundesprogramm Biologische Vielfalt werden entsprechende Maßnahmen gefördert. Bisher überwiegen allerdings Projekte in Siedlungen, an Gewässern und auf anderen Flächen mit geringem landwirtschaftlichen Interesse (Magerrasen, Heiden usw.), während landwirtschaftlich genutzte Fläche unterrepräsentiert sind; für diese ist das ELER-Programm vorgesehen.

Es werden beispielsweise Projekte unterstützt, die sogenannte Verantwortungsarten durch den Schutz und die Renaturierung ihrer Lebensräume fördern. Verantwortungsarten sind dabei solche Arten, für die Deutschland international eine besondere Verantwortung hat, weil sie nur hier vorkommen oder weil ein hoher Anteil der Weltpopulation hier vorkommt, so z. B. *Astragalus exscapus* und *Scabiosa canescens* sowie der Rotmilan. Ein weiterer Förderschwerpunkt zielt auf den Schutz und die Wiederherstellung von Lebensräumen mit ihren Arten in sogenannten Hotspots der Biodiversität, das heißt Regionen in Deutschland mit einer besonders hohen Dichte und Vielfalt charakteristischer Arten, Populationen und Lebensräume. Beispiele für solche ausgewählten Hotspots der Biodiversität sind die Schwäbische Alb, die Oberlausitzer Heide- und Teichlandschaft, die Rhön oder der Südharzer Zechsteingürtel, Kyffhäuser und die Hainleite. Für jeden Hotspot sollen ein Konzept erarbeitet und beispielhafte Maßnahmen umgesetzt werden, die Prozesse in die Wege leiten, um die naturraumtypische Vielfalt von Landschaften, Lebensräumen und Lebensgemeinschaften sowie die gebietstypische, natürlich und historisch entstandene Artenvielfalt zu erhalten und zu verbessern. Regionale Partnerschaften aus Städten, dem Umland, Naturschutzakteuren sowie Wirtschafts- und Sozialpartnern sollen so eine langfristige Sicherung der Hotspots gewährleisten. Ein weiterer Förderschwerpunkt hat die Sicherung und Wiederherstellung von Ökosystemdienstleistungen zum Ziel, indem beispielsweise Moore oder Auen renaturiert werden.

3.4 Schlussfolgerungen

Die nationale Ratifizierung internationaler Abkommen und Richtlinien zum Schutz und zur Wiederherstellung von Lebensräumen und ihren Arten ist eine wesentliche Triebfeder für die Konzeption von Vorhaben der ökologischen Renaturierung. In den internationalen Abkommen und Richtlinien sind auch bereits fachliche Rahmenvorgaben enthalten, sie müssen aber durch entsprechende Gesetzgebungen in verbindliches nationales Recht umgesetzt werden. Die Nationale Strategie zur biologischen Vielfalt enthält anspruchsvolle Ziele und Maßnahmen, um den Rückgang der biologischen Vielfalt und der damit gekoppelten Ökosystemdienstleistungen zu stoppen. Im Bundesprogramm Biologische Vielfalt werden dazu Projekte gefördert, die neben dem Schutz von Arten und Lebensräumen auch explizit deren Renaturierung zum Ziel haben. Die Ergebnisse dieser Leuchtturmprojekte müssen aber zukünftig noch konsequenter in die landesweite Praxis überführt werden.

? Fragen zur Verti efung

- Welchen rechtlichen Status hat das Übereinkommen über die biologische Vielfalt (CBD)?
- Nennen Sie die wichtigsten Ziele der europäischen Fauna-Flora-Habitat-Richtlinie.
- Welche Verpflichtungen zur Renaturierung (Wiederherstellung) leiten sich aus der FFH-Richtlinie und der europäischen Wasserrahmenrichtlinie ab?
- Was sind die Hauptziele der Europäischen Biodiversitätsstrategie?
- Erläutern Sie die Begriffe Ökopool und Ökokonto.
- Welche nationalen Gesetze müssen Sie bei der Planung und Umsetzung von Renaturierungsvorhaben beachten?

Literatur

Albrecht J, Hofmann M (2014) Fortschreibung der WRRL-Maßnahmenprogramme und Bewirtschaftungspläne – Anforderungen aus Naturschutzsicht: Naturschutz und Wasserrahmenrichtlinie in der Praxis. Tagungsdokumentation der BfN-Fachtagung am 26.11.2013 in Bonn. BfN-Skripten 381:42–47

Arndt T, Balzer S, Benzler A, Böhmer F, Böttcher M, Dietrich K, Dröschmeister R, Ehlert T, Ellwanger G, Engels B, Finck P, Forst R, Hagius A, Hildebrandt C, Höltermann A, Job-Hoben B, Kiess C, Klein M, Krause J, May R, Mayer F, Metzing D, Mues A, Neukirchen B, Niclas G, Pöllath J, Pusch C, Raths U, Riecken U, Robinet K, Scherfose V, Schumacher H, Schweppe-Kraft B, Seyfert U, Stratmann U, Strauß C, Sukopp U, Ullrich K, Züghart U, Nordheim H von (2015) Fachinformation des BfN zur „Naturschutz-Offensive 2020" des Bundesumweltministeriums – Status, Trends und Gründe zu den prioritär eingestuften Zielen der NBS. BfN-Skripten 418:1–53

Borchardt D, Mohaupt V, Jekel H, Rohrmoser W (2013) Die Wasserrahmenrichtline – Eine Zwischenbilanz zur Umsetzung der Maßnahmenprogramme 2012. Bundesministerium für Umwelt, Naturschutz und Reaktorsicherheit, Berlin

Bundesberggesetz vom 13. August 1980 (BGBl. I S. 1310), das zuletzt durch Artikel 4 des Gesetzes vom 30. November 2016 (BGBl. I S. 2749) geändert worden ist

Bundes-Bodenschutz- und Altlastenverordnung vom 12. Juli 1999 (BGBl. I S 1554), die zuletzt durch Artikel 102 der Verordnung vom 31. August 2015 (BGBl. I S 1474) geändert worden ist

Bundes-Bodenschutzgesetz vom 17. März 1998 (BGBl. I S 502), das zuletzt durch Artikel 101 der Verordnung vom 31. August 2015 (BGBl. I S 1474) geändert worden ist

Bundesnaturschutzgesetz vom 29. Juli 2009 (BGBl. I S 2542), das zuletzt durch Artikel 1 des Gesetzes vom 15. September 2017 (BGBl. I S 3434) geändert worden ist

Convention for Biodiversity (CBD) (2010) Decision X/2. Strategic plan for biodiversity 2011–2020 and the Aichi biodiversity targets, Nagoya, Japan. 18–29 October 2010. [online] ► https://www.cbd.int/decision/cop/default.shtml?id=12268. Zugegriffen: 15. 06. 2018

Cortina-Segarra J, Decleer K, Kollmann J (2016) Speed restoration of EU ecosystems. Nature 535:231

EEA (2010a) EU 2010 Biodiversity Baseline. EEA Technical Report No 12/2010, European Environment Agency, Copenhagen

EEA (2010b) Assessing Biodiversity in Europe – The 2010 Report. EEA Technical Report No 5/2010, European Environment Agency, Copenhagen

EU (1992) Richtlinie 92/43/EWG des Rates vom 21. Mai 1992 zur Erhaltung der natürlichen Lebensräume sowie der wildlebenden Tiere und Pflanzen, die zuletzt durch Artikel 1 der Richtlinie 2013/17/EU des Rates vom 13. Mai 2013 geändert wurde

EU (2009) Richtlinie 2009/147/EG des Europäischen Parlaments und des Rates über die Erhaltung der wildlebenden Vogelarten vom 30. November 2009

Herberg A, Bilo M, Emde FA, Herbert M, Kruess A, Krug A, Riecken U, Schell C, Knapp H-D (2015) Die Nationale Strategie zur biologischen Vielfalt. Ausgewählte Aktivitäten und Handlungsfelder. Nat Landsch 90:332–338

Herberg A, Bilo M, Herbert M, Kruess A, Krug A, Merck T, Nordheim H von, Pusch C, Riecken U, Schell C (2016) Nationale Strategie zur biologischen Vielfalt. Agrarlandschaften und Meere im Fokus. Nat Landsch 91:179–187

Hessische Kompensationsverordnung i. d. F. vom 1. September 2005 (zuletzt geändert durch Artikel 5 des Gesetzes vom 21. November 2012)

IUCN/SSC (2013) Guidelines for reintroductions and other conservation translocations. Version 1.0. Gland, Switzerland: IUCN Species Survival Commission

Kluth W, Smeddinck U (2013) Umweltrecht. Springer Spektrum, Heidelberg

Korn N, Jessel B, Hasch B, Mühlinghaus R (2006) Flussauen und Wasserrahmenrichtlinie: Bedeutung der Flussauen für die Umsetzung der europäischen Wasserrahmenrichtlinie – Handlungsempfehlungen für Naturschutz und Wasserwirtschaft. Naturschutz und Biologische Vielfalt 27. Landwirtschaftsverlag, Münster-Hiltrup

Riedel W, Lange H, Jedicke E, Reinke M (2016) Lehrbuch Landschaftsplanung. Springer Spektrum, Berlin

Schumacher A, Werk K (2010) Die Ausbringung gebietsfremder Pflanzen nach § 40 Abs.4 BNatSchG. Nat Recht 32:848–853

Tischew S, Rexmann B, Schmidt M, Teubert H (2004) Langfristige ökologische Wirksamkeit von Kompensationsmaßnahmen im Straßenbau. Schr reihe Forsch Straßenbau Straßenverkehrstech 887:1–261

Tischew S, Baasch A, Conrad M, Kirmer A (2010) Evaluating restoration success of frequently implemented compensation measures: Results and demands for control procedures. Restor Ecol 18:467–480

Verordnung (EU) Nr. 1305/2013 des Europäischen Parlaments und des Rates vom 17. 12. 2013 über die Förderung der ländlichen Entwicklung durch den Europäischen Landwirtschaftsfonds für die Entwicklung des ländlichen Raums (ELER)

Wasserhaushaltsgesetz (WHG) vom 31. Juli 2009 (BGBl. I S 2585), das zuletzt durch Artikel 1 des Gesetzes vom 4. August 2016 (BGBl. I S 1972) geändert worden ist

Wasserrahmenrichtlinie (WRRL): Richtlinie 2000/60/EG des Europäischen Parlamentes und des Rates vom 23. Oktober 2000 zur Schaffung eines Ordnungsrahmens für Maßnahmen der Gemeinschaft im Bereich der Wasserpolitik

Limitierende Faktoren der Renaturierung

Norbert Hölzel

© Springer-Verlag GmbH Deutschland, ein Teil von Springer Nature 2019
J. Kollmann et al., *Renaturierungsökologie*, https://doi.org/10.1007/978-3-662-54913-1_4

Zusammenfassung

Renaturierung ist durch abiotische und biotische Faktoren limitiert. Zu den abiotischen Faktoren zählen der Wasserhaushalt, die Nährstoffverhältnisse sowie die Versauerung. Die Wiederherstellung eines adäquaten Wasserhaushalts erweist sich besonders bei Mooren als schwierig und ist oft nur eingeschränkt möglich. Ein zentrales Problem der Renaturierung ist die Absenkung des Nährstoffniveaus der Projektflächen, um die Existenz von artenreichen Zielgemeinschaften zu ermöglichen. Von einer Versauerung durch atmosphärische Deposition betroffen sind vor allem schwach gepufferte Systeme wie Weichwasserseen, Sandheiden, bodensaure Magerrasen und Niedermoore. Ausdauernde Samenbanken im Boden vermögen in feuchten oder stark störungsgeprägten Lebensräumen und nach Brache einen wesentlichen Beitrag zur Renaturierung zu leisten. Unter den biotischen Faktoren hat die Ausbreitungslimitierung von Zielarten als Folge von Habitatfragmentierung sowie fehlenden Ausbreitungsvektoren an Bedeutung gewonnen. In ähnlicher Weise kann eine dichte Vegetation und das Ausbleiben von Störungen die Etablierung von Zielarten einschränken. Strategien und Techniken zur Übertragung von Zielarten gehören daher zum Standardrepertoire der ökologischen Renaturierung.

4

4.1 Einleitung

Infolge massiver quantitativer und qualitativer Verluste naturnaher, artenreicher Lebensräumen ist ihre Neuschaffung und Wiederherstellung vor allem in den agrarisch besonders intensiv genutzten Regionen Mittel- und Westeuropas spätestens seit den 1970er-Jahren zunehmend in den Mittelpunkt von Naturschutzmaßnahmen gerückt (Bakker 1989; Bakker und Berendse 1999). Anfangs standen dabei die Wiederherstellung adäquater Standort- und Nutzungsverhältnisse im Vordergrund der Bemühungen. Bei den Standortverhältnissen ging es neben der Wiedervernässung degradierter Feuchtgebiete (Pfadenhauer und Grootjans 1999) vor allem darum, überschüssige Nährstoffe zu entziehen und damit die Produktivität des Standorts auf das Niveau der Zielgemeinschaft zurückzuführen (Gough und Marrs 1990; Oomes et al. 1996; Hölzel und Otte 2003). Eine Reduktion der Nutzungsintensität oder bei einer Brache die Wiederaufnahme der Nutzung konnten vor allem durch Ausgleichszahlungen und vertragliche Vereinbarungen mit Landwirten über Agrar-Umweltprogramme erzielt werden (z. B. ► Kap. 20).

Zahlreiche Untersuchungen zeigen, dass entsprechende Renaturierungsmaßnahmen oft nur von bescheidenem Erfolg gekrönt sind. Selbst nach erfolgreicher Wiedervernässung, Ausmagerung und Installierung einer adäquaten Nutzung stellen sich die angestrebten Artengemeinschaften nicht oder nur in unzureichendem Maße ein (Bakker 1989; Berendse et al. 1992; Pegtel et al. 1996; Donath et al. 2003). Zielarten können sich selbst nach Jahrzehnten in der Regel nur dann etablieren, wenn sie bereits im Bestand oder in dessen unmittelbarer räumlicher Nähe vorhanden sind. Zu ähnlichen Resultaten kommen Aussaatexperimente, die belegen, dass der Artenreichtum in Grünlandbeständen in hohem Maße durch die Verfügbarkeit von Samen beeinflusst wird (Hutchings und Booth 1996; Turnbull et al. 2000; Pywell et al. 2002).

Durch die Vielzahl gleichlautender Befunde rücken die früher kaum beachteten populationsbiologischen Aspekte der generativen Vermehrung, Ausbreitung und Etablierung in den Mittelpunkt des Interesses von Renaturierungsökologen. Fehlende Persistenz der Samenbank, geringes (Fern-) Ausbreitungsvermögen und der Mangel an Regenerationsnischen (*safe sites* nach Harper 1977) in geschlossenen Grasnarben werden spätestens seit Mitte der 1990er-Jahre intensiv als zusätzlich limitierende Faktoren bei der Wiederherstellung und Neuschaffung von artenreichen Grünlandgesellschaften untersucht (Bakker et al. 1996; Hölzel 2005; Donath et al. 2007). Im Folgenden sollen die wichtigsten abiotischen und biotischen Faktoren, die den Renaturierungserfolg beeinflussen, erörtert werden (vgl. Grime 2001).

4.2 Abiotische Faktoren

4.2.1 Wasserhaushalt

Die Wiederherstellung eines typischen Wasserhaushalts, z. B. von Feuchtgebieten, gehört zu den klassischen Renaturierungsmaßnahmen, wie sie seit Jahrzehnten in Mooren, aber auch auf mineralischen Nassböden durchgeführt werden (vgl. ▶ Kap. 11). Wiedervernässungsmaßnahmen sind in der Regel dann besonders erfolgreich, wenn sie in vergleichsweise schwach vorgeschädigten Ökosystemen und in kleinen Einzugsgebieten mit wenig intensiver Landnutzung durchgeführt werden (Pfadenhauer und Grootjans 1999). Unter solchen Bedingungen genügt oft bereits Anstau oder Rückbau von Drainagegräben, um die früher herrschenden hydrologischen Bedingungen wiederherzustellen und eine Regeneration der Biozönosen einzuleiten (◘ Abb. 8.9).

Grundlegend anders gestaltet sich die Situation im Falle stark degradierter Moore, insbesondere in dicht besiedelten Tieflagen mit intensiver Landnutzung im Einzugsgebiet (Grootjans et al. 2006a). Von den moortypischen Strukturen, Arten und Funktionen ist hier oft nur noch ein mehr oder weniger stark degradierter Torfrestkörper übriggeblieben, während moortypische Biozönosen oft bis auf kleinste Restvorkommen zurückgedrängt wurden (Succow und Joosten 2001). Unter solchen Bedingungen ist die Wiederherstellung des ursprünglichen moortypischen Wasserhaushalts oftmals nahezu unmöglich. Meist erfolgt hier nur eine unvollständige Vernässung kleinerer Teilbereiche, da von großflächigeren Vernässungsmaßnahmen in der Regel auch Nutzflächen außerhalb der zu renaturierenden Flächen erfasst würden.

Der Landschaftsmaßstab des Gebietswasserhaushalts, der weit über Schutzgebietsgrenzen hinausgeht, erweist sich daher oft als Kernproblem bei der Renaturierung von Feuchtgebieten, dessen Brisanz sich mit zunehmender Größe des Einzugsgebiets verschärft. Sowohl Drainagesysteme von Agrarflächen, als auch Grundwasserentnahmen zur Trinkwassergewinnung im Umfeld von wiedervernässten Flächen können den Wasserhaushalt dauerhaft verändern und zu sommerlicher Wasserknappheit führen (Grootjans et al. 2006a). Ähnlich gravierend sind massive Degradationserscheinungen in den Resttorfkörpern. Neben ausgeprägter Mineralisation und Anreicherung von Nährstoffen an der Oberfläche infolge von Austrocknung und agrarischer Nutzung (Pfadenhauer und Heinz 2004) kommt es zu einer stark verminderten Wasserleitfähigkeit der Torfkörper infolge Sackung und Verdichtung (Grootjans et al. 2006b). Diese Dichtlagerung der Torfe führt im Winterhalbjahr meistens zu einer flächenhaften Überstauung mit Niederschlagswasser, während im Sommer eine rasche Abtrocknung erfolgt (Succow und Joosten 2001). Im Falle von Durchströmungsmooren genügt bereits eine schwache Vorentwässerung und die damit einhergehende Verdichtung und verringerte Wasserleitfähigkeit der Torfkörper, um eine kaum reversible hydrologische Degradation einzuleiten. In der Folge verlieren die charakteristischen offenen Braunmoos-Seggenmoore (Scheuchzerio-Caricetea nigrae) dieses Moortyps ihren permanent nassen Standortcharakter und werden von Gehölzen besiedelt.

Ähnlich problematisch ist die Wiedervernässung entwässerter, ehemals ausschließlich aus Niederschlägen gespeister Regenmoore (▶ Kap. 11). Bei kleinflächigen Mooren mit geringer Vorentwässerung und günstigem landschaftlichem Umfeld, wie beispielsweise Kesselmooren in großen Waldgebieten, lassen sich noch durch das Verschließen von Entwässerungsgräben rasche und dauerhafte Erfolge erzielen. Dagegen erweist sich die Renaturierung großflächiger, stark entwässerter und durch kommerziellen Torfabbau degenerierter Tieflands- und Becken-Regenmoore, wie beispielsweise im Emsland oder im Alpenvorland, als ein besonders schwieriges Unterfangen (Sliva und Pfadenhauer 1999). Als wesentliches Problem zeigt sich hierbei die Wiederherstellung eines regenmoortypischen Wasserhaushalts im Bereich des Akrotelms, das heißt der obersten Torfschicht. Diese ist relativ sauerstoffreich und permanent durchfeuchtet, sodass sie gute Voraussetzungen für ein üppiges Gedeihen von Torfmoosen wie *Sphagnum magellanicum* bietet. Dieser Idealzustand wird in vielen Fällen bei Wiedervernässung von Regenmooren nicht erreicht: Entweder sind die Flächen permanent oder temporär zu trocken, was tendenziell zu Verheidung führt und das Wachstum von Torfmoosen (*Sphagnum* spp.) unterbindet. Oder die Flächen sind zu hoch überstaut, wodurch das ehemalige Regenmoor oft den Charakter eines dystrophen Flachsees annimmt (■ Abb. 10.4b). Beeinträchtigt wird die Wiederherstellung zudem durch die chemische Qualität des Wassers, welches häufig stark sauer ist, zu wenig CO_2 oder zu viel Stickstoff infolge atmosphärischer Einträge enthält, um eine erfolgreiche Reetablierung von Torfmoosen zu gewährleisten (Lamers et al. 1999, 2000; Tomassen et al. 2004a). Wesentlich leichter und erfolgreicher regenerieren sich demgegenüber im Bereich flach überstauter ehemaliger Torfstiche die flutenden Torfmoosdecken der Schlenken *(Sphagnum cuspidatum)* – jedenfalls sofern die Eigenschaften der Torfe eine ausreichende Methanproduktion (CH_4) zulassen, durch die die Torfmoosdecken aufschwimmen (Tomassen et al. 2004b).

Bei der Wiedervernässung schwach gepufferter minerotropher Niedermoore und Feuchtheiden gelingt häufig nicht die Wiederanbindung an basenreiche Grundwasserströme *(seapage)*, was eine zunehmende oberflächliche Versauerung (▶ Abschn. 4.2.3) und den Ausfall basiphytischer Arten zur Folge hat (Duren et al. 1998; Bakker und Berendse 1999). Diese Entkoppelung von Calcium-reichem Grundwasser ist häufig irreversibel, da sie in der Regel auf großräumige anthropogene Veränderungen des Landschaftswasserhaushalts zurückgeht (Grootjans et al. 2006b).

Mit der Wiedervernässung von ursprünglich meso- bis schwach eutrophen Standorten sind häufig unerwünschte und teils massive Eutrophierungserscheinungen verbunden (Zak et al. 2010). Diese resultieren zum einen aus mit Nährstoffen belasteten Einleitungen von Oberflächenwasser, zum anderen, und oft sogar in stärkerem Maße, aus internen Eutrophierungsprozessen, die mit einer Wiedervernässung einhergehen (Smolders et al. 2006). Zur Kompensation von Entwässerungsmaßnahmen wird oft Oberflächenwasser, das mit Nährstoffen aus der Landwirtschaft und Abwässern belastet ist, in Feuchtgebiete eingeleitet. Dadurch steigt die Verfügbarkeit von Nitrat und Phosphat erheblich. Die vielfältigen Interaktionen zwischen Wasser-, Basen- und Nährstoffhaushalt eines Feuchtgebiets machen Maßnahmen der Wiedervernässung besonders problematisch und führen dazu, dass es häufig nicht oder nur sehr eingeschränkt gelingt, die angestrebten Zielsysteme wiederherzustellen. So führt eine Wiedervernässung ehemals agrarisch genutzter Flächen in Niedermooren fast generell zu hypertrophen Standortverhältnissen und zur Entwicklung von artenarmen Seggen- und Röhrichtbeständen. Diese hochproduktiven Systeme können durchaus erheblichen naturschutzfachlichen Wert haben, etwa als Lebensraum für gefährdete Wasservogelarten, unterscheiden sich aber grundlegend von der Ursprungsvegetation (Bodegom et al. 2006; Timmermann et al. 2006). In der Regel gelingt die Wiederherstellung nährstofflimitierter oligo- bis mesotropher Systeme nur, wenn Vernässungsmaßnahmen mit einer gezielten Verringerung der Nährstoffverfügbarkeit etwa durch Oberbodenabtrag (■ Abb. 4.3a) einhergehen (Patzelt et al. 2001; Schächtele und Kiehl 2005).

4.2.2 Nährstoffhaushalt

Eutrophierungserscheinungen und dadurch erhöhte Produktivität sind heute vielfach eine Hauptursache für das Scheitern von Renaturierungsprojekten. Dies gilt besonders für Renaturierungsmaßnahmen auf ehemals intensiv landwirtschaftlich genutzten Flächen, welche sich infolge von Aufdüngung oft durch stark erhöhte Biomasseproduktion auszeichnen (Gough und Marrs 1990).

In vielen Renaturierungsprojekten spielt daher die Ausmagerung nährstoffreicher Standorte zur Absenkung der Produktivität eine zentrale Rolle und gilt als wesentliche Voraussetzung für eine erfolgreiche Wiederansiedlung von Zielarten und Zielgemeinschaften (Kapfer 1988; Gough und Marrs 1990). Eine Absenkung des Trophieniveaus allein durch den Nährstoffentzug über die oberirdische Biomasse ist ein langwieriger und unsicherer Prozess (Bakker 1989; Berendse et al. 1992). Am ehesten gelingt dies bei mesotraphenten Pflanzengemeinschaften wie etwa Feuchtwiesen (Calthion) und Glatthaferwiesen (Arrhenatherion; ▶ Kap. 20). Durch regelmäßige Nährstoffentzüge im Rahmen einer Heumahd lässt sich hier vergleichsweise rasch eine Stickstofflimitierung erreichen und damit die Produktivität verringern.

Wesentlich langsamer und langwieriger vollzieht sich demgegenüber eine Reduktion des in Böden wenig mobilen Phosphats (Lamers et al. 2006), das durch landwirtschaftliche Düngungsmaßnahmen in Acker- und Grünlandböden häufig sehr stark angereichert ist (Gough und Marrs 1990). Erstaunlicherweise ist aber gerade auf Mineralböden mit ackerbaulicher Vornutzung infolge Humusschwund oft vergleichsweise rasch mit einer erheblichen Einschränkung der Produktivität durch Stickstoffmangel zu rechnen (◘ Abb. 4.1). So wurde in älterem Renaturierungsgrünland am hessischen Oberrhein trotz deutlich erhöhter Phosphorverfügbarkeit bereits nach etwa 15 Jahren Aushagerungsmahd das Produktionsniveau von artenreichen Altbeständen erreicht (Donath et al. 2003; Bissels et al. 2004). Relativ hohe Phosphorkonzentrationen werden toleriert,

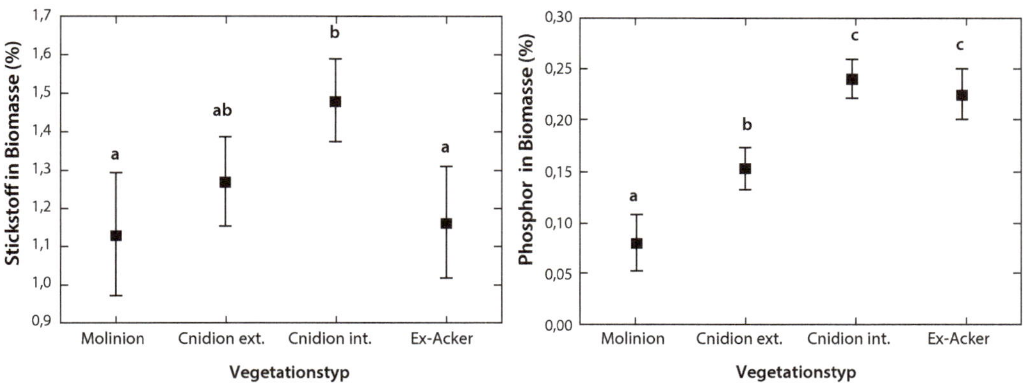

◘ **Abb. 4.1** Konzentrationen von Stickstoff (N) und Phosphor (P) in der oberirdischen Biomasse unterschiedlicher, aktuell ungedüngter Grünlandtypen am hessischen Oberrhein: Molinion (Pfeifengraswiesen), Cnidion extensiviert (nie aufgedüngte Brenndoldenwiesen), Cnidion intensiviert (gedüngte Brenndoldenwiesen) und Ex-Acker (renaturierte Wiesen auf ehemaligen Äckern ca. 10–15 Jahre nach Umwandlung). Unterschiedliche Buchstaben kennzeichnen signifikante Unterschiede ($P < 0{,}05$). Während es auf dem ehemaligen Acker zu einer raschen Absenkung der N-Konzentrationen in der Biomasse bis auf das Niveau der Zielgemeinschaften kommt, sind die P-Konzentrationen noch deutlich erhöht; im Falle der gedüngten Brenndoldenwiese gilt dies auch für die N-Konzentrationen. (N. Hölzel, unpubl. Daten)

wenn die Produktivität durch andere Faktoren, z. B. zeitweise starken Wassermangel, eingeschränkt wird. Das ist etwa in den von Kiehl et al. (2006) untersuchten Kalkmagerrasen auf ehemaligen Ackerböden der Fall. Im Normalfall sollte aber auch für eine erfolgreiche Renaturierung von artenreichem mesotrophen Grünland ein Wert von 5 mg CAL-löslichem P $100\,g^{-1}$ im Boden nicht überschritten werden (Janssens et al. 1998; Critchley et al. 2002). Generell besonders erfolgreich vollzieht sich die Ausmagerung auf humus- und kolloidarmen Sandböden (Pegtel et al. 1996), während tiefgründige Lehmböden und stark zersetzte Niedermoortorfe ungünstige Voraussetzungen bieten (Snow et al. 1997; Pfadenhauer und Heinz 2004).

Im Falle der Wiederherstellung besonders stark nährstofflimitierter Ökosysteme, wie oligotropher Weichwasserseen, Sandheiden, Kalkmagerrasen, Borstgrasrasen, Pfeifengraswiesen oder Kleinseggenriedern, führt Ausmagerungsmahd alleine nur bei vergleichsweise schwach eutrophierten Standorten zum Ziel. In den allermeisten Fällen sind hier für eine Nährstoffreduktion auf das Niveau der Zielgemeinschaften innerhalb planungsrelevanter Zeiträume effektivere Maßnahmen notwendig. Als besonders wirkungsvolles Mittel zur raschen Reduktion des Nährstoffniveaus in eutrophierten Böden (▣ Abb. 4.2) hat sich der Oberbodenabtrag (▣ Abb. 4.3a) erwiesen, der seit Beginn der 1990er-Jahre in verstärktem Maße in Renaturierungsprojekten zur Anwendung kommt (vgl. auch ▶ Kap. 19). Erfolgsbeispiele finden sich für ein breites Spektrum nährstofflimitierter Ökosysteme wie Weichwasserseen (Roelofs et al. 2002), trockene und feuchte Zwergstrauchheiden (Verhagen et al. 2001), Kalkmagerrasen (Kiehl et al. 2006) sowie Pfeifengras- und Brenndoldenwiesen (Patzelt et al. 2001; Hölzel und Otte 2003).

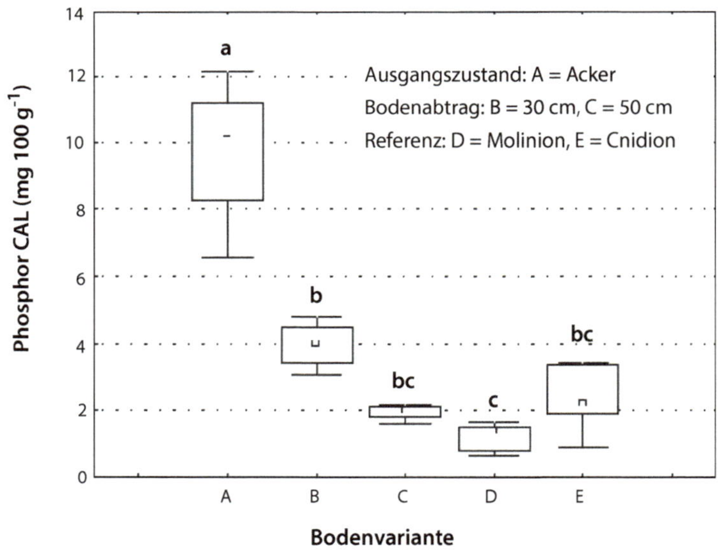

▣ **Abb. 4.2** Gehalte an pflanzenverfügbarem Phosphor (CAL-Methode) auf einer Renaturierungsfläche mit Oberbodenabtrag in zwei verschiedenen Tiefen. Zum Vergleich sind Werte des ehemaligen Ackers sowie von Referenzbeständen der Zielvegetation angegeben; die Buchstaben kennzeichnen signifikante Unterschiede ($P < 0{,}05$). Durch den Oberbodenabtrag konnte der Phosphorgehalt der ehemaligen Ackerfläche bis auf das Niveau der Zielgemeinschaften abgesenkt werden. (Hölzel und Otte 2003)

Abb. 4.3 Durch **a** Oberbodenabtrag am hessischen Oberrhein konnten auf ehemaligen Ackerflächen sehr rasch und effektiv Standortbedingungen für Lebensgemeinschaften nährstoffarmer Standorte geschaffen werden, auf denen **b–c** Mähgut einer Stromtalwiese ausgebracht wird, die sich **d** nach 8 Jahren üppig entwickelt hat. Infolge der fortschreitenden Eutrophierung der Landschaft gewinnt diese Technik zunehmend an Bedeutung

Neben direkten Einträgen aus der Landwirtschaft führen auch atmosphärische Nährstoffeinträge zu erheblichen Problemen bei der Erhaltung und Wiederherstellung von Lebensräumen mit hoher pflanzlicher Diversität (Ellenberg und Leuschner 2010, S. 59 f.). Auf nicht agrarisch genutzten Flächen kann es allein durch atmosphärische Stickstoffdepositionen zu erheblicher Eutrophierung kommen (Bobbink et al. 1998). Besonders hiervon betroffen sind wiederum nährstofflimitierte Systeme wie Weichwasserseen, Hochmoore, mesotraphente Niedermoore, Heiden und Magerrasen sowie die Bodenvegetation von Magerwäldern. Die *critical loads* für N-Eintrag reichen in den stark betroffenen Ökosystemen von 5–10 kg ha^{-1} a^{-1} für Weichwasserseen und Hochmoore über 10–20 kg ha^{-1} a^{-1} für Heiden und Kalkmagerrasen bis hin zu 20–30 kg ha^{-1} a^{-1} für mesotraphente Heuwiesen (Bobbink et al. 2003). Vergleichsweise gering sind die Effekte atmosphärischer Stickstoffdepositionen in primär stark Phosphor-limitierten Systemen wie etwa Kalkflachmooren (Olde Venterink et al. 2003; Wassen et al. 2005). Bei der Umsetzung von Renaturierungsmaßnahmen gilt es, die atmosphärischen Nährstoffbelastungen bereits vorab zu untersuchen und bei der Planung zu berücksichtigen (Verhagen und Diggelen 2005). Zur Kompensation atmosphärischer Nährstoffeinträge müssen gegebenenfalls geeignete

Maßnahmen, wie der vermehrte Entzug von Nährstoffen über Mahd, Brand und Beweidung oder aber auch Sodenstechen und Oberbodenabtrag, ergriffen werden (z. B. Härdtle et al. 2006).

4.2.3 Versauerung

In vorindustrieller Zeit lag der pH-Wert des Niederschlags bei pH 5,7 was dem Lösungsgleichgewicht mit dem in der Luft enthaltenen CO_2 in Form von Kohlensäure entspricht. Heute liegen die pH-Werte des Niederschlags in vielen Teilen Mitteleuropas oft deutlich niedriger, bei pH 5,0 oder darunter. Verantwortlich hierfür sind anthropogene Luftverschmutzungen, die seit Einsetzen des Industriezeitalters zur vermehrten Freisetzung von Schwefeldioxid (SO_2) und Stickoxiden (NO_X) geführt haben (Ellenberg und Leuschner 2010, S. 65 f.). Diese Verbindungen reagieren in der Atmosphäre zu Säuren (H_2SO_4 und HNO_3) und sind Hauptverursacher des sauren Regens. Seit Mitte der 1980er-Jahre sind Schwefelemissionen infolge verbesserter Rauchgasentschwefelung von Großfeuerungsanlagen deutlich zurückgegangen, während sich die Stickstoffemissionen aus Verkehr und Landwirtschaft regional nach wie vor auf unverändert hohem Niveau bewegen (Scheffer 2002).

Die über den Niederschlag eingetragenen Säuren verstärken die Auswaschung von Basenkationen wie Calcium und Magnesium, wodurch der pH-Wert des Bodens sinkt und die Konzentration von freiem Aluminium in der Bodenlösung steigt. Sobald das Al/Ca-Verhältnis in der Bodenlösung einen Wert von 5 übersteigt, kommt es zu einem raschen Absterben Al-sensitiver Pflanzen (Roelofs et al. 1996; Graaf et al. 1997). Zugleich wird Mineralstickstoff im stark sauren Bereich in zunehmendem Maße als Ammonium angeboten, was bei vielen Pflanzen im niedrigen pH-Wert-Bereich (<4,0) zu Ernährungsstörungen oder toxischen Reaktionen führen kann (Dorland et al. 2003; Berg et al. 2005).

Von dieser Entwicklung besonders stark betroffen sind gegenüber Säureeintrag schwach gepufferte Systeme wie Weichwasserseen, Hochmoore und saure Niedermoore sowie bodensaure Zwergstrauchheiden und Magerrasen auf armen Sandböden (z. B. ► Kap. 18). Die charakteristische Flora der überwiegend von Niederschlagswasser gespeisten Weichwasserseen ist an sehr niedrige Konzentrationen von im Wasser gelöstem Kohlendioxid, Ammonium und Nitrat angepasst und wird zunächst nicht direkt durch eine Absenkung des pH-Werts geschädigt. Eine Schädigung erfolgt vielmehr indirekt über die Art des Stickstoffangebots. So wird unterhalb eines pH-Werts von 4,5 der Mineralstickstoff überwiegend als Ammonium angeboten. Daraus erwächst den Makrophyten der Weichwasserseen, die auf Nitrat bei der Stickstoffernährung angewiesen sind, ein Konkurrenznachteil gegenüber Torfmoosarten (*Sphagnum* spp.) und Arten wie *Juncus bulbosus*, die Ammonium weitaus besser verwerten können (Roelofs et al. 2002). Torfmoose profitieren zudem von den erhöhten CO_2-Konzentrationen versauerter Seen.

In grundwassergespeisten Niedermooren können sich durch saure Niederschläge oberflächliche Versauerungslinsen bilden, besonders, wenn nach vorherigen Entwässerungsmaßnahmen der Druck des basenreichen Grundwassers nicht mehr zur Durchmischung der sauren, oberflächennahen Wasserschichten ausreicht (Duren et al. 1998; Grootjans et al. 2006b). Sogar bei primär sauren Regenmooren können auf Abtorfungsflächen an der Oberfläche ausgetrockneter, vom Einfluss gepufferten Grundwassers vollständig isolierter Torfkörper derart niedrige pH-Werte entstehen, dass selbst Sphagnen nicht mehr wachsen können (Lamers et al. 1999; Sliva und Pfadenhauer 1999; Smolders et al. 2002).

Unter den terrestrischen Ökosystemen werden vor allem bodensaure Zwergstrauchheiden und Magerrasen auf schwach gepufferten Substraten von Säureeinträgen nachhaltig negativ beeinflusst. So belegt eine aktuelle großräumige Studie aus Westeuropa einen eindeutigen Zusammenhang zwischen der Höhe des atmosphärischen Eintrags von Stickstoffverbindungen und der Abnahme des pH-Wertes und des Pflanzenartenreichtums (◘ Abb. 4.4) in bodensauren Magerrasen (Stevens et al. 2010). Entbasung, Versauerung und einseitige Ammoniumernährung verursachen den starken Rückgang zahlreicher schwach basiphytischer Pflanzenarten, wie *Antennaria dioica*, *Arnica montana*, *Gentiana pneumonanthe* und *Succisa pratensis*, in niederländischen Sand-Heideökosystemen (Roelofs et al. 1996; Graaf et al. 1998). Aufgrund einseitiger Ammoniumernährung bei niedrigem pH-Wert (3,5–4,0) verloren viele dieser Arten deutlich an Vitalität, während die gleichen Pflanzen eine einseitige Ammoniumernährung bei höherem pH-Wert weitgehend tolerierten (Berg et al. 2005).

Die Ausbringung von Kalk ist eine häufig angewandte Maßnahme, um die negativen Effekte der Versauerung zu beseitigen. So konnten etwa durch Kalkungsmaßnahmen in stark versauerten Sandheiden in den Niederlanden die Wiederetablierung basiphytischer Arten wie *Arnica montana* eingeleitet werden (Graaf et al. 1998). Besonders erfolgreich verlief auch die Sanierung versauerter Weichwasserseen durch eine dosierte Kalkung im Einzugsgebiet der Gewässer (Roelofs et al. 2002; Dorland et al. 2005). Demgegenüber kann eine direkte massive Kalkung des Gewässers selbst zur Sedimentation von Kalk und zu einer unerwünschten Mobilisierung von Nährstoffen durch gesteigerte Abbauraten organischer Substanz am Gewässergrund führen. So hatte etwa die Kalkung versauerter, ehemals schwach gepufferter Weichwasserseen in Südskandinavien eine massive Gewässereutrophierung zur Folge (Roelofs et al. 1994). Vergleichbar negative Effekte können sogenannte Kompensationskalkungen in Wäldern haben, die seit den 1980er-Jahren im Zuge der Diskussion um das Waldsterben vielerorts durchgeführt wurden. Beschleunigte Oberbodenversauerung infolge erhöhter anthropogener Säureeinträge wurde damals als eine der Hauptursachen für das Auftreten von Waldschäden diskutiert (Ellenberg und Leuschner 2010, S. 67).

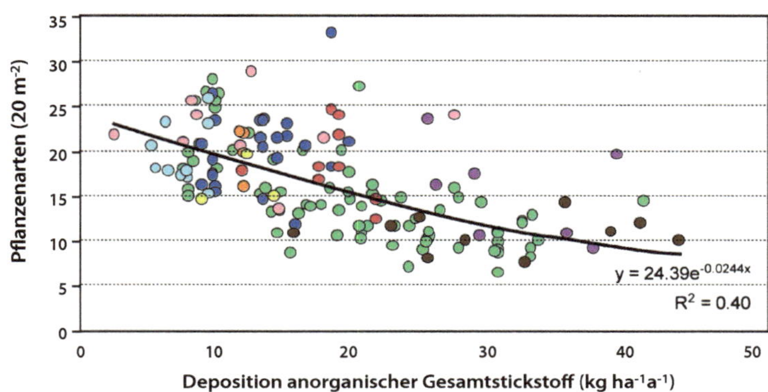

◘ **Abb. 4.4** Pflanzenartenreichtum bodensaurer Magerrasen in neun Ländern der atlantischen Region Westeuropas in Abhängigkeit vom atmosphärische Gesamteintrag an anorganischem Stickstoff. Mit zunehmender Stickstoffdeposition sinkt die Artenzahl der Magerrasen. Die Stickstoffeinträge führen neben der Eutrophierung auch zu einer Versauerung der Böden, mit relativ geringen Werten in Irland (rosa) und Norwegen (türkis) und höchsten Werten in Deutschland (braun) und den Niederlanden (violett). (nach Stevens et al. 2010)

Kalkungen beschleunigen auf sauren Waldstandorten den Abbau organischer Auflagen, womit Eutrophierungserscheinungen und Nährstoffausträge einhergehen. Diese führen besonders an Standorten saueroligotropher Eichen- und Kiefernwälder zum Verschwinden charakteristischer Lebensgemeinschaften (Reif et al. 2014).

4.3 Limitierende biotische Faktoren der Renaturierung

4.3.1 Limitierung der Samenbanken

Bodendiasporenbanken gelten häufig als bedeutende Quelle der Etablierung von Zielarten in Renaturierungsprojekten (Bakker et al. 1996). Diese Einschätzung beruht auf der Erwartung, dass Diasporen (Ausbreitungseinheiten, in der Regel Samen und Früchte) einer vormals bestehenden Zielartengemeinschaft im Boden überdauert haben und nach der Beendigung degradierender Einflüsse zur Wiederherstellung des vormaligen Vegetationstyps beitragen können (Poschlod und Jackel 1993; Kollmann und Staub 1995; Smith et al. 2002).

Entscheidend hierfür ist vor allem die Langlebigkeit von Diasporen im Boden, die artspezifisch sehr unterschiedlich ist. So bestehen etwa Grünlandgesellschaften aus verhältnismäßig vielen Arten mit lediglich transienter (<1 Jahr) oder kurzfristig persistenter Diasporenbank (<5 Jahre). Hingegen ist der Anteil an Arten mit langfristig persistenter Diasporenbank (>5 Jahre) meistens wesentlich geringer (Thompson et al. 1997, 1998). Im Rahmen von Renaturierungsmaßnahmen sind im Regelfall ausschließlich letztere bedeutsam. Kenntnisse zur artspezifischen Langlebigkeit von Diasporen sind daher von grundlegender Bedeutung, um abschätzen zu können, welchen Beitrag die Diasporenbank des Bodens potentiell zur Artenanreicherung leisten könnte (Bakker et al. 1996).

Eine Analyse der umfangreichen Datenbank von Thompson et al. (1997) ergibt, dass gerade für zahlreiche seltene und gefährdete Zielarten der mitteleuropäischen Flora bislang keine entsprechenden Angaben zur Langlebigkeit zur Verfügung stehen. Tendenziell steigt der Anteil der Pflanzenarten mit ausdauernder Diasporenbank mit zunehmender Bodenfeuchte (Abb. 4.5) und zunehmendem Störungsgrad des entsprechenden Lebensraums (Thompson et al. 1998; Bossuyt und Honnay 2008).

Je nach Lebensraum ist also nur bei einer begrenzten Anzahl von Zielarten mit einer Re-etablierung aus der Samenbank im Zuge von Renaturierungsmaßnahmen zu rechnen

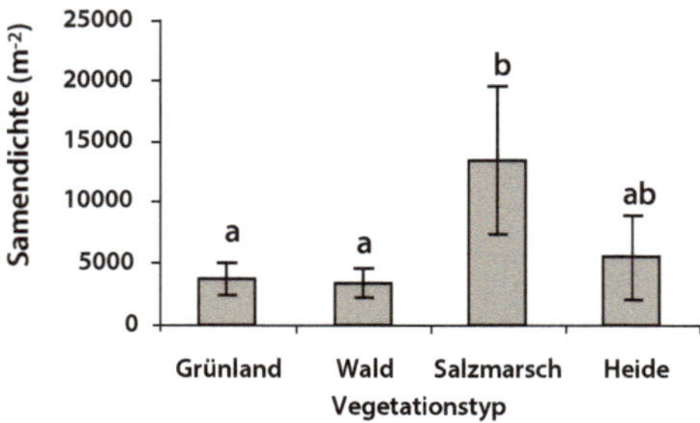

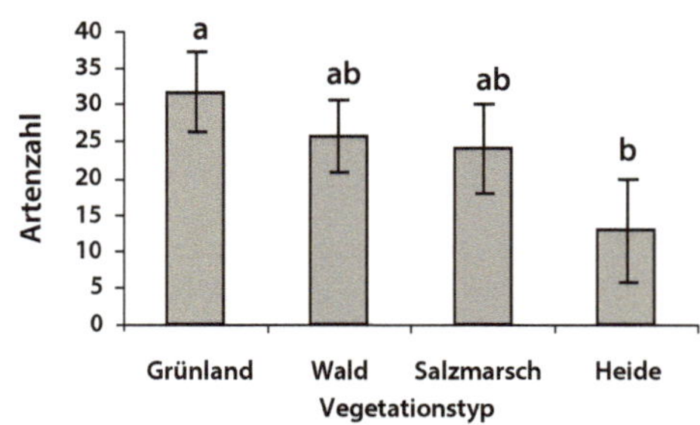

Abb. 4.5 Samendichte und Artenreichtum der Samenbank verschiedener Lebensraumtypen. Unterschiedliche Buchstaben kennzeichnen signifikante Unterschiede ($P < 0{,}05$). Feuchtgebiete zeichnen sich durch besonders individuenreiche, persistente Samenbanken aus. (nach Bossuyt und Honnay 2008)

(Kollmann und Staub 1995; Hölzel und Otte 2004). Entsprechendes gilt aber im Wesentlichen nur für Situationen, die ein Überdauern der Diasporenbank begünstigen, wie dies besonders bei Brachen der Fall ist. So konnten in Auenwiesen am Oberrhein in Brachen nach Entbuschungsmaßnahmen und der Wiederaufnahme der Mahd örtlich eine spontane und teils massive Entwicklung von Zielarten wie *Arabis nemorensis* oder *Viola elatior* aus der persistenten Diasporenbank festgestellt werden (Hölzel et al. 2002). In ähnlicher Weise können bei der Renaturierung bodensaurer Feuchtheiden durch Oberbodenabtrag seltene Zielarten wie *Cicendia filiformis*, *Drosera intermedia* oder *Lycopodiella inundata* erfolgreich wieder etabliert werden (Verhagen et al. 2001; Jansen et al. 2004). Dagegen führt eine zwischenzeitliche ackerbauliche Nutzung im Regelfall zu einer raschen Aufzehrung der persistenten Diasporenbank von Zielarten (z. B. Hölzel und Otte 2001; Vecrin et al. 2002). Das zeigt sich auch bei Untersuchungen zum Renaturierungserfolg auf ehemaligen Ackerflächen (Donath et al. 2003; Bissels et al. 2004). Auch auf Flächen mit längerfristig intensiver Grünlandnutzung oder Verbuschung ist nur mit einer geringen Überdauerungschance von Zielarten in der Bodendiasporenbank zu rechnen (Kollmann und Staub 1995; Schopp-Guth 1997).

4.3.2 Ausbreitungslimitierung

Sofern Arten auf einer Renaturierungsfläche nicht mehr in der etablierten Vegetation oder in der Samenbank vorhanden sind, müssen sie von außen zuwandern. Insbesondere in den durch intensive Landwirtschaft geprägten und ökologisch degradierten Agrarlandschaften West- und Mitteleuropas gelingt dies heute kaum noch. Dementsprechend erweist sich die Samen- und Ausbreitungslimitierung von Zielarten in vielen Renaturierungsprojekten oft als der gravierendste Faktor bei der Wiederherstellung artenreicher Lebensgemeinschaften. Empirisch lässt sich der relative Anteil von Standort-, Samen- und Ausbreitungslimitierung mit Hilfe von Ansaat- und Etablierungsexperimenten leicht überprüfen (Turnbull et al. 2000; Strobl et al. 2018), und die hierzu während der vergangenen 20 Jahre aus zahlreichen Studien gewonnene Evidenz ist mehr als überwältigend. Folgende Faktoren sind von maßgeblicher Bedeutung für die Samen- und Ausbreitungslimitierung:

- Ökologische Eigenschaften der Arten,
- Verkleinerung und Fragmentierung von Populationen und Habitaten,
- Wegfall von Ausbreitungsvektoren.

Zu den biologischen Eigenschaften von Arten, die eine (Fern-)Ausbreitung der Diasporen beeinträchtigen, zählen unter anderem geringe Samenproduktion, große Samen und solche ohne spezielle Ausbreitungsmechanismen (Flugapparat, Anhaftung), ineffektive Ausbreitungsstrategien (Selbst- oder Ameisenverbreitung) oder das Überwiegen vegetativer (klonaler) Ausbreitung (Bonn und Poschlod 1998). Eine Art, welche mehrere dieser Nachteile auf sich vereinigt, ist beispielsweise *Carex humilis*, eine typische Art primärer oder historisch alter Kalkmagerrasen. Auch nach Jahrzehnten gelingt es ihr oft nicht, Renaturierungsflächen in unmittelbarer Nähe von reichen Quellpopulationen zu besiedeln, wie beispielsweise auf den Kalkmagerrasen der Garchinger Heide im Norden Münchens (Kiehl et al. 2006). Als besonders ausbreitungstüchtig erweisen sich demgegenüber zahlreiche Orchideen (◘ Abb. 23.3b). Sie produzieren massenhaft sehr leichte und mikroskopisch kleine Samen, die allein durch Konvektion über weite Entfernungen transportiert werden und sich spontan auf Renaturierungsflächen einstellen, z. B. in Tagebaugebieten (vgl. ► Kap. 23).

Durch den fortschreitenden Landnutzungswandel insbesondere im Agrarbereich ist die Fläche zahlreicher ehemals weitverbreiteter Lebensräume der Kulturlandschaft wie Heiden, Magerrasen und Feuchtwiesen in den vergangenen 50 Jahren massiv geschrumpft (z. B. ► Kap. 17). Damit einher ging eine

4

ebenso starke räumliche Fragmentierung, sodass Reste dieser Lebensräume heute oft nur noch in relativ kleinflächigen und voneinander stark isolierten Schutzgebieten anzutreffen sind (Abb. 4.6). Die Verringerung der Habitatfläche führt zu einer ebenso drastischen Reduzierung der Populationsgrößen und des räumlichen Verbunds charakteristischer Arten dieser Lebensräume. Die Folge dieser ökologischen Auszehrung ganzer Landschaften ist, dass die Restpopulationen der Zielarten heute kaum noch in der Lage sind, eine Ausbreitung in degradierte Habitate und damit die Wiederbesiedlung von Renaturierungsflächen zu gewährleisten.

Alle Formen der Ausbreitung folgen letztlich einem stochastischen Prinzip, dass ein Ausbreitungsereignis umso wahrscheinlicher wird, je größer die Zahl der zur Verfügung stehenden Diasporen ist. Es besteht somit eine direkte

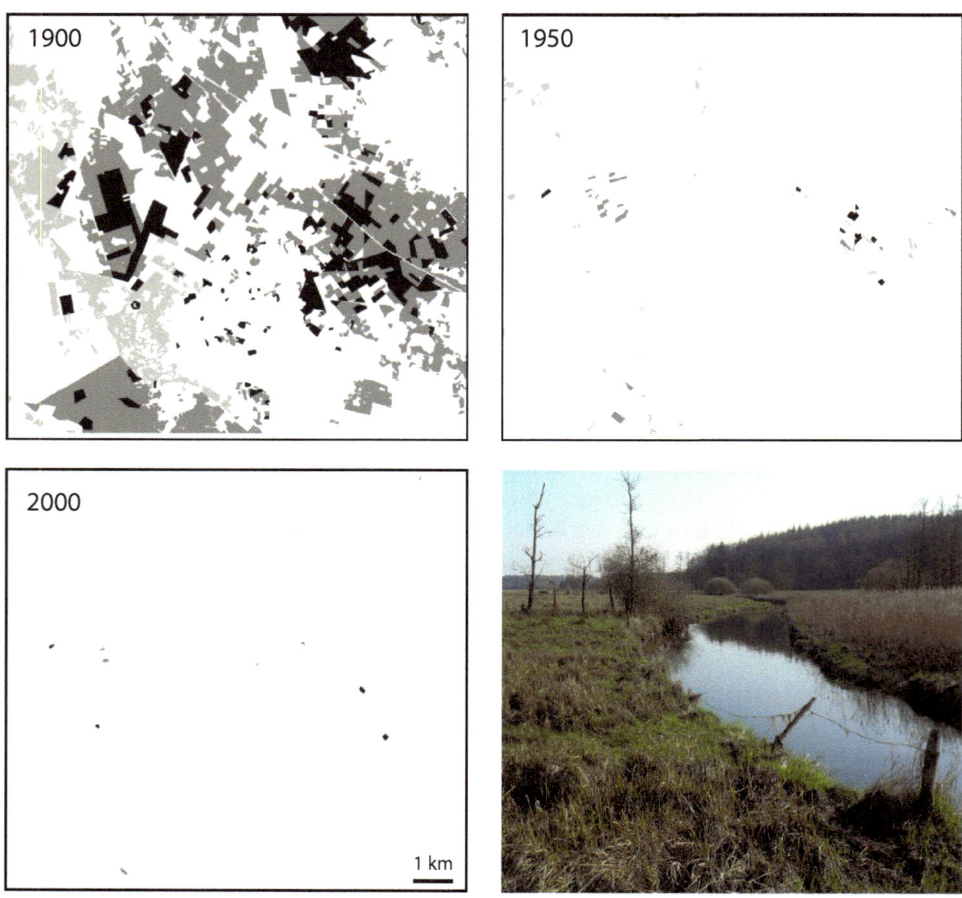

Abb. 4.6 Verlust und Fragmentierung von Grünland in den Niederlanden (1900–2000) sowie das Beispiel einer heute noch intakten Weidelandschaft im Eidertal bei Techelsdorf (Holstein). Die drei Zeitpunkte belegen massive Grünlandverluste in dem 10 km x 11 km großen Landschaftsausschnitt und eine starke räumliche Isolation der Restflächen, die fast durchweg in Naturschutzgebieten liegen. Eine spontane Besiedlung von Gebieten, in denen Renaturierungsmaßnahmen durchgeführt werden, ist unter diesen Bedingungen unwahrscheinlich. Die unterschiedlichen Schattierungen entsprechen drei Habitatklassen mit abnehmender Qualität für gefährdete Grünlandarten. (nach Soons et al. 2005)

Beziehung zwischen der Populationsgröße einer Zielart in der Landschaft und der Wahrscheinlichkeit einer erfolgreichen Ausbreitung (Kirmer et al. 2008). Gemäß den Prinzipien der Inselbiogeographie beeinflusst darüber hinaus die Entfernung zur Spenderfläche und die Größe der Empfängerfläche die Wahrscheinlichkeit einer erfolgreichen Ausbreitung (Soons et al. 2005). Dementsprechend sind isoliert und in großer Entfernung von potentiellen Spenderpopulationen liegende Renaturierungsflächen in besonderem Maße von Ausbreitungslimitierung betroffen. Doch selbst bei unmittelbarer räumlicher Nähe erfolgt eine Wiederbesiedlung oft nur sehr langsam und unvollständig (Donath et al. 2003). Im Gegenzug werden Renaturierungsflächen in Landschaften mit einem hohen Anteil naturnaher Lebensräume und individuenreicher Populationen von Zielarten oft spontan und vergleichsweise vollständig wiederbesiedelt, sodass hier eine passive Renaturierung erfolgreich sein kann (Prach et al. 2014).

Weiter verschärft wird die Samen- und Ausbreitungslimitierung infolge Verkleinerung und Fragmentierung von Habitaten und Populationen, wenn gleichzeitig zahlreiche in der Vergangenheit mutmaßlich sehr effektive Ausbreitungsvektoren wegfallen (Bonn und Poschlod 1998). Viele dieser Ausbreitungsvektoren sind eng verknüpft mit traditionellen landwirtschaftlichen Praktiken, die in der modernen industrialisierten Landwirtschaft weitgehend verschwunden sind. Hierzu zählen unter anderem mangelnde Saatgutreinigung und Verwendung von selbstproduziertem Saatgut, Heuwerbung, Festmistwirtschaft, Heublumensaat sowie lokale und regionale Triftweidesysteme. All diese Praktiken, die einst vermutlich zu einem intensiven Transfer von Diasporen zwischen geeigneten Lebensräumen führten, gibt es heute nicht mehr oder sie sind durch moderne Praktiken wie Saatgutreinigung, reine Stallhaltung, Gülle- und Silagewirtschaft ersetzt worden.

Auch andere effektive Ausbreitungsvektoren, wie die Hydrochorie in Auengrünland und Wässerwiesen, sind durch die Drainage von Feuchtgebieten, Gewässerausbau und das Ausdeichen von Auen nicht mehr oder nur noch sehr eingeschränkt wirksam (Hölzel und Otte 2001; Vogt et al. 2006). An deren Stelle sind neue Ausbreitungskorridore und Vektoren getreten, die häufig verknüpft sind mit moderner Verkehrsinfrastruktur und der Ausbreitung durch Fahrzeuge sowie Pflege des Straßenbegleitgrüns (Bonn und Poschlod 1998). Hierzu zählen unter anderem Autobahnen und Zugtrassen sowie Flussufer, von denen aber in erster Linie nährstoffanspruchsvolle, ruderale und invasive Arten profitieren, kaum jedoch Zielarten der Renaturierung. Neuere Untersuchungen (Fujita et al. 2014) zeigen zudem, dass Pflanzenarten phosphorlimitierter Standorte, wozu die Mehrzahl seltener und gefährdeter Arten zählt (Wassen et al. 2005), generell weniger in die sexuelle Reproduktion investieren und dadurch ein latentes Handicap bezüglich ihrer Ausbreitungsfähigkeit in sich tragen.

Dem Wegfall zahlreicher klassischer landwirtschaftlicher Ausbreitungsvektoren versucht man heute in der Renaturierung gezielt zu begegnen (► Kap. 5). Zum Beispiel durch die Re-etablierung extensiver Triftweidesysteme, um die Zoochorie zu fördern, oder durch die Übertragung von Mahd- oder Druschgut, womit letztlich Effekte der Heuwirtschaft und der Heublumensaat simuliert werden (■ Abb. 4.3b–d).

4.3.3 Mangel an Regenerationsnischen und Konkurrenz

Neben der geringen Verfügbarkeit von Diasporen (*seed limitation* nach Münzbergova und Herben 2005) wird dem Mangel an Regenerationsnischen *(microsite limitation)* als weiterem wesentlichen limitierenden Faktor bei der Wiederherstellung und Neuschaffung von artenreichen Pflanzengemeinschaften zunehmend Beachtung geschenkt (Hölzel 2005; Donath et al. 2007). Die Keimung und Etablierung stellen besonders empfindliche Stadien im Lebenszyklus vieler Pflanzenarten dar. Die Umweltansprüche von Keimlingen und Jungpflanzen können sich erheblich von denen adulter Individuen unterscheiden. Um diesen Unterschied deutlich zu machen wird im Englischen oft der Begriff der *regeneration niche* (Grubb 1977) verwendet. Die von Harper (1977) als Schutzstellen *(safe site)* bezeichneten Mikrostandorte beinhalten Elemente, die die Keimruhe brechen (z. B. scharfe Temperaturwechsel), verfügen über ausreichende Ressourcen für die Keimung, wie Wasser, Sauerstoff und Licht, und sollen den Keimling vor Risiken, wie Herbivoren, Konkurrenten und Pathogenen, schützen.

Dicht geschlossene Grasnarben ohne offene, unbewachsene Bodenstellen machen es neu ankommenden Arten sehr schwer sich zu etablieren (▶ Kap. 20). Eine besonders starke Abhängigkeit von offenen konkurrenzarmen Störstellen besteht bei kleinsamigen Arten, während großsamige Arten sich auch in relativ geschlossenen Narben oder sogar unter Streudecken erfolgreich zu etablieren vermögen (Donath et al. 2006). Unter besonders trockenen Bedingungen können Streudecken und schattenspendende Nachbarpflanzen aber auch einen positiven Effekt auf die Etablierung von Keimlingen ausüben (Jensen und Gutekunst 2003; Hölzel 2005). In geschlossenen Vegetationsbeständen hängt das Auftreten geeigneter Regenerationsnischen in hohem Maße von der Produktivität des Standorts ab sowie von singulären (unvorhersagbaren) oder regelmäßig wiederkehrenden (vorhersagbaren) Störereignissen. Letztere sind meistens an Maßnahmen des Flächenmanagements gekoppelt, z. B. Mahd und Beweidung (vgl. ▶ Kap. 17). Auf nährstoffreichen, produktiven Standorten beeinflusst die Beschattung durch hochwachsende, dichte Vegetation die Etablierung von Keimlingen eindeutig negativ (Leps 1999), besonders stark bei fehlender Nutzung durch den Aufbau mächtiger Streufilzdecken aus toter Biomasse (Jensen und Meyer 2001). Mahd und Beweidung dagegen öffnen und schwächen die umgebende Matrixvegetation und begünstigen dadurch die Keimlingsetablierung (Kotorova und Leps 1999; Stammel et al. 2006). Noch stärker begünstigt wird diese bei stresstoleranten, niederwüchsigen Arten durch eine gezielte Schaffung von Störstellen durch Sodenstechen, Pflügen oder gar flächenhaften Oberbodenabtrag (Hölzel und Otte 2003; Bissels et al. 2006; Donath et al. 2006).

Generell lässt sich sagen, dass durch eine allgemeine Absenkung des Trophieniveaus und die Wiedereinführung geeigneter Störungsregimes das Angebot an geeigneten Kleinstandorten für die erfolgreiche Keimung und Etablierung gezielt verbessert werden kann (Bischoff 2002; Hölzel 2005). Geschieht dies nicht, reichern sich Zielarten besonders in sehr produktiven Systemen oft nur wenig an (Biewer 1997; Bosshard 1999; Hölzel et al. 2006; Donath et al. 2007).

4.4 Schlussfolgerungen

Bei der Mehrzahl der aktuell in Mitteleuropa gefährdeten Organismen handelt es sich um Arten nährstoffarmer Ökosysteme. Die fortschreitende Eutrophierung der Landschaft erweist sich daher als eines der gravierendsten Probleme bei der Wiederherstellung artenreicher Lebensgemeinschaften. In noch höherem Maße gilt dies für nährstoffarme Feuchtgebiete mit schwierig wiederherstellbarem Wasserhaushalt und Wasserchemismus und langen Entwicklungszeiträumen, wie Weichwasserseen, Hochmoore sowie oligo- bis mesotrophe Zwischen- und Niedermoore. Versauerung durch atmosphärische Depositionen betrifft demgegenüber in erster Linie schwach gepufferte Systeme wie Weichwasserseen, Sandheiden und bodensaure

Magerrasen. Der Kenntnisstand und die Techniken der Wiederherstellung adäquater abiotischer Verhältnisse für eine Renaturierung haben sich in den vergangenen 20 Jahren deutlich verbessert. In den biologisch stark verarmten Kulturlandschaften Mitteleuropas spielt aufgrund der vergleichsweise geringen Bedeutung persistenter Samenbanken, zunehmender Habitatverkleinerung und -fragmentierung sowie des Wegfalls traditioneller Ausbreitungsvektoren die Ausbreitungslimitierung eine entscheidende Rolle bei der Wiederherstellung artenreicher Zielartengemeinschaften. Fragen der gezielten Unterstützung der Ausbreitung und Etablierung von Zielarten sind damit zunehmend in den Mittelpunkt von Renaturierungsbemühungen gerückt.

? Fragen zur Vertiefung

- Warum beeinträchtigt Eutrophierung besonders stark den Renaturierungserfolg?
- Wie lässt sich das Nährstoffniveau von Renaturierungsflächen reduzieren?
- Warum lassen sich phosphorreiche Standorte besonders schwer ausmagern?
- Welche Feuchtgebietstypen sind schwierig zu renaturieren?
- Welche Ökosysteme sind besonders empfindlich gegenüber Versauerung?
- Welchen Beitrag können langlebige Bodensamenbanken in der Renaturierung leisten?
- Warum ist die Ausbreitungslimitierung ein stark begrenzender Faktor bei der Renaturierung?

Literatur

Bakker JP (1989) Nature management by grazing and cutting. Kluwer, Dordrecht

Bakker JP, Berendse F (1999) Constraints in the restoration of ecological diversity in grassland and heathland. Trends Ecol Evol 14:63–68

Bakker JP, Poschlod P, Strykstra RJ, Bekker RM, Thompson K (1996) Seed banks and seed dispersal: important topics in restoration ecology. Act Bot Neerl 45:461–490

Berendse F, Oomes HJ, Altena HJ, Elberse WT (1992) Experiments on the restoration of species-rich meadows in the Netherlands. Biol Conserv 62:59–65

Berg LJL van den, Dorland E, Vergeer P, Hart MAC, Bobbink R, Roelofs JGM (2005) Decline of acid-sensitive plant species in heathland can be attributed to ammonium toxicity in combination with low pH. New Phytol 166:551–564

Biewer H (1997) Regeneration artenreicher Feuchtwiesen im Federseeried. Projekt Angew Ökol 24:3–323

Bischoff A (2002) Dispersal and establishment of floodplain grassland species as limiting factors in restoration. Biol Conserv 104:25–33

Bissels S, Hölzel N, Donath TW, Otte A (2004) Evaluation of restoration success in alluvial grasslands under contrasting flooding regimes. Biol Conserv 118:641–650

Bissels S, Donath TW, Hölzel N, Otte A (2006) Effects of different mowing regimes and environmental variation on seedling recruitment in alluvial meadows. Basic Appl Ecol 7:433–442

Bobbink R, Hornung M, Roelofs JGM (1998) The effects of air-borne nitrogen pollutants on species diversity in natural and semi-natural European vegetation. J Ecol 86:717–738

Bobbink R, Ashmore M, Braun S, Fluckiger W, Wyngaert IJJ van den (2003) Empirical nitrogen critical loads for natural and semi-natural ecosystems: 2002 update. In: Achermann B, Bobbink R (Hrsg) Empirical critical loads for nitrogen. Environmental documentation no 164. Swiss Agency for the Environment, Forest and Landscape, Bern, S 43–170

Bodegom PM van, Grootjans AP, Sorrell BK, Bekker RM, Bakker C, Ozinga WA (2006) Plant traits in response to raising groundwater in wetland restoration: evidence from three case studies. Appl Veg Sci 9:251–260

Bonn S, Poschlod P (1998) Ausbreitungsbiologie der Pflanzen Mitteleuropas: Grundlagen und kulturhistorische Aspekte. Quelle & Meyer, Wiesbaden

Bosshard A (1999) Renaturierung artenreicher Wiesen auf nährstoffreichen Böden. Diss Bot 303:1–194

Bossuyt B, Honnay O (2008) Can the seed bank be used for ecological restoration? An overview of seed bank characteristics in European communities. J Veg Sci 19:875–884

Critchley CNR, Chambers BJ, Fowbert JA, Sanderson RA, Bhogal A, Rose SC (2002) Association between lowland grassland plant communities and soil properties. Biol Conserv 105:199–215

Donath TW, Hölzel N, Otte A (2003) The impact of site conditions and seed dispersal on restoration success in alluvial meadows. Appl Veg Sci 6:13–22

Donath TW, Hölzel N, Otte A (2006) Influence of competition by sown grass, disturbance and litter on recruitment of rare flood-meadow species. Biol Conserv 130:315–323

Donath TW, Bissels S, Hölzel N, Otte A (2007) Large scale application of diaspore transfer with plant material in restoration practice – impact of seed and site limitation. Biol Conserv 138:224–234

Dorland E, Berg LJL van den, Brouwer E, Roelofs JGM, Bobbink R (2005) Catchment liming to restore degraded, acidified heathlands and moorland pools. Restor Ecol 13:302–311

Dorland E, Bobbink R, Messelink JH, Verhoeven JTA (2003) Soil ammonium accumulation hampers the restoration of degraded wet heathlands. J Appl Ecol 40:804–814

Duren IC van, Strykstra RJ, Grootijans AP, Heerdt GNJ ter, Pegtel DM (1998) A multidisciplinary evaluation of restoration measures in a degraded Cirsio-Molinietum fen meadow. Appl Veg Sci 1:115–130

Ellenberg H, Leuschner C (2010) Vegetation Mitteleuropas mit den Alpen in ökologischer, dynamischer und historischer Sicht. Ulmer, Stuttgart

Fujita Y, Olde Venterink H, Bodegom PM van, Douma JC, Heil GW, Hölzel N, Jabłonska E, Kotowski W, Okruszko T, Pawlikowski P, Ruiter PC de, Wassen MJ (2014) Low investment in sexual reproduction threatens plants adapted to phosphorus limitation. Nature 505:82–86

Gough MW, Marrs RH (1990) A comparison of soil fertility between semi-natural and agricultural plant communities: implications for the creation of floristically-rich grassland on abandoned agricultural land. Biol Conserv 51:83–96

Graaf MCC de, Bobbink R, Verbeek PJM, Roelofs JGM (1997) Aluminium toxicity and tolerance in three heathland species. Water Air Soil Pollut 98:229–239

Graaf MCC de, Verbeek PJM, Bobbink R, Roelofs JGM (1998) Restoration of species-rich dry heaths: the importance of appropriate soil conditions. Acta Bot Neerl 47:89–111

Grime JP (2001) Plant strategies, vegetation processes and ecosystem properties. Wiley, Chichester

Grootjans AP, Diggelen R van, Bakker JP (2006a) Restoration of mires and wet grasslands. In: Andel J van, Aronson J (Hrsg) Restoration ecology. Blackwell, Malden, S 111–123

Grootjans AP, Adema EB, Bleuten W, Joosten H, Madaras M, Janakova M (2006b) Hydrological landscape settings of base-rich fen mires and fen meadows: an overview. Appl Veg Sci 9:175–184

Grubb PJ (1977) The maintenance of species-richness in plant communities: the importance of the regeneration niche. Biol Rev 52:107–145

Härdtle W, Niemeyer M, Niemeyer T, Assmann T, Fottner S (2006) Can management compensate for atmospheric nutrient deposition in heathland ecosystems? J Appl Ecol 43:759–769

Harper JL (1977) Population biology of plants. Academic, London

Hölzel N (2005) Seedling recruitment in flood-meadow species – effects of gaps, litter and vegetation matrix. Appl Veg Sci 8:115–124

Hölzel N, Otte A (2001) The impact of flooding regime on the soil seed bank of flood-meadows. J Veg Sci 12:209–218

Hölzel N, Otte A (2003) Restoration of a species-rich flood meadow by topsoil removal and diaspore transfer with plant material. Appl Veg Sci 6:131–140

Hölzel N, Otte A (2004) Assessing soil seed bank persistence in flood-meadows: which are the easiest and most reliable traits? J Veg Sci 15:93–100

Hölzel N, Donath TW, Bissels S, Otte A (2002) Auengrünlandrenaturierung am hessischen Oberrhein – Defizite und Erfolge nach 15 Jahren Laufzeit. Schr reihe Veg kd 36:131–137

Hölzel N, Bissels S, Donath TW, Handke K, Harnisch M, Otte A (2006) Renaturierung von Stromtalwiesen am hessischen Oberrhein – Ergebnisse aus dem E+E-Vorhaben 89211-9/00 des Bundesamtes für Naturschutz. Natursch Biol Vielfalt 31:1–263

Hutchings MJ, Booth KD (1996) Studies on the feasibility of re-creating chalk grassland vegetation on ex-arable land. II. Germination and early survivorship of seedlings under different management regimes. J Appl Ecol 33:1182–1190

Jansen AJM, Fresco LFM, Grootjans AP, Jalink MH (2004) Effects of restoration measures on plant communities of wet heathland ecosystems. Appl Veg Sci 7:243–252

Janssens F, Peeters A, Tallowin JRB, Bakker JP, Bekker RM, Fillat F, Oomes MJM (1998) Relationship between soil chemical factors and grassland diversity. Plant Soil 202:69–78

Jensen K, Gutekunst K (2003) Effects of litter on establishment of grassland plant species: the role of seed size and successional status. Basic Appl Ecol 4:579–587

Jensen K, Meyer C (2001) Effects of light competition and litter on the performance of *Viola palustris* and on species composition and diversity of an abandoned fen meadow. Plant Ecol 155:169–181

Kapfer A (1988) Versuche zur Renaturierung gedüngten Feuchtgrünlandes. Aushagerung und Vegetationsentwicklung. Diss Bot 120:1–144

Kiehl K, Thormann A, Pfadenhauer J (2006) Evaluation of initial restoration measures during the restoration of calcareous grasslands on former arable fields. Restor Ecol 14:148–156

Kirmer A, Tischew S, Ozinga WA, Lampe M von, Baasch A, Groenendael JM van (2008) Importance of regional species pools and functional traits in colonization processes: predicting re-colonization after large-scale destruction of ecosystems. J Appl Ecol 45:1523–1530

Kollmann J, Staub F (1995) Entwicklung von Magerrasen im Kaiserstuhl nach Entbuschung. Z Ökol Nat schutz 4:87–103

Kotorova I, Leps J (1999) Comparative ecology of seedling recruitment in an oligotrophic wet meadow. J Veg Sci 10:175–186

Lamers LPM, Farhoush C, Groenendael JM van, Roelofs JGM (1999) Calcareous groundwater raises bogs; the concept of ombrotrophy revisited. J Ecol 87:639–648

Lamers LPM, Bobbink R, Roelofs JGM (2000) Natural nitrogen filter fails in polluted raised bogs. Glob Change Biol 6:583–586

Lamers LPM, Loeb R, Antheunisse AM, Miletto M, Lucassen ECHET, Boxman AW, Smolders AJP, Roelofs JGM (2006) Biogeochemical constraints on the ecological rehabilitation of wetland vegetation in river floodplains. Hydrobiologia 565:165–186

Leps J (1999) Nutrient status, disturbance and competition: an experimental test of relationships in a wet meadow canopy. J Veg Sci 10:219–230

Münzbergova Z, Herben T (2005) Seed, dispersal, microsite, habitat and recruitment limitations: identification of terms and concepts in studies of limitation. Oecologia 145:1–8

Olde Venterink H, Wassen MJ, Verkoost AWM, de Ruiter PC (2003) Species richness-productivity patterns differ between N-, P- and K-limited wetlands. Ecology 84:2191–2199

Oomes MJM, Olff H, Altena HJ (1996) Effects of vegetation management and raising the water table on nutrient dynamics and vegetation change in a wet grassland. J Appl Ecol 33:576–588

Patzelt A, Wild U, Pfadenhauer J (2001) Restoration of wet fen meadows by topsoil removal: Vegetation development and germination biology of fen species. Restor Ecol 9:127–136

Pegtel DM, Bakker JP, Verweij GL, Fresco LFM (1996) N, K, and P deficiency in chronosequential cut summer dry grasslands on gley podzol after the cessation of fertilizer application. Plant Soil 178:121–131

Pfadenhauer J, Grootjans A (1999) Wetland restoration in Central Europe: aims and methods. Appl Veg Sci 2:95–106

Pfadenhauer J, Heinz S (2004) Renaturierung von niedermoortypischen Lebensräumen – 10 Jahre Niedermoormanagement im Donaumoos. Natursch Biol Vielfalt 9:1–299

Poschlod P, Jackel AK (1993) Untersuchungen zur Dynamik von generativen Diasporenbanken von Samenpflanzen in Kalkmagerrasen. I. Jahreszeitliche Dynamik des Diasporenregens und der Diasporenbank auf zwei Kalkmagerrasenstandorten der Schwäbischen Alb. Flora 188:49–71

Prach K, Jongepierova I, Rehounkova K, Fajmon K (2014) Restoration of grasslands on ex-arable land using regional and commercial seed mixtures and spontaneous succession: Successional trajectories and changes in species richness. Agric Ecosyst Environ 182:131–136

Pywell RF, Bullock JM, Hopkins A, Walker KJ, Sparks TH, Burke MJW, Peel S (2002) Restoration of species-rich grassland on arable land: assessing the limiting processes using a multi-site experiment. J Appl Ecol 39:294–309

Reif A, Schulze ED, Ewald J, Rothe A (2014) Waldkalkung – Bodenschutz contra Naturschutz? Waldökol Landsch forsch Nat schutz 14:5–29

Roelofs JGM, Brandrud TE, Smolders AJP (1994) Massive expansion of *Juncus bulbosus* L. after liming of acidified SW Norwegian Lakes. Aquat Bot 48:187–202

Roelofs JGM, Bobbink R, Brouwer E, Graaf MCC de (1996) Restoration ecology of aquatic and terrestrial vegetation on non-calcareous sandy soils in the Netherlands. Acta Bot Neerl 45:517–541

Roelofs JGM, Brouwer E, Bobbink R (2002) Restoration of aquatic macrophyte vegetation in acidified and eutrophicated shallow softwater wetlands in the Netherlands. Hydrobiologia 478:171–180

Schächtele M, Kiehl K (2005) Einfluss von Bodenabtrag und Mahdgutübertragung auf die langfristige Vegetationsentwicklung neu angelegter Magerwiesen. In: Pfadenhauer J, Heinz S (Hrsg) Renaturierung von niedermoortypischen Lebensräumen – 10 Jahre Niedermoormanagement im Donaumoos. Natursch Biol Vielfalt 9:105–126

Scheffer F (2002) Lehrbuch der Bodenkunde. Scheffer/Schachtschabel. Spektrum, Heidelberg

Schopp-Guth A (1997) Diasporenpotential intensiv genutzter Niedermoorböden Nordostdeutschlands – Chancen für die Renaturierung? Z Ökol Naturschutz 6:97–109

Sliva J, Pfadenhauer J (1999) Restoration of cut-over raised bogs in southern Germany – a comparison of methods. Appl Veg Sci 2:137–148

Smith RS, Shiel RS, Millward D, Corkhill P, Sanderson RA (2002) Soil seed banks and the effect of meadow management on vegetation change in a 10-year meadow field trial. J Appl Ecol 39:279–293

Smolders AJP, Tomassen HBM, Lamers LPM, Lomans BP, Roelofs JGM (2002) Peat bog formation by floating raft formation: the effects of groundwater and peat quality. J Appl Ecol 39:391–401

Smolders AJP, Lamers LPM, Lucassen ECHET, Velde G van der, Roelofs JGM (2006) Internal eutrophication: how it works and what to do about it – a review. Chem Environ 22:93–111

Snow CSR, Marrs RH, Merrick L (1997) Trends in soil chemistry and floristics associated with the establishment of a low-input meadow system on an arable clay soil in Essex. Biol Conserv 79:35–41

Soons MB, Messelink JH, Jongejans E, Heil GW (2005) Habitat fragmentation reduces grassland connectivity for both short-distance and long-distance wind-dispersed forbs. J Ecol 93:1214–1225

Stammel B, Kiehl K, Pfadenhauer J (2006) Effects of experimental and real land use on seedling recruitment of six fen species. Basic Appl Ecol 7:334–346

Stevens CJ, Dupre C, Dorland E, Gaudnik C, Gowing DJG, Bleeker A, Diekmann M, Alard D, Bobbink R, Fowler D, Corcket E, Mountford JO, Vandvik V, Aarrestad PA, Muller S, Diese NB (2010) Nitrogen deposition threatens species richness of grasslands across Europe. Environ Pollut 158:2940–2945

Strobl K, Schmidt C, Kollmann J (2018) Selecting plant species and traits for phytometer experiments. The case of peatland restoration. Ecol Ind 88:263–273

Succow M, Joosten H (2001) Landschaftsökologische Moorkunde. Schweizerbart, Stuttgart

Thompson K, Bakker JP, Bekker RM (1997) The soil seed bank of North Western Europe: methodology, density and longevity. Cambridge University Press, Cambridge

Thompson K, Bakker JP, Bekker RM, Hodgson JG (1998) Ecological correlates of seed persistence in soil in the north-west European flora. J Ecol 86:163–169

Timmermann T, Margoczi K, Takacs G, Vegelin K (2006) Restoration of peat-forming vegetation by rewetting species-poor fen grasslands. Appl Veg Sci 9:241–250

Tomassen HBM, Smolders AJP, Lipens J, Lamers LPM, Roelofs JGM (2004a) Expansion of invasive species on ombrotrophic bogs: desiccation or high N deposition? J Appl Ecol 41:139–150

Tomassen HBM, Smolders AJP, Lamers LPM, Roelofs JGM (2004b) Development of floating rafts after the rewetting of cut-over bogs: the importance of peat quality. Biogeochemistry 71:69–87

Turnbull LA, Crawley MJ, Rees M (2000) Are plant populations seed limited? A review of seed sowing experiments. Oikos 88:225–238

Vecrin MP, Diggelen R van, Grevilliot F, Muller S (2002) Restoration of species-rich flood-plain meadows from abandoned arable fields. Appl Veg Sci 5:263–270

Verhagen R, Diggelen R van (2005) Spatial variation in atmospheric nitrogen deposition on low canopy vegetation. Environ Pollut 144:826–832

Verhagen R, Klooker J, Bakker JP, Diggelen R van (2001) Restoration success of low-production plant communities on former agricultural soils after topsoil removal. Appl Veg Sci 4:75–82

Vogt K, Rasran L, Jensen K (2006) Seed deposition in drift lines during an extreme flooding event. Evidence for hydrochorous dispersal? Basic Appl Ecol 7:422–432

Wassen MJ, Olde Venterink H, Lapshina ED, Tanneberger F (2005) Endangered plants persist under phosphorus limitation. Nature 437:547–550

Zak D, Wagner C, Payer B, Augustin J, Gelbrecht J (2010) Phosphorus mobilization in rewetted fens: the effect of altered peat properties and implications for their restoration. Ecol Appl 20:1336–1349

Vegetationstechnik der Renaturierung im Offenland

Anita Kirmer

© Springer-Verlag GmbH Deutschland, ein Teil von Springer Nature 2019
J. Kollmann et al., *Renaturierungsökologie*, https://doi.org/10.1007/978-3-662-54913-1_5

Zusammenfassung

Sind die abiotischen Voraussetzungen zur Entwicklung von Zielgesellschaften auf der Renaturierungsfläche gegeben, müssen die Zielarten in der Regel aktiv eingebracht werden, da viele Arten keine langlebigen Samenbanken aufbauen, die Bodensamenbank durch langjährige land- oder forstwirtschaftliche Nutzung nicht mehr existiert oder die Landschaft inzwischen so stark fragmentiert ist, dass eine spontane Einwanderung unwahrscheinlich ist. Geeignetes Samen- und Pflanzenmaterial kann entweder direkt auf Spenderflächen geerntet oder landwirtschaftlich produziert werden. Die gewählte Methode wird im Wesentlichen von Eigenschaften der Empfängerfläche, wie geographische Lage, Bodenart, Exposition und Feuchtestatus, der Verfügbarkeit von Spenderflächen, dem Renaturierungsziel und den Kosten der Maßnahme bestimmt.

5.1 Einleitung

In Europa werden seit vielen Jahren Maßnahmen zur Wiederansiedlung von Zielarten in unterschiedlichen Vegetationstypen erfolgreich umgesetzt (Bradshaw und Chadwick 1980; Pfadenhauer und Kiehl 2003; Klimkowska et al. 2007; Kiehl et al. 2010; Kirmer et al. 2012). Welches Verfahren zum Einsatz kommt, hängt von verschiedenen ökologischen und ökonomischen Faktoren ab (◘ Abb. 5.1). Entscheidend sind dabei die Renaturierungsziele (► Kasten 5.1), die abiotischen Bedingungen auf der Empfängerfläche (► Kap. 4) und die mögliche Folgenutzung. Aber auch die aktuelle Gesetzeslage, z. B. § 40 Abs. 1 BNatSchG (► Kap. 3) und sozioökonomische Faktoren, wie die gesellschaftliche Akzeptanz der Maßnahme und der verfügbare Kostenrahmen, müssen beachtet werden. Generell sollte die Methode gewählt werden, die ökologisch und ökonomisch die besten Erfolgsaussichten hat.

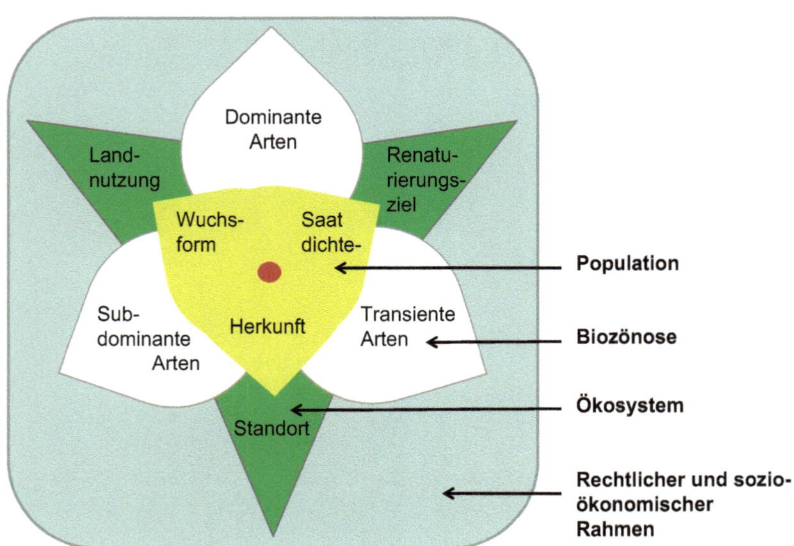

◘ **Abb. 5.1** Bei der Gewinnung und Ausbringung von Wildpflanzen sind die Komplexitätsstufen Population, Biozönose, Ökosystem sowie rechtlicher und sozioökonomischer Rahmen zu beachten, die teilweise in Wechselwirkung stehen und den Erfolg einer Renaturierungsmaßnahme bestimmen

Kasten 5.1

Wiederansiedlungsmaßnahmen in Abhängigkeit von Renaturierungszielen

1. **Renaturierung von FFH-Lebensraumtypen und Begrünungen in Schutzgebieten**
   Bei Maßnahmen zur Verbesserung des Erhaltungszustandes von FFH-Lebensraumtypen sowie generell bei Renaturierungen in Schutzgebieten (z. B. im Rahmen von Kompensationsmaßnahmen) muss die naturräumliche genetische Identität der Populationen oberste Priorität besitzen. Deshalb sollte bei der Umsetzung vorzugsweise direkt geerntetes Material aus der nächsten Umgebung verwendet werden. Stehen keine geeigneten Spenderflächen zur Verfügung, kann auf zertifiziertes Wildpflanzensaatgut und Pflanzgut aus der jeweiligen Herkunftsregion zurückgegriffen werden.
2. **Wiederherstellung von Biotopvernetzung und Ökosystemfunktionen**
   In struktur- und artenarmen Agrarlandschaften kann durch die Neuanlage oder Aufwertung von Landschaftselementen, wie z. B. Säumen, Feldrainen, Hecken und Gehölzgruppen, die biologische Vielfalt im Landschaftsraum erhöht werden. Das verwendete Samen- und Pflanzenmaterial muss aus zertifizierten, regionalen Wildpflanzenherkünften stammen.
3. **Begrünungen nach infrastrukturellen Eingriffen in der freien Landschaft**
   Bei Begrünungen von Verkehrswegeböschungen stehen eine nachhaltige Erosionssicherung und ein möglichst geringer Pflegeaufwand im Vordergrund. Oft ist eine schützende Mulchschicht von Vorteil, da sie Erosion unmittelbar nach dem Auftrag verhindert und Keimung sowie Etablierung fördert. Die Verwendung von gebietseigenen Wildpflanzen garantiert eine optimale Anpassung an die regionalen Klima- und Bodenverhältnisse. Auf nährstoffarmen Straßenböschungen können etwa durch die Ansaat von Regiosaatgut-Mischungen (FLL 2014) pflegearme Grünlandbestände etabliert werden.
4. **Begrünungen im Kommunalbereich**
   Aus ästhetischen und ökologischen, aber auch aus ökonomischen Gründen (Reduktion des Pflegeaufwandes), kommt der Verwendung von gebietseigenen Wildpflanzen im urbanen Raum eine immer größere Bedeutung zu (▶ Kap. 22). Parkanlagen, aber auch Verkehrsbegleitgrün, eignen sich gut für naturnahe Begrünungsmaßnahmen. Auch auf Sonderstandorten, wie Stadtumbauflächen, Abrissflächen, Industriebrachen und sogar Dächern, können mit standortgerechten, gebietseigenen Wildpflanzen dauerhafte Begrünungserfolge erzielt werden.

5.2 Ernte und Vermehrung von Zielarten

5.2.1 Auf Spenderflächen direkt geerntetes samenhaltiges Material

Artenreiche Offenlandlebensräume mit regionaltypischer Artenzusammensetzung besitzen ein wertvolles Samenpotential (◘ Tab. 5.1). Bei direkt geernteten samenreichen Pflanzen handelt es sich in der Regel um autochthones Material, das den Anforderungen des Bundesnaturschutzgesetzes hinsichtlich der Herkunft entspricht, wenn es auf alten artenreichen Grünland- oder Magerrasenflächen geerntet und im gleichen Naturraum ausgebracht wird. Darüber hinaus können mit samenreichem Mähgut, Rechgut oder Oberbodenmaterial nicht nur Diasporen von Gefäßpflanzen, sondern auch Sporen von Mykorrhizapilzen, Moos- und Flechten-Bruchstücke sowie Insekten und Spinnentiere übertragen werden

Tab. 5.1 Wichtige Hinweise und Qualitätsparameter für die Ernte von Samen und Pflanzenmaterial in artenreichem Grünland. Die Übertragungsraten sind vom Empfängerflächentyp (Rohboden, ehemaliger Acker, gestörtes Grünland) sowie vom Vegetationstyp (Magerrasen, Frisch- oder Feuchtwiese) abhängig. (Kirmer et al. 2012, S. 44 f., 136 f.; Angaben zu Rechgut aus Schubert 2009; Angaben zur Samenausbeute des geernteten Materials aus Scotton et al. 2012 und Blakesley und Buckley 2016)

Materialtyp	Ernte	Übertragungsrate Zielarten	Samenausbeute	Übertragbare Artengruppen	Lagerfähigkeit
Frisches Mähgut und Heu	Balken-/Kreiselmäher, Ladewagen	Frisches Mähgut: 33–90 % Heu: 33–71 %	Frisches Mähgut: 100–200 kg ha^{-1} Heu: 40 kg ha^{-1}	Gefäßpflanzen; frisch: Insekten, Spinnentiere	Frisch nicht lagerfähig; Heu 1–2 Jahre
Saugmulch	Saugmulch-Fahrzeuge oder Schlegelmäher mit Mähgutaufnahme	Keine Angaben vorhanden	Hoch	Gefäßpflanzen	Frisch nicht lagerfähig; getrocknet 1–2 Jahre
Wiesendrusch	Parzellendrescher, Großdrescher	39–82 %	Parzellendrescher: 60–150 kg ha^{-1} Großdrescher: 50–200 kg ha^{-1}	Gefäßpflanzen	Frisch nicht lagerfähig; getrocknet 1–2 Jahre
Heublumen	Beim Ballenpressen, unter Heureitern, in Scheunen oder Heuhütten	10–20 %	Gering	Gefäßpflanzen	Heu max. 1–2 Jahre alt; Ausbringung der Heublume im Jahr der Gewinnung
Ausgebürstete Samen	Spezialmaschinen	19–57 %	20–60 kg ha^{-1}	Gefäßpflanzen	Frisch nicht lagerfähig; getrocknet 1–2 Jahre, im Kühllager auch länger
Aufgesaugte Samen	Spezialmaschinen (Sauggeräte)	Keine Angaben vorhanden	Hoch	Gefäßpflanzen, teilweise auch Insekten und Spinnentiere	Frisch nicht lagerfähig, getrocknet 1–2 Jahre, im Kühllager auch länger
Rechgut	Laubbesen, Rechen oder landwirtschaftliche Maschinen: Striegel, Bandheuwender	33–56 % (mit Moosen und Flechten)	Mittel	Moose, Flechten, Gefäßpflanzen, Kleintiere	Im Sommerhalbjahr 1–2 Tage, im Winterhalbjahr auch länger
Oberboden und Rasensoden	Spaten, Rasenschäl- und Baumaschinen: Bagger, Radlader, *soil scraper*	Sodenschüttung: 42–69 %	Samenanteil im Oberboden 0,01–0,07 %	Moose, Flechten, Gefäßpflanzen, Kleintiere, Bodenlebewesen, Bodensamenbank	Im Sommerhalbjahr 1–2 Wochen (gegebenenfalls Bewässerung einplanen), im Winterhalbjahr auch länger

(Helfer 2000; Kiehl und Wagner 2006; Jeschke 2008).

Da das Auffinden geeigneter Flächen für die Ernte von samenreichem Material in der Regel mit erheblichem Aufwand verbunden ist, wurde im Jahr 2006 in Sachsen-Anhalt ein landesweites, webbasiertes Spenderflächenkataster aufgebaut (Hefter et al. 2010). In den Folgejahren wurden in drei weiteren Bundesländern (Thüringen, Schleswig-Holstein, Nordrhein-Westfalen) sowie in der Schweiz (▶ www.regioflora.ch) ebenfalls Spenderflächenkataster erstellt. Da sich im Laufe der Zeit der Erhaltungszustand verschlechtern kann, sollte nach der Flächenauswahl der aktuelle Zustand im Gelände kontrolliert werden. Aus datenschutzrechtlichen Gründen dürfen Eigentümer und Nutzer potentieller Spenderflächen nicht angegeben werden, sondern müssen über die jeweiligen Träger, Naturschutzbehörden oder Naturschutzstationen erfragt werden. Die Auflistung einer Fläche in einem Spenderflächenkataster beinhaltet ausdrücklich keine Sammel- oder Erntegenehmigung. Jegliche Beerntung muss vom Flächeneigentümer bzw. -nutzer sowie von der zuständigen Naturschutzbehörde genehmigt werden. Da die Flächen in der Regel gemäht oder beweidet werden, ist eine rechtzeitige Abstimmung mit dem Flächennutzer wichtig.

Stehen Spenderflächen zur Verfügung (▶ Kasten 5.2), muss darauf geachtet werden, dass die Zielarten zum Erntezeitpunkt reife Samen aufweisen. Liegt die Samenreife der Zielarten weit auseinander, kann die Ernte auch abschnittsweise zum optimalen Erntezeitpunkt durchgeführt werden. Für eine Einschätzung potentiell übertragbarer Arten ist kurz vor der Ernte eine Vegetationsaufnahme mit Erfassung des phänologischen Zustandes empfehlenswert. Wurden aufgrund ausgedehnter Trockenperioden in der Vegetationszeit wenige Samen gebildet, kommen im zweiten Schnitt nur noch einige Zielarten zur Fruchtreife. Fehlen im Bestand wichtige Zielarten, ist die Zusaat von regional produziertem Wildpflanzensaatgut eine sinnvolle Ergänzung. Die tatsächliche Anzahl keimfähiger Samen im geernteten Material ist vom Vegetationstyp, der Tageszeit und dem Erntezeitpunkt abhängig und daher schwierig zu quantifizieren. Falls erforderlich, kann der Gehalt an keimfähigen Samen durch Keimversuche bestimmt werden (Haslgrübler et al. 2014).

Kasten 5.2

Auswahl von Spenderflächen für die Gewinnung von Pflanzenmaterial für Renaturierung

Bei der Auswahl einer geeigneten Spenderfläche sollte Folgendes berücksichtigt werden:

- Spender- und Empfängerfläche befinden sich im gleichen Naturraum.
- Möglichst kurze Entfernung zwischen Spender- und Empfängerfläche in Abhängigkeit vom Transportvolumen und des zur Verfügung stehenden Transportmittels; ein Rückgang der Keimfähigkeit der Samen ist ab etwa 40 °C zu erwarten, was bei frischem Wiesendrusch in Großsäcken etwa nach 2–3 h erreicht wird (M. Stolle, pers. Mitteil.).
- Standorteigenschaften der Spenderfläche sind mit der Empfängerfläche kompatibel.
- Vegetations- und Biotoptypen der Spenderfläche passen zum Entwicklungsziel der Empfängerfläche.
- Hoher Anteil an biotoptypischen Arten auf der Spenderfläche vorhanden.
- Spenderfläche ohne invasive Neophyten oder sonstige Problemarten mit reifen Diasporen.
- Keine Übertragung über die Grenzen des Verbreitungsgebietes der vorhandenen Arten hinaus.

Zur Gewinnung von frischem samenreichen Mähgut oder Heu wird die Spenderfläche zu einem Zeitpunkt gemäht, zu dem möglichst viele Zielarten fruchten. Allerdings sind auch bei späteren Mahdterminen in einem geringen Umfang noch Samen von bereits verblühten Arten in der Biomasse enthalten. Bei einer Mahd im Mai und Juni ist der Gräseranteil wesentlich höher als zwischen Juli und

September. Auch wenn ein zweiter Schnitt verwendet wird, sind in der Regel wenig Grassamen im Mähgut enthalten. Mit frischem Mähgut können auch Kleintiere übertragen werden (Kiehl und Wagner 2006; Elias und Thiede 2008), wobei Untersuchungen von Humbert (2010) zeigten, dass deren Überlebensraten beim Einsatz von Balkenmähern höher sind als bei Kreisel- oder Schlegelmähern. Am ertragsreichsten ist eine Mahd am frühen Morgen, wenn die Samen durch den Tau noch gut an den Pflanzen haften. Die Biomasseentwicklung hängt stark vom jeweiligen Vegetationstyp (◘ Tab. 20.1) sowie von der Witterung ab. In extrem trockenen Jahren sind Biomasseausbeute und Samenentwicklung im Bestand deutlich reduziert.

Einen Überblick zur Mähtechnik geben z. B. Jedicke et al. (1996). Während auf ebenen bis leicht geneigten, hindernisarmen Flächen in der Regel Allradschlepper mit angebauten Mähwerken eingesetzt werden, kommen bei stabilen Bodenverhältnissen und Hangneigungen bis zu 35° Hangschlepper zum Einsatz (◘ Abb. 5.2a). Auf bodenlabilem Gelände, bei größerer Handneigung oder kleineren Flächen können auch handgeführte Balken- oder Trommelmähwerke, gegebenenfalls mehrfach bereift, oder Freischneider verwendet werden. Langhalmiges Material bietet durch die Verzahnung nach dem Auftrag einen wesentlich besseren Erosionsschutz als kurzhalmiges, gehäckseltes Material. Wird kein langhalmiges Material benötigt und sind Biomasseentwicklung und Samenansatz aufgrund anhaltender Trockenheit gering, können sehr große Flächen auch mit einem Großhäcksler beerntet werden (◘ Abb. 5.2b). In diesem Fall muss das Auftragsverhältnis Spender- zu Empfängerfläche deutlich erhöht werden (mindestens 5:1).

Optimal für die Samenausbeute ist eine sofortige Aufnahme des frischen Mähgutes mit einem Ladewagen. Ist das nicht möglich, kann das Material wie bei der Heuernte auf Schwad gelegt und später aufgenommen werden (◘ Abb. 5.2c). Bei der Heugewinnung ist zu beachten, dass beim Trocknen und Schwaden auf der Fläche, aber auch bei der Lagerung, ein erheblicher Teil der Samen ausfällt. Das Heu kann mit einem Ladewagen direkt aufgenommen oder mit Ballenpressen zu Klein- oder Rundballen gepresst werden. Langhalmiges Material schützt optimal vor Erosion und Austrocknung.

Bei der Gewinnung von Saugmulch wird in einem Arbeitsgang die Vegetation gemäht und das klein gehäckselte Material aufgesaugt. Der Samengehalt ist in der Regel sehr hoch und es können auch Samen niedrigwüchsiger Arten erfasst werden. Vergleichbar mit dem Mähgutübertrag fällt eine große Menge an Material an, das sofort auf die Empfängerfläche aufgebracht oder luftig getrocknet werden muss, da es sonst schnell zur Überhitzung kommt. Durch das Häckseln eignet sich Saugmulch nicht zur Sicherung erosionsgefährdeter Flächen.

Die Ernte von Wiesendrusch kann mit Parzellendreschern (◘ Abb. 5.2d) oder landwirtschaftlichen Großdreschern erfolgen. Wie bei der Getreideernte wird das Samenmaterial aus dem Mähgut ausgedroschen. Die Schnitttiefe ist variabel einstellbar und bestimmt neben dem Erntezeitpunkt die Artenzusammensetzung und die Samenausbeute. Samen niedrigwüchsiger Arten sind im Wiesendrusch meist unterrepräsentiert. Wird das Material nicht sofort verwendet, muss es unter Luftzufuhr getrocknet und anschließend kühl und trocken gelagert werden. Durch die Lagerung ist es auch möglich, einen frühen und einen späten Druschtermin zu kombinieren und damit die Übertragungsrate zu erhöhen.

Als Heublume bezeichnet man das samenreiche Feinmaterial, das bei der Lagerung von Heu in Scheunen ausfällt. In Regionen, in denen extensiv bewirtschaftete, artenreiche Wiesen noch traditionell genutzt werden und das Heu lose in Scheunen gelagert wird, ist die Gewinnung der Heublume auch heute noch eine mögliche Alternative. In den Alpen gibt es z. B. noch sogenannte Bergmähder, deren Heu spät gewonnen und bis zum Winter in

Abb. 5.2 Gewinnung von Pflanzenmaterial für Grünlandrenaturierung: **a** Mahd einer artenreichen Bergwiese im Erzgebirge mit einem Hangschlepper (Foto: R. Schubert), **b** Mähguternte im September mit einem Großhäcksler auf einer durch starke Sommertrockenheit maximal kniehohen Feuchtwiese im Alperstedter Ried (Thüringen) mit einer Flächenleistung von ca. 25 ha in ca. 7 h, **c** Aufnahme von geschwadetem Mähgut mit einem Ladewagen im Wulfener Bruch (Sachsen-Anhalt), **d** Ernte von Wiesendrusch in einem Landschaftspark in Bernburg mit einem HEGE 125 Parzellendrescher, der die Samen seitlich auffängt

Heuschobern gelagert wird. Wird das Heu nicht direkt auf der Wiese, sondern auf dem Hof zu Ballen gepresst, fällt eine große Menge an Samen aus (Schubert 2009). Allerdings gehen Heuernte und traditionelle Heulagerung in ganz Europa stark zurück und die noch vorhandenen Wiesen werden immer artenärmer. Vor allem im Flach- und Hügelland ist es deshalb schwierig, qualitativ hochwertige Heublume zu gewinnen.

Das Ausbürsten von Samen erfolgt im stehenden Bestand; dabei werden vorwiegend reife Samen abgestreift. Da die Vegetation nicht gemäht wird, kann dieselbe Fläche später erneut beerntet werden. Mit von Hand gehaltenen, motorbetriebenen Kleingeräten *(seed brusher)* wird nur die obere Vegetationsschicht ausgebürstet. Eine Alternative sind von Traktoren oder Geländewagen gezogene Anhänger mit rotierenden Bürsten (Abb. 5.3a). In hochwüchsiger Vegetation ist die Ernteeffizienz niedrig und es werden überwiegend Grassamen geerntet. In niedrigen Beständen können auch Samen von Leguminosen und anderen krautigen Arten erfasst werden und die Effizienz ist höher. Bestände mit 35–65 cm Höhe sind für eine Beerntung durch Bürsten am besten geeignet (Scotton et al. 2009). In niedriger Vegetation kann Pflanzenmaterial inklusive Flechten und Bodentiere auch ausgerecht werden (Abb. 5.3b).

5

Abb. 5.3 Ausbürsten und Abrechen von Grünlandsaatgut sowie Gewinnung ganzer Grasnarben: **a** Beim Ausbürsten kämmen rotierende Bürsten reife Samen aus dem Bestand, **b** aus kryptogamenreichen Sandtrockenrasen bei Trebon (Tschechien) mit Laubbesen gewonnenes Rechgut, **c** Aufnahme von Heidebeständen mittels Bodenschaber im Vorfeld des Tagebaus Jänschwalde-Nord (Lausitz), **d** Entnahme von Rasensoden mit Rasenschälmaschinen im historischen Park von Sanssouci (Potsdam). (Fotos c u d: C. Grätz)

Oberboden mit Vegetation kann mit Radladern (z. B. mit Frontladeschaufel), aber auch mit sogenannten Bodenschabern (*soil scraper*, Abb. 5.3c) abgetragen werden, wobei eine großflächige Entnahme auf durch infrastrukturelle Maßnahmen oder durch Rohstoffabbau verlorengehende Standorte beschränkt bleiben sollte. Die Abtragtiefe beträgt in der Regel 10–20 cm. Durch die Umlagerung wird die Bodensamenbank aktiviert, wobei sich die größte Anzahl keimfähiger Samen in 0–10(20) cm Tiefe befindet.

Vor der Entnahme von Soden sollte der Bestand gemäht werden. Die Vegetation wird dann zusammen mit dem durchwurzelten Boden in Stücken oder Streifen abgehoben. Bei händischer Entnahme sind Stücke bis zu 20 cm × 20 cm mit einer maximalen Tiefe von 20 cm möglich. Eine maschinelle Gewinnung kann mit Rasenschälmaschinen (Schneidbreite 30 cm, Abb. 5.3d) durchgeführt werden. Für Habitatverpflanzungen werden in der Regel große Bodenquader mit einem Gewicht bis zu 1 t mit Großtechnik gewonnen (z. B. Klötzli 1987; Bruelheide und Flintrop 1999; Box et al. 2011).

5.2.2 Regionale Vermehrung gebietseigener Wildpflanzen

Die Produktion von Wildpflanzensaatgut auf landwirtschaftlichen Flächen (Abb. 5.4a) ist eine Alternative zur Direkternte von

Abb. 5.4 Vermehrung von Pflanzen für die Renaturierung: **a** Vermehrungsflächen bei Halle/Saale (Sachsen-Anhalt), **b** artenreiche Wildpflanzenmischung. (Foto b: S. Mann)

Samengemischen aus Spenderflächen. Während bei der Direkternte nur die zur Erntezeit reifen Samen übertragen werden, können bei der Verwendung von auf landwirtschaftlichen Flächen angebauten Einzelarten sowohl das Artenspektrum als auch die Dominanzverhältnisse der erwünschten Zielgesellschaft festgelegt werden. Ausgehend von den Basisarten einer bestimmten Pflanzengesellschaft kann die Artenauswahl an spezifische Standortbedingungen angepasst werden, wobei auch naturräumliche Besonderheiten, Verbreitungsgrenzen der Pflanzenarten und das Begrünungsziel berücksichtigt werden müssen.

Vor allem in ausgeräumten Agrarlandschaften sollte bei der Artenauswahl auf eine möglichst hohe Vielfalt an Blütenfarben und -formen sowie auf das Vorhandensein von Nektar und Pollen über die gesamte Vegetationsperiode geachtet werden, um möglichst vielen Tierarten Nahrungs-, Brut- und Überwinterungshabitate zur Verfügung stellen zu können. Artenreiche Mischungen haben sich als besonders positiv im Hinblick auf eine nachhaltige Vegetationsentwicklung erwiesen, da sie besser auf unvorhergesehene Umweltbedingungen (z. B. Trockenheit) reagieren können (vgl. Tilman und Dowing 1994; Craven et al. 2016). Die Zusammensetzung der Mischungen sollte sich an naturnahen Grünlandbeständen orientieren und 20–40 Kräuter sowie 4–10 Gräser enthalten (Abb. 5.4b). Auf besiedlungsfähigen Rohböden sowie auf Ackerflächen mit guter Vorbereitung des Saatbettes können geringere Saatstärken von 800–1000 Samen m^{-2} Ansaatfläche eingesetzt werden. Für eine Diversifizierung artenarmer Grasbestände sind dagegen, nach intensiver Bodenstörung, höhere Saatstärken von 1000–2000 Samen m^{-2} Ansaatfläche empfehlenswert. Optimal für die Entwicklung der Kräuter hat sich ein Gräseranteil von maximal 40 % an der Gesamtsamenzahl herausgestellt.

In Deutschland werden inzwischen ca. 450 Gräser und Kräuter aus 22 Herkunftsgebieten in acht Produktionsräumen vermehrt (Prasse et al. 2010; Bucharova et al. 2018), die meistens der genetischen und phänotypischen Differenzierung innerhalb der Arten entsprechen (Bucharova et al. 2017; Durka et al. 2017). Nach § 40 Abs. 1 BNatSchG dürfen Wildpflanzen nur innerhalb ihrer Herkunftsgebiete ausgebracht werden, wobei bis März 2020 eine Übergangsregelung gilt (s. Kap. 3). Neben dem BNatSchG (2009) regelt die Erhaltungsmischungsverordnung (ErMiV 2011) seit 2011 das Ausbringen von Wildpflanzen, die laut Saatgutverkehrsgesetz (SaatG 2004) als Sorten gehandelt werden – das betrifft vor allem die häufigen Wiesengräser. Die ErMiV löst den Widerspruch zwischen BNatSchG und SaatG und ermöglicht den Einsatz von Wildformen der in den Sortenlisten des SaatG aufgeführten Arten in sogenannten Erhaltungsmischungen.

Als Erhaltungsmischungen nach ErMiV gelten alle Ansaatmischungen, die mindestens eine der in den Sortenlisten des SaatG aufgeführten Arten enthalten. Erhaltungsmischungen können als direkt geerntete Mischung oder als angebaute Mischung gehandelt werden, wobei die Saatgutproduzenten bzw. -händler vor dem erstmaligen Inverkehrbringen bei den Saatgutanerkennungs- und -prüfstellen der Länder eine Genehmigung einholen müssen. Für diese Genehmigung ist unter anderem die prozentuale Zusammensetzung der Mischung, der Entnahmeort, die Art des Lebensraumes am Entnahmeort sowie für eine angebaute Mischung auch der Produktionsraum und der Standort der Vermehrungsflächen der einzelnen Arten offenzulegen. Darüber hinaus muss eine Prüfbescheinigung eines anerkannten Zertifizierungsunternehmens vorliegen (siehe ► Kasten 5.3). Die ErMiV gilt auch für Wiesendrusch, aber nicht für Mulch, Grünschnitt, Mähgut und diasporenhaltigen Boden.

Kasten 5.3

Zertifizierung von landwirtschaftlich vermehrten Gräsern und Kräutern

Bei der Ausschreibung von regionalem Wildpflanzensaatgut muss die gewünschte Herkunftsqualität der zu liefernden Ware durch eines der beiden unabhängigen Zertifizierungssysteme (VWW-Regiosaaten®, RegioZert®) nachgewiesen werden. Dabei werden die teilnehmenden Betriebe regelmäßig von unabhängigen Prüfern kontrolliert. Wichtige Prüfkriterien zur Erlangung des Zertifikates sind unter anderem

- eine umfassende Dokumentation der Sammlung von Basissaatgut, z. B. eine behördlich genehmigte Entnahme aus mindestens fünf räumlich voneinander getrennten natürlichen Beständen, Angabe von Sammelorten, Biotoptypen, Populationsgrößen, Anzahl besammelter Pflanzen und Entnahmemengen;
- die Kontrolle der Anbauflächen zur Abschätzung der produzierten Mengen und zur Prüfung der Plausibilität der verkauften Produktmengen, z. B. Dokumentation von Arten und Anbauparzellen, Prüfung von Artzugehörigkeit, Reinheit und Keimfähigkeit;
- eine Stichprobenkontrolle zur Überprüfung des Warenflusses in Lagerhaltung und Buchführung (Plausibilitätskontrolle).

Im Frühjahr 2014 wurden von der Forschungsgesellschaft Landschaftsentwicklung und Landschaftsbau (FLL) die „Empfehlungen für Begrünungen mit gebietseigenem Saatgut" veröffentlicht (FLL 2014). Dort werden für alle 22 Herkunftsgebiete eine Grundmischung sowie drei Standortvarianten vorgeschlagen (RSM Regio), die als Mindeststandard für Begrünungen in der freien Natur mit vorwiegend ingenieurbiologischer Sicherungsfunktion empfohlen werden (Molder 2015). Da aber in den Mischungen nur Arten berücksichtigt wurden, die unter anderem in mindestens 60 % aller Messtischblatt-Quadranten des Herkunftsgebietes vorkommen, fehlen viele wichtige Zielarten, die für die Renaturierung von naturschutzfachlich relevanten Vegetationstypen notwendig sind (Wieden 2015). Zudem enthalten die Mischungen einen sehr hohen Gräseranteil von 70 %, der zu einer Abnahme der Artenvielfalt führen kann (Staab et al. 2015).

Wie bei den Ansaaten muss auch bei der Verwendung von Pflanzgut auf eine standortgerechte Artenzusammensetzung und auf gebietseigene Herkünfte geachtet werden. Pflanzungen sind in der Regel aufwendiger und damit auch kostenintensiver als die meisten anderen Methoden (Röder und Kiehl 2007). Sie bieten bei kritischen Standortverhältnissen aber den Vorteil, dass die Entwicklungsdauer verkürzt wird, was beispielsweise für die Sicherung wellenschlaggefährdeter Uferflächen von großer Bedeutung ist (◘ Abb. 5.5a). Auch auf offenen Torfflächen ist das Ausbringen von

Abb. 5.5 Verwendung von Pflanzungen bei Renaturierungsmaßnahmen: **a** Hier kommt es erst am Ende einer 1,5 km langen Röhrichtpflanzung am Ufer des Restloches Runstädter See (Sachsen-Anhalt) zu einer Kliffbildung; (Foto: A. Grüttner), **b** für die Ansiedlung von *Globularia cordifolia* wird die wesentlich kostenintensivere Pflanzung empfohlen, da die Art sich durch Samen kaum etablieren lässt. (Röder und Kiehl 2007; Foto: D. Röder)

Jungpflanzen *(Eriophorum vaginatum)* oder bewurzelten Rhizomen *(E. angustifolium)* erfolgreicher als eine Ansaat (Sliva 1997). Durch Pflanzungen können gezielt konkurrenzschwache Zielarten eingebracht werden, die sich über Ansaat schlecht etablieren lassen (z. B. Röder und Kiehl 2007, Abb. 5.5b) oder für die nur wenig Saatgut zur Verfügung steht. Eine Pflanzung kann auch von Vorteil sein, wenn in bereits etablierten Lebensraumtypen, z. B. Steppenrasen, weitere Zielarten eingebracht werden sollen (Kienberg et al. 2013).

Werden Pflanzen aus Samen angezogen, sollten die Anzuchtbedingungen hinsichtlich Licht, pH-Wert, Wasser und Nährstoffe den Bedingungen auf der Empfängerfläche möglichst ähnlich sein, um den Anwuchserfolg zu maximieren. Ist eine Ausbringung im ausgehenden Winter geplant, so müssen im Gewächshaus vorgezogene Pflanzen unbedingt vorher abgehärtet werden. Arten, die sich vegetativ ausbreiten, können über Rhizomstücke, Halm- oder Wurzelstecklinge vermehrt werden, dabei sind die gleichen Anforderungen wie für Wildpflanzensaatgut zu beachten.

5.3 Ausbringen von Samen- und Pflanzenmaterial

5.3.1 Samen und Samengemische

Im Flach- und Hügelland liegt die Ansaatmenge, bezogen auf die im Begrünungsmaterial vorhandenen reinen Samen, in der Regel bei 10–20 kg ha^{-1} (Tab. 5.2). Krautzer et al. (2011) empfehlen bei extremen Standortbedingungen im Gebirge höhere Ansaatmengen bis zu 150 kg ha^{-1}. Ungereinigte Samengemische können mit einer Menge von bis zu 250 kg ha^{-1} ausgebracht werden, wobei auch hier die Samenzahl im empfohlenen Bereich von 800–2000 Samen m^{-2} liegen sollte. Generell dürfen die Samen und Samengemische nur oberflächlich ausgesät und nicht eingearbeitet werden, da die meisten Wildpflanzen Lichtkeimer sind. Um eine schnelle und sichere Keimung zu gewährleisten, sollte der Bodenschluss des Saatgutes durch abschließendes Walzen mit einer Profilwalze hergestellt werden. Bei starker Austrocknungs- oder Erosionsgefahr ist das Aufbringen einer Mulchdecke empfehlenswert. Um eine strukturierte

Tab. 5.2 Empfohlene Auftragsmengen und -methoden für das Ausbringen von Samen- und Pflanzenmaterial. (Angaben aus Quinty und Rochefort 2003; Krautzer und Wittmann 2006; Krautzer et al. 2007; Schubert 2009; Kirmer et al. 2012, S. 76 f.; C. Grätz, pers. Mitteil.)

Material	Auftragsmenge	Auftragsmethode
Reines Saatgut	1–2 g m^{-2} Samen, gegebenenfalls aufgemischt mit Mais-, Bohnen- oder Sojaschrot auf 5–10 g m^{-2}	Sämaschinen, Hydrosaat, kleine Flächen von Hand
Gereinigte Samengemische: Wiesendrusch, Heublume, ausgebürstete oder aufgesaugte Samen	Wiesendrusch, ausgebürstetes oder aufgesaugtes Material: 1,5–5 g m^{-2}, aufgemischt mit Mais-, Bohnen- oder Sojaschrot auf 5–10 g m^{-2}	Sämaschinen, Hydrosaat, kleine Flächen von Hand
Ungereinigte Samengemische: Wiesendrusch, ausgebürstete oder aufgesaugte Samen, Heublume	Wiesendrusch, ausgebürstetes oder aufgesaugtes Material: 20–25 g m^{-2} Heublume: minimal 50 g m^{-2}, optimal 250 g m^{-2}	Miststreuer, kleine Flächen von Hand
Frisches samenreiches Mähgut	Erosions- oder austrocknungsgefährdete Flächen: 1–2 kg m^{-2} Frischgewicht (ca. 5–10 cm Auflagenhöhe) Nicht erosionsgefährdete Flächen: 0,5–1,0 kg m^{-2} Frischgewicht (ca. 2–5 cm Auflagenhöhe) Verhältnis Spender: Empfänger 1:2 bis 4:1 (je nach Biomasseaufwuchs auf der Spenderfläche (Tab. 20.1)	Ladewagen mit Dosierwalze, Miststreuer, ggf. Nachverteilung auf der Fläche mit Heuwender oder von Hand
Frisches samenreiches Rechgut oder Saugmulch	0,5–1 kg m^{-2} Frischgewicht (ca. 3–5 cm Auflagenhöhe) Verhältnis Spender: Empfänger 1:1 bis 4:1	Miststreuer, kleine Flächen von Hand
Trockener Saugmulch	ca. 0,2–0,3 kg m^{-2} Trockengewicht	Miststreuer, kleine Flächen von Hand
Trockene samenreiche Biomasse (Heu)	Humides Klima: 0,3–0,5 kg m^{-2} Trockengewicht Trockenes Klima: 0,5–0,7 kg m^{-2} Trockengewicht (ca. 3–5 cm Auflagenhöhe)	Miststreuer, kleine Flächen von Hand
Oberboden	10–20 kg m^{-2} (ca. 3–5 cm Auflagenhöhe) Verhältnis Spender: Empfänger 1:2	Miststreuer, Radlader, Raupenbagger
Sphagnen	Verhältnis Spender: Empfänger 1:10	Miststreuer, kleine Flächen von Hand
Rasensoden, Rollsoden	Verhältnis Spender: Empfänger 1:1	Radlader, kleine Flächen von Hand

Bodenoberfläche zu schaffen, können auch vor der Ansaat Profilwalzen eingesetzt werden. Der optimale Aussaatzeitpunkt hängt von den klimatischen Verhältnissen, aber auch von den Ansprüchen der Pflanzenarten ab (▶ Kasten 5.4).

Kasten 5.4

Aussaatzeitpunkt für Grünlandrenaturierung

Im Flach- und Hügelland ist die Ansaat von Samen und Samengemischen zu Beginn der Vegetationsperiode etwa ab Anfang März bis Mitte April vorteilhaft, da dann die Winterfeuchte auf trockeneren Standorten optimal genutzt werden kann. In Gebieten mit ausgeprägter Frühsommertrockenheit muss die Ansaat möglichst zeitig erfolgen, da Samen von Wildpflanzen mindestens 2–3 Wochen durchgehende Feuchtigkeit benötigen, um zur Keimung zu gelangen (Rieger 2013).

In kontinental geprägten Regionen sollten Wildpflanzenansaaten am besten nach den ersten größeren Niederschlägen im August und September durchgeführt und Ansaaten zwischen April und Juli möglichst vermieden werden. Fallen ausreichend Niederschläge, ist eine Ansaat prinzipiell über die gesamte Vegetationsperiode möglich.

In der subalpinen und alpinen Höhenstufe mit ausreichender Schneebedeckung, aber auch in Mittelgebirgen mit subalpinem Klima sowie zur Anlage von Wiesentypen mit hohem Anteil an Arten, deren Keimruhe erst durch die Einwirkung von Frost gebrochen wird (z. B. Pfeifengraswiesen) ist eine „Schlafsaat" vorteilhaft. Sie wird nach dem Ende der Vegetationsperiode vor dem Einschneien (Krautzer und Klug 2009), je nach Höhenlage und Witterung von Anfang Oktober bis Anfang Dezember, ausgebracht (▶ Kap. 14). Eine Keimung erfolgt erst im darauffolgenden Frühjahr. Schubert (2009) berichtet von positiven Erfahrungen mit Schlafsaat von Heublumen auf einer dünnen Schneedecke im November im Westerzgebirge. Vorteilhaft ist, dass sich die Ansaatarten bei einer Keimung im Frühjahr im Laufe der Vegetationsperiode zu überwinterungsfähigen Pflanzen entwickeln.

Begrünungen mit Oberboden, Rasensoden und Rollsoden zeigen außerhalb der Vegetationszeit die besten Erfolge. Wenn kurze Zwischenlagerungszeiten eingehalten werden und ein Austrocken der Vegetationsstücke verhindert wird, sind auch innerhalb der Vegetationsperiode gute Ergebnisse zu erwarten.

Auf unzugänglichen, sehr steilen, abgelegenen oder kleinen Flächen ist die Handsaat mitunter die praktikabelste Methode. Um eine gleichmäßige Ansaat zu gewährleisten, sollte das Saatgut mit Zusatzstoffen (Mais-, Bohnen-, Sojaschrot, trockener Sand) auf 50–100 kg ha^{-1} gestreckt und die Fläche in zwei zueinander um 90° versetzten Saatgängen mit jeweils der Hälfte des Materials angesät werden. Für die Ansaat ist die Verwendung einer Saatschale empfehlenswert.

Bei entsprechender Befahrbarkeit der Flächen und nicht zu starker Hangneigung können mit gängigen landwirtschaftlichen Sämaschinen sehr kostengünstig große Flächen eingesät werden. Um das oberflächige Ablegen der Samen zu gewährleisten, sollte der Säleiter ausgebaut bzw. die Säschar hochgeklappt werden. Das Saatgut muss mit Schrot gestreckt werden, wenn die Sätechnik nicht für die Ausbringung geringer Mengen unterschiedlich großen Saatgutes in einer Mischung ausgelegt ist. Die unterschiedlichen Korngrößen des Schrotes wirken dabei dem Entmischen der Kornfraktionen im Saatgut entgegen.

Bei der Nass- oder Hydrosaat werden unterschiedliche Mengen an Saatgut und gegebenenfalls weitere Zuschlagstoffe, wie Dünger, Bodenhilfsstoffe oder Klebemittel, mit Wasser in einem speziellen Spritzfass vermischt und auf die zu begrünende Fläche gespritzt.

An sehr steilen Hängen kann die Saatgutemulsion auch mit zusätzlichen Erosionsschutzmaßnahmen wie einem Jutenetz oder einer Mulchauflage kombiniert werden (▫ Abb. 14.7).

5.3.2 Pflanzenmaterial und Oberboden

Durch den Auftrag von samenreicher Biomasse wird eine mehr oder weniger geschlossene Mulchdecke erzeugt, welche Keimung und Etablierung der enthaltenen Samen erleichtert. Frisches Mähgut sollte sofort nach dem Schnitt direkt auf die Empfängerfläche aufgebracht werden, um eine Erhitzung und damit die Beeinträchtigung der Keimfähigkeit des Materials zu vermeiden. Heu sollte nur bei wenig Wind oder feuchter Witterung ausgebracht werden, damit es Feuchtigkeit aufnehmen kann. Beim Trocknen passt sich das Material der Struktur des Untergrundes an und kann nicht mehr verweht werden. In Regionen mit höheren Niederschlägen (über 1000 mm) sowie bei der Verwendung von feinem Material dürfen nur dünne Auflagen ausgebracht werden (2–5 cm), da es sonst zu Fäulnisprozessen kommt (Pfadenhauer und Kiehl 2003, S. 25 f.; Auestad et al. 2014). Grobes Material dagegen ist besser durchlüftet und kann auch in dickeren Lagen ausgebracht werden (5–10 cm). Bei Erosionsgefahr sind 5–10 cm dicke Mähgutauflagen empfehlenswert (▫ Tab. 5.2). Die notwendige Größe der Spenderfläche richtet sich nach der Produktivität des Ausgangsbestandes (Kiehl et al. 2010; Scotton 2016), z. B. kann Material aus sehr produktiven Stromtalwiesen in der Regel im Verhältnis 2:1 aufgetragen werden. Bei lückiger Vegetation (z. B. Magerrasen) müssen die Spenderflächen oft 4- bis 6-mal so groß wie die Empfängerfläche sein, wobei hier auch darauf geachtet werden muss, dass die Schichtdicke so gewählt wird, dass noch Licht auf den Boden gelangt und die Keimung lichtliebender Arten nicht behindert wird.

Das maschinelle Aufbringen einer gleichmäßigen Schicht mit frischem Mähgut ist mittels Ladewagen mit Kurzschnitteinrichtung und Dosierwalze (▫ Abb. 5.6a) oder mit einem Miststreuer (▫ Abb. 5.6b) möglich. Wenn es durch das langhalmige Material zu Verstopfungen kommt, sollte ein Feinzerkleinerer zwischengeschaltet werden, der das Mähgut auf ca. 10–20 cm Länge zerreißt.

Heu kann lose oder zu Ballen gepresst verwendet werden. Großballen wiegen in der Regel 300 kg und sind deshalb unhandlicher als Kleinballen, die nur 10–15 kg wiegen. Auf schlecht befahrbaren oder unzugänglichen Flächen empfiehlt sich deshalb der Einsatz von Kleinballen. Wenn das Heu sehr niedrige Samengehalte aufweist, ist eine Zusaat mit Wildpflanzensaatgut vor dem Heuauftrag empfehlenswert. Das Heu kann auf der Fläche mit einem Heuwender verteilt werden.

Rasensoden (Rasenziegel) oder Rollsoden sollten möglichst vor dem Austrieb (kurz nach der Schneeschmelze) oder nach dem Einsetzen der herbstlichen Vegetationsruhe (vor Beginn der winterlichen Frostphase) ausgebracht werden (▫ Abb. 5.6c). Optimal sind nährstoffarme Empfängerflächen oder Rohböden. Die Vegetationsteile sollen möglichst lückenlos ausgelegt und leicht angedrückt werden. In Steillagen, z. B. auf Skipisten, müssen sie mit Holznägeln angenagelt werden (Kirmer et al. 2012, S. 76 f.). Rollsoden werden meistens in einer Länge von 2,5 m und einer Breite von 0,3–0,4 m, sowie einer Schälstärke von ca. 10 cm in Rollen auf Paletten geliefert. Für die Ausbringung von großen Bodenquadern, z. B. bei Habitatverpflanzungen, sind Spezialgeräte erforderlich.

Oberboden kann mit Miststreuern, Radladern oder Raupenbaggern möglichst auf nährstoffarmem Rohboden ausgebracht werden (▫ Abb. 5.6d). Um Sphagnen auf Torfabtragsflächen zu verteilen, sind Miststreuer am besten geeignet.

Abb. 5.6 Ausbringen von Pflanzenmaterial für Grünlandrenaturierung: **a** Einsatz eines Ladewagens (Foto: R. Schubert), **b** Verwendung eines Bergmiststreuers mit Zwillingsbereifung auf einer 11 ha großen Böschung der Halde Klobikau (Sachsen-Anhalt; Foto: S. Mann), **c** Verlegen von Rollsoden bei Berlin (Foto: A. Wilstermann), **d** Ausbringen von 20–25 cm Oberboden aus einer artenreichen Frischwiese auf nährstoffarmem Rohboden in Ellesmere Port, Cheshire. (Foto: P. Putwain)

5.4 Maßnahmen zum Schutz vor Erosion und Austrocknung

Auf erosions- und austrocknungsgefährdeten Flächen sollte nach der Ansaat von Samen- und Samengemischen eine Mulchschicht aufgebracht werden. Auch eine Profilierung oder Strukturierung der Oberfläche (quer zum Hang) führt zur Reduktion von Erosionsprozessen und schafft Etablierungsnischen für die angesäten Arten. Weitere Methoden zur ingenieurbiologischen Sicherung erosions- oder wellenschlaggefährdeter Standorte sind in Hacker und Johannsen (2012) beschrieben. Aussaat in existierender Vegetation ist schwierig und erfordert ein Öffnen der Grasnarbe durch Fräsen, Grubbern, Striegeln oder Schlitzsaat, damit die ausgebrachten Samen zur Keimung kommen (Schmiede et al. 2012).

Als Mulchschicht kann frisches, möglichst samenfreies Mähgut, Heu oder Stroh zum Einsatz kommen. Der wesentliche Schutzeffekt liegt dabei in der Reduktion der kinetischen Energie der Regentropfen. Zudem wird das Verschlämmen der Bodenoberfläche verhindert und das Niederschlagswasser kann besser in den Boden einsickern. Eine locker aufgebrachte Mulchschicht erzeugt durch Verdunstungsschutz und Beschattung ein für die Entwicklung der Keimlinge optimales Kleinklima. Die Qualität der Mulchmaterialien, insbesondere das Kohlenstoff-Stickstoff(C/N)-Verhältnis, spielt dabei für die Pflanzenentwicklung eine entscheidende Rolle (Stolle 1998). Vor allem auf nährstoffarmen Böden ist langhalmiges Material mit einem engen C/N-Verhältnis (z. B. krautreicher Wiesenschnitt) günstiger als Stroh, da beim Abbau des Strohs Stickstoff verbraucht wird und nicht der sich entwickelnden Vegetation zur Verfügung steht. Darüber hinaus können die Abbauprodukte von Stroh die Keimfähigkeit beeinträchtigen (z. B. Jodaugiene et al. 2006). Werden trotzdem Strohauflagen verwendet, ist auf nährstoffarmen Böden die Zugabe einer geringen Menge organischen Düngers empfehlenswert. Für ein optimales Wachstum sollte die Dicke der Mulchschicht nicht mehr als 3–5 cm betragen und zumindest teilweise lichtdurchlässig sein (weitere Angaben in ◘ Tab. 5.2). Zu dicke Mulchschichten führen zu Fäulnisprozessen, fördern das Wachstum von Gräsern und hemmen die Entwicklung vieler Kräuter. Zu dünne Mulchschichten erhöhen das Erosionsrisiko und schützen nicht vor Austrocknung (Schiechtl und Stern 1992; Kiehl et al. 2010). Langhalmiges Material bietet einen wesentlich besseren Erosionsschutz als kurzhalmiges.

5.5 Schlussfolgerungen

Zur Aufwertung und Neuanlage verschiedener Offenlandlebensräume stehen inzwischen zahlreiche Methoden zur Gewinnung sowie zur Ausbringung von Samen- und Pflanzenmaterial zur Verfügung. Die Wahl der Methode hängt von sozioökonomischen Faktoren (Akzeptanz, Kostenrahmen) sowie von den spezifischen Anforderungen an die Begrünung ab. Vor allem spielt dabei eine Rolle, welches Renaturierungsziel erreicht werden soll, etwa Naturschutz, Kompensation, Biotopverbund, Erholungsnutzung oder Begrünung nach Baumaßnahmen, und ob ein Erosions- oder Austrocknungsschutz notwendig ist. Die Auswahl und Planung der Gewinnungs- und Ausbringungsmethode sollte sich an der Optimierung ökologischer und ökonomischer Anforderungen orientieren.

Fragen zur Vertiefung

- Welche biotischen Schwellen können bei Renaturierungsmaßnahmen auftreten?
- Mit welchen Methoden kann samenreiches Material für Renaturierungsmaßnahmen gewonnen werden?
- Welche Kriterien müssen Spenderflächen erfüllen?
- Welche Faktoren beeinflussen den Umsetzungszeitpunkt bei Renaturierungsmaßnahmen?
- Mit welchen Methoden können Erosionsprozesse effektiv reduziert werden?

Literatur

Auestad I, Austad I, Rydgren K (2014) Nature will have its way: local vegetation trumps restoration treatments in semi-natural grassland. Appl Veg Sci 18:190–199

Blakesley D, Buckley GP (2016) Grassland restoration and management. Pelagic Publishing, Exeter

Box J, Brown M, Coppin N, Hawkeswood N, Webb M, Hill A, Palmer Q, Le Duc M, Putwain PD (2011) Experimental wet heath translocation in Dorset, England. Ecol Eng 37:158–171

Bradshaw AD, Chadwick MJ (1980) The restoration of land: the ecology and reclamation of derelict and degraded land. Blackwell, Oxford

Bruelheide H, Flintrop T (1999) Die Verpflanzung von Bergwiesen im Harz. Eine Erfolgskontrolle über fünf Jahre. Nat schutz Landsch plan 31:5–12

Bucharova A, Michalski S, Hermann JM, Heveling K, Durka W, Hölzel N, Kollmann J, Bossdorf O (2017) Genetic differentiation and regional adaptation among seed origins used for grassland restoration: lessons from a multi-species reciprocal transplant experiment. J Appl Ecol 54:127–136

Bucharova A, Bossdorf O, Hölzel N, Kollmann J, Prasse R, Durka W (2018) Mix and match: regional admixture provenancing as the golden mean between seed-sourcing strategies for ecological restoration. Conserv Genet. ► https://doi.org/10.1007/s10592-018-1067-6

Bundesnaturschutzgesetz vom 29. Juli 2009 (BGBl. I S. 2542), das durch Artikel 19 des Gesetzes vom 13. Oktober 2016 (BGBl. I S. 2258) geändert worden ist

Craven D, Isbell F, Manning P, Connolly J, Bruelheide H, Ebeling A, Roscher C, Ruijven J van, Weigelt A,

Wilsey B, Beierkuhnlein C, Luca E de, Griffin JN, Hautier Y, Hector A, Jentsch A, Kreyling J, Lanta V, Loreau M, Meyer ST, Mori AS, Naeem S, Palmborg C, Polley HW, Reich PB, Schmid B, Siebenkäs A, Seabloom E, Thakur MP, Tilman D, Vogel A, Eisenhauer N (2016) Plant diversity effects on grassland productivity are robust to both nutrient enrichment and drought. Philos Trans R Soc B 371:20150277

Durka W, Michalski S, Bossdorf O, Bucharova A, Hermann JM, Hölzel N, Kollmann J (2017) Grassland plants show species-specific patterns of genetic differentiation among seed transfer zones. J Appl Ecol 54:116–126

Elias D, Thiede S (2008) Verfrachtung von Heuschrecken (Insecta: Ensifera et Caelifera) mit frischem Mähgut im Wulfener Bruch (Sachsen-Anhalt). Hercynia N.F 41:253–262

Erhaltungsmischungsverordnung vom 6. Dezember 2011 (BGBl. I S. 2641), die zuletzt durch Artikel 4 der Verordnung vom 6. Januar 2014 (BGBl. I S. 26) geändert worden ist

FLL (2014) Empfehlungen für Begrünungen mit gebietseigenem Saatgut. Forschungsgesellschaft Landschaftsentwicklung Landschaftsbau, Bonn

Hacker E, Johannsen R (2012) Ingenieurbiologie. Ulmer, Stuttgart

Haslgrübler P, Krautzer B, Blaschka A, Pötsch EM (2014) Influence of different storage conditions on quality characteristics of seed material from semi-natural grassland. Grass Forage Sci 70:549–556

Hefter I, Jünger G, Baasch A, Tischew S (2010) Gebietseigenes Wildpflanzensaatgut in Begrünungs- und Renaturierungsvorhaben fördern – Aufbau eines Spenderflächenkatasters und Informationssystems. Nat schutz Landsch plan 42:333–340

Helfer W (2000) Die VA-Mykorrhiza und ihre Bedeutung für die Entwicklung der Heidevegetation. In: Pfadenhauer J, Fischer FP, Helfer W, Joas C, Lösch R, Miller U, Miltz C, Schmid H, Sieren E, Wiesinger K (Hrsg) Sicherung und Entwicklung der Heiden im Norden von München. Angew Landsch ökol 32:255–279

Humbert JY (2010) Low input meadow harvesting process and its impact on field invertebrates. Dissertation, ETH Zürich

Jedicke E, Frey W, Hundsdorfer M, Steinbach E (1996) Praktische Landschaftspflege. Grundlagen und Maßnahmen. Ulmer, Stuttgart

Jeschke M (2008) Einfluss von Renaturierungs- und Pflegemaßnahmen auf die Artendiversität und Artenzusammensetzung von Gefäßpflanzen und Kryptogamen in mitteleuropäischen Kalkmagerrasen. Dissertation, Technische Universität München

Jodaugienė D, Pupalienė R, Urbonienė M, Pranckietis V, Pranckietienė I (2006) The impact of different types of mulches on weed emergence. Agron Res 4:197–201

Kiehl K, Wagner C (2006) Effects of hay transfer on long-term establishment of vegetation and grasshoppers on former arable fields. Restor Ecol 14:157–166

Kiehl K, Kirmer A, Donath T, Rasran L, Hölzel N (2010) Species introduction in restoration projects – evaluation of different techniques for the establishment of semi-natural grasslands in Central and Northwestern Europe. Basic Appl Ecol 11:285–299

Kienberg O, Thill L, Becker T (2013) Wiederansiedlung von *Astragalus exscapus, Scorzonera purpurea* und *Pulsatilla pratensis* subsp. *nigricans* in Steppenrasen in Thüringen – Erste Ergebnisse eines laufenden Projektes. In: Steppenlebensräume Europas – Gefährdung, Erhaltungsmaßnahmen und Schutz. Thüringer Ministerium für Landwirtschaft, Forsten, Umwelt und Naturschutz, Erfurt, S 373–383

Kirmer A, Krautzer B, Scotton M, Tischew S (2012) Praxishandbuch zur Samengewinnung und Renaturierung von artenreichem Grünland. Eigenverlag Lehr- und Forschungszentrum Raumberg-Gumpenstein, Irdning

Klimkowska A, Diggelen R van, Bakker JP, Grootjans AP (2007) Wet meadow restoration in Western Europe: a quantitative assessment of the effectiveness of several techniques. Biol Conserv 140: 318–328

Klötzli F (1987) Disturbance in transplanted grasslands and wetlands. In: Andel J van, Bakker JP, Snaydon RW (Hrsg) Disturbance in grasslands. Junk Publishers, Dordrecht, S 79–96

Krautzer B, Klug B (2009) Renaturierung von subalpinen und alpinen Ökosystemen. In: Zerbe S, Wiegleb G (Hrsg) Renaturierung von Ökosystemen. Spektrum Akademischer Verlag, Heidelberg, S 265–282

Krautzer B, Wittmann H (2006) Restoration of alpine ecosystems. In: Andel J van, Aronson J (Hrsg) Restoration ecology: the new frontier. Blackwell, Malden, S 208–220

Krautzer B, Graiss W, Blaschka A (2007) Standortgerechte Wiederbegrünung im Straßenbau. Abteilung Vegetationsmanagement im Alpenraum, Höhere Bundeslehr- und Forschungsanstalt für Landwirtschaft Raumberg-Gumpenstein, Irdning

Krautzer B, Bartel A, Kirmer A, Tischew S, Feucht B, Wieden M, Haslgrübler P, Pötsch E (2011) Establishment and use of high nature value farmland. Grassl Sci Eur 16:457–469

Molder F (2015) Begrünungen mit gebietseigenem Saatgut – Vorstellung des neuen FLL-Regelwerks und Anwendungsbeispiele aus der Praxis. Nat schutz Landsch plan 47:173–180

Pfadenhauer J, Kiehl K (2003) Renaturierung von Kalkmagerrasen. Angew Landsch ökol 55:1–291

Prasse R, Kunzmann D, Schröder R (2010) Entwicklung und praktische Umsetzung naturschutzfachlicher Mindestanforderungen an einen Herkunftsnachweis für gebietseigenes Wildpflanzensaatgut krautiger Pflanzen. Abschlussbericht DBU-Projekt. Institut für Umweltplanung & Leibniz Universität, Hannover

Quinty F, Rochefort L (2003) Peatland restoration guide. Canadian Sphagnum Peat Moss Association and New Brunswick Department of Natural Resources and Energy, Québec

Rieger E (2013) Fehler bei der Anlage und Pflege von Blumenwiesen und -säumen vermeiden. Neue Landsch 11:25–30

Röder D, Kiehl K (2007) Ansiedlung von lebensraumtypischen Pflanzenarten in neu angelegten Kalkmagerrasen durch Ansaat und Pflanzung. Nat schutz Landsch plan 39:304–310

Saatgutverkehrsgesetz in der Fassung der Bekanntmachung vom 16. Juli 2004 (BGBl. I S. 1673), das zuletzt durch Artikel 1 des Gesetzes vom 20. Dezember 2016 (BGBl. I S. 3041) geändert worden ist

Schubert R (2009) Das grüne Wunder – naturnahe Begrünungen mit gebietsheimischen Diasporen. Deutscher Verband für Landespflege, Pirna

Schiechtl HM, Stern R (1992) Handbuch für den naturnahen Erdbau. Eine Anleitung für ingenieurbiologische Bauweisen. Österreichischer Agrarverlag, Wien

Schmiede R, Otte A, Donath TW (2012) Enhancing plant biodiversity in species-poor grassland – impact of sward disturbance. Appl Veg Sci 15: 290–298

Scotton M (2016) Establishing a semi-natural grassland: effects of harvesting time and sowing density on species composition and structure of a restored *Arrhenatherum elatius* meadow. Agric Ecosyst Environ 120:35–44

Scotton M, Piccinin L, Dainese M, Sancin F (2009) Seed harvesting for ecological restoration: efficiency of haymaking and seed-stripping on different grassland types in the eastern Italian Alps. Restor Ecol 27:66–75

Scotton M, Kirmer A, Krautzer B (2012) Practical handbook for seed harvest and ecological restoration of species-rich grasslands. Cleup Editore, Italy

Sliva J (1997) Renaturierung von industriell abgetorften Hochmooren am Beispiel der Kendlmühlfilzen. Herbert Utz, München

Staab K, Yannelli F, Lang M, Kollmann J (2015) Bioengineering effectiveness of seed mixtures for road verges: Functional composition as a predictor of grassland diversity and invasion resistance. Ecol Eng 84:104–112

Stolle M (1998) Böschungssicherung, Erosions- und Deflationsschutz in Bergbaufolgelandschaften – Zur Anwendung von Mulchdecksaaten. In: Pflug W (Hrsg) Braunkohlentagebau und Rekultivierung. Springer, Berlin, S 873–881

Tilman D, Downing JA (1994) Biodiversity and stability in grasslands. Nature 367:363–365

Wieden M (2015) Wildpflanzensaatgut im Spannungsfeld des Naturschutzes – Kritische Anmerkungen zu aktuellen Regelungsversuchen. Nat schutz Landsch plan 47:181–190

Monitoring von Renaturierungen

Johannes Kollmann

© Springer-Verlag GmbH Deutschland, ein Teil von Springer Nature 2019
J. Kollmann et al., *Renaturierungsökologie*, https://doi.org/10.1007/978-3-662-54913-1_6

Zusammenfassung

In Mitteleuropa werden viele Renaturierungsprojekte durchgeführt, es fehlt aber oft ein wissenschaftlich fundiertes und standardisiertes Monitoring, also Untersuchungen zur Wirksamkeit der Maßnahmen. Dadurch bleibt der langfristige Erfolg der Projekte unklar. Das vorliegende Kapitel gibt einen praxisorientierten Überblick über die Erfolgskontrolle bei Renaturierungen, es fokussiert auf das Verhältnis von Aufwand zu Nutzen. Für ein Monitoring empfiehlt sich ein dreiteiliges Vorgehen: 1. Festlegung der Renaturierungsziele, 2. Auswahl geeigneter Indikatoren für die Zielüberprüfung sowie 3. Erfassung der Entwicklung des renaturierten Ökosystems. Zur konkreten Arbeit des Monitorings gehört die Aufnahme der wichtigsten Standortvariablen, ausgewählter Pflanzen- und Tierarten sowie der Vegetation. Außerdem sind Untersuchungen zur Veränderung der Landschaftsstruktur, z. B. anhand von Luftbildern, hilfreich. Ebenso sollten unterschiedliche Behandlungsalternativen, Kontrollflächen ohne Eingriffe sowie Referenzflächen mit der Zielvegetation vor und nach den Maßnahmen untersucht werden, weil nur so die geeignetste Form der Renaturierung identifiziert werden kann. Eine aktiv-adaptive Renaturierung würde den dadurch erreichten Erkenntnisgewinn in bessere praktische Maßnahmen umsetzen.

6.1 Einleitung

In den vergangenen Jahrzehnten sind in Mitteleuropa viele Renaturierungsprojekte mit ganz unterschiedlichen Zielen durchgeführt worden. In den meisten Fällen ist jedoch unklar, wie wirksam diese Projekte sind und welchen langfristigen Erfolg sie für die Aufwertung der degradierten Ökosysteme bringen. Dies liegt daran, dass eine standardisierte Erfolgskontrolle selten Teil der Vorhaben ist, also ein Monitoring im Sinne einer systematischen Überprüfung, ob und wie bestimmte Referenzzustände erreicht werden (Hellawell 1991). Vielmehr enden die meisten Projekte kurz nach den baulichen Eingriffen in der Regel aufgrund unzureichender Finanzierung und fehlenden Personals, obwohl die Wiederherstellung der meisten Ökosysteme Jahrzehnte bis Jahrhunderte dauert (Hughes et al. 2011). In Projekten mit begleitendem Monitoring werden außerdem oft nur wenige Indikatoren bewertet und nicht das Erreichen bestimmter, vorab definierter Ziele (Ruiz-Jaen und Aide 2005). Nichtrepräsentative Datenerhebung und einseitig projektbezogene Analysen führen dazu, dass keine Rückschlüsse auf die grundsätzliche Wirkung bestimmter Maßnahmen möglich sind, sondern bestenfalls der Einzelfall bewertet werden kann. Folgeprojekte lassen sich nur dann erfolgreich und kostengünstig umsetzen, wenn nach Abschluss der Maßnahmen die angestrebte Funktionsfähigkeit der Ökosysteme fachgerecht bewertet wird (Falk et al. 2006).

In besonders dynamischen Ökosystemen, wie Fließgewässern, Dünen oder Ruderalstandorten, ist die Evaluierung von Renaturierungen besonders schwierig, da für die ökologische Aufwertung viele Maßnahmen unterschiedlichen Ausmaßes nötig sind, die vorgenommenen Aufwertungen einer raschen Veränderung unterliegen und die Entwicklungsrichtung oft unvorhersehbar ist (Abb. 6.1). Ein entsprechendes Monitoring muss in der Lage sein, die Effektivität und Effizienz der einzelnen Maßnahmen zu bewerten, die Entwicklung neu geschaffener Strukturen zu erfassen und die Annäherung an eine naturnahe Dynamik auf der Landschaftsebene abzuschätzen (Palmer et al. 2005).

Es gibt bereits grundsätzliche Handreichungen für das Erstellen von Konzepten eines renaturierungsökologischen Monitorings, wie in ▶ Kasten 6.1 dargestellt. Diese Angaben

Abb. 6.1 Wirksamkeit von Renaturierungsmaßnahmen in dynamischen Ökosystemen. Revitalisierung eines Flussufers am Unteren Inn in der Attler Au oberhalb von Wasserburg. Maßnahmen waren das Entfernen der Uferbefestigung, die Anlage von Sandbuhnen und Flachwasserbereichen sowie das Einbringen von Totholz (Fotos: K. Leibold, K. Strobl und M. Bauer; gelber Pfeil: Blickrichtung). – Wie kann man den Erfolg der Uferaufwertung in einem solchen System langfristig erfassen?

können jedoch aufgrund ihres hohen Abstraktionsgrades nicht unmittelbar in konkreten Projekten umgesetzt werden. Nötig sind praxisorientierte Handlungsanweisungen für die Erstellung von Monitoringkonzepten, die wissenschaftlichen Kriterien genügen, ohne zu aufwendig zu sein. Für die Erstellung eines solchen Konzepts gilt üblicherweise ein dreiteiliges Vorgehen (Kery und Schmidt 2013):

1. Formulieren von Renaturierungszielen,
2. Ableitung von Indikatoren der Zielerreichung,
3. Erstellen eines Aufnahmeprogramms für die Datenerhebung im Gelände.

Das klingt zwar sehr einfach und sollte eigentlich selbstverständlich sein, wird aber in der Praxis nicht immer konsequent angewendet.

6.2 Formulieren von Renaturierungszielen

Der erste Teil der Erarbeitung eines Monitoringkonzeptes ist die Definition der angestrebten Renaturierungsziele entsprechend ▶ Kap. 2. Nur wenn diese konkret und detailliert beschrieben sind, ist eine Bewertung des Erfolgs der Maßnahmen möglich. Renaturierungsziele beschreiben üblicherweise den optimalen Zustand, den man nach Projektdurchführung erreichen möchte (Lindenmayer und Likens 2010). Im besten Fall werden sie zu Beginn des Projekts, also noch vor der Auswahl möglicher Maßnahmen, festgelegt und dienen als Grundlage für die Maßnahmenplanung und Umsetzung (SER 2005). Damit überregional geltende Rückschlüsse aus den Ergebnissen des Monitorings gezogen werden können, empfiehlt sich eine standardisierte Zieldefinition. Hierfür hat die Society for Ecological Restoration (2004) einen Leitfaden erstellt, der neun Kriterien einer erfolgreichen Renaturierung zusammenfasst (▶ Kasten 6.1).

Da dieser Leitfaden aufgrund der gewünschten Standardisierung relativ allgemein formuliert ist, muss eine fallbezogene Konkretisierung vorgenommen werden (z. B. Wurfer et al. 2015). Die Untersuchung der neun SER-Renaturierungsziele im Rahmen eines Monitorings stellt gewissermaßen eine ideale Erfolgskontrolle dar, die jedoch in den meisten Fällen aufgrund begrenzter Ressourcen nicht umsetzbar ist. Die Qualität eines Monitorings verbessert sich jedoch, wenn mehrere komplementäre Ziele geprüft werden (Ruiz-Jaen und Aide 2005).

6

Kasten 6.1

Ausformulierung von Renaturierungszielen

Entsprechend den Vorgaben der Society for Restoration Ecology (2004) müssen die Ziele von Renaturierungsprojekten je nach Ökosystem konkretisiert werden, z. B. bei der Renaturierung regulierter Flüsse und ihrer Auen (Wurfer et al. 2015).

1. **Charakteristische Artenzusammensetzung**
   Die charakteristische Artenzusammensetzung eines renaturierten Ökosystems zeichnet sich durch einen hohen Anteil an Zielarten und möglichst wenige standortsfremde oder invasive Neophyten aus; eine für das Ökosystem bzw. die Pflanzengesellschaft passende Diversität ist anzustreben und nicht möglichst hohe Artenzahlen.
2. **Indigene Arten**
   In einem erfolgreich renaturierten Ökosystem ist der Anteil einheimischer (indigener) Arten hoch und der Anteil an Neophyten gering. Besonders problematisch sind invasive Neophyten, deren Ansiedlung in gestörten Bereichen begünstigt ist, wo sie standorttypische heimische Pflanzen verdrängen. Derzeit wird aber diskutiert, ob man dieses Qualitätsmerkmal für renaturierte Ökosysteme in Zukunft aufrechterhalten kann (vgl. ► Kap. 24).
3. **Funktionelle Gruppen**
   Der Erfolg der Renaturierungsmaßnahmen hängt davon ab, inwieweit über das Vorkommen der Zielarten hinaus für den Standort charakteristische funktionelle Artengruppen, wie beispielsweise Leguminosen, Gräser oder Frühjahrsgeophyten, vorhanden sind. Diese haben einen starken Einfluss auf bestimmte Ökosystemfunktionen wie Nährstoffkreislauf und Erosionsschutz.
4. **Standortverhältnisse**
   Die Herstellung passender abiotischer Standortfaktoren ist eine Grundvoraussetzung für die Erhaltung und Verbesserung der angestrebten Vegetation. Dazu gehören eine natürliche Dynamik der Habitate und ein Mosaik unterschiedlicher Kleinstandorte.
5. **Ökosystemfunktionen**
   Je nach Ökosystem sind unterschiedliche Funktionen wichtig, so z. B. die Habitatfunktion, die Verringerung der Entstehung klimaschädlicher Gase, die Hochwasserretention oder der Nährstoffrückhalt. Je nach Ausmaß des Renaturierungsprojekts sowie der geomorphologischen und pedologischen Gegebenheiten muss im Einzelfall entschieden werden, welche Ökosystemfunktionen wie verändert werden können.
6. **Integration des Ökosystems in die Landschaft**
   Die Integration des Ökosystems in der Landschaft wird beispielsweise in einem Flussökosystem über die Quer- und Längsdurchgängigkeit erreicht; dadurch entsteht ein Austausch von Sedimenten, Nährstoffen und Organismen zwischen Fluss und Aue sowie zwischen verschiedenen Flussabschnitten.
7. **Keine äußeren negativen Einflussfaktoren**
   Ein wichtiges Ziel ist es, Einträge von Stoffen zu vermeiden, die für das renaturierte Ökosystem schädlich sind, so z. B. Nährstoffe und Pestizide, die aus der Landwirtschaft stammen. Dazu müssen auch Erhebungen außerhalb des eigentlichen Renaturierungsgebiets durchgeführt werden, was die Kapazität von Monitoringprogrammen allerdings meistens übersteigt.
8. **Resilienz**
   Die Resilienz eines Ökosystems beschreibt seine Fähigkeit, nach Störung sich vergleichsweise rasch wieder dem Ausgangszustand anzunähern. Es können aber auch alternative Zustände wegen ihrer Biodiversität und bestimmter ökologischer Funktionen von Interesse sein. Oft ist nicht ein fester Ökosystemzustand anzustreben, sondern eine zeitlich-räumliche Dynamik der Habitate und ihrer charakteristischen Arten.
9. **Dauerhafter Erhaltung**
   Idealerweise sind die renaturierten Habitate nachhaltig gesichert, sodass auch in Zukunft die oben genannten Ziele erfüllt werden können. Dieses Kriterium wird jedoch selten untersucht, da die entsprechenden personellen und finanziellen Mittel meist fehlen und daher Datensätze von Langzeitstudien selten sind.

6.3 Indikatoren der Erfolgskontrolle

Ökologische Indikatoren des Renaturierungserfolgs sind bestimmte Zustände des Bodens oder Kleinklimas sowie die Vegetationsstruktur und Diversität der Biozönose. Zunehmend wichtig werden populationsbiologische Größen wie (klonales) Wachstum, Reproduktion und Ausbreitung ausgewählter Arten, oft integriert unter dem Begriff der „Fitness" bestimmter Genotypen, gemessen an der Zahl ihrer Nachkommen (vgl. Harze et al. 2018). Auf extremen Standorten, wie in Tagebauen mit verunreinigten Böden, können morphologische Abweichungen der Tiere und Pflanzen interessant sein, z. B. deformierte Blätter, Blüten und Früchte, die auf Stress durch Versauerung, Schwermetalle, Sauerstoff- oder Nährstoffmangel hinweisen (Beasley et al. 2013). Diese Entwicklungsstörungen werden in der Ökologie unter dem Begriff der „fluktuierenden Asymmetrie" quantifiziert, sie sind aber bisher nur selten zur Untersuchung des Erfolgs ökologischer Renaturierung eingesetzt worden (z. B. Fernandes et al. 2016).

Weiter fortgeschritten ist die Praxis des Auspflanzens von Arten als „Phytometer", die in standardisierter Form über längere Zeit den Zustand einer Renaturierungsfläche dokumentieren können (Dietrich et al. 2013). Phytometer ergänzen damit die üblichen Messungen abiotischer Standortvariablen. Idealerweise werden unterschiedlich empfindliche Zielarten ausgebracht und aussagekräftige, komplementäre Pflanzeneigenschaften erfasst, die einfach zu messen sind (Strobl et al. 2018). Ergänzt werden kann dieser experimentelle Ansatz durch das Auspflanzen unerwünschter Arten, die bei gutem Überleben, Wachstum und Reproduktion noch vorhandene Defizite eines renaturierten Gebiets aufzeigen. Um floristische Verfälschungen des renaturierten Gebiets zu vermeiden, müssen die Phytometer nach Abschluss des Versuchs allerdings wieder vollständig entfernt werden.

Zum Begriff der Indikatorarten siehe Arndt et al. (1987), für Gewässer beispielhaft Tremp und Kohler (1995). Gute ökologische Indikatoren erfüllen nach Dale und Beyeler (2001) die folgenden Anforderungen:

- Sie zeigen eine deutliche Reaktion auf Stress und Störung,
- sind empfindlich gegenüber anthropogenen Veränderungen,
- reagieren früh,
- sind einfach zu messen,
- haben eine geringe Variabilität in ihrer Reaktion,
- integrieren verschiedene ökologische Prozesse,
- und führen zu klaren Aussagen über eine mögliche Anpassung der Renaturierungsmaßnahmen.

Ausgehend von den Renaturierungszielen müssen also Indikatoren gefunden werden, die Entwicklungen nach bestimmten Maßnahmen quantifizieren. Dabei können für einige Ziele direkte Indikatoren gefunden werden, für komplexere, übergeordnete Erfolgskriterien muss jedoch auf indirekte Messgrößen zurückgegriffen werden. Zur Entwicklung eines geeigneten Monitoringprogramms für Renaturierungsprojekte sollte zunächst eine Liste aller möglichen Indikatoren erstellt werden. Anschließend wird eine systematische Auswahl nach praktischen und wissenschaftlichen

Gesichtspunkten getroffen. Nach Wurfer et al. (2015) sollte eine Auswahl den folgenden Kriterien folgen:

1. Direkte Indikatoren sind indirekten vorzuziehen.
2. Besonders geeignet sind solche, aus deren Erhebung sich das Erreichen mehrerer Projektziele ableiten lässt.
3. Teure oder methodisch aufwendige Indikatoren scheiden aus.
4. Für alle Indikatoren wird eine vergleichende Bewertung anhand der Kriterien Relevanz, Wissenschaftlichkeit, Schädlichkeit, Sensitivität, natürliche Variabilität und Verständlichkeit vorgenommen.

Um die Bewertung der Indikatoren und schließlich ihre Auswahl zu erleichtern, empfiehlt sich eine Bewertungsmatrix, in der alle potentiellen Messgrößen in Bezug auf jedes Kriterium geprüft werden. Die einzelnen Punkte können dabei nach Relevanz gewichtet werden. Für die Erfolgskontrolle vieler Ökosysteme sind die in Abb. 6.2 aufgeführten Indikatoren hilfreich. Sie lassen sich grundsätzlich in drei Typen einteilen: Veränderung der abiotischen Standortfaktoren, Entwicklung der Biozönose und Veränderung des Ökosystems. Dieser Ansatz erlaubt in vereinfachter Form Einblicke in die Entwicklung der Biodiversität und wichtiger Ökosystemfunktionen nach Renaturierung (vgl. Loreau et al. 2001). Auch wenn dieses Vorgehen fast als selbstverständlich gelten sollte, gibt es in der Literatur immer noch starke Ungleichgewichte in der Berücksichtigung bestimmter Artengruppen und Ökosystemfunktion bei der Beurteilung von Renaturierungsprojekten (Kollmann et al. 2016). Kohlenstofffestlegung und biologische Abbauprozesse sind beispielsweise vergleichsweise selten untersucht, besonders in Gewässern und Grasländern, und trophische

Standort | **Biozönose** | **Ökosystem**

- Höhe über Mittelwasser
- Korngrößenverteilung
- Bodenfeuchte
- pH-Wert
- Nährstoffe
- Beschattung

- Gesamtartenzahl
- Zielarten
- Störungszeiger
- Neophyten
- Lebensformen
- Biotische Interaktionen

- Vegetationsdeckung
- Pflanzengesellschaften
- Gesellschaftsverteilung
- Grundwasserkontakt
- Altwasseranbindung
- Habitatdynamik

Abb. 6.2 Die drei wichtigsten Gruppen von Indikatoren für das Monitoring von Renaturierungsprojekten illustriert am Beispiel alpennaher Wildflussauen mit *Myricaria germanica* als Zielart. (nach Wurfer et al. 2015)

Interaktionen sollten häufiger analysiert werden, z. B. in Feuchtgebieten. Ein notwendiger Schwerpunkt künftigen Monitorings betrifft Tiergruppen, die bestimmte Ökosystemprozesse wie Bestäubung und Samenausbreitung steuern.

6.4 Spezifisch angepasstes Aufnahmedesign

Nachdem die Renaturierungsziele und die Indikatoren festgelegt sind, ist ein entsprechendes Aufnahmedesign für die Felderhebungen zu erarbeiten (Pfadenhauer et al. 1986). Dabei muss berücksichtigt werden, dass die Art der Datenerhebung die Möglichkeiten der statistischen Auswertung und somit die Schlussfolgerungen, die aus dem geplanten Monitoring gezogen werden können, entscheidend beeinflusst (Kery und Schmidt 2013). Eine Bewertung des Renaturierungserfolgs sollte auf mindestens zwei räumlichen Skalen vorgenommen werden: 1) Aufnahme der Vegetation, Erfassung bestimmter Pflanzen- und Tierarten und Messungen der Standortfaktoren liefern lokale Befunde zu Struktur und Funktion des renaturierten Ökosystems, während 2) auf der Landschaftsebene die großräumige Entwicklung und Dynamik der Ökosysteme deutlich werden (Traxler 1997). Für jede der beiden Skalen muss ein geeignetes Aufnahmedesign entwickelt werden.

6.4.1 Aufnahme von Standortfaktoren, Arten und Vegetation

Die Planung des lokalen Aufnahmedesigns zur Untersuchung des renaturierten Ökosystems sollte in vier Schritten erfolgen (Wurfer et al. 2015). Der dazu in ◘ Abb. 6.3 dargestellte Entscheidungsbaum kann bei ganz unterschiedlichen Ökosystemen angewendet werden.

Im *ersten Schritt* ist der mögliche Umfang der Untersuchung zu klären. Bei der floristischen Erfassung von großen, heterogenen Untersuchungsgebieten ist es schwierig, ein repräsentatives und gleichzeitig machbares Design zu entwickeln (Tremp 2005). Generell gibt es die Alternativen einer Gesamtaufnahme, z. B. als Vegetationskartierung des renaturierten Gebiets nach floristischen oder strukturellen Merkmalen, oder eines statistischen Vorgehens basierend auf Stichproben. Bei einer Gesamtaufnahme wird das Gebiet über den Untersuchungszeitraum flächendeckend erfasst, während für Stichproben homogene und repräsentative Teilbereiche zufällig ausgewählt und die Ergebnisse auf die Gesamtfläche hochgerechnet werden.

Der Vorteil einer Gesamtaufnahme ist, dass gesicherte Aussagen über das Untersuchungsgebiet geliefert werden, nachteilig ist der hohe Arbeitsaufwand. Der Informationsgewinn sollte bei der Wahl dieses Vorgehens jedenfalls in einem guten Verhältnis zum Aufwand der Erhebung stehen (Legg und Nagy 2006). Die Betrachtung von Stichproben ist zuverlässiger und günstiger, weil Veränderungen in Teilbereichen in der Regel deutlicher wahrgenommen werden als bei einer Gesamtaufnahme, bei der man besonders in komplexen Gebieten den Überblick verlieren kann. Da dadurch auch die Schätzfehler geringer sind, empfiehlt sich für das Monitoring von Großprojekten ein Stichprobendesign.

Der *zweite Schritt* betrifft die Methoden zur Platzierung von Untersuchungsflächen. Die Vielzahl möglicher Anordnungen der Stichprobe erfordert, die optimale Verteilung sorgfältig abzuwägen. Entscheidend ist dabei eine Anpassung an die spezifischen Gegebenheiten und Ziele des Projektes sowie an die Möglichkeit einer wissenschaftlich fundierten Auswertung der Daten. Die fünf häufigsten Aufnahmeverfahren sind die gezielte (nicht-zufällige) Flächenauswahl, Transektanalyse, systematische Erhebung, zufällige oder stratifiziert-randomisierte Flächenauswahl.

Viele Untersuchungen belegen, dass ein stratifiziert-randomisiertes Monitoring

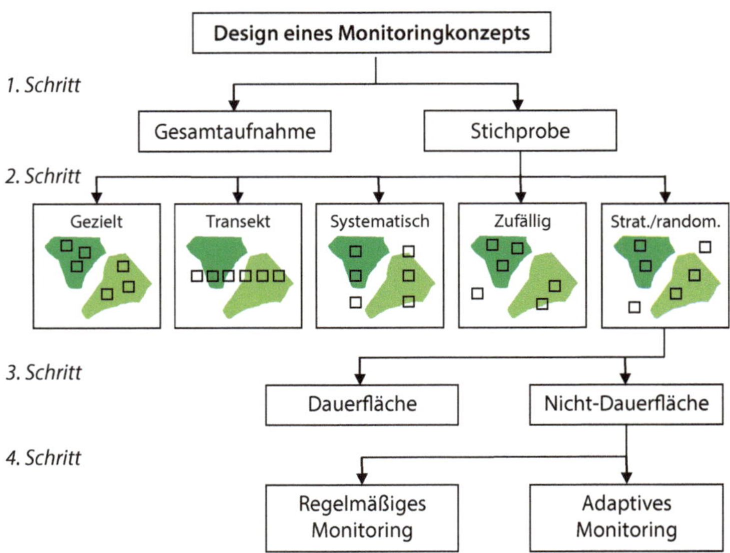

Abb. 6.3 Design eines Monitoringkonzeptes mit Aufnahmen der Vegetation, bestimmter Arten und Standortfaktoren. Die Grafiken in Schritt 2 zeigen die Stichprobenverteilung (schwarze Quadrate) in den unterschiedlichen Vegetationstypen, die beispielhaft als hell- und dunkelgrüne Flächen dargestellt sind. Bei der gezielten Erhebung werden Flächen ausgewählt, die für die Beantwortung der Fragestellung aufgrund von Vorwissen geeignet sind. Die Aufnahme eines Transekts erfolgt mit mehreren Untersuchungsflächen entlang einer Linie; bei der systematischen Flächenerhebung wird ein Raster über ein Untersuchungsgebiet gelegt und anschließend jeder Knotenpunkt untersucht. Die zufällige Flächenauswahl bearbeitet Untersuchungspunkte ohne irgendwelche Vorinformationen und bei der Durchführung eines stratifiziert-randomisierten Monitorings (Strat./random.) wird ein Gebiet zunächst nach vorher festgelegten Kriterien in Untereinheiten aufgeteilt, anschließend wird innerhalb dieser Einheiten eine Stichproben genommen. (nach Marti und Stutz 1993; Wurfer et al. 2015)

besonders zuverlässig und statistisch am besten auszuwerten ist (Leyer und Wesche 2008). Diese Methode ist ein Kompromiss zwischen einer rein subjektiven Datenaufnahme und dem zufälligen Auslegen in dem gesamten Renaturierungsgebiet. Bei dieser Art von Aufnahmedesign werden alle vorhandenen Vegetationstypen in ausreichender Weise erfasst, und die gewonnenen Daten erlauben eine statistische Auswertung. Das Design gilt ferner als kosteneffizient, da mit verhältnismäßig wenigen Untersuchungsflächen viel Information gewonnen wird.

Um das Monitoring möglichst wirksam zu gestalten und eine langfristige Vergleichbarkeit der Daten zu erreichen, sollten die im Gelände kartierten Vegetationseinheiten den auf den Luftbildern identifizierten Strukturtypen entsprechen (vgl. Kuhn et al. 1996; Pfadenhauer 1997, S. 105). Nach zufälliger Auswahl der Untersuchungsflächen innerhalb der Vegetationstypen werden an gleicher Stelle sowohl die wichtigsten Standortfaktoren wie auch die Vegetation aufgenommen sowie gegebenenfalls die Verbreitung einzelner indikatorisch wichtiger Arten. Die Größe der einzelnen Untersuchungsflächen richtet sich nach den zu erfassenden Pflanzengesellschaften, die unterschiedliche „Minimumareale“ haben, also kleinste Flächeneinheiten, auf denen die Artenzusammensetzung der untersuchten Gesellschaft mehr oder weniger vollständig vorhanden ist (Mueller-Dombois und Ellenberg 1974). Jeder vermutete Vegetationstyp sollte aber mit gleich großen Aufnahmeflächen erfasst werden (in Wäldern z. B. 10 m × 10 m), da Probeflächen unterschiedlicher Größen Probleme bei der statistischen Auswertung verursachen. Damit die Einzelflächen möglichst genau untersucht werden, kann man diese in Teilflächen untergliedern, auch wenn die Teildaten für eine statistische Auswertung später zusammengefasst werden. Mit der Anzahl der Wiederholungen steigt die statistische Macht des Datensatzes, und pro Vegetationstyp sollten mindestens fünf Stichproben erhoben werden (Maas und Pfadenhauer 1994).

Im *dritten Schritt* erfolgt die Planung geeigneter Zeitreihen. Ein Monitoring setzt nach der Definition von Hellawell (1991) die Erfassung zeitlicher Veränderungen voraus. Dies wird in der Regel über die Anlage von Dauerbeobachtungsflächen erfüllt. Diese Methode muss jedoch bei Ökosystemen und Landschaften mit hoher Dynamik hinterfragt werden, weil hier zwar der landschaftliche Anteil der verschiedenen Vegetationstypen konstant bleiben kann, die konkreten Bestände aber lokal verschwinden und sich anderorts wieder neu ansiedeln wie z. B. in Wildflusslandschaften (Kollmann et al. 1999).

Unter einer Dauerbeobachtungsfläche versteht man einen definierten Ausschnitt der Vegetation, der im Laufe der Zeit wiederholt mit derselben Methode untersucht wird. Es dürfen dabei selbstverständlich keine Methoden angewendet werden, die den untersuchten Bestand beeinträchtigen. Außerdem gibt es Probleme, wenn eine Fläche anderweitig gestört wird oder durch vegetations- oder standortbedingte Änderungen das Kriterium der Homogenität oder Repräsentativität nach einiger Zeit nicht mehr erfüllt ist. Im Extremfall könnte eine feste Dauerbeobachtungsfläche nach einer Störung verschwinden. Ein Monitoring muss jedoch in der Lage sein, diese Entwicklungen zu erfassen (Palmer et al. 2005). Sofern ein randomisiertes Aufnahmedesign verwendet wird, können für die Untersuchung von Zeitreihen auch temporäre Probeflächen verwendet werden. In aufeinanderfolgenden Kartierintervallen werden dann nicht dieselben Flächen untersucht, sondern die Untersuchungsflächen werden immer wieder neu zufällig verteilt (Wurfer et al. 2015). Dabei wird angenommen, dass die Probeflächen für den Gesamtbestand repräsentativ sind und deswegen darauf verzichtet werden kann, exakt dieselbe Fläche zu erfassen. Die damit verbundene Unsicherheit muss allerdings kritisch abgeschätzt werden.

Im *vierten Schritt* müssen schließlich die Häufigkeit, der Zeitpunkt und die Gesamtdauer des Monitorings festgelegt werden. Diese haben einen entscheidenden Einfluss auf die Aussagekraft der Daten und werden durch den zeitlichen und finanziellen Rahmen des Projektes bestimmt. Da sich Renaturierungsmaßnahmen in Art, Größe, Umfang und Auswirkungen unterscheiden, gibt es keinen einheitlichen Anhaltspunkt für die Häufigkeit und Mindestdauer eines Monitorings: Je nach Ökosystem werden Zeiträume von jährlichen Untersuchungen über fünf Jahre für kleine, überschaubare Maßnahmen bis hin zu unregelmäßigen Erhebungen über 50 Jahre bei großen, komplexen Ökosysteme empfohlen (NCCOS 2014).

Bei schnellen Änderungen des Standorts und der Biozönose, z. B. auf nährstoffreichen Sukzessionsflächen, sind jährliche Aufnahmen innerhalb der ersten Jahre nach Renaturierung nötig, während die Frequenz später reduziert werden kann. Für das Renaturierungsmonitoring in Auen, Wäldern oder im Hochgebirge ist ein Zeitraum von mindestens 10–15 Jahren einzuplanen, weil sich diese Systeme viel langsamer entwickeln. Außerdem sind sie von seltenen und unregelmäßig auftretenden starken Störungen abhängig, z. B. von Hochwasser, Sturmfluten oder Lawinen, die im Monitoring erfasst werden sollten. Nur durch lange Beobachtungsreihen kann in solchen Fällen nachgewiesen werden, ob die Maßnahmen tatsächlich wirken und ob das neu geschaffene System selbsterhaltend und damit dauerhaft beständig ist (Palmer et al. 2005). Während der 10–15 Jahre müssen die Maßnahmen jedoch nicht jährlich überprüft werden. Vielmehr sollte die Frequenz der Erfolgskontrolle an die Ausgangssituation, die Reaktionsgeschwindigkeit des Ökosystems und den Untersuchungsmaßstab angepasst werden (Hughes et al. 2011). Dabei ist für jedes Projekt ein Kompromiss zwischen

Informationsgewinn, Zeitaufwand und Kosten zu finden.

Bei einer Landschaftsanalyse empfiehlt es sich, die Aufnahmeintervalle für Standort, Biozönose und Ökosystem zu differenzieren (◻ Abb. 6.2), damit gesamtökologische Aussagen getroffen werden können. Da die Untersuchungen von Vegetation und Standort jedoch zeit- und kostenintensiv sind und nach einiger Zeit nur noch geringe Veränderungen zu erwarten sind, wird empfohlen, die Häufigkeit der Aufnahmen exponentiell abnehmen zu lassen. Im Spezialfall des Monitorings von Flussauen oder Lawinenbahnen sollte man außerdem auf die natürlich auftretenden Störungen flexibel reagieren. In der Vegetationsperiode nach einem Störungsereignis müssen nämlich sowohl die Vegetationstypen neu erfasst und bewertet werden. Deshalb ist bei solchen Renaturierungsprojekten eine Kombination aus regelmäßigem und adaptiertem Monitoring einzuplanen.

Die in diesem Kapitel dargestellten Kriterien, Indikatoren, Methoden und unterschiedlichen Maßstäbe entsprechend weitgehend den in den 1980er- und 1990er- Jahren entwickelten „ökologischen Beweissicherungsverfahren". Diese spielen in der Praxis der Wiedererhebung von Dauerflächen des Naturschutzes und der Renaturierung immer noch eine große Rolle und finden sich in entsprechenden Archiven, z. B. im Archiv zum „Beweissicherungsverfahren zur Grundwasserentnahme der Landeshauptstadt München" im Loisachtal (Kühn und Pfadenhauer 1995).

6.4.2 Einrichtung von Negativ- und Positivreferenzflächen

Ein effektives Monitoring muss neben der Untersuchung der Maßnahmenflächen auch die Aufnahme degradierter Kontrollflächen ohne Renaturierungsmaßnahmen als Negativreferenz vorsehen (◻ Tab. 6.1). Erst mithilfe dieser Flächen kann beurteilt werden, ob die beobachteten Veränderungen auf Faktoren zurückgehen, die im gesamten Gebiet wirksam sind, wie beispielsweise der Klimawandel oder die atmosphärische Eutrophierung, oder ob sie tatsächlich durch die Renaturierung ausgelöst wurden. Außerdem sollten Positivreferenzflächen in intakten Ökosystemen eingerichtet werden, die der Zielvorstellung der Renaturierung nahekommen.

Bei der Auswahl der Referenzflächen müssen die folgenden Punkte berücksichtigt werden, damit eine statistische Auswertung möglich ist und korrelative oder kausale Zusammenhänge erkannt werden:

1. Da Referenzflächen aufgrund der heterogenen Verhältnisse der Freilandsituation nie exakt den Renaturierungsflächen

◻ **Tab. 6.1** Verschiedene Ansätze des Monitorings von Renaturierungsprojekten. Das BACI-Monitoring *(Before-After-Control-Impact Monitoring)* besteht aus kombinierten Untersuchungen von Referenzflächen vor und nach der Renaturierungsmaßnahme (BA) sowie solchen auf Flächen ohne und mit Maßnahmen (CI). Für alle vier Ansätze besteht die Möglichkeit der einmaligen oder langfristigen Beobachtung

Monitoringkategorie	Monitoringansatz			
	Vorher/Nachher (BA)	Mit/Ohne (CI)	Soll/Ist	BACI
Ausgangszustand	x			x
Unbehandelte Fläche		x		x
Renaturierungsfläche	x	x	x	x
Zielzustand			x	
Zeitlicher Verlauf	(x)	(x)	(x)	(x)

entsprechen, besteht das Risiko, falsche Schlüsse aus den beobachteten Veränderungen zu ziehen. Die Vegetation von Negativreferenzflächen sollte deshalb zu Beginn des Monitorings so gut wie möglich dem Zustand der Maßnahmenfläche vor der Renaturierung entsprechen.

2. Referenzflächen sollten sich außerdem in geringem räumlichem Abstand zu den Renaturierungsflächen befinden, möglichst gleiche Standorteigenschaften aufweisen und ähnlichen Einflüssen ausgesetzt sein (Ruiz-Jaen und Aide 2005).
3. Es ist darauf zu achten, dass die Renaturierungsmaßnahmen sich nicht auf die Referenzfläche auswirken.

Die beste fachliche Praxis während und nach Renaturierung ist die Untersuchung von Probeflächen ohne und mit Renaturierungsmaßnahmen sowie von Referenzflächen, die dem angestrebten Zielzustand entsprechen (▫ Tab. 6.1). In der englischsprachigen Literatur wird dieses Vorgehen als BACI-Monitoring beschrieben (*Before-After-Control-Impact Monitoring*; Morandi et al. 2014). Durch dieses Vorgehen wird sichergestellt, dass die erreichten Verbesserungen des degradierten Ökosystems tatsächlich auf die Maßnahmen zurückzuführen sind und nicht auf andere Veränderungen in dem untersuchten Gebiet und Untersuchungszeitraum. Zudem wird deutlich, in welchem Maß die Veränderungen sich von dem degradierten Zustand entfernen und dem Renaturierungsziel annähern. Etwas weniger aufwendig ist das Vorher/Nachher-Monitoring, bei dem die sich entwickelnden Bestände mit dem Ausgangszustand verglichen werden (vor allem bei Grünlandrenaturierung), oder das Mit/Ohne-Monitoring, bei dem die Maßnahmefläche mit standörtlich ähnlichen Negativreferenzflächen, auf denen keine Maßnahmen umgesetzt wurden, verglichen werden, z. B. bei der Untersuchung von Flächen mit und ohne Einsaat. Und schließlich wird oft ein Soll/Ist-Monitoring angewendet, der die sich entwickelnde Grünlandfläche mit einer vorher festgelegten Positivreferenz aus der Region vergleicht, z. B. mit artenreichen Grünlandbeständen ähnlicher Standorte.

In jüngerer Zeit wird bei Renaturierungen ein adaptives Vorgehen gefordert (Hermann und Kollmann 2015), das sich an Indikatoren und Schwellenwerten des Ökosystemzustands orientiert, wie er auch bei adaptivem Management verwendet wird (▫ Abb. 6.4). Dabei wird eine bestimmte Maßnahme ausprobiert und je nach Erfolg modifiziert. In der Renaturierung kann das „passiv-adaptiv“ oder „aktiv-adaptiv“ erfolgen. Im ersten Fall entwickelt sich die lokale Praxis der Renaturierung nach dem Prinzip von Versuch und Irrtum. Bei dieser vergleichsweise günstigen Variante werden die Maßnahmen der Renaturierung umgestellt, sobald sich Fehlentwicklungen abzeichnen. Im zweiten Fall werden unterschiedliche Behandlungsvarianten und Kontrollflächen in ausreichender Wiederholungszahl angelegt, in ihrer Entwicklung verfolgt und statistisch ausgewertet. Der dabei mögliche Erkenntnisgewinn dient der Optimierung zukünftiger Maßnahmen.

6.5 Monitoring auf Landschaftsebene

Die Überprüfung der Renaturierungsmaßnahmen im landschaftlichen Vergleich erfolgt am einfachsten über eine Kartierung der auch in Luftbildern erkennbaren Vegetationstypen oder übergeordneten Struktureinheiten. Vegetationstypen können entweder anhand von Luftbildern oder über Feldaufnahmen erfasst werden. Bei der Vegetationskartierung im Feld wird das gesamte Untersuchungsgebiet systematisch abgegangen und alle für das Monitoring wichtigen Typen in eine Karte eingezeichnet. Bei der Erfassung anhand hyperspektraler Luftbildern oder Satellitenaufnahmen werden in einem ersten Schritt unterschiedliche Strukturen abgegrenzt und diese im zweiten Schritt als Vegetationstypen interpretiert und gegebenenfalls im Gelände überprüft (Feilhauer et al. 2014).

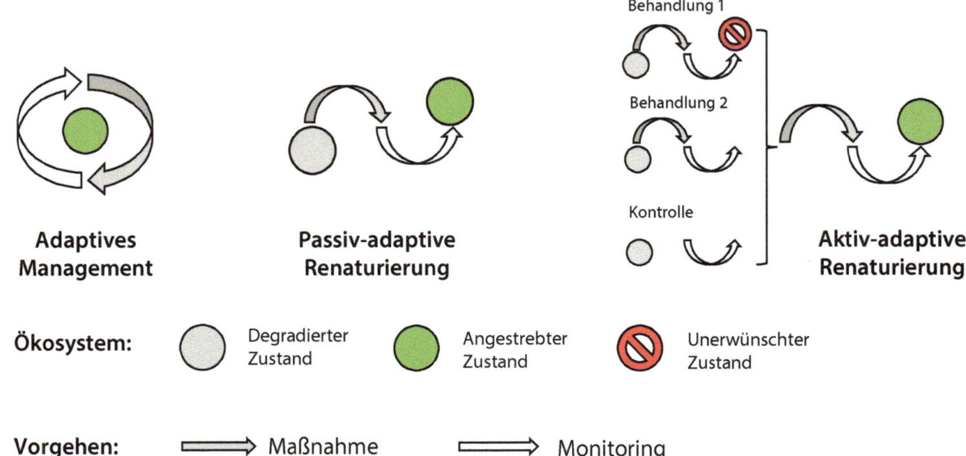

Abb. 6.4 Adaptives Management im Vergleich zu passiv- und aktiv-adaptiver Renaturierung (nach Hermann und Kollmann 2015). Beim adaptiven Management befindet sich das Ökosystem in dem angestrebten Zustand. Die dafür nötige Pflege muss aber in Reaktion auf Systemänderungen laufend angepasst werden, um Fehlentwicklungen zu vermeiden. Dasselbe ist möglich bei der passiv-aktiven Renaturierung, die eine Veränderung eines degradierten Zustands anstrebt

Wegen des hohen Zeitaufwandes von Geländeerhebungen ist die Luftbildauswertung die kostengünstigere Methode, um Veränderungen der Vegetation zu untersuchen (Stenzel et al. 2017). Sie ermöglicht außerdem eine flächenscharfe Abgrenzung einzelner Vegetationstypen, die eine wichtige Voraussetzung für die weitere quantitative Analyse ist. Feldaufnahmen sind an sich zwar genauer, da die Zuordnung der Vegetationstypen direkt erfolgt, wohingegen bei der Luftbildanalyse die visuell erfassten Strukturen interpretiert werden müssen, allerdings können auch bei der Interpretation von Luftbildern Fehler minimiert werden, indem vor der Kartierung eine Standardisierung vorgenommen wird, z. B. nach Laubwald, Gebüsch, Hochstauden und Kiesbänken. Bei guter Verfügbarkeit der Luftbilder können die Aufnahmen regelmäßig durchgeführt werden. Eine spontane Untersuchung nach großen Störereignissen kann bei alleiniger Fernerkundung nur erschwert erfolgen, da passende Luftbilder oft nicht zur Verfügung stehen. Eine neue und billige Alternative sind standardisierte Befliegungen in niedriger Höhe mit Drohnen oder Coptern (Knoth et al. 2013).

6.5.1 Datenauswertung des Monitorings

Um belastbare Rückschlüsse auf Erfolg oder Misserfolg bestimmter Renaturierungsmaßnahmen ziehen zu können, sind quantitative Auswertungen der Monitoringdaten unerlässlich. Veränderungen der Flächen über die Zeit können allgemein über Korrelationen, Datenordinationen oder paarweise Vergleiche untersucht werden (Ruiz-Jaen und Aide 2005). Die Veränderung der meisten Größen, wie z. B. Nährstoffkonzentrationen und Artenzahlen, wird über Gruppenvergleiche beurteilt. Dieselben statistischen Methoden lassen sich auch für die Analyse der Veränderungen komplexerer Vegetationseigenschaften anwenden. So kann z. B. ausgewertet werden, ob sich die absoluten oder prozentualen Flächenanteile unterschiedlicher Vegetationstypen über die Jahre signifikant verändern, indem GIS-Analysen durchgeführt werden (Barrett und Niering 1993). Die Verwendung eines GIS-Programms bringt den zusätzlichen Vorteil der visuellen Darstellung räumlicher Veränderungen, die in Planungsprozesse eingebracht werden können.

Mit linearen Regressionen lässt sich beispielsweise untersuchen, ob bestimmte abiotische oder biotische Faktoren mit Veränderungen der Vegetation zusammenhängen. Die Veränderung der Artenzusammensetzung über die Zeit lässt sich über univariate statistische Analysen der Artenzahlen und davon abgeleiteten Kenngrößen wie der Shannon- oder Simpson-Diversität, der β-Diversität oder Anzahl an gefährdeten Arten nachvollziehen (Leyer und Wesche 2008). Ebenso können Vergleiche der Flächen oder Jahre in Bezug auf bestimmte funktionelle Gruppen (z. B. einjährige Pflanzenarten) oder Ellenberg-Zeigerwerte (z. B. Feuchtezeiger) durchgeführt werden. Zur Analyse der Entwicklung der Artenzusammensetzung über die Jahre eignen sich Ordinationen (DCA oder NMDS). So kann die Entwicklung unterschiedlicher Flächen und Variablen über die Zeit und im Vergleich zu Kontrollflächen erfasst werden. Für weitere methodische Hinweise siehe Leyer und Wesche (2008).

6.5.2 Stellung des Monitorings in Renaturierungsprojekten

Durch die vorangehenden Abschnitte ist deutlich geworden, dass Monitoring eine Schlüsselstellung in allen Renaturierungsprojekten einnehmen sollte (▣ Abb. 6.5). Nach Bestimmung der ökologischen Ziele einer Renaturierung und der Erfassung des (degradierten) Zustands sollte eine Defizitanalyse mit der Entscheidung für bestimmte Prioritäten in Absprache mit den wichtigsten an dem Projekt beteiligten Gruppen erfolgen (vgl. ▶ Kap. 7). Das Monitoring sollte entsprechend der vorangehenden Abschnitte nach Abschluss der Maßnahmen aufgenommen werden, wobei die Erfassung des Ausgangszustands als Negativreferenz dient. Als Ergebnis des Monitorings muss eine Bewertung des Renaturierungserfolgs stattfinden. Bei positivem Befund (grün in ▣ Abb. 6.5) ist eine Wiederholung des gewählten Vorgehens in ähnlichen Systemen möglich, ohne dass die genannten Zwischenschritte von der Bestimmung der Renaturierungsziele bis zum Monitoring durchlaufen werden. Bei Defiziten oder Misserfolgen der Renaturierung (rot) müssen diese Schritte überprüft und gegebenenfalls verbessert werden.

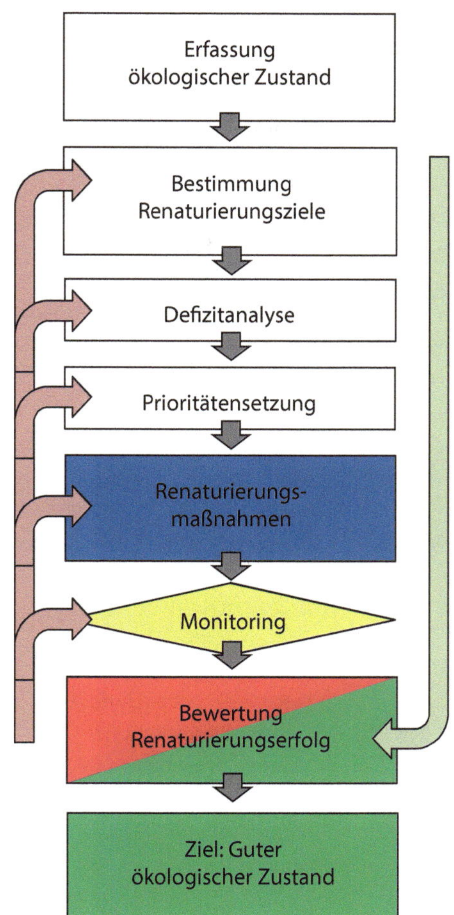

▣ **Abb. 6.5** Funktion des Monitorings zwischen Planung und Ausführung sowie Bewertung von Renaturierungsprojekten. Bei gelungenen Projekten und nachfolgender Standardisierung der Maßnahmen können in Folgeprojekten die Analyseschritte vor der Bewertung übersprungen werden (hellgrüner Pfeil), bei Misserfolgen müssen die vorangehenden Schritte überprüft und gegebenenfalls verbessert werden (rosa Pfeile). (verändert nach Pander und Geist 2013)

6.6 Schlussfolgerungen

Nur wenn alle Maßnahmen anhand vorher festgelegter Standards untersucht und bewertet werden, ist eine objektive Evaluierung von Renaturierungen möglich. Langfristig erlauben diese Untersuchungen eine überregionale Einschätzung, welche Maßnahmen in welcher Situation am effektivsten sind. Damit die Effektivität künftiger Projekte verbessert wird, müssen die Erkenntnisse dem öffentlichen Fachpublikum zugänglich gemacht werden. Dies kann in Einzelpublikationen und Syntheseartikeln geschehen, sollte aber mittelfristig durch Datenbanken erweitert werden, in denen gelungene Renaturierungen nach guter fachlicher Praxis nachgeschlagen werden können. Nur so kann aus Fehlern gelernt und künftig effektiver gearbeitet werden.

? Fragen zur Vertiefung

- Wie kann ein Referenzzustand für ein Monitoring definiert werden?
- Welches Monitoring ist in dynamischen Ökosystemen und Landschaften besonders geeignet?
- Wie konkret erfolgt ein Monitoring auf unterschiedlichen räumlichen Skalen?
- Was ist ein stratifiziert-randomisiertes Aufnahmedesign eines Monitorings?
- Unter welchen Umständen ist die Anlage von Dauerflächen ungünstig?

Literatur

Arndt U, Nobel W, Schweizer B (1987) Bioindikatoren – Möglichkeiten, Grenzen und neue Erkenntnisse. Ulmer, Stuttgart

Barrett NE, Niering WA (1993) Tidal marsh restoration: trends in vegetation change using a geographical information system (GIS). Rest Ecol 1:18–28

Beasley DE, Bonisoli-Alquati A, Mousseau TA (2013) The use of fluctuating asymmetry as a measure of environmentally induced developmental instability: a meta-analysis. Ecol Ind 30:218–226

Dale VH, Beyeler SC (2001) Challenges in the development and use of ecological indicators. Ecol Ind 1:3–10

Dietrich AL, Nilsson C, Jansson R (2013) Phytometers are underutilised for evaluating ecological restoration. Basic Appl Ecol 14:369–377

Falk DA, Palmer MA, Zedler JB (2006) Foundations of restoration ecology. Island Press, Washington

Feilhauer H, Dahlke C, Doktor D, Lausch A, Schmidtlein S, Schulz G, Stenzel S (2014) Mapping the local variability of Natura 2000 habitats with remote sensing. Appl Veg Sci 17:765–779

Fernandes GW, Oliveira SCS de, Campos IR, Barbosa M, Soares LA, Cuevas-Reyes P (2016) Leaf fluctuating asymmetry and herbivory of *Tibouchina heteromalla* in restored and natural environments. Neotrop Entomol 45:44–49

Harze M, Monty A, Boisson S, Pitz C, Hermann JM, Kollmann J, Mahy G (2018) Towards a population approach for evaluating grassland restoration – a systematic review. Rest Ecol 26:227–234

Hellawell JM (1991) Development of a rationale for monitoring. In: Goldsmith FB (Hrsg) Monitoring for conservation and ecology. Chapman and Hall, London, S 1–14

Hermann JM, Kollmann J (2015) Restoration of historical and novel vegetation in Central Europe. Ber Reinhold-Tüxen-Ges 27:153–164

Hughes FMR, Stroh PA, Adams WM, Kirkby KJ, Mountford JO, Warrington S (2011) Monitoring and evaluating large-scale ‚open-ended' habitat creation projects: a journey rather than a destination. J Nat Conserv 19:245–253

Kery M, Schmidt BR (2013) Wissenschaftliche Grundlagen – Prinzipien eines guten Monitorings. Hotspot 28:8–9

Knoth C, Klein B, Prinz T, Kleinebecker T (2013) Unmanned aerial vehicles as an innovative remote sensing platform to use close range infrared imagery for restoration monitoring in cut-over bogs. Appl Veg Sci 16:509–517

Kollmann J, Vieli M, Edwards PJ, Tockner K, Ward JV (1999) Interactions between vegetation development and island formation in the Alpine river Tagliamento. Appl Veg Sci 2:25–36

Kollmann J, Meyer ST, Bateman R, Conradi T, Gossner MM, Mendonça Junior M de, Fernandes GWS, Hermann JM, Koch C, Müller SC, Oki Y, Overbeck GE, Paterno GB, Rosenfield MF, Toma TSP, Weisser WW (2016) Integrating ecosystem functions into restoration ecology – recent advances and future directions. Rest Ecol 24:722–730

Kühn N, Pfadenhauer J (1995) 10 Jahre Grundwasserforschung und Beweissicherung im Oberen Loisachtal – Auswirkungen auf den Landschaftshaushalt. Umweltplan Arbeits Umweltsch 196:147–157

Kuhn G, Schuckert U, Böcker R, Pfadenhauer J (1996) Anwendung von Fernerkundungs-Methoden für das Monitoring der Vegetation im Wurzacher Ried. Verh Ges Ökol 26:43–8

Legg CJ, Nagy L (2006) Why most conservation monitoring is but need not be a waste of time. J Environ Manag 78:194–199

Leyer I, Wesche K (2008) Multivariate Statistik in der Ökologie. Eine Einführung. Springer, Berlin

Lindenmayer DB, Likens GE (2010) The science and application of ecological monitoring. Biol Conserv 143:1317–1328

Loreau M, Naeem S, Inchausti P, Bengtsson J, Grime JP, Hector A, Hooper DU, Huston MA, Raffaelli D, Schmid B, Tilman D, Wardle DA (2001) Biodiversity and ecosystem functioning: current knowledge and future challenges. Science 294:804–808

Maas D, Pfadenhauer J (1994) Effizienzkontrollen von Naturschutzmaßnahmen – fachliche Anforderungen im vegetationsökologischen Bereich. Schr reihe Landsch pfl Nat schutz 40:25–50

Marti F, Stutz HP (1993) Zur Erfolgskontrolle im Naturschutz. Literaturgrundlagen und Vorschläge für ein Rahmenkonzept. Ber Eidgenöss Forsch anst Wald Schnee Landsch 336:1–171

Morandi B, Piégay H, Lamouroux N, Vaudor L (2014) How is success or failure in river restoration projects evaluated? Feedback from French restoration projects. J Environ Manag 137:178–188

Mueller-Dombois D, Ellenberg H (1974) Aims and methods of vegetation ecology. Wiley, New York

NCCOS = National Centersfor Coastal Ocean Science (2014) Developing a monitoring plan. Stages of monitoring and restoration. 6 September 2014. http://coastalsciencenoaagov/research/docs/rmv1/restorationmntg_devpdf

Palmer MA, Bernhardt ES, Allan JD, Lake PS, Alexander G, Brooks S, Carr J, Clayton S, Dahm CN, Follstad Shah J, Galat DL, Loss SG, Goodwin P, Hart DD, Hassett B, Jenkinson R, Kondolf GM, Lave R, Meyer JL, O'Donnell TK, Pagano L, Sudduth E (2005) Standards for ecologically successful river restoration. J Appl Ecol 42:208–217

Pander J, Geist J (2013) Ecological indicators for stream restoration success. Ecol Ind 30:106–118

Pfadenhauer J (1997) Vegetationsökologie – ein Skriptum. IHW-Verlag, Eching

Pfadenhauer J, Poschlod P, Buchwald R (1986) Überlegungen zu einem Konzept geobotanischer Dauerbeobachtungsflächen für Bayern. Teil 1. Methodik der Anlage und Aufnahme. Ber ANL 10:41–60

Ruiz-Jaen MC, Aide TM (2005) Restoration success: how is it being measured? Restor Ecol 13:569–577

SER (Society for Ecological Restoration International Science & Policy Working Group) (2004) The SER international primer on ecological restoration. Tucson, Arizona. 7 ▶ https://www.ser.org/pdf/primer3.pdf. Zugegriffen: 13.11.18

SER = Society for Ecological Restoration International (2005) Guidelines for Developing and Managing Ecological Restoration Projects

Stenzel S, Fassnacht FE, Mack B, Schmidtlein S (2017) Identification of high nature value grassland with remote sensing and minimal field data. Ecol Ind 74:28–38

Strobl K, Schmidt C, Kollmann J (2018) Selecting plant species and traits for phytometer experiments. The case of peatland restoration. Ecol Ind 88:263–273

Traxler A (1997) Handbuch des vegetationsökologischen Monitorings. Methoden, Praxis, angewandte Projekte, Teil A: Methoden. Umweltbundesamt, Wien

Tremp H (2005) Aufnahme und Analyse vegetationsökologischer Daten. Ulmer, Stuttgart

Tremp H, Kohler A (1995) The usefulness of macrophyte monitoring-systems, exemplified on eutrophication and acidification of running waters. Acta Bot Gall 142:541–550

Wurfer AL, Strobl K, Kollmann J (2015) Monitoring für die Ufervegetation bei Flussrevitalisierungen. Entwicklung eines Konzepts. Nat schutz Landsch plan 47:311–318

Gesellschaftlicher Rahmen der Renaturierung

Johannes Kollmann

© Springer-Verlag GmbH Deutschland, ein Teil von Springer Nature 2019
J. Kollmann et al., *Renaturierungsökologie*, https://doi.org/10.1007/978-3-662-54913-1_7

Zusammenfassung

Der gesellschaftliche Rahmen der ökologischen Renaturierung ist komplex. Er verändert sich je nach Präferenzen der Bevölkerung und wird gesteuert durch politische Entscheidungen und das rechtliche Regelwerk. Erfolgreiche Renaturierung erfordert daher sowohl eine interdisziplinäre naturwissenschaftliche Basis, als auch ein transdisziplinäres Verständnis der Motivation und Akzeptanz aller Interessengruppen, vor allem bei umfangreichen und riskanten Projekten. Die Analyse der Interessen, Bedürfnisse und Ziele der aktiv Beteiligten sowie sonstiger Interessenten sollte in solchen Fällen integraler Bestandteil der Projektplanung sein. Dazu gehört auch ein guter Einblick in die Ziele und Möglichkeiten dieser Gruppen. Bei hoher Akzeptanz der notwendigen Maßnahmen wird es einfacher, den Ablauf der Projekte optimal zu gestalten und damit die Kosten der Renaturierung gering zu halten. Eine gelungene Kommunikation der Erfolge einer Renaturierung und ein offener Umgang mit Kritik erleichtern die Vorbereitung möglicher Folgeprojekte.

7.1 Motivation und Akzeptanz von Renaturierungsprojekten

7.1.1 Interessengruppen von Renaturierungen

Wie viele andere Formen der Landnutzung und des Landmanagements wird die Renaturierung degradierter Ökosysteme von ganz unterschiedlichen Interessengruppen angeregt, geplant, durchgeführt und bewertet. Diese Gruppen werden oft unter dem englischen Begriff *stakeholder* zusammengefasst (Leach 2002). Darunter versteht man sowohl Personen, die tatsächlich einen aktiven Einsatz leisten, als auch solche, die nur ein Interesse am Verlauf oder Ergebnis einer Renaturierung haben. Renaturierungsprojekte gehen auf Initiativen von Anwohnern, Grundbesitzern, Bewirtschaftern, Verbänden, Vereinen, Stiftungen, Unternehmen oder Behörden zurück und werden vor und nach Abschluss der Maßnahmen als Erfolg oder Misserfolg oft mit großer Leidenschaft diskutiert. Die öffentliche Auseinandersetzung um Planung und Bewertung einer Renaturierung kann daher kontrovers sein und spiegelt die unterschiedlichen Erfahrungen und Erwartungen der beteiligten gesellschaftlichen Gruppen wider, wie Gobster (2001) am Beispiel eines städtischen Parks zeigen konnte.

Die Durchführbarkeit und der Erfolg eines Projekts hängen von der Erfahrung und dem Können der aktiv Beteiligten ab und erfordern eine darauf aufbauende professionelle Projektkommunikation, wie sie etwa bei der Renaturierung der Everglades-Sumpfgebiete in Florida gut gelungen ist (Borkhataria et al. 2017). Die Identifizierung aller Projektbeteiligten ist für einen reibungslosen und kostengünstigen Projektverlauf wichtig, da Renaturierungsprojekte ohne sorgfältige Kommunikation und ohne abgestimmtes Zusammenspiel der relevanten gesellschaftlichen Gruppen schwierig werden und im schlimmsten Fall scheitern können (Palmer et al. 2005). Diese transdisziplinären Elemente der Renaturierungsökologie müssen früh erkannt und laufend aktualisiert werden. Dabei sind regionale Unterschiede der Mitarbeit oder Einflussnahme von Interessengruppen zu beachten, die von aktuellen gesellschaftlichen Debatten und den veränderlichen politischen und rechtlichen Rahmenbedingungen geleitet werden (▶ Kap. 3).

Bei den Interessengruppen von Renaturierungsprojekten ist zu unterscheiden zwischen Akteuren und Betroffenen, auch wenn Überlappungen zwischen diesen Gruppen auftreten können (Wiegleb und Lüderitz 2009). Die Akteure nehmen dabei deutlich unterschiedliche und komplementäre Rollen ein. Einige sind verantwortlich für das Initiieren, Organisieren und Finanzieren der konkreten Maßnahmen und sind als Maßnahmenträger damit der Leistungsebene zuzuordnen. Eine andere Gruppe von Akteuren implementiert die konkreten Maßnahmen, z. B.

einer Deichrückverlegung, Heckenpflanzung oder Magerrasenansaat, und gehören damit zur Durchführungsebene.

Die wichtigsten Akteure von Renaturierungsprojekten lassen sich fünf gesellschaftlichen Gruppen zuordnen: Wissenschaftlern, Behördenvertretern, Unternehmern, Landbesitzern und Ehrenamtlichen (Segert und Zierke 2004). Bei kleinen Projekten, wie etwa der Ansaat einer artenreichen Mähwiese auf einer ehemaligen Ackerfläche, sind nur der initiierende und durchführende Landwirt sowie der Saatgutproduzent beteiligt, während beispielsweise Imker, Jäger und Erholungssuchende von dieser Maßnahme profitieren können. Große, komplexe Projekte, z. B. die Revitalisierung der Donauaue zwischen Ingolstadt und Neuburg (Deindl et al. 2014), erfordern dagegen umfangreiche planerische Vorbereitungen der ökologischen und hydrologischen Verhältnisse sowie Verhandlungen mit Grundbesitzern und Elektrizitätsunternehmen wegen eventuell notwendiger Entschädigungen. Auch bei dem Monitoring solcher Großprojekte (▶ Kap. 6) ist eine interdisziplinäre Zusammenarbeit notwendig (Stammel et al. 2012). Der zeitliche und finanzielle Rahmen dieser Projekte ist dementsprechend viel größer, und ein nur teilweises Erreichen der ursprünglichen Ziele muss im Sinne eines Risikomanagements einkalkuliert werden. Dazu gehört auch ein Anpassen des Entwicklungsziels bzw. korrigierende Maßnahmen beim Überschreiten festgelegter Schwellenwerte im Sinne einer adaptiven Renaturierung (◘ Abb. 6.4 und 6.5).

Für den Erfolg kleiner wie auch großer Projekte ist es in jedem Fall wichtig, dass die Akteure und Betroffenen während und nach der Renaturierung auf geeigneten Kommunikationswegen einbezogen werden und dadurch vertrauensvoll interagieren (◘ Abb. 7.1). Mitwirkungsrechte leiten sich aus dem Bundesnaturschutzgesetz, Bundesberggesetz, Wasserhaushaltsgesetz und Umweltverträglichkeitsgesetz ab. Die Beteiligung der Akteure ist daher in einigen Bereichen formalisiert (Directive 2000/60/EC), in anderen Fällen, z. B. bei der Konversion von Truppenübungsplätzen, weniger klar (Wiegleb und Lüderitz 2009). Der Abschluss eines Renaturierungsprojekts wird in der Regel durch das Ende des Einsatzes der Akteure markiert (Walker et al. 2007). Je nach Komplexität des zu renaturierenden Ökosystems und des Entwicklungsziels kann dies durchaus mehrere Jahrzehnte dauern.

Die Betroffenen einer Renaturierung nehmen eine weniger aktive Rolle als die Akteure ein. Sie können Eigentümer, Pächter oder sonstige Nutzer der in die Planung einbezogenen Grundstücke sein, aber auch Anwohner, Besucher oder Kenner (z. B. Botaniker, Zoologen) der Flächen. Manche Betroffenen haben Vorbehalte gegenüber dem geplanten Projekt und können sich zu Gegnern entwickeln, weil sie mit dem Vorgehen grundsätzlich nicht einverstanden sind und um die Qualität ihres Eigentums, ihre Nutzungsrechte oder die gewohnten Nutzungsmöglichkeiten der Flächen fürchten (Borkhataria et al. 2017). In solchen Fällen ist eine frühzeitige und vertrauensvolle Kommunikation besonders wichtig, damit sich die Widerstände nicht verstärken.

7.1.2 Motivation für Renaturierungen

Zur gelungenen Kommunikation bei Renaturierungsprojekten gehört ein ausreichendes Wissen um die Motivation der beteiligten Interessengruppen. Renaturierung wird oft als Wiederherstellung der Funktionsfähigkeit des Naturhaushalts, von Ökosystemdienstleistungen und -funktionen oder des Naturkapitals beschrieben (Wiegleb und Lüderitz 2009). Diese übergeordneten Erwartungen und Ziele der Akteure und Beteiligten sind nach ◘ Tab. 7.1 aber sehr unterschiedlich, und die spezifischen Beweggründe der Mitwirkung an einer Renaturierung können durch Zugehörigkeit zu mehreren Gruppen überlagert sowie durch persönliche Erfahrungen und Ansprüche

Abb. 7.1 Kommunikation mit Interessengruppen verschiedener Renaturierungsprojekte: **a** Feldbegehung zur Wiederansiedlung von Ackerwildkräutern auf einem Ökobetrieb bei München, **b** Informationsschild zur Deichsanierung mit neuer Vegetationstragschicht, **c** Hinweis auf die Wiederanlage von artenreichem Grünland nach Aufwertung der Isar in München, **d** Diskussion einer Entbuschung von Kalkmagerrasen bei Freising mit Grundbesitzern, Jägern, Studierenden und dem lokalen Landschaftspflegeverband

modifiziert werden. Daraus ergeben sich Schwierigkeiten, die wahren Motive zu erkennen, und es entstehen Konflikte bei sich widersprechenden Zielen.

Wissenschaftler haben vor allem ein Erkenntnisinteresse, sie wollen durch Veröffentlichung neuartiger Ergebnisse bekannt werden, sie müssen kontinuierlich Mittel für Forschungsprojekte einwerben und sollen ihr Wissen innerhalb und außerhalb der Forschungseinrichtungen weitergeben. Dagegen ist ihr Verständnis für die politischen und rechtlichen Rahmenbedingungen oft nicht so ausgeprägt und das Wissen um die geeignetsten Methoden für die praktische Umsetzung nicht immer vorhanden.

Behördliche Akteure der Ministerien, Gebietskörperschaften, Wasserwirtschafts-, Forst-, Agrar- und Naturschutzbehörden sorgen für eine korrekte Umsetzung von Rechtsnormen, z. B. von § 2 Abs. 1(7) BNatSchG, dass „unvermeidbare Beeinträchtigungen von Natur und Landschaft (…) insbesondere durch Förderung natürlicher Sukzession, Renaturierung, naturnahe Gestaltung, Wiedernutzbarmachung oder Rekultivierung auszugleichen oder zu mindern" sind. Aufgrund der bindenden politischen und rechtlichen Vorgaben sind die Freiheitsgrade für die Genehmigung und Gestaltung von Renaturierungsprojekten einerseits oft begrenzt, andererseits verfügen Behörden wegen der

Tab. 7.1 Unterschiedliche Erwartungen und Ziele der Interessengruppen großer und komplexer Renaturierungsprojekte

Kriterien	Wissenschaftler, Experten	Politiker, Verwaltung	Unternehmer, Landbesitzer	Öffentlichkeit, Verbände
Motivation	Erkenntnisgewinn, Forschungsmittel, persönliche Motive	Problemlösung, Wählerzustimmung, rechtlicher Auftrag	Finanzieller oder Imagegewinn, persönliche Motive	Aufwertung des Ökosystems und der Umgebung
Anspruch an Projektinformation	Umfassend, innovativ, objektiv	Einfach, verständlich, verlässlich	Handlungsorientiert, kostengünstig, langfristig	Interessant, identitätsstiftend, zugänglich
Erwartete Ergebnisse des Projekts	Funktionelles Ökosystem, Veröffentlichungen, Wissensvermittlung	Vorzeigbare Veränderung, Sichtbarkeit, Problemfreiheit, pflegeleicht	Einhalten von Gesetzen und Regeln, wenige Folgeverpflichtungen	Verbesserte Ökosystemdienstleistungen, Erlebniswert, Schönheit
Erfolg	Wichtig	Wichtig	Sehr wichtig	Mäßig wichtig
Kosten der Renaturierung	Weniger wichtig	Belastbare Kalkulation, günstiges Kosten-Nutzen-Verhältnis	Kosten minimieren, Subventionen erhalten	Wichtig, wenn öffentliches Geld involviert ist
Nutzen der Maßnahme	Eher nachgeordnet	Große Bedeutung	Hoch, muss aber realistisch sein	Öffentlicher Nutzen

Berichtspflicht genehmigter Projekte oft über umfangreiche Archive, die bei der Bewertung vergangener und der Planung zukünftiger Renaturierungen nützlich sein können.

Zu den Unternehmern zählen Land- und Forstwirte, Betreiber von Steinbrüchen und Kraftwerken sowie Teile der Lebensmittel- und Tourismusindustrie. Im weiteren Sinne sind auch Inhaber von Planungs- und Ingenieurbüros unternehmerisch an Renaturierungsprojekten beteiligt. Sie alle verfolgen primär ökonomische Interessen, sind aber auch an Imageaspekten interessiert, besonders, wenn diese positiv auf das Unternehmen zurückwirken und ein nachhaltiges unternehmerisches Handeln erleichtern. Hierzu zählt beispielsweise die Förderung bestimmter Aspekte der Biodiversität (▶ Kap. 26).

Landbesitzer und -bewirtschafter haben ein Recht auf Beteiligung an Renaturierungsprojekten, die ihr Umfeld betreffen, und sie vertreten dabei besonders die mit ihrem Eigentum verbundenen Interessen. Bei Fischern, Land- und Forstwirten besteht eine langfristige, unter Umständen über Generationen weitergegebene Verbindung mit den lokalen Verhältnissen und ein großes Wissen um die bestimmenden ökologischen und sozioökonomischen Faktoren. Daraus resultiert eine traditionelle Praxis der Land- und Gewässernutzung, auch wenn diese nicht unbedingt ökologisch optimal ist. Diese Erfahrungen sollten in die Planung und Ausführung der Renaturierung einfließen, damit unrealistische Maßnahmen vermieden werden, die nicht zu der jeweiligen Tradition der Ökosystemnutzung einer bestimmten Region passen. Dieses Wissen ist oft nicht schriftlich verfügbar und kann daher meistens nur in Gespräche mit den Nutzern abgerufen werden.

Ehrenamtliche Akteure der Naturschutzverbände, -vereine und -stiftungen sind geleitet von einem persönlichen Interesse und oft emotionalen Bezügen zu bestimmten Arten(-gruppen), Ökosystemen und Landschaften – sie handeln im Sinne einer Verantwortung für die Natur. Wesentlich bei diesen Akteuren, wie auch bei der interessierten Öffentlichkeit, sind das Gefühl der Verbundenheit mit einer bestimmten Gegend, die Präferenz und Wertschätzung gewohnter Naturzustände, die Freude an der Natur sowie die Möglichkeit, Renaturierungsprojekte für soziale Begegnungen zu nutzen. Als gemeinsames Engagement für eine gute Sache kann hier die Renaturierung neue Kontakte ermöglichen, beispielsweise zwischen Anwohnern und anderen Beteiligten. In Naturschutzkreisen gibt es allerdings auch Vorbehalte gegenüber dem abstrahierenden und experimentellen Vorgehen von Wissenschaftlern, den Regularien der Behörden sowie den Ansprüchen der Landbesitzer und Unternehmer. So wird die Wiederansiedlung von Arten manchmal abgelehnt mit Hinweis auf eine mögliche Verfälschung natürlicher Verbreitungsmuster (Koch und Kollmann 2012). Widerstand gegen Renaturierung kann auch darauf beruhen, dass die wiederhergestellten Ökosysteme nie das Original ersetzen können und etwas polemisch als *fake nature* bezeichnet werden (Elliot 1982). Es gibt auch Befürchtungen, dass die Wiederherstellbarkeit eines degradierten Ökosystems vermehrt neue Eingriffe nach sich ziehen könnte (Ott 2009). Dies ist in der Tat ein wichtiges Argument, das bisweilen gegen Renaturierung vorgebracht wird: Wenn ein Ökosystem wiederherstellbar ist, könnte man ja seine Zerstörung hinnehmen. In diesem Sinne darf Renaturierung aber nicht missbraucht werden.

Die Erwartungen und Ziele der Akteure und Beteiligten eines Renaturierungsprojekts sind durchaus verschieden, was zu Konflikten führen kann. Die Planung und Steuerung eines gelungenen Projekts besteht darin, den potentiellen Beitrag der unterschiedlichen Interessengruppen zu ermitteln und eine produktive Zusammenarbeit zu fördern. Unterschiedliche Meinungen und Erfahrungen sollten sich ergänzen und in gegenseitigem Respekt zu einem gemeinsamen Lernen anregen unter Betonung offener Fragen, bei denen keine Gruppe über vollkommen sicheres Wissen verfügt. Gelungene Projekte mit ausgeprägter Partizipation können als Beispiele bei der Vorbereitung neuer Renaturierungen genutzt werden (z. B. Gregory und Wellman 2001).

7.1.3 Akzeptanz ökologischer Renaturierung

Für die Durchführung oder Begleitung eines Renaturierungsprojekts sollte man nicht nur wissen, wer die wichtigsten Akteure und Beteiligten sind, sondern auch warum sie sich in dem Projekt engagieren (Arbogast et al. 2000). Dadurch lassen sich Konflikte möglicherweise vermeiden, und falls nötig Maßnahmen zur Verbesserung der Interaktion ergreifen. Die Akzeptanz von Maßnahmen hängt stark davon ab, welchen Umfang und welche Auswirkungen ein Projekt hat und wer in welcher Form beteiligt wird (Swart et al. 2001). Unter hoheitlicher Trägerschaft durchgeführte Maßnahmen sind meistens weniger akzeptiert als jene bürgernaher Träger, etwa im Sinne einer „partizipativen Planung". Nach Rhodius (2012) sind die folgenden Rahmenbedingungen entscheidend für den Erfolg einer partizipativen Planung, und zwar 1) ein möglichst geringes Konfliktpotential, 2) die Unterstützung durch lokale Meinungsbildner und Entscheider, 3) verlässliche politische Rahmenbedingungen sowie 4) ausreichender finanzieller Ausgleich negativer Nebeneffekte von Renaturierungen. Unterstützend wirken Ergebnisoffenheit auf Seite des Planungsträgers sowie echte Kooperation der Akteure und Betroffenen. Entscheidend sind direkte Kontakte zu allen Interessengruppen sowie eine frühzeitige, kontinuierliche und transparente Information durch Verzahnung formeller und informeller Verfahren (Rhodius 2012) – formell wäre beispielsweise ein Planfeststellungsverfahren, informell ein Bürgerforum.

Die Initiative bei konkreten Projekte geht meistens von Unternehmen, Verbänden oder der Naturschutzverwaltung aus, die bestimmte Änderungen wünscht und damit den Planungsprozess im Dialog mit Experten aktiv beeinflusst. Eine hohe Akzeptanz von Renaturierungsprojekten erfordert ein wiederholtes Durchlaufen der in ◘ Abb. 26.3 beschriebenen Arbeitsschritte: Die wissenschaftlichen Grundlagen des geplanten Projektes müssen sich in der Kommunikation mit allen Akteuren und Beteiligten bewähren und die konkreten Maßnahmen müssen an die Sachzwänge, das Umweltrecht und die zur Verfügung stehende Finanzierung angepasst werden. Die Planung und Ausführung der Maßnahmen sowie das Monitoring der ökologischen Renaturierung sollten als Erfolg oder Defizit an die Projektsteuerung zurückgemeldet werden, damit eine Änderung der Projektziele im Sinne einer adaptiven Renaturierung möglich ist (◘ Abb. 6.4).

7.2 Ablauf von Renaturierungsprojekten

Die typischen Arbeitsschritte einer Renaturierung bestehen aus (◘ Abb. 7.2):

1. Bestandsaufnahme der Standortverhältnisse, der vorhandenen Biodiversität, der aktuellen und historischen Landnutzungen und der sozioökonomischen Verhältnisse;
2. Zielfestlegung und konkreten Planung der durchzuführenden Eingriffe;
3. Durchführung von Maßnahmen inklusive Management;
4. Monitoring der Ergebnisse des Projekts und einer Steuerung der weiteren Ökosystementwicklung;
5. Sowie Kommunikation und Öffentlichkeitsarbeit, die alle Arbeitsschritte begleiten.

Beim Arbeitsschritt Planung geht es um eine Bewertung des beobachteten Zustands im Vergleich zu Referenzzuständen, also der Frage nach dem Zielzustand, dem sich das

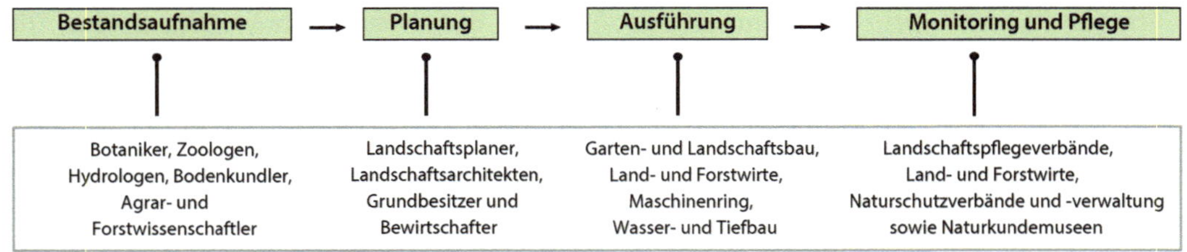

Abb. 7.2 Zusammenarbeit unterschiedlicher Akteure im Verlauf eines Renaturierungsprojekts

degradierte Ökosystem annähern soll (vgl. ► Kap. 2 und 6).

An den einzelnen Schritten der meisten Renaturierungsprojekte sind viele Interessengruppen beteiligt, und der Projektverlauf ändert sich öfters. Die Bestandsaufnahme zu Projektbeginn erfordert ein hohes Maß an naturwissenschaftlicher und gegebenenfalls auch sozioökonomischer Expertise. Die Planung erfolgt meist durch Interaktion von Landschaftsplanern und -architekten mit Grundbesitzern und Bewirtschaftern der konkreten Flächen oder Landgesellschaften (► Exkurs 3.1). Bei Bedarf ziehen diese weitere Experten, wie Biologen, Land- und Forstwissenschaftler oder (Hydro-)Geologen hinzu. Die praktische Ausführung der Renaturierungsmaßnahmen liegt in den Händen von Firmen des Wasser-, Tief-, Garten- und Landschaftsbaus, von Fischern, Land- und Forstwirten oder Maschinenringen. An dem Monitoring und dem notwendigen Management der entstandenen Ökosysteme wirken Landschaftspflegeverbände, Naturschutzvereine, Fischer, Land- und Forstwirte, Behörden und Naturkundemuseen mit.

In der Praxis ist der Ablauf von Renaturierungsprojekten aber nicht eindimensional wie in Abb. 7.2 dargestellt, sondern beinhaltet Rückkopplungen sowie Entscheidungen, die den Gesamtprozess stark verändern können (Abb. 7.3). Nach gründlichen Recherchen zum Projektgebiet und einer Abklärung der ökologischen und ökonomischen Erfolgsaussichten müssen die Prozesse der (degradierten) Ökosysteme bewertet werden, es sollte ein Leitbild entstehen und die konkreten Maßnahmen werden geplant. Nach Konzeption des Renaturierungsprojekts werden der Ausgangszustand der Probeflächen erfasst und die Renaturierungsmaßnahmen durchgeführt. Falls die Veränderungsanalyse eine Zielannäherung ergibt, kann das bewährte Verfahren in Folgeprojekten angewandt werden. Bei noch vorhandenen Defiziten ist das Vorgehen stufenweise zu überarbeiten; das gilt auch bei Veränderung der ökologischen oder gesellschaftlichen Rahmenbedingungen.

7.3 Kosten von Renaturierungen

Die Kosten der Renaturierung eines ge- oder zerstörten Ökosystems können sehr unterschiedlich sein: gering bei passiver Renaturierung, beispielsweise bei Nutzungsaufgabe von Wäldern oder spontaner Wiederbesiedlung von Tagebauen, und hoch bei technischer Sanierung industriell verunreinigter Ökosysteme (Hampicke 2009). Es geht immer um den Verbrauch knapper Ressourcen für einen bestimmten Zweck, die dann nicht mehr anderweitig eingesetzt werden können. Nach der Betriebswirtschaftslehre sind Kosten der mit Preisen bewertete Verzehr von Produktionsfaktoren (Wöhe und Döring 2000).

Was bedeutet das übertragen auf Renaturierung? Wann entstehen bei Renaturierungsprojekten Kosten? – Einerseits geht es um den Einsatz von Produktivkräften, die auch für andere Ziele verwendet werden

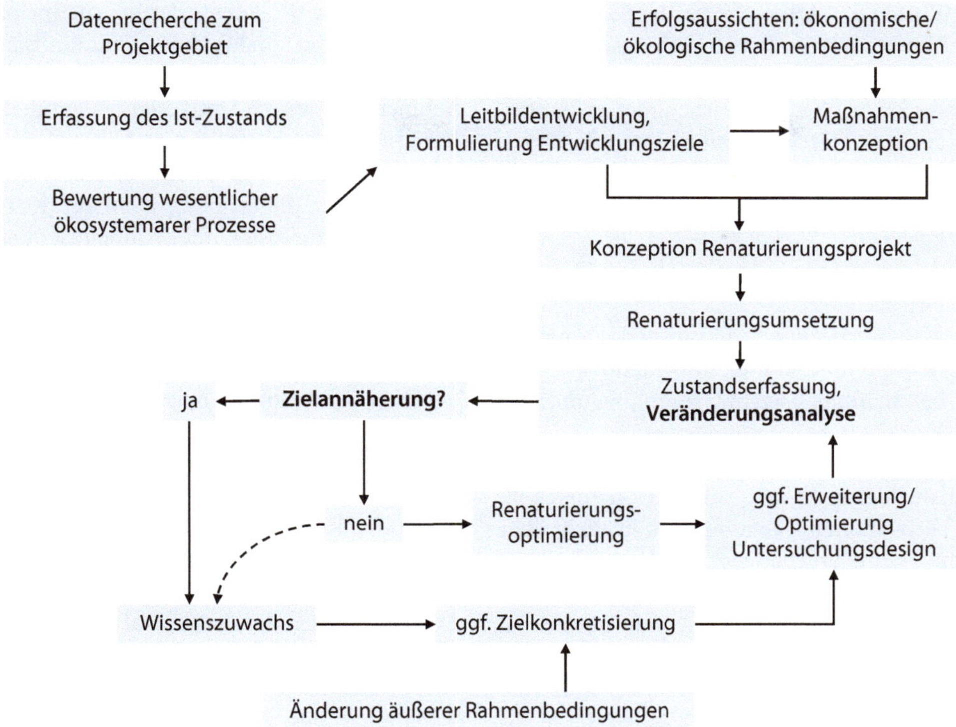

Abb. 7.3 Flussdiagramm zur Beschreibung von Projekten der Renaturierungsökologie. Die Zielerreichung kann auch in Teilschritten erfolgen, vor allem bei komplexen Maßnahmen. Wenn bei einem regelmäßigen Monitoring bestimmte Schwellenwerte erreicht werden, kann im Sinne einer Optimierung entweder eine Korrektur durch einen weiteren Eingriff oder ein anderes Management erfolgen. Im äußersten Fall kann man das Entwicklungsziel verändern, besonders wenn sich die äußeren Rahmenbedingungen ändern

können, also um einen Faktorenaufwand. Andererseits geht es um ökonomische Leistungen, die das degradierte System erbracht hat und die das renaturierte Ökosystem nicht mehr erbringt, also um einen Nutzenverzicht. Ein renaturiertes Ökosystem wird aber unter Umständen einen neuen Nutzen bringen, z. B. hinsichtlich des Grundwasserschutzes, der Erosionsminderung, Bestäubung oder Naherholung. Dieser Nutzen ist mit den entstandenen Kosten aufzurechnen und kann sogar zu negativen Kosten der Renaturierung führen, also einem Nettonutzen, wenn die Ökosystemdienstleistungen nach erfolgreichem Projektabschluss höher sind als zuvor (Hampicke 2009).

Was kosten konkrete Renaturierungsmaßnahmen? Ein Beispiel ist die Umwandlung eines Intensivackers zu Extensivgrünland, wobei zu berücksichtigen ist, dass die Bodenpreise für Ackerland wesentlich höher sind als für Grünland. Dabei entstehen die folgenden Kosten:

- Der objektive Ertragswert des Ackers, im Sinne kapitalisierter jährlicher Nettoerträge zu Effizienzpreisen, unbeeinflusst von Steuern und Subventionen – dies entspricht den volkswirtschaftlichen Kosten, die das Renaturierungsprojekt hervorruft;
- Transportkosten für die Renaturierung, z. B. für den der Abtransport von Material nach Oberbodenabtrag;

- Kosten der Arbeitskräfte, des Saatguts und Umsetzung der Renaturierungsmaßnahmen;
- Aufschlag des Landwirts, unter anderem als Ersatz für Subventionen und für den ideellen Wert des Ackers;
- Fixkosten als Aufschlag auf die Transportkosten;
- Zusatzkosten wegen Lohnsteigerung;
- Grundsteuer;
- Mehrwertsteuer und Transaktionskosten (Kosten für Planung, Informationsbeschaffung, Angebotseinholung und Vergabe, Genehmigungen etc.).

Renaturierungskosten sind aus naturschutzfachlich-ökonomischer Sicht künstlich überhöht. Häufig ergeben sich Zahlungsleistungen nicht als Ausgleich von Faktorenaufwand oder Nutzenverzicht, sondern wegen bestimmter Gesetze, Ansprüche und Regelungen. Kosten und auch Nutzen der Renaturierung sind häufig nur schwer in Geldwerte zu fassen. Was kostet zum Beispiel der Verzicht auf Sportfischerei nach Flussrenaturierung oder welchen Gewinn bringt ein verbesserter Hochwasserschutz? Für weitere Details siehe Hampicke (2009).

Die Kosten der Wiederherstellung degradierter Ökosysteme und Landschaften steigen mit zunehmender Komplexität und Vollständigkeit der Renaturierung exponentiell an und hängen von der Produktivität der betroffenen Fläche ab. Die Kosten der Wiederherstellung einer strukturreichen Kulturlandschaft sind beispielsweise in hackfruchtreichen Fruchtfolgen höher als in getreidereichen, weil die landwirtschaftlichen Erträge und finanziellen Einnahmen hier höher liegen (A. Heißenhuber, pers. Mitteil.). Die Umwandlung solcher landschaftlicher Werte der Renaturierung in Geldwerte (Monetarisierung) ist zwar umstritten und muss im Einzelfall kritisch betrachtet werden, sie ist aber für die Durchsetzung und Verbesserung der Kommunikation der Akteure und die Akzeptanz von Renaturierungsmaßnahmen hilfreich. Eine praktische Methode ist die Feststellung der Bereitschaft, Kosten zu übernehmen, z. B. durch Umfragen bei Landeigentümern, Bewirtschaftern und Nutzern des zu renaturierenden Ökosystems. Abhängig von der jeweiligen Berechnung kann die Kostenkalkulation zugunsten oder zuungunsten eines Projekts ausfallen (Hampicke 2009). Hinweise zu den spezifisch anfallenden Kosten werden in den folgenden Kapiteln gegeben (z. B. ► Kap. 17).

Die Kalkulation im Beispiel von ◘ Abb. 7.4 bezieht sich nicht auf ein entsprechendes Renaturierungsprojekt im eigentlichen Sinne, sondern auf die nach Renaturierung entstehenden Kostenunterschiede bei der Bewirtschaftung unterschiedlich strukturierter Landschaften. Die Kosten ergeben sich durch Ertragsverluste, das heißt, auf den Heckenflächen wird kein Ertrag erzielt, ein möglicher Nutzen durch das aufwachsende Holz wäre allerdings zu berücksichtigen. Zudem

◘ **Abb. 7.4** Kulturlandschaft als Produkt multifaktorieller Landnutzung mit Kostenunterschieden bei der Bewirtschaftung unterschiedlich strukturierter Landschaften, die das Ergebnis einer landschaftlichen Renaturierung sein können. (A. Heißenhuber, pers. Mitteil.)

ergibt sich ein höherer Zeitaufwand bei der maschinellen Bewirtschaftung kleinerer Felder. Das Beispiel zeigt, welche Nachteile ein Landwirt tatsächlich hat, wenn er eine kleinstrukturiertere Flur bewirtschaftet, während heute jeder Landwirt den gleichen Betrag je Hektar an Direktzahlungen bekommt, was die ökologische Realität nicht abbildet. Bei den Renaturierungskosten müssten unter anderem auch die Kosten der Gehölzpflanzungen berücksichtigt werden. Allerdings bekommt der Landwirt in vielen Bundesländern über Heckenprogramme für eine bestimmte Zeit (meistens fünf Jahre) Gelder für die Pflanzungen sowie für die Heckenpflege.

7.4 Schlussfolgerungen

Renaturierungsprojekte können je nach Umfang unterschiedliche gesellschaftliche Gruppen betreffen. Diese sollten frühzeitig einbezogen werden, damit keine Probleme im Projektablauf entstehen und die Kosten möglichst gering bleiben. Die Renaturierungsökologie braucht für diese Aspekte Unterstützung von Experten der Sozioökonomie. In Theorie und Praxis zeigt sich damit, dass das Fach nicht ausschließlich auf naturwissenschaftliche Themen begrenzt ist und für erfolgreiche Projekte einen transdisziplinären Ansatz braucht.

? Fragen zur Vertiefung

- Wer sind die wichtigsten Akteure in Renaturierungsprojekten?
- Welche Ziele verfolgen die an Renaturierung beteiligten Interessengruppen?
- Wie kann man die Akzeptanz von Renaturierungsprojekten steigern?
- Welche wichtigen Schritte kennzeichnen den Ablauf eines Renaturierungsprojektes?
- Welche Kategorien von Projektkosten können anfallen?

Literatur

Arbogast BF, Knepper DH Jr, Langer WH (2000) The human factor in mining reclamation. U. S. Geological Survey Circular 1191. Denver, Colorado

Borkhataria RR, Wetzel PR, Henriquez H, Davis SE (2017) The synthesis of everglades restoration and ecosystem services (SERES): a case study for interactive knowledge exchange to guide Everglades restoration. Restor Ecol 25:18–26

Deindl K, Kügel B, Zapf T, Schneider T, Geißler S (2014) Dynamisierung der Donauauen zwischen Neuburg und Ingolstadt. Auenmagazin 07(2014):4–9

Directive 2000/60/EC of the European Parliament and of the Council of 23 October 2000, establishing a framework for Community action in the field of water policy

Elliot R (1982) Faking nature. Inquiry 25:81–93

Gobster H (2001) Visions of nature: conflict and compatibility in urban park restoration. Landsc Urban Plan 56:35–51

Gregory R, Wellman K (2001) Bringing stakeholder values into environmental policy choices: a community-based estuary case study. Ecol Econ 39:37–52

Hampicke U (2009) Kosten der Renaturierung. In: Zerbe S, Wiegleb G (Hrsg) Renaturierung von Ökosystemen in Mitteleuropa. Spektrum Akademischer Verlag, Heidelberg, S 442–457

Koch C, Kollmann J (2012) Wiederansiedlung und Translokation regional ausgestorbener Pflanzenarten. Eine Expertenbefragung. Nat schutz Landsch plan 44:77–82

Leach WD (2002) Surveying diverse stakeholder groups. Soc Nat Resour 15:641–649

Ott K (2009) Zur ethischen Dimension von Renaturierungsökologie und Ökosystemrenaturierung. In: Zerbe S, Wiegleb G (Hrsg) Renaturierung von Ökosystemen in Mitteleuropa. Spektrum Akademischer Verlag, Heidelberg, S 423–439

Palmer MA, Bernhardt ES, Allan JD, Lake PS, Alexander G, Brooks S, Carr J, Clayton S, Dahm CN, Follstad Shaj J, Galat DL, Loss SG, Goodwin P, Hart DD, Hassett B, Jenkinson R, Kondolf GM, Lave R, Meyer JL, O'Donnell TK, Pagano L, Sudduth E (2005) Standards for ecologically successful river restoration. J Appl Ecol 42:208–217

Rhodius R (2012) Mehr Legitimität? Zur Wirksamkeit partizipativer Verfahren in räumlichen Planungsprozessen. Dissertation, Universität Freiburg i. Br.

Segert A, Zierke I (2004) Methodische Grundlagen der soziologischen Bewertung. In: Anders K, Mrzljak J, Wallschläger D, Wiegleb G (Hrsg) Handbuch Offenlandmanagement am Beispiel ehemaliger und in Nutzung befindlicher Truppenübungsplätze. Springer, Berlin, S 87–96

Stammel B, Cyffvka B, Geist J, Müller M, Pander J, Blasch G, Fischer P, Gruppe A, Haas F, Kilg M, Lang P, Schopf R, Schwab A, Utschik H, Weißbrod M (2012) Floodplain restoration on the Upper Danube (Germany) by re-establishing water and sediment dynamics: a scientific monitoring as part of the implementation. River Syst 20:55–70

Swart JAA, Windt HJ van der, Keulartz J (2001) Valuation of nature in conservation and restoration. Restor Ecol 9:30–238

Walker LR, Walker J, Moral R del (2007) Forging a new alliance between succession and restoration. In: Walker LR, Walker J, Hobbs RJ (Hrsg) Linking restoration and ecological succession. Springer, New York, S 1–18

Wiegleb G, Lüderitz V (2009) Akteure in der Renaturierung. In: Zerbe S, Wiegleb G (Hrsg) Renaturierung von Ökosystemen in Mitteleuropa. Spektrum Akademischer Verlag, Heidelberg, S 459–467

Wöhe G, Döring U (2000) Einführung in die allgemeine Betriebswirtschaftslehre. Vahlen, München

Renaturierung naturnaher Ökosysteme

Inhaltsverzeichnis

Wälder

Norbert Hölzel

© Springer-Verlag GmbH Deutschland, ein Teil von Springer Nature 2019
J. Kollmann et al., *Renaturierungsökologie*, https://doi.org/10.1007/978-3-662-54913-1_8

Zusammenfassung

Geschlossene Laubwälder, die von Natur aus die Vegetation Mitteleuropas dominieren würden, waren bis zu Beginn des 19. Jahrhunderts aus vielen Landschaften nahezu vollständig verschwunden und nur noch in stark degradierten Resten vorhanden. Seit Mitte des 19. Jahrhunderts nimmt die Waldfläche in Deutschland kontinuierlich zu, und aktuell ist wieder rund ein Drittel der Landesfläche von Wäldern bedeckt. Hierbei handelt es sich aber überwiegend um anthropogene Nadelholzforsten, während naturnahe Laubholzbestockung nur etwa 40 % der Holzbodenfläche ausmacht. Im Zuge einer Hinwendung zu naturnäheren Praktiken in der Forstwirtschaft haben in den vergangenen 30 Jahren das Bestandsalter, die Holzbiomasse und die Laubholzanteile deutlich zugenommen. Wichtige Ökosystemfunktionen von Wäldern, wie etwa die Kohlenstoffspeicherung, haben davon profitiert, ebenso wie zahlreiche waldspezifische Tier- und Pflanzenarten, die fast durchweg positive Bestandstrends aufweisen. Im Gegenzug sind zahlreiche licht- und wärmebedürftige Offenlandarten sowie Magerkeitszeiger aus den Wäldern verschwunden. Im Vergleich zu Naturwäldern zeichnen sich selbst naturnah bewirtschaftete Wirtschaftswälder durch wesentlich geringere Totholzvolumina aus, die den entsprechenden Zersetzergemeinschaften (Käfer, Pilze) nur eingeschränkte Existenzmöglichkeiten bieten. Renaturierungsmaßnahmen im Wald konzentrieren sich auf die Neuanlage in waldarmen Gebieten, die Aufwertung naturferner Forsten durch den Unterbau mit Laubholz sowie die Förderung von Schlüsselstrukturen (insbesondere Totholz) im Rahmen einer naturnahen Waldbewirtschaftung. Zur gezielten Förderung seltener Lichtwaldarten hat auch die Wiedereinführung traditioneller Nutzungen wie Mittel- und Niederwaldwirtschaft und Waldweide an Bedeutung gewonnen.

8.1 Vegetationsökologie der Wälder

8.1.1 Entstehungsgeschichte und Grundzüge der standörtlichen Baumartenverteilung

Ohne Einflussnahme des Menschen wären Wälder unter den klimatischen Gegebenheiten Mitteleuropas heute großflächig die vorherrschende Vegetation (Ellenberg und Leuschner 2010, S. 23 f.). Dies gilt selbst für relativ extreme Standorte wie überflutungsgeprägte Flussauen, nasse Niedermoore und flachgründige Felsen. Diese dominierende Rolle erlangten Wälder aber erst seit ca. 10.000 Jahren. Am Ende der letzten Eiszeit drangen zunächst anspruchslose Pionierbaumarten der Gattungen *Pinus* und *Betula* in die offenen, von großen Pflanzenfressern geprägten Kältesteppen vor und schlossen sich im Präboreal allmählich zu lichten Wäldern zusammen (Küster 2003). In diesen noch sehr offenen und lichtreichen Pionierwäldern breiteten sich während des Boreals *Corylus avellana* und *Quercus* spp. aus, im Subboreal mesophytische Schattbaumarten der Gattungen *Ulmus, Fraxinus, Acer* und *Tilia* sowie in den höheren Lagen Süddeutschlands auch *Picea abies* und *Abies alba*. Bis zum als Atlantikum bezeichneten mittleren Holozän dominierten dann bereits auf großer Fläche geschlossene Laubmischwälder, die erst seit ca. 3500 Jahren v. Chr. allmählich von *Fagus sylvatica* unterwandert wurden (Giesecke et al. 2007). Diese Baumart hat mit ihrer überlegenen Konkurrenzkraft (vor allem Schattentoleranz) alle anderen Baumarten in randliche Bereiche des Standortspektrums oder in die Rolle von Pionieren nach Großstörungen abgedrängt (◘ Abb. 8.1).

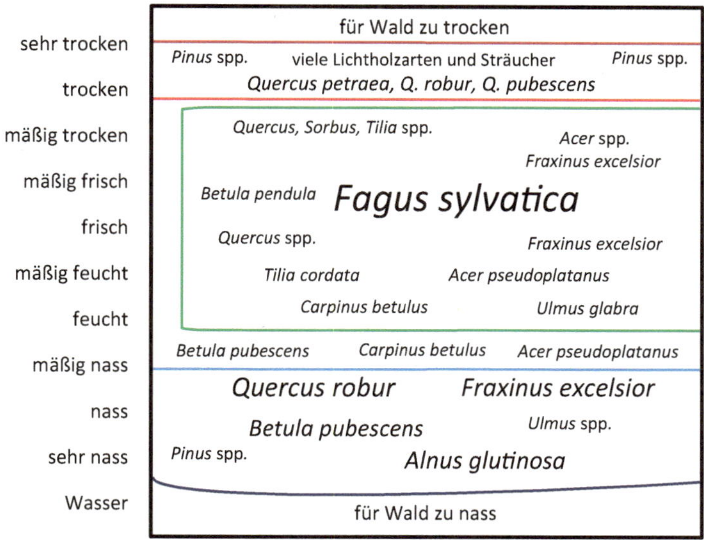

Abb. 8.1 Hauptvorkommen der Baumarten in der submontanen Stufe Mitteleuropas entlang von Gradienten der Bodenfeuchtigkeit und Bodenreaktion. Die Schriftgröße deutet die unterschiedliche Häufigkeit der Arten unter natürlicher Konkurrenz in der Baumschicht an. Die grüne Linie grenzt den Dominanzbereich der Buche ab, die hell- und dunkelrote Linien sind Trockenheitsgrenzen und die hell- und dunkelblauen Linien Nässegrenzen. („Ökogramm" nach Ellenberg und Leuschner 2010, S. 127)

Bereits seit Einsetzen des Neolithikums in Mitteleuropa vor ca. 7000 Jahren und dem damit einhergehenden Übergang zu Ackerbau und Viehzucht beeinflusst auch der moderne Mensch die Waldentwicklung (Küster 1995). Zunächst waren Rodungen von Wäldern vergleichsweise kleinflächig und konzentrierten sich auf die wärmebegünstigten Tieflagen mit fruchtbaren Lößböden. Weitaus flächenwirksamer als der Ackerbau war aber damals schon die Nutzung der Wälder als Weide für das Vieh, die alleine durch eine Verhinderung der Verjüngung bereits zu einer Verlichtung führte, welche durch Feuer und Holznutzung weiter gefördert wurde. Ab dem Hochmittelalter kam es schließlich zu einer großflächigen Entwaldung Mitteleuropas.

Besonders betroffen hiervon waren neben dem norddeutschen Tiefland vor allem die fruchtbaren Lössbörden in der Mitte und im Süden, die sich auch heute noch durch sehr geringe Waldanteile auszeichnen (Küster 2003). Bei den verbliebenen Waldflächen, deren Ausdehnung deutlich unter der derzeitigen Waldverbreitung in Mitteleuropa lag, handelte es sich überwiegend um durch Waldweide, Brennholz- und Streunutzung stark aufgelichtete und degradierte, mit limitierenden Nährstoffen schwach versorgte Bestände. Angesichts des damit einhergehenden Holzmangels – Holz war der Hauptenergieträger und -baustoff des Mittelalters und der frühen Neuzeit – wurden erste Konzepte einer geregelten Bewirtschaftung der verbliebenen Waldflächen entwickelt. Laubwälder wurden zunehmend als Nieder- und Mittelwälder zur Brenn- oder Bauholzgewinnung genutzt (Hamberger 2006). Die damit verbundenen 15–20-jährigen Umtriebszeiten begünstigten Baumarten wie *Quercus petraea* und *Q. robur* sowie *Carpinus betulus*, die in besonderem Maß zum Stockausschlag befähigt sind, während im Gegenzug die störungsempfindlichere *Fagus sylvatica* von vielen Standorten verdrängt wurde. Eine besondere Förderung erfuhren die genannten Eichenarten, die einerseits von der Auflichtung der Wälder profitierten, andererseits aufgrund der Eichelmast und ihres hochwertigen Bauholzes gezielt gefördert wurden (Küster 2003).

Bis ins frühe 20. Jahrhundert waren Mittel- und Niederwälder neben lichten Hudewäldern in Mitteleuropa weit verbreitet und vielerorts die vorherrschende Waldnutzungsform (vgl. Rackham 2006). Von den sehr offenen Bestandsstrukturen dieser Wälder profitierten zahlreiche licht- und wärmeliebende Relikte spätglazialer Waldsteppen und frühholozäner Lichtwälder wie etwa die Tagfalter Maivogel, Wald-Wiesenvögelchen und Gelbringfalter oder die Saumpflanzen *Potentilla alba* oder *Campanula cervicaria*, die sich seit dem Neolithikum unter dem Einfluss des Menschen ausbreiten konnten. Zugleich führte der starke Biomasseentzug zu einer deutlichen Nährstoffverarmung der Böden und zu einer Förderung von Arten, die an magere Standortbedingungen angepasst sind, und damit zur Entstehung von „Magerwäldern" (Schiess 2010).

In der zweiten Hälfte des 20. Jahrhunderts sind all diese historischen Waldnutzungsformen nahezu vollständig aus unserer Landschaft verschwunden. Aktive betriebene Nieder- und Mittelwälder sind aktuell nur noch im Siegerland und hessischen Lahn-Dill-Bergland (LANUV 2007) sowie in Teilen Frankens, z. B. im südlichen Steigerwald (Bränthol 2003), zu finden (◘ Abb. 8.10). Weidewälder bleiben heute fast vollständig auf den Alpenraum beschränkt, wo die Ausübung der Waldweide aber ebenfalls stark rückläufig ist.

Die Verdrängung traditioneller Waldnutzungsformen setzte etwa zeitgleich mit der Industrialisierung und dem damit verbundenen Übergang zur Hochwaldbewirtschaftung ein (Küster 2003). Nicht mehr Brennholz, sondern industriell verwertbares Rundholz stand jetzt im Fokus der Waldbewirtschaftung. In der Folge kam es zu einer massiven Ausdehnung des Anbaus standortfremder Nadelhölzer. Dieser erfolgte sowohl im Zuge von Erstaufforstungen von Sandheiden (im Tiefland mit *Pinus sylvestris*; ◘ Abb. 18.4b) und mageren Triftweiden (in den Mittelgebirgen und dem Voralpenland mit *Picea abies*), als auch im Zuge der Überführung von Nieder- und Mittelwäldern in Hochwald.

Noch heute beherrschen die seit Mitte des 19. Jahrhunderts begründeten Nadelholzforste vielerorts das Erscheinungsbild der Waldlandschaften. So dominiert etwa auf den ehemals verheideten Sandböden des Norddeutschen Tieflandes großflächig die Kiefer (vgl. ► Kap. 17), in Brandenburg gar mit 70 % der Waldbodenfläche (BMEL 2016). Großflächige Kiefernforste gibt es daneben auch auf den armen Sandböden Nordbayerns in Mittelfranken und der Oberpfalz sowie in der nördlichen Oberrheinebene und im Pfälzer Wald. Im Gegenzug werden die niederschlagsreichen Lagen der Mittelgebirge und des Alpenvorlandes von der Fichte geprägt, die im Sauerland, in den Herzynischen Gebirgen, im Schwarzwald und im Bereich des schwäbisch-bayerischen Alpenvorlandes mehr als 50 % der Waldbodenfläche einnimmt (BMEL 2016). Naturnahe Laubholzbestockungen von mehr als 50 % mit hohen Buchen- und Eichenanteilen sind demgegenüber vor allem im Südwesten Deutschlands in Teilen Baden-Württembergs, im Saarland, in Rheinland-Pfalz, Hessen, Südniedersachsen, Teilen Nordrhein-Westfalens sowie in Schleswig-Holstein zu finden. Stark unterdurchschnittlich (<31 %) ist der Anteil an naturnahen Laubholzbestockungen in Brandenburg, Sachsen und Bayern (BMEL 2016).

Im Gegensatz zur aktuellen Waldvegetation würden in der natürlichen Vegetation der Tieflagen Mitteleuropas großflächig mehr oder weniger reine Laubwälder vorherrschen (Ellenberg und Leuschner 2010, S. 124), während im Gebirge Nadelwälder dominieren. Aufgrund ihrer ausgeprägten Konkurrenzkraft hinsichtlich Schattentoleranz in der Jugendphase

Abb. 8.2 Haupttypen der Buchenwälder der Tieflagen Mitteleuropas: **a** Stark bodensaures Deschampsio-Fagetum (Auning, Jütland), **b** mäßig basenreiches Galio-Fagetum (Osnabrück), **c** basenreiches Hordelymo-Fagetum (Großer Freden, Teutoburger Wald), **d** bodensaures montanes Luzulo-Fagetum mit *Abies alba* (Lusen, Bayerischer Wald)

und ihrer überlegenen Nutzung des Lichts im Kronenraum wäre auf mittleren Standorten fast überall *Fagus sylvatica* die allein vorherrschende Baumart (Abb. 8.2). Lediglich an den Rändern des standörtlichen Spektrums wird ihr diese Rolle von anderen Baumarten teilweise oder vollständig streitig gemacht. Flächenmäßig bedeutsam sind diesbezüglich vor allem permanent (Gleye) oder temporär (Pseudogleye) feuchte Böden oder stark wechselfeuchte, zugleich luftarme Tonböden in warm-trockener Klimalage (Pelosole), auf denen diese Schlussbaumart teilweise oder auch gänzlich durch *Quercus robur*, *Q. petraea* und *Carpinus betulus* (Abb. 8.4a), und regional auch *Tilia cordata* und *Fraxinus excelsior* ersetzt wird. Noch nassere Standorte, wie Naßgleye und Niedermoore oder überflutungsgeprägte Flussauen, werden von *Fagus sylvatica* gänzlich gemieden und stattdessen von Hartholzauen aus *Quercus robur* und *Ulmus minor* (Abb. 8.4c) oder Sumpfwäldern aus *Fraxinus excelsior, Ulmus laevis und Alnus glutinosa* eingenommen (Abb. 8.4b, d). Durch klimatische Trockenheit wird *Fagus sylvatica* in Mitteleuropa wohl nur in wenigen Extremfällen, wie dem mitteldeutschen Trockengebiet, dem Südosten Brandenburgs oder Rheinhessen, begrenzt.

Auf edaphisch trockenen, aus Silikatgestein oder Kalk aufgebauten Felssteilhängen wird *Fagus sylvatica* durch *Quercus petraea* und *Q. robur* und örtlich im Südwesten Mitteleuropas auch durch *Q. pubescens* ersetzt

Abb. 8.3 Wälder trocken-warmer Sonderstandorte in Mitteleuropa: **a** Trocken-warmes Cytiso nigriscantis-Quercetum roboris (Kalkfelsen im Wiesenttal, Fränkische Alb), **b** trocken-wechselfeuchtes Carex fritschii-Quercetum roboris (Waldsteppe bei Hodonin, Südmähren), **c** sauer-mageres Betulo-Quercetum (Sandsteinzug bei Dörenthe, Teutoburger Wald), **d** sauer-trocken-mageres Leucobryo-Pinetum mit *Empetrum nigrum* auf fossilen Jungdünen (Neudarss, Prerow). (Foto b: V. Klaus)

(Abb. 8.3a, b). Vergleichbare Standorte auf Kalk und Dolomit im Alpenraum werden von Schneeheide-Kiefernwäldern eingenommen. Entgegen früherer Annahmen besteht offenbar kaum eine Begrenzung der Buche aufgrund zu saurer Bodenreaktion, Basen- oder Nährstoffarmut (Ellenberg und Leuschner 2010, S. 273 f.). Am Alpenrand und in den höheren Mittelgebirgen im Süden mischen sich ab ca. 600 m mit zunehmender Höhe vermehrt Nadelbäume wie *Abies alba* und *Picea abies* sowie *Acer pseudoplatanus* unter *Fagus sylvatica*, und es kommt in der montanen und orealen Stufe zur Ausbildung sogenannter Bergmischwälder (Abb. 8.2d). Diese werden in den Randalpen oberhalb 1500 m und im Bayerischen Wald und Harz oberhalb 1100 bzw. 900 m von Fichtenwäldern abgelöst. Weitere nicht von *Fagus sylvatica* dominierte Laubwälder finden sich kleinflächig auf instabilen Schutthängen und Blockhalden, wo aus *Acer pseudoplatanus*, *A. platanoides*, *Fraxinus excelsior*, *Tilia platyphyllos* und *Ulmus glabra* aufgebaute Edellaubholzwälder dominieren. Noch dynamischere, flussnahe junge Alluvionen werden von Weichholzauen mit *Populus nigra* and *Salix alba* sowie alpennah auch von *Alnus incana*-Auenwäldern eingenommen (vgl. ▶ Kap. 9).

8.1.2 Pflanzenarten und Typen der Waldvegetation

Aufgrund der breiten ökologischen Nische der meisten mitteleuropäischen Baumarten, namentlich *Fagus sylvatica*, *Quercus robur* und *Q. petraea*, spiegelt sich eine weitere standörtliche Differenzierung vor allem an der krautigen und strauchigen Bodenvegetation wider (Ellenberg und Leuschner 2010, S. 133 f.). Buchenwälder, die eine breite standörtliche Amplitude abdecken, sind diesbezüglich besonders reich gegliedert. Als Hauptgliederungsfaktor erweist sich dabei der Basen- und Wasserhaushalt. Entlang dieser Gradienten lassen sich ökologische Gruppen der Waldbodenvegetation definieren, die jeweils in bestimmen Segmenten ihren Nischenschwerpunkt haben und daher als Indikatoren genutzt werden können (◘ Abb. 8.4).

Allen Waldbodenpflanzen gemein ist eine mehr oder weniger stark ausgeprägte Schattentoleranz als Grundvoraussetzung, um unter einem geschlossenen Laubdach existieren zu können. Viele Arten entziehen sich der starken sommerlichen Beschattung durch eine sehr frühe Entwicklung und Blüte vor dem Austrieb der Laubbäume. Die von Geophyten dominierten frühen Phänophasen sind besonders üppig und spektakulär in frischen, basen- und nährstoffreichen Laubwäldern (◘ Abb. 8.2c). Auch typische Waldpflanzen gedeihen oft am besten in Lichtlücken der

◘ **Abb. 8.4** Haupttypen feuchter bis nasser Laubwälder Mitteleuropas: **a** Wechselfeuchtes Stellario-Carpinetum auf Pseudogley (Davert, Münsterland), **b** im Frühjahr durch hoch anstehendes Grundwasser sehr nasses Pruno-Fraxinetum mit *Ulmus laevis* (Mönchbruch südlich Flughafen Frankfurt/M), **c** im Mai vom Fluss überschwemmtes Querco-Ulmetum (Prypjataue bei Turow, Weissrussland), **d** ganzjährig nasses Carici-Alnetum (Kopenhagen). (Foto a: A. Brinkert)

Wälder, und mit zunehmender Auflichtung der Bestände nimmt die Zahl der krautigen und strauchigen Arten deutlich zu, worunter sich dann in zunehmendem Maße auch eigentlich waldfremde Saum- und Mantelarten befinden (vgl. ► Kap. 15 und 16).

Am weitesten verbreitet sind im Bereich der Silikatmittelgebirge und auf sandigen Substraten des Tieflandes bodensaure Hainsimsen-Buchenwälder (Luzulo-Fagenion), welche auf lehmigen bis sandigen, basenarmen Braunerden und Parabraunerden mit ziemlich mächtigen Moderauflagen stocken (Ellenberg und Leuschner 2010, S. 273). Kennzeichnend für diese bodensauren Buchenwälder ist eine wenig deckende und meist artenarme Bodenvegetation (◘ Abb. 8.2a), welche aus wenigen Grasartigen *(Luzula luzuloides, Avenella flexuosa, Carex pilulifera),* anderen Säurezeigern (*Veronica officinalis, Vaccinium myrtillus,* ◘ Abb. 8.5a, b) und Sauerhumusmoosen wie *Polytrichum formosum* und *Dicranella heteromalla*, aufgebaut wird.

8

Auf im Oberboden ebenfalls versauerten Standorten (meist Braunerden und Parabraunerden), die sich aber zumindest im Unterboden noch durch einen größeren Basenreichtum auszeichnen, sind sogenannter Waldmeister-Buchenwälder (Galio odorati-Fagetum, ◘ Abb. 8.2b) zu finden (Ellenberg und Leuschner 2010, S. 261), in deren Krautschicht bereits einige mäßig anspruchsvolle krautige Arten wie *Anemone nemorosa, Carex sylvatica, Galium odoratum, Lamium galeobdolon, Melica uniflora, Milium effusum* und *Viola reichenbachiana* auftreten (◘ Abb. 8.5c, d). Die Humusformen Mull und mullartiger Moder zeugen hier von einer deutlich höheren biologischen Aktivität und einem größeren Nährstoffreichtum, wozu u. a. auch die Basennachlieferung aus dem Unterboden über den Streufall beiträgt.

Auf bis in den Oberboden basen- oder sogar kalkreichen Substraten (verlehmte Rendzinen und Terrae fuscae, eutrophe Braunerde und Parabrauerden) finden sich zumeist sehr artenreiche Waldgersten-Buchenwälder (Hordelymo-Fagetum; Ellenberg und Leuschner 2010, S. 241), welche sich durch das Auftreten zahlreicher anspruchsvoller Mullbodenpflanzen wie *Asarum europaeum, Corydalis cava, Daphne mezereum, Hepatica nobilis, Hordelymus europaeus, Lathyrus vernus, Mercurialis perennis* und *Pulmonaria obscura* auszeichnen (◘ Abb. 8.2c und 8.5e, f). Im Gegensatz zu diesen frischen Kalkbuchenwäldern stocken zumeist kleinflächige Seggenbuchenwälder auf flachgründigen sonnseitigen Rendzinen und zeichnen sich durch das Vorkommen von Trockenheitszeigern wie *Carex montana, Convallaria majalis* und *Sorbus aria* sowie Orchideen wie *Cephalanthera damasonium* und *Neottia nidus-avis* aus.

In den Tieflagen-Buchenwaldtypen des östlichen Mitteleuropas kommen vermehrt *Carpinus betulus, Quercus petraea* sowie *Q. robur* als Übergang zu Eichen-Hainbuchenwäldern vor, in denen auch *Tilia cordata* eine bedeutende Rolle spielt. In den Randalpen und höheren Mittelgebirgen im Süden treten mit zunehmender Meereshöhe *Abies alba, Picea abies* und *Acer pseudoplatanus* hinzu (◘ Abb. 8.2d) und in besonders regen- und schneereichen, orealen bis subalpinen Lagen des Schwarzwaldes und der Randalpen kann es schließlich auch zur Ausbildung von sogenannten Hochstauden-Buchenwälder (Aceri-Fagetum) kommen, die sich durch das Auftreten zahlreicher hygrophytischer Hochstauden (z. B. *Adenostyles alliaria, Cicerbita alpina*) auszeichnen (Ellenberg und Leuschner 2010, S. 259).

Unter den Eichen-dominierten Wäldern gliedern sich Eichen-Hainbuchenwälder entsprechend ihres Wasserhaushaltes in einen mehr subatlantischen Sternmieren-Eichen-Hainbuchenwald (Stellario-Carpinetum), der durch Grund- oder Stauwasserböden mit langen Feuchtphasen geprägt ist (◘ Abb. 8.4a), und dem mehr subkontinental verbreiteten Waldlabkraut-Eichen-Hainbuchenwald (Galio-Carpinetum), der wechselfeuchte Ton- und Lehmböden in sommerwarmer Klimalage bestockt (Ellenberg und Leuschner 2010, S. 335 f.). Während im Sternmieren-Eichenhainbuchenwald Frische- und Feuchtezeiger

Abb. 8.5 Waldarten Mitteleuropas: **a** *Vaccinium myrtillus* und **b** *Veronica officinalis* in bodensauren Wäldern, **c** weiße *Anemone nemorosa* sowie gelbe *A. ranunculoides* und **d** *Viola reichenbachiana* in schwach-sauren Wäldern, **e** *Corydalis cava* und **f** *Hepatica nobilis* in schwach-basischen Wäldern, **g** *Paris quadrifolia* und **h** *Primula elatior* in bodenfeuchten Wäldern. (Fotos g, h: A. Brinkert)

überwiegen, treten im Waldlabkraut-Eichenhain-Buchenwald vermehrt wärmebedürftige und zugleich trockenheitstolerante Arten wie *Carex montana*, *Convallaria majalis*, *Festuca heterophylla* und *Sorbus torminalis* auf.

Auf ehemals verheideten, stark sauren und oft podsolierten Sandstandorten Nordwestdeutschlands finden sich aktuell oft buchenarme Eichen-Birkenwälder (Betulo-Quercetum, ◘ Abb. 8.3c), die sich im Vergleich zu den sehr schattigen Hainsimsen-Buchenwäldern durch das Auftreten zahlreicher Licht- und Magerkeitszeiger wie *Frangula alnus*, *Holcus mollis*, *Hypericum pulchrum*, *Melampyrum pratense* und *Pteridium aquilinum* auszeichnen. Die aktuelle Buchenarmut dieser Bestände ist oft durch vorangegangene (erste Waldgeneration nach Heide) oder aktuelle Nutzung (Mittelwaldwirtschaft) bedingt und mittelfristig entwickeln sich daraus z. B. in Naturwaldreservaten buchendominierte Bestände. Bodensaure Eichenwälder (Luzulo-Quercetum) finden sich darüber hinaus auf sonnseitigen Felsensteilhängen der Silikatmittelgebirge, die im Unterwuchs neben verschiedenen *Hieracium*-Arten auch ausgesprochen licht- und wärmeliebende Arten wie *Anthericum liliago* und *Lychnis viscaria* enthalten können (Ellenberg und Leuschner 2010, S. 322 f.). Analog hierzu kommen auf trockenen Kalkfelsstandorten Süddeutschlands lokal thermophytische Flaumeichenwälder (Quercion pubescentis-petraeae, ◘ Abb. 8.3a) vor und in den trockenen Beckenlandschaften mit Waldsteppenklima im östlichen Mitteleuropa auf basenreichen, wechselfechten Sand- und Lehmböden auch sogenannte Steppen-Eichenwälder (Potentillo albae-Quercion roboris, ◘ Abb. 8.3b). Allen Eichenwäldern auf trockenen-basenreichen Standorten ist gemein, dass sie zahlreiche und oft seltene und gefährdete Lichtwald- und Offenlandarten enthalten. Auf basenarmen trockenen Sandstandorten finden sich unter subkontinentalem Klima außerhalb des Buchenareals – wie etwa im Südosten Brandenburgs – Eichenwälder, die sich durch das regelmäßige Auftreten der Kiefer, Beersträuchern (*Vaccinium myrtillus*, *V. vitis-idaea*) sowie trockenheitstoleranten Gräsern wie Schafschwingel (*Festuca ovina*) und Waldreitgras (*Calamagrostis arundinacea*) auszeichnen. Noch extremere Sandstandorte, wie etwa auf jungen Dünen mit geringer Bodenentwicklung, werden unter ähnlichen Klimabedingungen von Weißmoos-Kiefernwäldern (Leucobryo-Pinetum) eingenommen (◘ Abb. 8.3d).

Auf Standorten, die von Überflutungen in Auen oder hoch anstehendem Grundwasser geprägt sind finden sich Feucht- und Auenwälder (Alno-Ulmion), in denen *Fagus sylvatica* und *Quercus petraea* weitgehend ausfallen und stattdessen zunehmend nässetolerante Arten wie *Quercus robur*, *Fraxinus excelsior*, *Ulmus laevis*, *U. minor* und *Alnus glutinosa* (◘ Abb. 8.4b–d) sowie Baumweiden wie *Salix alba* und *S. fragilis* das Erscheinungsbild der Baumschicht bestimmen. Weitgehend beschränkt auf die fruchtbaren jungholozänen Auenlehme (allochthone Vega) großer Tieflandströme wie Elbe, Rhein und Donau bleiben Hartholzauenwälder (► Kap. 9), die im Mittel an bis zu 80 Tagen im Jahr überflutet werden können (Ellenberg und Leuschner 2010, S. 448 f.). In den Eichen-Ulmenwäldern (Querco-Ulmetum) (◘ Abb. 8.4c) dominierten neben *Quercus robur* hier ursprünglich die gleichfalls sehr überflutungstoleranten *Ulmus minor* und *U. laevis*, die aber seit den 1960er Jahren über weite Strecken dem sogenannten Ulmensterben zum Opfer gefallen sind, das durch einen von einem Käfer übertragenen Pilz aus Ostasien verursacht wird. Aufgrund der Fruchtbarkeit ihrer Standorte sind Hartholzauenwälder entlang der großen mitteleuropäischen Ströme nach Eindeichung nur noch in kleinen Restbeständen vorhanden. Und selbst diese unterliegen aufgrund verringerter Überflutungshäufigkeit heute vielerorts einer Sukzession hin zu Wäldern, die von Esche und Bergahorn dominiert werden.

In der Sukzession auf vom Fluss geschaffenen Neuland gehen den Hartholzauen oft Silberweiden-Auenwälder (Salicetum albae) voraus (Ellenberg und Leuschner 2010, S. 435 f.). In diesen Weichholzauen sind unter der zumeist dominanten *Salix alba* vor allem hygro- und nitrophytische Stauden zu finden. Im Alpenvorland werden die Silberweidenwälder auf analogen Standorten teilweise durch Grauerlenauenwälder (Alnetum incanae) ersetzt. Infolge stark verringerter Morphodynamik sind Weiden- und Grauerlen-Auenwälder heute meist nur noch als schmale Galerien entlang von Fließgewässern entwickelt (vgl. ▶ Kap. 9). In gerinnenahen Bereichen der Auen kleinerer Fließgewässer, in denen regelmäßig Überflutungen und Sedimentation erfolgen, tritt der Schwarzerlen-Galeriewald (Stellario-Alnetum) auf, für den unter anderem auch die Kalksubstrate meidende *Salix fragilis* und zahlreiche nährstoff- und feuchtigkeitsliebende Arten wie *Stellaria nemorum* charakteristisch sind.

Auf sehr nassen Gleyböden, bei denen das Grundwasser fast ganzjährig im Hauptwurzelraum steht, aber nur selten bis zur Bodenoberfläche reicht, stocken Traubenkirschen-Eschenwälder (Pruno-Fraxinetum), deren Baumschicht zumeist dominiert wird von *Fraxinus excelsior* und *Alnus glutinosa* sowie *Prunus padus* in der Strauchschicht (Ellenberg und Leuschner 2010, S. 443 f.). Hier findet sich auch die inzwischen sehr selten *Ulmus laevis* mit ihren charakteristischen Brettwurzeln (◘ Abb. 8.4b). In der Bodenvegetation wachsen zahlreiche basiphytischer Laubwaldpflanzen und ausgesprochene Feuchtezeiger wie *Festuca gigantea, Filipendula ulmaria, Paris quadrifolia und Primula elatior* (◘ Abb. 8.4g, h).

Auf fast das ganze Jahr von Grundwasser überschwemmten Bruchwaldtorfen sind sogenannte Schwarzerlenbruchwälder (Alnion glutinosae) verbreitet (◘ Abb. 8.4d), in denen unter der dominanten Schwarzerle *(Alnus glutinosa)* nur wenige nässetolerante Sträucher wie *Ribes nigrum* sowie ausgesprochene Sumpf- und Röhrichtpflanzen wie *Carex elongata, Iris pseudacorus, Lysimachia vulgaris* und *Solanum dulcamara* zu finden sind (Ellenberg und Leuschner 2010, S. 446 f.). Infolge von Entwässerungsmaßnahmen sind Bruchwälder überall in Mitteleuropa selten geworden und oft nur noch in stark degradierter Form mit nitrophytischen Stauden im Unterwuchs zu finden.

8.1.3 Ökosystemdienstleistungen der Wälder

Holz ist einer der wichtigsten nachwachsenden Rohstoffe, der vielfältige Verwendung besonders in der Papier-, Möbel- und Bauindustrie findet. Der Beitrag, den Holzbiomasse zur Energieversorgung einer modernen Industriegesellschaft leisten kann, ist allerdings beschränkt. So werden bereits heute rund 50 % des technischen Brennstoffpotentials aus forstlicher Biomasse genutzt (AEE 2014). Bei einer verstärkten Nutzbarmachung von Waldrestholz und derzeit ungenutztem Holzzuwachs ist insbesondere aus naturschutzfachlicher Sicht (Alt- und Totholzkonzepte) und aus Gründen der Nährstoffnachhaltigkeit mit äußerst nachteiligen Effekten zu rechnen (Pietsch 2013; Tucci 2014).

Neben diesen bereitstellenden Leistungen sind Wälder von überragender Bedeutung für zahlreiche unterstützende, regulierende und kulturelle Ökosystemdienstleistungen (Sarr und Puettmann 2008). Wälder geben im Gegensatz zu stark überdüngten und mit Pestiziden behandelten Agrarflächen in der Regel sehr sauberes Grund- und Oberflächenwasser ab und sind für die Versorgung mit qualitativ hochwertigem Trinkwasser von überragender Bedeutung. Waldböden mitteleuropäischer Falllaubwälder speichern zudem im Mittel 10–15 kg m^{-2} an organischem Kohlenstoff (Wellbrock et al. 2016) und bilden zusammen mit der lebenden Biomasse, die Kohlenstoff in einer ähnlichen Größenordnung enthält, aktuell europaweit die bedeutendste Senke für atmosphärischen Kohlenstoff (Luyssaert et al. 2010).

Diese Kohlenstoff-Senkenfunktion ist besonders auf eine Ausdehnung der Waldfläche, eine signifikante Zunahme des Biomassevolumens in unseren Wäldern (d. h. es wächst mehr Holz nach als eingeschlagen wird) sowie eine Regeneration der Bodenhumusvorräte nach vorausgegangener jahrhundertelanger degradierender Nutzung durch Streurechen, Waldweide und exzessive Holzentnahme zurückzuführen (Ellenberg und Leuschner 2010, S. 28 f.). In Europa und der gesamten nördlichen Hemisphäre bilden Wälder aktuell eine klimarelevante Senke für atmosphärischen Kohlenstoff, während im Gegenzug Agrarflächen, und dabei vor allem Äcker, durch bewirtschaftungsbedingten Humusschwund aktuell eine zusätzliche Kohlenstoffquelle darstellen (Janssens et al. 2003). Langlebigen Holzprodukte sind ebenfalls von erheblicher Bedeutung als Kohlenstoffsenke. Hier ist vermutlich sogar mehr Kohlenstoff gespeichert als in organischen Auflagen und Totholz (Bauhus et al. 2017). Aus klimapolitischer Sicht ist eine Vermehrung von Waldflächen sowie eine Steigerung des Biomassevolumens von Wäldern ein primäres Ziel, was allerdings teilweise im Konflikt zu anderen Ökosystemdienstleistungen steht.

Auch auf lokaler und regionaler Ebene sind Wälder von besonders hohem Wert für die Luftreinheit und das Mesoklima (Bartsch und Röhrig 2016). Wälder absorbieren aufgrund ihrer hohen spezifischen Oberfläche sehr effektiv Stäube und andere Luftschadstoffe, sie spenden Verdunstungskühle und dämpfen Abflussspitzen bei Starkregen. Insbesondere im Alpenraum haben Schutzwälder eine ausgeprägte Funktion zum Schutz vor Naturgefahren wie Muren und Lawinen. Von überragender Bedeutung sind Wälder auch als Erholungs- und Erlebnisraum. Im Kontrast zur technikdominierten menschlichen Zivilisation fördern sie körperliche und geistige Erholung und ermöglichen Naturerlebnis, ästhetisches Vergnügen und spirituelle Erfüllung.

Aus überregionalem Blickwinkel enthalten mitteleuropäische Wälder und namentlich Buchenwälder nur wenige spezifische oder gar endemische Arten (Walentowski et al. 2010, 2014). Das liegt an ihrer kurzen Entwicklungsgeschichte und der geringen Habitatkontinuität aufgrund der pleistozänen Klimafluktuationen. Nur 10 % der mitteleuropäischen Gefäßpflanzenflora zeigen eine enge Bindung an Wälder (Schmidt et al. 2011), und die Baumartendiversität ist mit nur 64 Arten extrem niedrig verglichen mit temperaten Zonen anderer Kontinente (Schulze et al. 2015). In den vergangenen 250 Jahren ist nachweislich keine einzige ausschließlich an Wälder gebundene Pflanzenart in Deutschland ausgestorben, und es finden sich – im starken Gegensatz zum Offenland – fast keine obligaten Waldarten unter den Gefäßpflanzen in der Roten Liste, sondern vornehmlich nährstofffliehende Lichtwaldarten (Ewald und Pyttel 2016). Für die Erhaltung der Biodiversität im überregionalen oder gar globalen Maßstab sind unsere Wälder daher weniger bedeutsam. Ausnahmen bilden beispielsweise Vogelarten wie Mittelspecht und Rotmilan, die in Deutschland zumindest einen Schwerpunkt ihres auf Europa konzentrierten Verbreitungsgebiets haben (Gedeon et al. 2014). Auf lokaler und regionaler Ebene leisten Wälder einen entscheidenden Beitrag zur direkt durch den Menschen erlebbaren Biodiversität der mitteleuropäischen Kulturlandschaft.

8.2 Gefährdung der Wälder

Die flächenhafte Verbreitung von Wäldern infolge Degradation und Umwandlung in Äcker und Grasland hatte um das Jahr 1800 ihren Tiefststand erreicht. Besonders gravierend waren die Waldverluste auf fruchtbaren Lehmböden sowie in klimatisch günstigen Tieflandregionen, die vielfach fast vollständig entwaldet wurden (Küster 2003). Überproportional stark betroffen waren auch Auen- und andere Feuchtwälder, die großflächig gerodet oder durch Entwässerung qualitativ stark verändert wurden (▶ Kap. 9).

Spätestens mit Einsetzen der Industrialisierung ab der Mitte des 19. Jahrhunderts hat

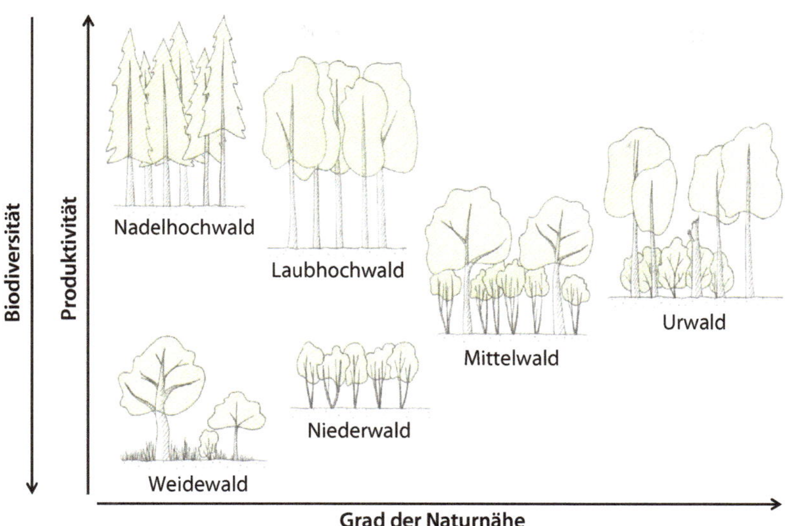

Abb. 8.6 Produktivität, Biodiversität und Naturnähe historischer Waldtypen mittlerer Standorte in Tieflagen Mitteleuropas. Insgesamt ergibt sich eine deutlich negative Korrelation zwischen Biodiversität und Produktivität. Durch regelmäßige anthropogene oder natürliche Störungen, welche die Dominanz einzelner Arten reduzieren, wird die Biodiversität in Wäldern positiv beeinflusst. (vgl. auch Wohlgemuth et al. 2002)

sich dieser Trend umgekehrt und die Waldfläche nimmt seither wieder kontinuierlich zu. Die Flächenzuwächse dürfen aber nicht darüber hinwegtäuschen, dass es sich dabei überwiegend um forstlich begründete Monokulturen aus *Picea abies* und *Pinus sylvestris* handelt (Ellenberg und Leuschner 2010, S. 809 f.). Auch in den bestehenden Wäldern war die Umwandlung in artenarme Koniferenbestände bis in die jüngere Vergangenheit eine wesentliche Gefährdungsursache für die autochthonen Laubwaldgesellschaften. Standortfremde Nadelforsten können hohe Erträge liefern, sie sind aber gefährdet durch Windwurf, Brände und Schädlingskalamitäten und weisen eine veränderte und teilweise auch deutlich geringere biologische Vielfalt auf als standortgemäße Laubwälder auf (Abb. 8.6). In Altersstadien der Nadelforste können sich aber recht artenreiche Moos- und Flechtengesellschaften entwickeln.

Erst seit ca. 30 Jahren ist eine deutliche Trendwende der Forstwirtschaft zu verzeichnen: Aufgrund der gezielten Förderung von Laubholz gehen die reinen Nadelholzbeständen bereits zurück – das zeigen die Bundeswaldinventuren (BMEL 2016). Parallel dazu ist seit den 1980er Jahren eine deutliche Entwicklung hin zu naturnäheren Methoden der Waldbewirtschaftung zu verzeichnen, wie Laufholzförderung, Verzicht auf Kahlschläge, Bevorzugung naturnaher Verjüngungsverfahren, Nichtnutzung von Totholz, längeren Umtriebszeiten sowie weitgehendem Verzicht auf Düngungsmaßnahmen und Pestizideinsatz. Ein wichtiges Thema einer naturnäheren Forstwirtschaft ist auch die Verminderung der Bodenverdichtung durch schwere Forstmaschinen bzw. deren räumliche Begrenzung auf permanente Rückegassen (Frey und Hartmann 2013). Letztere zeichnen sich häufig auch durch eine deutlich veränderte Bodenvegetation aus, in der als Zeichen von mechanischer Störung Bodenverdichtung Eutrophierungs-, Ruderalisierungs- und Feuchtezeiger dominieren (Gaertig und Green 2008).

Der Rückgang der Entnahme bei gleichzeitig steigendem Zuwachs hat insgesamt zu einer deutlichen Zunahme des Holzmassevolumens in unseren Wäldern geführt (BMEL 2016). Mitteleuropäische Wälder sind dadurch heute im Mittel biomassereicher, dunkler und kühler als noch vor 50 Jahren (Verheyen et al. 2012). Profiteure dieser Entwicklung und gleichzeitig Indikatoren der Zunahme von alten Bäumen und totem Derbholz sind unter anderem anspruchsvollere Waldarten wie der Mittelspecht, bei dem vielerorts in Mitteleuropa massive Bestandszunahmen und Arealausweitungen zu verzeichnen sind (Gedeon et al. 2014). Profitiert haben von dieser Entwicklung auch die Zersetzergemeinschaften des Totholzes, worunter sich besonders zahlreiche Käfer und Pilze befinden, die in Wirtschaftswäldern aufgrund des Mangels an Totholzstrukturen normalerweise kaum noch adäquate Existenzbedingungen finden (Paillet et al. 2010). Außerhalb von Trocken- und Feuchtstandorten zählen diese Zersetzergemeinschaften durch die enge Bindung an Totholzstrukturen zu den einzigen tatsächlich stark gefährdeten Artengruppen in unseren Wäldern. Bezeichnenderweise finden sich darunter zahlreiche thermophytischer Arten, die beispielsweise in den *Quercus*-reichen Hudewäldern der vorindustriellen Zeit teilweise weitaus günstigere Lebensbedingungen fanden (Vodka et al. 2009).

Die zunehmende Produktivität der Wälder führt zu einer Abnahme der Biodiversität (▣ Abb. 8.6). Durch die weitgehende Einstellung historischer Waldnutzungsformen wie Waldweide, Streunutzung, Mittel- und Niederwaldwirtschaft und der damit einhergehenden „Auteutrophierung“ und Verdichtung der Bestandsstrukturen finden licht- und wärmeliebende Magerkeitszeiger in Flora und Fauna kaum noch adäquate Existenzbedingungen in Wäldern. Hierzu zählen neben zahlreichen thermophytischer Stauden wie *Bupleurum longifolium*, *Campanula cervicaria* oder *Dictamnus albus* sowie Ericaceen *(Chimaphila umbellata)* und Orchideen *(Cypripedium calceolus)* auch besonders viele Schmetterlings- und Vogelarten lichter Wälder wie Maivogel (Freese et al. 2006) und Gelbringfalter (Steitberger et al. 2012) oder Auerhuhn, Wendehals und Nachtschwalbe (Gedeon et al. 2014). Die allermeisten dieser typischen Lichtwaldarten finden sich heute auf der Roten Liste wieder. Selbst für eine eigentlich typische Waldart wie den Grauspecht wird zunehmender Dichtschluss der Wälder und das weitgehende Verschwinden von Kahlschlagflächen als Rückgangursache diskutiert (Gedeon et al. 2014).

Diese Entwicklung ist umso bedenklicher, da infolge der gravierenden Strukturverarmung und Eutrophierung der Agrarlandschaft gerade die Wälder und deren Randbereiche eine zunehmende Bedeutung als Refugialräume für zahlreiche Offenlandarten gewonnen haben. Aber die Eutrophierung macht auch vor den Wäldern nicht halt. Neben landwirtschaftlichen Einträgen im Randbereich sind mitteleuropäische Wälder seit Jahrzehnten signifikanten atmosphärischen Stickstoffeinträgen ausgesetzt (Ellenberg und Leuschner 2010, S. 202). Diese führen neben einer weiteren Versauerung schwach gepufferter Substrate zum Rückgang und Verschwinden zahlreicher Magerkeitszeiger bei gleichzeitiger Ausbreitung nitrophytischer Arten (Ewald und Pyttel 2016). Dies gilt besonders für Dichtezentren der landwirtschaftlichen Tierproduktion wie im nordwestdeutschen Tiefland, wo Waldbestände in der Windfahne von Mastbetrieben vielfach flächig von nitrophytischen *Rubus*-Arten unterwandert werden, während etwa die noch in den 1950er Jahren weit verbreiteten Flechten-Kiefernwälder inzwischen fast vollständig verschwunden sind (Heinken 2008). Auch für Schäden an Laubbäumen wie Buche und Eiche durch Pathogene und Insektenkalamitäten werden inzwischen durch Stickstoffeinträge hervorgerufene Nährstoffungleichgewichte diskutiert.

Erhebliche Eutrophierungseffekte gehen auch von Kalkungsmaßnahmen in Wäldern aus, die seit den 1980er-Jahren zur Kompensation von anorganischen Säureeinträgen durchgeführt werden. Starke Säureeinträge führten in den 1980er-Jahren in den Kammlagen einiger Mittelgebirge wie dem Erzgebirge zu erheblichen Waldschäden (Ellenberg und Leuschner 2010, S. 216). Im Zuge der Kalkung wird durch eine Erhöhung des pH-Werts der Abbau organischer Auflagen stimuliert, wodurch verstärkt Nährstoffe freigesetzt und die Lebensgemeinschaften von Wäldern deutlich verändert werden, insbesondere jene oligotropher Eichen und Kiefernwälder (Reif et al. 2014). Nach einem starken Rückgang der Schwefeleinträge seit 1990 infolge des Einbaus von Filtern in Großfeuerungsanlagen, stellt heute nicht mehr die Versauerung eine Hauptgefährdung von Wäldern dar, sondern vor allem die starke Eutrophierung. Die Sinnhaftigkeit von Kalkungsmaßnahmen im Wald wird angesichts dessen zunehmend in Frage gestellt (Reif et al. 2014). Eine Verringerung weiterer Eutrophierung und zugleich Versauerung lässt sich am wirksamsten durch eine Reduktion atmosphärischer Stickstoffeinträge auf ein Niveau unterhalb der sogenannten *critical loads* für Wälder von 10–20 kg N ha^{-1} a^{-1}erreichen.

Gravierende Folgen, insbesondere für Feuchtwälder, zeitigen auch heute noch Eingriffe in den Landschaftswasserhaushalt etwa in Form von Grundwasserabsenkungen im Zuge der Trinkwassergewinnung. Als besonders gravierende Beispiele aus der jüngeren Vergangenheit sind hier das Hessische Ried in der nördlichen Oberrheinebene, der Vogelsberg und die Lüneburger Heide zu nennen. Auch von der im Zuge des Klimawandels befürchteten Verringerung der klimatischen Wasserbilanz werden Feuchtwälder besonders betroffen sein. Darüber hinaus sind als Folge des Klimawandels bezüglich der Baumartenzusammensetzung eher geringe Veränderungen zu erwarten (Hickler et al. 2012). Die prognostizierten Veränderungen liegen allesamt noch im ökologischen Valenzbereich der in Mitteleuropa vorherrschenden Laubbaumarten, Sommertrockenheit dürfte aber der in den Tieflagen standortsfremden Fichte und Tanne zusetzen.

Durch den zunehmenden ökonomischen Druck auf die inzwischen vielfach in privatwirtschaftliche Landesbetriebe umgewandelten Forstverwaltungen drohen sich die positiven Entwicklungen der vergangenen 30 Jahre in näherer Zukunft wieder umzukehren. Hinzu kommt seit ca. 10 Jahren eine Renaissance der Brennholznutzung in Pellet- oder Scheitholzanlagen, die den Wäldern wieder verstärkt Biomasse entzieht und sich ungünstig auf das Totholzaufkommen auswirkt (Pietsch 2013; Tucci 2014).

8.3 Renaturierung von Wäldern

8.3.1 Grundlagen der Renaturierung von Wäldern

Wälder können in Mitteleuropa auch ohne Zutun des Menschen durch Sukzession im Sinne einer passiven Renaturierung entstehen, z. B. in aufgelassenen Steinbrüchen (◘ Abb. 8.7a). Entsprechende vom Menschen wenig oder nicht beeinflusste Sukzessionen nehmen je nach Ausgangs- und Rahmenbedingungen aber sehr lange Zeiträume in Anspruch und sind nur in flächenmäßig stark begrenzten Vollschutzgebieten realisierbar. Die überwiegende Mehrzahl unserer Wälder wird – wie schon seit mindestens 7000 Jahren – auch in Zukunft vom Menschen genutzt werden. So prägt auch heute noch ein ressourcennutzungs- und funktionsorientiertes Leitbild die Matrix des Waldes in der modernen Kulturlandschaft, die je nach Naturraumpotential räumlich begrenzt durch Vorrangflächen des Naturschutzes wie Totalreservate, historische Waldnutzungsformen, naturnahe Waldränder und Sukzessionsflächen ergänzt wird (Kriebitsch et al. 2013). Der diesen unterschiedlichen Leitbildern innewohnende Pluralismus bedarf zur Lösung von Zielkonflikten der Verhandlung, sachlichen Konkretisierung und räumlichen Priorisierung im Rahmen eines gesellschaftlichen und planerischen Diskurses (Ewald und Pyttel 2016).

Ziele einer Renaturierung von Wäldern sind die Wiederherstellung naturnaher Zustände, der Schutz der Biologischen Vielfalt sowie die Aufrechterhaltung essentieller Ökosystemfunktionen für die menschliche Gesellschaft. Renaturierungsmaßnahmen in

Abb. 8.7 Herausforderungen der Renaturierung von Wäldern in Mitteleuropa: **a** Neuentwicklung von Birkenpionierwald in einem Steinbruch (Osnabrück), **b** Notwendigkeit des Waldumbaus standortfremder Fichtenforste (Bodanrück), **c** naturnahe Buchenwalddynamik (Steigerwald) wie sie in Totalreservaten angestrebt wird

Wäldern konzentrieren sich dementsprechend auf folgende Komplexe:

- Aktive oder passive Neuanlage von Wäldern (Abb. 8.7a);
- Aufwertung naturferner Forsten (Abb. 8.7b);
- Förderung von Schlüsselstrukturen (besonders Totholz, Biotopbäume, Altbaumbestände) im Rahmen einer naturnahen Waldbewirtschaftung (Abb. 8.7c und 8.8);
- Wiederherstellung eines adäquaten Wasserhaushalts und der Überflutungsdynamik von Feucht-, Moor- und Auenwäldern (Abb. 8.9);
- Erhaltung und Neuschaffung von Licht- und Magerwäldern durch die Förderung oder Wiedereinführung historischer Waldnutzungsformen (Abb. 8.10).

Renaturierungsmaßnahmen sind prinzipiell an allen potentiellen Standorten von Waldtypen, die als FFH-Lebensraumtypen oder auf Länderebene als geschützte Biotope ausgewiesen sind, sinnvoll und wünschenswert (Tab. 8.1). Eine besondere Notwendigkeit zur Renaturierung besteht aber zweifelsohne in Walddefiziträumen wie den naturfern bestockten Tieflandbereichen oder fruchtbaren Bördelandschaften mit intensiver landwirtschaftlicher Nutzung sowie bei allen Typen von Feucht-, Moor- und Auenwäldern. Zu ersteren zählen insbesondere Sternmieren-Eichen-Hainbuchenwälder (9160; Abb. 8.4a), alte bodensaure Eichenwälder auf Sandböden mit Stieleiche (9190; Abb. 8.3c) und subkontinentale bis pannonische Eichen-Hainbuchenwälder (91G0; Abb. 8.3b) sowie zu letzteren Erlen-Eschen- und Weichholzauenwälder (91E0; Abb. 8.4b), Hartholzauenwälder (91F0; Abb. 8.4c) und Moorwälder (91D0). Unerklärlicherweise fehlen *Alnus glutinosa*-Bruchwälder (Abb. 8.4d) auf der FFH-Lebensraumtypenliste, obwohl bei diesen ebenfalls eine gravierende Gefährdung vorliegt und akuter Renaturierungsbedarf besteht. Bei degradierten Feucht-, Moor- und Auenwäldern handelt es sich konkret um den

Abb. 8.8 Renaturierung von Forsten durch Förderung von Totholz: **a** Zunehmende Aktivität des Bibers, **b** Ringelung von Bäumen, **c** Totholzauslage

Abb. 8.9 Renaturierung von Feuchtwäldern durch den Verschluss von Gräben: **a** Einrammen einer wasserdichten Holzspundwand, **b** Abdeckung des Holzes mit Bodenmaterial (Venner Moor, südlich Münster). (Fotos: K. Wittjen)

Verschluss von Drainagegräben (Abb. 8.9), ein Anheben des Grundwasserspiegels durch Verzicht auf Trinkwasserentnahme, die Rückverlegung von Deichlinien in Auen oder die Anhebung der Sohle von Fließgewässern.

Von mitteleuropäischen Flechten-Kiefernwäldern (91T0; Abb. 8.3d) und Kiefernwäldern der sarmatischen Steppe (91U0) gibt es in Deutschland nur noch sehr kleinflächige und stark degradierte Vorkommen in Nordostdeutschland und Nordbayern bzw. in der nördlichen Oberrheinebene, deren Erhaltung und Regeneration maßgeblich von einer Wiedereinführung traditioneller Nutzungsformen wie Streurechen oder Waldweide abhängen. In ähnlicher Weise gilt dies für durch Nieder- und Mittelwaldnutzung oder Waldweide geprägte thermophytische Eichen- und

Tab. 8.1 FFH-Lebensraumtypen der Wälder in Anhang I der FFH-Richtlinie (EU 1992), * = prioritärer Lebensraumtyp

9110	Hainsimsen-Buchenwald (Luzulo-Fagetum)
9120	Atlantischer, saurer Buchenwald mit Unterholz aus Stechpalme und gelegentlich Eibe (Quercion roboripetraeae oder Ilici-Fagenion)
9130	Waldmeister-Buchenwald (Asperulo-Fagetum)
9140	Mitteleuropäischer Subalpiner Buchenwald mit Ahorn und *Rumex arifolius*
9150	Mitteleuropäischer Orchideen-Kalk-Buchenwald (Cephalanthero-Fagion)
9160	Subatlantischer oder mitteleuropäischer Stieleichenwald oder Eichen-Hainbuchenwald (Carpinion betuli; Stellario-Carpinetum)
9170	Labkraut-Eichen-Hainbuchenwald (Galio-Carpinetum)
9180*	Schlucht- und Hangmischwälder (Tilio-Acerion)
9190	Alte bodensaure Eichenwälder auf Sandebenen mit *Quercus robur*
91D0*	Moorwälder
91E0*	Auen-Wälder mit *Alnus glutinosa* und *Fraxinus excelsior* (Alno-Padion, Alnion incanae, Salicion albae)
91F0	Hartholzauewälder mit *Quercus robur, Ulmus laevis, Ulmus minor, Fraxinus excelsior* oder *Fraxinus angustifolia* (Ulmenion minoris)
91G0*	Pannonische Wälder mit *Quercus petraea* und *Carpinus betulus* (Tilio-Carpinetum)
91T0	Mitteleuropäische Flechten-Kiefernwälder
91U0	Kiefernwälder der sarmatischen Steppe
9410	Montane bis alpine bodensaure Fichtenwälder (Vaccinio-Piceetea)
9420	Alpiner Lärchen- und/oder Arvenwald

Eichen-Hainbuchenwälder des Tief- und Hügellandes (Abb. 8.3a, b) oder waldweidegeprägte Bergmisch- und Schneeheidekiefernwälder des Alpenraums.

8.3.2 Neuanlage von Wäldern und Aufwertung naturferner Forsten

Neuanlagen von Wäldern, etwa im Rahmen von Ersatz- und Ausgleichsmaßnahmen, erfolgen im Regelfall durch Pflanzung. Auch für eine Aufwertung von naturfernen Nadelholzforsten durch die Einbringung von Laubholz muss meist auf Pflanzung zurückgegriffen werden, da samenspendende Altbestände der entsprechenden Laubhölzer oft nicht in ausreichender Nähe vorhanden sind. Dies gilt in besonderem Maße für die oft sehr ausbreitungsträge *Fagus sylvatica,* weniger dagegen für die *Quercus*-Arten, deren Früchte teilweise sehr effektiv über Synchorie durch den Eichelhäher ausgebreitet werden (Stimm und Böswald 1994; Kollmann und Schill 1996). Hauptgrund für eine Pflanzung ist in der Regel, dass rasch sichtbare Ergebnisse erzielt werden sollen. Wann immer möglich sollten aber gerade auf trockenen und mageren Sekundärstandorten auch spontane Sukzessionen ohne Pflanzung zugelassen werden, die oft ein längeres Überdauern von gefährdeten Offenlandarten und Magerkeitszeigern ermöglichen (Ewald und Pyttel 2016).

Bei der konkreten Bestimmung der zu verwendenden Baumartenkombination liefern nationale (Suck et al. 2013, 2014) oder regionale Kartenübersichten und Beschreibungen zur potentiellen natürlichen Vegetation wertvolle Anhaltspunkte, z. B. Walentowski et al. (2004) für Bayern oder Hofmann und Pommer (2005) für Brandenburg. Wichtig bei der Auswahl des Pflanzgutes ist, dass auf regionale Provenienzen standortgerechter Arten zurückgegriffen wird. Die Verwendung von regional adaptiertem Saat- und Pflanzgut hat in der Forstwirtschaft eine lange Tradition, die

Beschaffung durch Saatgutbetriebe und Baumschulen sollte dementsprechend problemlos sein (BLE 2017).

In geschlossenen Nadelholzforsten sollte vor der Pflanzung eine Durchforstung zur Bestandauflichtung durchgeführt werden. Diese kann flächig oder auch in Form einzelner Lochhiebe durchgeführt werden. Bewährt hat sich eine Pflanzung der einzubringenden Laubhölzer in relativ dichten Verbänden, sogenannten Rotten. Auf Freiflächen und bei starker Auflichtung können konkurrenzstarke Schlagflurarten wie *Calamagrostis epigejos* oder *Rubus fruticosus* agg. sowie Insekten (Maikäfer) oder Mäusefraß eine Etablierung der Gehölze erheblich beeinträchtigen (Schreiner et al. 2000). Um ein völliges Scheitern der Anpflanzung zu vermeiden, sind hier oft Pflegeeingriffe und Nachpflanzungen nötig. Meist sind infolge hoher Wilddichten auch eine Zäunung oder ein individueller Verbissschutz zwingend notwendig, um ein selektives Herausfressen besonders wertvoller Arten wie *Abies alba*, *Quercus petraea* oder *Taxus baccata* oder zu verhindern. Durch ein angepasstes Wildtiermanagement mit effizienten Jagdmethoden kann ein Waldumbau besonders erfolgreich und effizient gestaltet werden.

Eine Übertragung von Arten der Krautschicht und der Waldbinnensäume wird in Mitteleuropa bei Waldneuanlagen bisher nicht vorgenommen. Dies wäre aber ein interessantes zukünftiges Vorgehen der Renaturierungsökologie, weil Waldarten sich meist nur sehr langsam (exozoochor, myrmekochor, klonal) ausbreiten. Erstaufforstungen auf Acker- und Grünlandflächen sind dementsprechend oft auch noch nach Jahrhunderten anhand des Fehlens bestimmter Arten der Waldbodenflora zu erkennen (Frenne et al. 2011). Die gilt insbesondere für extrem stark isolierte Waldneuanlagen, wie man sie beispielsweise häufig im waldarmen nordwestdeutschen Tiefland findet (Kolb und Diekmann 2005). Aus dem südlichen Mitteleuropa wurden entsprechende Phänomene bisher interessanterweise kaum beschrieben.

Bei der Neuanlage von Wäldern ist darauf zu achten, dass es sich bei den aufzuforstenden Flächen selbst nicht um naturschutzfachlich bedeutsames Offenland handelt und die räumliche Konnektivität zwischen benachbarten Offenlandökosystemen nicht beeinträchtigt wird. Ebenso sollte nach Möglichkeit eine Verkürzung von Wald-Offenland-Grenzlinien vermieden werden, vor allem wenn es sich hierbei um besonders struktur- und artenreiche, historisch alte Waldränder handelt. Bei der landschaftlichen Planung sollte aber auf die Verbindung der Wälder durch Hecken oder andere Habitatkorridore sowie auf die Entwicklung struktur- und artenreicher Waldmäntel geachtet werden (► Kap. 15).

8.3.3 Naturnahe Bewirtschaftung von Wäldern

Eine naturnahe Waldbewirtschaftung strebt – nicht zuletzt aus Kostengründen – an, den Zuständen und Prozessen von Naturwäldern möglichst nahe zu kommen. Dies lässt sich neben dem Verzicht auf Meliorationsmaßnahmen wie Entwässerung, Kalkung und Düngung und einer allgemein geringen Eingriffsintensität und -frequenz vor allem an folgenden Kriterien festmachen:

- Naturnähe der Baumartenkombination,
- hohe Bestandes- und Baumalter,
- Regeneration plenterwaldartig über Einzelbaumnutzung und Naturverjüngung,
- Reichtum an Totholzstrukturen.

Während bei den ersten drei Punkten im Zuge einer Hinwendung zum naturnahen Waldbau deutliche Fortschritte zu verzeichnen sind – wie auch die Daten der dritten Bundeswaldinventur belegen – bestehen bezüglich der Anreicherung von Totholzstrukturen im Vergleich zu Naturwäldern immer noch die größten Diskrepanzen. Dieses Problem ist einem Wirtschaftswald quasi immanent, denn dessen Bestimmung liegt ja gerade in der Nutzung der Holzbiomasse und nicht in deren Zersetzung durch Pilze und Käfer (Müller et al. 2007). Eine gezielte Anreicherung des in Wirtschaftswäldern besonders seltenen stehenden, stark dimensionierten Totholzes ist dementsprechend nur bei einem zumindest teilweisen Nutzungsverzicht möglich (◻ Abb. 8.8c), der im Privatwald in der Regel nur über entsprechende Vertragsnaturschutzprogramme zur Sicherung von Totholz und Biotopbäumen zu realisieren ist (Ewald et al. 2017).

Erst bei einem Totholzaufkommen von >20 $m^3\,ha^{-1}$ ist mit einem verstärkten Auftreten naturschutzfachlich bedeutsamer holzzersetzender Käfer und Pilze zu rechnen (Brunet et al. 2010; Gossner et al. 2013). Wichtig ist dabei, dass es sich um stark dimensioniertes Totholz (>50 cm Durchmesser) handelt, das bis zum vollständigen Zerfall im Bestand verbleibt. Durch spontane Aktivität des Bibers (◻ Abb. 8.8a) oder das Ringeln stehender Altbäume können entsprechende Totholzstrukturen auch gezielt und sehr rasch geschaffen werden (◻ Abb. 8.8b). Besonders erfolgversprechend sind solche Maßnahmen immer dann, wenn sie in der Nähe von Reliktvorkommen seltener Totholzbewohner erfolgen (◻ Abb. 8.8c). In jedem Falle ist es sinnvoller Totholzvorkommen von 20–50 $m^3\,ha^{-1}$ lokal zu konzentrieren und ein Netzwerk entsprechender Bestände auf Landschaftsebene zu etablieren, als eine gleichmäßig niedrige Totholzmenge auf der gesamten Fläche anzustreben (Müller und Bütler 2010). Noch höhere Totholzvolumina (>60 $m^3\,ha^{-1}$), wie sie aus naturschutzfachlicher Sicht wünschenswert wären, sind in Wirtschaftswäldern weitgehend unrealistisch und bleiben ungenutzten Naturwäldern in Schutzgebieten vorbehalten (Gossner et al. 2013). Von besonderer Bedeutung für zahlreiche seltene Totholzkäferarten ist stehendes besonntes Totholz, wodurch sich deutlich Synergien zwischen Totholz und sehr offenen Lichtwäldern ergeben (Seibold et al. 2016).

Entsprechende Flächen finden sich in sogenannten Bannwäldern, Naturwaldreservaten, Wildnisgebieten sowie strikten Waldnaturschutzgebieten und Nationalparks, in denen eine Holznutzung vollständig eingestellt wurde (BLE 2016). Mit Ausnahme der Nationalparks handelt es sich hierbei zumeist um Flächen von weniger als 100 ha. So sind von den 730 Naturwaldreservaten in Deutschland nur 69 größer als 100 ha und nur weitere 165 größer als 50 ha, während 496 (fast 70 %) kleiner als 50 ha sind (BMEL 2016). Bei derart bescheidenen Flächengrößen ist ein räumliches Nebeneinander verschiedener Stadien der natürlichen Walddynamik kaum zu gewährleisten. Dies gilt insbesondere für Störereignisse mit potentiell großer Flächenausdehnung und starker Intensität wie Kronenfeuer, Insektenkalamitäten und großflächige Windwürfe. Gleichwohl können Naturwaldreservate auch als inselhafte Ergänzungen des umgebenden Wirtschaftswaldes gesehen werden, in denen jene Strukturen und Mosaike realisiert sind, die im Wirtschaftswald fehlen (Ammer et al. 2017).

Aber selbst in den meisten Nationalparks ist aktuell kaum in größerem Umfang Totholz vorhanden und naturnahe Bestockungen sind dort eher die Ausnahme als die Regel. Dies gilt beispielsweise für die Nationalparks Müritz und Eifel, wo nach wie vor großflächig Kiefern- oder Fichten-Forste dominieren. Die „Urwälder von Morgen“ entstehen z. B. in der Eifel durch die Unterpflanzung von Fichtenreinbeständen mit *Fagus sylvatica*. Das heißt auch in Nationalparks, die sich eigentlich der Idee von eigendynamischer Wildnis verschrieben haben, wird versucht, Entwicklungen zu beschleunigen und in eine bestimmte Richtung zu steuern. Hier kommen bewährte Methoden des Waldbaus und der Renaturierungsökologie zum Einsatz, die allerdings von Anhängern einer freien Sukzession oftmals kritisiert werden. Auch hier zeigt sich erneut die Notwendigkeit, angesichts des Pluralismus der Leitbilder im Waldnaturschutz konsensuale Problemlösungen gesellschaftlich zu verhandeln (Kriebitsch et al. 2013).

8.3.4 Historische Waldnutzungsformen

Durch das bisherige Konzept des „naturnahen Waldbaus“ werden typische Lichtwaldarten wie etwa die Tagfalter Maivogel, Gelbringfalter und Blauäugige Waldportier sowie viele andere Tierarten nicht gefördert, sondern vielmehr massiv beeinträchtigt wie in vielen Untersuchungen belegt ist (Treiber 2004; Freese et al. 2006; Streitberger et al. 2012; Fartmann et al. 2013). Das Gleiche gilt für zahlreiche xerothermophytische Stauden, wie sie sich heute noch in den Mittelwäldern des südlichen Steigerwaldes in Mittelfranken oder der Südelsässischen Hardt finden (Treiber und Remmert 1998). Vor allem die Abkehr von größeren Kahlschlägen und Waldweide verhindert eine wiederkehrende Neuentstehung geeigneter Habitatstrukturen, die für die langfristige Erhaltung der Lichtwaldarten, darunter auch viele seltene Baumarten, zwingend erforderlich wäre. Die Sicherung der verbliebenen Vorkommen vom Aussterben bedrohter Lichtwaldarten, aber auch die für die langfristige Erhaltung der Arten in vielen Fällen notwendige deutliche Wiederausdehnung erfordert eine Ergänzung des Konzepts „naturnaher Waldbau“ durch Elemente wie Niederwald, Mittelwald, Waldweide, Streunutzung oder Kahlhieb auf geeigneten Flächen (◘ Abb. 8.10).

Die Wiedereinführung historischer Waldnutzungsformen ist häufig nur über gezielte Fördermaßnahmen zu realisieren. Im Zuge des aktuellen Brennholzbooms ergeben sich dabei für Mittel- und Niederwälder aber künftig möglicherweise auch wieder ökonomisch interessante Perspektiven (Ewald et al. 2017). Darüber hinaus bestehen erhebliche forstrechtliche Probleme etwa bei einer Wiedereinführung der Beweidung in durchgewachsenen ehemaligen Hudewäldern. Nicht zuletzt deshalb existieren diesbezüglich außerhalb des Alpenraums nur wenige Pilotprojekte wie etwa im Solling und in der Senne (Sonnenburg et al. 2003). Die Ausdehnung von Lichtwäldern sollte zunächst vorrangig im Umfeld noch vorhandener Reliktvorkommen der entsprechenden Zielarten im Bereich ehemaliger Mittel-, Nieder- und Hudewälder erfolgen. Die Wiederherstellung traditioneller Waldnutzungsformen erfordert eine enge Einbindung lokaler Nutzer und Interessengruppen, ohne die eine Umsetzung entsprechender Maßnahmen langfristig oft nicht möglich ist (Bärnthol 2003; LANUV 2007). Strukturen für Lichtwaldarten können aber auch durch die gezielte Gestaltung von Waldrändern, breiten Waldinnensäumen

◘ **Abb. 8.10** Nur in wenigen Regionen Deutschlands haben historischer Waldnutzungsformen überdauert: **a** Niederwald im Lahn-Dill-Bergland (Foto: J. Kamp), **b** Mittelwald im südlichen Steigerwald bei Bad Windsheim (Mittelfranken). Durch eine Wiederbelebung historischer Waldnutzungsformen können insbesondere seltene Lichtwaldarten gezielt gefördert werden

entlang von Waldwegen und Leitungstrassen (Beinlich et al. 2014) sowie das Zulassen von Kahlschlägen in geeigneten Lagen geschaffen werden.

8.4 Schlussfolgerungen

Die Situation der Wälder in Mitteleuropa hat sich in den vergangenen 150 Jahren hinsichtlich Flächenausdehnung, Naturnähe der Bestockung, Bestandsalter und Holzvorräte deutlich verbessert. Im Gegensatz zum Offenland zeigen viele typische Waldarten positive Bestandsentwicklungen und sind aktuell kaum gefährdet. Eine Ausnahme bilden totholzzersetzende Organismen wie Käfer und Pilze, die auch in naturnah bewirtschafteten Wäldern nicht in ausreichendem Maße die für sie notwendigen Habitatstrukturen finden. Die Aufgabe traditioneller Nutzungsformen und die fast flächendeckende Hinwendung zum als Dauerwald bewirtschafteten Hochwald haben zum Rückgang zahlreicher licht- und wärmebedürftiger Offenland- und Waldarten geführt. Dieser Entwicklung wird erst in jüngster Zeit durch die Förderung historischer Waldnutzungsformen Rechnung getragen. Die zunehmende energetische Nutzung von Holzbiomasse birgt sowohl Chancen (z. B. Wiederbelebung von Mittel- und Niederwaldwirtschaft) als auch Risiken (Abnahme der Holzbiomasse und Totholzvolumina) für den zukünftigen Naturschutzwert der Wälder. Insgesamt ergibt sich gerade für den Wald ein besonders ausgeprägter Pluralismus von teils stark gegensätzlichen Leitbildern für eine mögliche Renaturierung. Diese reichen von ausgeprägter Ressourcen- und Funktionsorientierung, über Totalreservate, spontaner Sukzession bis hin zu historischen Waldnutzungsformen mit dem Ziel der Auflichtung und Aushagerung. Zur Minimierung von Zielkonflikten bei der Renaturierung bedürfen derart divergierende Leitbilder der kontextualen Priorisierung und Einbindung in ein räumlich explizites und differenziertes Gesamtkonzept. Ideologisierung und Stilisierung zum Machtdiskurs erwiesen sich hierbei oft als wenig hilfreich.

? Fragen zur Vertiefung

- Wie haben sich die Wälder in den vergangenen 150 Jahren in Mitteleuropa entwickelt?
- Welche Waldtypen sind besonders gefährdet?
- Welche Arten profitieren von der aktuellen Zunahme des Biomassevolumens in unseren Wäldern, welche leiden eher darunter?
- Wie unterscheiden sich naturnahe Wirtschaftswälder von Urwäldern und an welchen Artengruppen wird dies besonders deutlich?
- Warum sind lichte Wälder bedeutsam für den Naturschutz und wie kann man diese erhalten und wiederherstellen?

Literatur

AEE (Agentur für Erneuerbare Energien) (2014) Holzenergie in Deutschland – Status Quo und Potenziale. Renews Spezial Sonderausgabe, Berlin

Ammer C, Schall P, Gossner MM, Heinrichs S, Boch S, Prati D, Jung K, Baumgartner V, Blaser S, Böhm S, Buscot F, Daniel R, Goldmann K, Kaiser K, Kahl T, Lange M, Müller J, Overmann J, Renner SC, Schulze ED, Sikorski J, Tschapka M, Türke M, Weisser WW, Wemheuer B, Wubet T, Fischer M (2017) Waldbewirtschaftung und Biodiversität: Vielfalt ist gefragt! AFZ/Der Wald 17(2017):20–25

Bartsch N, Röhrig R (2016) Waldökologie. Einführung für Mitteleuropa. Springer, Berlin

Bauhus J, Rock J, Spellmann H, Dieter M, Lang F, Richter K, Bolte A, Rüter S, Bösch M, Entenmann S (2017) Beiträge der Forst- und Holzwirtschaft zum Klimaschutz. AFZ/Der Wald 3(2017):10–14

Beinlich B, Gockel HA, Gawe F (2014) Mittelwald-ähnliche Waldrandgestaltung – Ökonomie und Ökologie im Einklang. ANLiegen Natur 36:61–65

BLE (Bundesanstalt für Landwirtschaft und Ernährung) (2016) Datenbank der Naturwaldreservate in Deutschland. ▶ http://www.naturwaelder.de/. Zugegriffen: 13.11.18

BLE (Bundesanstalt für Landwirtschaft und Ernährung) (2017) Forstliches Vermehrungsgut – Informationen für die Praxis. Bundesanstalt für Landwirtschaft und Ernährung, Bonn

8

BMEL (2016) Der Wald in Deutschland – Ausgewählte Ergebnisse der Dritten Bundeswaldinventur. Bundesministerium für Ernährung und Landwirtschaft, Berlin

Bränthol R (2003) Nieder- und Mittelwald in Franken. Verlag Fränkisches Freilandmuseum, Bad Windsheim

Brunet J, Fritz Ö, Richnau G (2010) Biodiversity in European beech forests – a review with recommendations for sustainable forest management. Ecol Bull 53:77–94

Ellenberg H, Leuschner C (2010) Vegetation Mitteleuropas mit den Alpen: in ökologischer, dynamischer und historischer Sicht. Ulmer, Stuttgart

EU (1992) Richtlinie 92/43/EWG des Rates vom 21. Mai 1992 zur Erhaltung der natürlichen Lebensräume sowie der wildlebenden Tiere und Pflanzen, die zuletzt durch Artikel 1 der Richtlinie 2013/17/EU des Rates vom 13. Mai 2013 geändert wurde

Ewald J, Pyttel P (2016) Leitbilder, Möglichkeiten und Grenzen der De-Eutrophierung von Wäldern in Mitteleuropa. Nat Landsch 91:210–217

Ewald J, Rothe A, Hansbauer M, Schumann C, Wilnhammer M, Schönfeld F, Wittkopf S, Zahner V (2017) Energiewende und Waldbiodiversität. BfN-Skripten 455:1–128

Fartmann T, Müller C, Poniatowski D (2013) Effects of coppicing on butterfly communities of woodlands. Biol Conserv 159:396–404

Freese A, Benes J, Bolz R, Cizek O, Dolek M, Geyer A, Gros P, Konvika M, Liegl A, Stettmer C (2006) Habitat use of the endangered butterfly *Euphydryas maturna* and forestry in Central Europe. Anim Conserv 9:388–397

Frenne P de, Baeten L, Graae BJ, Brunet J, Wulf M, Orczewska A, Kolb A, Jansen I, Jamoneau A, Jacquemyn H, Hermy M, Diekmann M, Schrijwer A de, Sanctis M de, Decocq G, Cousins SAO, Verheyen K (2011) Interregional variation in the floristic recovery of post-agricultural forests. J Ecol 99:600–609

Frey B, Hartmann M (2013) Biodiversität von Waldböden – Auswirkungen des Einsatzes von Holzerntemaschinen auf mikrobielle Gemeinschaften. Forum Wissen 2013:61–69

Gaertig T, Green K (2008) Die Waldbodenvegetation als Weiser für Bodenstrukturstörungen. AFZ/Der Wald 6(2008):300–301

Gedeon K, Grüneberg C, Mitschke A, Sudfeldt C, Eikhorst W, Fischer S, Flade M, Frick S, Geiersberger I, Koop B, Kramer M, Krüger T, Roth N, Ryslavy T, Stübing S, Sudmann SR, Steffens R, Vökler F, Witt K (2014) Atlas Deutscher Brutvogelarten. Stiftung Vogelmonitoring Deutschland und Dachverband Deutscher Avifaunisten, Münster

Giesecke T, Hickler T, Kunkel T, Sykes MT, Bradshaw RHW (2007) Towards an understanding of the Holocene distribution of *Fagus sylvatica* L. J Biogeogr 34:118–131

Gossner MM, Lachat T, Brunet J, Isacsson G, Bouget C, Brustel H, Brandl R, Weisser WW, Müller J (2013) Current "near-to-nature" forest management effects on functional trait composition of saproxylic beetles in beech forests. Conserv Biol 27:605–614

Hamberger J (2006) Mittelwald, archaische Bewirtschaftungsform und Geburtsstätte nachhaltiger Forstwirtschaft. LWF aktuell 52:1–53

Heinken T (2008) Die natürlichen Kiefernstandorte Deutschlands und ihre Gefährdung. Beitr Nordwestdtsch Forstl Versuchsanst 2:19–41

Hickler T, Vohland K, Feehan J, Miller P, Fronzek S, Giesecke T, Kühn I, Carter T, Smith B, Sykes MT (2012) Projecting tree species – based climate-driven changes in European potential natural vegetation with a generalized dynamic vegetation model. Glob Ecol Biogeogr 21:50–63

Hofmann G, Pommer U (2005) Die Potentielle Natürliche Vegetation von Brandenburg und Berlin mit Karte M 1:200 000. Eberswalder Forstliche Schriftenreihe 24:1–317

Janssens IA, Freibauer A, Ciais P, Smith P, Nabuurs GJ, Folberth G, Schlamadinger B, Hutjes RWA, Ceulemans R, Schulze ED, Valentini R, Dolman AJ (2003) Europe's terrestrial biosphere absorbs 7 to 12% of European Anthropogenic CO_2 emissions. Science 300:1538–1542

Kolb A, Diekmann M (2005) Effects of life-history traits on responses of plant species to forest fragmentation. Conserv Biol 19:929–938

Kollmann J, Schill HP (1996) Spatial patterns of dispersal, seed predation and germination during colonization of abandoned grassland by *Quercus petraea* and *Corylus avellana*. Vegetatio 125:193–205

Kriebitzsch WU, Bültmann H, Oheimb G von, Schmidt M, Thiel H, Ewald J (2013) Forest-specific diversity of vascular plants, bryophytes and lichens. In: Kraus D, Krumm F (Hrsg) Integrative approaches as an opportunity for the conservation of forest biodiversity. European Forest Institute, Freiburg i. Br., S 158–169

Küster HJ (1995) Landschaftsgeschichte Mitteleuropas. Beck, München

Küster HJ (2003) Geschichte des Waldes: von der Urzeit bis zur Gegenwart. Beck, München

LANUV (2007) Niederwälder in Nordrhein-Westfalen. Beiträge zur Ökologie, Geschichte und Erhaltung. LANUV Fachberichte 1:1–514

Luyssaert S, Ciais P, Piao SL, Schulze ED, Jung M, Zaehle S, Schelhaas MJ, Reichstein M, Churkina G, Papale D, Abril G, Beer C, Grace J, Loustau D, Matteucci G, Magnant F, Nabuurs GJ, Verbeeck H, Sulkava M, Der Werf GR van, Janssens IA and members of the Carboeurope-IP Synthesis Team (2010) The European carbon balance. Part 3: forests. Glob Change Biol 16:1429–1450

Müller J, Bütler R (2010) A review of habitat thresholds for dead wood: a baseline for management recommendations in European forests. Eur J Forest Res 129:981–992

Müller J, Hothorn T, Pretzsch H (2007) Long-term effects of logging intensity on structures, birds, saproxylic beetles and wood-inhabiting fungi in stands of European beech *Fagus sylvatica* L. For Ecol Manage 242:297–305

Paillet Y, Berges L, Hjälten J, Odor P, Avon C, Bernhardt-Römermann M, Bijlsma RJ, Bruyn L de, Fuhr M, Grandin U, Kanka R, Lundin L, Luque S, Magura T, Matesanz S, Meszaros I, Sebastia MT, Schmidt W, Standovar T, Tothmeresz B, Uotila A, Valladares F, Vellak K, Virtanen R (2010) Biodiversity differences between managed and unmanaged forests: Meta-analysis of species richness in Europe. Conserv Biol 24:101–112

Pietsch L (2013) Der Konflikt zwischen Klima- und Naturschutz bei der energetischen Verwendung von Waldrestholz. Nat Recht 35:29–32

Rackham O (2006) Woodlands. Harper Collins, London

Reif A, Schulze ED, Ewald J, Rothe A (2014) Waldkalkung – Bodenschutz contra Naturschutz? Waldökol Landsch forsch Natursch 14:5–29

Sarr D, Puettmann KJ (2008) Forest management, restoration, and designer ecosystems: Integrating strategies for a crowded planet. Ecoscience 15:17–26

Schiess H (2010) Regionales Landschaftskonzept. Unser Lebensraum: vielfältig und vernetzt. Hotspot 22:12–13

Schmidt M, Kriebitzsch WU, Ewald J (2011) Waldartenlisten der Farn- und Blütenpflanzen, Moose und Flechten Deutschlands. BfN-Skripten 299:1–111

Schreiner M, Bauer EM, Kollmann J (2000) Reducing predation of conifer seeds by clear-cutting *Rubus fruticosus* agg. in two montane forest stands. For Ecol Manage 126:281–290

Schulze ED, Aas G, Grimm GW, Gossner MM, Walentowski H, Ammer C, Kühn I, Bouriaud O, Gadow von K (2015) A review on plant diversity and forest management of European beech forests. Eur J Forest Res 135:51–67

Seibold S, Bässler C, Brandl R, Büche B, Szallies A, Thorn S, Ulyshen MD, Müller J (2016) Microclimate and habitat heterogeneity as the major drivers of beetle diversity in dead wood. J Appl Ecol 53:934–943

Sonnenburg H, Gerken B, Wagner HG, Ebersbach H (2003) Das Hutewaldprojekt im Naturpark Solling-Vogler. Ein Baustein für eine neue Ära in Naturschutz und Landschaftsentwicklung. LÖBF-Mitteilungen 4(03):36–43

Stimm B, Böswald K (1994) Die Häher im Visier. Zur Ökologie und waldbaulichen Bedeutung der Samenausbreitung durch Vögel. Forstwiss Cent bl 113:204–223

Streitberger M, Hermann G, Kraus W, Fartmann T (2012) Modern forest management and the decline of the Woodland Brown (*Lopinga achine*) in Central Europe. For Ecol Manage 269:239–248

Suck R, Bushart M, Hofmann G, Schröder L (2013) Karte der Potentiellen Natürlichen Vegetation Deutschlands, Band II Kartierungseinheiten. BfN-Skripten 349:1–305

Suck R, Bushart M, Hofmann G, Schröder L (2014) Karte der Potentiellen Natürlichen Vegetation Deutschlands, Band I Grundeinheiten. BfN-Skripten 348:1–449

Treiber R (2004) Genutzte Mittelwälder – Zentren der Artenvielfalt für Tagfalter und Widderchen im Südelsass. Nat schutz Landsch plan 35:50–63

Treiber R, Remmert G (1998) Waldgesellschaften xerothermer Standorte der elsässischen Hardt (Frankreich, Haut-Rhin). Tuexenia 18:21–50

Tucci F (2014) Der Wald im Widerstreit von Nutzungsinteressen. Forum Umwelt und Entwicklung, Berlin

Verheyen K, Baeten L, Frenne P de, Bernhardt-Römermann M, Brunet J, Cornelis J, Decocq G, Dierschke H, Eriksson O, Hedl R, Heinken T, Hermy M, Hommel P, Kirby K, Naaf T, Peterken G, Petřík P, Pfadenhauer J, Calster H van, Walther GR, Wulf M, Verstraeten G (2012) Driving factors behind the eutrophication signal in understorey plant communities of deciduous temperate forests. J Ecol 100:352–365

Vodka S, Konvicka M, Cizek L (2009) Habitat preferences of oak-feeding xylophagous beetles in a temperate woodland: implications for forest history and management. J Insect Conserv 13:553–562

Walentowski H, Ewald J, Fischer A, Kölling C, Türk W (2004) Handbuch der natürlichen Waldgesellschaften Bayerns. Verlag Geobotanica, Freising

Walentowski H, Bußler H, Bergmeier E, Blaschke M, Finkeldey R, Gossner MM, Litt T, Müller-Kroehling S, Philippi G, Popp VV, Reif A, Schulze ED, Strätz C, Wirth V (2010) Sind die deutschen Waldnaturschutzgebiete adäquat für die Erhaltung der buchenwaldtypischen Flora und Fauna? Eine kritische Bewertung basierend auf der Herkunft der Waldarten des mitteleuropäischen Tief- und Hügellandes. Forstarchiv 71:95–117

Walentowski H, Müller-Kroehling S, Bergmeier E, Bernhardt-Römermann M, Gossner MM, Reif A, Schulze ED, Bußler H, Strätz C, Adelmann W (2014) *Fagus sylvatica* forests and their faunal diversity: a regional and European perspective. Ann For Res 57:215–231

Wellbrock N, Bolte A, Flessa H (2016) Dynamik und räumliche Muster forstlicher Standorte in Deutschland: Ergebnisse der Bodenzustandserhebung im Wald 2006 bis 2008. Thünen Institut, Braunschweig

Wohlgemuth T, Bürgi M, Scheidegger C, Schütz M (2002) Dominance reduction of species through disturbance – a proposed management principle for central European forests. For Ecol Manage 166:1–15

8

Fließgewässer

Johannes Kollmann

© Springer-Verlag GmbH Deutschland, ein Teil von Springer Nature 2019
J. Kollmann et al., *Renaturierungsökologie*, https://doi.org/10.1007/978-3-662-54913-1_9

Zusammenfassung

Fließgewässer und ihre Auen haben eine große Lebensraumvielfalt aufgrund deutlicher ökologischer Gradienten im Flussverlauf und im Querprofil, verursacht durch Unterschiede der Wasser- und Sedimentdynamik. Fließgewässer gehören zu den am stärksten veränderten Ökosystemen Mitteleuropas. Bis auf einige Oberläufe und wenige Abschnitte der Mittel- und Unterläufe sind sie in den vergangenen 200 Jahren weitgehend umgestaltet worden. Wasserwirtschaftlicher Ausbau, Verschmutzung, Fragmentierung und Zerstörung von Habitaten sowie invasive Neophyten und Neozoen haben die Ökosystemprozesse und Lebensgemeinschaften zum Teil irreversibel beeinflusst. Zur Erfüllung der Wasserrahmenrichtlinie der EU sowie für eine Verbesserung des Hochwasserschutzes werden an vielen Flüssen Mitteleuropas Renaturierungsmaßnahmen durchgeführt. Dazu gehören Rückverlegung von Deichen, Verbesserung der Durchgängigkeit von Querbauwerken, Erhöhung von Restwassermengen und Kieszugaben. Dadurch werden manche Ökosystemfunktionen der Fließgewässer wiederhergestellt und einige charakteristische Arten siedeln sich wieder an. Eine weitgehende Renaturierung der ursprünglichen Fluss- und Auendynamik ist aber aus Gründen der veränderten Landnutzung im Bereich der ehemaligen Aue und im Einzugsgebiet meist nicht mehr möglich.

9.1 Grundlagen der Fließgewässerökologie

Natürliche Flüsse haben eine besondere Ökosystemdynamik, und naturnahe Auenlandschaften gehören zu den vielfältigsten und naturschutzfachlich wertvollsten Lebensräumen Mitteleuropas mit zahlreichen seltenen Arten (Tockner et al. 2008). Die Ökosysteme der Fließgewässer und Flussauen haben azonalen Charakter, da sie stärker durch ihre charakteristischen Standortfaktoren infolge regelmäßiger Überflutungen als durch die regionalen geologischen und klimatischen Verhältnisse geprägt sind (Ellenberg und Leuschner 2010, S. 83). Erhebliche Standortunterschiede können in Flussauen aber auf verschiedenen räumlichen Skalen auftreten und bedingen damit eine hohe biologische Vielfalt (Ward et al. 1999). Da Auen eine ausgeprägte zeitlich-räumliche Variabilität von Stress und Störung sowie eine hohe strukturelle Vielfalt aufweisen, beherbergen sie für mitteleuropäische Verhältnisse ungewöhnlich viele Insekten-, Vogel-, Baum- und Straucharten (Ward und Tockner 2001; Schnitzler et al. 2007; Karpowicz 2017).

9.1.1 Abfluss- und Feststoffdynamik der Fließgewässer

Das Abflussgeschehen der Fließgewässer wird bestimmt durch ein Zusammenwirken von Niederschlag, Evapotranspiration, Oberflächenabfluss, Versickerung und Grundwasserdynamik des Einzugsgebiets. Man unterscheidet regen-, schnee- und gletscherbedingte Abflussregime (Tockner et al. 2008). Ozeanische Tieflandflüsse (Weser und Ems) weisen Winterhochwasser auf, während kontinentale Tieflandflüsse (Weichsel und Pregel) Frühjahrsmaxima zur Zeit der Schneeschmelze entwickeln. Flüsse mit starkem Hochgebirgseinfluss (Donau und Rhein) führen Hochwasser im Frühsommer, wenn die Schneeschmelze der Gebirge und starke Niederschläge zusammentreffen. Gletscherflüsse (Inn) haben Abflussmaxima im Hochsommer und Minima im Winter; im Sommer tritt bei diesen Flüssen am frühen Nachmittag ein maximaler Abfluss auf. Submediterrane Flüsse (Unterlauf der Rhone) zeigen dagegen im Winter Abflussspitzen und im Herbst Minima.

Besonders wichtige Kenngrößen für die Lebewelt und Ökosystemprozesse der Flüsse sind das Niedrig- und Mittelwasser, der bordvolle Abfluss und das Hochwasser sowie die damit verbundene Feststoffdynamik (Egger et al. 2009, S. 55).

Bei Niedrigwasser kann es in Teilen der Aue zu Wassermangel, starker Erwärmung und dadurch Sauerstoffschwund in den Restgewässern kommen, oft auch zu zeitweiser Fragmentierung des Fließgewässers. Das kann für Wasserpflanzen, Makrozoobenthos und Fischlaich ungünstige Zustände erzeugen, für andere aquatische Arten aber positiv sein. Umgekehrt stehen bei Niedrigwasser temporäre Habitate wie etwa Schlammbänke, die normalerweise von Wasser bedeckt sind, für eine terrestrische Besiedlung zur Verfügung. Dort entwickeln sich aus der Samenbank üppige Schlammlingsfluren (z. B. Krumbiegel et al. 2002).

Das Mittelwasser wird als das ökologische Fundament der Flussaue beschrieben, denn es bestimmt den mittleren Grundwasserstand im Boden, was sich je nach phänologischer Einnischung der Arten unterschiedlich auswirkt. Für die meisten Arten ist die Situation im Sommer entscheidend, und in der Regel kommt daher im Bereich zwischen der sommerlichen Mittelwasser- und der winterlichen Niedrigwasserlinie keine Vegetation vor, während sich oberhalb der Mittelwasserlinie Röhricht ansiedelt (◘ Abb. 9.1).

Als bordvoller Abfluss wird der Wasserstand bezeichnet, bei dem man gerade noch nicht von einer Überflutung sprechen kann, der sich also bis zu beiden Böschungsoberkanten erstreckt (Egger et al. 2009, S. 57). Er tritt alle 1–2 Jahre auf und sorgt für mehr Erosion und Sedimentation als das Mittelwasser. Die Pionierarten der Aue sind von diesem Wasserstand abhängig.

Bei Hochwasser gestalten hoher Wasserstand und starke Strömung die gesamte Aue um. Dabei kann es zu massiver Zerstörung von Vegetation, zur Verlagerung des Flussbetts sowie zur Neubildung von Sand- und Kiesbänken kommen. Der Transport von Sedimenten, Nährstoffen und Ausbreitungseinheiten bestimmt die Längs- und Querdynamik der Aue. Die Weichholzaue kommt dort vor, wo Hochwasser alle 2–10 Jahre auftreten; darüber liegt der Bereich der Hartholzaue. Sommerhochwasser wirken sich besonders negativ auf auenfremde Vegetation und Tiergemeinschaften aus, während Auenspezialisten solche Hochwasser benötigen, um die Konkurrenz anderer Arten zu vermeiden (Ellenberg und Leuschner 2010, S. 463 f.). Für die Lebensgemeinschaften der Aue sind die Spanne zwischen Niedrig- und Hochwasser, die Frequenz und der Zeitpunkt der Überflutungen sowie flussbettbildende Prozesse entscheidend. Aktuell auch bei höchstem Hochwasser nicht mehr überflutete Bereiche werden als „fossile Aue" bezeichnet (Müller 1995).

Die Ökologie der Fließgewässer und Flussauen lässt sich durch zwei grundlegende Konzepte beschreiben: Das *River Continuum Concept* wurde von Vannote et al. (1980) formuliert und besagt, dass die Längsdurchgängigkeit der Flüsse und die damit verbundenen Gradienten eine besonders hohe Bedeutung haben, vor allem für Hochwasserwellen, Sediment- und Nährstofftransport sowie Wanderfische. Dies bedingt eine kontinuierliche Veränderung der Standortverhältnisse und Biozönosen im Längsverlauf eines Fließgewässers. Junk et al. (1989) erweiterte diese Beschreibung als *Flood Pulse Concept* auf die seitlichen Interaktionen der Flüsse mit ihrer Aue, z. B. durch Überflutungsdynamik. Auch hier spielen Stofftransport und Ausbreitung von Organismen eine große Rolle für die Funktionsfähigkeit des Flusses und seiner angrenzenden Ökosysteme, also ihre Primärproduktion, die darauf aufbauenden Nahrungsnetze und den Abbau toter Biomasse. So fördert der Überflutungspuls des Hochwassers das Ablaichen und Schlüpfen einiger Tierarten sowie die Ausbreitung und Etablierung vieler Pflanzenarten. Natürliche Fließgewässer stehen außerdem mit dem Grundwasser im Austausch: Kies- und Sandbänke werden durchströmt, und auch mit dem unmittelbaren Gewässeruntergrund gibt es Wechselwirkungen (Findlay 1995). Die obersten Schichten des Flussbetts werden „hyporheisches Interstitial" genannt. Dieses Lückensystem mit einer enormen Oberfläche dient als Rückzugsort für das Makrozoobenthos bei Hochwasser, bei Austrocknung oder extremen Temperaturen.

9

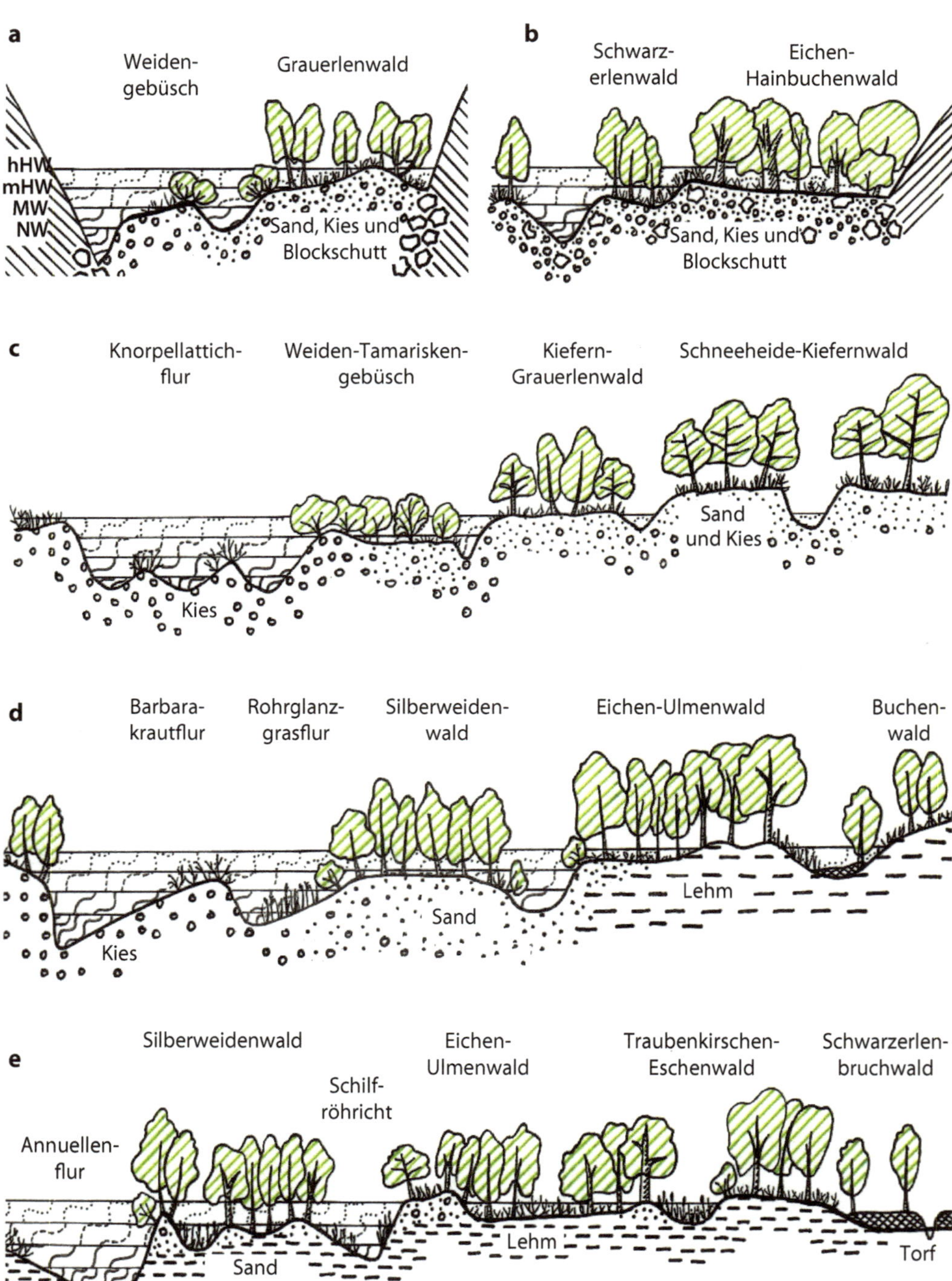

Abb. 9.1 Querschnitt durch fünf Typen mitteleuropäischer Flussauen mit unterschiedlichen hydrogeomorphologischen Verhältnissen und der daraus resultierenden Vegetationsabfolge (nach Pfadenhauer 1997): **a** Quelllauf eines Alpenflusses, **b** Ober- und Mittellauf eines Bachs der Mittelgebirge, **c** Oberlauf und **d** Mittellauf eines Alpenflusses, **e** Unterlauf eines mitteleuropäischen Tieflandflusses. Wasserstand: hHW = höchstes Hochwasser, mHW = mittleres Hochwasser, MW = Mittelwasser, NW = Niedrigwasser

9.1.2 Längsgliederung von Flussauen

Fließgewässer werden in aufsteigender Größe als Rinnsal, Bach, Fluss oder Strom bezeichnet, wobei die genaue Abgrenzung schwierig ist (Schönborn und Risse-Buhl 2013, S. 67). Fließgewässer haben zudem eine charakteristische Längsgliederung, die als hydrogeomorphologische Typen der Quelle, des Quell-, Ober-, Mittel-, Unter- und Mündungslaufs beschrieben werden (Schönborn und Risse-Buhl 2013, S. 106 f.). In jedem Bereich gibt es charakteristische Ausprägungen der aquatischen Standortfaktoren und Biozönosen. So werden fünf Fischregionen unterschieden: Forellen-, Äschen-, Barben-, Brachsen- sowie Kaulbarsch-Flunder-Region. Die Wasserrahmenrichtlinie (WRRL) verwendet die Begriffe Krenal, Rhitral und Potamal, die auch für das Verständnis von Fließgewässern hilfreich sind und eigene Lebensgemeinschaften haben.

Im Längsverlauf der Fließgewässer beobachtet man die folgenden Veränderungen: Die Abnahme des Gefälles verlangsamt die Fließgeschwindigkeit, reduziert Turbulenzen, vermindert die Sauerstoffkonzentration des Wassers und die Korngröße der Sedimente. Gleichzeitig kommt es zu einer Zunahme der Abflussmenge, der durchschnittlichen Gewässertiefe und Sommertemperatur, der Nährstoffkonzentration und Produktivität sowie deren tages- und jahreszeitlichen Variation. So ist beispielsweise der Sauerstoffgehalt von Fließgewässern wegen der Photosynthese der Makrophyten, also der mit bloßem Auge sichtbaren Wasserpflanzen, am Nachmittag am höchsten, in den frühen Morgenstunden am geringsten und bei Beschattung durch angrenzenden Auwald reduziert (Schönborn und Risse-Buhl 2013, S. 167 f.). Benthische Algen entwickeln sich in Fließgewässern im Frühjahr, Makrophyten eher im Hoch- und Spätsommer. Diese phänologischen Abfolgen können auch als alternative stabile Zustände von Fließgewässern verstanden werden (Beisner et al. 2003). Die daraus resultierenden ökologischen Unterschiede werden vor allem durch eine Kombination von Nährstoff- und Lichtbegrenzung bestimmt. Zentral für die Veränderungen im Längsverlauf eines Fließgewässers ist nach dem *River Continuum Concept* das Verhältnis von Primärproduktion (P) zu Respiration (R): Im Oberlauf ist $P < R$, im Mittellauf $P > R$ und im Unterlauf wieder $P < R$. Im Oberlauf überwiegt der Eintrag organischer Substanz aus den angrenzenden Ökosystemen, im Unterlauf die Eigenproduktion des Flusses (Vannote et al. 1980).

Als Ursprung der Fließgewässer sind drei Typen von Quellen zu unterscheiden (Schönborn und Risse-Buhl 2013, S. 48): die Sturzquelle (Rheokren), wo das Grundwasser aus einer kleinen Öffnung am Hang ausströmt. Meist ist dieser Typ wegen des stark strömenden, kalten und nährstoffarmen Wassers vegetationsfrei oder weist nur spezialisierte Moosgesellschaften auf. Sumpfquellen (Helokren) haben einen diffusen, über größere Flächen verteilten Wasseraustritt mit sandig-grusigem oder torfigem Substrat, auf dem eine spezielle Sumpfvegetation wächst, ohne dass es zur Bildung einer freien Wasserfläche kommt. Bei Tümpelquellen (Limnokren) liegt der Quellaustritt in einer Senke, die vom hervortretenden Grundwasser gefüllt wird und wegen der Wasser- und Sedimentbewegung oft nur wenig Vegetation zulässt. Die weitere Typisierung von Quellen richtet sich nach ihrer Schüttmenge und Wasserchemie. Die Vegetation kalkreicher Quellen weist Kalktuff-Moose auf, wie *Cratoneuron commutatum*, und Kalk-Kleinseggenriede (unter anderem mit *Carex davalliana*), die der kalkarmen Quellen zeichnen sich durch azidophytische Moose aus (*Philonotis fontana* u. a.). Der anschließende Quelllauf führt im Gebirge oft durch Kerbtäler, kann aber bei geringem Gefälle im Tiefland kleine Mäander aufweisen. Die Aue der Alpenflüsse ist in diesem Flussabschnitt meist schmal, mit einer Abfolge von alpinen Staudenfluren, Strauchweiden-Gebüschen und Grauerlenwäldern auf überwiegend groben Sedimenten (◘ Abb. 9.1a). *Alnus incana* hat eine Symbiose mit Actinomyceten, also N_2-fixierenden

Bakterien, die eine Stickstoffanreicherung der Auen bewirken.

Der Oberlauf (Forellen-Region) hat im Gebirge einen gestreckten Lauf und liegt in einem Tal mit V-förmigem Querprofil (z. B. Lech in Österreich; Müller und Schmidt 1991); von Gletschern ausgeformte Täler haben ein U-Querprofil. An Moränenablagerungen oder Felswänden kann es zu scharfen Richtungsänderungen des Flusslaufs kommen. Im Oberlauf gibt es mehr Erosion als Sedimentation, und alpine Wildflusslandschaften weisen daher Rohböden mit hohem Skelett- und geringem Feinbodenanteil auf. Die Habitate des Oberlaufs sind nährstoffarm und starker mechanischer Beanspruchung ausgesetzt (◘ Abb. 9.1a, c). Die entsprechenden Arten sind anspruchslose Pioniergehölze, die mechanisch widerstandsfähig und überschwemmungstolerant sind und viele Samen produzieren, die mit dem Wind oder Wasser ausgebreitet werden. Im Strömungsschatten von Felsblöcken oder Totholz können sich Moose und Makrophyten ansiedeln. Im aktivsten Teil der Aue überwiegen grobes Gesteinsmaterial, Schwemmholz, vegetationslose Kiesinseln sowie Inseln mit Weiden-Tamarisken-Gebüsch *(Myricaria germanica, Salix eleagnos)* und Alpenschwemmlingen subalpiner Schuttfluren, wie *Dryas octopetala*, *Gypsophila repens* und *Petasites paradoxus*. Auwälder sind als relativ schmales Band ausgebildet, oft dominiert von *Alnus incana*, auf das mit zunehmendem Abstand zum Fluss Schneeheide-Kiefernwälder in der fossilen Aue folgen (Müller 1995). Im Mittelgebirge kommen andere Vegetationstypen vor: Hier gibt es weniger vegetationsfreie Bereiche, dafür gewässernah eine blütenreiche Hochstaudengesellschaft, gefolgt von einer Weichholzaue aus *Alnus glutinosa* und einer schmalen Hartholzaue mit *Quercus robur* (◘ Abb. 9.1b). Im Oberlauf (Forellen-Region) treten viele rheophile und kaltstenotherme Tierarten am Gewässergrund auf. Stoffeintrag, z. B. durch Laub der flussbegleitenden Wälder ist wichtig für die Nahrungsketten. Das Periphyton, also der Aufwuchs von Algen und Moosen auf Steinen und Holz, macht hier einen großen Teil der Primärproduktion aus. Das Makrozoobenthos wird geprägt von zerkleinernden, sammelnden und räuberischen Tierarten (Vannote et al. 1980).

Im Mittellauf (Äschen- und Barben-Region) spaltet sich der Fluss nach Verlassen des Gebirges in viele Arme auf, mit jährlich neu entstehenden Kies- und Sandinseln und nicht klar abgegrenzten Ufern aufgrund des teilweise sehr flachen Reliefs und der häufigen Umlagerungen (Furkationszone). Als Übergangstypen zum mäandrierenden Unterlauf treten gewundene und pendelnde Teilbereiche mit ersten Makrophyten im Gewässer auf, oft in Altarmen. Makrophyten sind sonst eher typisch für kleine Fließgewässer. Die Inseln des Mittellaufs sind bestanden von Rohbodenspezialisten *(Barbarea vulgaris)*, gefolgt von Röhricht mit *Phalaris arundinacea* sowie Strauchweiden, unter anderem *Salix triandra* (◘ Abb. 9.1d). Dieser Flussabschnitt entwickelt ausgedehnte Auwälder der Weichholzaue *(Salix alba, Alnus incana)* und Hartholzaue *(Fraxinus excelsior, Ulmus laevis)*. Dieser vor allem alpennah ehemals häufige Auentyp war in der Naturlandschaft viele hundert Meter breit und ist heute durch Siedlungen, land- und forstwirtschaftliche Nutzung stark eingeschränkt. Ein recht gut erhaltenes Beispiel ist der Mittellauf des Tagliamento in Nordostitalien (Kollmann et al. 1999). In unbeeinflusster Form entspricht der Mittelauf der Alpenflüsse allerdings eher ◘ Abb. 9.1c, denn erst durch den Wasserbau wurden Umlagerungen verhindert und nur noch Überschwemmungen zugelassen (Müller 1995).

Der Unterlauf ist die Mäanderzone (Brachsen-Region) mit einem Gefälle unter 0,3 ‰, entsprechend geringer Fließgeschwindigkeit und Ablagerung von feinkörnigem Sediment (◘ Abb. 9.1e). Hier sind Sommerhochwasser selten, und historisch gab es z. B. in der nördlichen Oberrheinebene viele Flussschleifen (◘ Abb. 9.2), schwach durchströmte

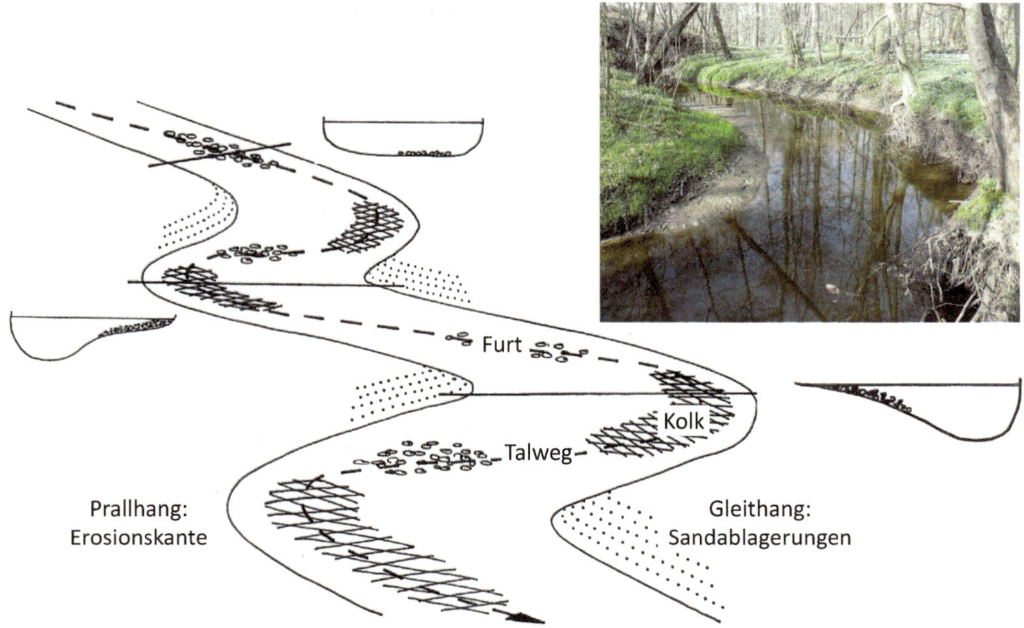

Abb. 9.2 Hydrogeomorphologische Eigenschaften einer Mäanderstrecke mit Gleit- und Prallhang, Stromschnellen des gestreckten Laufs und Kolken sowie den entsprechenden Querprofilen. Foto oben rechts: der naturnahe Lachsbach bei Neustadt in Holstein als Beispiel eines Waldgewässers

Altwasserarme und ausgedehnte Auwälder – insgesamt also sehr vielfältige Lebensräume, unter anderem für Beutelmeise, Pirol, Biber, verschiedene Amphibien und Wasserpflanzen (Abb. 9.3). Niederterrassen und Hochufer weisen auf ältere Wasserstände der Kaltzeiten hin, als die Flüsse eine größere Breite hatten. Diese Reste ehemaliger Talböden bilden heute das zumeist fruchtbare Ackerland längs der großen Flüsse. Im Unterlauf dominieren die Sammler und Filtrierer des Makrozoobenthos (Vannote et al. 1980). Die Auenvegetation ist in diesem Bereich sehr gut nährstoffversorgt, was sich an ungewöhnlich großen Individuen von Nährstoff- und Störungszeigern zeigt, z. B. *Arctium lappa* und *Urtica dioica*. Die Aue des Unterlaufs ist das natürliche Habitat vieler Ruderalpflanzen und einiger Ackerwildkräuter. Wegen gelegentlicher Störung des Waldes und guter Ressourcenversorgung sind Auwälder reich an krautigen und holzigen Lianen, z. B. *Clematis vitalba*, *Humulus lupulus* und *Vitis vinifera* (▶ vgl. Kasten 15.1). An Gleithängen gibt es sommerlich trockenfallende Schlammbänke mit Therophyten-Fluren aus *Bidens*-, *Chenopodium*-, *Polygonum*- und *Rumex*-Arten (Ellenberg und Leuschner 2010, S. 1059 f.).

Im Mündungslauf (Kaulbarsch-Flunder-Region) werden Schluffe und Tone abgelagert (Sedimentationszone). Je nach Küstenform, Sedimentversorgung und Gezeitenhub kommt es zur Ausbildung eines Deltas (Donau, Rhone) oder einer Trichtermündung (Elbe, Weser). Auwälder finden sich hier nur als Weichholzauen mit vorgelagertem Röhricht, und annuelle Arten sind selten (Ellenberg und Leuschner 2010, S. 509 f.). Küstennah treten Brackwassermarschen auf, die den Übergang zum Wattenmeer bilden, z. B. mit *Bolboschoenus maritimus und Schoenoplectus tabernaemontani* (s. ▶ Kap. 12).

Abb. 9.3 Typische Pflanzenarten der Fließgewässer und ihrer Auen: In kalkarmen Quellfluren **a** *Saxifraga stellaris*, im Mittellauf **b** *Berula erecta*, im Unterlauf **c** *Nuphar lutea* und im Ästuar **d** *Ranunculus baudotii*; als Alpenschwemmling der Schotteraue **e** *Campanula cochleariifolia* neben **f** *Myricaria germanica*; im Unterlauf **g** *Calystegia sepium* und in der Weichholzaue **h** *Populus nigra* und **i** *Salix fragilis* sowie **j** *Ulmus minor* in der Hartholzaue

9.1.3 Quergliederung von Flussauen

Die Quergliederung der Flussauen beruht auf Unterschieden der Überschwemmungshöhe und -frequenz, der Erosion und Sedimentation sowie Durchgängigkeit der Sedimente (◘ Abb. 9.1). Diese Hauptfaktoren einer Zonierung nehmen mit Abstand zum Fluss ab (Egger et al. 2009). In unmittelbarer Nähe der Gerinne gibt es vegetationslose Kies- und Sandbänke. Darauf folgen kurzlebige Pionierfluren und bei etwas geringerer Störung krautige mehrjährige Vegetation (Flussröhrichte). Darauf folgt Weidengebüsch *(Salix eleagnos, S. purpurea)*, oft als Mantel der Weichholzaue.

Die Weichholzaue des Mittel- und Unterlaufs besteht überwiegend aus Baumweiden *(Salix alba, S. fragilis)* und Pappeln *(Populus nigra)*. Diese Gehölzarten haben ausgesprochenen Pioniercharakter, siedeln sich schnell auf Rohsubstrat der Flüsse an und werden nicht sehr alt. Sie widerstehen der Hochwassereinwirkung durch ein leichtes, weiches Holz, flexible Äste, längliche Blätter, reißfeste Wurzeln und luftgefüllte Interzellularräume, die bei Überstauung über Lentizellen in der Borke des Stamms mit Luft versorgt werden. Die Gehölze der Weichholzaue können daher mehrere Monate unter Wasser stehen (◘ Tab. 9.1) und entwickeln bei Überschüttung mit Sediment Adventivwurzeln. Ihre vegetative Ausbreitung bei Hochwasser ist aufgrund hoher Regenerationsfähigkeit von Bruchstücken oder ganzer Pflanzen möglich. Die kleinen und sehr kurzlebigen Samen (rund 0,1 mg) sind behaart und werden mit dem Wind weiträumig ausgebreitet. Auf trockenfallenden Kies-, Sand- oder Schlammbänken entwickeln sich nach Hochwasser dichte Keimlingsrasen der Weiden und Pappeln (Karrenberg et al. 2002). Die Arten besiedeln Rohböden mit wenig organischem Material, das durch Einträge aus Überflutungen zum Teil aber nährstoffreich sein kann. Die Weichholzaue hat eine kaum ausgeprägte Strauchschicht, unter anderem von *Prunus padus*, und zeichnet sich überschwemmungsbedingt durch das Fehlen typischer Waldbodenpflanzen aus. Da die Bestände relativ licht sind, kann sich eine Krautschicht konkurrenzstarker Nitrophyten entwickeln *(Poa trivialis, Urtica dioica)*.

Die Hartholzaue kommt oberhalb der mittleren Hochwasserlinie vor, und wird daher unter natürlichen Bedingungen nur bei Spitzenhochwasser überflutet (Ellenberg und Leuschner 2010, S. 448 f.). Die entsprechenden Arten sind daher deutlich weniger überflutungstolerant (◘ Tab. 9.1). Wegen der geringeren Strömungsgeschwindigkeit werden überwiegend schluffig-tonige Sedimente abgelagert, allerdings so selten, dass eine Bodenentwicklung möglich ist. Die Pionierarten der Weichholzaue

◘ Tab. 9.1 Unterschiedliche Überflutungstoleranz mitteleuropäischer Gehölze (nach Ellenberg und Leuschner 2010). Jungpflanzen sind empfindlicher als Altbäume, Hochwasser im Sommer ist ungünstiger als im Winter, und stehendes Wasser ist schwieriger zu ertragen als fließendes

Baumarten	Überflutungsdauer (Tage, Jahresmittel)	Überflutungshöhe (m)
Salix alba	100–190	4,8
Populus nigra	90–110	2,8
Quercus robur	97–113	2,2
Fraxinus excelsior	30–40	1,7
Carpinus betulus	4–39	1,8
Tilia cordata	4	1,8
Fagus sylvatica	<20	1,4

sind hier nicht mehr konkurrenzfähig und werden flussnah durch einen Eschen-Wald, flussfern durch Eichen-Ulmen-Wälder ersetzt (■ Abb. 9.1e). Typische Gehölzarten sind *Quercus robur, Ulmus minor, U. laevis, Fraxinus excelsior, Prunus padus, Corylus avellana, Euonymus europaeus* und *Sambucus nigra*. Arten der terrestrischen (zonalen) Vegetation, wie *Fagus sylvatica* und *Tilia cordata*, sind kaum überflutungstolerant und fehlen deshalb. Die Bodenvegetation besteht aus Auwaldarten und feuchtigkeitstoleranten Pflanzen terrestrischer Laubwälder, unter anderem Geophyten *(Anemone ranunculoides, Scilla bifolia)*. Bestimmte Arten können aus standörtlichen Gründen oder wegen ihrer Ausbreitung eine enge Bindung an Flusssysteme haben und werden daher als Stromtal-Arten bezeichnet *(Euphorbia palustris, Senecio sarracenicus)*. Anschließend an die Hartholzaue treten Randmulden auf, die durch am Talrand austretendes Grundwasser versorgt werden und in denen Bruchwälder mit *Alnus glutinosa* bei lokaler Vermoorung wachsen (■ Abb. 9.1d, e).

9

9.1.4 Wasserpflanzen der Fließgewässer

Bei starker Strömung dominieren in Fließgewässern ausläufertreibende Arten mit zugfestem Spross und starkem Zentralgewebe (Barrat-Segretain 1996). Bei mäßiger Strömung und starken Schwankungen des Wasserstands laufen z. B. im Wechselwasserbereich des Mittellaufs Annuelle aus der Samenbank auf. Bei schwacher Strömung findet sich im Unterlauf eine Schwimmblattvegetation mit anschließendem Röhricht und Hochstauden, die in ähnlicher Form an Seeufern vorkommt (► Kap. 10).

Manche Wasserpflanzen, wie z. B. *Ranunculus aquatilis*, haben zwei Typen von Blättern: Schwimmblätter mit Aerenchym, wachsiger Cuticula und Spaltöffnungen auf der Blattoberseite, sowie Unterwasserblätter mit Chloroplasten direkt in der Epidermis und oft ohne Cuticula. Das Fehlen der Cuticula ermöglicht die direkte Aufnahme von CO_2, HCO_3^- und Nährsalzen aus dem Wasser, während die Wurzeln oft nur der Verankerung im Gewässerboden dienen (Ellenberg und Leuschner 2010, S. 519 f.). Beim Abreißen von Pflanzenteilen durch die Strömung des Fließgewässers kommt es bei den meisten Wasserpflanzen zu vegetativer Vermehrung und Ausbreitung. Viele Uferpflanzen können einen stark abweichenden Habitus annehmen, wenn sie unter Wasser wachsen. So entwickelt *Sagittaria sagittifolia* dann statt der pfeilförmigen Blätter rein linealische.

Außer dem Phytoplankton und dem Periphyton wird die Makrophytenvegetation (■ Abb. 9.3) als Indikator der Nährstoffversorgung von Gewässern verwendet (z. B. Melzer 1993), besonders bei geringer bis mittlerer Fließgeschwindigkeit, weil dann die Artenzusammensetzung vor allem von der Nährstoffversorgung abhängt. Unbelastete kalk-oligotrophe Fließgewässer weisen beispielsweise *Chara aspera, Nasturtium officinale* und *Potamogeton coloratus* auf, während in sauer-oligotrophen Fließgewässern *Myriophyllum alterniflorum* und *Potamogeton filiformis* vorkommen. In schwach belasteten Gewässern wachsen *Berula erecta, Groenlandia densa* und *Potamogeton natans*, in mäßig bis stark belasteten dagegen *Callitriche obtusangula, Potamogeton crispus* und *Ranunculus fluitans* (Kohler und Schneider 2003). Auch die sogenannten Helophyten der Ufervegetation können als Indikatoren für den ökologischen Zustand von Fließgewässern verwendet werden (Fabris et al. 2009).

9.2 Anthropogene Eingriffe in Fließgewässer

9.2.1 Veränderungen der Abfluss- und Feststoffdynamik

Fast alle großen Flusssysteme Mitteleuropas wurden in den vergangenen Jahrhunderten durch menschliche Aktivitäten stark verändert. Die Hauptfaktoren der Beeinträchtigung natürlicher Fließgewässer sind wasserbauliche Maßnahmen für Hochwasserschutz und Kraftwerke, Fragmentierung durch Habitatdegradation und -zerstörung auch der angrenzenden Auwälder, Wasserverschmutzung, Übernutzung (z. B. der Fischbestände) sowie invasive Neophyten und Neozoen (Geist 2011). Als weitere Probleme kommen Landnutzungsänderungen im Einzugsgebiet der Flüsse und der Klimawandel hinzu; für einen Überblick siehe EEA (2010), historische Beispiele in Poschlod (2015, S. 126).

Die Entwaldung des Einzugsgebiets vieler Flüsse hat schon früh zur Hangerosion vor allem der Gebirge und infolgedessen meterdicken Lehmablagerungen in den Auen der Tieflagen geführt (Müller 1995). Zu solchen Ablagerungen ist es in allen größeren Rodungsperioden gekommen, so in der Jungsteinzeit, in der Römerzeit, im Mittelalter und in der frühen Neuzeit. Die Alluvien können datiert werden und helfen bei der Rekonstruktion historischer Flussverläufe. Allerdings haben diese Auflandungen auch zu irreversiblen Veränderungen des Wasserstands und der Nährstoffverhältnisse geführt, die vor allem bei der Renaturierung von Tieflandflüssen zu berücksichtigen sind.

Hydrologische Eingriffe und starke morphologische Veränderungen der Fließgewässer haben schon im Mittelalter stattgefunden, vor allem durch Wasserausleitungen in der Nähe von Städten, die in Mitteleuropa fast immer an Flüssen gegründet wurden (Haslam 1999). Die Städte waren für ihre Wasserversorgung, Entsorgung, Energiegewinnung, Transportwege und Verteidigung auf Fließgewässer angewiesen, sie hatten allerdings auch immer wieder mit Hochwasserproblemen zu kämpfen. Weitere Eingriffe in die Fließgewässer waren mit dem Treideln von Schiffen und dem Schwallbetrieb für Holztransport und Flößerei verbunden.

Die Regulierungen der großen Fließgewässer, wie Oder, Rhein und Donau, waren als technische Herausforderung erst ab dem 19. Jahrhundert möglich; die Geschichte dieser enormen Landschaftsveränderungen ist in Blackbourn (2007) anschaulich dargestellt. Laufverkürzungen wurden dabei zur Festlegung auf ein Hauptgerinne genutzt (◻ Abb. 9.4), sie haben aber auch die Schleppkraft des Flusses gesteigert und damit zu einer Tiefenerosion geführt. Unbeabsichtigte Nebenwirkungen waren starke Grundwasserabsenkung, z. B. am Oberrhein, mit negativen Auswirkungen auf die feuchtebedürftigen Vegetationstypen der Aue, insbesondere der Wälder und Obstplantagen (Scheifele 1955). In anderen Fällen hat die Tiefenerosion einen Sohldurchschlag verursacht, also ein Durchbrechen der Gewässersohlen, z. B. im Jahr 2002 an der Salzach. Durch die nachfolgende rasche Eintiefung des Flusses in weicheren Sedimenten kann es zu einem gefährlichen Absacken von Uferbefestigungen und Brücken kommen (Habersack et al. 2012).

Flussdeiche verursachen ein Ausbleiben des Überflutungsereignisses in der Aue, während Querbauwerke das ökologische Kontinuum der Gewässer beeinträchtigen, unter bestimmten Umständen aber auch neue Lebensräume schaffen, beispielsweise an den Stauseen des Unteren Inns (Reichholf 2005). Oberhalb der Wehre ähneln die ökologischen Verhältnisse denen eines Stillgewässers, unterhalb gleichen sie einem Oberlauf (Müller et al. 2011). Dadurch können auf kleinem Raum größere Unterschiede entstehen als zwischen verschiedenen Einzugsgebieten. Querbauwerke reduzieren die Tiefenerosion und erlauben Stromerzeugung. Problematisch ist an vielen Fließgewässern die mit periodisch gesteigertem Strombedarf verbundene Schwallwirkung, weil dadurch Wechselwasserzonen entstehen, die nur für wenige terrestrische oder aquatische Organismen besiedelbar sind, weil sie entweder zu trocken oder zu nass sind und die Überflutung zu schnell und zu häufig erfolgt. Der Schwall/Sunk-Betrieb ist besonders in Verbindung mit Begradigungen negativ für die Biodiversität der Fließgewässer (Paetzold et al. 2008). Noch extremer ist die Situation in großen Speicherseen, deren Ufer wegen des starken Wechsels des Wasserstands oft großflächig vegetationsfrei sind (Baxter 1977). In den

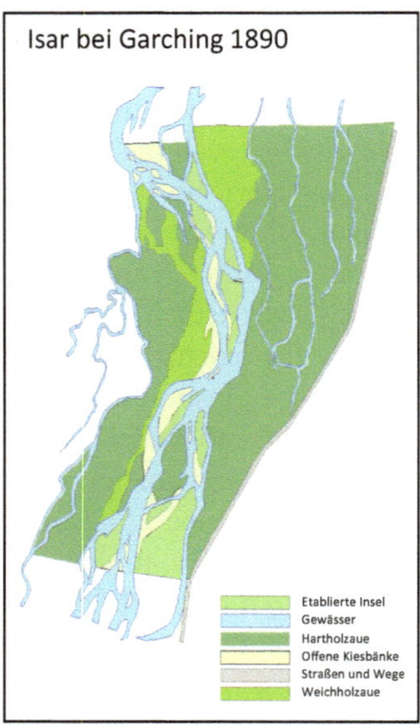

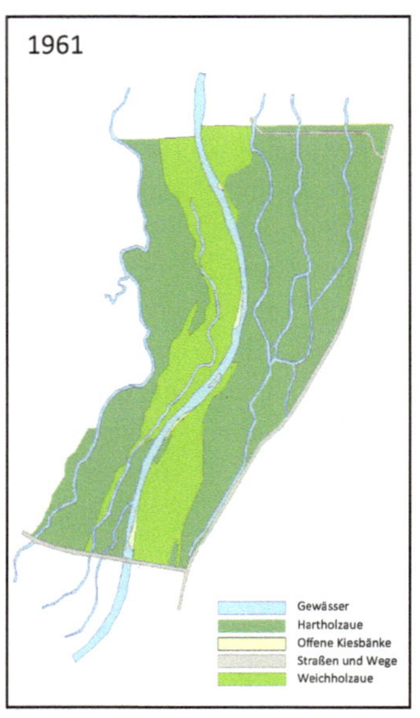

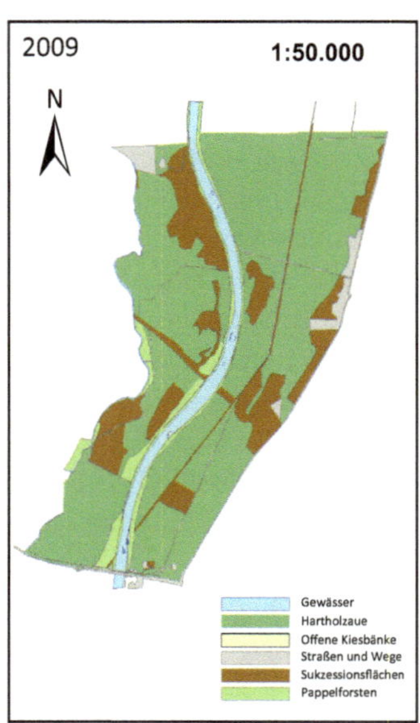

Abb. 9.4 Veränderungen der Isar bei Garching von 1890 bis 2008 nach Seibert (1962) und V. Weitmann (unpubl. Daten). Die quantitative Auswertung der Landschaft ergab eine Abnahme und strukturelle Vereinfachung der Wasserflächen, ein Rückgang der vegetationsfreien Kiesbänke mit Pioniervegetation und des lichten Weidengebüsches zugunsten einer Zunahme von dichtem Weidengebüsch, der Hartholzaue, Aufforstungen und landwirtschaftlichen Nutzflächen

Speicherseen sammelt sich Feinmaterial, das flussabwärts fehlt, wie z. B. in der Oberen Isar unterhalb des Sylvensteinspeichers. Zum Befüllen von Speicherseen wird oft an anderen Fließgewässern Wasser abgezogen, die dann austrocknen oder nur noch geringe Restwassermengen führen.

Kleine Fließgewässer wurden systematisch als Vorfluter mit einfachen Trapezprofilen ausgestattet, die durch Ausbaggern und Böschungsmahd billig zu unterhalten sind (Lange und Lecher 1993). Totholz wird immer noch aus vielen Fließgewässern entfernt, um Gefahren für die Schifffahrt, für Kraftwerke und Brücken sowie für den Freizeitbetrieb abzuwenden. Die Flussbegradigung und Auenzerstörung im Oberlauf führt zur Verschärfung der Hochwässer im Unterlauf. Viele dieser Eingriffe haben daher die Hochwassergefahr flussabwärts verlagert, wo meistens nicht genügend Retentionsraum zur Verfügung steht. Ökologisch schädliche Maßnahmen des Wasserbaus haben in den vergangenen 20–30 Jahren deutlich abgenommen, eine veränderte Gewässermorphologie stellt aber immer noch das größte Problem der Fließgewässer in Mitteleuropa dar (Geist und Hawkins 2016).

9.2.2 Veränderungen der Wasserqualität

Bis in die 1960er Jahre gelangten Abwasser (und zum Teil Abfall) ungereinigt in die Fließgewässer. Durch die Selbstreinigungskraft können zwar nach einigen Kilometern das durch eine Schmutzwassereinleitung verursachte Sauerstoffdefizit wieder behoben sein und Ammoniumverbindungen zu Nitrat oxidiert werden (Schönborn und Risse-Buhl 2013, S. 191), die Selbstreinigung auch der großen und rasch strömenden Fließgewässer ist aber überfordert, wenn weitere Verschmutzungen stromabwärts folgen. Die Einleitung von Abwasser hat vor allem während der Industrialisierung im späten 19. Jahrhundert und durch den wirtschaftlichen Aufschwung Mitteleuropas nach dem Zweiten Weltkrieg zu massiver Eutrophierung der Fließgewässer geführt. Industrielle Prozesse verschmutzten Flüsse mit Salzen, sauren Abwässern, organischen Verbindungen und Schwermetallen.

Diese Belastungen, Saprobie genannt, sind durch die Entwicklung moderner Kläranlagen mit drei Reinigungsstufen in den vergangenen Jahrzehnten weitgehend zurückgegangen (Schönborn und Risse-Buhl 2013, S. 450 f.), und die N- und P-Belastung der Gewässer ist deutlich gefallen (Umweltbundesamt 2009; EEA 2010, S. 20). Ungelöste abiotische Herausforderungen sind allerdings die Einleitung von erwärmtem Kühlwasser aus Kraftwerken sowie der Klimawandel. Durch diese Einflüsse besonders gefährdet sind Kaltwasserspezialisten, die zeitweise das Interstitial als Rückzugsort nutzen (Schönborn und Risse-Buhl 2013, S. 117 f.). Unbewältigt ist auch der Eintrag von Pestiziden, hormonanalogen Substanzen, Arzneirückständen und Kunststoffpartikeln (Mikroplastik) in die Fließgewässer sowie die Beseitigung dieser Substanzen aus den Gewässern durch spezielle Reinigungsverfahren.

9.2.3 Veränderungen der Flora und Fauna

Durch die Regulierung der meisten Fließgewässer ist ihre Längs- und Querdurchgängigkeit weitgehend verlorengegangen, und die spezifischen Vegetationstypen der Aue sind durch intensive Land- und Forstwirtschaft sowie Siedlungen ersetzt worden (◘ Abb. 9.4), mit entsprechend negativen Folgen für die spezialisierte Flora und Fauna der aktiven Aue. Trotz der Abwasserreinigung hat sich daher die ursprüngliche, reiche Flora der Fließgewässer nur teilweise wieder eingestellt, weil viele Arten eine Ausbreitungslimitierung aufweisen oder andere Schwierigkeiten mit den veränderten Eigenschaften mitteleuropäischer Fließgewässer haben (Steffen et al. 2013). Außerdem liegen im Auelehm der Mittel- und Unterläufe große Mengen nährstoffreicher Feinsedimente, die weiterhin den Wasserkörper mit Nährstoffen versorgen – dies äußert sich in einem verstärkten Auftreten nitrophytischer Krautfluren mit *Agrostis stolonifera*, *Barbarea vulgaris* und *Urtica dioica*, durch die konkurrenzschwache Spezialisten verdrängt werden (Müller 1995).

Zunehmend Probleme bereiten biologische Invasionen, wie z. B. von *Elodea canadensis*, *Impatiens glandulifera*, *Solidago gigantea*, Zebramuschel und Schwarzmundgrundeln (Kowarik 2010), die allerdings durch Renaturierungsmaßnahmen, die die einheimischen Arten fördern, zumindest teilweise zurückgedrängt werden können (Pander et al. 2016).

9.2.4 Fließgewässerbewertung

Der hydrogeomorphologische Status der Fließgewässer kann nach der Europäischen Wasserrahmenrichtlinie in fünf Kategorien zunehmender Degradation bewertet werden (► Kasten 9.1). In Deutschland sind von rund 600.000 km der Bäche und Flüsse etwa 80 % strukturell deutlich, stark, sehr stark oder vollständig verändert oder geschädigt (LAWA 2002). In Österreich sind nur noch rund 15 % der potentiellen Auenfläche der 53 größten Fließgewässer mehr oder weniger intakt; der größte Teil wird von Siedlungen, Sportanlagen, land- oder forstwirtschaftlicher Nutzung mit oft standortfremden Arten (z. B. *Populus x canadensis*) eingenommen (Egger et al. 2009). Damit ist die Kontinuität entlang der Flüsse und in die Auen hinein nur noch teilweise vorhanden. Diese Eingriffe in die Fließgewässer führen dazu, dass Nutzungsmöglichkeiten, wie Trinkwassergewinnung, Fischerei und Naherholung, nur noch eingeschränkt möglich sind.

Kasten 9.1

Fünf Klassen zur Bestimmung des hydrogeomorphologischen Status von Fließgewässern nach der Europäischen Wasserrahmenrichtlinie (nach Binder et al. 2015)

Klasse I *(sehr guter Zustand):* Natürliches Fließgewässer mit sehr geringen Eingriffen in Gewässerform, Abfluss und Sedimenttransport; Artenspektrum und -häufigkeiten sowie Altersverteilung entsprechen der unbeeinflussten Situation.

Klasse II *(guter Zustand):* Naturnaher Zustand mit kleinen Eingriffen in Abfluss und Sedimenttransport; unter Umständen ein Ufer befestigt, natürlicher Gewässergrund und keine Querbauwerke; leicht verändertes Artenspektrum und veränderte Artenhäufigkeiten sowie abweichende Altersverteilung.

Klasse III *(mäßiger Zustand):* Mäßige Eingriffe in Abfluss und Sedimenttransport; Ufer beidseitig befestigt, natürlicher Gewässergrund und keine Querbauwerke; mäßige Veränderungen der Biodiversität, unter anderem fehlen spezialisierte Arten.

Klasse IV *(schlechter Zustand):* Deutliche Eingriffe in Abfluss und Sedimenttransport; Ufer beidseitig befestigt; Querbauwerke, aber natürlicher Gewässergrund; Biodiversität deutlich verändert, Auftreten invasiver Neophyten und Neozoen.

Klasse V *(sehr schlechter Zustand):* Starke Eingriffe in Abfluss und Sedimenttransport; Flussform komplett künstlich; Querbauwerke und befestigter Gewässergrund; völlig veränderte und stark vereinfachte Biozönose.

9

9.3 Renaturierung von Fließgewässern

9.3.1 Grundlagen der Fließgewässerrenaturierung

Renaturierung von Fließgewässern und Auen bedeutet vor allem, die naturnahe Dynamik von Abfluss und Feststofftransport wiederherzustellen (Schönborn und Risse-Buhl 2013, S. 514 f.). Weitere wesentliche Ziele sind eine Verbesserung der Längs- und Querdurchgängigkeit der Fließgewässer sowie ein Austausch mit dem Grundwasser, und schließlich werden wasserchemische Verhältnisse der Nährstoff- und Sauerstoffkonzentrationen sowie des pH-Werts angestrebt, die denen von Referenzfließgewässern entsprechen. Wenn diese Ziele nur teilweise erreicht werden, spricht man von „Rehabilitation" oder bei Fokus auf bestimmte Arten von „Revitalisierung" (vgl. ▶ Kap. 2). Wenn die Morphologie, die Geschiebe- und Abflussdynamik irreversibel verändert sind und sich invasive Neophyten und Neozoen etabliert haben, können nur revitalisierte „neuartige Ökosysteme" erreicht werden (Geist und Hawkins 2016), die in ▶ Kap. 24 behandelt werden. Für einen Überblick zu Renaturierungsstandards von Fließgewässer kann auf Palmer et al. (2005) verwiesen werden.

Das Wasserhaushaltgesetz § 1a, Abs. 1 liefert den rechtlichen Rahmen für Renaturierung oder Revitalisierung: „Die Gewässer sind als Bestandteil des Naturhaushaltes und als Lebensraum für Tiere und Pflanzen zu sichern. Sie sind so zu bewirtschaften, dass sie dem Wohl der Allgemeinheit und im Einklang mit ihm auch dem Nutzen Einzelner dienen und vermeidbare Beeinträchtigungen ihrer ökologischen Funktion (…) unterbleiben und damit insgesamt eine nachhaltige Entwicklung gewährleistet wird" (WHG 2002). Diese Vorgabe ist in den jeweiligen Landeswassergesetzen umgesetzt worden und wird unterstützt durch die Europäische Wasserrahmenrichtlinie (Directive 2000/60/EC), die von den Mitgliedsstaaten auf einer fünfstufigen Skala das flächendeckende Erreichen eines „guten ökologischen und chemischen Zustands" bis zum Jahr 2015 fordert (verlängert bis 2021 oder 2027). Die deutsche Strategie zur Renaturierung degradierter Ökosysteme legt daher einen Schwerpunkt auf Wiederherstellung von Fließgewässern und ihren Auen (BMU 2015).

Die Forderungen der Wasserrahmenrichtlinie sind für die Fließgewässer Mitteleuropas bisher nur teilweise erreicht worden, und die massiv veränderten hydrologischen und geomorphologischen Verhältnisse vieler Flussabschnitte sind weiterhin eine große Herausforderung. Als nächster Schritt nach der bisher erreichten kläranlagenbedingten Verbesserung der Wasserqualität muss daher die hydrogeomorphologische Aufwertung der Gewässer vorangetrieben werden, und zwar unter Berücksichtigung der Kriterien Gewässerumfeld, Abfluss, Geschiebedynamik, Längs- und Querprofil, Sohlen- und Uferstruktur sowie Laufentwicklung. Darüber hinaus führt der Klimawandel zu einer Zunahme von Extremwetterlagen mit periodischen Trockenperioden und Überschwemmungen, die ein angepasstes Niedrigwassermanagement und einen wirksamen Hochwasserschutz erfordern. Maßnahmen zur Anpassung an den Klimawandel sind eine Erhöhung der Restwassermengen, eine Verstärkung von Deichen sowie die Einrichtung von Retentionsräumen, wie es beispielsweise an Mittlerer Elbe, Oberrhein und Donau in verschiedenen Projekten seit den 1990er-Jahren umgesetzt wird (z. B. Jährling 2015; Ministerium für Umwelt, Klima und Energiewirtschaft 2016; Stammel et al. 2012). Damit wird den betroffenen Flussabschnitten zumindest ein Teil ihrer historischen Aue zurückgegeben.

Die Renaturierung wird unterstützt durch zahlreiche Auenschutzprogramme der Bundesländer sowie EU-LIFE-Projekte, z. B. „Renaturierung von Fluss, Altwasser und Auwald an der Mittleren Elbe“. Die Schwerpunkte der Fließgewässerrenaturierung orientieren sich an der Liste der in Deutschland vorkommenden Lebensräume des Anhangs I der FFH-Richtlinie (EU 1992, Fauna-Flora-Habitat). Danach gilt der Lebensraumtyp Alpine Flüsse und ihre krautige Ufervegetation (NATURA 2000-Code 3220) als besonders geschützt, das heißt Fließgewässer der Alpen und des Alpenvorlandes mit meist hoher Fließgeschwindigkeit und Kies- und Sandbänken (Bundesamt für Naturschutz 2012). Neben der krautigen, von Alpenschwemmlingen gebildeten Pioniervegetation stehen auch Alpine Flüsse und ihre Ufervegetation mit *Myricaria germanica* (3230) sowie Alpine Flüsse und ihre Ufergehölze mit *Salix eleagnos* (3240) unter europäischem Schutz, und Kalktuffquellen (Cratoneurion, 7220*) sind ein europaweit prioritärer Lebensraumtyp. Die Verbreitung dieser meist gemeinsam oder im Zusammenhang auftretenden Gesellschaften ist in Deutschland auf Bayern und Baden-Württemberg beschränkt. Größere naturnahe Kies- bzw. Schotterbänke der deutschen Alpenwildflüsse kommen derzeit nur noch an Abschnitten der Oberen Isar vor. Als Hauptgefährdungsursache gibt das Bundesamt für Naturschutz (2012) Staustufenbau und Uferverbauungen an.

Weitere FFH-Lebensräume sind Flüsse der planaren bis montanen Stufe mit Vegetation des Ranunculion fluitantis und des Callitricho-Batrachion (3260), also Fließgewässer mit flutender Wasservegetation sowie Flüsse mit Schlammbänken mit Vegetation des Chenopodion rubri p.p. und des Bidention p.p. (3270). Im Mündungsbereich der großen Flüsse sind Ästuarien (1130) schützenswert. Auch die Wälder der Weich- und Hartholzaue sind zumindest teilweise FFH-Lebensräume, so die Auen-Wälder mit *Alnus glutinosa* und *Fraxinus excelsior* (Alno-Padion, Alnion incanae, Salicion albae) (91E0* prioritär) sowie Hartholzauewälder mit Quercus robur, *Ulmus laevis*, *Ulmus minor*, *Fraxinus excelsior* oder *Fraxinus angustifolia* (Ulmenion minoris) (91F0). Mit dieser Liste an Vegetationstypen wird ein großer Teil der Fließgewässer und ihrer Auen in Mitteleuropa abgedeckt. Maßnahmen ihrer Renaturierung sollten sich an historischen Referenzzuständen orientieren, die durch alte Karten und Luftbilder sowie vegetationsökologische und limnologische Veröffentlichungen des 20. Jahrhunderts oft recht gut dokumentiert sind (◘ Abb. 9.4). WRRL und FFH-RL der Auen sollten dabei nicht getrennt betrachtet werden, auch wenn die Zuständigkeiten oft in unterschiedlichen Behörden liegen.

9.3.2 Maßnahmen der Fließgewässerrenaturierung

Die Planung einer Renaturierung muss auf einer ökologischen Bewertung des Zustands eines Fließgewässers aufbauen, wie beispielsweise von Muhar et al. (2000) und Birk et al. (2012) beschrieben, und sollte sich an den spezifischen Herausforderungen der jeweiligen Fließgewässerabschnitte und Auenbereiche ausrichten. Geist (2015) beschrieb sieben Schritte, die beim Schutz und der Aufwertung von Fließgewässern zu berücksichtigen sind:

1. Erfassung des Ist-Zustands und historische Analyse der Degradation,
2. Eingrenzung der Problemursachen,
3. Festlegung des Soll-Zustands,
4. Entscheidung über Prioritäten,
5. Maßnahmen,
6. Bewertung und adaptives Management,
7. Publikation der Ergebnisse.

Diese Schritte sind in der ökologischen Planung seit Jahrzehnten bekannt, werden aber nicht konsequent angewandt.

Renaturierungsziele sind Hochwasserretention, Erreichen zeitweiser Niedrigwasser, Wiederherstellung der Gewässerstruktur, Verminderung des Feinsedimenteintrags, Förderung der charakteristischen Fisch- und Amphibienfauna mit dem übergeordneten Ziel der Längs- und Quervernetzung von Flüssen und ihren Auen (Tab. 9.2). Für jeden Gewässertyp und jede ökologische Funktion müssen dabei Referenzzustände definiert werden, unter anderem anhand naturnaher Fließgewässer, historischer Daten und hydrogeomorphologischer Modellierung. Oft werden dabei die Fließgewässertypen nach Pottgießer und Sommerhäuser (2004) verwendet. Daraus kann eine Planung der Renaturierung von Fließgewässern abgeleitet werden, bei der z. B. der Deutsche Fauna-Index oder fisch- oder makrophytenbasierte Indizes eingesetzt werden. Die Planung und Umsetzung geeigneter Maßnahmen erfordern eine enge Zusammenarbeit von Behörden, NGOs, Land- und Forstwirtschaft, Energieerzeugern, Fischerei und Naherholung.

Besonders anspruchsvoll, aber oft eine Voraussetzung für den Erfolg kleinskaliger Eingriffe sind Maßnahmen im Einzugsgebiet der Fließgewässer (Tab. 9.2). Diese dienen der Verbesserung der Wasserrückhaltung und damit eines gleichmäßigeren Abflusses durch Rückbau von Drainagen und Einbau von Dämmen in Feuchtgebieten sowie Einschränkung der Grundwasserentnahme (s. ► Kap. 11). Der Abfluss eines Einzugsgebiets kann durch Entfernen von Aufforstungen, vor allem von Nadelbäumen, erhöht werden, die einen höheren Wasserverbrauch haben (Komatsu et al. 2011). Die Wasserqualität sollte durch gewässerbegleitende Pufferstreifen aus Grünland und Gehölzen gesteigert werden, die zu einer Verminderung von Nährstoffeinträgen aus angrenzender Ackernutzung führen (Mander et al. 1997).

Eine hydrologische Renaturierung strebt ein verbessertes Abflussmanagement an, mit jahreszeitlich angepasster Restwassermenge. Eine Reduktion der Schwallauswirkungen ist möglich durch Kraftwerksumbau, Ausgleichsbecken, Schwallüberlagerung oder langsames Hoch- und Runterfahren der Kraftwerke. Darüber hinaus wird durch den Kühlwasserbedarf von Kraftwerken sowie klimatische Veränderungen das Temperaturmanagement von Fließgewässern immer wichtiger (z. B. Davies 2010). Die Wassertemperatur kann durch Pflanzen von Ufergehölzen oder Zuleitung aus Stauseen abgesenkt und damit an die natürlichen Verhältnisse angepasst werden. Hydrologische Maßnahmen werden oft mit Geschiebemanagement kombiniert, so z. B. der Förderung von Geschiebeeintrag aus dem Einzugsgebiet, geschiebedurchlässige Wehre und Buhnen oder einer stimulierten Erosion der Flussufer (Abb. 9.5a, c). Geschiebe ist zur Erhaltung der Gewässersohle und zur Entwicklung von Kies-, Sand- und Schlammbänken nötig (Habersack et al. 2012). Ausbaggern und Geschiebetransport mit Schiffen

9

Tab. 9.2 Überblick über die wichtigsten Maßnahmen zur Renaturierung von Fließgewässern (nach Gebler 2005; Jürging und Patt 2005; Egger et al. 2009; Geist 2015; Patt 2015). Großskalige Maßnahmen sind meist komplex und teuer, kleine Eingriffe dagegen nur bei geeigneten Rahmenbedingungen langfristig wirksam

Kategorie	Maßnahme	Beispiel
Wasserquantität und -qualität des Einzugsgebiets	Steuerung der Wasserrückhaltung	Rückbau von Drainagen und Grundwasserbrunnen, Einbau von Dämmen, Entfernen von Aufforstungen mit hohem Wasserverbrauch
	Reduktion von Nährstoffeinträgen	Aufheben von Ackernutzung in Gewässernähe, Pufferstreifen aus Grünland und Gehölzen
Hydrogeomorphologische Prozesse	Abflussmanagement	Jahreszeitlich angepasste Erhöhung der Restwassermenge, Spülung von Stauräumen
	Reduktion der Schwallauswirkungen	Kraftwerksumbau, Dämpfung des Schwalls durch Ausgleichsbecken und Schwallüberlagerung
	Temperaturmanagement	Anpassung der Wasserzuleitung aus Stauseen an das natürliche Temperaturregime des Flusses
	Geschiebemanagement	Förderung von Geschiebeeintrag aus dem Einzugsgebiet oder durch stimulierte Erosion der Flussufer, Geschiebezugabe z. B. an Laichplätzen, geschiebedurchlässige Wehre, Geschiebefallen für Feinsedimente
Längsdurchgängigkeit des Fließgewässers	Entfernen von Querbauwerken	Ausbau von Sohlschwellen, aufgelöste Sohlrampen, Fischtreppen, Umgehungsgewässer
	Verringerung der Stauhöhe	Absenken der Wehrhöhe, Stauraumverfüllung
	Strukturierung des Staubereichs	Aufwertung der Stauseeufer und der Stauwurzel
Wiederanbindung der Aue	Erweiterung des Überflutungsraums	Absenken, Schlitzen und Rückverlegung von Deichen, Schaffung von Retentionsräumen durch Vertiefen der Aue
	Anlage von Auenhabitaten	Ausheben von Seitengerinnen, Altwassern und Tümpeln, Aufschütten von Inseln und Brennen
Flussmorphologie	Aufwertung des Gewässerverlaufs	Verzweigung, Remäandrierung, Anbindung von Seitengewässern und Altarmen
	Strukturierung des Gewässerbetts	Entfernen der Uferbefestigung, Abflachung der Ufer, Anlage von Buchten, Pendelrampen und Lenkbuhnen, Ausbringen von Störsteinen, Sediment und Totholz
Biotische Maßnahmen	Förderung erwünschter Arten	Gehölz- und Röhrichtpflanzungen, Ansaat von Hochstauden- und Grünlandmischungen, Einbringen von Makrophyten, Aussetzen von Amphibien oder Fischen, Biberansiedlung
	Zurückdrängen unerwünschter Arten	Bekämpfung invasiver Tier- und Pflanzenarten

Abb. 9.5 Maßnahmen der Revitalisierung von Fließgewässern und Auen: **a** Verstärkte Uferdynamik des norddeutschen Sandflusses Lippe nach Entfernung der Uferversteinung (LIFE + Projekt Lippeaue), **b** Weidenregeneration in neu geschaffenen Flutmulden der Oberen Maas nach Deichrückverlegung, **c** Auflösung der Blocksteinschüttung führt zu Uferdynamisierung der Isar unterhalb bei Garching sowie zur Erhöhung der Geschiebezufuhr, **d** Einrichtung einer Wechselwasserzone mit Einbringung von Totholz am Inn oberhalb von Wasserburg (vgl. Abb. 6.1)

wird in Stauräumen großer Flüsse, wie der Donau, durchgeführt, und lokale Kieszugabe an Laichplätzen eingesetzt. Diese Maßnahmen sind allerdings relativ teuer und haben oft nur eine kurzfristige und flussabwärts möglicherweise negative Wirkung (Pander et al. 2015). Die Hauptbeeinträchtigung für Fische und Makrozoobenthos ist die Feinsedimentablagerung, die für verstopftes Kieslückensystem sorgt (Soulsby et al. 2001). Renaturierung strebt daher eine ökologisch passende Spülung von Stauräumen an, z. B. während eines natürlichen Hochwassers und außerhalb der Laich- und Brutzeiten von Fischen (Shields et al. 2003).

Die Längsdurchgängigkeit der Fließgewässer wird durch das Entfernen von Querbauwerken und dem Ersetzen von Sohlschwellen durch aufgelöste Sohlrampen an geeigneten Stellen gesteigert (Pini Prato et al. 2011). Die Durchgängigkeit für Wanderfische kann durch Fischtreppen, Pendelrampen und Umgehungsgewässer erhöht werden. Bei Staubauwerken sind eine Verringerung der Stau- und Wehrhöhe, eine Strukturierung des Staubereichs und eine Aufwertung der Ufer des Stausees und der Stauwurzel anzustreben.

Die seitliche Durchgängigkeit degradierter Fließgewässer kann durch ein Absenken oder Rückverlegen von Deichen (Abb. 9.5b),

Abflachung der Ufer (◻ Abb. 9.5d) sowie die Einrichtung einer Landnutzung erhöht werden, die sich mit diesen Retentionsräumen verträgt, also am besten Grünland (Flavio et al. 2017). Die Retentionsräume können erweitert werden durch Eintiefen des Geländereliefs, unter anderem durch Anlage von Auenhabitaten, wie Altwassern, Seitengerinnen, Tümpeln und Brennen (◻ Abb. 9.6). Viele Flüsse und Bäche haben uferbegleitende Wege, die für die Gewässerpflege angelegt wurden, aber zurückgebaut werden sollten zugunsten einer besseren Anbindung der Aue an das Fließgewässer. Dies kann geschehen unter anderem durch ein Entfernen der Uferbefestigung sowie ein Abflachen der Ufer, wodurch mehr Sedimentdynamik ermöglicht wird und neue Standorte für Pionierarten entstehen (Strobl et al. 2015).

Die meisten Maßnahmen betreffen bisher die Revitalisierung der morphologischen und hydrologischen Verhältnisse der Gewässer (◻ Tab. 9.2). Eine Aufwertung der Flussmorphologie ist durch eine Wiederverzweigung oder Remäandrierung des Gewässerverlaufs sowie durch die Anbindung von Seitengewässern und Altarmen möglich. Grundlage für solche Maßnahmen können historische Karten oder Luftbilder sein, und zwar im Sinne einer Rekonstruktion des früheren Verlaufs der Gerinne, soweit das bei der aktuellen Landnutzung und den gegebenen Besitzverhältnissen überhaupt noch möglich ist (Palmer et al. 2005). Weitere morphologische Maßnahmen sind eine Verbesserung des Gewässerbetts durch Entfernen der Uferbefestigung, Abflachung der Ufer, Umbau von Buhnen, Anlage von Buchten, Einbringen von Störsteinen, Sediment und Totholz (Gardeström et al. 2013). Positive Auswirkungen sind eine verringerte Sohlerosion, eine verbesserte Selbstreinigung des Gewässers,

◻ **Abb. 9.6** Maßnahmen der VERBUND Kraftwerke GmbH zur Revitalisierung der begradigten und durch Blocksteinverbauung befestigten Innufer nördlich von Wasserburg im Winter 2012/13

Wiederanbindung an das Grundwasser und eine erhöhte Biodiversität, unter anderem des Makrozoobenthos. Totholz ist zum einen ein Substrat für viele holzabbauende Arten (◘ Abb. 9.5d), zum anderen auch ein wichtiges Habitat und ein Element der Strömungslenkung, das auch bei der landschaftsarchitektonischen Gestaltung von Flussrenaturierungen eingesetzt werden kann (Prominski et al. 2012). Auch die hyporheische Zone sollte vermehrt in Renaturierungsbemühungen einbezogen werden (Boulton et al. 2010), da Ablagerungen von Feinsedimenten auch die Durchströmbarkeit von Sand- oder Kiesbänken stark herabsetzen.

Lokale biotische Maßnahmen können die Förderung bestimmter Arten betreffen, so z. B. Gehölz- und Röhrichtpflanzungen (◘ Abb. 5.5a), um Erosion zu reduzieren und durch Beschattung die Produktivität des Fließgewässers herabzusetzen. Einerseits bringt eine stärkere Entwicklung von Makrophyten mehr Sauerstoff in tiefere Gewässerbereiche, andererseits entsteht dabei Biomasse, die in langsam fließenden Gewässern zur Ablagerung von (nährstoffreichen) Feinsedimenten und bei Zersetzen zu Sauerstoffschwund führt (Schönborn und Risse-Buhl 2013). Das Aussetzen von Raubfischen im Sinne einer „Biomanipulation" der Nahrungskette kann nur in Stillgewässern eine Eutrophierung vermindern (s. ▶ Kap. 10). Besatzmaßnahmen werden bei Fischen aber zum Überbrücken bestimmter kritischer Lebensstadien vorgenommen, wenn z. B. Laichplätze fehlen oder Jungfische nicht ausreichend überleben. Ein aktuelles Thema ist die Ansiedlung von Bibern (◘ Abb. 8.8a), da das Fällen von Bäumen und der Bau von Biberdämmen eine erwünschte Redynamisierung des Fließgewässers unterstützen und den Strukturreichtum fördern (z. B. Curran und Cannatelli 2014). Dabei kann es aber auch zu unerwünschtem Fällen von forstlich oder landwirtschaftlich genutzten Gehölzbeständen, zu störenden Überflutungen der Nutzflächen sowie zur Unterhöhlung von Wegen kommen. Weitere biotische Maßnahmen können die Aussaat von Magerrasen an Böschungen und auf Dämmen sein sowie die Bekämpfung invasiver Neophyten (z. B. *Elodea nuttallii, Fallopia japonica, Impatiens glandulifera, Solidago gigantea*) durch Mahd oder durch stärkere Beschattung gewässerbegleitender Gehölze (Hussner et al. 2017).

Seit etwa 20 Jahren ist die Renaturierung von Fließgewässern in vielen Regionen Mitteleuropas gängige Praxis des naturnahen Wasserbaus (Patt et al. 2011). Dabei kommen zunehmend ingenieurbiologische Bauweisen zum Einsatz, die bereits Schiechtl und Stern (1994) vorgeschlagen haben. Zur Böschungssicherung werden dabei Weidenspreitlagen und Grasansaat verwendet, Böschungsfüße werden durch lebende Faschinen, Flechtzäune und Buhnen gesichert, und das Gewässer selbst kann durch Gehölz- und Röhrichtpflanzungen aufgewertet werden. Vorteile dieser Methodik sind ihre Umweltverträglichkeit und die geringen Unterhaltskosten aufgrund von Selbstregeneration und Anpassung an veränderte Abflüsse. Bei starker hydraulischer Belastung, ungewöhnlichen Schwankungen des Wasserstands und steilen Böschungen sind diese Methoden jedoch nicht anwendbar.

Die Kosten der Fließgewässer-Renaturierung können bei 1 Mio. EUR für 6 km liegen (Gunkel 1996), was bei 300.000 km Fließgewässer in Deutschland zu gewaltigen Summen führen würde. Allerdings werden durch die Renaturierung oft auch Kosten gespart. So kann der Aufwand der Gewässerunterhaltung durch die Schaffung funktionsfähiger Gewässerschonstreifen und Entwicklungskorridoren vermindert werden (Lüderitz und Jüpner 2009), da ein Gehölzstreifen am Ufer Sediment- und Nährstoffeinträge reduziert und bei passender Beschattung weniger Entkrautung nötig ist. Ein monetär belegbarer Erfolg der Renaturierung ist die gesteigerte Freizeitnutzung der Fließgewässer sowie ein höherer Eigentumswert angrenzender Grundstücke (◘ Abb. 9.7), was auch durch wissenschaftliche Untersuchungen belegt ist (Jähnig et al. 2011).

Abb. 9.7 Anthropogener Nutzen der Revitalisierung von Fließgewässern und Auen: **a** Freizeitnutzung an der Isar in München, **b** Neubaugebiet an der Gudenaa in Silkeborg

9.3.3 Erfolge der Fließgewässerrenaturierung

Flussauensysteme reagieren sehr empfindlich auf menschliche Eingriffe. Das kann eine Chance für eine gelungene Renaturierung bzw. Revitalisierung sein. Gelungene Beispiele sind die Ihle bei Magdeburg, der Obermain bei Unterleiterbach, die Skjern Å in Westjütland und die Isar in München. An renaturierten Strecken des Obermains und der Rodach erhöhte sich die Struktur- und Artendiversität deutlich (Heßberg 2003); wiederaufgetreten sind hier die für Pioniervegetation der Weiden und Therophyten wichtigen Rohbodenstandorte, und es gibt positive Effekte dieser Revitalisierungsmaßnahmen auf verschiedene Tiergruppen. In den vergangenen Jahren werden verstärkt urbane Flussrenaturierungen durchgeführt, die drei sich teilweise widersprechende Ziele verfolgen: Hochwasserschutz, Naturschutz und Freizeitnutzung (Zingraff-Hamed et al. 2017).

Die Renaturierung kann aber misslingen, wenn die Uferprofile zu steil ausgeführt, nährstoffreicher Oberboden eingebracht oder stickstofffixierende Gehölze („Ammenbäume", z. B. Erlen) gepflanzt werden. Gründe für den mäßigen Erfolg von Flussrenaturierung liegen oft im Fehlen eines Gesamtkonzeptes oder Leitbilds, im Einbeziehen von nur Teilabschnitten des Fließgewässers, dem Umsetzen der Maßnahmen entlang eines schmalen Korridors und der oft nur dekorativen Umgestaltung des Flusses ohne Förderung von Eigendynamik. Günstig wäre hier ein iteratives und adaptives Vorgehen der Landschaftsplanung, das Raum für Prozessdynamik lässt (Abb. 6.4).

Mit zunehmender Umsetzung von Renaturierungsprojekten sollte auch die Zahl der Erfolgskontrollen steigen, die zumindest einmal nach 2–3 Jahren stattfinden muss (Schade und Jedicke 2011) und die Effekte auf verschiedene taxonomische Gruppen einschließen sollte (Birk et al. 2012). Das methodische Vorgehen ist in Abb. 9.8 beschrieben. Ein solches Monitoring erfolgt allerdings meist kurz nach Projektabschluss und lässt daher nur vermuten, dass sich bei günstigen Habitatbedingungen die gewünschte Artengemeinschaft bereits in die richtige Richtung entwickelt. Monitoring der Renaturierung dynamischer Systeme ist komplex und bereits in ► Kap. 6 dargestellt. Erwünscht ist jedenfalls ein klar definierter Plan der Renaturierungsmaßnahmen, ein adaptives Monitoring sowie eine langfristige Kontrolle nach dem BACI-Design mit Untersuchungen *vor* und *nach* der Renaturierung und auf Flächen *mit* und *ohne* Maßnahmen (Lang et al. 2013; Geist und Hawkins 2016). In Bayern wird allerdings nur bei 25 % aller Flussrenaturierungen eine Erfolgskontrolle durchgeführt, und nur

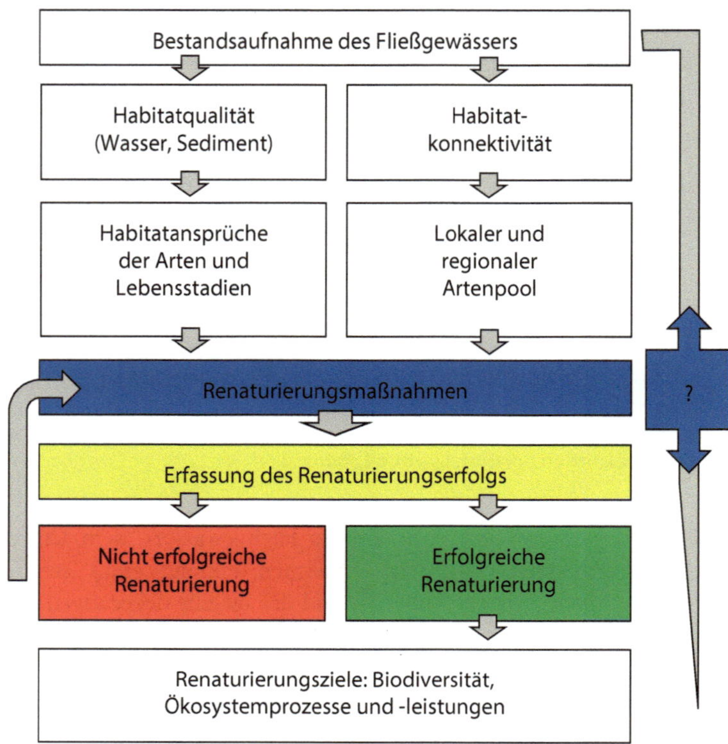

Abb. 9.8 Flussdiagramm der Effizienzkontrolle von Maßnahmen der Fließgewässerrenaturierung. Die grauen Pfeile zeigen einzelne Bewertungsschritte, blau: Maßnahmen, grün oder rot: Ergebnisse der Renaturierung. Wie durch das Fragezeichen rechts angedeutet, müssen die angewandten Maßnahmen immer wieder vor dem Hintergrund der Bestandsaufnahme der Fließgewässer und der Renaturierungsziele überprüft werden

7 % der Projekte werden von einem Monitoring begleitet, das länger als ein Jahr dauert (Pander und Geist 2013). Das ist ungünstig, weil stark degradierte Fließgewässer ein hohes Beharrungsvermögen haben können und trotz massiver Eingriffe, z. B. in Uferstrukturen, nach einigen Jahren wieder in den Ausgangszustand zurückfallen (Bauer et al. 2018).

9.4 Schlussfolgerungen

Fließgewässer sind durch jahrhundertelange Nutzung in einen weitgehend ungünstigen Zustand geraten und werden deshalb in Mitteleuropa seit mehr als 20 Jahren revitalisiert. Defizite bestehen noch in einem oft fehlenden Gesamtkonzept, der Umgestaltung isolierter Abschnitte oder eines schmalen Korridors sowie Mangel an Eigendynamik der renaturierten Fließgewässer. Fließgewässer sollten idealerweise von oben nach unten renaturiert werden. Sehr wichtig ist eine Weiterentwicklung der Erfolgskontrollen. Da Flüsse und ihre Auen niemals vollständig renaturiert werden können, sollte der Schutz der verbliebenen intakten Fließgewässer höchste Priorität haben.

Fragen zur Vertiefung

- Wie ist die Längs- und Querzonierung der Fließgewässer Mitteleuropas?
- Welche Eingriffe haben in Fließgewässer stattgefunden?
- Welche rechtlichen Rahmenbedingungen gibt es für ihre Renaturierung?

- Was sind die wichtigsten Maßnahmen der Fließgewässerrenaturierung?
- Welches Monitoring ist bei renaturierten Fließgewässern möglich?

Literatur

Barrat-Segretain MH (1996) Strategies of reproduction, dispersion, and competition in river plants: a review. Vegetatio 123:13–37

Bauer M, Strobl K, Harzer R, Kollmann J (2018) Resilience of riparian vegetation after restoration measures on River Inn. River Res Appl. 34:451–460

Baxter RM (1977) Environmental effects of dams and impoundments. Annu Rev Ecol Evol Syst 8:255–283

Beisner BE, Haydon DT, Cuddington K (2003) Alternative stable states in ecology. Front Ecol Environ 1:376–382

Binder W, Göttle A, Shuhuai D (2015) Ecological restoration of small water courses, experiences from Germany and from projects in Beijing. Internat Soil Water Conserv Res 3:141–153

Birk S, Bonne W, Borja A, Brucet S, Courrat A, Poikane S, Solimini A, Bund WV van de, Zampoukas N, Hering D (2012) Three hundred ways to assess Europe's surface waters: an almost complete overview of biological methods to implement the Water Framework Directive. Ecol Ind 18:31–41

Blackbourn D (2007) Die Eroberung der Natur. Eine Geschichte der deutschen Landschaft. Deutsche Verlagsanstalt, München

BMU (2015) Priorisierungsrahmen zur Wiederherstellung verschlechterter Ökosysteme in Deutschland (EU-Biodiversitätsstrategie, Ziel 2, Maßnahme 6a). Bundesministerium für Umwelt, Naturschutz, Bau und Reaktorsicherheit, Berlin. ▶ www.bmub.bund.de/fileadmin/Daten_BMU/Download_PDF/Naturschutz/oekosysteme_priorisierungsrahmen_bf.pdf. Zugegriffen: 13.11.18

Boulton AJ, Datry T, Kasahara T, Mutz M, Stanford JA (2010) Ecology and management of the hyporheic zone: stream-groundwater interactions of running waters and their floodplains. J North Am Benthological Soc 29:26–40

Bundesamt für Naturschutz (2012) Ökosystemfunktionen von Flussauen. Analyse und Bewertung von Hochwasserretention, Nährstoffrückhalt, Kohlenstoffvorrat, Treibhausgasemissionen und Habitatfunktion, vol 124. Naturschutz und Biologische Vielfalt. Bundesamt für Naturschutz, Bonn

Curran JC, Cannatelli KM (2014) The impact of beaver dams on the morphology of a river in the eastern United States with implications for river restoration. Earth Surf Proc Landf 39:1236–1244

Davies PM (2010) Climate change implications for river restoration in global biodiversity hotspots. Restor Ecol 18:261–268

Directive 2000/60/EC of the European Parliament and of the Council of 23 October 2000, establishing a framework for Community action in the field of water policy.

EEA (2010) Assessing biodiversity in Europe – the 2010 report. European Environmental Agency, Copenhagen

Egger G, Michor K, Muhar S, Bednar B (2009) Flüsse in Österreich. Lebensadern für Mensch, Natur und Wirtschaft. Studienverlag, Innsbruck

Ellenberg H, Leuschner C (2010) Vegetation Mitteleuropas mit den Alpen: in ökologischer, dynamischer und historischer Sicht. Ulmer, Stuttgart

EU (1992) Richtlinie 92/43/EWG des Rates vom 21. Mai 1992 zur Erhaltung der natürlichen Lebensräume sowie der wildlebenden Tiere und Pflanzen, die zuletzt durch Artikel 1 der Richtlinie 2013/17/EU des Rates vom 13. Mai 2013 geändert wurde

Fabris M, Schneider S, Melzer A (2009) Macrophyte-based bioindication in rivers – a comparative evaluation of the reference index (RI) and the trophic index of macrophytes (TIM). Limnologica 39:40–55

Findlay S (1995) Importance of surface-subsurface exchange in stream ecosystems: the hyporheic zone. Limnol Oceanogr 40:159–164

Flavio HM, Ferreira P, Formigo N, Svendsen JC (2017) Reconciling agriculture and stream restoration in Europe: a review relating to the EU Water Framework Directive. Sci Total Environ 596:378–395

Gardeström J, Holmqvist D, Polvi LE, Nilsson C (2013) Demonstration restoration measures in tributaries of the Vindel River catchment. Ecol Soc 18:8

Gebler RJ (2005) Entwicklung naturnaher Bäche und Flüsse. Massnahmen zur Strukturverbesserung. Verlag Wasser + Umwelt, Walzbachtal

Geist J (2011) Integrative freshwater ecology and biodiversity conservation. Ecol Ind 11:1507–1516

Geist J (2015) Seven steps towards improving freshwater conservation. Aquat Conserv Mar Freshw Ecosys 25:447–453

Geist J, Hawkins SJ (2016) Habitat recovery and restoration in aquatic ecosystems: current progress and future challenges. Aquat Conserv Mar Freshw Ecosys 26:942–962

Gunkel G (1996) Renaturierung kleiner Fließgewässer. Gustav Fischer, Jena

Habersack H, Liedermann M, Tritthart M, Hauer C, Klösch M, Klasz G, Hengl M (2012) Innovative methods in bedload transport monitoring on the Danube River. Oesterr Wasser Abfallwirtsch 64:11–12

Haslam SM (1999) The historic river: Rivers and culture down the ages. Cobden of Cambridge Press, Cambridge

9

Heßberg A von (2003) Landschafts- und Vegetationsdynamik entlang renaturierter Flussabschnitte von Obermain und Rodach. Dissertation, Universität Bayreuth

Hussner A, Stiers I, Verhofstad MJJM, Bakker ES, Grutters BMC, Haury J, Valkenburg JLCH van, Brundu G, Newman J, Clayton JS, Anderson LWJ, Hofstra D (2017) Management and control methods of invasive alien freshwater aquatic plants: a review. Aquat Bot 136:112–137

Jähnig S, Lorenz A, Hering D, Antons C, Sundermann A, Jedicke E, Haase P (2011) River restoration success a question of perception. Ecol Appl 21:2007–2015

Jährling KH (2015) Restoration of the "Alte Elbe Lostau" – A project to fulfil the objectives of the European Water Framework Directive. Wasserwirtschaft 105:29–35

Junk JW, Bayley PB, Sparks RE (1989) The flood pulse concept in river floodplain systems. Can Spec Publ Fish Aquat Sci 106:110–127

Jürging P, Patt H (2005) Fließgewässer-und Auenentwicklung. Grundlagen und Erfahrung. Springer, Berlin

Karpowicz M (2017) Biodiversity of microcrustaceans (Cladocera, Copepoda) in a lowland river ecosystem. J Limnol 76:15–22

Karrenberg S, Edwards PJ, Kollmann J (2002) The life history of Salicaceae living in the active zone of flood plains. Freshw Biol 47:733–748

Kohler A, Schneider S (2003) Macrophytes as bioindicators. Arch Hydrobiol Suppl 147:17–31

Kollmann J, Vieli M, Edwards PJ, Tockner K, Ward JV (1999) Interactions between vegetation development and island formation in the Alpine river Tagliamento. Appl Veg Sci 2:25–36

Komatsu H, Kume T, Otsuki K (2011) Increasing annual runoff-broadleaf or coniferous forests? Hydrol Process 25:302–318

Kowarik I (2010) Biologische Invasionen: Neophyten und Neozoen in Mitteleuropa. Ulmer, Stuttgart

Krumbiegel A, Meyer F, Schröder U, Sundermeier A, Wahl D (2002) Dynamik und Naturschutzwert annueller Uferfluren der Buhnenfelder im brandenburgischen Elbtal. Nat schutz Landsch pfl Brandenburg 11:235–242

Lange G, Lecher K (1993) Gewässerregelung, Gewässerpflege: Naturnaher Ausbau und Unterhaltung von Fließgewässern. Paul Parey, Hamburg

Lang P, Schwab A, Stammel B, Ewald J, Kiehl K (2013) Long-term vegetation monitoring for different habitats in floodplains. Sci Ann Danube Delta Inst 143:39–48

LAWA (2002) Gewässergüteatlas der Bundesrepublik Deutschland – Gewässerstruktur in der Bundesrepublik Deutschland 2001. Kulturbuchverlag, Berlin

Lüderitz V, Jüpner R (2009) Renaturierung von Fließgewässern. In: Zerbe S, Wiegleb G (Hrsg) Renaturierung von Ökosystemen in Mitteleuropa. Spektrum, Heidelberg, S 95–124

Mander U, Kuusemets V, Lohmus K, Mauring T (1997) Efficiency and dimensioning of riparian buffer zones in agricultural catchments. Ecol Eng 8:299–324

Melzer A (1993) Die Ermittlung der Nährstoffbelastung im Uferbereich von Seen mit Hilfe des Makrophytenindex. Münchner Beitr z Abwasser Fischerei u Flussbiol 47:156–172

Ministerium für Umwelt, Klima und Energiewirtschaft (2016) Das Integrierte Rheinprogramm. Hochwasserschutz und Auenrenaturierung am Oberrhein. Regierungspräsidium Freiburg, Freiburg

Muhar S, Schwarz M, Schmutz S, Jungwirth M (2000) Identification of rivers with high and good habitat quality: methodological approach and applications in Austria. Hydrobiologia 422:343–358

Müller M, Pander J, Geist J (2011) The effects of weirs on structural stream habitat and biological communities. J Appl Ecol 48:1450–1461

Müller N (1995) Wandel von Flora und Vegetation nordalpiner Wildflußlandschaften unter dem Einfluß des Menschen. Ber Akad Nat schutz Landsch pfl 19:125–187

Müller N, Schmidt KR (1991) Der Lech – Wandel einer Wildflusslandschaft. Augsburger Ökol Schr 2:1–174

Paetzold A, Yoshimura C, Tockner K (2008) Riparian arthropod responses to flow regulation and river channelization. J Appl Ecol 45:894–903

Palmer MA, Bernhardt ES, Allan JD, Lake PS, Alexander G, Brooks S, Carr J, Clayton S, Dahm CN, Shah JF, Galat DL, Loss SG, Goodwin P, Hart DD, Hassett B, Jenkinson R, Kondolf GM, Lave R, Meyer JL, O'Donnell TK, Pagano L, Sudduth E (2005) Standards for ecologically successful river restoration. J Appl Ecol 42:208–217

Pander J, Geist J (2013) Ecological indicators for stream restoration success. Ecol Ind 30:106–118

Pander J, Müller M, Geist J (2015) A comparison of four stream substratum restoration techniques concerning interstitial conditions and downstream effects. River Res Appl 31:239–255

Pander J, Müller M, Sacher M, Geist J (2016) The role of life history traits and habitat characteristics in the colonisation of a secondary floodplain by neobiota and indigenous macroinvertebrate species. Hydrobiologia 772:229–245

Patt H (2015) Fließgewässer- und Auenentwicklung. Grundlagen und Erfahrungen. Springer, Berlin

Patt H, Jürging P, Kraus W (2011) Naturnaher Wasserbau. Entwicklung und Gestaltung von Fließgewässern. Springer, Berlin

Pfadenhauer J (1997) Vegetationsökologie – ein Skriptum. IHW-Verlag, Eching

Pini Prato E, Comoglio C, Calles O (2011) A simple management tool for planning the restoration of river longitudinal connectivity at watershed level: priority indices for fish passes. J Appl Ichthyol 27:73–79

Poschlod P (2015) Geschichte der Kulturlandschaft – Entstehungsursachen und Steuerungsfaktoren der Entwicklung der Kulturlandschaft, Lebensraum- und Artenvielfalt in Mitteleuropa. Ulmer, Stuttgart

Pottgieser T, Sommerhauser M (2004) Fließgewässertypologie Deutschlands. Die Gewässertypen und ihre Steckbriefe als Beitrag zur Umsetzung der EU-Wasserrahmenrichtlinie. In: Steinberg C, Calmano W, Klapper H, Wilken WD (Hrsg) Handbuch Angewandte Limnologie 19, Ergänzungslieferung. ecomed-Verlag, Landsberg

Prominski M, Stokman A, Zeller S, Stimberg D, Voermanek H (2012) Fluss.Raum.Entwerfen: Planungsstrategien für urbane Fließgewässer. Birkhäuser, Basel

Reichholf JH (2005) Ökologische und naturschutzfachliche Problematik längerfristiger Entwicklungen in Stauräumen: Fallbeispiel Europareservat Unterer Inn. Nat Tirol 12:144–157

Schade U, Jedicke E (2011) Entwicklung und Implementierung eines Monitoringkonzepts zur Erfolgskontrolle von Fließgewässer-Revitalisierungen im Biosphärenreservat Rhön. Limnol Aktuell 13:103–122

Scheifele M (1955) Der sterbende und versteppende Auewald am Oberrhein. Forstmann Bad Württ 9:7–8

Schiechtl HM, Stern R (1994) Handbuch für den naturnahen Wasserbau. Österreichischer Agrarverlag, Wien

Schnitzler A, Hale BW, Alsum EM (2007) Examining native and exotic species diversity in European riparian forests. Biol Conserv 138:146–156

Schönborn W, Risse-Buhl U (2013) Lehrbuch der Limnologie. Schweizerbart, Stuttgart

Seibert P (1962) Die Auenvegetation an der Isar nördlich von München und ihre Beeinflussung durch den Menschen. Landsch pfl Veg kde 3:1–123

Shields FD, Copeland RR, Klingeman PC, Doyle MW, Simon A (2003) Design for stream restoration. J Hydraul Eng 129:575–584

Soulsby C, Youngson AF, Moir HJ, Malcolm IA (2001) Fine sediment influence on salmonid spawning habitat in a lowland agricultural stream: a preliminary assessment. Sci Total Environ 265(1–3):295–307

Stammel B, Cyffka B, Geist J, Müller M, Pander J, Blasch G, Fischer P, Gruppe A, Haas F, Kilg M, Lang P, Schopf R, Schwab A, Utschik H, Weissbrod M (2012) Floodplain restoration on the Upper Danube (Germany) by re-establishing water and sediment dynamics: a scientific monitoring as part of the implementation. River Syst 20:55–70

Steffen K, Becker T, Herr W, Leuschner C (2013) Diversity loss in the macrophyte vegetation of northwest German streams and rivers between the 1950s and 2010. Hydrobiologia 713:1–17

Strobl K, Wurfer AL, Kollmann J (2015) Ecological assessment of different riverbank revitalisation measures to restore riparian vegetation in a highly modified river. Tuexenia 35:177–194

Tockner K, Robinson C, Uehlinger U (2008) Rivers of Europe. Elsevier, London

Umweltbundesamt (2009) Daten zur Umwelt. Der Zustand der Umwelt in Deutschland. E. Schmidt, Berlin

Vannote RL, Minshall GW, Cummins KW, Sedell JR, Cushing CE (1980) The river continuum concept. Can J Fish Aquat Sci 37:130–137

Ward JV, Tockner K (2001) Biodiversity: towards a unifying theme for river ecology. Freshw Ecol 46:807–819

Ward JV, Tockner K, Schiemer F (1999) Biodiversity of floodplain river ecosystems: ecotones and connectivity. Regul Rivers Res Mgmt 15:125–139

WHG (2002) Wasserhaushaltsgesetz. BGBl. I Nr. 59 vom 23.08.2002

Zingraff-Hamed A, Greulich S, Pauleit S, Wantzen KM (2017) Urban and rural river restoration in France: a typology. Restor Ecol 25:994–1004

Stillgewässer

Johannes Kollmann

© Springer-Verlag GmbH Deutschland, ein Teil von Springer Nature 2019
J. Kollmann et al., *Renaturierungsökologie*, https://doi.org/10.1007/978-3-662-54913-1_10

Zusammenfassung

Stillgewässer wurden seit der frühesten Besiedlung Mitteleuropas für Fischerei und Jagd, Transport, Wasserversorgung und Abwasserentsorgung genutzt. Im Mittelalter entstanden viele Stillgewässer neu als Mühlenweiher oder Fischteiche, die einen besonderen naturschutzfachlichen Wert entwickelt haben. Im 20. Jahrhundert kam es zu einer starken Eutrophierung der Gewässer durch Haushaltsabwässer, die heute aber zum größten Teil durch Ringkanalisation und Kläranlagen aufgefangen werden. Diffuse Einträge aus der Landwirtschaft sind dagegen oft noch problematisch. Auch durch Freizeitnutzung und Bebauung der Ufer kommt es zu Beeinträchtigungen. Bei der Renaturierung von Stillgewässern und ihren Ufern sind vor allem die Reduktion der Nährstoffbelastung und der Versauerung sowie die Wiederherstellung einer naturnahen Uferdynamik und standortgemäßen Vegetation von Bedeutung. In vielen Fällen sind aber die einst verschwundenen Pflanzen- und Tierarten noch nicht zurückgekehrt und müssen gezielt eingebracht werden. Zukünftige Herausforderungen für Stillgewässer sind invasive Neophyten und Neozoen sowie die Auswirkungen des Klimawandels.

10.1 Grundlagen der Stillgewässerökologie

10.1.1 Gliederung und Prozesse der Stillgewässer

Mitteleuropa ist reich an natürlichen sowie von Menschen angelegten Stillgewässern. Man unterscheidet Seen, die im Durchschnitt über 10 ha groß und über 2 m tief sind, von den kleineren und flacheren Weihern und den nur temporär wasserführenden Tümpeln (Schönborn und Risse-Buhl 2013, S. 371). Teiche sind ablassbar und wurden bereits seit dem Mittelalter fischereiwirtschaftlich oder als Wasserreservoir für Mühlen genutzt. Heute dienen sie oft der Abwasserreinigung, als Feuerlöschreservoir oder Gewässer in Landschaftsparks und Gärten. Insbesondere die Seen sind je nach Ufer- bzw. Grundnähe in verschiedene ökologische Zonen mit entsprechenden Lebensgemeinschaften gegliedert (▫ Abb. 10.1). So ist das Pelagial der vom Gewässergrund unbeeinflusste Freiwasserbereich, während als Benthal der Bereich des Gewässerbodens bezeichnet wird; die uferferne, kalte und dunkle Tiefenzone ist das Profundal. Der Uferbereich besteht aus der Wechselwasserzone zwischen Hoch- und Niedrigwasser, dem Eulitoral, sowie der dauerhaft wasserbedeckten Zone, dem Sublitoral. Die obere, im Sommer erwärmte und stärker bewegte Wasserschicht wird Epilimnion (Oberflächenwasser) genannt, und die tiefere Wasserschicht mit konstanterer Temperatur Hypolimnion (Tiefenwasser). Dazwischen gibt es eine Sprungschicht (Metalimnion) mit einem deutlichen Temperaturgradienten, der zu Veränderungen weiterer physikalischer und gewässerchemischer Eigenschaften führt.

Auch bei den Lebensgemeinschaften gibt es charakteristische Unterschiede innerhalb eines Stillgewässers (Schönborn und Risse-Buhl 2013, S. 266). Es wird unterschieden zwischen dem auf oder unter der Wasseroberfläche lebenden Neuston und den frei auf oder unter der Wasseroberfläche treibenden makroskopischen Lebewesen, dem Pleuston. Dazu gehören nicht nur Pflanzen wie die Wasserlinsen, sondern auch Tiere wie der Wasserläufer auf sowie Mückenlarven dicht unter der Wasseroberfläche. Im Wasser schwebende Organismen mit geringer oder fehlender Eigenbewegung nennt man Plankton. Die Tiere im Freiwasser mit aktiver Bewegung gehören zum Nekton und die am Gewässergrund vorkommenden Organismen zum Benthos. Im Sublitoral wachsen in großer Tiefe submerse Makrophyten, im flacheren Wasser dagegen Schwimmblattpflanzen. Im Eulitoral treten Röhrichte mit einem landseitigen Gürtel an Seggenrieden auf (▫ Abb. 10.1). Darauf folgen Weidengebüsche und überschwemmungstolerante Baumarten und schließlich in weiten

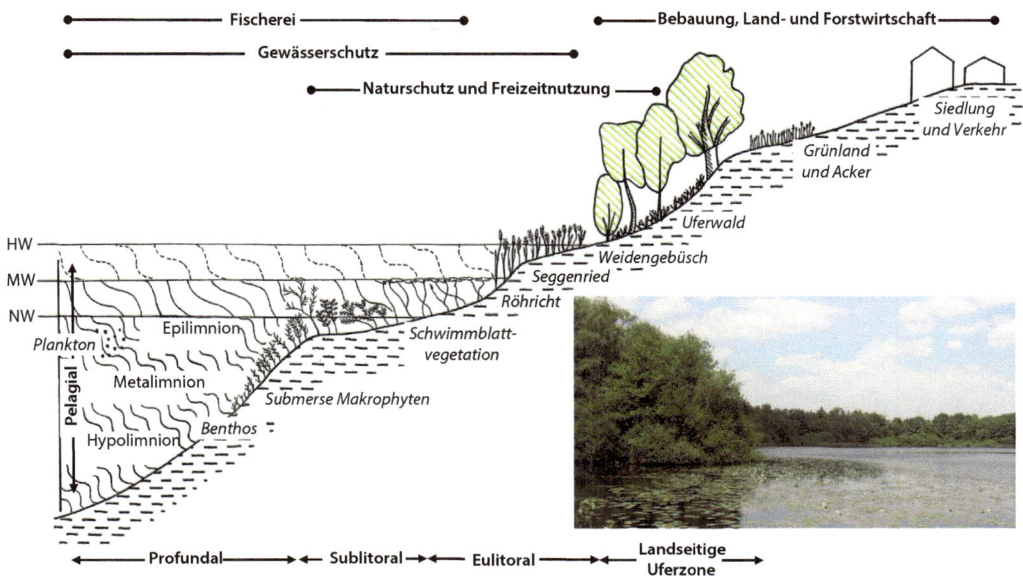

Abb. 10.1 Schwerpunkte der menschlichen Nutzung von Stillgewässern (oben, fett), Lebensgemeinschaften (kursiv), Teillebensräume sowie ökologische Zonen (unten, fett) und ihrer Ufer (HW = Hochwasser, MW = Mittelwasser, NW = Niedrigwasser). Als Beispiel der mesotrophe Darnsee bei Bramsche, der eine klare Zonierung mit Schwimmblattzone, Weiden-Gagelgebüsch und einem Erlen-Birkenbruchwald zeigt

Teilen Mitteleuropas die zonale Vegetation der Buchenwälder (Ellenberg und Leuschner 2010, S. 485).

Mit zunehmender Tiefe nimmt die Lichtintensität im Wasser stark ab, wobei besonders langwelliges, rotes Licht bereits in den oberen Wasserschichten herausgefiltert wird, während das kurzwellige, blaue Licht am tiefsten eindringt (Schönborn und Risse-Buhl 2013, S. 241). Die Eindringtiefe des Lichts in Stillgewässer nimmt zusätzlich durch verschiedene Trübstoffe ab, z. B. anorganische Schwebstoffe, Huminstoffe oder Algen. Zu Letzteren gehören insbesondere das Phytoplankton, das durch Chlorophyll rotes und blaues Tageslicht besonders stark herausfiltert. Viele Algenarten besitzen Begleitpigmente, die weitere Anteile des Lichts absorbieren (Yentsch 1980). In der sogenannten Kompensationstiefe stehen nur noch etwa 1 % des Tageslichts zur Verfügung und es herrscht ein Gleichgewicht zwischen Sauerstoffproduktion und -verbrauch – dasselbe gilt für die CO_2-Aufnahme und -Abgabe; darüber befindet sich die (durchlichtete) photische Zone und darunter die aphotische Zone, in der das Licht für die Photosynthese der Pflanzen nicht mehr ausreicht. Die meisten mitteleuropäischen Stillgewässer sind im Sommer aufgrund des vertikalen Temperaturgradienten geschichtet, der einen Dichtegradienten zur Folge hat, denn warmes (leichtes) Wasser schwimmt auf. Wegen der sogenannten Dichteanomalie des Wassers, mit höchster Dichte bei 4 °C, fällt das Wasser der untersten Schicht der Stillgewässer nie unter diese Temperatur, und im Winter stellt sich eine umgekehrte Schichtung mit einer Eisschicht an der Gewässeroberfläche ein.

Im Sommer sind die obersten Meter des Wasserkörpers am wärmsten. In großen Seen können sogar die oberen 5–8 m im Hochsommer einheitliche Temperaturen von mehr als 20 °C erreichen, erst darunter beginnt die Sprungschicht (Abb. 10.2). In nährstoffreichen Gewässern ist der pH-Wert

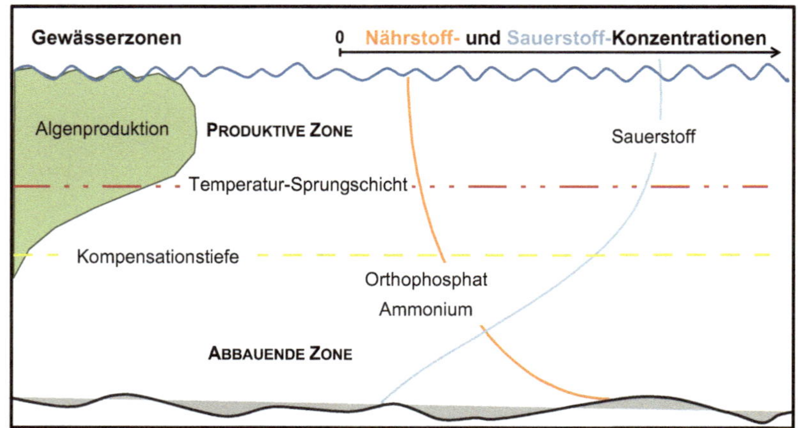

Abb. 10.2 Vertikale Struktur der physikalischen und chemischen Eigenschaften sowie der Produktivität eines eutrophen Sees mit Sprungschicht. Die horizontale Achse mit Pfeil gibt die relative Nährstoff- und Sauerstoffkonzentration im Gewässerprofil an

oberhalb der Sprungschicht etwas höher, während die Konzentration von gelöstem anorganischem Kohlenstoff niedriger ist. Die Verfügbarkeit des für pflanzliches Wachstum wichtigen CO_2 sinkt mit steigendem pH, wobei Pflanzen in Hartwasserseen auch HCO_2^- für die Photosynthese nutzen können und der pH-Wert durch das Kalk-Hydrogenkarbonat-Kohlensäure-Gleichgewicht gepuffert wird (Schwoerbel und Brendelberger 2013, S. 122). Aufgrund von Winddurchmischung gelangt atmosphärischer Sauerstoff in das warme Epilimnion. Zusätzlich wird das lichtdurchflutete Oberflächenwasser (trophogene Zone) tagsüber durch die Photosynthese der Pflanzen mit Sauerstoff angereichert. In tieferen Bereichen, der tropholytische Zone der Stillgewässer, ist es zu dunkel für Pflanzenwachstum – dort fällt viel abgestorbenes organisches Material an, sodass Sauerstoffmangel auftreten kann. Stickstoff steht dann oberhalb der Sprungschicht in oxidierter Form als Nitrat zur Verfügung, während er im sauerstoffarmen Tiefenwasser in seiner reduzierten Form als Ammonium vorliegt. Orthophosphat kommt in Süßwasserökosystemen im Verhältnis zu den anderen Nährstoffen stets am wenigsten vor und ist damit ein limitierender Faktor, das heißt der Gehalt an dieser Ressource bestimmt die Produktivität des Gewässers. Da Orthophosphat dem Oberflächenwasser durch die Primärproduktion entzogen und bei den Abbauprozessen im Tiefenwasser wieder freigesetzt wird, nimmt sein Gehalt mit der Tiefe zu (Schönborn und Risse-Buhl 2013, S. 247 f.; siehe auch ▶ Kasten 10.2).

In den meisten Seen Mitteleuropas kommt es im Herbst und im Frühjahr zu einer Durchmischung der Wasserschichten, wodurch Sauerstoff in tiefere Lagen und Nährstoffe nach oben gebracht werden; diese Seen sind dimiktisch (Schönborn und Risse-Buhl 2013, S. 232). Manche Seen zeigen eine unvollständige Durchmischung, andere Stillgewässer sind mono- (z. B. Bodensee) oder polymiktisch wie viele Flachwasserseen. Im Winter schwimmt kaltes Wasser über dem wärmeren Tiefenwasser auf, wodurch ein Durchfrieren der Seen ausbleibt und Pflanzen und Tiere in den tiefen Wasserschichten überdauern können. In nährstoffarmen Gewässern sind die vertikalen Gradienten der Nährstoffkonzentrationen und Lichtverfügbarkeit weniger deutlich (Ellenberg und Leuschner 2010, S. 489 f.).

Trophische Interaktion, sogenannte Nahrungsnetze, bestimmen den ökologischen Zustand der Gewässer (Schönborn und Risse-Buhl 2013, S. 201). Die Grundlage der Nahrungspyramide bilden das Phytoplankton, die Aufwuchsalgen sowie die Makrophyten. In der Nahrungspyramide der Gewässer sind die Aufwuchsalgen oft wichtiger als die Makrophyten, während die Makrophyten eine große Bedeutung als Strukturbildner für die Lebensgemeinschaften haben. Die Primärproduzenten werden gefressen von omnivorem Zooplankton (Ciliaten, Dinoflagellaten, Crustaceen etc.) und Herbivoren, z. B. Schnecken. Darauf bauen karnivore Planktonarten, Friedfische und Mollusken auf, von denen sich wiederum Raubfische, Haubentaucher und Kormorane ernähren. See- und Fischadler sowie Fischotter stehen an der Spitze der Nahrungspyramide mitteleuropäischer Seen. Nach dem Tod werden alle Organismen von sogenannten Destruenten, unter anderem Pilze und Bakterien, abgebaut und damit Teil des partikulären und gelösten organischen Kohlenstoffs der Gewässer.

10.1.2 Hydrochemische Stillgewässertypen

Die Stillgewässer unterscheiden sich deutlich bezüglich ihrer Nährstoffversorgung (◘ Tab. 10.1). Die „Trophie“ ist ein Maß für die in Gewässern durch Primärproduktion

◘ **Tab. 10.1** Hydrochemische Gliederung mitteleuropäischer Stillgewässer mit Kurzbeschreibung der See- und Ufervegetation. (nach Pfadenhauer 1997 und Ellenberg und Leuschner 2010)

Trophiegrad	pH	Gesamt-N (mg l^{-1})	Gesamt-P (mg l^{-1})	Leitfähigkeit (µs s^{-1})	Seevegetation	Ufervegetation
Dystroph	<5	<0,4	<0,01	<100	Schwingrasen u. a. mit Torfmoosen	Zwischenmoor mit Wollgras
Sauer-oligotroph	4–7	<0,4	<0,01	<100	Unterwasserrasen aus Armleuchteralgen und Brachsenkraut	Strandlingsgesellschaften, Zwischenmoor (Fadenseggenried)
Kalk-oligotroph	<7	<0,4	<0,01	<100	Unterwasserrasen aus Armleuchteralgen	Schilf und Schneidried
Mesotroph	5–7	<1,0	<0,5	<200	Seerosen sowie kleinblättrige Laichkräuter	Schilf- und Teichsimsenröhrichte
Eutroph	6–7	<2,0	<0,5	200–400	Dichte Schwimmblatt-decken, großblättrige Laichkräuter	Dichte Schilfröhrichte mit Wasserschwaden und Rohrkolben
Hyper(poly)troph	>7	>2,0	>2,0	>400	Hornblatt und Teichfaden	Wasserschwaden- und Rohrkolbenröhrichte

entstehende Biomasse und hängt vom Nährstoffgehalt eines Gewässers ab. Die Produktivität der Tieflandseen wird durch die Phosphorversorgung bestimmt, aber auch Stickstoff und Silizium können begrenzend sein (Schönborn und Risse-Buhl 2013, S. 251, 260). Andere Größen, die die Trophie beeinflussen, sind die Temperatur, die Lichtverfügbarkeit und Wasserbewegung des Gewässers. Trophiestufen werden beschrieben durch die Konzentration von Gesamtphosphor und Chlorophyll-a sowie die Sichttiefe (LAWA 2002). Letztere wird mit einer weißen Secchi-Scheibe gemessen, die 20–50 cm Durchmesser hat und an einem Band senkrecht im Gewässer abgesenkt wird, bis sie nicht mehr zu sehen ist. Die Transparenz eines Gewässers, ausgedrückt durch die sogenannte Secchi-Tiefe, korreliert mit der Algentrübe und folglich mit der Nährstoffversorgung. Sehr nährstoffarme Gewässer haben eine geringe Trophie und werden oligotroph genannt, Seen mit mittlerem Nährstoffangebot sind mesotroph, nährstoffreiche Gewässer eutroph, sehr nährstoffreiche polytroph und extrem nährstoffreiche hypertroph (Schwoerbel und Brendelberger 2013, S. 141 f.). In oligo- und mesotrophen Gewässern dominieren Unterwasserpflanzen, in eu- und hypertrophen Gewässern dagegen Schwimmblatt- und Röhrichtpflanzen. Je nährstoffreicher ein Gewässer ist, desto höher ist die Dichte der Schwimmblattvegetation und des Phytoplanktons im Epilimnion, sodass nur noch wenig Licht in tiefere Gewässerschichten gelangt. Die Zunahme der sauerstoffzehrenden Überproduktion an Biomasse führt zur Bildung von Faulschlamm.

Eine weitere Untergliederung der Stillgewässer kann nach dem pH-Wert und dem Huminstoffgehalt erfolgen (Ellenberg und Leuschner 2010, S. 493): Saure oder basische Seen sowie Klarwasserseen sind gegenüber dystrophen, huminsäurereichen Gewässern der Moore und Bruchwälder (Braunwasserseen) oft reich an Zooplankton. Eine fischökologische Gliederung unterscheidet zwischen dem Salmoniden-, Hecht-Schlei-, Zander- und Brachsensee (Schönborn und Risse-Buhl 2013, S. 307).

Dystrophe Stillgewässer sind sauer-oligotroph mit hohem Huminsäureanteil im Wasser und geringer Primärproduktion der spezialisierten Pflanzenarten. Dieser Gewässertyp kommt als Heidetümpel oder in Hochmooren vor. Wie bei allen anderen Gewässertypen entwickelt sich eine Zonierung, also eine räumliche Abfolge charakteristischer Pflanzengesellschaften entlang eines ökologischen Gradienten von der Freiwasserzone bis zur terrestrischen Ufervegetation. Uferfern gibt es Schwimmdecken aus *Sphagnum cuspidatum* und *Juncus bulbosus*; am Gewässergrund findet sich Torfschlamm ohne wesentliches Pflanzenwachstum. Die Ufervegetation wird von einer *Eriophorum angustifolium*-Gesellschaft gebildet, die über Rhizome sehr dichte Bestände bildet. Darauf folgt ein Übergangsbereich auf Torfen mit *Sphagnum papillosum* und *S. fallax* mit angrenzender Vegetation der Hochmoorbulte (Erico-Sphagnetum magellanici).

Oligotrophe Stillgewässer sind sehr unterschiedlich ausgebildet, je nachdem ob saure oder schwach basische Verhältnisse vorliegen. Hohe pH-Werte sind in der Regel durch viel Karbonat bedingt (vor allem in Kalkgebieten), wodurch Phosphat so gut wie nicht pflanzenverfügbar ist. Oligotrophe Gewässer sind meistens sehr klar und erlauben dadurch auch am Grund Pflanzenbewuchs von Armleuchteralgen. Im Uferbereich kalk-oligotropher Seen wachsen *Nymphaea alba* und *Potamogeton gramineus*, am Ufer *Cladium mariscus* und (wenig vital) *Phragmites australis*. Bis in große Tiefen gedeihen verschiedene *Chara*-Arten (oligotraphent sind z. B. *Chara fragilis* und *C. hispida*). In oligotroph-sauren Seen kann *Lobelia dortmanna* ufernah eine besondere Gesellschaft bilden, die in Mitteleuropa sehr selten geworden ist. Die Unterwasserrosetten dieser Art sind konkurrenzschwach und empfindlich gegenüber Verschlammung und Austrocknung. Am Ufer kommt *Littorella uniflora* vor, und daran anschließend Kleinseggenriede der Klasse Scheuchzerio-Caricetea.

Mesotrophe Stillgewässer haben eine ausgeprägte Schwimmblattvegetation, vor allem von *Nymphaea alba*. Ufernah finden sich Laichkrautgesellschaften von *Potamogeton perfoliatus*, *P. filiformis* und *Myriophyllum spicatum*, daran anschließend *Phragmites*-Röhricht mit *Menyanthes trifoliata* auf Gyttja und schließlich Bestände von *Carex rostrata*. Am Ufer folgen Gebüsche aus *Frangula alnus*, *Myrica gale* und *Salix cinerea* sowie ein Übergang zu einem Bruchwald mit *Betula pubescens*, also mit eher sauer-nährstoffarmen Verhältnissen (◘ Abb. 10.1).

Eutrophe Stillgewässer sind vergleichsweise häufig und weisen je nach Gewässertrübung eine ausgeprägte Unterwasservegetation auf, unter anderem mit *Hippuris vulgaris*, *Potamogeton pectinatus und P. crispus* sowie etwas näher am Ufer Schwimmblattgesellschaften mit *Nuphar lutea* und *Nymphaea alba*. *Nymphaea alba* kommt also in fast allen Trophiestufen vor, *Nuphar lutea* tendiert dagegen zu etwas höherer Trophie; bei beiden Arten nimmt jedoch der Blattflächenindex mit steigender Trophie zu. Vor dem Röhrichtgürtel mit *Phragmites australis*, *Typha latifolia* und *Schoenoplectus lacustris* tritt die *Ranunculus circinatus*-Gesellschaft auf. Am Ufer entwickeln sich – besonders ausgeprägt bei starken Wasserstandschwankungen – hohe Horste von *Carex elata*. Auf den im Zuge der Seenverlandung entstandenen Torfen folgen Weidengebüsche und schließlich Erlenbruchwälder mit *Alnus glutinosa* (vgl. ► Kap. 11).

Die Freiwasserzone eines hypertrophen Stillgewässers wird von *Ceratophyllum demersum*-Beständen eingenommen und treibenden Decken von *Lemna minor* und *L. gibba*, im Sublitoral dominiert auf Faulschlamm (Sapropel) die Unterwasserpflanze *Zannichellia palustris*. Das Röhricht wird von *Glyceria maxima* gebildet, worauf eine *Bolboschoenus maritimus*-Gesellschaft folgt.

10.1.3 Pflanzen der Stillgewässer

Herausforderungen für Organismen der Stillgewässer sind die geringe Löslichkeit von Gasen (besonders bei hohen Temperaturen), die hohe Dichte und der hohe Diffusionswiderstand von Wasser sowie starke Schwankungen der Nährstoffgehalte (Larcher 2001). Daher entwickeln Wasserpflanzen (Hydrophyten) oft einen sehr fein zergliederten Bau, eine Nährstoffaufnahme über Spross und Blätter sowie schwammige Gasleitungsgewebe (Aerenchyme). Problematisch ist auch die mit der Gewässertiefe kontinuierlich abnehmende Lichtverfügbarkeit.

Mit abnehmender Sichttiefe und niedrigerem pH-Wert nimmt daher die Zahl der Pflanzenarten in mitteleuropäischen Seen ab. Deshalb wirken sich auch hohe Nährstoffkonzentrationen negativ auf die Biodiversität aus (Ellenberg und Leuschner 2010, S. 486). In oligotrophen Gewässern sind fast alle Wasserpflanzen nährstofflimitiert, bei mittlerer Nährstoffversorgung dominieren untergetauchte Makrophyten und epiphytische Algen, während bei sehr starker Nährstoffversorgung Phytoplankton sowie Schwimmblatt- und Uferpflanzen (Helophyten) überwiegen, die die Unterwasservegetation beschatten.

Makrophyten tragen wesentlich zum Stoffhaushalt bzw. zur Entwicklung der Biozönosen von Stillgewässern bei, unter anderem durch die Sauerstoffbildung, durch das Ausfiltern von Sedimenten, durch eine Beruhigung der Strömung und als Habitat für viele Tierarten. Sie reagieren wegen ihrer offenen Organisation sehr empfindlich auf Änderungen der Eigenschaften der Stillgewässer, eignen sich hervorragend als Bioindikatoren zur Abschätzung der Gewässertrophie (Melzer 1999) und werden daher zusammen mit Diatomeen (Seele et al. 2000) für entsprechende Bewertungsindices verwendet (z. B. Schaumburg et al. 2014).

Die wichtigsten Gruppen der Gewässerpflanzen werden in ◘ Abb. 10.3 vorgestellt: 1) freischwimmende Arten ohne oder mit Schwimmblättern *(Hottonia palustris* und *Hydrocharis morsus-ranae)*, 2) im Gewässerboden wurzelnde Arten mit reinen Unterwasserblättern (*Isoëtes*- oder *Ceratophyllum*-Arten) oder Schwimmblättern *(Nymphaea alba)* sowie

10

Abb. 10.3 Typische Pflanzenarten der Stillgewässer: **a** *Persicaria amphibia* und **b** *Nymphaea alba* in der Schwimmblattzone; in der Wechselwasserzone treten **c** *Hottonia palustris,* **d** *Carex elata* und **e** *Iris pseudacorus* auf; eutrophe Stillgewässer haben ausgedehnte Röhrichte mit **f** *Typha latifolia* und **g** *Phragmites australis;*, Ufergebüsche mit **h** *Salix cinerea* und Bruchwälder mit **i** *Alnus glutinosa*

amphibisch lebende Pflanzen *(Persicaria amphibia)* und 3) Uferpflanzen, die auch unter Wasser assimilieren *(Iris pseudacorus)* oder dies nur über Wasser können *(Phragmites australis)*. Am Ufer kommen grasartige Sumpfpflanzen vor *(Carex elata)*, Sträucher *(Salix cinerea)* und Bäume *(Alnus glutinosa)*.

10.1.4 Ökosystemdienstleistungen der Stillgewässer

Stillgewässer stellen viele verschiedene Ökosystemdienstleistungen zur Verfügung, denn Süßwasser ist auch in Mitteleuropa eine zumindest lokal und zeitweise begrenzte Ressource. Die Gewässer dienen der Gewinnung von Trinkwasser, zur Bewässerung landwirtschaftlicher Kulturen, dem Fischfang, der Jagd, zum Gütertransport und der Erholung. Mit ihren unterschiedlichen Zonen sind sie insgesamt gesehen vergleichsweise artenreiche Ökosysteme mit hohen Anteilen seltener und gefährdeter Arten, sorgen für ein ausgeglichenes Lokalklima, dienen als Puffer im Landschaftswasserhaushalt und sind wesentliche Senken für Kohlenstoff und Nährstoffe.

Wegen ihrer großen Bedeutung für den Natur- und Umweltschutz sind fast alle Stillgewässertypen außer den poly- und hypertrophen Gewässern innerhalb der EU als Lebensraumtypen des Anhangs I der FFH-Richtlinie besonders geschützt (EU 1992) und werden im Zuge der Umsetzung der Wasserrahmenrichtlinie regelmäßig hinsichtlich ihrer Qualität untersucht (WRRL 2000).

Die Ufer der Stillgewässer zeichnen sich durch starke ökologische Gradienten aus und sind entsprechend artenreich sowie von hohem naturschutzfachlichen Wert. An vielen Gewässern gibt es daher konkurrierende Ansprüche der Fischerei, des Gewässer- und Naturschutzes, der Landwirtschaft, der Freizeitnutzung, der Siedlungen und des Verkehrs (■ Abb. 10.1). Ein Abwägen zwischen diesen Ansprüchen ist eine große Herausforderung für die Landschaftsplanung (Grünberg 2016).

10.2 Anthropogene Eingriffe in Stillgewässer

10.2.1 Veränderungen der Gewässer

Die Belastung der Gewässer wurde von Sondergaard und Jeppesen (2007) zusammengefasst. Die Menschen in Mitteleuropa haben die Stillgewässer und ihre Ufer spätestens seit der Jungsteinzeit lokal intensiv genutzt – zunächst vor allem durch Rodung, Fischerei und Jagd, Gütertransport und Verkehr, Wasserversorgung und Abwasserentsorgung sowie als geschützten Siedlungsplatz, wie die Feuchtbodensiedlungen vieler Voralpenseen deutlich zeigen (Küster 1995, S. 99). Wasser- und Uferpflanzen wurden als Nahrungsmittel *(Trapa natans)* oder als Baumaterial *(Phragmites australis)* genutzt. Im Mittelalter waren diese Nutzungsformen besonders ausgeprägt, und Teichwirtschaft sowie Mühlenteiche wurden in vielen Regionen Mitteleuropas entwickelt (Poschlod 2015, S. 196). Zur Verringerung der Hochwassergefahr sind besonders im 19. Jahrhundert viele Stillgewässer reguliert worden. Heute zeigt der Bodensee als einziger großer Voralpensee noch weitgehend natürliche Schwankungen des Wasserstands. Er hat Hochwasser zur Zeit der Schneeschmelze im Hochgebirge, also in der Vegetationsperiode, wodurch konkurrenzarme Uferstandorte mit einer besonderen Vegetation geschaffen werden (Wilmanns 1998, S. 87), die an anderen Voralpenseen, wie dem Starnberger See, verlorengegangen sind.

Es ist zu vermuten, dass eine Verunreinigung der Stillgewässer schon im Mittelalter zumindest lokal aufgetreten ist (Dix 2011). Mit der Industrialisierung, z. B. durch Papiermühlen, Gerbereien und die sich entwickelnde chemische Industrie, trat bei manchen Seen eine massive Verschmutzung auf, die in den 1950–70er- Jahren durch nicht oder unzureichend geklärte Abwassereinleitungen und durch phosphathaltige Waschmittel einen Höhepunkt erreichte (OECD 1982). Im Gegensatz zu Punktquellen durch Abwassereinleitungen, deren Einfluss durch verbesserte Klärwerke zurückgeht, haben Belastungen durch diffuse Quellen des Nähr- und Schadstoffeintrags über Niederschlag, Erosion, Drainagen und Grundwasser unter anderem in Verbindung mit angrenzender landwirtschaftlicher Nutzung noch zugenommen (Heißenhuber et al. 2015).

Viele Stillgewässer sind negativen Effekten durch intensivierte Landnutzung im Einzugsgebiet ausgesetzt. Ackerbauliche Nutzung kann besonders zur Eutrophierung beitragen, wenn bei Erosion unter Starkregeneinfluss nährstoffreiches Feinmaterial in die Gewässer eingetragen wird. Bei Eutrophierung übersteigt der Nährstoffeintrag in ein Stillgewässer den Austrag durch Oberflächenabfluss sowie die Festlegung in den Sedimenten des Gewässers. Alle Gewässer unterliegen einer gewissen natürlichen Eutrophierung, diese ist aber durch die menschliche Nutzung massiv gesteigert worden (Schönborn und Risse-Buhl 2013, S. 433). Dabei kommt es zu Faulschlammbildung und starken Algenblüten. Seit den 1970er Jahren wurden an vielen Seen Ringkanalisationen eingerichtet und die Kläranlagen mit Phosphatfällung nachgerüstet. Zusätzlich kam die sogenannte Phosphathöchstmengenverordnung von 1980 zum Tragen (BGBl. I S. 664), die eine Verminderung der Phosphate in Wasch- und Reinigungsmitteln zum Ziel hatte. Seitdem geht die Phosphatbelastung in vielen Seen Mitteleuropas zurück (z. B. Vetter und Sousa 2012), während die Stickstoffbelastung zum Teil immer noch recht hoch ist. Viele Stillgewässer haben am Boden mächtige Faulschlammschichten akkumuliert, die bei Wiederaufwirbeln zu einer erneuten Nährstoffbelastung der Gewässer führt.

Ein weiteres wasserchemisches Problem war die Versauerung im pH-Bereich 2–5 in den 1970–80er- Jahren durch Immissionen von Schwefeldioxiden und Stickoxiden aus Verbrennungsprozessen (Schönborn und Risse-Buhl 2013, S. 484). In Mitteleuropa waren davon besonders die schwach gepufferten Seen der Altmoräne und der silikatischen Mittelgebirge betroffen. In Tagebauseen von Braunkohlelandschaften ist die Versauerung auf geologische Schichten mit Pyrit (FeS_2) zurückzuführen, der bei Kontakt mit Wasser und Luftsauerstoff zu Eisenhydroxid und Schwefelsäure oxidiert (▶ Kap. 23). Neuere Umweltprobleme der Stillgewässer entstehen durch Mikroplastik und hormonanaloge Substanzen sowie durch den Klimawandel, der zu Massenentwicklungen von giftigen Cyanobakterien führen kann (Bormans et al. 2016). Der Klimawandel bewirkt durch Starkregen im Frühsommer zunehmende Einträge von Nährstoffen in Gewässer (Vetter und Sousa 2012) sowie eine Umwandlung von dimiktischen in monomiktische Stillgewässer (Ficker et al. 2017).

Im 20. Jahrhundert kam es zur regionalen Ausrottung von Arten, die an der Spitze der Nahrungspyramide stehen, wie dem Fischotter, Fischadler, Seeadler, Graureiher, Gänsesäger und Kormoran, und damit zur Dezimierung der potentiellen Konkurrenten der Fischer und Jäger (z. B. Burmeister und Nickl 2014). Diese Entwicklung hat zu veränderten Nahrungsnetzen der Seen geführt mit einer stellenweise sehr starken Vermehrung von Friedfischen, die ihrerseits das Zooplankton dezimierten. Aufgrund des Rückgangs dieser Organismengruppe, die sich von Phytoplankton ernährt, kam es zu Algenblüten und damit zur Trübung der Gewässer. In den vergangenen Jahrzehnten haben sich die Bestände dieser Beutegreifer aber deutlich erholt und der Prozess hat sich umgekehrt. In jüngerer Zeit sind Freizeitaktivitäten sowie Naturschutz wesentliche Nutzungen der Stillgewässer geworden, die immer wieder zu Konflikten führen. Dazu gehören auch Überfischung, Besatz mit Fischen und Fischfütterung durch Angler sowie Einwanderung invasiver Neophyten und Neozoen.

10.2.2 Veränderungen der Seeufer

Auch die Ufer der Stillgewässer sind historisch stark beeinträchtigt worden (■ Abb. 10.4a, c). Viele Seeufer sind heute in einem unbefriedigenden Zustand, vor allem wenn landwirtschaftliche Intensivnutzung, Bebauung oder Freizeitnutzung bis an den See heranreichen (Ostendorp et al. 1995). Campingplätze, Bootsanlagen und befestigte Ufer sind an vielen Seen zu finden, und dadurch gehen wesentliche Elemente der reichen Biodiversität der Uferzone verloren. Anthropogen veränderte Seeufer sind zu steil, vegetationsarm und unterliegen daher unerwünschter Erosion. Sie weisen eine reduzierte Vielfalt des Makrozoobenthos auf sowie stark vereinfachte Nahrungsnetze, weil nicht mehr genügend Austausch zwischen dem Eulitoral und den angrenzenden aquatischen und terrestrischen Lebensräumen stattfindet (Brauns et al. 2011).

Starke Veränderungen der Seeufer wurden seit den 1970er- Jahren auch indirekt durch Eutrophierung verursacht. Höhere Nährstoffgehalte im Wasser erzeugten brüchigere Stängel beim Schilf, das durch Bootsverkehr und Treibgut, unter anderem Algenmatten, niedergedrückt wurde (Schönborn und Risse-Buhl 2013, S. 546). Weitere negative Faktoren waren Tierfraß und Pathogene, die wegen der klonalen Vermehrung von Schilf besonders

■ **Abb. 10.4** Degradation und Renaturierung von Stillgewässern und ihrer Ufer: **a** Bootsliegeplätze am Ellbogensee bei Priepert in Mecklenburg-Vorpommern, **b** Wiederherstellung eines dystrophen Waldteichs im Gribskov nördlich von Kopenhagen durch Blockieren der Drainage und Entfernen der angrenzenden Fichtenbestände, **c** Privatgrundstücke mit Ufermauern am Zemminsee bei Groß Köris in Brandenburg, **d** Schutzzäune zur Förderung von Schilfbeständen bei Immenstaad am Bodensee

stark wirken konnten. Während sich die terrestrischen Schilfbestände in der Regel in Abhängigkeit von der Nährstoffsituation gut entwickelten, wurde ein deutlicher Rückgang der Wasserschilfbestände gemessen. Diese sind ein wichtiger Lebensraum für viele Singvogelarten sowie Amphibien, Reptilen und Fische. Das „Schilfsterben" wurde an vielen Seen Mitteleuropas beobachtet und durch die mechanische Schädigung von Schilfhalmen in Kombination mit Hochwasser verursacht. Dadurch liefen die Schilfhalme voll Wasser und die Rhizome verfaulten großflächig, da sie nicht mehr mit Luftsauerstoff versorgt wurden. Durch den Rückgang des Wasserschilfs kam es zur Freilegung der Ufer mit entsprechender Erosion, die durch Freizeitnutzung und Bootsverkehr gesteigert wurde. Eine Neuansiedlung von Schilf findet überwiegend durch vegetative Ausbreitung statt, während die Etablierung von Sämlingen selten ist. In den vergangenen 30 Jahren haben sich die Röhrichtbestände vieler Seen aber wieder erholt (Ellenberg und Leuschner 2010, S. 539). Das wirkt sich positiv auf die Renaturierung der Seeufer aus, denn Schilf prägt ganz wesentlich den Lebensraum des Eulitorals, es fördert Sedimentation und ist ein Brutplatz für viele Vogelarten, wie Rohrdommel, Rohrweihe, Rohrammer und verschiedene Rohrsängerarten (Bogenrieder 1990).

10.3 Renaturierung von Stillgewässern

10.3.1 Grundlagen

Der Begriff Ökologische Sanierung wird bei der Renaturierung hypertropher Seen verwendet. Die Renaturierung von Stillgewässern hat in Mitteleuropa in den frühen 1970er-Jahren begonnen. Der Bedarf an aktiven Maßnahmen ist aber nach wie vor größer als beispielsweise in marinen Ökosystemen (Geist und Hawkins 2016). Zielführende Eingriffe sind zunächst eine Verringerung der Nährstoffeinträge sowie eine Kalkung zur Kompensation der Gewässerversauerung. Die EU-Wasserrahmenrichtlinie (Directive2000/60/EC) beschreibt die Referenzbedingungen für einen guten ökologischen Zustand als aktuelle oder frühere Verhältnisse, die nur durch geringe Belastungen gekennzeichnet ist, also ohne Auswirkungen der Intensivierung der Landwirtschaft, wesentlicher Industrialisierung oder Urbanisierung und mit nur sehr geringfügigen Veränderungen der physikalisch-chemischen, hydromorphologischen und biologischen Verhältnisse. Der ökologische Referenzzustand wird über die Lebensgemeinschaften der Gewässer bestimmt, unter anderem über Hydrophyten, Helophyten, Diatomeen, Makrozoobenthos und Fische (z. B. Lehmann und Lachavanne 1999). Das Ziel, diesen Zustand bis zum Jahr 2015 zu erreichen, wurde für viele Stillgewässer Mitteleuropas verfehlt und ist ohne massive Seenrenaturierung auch in Zukunft nicht realisierbar.

Kasten 10.1

Technische Maßnahmen der Renaturierung von Stillgewässern und ihrer Ufer

Im See:

- Wiederherstellung natürlicher Wasserstandschwankungen
- Nährstoffentnahme oder -immobilisierung (Fällmittel, Entschlammung)
- Tiefenwasserbelüftung und Zwangszirkulation
- Einbringen von Biomanipulatoren (z. B. Raubfische)
- Bekämpfung invasiver Neobiota

Am Seeufer und im Einzugsgebiet:

- Erosion und Sedimentation bremsen
- Abfangen von Nähr- und Schadstoffen durch Ringkanalisation, Kläranlagen, Schilfpolder
- Förderung naturnaher Ufervegetation
- Landschaftliche Kontakte zu anderen Gewässern

Die Schwerpunkte der Stillgewässerrenaturierung orientieren sich an der Liste der in Deutschland vorkommenden Lebensräume des Anhangs I der FFH-Richtlinie (EU 1992): oligotrophe, sehr schwach mineralische Gewässer der Sandebenen (Littorelletalia uniflorae, NATURA 2000-Code 3110), oligo- bis mesotrophe stehende Gewässer mit Vegetation der Littorelletea uniflorae und/oder der Isoeto-Nanojuncetea (3130), oligo- bis mesotrophe kalkhaltige Gewässer mit benthischer Vegetation aus Armleuchteralgen (3140), natürliche eutrophe Seen mit einer Vegetation des Magnopotamions oder Hydrocharitions (3150) sowie dystrophe Seen und Teiche (3160).

Die wichtigsten Renaturierungsziele sind eine Verminderung der Nährstoffbelastung und der Versauerung, naturnahe Uferzonierung, Vernetzung mit der umgebenden Landschaft und Förderung charakteristischer Arten (▶ Kasten 10.1). Die Planung von Renaturierungsprojekten sollte sich dabei nach den spezifischen Herausforderungen richten, die auch an Stillgewässer meist erst noch erhoben werden müssen (Kasten 10.2).

10.3.2 Methoden der Stillgewässerrenaturierung

Für jeden Gewässertyp und jede ökologische Funktion müssen spezifische trophische Referenzzustände definiert werden, zum Teil anhand naturnaher Gewässer, historischer Daten oder der Modellierung basierend auf Gewässergröße, hydrologischen Kennzahlen und Stoffeinträgen. Empirische Eutrophierungsmodelle können den erreichbaren Renaturierungszustand und die kritische Belastung unter den gegebenen Verhältnissen beschreiben (z. B. Steinberg et al. 2002). Wichtig sind Voruntersuchungen zum P-Eintrag aus diffusen und Punktquellen, zum P-Austrag, zur P-Sedimentation, zur mobilisierbaren P-Menge aus dem Sediment und zur P-Rücklösung. Die Probleme durch Punktquellen von Nährstoffeinträgen durch Abwässer sind durch Ringkanalisationen und die P-Entfernung in Kläranlagen technisch weitgehend gelöst, während diffuse Einträge aus landwirtschaftlicher Nutzung in vielen Gewässern Mitteleuropas noch zu hoch sind (Heißenhuber et al. 2015). Eine sinnvolle Maßnahme wäre eine extensive Landnutzung in Gewässernähe mit Grünland und Gehölzstreifen.

Kasten 10.2

Seerenaturierung durch Abbau organischer Substanz mit verschiedenen Elektronenakzeptoren

Die Produktivität von Stillgewässern hängt von ihrer Nährstoff- und Lichtversorgung ab. Der Abbau großer Mengen von Biomasse kann zu Faulschlammbildung führen, wenn die Sauerstoffversorgung des Gewässers nicht ausreicht. Dabei kommt es zu einer Orthophosphat-Rücklösung bei Reduktion zu Fe^{2+}, also den Prozessen einer Eutrophierung. Durch Belüftung oder Zugabe sauerstoffreicher Chemikalien im Benthal kann eine Renaturierung hypertropher Stillgewässer eingeleitet werden.

Sauerstoffatmung	$CH_2O + O_2 \rightarrow CO_2 + H_2O$
Denitrifikation	$5CH_2O + 4NO_3^- + 4H^+ \rightarrow 5CO_2 + 2N_2 + 7H_2O$
Sulfatreduktion	$CH_3COO^- + 2H^+ + SO_4^{2-} \rightarrow 2CO_2 + 2H_2O + HS^-$
Methanbildung	$CO_2 + 4H^+ \rightarrow CH_4 + 2H_2O$

In diesem Kapitel werden überwiegend gewässerinterne Maßnahmen vorgestellt, die jedoch alle Vor- und Nachteile haben (Bormans et al. 2016). Der P-Export kann gefördert werden durch Entschlammung oder die Tiefenwasserableitung. Die P-Sedimentation wird durch Fällungsmittel (Ca^{2+}, Fe^{3+}) erfolgen. Oxidiertes dreiwertiges Eisen (Fe^{3+}) bildet mit Phosphat eine unlösliche

Verbindung und entzieht letzteres somit nachhaltig dem Wasser. Unter anaeroben Verhältnissen liegt das Eisen in seiner reduzierten zweiwertigen Form (Fe^{2+}) vor, bei der Phosphat in Lösung geht. Daher forciert eine Tiefenwasserbelüftung oder eine Zwangszirkulation des Gewässers die Bildung von dreiwertigem Eisen und somit die Ausfällung von Phosphat. Lanthan-modifiziertes Bentonit (PhosLock®) ist ein ungiftiger, besonders wirksamer Phosphatbinder, der den Phosphatgehalt unter einen für Algen günstigen Wert drückt und so einem massenhaften Algenwachstum effektiv vorbeugt (Spears et al. 2016). Die Nährstoffrücklösung aus dem Schlamm wird verhindert, indem das Phosphat in wasserunlöslicher Form als Apatit gebunden wird.

Das Ableiten von Tiefenwasser ist nur bei geschichteten Seen wirksam und kann durch Pumpen oder mithilfe des natürlichen Gefälles durchgeführt werden. Dadurch werden düngende oder giftige Stoffe aus dem See entfernt, z. B. PO_4^{3-}, NH_4^+, H_2S und Fe^{2+}. Eine P-Fällung kann extern erfolgen, danach kann das Wasser wieder in den See zurückgeleitet werden. Ein gelungenes Beispiel ist der hypertrophe Tiefwarensee (Mecklenburg-Vorpommern), der in den Jahren 2001–2005 in einen eutrophen Zustand überführt wurde (Grüneberg et al. 2009). Die eingesetzte Methode war eine Tiefenbelüftungsanlage mit angedocktem Ponton für Fällmittel (Na-Aluminat, Calciumhydroxid), aus der 137 g Al und 153 g Ca pro m^2 Profundalsediment ins Hypolimnion appliziert wurden. Zudem wurde das Einzugsgebiet seit den 1980er-Jahren saniert. Durch diese Maßnahmen hat sich die Sichttiefe deutlich erhöht, während die Gesamtphosphatkonzentration auf einen Bruchteil abgesunken ist. Ein weiteres Beispiel zeigt ◘ Abb. 10.5.

Die Versauerung borealer oder atlantischer Weichwasserseen ist oft verbunden mit Eutrophierung, und damit eine schwierige Herausforderung für die Renaturierung (Schwoerbel und Brendelberger 2013, S. 290). Bei borealen Seen reichen meistens eine Reduktion des Nährstoffeintrags und ein leichtes Kalken der Zuflüsse um die typischen Makrophyten-Gesellschaften wiederherzustellen. Bei atlantischen Flachwasserseen, z. B. in den Niederlanden, müssen außerdem die organischen, nährstoffreichen Sedimente entfernt werden, und kontrollierte Fremdflutung mit basenreichem und nährstoffarmem Wasser ist erfolgreicher als direktes Kalken (Brouwer et al. 2002).

Bei sehr sauren Tagebauseen eignen sich Fremdflutung, chemische und biologische Behandlung zur Sanierung (Grüneberg et al. 2009). Bei der Fremdflutung mit Hydrogenkarbonat-reichem Wasser werden schwerlösliche Eisen- und Aluminiumhydroxide sowie Sulfat ausgefällt und damit neutralisiert. Außerdem kommt es zu einer Verdünnung des sauren Wassers. Eine chemische Behandlung bei akuten Versauerungsproblemen kann durch Zusatz von Calciumhydroxid erreicht werden, wobei dieselben Neutralisationsreaktionen ablaufen und zudem Carbonat und Sulfat als Kalk und Gips ausfallen. Die Verwendung von Brandkalk, Kalkmehl oder Löschkalk hat unterschiedliche Auswirkungen. Biologische Prozesse sind unter anderem eine bakterielle Sulfatreduktion mit anschließender Ausfällung von Eisensulfid (Kasten 10.2). Chemische Behandlungen wirken rasch, müssen aber meist mehrfach wiederholt werden. Fremdflutung hat eine langsamere, aber dauerhafte Wirkung, während eine biologische Sanierung erst nach rund zehn Jahren maximal wirkt (Grüneberg et al. 2009). Es kann also Jahrzehnte dauern, bis sich die gewünschten Verhältnisse einstellen, wie Rogora et al. (2016) für einen versauerten und eutrophierten Orta-See in Norditalien zeigen konnten.

Bei gleich hohem Phosphorgehalt können zwei alternativ stabile Gewässerzustände auftreten: ein algendominierter trüber See ohne Wasserpflanzen oder ein makrophytenreiches klares, planktonarmes Gewässer (Scheffer und Jeppesen 2007). Daher ist die Förderung von Makrophyten eine der wichtigsten Aufgaben der Seerenaturierung, bei der eine „Biomanipulation" nachhaltig wirksam sein kann

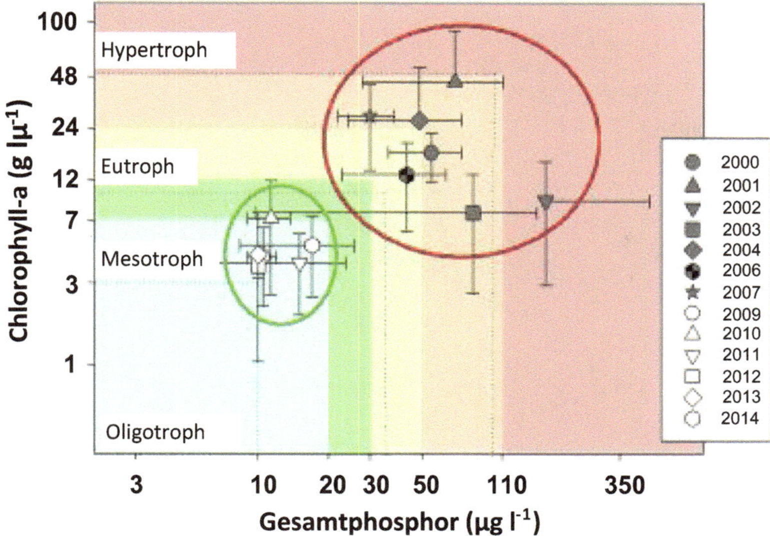

Abb. 10.5 Ökologischer Zustand des De Kuil Sees (6,7 ha, max. Tiefe 9 m) in den Niederlanden vor und nach Zugabe von $FeCl_3$ und Lanthanit-Bentonit im Epi- und Hypolimnion zur Ausfällung von Phosphat (Mai 2009). Der Nährstoffzustand des Sees wird beschrieben durch die Konzentration des Gesamtphosphors (TP) und von Chlorophyll-a als Maß der Dichte des Phytoplanktons. Die Farben folgen den Klassen der Europäischen Wasserrahmenrichtlinie (vgl. Kasten 9.1): blau, sehr guter Zustand; grün, guter Zustand; gelb, mäßiger Zustand; orange, schlechter Zustand; rot, sehr schlechter Zustand. (nach Waajen et al. 2016a)

(Jeppesen et al. 1990). Bei dieser Methode wird das Phytoplankton eu- und hypertropher Seen durch Beeinflussung der Nahrungskette reduziert, und zwar mit dem Ziel eines makrophytendominierten Zustands. Zu diesem Zweck werden Raubfische, z. B. Hecht, Zander oder Waller, eingesetzt und durch geeignete Habitate gefördert. Die Raubfische dezimieren die zooplanktivoren Friedfische (z. B. Brachsen, Rotaugen, Rotfedern); dadurch wird das Zooplankton gefördert, das wiederum das Phytoplankton (also die Algentrübe) reduziert. Wenn die Sichttiefe steigt, können Makrophyten wieder besser wachsen und bringen Sauerstoff in tiefere Schichten des Gewässers ein und bilden Verstecke für die Raubfische. Die geringere Friedfischdichte reduziert außerdem das Aufwirbeln nährstoffreicher Sedimente und damit die Phosphorkonzentration des Gewässers. Eine Alternative ist das Abfischen der Friedfische. Eine Biomanipulation hat mehr Erfolg in Flachwasserseen als in geschichteten Seen. Sie muss aber in vielen Fällen nach 8–10 Jahren wiederholt werden.

Eine weitere Möglichkeit der biologischen Gewässerreinigung stellen Muscheln dar, die in großem Umfang Feinmaterial aus dem Wasser herausfiltern (Waajen et al. 2016b). Sie können dadurch zu einer Seesanierung beitragen, und das gilt paradoxerweise besonders für invasive Neozoen mit Massenvorkommen, z. B. die Zebra- oder Quagga-Dreikantmuschel (Abb. 10.6). Während sie in anderer Hinsicht eher unerwünscht sind, konstituieren sie hier aber ein „neuartiges Ökosystem“ (▶ Kap. 25). Invasive Makrophyten wie z. B. *Najas marina* ssp. *intermedia* und *Elodea nuttallii* können im Uferbereich durch die Ausbringung von Jutematten zurückgedrängt werden (Hoffmann et al. 2013).

Nach P-Inaktivierung, Tiefenbelüftung, Injektion von Nitrat ins Hypolimnion und Biomanipulation können sich die Gesellschaften der Makrophyten vormals hyper-

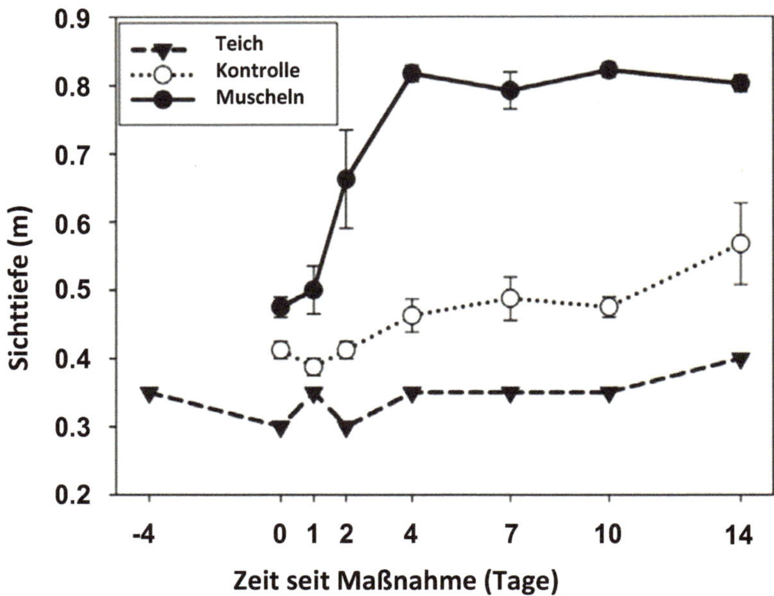

Abb. 10.6 Verbesserung der Klarheit eines urbanen Gewässers in den Niederlanden durch Quagga-Dreikantmuscheln. Die Sichttiefe in dem unbehandelten Teich sowie in einer Kontrolle mit Kammern ohne Muschelbesatz war signifikant geringer (Mittelwerte ± Standardfehler). (nach Waajen et al. 2016b)

tropher Stillgewässer wieder erholen. Die besten Effekte werden bei Kombination komplementärer Maßnahmen erreicht (Kozak und Goldyn 2016). Oft stellt sich aber nur ein Teil der ursprünglichen Vielfalt wieder ein und es gibt starke Bestandsschwankungen in den ersten Jahren nach den Renaturierungsmaßnahmen. Für einige Seen liegen mittlerweile recht lange Zeitserien der Veränderungen der abiotischen und biotischen Verhältnisse nach Renaturierung vor (Rogora et al. 2016). Nach Wiederherstellung oligotropher Zustände kommt es zu einer Abnahme der Biomasse des Phytoplanktons und einer Zunahme der Biodiversität der Seen (Özkan et al. 2016). Hierbei kann aber auch die durch den Klimawandel verursachte Erwärmung der Gewässer zu höheren Artenzahlen führen.

Bei der Wiederherstellung oligotropher Verhältnisse können aber auch Zielkonflikte mit der Fischerei auftreten, die mehr Produktivität zur Steigerung der Fangerträge z. B. im Bodensee und Chiemsee fordert (Jeppesen et al. 2005). Eine andere Thematik ist, dass mehr und mehr Stillgewässer (v. a. Fischteiche und Baggerseen) für den Naturschutz aufgekauft werden und dann ohne fischereiliche Nutzung schnell verlanden können.

Eine Verbesserung degradierter Ökosysteme ohne weitere Eingriffe wird „passive Renaturierung" genannt (▶ Kap. 2). Passive Renaturierung kann für Stillgewässer in Kiesgruben und Steinbrüchen empfohlen werden, da sich hier nach Abflachen der Ufer spontan eine artenreiche Biozönose auf nährstoffarmen und oft basenreichen Substraten einstellt (▶ Kap. 23). Dadurch entstehen wertvolle Lebensräume aus zweiter Hand, z. B. für Libellen (Dolny und Harabis 2012). Auch bei Wiederherstellung von historisch durch Dränage verkleinerten Flachwasserseen kann sich rasch eine hohe Biodiversität einstellen, wie Baastrup-Spohr et al. (2016) für einen ehemals großen Strandsee in West-Dänemark zeigen konnten. Seltene oder lokal ausgestorbene Arten treten zahlreich auf, wenn sie noch in der Samenbank oder in Restpopulationen vorhanden sind oder durch Wasservögel eingetragen werden.

10.3.3 Methoden der Seeuferrenaturierung

Ziele der Renaturierung von Seeufern sind naturnahe Wellen- und Strömungsverhältnisse sowie eine entsprechende Morphodynamik der Substrate im Sub- und Eulitoral, die zu einem ähnlichen Relief wie bei Referenzufern führen. Davon leitet sich eine zur Trophiestufe des Gewässers passende Vegetationszonierung ab, die bei der Projektplanung berücksichtigt werden sollte (► Abschn. 10.1.2). Wünschenswert sind darüber hinaus biologisch durchgängige See-Land-Übergangszonen sowie eine uferparallele Durchlässigkeit. Eine gelungene Seerenaturierung erfordert daher eine gute Anbindung an das Hinterland sowie eine entsprechende Einbettung in das Landschaftsbild. Wegen konkurrierender Nutzungsansprüche und Eigentumsgrenzen wird nicht jedes dieser Ziele in der Praxis durchsetzbar sein.

Morphologische Eingriffe an Seeufern, z. B. Blocksteinverbauung oder Aufschüttungen (◘ Abb. 10.4c), sind leichter zu beseitigen als hydrologische Veränderungen, wie Seespiegelabsenkung oder Regulierung der Zuflüsse. Passende Maßnahmen sind Abflachung der Ufer, Verringerung der Ufererosion und Förderung bestimmter Vegetationstypen. Schwimmende oder starre Barrieren wie Pontons und Palisaden verringern die Wellenenergie und können als Brutplätze für Wasservögel dienen, wobei diese technischen Einrichtungen am Seeufer oft un passend wirken (◘ Abb. 10.4d). Die uferparallele Strömung kann mit Leitwerken gebremst und damit Erosion vermieden werden. Besonders gefährdete Uferpartien sind mit Geotextilien zu sichern, die mit Baustahlmatten und Kies beschwert werden (Grüneberg et al. 2009). Wiederablagerung von Sediment kann in Kassetten aus Kokosmaterial gefördert werden, das mittelfristig abgebaut wird. Sandaufspülungen sind, vor allem im Bereich von Badestellen, eine häufig angewandte Maßnahme.

Im Siedlungsraum ist eine Abflachung der Ufer an der Landseite oft nicht mehr möglich, wenn die Bebauung bis ans Ufer reicht. In diesem Fall wird der oberste Teil der vorhandenen Uferbefestigung zurückgebaut (Grüneberg et al. 2009). Dann wird ein Kern aus unbelastetem Erdaushub oder Bauschutt vor der Ufermauer ins Wasser geschüttet und zur Stabilisierung mit gröberem Material abgedeckt, auf das standörtlich passender Sand oder Kies bis zur Hochwasserlinie aufgebracht werden. Erwünschte Pflanzenarten müssen zum Teil eingebracht werden, während die Ansiedlung invasiver Neobiota zu unterdrücken ist.

Dort wo Ufermauern nicht einfach entfernt werden können, kann der ökologische Zustand des Ufers durch Ausbringen von Totholz verbessert werden (Lorenz et al. 2015), da dadurch die Wellenenergie deutlich reduziert wird. Je nach Gewässerzustand reichen schon 5–15 % Totholz im Uferbereich eines Sees für eine Verbesserung des ökologischen Zustands von „mäßig“ zu „gut“. Totholz tritt an Seeufern je nach Windrichtung an unterschiedlichen Stellen in vielen Formen und Abbaustadien auf, die bei der Planung einer Renaturierung gezielt genutzt werden können (◘ Abb. 10.7). Besonders ältere Stadien von Totholz fördern die Habitatvielfalt und damit die Biodiversität, z. B. des Makrozoobenthos, und wirken auch als Einstand für Fische.

Konventionelle Wasserbautechnik zur Aufwertung von Seeufern sollte möglichst durch ingenieurbiologische Methoden ersetzt werden, also z. B. Schilfpflanzung aus Rhizomstücken, Weidensteckholz und Totholzflechtzäune kombiniert mit Steinsetzungen (Schiechtl und Stern 1994). Letzteres ist auch unterhalb der Mittelwasserzone möglich. Das bei solchen Maßnahmen verwendete Pflanzenmaterial sollte von demselben Gewässer stammen, um nicht falsche Arten oder lokal nicht angepasst Provenienzen ein-

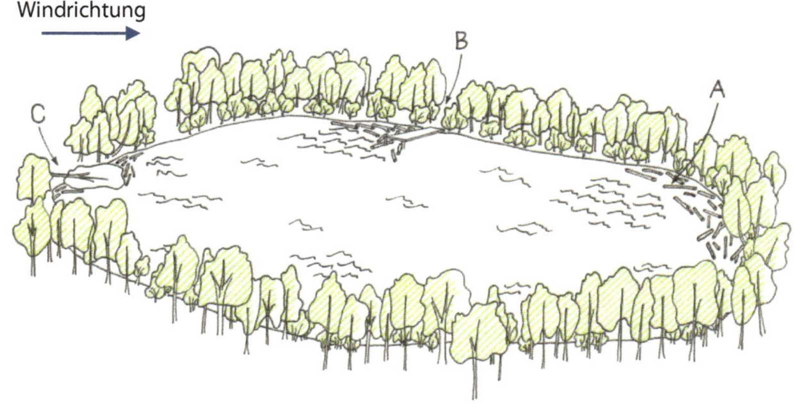

■ **Abb. 10.7** Vorkommen von Totholz am Ufer von Stillgewässern. Ansammlung am windexponierten Ufer (**A**), an Uferbauwerken (**B**) sowie an ins Wasser gestürzten Bäumen (**C**). (nach Czarnecka 2016)

zubringen. Weidenruten können in feinem Substrat als Spreitlagen, Flechtzäune oder Faschinen ausgebracht werden, bei grobem Substrat wird man Steckhölzer in die Zwischenräume setzen. Wichtig sind eine passende lokale Artenzusammensetzung und eine ungestörte naturnahe Entwicklung.

Um eine Beschädigung des Schilfgürtels am Seeufer, speziell des Wasserschilfs, durch Treibgut zu verhindern, können Zäune und schwimmende Barrieren eingerichtet werden (■ Abb. 10.4d). Wiederangesiedelte Schilfbestände sind landseitig abschnittsweise zu mähen, während auf der Seeseite das Altschilf stehenbleiben sollte, weil es die jungen Triebe gegen Wellengang schützt und bei Abschneiden die Gefahr besteht, dass das Wasser in das Rhizom eindringt. Jeder Meter Schilfgürtel reduziert die Wellenhöhe um etwa 0,25 m, und optimal wären etwa 30 m breite Schilfgürtel, was an den meisten Seen nicht mehr gegeben ist (Lorenz et al. 2015).

Von echter Seeuferrenaturierung abzugrenzen sind naturnahe Seeufergestaltung und -erschließung, bei denen die Nutzung, z. B. an Häfen oder Siedlungen, im Vordergrund stehen. Über die ökologischen Voraussetzungen und Konsequenzen einer solchen Seeuferaufwertung ist allerdings noch zu wenig bekannt.

10.4 Schlussfolgerungen

Stillgewässer sind natürliche Ökosysteme in Mitteleuropa. Sie weisen eine deutliche Tiefenzonierung auf sowie eine hohe Biodiversität im Uferbereich. Sie werden nach der Nährstoffversorgung in 4–6 Typen eingeteilt, deren Differenzierung unter anderem mithilfe von Makrophyten oder als fischökologische Seentypen erfolgt. Menschliche Eingriffe haben die Stillgewässer und ihre Ufer zwischen 1950 und 1970 stark negativ verändert. Stillgewässer werden in Mitteleuropa aber seit mehr als 40 Jahren erfolgreich saniert. In jüngerer Zeit haben Kläranlagen die Wasserqualität vielerorts verbessert. Die weitere Entwicklung der Stillgewässer hängt von ihrer Nutzung, dem Auftreten invasiver Neobiota und dem Klimawandel ab.

Fragen zur Vertiefung

- Beschreiben Sie die Uferzonierung an einem eutrophen See in Mitteleuropa.
- Welche ökologischen Probleme sind in Stillgewässern im 20. Jahrhundert aufgetreten?

- Welche Rahmenbedingungen gibt es für die Stillgewässerrenaturierung?
- Was sind die wichtigsten Methoden der Renaturierung von Seeufern?
- Welche Zielkonflikte treten bei der Renaturierung von Seen auf?

Literatur

Baastrup-Spohr L, Kragh T, Petersen K, Moeslund B, Schou JC, Sand-Jensen K (2016) Remarkable richness of aquatic macrophytes in 3-years old reestablished Lake Fil, Denmark. Ecol Eng 95:375–383

Bogenrieder A (1990) Pflanzen prägen Lebensräume – Das Schilfrohr (*Phragmites australis* (Cav.) Trin). Biol unserer Zeit 20:221–222

Bormans M, Marsalek B, Jancula D (2016) Controlling internal phosphorus loading in lakes by physical methods to reduce cyanobacterial blooms: a review. Aquat Ecol 50:407–422

Brauns M, Gucker B, Wagner C, Garcia XF, Walz N, Pusch MT (2011) Human lakeshore development alters the structure and trophic basis of littoral food webs. J Appl Ecol 48:916–925

Brouwer E, Bobbink R, Roelofs JGM (2002) Restoration of aquatic macrophyte vegetation in acidified and eutrophied softwater lakes: an overview. Aquat Bot 73:405–431

Burmeister J, Nickl J (2014) Der Kormoran – über die geschichtliche Entwicklung eines Feindbildes. Studienarchiv Umweltgeschichte 19:65–95

Czarnecka M (2016) Coarse woody debris in temperate littoral zones: implications for biodiversity, food webs and lake management. Hydrobiologia 767:13–25

Dix A (2011) Wasserverschmutzung. In: Jaeger F (Hrsg) Enzyklopädie der Neuzeit. Metzler, Stuttgart, S 355–357

Dolny A, Harabis F (2012) Underground mining can contribute to freshwater biodiversity conservation: allogenic succession forms suitable habitats for dragonflies. Biol Conserv 145:109–117

Ellenberg H, Leuschner C (2010) Vegetation Mitteleuropas mit den Alpen: in ökologischer, dynamischer und historischer Sicht. Ulmer, Stuttgart

EU (1992) Richtlinie 92/43/EWG des Rates vom 21. Mai 1992 zur Erhaltung der natürlichen Lebensräume sowie der wildlebenden Tiere und Pflanzen, die zuletzt durch Artikel 1 der Richtlinie 2013/17/EU des Rates vom 13. Mai 2013 geändert wurde

Ficker H, Luger M, Gassner H (2017) From dimictic to monomictic: empirical evidence of thermal regime transitions in three deep alpine lakes in Austria induced by climate change. Freshw Biol 62:1335–1345

Geist J, Hawkins SJ (2016) Habitat recovery and restoration in aquatic ecosystems: current progress and future challenges. Aquat Conserv Mar Freshw Ecosys 26:942–962

Grünberg KU (2016) Sicherung der Leistungsfähigkeit des Naturhaushalts. In: Riedel W, Lange H, Jedicke E, Reinke M (Hrsg) Landschaftsplanung. Springer Reference Naturwissenschaften. Springer Spektrum, Berlin, S 15–21

Grüneberg B, Ostendorp W, Leßmann D, Wauer G, Nixdorf B (2009) Renaturierung von Seen und Renaturierung von Seeufern. In: Zerbe S, Wiegleb G (Hrsg) Renaturierung von Ökosystemen in Mitteleuropa. Spektrum Verlag, Heidelberg, S 125–151

Heißenhuber A, Haber W, Krämer C (2015) 30 Jahre SRU-Sondergutachten „Umweltprobleme der Landwirtschaft" – eine Bilanz. Bundesministeriums für Umwelt, Naturschutz, Bau und Reaktorsicherheit, Berlin

Hoffmann M, Benavent Gonzalez A, Raeder U, Melzer A (2013) Experimental weed control of *Najas marina* ssp *intermedia* and *Elodea nuttallii* in lakes using biodegradable jute matting. J Limnol 72:485–493

Jeppesen E, Jensen JP, Kristensen P, Søndergaard M, Mortensen E, Sortkjaer O, Olrik K (1990) Fish manipulation as a lake restoration tool in shallow, eutrophic, temperate lakes 2: threshold levels, long-term stability and conclusions. In: Gulati RD, Lammens EHRR, Meijer ML, Donk E van (Hrsg) Biomanipulation tool for water management. Springer, Dordrecht, S 219–227

Jeppesen E, Sondergaard M, Jensen JP, Havens KE, Anneville O, Carvalho L, Coveney MF, Deneke R, Dokulil MT, Foy B, Gerdeaux D, Hampton SE, Hilt S, Kangur K, Kohler J, Lammens EHHR, Lauridsen TL, Manca M, Miracle MR, Moss B, Noges P, Persson G, Phillips G, Portielje R, Schelske CL, Straile D, Tatrai I, Willen E, Winder M (2005) Lake responses to reduced nutrient loading – an analysis of contemporary long-term data from 35 case studies. Freshw Biol 50:1747–1771

Kozak A, Goldyn R (2016) Macrophyte response to the protection and restoration measures of four water bodies. Int Rev Hydrobiol 101:160–172

Küster HJ (1995) Landschaftsgeschichte Mitteleuropas. Beck, München

Larcher W (2001) Ökophysiologie der Pflanzen. Leben, Leistung und Stressbewältigung der Pflanzen in ihrer Umwelt. Ulmer, Stuttgart

LAWA (2002) Gewässergüteatlas der Bundesrepublik Deutschland – Gewässerstruktur in der Bundesrepublik Deutschland 2001. Kulturbuchverlag, Berlin

Lehmann A, Lachavanne JB (1999) Changes in the water quality of Lake Geneva indicated by submerged macrophytes. Freshw Biol 42:457–466

Lorenz S, Pusch MT, Blaschke U (2015) Minimum shoreline restoration requirements to improve the ecological status of a north-eastern German glacial lowland lake in an urban landscape. Fundam Appl Limnol 186:323–332

Melzer A (1999) Aquatic macrophytes as tools for lake management. Hydrobiologia 395:181–190

OECD (1982) Eutrophication of waters – monitoring, assessment and control. OECD, Paris

Ostendorp W, Iseli C, Krauss M (1995) Lake shore deterioration, reed management and bank restoration in some Central-European lakes. Ecol Eng 5:51–75

Özkan K, Jeppesen E, Davidson TA, Bjerring R, Johansson LS, Sondergaard M, Lauridsen TL, Svenning JC (2016) Long-term trends and temporal synchrony in plankton richness, diversity and biomass driven by re-oligotrophication and climate across 17 Danish lakes. Water 8:427

Pfadenhauer J (1997) Vegetationsökologie – ein Skriptum. IHW-Verlag, Eching

Poschlod P (2015) Geschichte der Kulturlandschaft – Entstehungsursachen und Steuerungsfaktoren der Entwicklung der Kulturlandschaft, Lebensraum- und Artenvielfalt in Mitteleuropa. Ulmer, Stuttgart

Rogora M, Kamburska L, Mosello R, Tartari G (2016) Lake Orta chemical status 25 years after liming: problems solved and emerging critical issues. J Limnol 75:93–106

Schaumburg J, Schranz C, Stelzer D (2014) Bewertung von Seen mit Makrophyten & Phytobenthos für künstliche und natürliche Gewässer sowie Unterstützung der Interkalibrierung. Bayerisches Landesamt für Umwelt, Augsburg

Scheffer M, Jeppesen E (2007) Regime shifts in shallow lakes. Ecosystems 10:1–3

Schiechtl HM, Stern R (1994) Handbuch für den naturnahen Wasserbau. Österreichischer Agrarverlag, Wien

Schönborn W, Risse-Buhl U (2013) Lehrbuch der Limnologie. Schweizerbart, Stuttgart

Schwoerbel J, Brendelberger H (2013) Einführung in die Limnologie. Spektrum Akademischer Verlag, Heidelberg

Seele J, Mayr M, Staab F, Raeder U (2000) Combination of two indication systems in pre-alpine lakes – diatom index and macrophyte index. Ecol Model 130:145–149

Sondergaard M, Jeppesen E (2007) Anthropogenic impacts on lake and stream ecosystems, and approaches to restoration. J Appl Ecol 44:1089–1094

Spears BM, Mackay EB, Yasseri S, Gunn LDM, Waters KE, Andrews C, Cole S, De Ville M, Kelly A, Meis S, Moore AL, Nurnberg GK, Oosterhout F van, Pitt JA, Madgwick G, Woods HJ, Lurling MA (2016) A meta-analysis of water quality and aquatic macrophyte responses in 18 lakes treated with lanthanum modified bentonite (Phoslock ®). Water Res 97:111–121

Steinberg C, Calmano W, Klapper H, Wilken RD (2002) Handbuch angewandte Limnologie. ecomed, Landsberg

Vetter M, Sousa A (2012) Past and current trophic development in Lake Ammersee – alterations in a normal range or possible signals of climate change? Fundam Appl Limnol 180:41–57

Waajen G, Oosterhout F van, Douglas G, Lurling M (2016a) Management of eutrophication in Lake De Kuil (The Netherlands) using combined flocculant – Lanthanum modified bentonite treatment. Water Res 97:83–95

Waajen GWAM, Van Bruggen NCB, Pires LMD, Lengkeek W, Lurling M (2016b) Biomanipulation with quagga mussels *(Dreissena rostriformis bugensis)* to control harmful algal blooms in eutrophic urban ponds. Ecol Eng 90:141–150

WRRL – Europäische Wasserrahmenrichtlinie (2000) Richtlinie 2000/60/EG des Europäischen Parlaments und des Rates vom 23.

Wilmanns O (1998) Ökologische Pflanzensoziologie. Quelle & Meyer, Wiesbaden

Yentsch CS (1980) Light attenuation and phytoplankton photosynthesis. In: Morris I (Hrsg) The physiological ecology of phytoplankton. Blackwell, Oxford, S 95–127

Grundwasser- und Regenwassermoore

Johannes Kollmann

© Springer-Verlag GmbH Deutschland, ein Teil von Springer Nature 2019
J. Kollmann et al., *Renaturierungsökologie*, https://doi.org/10.1007/978-3-662-54913-1_11

Zusammenfassung

Grundwasser- und Regenwassermoore waren einst in Mitteleuropa weit verbreitet und kamen in den unterschiedlichsten Ausprägungen vor. In den vergangenen zwei Jahrhunderten sind sie allerdings zum größten Teil zerstört worden. Vor allem in den tieferen Lagen sind Moore verlorengegangen, und nur etwa 4 % der ursprünglichen Moorfläche ist heute noch intakt. Die Haupttypen der Moore gliedern sich nach Art der Wasser- und Nährstoffversorgung. In vielen Regionen Mitteleuropas werden Maßnahmen zur Renaturierung von Mooren durchgeführt, die je nach hydrogenetischem Moortyp unterschiedlich ausfallen sollten. Die Wiederherstellung einiger Ökosystemfunktionen der Moore und das Wiederansiedeln kennzeichnender Arten sind möglich, solange die Torfe nicht weitgehend mineralisiert und damit nicht wieder vernässbar sind. Der Renaturierungserfolg und dessen Nachhaltigkeit hängen vom Grad der Moordegradation und der Wiederherstellbarkeit der notwendigen hydrologischen und trophischen Bedingungen ab. Manche Renaturierung von Hoch- und Zwischenmooren oder nährstoffarmen Grundwassermooren zeigt schon nach wenigen Jahren erste Erfolge, während danach oft wieder Rückschritte auftreten, besonders wenn die Wasserrückhaltung unzureichend ist und weiterhin Eutrophierung stattfindet. Wirksame Maßnahmen erfordern ein dauerhaftes Abdichten der Drainagegräben und ein gezieltes Vegetationsmanagement. Vielen Renaturierungen fehlen auch ein Einbeziehen des Landschaftswasserhaushalts sowie ein ausreichendes Monitoring. Eine vollständige Moorregeneration kann im Gegensatz zur Renaturierung anderer Ökosystemtypen nur initiiert werden und ist insgesamt sehr langwierig.

11.1 Ökologie und Vegetation von Mooren

11.1.1 Entstehung, Standort, Pflanzen und Verbreitung von Mooren

Moore sind vegetationsbedeckte Lagerstätten von Torf, einer semiterrestrischen Humusform mit mikroskopisch erkennbarer Struktur der ursprünglichen Pflanzen. Nach dieser Auffassung muss der Torf in Mooren mindestens 30 % organisches Material aufweisen und mehr als 30 cm mächtig sein (AG Boden 2005). Je nach fachlicher Ausrichtung gibt es allerdings unterschiedliche Definitionen, die geologische, bodenkundliche oder ökologische Aspekte in den Vordergrund stellen (Pfadenhauer 1997, S. 187 f.). Die Torfbildung steht in engem Zusammenhang mit Wasser. Moore bestehen zu 90 % aus Wasser (Kapfer et al. 1997; Dierssen und Dierssen 2001) und die Wasserherkunft beeinflusst daher entscheidend die Art der Moore: Bei Grundwasseranschluss der obersten durchwurzelten Torfschichten spricht man von Grundwassermooren bzw. Niedermooren, bei ausschließlicher Versorgung durch Niederschlag von Regen(-wasser)mooren als Oberbegriff für ombrogene Moore. Hochmoore sind ein bestimmter Regenmoortyp neben beispielsweise Decken- und Sattelmooren (Succow und Joosten 2001).

Wie Auen und Sumpfwälder gehören Moore zu den Feuchtgebieten. Ihr Wurzelraum ist feucht bis nass und entsprechend sauerstoffarm, was zu einer Akkumulation nicht abgebauten organischen Materials führt, und im Fall der Regenmoore zu Versauerung und Nährstoffmangel. Moore haben eine geringe

Standfestigkeit für Bäume und oft eine deutliche Mikrotopographie, z. B. ein Bult-Schlenken-Mosaik. In vielen Mooren Mitteleuropas ist die Deckung der Baum- oder Strauchschicht gering oder fehlt ganz. Dies bewirkt ein wenig ausgeglichenes Mikroklima mit starker Ein- und Ausstrahlung, resultierend in häufigem Frost und lokal hoher Sommertemperatur, vor allem auf schwarzen Torfböden (Ellenberg und Leuschner 2010, S. 552).

Moore sind langlebige, stressgeprägte Habitate mit relativ wenigen Störungen. Die entsprechenden Pflanzenarten sind Spezialisten mit langsamem Wachstum, langlebigen Organen, kleinen und dicken Blättern, geringer reproduktiver Allokation sowie reduzierter Konkurrenzfähigkeit verglichen mit Arten weniger extremer Standorte (◘ Abb. 11.1). Einjährige Pflanzenarten fehlen und Bäume bilden selten eine geschlossene Kronenschicht aus. In Grundwassermooren können allerdings die Baumarten *Alnus glutinosa*, *Betula pubescens* und *Salix cinerea* auftreten, in Regenwassermooren *Pinus rotundata*, *P. mugo*, *P. sylvestris* und *Picea abies*. Spezielle Anpassungen an den Nährstoffmangel sind die eriocoiden Mykorrhizen der Zwergsträucher sowie die Karnivorie der *Drosera*-, *Pinguicula*- und *Utricularia*-Arten. Die Pflanzen bilden wegen des hohen Wasserstands flache Wurzelsysteme aus und bewältigen das stete Höherwachsen der Moose in Regenwassermooren durch stockwerkartige Anlage neuer Rosetten (*Drosera rotundifolia*) oder deckenartigen Wuchs auf den Moosen (*Vaccinium oxycoccus*).

Als „Ökosystem-Ingenieure" der Moorbildung fungieren die verschiedenen Arten der Torfmoose, deren Gewebe aus einem Verbund lebender und toter Zellen bestehen und die kapillar ein Vielfaches ihres Trockengewichts an Wasser aufnehmen können (Rydin et al. 2006). Da Torfmoose ihren Wasserhaushalt nicht aktiv regulieren können, sind sie an feuchte Standorte gebunden. Dabei gibt es Unterschiede in der Geschwindigkeit des Austrocknens und der damit verbundenen Verminderung der Photosynthese zwischen Arten der aufgewölbten Bulte (z. B. *Sphagnum magellanicum*) und solchen der nässeren Schlenken (*S. cuspidatum*; Hájek und Beckett 2008). Zudem kommen sowohl Torfmoose, als auch Braunmoose mit sehr niedrigen Nährstoffkonzentrationen zurecht und säuern das Substrat durch Ionenaustauscherfunktion aktiv an (Soudzilovskaia et al. 2010). Die lebendige Moos- und Krautschicht ungestörter Regenwassermoore wächst jährlich 2–10 cm in die Höhe, was nach Verdichtung zu einer Torfzunahme und Moorwachstum von etwa 1 mm pro Jahr führt (Succow und Joosten 2001).

Die Pflanzenarten der Regenwassermoore gehören zur pflanzensoziologischen Klasse der Oxycocco-Sphagnetea, also der Hochmoorbult- und Heidemoorgesellschaften (Ellenberg und Leuschner 2010, S. 560 f.). Außer den in ◘ Abb. 11.1 erwähnten Blütenpflanzen kommen unter anderem die Moose *Polytrichum strictum*, *Sphagnum magellanicum* und *S. rubellum* vor. Grundwassermoore und Hochmoorschlenken (Scheuchzerio-Caricetea nigrae) sind dagegen artenreicher und enthalten zusätzlich zu den in ◘ Abb. 11.1 genannten Arten unter anderem *Carex nigra*, *Potentilla palustris*, *Pedicularis palustris* und *Sphagnum subsecundum*. Die Grenze zwischen der Vegetation der Grundwasser- und Regenwassermoore wird durch sogenannte Mineralbodenwasser-Zeiger markiert, z. B. *Carex canescens*, *Eriophorum angustifolium* und *Menyanthes trifoliata*. Grundwassermoore sind differenziert in die pflanzensoziologischen Ordnungen Caricetalia davallianae und Caricetalia nigrae, erstere mit neutral bis schwach basischem pH-Wert, während letztere sauer und basenarm sind. Darüber hinaus sind auch Großseggenriede und Schilfröhrichte (Phragmitetea) sowie Bruchwälder (Moorsümpfe) Vegetationseinheiten der Grundwassermoore. Als extensive Viehweiden oder Streuwiesen genutzte Grundwassermoore, meistens Kleinseggenriede oder Pfeifengraswiesen, haben in den historischen Kulturlandschaften Mitteleuropas an Ausdehnung und Artenreichtum zugenommen. In jüngerer Zeit sind sie aber

Abb. 11.1 Typische Pflanzenarten der Regenwassermoore (**a** *Vaccinium oxycoccus*, **b** *Drosera rotundifolia*, **c** *Andromeda polifolia*, **d** *Eriophorum vaginatum)* und der Grundwassermoore (**e** *Parnassia palustris*, **f** *Eriophorum angustifolium*, **g** *Primula farinosa*, **h** *Pinguicula vulgaris*, **i** *Schoenus nigricans*, **j** *Menyanthes trifoliata)*. (Fotos: **a** und **b:** K. Strobl, **c:** A. Blaschka)

durch Entwässerung und Düngung stark zurückgegangen.

Neben einer vegetationsökologischen Einteilung sind hydrogenetische oder morphologische Moortypisierungen möglich. Wasserherkunft, Strömungsgeschwindigkeit und Chemismus bestimmen gemeinsam mit dem Relief die Genese der Moore (Succow und Joosten 2001, S. 100 f.). Ein limnogenes Moor tritt an See- und Flussufern auf und hängt von der jährlichen Wasserstandsdynamik ab. In Geländevertiefungen, z. B. in den Jungmoränen der letzten Eiszeit, treten grundwassergespeiste topogene Moore aus, die basenreich sind und einen etwa neutralen pH-Wert aufweisen. Die Wasserversorgung schwankt im Jahresverlauf, mit niedrigsten Werten im Spätsommer. Von soligenen Mooren spricht man, wenn das Grundwasser an einem Hang über einer stauenden Schicht austritt, was zu einer relativ gleichmäßigen Schüttung führt. Überwiegende Entstehung unter dem Einfluss von Regenwasser wird als ombrogen bezeichnet und ist für Hochmoore typisch, wo der Wasserstand im Mittel knapp unter oder über der Bodenoberfläche liegt. Die daraus resultierend hydrogenetischen Moortypen nach Succow und Joosten (2001) unterscheiden sich aufgrund ihrer Entstehung bei unterschiedlichem Wasserangebot, oft korreliert mit einem bestimmten Geländerelief sowie hydrologischen Eigenschaften der Torfe und der Vegetation. Die ausgedehntesten Typen in Mitteleuropa waren Auen- oder Küstenüberflutungsmoore sowie Durchströmungsmoore in Flusstälern, Stauwasser- oder Grundwasserversumpfungsmoore in Senken, Hang- oder Quellmoore, nach Zuwachsen von Gewässern Verlandungs- und Kesselmoore, und schließlich Regenmoore, zu denen die Hochmoore gehören (◻ Abb. 11.2).

Bei den Moorstandorten unterscheidet man meso- bis eutroph und sauer bis schwach-basisch, je nach Basen- und Nährstoffgehalt sowie der Wasserströmung im Moor. Kesselmoore sind meistens mesotroph-sauer, während Regenmoore in der Regel oligotroph-sauer sind. Die aus diesem Konzept abgeleiteten Moorstandorte und ihre natürliche Vegetation lassen sich nach Succow und Joosten (2001) wie folgt als ökologische Moortypen beschreiben (◻ Tab. 11.1). Die Moorstandorte sind also bodenkundlich definiert: in ihrer Trophie über N-Gehalte, das heißt die potentielle Nährstoffversorgung nach Entwässerung, sowie über den pH-Wert des Moorwassers, also die Ca- bzw. Karbonat-Gehalte etc. Die entsprechende Vegetation hängt von der Wasserversorgung, dem hydrogenetischen Moortyp und der geographischen Lage ab und kann deshalb unterschiedlich sein.

Der steigende pH-Wert ist in der Regel durch eine höhere Basenkonzentration des Moorwassers bedingt. Legt man die Wasserqualität der Kalk-Zwischenmoore zugrunde, dann sind diese Standorte kalk-oligotroph, weil der bei Ca-Überschuss als Apatit

◻ Tab. 11.1 Hydrochemische Gliederung mitteleuropäischer ökologischer Moortypen (nach Pfadenhauer 1997; Succow und Joosten 2001; Ellenberg und Leuschner 2010). Das Kohlenstoff/Stickstoff-Verhältnis ist in allen Mooren im Akrotelm, dem Torfbildungshorizont, gemessen

Moorstandorte	pH-Wert	Ca (mg l^{-1})	Trophie	Vegetation
Sauer-Armmoor	3,0–4,1	0,3–2,4	Oligotroph	Torfmoosrasen
Sauer-Zwischenmoor	3,2–5,0	0,5–3,2	Oligotroph	Torfmoos-Seggenriede
Basen-Zwischenmoor	4,8–6,4	3,2–25,4	Mesotroph	Braunmoos-Seggenriede
Kalk-Zwischenmoor	6,4–8,0	>25,0	Mesotroph	Davallseggen oder Großseggenriede
Reichmoor	4,4–7,2	3,5–29,2	Eutroph	Großseggenriede, Röhricht oder Erlenbruch

festgelegte Phosphor nicht pflanzenverfügbar ist (Pfadenhauer 1997, S. 192). Zunehmende Trophie äußert sich in höheren Phosphorkonzentrationen sowie niedrigeren Glühverlusten, die vor allem auf den geringeren Kohlenstoffanteil zurückgehen. Das N/P-Verhältnis der Biomasse zeigt an, ob das Wachstum der Moorpflanzen eher N- (<16) oder P-limitiert ist (≥16; Koerselman und Meuleman 1996), was bei der Renaturierungsplanung zu berücksichtigen ist. Eutrophe Moore haben eine hohe Produktivität von bis zu 2500 $g\,m^{-2}\,a^{-1}$ oberirdischer Biomasse in Röhrichten hypertropher und entwässerter Moore, während es in meso- und oligotrophen Mooren nur 70–300 $g\,m^{-2}\,a^{-1}$ sind (Ellenberg und Leuschner 2010, S. 577). Hydrogenetische Moortypen und bestimmte ökologische Moorstandorte sind in Mitteleuropa oft korreliert (Succow und Joosten 2001).

Viele Moore durchlaufen während ihrer Entstehung, Degradation und Renaturierung unterschiedliche Standortverhältnisse. Aus der Abfolge von Torfschichten und anderen natürlichen Ablagerungen in Mooren lässt sich ihre Entstehungsgeschichte rekonstruieren (Overbeck 1975). Bei der Verlandung eines Gewässers entwickeln sich beispielsweise Schwingrasen aus *Sphagnum cuspidatum* sowie *Juncus bulbosus*, *Menyanthes trifoliata* und *Potentilla palustris*, die mit ihrem dichten Rhizomgeflecht auf der Wasseroberfläche schwimmen, während sich am Gewässergrund organisches Material ansammelt. In vielen Mooren findet man deshalb als Rest eines verlandeten Gewässers zuunterst Mudde, dann Schilf-, Seggen- und Braunmoostorf und schließlich Waldtorf als Rest eines Sumpfwalds (◘ Abb. 11.2). Mit der Bildung von *Sphagnum-Torfen* hat sich das Moor dann über den Grundwasserspiegel herausgehoben und ist allein auf die Versorgung durch Niederschläge angewiesen.

Besonders deutliche standörtliche Differenzierungen liegen in Hochmooren vor. Die Hochmoorfläche ist oft baumfrei, in manchen Mooren aber wachsen *Pinus mugo* oder *P. rotundata*. Kolke, zum Teil mit randlichen Bäumen, kommen in einigen Hochmooren vor. An den geneigten Rändern des Hochmoorkörpers („Randgehänge“) erlauben die Standortverhältnisse mit etwas beweglicherem Wasser einen gewissen Baumwuchs, z. B. von *Betula pubescens und Pinus sylvestris*, und die Übergangszone („Lagg“) mit Einfluss des Mineralbodens ist niedermoorartig und geht in einen Erlenbruch über (Ellenberg und Leuschner 2010, S. 547). Hochmoore zeichnen sich, vor allem in kontinentalen Regionen, durch ein ausgeprägtes Mosaik von Bulten und Schlenken aus. Typische Pflanzenarten der Bulte sind *Calluna vulgaris*, *Erica tetralix* und *Sphagnum capillifolium*, während in den Schlenken (Scheuchzerietalia palustris) mit zumindest zeitweise stehendem Wasser *Carex limosa*, *Drosera intermedia*, *Rhynchospora alba* und *Sphagnum cuspidatum* auftreten.

Die großräumige Verbreitung von Mooren in Europa zeigt eine klare Gliederung: Eigentliche Hochmoore existieren in einer breiten Zone von den Niederlanden über die norddeutsche Tiefebene, Dänemark, Südschweden, das Baltikum bis nach Nordrussland (Moen et al. 2017), wobei wegen der regional erhöhten Niederschläge auch alpennah Hochmoore auftreten. Südlich davon erlauben die höheren Temperaturen meistens nur die Entstehung von Waldhochmooren, während sich nach Norden aufgrund der stärkeren Frosteinwirkung Aapamoore und Palsamoore anschließen. Das stark ozeanische Klima der Britischen Inseln und Westnorwegens führt zu sogenannten Deckenmooren. Ein extrazonaler Vegetationstyp sind die Gebirgsmoore, die zum Teil als Sattelmoore ausgebildet sind.

11.1.2 Ökosystemdienstleistungen von Mooren

Vor ihrer Zerstörung durch den Menschen hatten Moore In Deutschland eine Fläche von 1,4–1,8 Mio. ha, was rund 4–5 % der Landesfläche entspricht (Trepel et al. 2017). Die Vorkommen der Moorböden in Deutschland

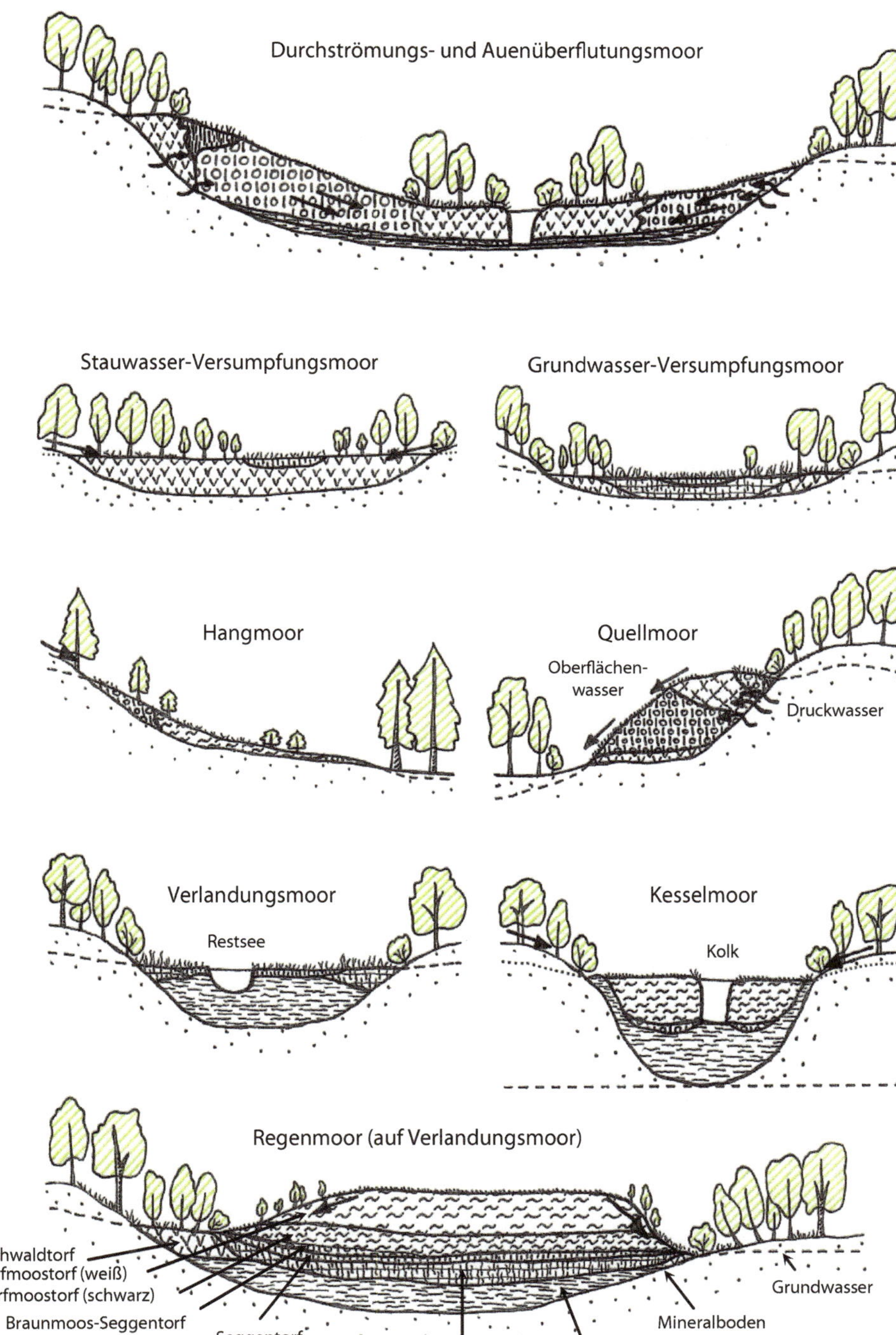

Abb. 11.2 Hydrogenetische Moortypen Mitteleuropas, verändert nach Succow und Joosten (2001) und Timmermann et al. (2009). Die Art und Abfolge der Ablagerungen variieren je nach Nährstoff- und Basenversorgung sowie der Entstehungsgeschichte des Moores und der es umgebenden Landschaft. Die Pfeile deuten die Richtung der Wasserbewegung an; Legende der Signaturen in der untersten Abbildung (Signatur bei Quellmooren: Ablagerung von ausgefällten Karbonaten und Silikaten)

wurden von Roßkopf et al. (2015) kartiert. Die Schwerpunkte der Vorkommen von Regenwassermooren liegen in Nordwestdeutschland und dem Alpenvorland, die der Grundwassermoore im Norddeutschen Tiefland und südlich der Donau. In diesen Regionen können Moore landschaftlich prägend sein und wesentliche Ökosystemfunktionen und damit sogenannte Ökosystemdienstleistungen beitragen.

Moore können zwar bei Starkregen kaum zusätzliches Wasser aufnehmen, die Rauhigkeit der Oberfläche verlangsamt aber den Wasserabfluss und diese Feuchtgebiete geben das Wasser daher verzögert wieder ab. Moore leisten dadurch einen wichtigen Beitrag zur Pufferung des Landschaftswasserhaushalts, was zunehmend wichtig ist bei durch den Klimawandel verursachten Starkregen oder ausgedehnten Trockenperioden. Diese Ökosystemfunktion kann durch Renaturierung gefördert werden (Wilson et al. 2010). Moore bilden außerdem, wie viele andere Feuchtgebiete, umfangreiche Speicher für Kohlenstoff, weil sie während des Torfbildungsprozesses CO_2 aufnehmen, ihn der Atmosphäre langfristig entziehen und damit auf die Klimaregulation wirken. Derzeit sind 16–24 % des in Böden festgelegten Kohlenstoffs weltweit in Torfen gebunden (Immirzi et al. 1992). Daher ist die Wiederherstellung degradierter Moore ein sehr sinnvolles Vorgehen, jedenfalls wenn die entsprechenden Renaturierungsmaßnahmen nicht zu einer andauernden Überstauung führen und damit zu einer gesteigerter Produktion von Methan und Lachgas (Mitsch et al. 2013). Torfbildung und der Wasserhaushalt der Moore sind in positiver Rückkopplung eng miteinander verbunden (Belyea und Malmer 2004), während Eutrophierung zu einer verminderten Festlegung von Kohlenstoff in Mooren führt (Bragazza et al. 2012). Da Moore effektive Stoffsenken in Wassereinzugsgebieten sind, können sie auch durch Nährstoffe und Schwermetalle belastetes Wasser reinigen und Humusausträge in Fließgewässer verhindern (Palmer et al. 2015).

Moore bieten Lebensraum für viele spezialisierte und bedrohte Pflanzen- und Tierarten und leisten daher einen Betrag zur Erhaltung der biologischen Vielfalt. Gerade hoch spezialisierte Arten sind besonders vom Klimawandel betroffen, wenn sich die Qualität ihrer Habitate verändert und Populationen isoliert werden (Turlure et al. 2010). Das gilt beispielsweise für Pflanzenarten, die offene, nährstoffarme und relativ kühle Habitate benötigen. So gibt es in Mooren der Tieflagen eine Reihe von Eiszeitrelikten *(Betula nana, Pedicularis sceptrum-carolinum, Saxifraga hirculus)*, die sonst nur in den Alpen und in den skandinavischen Hochgebirgen vorkommen. Moore fungieren auch als Rückzugsgebiet für bestimmte Tierarten, z. B. für den Hochmoor-Ahlenläufer, die Kleine Moosjungfer und die Kreuzotter. Für solche Arten müssen ausreichend große Moore mit guter Habitatqualität und deutlicher Vernetzung der Metapopulationen erhalten oder geschaffen werden.

Weitere Ökosystemdienstleistungen von Mooren sind die Gewinnung von Torf und von Trinkwasser sowie land- und forstwirtschaftliche Produktion nach Entwässerung und Düngung. Letzteres führt allerdings zu starken Konflikten mit der Erhaltung der Moore, denn durch nutzungsbedingte Eingriffe sind die meisten Moore, vor allem der Tieflagen, zerstört worden. Extensive Beweidung dagegen fördert die Erhaltung der Artenvielfalt vieler Grundwassermoore. Paludikultur schont den Torfkörper und kann mit dem Wasser- und Nährstoffrückhalt sowie der Kohlenstoffspeicherfunktion vereinbar sein (▶ Kasten 11.2).

Im Sinne der kulturellen Ökosystemdienstleistungen sind ungestörte Moore Geoarchive, weil sich aus ihrer Stratigraphie die regionale Vegetations-, Klima- und Siedlungsgeschichte rekonstruieren lässt (Overbeck 1975). Dazu werden seit mehr als 100 Jahren die Abfolge verschiedener Torfarten, Pollenprofile, Großreste von Pflanzen und Tieren sowie archäologische Funde untersucht (vgl. Birks und Berglund 2018). In entwässerten

Mooren gehen diese wichtigen Informationen unwiederbringlich verloren, und ein Ziel der Moorrenaturierung ist daher die Bewahrung dieser Geoarchive. Moore sind zudem für viele Menschen faszinierende Ökosysteme und besondere Landschaften von großem Erlebnis- und Erholungswert. Moorvegetation ist allerdings trittempfindlich, und daher sind in touristisch genutzten Mooren Stege für die Besucher notwendig, wie z. B. beim Moorlehrpfad „Speller Dose" im Emsland eingerichtet.

11.2 Degeneration und Rückgang von Mooren

11.2.1 Faktorenkomplex der Moordegeneration

Aufgrund ihrer speziellen Standortsverhältnisse und ihrer regional enormen Ausdehnung waren Grund- und Regenwassermoore vor der Mechanisierung der Landwirtschaft kaum zu nutzen. Torfabbau wird zwar schon aus der Römerzeit berichtet (Overbeck 1975), und viele Grundwassermoore wurden extensiv beweidet oder gemäht, teilweise auch in Fischteiche umgewandelt, großflächig setzte die Melioration der Moore aber erst ab Mitte des 19. Jahrhundert ein (Poschlod 2015, S. 135f.). In den meisten Mooren Mitteleuropas wurden ab dieser Zeit Entwässerungsgräben gezogen, um land- und forstwirtschaftliche Nutzung oder industriellen Torfabbau zu ermöglichen. Ihre ökologischen Funktionen gingen dadurch weitgehend verloren (◘ Abb. 11.3). Die letzten großen Moore, z. B. die Esterweger Dose im Emsland, haben im 20. Jahrhundert tiefgreifende und irreversible Veränderungen erfahren.

Die Techniken und die Geschichte der Moorkultivierung waren regional unterschiedlich und sind in Göttlich (1990) und Trepel et al. (2017) ausführlich dargestellt. In Ostdeutschland wurden nach dem Zweiten Weltkrieg sogenannte Komplexmeliorationen durchgeführt mit bis zu 1 m tiefer Grundwasserabsenkung und daraus resultierender Bodensackung und -verdichtung. Diese degradierten Moore, z. B. 20.000 ha im Peenetal, wurden in den 1990er-Jahren wiedervernässt. Auch in Westdeutschland wurden bis in die 1970er-Jahre Moore systematisch entwässert. Moore sind daher in Deutschland überwiegend degradiert: Es gibt nur noch 4 % natürliche oder naturnahe Moore, 1,5 % werden immer noch für Torfabbau genutzt, während 40 % Grünland, 32 % Ackerland und 14 % Forsten sind; der Rest besteht aus Siedlungen und Straßen (Trepel et al. 2017).

Eine häufige Veränderung ist zudem die Umwandlung von Grundwassermooren in Feuchtwiesen, Kulturgrünland und schließlich Ackerflächen. Der Artenreichtum halbnatürlicher, aus extensiver Nutzung und weitgehend düngerlos entstandener Wiesen auf Niedermoorstandorten geht nach Intensivierung oder Brachfallen zurück (Pfadenhauer und Heinz 2004). Eutrophierung aus der Luft oder mit dem Grundwasser ist für viele Moore ein großes Problem, wenn die kritischen Grenzwerte

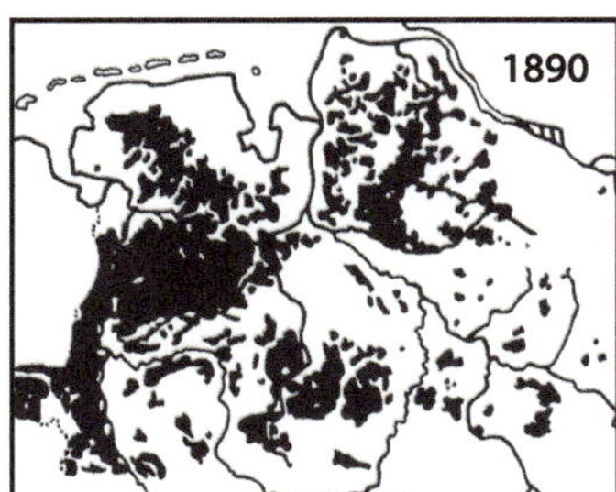

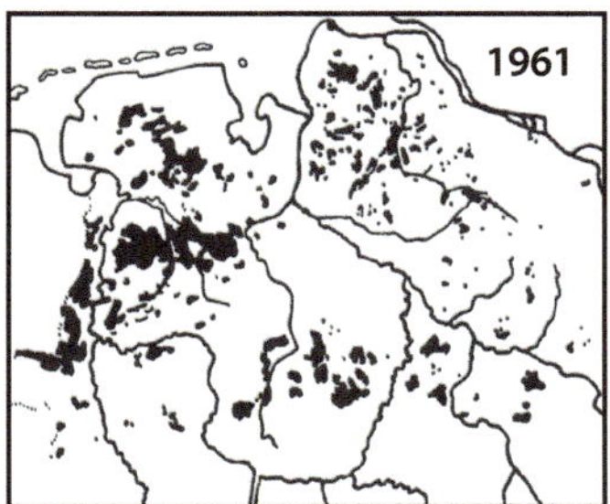

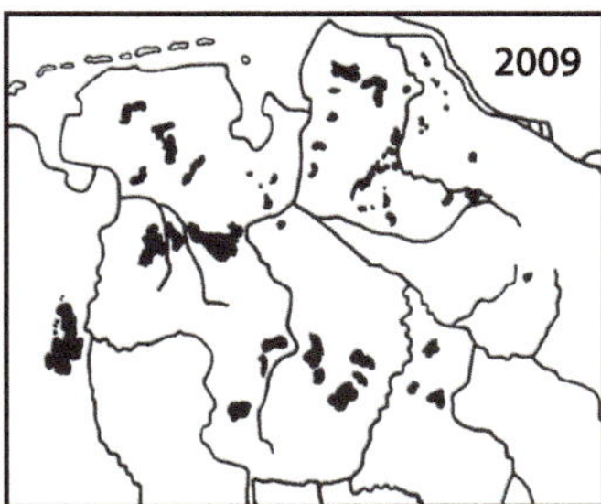

◘ **Abb. 11.3** Rückgang der Moore in Nordwest-Deutschland innerhalb der vergangenen zwei Jahrhunderte. (nach Overbeck 1975 und Trepel et al. 2017)

der Belastbarkeit überschritten sind (bei Hochmooren etwa 5–10 kg N ha^{-1} a^{-1}; Bobbink und Roelofs 1995); P-Limitierung ist aber auch anzunehmen. Ein weiteres Problem ist, dass Kleinmoore in der Kulturlandschaft Mitteleuropas in den 1960–70er-Jahren häufig mit Müll und Bauschutt verfüllt oder für die Anlage von Wegen oder Leitungsmasten genutzt wurden. Und schließlich treten in einigen Mooren invasive Neophyten auf, wie z. B. die Kulturheidelbeere *Vaccinium corymbosum* x *angustifolium*, die sich in norddeutschen Hoch- und Zwischenmooren ausbreitet, und *Heracleum mantegazzianum* in degradierten Niedermooren (Kowarik 2010).

Torfverluste degradierter Moore setzen sich zusammen aus Torfzersatz, das heißt Mineralisation der organischen Substanz, und Torfsackung, also dem Verlust der Porosität des Torfkörpers. Alles zusammen kann bei tiefgreifender Entwässerung, Düngung und Kalkung bis zu 2 cm Torfschwund pro Jahr bei Ackernutzung und bis zu 1 cm pro Jahr bei Grünlandbewirtschaftung verursachen (Succow und Joosten 2001). Durch die Vererdung können die Torfe weniger Wasser speichern, mehr Nährstoffe stehen zur Verfügung und viele Habitatspezialisten verschwinden. Bei Moordegradation gehen zuerst besonders empfindliche Pflanzen- und Tierarten verloren, dann verändert sich die Vegetationsstruktur, der Wasserhaushalt und das Oberflächenrelief, schließlich die Torfstruktur und Torfmenge. In degradierten Mooren kommt es zu einem Austrag an Huminstoffen, Phosphor und Stickstoff in die Vorfluter. Solche Moore verlieren auch ihren Wert als paläobotanisches und archäologisches Archiv für wissenschaftliche Untersuchungen.

11.2.2 Degradation hydrogenetischer Moortypen

Auen- und Küsten-Überflutungsmoore sind infolge von Flussregulierungen und Küstenschutzmaßnahmen sehr selten geworden (Timmermann et al. 2009, wie auch für die folgenden Moore). Sekundär sind aber in den vergangenen Jahren durch Rückbau von Deichen und Aufgabe von Schöpfwerken einige Überflutungsmoore in Norddeutschland küstennah neu entstanden. Durchströmungsmoore kommen in Urstromtälern und Gletscherzungenbecken vor, mit nährstoffarmem, basenreichem Wasser – wegen Drainage und Torfabbau sind diese Moore stark zurückgegangen. Ein hervorragendes Beispiel ist das Donaumoor, das ehemals größte Niedermoor Süddeutschlands, in dem seit Beginn der Moorkultivierung im Jahr 1790 eine nicht nachhaltige Landwirtschaft auf organischen Böden betrieben wird (Pfadenhauer und Heinz 2004).

Versumpfungsmoore wurden bereits sehr früh entwässert und landwirtschaftlich genutzt, sodass sie heute artenarmes Intensivgrünland oder Ackerflächen tragen. Ihre Torfe sind meist geringmächtig und einem häufigen Wechsel von Austrocknung und Überstauung ausgesetzt. Hangmoore in Altmoränenlandschaften und in den silikatischen Mittelgebirgen wurden durch Entwaldung, Mahd oder Beweidung in der historischen Kulturlandschaft zunächst gefördert, da die konkurrierende Gehölzvegetation abnahm. Drainagen wurden dann aber auch in diesen Mooren angelegt, vor allem im Zusammenhang mit Aufforstungen im 20. Jahrhundert. Basenreiche oder saure Quellmoore, z. B. der Jungmoränenlandschaften sowie der Mittelgebirge, sind heute wegen Trinkwassergewinnung aus helokrenen Quellen oft nicht mehr ausreichend mit Wasser versorgt. Meso- bis oligotrophe Verlandungsmoore sind in Mitteleuropa ebenfalls selten geworden; sie wurden tief entwässert und landwirtschaftlich genutzt. Kesselmoore waren schwieriger zu entwässern und sind daher teilweise relativ gut erhalten, aber ebenfalls von Nadelholzaufforstungen und Nährstoffeinträgen betroffen.

Hochmoore waren wegen ihrer Aufwölbung relativ einfach zu trockenzulegen, und Torf wurde als Brennmaterial und Einstreu für die Tierhaltung gestochen; die entsprechenden

Entwässerungstechniken werden in Göttlich (1990) umfassend dargestellt. Bei Brandkultur wurden Hochmoore oberflächlich entwässert, abgebrannt und dann mit Buchweizen bestellt. Die großen Hochmoore Nordwestdeutschlands wurden systematisch entwässert, tiefgepflügt, gekalkt und gedüngt. Der weniger zersetzte und damit faserreiche Weißtorf ist immer noch ein im Gartenbau geschätztes Produkt zur Produktion von Blumenerde und zur Bodenverbesserung. Torf kommt auch im Kurbetrieb zur Anwendung sowie als Rohmaterial in der chemischen Industrie (Joosten und Tanneberger 2017). Entwässerte, degradierte Hochmoore sind von Heidevegetation, Pfeifengrasbeständen und Birkenwäldern bedeckt.

Insgesamt sind überall in Mitteleuropa die Moorflächen im 20. Jahrhundert kleiner und fragmentierter geworden (◘ Abb. 11.3). Da die degradierten Moore ihre wichtigen Ökosystemfunktionen weitestgehend verloren haben und der Schutz der letzten Moorreste für spezialisierte Pflanzen- und Tierarten nicht ausreicht, sollten degradierte Moorflächen, vor allem in der näheren Umgebung von intakten Moorresten, wiederhergestellt werden.

11.3 Renaturierung von Mooren

11.3.1 Grundlagen der Moorrenaturierung

Moorschutz hat in Deutschland eine lange Tradition, beispielsweise wurde bereits im Jahr 1907 das Moorgebiet „Plagefenn" in Brandenburg als Naturdenkmal mit 177 ha unter Schutz gestellt (MLUV 2007). In Mitteleuropa werden Moore seit den 1970er-Jahren renaturiert, so z. B. seit 1978 das 521 ha große „Dosenmoor" in Holstein (Eigner 2003). Seit etwa 30 Jahren ist die Renaturierung von Mooren in Nordwest- und Süddeutschland gängige Naturschutzpraxis (vgl. Eigner und Schmatzler 1991; Pfadenhauer 1999), mit einem gesteigerten Fokus auf Ökosystemmanagement von Niedermooren in den 1990er Jahren (Kratz und Pfadenhauer 2001), der zu entsprechenden Moorschutzprogrammen in Schleswig-Holstein, Mecklenburg-Vorpommern und Brandenburg geführt hat. Im Chiemgau wurden durch Renaturierung rund 60 ha Restflächen ehemaliger Hochmoore im Jahre 1970 auf 248 ha im Jahr 2010 erweitert (Kaule und Peringer 2011). Das gestiegene Interesse an Moorrenaturierung zeigt sich auch in den Zielsetzungen der Politik: Beispielsweise hat Bayern bereits im Jahr 2003 ein fach- und ressortübergreifendes Konzept für den Moorschutz erstellt, die Moorrenaturierung zu einem Baustein seines aktuellen Klimaprogramms gemacht und möchte bis zum Jahr 2050 rund 50 Moore renaturieren (StMUV 29.10.2015). Dabei spielt besonders die Vernässung entwässerter Moore eine zentrale Rolle, mit Priorität auf den alpennahen Mooren. Auch bei der Wiederherstellung degradierter Ökosysteme haben neben Flussauen degradierte Moore höchste Priorität in Deutschland (BMU 2015).

Die Schwerpunkte der Moorrenaturierung orientieren sich an der Liste der in Deutschland vorkommenden Lebensräume des Anhangs I der FFH-Richtlinie (EU 1992), wobei prioritäre Lebensraumtypen (*LRT) vom Verschwinden bedroht und dadurch besonders schützenswert sind. Dazu zählen lebende Hochmoore (7110*), kalkreiche Niedermoore mit *Cladium mariscus* und Arten des Caricion davallianae (7210*), Kalktuffquellen (Cratoneurion, 7220*), alpine Pionierformationen des Caricion bicoloris-atrofuscae (7240*) und Moorwälder (91D0*). Ebenfalls im Fokus sind renaturierungsfähige, degradierte Hochmoore (7120), Übergangs- und Schwingrasenmoore (7140), Torfmoor-Schlenken (Rhynchosporion, 7150) sowie andere kalkreiche Niedermoore (7230).

Die Bewertung zu renaturierender Moore zeigt, dass meist mehrere Komponenten, die für die Entstehung und Erhaltung eines Moores von Bedeutung sind, anthropogen stark beeinträchtigt werden. Nach Schumann und Joosten (2008) sollten als Grundlage der Planung daher die hydrologischen Verhältnisse, die Moorform, die Torfauflage, Vegetationsstruktur sowie Flora und Fauna des degradierten Moores untersucht werden

(s. auch Pfadenhauer und Grootjans 1999). Die folgenden Punkte sind für die Planung einer Renaturierung von besonderer Bedeutung:

1. Noch vorhandene Gräben und standortfremde Bestockung mit Nadelbäumen oder Hybridpappeln entziehen dem Moor Wasser. Entwässerung durch ein Netz an Gräben und Drainagerohren führt zu Torfschwund und Sackungen, und in manchen Mooren ist Erosion bis auf den mineralischen Untergrund eingetreten. Solche Moore unterliegen oft intensiver land- oder forstwirtschaftlicher Nutzung. Das Renaturierungspotential kann dennoch günstig sein, wenn noch genügend Wasser auf der Fläche ankommt und Torf in ausreichender Menge und Qualität vorhanden ist.
2. Eine wesentliche Begrenzung erfolgreicher Renaturierungen ist die Torfqualität. Der Zersetzungsgrad, der im Gelände über die zehnteilige Skala nach von Post beschrieben werden kann, spielt dabei eine zentrale Rolle (Göttlich 1990). In degenerierten Mooren weist der Torf meistens schon fortgeschrittene Zersetzungsgrade auf und ist an vielen Stellen stark gesackt. Wenn der Wasserstand niedrig ist, kommt es zu einer oxidativen Zersetzung der Torfe, mit dann geringerer Porosität und Elastizität, was die Speicherkapazität reduziert und größere Abflussschwankungen verursacht. Die damit einhergehende Erosion verursacht wiederum eine Drainage der Torflager, damit einen niedrigeren Wasserstand und bewirkt eine negative Rückkopplung der Degradation. Andererseits führt geringere Porosität zu schwächerer Durchlässigkeit und damit weniger Wasserabfluss (Timmermann et al. 2009). Bei einer Wiedervernässung erschweren stark zersetzte Torfe den Wasserrückhalt auf der Fläche und die Wiederansiedlung von Torfmoosen und anderen moortypischen Pflanzenarten.
3. Atmosphärische, geo- oder limnogene Nährstoffeinträge in Hoch- und Zwischenmooren überschreiten oft das Aufnahmevermögen der Torfmoose und fördern bei Entwässerung eine Dominanz von *Betula pubescens* und *Molinia caerulea* (Tomassen et al. 2004). Gehölze verdunsten wiederum viel Wasser, beschatten die Torfmoose und bringen Sauerstoff in die tieferen Bodenhorizonte. Nährstoffeinträge sind auch kritisch in schwach entwässerten Niedermooren mit ihren halbnatürlichen, artenreichen Wiesen im basischen Milieu. Bei den meisten Moorrenaturierungen sind daher die Reduktion der Nährstoffeinträge und der Nährstofffreisetzung aus dem sich zersetzenden Torf eine große Herausforderung.
4. Vorteilhaft sind Restbestände von Feuchtheiden und Torfmoos-Inseln, die eine Wiederansiedlung moortypischer Artengemeinschaften begünstigen, denn die Ausbreitung und die Samenbank der meisten Moorarten sind nur schwach entwickelt (Klimkowska et al. 2010; Pouliot et al. 2011). Daher siedeln sich die Zielarten nach Wiederherstellung passender Standortsverhältnisse oft nicht mehr spontan an (Strobl et al. 2018).

Trotz umfangreicher Studien gibt es kein allgemein anwendbares Erfolgsrezept für eine effektive Moorrenaturierung. Die lokal unterschiedlichen Ausgangsbedingungen, insbesondere die spezielle Entstehungs- und Nutzungsgeschichte, erfordern ein moorspezifisches Vorgehen. Daher setzt die Planung einer Moorrenaturierung eine möglichst genaue Untersuchung der Ausgangsbedingungen und des Renaturierungspotentials voraus (Pfadenhauer und Grootjans 1999; Kratz und Pfadenhauer 2001). Zum Ablauf der Planung gibt es gelungene Beispiele im Wurzacher Ried, Donaumoos, Dümmer, Rhin- und Havelluch. Die Renaturierung von Mooren ist in der Regel ein mehrstufiges Verfahren:

1. Zunächst erfolgt eine räumliche Abgrenzung und Höhenvermessung des degradierten Moores anhand der noch vorhandenen Torfauflage.

2. Dann sollten Karten zu Relief, Gräben, Wasserhaushalt, Vegetation und Nutzung erstellt werden.
3. Darauf folgt die Bestimmung des hydrogenetischen und ökologischen Moortyps und eine Rekonstruktion der historischen Situation, z. B. mithilfe alter Karten und Luftbilder, die als Referenz für Renaturierungsszenarien und eines räumlich-zeitlichen Maßnahmenplans verwendet werden können.
4. Die korrekte Abschätzung der noch möglichen Renaturierbarkeit, das heißt die Festsetzung der erreichbaren Renaturierungsziele, sowie das Abwägen möglicher Zielkonflikte sind dabei eine Herausforderung.

Renaturierung ist vergleichsweise einfach in schwach geneigten, eutrophen oder nährstoffarm-sauren Mooren, die wenig degradiert sind und noch torfbildende Schlüsselarten aufweisen (Timmermann et al. 2009). Mesotrophe, basen- und kalkreiche Quell- und Durchströmungsmoore weisen oft ein Gefälle auf und sind auf eine Durchströmung oder Überrieselung des Torfkörpers angewiesen – hier sind Renaturierungen schwierig. Verlandungs- und Versumpfungsmoore lassen sich leichter renaturieren als Durchströmungs- oder Regenmoore.

11.3.2 Methoden der Moorrenaturierung

Die Eigentumsverhältnisse von Mooren sollten am Anfang der Planung einer Renaturierung geklärt werden. Dies ist nicht ganz einfach, da die Besitzverhältnisse in bäuerlich genutzten Mooren oft kleinteilig waren und vor allem bei Erbengemeinschaften die Verantwortlichen schwierig zu identifizieren sind. Außerdem werden in vielen Fällen größere räumliche Einheiten wiedervernässt oder extensiviert, was sich auf die angrenzenden Grundstücke auswirken kann (▫ Abb. 11.4a). Wegen möglicher Folgeschäden ist eine verbindliche Zustimmung aller potentiell betroffenen Eigentümer und Pächter nötig. Alternativen sind Langzeitpachtung oder Landkauf. Bei einer freiwilligen Zustimmung können mögliche Ertragseinbußen mithilfe von Naturschutzförderinstrumenten kompensiert werden, z. B. in Bayern VNP und KULAP. Idealerweise werden die Eigentümer so früh wie möglich und bereits vor den ökologischen Grundlagenerhebungen in die Planungen einbezogen. Auch Ortsbegehungen sollten direkt zu Beginn des Prozesses stattfinden, denn der Widerstand einzelner Eigentümer kann die gesamte Planung zu Fall bringen (vgl. ▶ Kap. 7).

Ebenfalls fast schon selbstverständlich ist, dass zu Projektbeginn die betroffenen Flächen im Detail untersucht werden mit dem Ziel, möglichst geeignete Renaturierungsmaßnahmen auszuwählen (▶ Kasten 11.1). Die benötigten Daten betreffen Hydrologie, Topographie, Torf und Vegetation. Es sollten dazu mindestens zwei senkrecht aufeinander stehende Transekte sowie eine Reihe von Pegeln zur Moorwassermessung eingerichtet werden, die auch als Grundlage für eine Erfolgskontrolle nach Maßnahmendurchführung dienen. Darauf aufbauend muss der Ausgangszustand bewertet und das Renaturierungspotential abgeschätzt werden. Das Renaturierungspotential ergibt sich einerseits aus der noch vorhandenen Torfmächtigkeit, der charakteristischen Artengemeinschaft und der Wasserverfügbarkeit. Andererseits werden die Möglichkeiten eines Wasseranstaus in den Entwässerungsgräben bewertet (▫ Abb. 8.9). Sind diese in degradierten Hochmooren bis auf den mineralischen Untergrund gezogen bzw. erodiert, wären aufwendigere Maßnahmen notwendig, deren tatsächliche Wirksamkeit sich erst nach Umsetzung zeigen würde.

11

Abb. 11.4 Maßnahmen zur Moorrenaturierung: **a** Anheben des Wasserstands in Nasswiesen zur Wiederherstellung des Auen-Überflutungsmoores Pohnsdorfer Stauung bei Preetz in Holstein, **b** Wiederansiedlungsversuche von Torfmoosen auf abgetorften Hochmoorflächen bei Vechta in Niedersachsen (Foto: A. Blaschka), **c** Birkenanflug trotz Wasseranstau im Regenmoor Holmegaards Mose auf Seeland, **d** strukturierter Oberbodenabtrag im Durchströmungsmoor Gramzow Seen bei Berlin. (Foto: H. Rößling)

Kasten 11.1

Zentrale Fragen der Moorrenaturierung und des anschließenden Monitorings

Wie geht man bei der Renaturierung entwässerter, land- und forstwirtschaftlich genutzter Moore vor?
Nach einer moorspezifischen Untersuchung der Hydrologie und Torfeigenschaften, der Flora und Fauna sowie des landschaftlichen Kontexts folgt eine differenzierte Planung und Umsetzung entsprechender Maßnahmen wie Gehölzentnahme, Grabenverschluss, Entfernen vererdeter Torfe und Ansiedlung von Moorarten, z. B. durch Auspflanzen von *Eriophorum vaginatum*.

Welche positiven Effekte werden bei Moorrenaturierung erreicht?
Der Wasserstand wurde angehoben, die Torfbeschaffenheit verbessert und die Freisetzung klimawirksamer Spurengase reduziert. Torfbildende Pflanzenarten und moortypische Tierarten nehmen zu und keine Gehölzansiedlung findet mehr statt.

Wie können die Erfolge der Moorrenaturierung zuverlässig bewertet werden?
Im Rahmen der Erfolgskontrolle von Moorrenaturierungen sollten komplementäre und kostengünstige Methoden eingesetzt werden, z. B. das Setzen von Pegeln zur regelmäßigen Messung des Moorwasserstandes (Datalogger oder manuelle Ablesung), Leitfähigkeits- und pH-Messungen des Moorwassers sowie Erhebungen von Indikatorarten.

Bei der Erarbeitung von Maßnahmen für Projekte der Moorrenaturierung sollte daher, je nach verfügbaren finanziellen und materiellen Ressourcen, eine Optimal- und eine Minimalvariante vorgeschlagen werden. Anschließend sollten erneut Ortsbegehungen mit den Grundbesitzern stattfinden, bei denen die Schwerpunkte der Maßnahmenumsetzung vereinbart werden.

Für die Renaturierungsplanung in degradierten Mooren ist es wichtig, realistische und in überschaubarer Zeit erreichbare Zwischenziele zu setzen, idealerweise mit konkreten Referenzzuständen entsprechend der FFH-LRTs, für welche die EU-Berichtspflicht im Sinne eines günstigen Erhaltungszustands gilt. Dies gelingt nur über den Vergleich mit bestehenden Projekten und die daraus abgeleitete Bewertung (J. Sliva, pers. Mitteil.). In Abhängigkeit vom Degradationsstadium ist eine vollständige Wiederherstellung des historischen Ausgangszustands oft nicht möglich, und mit zunehmender Degradation nimmt die Wiederherstellbarkeit ab (Timmermann et al. 2009). Entwässerte Moorwälder, z. B. aus *Picea abies*, können netto Kohlenstoff aufnehmen, während gleichzeitig der Torfkörper weiter schwindet (Hommeltenberg et al. 2014). Zu den Zielen des Klimaschutzes würde hier besser passen, eine torferhaltende, waldbauliche Nutzung ohne Entwässerung zu fordern, z. B. mit *Alnus glutinosa*. Solche alternativen Zielzustände sind von großem naturschutzfachlichen Interesse (Eigner 2003) und werden als Paludikulturen bezeichnet (▶ Kasten 11.2).

11.3.3 Renaturierung hydrogenetischer Moortypen

Die Renaturierungsplanung sollte sich nach den hydrogenetischen Moortypen richten (Timmermann et al. 2009). Bei Überflutungsmooren ist ein Anstau (und lokaler Überstau) des Wasserstands das wichtigste Ziel (Pfadenhauer 1997). Nach Überstau entstehen hier oft artenarme Dominanzbestände von *Phalaris arundinacea*, *Phragmites australis* und bestimmten Großseggen. Es kann aber auch zu einer Gehölzsukzession kommen und es gibt oft positive Effekte bei seltenen Vogelarten, wie Bekassine, Uferschnepfe und Kiebitz (◘ Abb. 11.4a).

Eine Renaturierung von Durchströmungsmooren ist nur bei ausreichenden Mengen aufsteigenden und durchströmenden Grundwassers möglich. Dazu müssen der Wasserspiegel der Landschaft angehoben und Fanggräben am Talrand verschlossen werden. Eisen- und kalkhaltiges Wasser ist in diesen Systemen nötig zur Komplexierung von Phosphaten. Eine weitere Voraussetzung ist eine lockere obere Torfschicht mit guter Wasserleit- und Wasserhaltefähigkeit und geringen Nährstoffkonzentrationen. Notfalls müssen die obersten mineralisierten und verdichteten Torfschichten abgetragen werden, was sehr kostenaufwändig ist (◘ Abb. 11.4d). In manchen Fällen ist daher eine Überstauung zur Entwicklung eines Versumpfungsmoores sinnvoller (◘ Abb. 10.4b).

Kasten 11.2

Paludikulturen als Alternative der Moorrenaturierung

Paludikultur kann als Folgenutzung einer Moorrenaturierung angesehen werden, wenn vorher z. B. eine intensivere landwirtschaftliche Nutzung auf stark entwässerten Torfen stattgefunden hat. Paludikulturen sind neue Formen einer nassen Land-, Forst- und Gartenwirtschaft, die auf Feuchtstandorten nachhaltig betrieben werden können, so z. B. auf ehemaligen Moorstandorten, wo eine befriedigende Renaturierung nicht mehr gelingt (Wild et al. 2001; Wichtmann et al. 2016). Paludikulturen können auch als Puffergebiete um geschützte Moore eingerichtet werden, wobei man unterscheidet zwischen Sumpfwäldern, Sumpfrieden und Torfmoosrasen. Erstere bestehen aus Roterlen oder Grauweiden, liefern Energie- oder Wertholz (3–4 t ha^{-1} a^{-1}) und werden alle 5–20 Jahre oder 60–80 Jahre geerntet (Timmermann et al. 2009). Sumpfriede können mit Schilf, Großseggen, Rohrkolben oder ähnlichem angelegt werden. Die Halmbiomasse kann für energetische Zwecke, Futter, Streu, Isolation, Verpackung oder Formteile verwendet werden, mit jährlicher Ernte im Winter oder Sommer von 5–25 t ha^{-1} a^{-1}. Torfmoosrasen (z. B. *Sphagnum palustre*) können Substrat für den Gartenbau, Dämmmaterial oder Hygieneartikel liefern mit etwa 5 t ha^{-1} a^{-1} im ca. 5-jährigen Zyklus (Gaudig et al. 2014). Bisher ungeklärt ist die Verwendung von Dünger und Pestiziden in Paludikulturen.

11

Bei Versumpfungsmooren ist die Anhebung des Wasserstands durch Dämme und Zuschütten von Drainagegräben das primäre Ziel. Ersetzen von Nadelforsten durch naturnahe Laubwäldern kann den Wasserstand der Moore durch reduzierte Transpiration fördern (Goral und Müller 2010), und erneuter Grundwasseranschluss sollte ein Ziel in entsprechenden Mooren sein. Insgesamt ist dieser Moortyp relativ leicht wiederherstellbar, wenn eine ausreichende Wasserversorgung gewährleistet ist. Mögliche Maßnahmen in Niedermooren sind Oberbodenabtrag, Mahd oder Beweidung oder Überrieselung mit eisen- oder kalziumreichem Wasser. Durchströmung ist wegen des gesackten Torfkörpers in der Regel nicht möglich. Nährstoffe werden auch an Wurzeln oder im Torf gebunden oder gehen durch Denitrifikation verloren. Zentrale Elemente der meisten Renaturierungen sind der naturnahe Waldumbau sowie der Anstau oder Überstau von Entwässerungsgräben mithilfe von Dämmen und Grabenverfüllungen (▶ Kasten 11.3); für technische Details kann auf Brooks und Stoneman (1997) verwiesen werden.

Bei degradierten Hangmooren ist die meist nur dünne und stark vererdete Torflage ein großes Problem. Die stark veränderten Torfe sind erosionsanfällig und erlauben keine gute Durchströmung oder Überrieselung. Ein Überrieselungsregime kann sich nur einstellen, wenn ausreichend Wasser zur Verfügung steht und ein dauerhafter Randsumpf an der Oberkante vorkommt. Der Verschluss von Entwässerungsgräben an Hängen und die Ableitung in die Fläche ist wegen des Gefälles und periodischer starker Abflüsse schwierig. Die besten Ergebnisse liefert eine vollständige Verfüllung des gesamten Grabensystems. Dort wo durch Grabenschluss kein nachhaltiges Torfwachstum mehr erreicht werden kann, könnte man die Entwicklung naturnaher Birken-, Fichten- oder Erlenbruchwälder zulassen.

Renaturierung von Quellmooren ist ebenfalls schwierig wegen der nicht mehr vorhandenen Porosität des Torfkörpers, des schwer abschätzbaren Quelldrucks und der oft nicht ausreichend klaren Ausdehnung des Grundwassereinzugsgebiets. Hier ist ein komplexes Vorgehen nötig: ein Anstauen der Gräben sowie eine Grabenverfüllung, die Einrichtung von Bewässerungsquergräben, die Querverwallung von Torfstichen, die Torfkörper-Perforation sowie der Abtrag der oberen Torfschicht bei starker Vererdung.

Bei Verlandungsmooren kann ein Ziel einer Renaturierung ein Verlangsamen der Sukzession sein, damit die Abfolge der offenen Vegetation vom Seeufer über die Moorvegetation bis hin zum Bruchwald erhalten bleibt. Dazu werden lokal auch neue Kleingewässer angelegt und die Nährstoffzufuhr wird reduziert, z. B. indem die Trophie des angrenzenden Gewässers vermindert wird.

In Kesselmooren kann man Torfwachstum sowie lichtliebende meso- oder oligotraphente Arten durch Steigerung des Wasserzulaufs, Reduktion des Abflusses und Verringerung der Nährstoffeinträge fördern. Die Maßnahmen hängen davon ab, wie stark die Abdichtung des Moores ist. Da der natürliche Wasserstand wegen des kleinen Einzugsgebiets oft stark schwankt und es dadurch zu zyklischer Einwanderung und Absterben von Gehölzen kommt, ist eine Gehölzentfernung fragwürdig.

Die Wiederherstellung von Hochmooren ist besonders aufwendig und hängt von hohem Niederschlag sowie der Abschottung vom Mineralboden und Grundwasser ab, ohne die eine Ansiedlung von Birken stattfindet (◘ Abb. 11.4c). Eine erfolgreiche Renaturierung dieser Ökosysteme erfordert ein funktionsfähiges Akrotelm mit hoher Wasserspeicherfähigkeit und geringer Wasserleitfähigkeit. Darunter liegt das wesentlich dichter gelagerte und daher wasserstauende Katotelm (Torfanreicherungshorizont). Nur bei schwach entwässerten Mooren reicht ein Verfüllen der Gräben aus. Besonders problematisch ist die Situation, wenn nach Torfabbau nur noch Schwarztorf vorhanden ist, weil dieser nur wenig Wasser speichert. Hier ist eine flache Überstauung mit Entwicklung von Schwingrasen zu empfehlen, weil diese den Schwankungen des Wasserstands folgen können. Nach anfänglicher Überstauung zur Wassersättigung der Torfe, können Wollgräser *(Eriophorum angustifolium, E. vaginatum)*, Seggen *(Carex canescens, C. rostrata)*, *Molinia caerulea*, *Juncus effusus* und *Polytrichum commune* als Ammenpflanzen eingesetzt werden. Sobald diese Arten sich angesiedelt haben, wird der Wasserstand wieder angehoben und die Ansiedlung von Torfmoosen dadurch gefördert (◘ Abb. 11.4b).

Kasten 11.3

Technische Maßnahmen der Renaturierung von Hochmooren (nach Brooks und Stoneman 1997; Pfadenhauer 1999; Röhl et al. 2012)

Im Moor:
- Rückbau von Gräben; Einbau von Wehren, Dämmen und Terrassen unter genauer Berücksichtigung des Moorreliefs, der Wasserversorgung und Torfmächtigkeit
- Bewässerungsanlagen, z. B. mit Zufuhr nährstoffarmen Quellwassers
- Vertikale Perforation des Torfkörpers zur Förderung der Wasseraufnahme und Durchströmung
- Oberbodenabtrag
- Gehölzentnahme und nachhaltige Bekämpfung von Neuansiedlung
- Auspflanzen torfbildender Arten
- Bekämpfung invasiver Neophyten

Im Einzugsgebiet:
- Rückbau angrenzender Entwässerungen und Unterbinden angrenzender Grundwasserentnahme
- Hebung des umgebenden Grundwasserspiegels, z. B. durch Remäandrierung eines Fließgewässers
- Wiederherstellen des ursprünglichen Zustroms (basenreichen) Grundwassers
- Rodung naturferner Nadelbaumforste oder Umbau zu standortsgemäßen Laubwäldern zur Reduktion des Wasserverbrauchs und damit Anhebung des Grundwasserspiegels
- Schaffung von Pufferzonen extensiver Landnutzung zur Verminderung von Nährstoffeinträgen

Ein gutes Renaturierungspotential degradierter Hoch- und Zwischenmoore ist gegeben bei noch weitgehend intakten Moorkernen mit geringer Gehölzbedeckung und existierendem Torfmooswachstum. Die zukünftige Moorentwicklung sollte sich auf eine Erweiterung dieser Kerne durch angrenzende Gehölzentnahme konzentrieren. In weiterer Entfernung sollte durch Einzelstammentnahme ein gradueller Übergang zu einem geschlossenen Gehölzbestand entstehen, um Windwurf zu vermeiden. Grundlage für positive Auswirkungen des Waldumbaus ist der Anstau von Entwässerungsgräben für eine gesteigerte Wasserrückhaltung in der Fläche.

11.3.4 Monitoring der Moorrenaturierung

Von besonderer Bedeutung für die Steigerung der Effizienz zukünftiger Renaturierungsprojekte sind das Monitoring und die Bewertung der Zielerreichung bisheriger Maßnahmen (▶ Kap. 6). Mit zunehmender Durchführung von Renaturierungsprojekten steigt auch die Zahl der Erfolgskontrollen. Viele davon erfolgen allerdings nur kurz nach Maßnahmendurchführung und lassen vermuten, dass sich bei günstigen Habitatbedingungen die gewünschte Artengemeinschaft bereits in die richtige Richtung entwickelt (Tuittila et al. 2000; Haapalehto et al. 2011). Moore regenerieren sich jedoch nur sehr langsam und benötigen vermutlich Jahrhunderte und Rückschläge sind möglich (Gorham et al. 2003; Rochefort et al. 2003; Kollmann und Rasmussen 2012). Gleichzeitig ist eine erneute Überprüfung des Renaturierungserfolgs nach längerer Zeit aus administrativen oder finanziellen Gründen häufig nicht möglich. Deshalb ist es wichtig, die Aussagekraft der ersten Erfolgskontrollen zu verbessern und nach einfachen Möglichkeiten einer langfristigen Maßnahmenbewertung zu suchen.

Die Ansiedlung von Zielarten, deren Existenz der Klimawandel bedroht, ist für die Erreichung der ökologischen Ziele von besonderer Bedeutung. Gleichzeitig spielen in Hochmooren diese Arten, beispielsweise *Andromeda polifolia*, *Drosera rotundifolia* oder *Vaccinium oxycoccus*, eine wichtige Rolle in der Öffentlichkeitsarbeit und damit für die Akzeptanz des Projekts (vgl. Simberloff 1998). Mit seltenen Zielarten wird man aber Schwierigkeiten bekommen, da die Standortsverhältnisse auch nach einer Renaturierung noch nicht ganz passen und eine Entwicklung über Jahrzehnte oder Jahrhunderte benötigen. Bisherige Erfolgskontrollen berichten daher häufig von einer verzögerten Reaktion dieser Arten auf Maßnahmen der Wiedervernässung (Poschlod et al. 2007; Haapalehto et al. 2011). Die langsame Wiederbesiedlung lässt auf ungünstige Standortbedingungen oder eine Ausbreitungslimitierung zurückführen (Campbell et al. 2003). Diese Ursachen sind von großer Bedeutung für die Entwicklung geeigneter Renaturierungsmethoden und können in faktoriellen Feldversuchen mit Wiedervernässung, Oberbodenabtrag und Einbringen passender Arten untersucht werden (◘ Abb. 11.5).

Eine weitere Möglichkeit der Analyse der relativen Ausbreitungs- und Standortlimitierung

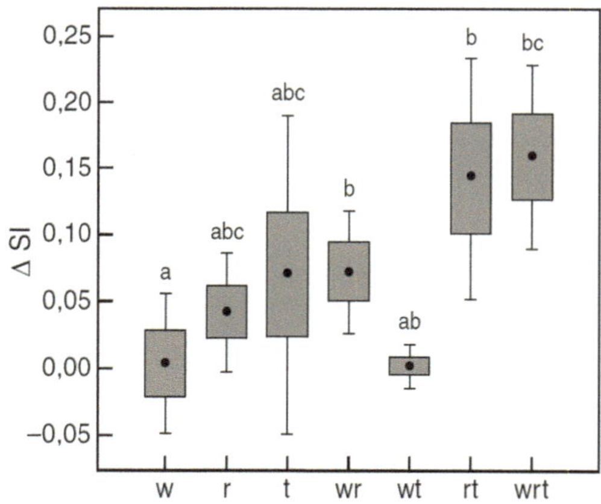

◘ **Abb. 11.5** Renaturierungserfolg in ehemaligen Niedermooren, ermittelt als Zustand der Moore nach Durchführung der Maßnahmen verglichen mit dem Zustand davor (Δ SI). Oberbodenabtrag (r) und Mähgutübertragung (t) waren die wirksamsten Maßnahmen, besonders in Kombination, während Wiedervernässung (w) allein keinen positiven Effekt hatte. Unterschiedliche Kleinbuchstaben über den Box-Plots zeigen signifikante Unterschiede in paarweisen Vergleichen an. (nach Klimkowska et al. 2007)

von Moorarten sind sogenannte Phytometer. Dies sind standardisierte Pflanzenarten, die in Feldversuchen eingebracht werden und anhand ihrer Wuchseigenschaften oder Fortpflanzung standörtliche Unterschiede einer gelungenen Renaturierung anzeigen (Dietrich et al. 2013). Die verwendeten Arten sollten charakteristisch für Moorökosysteme sein (z. B. *Drosera rotundifolia*, *Eriophorum vaginatum*, *Vaccinium oxycoccos*), jedoch eine unterschiedliche Empfindlichkeit gegenüber den anzuzeigenden Standortverhältnissen und verschiedene morphologische Eigenschaften aufweisen (Strobl et al. 2018). Gleichzeitig sollten Arten, die als Ergebnis einer Renaturierung unerwünscht wären, z. B. hohe Deckungen von *Molinia caerulea* oder *Juncus effusus* in renaturierten Mooren zurückgehen und damit eine erfolgreiche Vernässung, Versauerung und Nährstoffarmut bei zunehmend geschlossener Torfmoosdecke anzeigen.

Bei der Auswertung der Entwicklung moortypischer Arten ist zu beachten, dass einige der in Mooren natürlicherweise vorkommenden Arten auch als Degradationszeiger gewertet werden müssen, wenn sie zu hohe Deckungen erreichen, besonders *Betula pubescens*, *Calluna vulgaris*, *Juncus effusus*, *Picea abies*, *Pinus sylvestris* und *Vaccinium myrtillus*. Bei manchen Renaturierungsprojekten wird nach einem anfänglichen Rückgang dieser Arten nach Wiedervernässung wieder eine starke Zunahme nach ca. 5–10 Jahren beobachtet, die auf eine erneute Degradation der Moore hinweist (K. Strobl, unpubl. Daten). Solche Beobachtungen lassen sich meistens durch unzureichende hydrologische Verhältnisse, irreversible Veränderung der Torfe und weiter fortschreitende Eutrophierung erklären, auch wenn die Stauwerke voll funktionieren. Eine weitere Erklärung, die unter Umständen mit dem gestörten Wasserhaushalt zusammenhängt, wäre zunehmende Torfzersetzung und eben die negative Rückkopplung einer Ansiedlung von Zwergsträuchern und Bäumen. Diese Pflanzen entziehen zusätzlich Wasser und verändern den Standort, sodass eine Ansiedlung charakteristischer Moorarten erschwert wird.

Neben der direkten Messung von Standortfaktoren, sind die Vegetation und bestimmte Tierarten ein geeigneter Zeiger für die Entwicklung renaturierter Flächen (Traxler 1997). Libellen, wie z. B. die Kleine Moosjungfer, besiedeln solche Bereiche aufgrund ihrer Mobilität vergleichsweise schnell und geben Hinweise zur Qualität der neu geschaffenen Habitate. Für die Gesamtbewertung des Renaturierungserfolgs müssen allerdings verschiedene Organismengruppen untersucht werden (Ruiz-Jaen und Aide 2005). Erfolgskontrollen sollten neben den biotischen Komponenten Stoffausträge ins Grundwasser und die Vorfluter (Humin- und Nährstoffe) erfassen, während die Freisetzung klimawirksamer Spurengase wie Kohlendioxid, Methan und Lachgas nur in speziellen Forschungsprojekten untersucht wird mit dem Ziel, den Nutzen der Moorrenaturierung zu belegen (Drösler et al. 2008). Für die Zielüberprüfung ist hier auch eine Modellierung über Vegetation und Grundwasser möglich (Couwenberg et al. 2011). Das Thema des Monitorings von Moorrenaturierungen erfordert weitere Forschungsarbeiten und klarere Verbindlichkeiten in der Praxis.

11.4 Schlussfolgerungen

Moore werden in Mitteleuropa seit mehr als 20 Jahren großflächig renaturiert, unter anderem durch zahlreiche Moorschutzprogramme der Bundesländer sowie EU-LIFE-Projekte. Andererseits gehen immer noch große Torfmengen verloren, vor allem durch Mineralisierung bei intensiver Landnutzung, z. B. beim Anbau von Kartoffeln, Rüben, Mais oder China-Schilf auf Niedermoorböden. Defizite bestehen in der Moorinventur, Zielbestimmung, technischen Umsetzung und Finanzierung von Moorrenaturierungen. Aufgrund der speziellen Hydrologie (sowohl Wasserregime als auch Wasserqualität) und Nährstoffbedingungen gelten Moore als schwierig zu renaturierende Ökosysteme, die nach starker Degradation zwar verbesserbar, aber nicht vollständig regenerierbar sind. Die Renaturierungskonzepte, Planungen und daraus resultierenden Maßnahmen müssen die spezifische hydrogenetische Entwicklung des Standorts und den Grad der Degradation berücksichtigen, damit keine unrealistischen Ziele gesetzt werden. Es gibt gute Erfahrungen mit technischen Bauwerken und unterschiedlichsten Vernässungsmethoden, oft werden aber die reale Vernässbarkeit und dadurch die Regenerierbarkeit überschätzt. Im Unterschied zu mineralischen Standorten mit tiefem Grundwasser, wo man parzellenweise renaturieren kann, ist der Moorwasserstand meistens nur großräumig wiederherstellbar. Daher muss oft auch die Umgebung, unter Umständen das gesamte Einzugsgebiet, berücksichtig werden, und entsprechend sind die Eigentumsverhältnisse zu klären, damit die Zustimmung der Eigentümer und Nutzer eingeholt werden kann. Sehr wichtig ist eine Weiterentwicklung der Erfolgskontrollen, die der Verbesserung vergangener und der Effizienzsteigerung künftiger Moorrenaturierungen dienen. Da degradierte Moore kaum vollständig regeneriert werden können, sollte der Schutz der verbliebenen intakten Moore nach wie vor höchste Priorität haben.

11

? Fragen zur Vertiefung

- Was sind die wichtigsten Moortypen Mitteleuropas?
- Welche Ökosystemfunktionen haben Moore?
- Was sind die Hauptursachen des Rückgangs von Mooren?
- Welche Faktoren sind bei der Planung der Moorrenaturierung zu berücksichtigen?
- Was sind die effektivsten Methoden der Moorrenaturierung?
- Welches Monitoring ist bei renaturierten Mooren nötig?

Literatur

Belyea LR, Malmer N (2004) Carbon sequestration in peatland: patterns and mechanisms of response to climate change. Glob Change Biol 10:1043–1052

Birks HJB, Berglund BE (2018) One hundred years of quaternary pollen analysis 1916–2016. Veg Hist Archaeobot ZZ:1–39

BMU (2015) Priorisierungsrahmen zur Wiederherstellung verschlechterter Ökosysteme in Deutschland (EU-Biodiversitätsstrategie, Ziel 2, Maßnahme 6a). Bundesministerium für Umwelt, Naturschutz, Bau und Reaktorsicherheit, Berlin. ▶ www.bmub.bund.de/fileadmin/Daten_BMU/Download_PDF/Naturschutz/oekosysteme_priorisierungsrahmen_bf.pdf. Zugegriffen: 13.11.18

Bobbink R, Roelofs JG (1995) Nitrogen critical loads for natural and semi-natural ecosystems: the empirical approach. Water Air Soil Pollut 85:2413–2418

Boden AG (2005) Bodenkundliche Kartieranleitung. Bundesanstalt für Geowissenschaften und Rohstoffe, Hannover

Bragazza L, Buttler A, Habermacher J, Brancaleoni L, Gerdol R, Fritze H, Hanajík P, Laiho R, Johnson D (2012) High nitrogen deposition alters the decomposition of bog plant litter and reduces carbon accumulation. Glob Change Biol 18:1163–1172

Brooks S, Stoneman R (1997) Conserving bogs – the management handbook. Stationery Office, Edinburgh

Campbell D, Rochefort L, Lavoie C (2003) Determining the immigration potential of plants colonizing disturbed environments: the case of milled peatlands in Quebec. J Appl Ecol 40:78–91

Couwenberg J, Thiele A, Tanneberger F, Augustin J, Bärisch S, Dubovik D, Liashchynskaya N, Michaelis D, Minke M, Skuratovich A, Joosten H (2011) Assessing greenhouse gas emissions from peatlands using vegetation as a proxy. Hydrobiologia 674:67–89

Dierssen K, Dierssen B (2001) Moore. Ulmer, Stuttgart

Dietrich A, Nielsson C, Jansson R (2013) Phytometers are underutilised for evaluating ecological restoration. Basic Appl Ecol 14:369–377

Drösler M, Freibauer A, Christensen TR, Friborg T (2008) Observations and status of peatland greenhouse gas emissions in Europe. In: The continental-scale greenhouse gas balance of Europe. Springer, New York, S 243–261

Eigner J (2003) Möglichkeiten und Grenzen der Renaturierung von Hochmooren. Laufener Seminarbeitr 1:23–36

Eigner J, Schmatzler E (1991) Handbuch des Hochmoorschutzes. Bedeutung, Pflege, Entwicklung. Kilda, Greven

Ellenberg H, Leuschner C (2010) Vegetation Mitteleuropas mit den Alpen: in ökologischer, dynamischer und historischer Sicht. Ulmer, Stuttgart

EU (1992) Richtlinie 92/43/EWG des Rates vom 21. Mai 1992 zur Erhaltung der natürlichen Lebensräume sowie der wildlebenden Tiere und Pflanzen, die zuletzt durch Artikel 1 der Richtlinie 2013/17/EU des Rates vom 13. Mai 2013 geändert wurde

Gaudig G, Fengler F, Krebs M, Prager A, Schulz J, Wichmann S, Joosten H (2014) *Sphagnum* farming in Germany – a review of progress. Mires Peat 13:1–11

Göttlich KH (1990) Moor- und Torfkunde. Schweizerbart, Stuttgart

Goral F, Müller J (2010) Auswirkungen des Waldumbaus im Waldgebiet der Schorfheide auf die Entwicklung der Grundwasserhöhen und den Zustand der Waldmoore. Natursch Landschaftspfl 19:158–166

Gorham E, Rochefort L (2003) Peatland restoration: a brief assessment with special reference to *Sphagnum* bogs. Wetlands Ecol Manage 11:109–119

Haapalehto T, Vasander H, Jauhiainen S, Tahvanainen T, Kotiaho J (2011) The effects of peatland restoration on water-table depth, elemental concentrations, and vegetation: 10 years of changes. Restor Ecol 19:587–598

Hajek T, Beckett RP (2008) Effect of water content components on desiccation and recovery in *Sphagnum* mosses. Ann Bot 101:165–173

Hommeltenberg J, Schmid HP, Drösler M, Werle P (2014) Can a bog drained for forestry be a stronger carbon sink than a natural bog forest? Biogeosciences 11:3477–3493

Immirzi CP, Maltby E, Clymo RS (1992) The global status of peatlands and their role in carbon cycling. Friends of the Earth, London

Joosten H, Tanneberger F (2017) Peatland use in Europe. In: Joosten H, Tanneberger F, Moen A (Hrsg), Mires and peatlands of Europe. Status, distribution and conservation. Schweizerbart, Stuttgart, S 151–172

Kapfer A, Poschlod P, Hutter CP (1997) Sümpfe und Moore – Biotope erkennen, bestimmen, schützen. Weitbrecht, Stuttgart

Kaule G, Peringer A (2011) Die Übergangs- und Hochmoore des Chiemgaus – Vergleichende Untersuchungen zur Entwicklung zwischen den Jahren 1969–72 und 2010. Ber Bayerischen Bot Ges 81:109–142

Klimkowska A, Diggelen R van, Bakker JP, Grootjans AP (2007) Wet meadow restoration in Western Europe: a quantitative assessment of the effectiveness of several techniques. Biol Conserv 140:318–328

Klimkowska A, Diggelen R van, Grootjans AP, Kotowski W (2010) Prospects for fen meadow restoration on severely degraded fens. Perspect Plant Ecol Evol Syst 12:245–255

Koerselman W, Meuleman AFM (1996) The vegetation N:P ratio: a new tool to detect the nature of nutrient limitation. J Appl Ecol 33:1441–1450

Kollmann J, Rasmussen KK (2012) Succession of a degraded bog in NE Denmark over 164 years – monitoring one of the earliest restoration experiments. Tuexenia 32:67–86

Kowarik I (2010) Biologische Invasionen. Ulmer, Stuttgart

Kratz R, Pfadenhauer J (2001) Ökosystemmanagement für Niedermoore. Ulmer, Stuttgart

Mitsch WJ, Bernal B, Nahlik AM, Mander Ü, Zhang L, Anderson CJ, Jørgensen SE, Brix H (2013) Wetlands, carbon, and climate change. Landscape Ecol 28:583–597

MLUV (2007) 100 Jahre Naturschutzgebiet Plagefenn. Eberswalder Forstl Schr reihe 31:1–129

Moen A, Joosten H, Tanneberger F (2017) Mire diversity in Europe: mire regionality. In: Joosten H, Tanneberger F, Moen A (Hrsg) Mires and peatlands of Europe. Status, distribution and conservation. Schweizerbart, Stuttgart, S 97–149

Overbeck F (1975) Botanisch-geologische Moorkunde: unter besonderer Berücksichtigung der Moore Nordwestdeutschlands als Quellen zur Vegetations-, Klima-und Siedlungsgeschichte. Wachholtz, Neumünster

Palmer K, Ronkanen AK, Kløve B (2015) Efficient removal of arsenic, antimony and nickel from mine wastewaters in Northern treatment peatlands and potential risks in their long-term use. Ecol Eng 75:350–364

Pfadenhauer J (1997) Vegetationsökologie – ein Skriptum. IHW-Verlag, Eching

Pfadenhauer J (1999) Leitlinien für die Renaturierung süddeutscher Moore. Nat Landsch 74:18–29

Pfadenhauer J, Grootjans A (1999) Wetland restoration in Central Europe: aims and methods. Appl Veg Sci 2:95–106

Pfadenhauer J, Heinz S (2004) Renaturierung von niedermoortypischen Lebensräumen – 10 Jahre Niedermoormanagement im Donaumoos. Nat schutz Biol Vielfalt 9:1–299

Poschlod P (2015) Geschichte der Kulturlandschaft – Entstehungsursachen und Steuerungsfaktoren der Entwicklung der Kulturlandschaft, Lebensraum- und Artenvielfalt in Mitteleuropa. Ulmer, Stuttgart

Poschlod P, Meindl C, Sliva J, Herkommer U, Jäger M, Schuckert U, Seemann A, Ullmann A, Wallner T (2007) Natural revegetation and restoration of drained and cut-over raised bogs in Southern Germany – a comparative analysis of four long-term monitoring studies. Global Environ Res 11:205–216

Pouliot R, Rochefort L, Karofeld E (2011) Initiation of microtopography in revegetated cutover peatlands. Appl Veg Sci 14:158–171

Rochefort L, Quinty F, Campeau S, Johnson K, Malterer T (2003) North American approach to the restoration of *Sphagnum* dominated peatlands. Wetlands Ecol Manage 11:3–20

Röhl M, Huber S, Seyfang H, Wuchter K (2012) Moorschutz mal praktisch. HfWU, Nürtingen

Roßkopf N, Fell H, Zeitz J (2015) Organic soils in Germany, their distribution and carbon stocks. Catena 133:157–170

Ruiz-Jaen M, Aide T (2005) Restoration success: how is it being measured? Restor Ecol 13:569–577

Rydin H, Gunnarsson U, Sundberg S (2006) The role of *Sphagnum* in peatland development and persistence. Ecol Stud 188:49–65

Schumann M, Joosten H (2008) Global peatland restoration manual. Institute of Botany and Landscape Ecology, Greifswald

Simberloff D (1998) Flagships, umbrellas, and keystones: is single-species management passé in the landscape era? Biol Conserv 83:247–257

Soudzilovskaia NA, Cornelissen JHC, During HJ, Logtestijn RSP van, Lang SI, Aerts R (2010) Similar cation exchange capacities among bryophyte species refute a presumed mechanism of peatland acidification. Ecology 91:2716–2726

Strobl K, Schmidt C, Kollmann J (2018) Improving the value of phytometers for monitoring ecological restoration. Ecol Ind 88:263–273

Succow M, Joosten H (2001) Landschaftsökologische Moorkunde. Schweizerbart, Stuttgart

Timmermann T, Joosten H, Succow M (2009) Restaurierung von Mooren. In: Zerbe S, Wiegleb G (Hrsg) Renaturierung von Ökosystemen in Mitteleuropa. Spektrum, Heidelberg, S 55–93

Tomassen H, Smolders AJ, Limpens J, Lamers LP, Roelofs JG (2004) Expansion of invasive species on ombrotrophic bogs: desiccation or high N deposition? J Appl Ecol 41:139–150

Traxler A (1997) Handbuch des vegetationsökologischen Monitorings. Umweltbundesamt, Wien

Trepel M, Pfadenhauer J, Zeitz J, Jeschke L (2017) Germany. In: Joosten H, Tanneberger F, Moen A (Hrsg) Mires and peatlands of Europe. Status, distribution and conservation. Schweizerbart, Stuttgart, S 413–424

Tuittila ES, Vasander H, Jukka L (2000) Impact of rewetting on the vegetation of a cut-away peatland. Appl Veg Sci 3:205–212

Turlure C, Choutt J, Baguette M, Van Dyck H (2010) Microclimatic buffering and resource-based habitat in a glacial relict butterfly: significance for conservation under climate change. Glob Change Biol 16:1883–1893

Wichtmann W, Schröder C, Joosten H (2016) Paludiculture – productive use of wet peatlands. Schweizerbart, Stuttgart

Wild U, Kamp T, Lenz A, Heinz S, Pfadenhauer J (2001) Cultivation of *Typha* spp. in constructed wetlands for peatland restoration. Ecol Eng 17:49–54

Wilson L, Wilson J, Holden J, Johnstone I, Armstrong A, Morris M (2010) Recovery of water tables in Welsh blanket bog after drain blocking: discharge rates, time scales and the influence of local conditions. J Hydrol 391:377–386

Salz- und Brackwassermarschen

Kathrin Kiehl

© Springer-Verlag GmbH Deutschland, ein Teil von Springer Nature 2019
J. Kollmann et al., *Renaturierungsökologie*, https://doi.org/10.1007/978-3-662-54913-1_12

Zusammenfassung

Salzmarschen entwickeln sich in regelmäßig überfluteten strömungsberuhigten Bereichen der Meeresküsten. Ihre Vegetation ist an Überflutungen, Nässe und hohe Salzgehalte des Bodens angepasst und zeigt in Abhängigkeit von der Höhe über dem mittleren Hochwasser eine charakteristische Zonierung, die sich durch Beweidung verschieben kann. Wichtige Ökosystemfunktionen der Salzmarschen sind neben ihrer Habitatfunktion für zahlreiche spezialisierte Arten die hohe Produktivität, die Fähigkeit zur Kohlenstoffsequestrierung und die Bedeutung für die Deichsicherheit als natürliche Wellenbrecher. Viele Salzmarschen sind in der Vergangenheit durch Eindeichungen verlorengegangen oder durch künstliche Entwässerungsmaßnahmen degradiert. Renaturierungsprojekte streben daher an, durch Deichrückverlegungen oder Deichöffnung eine naturnahe Überflutungsdynamik wiederherzustellen und die Entwicklung naturnaher Prielsysteme zu fördern. Hinsichtlich des Einflusses der Beweidung auf Vegetation und Fauna von Salzmarschen lassen sich keine allgemeingültigen Empfehlungen ableiten. Je nach Ausgangsbedingungen müssen lokal angepasste Schutz- und Renaturierungsziele definiert und – wenn Beweidung erwünscht ist – geeignete Weidetiere und Beweidungsintensitäten zur Umsetzung der Ziele ausgewählt werden.

12.1 Ökologie und Vegetation von Salz- und Brackwassermarschen

12.1.1 Entstehung und Typisierung von Marschen

Salzmarschen (lokal auch Salzwiesen, Heller oder Außengroden genannt) sind von Natur aus baumfreie semiterrestrische Lebensräume, die an strömungsberuhigten Abschnitten der Meeresküsten im Übergangsbereich vom Meer zum Land entstehen. Sie werden regelmäßig durch Meerwasser überflutet und sind daher durch azonale Vegetation geprägt, die aus Halophyten besteht, welche an die extremen, durch Nässe und hohe Salzgehalte im Boden geprägten Standortbedingungen angepasst sind. Während Salzmarschen der Nordseeküste durch wechselfeuchte Mineralböden geprägt sind, kommt Salzvegetation an der Ostsee wegen des geringen Tidenhubs bei gleichmäßigeren Grundwasserständen überwiegend in Küstenüberflutungsmooren und nur kleinflächig auf Mineralböden vor.

In Mitteleuropa gibt es nach Ellenberg und Leuschner (2010, S. 596 f.) unter den Gefäßpflanzen 40–60 Pflanzenarten, die an salzhaltige Böden angepasst sind und als Halophyten bezeichnet werden (z. B. ◘ Abb. 12.2). Im Übergangsbereich der oberen Salzmarsch zu terrestrischen Lebensräumen ohne Überflutung und an Brackwasserstandorten treten weitere Arten hinzu, sodass insgesamt ca. 250 Sippen zur Gefäßpflanzenflora der Strände, Salz- und Brackwassermarschen gerechnet werden. Durch spezielle Anpassungsmechanismen, wie z. B. Ionenbarrieren zur Verhinderung der Salzaufnahme in den Wurzeln *(Puccinellia maritima)*, Salzdrüsen *(Armeria maritima, Limonium vulgare)* oder Absalzhaare *(Atriplex portulacoides)* können Halophyten hohe Salzgehalte im Boden tolerieren (Frey und Lösch 2010). *Salicornia europaea* agg. als annuelle und obligat halophytische Art keimt im Frühjahr und gleicht die zunehmende Salzaufnahme im Laufe des Lebens durch zusätzliche Wasseraufnahme und -speicherung aus (Salzsukkulenz). Im Binnenland werden Halophyten durch nicht salztolerante Arten, sogenannte Glykophyten, verdrängt und kommen von Natur aus nur an Binnensalzstellen vor.

In Abhängigkeit von der Höhe über dem Meeresspiegel und der Überflutungshäufigkeit bildet sich in Salzmarschen eine charakteristische Vegetationszonierung heraus (◘ Abb. 12.1). Im Durchschnitt täglich überflutet wird die Pionierzone der Salzmarschen, die bereits im Watt ca. 35–40 cm unterhalb der mittleren Hochwasserlinie beginnt. Hier

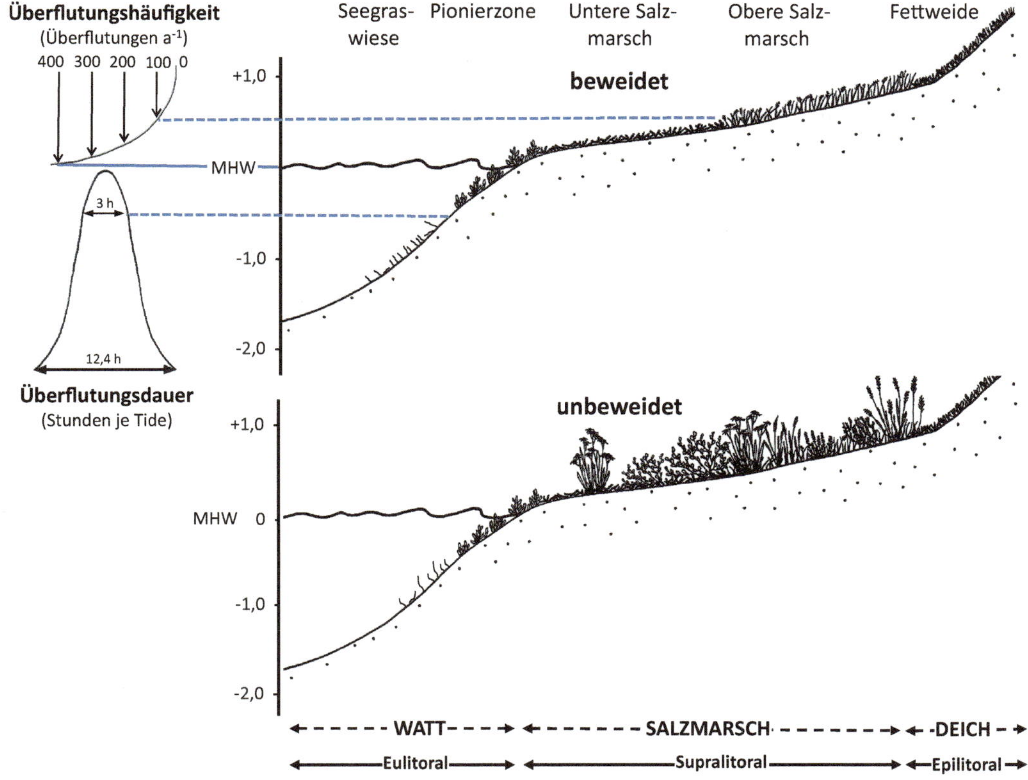

Abb. 12.1 Vegetationszonierung in intensiv beweideten Salzmarschen (oben) in Abhängigkeit von Überflutungshäufigkeit und -dauer. Die Höhenangaben sind in Meter über bzw. unter dem mittleren Hochwasser (MHW) angeben (−2,0 bis +1,0 m). Unten ist zum Vergleich eine unbeweidete Salzmarsch dargestellt. (nach Coldewey und Erchinger 1992)

finden sich einjährige Quellergesellschaften (Thero-Salicornion strictae) mit *Salicornia europaea* (Abb. 12.2a). Etwas unterhalb der mittleren Hochwasserlinie treten dann die einjährige Art *Suaeda maritima* und erste Arten der unteren Salzmarsch hinzu wie *Puccinellia maritima* oder *Tripolium pannonicum* (Abb. 12.2d).

Im Laufe des 20. Jahrhunderts breiteten sich dann in der Pionierzone stellenweise Schlickgras-Gesellschaften (Spartinion maritimae) aus. Das Salz-Schlickgras *Spartina anglica* hat sich durch Polyploidisierung aus dem in England entstandenen Hybriden *Spartina townsendii* entwickelt (Reise 1994). *Spartina townsendii* und *S. anglica* wurden ab 1927 an der deutschen Nordseeküste zur Förderung der Landgewinnung angepflanzt, was jedoch nicht den gewünschten Erfolg brachte; heute ist an der deutschen Nordseeküste vor allem *S. anglica* zu finden.

Je dichter die Vegetation wird, desto mehr Sedimente lagern sich in der Pionierzone ab. Dies führt zur Aufhöhung des Bodens, der letztlich über die mittlere Hochwasserlinie hinauswächst (Abb. 12.1). Durch seltenere Überflutungen und die zeitweise bessere Bodendurchlüftung wird die Ansiedlung von Pflanzenarten der unteren Salzmarsch gefördert. Mit der Zeit entstehen auf diese Weise geschlossene Andelrasen-Gesellschaften (Puccinellion maritimae) mit *Puccinellia maritima*, *Triglochin maritimum*, *Tripolium pannonicum* und *Plantago maritima*

12

(Abb. 12.2d, f). Vor allem auf Nordseeinseln und den nordfriesischen Halligen kommt in der unteren Salzmarsch oft auch *Limonium vulgare* in den Andelrasen vor (Abb. 12.2b). In gut durchlüfteten Bereichen der unteren Salzmarsch, z. B. an Priel- und Grabenrändern oder auf sandigeren Böden, bildet *Atriplex portulacoides* in unbeweideten Salzmarschen Dominanzbestände (Abb. 12.2c). Diese Art ist empfindlich gegenüber Frost und Eisschur, sodass die Bestände nach Eiswintern lückig werden (Beeftink et al. 1978). Auch in der unteren Salzmarsch, die sich bis etwa 35 cm über dem mittleren Hochwasser erstreckt (Abb. 12.1) und je nach Höhenlage ca. 100–400-mal jährlich überflutet wird (Kiehl 1997), kommt es durch Sedimenteintrag – vor allem nach dem Aufwirbeln von Wattsedimenten durch Sturmfluten – zur weiteren Aufhöhung des Geländes. Im Boden entsteht durch den Wechsel toniger und sandig-schluffiger Sedimentlagen eine charakteristische Sturmflutschichtung (Abb. 12.3d).

In Bereichen oberhalb des Springtidehochwassers, die nur noch 40–70-mal im Jahr überflutet werden (Abb. 12.1), breiten sich Arten der oberen Salzmarsch aus, die in der unteren Salzmarsch nur vereinzelt an besser belüfteten Stellen vorkommen. Dabei handelt es sich um Arten, die weniger salz- und nässetolerant sind, wie z. B. *Festuca rubra*, *Elymus athericus* und *Artemisia maritima* (Abb. 12.2g, h), auf sandigeren Böden auch *Juncus gerardii*. Zu den Pflanzengesellschaften der oberen Salzmarsch (Armerion maritimae) gehören Rotschwingel- und Boddenbinsenrasen, in denen auch niedrigwüchsige Arten wie *Armeria maritima* (Abb. 12.2e) und *Glaux maritima* vorkommen. Großflächig finden sich an der gesamten Wattenmeerküste heute aber in ungenutzten Bereichen mit guter Bodendurchlüftung sowie hohen Sedimentations- und Stickstoffmineralisationsraten artenarme Dominanzbestände der konkurrenzkräftigen *Elymus athericus* (Wijnen et al. 1999; Veeneklaas et al. 2013). Durch klonales Wachstum bildet diese Art hochwüchsige Dominanzbestände (Abb. 12.2h), in denen sich höchstens einzelne Spülsaumarten, wie *Atriplex prostrata* und *A. littoralis*, ansiedeln können.

Durch Beweidung kommt es in Salzmarschen zur Verschiebung der Vegetationszonierung (Kiehl 1997; Schröder et al. 2002). In der unteren Salzmarsch können sich dann durch das vermehrte Auftreten offener Bodenstellen und weniger Lichtkonkurrenz einjährige Pionierarten (z. B. *Salicornia europaea* agg.) ansiedeln. Arten der Andelrasen wandern wiederum aufgrund ihrer besseren Regenerationsfähigkeit nach Verbiss und Tritt in den unteren Bereich der oberen Salzmarsch ein, wodurch die Artenvielfalt dort zunehmen kann. Während *Festuca rubra* und *Juncus gerardii* Beweidung tolerieren, nehmen Bestände von *Elymus athericus* bei intensiver Beweidung deutlich ab. Letztere entwickeln sich ohne oder bei sehr extensiver Beweidung zu artenarmen Dominanzbeständen (Wanner et al. 2014). Grundsätzlich hängt der Einfluss der Beweidung auf die Artenvielfalt jedoch auch von der betrachteten Maßstabsebene ab (▶ Abschn. 12.3.4).

Brackwassermarschen finden sich in Deutschland vor allem an der Ostsee sowie an den Mündungen großer Flüsse wie Elbe, Weser oder Ems (Dollart). Während das Nordseewasser in der Deutschen Bucht einen Salzgehalt von 30–34 ‰ hat, liegt die Salinität des Brackwassers meistens nur bei 5–20 ‰ (Ellenberg und Leuschner 2010, S. 599). Ohne Nutzung entwickeln sich unter diesen Bedingungen ausgedehnte Brackwasserröhrichte (Wanner 2009). Das schwach salztolerante, hochwüchsige *Phragmites australis* bildet großflächige Dominanzbestände aus, in denen neben Halophyten wie *Tripolium pannonicum* vereinzelt auch einige schwach salztolerante Glykophyten, z. B. *Cirsium arvense* oder *Sonchus arvensis*, vorkommen (Esselink et al. 2002; Isermann und Kiehl 2015). Weitere Arten der Brackwasserröhrichte, die etwas mehr Wellenschlag und Strömung als das Schilf vertragen, sind *Bolboschoenus maritimus* und *Schoenoplectus tabernaemontani* (Ellenberg und Leuschner

Abb. 12.2 Halophytenarten der Pionierzone und der unteren Salzmarsch: **a** *Salicornia europaea*, **b** *Limonium vulgare*, **c** *Atriplex portulacoides*, **d** *Tripolium pannonicum*; sowie der mittleren und oberen Salzmarsch: **e** *Armeria maritima und Festuca rubra*, **f** *Plantago maritima*, **g** *Artemisia maritima*, **h** *Elymus athericus*

■ **Abb. 12.3** Ökosystemfunktionen von Salzmarschen: **a** Salzmarschen bieten vielfältige Lebensräume für spezialisierte Pflanzen- und Tierarten und ermöglichen das Erleben der Natur. **b** Fahrradtouristen auf der Hamburger Hallig. Sie sind **c** Nahrungshabitate für herbivore Zugvögel (hier Nonnengänse) sowie **d** natürliche Wellenbrecher und Stoffsenken, wie an der Sedimentationsschichtung erkennbar. (Foto c: M. Stock)

2010, S. 612). Beweidung wirkt sich in Brackwassermarschen positiv auf die Artenvielfalt aus, weil hochwüchsige Röhrichtarten unterdrückt werden und lichtliebende Halophyten einwandern (Wanner 2009).

12.1.2 Ökosystemfunktionen von Salz- und Brackwassermarschen

Salz- und Brackwassermarschen sind produktive Lebensräume, da mit den Überflutungen auch organisches Material und Tonteilchen mit den daran gebundenen Nährstoffen eingetragen werden. In der Pionierzone und den tiefergelegenen Bereichen der unteren Salzmarsch schränkt Sauerstoffmangel im Boden zwar die Stickstoffmineralisation ein, bei zunehmender Bodendurchlüftung werden dann aber besonders in der oberen Salzmarsch hohe Mineralisationsraten erreicht (Kiehl et al. 2001). Die Halophyten haben ein außerordentlich dichtes Wurzelsystem bis 60 cm Tiefe, sodass die unterirdische Phytomasse die oberirdische um ein Vielfaches übertrifft (Ellenberg und Leuschner 2010). Insgesamt gesehen gehören Salzmarschen daher zu den besonders produktiven Offenland-Ökosystemen.

Viele Halophyten können abgelagerte Sedimentschichten (■ Abb. 12.3d) wieder durchwachsen und die unterirdische Biomasse besteht nicht nur aus Wurzeln, sondern auch aus stockwerkartig wachsenden Rhizomen. Unter anaeroben Bedingungen werden abgestorbene Pflanzenteile zudem im Boden nicht zersetzt (Kiehl et al. 2001), sodass Salz- und Brackwassermarschen eine wichtige Rolle als Kohlenstoff- und Nährstoffsenken spielen

(Burden et al. 2013; Broek et al. 2016). So wird z. B. in Salzmarschen wegen der hohen Sulfatgehalte des Bodens trotz Nässe kaum Methan freigesetzt, während in eingedeichten Marschen hohe Methanemissionen auftreten, welche in der Gesamtbilanz klimarelevanter Spurengase nicht durch die CO_2-Aufnahme ausgeglichen werden (Witte und Giani 2016).

Wegen ihrer bedeutenden Habitatfunktion sind salzgeprägte Lebensräume innerhalb der EU durch die FFH-Richtlinie geschützt (◘ Tab. 12.1). Da viele Pflanzenarten der Salzmarschen ein proteinreiches Futter liefern, werden sie durch die im Frühjahr und Herbst in riesigen Schwärmen rastenden Zugvögel, z. B. Pfeifenten, Ringel- und Nonnengänse, als Nahrungshabitate genutzt (◘ Abb. 12.3c). Neben zahlreichen Brutvogelarten finden auch Hasen und Mäuse sowie spezialisierte Wirbellose hier Nahrung und Lebensraum. Nach Ausweisung der Wattenmeer-Nationalparks (1985–1990) hat die Bedeutung der Salzmarschen als Weideland für Rinder oder Schafe an der deutschen Nordseeküste zwar deutlich abgenommen, in einigen Bereichen findet aber auch heute noch Beweidung statt (Esselink et al. 2009). Beweidung in Salzmarschen wird heute sowohl an der Nordsee-, als auch an der Ostseeküste überwiegend aus naturschutzfachlichen Gründen durchgeführt. An der Nordseeküste werden einige Bereiche allerdings auch beweidet, um dort kurzrasige Grassoden für die Reparatur von Vegetationsschäden an Deichen entnehmen zu können. Auf den Halligen und am Jadebusen gibt es zudem gemähte Salzmarschen, die der Heugewinnung dienen (Isermann und Kiehl 2015; Stock und Maier 2015).

Salzmarschen wirken an Meeresküsten als Sedimentfallen und natürliche Wellenbrecher (Möller et al. 2014) und haben daher eine wichtige Funktion für die Deichsicherheit (◘ Abb. 12.3a). Da es derzeit aufgrund des Klimawandels zu einem Anstieg des Meeresspiegels kommt, ist diese Funktion zukünftig von besonderer Bedeutung (Hofstede und Stock 2016). Für den Küstenschutz liefern sie darüber hinaus tonreichen Klei als Baumaterial für die Deckschicht der Deiche (Metzing et al. 2013).

Aufgrund ihrer landschaftlichen Eigenart und Schönheit und ihrer Biodiversität sind Salzmarschen heute von großer Bedeutung für Naturerlebnis und Umweltbildung (◘ Abb. 12.3b). Der Naturtourismus (z. B. Vogelbeobachtung, Besuch von Nationalpark-Infozentren, Führungen oder Wanderungen auf ausgewiesenen Wegen) spielt daher auch aus wirtschaftlicher Sicht eine wichtige Rolle für viele Küstenregionen.

12.2 Gefährdung von Salz- und Brackwassermarschen

12.2.1 Flächenverluste durch Eindeichungen, Küstenschutzmaßnahmen und Meeresspiegelanstieg

Seit dem Mittelalter werden an der Nordseeküste zum Schutz der Salzmarschen vor Überflutung Deiche gebaut (Kramer und Rohde 1992; Meier 1994). Während niedrige Sommerdeiche zum Schutz von Weideflächen noch winterliche Überflutungen zuließen, wurden Salzmarschen dann zunehmend mit höheren Deichen vom Meereseinfluss abgetrennt, um neues Land für die Besiedlung und die Landwirtschaft zu gewinnen (◘ Abb. 12.4). Durch Landgewinnungsmaßnahmen, wie z. B. Lahnungsbau (◘ Abb. 12.5a, c), konnte in vielen Bereichen der Nordseeküste die Entwicklung neuer Vorlandsalzmarschen initiiert werden. Dies geschah über Jahrhunderte vor allem vor eingedeichten Marschen, die regional als Polder oder Köge bezeichnet werden. Das Ziel dabei war, durch weitere Eindeichungen neues besiedelbares Land zu gewinnen und damit die katastrophalen Landverluste mittelalterlicher Sturmfluten rückgängig zu machen (Kramer und Rohde 1992).

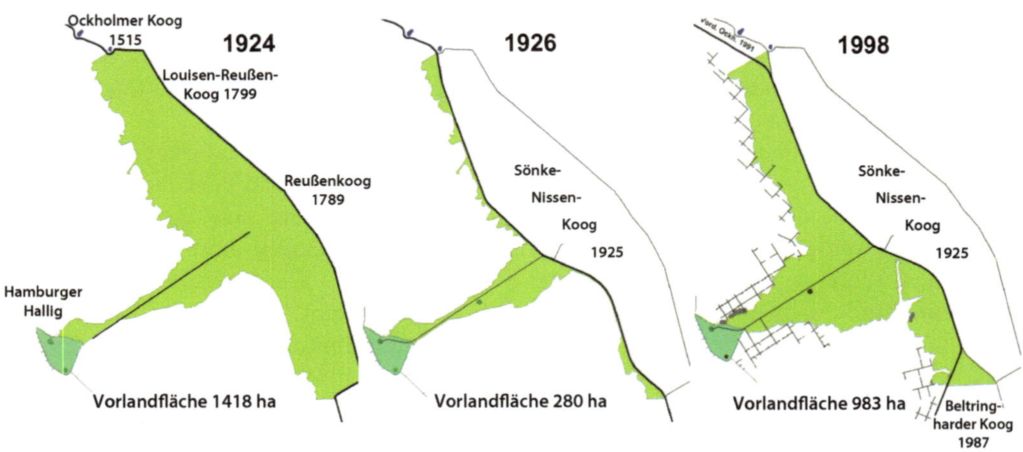

Abb. 12.4 Landgewinnung und Eindeichungen im Bereich der Hamburger Hallig (Nordfriesland). Nachdem 1862 zur Strömungsberuhigung ein Damm zur Hamburger Hallig (dunkelgrün) gebaut wurde, hat sich bis 1924 ein ausgedehntes Vorland mit Salzmarschen (hellgrün) entwickelt. Im Jahr 1926 wurde dann der Sönke-Nissen-Koog eingedeicht, vor dem sich bis 1998 mithilfe von Lahnungsbau und Entwässerungsgräben wieder 983 ha Salzmarschen entwickelt haben. (verändert nach Palm 2000)

Die letzten Eindeichungen an der deutschen Nordseeküste wurden Ende des 20. Jahrhunderts zur Verkürzung der Deichlinie für einen effektiveren Küstenschutz durchgeführt. So wurden durch die Eindeichung der Nordstrander Bucht zum Beltringharder Koog in Schleswig-Holstein 1987 ca. 3500 ha Vorlandsalzmarschen von der regelmäßigen Überflutung abgeschnitten (Wolfram et al. 1998). In Niedersachsen hatte der „Generalplan Küstenschutz" zunächst die Eindeichung der gesamten Leybucht (3000 ha) vorgesehen; nach umfangreichen Protesten des Naturschutzes wurden dann 1991 aber nur noch 740 ha Watt, Vorland und Sommerpolder abgetrennt und es entstand dabei die künstliche Halbinsel Leyhörn, die heute Naturschutzgebiet ist (Moning et al. 2014). Auch an der Ostseeküste gingen Salzmarschen durch Eindeichungen verloren, die aber insgesamt weniger ausgedehnt waren als an der Nordsee (Kramer und Rohde 1992).

Heute finden an der deutschen Nord- und Ostseeküste keine neuen Eindeichungen mehr statt. Aus Sicht des Salzmarschenschutzes sind die bestehenden Deiche vor allem deswegen problematisch, weil sie bei steigendem Meeresspiegel und Erosion an der Marschkante eine Verlagerung von Salzmarschen in das Hinterland verhindern. Dieser auch als *coastal squeeze* bezeichnete Prozess engt heute in vielen Teilen der Welt die zur Verfügung stehende Fläche für Salzmarschen und Wattgebiete ein (Doody 2013). In Schleswig-Holstein entstehen derzeit zwar an den meisten Küsten aufgrund ausreichender Sedimentmengen seeseits noch neue Salzmarschen (Suchrow et al. 2012; Stock und Maier 2015), Berechnungen zeigen jedoch, dass sich dies bei weiter steigendem Meeresspiegel in der zweiten Hälfte des 21. Jahrhunderts ändern könnte (Hofstede und Stock 2016).

12.2.2 Degradation durch Entwässerung und ungeeignete Landnutzung

Nicht nur in Flussauen (▶ Kap. 9) und Mooren (▶ Kap. 11), sondern auch im überwiegenden Teil der Salz- und Brackwassermarschen in Mitteleuropa sind starke Beeinträchtigungen der Oberflächengestalt und des Wasserhaushalts durch künstliche Entwässerung festzustellen. Das vor allem in den Vorlandsalzmarschen sehr dichte Netz von „Grüppen" (kleine parallel im Abstand von 8–10 m verlaufende Gräben) und Hauptgräben (◘ Abb. 12.5a) dient einerseits der Landgewinnung, weil Entwässerung die Ansiedlung von Vegetation und das Festlegen der Sedimente durch Wurzeln und Rhizome beschleunigen kann. Andererseits verbessert die Entwässerung auch die Nutzbarkeit der Salzmarschen. In etwa 70 % der Salzmarschen der Wattenmeerküste wird inzwischen auf die regelmäßige Grüppenunterhaltung verzichtet (Esselink et al. 2017). Entwässerungsgräben im Bereich der mittleren und oberen Salzmarsch bleiben jedoch vielfach über Jahrzehnte bestehen, auch wenn sie nicht mehr unterhalten werden (Stock und Maier 2015). Auf den zwischen zwei Grüppen liegenden „Beeten" (◘ Abb. 12.5a) kommt es durch Sedimentation zur Auflandung und damit zur Verbesserung der Bodendurchlüftung bei gleichzeitig guter Stickstoffverfügbarkeit. Unter diesen Bedingungen wird vielerorts die konkurrenzkräftige Pflanzenart *Elymus athericus* dominant und Arten der unteren Salzmarsch werden auf die nur wenige Dezimeter breiten Grüppen verdrängt (◘ Abb. 12.5d). Der Höhenbereich, in dem in ungenutzten Salzmarschen die höchste Pflanzenartenvielfalt auftritt (Kiehl 1997; Aegerter 2011), ist deshalb im gegrüppten Vorland flächenmäßig oftmals kaum vertreten.

Künstliche Dämme ermöglichen im gegrüppten Vorland zudem das Vordringen von Prädatoren, wie z. B. Füchsen, in hochgelegene Bereiche der Salzmarsch, wodurch bei vielen Vogelarten der Bruterfolg gefährdet ist. Kleientnahme für Baumaßnahmen führt in der Regel nur kleinräumig und temporär zu Flächenverlusten und kann sogar die Entwicklung naturnäherer Salzmarschen initiieren, wenn künstliche Entwässerungssysteme und monodominante Queckenbestände entfernt werden und anschließend eine natürliche Prielbildung ermöglicht wird (Metzing et al. 2013; Esselink et al. 2017).

Vor Einrichtung der Wattenmeer-Nationalparks wiesen vor allem die Salzmarschen der schleswig-holsteinischen Festlandküste durch intensive Beweidung mit bis zu 10 Schafen ha^{-1} eine strukturarme, golfrasenartige Vegetation auf. Zahlreiche beweidungsempfindliche Halophytenarten kamen damals aufgrund selektiven Fraßes der Schafe nur vereinzelt mit kleinen, nicht-blühenden Individuen vor (Kiehl et al. 1996). Intensive Beweidung kann zudem in der Pionierzone und der unteren Salzmarsch wegen der nassen Böden starke Vegetationsschäden hervorrufen und hat aufgrund der kurzrasigen Vegetation niedrigere Sedimentationsraten zur Folge. Sowohl das Fehlen beweidungsempfindlicher Wirtspflanzen als auch trittbedingte Bodenverdichtung wirken sich zudem negativ auf Wirbellose aus (Klink 2015).

Aus Artenschutzgründen wird aber auch die Entwicklung von Dominanzbeständen einzelner Pflanzenarten nach Beweidungsaufgabe von verschiedenen Autoren negativ gewertet (z. B. Bakker et al. 2002). Auf gut entwässerten Standorten kommt es in der oberen Salzmarsch zu einem Rückgang der Artenvielfalt durch Dominanz von *Elymus athericus*, was sich wiederum negativ auf die Nutzung durch herbivore Enten und Gänse während des Vogelzugs auswirkt (Stock und Maier 2015). In Brackwasserregionen nehmen Halophyten in sekundären Salzmarschen, die durch Beweidung von Küstenüberflutungsmooren entstanden sind, durch die Ausbreitung von hochwüchsigen Röhrichtarten ab, wenn die Beweidung aufgegeben wird (Wanner 2009).

12.2.3 Invasive Neophyten

Die Ansiedlung und Ausbreitung der Neophyten *Spartina anglica* und *S. townsendii* fand bereits im 20. Jahrhundert statt. In kalten Wintern kam es dabei zu temporären

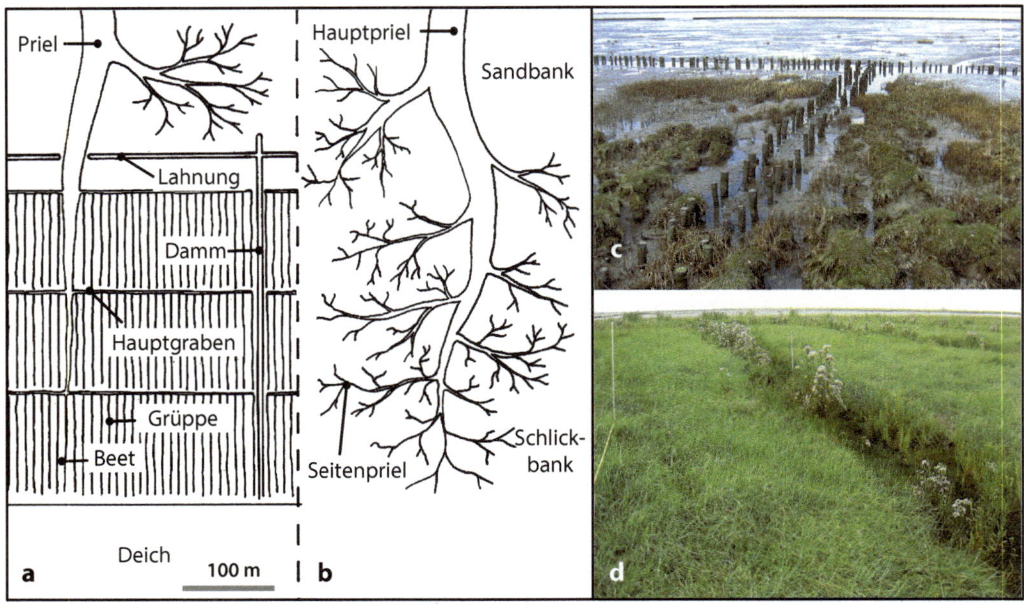

Abb. 12.5 Landgewinnung und Küstenschutz prägen die Geomorphologie der Salzmarschen: **a** Vorlandsalzmarsch mit künstlichem Entwässerungssystem aus Hauptgräben und Grüppen im Abstand von 8–10 m, **b** natürliches Prielsystem (aus Kiehl und Stock 1994), **c** Durch den Bau von Lahnungen werden strömungsberuhigte Räume zur Förderung der Sedimentation geschaffen, **d** in Vorlandsalzmarschen mit künstlichen Entwässerungsgräben kommen Arten der unteren Salzmarsch meist nur kleinräumig in den Grüppen oder Gräben vor

Bestandsrückgängen (Vinther et al. 2001). Die Samenproduktion von *Spartina anglica* wird zudem durch den aus Nordamerika eingeschleppten Typ G3 des Mutterkornpilzes *Claviceps purpurea* eingeschränkt (Nehring et al. 2012).

Die Pflanzenart steht derzeit noch als Neophyt auf der Managementliste des Bundesamts für Naturschutz. Auswertungen der regelmäßig im Rahmen des Wattenmeermonitorings durchgeführten Vegetationskartierungen an der gesamten schleswig-holsteinischen Nordseeküste zeigen jedoch, dass in den vergangenen Jahrzehnten keine Verdrängung von Quellerfluren durch *Spartina* spp. stattgefunden hat (Stock und Maier 2015). Stattdessen stellen Schlickgrasbestände in der Pionierzone wertvolle Habitate dar, in denen sich im Laufe der Sukzession strukturreiche Komplexe aus Pflanzengesellschaften der Pionierzone und der unteren Salzmarsch entwickeln, die auch durch die FFH-Richtlinie geschützt sind (Stock 2015).

12.3 Renaturierung von Salz- und Brackwassermarschen

12.3.1 Ziele der Renaturierung

Ziele für den Schutz der Salzmarschen der Nordseeküste sind international im trilateralen Wattenmeerplan abgestimmt (CWSS 2010; Stock und Maier 2015). Für die Renaturierung von Salz- und Brackwassermarschen sind folgende Ziele prioritär, die auch auf die Brackwassermarschen der Ostsee übertragbar sind (vgl. Doody 2008):

- Vergrößerung der Salzmarschenfläche mit natürlicher Dynamik;
- Verbesserung der natürlichen Morphodynamik und Entwässerungsbedingungen für Festlandssalzmarschen unter der Voraussetzung, dass die bestehende Fläche nicht verringert wird;
- Entwicklung einer Salzmarschenvegetation mit einer Vielfalt, welche die geomorphologischen Bedingungen des Habitats mit

seinen Schwankungen im Vegetationsgefüge widerspiegelt;
- Schaffung günstiger Bedingungen für alle lebensraumtypischen Pflanzen- und Tierarten.

Bei der Planung von Maßnahmen zum Erreichen dieser Ziele ist zu berücksichtigen, dass nicht alle Ziele auf derselben Fläche umgesetzt werden können und dass daher großflächige landschaftsbezogene Ansätze zur Erhaltung oder Schaffung natürlicher bzw. naturnaher Standortdynamik und -vielfalt bedeutsam sind (Esselink et al. 2009, 2017). Maßnahmen zur Wiederansiedlung lebensraumtypischer Pflanzenarten sind bei der Renaturierung von Salz- und Brackwassermarschen in der Regel nicht notwendig, da durch die regelmäßige Meerwasserüberflutung, Wind und Tiere eine sehr gute Diasporenausbreitung erfolgt.

12.3.2 Wiederherstellung der Überflutungsdynamik

Die Renaturierung vormals eingedeichter Marschen wird heute nicht nur aus Naturschutzgründen durchgeführt, um die Salzmarschenfläche zu vergrößern, sondern auch aus Gründe des Küstenschutzes zur Anpassung an den Klimawandel (WWF 2015; Esselink et al. 2017). Dabei ist es notwendig, eine natürliche Überflutungsdynamik wiederherzustellen und die Bildung naturnaher Prielsysteme zu ermöglichen. Damit sich eine naturnahe Abfolge der unterschiedlichen Vegetationszonen von der Pionierzone bis zur oberen Salzmarsch herausbilden kann, sollten Tidenhub und Überflutungsdauer möglichst ähnlich wie in natürlichen Salzmarschen sein (Bakker 2012). Zum Wiederanschluss an das Überflutungsgeschehen wird die Deichlinie teilweise oder komplett zurückverlegt (Seiberling und Stock 2009). In der Praxis werden allerdings aus Kostengründen oftmals nur ein oder mehrere Durchlässe in den Deichen zu renaturierender Flächen geschaffen (Wolters et al. 2005). Der Erfolg der Renaturierung hängt dabei von der Höhe der eingedeichten Flächen, der Wasserstanddynamik sowie der Menge eingetragener Sedimente und Diasporen ab.

Die meisten Erfahrungen liegen bislang zur Renaturierung von Sommerpoldern vor. Dabei zeigt sich, dass ein Wiederanschluss allein durch Rohre oder kleine Schleusen im Deich nicht ausreicht, um eine naturnahe Überflutungs- und Sedimentationsdynamik zu gewährleisten (Wolters et al. 2005; Esselink et al. 2017). So kam es z. B. an der Wurster Küste (Niedersachsen) nach Anschluss eines Sommerpolders durch ein Sielbauwerk nur im Bereich einiger Priele zur Ausbildung typischer Salzmarschen, während die Wiedervernässung auf dem größten Teil der Flächen unzureichend war (Kinder et al. 2003; Seiberling und Stock 2009).

Bei der Renaturierung des 120 ha großen Sommerpolders Noarderleech (Noard-Fryslan Butendyks) an der niederländischen Wattenmeerküste wurde der Sommerdeich dagegen an drei Stellen auf 20–40 m Breite abgetragen, die zudem nicht befestigt wurden und sich durch Erosion weiter vergrößern können (▪ Abb. 12.6a). Darüber hinaus wurden in diesem Gebiet drei Priele neugestaltet und bestehende Entwässerungsgräben verschlossen (Chang et al. 2015; Esselink et al. 2015). Dadurch siedelten sich innerhalb der ersten zwei Jahre bereits 80 % der lebensraumtypischen Halophyten im Gebiet an. Große Bereiche der beweideten Flächen wurden dabei vor allem durch Arten der Pionierzone besiedelt (▪ Abb. 12.6b und 12.7). Die Habitateignung für Rast- und Brutvögel war daher noch nicht optimal (Esselink et al. 2015). Im Rahmen eines detaillierten Monitorings ergab der Vergleich mit Referenzstandorten aber, dass die Ziele der Renaturierung bezüglich der Sedimentionsraten, Bodenfeuchte und

Abb. 12.6 Renaturierung von Salzmarschen durch Wiederherstellung des Überflutungsregimes: **a** In Noard-Fryslan Butendyks (Niederlande) wurde ein Sommerdeich durchstochen und Halophyten siedelten sich an. **b** Auf beweideten Flächen außerhalb der Umzäunung dominieren elf Jahre nach der Ausdeichung einjährige Pionierarten, während innerhalb der Umzäunung *Elymus athericus* und *Tripolium pannonicum* vorkommen

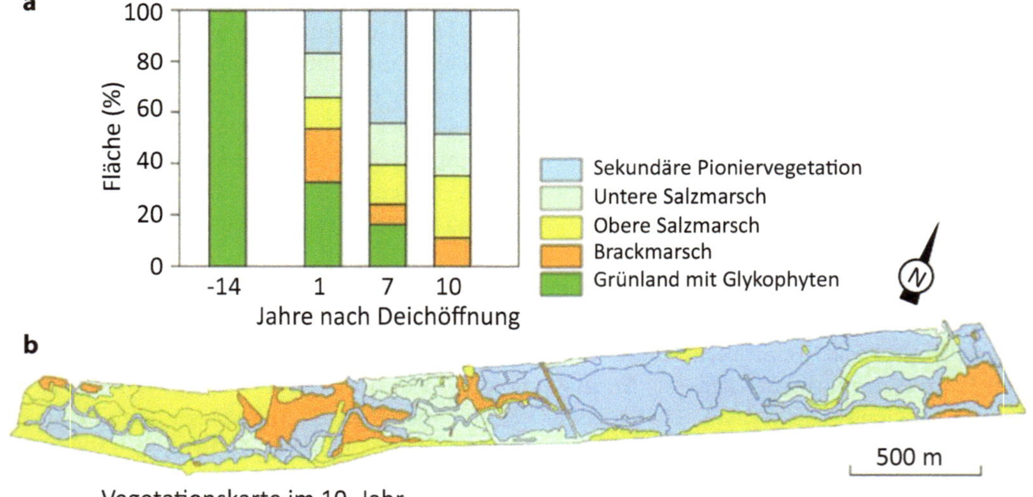

Abb. 12.7 Änderungen des Flächenanteils verschiedener Pflanzengesellschaften der Salzmarschen nach Deichöffnung: **a** Die Vegetation veränderte sich innerhalb von zehn Jahren von einem anthropogenen Wirtschaftsgrünland zu fast 50 % sekundärer Pioniervegetation, **b** Vegetationskarte der Pflanzengesellschaften im 10. Jahr. Die sekundäre Pioniervegetation deckte den Großteil des niedrig gelegenen östlichen Teils der renaturierten Salzmarsch, während sich Gesellschaften der oberen Salzmarsch im höher gelegenen westlichen Teil entwickelt haben. (nach Chang et al. 2016)

Bodensalzgehalte weitgehend erreicht wurden (Veeneklaas et al. 2015) und daher zukünftig die Ausbildung von Pflanzengemeinschaften der unteren Salzmarsch mit besserer Habitateignung für Vögel auf größeren Flächen des ausgedeichten Sommerpolders zu erwarten ist.

Eine teilweise oder komplette Entfernung bzw. Zurückverlegung des Deichs führt in der Regel zu einem naturnäheren Überflutungsregime in ausgedeichten Marschen als die Schaffung kleiner Durchlässe. Im 2004 ausgedeichten ehemaligen Langeooger

Sommerpolder (218 ha) nahmen Glykophyten bereits im ersten Jahr nach der Deichöffnung stark ab, während Halophyten sich großflächig ausbreiten konnten (Barkowski und Freund 2006). Da das künstliche Entwässerungssystem mit engem Grüppennetz weiter bestehen blieb, ist die natürliche Standortdynamik im Vergleich zu natürlichen Salzmarschen jedoch weiterhin eingeschränkt (Barkowski et al. 2009). Im Bereich der Pionierzone und der unteren Salzmarsch ist inzwischen zwar ein Verfall der Grüppenstrukturen zu beobachten (WWF 2015), in der oberen Salzmarsch bleiben sie aber stabil und fördern so die Ausbreitung von *Elymus athericus*.

An der deutschen Ostseeküste ist die Ausdeichung der Karrendorfer Wiesen (360 ha) das bislang größte Deichrückbauprojekt (Bernhardt und Koch 2003; Seiberling 2003). Hier starb die Vegetation des vorher intensiv landwirtschaftlich genutzten Grünlands nach der Deichentfernung großflächig ab (Seiberling und Stock 2009). Im Gegensatz zu den oben beschriebenen Rückdeichungen an der Nordsee erfolgte die Wiederbesiedlung mit Halophyten dann aber wegen des geringen Tidenhubs nicht gleich auf ganzer Fläche, sondern bevorzugt entlang von Entwässerungsgräben oder Prielen, durch die mit dem Ostseewasser Salz und Diasporen eingetragen wurden. Seiberling (2003) empfiehlt deshalb bei der Ausdeichung, die ehemaligen Priele wieder auszuheben, um Anschluss an das Ostseewasser zu erhalten. Das bestehende Grabennetz soll dabei jedoch nicht verfüllt werden.

Durch die Analyse unterschiedlicher Nutzeransprüche im Vorfeld der Rückdeichung „Sundische Wiese" (Nationalpark Vorpommersche Boddenlandschaft) stellte sich heraus, dass die Deichöffnung zur Verbesserung des Hochwasserschutzes als Anpassung an den Klimawandel in Kombination mit Maßnahmen zur Wiederherstellung der lebensraumtypischen Biodiversität volkswirtschaftlich sogar vorteilhafter ist als reine Hochwasserschutzmaßnahmen, bei denen der Deich erhalten würde (Beil et al. 2010).

12.3.3 Maßnahmen zur Entwicklung naturnäherer Geländeformen

Künstliche Entwässerungssysteme sind in Salzmarschen auch nach Aufgabe der Grüppenunterhaltung vielerorts stabil und prägen über Jahrzehnte die Morphologie und den Wasserhaushalt der Salzmarschen, was sich negativ auf die Arten- und Strukturvielfalt der Vegetation auswirkt. Um eine naturnähere Entwicklung von Salzmarschen zu ermöglichen, sollte die Unterhaltung künstlicher Grüppen und Gräben daher überall dort unterbleiben, wo diese nicht unbedingt zur Sicherung der Entwässerung des Deichfußes notwendig sind. Falls der Bau von Lahnungen unumgänglich ist, um Verluste von Salzmarschen durch Erosion zu verhindern und die Bildung neuer Salzmarschen zur Kompensation des Meeresspiegelanstiegs zu fördern (vgl. Stock et al. 1997; Stock und Maier 2015), sollten innerhalb von Lahnungsfeldern jegliche Entwässerungsarbeiten unterbleiben, um die Bildung natürlicher Prielsysteme zu ermöglichen (◘ Abb. 12.5b). Dies gilt auch für „Kleipütten", also Stellen zur Materialentnahme für den Deichbau, die sich ohne künstliche Gräben zu arten- und strukturreichen Salzmarschen entwickeln (Metzing et al. 2013). In Niedersachsen werden Kleipütten inzwischen gezielt in degradierten, durch künstliche Entwässerungssysteme und Queckendominanz geprägten hochgelegenen Salzmarschen angelegt. Dadurch kann die Bildung naturnäherer Salzmarschen initiiert werden (Esselink et al. 2017).

Erstmalig wurden 2008 im Rahmen einer Kompensationsmaßnahme auf Norderney Maßnahmen zur Entfernung des künstlichen Entwässerungssystems und zur Tieferlegung der vorher stark durch *Elymus athericus* dominierten Salzmarsch durchgeführt (ECOPLAN 2008; Siekmann 2014). Das auf einer Fläche von 8,5 ha in einer Mächtigkeit von 5–40 cm abgetragene Oberbodenmaterial wurde dazu verwendet, einen großen begradigten Priel und daran anschließende Gräben zu verfüllen (Esselink et al. 2017). Auf den Abtragsflächen bildeten sich dann in den tiefergelegenen Bereichen neue verzweigte Priele durch rückschreitende Erosion (◘ Abb. 12.8) und es entwickelte sich eine naturnahe Vegetationszonierung mit Vegetationstypen der Pionierzone und der unteren Salzmarsch (Siekmann 2014). In den hochgelegenen Randbereichen zeigte sich, dass das Verschließen der Gräben zwar in überflutungs- und niederschlagsreichen Zeiten zu einer Wiedervernässung führt. In sommerlichen Trockenperioden mit niedrig auflaufenden Tiden wurde dadurch allerdings verhindert, dass das Meerwasser die Flächen erreicht. Auf hoch gelegenen Flächen ohne Bodenabtrag konnten die dominanten Quecken deshalb bisher nicht zurückgedrängt werden. Grundsätzlich haben Untersuchungen in naturnahen Inselsalzmarschen aber gezeigt, dass Vernässung in späten Sukzessionsstadien von Salzmarschen einer Queckendominanz entgegenwirken kann (Esselink et al. 2009; Veeneklaas et al. 2013).

12.3.4 Beweidung der Salzmarschen?

Aufgrund der extremen durch die Meerwasserüberflutungen geprägten Standortbedingungen sind europäische Salzmarschen von Natur aus baumfrei. In natürlichen Salzmarschen kann es durch die Dynamik von Erosion und Sedimentation nicht nur zur räumlichen Verschiebung der Vegetationszonierung kommen, sondern auch zur weiteren Ausdehnung durch den „Anwachs" in der Pionierzone (Stock und Maier 2015). Wenn auf künstliche Entwässerungsgräben verzichtet und die Entwicklung eines natürlichen Prielsystems ermöglicht wird (▶ Abschn. 12.3.3), entwickelt sich in der Pionierzone und der unteren Salzmarsch auch ohne Beweidung eine strukturreiche Vegetation, in der sich verschiedene Halophytenarten ansiedeln und Habitate für spezialisierte Tierarten entstehen.

Durch Sukzessionsprozesse kann es im Laufe der Zeit zwar in der oberen Salzmarsch kleinflächig zu einem Artenrückgang kommen (Bos et al. 2002). Großräumig sind in unbeweideten Salzmarschen aber alle wesentlichen Halophytenarten vorhanden und die Vielfalt der Vegetationstypen ist sogar größer als in beweideten Salzmarschen (Wanner et al. 2014). Darüber hinaus kann der Meeresspiegelanstieg in unbeweideten Salzmarschen durch höhere Sedimentationsraten eher kompensiert werden als in beweideten (Neuhaus et al. 1999); im Einzelfall sind jedoch jeweils die lokalen Sedimentationsbedingungen zu beachten.

◘ **Abb. 12.8** Renaturierung einer Salzmarsch auf Norderney (Ostheller) durch Entfernung des künstlichen Entwässerungssystems im Jahr 2008: **a** Ansiedlung von Arten der Pionierzone und unteren Salzmarsch auf Bodenabtragsflächen (Vordergrund und Hintergrund rechts) im dritten Jahr, **b** in tiefergelegenen Bereichen entstehen natürliche Priele durch rückschreitende Erosion

An der deutschen Nordseeküste hat die großflächige Nutzungsaufgabe in den Wattenmeer-Nationalparks, deren Hauptschutzziel die Förderung natürlicher Dynamik möglichst ohne menschliche Eingriffe ist (Prozessschutz), zu deutlichen Veränderungen in den Salzmarschen geführt (Stock und Maier 2015). Ausgehend von sehr niedrigen Artenzahlen aufgrund der vorhergehenden jahrzehntelangen intensiven Beweidung mit 10 Schafen ha^{-1} an der gesamten schleswig-holsteinischen Festlandküste, kam es im Vorland der Hamburger Hallig nach den Nutzungsänderungen Anfang der 1990er-Jahre nicht nur auf unbeweideten, sondern auch auf extensiv und intensiv beweideten Salzmarschen zu einem Anstieg der mittleren Artenzahlen auf Dauerflächen (◘ Abb. 12.9). Der Anstieg ist vor allem auf die Ausbreitung beweidungsempfindlicher Arten wie *Tripolium pannonicum* und *Atriplex portulacoides* zurückzuführen, die sich aufgrund der hohen Diasporenproduktion in unbeweideten Gebieten des Nationalparks im Laufe der 1990er-Jahre auch auf beweideten Flächen ansiedeln konnten (Schröder et al. 2002). Auf den Dauerflächen der unteren Salzmarsch konnten zudem im Laufe der sedimentationsbedingten Aufhöhung und Sukzession einige Arten der oberen Salzmarsch einwandern. Bis 2010 kam es weder in der unteren noch in der oberen Salzmarsch zu einem signifikanten Rückgang der Artenzahl auf unbeweideten Dauerflächen (Wanner et al. 2014).

Dagegen war auf extensiv beweideten Flächen der oberen Salzmarsch nach einem signifikanten Anstieg von 1992 bis 2001 ein Rückgang der Artenzahlen von 2001 bis 2010 zu beobachten, weil sich dort *Elymus athericus* ausbreitete (◘ Abb. 12.9). Bei intensiver Beweidung waren die Artenzahlen im Jahr 2010 in der oberen Salzmarsch auf 4 m^2 großen Dauerflächen höher als auf extensiv beweideten und unbeweideten Flächen. Auf größeren Flächen (10–100 m^2) gab es jedoch keinen signifikanten Einfluss der Beweidung. Großflächige Vegetationskartierungen dokumentieren, dass die durch Stickstoffeutrophierung geförderte Art *Elymus athericus* sich im gesamten Wattenmeerraum in unbeweideten Salzmarschen ausbreitet (Esselink et al. 2009; Veeneklaas et al. 2013). In Sandsalzmarschen der Wattenmeerinseln und Vorlandsalzmarschen mit künstlichem Entwässerungssystem dominiert diese Art auf unbeweideten und zum Teil auch auf extensiv beweideten Standorten mit guter Bodendurchlüftung, da sie aufgrund ihrer Hochwüchsigkeit und Streuakkumulation niedrigwüchsigere Halophyten verdrängt. Langjährige Dauerflächenuntersuchungen in Vorlandsalzmarschen wiesen nach, dass es nach Einrichtung der Wattenmeer-Nationalparks nur in Strandqueckenbeständen nach Beweidungsaufgabe zu einem Artenrückgang kam, während die Artenvielfalt in Dominanzbeständen von *Atriplex portulacoides* oder *Festuca rubra* gleichblieb und in Andelrasen bei Dominanz von *Puccinellia maritima* sogar anstieg (Wanner et al. 2014). Auf der niederländischen Insel Schiermonnikoog konnte die Artenvielfalt in der oberen Salzmarsch nach etwa 20 Jahren Brache durch Wiedereinführung einer Rinderbeweidung über einen Zeitraum von 30 Jahren signifikant gesteigert werden, während sie auf der weiterhin unbeweideten Vergleichsfläche aufgrund der Ausbreitung von *Elymus athericus* abnahm (Veeneklaas et al. 2011).

Der Vergleich unterschiedlicher Weidetiere in einem großflächigen Beweidungsexperiment im Vorland von Noard-Fryslan Butendyks ergab, dass sich auch Pferdebeweidung gut zum Zurückdrängen bestehender *Elymus athericus*-Bestände in der oberen Salzmarsch eignet (Nolte 2014). Aufgrund der hohen Mobilität der Tiere kann Beweidung mit Pferden in der unteren Salzmarsch aber starke Trittschäden hervorrufen (◘ Abb. 12.10b). Außerdem zeigte ein Versuch mit künstlichen Nestern, dass durch Pferdebeweidung mehr Nester zerstört werden als durch Rinderbeweidung (Mandema et al. 2013). Extensive Rinderbeweidung führte zudem zu einer strukturreicheren Vegetation als Pferdebeweidung.

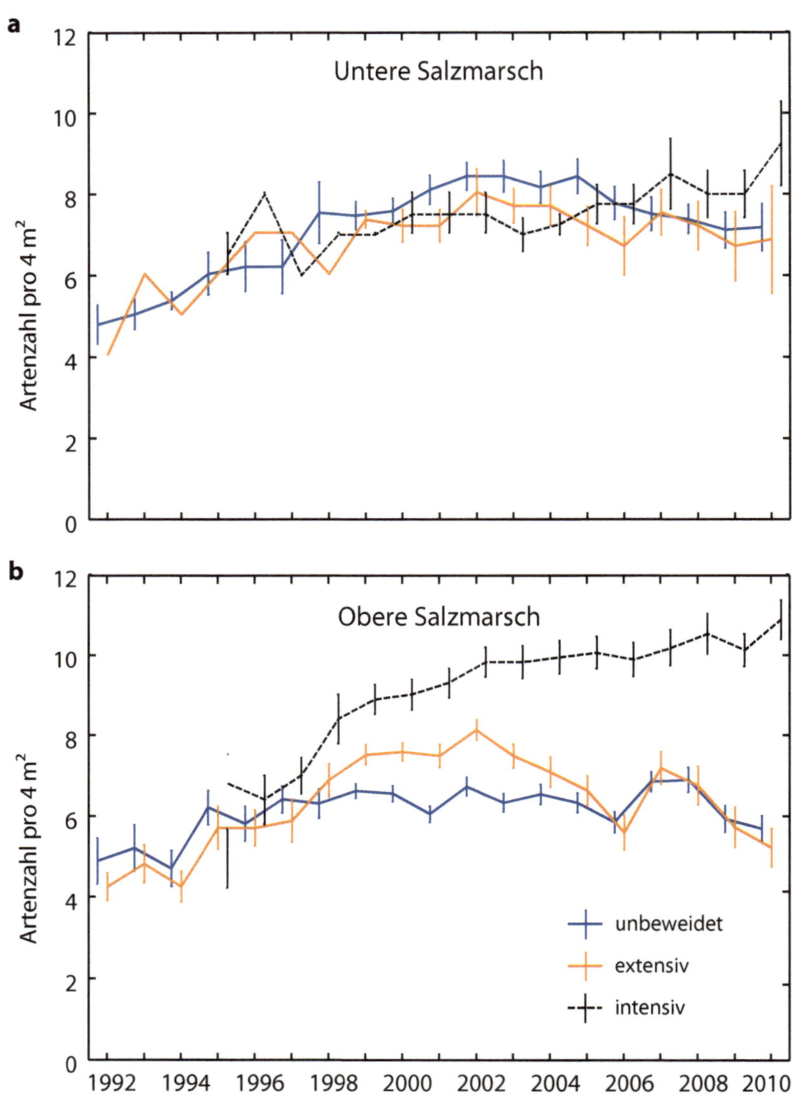

12

Abb. 12.9 Entwicklung der mittleren Artenzahlen (±1SE) auf 4 m² großen Dauerflächen in der unteren und oberen Salzmarsch im Vorland der Hamburger Hallig bei unterschiedlicher Beweidungsintensität in den Jahren 1992 bis 2010. Das Monitoring wurde im Laufe der Jahre ausgeweitet, um die Standortvariabilität besser zu erfassen: 31 Dauerflächen ab 1992, 45 ab 1992 und 135 ab 1995. (nach Wanner et al. 2014)

Zusammenfassend zeigen die oben genannten Beispiele, dass es nicht möglich ist, eine allgemeingültige Empfehlung für das Management von Salzmarschen zu geben. Je nach Ausgangsbedingungen müssen lokal angepasste Schutz- und Renaturierungsziele definiert und – falls Beweidung erwünscht ist – geeignete Weidetiere und Beweidungsintensitäten zur Umsetzung der Ziele ausgewählt werden. In Salzmarschen des Wattenmeers sollte die Pionierzone jedoch grundsätzlich unbeweidet (und ungegrüppt) bleiben. In der unteren Salzmarsch sollte wegen der Trittschäden und des negativen Einflusses auf beweidungsempfindliche Arten und die Sedimentationsraten

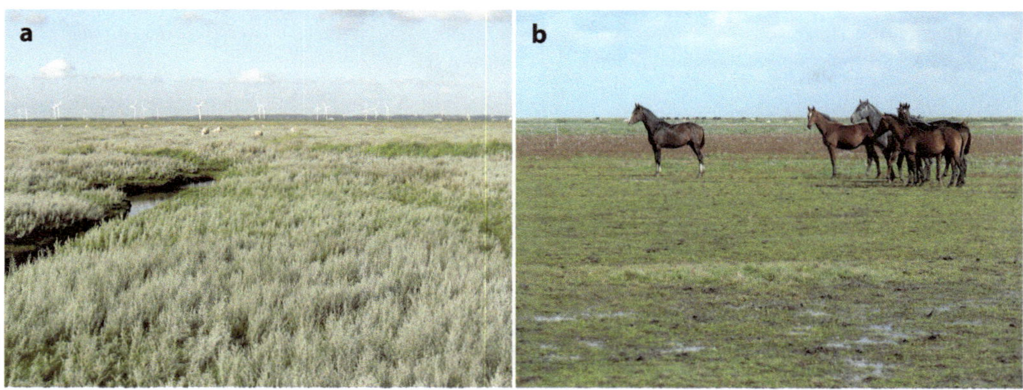

Abb. 12.10 Beweidungseffekte in Salzmarschen: **a** Durch extensive Schafbeweidung entstandenes Mosaik aus Rotschwingelrasen und Strand-Beifußfluren im Vorland der Hamburger Hallig (Nordfriesland), **b** Trittschäden durch Pferdebeweidung im Vorland von Noard-Fryslan Butendyks (Niederlande)

auf intensive Beweidung verzichtet werden. Lokal kann jedoch eine extensive Beweidung aus Artenschutzgründen sinnvoll sein, z. B. um niedrigwüchsige Andelrasen zu fördern, die wichtige Nahrungshabitate für Zugvögel darstellen (Stock und Maier 2015). Ein Monitoring muss in solchen Fällen sicherstellen, dass es nicht durch den Tritt der Tiere zur Zerstörung der Vegetationsdecke kommt.

In der oberen Salzmarsch überwiegen vielfach die positiven Einflüsse extensiver Beweidung auf die Arten- und Strukturvielfalt der Vegetation. Hier sind bei Beweidung weniger Trittschäden zu beobachten als in der unteren Salzmarsch und mäßige Sedimentationsraten bei extensiver Beweidung dürften zunächst in den meisten Gebieten ausreichen, um den Meeresspiegelanstieg zu kompensieren. Dominanzbestände einzelner Arten, wie etwa *Elymus athericus*, sind typisch für naturnahe Salzmarschen und sollten daher in den Wattenmeer-Nationalparks lokal zugelassen werden. Da Strandqueckenfluren heute durch die künstlichen Entwässerungssysteme und anthropogen bedingte Eutrophierung übermäßig gefördert werden, sollte ihre weitere großflächige Verbreitung eingeschränkt werden. Um allen lebensraumtypischen Pflanzen- und Tierarten geeignete Habitate zu bieten, ist daher ein Nebeneinander beweideter und unbeweideter Salzmarschen und vor allem die Förderung naturnaher Geomorphologie ohne künstliche Entwässerungssysteme sinnvoll.

In Brackwassermarschen der Ästuare gehören sowohl ungenutzte Brackwasserröhrichte als auch nutzungsbedingt entstandene „Salzwiesen“ zum FFH-Lebensraumtyp 1130 Ästuare (Tab. 12.1). An der Ostseeküste können die nur kleinräumig auftretenden primären Bestände des FFH-Lebensraumtyps 1330 in der Regel ohne Nutzung erhalten werden; sie sind vor allem auf natürliche Sedimentations- und Erosionsprozesse angewiesen. Sekundär durch Beweidung von Küstenüberflutungsmooren entstandenes Salzgrasland kann dort jedoch nur durch Beweidung erhalten bzw. wiederhergestellt werden (Seiberling und Stock 2009; Wanner 2009).

Tab. 12.1 Durch Salz- und Brackwasser geprägte Lebensraumtypen, die im Anhang I der Fauna-Flora-Habitat-Richtlinie der Europäischen Union aufgeführt sind. (EU 1992)

Natura 2000-Code	FFH-Lebensraumtyp	Gründe für Gefährdung und Renaturierungsbedarf
13	„Atlantische Salzsümpfe und -wiesen sowie Salzsümpfe und -wiesen im Binnenland"	
1310	„Pioniervegetation mit *Salicornia* und anderen einjährigen Arten auf Schlamm und Sand (Quellerwatt)"	Entwässerung (Begrüppung, s. Abb. 12.5), Eindeichung, Meeresspiegelanstieg
1320	„Schlickgrasbestände (Spartinion maritimae)": An der Wattenmeerküste: Pioniervegetation mit *Spartina anglica*	
1330	„Atlantische Salzwiesen (Glauco-Puccinellietalia maritimae)": Hierzu gehören die Vegetationstypen der unteren Salzmarsch (Puccinellion maritimae) und der oberen Salzmarsch (Armerion maritimae)	Entwässerung (Begrüppung), Eindeichung, Meeresspiegelanstieg, Eutrophierung, ungeeignete Landnutzung
1340*	„Salzwiesen im Binnenland": An Salzstellen im Binnenland z. B. über Salzstöcken oder bei Salzwasseraustritten, Komplexe aus Salztümpeln, Salzbächen, Salzgrünland und Brackwasserröhrichten	Entwässerung, intensive landwirtschaftliche Nutzung, Verdrängung durch Röhricht bei Nutzungsaufgabe
Weitere Lebensraumtypen, in denen Gesellschaften der Salz- und Brackwassermarschen vorkommen		
1130	„Ästuare": Flussmündungen mit regelmäßigem Brackwassereinfluss; mit Brackwasserröhrichten, Staudenfluren, brackigen Watt- und Wasserflächen, Salzwiesen, Auengebüschen oder Tideauwäldern	Fließgewässer- und Hafenausbau, Sperrwerke, Fahrrinnenvertiefung, Schifffahrt, Nährstoffeintrag
1150*	Lagunen des Küstenraumes (Strandseen)	Einschränkung der natürlichen Dynamik, Küstenschutzmaßnahmen, Eutrophierung

* = prioritärer Lebensraumtyp

12.3.5 Monitoring der Renaturierung von Salzmarschen

Da sowohl naturnahe als auch anthropogen geschaffene und renaturierte Salzmarschen durch Überflutungsdynamik, Meeresspiegelanstieg, Sedimentations- und Erosionsprozesse permanent der Veränderung unterliegen, sind fachlich fundierte Monitoringprogramme nicht nur aus Naturschutz-, sondern auch aus Küstenschutzsicht von großer Bedeutung. Im Wattenmeerraum haben die drei Anrainerstaaten Dänemark, Deutschland und die Niederlande bereits 1997 das Trilateral Monitoring and Assessment Programme (TMAP) beschlossen, das ein hervorragendes Beispiel für länderübergreifende Programme darstellt. Im Rahmen des trilateral abgestimmten Monitorings wird wattenmeerweit auch die Entwicklung der Salzmarschen untersucht. Die Ergebnisse der Untersuchungen und internationalen Themenworkshops gehen in regelmäßige

Qualitätszustandsberichte ein (z. B. Esselink et al. 2009, 2017), in denen nicht nur die Flächenausdehnung und der Zustand verschiedener Salzmarschtypen, sondern auch der Erfolg bestimmter Renaturierungs- und Managementmaßnahmen bewertet wird. Für die salzgeprägten Ökosysteme der Ostseeküste werden Monitoring und Bewertung vor allem im Rahmen der Berichterstattung an die EU über die Umsetzung der FFH- und der Wasserrahmenrichtlinie durchgeführt (vgl. Wanner 2009).

12.4 Schlussfolgerungen

Salz- und Brackwassermarschen sind semiterrestrische Lebensräume mit einer an extreme Lebensbedingungen angepassten Flora und Fauna. An den Küsten von Nord- und Ostsee sind sie heute zum großen Teil in Nationalparks und Naturschutzgebieten geschützt. Eindeichungen haben jedoch in der Vergangenheit zu großflächigen Verlusten geführt und künstliche Entwässerungssysteme haben auch heute noch einen negativen Einfluss auf die Arten- und Strukturvielfalt. In Zeiten des Meeresspiegelanstiegs werden Ausdeichungen heute nicht nur aus Gründen des Naturschutzes, sondern auch des Küstenschutzes durchgeführt. Für Renaturierungsmaßnahmen ist die Wiederherstellung natürlicher Überflutungsdynamik und naturnaher Geomorphologie von besonderer Bedeutung. Aufgrund der lokal unterschiedlichen Ausgangsbedingungen müssen jeweils angepasste Schutz- und Renaturierungsziele definiert und in Abhängigkeit davon geeignete Managementmaßnahmen durchgeführt werden.

Fragen zur Vertiefung

- Welche Vegetationszonen kommen in Salzmarschen der Nordseeküste vor?
- Durch welche Standortfaktoren wird die Zonierung beeinflusst?
- Welchen Einfluss hat die regelmäßige Unterhaltung künstlicher Entwässerungssysteme auf die Vegetationsentwicklung?
- Warum ist die Renaturierung von Salzmarschen für den Küstenschutz von großer Bedeutung?
- Warum hat Beweidung in der unteren Salzmarsch häufig einen negativen Einfluss auf die Artenvielfalt der Vegetation und in der oberen Salzmarsch eher einen positiven?

Literatur

Aegerter E (2011) Auswirkungen ausgewählter abiotischer Standortparameter auf die Vegetationszonierung in Salzmarschen Schleswig-Holsteins. Dissertation, Universität Kiel

Bakker JP (2012) Restoration of salt marshes. In: Andel J van, Aronson J (Hrsg) Restoration ecology – the new frontier. Wiley Blackwell, Oxford, S 248–262

Bakker JP, Esselink P, Dijkema KS, Duin WE van, Jong DJ de (2002) Restoration of salt marshes in the Netherlands. Hydrobiologia 478:29–51

Barkowski JW, Freund H (2006) Die Renaturierung des Langeooger Sommerpolders – eine zweite Chance für die Salzwiese. Oldenburger Jahrbuch 106:257–278

Barkowski JW, Kolditz K, Brumsack H, Freund H (2009) The impact of tidal inundation on salt marsh vegetation after de-embankment on Langeoog Island, Germany – six years time series of permanent plots. J Coast Conserv 13:185–206

Beeftink WG, Daane MC, Munck W de, Nieuwenhuize J (1978) Aspects of population dynamics in Halimione portulacoides communities. Vegetatio 36:31–43

Beil T, Hampicke U, Kowatsch A (2010) Ökonomische Bewertung der Biodiversität von Salzgrasland. Entwicklung der Biodiversität in Salzgrasländern der Vorpommerschen Boddenlandschaft. Natschutz Biol Vielf 102:268–311

Bernhardt KG, Koch M (2003) Restoration of a salt marsh system: temporal change of plant species diversity and composition. Basic Appl Ecol 4:441–451

Bos D, Bakker JP, Vries Y de, Lieshout S (2002) Long-term vegetation changes in experimentally grazed and ungrazed back-barrier marshes in the Wadden Sea. Appl Veg Sci 5:45–54

Broek M van de, Temmerman S, Merckx R, Govers G (2016) The importance of an estuarine salinity gradient on soil organic carbon stocks of tidal marsches. Biogeosci Discuss 13:6611–6624

Burden A, Garbutt RA, Evans CD, Jones DL, Cooper DM (2013) Carbon sequestration and biochemical cycling in a saltmarsh subject to coastal managed realignment. Estuar Coast Shelf Sci 120:12–20

Chang ER, Veeneklaas RM, Bakker JP, Daniels P, Esselink P (2016) What factors determined restoration success of a salt marsh ten years after de-embankment? Appl Veg Sci 19:66–77

Coldewey HG, Erchinger HF (1992) Deichvorland: Seine Entwicklung zwischen Ems und Jade und die Untersuchungen im Forschungsvorhaben „Erosionsfestigkeit von Hellern". Die Küste 54:169–187

CWSS (2010) Wadden Sea Plan 2010. Eleventh Trilateral Governmental Conference on the Protection of the Wadden Sea. Common Wadden Sea Secretariat, Wilhelmshaven, S 1–105

Doody JP (2008) Saltmarsh conservation, management and restoration. Springer, Dordrecht

Doody JP (2013) Coastal squeeze and managed realignment in southeast England, does it tell us anything about the future? Ocean Coast Manag 79:34–41

ECOPLAN (2008) Ausführungsplanung Kompensationsmaßnahme Ostheller Norderney Netzanbindung Offshore Windpark "Alpha Ventus". – ECOPLAN Bürogemeinschaft Landschaftsplanung, Leer

Ellenberg H, Leuschner C (2010) Vegetation Mitteleuropas mit den Alpen: in ökologischer, dynamischer und historischer Sicht. Ulmer, Stuttgart

Esselink P, Fresco LFM, Dijkema KS (2002) Vegetation change in a man-made salt marsh affected by a reduction in both grazing and drainage. Appl Veg Sci 5:17–32

12

Esselink P, Petersen J, Arens S, Bakker JP, Bunje J, Dijkema KS, Hecker N, Hellwig U, Jensen AV, Kers AS, Körber P, Lammerts EJ, Stock M, Veeneklaas RM, Vreeken M, Wolters M (2009) Saltmarshes. In: Common Wadden Sea Secretariat (Hrsg) Quality Status Report 2009. Wadden Sea Ecosystem 25, Thematic Report 8:3–54

Esselink P, Bos D, Daniels P, Duin WE van, Veeneklaas RM (2015) Van polder naar kwelder: tien jaar kwelderherstel Noarderleech. PUCCIMAR rapport 06, PUCCIMAR Ecologisch Onderzoek, Advies, Vries. A&W rapport 1901, Altenburg, Wymenga ecologisch onderzoek, Feanwalden

Esselink P, Duin WE van, Bunje J, Cremer J, Folmer EO, Frikke J, Glahn M, Groot AV de, Hecker N, Hellwig U, Jensen K, Körber P, Petersen J, Stock M (2017) Salt marshes. In: Kloepper S, Baptist MJ, Bostelmann A, Busch J, Buschbaum C, Gutow L, Janssen G, Jensen K, Jørgensen H, Jong F de, Lüerßen G, Schwarzer K, Strempel R, Thieltges D (Hrsg) Wadden Sea Quality Status Report 2017. Common Wadden Sea Secretariat, Wilhelmshaven. qsr.waddensea-worldheritage.org/reports/salt-marshes

EU (1992) Richtlinie 92/43/EWG des Rates vom 21. Mai 1992 zur Erhaltung der natürlichen Lebensräume sowie der wildlebenden Tiere und Pflanzen, die zuletzt durch Artikel 1 der Richtlinie 2013/17/EU des Rates vom 13. Mai 2013 geändert wurde

Frey W, Lösch R (2010) Geobotanik. Pflanze und Vegetation in Raum und Zeit. Spektrum, Heidelberg

Hofstede JLA, Stock M (2016) Climate change adaptation in the Schleswig-Holstein sector of the Wadden Sea: an integrated state governmental strategy. J Coast Conserv 22:199–207

Isermann M, Kiehl K (2015) Küstenvegetation des Jadebusens und der Außenjade. In: Akkermann R, Brunken H, Michaelsen W, Moritz V, Essen, L von (Hrsg) Die Jade – Flusslandschaft am Jadebusen. Isensee, Oldenburg, S 143–173

Kiehl K (1997) Vegetationsmuster in Vorlandsalzwiesen in Abhängigkeit von Beweidung und abiotischen Standortfaktoren. Mitt AG Geobot S-H Hamburg 52:1–142

Kiehl K, Stock M (1994) Natur- oder Kulturlandschaft? Wattenmeersalzwiesen zwischen den Ansprüchen von Naturschutz, Küstenschutz und Landwirtschaft. In: Lozán J, Rachor E, Reise K, Westernhagen H von, Lenz W (Hrsg) Warnsignale aus dem Wattenmeer. Blackwell, Berlin, S 190–196

Kiehl K, Eischeid I, Gettner S, Walter J (1996) Impact of different sheep grazing intensities on salt marsh vegetation in Northern Germany. J Veg Sci 7:99–106

Kiehl K, Esselink P, Gettner S, Bakker JP (2001) The impact of sheep grazing on net nitrogen mineralization rate in two temperate salt marshes. Plant Biol 3:553–560

Kinder M, Främbs H, Hielen B, Mossakowski D (2003) Regeneration von Salzwiesen in einem Sommergroden an der Nordseeküste: E+E-Vorhaben „Salzwiesenprojekt Wurster Küste". Nat Landsch 78:343–353

Klink R van (2015) Of dwarves and giants: how large herbivores shape arthropod communities on salt marshes. Dissertation, Universität Groningen

Kramer J, Rohde H (1992) Historischer Küstenschutz: Deichbau, Inselschutz und Binnenentwässerung an Nord- und Ostsee. Wittwer, Stuttgart

Mandema FS, Tinbergen JM, Ens B, Bakker JP (2013) Livestock grazing and trampling of birds' nests: an experiment using artificial nests. J Coast Conserv 17:409–416

Meier D (1994) Geschichte der Besiedlung und Bedeichung im Nordseeküstenraum. In: Lozan JL, Rachor E, Reise K, Westernhagen H von, Lenz W (Hrsg) Warnsignale aus dem Wattenmeer. Blackwell, Berlin, S 11–17

Metzing D, Gerlach A, Buchwald R (2013) Auswirkungen von Kleientnahmen auf Flora und Vegetation der Salzwiesen. III. Oldenburgischer

Deichband (Hrsg). Wiederverlandung einer Pütte: Forschungsergebnisse zu Chancen und Risiken von Kleientnahmen in Salzwiesen für den Deichbau. Komregis, Oldenburg, S 109–155

Möller I, Kudella M, Rupprecht F, Spencer T, Paul M, Wesenbeeck BK van, Wolters G, Jensen K, Bouma TJ, Miranda-Lange M, Schimmels S (2014) Wave attenuation over coastal salt marshes under storm surge conditions. Nat Geosci 7:727–731

Moning C, König C, Wagner C, Weiß F (2014) Die Leybucht und die Pütten bei Hauen in Niedersachsen – von Naturgewalten erschaffen, durch den Küstenschutz geformt. Der Falke 61:4–7

Nehring S, Boestfleisch C, Buhmann A, Papenbrock J (2012) The North American toxic fungal pathogen G3 *Claviceps purpurea* (Fries) Tulasne is established in the German Wadden Sea. BioInvasions Records 1

Neuhaus R, Stelter T, Kiehl K (1999) Sedimentation in salt marshes affected by grazing regime, topographical patterns and regional differences. Senckenb Marit 29 (Suppl.), 113–116

Nolte S (2014) Grazing as a nature-management tool: the effect of different livestock species and stocking densities on salt-marsh vegetation and accretion. Dissertation, Universität Groningen

Palm M (2000) Die Entstehungsgeschichte des Vorlandes der Hamburger Hallig – eine kartographische Aufarbeitung. In: Stock M, Kiehl K (Hrsg) Die Salzwiesen der Hamburger Hallig. Schr. reihe Nationalpark SH Wattenmeer 11:8–12

Reise K (1994) Das Schlickgras *Spartina anglica:* die Invasion einer neuen Art. In: Lozan JL, Rachor E, Reise K, Westernhagen H von, Lenz W (Hrsg) Warnsignale aus dem Wattenmeer. Blackwell, Berlin, S 211–214

Schröder H, Kiehl K, Stock M (2002) Directional and non-directional vegetation changes in a temperate salt marsh in relation to biotic and abiotic environmental factors. Appl Veg Sci 5:33–44

Seiberling S (2003) Auswirkung veränderter Überflutungsdynamik auf Polder und Salzgraslandvegetation der Vorpommerschen Boddenlandschaft. Dissertation, Universität Greifswald

Seiberling S, Stock M (2009) Renaturierung von Salzgrasländern bzw. Salzwiesen der Küsten. In: Zerbe S, Wiegleb G (Hrsg) Renaturierung von Ökosystemen in Mitteleuropa. Spektrum, Heidelberg, S 183–208

Siekmann A (2014) Einfluss von Bodenabtrag und Wiedervernässungsmaßnahmen auf die Vegetationsentwicklung von Salzmarschen auf Norderney. Bachelorarbeit, Hochschule Osnabrück

Stock M (2015) Neobiota. Das Schlickgras-Dilemma. Ministerium für Energiewende, Landwirtschaft, Umwelt und ländliche Räume des Landes Schleswig-Holstein, Jahresbericht 2015, Jagd und Artenschutz:115–118

Stock M, Maier M (2015) Salzwiesenschutz im Nationalpark Wattenmeer – ein Überblick. Vogelkundl Ber Niedersachs 44:131–156

Stock M, Kiehl K, Reinke HD (1997) Salzwiesenschutz im Schleswig-Holsteinischen Wattenmeer. Schr reihe Nationalpark SH Wattenmeer 7:1–48

Suchrow S, Pohlmann N, Stock M, Jensen K (2012) Long-term surface elevation changes in German North Sea salt marshes. Estuar Coast Shelf Sci 98:71–83

Veeneklaas R, Bockelmann A, Reusch T, Bakker J (2011) Effect of grazing and mowing on the clonal structure of *Elytrigia atherica:* a long-term study of abandoned and managed sites. Preslia 83:455–470

Veeneklaas R, Dijkema KS, Hecker N, Bakker JP (2013) Spatio-temporal dynamics of the invasive plant species, Elytrigia atherica, on natural salt marshes. Appl Veg Sci 16:205–215

Veeneklaas RM, Koppenaal EC, Bakker JP, Esselink P (2015) Salinization during salt-marsh restoration after managed realignment. J Coast Conserv 19:405–415

Vinther N, Christiansen C, Bartholdy J (2001) Colonisation of *Spartina* on a tidal water divide, Danish Wadden Sea. Danish J Geogr 101:11–19

Wanner A (2009) Management, biodiversity and restoration potential of salt grassland vegetation of the Baltic Sea: analyses along a complex ecological gradient. Dissertation, Universität Hamburg

Wanner A, Suchrow S, Kiehl K, Meyer W, Pohlmann N, Stock M, Jensen K (2014) Scale matters: impact of management regime on plant species richness and vegetation type diversity in Wadden Sea salt marshes. Agric Ecosyst Environ 182:69–79

Wijnen H van, Wal R van der, Bakker JP (1999) The impact of herbivores on nitrogen mineralisation rates. Oecologia 118:225–231

Witte S, Giani L (2016) Greenhouse gas emission and balance of marshes at the southern North Sea coast. Wetlands 36:121–132

Wolfram C, Hörcher U, Kraus U, Lorenzen D, Neuhaus R, Dierßen K (1998) Die Vegetation des Beltringharder Kooges 1987–1998 (Nordfriesland). Mitt AG Geobot S-H Hamburg 58:1–220

Wolters M, Garbutt A, Bakker JP (2005) Salt-marsh restoration: evaluating the success of de-embankments in north-west Europe. Biol Conserv 123:249–268

WWF (2015) Klimaanpassung an weichen Küsten: Fallbeispiele aus Europa und den USA für das schleswig-holsteinische Wattenmeer. WWF Deutschland, Husum. ▶ https://www.wwf.de/themen-projekte/projektregionen/wattenmeer/wwf-studie-zur-klimaanpassung-an-weichen-kuesten/. Zugegriffen: 13.11.18

Küstendünen

Kathrin Kiehl und Johannes Kollmann

© Springer-Verlag GmbH Deutschland, ein Teil von Springer Nature 2019
J. Kollmann et al., *Renaturierungsökologie*, https://doi.org/10.1007/978-3-662-54913-1_13

Zusammenfassung

Küstendünen sind dynamische natürliche Ökosysteme, die eine charakteristische Zonierung von Pionierstadien der Vordünen über Weißdünen und Graudünen bis hin zu bewaldeten Braundünen aufweisen. Sie wurden durch Waldrodung erweitert, waren aber unfruchtbares Land mit negativen Auswirkungen auf Siedlungen und Infrastruktur, und wurden deshalb ab dem 19. Jahrhundert durch Anpflanzung von Strandhafer und Nadelgehölzen festgelegt. Küstendünen sichern wesentliche Ökosystemfunktionen, sie tragen zum Küstenschutz bei, sind wichtig für die Trinkwasserversorgung mancher Küstenorte und ein Markenzeichen des Tourismus. Heute sind Küstendünen beeinträchtigt durch Befestigungsmaßnahmen des Küstenschutzes, touristische Nutzung, invasive Neophyten, Eutrophierung und den steigenden Meeresspiegel. Dünenschutz, Entbuschungs- und Redynamisierungsmaßnahmen werden zur Förderung der seltenen Arten und Biozönosen dieser Ökosysteme betrieben. Ökosystemdienstleistungen der Küstendünen sollen dadurch langfristig gesichert werden.

13.1 Ökologie und Vegetation von Küstendünen

13.1.1 Entstehung, Verbreitung und Standortfaktoren von Dünen

Küstendünen sind dynamische Ökosysteme, die im Zuge einer Primärsukzession entstehen, wenn an Stränden Feinsand verweht wird und sich im Schutz dünentypischer Pflanzen ablagert. Großräumig kommen Dünen in Mitteleuropa vor allem an den sandigen Flachküsten der Nordsee vor und in schwächerer Ausbildung an der Ostsee (Provoost et al. 2011). Dünenbildung geschieht auf Inseln überwiegend an der windexponierten Seite, während sich in geschützteren Bereichen Salzmarschen entwickeln.

Küstendünen erreichten durch Rodung der Küstenwälder und intensive Landnutzung mit Beweidung und Plaggenwirtschaft im 16. und 17. Jahrhundert besonders große Ausmaße. Die dabei entstandenen Wanderdünen waren eine Bedrohung für Siedlungen, Straßen und Felder (Ellenberg und Leuschner 2010, S. 642). Großflächige Dünensysteme mit aktiven Wanderdünen finden sich heute nur noch an der Nordsee auf Sylt (Beinker 1998) und in Nordwest-Jütland sowie an der Ostsee in Polen (Leba), Litauen und Russland (Kurische Nehrung; Peyrat 2011). Der Sand der Küstendünen ist nährstoffarm, aber zunächst meist kalkreich, er hat eine geringe Wasserhaltekapazität und ist leicht beweglich. Weitere Standortfaktoren sind starker Wind und Salzeinträge. Unter den Dünen bildet sich ein Süßwasserkissen, das aufgrund seiner geringeren Dichte dem Brackwasser des Untergrunds aufschwimmt (◘ Abb. 13.1). Dünenpflanzen reichen mit tiefen Wurzelsystemen bis an das Grundwasser heran, das in ausgeblasenen Dünentälchen auch an die Oberfläche tritt.

Binnendünen kommen natürlicherweise entlang der großen Stromtäler sowie nach Waldrodung in Sandergebieten Norddeutschlands vor. Hinsichtlich ihrer Entstehung und Nutzungsgeschichte gibt es zwar Gemeinsamkeiten mit den Küstendünen, wegen ihrer andersartigen Ökologie und Vegetation werden sie aber in ▶ Kap. 18 bei den Sandrasen behandelt.

In Küstendünen nehmen Wind, Sanddynamik und Salzeinwirkung mit zunehmendem Abstand zum Meer ab. Dadurch kommt es zu einer charakteristischen ökologischen Differenzierung der Standortverhältnisse, die sich in einer Zonierung unterschiedlicher Vegetationstypen widerspiegelt (◘ Abb. 13.1). Mit dem Alter der Sandböden nimmt die Auswaschung der Basen zu und der pH-Wert sinkt entsprechend, außerdem bewirkt die Entwicklung der Vegetation eine Zunahme des Kohlenstoff- und Stickstoffgehalts der Böden (Ellenberg und Leuschner 2010, S. 640).

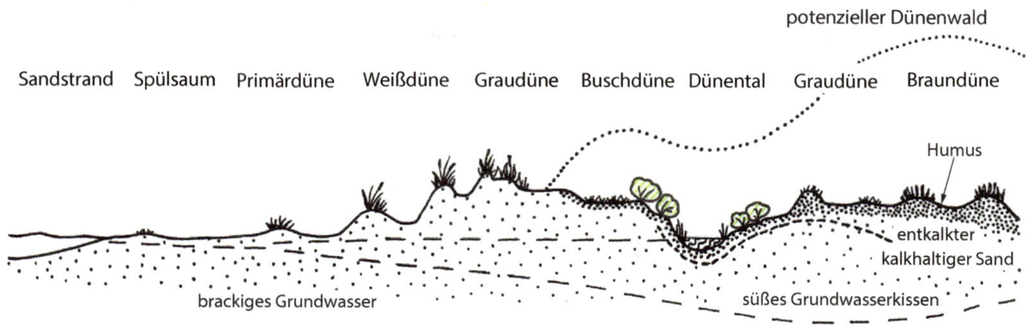

Abb. 13.1 Zonierung der Vegetation und Bodenentwicklung von Küstendünen in Abhängigkeit von der Entfernung zum Strand. (nach Ellenberg und Leuschner 2010)

13.1.2 Zonierung der Dünenvegetation

An Stränden entstehen knapp oberhalb der mittleren Hochwasserlinie durch winterliche Hochwässer nährstoffreiche Spülsäume aus Seegras und Algen. Mit dem angeschwemmten organischen Material werden auch Samen abgelagert, aus denen sich unter feuchten, salz- und nährstoffreichen Bedingungen sommerannuelle Nitrophytenfluren entwickeln, z. B. mit *Atriplex littorale*, *Cakile maritima* (Abb. 13.2a) und *Salsola kali*. Diese meist linienförmig ausgebildete Vegetation bildet die Klasse Cakiletea maritimae.

Sobald der Sand oberflächlich etwas abtrocknet, wird er durch den Wind davongetragen und lagert sich im Windschatten ab. So entsteht in Bereichen mit stark brackigem Grundwasser die schüttere Pioniervegetation der Vordünen (Honkenyo-Agropyretum juncei); typische Arten sind die Gräser *Elytrigia junceiformis* und *Leymus arenarius* sowie *Honckenya peploides* (Abb. 13.2b). Sie bilden eine niedrige und sehr offene Vegetation, die effektiv Sand akkumuliert, diesen immer wieder durchwächst und mit Rhizomen sowie einem intensiven Wurzelsystem festhält. Vordünen zeigen ein Höhenwachstum von 10–30 cm pro Jahr, werden aber selten höher als 1–2 m; sie sind der Salzeinwirkung durch Gischt und gelegentliche Überflutung stark ausgesetzt. Die Pflanzen müssen aber auch sommerliche Trockenheit und Nährstoffmangel ertragen und besiedeln neue Wuchsorte oft durch vegetative Bruchstücke.

Wenn am Strand weiterer Sand abgelagert und mit dem Wind verdriftet wird, entwickeln sich aus Vordünen Weißdünen, die durch die Sandaufwehung Höhen von 10–30 m erreichen. Eine wesentliche Rolle bei diesem Prozess spielt der Strandhafer *Ammophila arenaria* (Abb. 13.2), der einerseits als Sandfänger dient und andererseits in der Lage ist, jährlich bis zu 40 cm aufgewehten Sand zu durchwachsen. Mit seinem ausgedehnten, stockwerkartig wachsenden Wurzel- und Rhizomsystem trägt er auch wesentlich zur Festlegung des Sandes bei. An der Ostsee tritt an seiner Stelle häufig x *Calammophila baltica* auf, ein Bastard aus *Ammophila arenaria* und *Calamagrostis epigejos* (Abb. 18.3f). Bei Stürmen werden Weißdünen gelegentlich wieder aufgerissen und können dann als Parabeldünen landeinwärts wandern. Kleinere Weißdünen von wenigen Metern Höhe finden sich an der deutschen Ostseeküste. Weißdünen liegen außerhalb des Hochwassereinflusses, sind aber stark von Windsedimentation und -erosion betroffen. Der Sand ist noch relativ kalkreich, hat daher einen hohen pH-Wert (7,5–8,5) und ist humusarm (Ellenberg und Leuschner 2010, S. 645). Die Vegetation (Elymo-Ammophiletum typicum) wird dominiert von

Abb. 13.2 Typische Pflanzenarten der Küstendünen entsprechend der natürlichen Abfolge mit zunehmend stabileren und älteren Standorten vom Spülsaum bis zur Weißdüne und von der Graudüne zum Eichenwald: **a** *Cakile maritima*, **b** *Honckenya peploides*, **c** *Eryngium maritimum*, **d** *Carex arenaria*, **e** *Calluna vulgaris*, **f** *Polypodium vulgare*

Gräsern mit tiefen Wurzeln und zahlreichen Ausläufern sowie wenigen Kräutern. Neben dem Strandhafer *Ammophila arenaria,* der konkurrenzstärker ist als die Gräser der Vordünen, kommen hier unter anderem *Eryngium maritimum* (■ Abb. 13.2c), *Lathyrus japonicus* sowie in älteren Stadien auch *Carex arenaria* und *Festuca rubra* ssp. *arenaria* vor.

Auf der Leeseite der Weißdünen wird Sand nur noch wenig verweht. Hier ändern sich im Übergang zur Graudüne das Mikroklima und die Bodeneigenschaften. Graudünen sind etwas weniger windexponiert, aber ebenfalls noch von Sandverlagerung und Trockenheit betroffen. Der Boden ist aufgrund von Basenauswaschung und Humusanreicherung saurer (pH 4,5–6,7) und nährstoffärmer als der der Weißdüne (Ellenberg und Leuschner 2010). *Ammophila arenaria* ist in Graudünen bei ausbleibender Zufuhr frischen Sands immer weniger vital, weil dadurch die Nährstoff- und Basenversorgung zu knapp wird, die Wurzeln verstärkt von Nematoden angegriffen werden und es zu einer Abnahme der Mykorrhiza kommt (Putten et al. 1993). Stattdessen dominieren in Graudünen niedrigwüchsige Pflanzenarten der Sandmagerrasen (Koelerio-Corynephoretea, vgl. ► Kap. 18), die sich nach Winderosion auch auf älteren Weißdünen ansiedeln. Junge Graudünen weisen zunächst noch stellenweise offene Sandbereiche auf, die dann durch Pionierarten wie *Corynephorus canescens* oder *Carex arenaria* (■ Abb. 13.2d), Pioniermoose und organogene Krusten fixiert werden. Auf südexponierten Hängen kommen viele Einjährige vor, während Moose und Flechten in älteren Stadien dominieren. Charakterarten des Corynephorion canescentis sind *Aira praecox, Corynephorus canescens* und *Jasione montana*. Bei günstigerer Basenversorgung treten Sandschillergrasfluren (Koelerion albescentis) mit *Koeleria arenaria, Linaria vulgaris* und *Viola tricolor* auf. Während in den Küstendünen der West- und Ostfriesischen Inseln alle Übergänge von Corynephorion-Gesellschaften auf entkalkten Sanden bis hin zu Koelerion-albescentis-Gesellschaften auf kalkreichen Böden zu finden sind, überwiegen in den Graudünen der Nordfriesischen Inseln bodensaure Sandmagerrasen (Beinker 1998). In den Graudünen kommt es zu weiterer Humusanreicherung im Boden, und der Sand wird, wenn Bodenstörungen durch Menschen oder Tiere ausbleiben, durch das dichte Wurzelsystem der Sandmagerrasenarten fixiert. Leichte Übersandungen mit noch nicht entkalktem Sand, der bei Stürmen von den Weißdünen eingetragen wird, wirken sich positiv auf die Artenvielfalt aus. Selbst Moosarten der Graudünen, z. B. *Polytrichum juniperinum,* können dünne Sandschichten (<7 cm) durchwachsen (Birse et al. 1957).

In älteren Bereichen mit weitgehend stabilisierten Sanden kommen von Natur aus Braundünen mit Eichen-Birkenwäldern vor, die heute meist durch Dünenheiden oder Krähenbeerheiden (Empetrion nigri) ersetzt sind. Es entwickelt sich eine relativ dicke Rohhumusauflage, der Boden ist sauer (pH < 5,0) und nährstoffarm bei zunehmender Tonmineralbildung und Verbraunung (Ellenberg und Leuschner 2010) sowie nur noch seltener Übersandung (■ Abb. 13.3a). Eine dichte Zwergstrauch-Gesellschaft mit nur mehr geringer Übersandungstoleranz, das Hieracio-Empetretum nigri, prägt das Erscheinungsbild dieses Dünentyps; die wichtigsten Arten sind *Calluna vulgaris* (■ Abb. 13.2e), *Empetrum nigrum* (■ Abb. 17.3c), *Hieracium umbellatum* und *Salix repens,* in älteren Stadien zum Teil mit Moosen und Flechten *(z. B. Cladonia portentosa, Hypnum jutlandicum).* Die Krähenbeere hat eine ausgeprägte vegetative Vermehrung und bildet ein luftfeucht-kühles Bestandsklima, vor allem auf den Nordseiten der Dünen, mit scharfem Übergang zur Südseite, wo zunächst noch die Vegetation der Graudünen vorherrscht.

Im Lee älterer Weißdünen sowie an der feuchteren Nordseite entstehen im Lauf der Sukzession auch Dünengebüsche, z. B. aus *Hippophae rhamnoides* und *Sambucus nigra* (Salici-Hippophaetum rhamnoides) oder *Salix repens,* an der Ostsee auch

Abb. 13.3 Vegetation der Küstendünen: **a** Die großen Wanderdünen im Norden von Sylt übersanden die Dünenheide, **b** Pflanzenarten der feuchten Dünentälchen sind an Nährstoffmangel angepasst, hier ein basenarmer Standort mit *Drosera rotundifolia*, *Erica tetralix* und *Pedicularis sylvatica*

Kiefern-Pionierwälder. Diese Gebüsche wirken oft wie geschoren, weil sie der mechanischen Belastung des Winds und der Salzgischt ausgesetzt sind. Ältere Gebüsche zeigen durch die Stickstofffixierung von *Hippophae rhamnoides* mit symbiontischen Aktinomyceten eine gewisse Nährstoffakkumulation und einen waldartigen Unterwuchs. Im Verlauf der Sukzession entwickeln sich in alten Dünen Eichen-Birkenwäldchen, z. B. mit *Polypodium vulgare* (Abb. 13.2f). Ergebnisse vegetationsgeschichtlicher Untersuchungen deuten darauf hin, dass weite Teile nordwesteuropäischer Braun- und Buschdünen ohne die historische Landnutzung und den Verbiss der ab dem 13. Jahrhundert eingeführten Kaninchen von Laubwald bestanden wären (Provoost et al. 2011).

Primäre Dünentäler entstehen strandparallel, wenn sich vor einem Dünenzug eine weitere Dünenkette bildet. Sekundäre Dünentäler verlaufen dagegen in Hauptwindrichtung und entwickeln sich, wenn es bei sehr starken Stürmen in Dünensenken zu Ausblasungen kommt, die bis in den Kapillarsaum des Grundwassers reichen. Dadurch treten grundwassernahe Bereiche auf, in denen sich basenreiches, und zum Teil brackiges Wasser sammelt und flache Gewässer oder zumindest wechselfeuchte Standorte ermöglicht (Grootjans et al. 2002). Lokal kann es unter nassen Bedingungen im Laufe der Sukzession durch Akkumulation organischer Substanz zur Torfbildung und damit zu einer Vermoorung kommen. In feuchten und wechselfeuchten Dünentälern tritt ein vielfältiges Mosaik an niedrigwüchsigen und konkurrenzschwachen Vegetationstypen mit zahlreichen seltenen und gefährdeten Arten auf – besonders häufig sind Cyperaceen und Juncaceen, aber auch zahlreiche an extrem nährstoffarme Standortbedingungen angepasste Krautarten (Abb. 13.3b).

Als Pioniervegetation finden sich in feuchten Dünensenken Strandlingsgesellschaften (Littorelletea), die sich je nach Salz- und Basengehalt des Grundwassers unterscheiden. Typische Arten sind *Cicendia filiformis, Hydrocotyle vulgaris, Littorella uniflora* und *Ranunculus flammula*. Solche Pionierstadien können aufgrund der extrem nährstoffarmen Verhältnisse 30 Jahre oder länger andauern (Petersen 1999; Grootjans et al. 2002). Ohne Störung entwickeln sich die Pioniergesellschaften allmählich weiter zu Niedermoor-Gesellschaften der Scheuchzerio-Caricetea. Auf basenreichen Standorten kommt z. B. das Junco baltici-Schoenetum nigricantis mit *Dactylorrhiza incarnata*, *Epipactis palustris* und *Parnassia palustris* vor, an sauren Standorten das Caricetum trinervi-nigrae mit *Erica tetralix*, *Gentiana pneumonanthe* und *Eriophorum angustifolium*

(▣ Abb. 13.3b). Ohne Beweidung oder Mahd kann es in feuchten Dünentälern zur Verbuschung mit *Salix repens* und *S. cinerea* kommen. Langfristig entwickeln sich je nach Basenversorgung Birken- oder Erlenbruchwälder.

In Abhängigkeit von der Sandnachlieferung am Strand, den Windverhältnissen und der Nutzung können sich Phasen der Mobilität und Weiterentwicklung von Dünensystemen mit mehr oder weniger stabilen Phasen abwechseln (Provoost et al. 2011). Vielerorts ist die Zonierung der Küstendünen weitgehend stabil, wenn jede Pflanzengesellschaft der für sie charakteristischen Störungsfrequenz unterliegt, also intern kleine Sukzessionsschritte ablaufen können. Die Abfolge der Pflanzengesellschaften im Raum kann allerdings zur Sukzession werden, wenn sich z. B. durch Landhebung oder Strömungsveränderung die äußeren Bedingungen der Dünenlandschaft ändern. Dann entsteht innerhalb weniger Jahre aus einer Vordüne eine Weißdüne, die Entwicklung von der Weiß- zur Graudüne dauert 10–20 Jahre, die zu Dünengebüsch und -wäldern 60–70 Jahre (▣ Abb. 13.1). Bei Meereseinbrüchen, Windanrissen, Landsenkung oder Trittschäden kommt es zur Erosion der Dünen und damit zu regressiver Vegetationsentwicklung.

13.1.3 Ökosystemfunktionen von Küstendünen

An Meeresküsten haben Küstendünen eine wichtige Funktion als Lebensraum für zahlreiche Pflanzen- und Tierarten, die auf dynamische, nährstoffarme Sandlebensräume spezialisiert sind. Daher sind innerhalb der Europäischen Union fast alle Habitattypen der Dünen im Rahmen des Anhangs I der FFH-Richtlinie geschützt (▣ Tab. 13.1). Obwohl sie aufgrund der nährstoffarmen und relativ trockenen Standortbedingungen wenig produktiv sind, haben sie – ähnlich wie Heiden und Magerrasen – eine lange Landnutzungsgeschichte (vgl. ▸ Kap. 17 und 19). Sowohl auf den Inseln als auch an der Festlandküste von Nord- und Ostsee wurden vor allem Grau- und Braundünen traditionell als Weideland und zur Brennholzgewinnung genutzt (Provoost et al. 2011). Auch Mahd zur Gewinnung von Futter und Stalleinstreu war früher verbreitet. In Dünenheiden und in feuchten Dünentälern wurden zudem im Rahmen der in den Niederlanden und Nordwestdeutschland seit dem Mittelalter verbreiteten Plaggenwirtschaft Soden entnommen (Grootjans et al. 2002). Diese werden an der deutschen und dänischen Nordseeküste auch zur Dachfirstbefestigung von Reetdächern verwendet.

Seit der Gründung der ersten Seebäder Ende des 18. Jahrhunderts wurden Strände und Dünen zunehmend für den Tourismus genutzt. Damit nahm auch der Bedarf an Trinkwasser zu, sodass viele Dünengebiete heute als Schutzgebiete der Trinkwassergewinnung dienen. Vor dem Hintergrund des aktuellen Meeresspiegelanstiegs ist die Küstenschutzfunktion der Dünen von besonderer Bedeutung. Dabei zeigt sich zunehmend, dass weniger die Befestigung von Dünen, sondern vor allem das Zulassen natürlicher Dynamik den Küstenschutz fördert (Lammerts et al. 2009).

13.2 Gefährdung von Dünenökosystemen

13.2.1 Bebauung, Küstenschutzmaßnahmen und Meeresspiegelanstieg

In vielen Urlaubsorten der Nord- und Ostseeküste wurden große Dünengebiete und Teile der Strände bebaut und befestigt, um Wohnraum, Strandpromenaden, Häfen und andere touristische Infrastruktur zu schaffen (Essink et al. 2005). Mit zunehmender Entwicklung der Küstenorte wurden vermehrt Küstenschutzmaßnahmen durchgeführt (▣ Abb. 13.4a). Uferbefestigungen haben einen negativen Einfluss auf Dünen, weil die natürliche Nachlieferung von Sand

Tab. 13.1 Geschützte Lebensraumtypen der Küstendünen nach Anhang I der FFH-Richtlinie (EU 1992; Balzer et al. 2002).

Natura 2000-Code	FFH-Lebensraumtyp	Gründe für Gefährdung und Renaturierungsbedarf
2110	Primärdünen (= Vordünen)	Strandräumung, -planierung und Tritt an Badestränden
2120	Weißdünen mit Strandhafer *(Ammophila arenaria)*	Küstenschutzmaßnahmen (z. B. Faschinen, Sandfestlegung durch Bepflanzung), Lagern und Tritt von Strandbesuchern
2130*	Festliegende Küstendünen mit krautiger Vegetation (Graudünen)	Atmosphärischer Stickstoffeintrag, Aufforstung, Verbuschung durch Beweidungsaufgabe, touristische Trittschäden, invasive Arten *(Rosa rugosa, Senecio inaequidens)*
2140* 2150*	Entkalkte Dünen mit *Empetrum nigrum* (Braundünen) Festliegende entkalkte Dünen der atlantischen Zone (Calluno-Ulicetea) = Dünenheiden mit *Calluna vulgaris*	
2160 2170	Dünen mit *Hippophaë rhamnoides* (Graudünen) Dünen mit *Salix repens* ssp. *argentea* (Salicion arenariae) (in Graudünen und Dünentälern)	Ausbreitung invasiver Neophyten *(Prunus serotina)*
2180	Bewaldete Dünen der atlantischen, kontinentalen und borealen Region	Fehlen wegen früherer Übernutzung, Aufforstungen mit standortfremden Arten
2190	Feuchte Dünentäler	Trinkwasserentnahme, Entwässerung, Nährstoffeinträge, Aufgabe traditioneller Nutzung, Freizeitnutzung

Dargestellt sind zudem die wichtigsten Gefährdungsfaktoren und Gründe für Renaturierungsbedarf
*=prioritäre Lebensraumtyp

unterbrochen wird (Groot et al. 2017). Nach neueren Erkenntnissen wirken sich sogar Buhnen, die eigentlich dem Erosionsschutz und der Strömungsberuhigung dienen, langfristig negativ auf die Sandbilanzen von Stränden und Dünen aus (WWF 2015). Durch Strandräumungen und -planierungen wird zudem die Ansiedlung von Pflanzengesellschaften der Spülsäume und Vordünen und damit die Entwicklung einer natürlichen Dünenzonierung verhindert. Faschinen (Abb. 13.4a) und dichte Bepflanzungen von Weißdünen mit *Ammophila arenaria* mindern zwar Erosion und fördern lokal die Sandakkumulation, behindern aber ebenfalls die natürliche Standortdynamik (Petersen und Pott 2005). In den Niederlanden wurden im 20. Jahrhundert sowohl auf den Inseln als auch an der Festlandküste ganze Weißdünensysteme durch künstliche mit *Ammophila arenaria* dicht bepflanzte Sanddeiche ersetzt, um Meeresdurchbrüche zu verhindern (Lammerts et al. 2009). Dadurch ist die natürliche Dynamik der Weiß- und Graudünen verlorengegangen und sekundäre Dünentäler können nicht mehr entstehen. Auch in Deutschland hatte die Festlegung mobiler Dünen durch Bepflanzung mit Strandhafer und Aufforstungen im 20. Jahrhundert negative Einflüsse auf die Artenzusammensetzung und

Abb. 13.4 Anthropogene Einflüsse auf Küstendünen: **a** Einsatz von Faschinen zur Verminderung von Dünendynamik an der Nordwestküste von Spiekeroog, **b** Schutz rekonstruierter Dünen bei Kopenhagen gegen Badegäste, **c** Invasion einer Weißdüne durch *Rosa rugosa* auf der Ostseeinsel Amager, **d** Absterben überalterten Strandhafers bei gleichzeitiger Zunahme der invasiven Moosart *Campylopus introflexus* auf Spiekeroog

Diversität von Dünenökosystemen (z. B. Hobohm 1993).

Negative Effekte des Tourismus zeigen sich auch bei der Anlage ausgedehnter Sommerhaussiedlungen, vor allem in Dänemark, die eine Vielzahl von Trampelpfaden durch die Dünenlandschaft nach sich ziehen. Vor allem in den flacheren Dünengebieten der Ostseeküste wurden in den 1960–1970er- Jahren vielerorts Campingplätzen angelegt, oft in der Nähe von Binnenseen oder auf Strandhaken. Dazu wurde das Gelände eingeebnet, es wurden Wege und Gebäude gebaut und eine standortfremde Vegetation angepflanzt.

Aufgrund des Meeresspiegelanstiegs sind viele Dünen heute zunehmender Erosion und Einengung ausgesetzt, wenn keine Verlagerung durch natürliche Dynamik ins Hinterland möglich ist oder vom Strand her nicht mehr ausreichend Sand nachgeliefert wird (Houston 2008a; WWF 2015).

13.2.2 Eutrophierung der Dünen

In den vergangenen Jahrzehnten sind in vielen Dünengebieten Mitteleuropas durch atmosphärische Stickstoffeinträge Gräser dominant geworden, was zur Abnahme der Artenvielfalt führt (Abb. 13.5). Während für Corynephorion-Gesellschaften und Dünentäler mit *Schoenus nigricans* Einträge von 10–15 kg ha^{-1} a^{-1} Stickstoff als Obergrenze angesehen werden (Petersen und Lammerts 2005), wiesen Remke et al. (2009) nach, dass auf basenarmen Sanden bereits

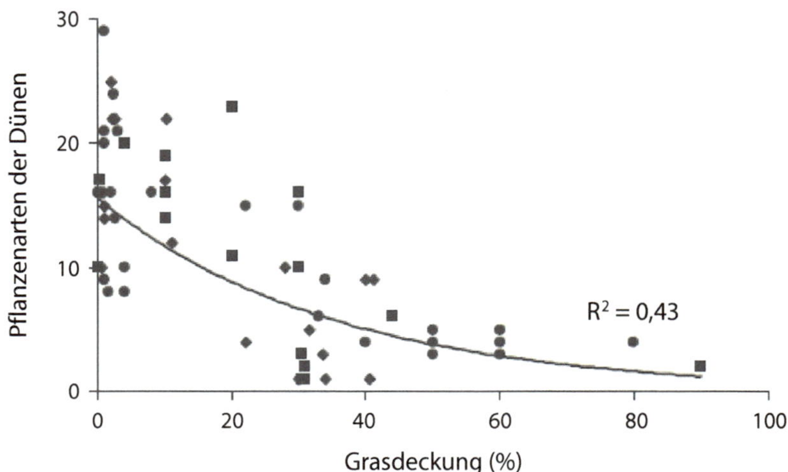

Abb. 13.5 Negative Effekte von Gräsern auf die Biodiversität der Küstendünen. Abnahme der Anzahl charakteristischer Pflanzenarten der Graudünen auf 6 m^2-Flächen mit zunehmender Deckung hochwüchsiger durch Stickstoffeutrophierung geförderter Gräser. (nach Kooijman et al. 2017)

13

niedrige Einträge von 5–8 kg N ha^{-1} a^{-1} die Entwicklung dichter *Carex arenaria*-Teppiche fördern. Die durchschnittlichen Stickstoffeinträge aus der Luft sind zwar von 40 kg ha^{-1} a^{-1} in den 1980er-Jahren über ca. 27 kg ha^{-1} a^{-1} (2002) auf Werte von 9–15 kg ha^{-1} a^{-1} (2015) auf den Wattenmeerinseln gefallen (Groot et al. 2017), die negativen Auswirkungen der Eutrophierung (Gräserdominanz, Bodenversauerung, Artenrückgang) wirken aber immer noch nach. Darüber hinaus zeigt eine aktuelle Untersuchung, dass zu den großräumig ermittelten Durchschnittswerten noch NH_3-Einträge von Stränden und Wattflächen hinzugerechnet werden müssen, die auf die Eutrophierung der Nordsee zurückzuführen sind (Kooijman et al. 2017). Das bedeutet, dass die tatsächlichen N-Depositionen auch heute noch vielerorts über den Grenzwerten für nährstoffarme Sandlebensräume liegen.

Zu weiterer Eutrophierung kommt es durch touristische Nutzung von Dünengebieten oder durch das immer noch praktizierte Ausbringen von Mulchmaterial um lokale Sandverwehungen zu verhindern. Wegen der Aufgabe der traditionellen Nutzung durch Mahd oder Plaggenentnahme werden zudem keine Nährstoffe mehr ausgetragen. Die seit einigen Jahren zu beobachtende Ausbreitung von *Hippophaë rhamnoides* (Abb. 13.8a), der in Symbiose mit stickstofffixierenden Aktinomyceten lebt, bedingt in ungenutzten Dünen weitere Stickstoffanreicherung und Artenrückgang (Isermann 2008a). Die Zunahme ruderaler Staudengesellschaften und die Förderung invasiver Arten dürften durch die Eutrophierung der Dünen mitverursacht sein.

13.2.3 Invasive Neophyten

Im Zuge der Dünenfestlegung durch Aufforstung wurden in vielen Küstengebieten standortuntypische Nadelgehölze verwendet, vor allem *Pinus sylvestris, P. nigra* und *Picea sitchensis*, durch die die ökologisch differenzierende Sanddynamik verlorengeht. Obwohl Küstendünen stressgeprägte Ökosysteme sind, werden invasive Neophyten zunehmend problematisch, weil durch das Störungsregime immer wieder offene Bodenstellen entstehen, auf denen sich diese Arten ansiedeln können.

Auch manche der angepflanzten Arten sind invasiv geworden, wie z. B. *Pinus mugo*, mit negativen Auswirkungen auf die Bodeneigenschaften, wie z. B. Versauerung und höhere Nährstoffgehalte (Janusauskaite et al. 2013). Darüber hinaus gibt es invasive Arten, die ohne aktive Hilfe des Menschen eingewandert sind, so das südamerikanische Kaktusmoos *Campylopus introflexus* (■ Abb. 18.3g) und die aus Südafrika stammende Art *Senecio inaequidens* (■ Abb. 18.3h). Das acidophytische Kaktusmoos erreicht seit den 1980er-Jahren vor allem in Graudünen sehr hohe Deckungswerte und unterdrückt damit die Regeneration lebensraumtypischer einjähriger Arten (Ketner-Oostra et al. 2012); diese Art ist kaum zu bekämpfen (s. Kap. 18).

Unter den Gehölzen ist die ostasiatische *Rosa rugosa* besonders problematisch, die in der zweiten Hälfte des 20. Jahrhunderts häufig als Zierpflanze um Ferienhäuser und Parkplätze angepflanzt worden ist und sich von dort aus in die Dünenlandschaft ausgebreitet hat (■ Abb. 13.4c; Isermann 2008b). Ohne menschliche Störung siedelt sie sich in Braundünen häufiger, in Grau- und Weißdünen etwas seltener an (Kollmann et al. 2007). Nach Beschädigung der Vegetationsdecke durch Touristen oder Kaninchen verdoppelt sich die Wahrscheinlichkeit einer Ansiedlung in den Braundünen und vervielfacht sich in den Weißdünen, vermutlich aufgrund besserer Basen- und Nährstoffversorgung. Die einheimischen Arten der Dünen gehen bei zunehmender Deckung der invasiven Rose durch Beschattung und Nährstoffanreicherung stark zurück (■ Abb. 13.6). Schon heute ist *Rosa rugosa* die häufigste invasive Fremdart der Küstenregionen. Sie besiedelt naturschutzfachlich wertvolle FFH-Lebensraumtypen, hat negative Effekte auf die Biodiversität und Ökosystemdynamik und ist sehr schwierig zu bekämpfen, weil sie sich nach Mahd oder Beweidung rasch erholt und auch aus Rhizombruchstücken effektiv austreibt (Kollmann et al. 2011). In gewissem Maße gilt das auch für die einheimische Strauchart *Hippophae rhamnoides*, die in den vergangenen Jahrzehnten in Dünen stark zugenommen hat (Isermann 2008b).

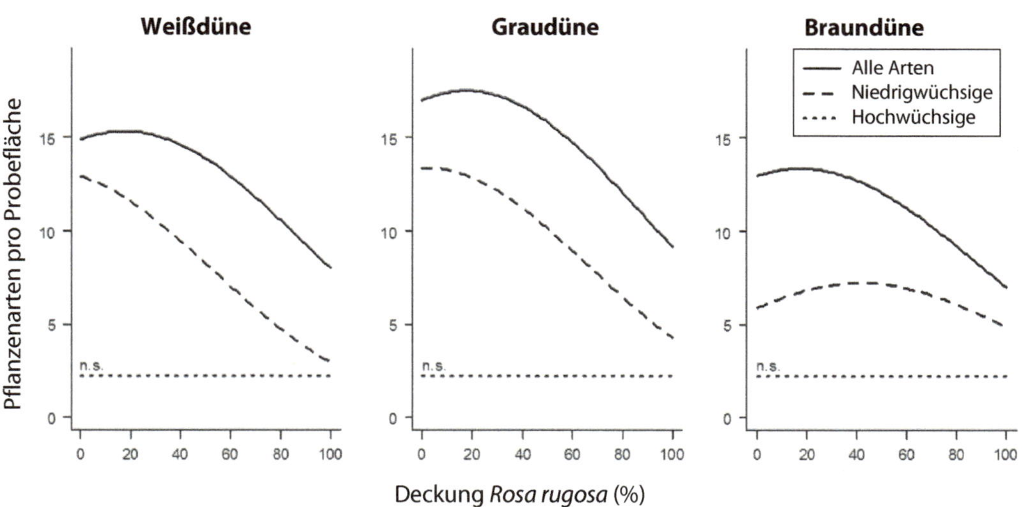

■ **Abb. 13.6** Die steigende Deckung der invasiven *Rosa rugosa* ist mit einem Rückgang niedrigwüchsiger Arten verbunden (Thiele et al. 2010). Im Zuge der Dünenrenaturierung sollten die Rosenbestände auf höchstens 30–40 % Deckung zurückgedrängt werden um lokale Artenverluste zu vermeiden

13.2.4 Veränderung der Landnutzung, Tourismus und Trinkwasserentnahme

In fast allen Dünengebieten der Nord- und Ostseeküste wurde die traditionelle Landnutzung durch Beweidung, Mahd und Entnahme von Soden im Laufe des 20. Jahrhunderts aufgegeben (Houston 2008a, b). Dadurch kam es vor allem in den Graudünen und Dünentälern zur Verbuschung und Fixierung vormals dynamischer Bereiche durch konkurrenzkräftige Gräser. Fehlender Nährstoffaustrag und Streuakkumulation wirken sich im Zusammenhang mit Eutrophierung und Bepflanzungen ehemals mobiler Dünen negativ auf die Artenvielfalt aus (vgl. ◘ Abb. 13.5), was durch Beweidung ausgeglichen werden könnte (Kooijman und Haan 1995; Bunzel-Drüke et al. 2015).

Ungünstig für die artenreiche Vegetation der Dünentälchen sind auch die Transpiration der zunehmenden Gehölzbestände sowie die Trinkwasserentnahme für Hotels und Feriensiedlungen, z. B. auf den Nordseeinseln und an der niederländischen Küste. Damit verbunden ist eine Grundwasserabsenkung, eine Ableitung basenreicher Grundwasserströme und die lokale Austrocknung feuchter Dünentälchen (Grootjans et al. 2002; Groot et al. 2017). Die konkurrenzschwachen Arten dieser Ökosysteme werden vor allem durch *Molinia caerulea* und Gebüsche verdrängt. In den Niederlanden erfolgt zudem eine Trinkwasseraufbereitung durch Versickerung von Flusswasser in Dünengebieten, was z. B. in den großen Dünengebieten der Amsterdamer Wasserwerke zu Nährstoffeinträgen und starken Vegetationsveränderungen geführt hat (Dijk und Grootjans 1993).

Touristische Nutzung zerstört zudem vielerorts die Vegetationsdecke durch Tritt, Radfahren und Lagern in den Dünen. Seltene Arten der Weißdünen (*Eryngium campestre, Lathyrus japonicus, Phleum arenarium*) sowie die Flechten der Graudünen verschwinden bei zu starker Trittbelastung. Störungen durch Wanderer oder Drachensteigen beeinträchtigen zudem viele Rast- und Brutvogelarten.

13.3 Renaturierung von Dünen

13.3.1 Ziele der Dünenrenaturierung

Dünen und Sandstrände werden in Mitteleuropa erst seit einigen Jahrzehnten redynamisiert oder renaturiert. Der Trilaterale Wattenmeerplan 2010 formuliert folgende Ziele für den Schutz und ihre Entwicklung (CWSS 2010):

- Verbesserung der natürlichen Dynamik von Stränden, Primärdünen, Strandebenen und Primärdünentälern in Verbindung mit der Offshore-Zone;
- eine zunehmende Gewährleistung der natürlichen Vegetationsfolge (Sukzession).

Diese Ziele lassen sich auch auf Dünensysteme der Ostsee übertragen. Angestrebt wird also, dass natürliche Prozesse in Strand- und Dünenökosystemen so weit wie möglich ungestört ablaufen. Da in Dünen zahlreiche FFH-Lebensraumtypen und entsprechende Arten vorkommen, ist ein weiteres wichtiges Ziel der Renaturierung, den durch die FFH-Richtlinie geforderten „günstigen Erhaltungszustand“ (s. Kap. 3) wiederherzustellen, sofern es zur Degradation gekommen ist. In den Empfehlungen zum Management von FFH-Lebensraumtypen der Dünen werden dazu auf die jeweiligen Lebensraumtypen abgestimmte differenzierte Einzelziele und praktische Verfahren der Dünenrenaturierung und naturschutzkonformen Nutzung und Pflege benannt (Houston 2008a, b). Die Dünenrenaturierung wird innerhalb der EU unterstützt durch spezielle Artenschutzprogramme sowie LIFE-Projekte, die z. B. Entbuschungsmaßnahmen (◘ Abb. 13.8a) oder Beweidungsprojekte (◘ Abb. 13.8c) fördern. Wichtig für den Renaturierungserfolg ist zudem die Reduzierung der Stickstoffeinträge aus der Luft, die auch bei anderen von Natur aus nährstoffarmen Lebensräume negative Auswirkungen haben (vgl. ► Kap. 11, 17 und 18) sowie die Bekämpfung sich immer weiter ausbreitender invasiver Neophyten wie *Rosa rugosa* (► Abschn. 13.3.3).

13.3.2 Dünenrenaturierung durch Initiierung dynamischer Prozesse

Eine weitgehend ungestörte natürliche Geomorphodynamik ist an mitteleuropäischen Küsten nur auf unbewohnten Inseln der Nationalparks möglich (Hellwig und Stock 2014). Passive Renaturierung durch Zulassen natürlicher Erosions- und Sedimentationsdynamik bis hin zu lokalen Sandverwehungen wird inzwischen aber auch auf bewohnten Inseln zugelassen, in Deutschland etwa in den großen Nationalparks des Wattenmeers und der Küste Mecklenburg-Vorpommerns, z. B. auf Hiddensee, Norderney und Spiekeroog. Auch auf niederländischen Nordseeinseln wird inzwischen vermehrt natürliche Dynamik akzeptiert und zwar nicht nur zur Förderung des Naturschutzes, sondern auch aus Küstenschützgründen (s. Exkurs 13.1).

Exkurs 13.1

Konzept zur Vereinbarkeit von Küstenschutz und Lebensraumschutz auf Düneninseln der Nordsee

Natürliche Ökosysteme der Sandküsten sind durch ein Wechselspiel von Sedimentation und Erosion geprägt. Da diese Dynamik aufgrund von Küstenschutz und Landnutzungsänderungen vielerorts stark eingeschränkt ist, wurde in den Niederlanden ein geomorphologisches Konzept für Wattenmeerinseln entwickelt (◘ Abb. 13.7a), das vor dem Hintergrund des Klimawandels sowohl die Anforderungen des Küstenschutzes berücksichtigt, als auch die der FFH-Richtlinie (Löffler et al. 2011). Das Modell basiert auf den wichtigsten geomorphologischen Prozessen und Steuergrößen. Dadurch werden einerseits Zielzustände für Renaturierung und Redynamisierung visualisiert, andererseits können die Charakteristika unterschiedlicher Lebensräume bei der Planung von Küstenschutz- und Infrastrukturmaßnahmen auf bewohnten Inseln berücksichtigt werden.

Vor allem aus Kostengründen hat sich die Herangehensweise im Küstenschutz in den Niederlanden in den vergangenen Jahren grundlegend verändert. Wo immer möglich, wird auf natürliche Dynamik gesetzt. So werden z. B. Meeresdurchbrüche in Sanddeichen nicht mehr geschlossen oder sogar bewusst geschaffen, um bei Stürmen einen Sandtransport in die dahinterliegenden Bereiche und damit auch eine Auflandung zu ermöglichen, die die Widerstandsfähigkeit gegenüber dem Meeresspiegelanstieg erhöht (Lammerts et al. 2009). Das Modell beschreibt zudem die Position von FFH-Lebensraumtypen auf den West- und Ostfriesischen Inseln (◘ Abb. 13.7b). Dadurch wird es möglich, die Definition passender Schutzziele und die Einrichtung von Schutzgebieten auch räumlich besser einzugrenzen.

Da die Entstehung und Erhaltung von Stränden und Dünen nur möglich ist, wenn genügend Sand vorhanden ist, werden heute vielerorts Sandvorspülungen durchgeführt. Dies wird an der Nordseeküste zwar meistens aus Küstenschutzgründen vorgenommen, man hat aber inzwischen erkannt, dass auch die Erhaltung von Stränden und Dünen als FFH-Lebensraumtypen in Zeiten des Meeresspiegelanstiegs und der dadurch bedingten Einengung von Küstenlebensräumen auf Sandnachlieferung angewiesen ist (WWF 2015). Solche „weichen Küstenschutzmaßnahmen“ sind wesentlich naturverträglicher

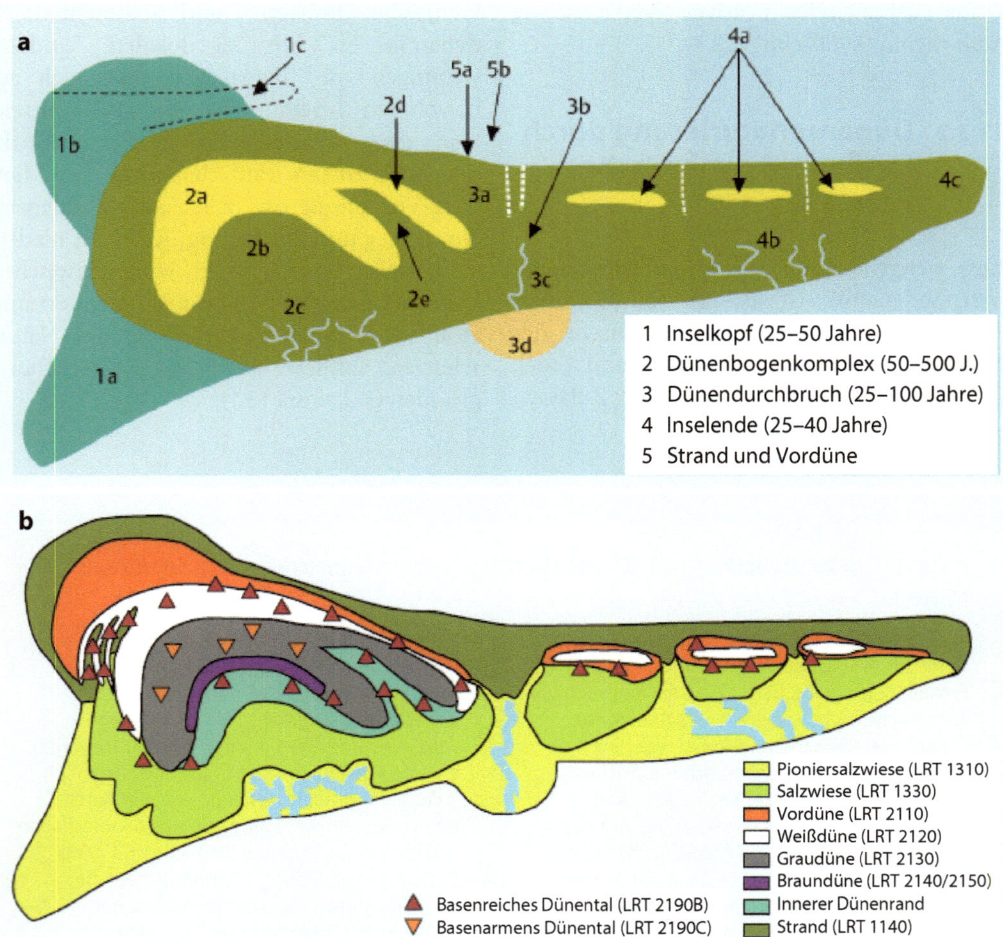

13

Abb. 13.7 Leitbilder für die Entwicklung von Wattenmeerinseln: **a** Geomorphologisches Modell einer Insel, die sich durch natürliche Dynamik unter westlicher Meeresströmung entwickelt, mit fünf Landschaftstypen und deren Alter in Klammern (**1a** innere Sandbank, **1b** äußere Sandbank, **1c** mögliche Hakenbildung, **2a** Dünenbogen, **2b** und **2e** primäre Dünentäler (ehemaliger Strand), **2c**, **3c** und **4b** Salzmarschen mit Prielen, **2d** parallele Dünenkette, **3a** Dünendurchbruch *(washover)* mit **3b** dahinterliegender Ebene aus Sturmflutsedimenten, **3d** durch *washover* entstandene Sandbank, **4a** durch Strand- und Dünendurchbrüche unterbrochene Küstenlinie, **4c** dynamisches Inselende, **5a** Strand, **5b** Küstenlinie; nach Löffler et al. 2011); **b** natürliche Lage von FFH-Lebensraumtypen auf der Modellinsel. (nach Lammerts et al. 2009)

als herkömmliche „harte Maßnahmen“ durch Bauwerke.

Der niederländische Küstenschutz gleicht bereits seit 1990 Landverluste nur hinter einer sogenannten Basisküstenlinie aus und seit 2001 werden wegen des Meeresspiegelanstiegs regelmäßig zusätzliche Sandpuffer aufgespült, um Vorstrand, Strand und Dünen zu sichern. Außer diesen Maßnahmen wurden z. B. auf der Insel Terschelling Löcher in einem durch Bepflanzung fixierten Dünenwall geschaffen, um Sandverwehungen in die Dünen hinein zu ermöglichen (Groot et al. 2017). Seitdem diese Maßnahmen durchgeführt werden, entwickeln sich die Dünen viel dynamischer und haben an einigen Stellen sogar wieder begonnen zu wandern (WWF 2015).

Da die Entnahme des aufzuspülenden Sands in der Nordsee ebenfalls einen Eingriff in empfindliche Lebensräume darstellt, wurde an der niederländischen Nordseeküste mit dem sogenannten „Zandmotor“ ein Großexperiment gestartet (WWF 2015). Zwischen Den Haag und Rotterdam wurde in einem Erosionsgebiet mit nur schmalem Strand und küstenschutzrelevantem Dünengürtel eine neue Halbinsel aus Sand von anfänglich 128 ha Größe und 7 m Höhe aufgespült. Dieser Sand verteilt sich jetzt an der Küste, und die Sandaufspülungen müssen dann voraussichtlich nur alle 15–30 Jahre wiederholt werden.

Um die Bildung neuer Vordünen zu ermöglichen, muss es genügend Strandabschnitte geben, die nicht im Rahmen der Strandpflege eingeebnet und auf denen Spülsäume mit ihren charakteristischen Arten geduldet werden (Groot et al. 2017). Bepflanzungen von Weißdünen mit *Ammophila arenaria* sollten abseits der Siedlungen nach Möglichkeit unterbleiben, um Sandverwehungen ins Hinterland zu ermöglichen. Sekundäre Ausblasungen in Weiß- und Graudünen sollten, zumindest in siedlungsfernen Bereichen, unbedingt zugelassen und nicht durch Bepflanzungen oder Einbringen von Mulchmaterial gestoppt werden. In den Niederlanden werden Weiß- und Graudünen in verschiedenen Projekten durch großflächigen Oberbodenabtrag dynamisiert (Terlouw und Slings 2005; Arens und Geelen 2006). Die Verwehung basenreichen Sands wirkt dort der Bodenversauerung entgegen und hat einen positiven Einfluss auf die Artenvielfalt der Vegetation (Boxel et al. 1997).

13.3.3 Zurückdrängen invasiver Neophyten

Invasive Neophyten sind in weiten Teilen der Nord- und Ostseeküsten fest etabliert (◘ Abb. 13.4c) und dringen in naturschutzfachlich besonders wertvolle Lebensräume ein (Kollmann et al. 2009). Um weitere Schäden zu vermeiden, ist eine mechanische Bekämpfung dieser Arten nötig (◘ Abb. 13.8a, b); der lokale Einsatz von Herbiziden kann noch wirksamer sein, ist aber in Dünen nur in Ausnahmefällen erlaubt. Besonders widerstandsfähig gegenüber Brand, Beweidung, Mahd oder Ausgraben ist *Rosa rugosa*, die auch aus kleinsten Rhizomfragmenten austreiben kann und Übersandung von mehr als einem Dezimeter durchstößt (Kollmann et al. 2011). Da sich diese Art vor allem in der Nähe von Sommerhäusern und Wegen ausbreitet (Jørgensen und Kollmann 2009), ist auf eine Pflanzung unbedingt zu verzichten, auch wenn die Art immer noch in Baumschulen angeboten wird. Kleinräumige Bodenstörungen in Dünen, z. B. durch Touristen, begünstigen die Ansiedlung dieser Rose aus Samen (Kollmann et al. 2007), während eine großräumige Dynamisierung von Dünen für die Art vermutlich ungünstig ist. Dies sollte beim Dünenmanagement berücksichtigt werden.

Andere invasive Gehölze mit Handlungsbedarf sind *Picea sitchensis* und *Prunus serotina*, die allerdings in Dünen etwas leichter zu bekämpfen sind. Wenig Erfahrung besteht bisher bei *Senecio inaequidans*, und kaum erfolgreich sind Maßnahmen bei dem neophytischen Moos *Campylopus introflexus* (vgl. ▶ http://neobiota.bfn.de). Für weitere Aspekte invasiver Neobiota verweisen wir auf ▶ Kap. 24.

13.3.4 Renaturierung von Dünentälchen

Essentiell für die Renaturierung (wechsel-)feuchter Dünentälchen ist, dass Absenkungen des Grundwasserstands durch Trinkwasserentnahme vermieden werden. Auf manchen Nordseeinseln wurde die Wasserentnahme inzwischen durch Bau von Trinkwasserleitungen vom Festland reduziert oder erfolgt in der Nähe feuchter Dünentäler nur noch in Zeiträumen mit ausreichender Grundwasserneubildung durch Niederschlag (Groot et al. 2017).

Die Vegetation dieser gefährdeten Habitate kann nach Wiederherstellung passender

Abb. 13.8 Renaturierung von Dünen und Strandwällen nach Verbuschung: **a** Im Rahmen eines LIFE-Projekts wurden an der belgischen Nordseeküste Sanddorndickichte entfernt, um offene Graudünen wiederherzustellen, **b** Entfernung von *Rosa rugosa* auf einem Strandwall und Anpflanzen von *Ammophila arenaria* am Kleinen Binnensee, Hohwachter Bucht. Großflächige Niederländische Dünenweidelandschaften: **c** Beweidung mit Highland-Rindern in Graudünen bei Egmond an Zee, **d** Verjüngung und Offenhaltung von Braundünen durch Shetland-Ponys auf der Insel Schouwen-Duiveland, Zeeland

hydrologischer Verhältnisse durch partiellen Oberbodenabtrag (Simulation der historischen Plaggennutzung) gefördert werden (Grootjans et al. 2002). Dadurch werden nährstoffarme und basenreiche Bodenverhältnisse geschaffen und seltene Arten aus der Bodensamenbank können sich regenerieren. Besonders positiv wirkt sich die Einbindung der Dünentäler in großflächige Beweidungssysteme aus (Houston 2008b; Plassmann et al. 2010, Abb. 13.8c, d). Mahd kann zwar ebenfalls zur Erhaltung der Artenvielfalt beitragen, hat aber den Nachteil, dass die Akkumulation organischer Substanz und die dadurch verursachte Entkalkung nicht verhindert werden.

13.3.5 Renaturierung nach intensiver touristischer Nutzung

Falls niedrige Küstendünen, z. B. an der Ostsee, durch intensive Trittbelastung oder Strandplanierungen komplett zerstört worden sind, kann durch Anpflanzen von *Ammophila arenaria* auf frischem, bewegtem Sand eine Neubildung von Dünen initiiert werden. Wichtig ist dabei ein Anpflanzen im Herbst, um Austrocknung zu vermeiden, sowie eine lockere Pflanzung, damit der Wind durchstreichen und frischen Sand ablagern kann. An der Ostseeküste bei Kopenhagen

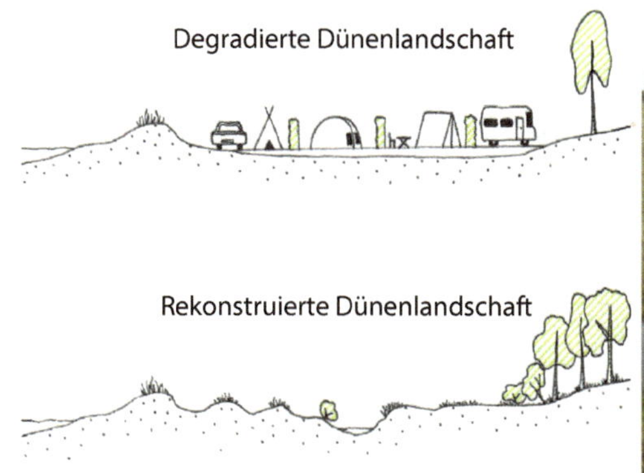

Abb. 13.9 Rekonstruktion von Küstendünen und Strandwällen nach touristischer Nutzung: **a** Schematische Darstellung des Rückbaus von Camping-Infrastruktur, **b** ehemaliger Campingplatz an der Ostseeküste am Sehlendorfer Binnensee: alle Wege, Gebäude und Anpflanzungen wurden entfernt, der Sandboden gefräst und feuchte Senken zur Förderung von Amphibien angelegt

entstanden auf diese Weise sogar neue Dünen auf künstlichen Nehrungen (Abb. 13.4b). Die Einwanderung dünentypischer Pflanzenarten erfolgte dort relativ rasch, und steigerte sich von 5–10 Arten in den ersten fünf Jahren auf 20–25 Arten nach zehn Jahren, allerdings siedelte sich auch hier die invasive *Rosa rugosa* an (Vestergaard 2004).

Eine Herausforderung ist der Rückbau küstennaher Campingplätze, die zu einer tiefgreifenden Veränderung der Dünenlandschaft geführt haben. Es gibt an der Ostsee eine Reihe gelungener Beispiele, bei denen die gesamte Infrastruktur rückgebaut, das ursprüngliche Relief der Strandwälle und Dünen modelliert und nährstoffarme Verhältnisse wieder hergestellt wurden (Abb. 13.9a, b).

13.4 Schlussfolgerungen

Küstendünen sind natürliche Ökosysteme, deren Artenvielfalt nur durch das Zulassen dynamischer Prozesse gesichert werden kann. Im Hinblick auf den Meeresspiegelanstieg zeigt sich, dass die Redynamisierung durch Bepflanzung festgelegter Dünen nicht nur für den Naturschutz, sondern auch aus Küstenschutzsicht sinnvoll ist. Zur Renaturierung feuchter Dünentälchen muss die Grundwasserentnahme eingeschränkt werden. Rodungsmaßnahmen in Kombination mit großflächiger Beweidung wirken sich positiv auf die Vielfalt dünentypischer Arten in ehemals verbuschten und aufgeforsteten Dünenkomplexen aus (Bünzel-Drüke et al. 2015). Durch Beweidung und Mahd kann auch der Eutrophierung und Vergrasung entgegengewirkt werden. Keine wirklich befriedigenden Methoden gibt es bisher für den Umgang mit invasiven Neophyten.

Fragen zur Vertiefung

- Was sind die wichtigsten Faktoren, die zur Entwicklung der Zonierung in Küstendünen führen?
- Wodurch sind Dünenökosysteme heute beeinträchtigt?
- Was sind die wichtigsten Maßnahmen der Dünenrenaturierung?

Literatur

Arens SM, Geelen LHWT (2006) Dune landscape rejuvenation by intended destabilisation in the Amsterdam water supply dunes. J Coast Res 22:1094–1107

Balzer S, Boedecker D, Hauke U (2002) Interpretation, Abgrenzung und Erfassung der marinen und Küstenlebensraumtypen nach Anhang I der FFH-Richtlinien in Deutschland. Nat Landsch 77:20–28

Beinker O (1998) Zur Vegetationskunde der Dünen im Listland der Insel Sylt. Kiel Not Pflanzenkd 25/26:128–166

Birse EM, Landsberg SY, Gimingham CH (1957) The effects of burial by sand on dune mosses. Trans Br Bryol Soc 3:285–301

Boxel JH van, Jungerius PD, Kieffer N, Hampele N (1997) Ecological effects of reactivation of artificially stabilised blowouts in coastal dunes. J Coast Conserv 3:57–62

Bunzel-Drüke M, Böhm C, Ellwanger G, Finck P, Grell H, Hauswirth L, Herrmann A, Jedicke E, Joest R, Kammer G, Köhler M, Kolligs D, Krawczynski R, Lorenz A, Luick R, Mann S, Nickel H, Raths U, Reisinger E, Riecken U, Rößling H, Sollmann R, Ssymank A, Thomsen K, Tischew S, Vierhaus H, Wagner HG, Zimball O (2015) Naturnahe Beweidung und NATURA 2000 – Ganzjahresbeweidung im Management von Lebensraumtypen und Arten im europäischen Schutzgebietssystem NATURA 2000. Heinz-Sielmann-Stiftung, Duderstadt

CWSS (2010) Wattenmeerplan 2010. Common Wadden Sea Secretariat, Wilhelmshaven

Dijk HWJ van, Grootjans AP (1993) Wet dune slacks: decline and new opportunities. Hydrobiologia 265:281–304

Ellenberg H, Leuschner C (2010) Vegetation Mitteleuropas mit den Alpen: in ökologischer, dynamischer und historischer Sicht. Ulmer, Stuttgart

Essink K, Dettmann C, Farke H, Laursen K, Lüerßen G, Marencic H, Wiersinga W (2005) Wadden Sea Quality Status Report 2004. Wadden Sea Ecosystem No. 19. Trilateral Monitoring and Assessment Group, Common Wadden Sea Secretariat, Wilhelmshaven

EU (1992) Richtlinie 92/43/EWG des Rates vom 21. Mai 1992 zur Erhaltung der natürlichen Lebensräume sowie der wildlebenden Tiere und Pflanzen, die zuletzt durch Artikel 1 der Richtlinie 2013/17/EU des Rates vom 13. Mai 2013 geändert wurde

Groot AV de, Janssen GM, Isermann M, Stock M, Glahn M, Arens B, Elschot K, Hellwig U, Petersen J, Esselink P, Duin W van, Körber P, Jensen K, Hecker N (2017) Beaches and dunes. In: Kloepper S et al (Hrsg) Wadden Sea Quality Status Report. Common Wadden Sea Secretariat, Wilhelmshaven, Germany. ▶ https://qsr.waddensea-worldheritage.org/reports/beaches-and-dunes. Zugegriffen: 28.12.18

Grootjans AP, Geelen HWT, Jansen AJM, Lammerts EJ (2002) Restoration of coastal dune slacks in the Netherlands. Hydrobiologia 478:181–203

Hellwig U, Stock M (2014) Dynamic islands in the Wadden Sea. Common Wadden Sea Secretariat, Wilhelmshaven

Hobohm C (1993) Die Pflanzengesellschaften von Norderney. Arbeiten Forschungsstelle Küste 12:1–202

Houston J (2008a) Management of Natura 2000 habitats. 2130* Fixed coastal dunes with herbaceous vegetation (‚grey dunes'). European Commission, Brüssel

Houston J (2008b) Management of Natura 2000 habitats. 2190 Humid dune slacks. European Commission, Brüssel

Isermann M (2008a) Expansion of *Rosa rugosa* and *Hippophae rhamnoides* in coastal grey dunes: effects at different spatial scales. Flora 203:273–280

Isermann M (2008b) Classification and habitat characteristics of plant communities invaded by the non-native *Rosa rugosa* Thunb. in NW Europe. Phytocoenologia 38:133–150

Janusauskaite D, Baliuckas V, Dabkevicius Z (2013) Needle litter decomposition of native *Pinus sylvestris* L. and alien *Pinus mugo* at different ages affecting enzyme activities and soil properties on dune sands. Balt For 19:50–60

Jørgensen RH, Kollmann J (2009) Invasion of coastal dunes by the alien shrub *Rosa rugosa* is associated with roads, tracks and houses. Flora 204:289–297

Ketner-Oostra R, Aptroot A, Jungerius PD, Sykora KV (2012) Vegetation succession and habitat restoration in Dutch lichen-rich inland drift sands. Tuexenia 32:245–268

Kollmann J, Frederiksen L, Vestergaard P, Bruun HH (2007) Limiting factors for emergence and establishment of the invasive non-native *Rosa rugosa* in a coastal dune system. Biol Invasions 9:31–42

Kollmann J, Jørgensen RH, Roelsgaard J, Skov-Petersen H (2009) Establishment and clonal spread of the alien shrub *Rosa rugosa* in coastal dunes – a method for reconstructing and predicting invasion patterns. Landsc Urban Plan 93:194–200

Kollmann J, Brink-Jensen K, Frandsen SI, Hansen MK (2011) Uprooting and burial of invasive alien plants: a new tool in coastal restoration? Restor Ecol 19:371–378

Kooijman AM, Haan MWA de (1995) Grazing as a measure against grass encroachment in Dutch dry dune grassland: effects on vegetation and soil. J Coast Conserv 1:127–134

Kooijman AM, Til M van, Noordijk E, Remke E, Kalbitz K (2017) Nitrogen deposition and grass encroachment in calcareous and acidic Grey dunes (H2130) in NW-Europe. Biol Conserv 212:406–415

Lammerts EJ, Petersen J, Hochkirch A (2009) Beaches and dunes. In: Marencic H, De Vlas J (Hrsg) Quality Status Report 2009. Wadden Sea Ecosystem No. 25. Common Wadden Sea Secretariat, Trilateral Monitoring and Assessment Group, Wilhelmshaven, S 1–20

Löffler MAM, Leeuw CC de, Haaf ME ten, Verbeek SK, Oost AP, Grootjans AP, Lammerts EJ, Haring RMK

(2011) Back to basics. Natural dynamics and resilience on the Dutch Wadden Sea islands. Radboud University, Nijmegen

Petersen J (1999) Isoeto-Nanojuncetea- und Littorelletea-Gesellschaften der niederländischen, deutschen und dänischen Inseln des Wattenmeeres. Mitt Bad Landesver Nat kd Nat schutz 17:335–368

Petersen J, Lammerts EJ (2005) Dunes. In: Essink K, Dettmann C, Farke H, Laursen K, Lüerßen G, Marencic H, Wiersinga W (Hrsg) Wadden Sea Quality Status Report 2004. Trilateral Monitoring and Assessment Group, Common Wadden Sea Secretariat, Wilhelmshaven, S 241–258

Petersen J, Pott R (2005) Ostfriesische Inseln. Landschaft und Vegetation im Wandel. Schlütersche, Hannover

Peyrat J (2011) Landscape and vegetation of southern Baltic dune systems: diversity, landuse changes and threats. Dissertation, Universität Kiel

Plassmann K, Jones MLM, Edwards-Jones G (2010) Effects of long-term grazing management on sand dune vegetation of high conservation interest. Appl Veg Sci 13:100–112

Provoost S, Jones MLM, Edmondson SE (2011) Changes in landscape and vegetation of coastal dunes in northwest Europe: a review. J Coast Conserv 15:207–226

Putten WH van der, Dijk C van, Peters BAM (1993) Plant-specific soil-borne diseases contribute to succession in foredune vegetation. Nature 362:53–56

Remke E, Brouwer E, Kooijman AM, Blindow I, Roelofs JGM (2009) Low atmospheric nitrogen loads lead to in coastal dunes, but only on acid soil. Ecosystems 12:1173–1188

Terlouw L, Slings R (2005) Dynamic dune management in practice – remobilization of coastal dunes in the National Park Zuid-Kennemerland in the Netherlands. In: Herrier JL, Mees J, Salman A, Seys J, Nieuwenhuyse H van, Dobbelaere I (Hrsg) Proceedings dunes and estuaries 2005. International conference of nature restoration practices in European coastal habitats, Koksijde, S 211–217

Thiele J, Isermann M, Otte A, Kollmann J (2010) Competitive displacement or biotic resistance? Disentangling relationships between community diversity and invasion success of tall herbs and shrubs. J Veg Sci 21:213–220

Vestergaard P (2004) Temporal development of vegetation and geomorphology in a man-made beach-dune system by natural processes. Nord J Bot 24:309–326

WWF Deutschland (2015) Klimaanpassung an weichen Küsten: Fallbeispiele aus Europa und den USA für das schleswig-holsteinische Wattenmeer. WWF Deutschland, Wattenmeerbüro, Husum. ► http://www.wwf.de/themen-projekte/projektregionen/wattenmeer/wwf-studie-zur-klimaanpassung-an-weichen-kuesten/. Zugegriffen: 13.11.18

Ökosysteme der Hochlagen

Johannes Kollmann

© Springer-Verlag GmbH Deutschland, ein Teil von Springer Nature 2019
J. Kollmann et al., *Renaturierungsökologie*, https://doi.org/10.1007/978-3-662-54913-1_14

Zusammenfassung

Als Ökosysteme der Hochlagen gelten Lebensräume ab ca. 1500 m Meereshöhe. Sie kommen in Mitteleuropa nur in den Alpen und in den höchsten Bereichen einiger Mittelgebirge vor und sind durch traditionelle Landnutzung erweitert und differenziert worden. Der Reichtum an Arten und Vegetationstypen ist zum Teil wesentlich höher als in den tieferen Lagen. Allerdings gibt es auch im Gebirge negative Einwirkungen auf die Umwelt, etwa durch Skipisten, Lawinenverbauung, Straßenbau, Rückgang der traditionellen Landwirtschaft und den Klimawandel. Wegen der besonderen klimatischen Verhältnisse und der begrenzten Ausbreitung der Pflanzen entwickeln sich die Vegetation und die Böden der Hochlagen nur langsam. Mittlerweile gibt es aber praxistaugliche Methoden der Stabilisierung erosionsgefährdeter Hänge und der Wiederanlage von Hochlagengrünland mit standörtlich passenden Arten und Ökotypen.

14.1 Ökologie und Vegetation der Hochlagen

14.1.1 Gliederung und Zonierung der Alpen

Die Alpen sind ein prägendes Element der Biogeographie und Biodiversität Mitteleuropas. Dieses Hochgebirge beherbergt in den verschiedenen Höhenstufen eine Vielzahl von Lebensräumen, die die Komplexität der klimatischen Verhältnisse, der Geologie, der regionalen Artenvielfalt und historischen Bewirtschaftung widerspiegeln (Ozenda 1988).

Eine erste Gliederung ergibt sich aus vier grundlegenden klimatischen Gradienten der Alpen:

1. Die Alpen bilden eine Barriere zwischen dem mediterranen Klima im Süden und dem gemäßigten mitteleuropäischen Klima; sie beeinflussen die unteren Luftschichten der Atmosphäre deutlich.
2. In West-Ost-Richtung zeigt sich ein klimatischer Gradient von feucht-ozeanischen Luftmassen bis zu den trocken-kontinentalen Einflüssen des Pannonischen Beckens.
3. Der Übergang von den Randalpen zu den Zentralalpen weist einen Übergang von eher feucht-kühleren Verhältnissen hin zu trocken-warmen auf; dies wird durch den Steigungsregen sowie den sogenannten Massenerhebungseffekt bedingt.
4. Es gibt ausgeprägte klimatische Höhengradienten (in den Alpen bis über 4000 m ü. d. M.) sowie kleinklimatische Effekte der Hangneigung und Exposition (weitere Informationen in Veit 2002).

Entlang der Höhengradienten in den Alpen und entsprechend den abnehmenden Wärmesummen ändern sich Landschaftselemente, Vegetation und die dazugehörigen ökologischen Prozesse deutlich (■ Abb. 14.1 und 14.2). Im Zusammenhang mit mitteleuropäischen Gebirgsökosystemen sind folgende vier Höhenstufen relevant, mit regionalen Unterschieden entsprechend den ersten drei klimatischen Gradienten; für eine ausführliche Darstellung muss auf Ellenberg und Leuschner (2010, S. 672 f.) verwiesen werden.

- Bei der montanen Stufe handelt es sich um die durch Hochwälder geprägten Talseiten und niederen Erhebungen in einer Höhenlage von 500–1500 m bzw. in den Zentralalpen bis 2000 m. Die Obergrenze entspricht dem Ende des Auftretens geschlossener Hochwälder, die aber bei menschlicher Nutzung stark zurückgedrängt sein können. Eine Untergliederung ist üblich in eine untere und obere montane Stufe mit einem Übergang bei etwa 1000 m.
- Die subalpine Stufe besteht überwiegend aus aufgelockerten Hochlagenwäldern und Strauch- bzw. Zwergstrauchgesellschaften bei 1500–1900 m in den Randalpen bzw. 2000–2200 m in den Zentralalpen. Sie stellt den Übergang zur baum- und strauchfreien alpinen Stufe dar. Als Übergangsbereich sind hier Ober- und

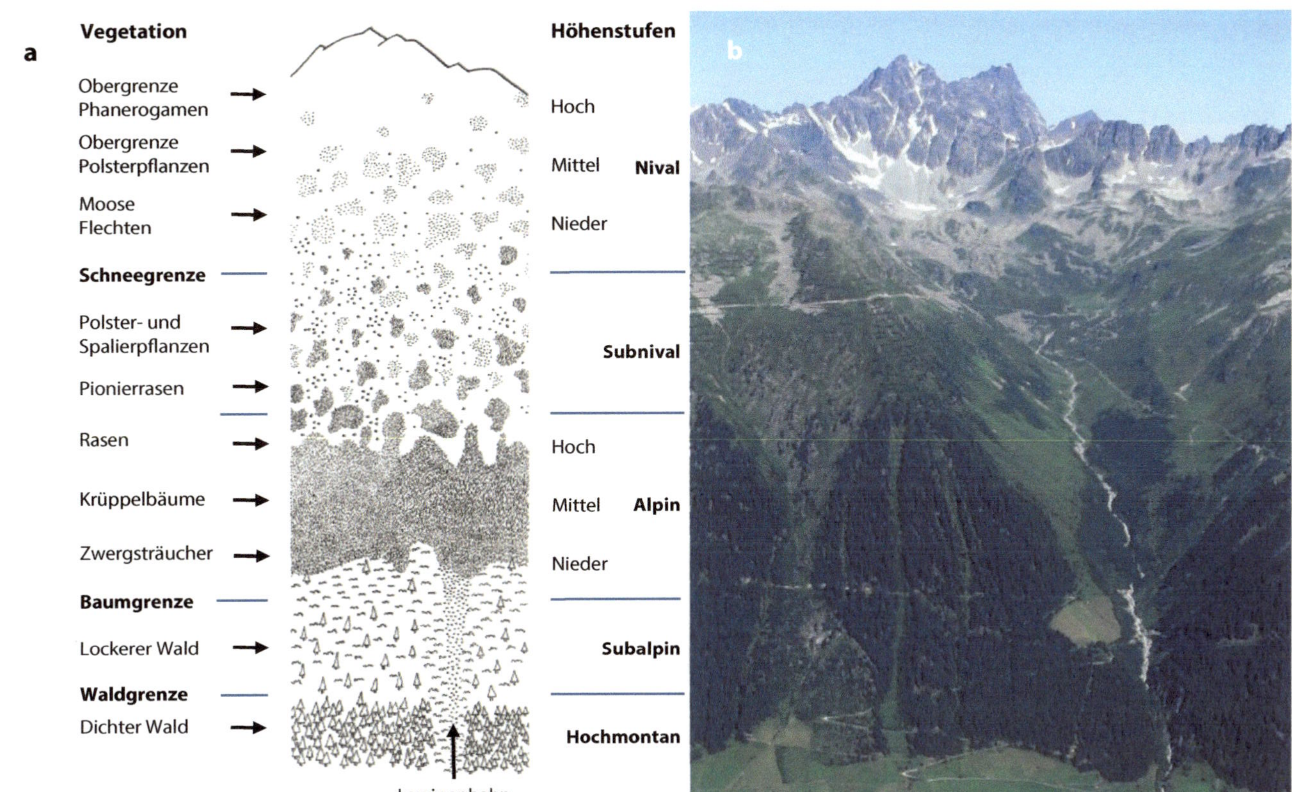

Abb. 14.1 a Höhenstufen der Alpenvegetation nach Ellenberg und Leuschner (2010), **b** Höhenstufung in den Zentralalpen bei Ischgl, Tirol. (Foto: A. Blaschka)

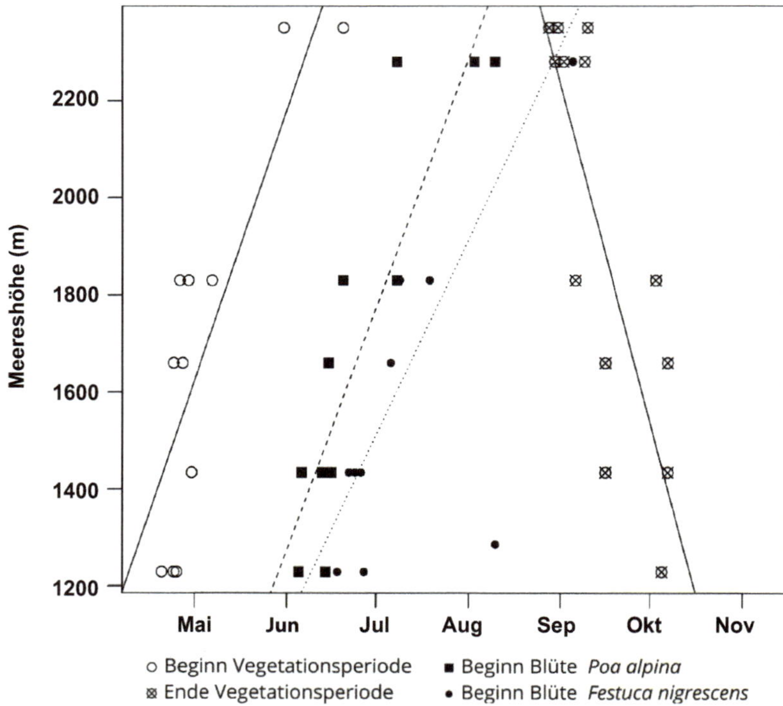

Abb. 14.2 Beginn und Ende der Vegetationsperiode und Blühbeginn von *Poa alpina* und *Festuca nigrescens* in Abhängigkeit von der Seehöhe. Für Renaturierungsprojekte bzw. Wiederbegrünungen gibt es mit zunehmender Meereshöhe ein immer enger werdendes Zeitfenster, welches sich ab 2200 m schließt. (nach Krautzer et al. 2003)

Untergrenze zu anderen Stufen schwierig zu ziehen. Diese Schwierigkeiten der Abgrenzung werden durch die jahrhundertealte menschliche Nutzung, vor allem der Almwirtschaft, noch zusätzlich verschärft.

- Die alpine Stufe ist eine von Natur aus baum- und strauchfreie Grasheidenstufe oberhalb von 1900 m in den Randalpen bzw. 2300 m in den Zentralalpen. Es handelt sich meist um steile, felsige, schutt- und schneereiche Flächen, die durch entsprechende Sonderstandorte charakterisiert sind.
- In der nivalen Stufe nimmt bei 2500–2600 m die geschlossene Vegetation deutlich ab und wird durch offene Polsterpflanzenbestände ersetzt, während die Flächen dauernder Schneebedeckung deutlich zunehmen. Es dominieren Kryptogamen und es kommen nur noch wenige Blütenpflanzen vor (z. B. *Ranunculus glacialis*). Eine Unterscheidung in eine subnivale Polsterpflanzenstufe und die eigentliche nivale Stufe des ewigen Schnees ist sinnvoll (Wagner 1989).

Zusätzlich werden für die Tieflagen der Täler und Gebirgsränder noch eine planare und eine kolline Stufe unterschieden, deren Ökosysteme und Renaturierungsproblematik in anderen Kapiteln dieses Buchs abgedeckt werden. Im Kap. 14 werden die hochmontane, subalpine, alpine und nivale Stufe als „Hochlagen der Gebirge" zusammengefasst. Diese Einteilung bildet die Grundlage der Ökologie der Alpen und spiegelt sich in der Ausprägung der jeweils typischen zonalen

Vegetation wider, was bei Überlegungen zur Renaturierung von Lebensräumen gemeinsam mit den prägenden Standortfaktoren, die im Anschluss vorgestellt werden, einen wichtigen Ausgangspunkt jeder praktischen Planung darstellen sollte.

14.1.2 Standortfaktoren der Hochlagen

Anhand der eingangs getroffenen Gliederung lassen sich die wichtigsten klimatischen Standortfaktoren ableiten. Zusätzlich spielen die Gesteine, das Relief und die davon abhängigen Böden ebenfalls eine wichtige Rolle bei der Charakterisierung von Standorten und damit der Vegetation der Hochlagen (s. Ellenberg und Leuschner 2010, S. 690 f.). Störungen werden verursacht durch Lawinen, Muren, Steinschlag und Wildbäche. In den höchsten Lagen (obere alpine und subnivale Stufe) kommt es durch Frostwechsel zur Bildung von Kammeis und zu Bodenfließen (Solifluktion). Nicht zuletzt hat auch die Nutzungsgeschichte einen großen Einfluss auf Standortfaktoren und Vegetation der Gebirge durch Waldrodung, Beweidung, Bergbau, Straßen- und Wegebau, Lifte, Skipisten und Siedlungen (Kollmann 2013). Insgesamt sind Hochlagen durch vielfältigeren Umweltstress sowie durch häufigere Störungen geprägt als durchschnittliche Standorte der Tieflagen. Die vielfältigen Standortfaktoren der Gebirge sowie die Reaktion der Pflanzen werden im Detail in Körner (2003) dargestellt.

Die Randalpen bestehen überwiegend aus Kalk- oder Dolomitgesteinen, die Zentralalpen aus sauren Silikatgesteinen (Granite, Orthogneise, Schiefern); hinzukommen weichere Flysch- und Molassegesteine sowie Kalk-Glimmerschiefer. In Kalkgebirgen sind Felswände und vegetationslose Schutthalden häufiger sowie senkrechte Spalten, die zu einer rascheren Versickerung des Wassers führen. Wegen geringerer Bodenfeuchte sind Karbonatböden oft trockener als Silikatböden (Blume et al. 2010).

Die Bodenbildung ist klimatisch bedingt relativ langsam und viele Böden sind flachgründig, besonders an felsigen Hängen und Schutthalden, in Mooren und an Gewässern. Mit zunehmender Meereshöhe nimmt der Kohlenstoffgehalt der Böden bis in die alpine Zone zu, weil die Abbauraten noch stärker zurückgehen als die pflanzliche Produktivität abnimmt. Die Humusakkumulation kann zu Bodenversauerung führen. Anreicherung von Humus ist besonders ausgeprägt unter Zwergstrauchheiden und am schwächsten in Schneetälchen mit einer kurzen Vegetationsperiode. Die Stickstoffnachlieferung nimmt mit der Höhe ab, sie ist besonders gering in bodensauren Borstgrasrasen und Blaugras-Horstseggenrasen, hoch dagegen in Lägerfluren, Fettweiden (vor allem durch den Stickstoffeintrag der Weidetiere) und in Grünerlenbeständen (Symbiose durch stickstoff-fixierende Bakterien). Für weitere Details der Entstehung und der Eigenschaften von Gebirgsböden muss auf Blume et al. (2010) verwiesen werden.

Die Dauer der Schneebedeckung im Gebirge variiert stark mit der Geländemorphologie, wobei windgefegte Grate sehr dünne Schneelagen aufweisen und Mulden, die sogenannten Schneetälchen, ausgesprochen lange schneebedeckt sind. Schnee reduziert das zur Verfügung stehende Licht, wirkt andererseits aber auch isolierend. Lang andauernde Schneebedeckung, Frost und Austrocknung, Nährstoffmangel, Wasserstau und kurzwellige Strahlung mit hohen bodennahen Temperaturen bedeuten für viele Pflanzenarten Stress. Unbedeckte Zweige und Kronen leiden unter Windbelastung, Eisschliff und Frosttrocknis. Diese entsteht, wenn Pflanzen bei gefrorenem Boden Transpirationsverluste erleiden – das betrifft vor allem junge Nadelbäume an Südhängen (vgl. Larcher 2003).

Mit zunehmender Seehöhe kommt es zu einer Zunahme der Niederschläge, einer Abnahme der Temperatur, stärkerem Wind und mehr UV-Strahlung. Die Gesamtstrahlung ist wegen der mit der Höhe zunehmenden Wolkendecke wenig verändert, wobei die dünne Luft zu einer höheren Abstrahlung und damit stärkeren nächtlichen Abkühlung führt. In den Randalpen steigen die Niederschläge mit 50–100 mm pro 100 Höhenmeter an, und ab 2000 m fällt mehr als die Hälfte des Niederschlags als Schnee. Die Wasserversorgung der Gebirgsvegetation ist in der Regel gut, weil auch im Sommer reichlich Niederschläge fallen und die Evapotranspiration mit der Höhe zurückgeht. Zudem verdunstet die kurzrasige und kleinblättrige Vegetation des Hochgebirges weniger Wasser als Grünlandgesellschaften der Tieflagen. Das Kleinklima der Hochgebirge und die ökophysiologischen Anpassungen von Pflanzen werden in Körner (2003) dargestellt.

Diese grundlegenden Muster der Gebirgsstandorte unterliegen aber auf engstem Raum zusätzlichen, oft auch gegenläufigen Einflüssen. Dazu zählen unter anderem Windexposition, Beschattung (z. B. durch benachbarte Berge) und die Ausrichtung des jeweiligen Hanges (Exposition). Der resultierende Temperaturunterschied zwischen Nord- und Südausrichtung kann mehrere Grad betragen und die Schneeschmelze an Nordhängen um Wochen verzögern (Veit 2002). Die klimatische Schneegrenze und die Obergrenze des Getreideanbaus liegen an Südhängen deutlich höher als an nordexponierten Hängen, nicht jedoch die Wald- und Baumgrenze, weil hier das Binnenklima der Gehölzvegetation einen großen Einfluss hat.

14

Für Hochlagen ist der maßgebliche Standortfaktor die Temperatur. Diese bestimmt die Länge der Vegetationsperiode, also die Anzahl der Tage mit durchschnittlich mindestens 5 °C, die sich um 6–7 Tage je 100 Höhenmeter verkürzt (Ellenberg und Leuschner 2010). Die Lufttemperatur nimmt in den Alpen mit etwa 0,6 °C je 100 m ab, und Temperaturschwankungen sind viel ausgeprägter als im Tiefland, mit häufigen Frösten auch im Sommer.

14.1.3 Anpassungen von Pflanzen der Hochlagen

Aus diesen ökologischen Verhältnissen in Verbindung mit den Ansprüchen der Pflanzen leiten sich einige Grundsätze für die Pflanzenetablierung und die Vegetationsentwicklung ab. Je nach konkreter Höhenlage, benötigt eine Pioniervegetation 8–12 Wochen um eine gegen Erosion schützende Gesamtdeckung zu erreichen (Stocking und Elwell 1976). Entsprechend angepasste Pflanzen benötigen unter den Bedingungen der Hochlagen 4–6 Wochen für die Keimung und erste Etablierung (Urbanska und Schütz 1986). Gräser der Hochlagen, als dominierende Pflanzengruppe, brauchen weitere vier Wochen zur Erreichung der Samenreife. Das Vorhandensein von Samen ist eine Voraussetzung für einen langfristig stabilen Pflanzenbestand, der sich auch nach Störung des Wuchsorts regeneriert.

Die Länge der Vegetationsperiode beträgt rund 20 Wochen in einer Höhe von 1400 m und 12 Wochen bei 2200 m (Krautzer et al. 2003; Harlfinger und Knees 1999). Für die dauerhafte Etablierung von für diese Lebensräume typischen Grasarten, die bei Wiederbegrünung bzw. Vegetationsetablierung zum Einsatz kommen (► Abschn. 14.3.3) ist eine Vegetationsperiode von 10–12 Wochen notwendig. Als Beispiel sei hier *Festuca nigrescens* genannt, die auf 1800–2000 m erst Mitte August zur Blüte kommt und damit gerade noch die benötigte Zeit bis zur Samenreife zur Verfügung hat, bevor Mitte September die Vegetationsperiode in dieser Höhenlage zu Ende geht (◘ Abb. 14.2). Diese Art kommt daher über 2000 m Seehöhe nicht mehr natürlich vor. Andere Arten, wie z. B. *Poa alpina*, schaffen eine frühere Blüte und können sich daher in noch höheren Lagen etablieren, jedoch sind Wiederbegrünungen über 2200–2400 m grundsätzlich sehr schwierig.

Die genannten Standortfaktoren der Hochlagen, speziell in der Subalpin-, Alpin- und Subnivalstufe bewirken eine Dominanz von Zwerg- und Spaliersträuchern, Grasartigen, Rosetten- und Polsterpflanzen, Moosen und Flechten entlang eines Gradienten zunehmend extremer Habitateigenschaften (■ Abb. 14.1). Bäume sowie einjährige Arten können sich unter diesen Verhältnissen kaum halten. Als typisch stressangepasste Arten wachsen die Pflanzen der Hochlagen langsam, sind kleinwüchsig, dickblättrig und langlebig (Körner 2003). Die meisten haben bodennahe Knospen, klonales Wachstum und ausgeprägte unterirdische Organe, die auf Nährstofflimitierung hindeuten und eine Regeneration bei Beschädigung erlauben. Die photosynthetische Leistungsfähigkeit der Gebirgspflanzen ist oft höher als die vergleichbarer Tieflandsippen, die Lichtbedürftigkeit ist hoch und das Temperaturoptimum der Photosynthese relativ breit (Ellenberg und Leuschner 2010, S. 752). Es gibt besondere Mechanismen der Frosttoleranz, wobei Spätfröste im Frühsommer und frühe Fröste im Herbst problematisch sind, weil die Pflanzen zu dieser Zeit eine geringe Frosthärte haben. Manche Arten haben eine ausgeprägte winterliche Dormanz, die im Herbst durch die kurze Tageslänge eingeleitet und im Frühjahr temperaturgesteuert beendet wird (Körner 2003).

Auch in der Wuchsform vieler Pflanzenarten gibt es deutliche Anpassungen an die schwierigen Standortverhältnisse der Hochlagen. Polsterpflanzen, Zwergsträucher und Horstgräser schaffen sich ein etwas wärmeres und feuchteres Bestandsklima und akkumulieren zudem Streu, Humus und Nährstoffe. Spaliersträucher überziehen Felsen und profitieren hier von Sonnenrückstrahlung sowie gespeicherter Wärme dieser etwas günstigeren Kleinstandorte. Werden solche Polster- oder Spalierpflanzen beschädigt, kommt es wegen des verschlechterten Mikroklimas zu einem Absterben der unmittelbar angrenzenden Pflanzenteile und zu einer nur langsamen Regeneration. Samenbanken und generative Ausbreitung sind bei Pflanzen der alpinen Zone vergleichsweise schwach entwickelt, wogegen klonales Wachstum und vegetative Ausbreitung mit zunehmender Meereshöhe häufiger werden. In den Hochlagen erreichen viele Arten nicht jedes Jahr die Samenreife (Körner 2003). Der Anteil der Windausbreitung nimmt mit der Meereshöhe zu, wobei die Nahausbreitung überwiegt; die Ausbreitung wird durch Lawinen, Schmelzwasser, Stürme und Tiere gefördert. Mit zunehmendem Umweltstress in den Höhenlagen der Gebirge steigt insgesamt die Bedeutung positiver Interaktionen zwischen Pflanzen (Brooker et al. 2008).

14.1.4 Vegetation der Hochlagen

Aus florenhistorischen Gründen, durch die standörtliche Heterogenität und der historisch extensiven Land- und Forstwirtschaft ist die floristische Vielfalt der Alpen sehr ausgeprägt (vgl. Körner 2003). Die Anzahl endemischer, also nur in dieser Region vorkommender Pflanzenarten, ist für Mitteleuropa vergleichsweise hoch. Auch die regionale Differenzierung innerhalb der Alpen und die Lage glazialer Refugien tragen zur Vielfalt dieses Hochgebirges bei. Viele Pflanzen treten als Artenpaare karbonatischer und silikatischer Gesteine auf (sogenannte vikariierende Arten, z. B. *Gentiana clusii* und *G. acaulis*), wobei die basiphytische Flora besonders artenreich ist, und die kontinental getönten Zentralalpen reicher sind als die ozeanisch geprägten Randalpen (Ellenberg und Leuschner 2010, S. 672 f.). Der Artenreichtum geht mit der Höhe deutlich zurück, zumindest teilweise verursacht durch die mit der Höhe abnehmende Landfläche. An Felsen, Lawinenbahnen und Wildflüssen steigen Gebirgsarten ins Tiefland hinab – sie werden als „dealpine Arten" bezeichnet. Viele Arten der Hochlagen kommen vermutlich nur konkurrenzbedingt im Tiefland nicht vor (■ Abb. 14.3). Für einige Pflanzen, die in unterschiedlichen Höhenstufen vorkommen, ist eine Differenzierung in (Unter)arten oder „Ökotypen" nachgewiesen (Hautier et al. 2009; Bertel et al. 2016). Sie sind an ihre jeweiligen Standorte angepasst

Abb. 14.3 Typische Pflanzenarten der subalpinen, alpinen und nivalen Stufe (von unten nach oben): Arten der Silikatböden (**a** *Ranunculus glacialis*, **c** *Campanula barbata*, **e** *Alnus alnobetula*), und solche der Karbonatböden der Alpen (**b** *Saxifraga oppositifolia*, **b** *Dryas octopetala*, **f** *Rhododendron hirsutum*)

und behalten bei einer Verpflanzung in andere Höhenstufen ihre Merkmale bei (Neuffer und Bartelheim 1989).

▪ Hochmontan

Die Vegetation der Alpen ist entsprechend den bereits genannten Höhenstufen differenziert (Ellenberg und Leuschner 2010, S. 690 f.). In der hochmontanen Stufe zeigt sich beispielsweise eine klare Teilung der Vegetation in Rand- und Zentralalpen, die sowohl klimatisch als auch geologisch bedingt ist. Die hochmontane Stufe ist von Natur aus durch Wälder geprägt, jedoch gibt es markante

Abweichungen. Die Wälder der Randalpen sind durch Mischwälder aus Buche und Tanne charakterisiert (Abieti-Fagetum), in denen durch menschlichen Einfluss auch die Fichte stärker vorkommen kann (◘ Abb. 8.2d). In den Zentralalpen sind es vorwiegend bodensaure Fichtenwälder (Vaccinio-Piceetum im weiteren Sinne), und darüber schließen sich Lärchen-Zirbenwälder (Larici-Cembretum) an (Wagner 1989).

Große Teile dieser Höhenstufe sind stark menschlich überprägt und zeigen die Elemente der alpenländischen Kulturlandschaft, die durch die Grünlandwirtschaft (Wiesen- und Weidenutzung) entstanden ist (◘ Abb. 14.4). Dazu gehören die Goldhafer-Wiesen (Geranio-Trisetetum) als gemähte Bestände und Kammgrasweiden bzw. Milchkrautweiden (Festuco-Cynosuretum, Crepido-Festucetum) als beweidete Standorte, die bei entsprechender Bewirtschaftung und günstigen Bedingungen auch noch bis in die subalpine Stufe reichen können. In den höchsten Lagen tritt bereits die Almwirtschaft mit den dazugehörigen Lebensräumen und Pflanzengemeinschaften auf (Weiden, Lägerfluren, Hochstauden, Gebüschformationen).

▪ Subalpin

Die untere Grenze der subalpinen Stufe wird meist mit der (Hoch-)Waldgrenze gleichgesetzt, also einem Übergangsbereich, wo eine Auflockerung der geschlossenen Wälder stattfindet, bei gleichzeitigem Auftreten von Krummholz, Zwergstrauchheiden und natürlichen Rasengesellschaften. Daher wird diese Stufe auch oft als „Krummholzstufe" bezeichnet (Wagner 1989). Jedoch gehören auch noch spezialisierte Waldtypen in diese Stufe, deren Strukturen sich aber deutlich von jenen der Montanstufe unterscheiden. Die Baumschicht erreicht eine weit geringere Deckung und die Baumhöhen gehen zurück, der Unterwuchs ist dafür dicht und wird nicht nur von Rasen, sondern auch von Zwergstrauchgesellschaften geprägt. Wald- und Baumgrenze sind anthropogen auseinandergerückt aufgrund der Nutzung der Alpen seit über 7000 Jahren. Die Baumgrenze wird durch das Auftreten von mindestens 3 m hohen

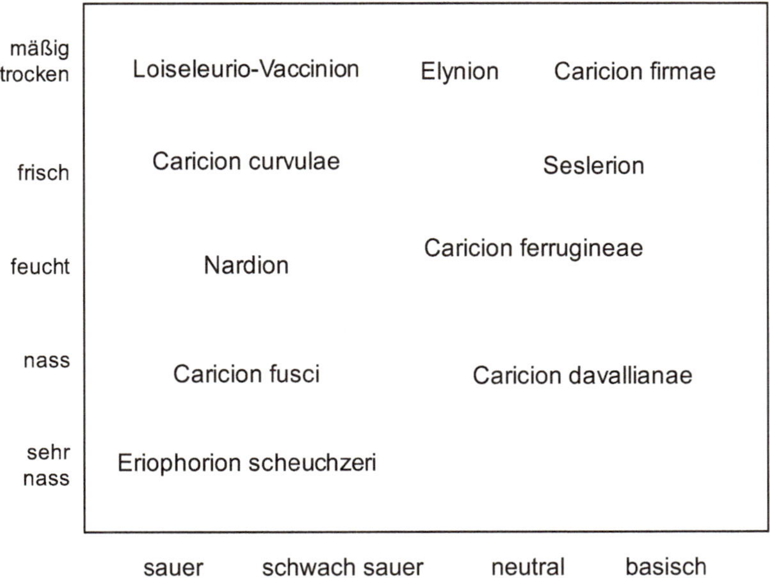

◘ **Abb. 14.4** Verbände der Rasenvegetation der unteren alpinen Stufe der Nordalpen an mittleren Standorten als Referenz für Renaturierungsmaßnahmen. („Ökogramm" nach Ellenberg und Leuschner 2010, S. 694)

Gehölzen markiert (Ellenberg und Leuschner 2010, S. 762 f.).

Die Vegetation der subalpinen Stufe umfasst hauptsächlich 1) die von Lärchen und Zirben beherrschten lichten Wälder der Zentralalpen (Erico-Pineeten), 2) die Strauch- und Zwergstrauchgesellschaften auf Karbonatböden und 3) die Zwergstrauchgesellschaften auf Silikatböden. Die Hochlagen-Fichtenwälder reichen zwar in ihrem obersten Grenzbereich, vor allem im östlichsten Teil der Zentralalpen, in welchem der Lärchen-Zirbenwald fehlt, noch in die subalpine Stufe, gehören aber ökologisch eher in die hochmontane Stufe (Wagner 1989). Ein Kennzeichen der subalpinen und alpinen Stufe generell ist ein Nebeneinander unterschiedlicher Standortbedingungen, das sich speziell ab der subalpinen Stufe in einem entsprechenden Mosaik unterschiedlicher Pflanzengemeinschaften auf engem Raum widerspiegelt, was sich auch in einer relativ hohen Anzahl an Sonderstandorten zeigt.

Die Krummholzvegetation auf silikatischen und feuchten Böden wird von *Alnus alnobetula* dominiert, auf etwas trockeneren, silikatischen Standorten von *Rhododendron ferrugineum,* auf basischen von *R. hirsutum* (◘ Abb. 14.3e, f). Sie wird durchzogen von Hochstauden-Gesellschaften der Klasse Betulo-Adenostyletea, die sich dort ansiedeln können, wo die Störungsverhältnisse, beispielsweise in Lawinenrinnen und an Wildbächen, für Gehölze zu ungünstig werden. Die noch relativ hohen Temperaturen sowie die gute Wasser- und Nährstoffversorgung dieser Standorte erlauben aber das Auftreten konkurrenzkräftiger Stauden. Diese wiederum sind der Rasenvegetation der subalpinen Stufe lokal überlegen. Beispiele für Arten der Hochstaudenfluren sind *Adenostyles alliariae, Cicerbita alpina* und *Senecio alpinus.* Silikatgesteine bringen nährstoffärmere, aber dafür etwas feuchtere Böden hervor, die – im Gegensatz zu Kalkgebieten – in der alpinen Stufe eine zusammenhängende Pflanzendecke tragen.

14

Die subalpinen Rasengesellschaften sind strukturell vielfältig und artenreich ausgebildet und gehören zu den pflanzensoziologischen Klassen der Seslerietea albicantis auf Karbonatböden oder Gesellschaften der Caricetea curvulae oder Genisto-Callunetea auf Silikatböden (Wilmanns 1998, S. 207, 238). Häufige Gesellschaften auf Karbonatböden sind der Horstseggen-Rasen (Seslerio-Caricetum sempervirentis) oder (etwas feuchter und nährstoffreicher) der Rostseggen-Rasen (Caricetum ferruginеae). Auf schwach sauren Böden vor allem der subalpinen und unteren alpinen Stufe kommt das sogenannte Geo-Nardetum – charakterisiert durch *Nardus stricta* und *Geum montanum* – vor. Diese Gemeinschaften reichen teilweise noch bis in die alpine Stufe und bilden die natürliche Grundlage für die Alm- und Weidewirtschaft der Hochlagen.

▪ Alpin

Die alpine Stufe ist durch grundsätzlich gehölzfreie Rasengesellschaften charakterisiert, die ebenfalls eine deutliche Differenzierung in Arten karbonatischer und silikatischer Gesteine aufweisen (◘ Abb. 14.3c, d). Eine zusätzliche Gliederung der alpinen Rasengesellschaften erfolgt durch die Bodenfeuchte der Standorte (◘ Abb. 14.4). In den obersten Bereichen der alpinen Stufe zeigen sich zudem bereits erste Anzeichens für ein Aufbrechen der geschlossenen Vegetationsdecke, die lokal von Felsvegetation, Schuttfluren und Schneetälchen durchzogen ist.

Auf Kalkgesteinen sind Rasengesellschaften aufgrund der Schroffheit der Standorte nur spärlich ausgebildet, hier gibt es dafür ausgedehnte Fels- und Schuttgesellschaften. Die Gesellschaften lassen sich in drei Verbände unterteilen (Caricion ferruginei, Seslerion und Carcion firmae), die mit den Blaugrashalden der subalpinen Stufe verwandt sind. Jedoch kommen hier verstärkt *Carex sempervirens, Carex ferrugineum* und an den rauesten Standorten *Carex firma* hinzu (Wagner 1989). Auf silikatischem Untergrund wachsen Krummseggenrasen, dominiert von *Carex curvula*; generell gehören *Nardus stricta, Festuca halleri* und *Oreochloa disticha* zu typischen Arten dieser Gesellschaften. Als Sonderform auf stark durch Kälte geformten Böden und extrem sauren Standorten übernimmt in manchen Bereichen *Juncus trifidus* die Rolle von *Carex curvula*. Dies sind jedoch Standorte, die keine wirkliche Renaturierungsrelevanz mehr besitzen.

In der alpinen Stufe kommt es innerhalb der Alpen am deutlichsten zu einer Aufteilung in West-Ost-Richtung. Es lassen sich hier im Gegensatz zur normalerweise getroffenen Einteilung in Ost- und Westalpen sogar drei Bereiche unterscheiden: Ostalpen östlich des Brenner-Passes, ein mittlerer Abschnitt vom Brenner bis Grenoble bzw. dem Mont Cenis und Westalpen im engen Sinne von Grenoble bis Nizza (Wagner 1989).

Sonderstandorte der alpinen und subnivalen Stufe

Sonderstandorte werden durch extreme Standortbedingungen charakterisiert: Schneetälchen der alpinen und subnivalen Stufe sind Stellen, die im Sommer nur teilweise schneefrei werden („ausapern"), die feucht-kühl sind und unter anderem das Salicetum herbaceae tragen. Wenn der Boden weniger als zwei Monate schneefrei ist, können keine Blütenpflanzen mehr auftreten (Körner 2003). Schneetälchen über silikatischen Gesteinen sind nicht artenärmer als auf karbonatischen Gesteinen, wie das sonst bei Rasengesellschaft der Fall zu sein pflegt. Ein Grund könnte die schlechtere Wasserversorgung der Karbonat-Schneeböden sein.

Polsterrasen extrem flachgründiger Standorte auf Karbonatgestein sind das Caricetum firmae und auf Silikatböden eine Spaliergesellschaft aus Zwergsträuchern, das Loiseleuretum procumbentis. Auf exponierten Graten und Kammlagen hält sich wegen der Windverfrachtungen nur wenig Schnee, und im Winter sind Frosttrocknis, im Sommer Austrocknung problematisch für die dort wachsenden Pflanzen. Hier kommen Nacktried-Rasen vor, die sogenannten Elyneten mit der Charakterart *Kobresia myosuroides* (früher *Elyna myosuroides*); diese Vegetation wird als „Windkantengesellschaft" bezeichnet. Weitere wichtige Gesellschaftstypen auf Sonderstandorten der alpinen und subnivalen Stufe sind Quellfluren und Bachränder, Moore, Schuttfluren und Felsvegetation, die aufgrund ihrer beschränkten Renaturierungsrelevanz hier nicht weiter behandelt werden (Tieflagen: Quellen und Bäche ▶ Kap. 9; Moore ▶ Kap. 11; Schutthalden und Felsen ▶ Kap. 23).

Generell muss trotz großer Fortschritte der Theorie und Praxis der Renaturierungsökologie festgestellt werden, dass exponierte alpine Rasen, Windkantengesellschaften, Polsterpflanzen- und Schneetälchengemeinschaften bisher nicht renaturiert werden können. Von den charakteristischen Arten dieser Vegetationstypen ist kein standortgerechtes Saatgut im Handel erhältlich und zum Teil auch nicht produzierbar. Darüber hinaus können diese Arten zum überwiegenden Teil nicht verpflanzt werden, denn sie sterben im Regelfall kurz nach der Transplantation ab (Krautzer et al. 2012).

Subnival

Die subnivale Zone weist eine endgültige Auflösung der Rasen und eine zunehmende Häufigkeit von Polsterpflanzen auf (2400–2700 m bzw. 2700–3000 m). Auch hier gibt es eine Differenzierung in Pflanzenarten karbonatischer und silikatischer Gesteine (◘ Abb. 14.3a, b). Die Gefäßpflanzen werden mit zunehmender Höhe und im Übergang zur eigentlich nivalen Stufe, wo zumindest lokal der Schnee das ganze Jahr auf ebenen Flächen liegen bleibt, durch Moose, Flechten und Algen abgelöst. Diese Höhenstufe wird in den Randalpen nur teilweise erreicht, in den Zentralalpen liegt sie bei 3600–3700 m. Darüber ist in den mitteleuropäischen Alpen kein Leben von Gefäßpflanzen mehr möglich (Körner 2003). Die eigentliche nivale

Stufe der Hochgebirge wird in diesem Kapitel nicht abgedeckt, weil anthropogene Eingriffe hier glücklicherweise selten sind, Vegetation spärlich vorkommt und die Methodik der Renaturierung noch wenig entwickelt ist.

14.1.5 Ökosystemdienstleistungen von Hochlagen

Die landschaftliche und klimatische Vielfalt der Alpen, trotz ihrer vergleichsweise geringen Flächenausdehnung auf ganz Mitteleuropa bezogen, bildet die Grundlage für eine große Bandbreite von Ökosystemdienstleistungen. Gebirge beherbergen besonders hohe Biodiversität, von der Vielfalt der alpinen Pflanzen und Tiere bis hin zur reichen Differenzierung der Landschaften. In den Gebirgen liegt das „Wasserschloss" Mitteleuropas, denn hier sind die Niederschläge besonders hoch, die im Winter zu einem großen Teil als Schnee gespeichert werden und damit auch noch im Frühsommer für eine gute Wasserführung der großen Tieflandflüsse sorgen. Im Hochsommer tragen dann vor allem die Gletscher zum Abfluss bei. Wegen der Gefälleenergie werden seit mehr als 100 Jahren in den Alpen Wasserkraftwerke betrieben. Speicherseen sind für die gleichmäßige Stromversorgung Mitteleuropas unentbehrlich, wobei sie zusätzlich die Hochwassergefahren vermindern. Die Vegetationstypen der Hochlagen beeinflussen das Abflussregime der alpenbürtigen Flüsse, allerdings werden die Auswirkungen des Klimawandels immer deutlicher mit zunehmend früherer Schneeschmelze und starkem Rückgang der Gletscher (BMU 2008; Alaoui et al. 2014).

Eine weitere wesentliche Ökosystemdienstleistung der Hochlagen ist die Unterstützung traditionell landwirtschaftlicher Nutzung mit qualitativ hochwertigen Produkten, die sich gut vermarkten lassen. Diese Versorgungsdienstleistungen (Potschin et al. 2016) umfassen die zur Primärproduktion gehörenden Nutzungsformen wie die Grünlandwirtschaft der Almen (Biomasse und Milchwirtschaft) und die Forstwirtschaft (Bau- und Energieholz), aber auch Jagd und andere Nutzungen wie das Sammeln von Früchten und Kräutern.

Gebirge sind Gefahrenräume durch häufigen Steinschlag, Muren, Lawinen und Hochwasser, die Siedlungen und Verkehrswege bedrohen. Die Vegetation trägt entscheidend zur Minderung dieser Naturgefahren bei, z. B. als Schutzwald oberhalb von Siedlungen und Verkehrslinien (Hayha et al. 2015). Durch die Regulierungs- und Erhaltungsdienstleistungen der Hochlagenökosysteme wird der Schutz vor diesen Naturgefahren sichergestellt. Die kulturellen Ökosystemdienstleistungen ergeben sich aus dem Erholungswert der Hochlagen als Basis für einen erfolgreichen Sommer- und Wintertourismus mit hoher Wertschöpfung. Daher werden die Alpen seit bald 200 Jahren als Urlaubslandschaften aufgesucht und immer weiter touristisch erschlossen.

14.2 Nutzung der Hochlagen

Die Alpen wurden für Handelsrouten, Rohstoffgewinnung und Landwirtschaft schon prähistorisch erschlossen, und spätestens ab dem Mittelalter intensiv genutzt (Poschlod 2015). Dies führte zu einem Rückgang und einer Zerstückelung der montanen Wälder und zu einer Absenkung der Waldgrenze um mehrere 100 m. Aufgrund der schwierigen Standortverhältnisse konnten die Hochlagen der Gebirge aber nur eingeschränkt für Land- und Forstwirtschaft sowie Siedlungen verwendet werden, was zur Entwicklung lokal angepasster Nutzungsformen führte. Bis heute sind moderne Formen der traditionellen Bewirtschaftung in den Hochlagen meist nicht durchführbar oder erfordern zumindest einen ungleich höheren Einsatz an Arbeitszeit, Betriebsmitteln und spezialisierten Maschinen, was ein profitables Wirtschaften erschwert (Greimel 2003). Daher haben sich historische und meist extensive Formen der

Landnutzung bis heute erhalten – also Methoden der Handarbeit, die mit weniger Düngung und ohne Herbizide auskommen, räumlich-zeitlich heterogen sind und damit eine hohe Artenvielfalt unterstützen.

Ein sehr altes Nutzungssystem sind die Almen. Es handelt sich um Weidegebiete an oder auch über der Waldgrenze, die durch Rodung entstanden und von der Nutzung und Pflege einer extensiven Landwirtschaft abhängig sind. Sie werden während der Sommermonate von einem oder mehreren Betrieben zur Viehhaltung genutzt. Durch die Almwirtschaft konnte zusätzlich Grünland erschlossen werden, unter anderem für die Gewinnung von Heu für die Viehhaltung im Winter. Almweiden zeigen, unter anderem durch Nährstoffverlagerung, Bodenverwundung und Weideunkräuter, eine hohe kleinstandörtliche Differenzierung, wobei gemähte Rasen meist noch artenreicher sind als beweidetes Grünland (Rudmann-Maurer et al. 2008).

Seit etwa 50 Jahren geht trotz umfangreicher Subventionen die traditionelle Landnutzung der Almen, der Waldweiden und Wildheuwiesen zurück. Dieser Rückgang von Beweidung oder Mahd führt zur Dominanz konkurrenzkräftiger Arten, zur Ansammlung von Streu, zur Erhöhung des C/N-Verhältnisses und damit insgesamt zu einer Abnahme des Artenreichtums (Ellenberg und Leuschner 2010, S. 785 f.). Dünge- und bewirtschaftungszeigende Arten wie *Festuca nigrescens* und *Trisetum flavescens* nehmen ab, während beweidungsempfindliche Arten wie *Carex sempervirens* und *Rhododendron ferrugineum* zunehmen. Nach einigen Jahren wandern in der montanen und subalpinen Stufe zuerst Zwergsträucher wie *Vaccinium* spp. oder *Rhododendron* spp. und später Bäume ein, wenn auch durch die verfilzte Grasnarbe der Brachen oftmals stark verzögert. Solche langrasigen Almbrachen fördern Schneegleiten, das ein flächiges Abrutschen des Oberbodens verursachen kann, wenn der Schnee an der langrasigen Vegetation festgefroren ist. Erosion tritt auf Almbrachen auch bei Starkregen im Sommer verstärkt auf; die damit verbundene „Blaikenbildung“ wurde beispielsweise von Tasser et al. (2003) beschrieben. In der alpinen Stufe verläuft die Entwicklung nach Aufgabe der Almbewirtschaftung langsamer und äußert sich vor allem in einem Rückgang viehgeprägter Standorte, wie Trittstellen und Lägerfluren.

In den vergangenen Jahrzehnten wurden immer mehr Almflächen aufgegeben, was zum Verlust der für die Alpen charakteristischen Kulturlandschaft führt und das Landschaftsbild stark beeinflusst. Neben der Aufgabe der Landwirtschaft in vielen Berggebieten kam es in den vergangenen Jahren zu einer landwirtschaftlichen Intensivierung der Tallagen. Ein Symptom dieser Entwicklungen ist der verstärkte Zukauf von Getreide und Kraftfutter für die Fütterung der Viehbestände der Alpenbauern. Damit verliert das historische Grünland und das System von Berg- und Talweide an Bedeutung. Begleitend erfolgen in den Tallagen der Alpen Standortverbesserungen wie Entwässerung, Kalkung und Düngung, kombiniert mit Ansaat naturferner Weidemischungen, um die Produktivität des Grünlands zu steigern, was jedoch zu einer Abnahme der Artenvielfalt und einem Anstieg von Nährstoffzeigern führt. Zudem verursachen hohe Viehdichten Bodenverdichtung. Insgesamt wirkt sich die landwirtschaftliche Intensivierung ungünstiger auf die Artenvielfalt aus als die Nutzungsaufgabe (Strebel und Bühler 2015).

Die Bevölkerungsdichte nimmt in den Tälern der Nordalpen zu, während die traditionelle bäuerliche Landnutzung abnimmt (Price et al. 2015). Deutlich negative Auswirkungen auf das Landschaftsbild und die biologische Vielfalt der Hochgebirge hat die Erschließung immer neuer Siedlungen, Straßen, Wege, Seilbahnen, Skilifte und Skipisten (Kollmann 2013; ◘ Abb. 14.5a–c). Die negativen Auswirkungen von Skipisten sind besonders gut untersucht (z. B. Roux-Fouillet et al. 2011). Lawinen-, Muren- und Wildbachverbauungen sind zwar notwendige Eingriffe zur Sicherung von

Abb. 14.5 Renaturierungsbedarf subalpiner und alpiner Habitate: **a** Italienische Militärstraße aus den 1930er-Jahren am Brenner (2110 m), **b** touristische Erschließung am Timmelsjoch (2474 m), **c** Skipistenanlage am Hauser Kaibling (Steiermark, 1400 m), **d** Lawinenverbau am Pleschberg (Steiermark, 1720 m), **e** Skipistenbeschneiung im Winter bei Prägraten (Osttirol, 1325 m), **f** Schneekanonen im Sommer bei Haus im Ennstal (Steiermark, 1400 m). (Fotos c, d und f: von A. Blaschka)

Siedlungen und Verkehrswegen (Abb. 14.5d), sie vernichten aber Vegetation und schaffen erosionsgefährdete Rohbodenstandorte, die von den Gebirgspflanzen nur langsam besiedelt werden. Hinzu kommt eine schleichende Eutrophierung durch Gülledüngung und atmosphärische Nährstoffeinträge, die auch in den Hochlagen nachweisbar sind (Hiltbrunner et al. 2005). Und schließlich wirkt sich der Klimawandel in den Alpen besonders deutlich mit einem Rückgang der Gletscher, einer Verlängerung der Vegetationsperiode und instabil werdenden Hängen aus. In den vergangenen Jahrzehnten wurde in vielen Gebieten beobachtet, dass Alpenpflanzen mit den steigenden Temperaturen in höhere Lagen einwandern (Pauli et al. 2012).

Als Reaktion auf die milderen Winter ist es in den vergangenen Jahren zu einer starken Zunahme an Beschneiungsanlagen gekommen, was massive Eingriffen wie Wasserableitung aus Bächen, Anlage von Speicherteichen und Einrichtung eines Systems an Schneekanonen erfordert (▫ Abb. 14.5e, f). Derzeit wird etwa die Hälfte der Pistenfläche der Alpen beschneit (CIPRA 2004; Abegg 2012). Kunstschnee ist kompakter und damit weniger isolierend, sodass es zu Frostschäden bei den Pflanzen kommt. Eine lokal verlängerte Schneelage auf den Pisten verzögert dagegen die Phänologie der Gebirgsrasen, und die leichte Düngung durch Verwendung von Oberflächenwasser führt zu einer Artenverschiebung, mit insgesamt mehr Feuchte- und Nährstoffzeigern (Wipf et al. 2005). Typische Arten der Skipisten sind *Trifolium badium* und *Poa alpina* sowie Pflanzen der Schneetälchen und Schutthalden. Insgesamt sind Diversität und Produktivität der Vegetation der Kunstschneepisten reduziert, verglichen mit Naturschneeflächen; entsprechende Auswirkungen sind auch für die Fauna nachgewiesen (ebenda). Die Anlage von Skipisten bewirkt außerdem flächige Bodenschäden und im Betrieb Bodenverdichtung und Beschädigung der Vegetation bei zu geringer Schneeauflage (Schlochtern et al. 2014).

14.3 Renaturierung von Gebirgsökosystemen

14.3.1 Rahmenbedingungen

Renaturierungsprojekte im Hochgebirge sind wegen der extremen Standortverhältnisse und der Vielfalt der Ökosysteme und Vegetationstypen besonders anspruchsvoll, aber zur Vermeidung von Naturgefahren und Biodiversitätsverlusten von großer Bedeutung. Hinzu kommen logistische Schwierigkeiten, da passendes Pflanzenmaterial oft nicht in ausreichender Qualität und Quantität zur Verfügung steht. Und schließlich sind die zu renaturierenden Gebiete abgelegen und meist nur zu Fuß oder mit dem Hubschrauber erreichbar, was die Kosten der Begrünung stark in die Höhe treibt. Auch sind die harschen Bedingungen in den Hochlagen als Herausforderung während der Renaturierungsarbeiten nicht zu vernachlässigen, sowohl was Mensch, aber auch Technik anbelangt – Schneefall ist auch im Sommer möglich, die Temperaturen sind niedrig und es treten starke Winde auf.

Die Notwendigkeit von Renaturierung in den Hochlagen der Gebirge ergibt sich nach Baumaßnahmen sowie nach Änderungen der Landnutzung (Kollmann 2013). Bei Letzteren ist allerdings der Übergang zur klassischen Landschaftspflege fließend. Durch infrastrukturelle Eingriffe (z. B. Skipisten, Lifte, Seilbahnen) wird dagegen die vorhandene Vegetation zumindest teilweise zerstört. Eine natürliche Regeneration verläuft in Hochlagen nur sehr langsam und ist in ihrem Ergebnis kurzfristig zu unsicher, um ausreichend vor Naturgefahren zu schützen. Damit spielen die Stabilisierung des Substrates durch die Schaffung von *safe sites* oder *microsites* und die Verwendung von standortgerechtem Saatgut bei der Renaturierung von Hochlagen eine wichtige Rolle (Urbanska und Schütz 1986).

Neun Vegetationstypen des Hochgebirges sind als Lebensräume des Anhangs I der FFH-Richtlinie (EU 1992, Fauna-Flora-Habitat-Richtlinie; * = prioritäre Lebensraumtypen) aufgeführt: „Alpine und boreale Heiden“ (4060), „Buschvegetation mit *Pinus mugo* und *Rhododendron hirsutum* (Mugo-Rhododendretum)“ (4070*), „Boreo-alpines Grasland auf Silikatsubstraten“ (6150), „Alpine und subalpine Kalkrasen“ (6170), „Alpine Pionierformationen des Caricion bicoloris-atrofuscae“ (7240*), „Silikatschutthalden der montanen bis nivalen Stufe (Androsecetalia alpinae und Galeopsietalia ladani)“ (8110), „Kalk- und Kalkschieferschutthalden der montanen bis alpinen Stufe (Thlaspietea rotundifolii)" (8120), „Montane bis alpine bodensaure Fichtenwälder (Vaccinio-Piceetea)" (9410) und „Alpiner Lärchen- und/oder Arvenwald" (9420) (BfN 2011). Bei der Planung von Renaturierungsprojekten der Hochlagen sollten diese bevorzugt berücksichtigt werden.

Renaturierungen von Ökosystemen der Hochlagen sind stärker als in tieferen Lagen durch besondere abiotische Standortfaktoren bestimmt. Bedingt durch die spezifischen geomorphologischen Verhältnisse und die extremen klimatischen Bedingungen, spielen bei Renaturierungen in Hochlagen neben ökologischen und sozioökonomischen auch technische Ziele eine Rolle (■ Abb. 14.6). Technische Maßnahmen sind ein integraler Bestandteil, der eine Vegetationsetablierung erst möglich macht. Die Renaturierung der Hochlagen integriert daher Methoden der Ökologie, der Ingenieurbiologie und Landschaftsarchitektur.

14.3.2 Hangsicherung und Erosion

Renaturierung im Gebirge muss sich in den meisten Fällen mit Hangsicherung bzw. dem Schutz vor und der Vermeidung von Erosion beschäftigen, eingebettet in die allgemeine Abwehr von Naturgefahren. Die Erosion stellt eine der größten Herausforderungen im Zusammenhang mit Eingriffen in den Hochlagen dar. Damit verbunden sind bei reduzierter Vegetation ein verstärkter Oberflächenabfluss und langfristig Verkarstung. Bei der Renaturierung instabiler Hänge müssen technische Ziele der Hangsicherheit mit ökologischen Zielen des Biodiversitätsschutzes und den sozioökonomischen Erfordernissen einer rentablen Landwirtschaft und der Verkehrssicherheit kombiniert werden (■ Abb. 14.6).

Durchschnittliche Hangneigungen von 30–45 %, beispielsweise auf Skipisten, erfordern spezielle Maßnahmen für eine rasche und wirksame Begrünung, die allerdings oft erst in der zweiten Vegetationsperiode nach dem Eingriff erreicht wird (Krautzer et al. 2012). Heu- und Strohmulch wird bei mäßiger Neigung eingesetzt und mit Klebstoffen auf Stärkebasis fixiert, um das Einsickern in den Boden zu fördern und Oberflächenabfluss sowie Erosion bei Starkregen, verursacht durch die kinetische Energie der Regentropfen, zu verringern. Besonders empfindlich sind Renaturierungsflächen in den ersten zwei Monaten nach der

14

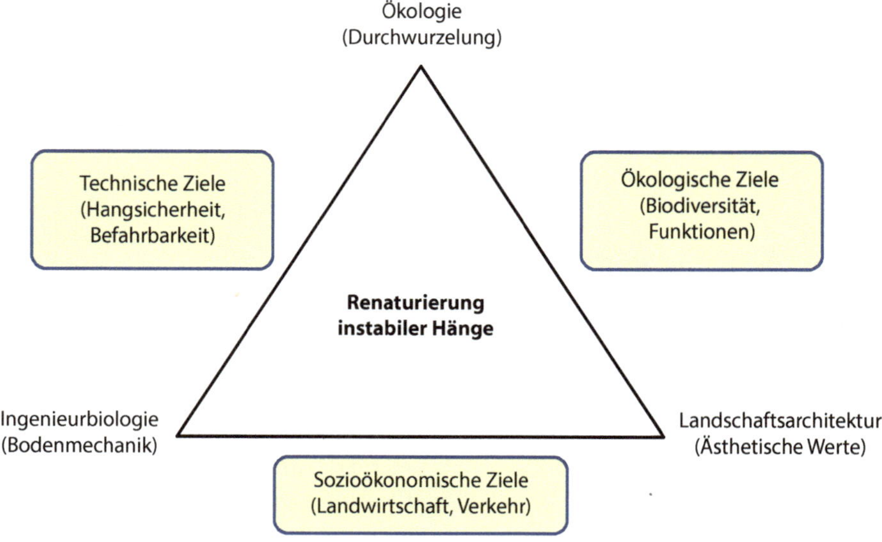

■ **Abb. 14.6** Technische, ökologische und sozioökonomische Ziele der Renaturierung instabiler Hänge der Hochgebirge als interdisziplinäre Aufgabe. (nach Stokes et al. 2014)

Abb. 14.7 Erosionsschutz in Hochlagen: **a** Geotextilien aus Jute am Puy de Sancy in der Auvergne (1740 m), **b** Böschungsverbauung aus Holzstämmen im Obernbergtal (1650 m), **c** Stahlnetze am Puy de Sancy (1530 m)

Ansaat. Bei mittelstarker Neigung müssen zusätzliche Geotextilien (Abb. 14.7a), also Netze oder Matten aus Jute oder Kokos, aufgebracht werden, die nach wenigen Jahren verrotten (Alvarez-Mozos et al. 2014). In solche Matten können auch Samen eingewebt werden. Wegen der langsamen Abbauprozesse können in Hochlagen biogene Gewebe über viele Jahre überdauern. Bei Hangneigungen >30 %, und vor allem, wenn Verkehrswege und Siedlungen angrenzen, sind synthetische Gewebe, Stahlnetze, Holzverbauungen, Betonierung und Bodenverankerungen nötig, die mehrere Jahrzehnte beständig sind (Abb. 14.7b, c). Die Beständigkeit dieser Materialien kann aber auch zum Problem werden, wenn dadurch die pflanzliche Besiedlung behindert wird. Dies ist im Rahmen eines Monitorings zu prüfen.

Das Ziel von Renaturierungsmaßnahmen ist die Wiederausbildung einer dichten Wurzelschicht, die eine möglichst rasche Stabilisierung des Oberbodens gewährleistet und ein Einsickern des Niederschlagswassers erlaubt. Mageres Substrat und Artenvielfalt fördern die Tiefendurchwurzelung und damit die mechanische Festigung der Böden gegen Erosion, was im Sinne ingenieurbiologischer Maßnahmen ist (Berendse et al. 2015).

14.3.3 Vegetationsetablierung und Wiederbegrünung

Die Renaturierung von Rohböden ist im Hochgebirge besonders schwierig, weil Erosionsprozesse stark eingreifen, die Vegetation sich sehr langsam entwickelt und bei vielen Hochlagenarten die Ausbreitungsfähigkeit über weitere Distanzen stark eingeschränkt ist. Natürliche Sukzession ist daher nur selten eine Option. Als günstig haben sich eine unebene Oberfläche, die einen Gradienten an Schneebedeckung erzeugt, sowie eine Abdeckung mit lokalem Oberboden erwiesen (Rydgren et al. 2013).

Bis in die 1990er-Jahre wurde in den Hochlagen (preiswertes) Standardsaatgut der Tieflagen, z. B. mit *Lolium perenne* und *Trifolium pratense* verwendet. Diese Pflanzenarten erfordern eine regelmäßige Düngung und führen zu einer meist unerwünschten Biomasseproduktion. Spontan auflaufende Hochlagenarten werden außerdem in den ersten Jahren durch die Tieflandsippen unterdrückt (Hagen et al. 2014). Die kurze Vegetationsperiode der Hochlagen verhindert die Samenproduktion dieser Arten, was mittelfristig zu ihrem Verschwinden führt (s. ▶ Abschn. 14.1.3). Die resultierende Vegetation durchwurzelt den Boden nur unzureichend und weist schon nach wenigen Jahren starke Lücken auf, in die standorttypische Arten der Hochlagen einwandern können (Krautzer et al. 2011). Erst allmählich werden die angesäten Arten durch Einwanderung aus der Umgebung ersetzt (Güsewell und Klötzli 2012). Für eine langfristig erfolgreiche Renaturierung sind daher lokal angepasste Pflanzenarten und -ökotypen nötig, die inzwischen in ausreichenden Mengen auf dem Markt verfügbar sind.

Die ideale Pflanze stammt aus der unmittelbaren Umgebung der Renaturierungsfläche und etabliert sich am Einsatzort auch bei geringem Nährstoffangebot bis zum Ende der ersten Vegetationsperiode. Ein wesentlicher Faktor für die Beurteilung der langjährigen Stabilität einer Begrünung liegt in der Fähigkeit, sich nach Narbenverletzungen schnell zu regenerieren und dabei sowohl durch generative als auch vegetative Ausbreitung Lücken rasch zu schließen. Soll dies ohne zusätzlichen Pflegeaufwand in Form von Düngung und Nachsaat erfolgen, müssen die Pflanzen reife, keimfähige Samen ausbilden. Die Verwendung von standortgerechtem Saatgut erlaubt geringere Saatstärken und erfordert weniger oder keine Düngung. In Hochlagen werden im Gegensatz zu Tieflagen höhere Saatstärken empfohlen: 8–12 g m^{-2} auf ebenen Flächen und 10–15(18) g m^{-2} in steilem Gelände (Krautzer und Klug 2009). Die Ansaat einer Deckfrucht als Ammenvegetation ist in Hochlagen nicht vorteilhaft. Eine geeignete Methode ist die Trocken- oder Hydrosaat mit reinem Saatgut, Dünger, Bodenhilfstoffen und (gegebenenfalls) Klebemittel, die in Kombination mit Mulch oder anderen Abdeckmaterialien verwendet werden sollte. Alternativen sind Heublumen- oder Heumulchsaat (▶ Kap. 5). Je nach Samengehalt und Standort wird dieses Material maximal 2 cm dick aufgebracht (entspricht 300–600 g m^{-2}) – dickeres Auftragen führt zu Fäulnis und ausbleibender Keimung. Diese Methode sollte nur auf feuchtem Boden und bei nicht trockenem Wetter erfolgen.

Für eine sichere Begrünung der Hochlagen sollte die Aussaat so früh wie möglich im Jahr vorgenommen werden, damit an trockenen Standorten der Boden noch ausreichend feucht ist und genügend Zeit für die Etablierung der Pflanzen in dem kurzen Sommer bleibt. Wenn die Baumaßnahmen allerdings erst im Hochsommer fertig werden, empfiehlt sich eine „Schlafsaat", bei der man die Aussaat kurz vor oder kurz nach Einsetzen des ersten Schnees im Oktober–November ausbringt (Krautzer und Klug 2009). Die Samen überdauern den Winter dann kühl-feucht und keimen unmittelbar nach der Schneeschmelze. Langanhaltende Fönphasen können allerdings zu einem kompletten Ausfall von Schlafsaat führen. Die Keimung wird durch kalt-nasse Stratifizierung oder mechanische Verletzung der Samenschale gefördert. Eine methodische Verbesserung bei Ausbringen von Hochlagensaatgut kann die Beimischung symbiontischer Bodenpilze sein (z. B. *INOQ Forst Inoculum;* Bast et al. 2014).

Bei stark gestörten und erosionsgefährdeten Hängen hat sich das Einbringen von Rasenziegeln oder Rollrasen bewährt, weil dadurch die Schwierigkeiten der Keimung und Etablierung überwunden werden. Rasenziegel werden in der Flächengröße von 0,2–0,5 m^2 gestochen und bei ausreichender Bodenfeuchte in lockeren Abständen, in trockenen Gebieten in Gruppen ausgebracht (Krautzer und Klug 2009). Die Soden können auch zur Seite gelegt und entweder gleich oder nach Lagerung wieder ausgebracht werden. Dieses Verfahren ist besonders erfolgreich, wenn Arten mit starker vegetativer Ausbreitung vorhanden sind, da diese die Lücken zwischen den Rasenziegeln rasch schließen. Ansonsten kann bei lückiger Ausbringung die Entwicklung beschleunigt werden, indem die Fläche zwischen den Soden mit standortgerechtem Saatgut angesät wird. Geeignetes Sodenmaterial fällt oft bei entsprechenden Baumaßnahmen an und kann in Mieten zwischengelagert werden (s. ▶ Kap. 5). Im Gewächshaus können einzelne Arten (z. B. *Poa alpina*) vegetativ zwischenvermehrt werden. Rollrasen alpiner Vegetation werden in der Regel in Tieflagen angezogen und haben eine Fläche von 2,5 m × 0,4 m und rund 1 cm Stärke. Sie können sowohl im Frühsommer als auch im Herbst ausgebracht werden, werden quer zum Hang platziert und erfordern an steilen Hängen eine Befestigung mit Holznägeln. Besonders auf armen Böden ist eine Düngung für die Etablierung der Vegetation förderlich. Es sollte nur Festmist, Kompost oder ein langsam abbauender Mineraldünger verwendet werden. Ansaatmischungen sollten

>10 Gew% Leguminosen enthalten (Krautzer und Klug 2009).

Geotextilien oder Mulch fördern die Ansiedlung von Arten, weil sie günstige Mikrohabitate für Keimung und Etablierung schaffen (■ Abb. 14.7a). Wichtig bei Baumaßnahmen ist die Lagerung des abgetragenen Oberbodens und seine Wiederverwendung, weil sich in Hochlagen auf Böden mit einem geringen Feinerdeanteil in der Regel nur eine lückige Pioniervegetation etablieren kann. Da der Oberboden Samen und vegetative Pflanzenfragmente enthält, darf das Material nicht zu lange gelagert werden. Bei der Wiederausbreitung des Bodens sollte eine Verdichtung vermieden und Schutzstellen für die Keimung durch Abdecken mit Stroh oder Geotextilien geschaffen werden. Während die Begrünungstechnik die Renaturierungsflächen während der ersten zwei Vegetationsperioden vor Erosion schützt, sichert die sich entwickelnde Vegetation die mittel- bis langfristige Stabilität einer Begrünung (weitere Details in Krautzer et al. 2012).

14.3.4 Pflege, Management und Monitoring

Die Pflege bzw. ein den Renaturierungszielen entsprechendes Management in Kombination mit einer Erfolgskontrolle bzw. einem Monitoring ist ein integraler Bestandteil eines jeden Renaturierungsprojekts (▶ Kap. 6). Bei Lebensräumen der alpinen Kulturlandschaft, die im Regelfall mit einer extensiven (landwirtschaftlichen) Nutzung gekoppelt sind, muss dies auch ein notwendiges Dünge- und Schnitt- oder Beweidungsregime beinhalten.

Wichtig ist die Unterscheidung in unmittelbar der Renaturierung folgenden Maßnahmen während der Etablierungsphase, die einen raschen Projekterfolg garantieren sollen und einer länger andauernden Bestandspflege, die den langfristigen Erfolg sichert. Die Dauer dieser Phasen variiert von Projekt zu Projekt und ist ebenfalls von der Meereshöhe bzw. der Vegetationsstufe abhängig. Ebenso ist die Bestandspflege unterschiedlich ausgeprägt und hängt hier zusätzlich von den sozioökonomischen Zielen ab (Rieger et al. 2014).

In den ersten Jahren darf keine Beweidung der renaturierten Flächen stattfinden, jedenfalls solange die Vegetationsdecke noch nicht geschlossen ist und durch Viehtritt erneut Erosion ausgelöst werden würde. Hier ist unter Umständen eine Auszäunung vorzunehmen. Ein jährlicher Schnitt stärkt dagegen die Bestockung der Gräser und die Ansiedlung weiterer Arten. Auf nährstoffreicheren Standorten kann auch eine zweischürige Nutzung erforderlich sein. Bleibt die Deckung der neuen Vegetation in den ersten Jahren unter 50 %, sollte nachgesät oder nachgepflanzt werden (Krautzer und Klug 2009). Bei passender Standortvorbereitung und Verwendung standortgerechten Saatguts ist in den Hochlagen langfristig jedoch keine besondere Pflege der sich entwickelnden Vegetation notwendig, da die Beweidung durch Haus- und Wildtiere genügen sollte.

Die Beurteilung der Renaturierungserfolges richtet sich nach der erzielten Vegetationsdeckung, die ab 70–80 % einen ausreichenden Erosionsschutz bieten sollte (Krautzer und Klug 2009). Dies gilt allerdings nur bei der Verwendung von standortgerechtem Pflanzenmaterial, da Tieflagenarten im Hochgebirge nach einigen Jahren wieder ausfallen. Eine Beurteilung ist daher frühestens ab dem zweiten Sommer nach der Umsetzung der Maßnahme möglich.

Wenn der wiederhergestellte Lebensraum von einer extensiven Nutzung abhängt, muss für ein modernes Landmanagement ein prozessorientierter Ansatz verfolgt werden, der den Menschen genauso wie die naturräumlichen Vorgaben als Komponenten eines Gesamtsystems versteht. Es darf also nicht um die Erhaltung bestimmter ökosystemarer Strukturen an sich gehen, sondern es sind die Bedingungen und der Raum für Entwicklungsprozesse zu erhalten bzw. wiederherzustellen.

14.4 Schlussfolgerungen

Erosionsgefährdete Bodenwunden der Hochlagen werden in Mitteleuropa seit mehr als 20 Jahren renaturiert, beispielsweise unter Verwendung von landwirtschaftlich produziertem Hochlagensaatgut. Im Hochgebirge können Weiderasen, Lägerfluren, Hochstauden- und Gebüschgesellschaften erfolgreich renaturiert werden. Eine Wiederherstellung von anthropogen weitgehend unbeeinflusster Vegetation, wie exponierten alpinen Rasen, Polsterrasen und Schneetälchen ist dagegen bisher nicht möglich – entsprechendes Saatgut wird nicht produziert und die Arten sind meist nicht verpflanzbar. Andererseits werden durch die Einrichtungen des Sommer- und Wintertourismus noch immer große Flächen in der (sub-) alpinen Höhenstufe umgestaltet und die hydrologischen Verhältnisse der Gebirgsvegetation durch Beschneiungsanlagen verändert, sodass diese Vegetationstypen zunehmend beeinträchtigt werden. Defizite bestehen auch in der Anpassung an den Klimawandel etwa durch bessere Verhinderung von Erosion und Sommertrockenheit.

? Fragen zur Vertiefung

- Was sind die wichtigsten Lebensraumtypen der Hochlagen in Mitteleuropa?
- Welche Ökosystemfunktionen kann die Vegetation im Hochgebirge übernehmen?
- Welche anthropogenen Eingriffe gibt es in Gebirgsökosysteme?
- Welche besonderen Herausforderungen muss die Renaturierung im Hochgebirge bewältigen?

14

Literatur

Abegg B (2012) Natürliche und technische Schneesicherheit in einer wärmeren Zukunft. Forum für Wissen 2012:29–35

Alaoui A, Willimann E, Jasper K, Felder G, Herger F, Magnusson J, Weingartner R (2014) Modelling the effects of land use and climate changes on hydrology in the Ursern Valley, Switzerland. Hydrol Process 28:3602–3614

Alvarez-Mozos J, Abad E, Goni M, Gimenez R, Campo MA, Diez J, Casali J, Arive M, Diego I (2014) Evaluation of erosion control geotextiles on steep slopes. Part 2: influence on the establishment and growth of vegetation. Catena 121:195–203

Bast A, Wilcke W, Graf F, Lüscher P, Gartner H (2014) The use of mycorrhiza for eco-engineering measures in steep alpine environments: effects on soil aggregate formation and fine-root development. Earth Surf Proc Land 39:1753–1763

Berendse F, Ruijven J van, Jongejans E, Keesstra S (2015) Loss of plant species diversity reduces soil erosion resistance. Ecosystems 18:881–888

Bertel C, Buchner O, Schonswetter P, Frajman B, Neuner G (2016) Environmentally induced and (epi-) genetically based physiological trait differentiation between *Heliosperma pusillum* and its polytopically evolved ecologically divergent descendent, *H. veselskyi* (Caryophyllaceae: Sileneae). Bot J Linn Soc 182:658–669

Blume HP, Brümmer GW, Horn R, Kandeler E, Kögel-Knabner I, Kretzschmar R, Stahr K, Wilke BM, Thiele-Bruhn S, Welp G (2010) Lehrbuch der Bodenkunde. Spektrum Akademischer Verlag, Heidelberg

BMU (2008) Klimawandel in den Alpen. Fakten – Folgen – Anpassung. Bundesministerium für Umwelt, Naturschutz und Reaktorsicherheit, Berlin

Brooker RW, Maestre FT, Callaway RM, Lortie CL, Cavieres LA, Kunstler G, Liancourt P, Tielborger K, Travis JMJ, Anthelme F, Armas C, Coll L, Corcket E, Delzon S, Forey E, Kikvidze Z, Olofsson J, Pugnaire FI, Quiroz CL, Saccone P, Schiffers K, Seifan M, Touzard B, Michalet R (2008) Facilitation in plant communities: the past, the present, and the future. J Ecol 96:18–34

CIPRA International (2004) Künstliche Beschneiung im Alpenraum – ein Hintergrundbericht. Schaan. ▸ https://www.cipra.org/de/publikationen/2709. Zugegriffen: 13.11.18

Ellenberg H, Leuschner C (2010) Vegetation Mitteleuropas mit den Alpen: in ökologischer, dynamischer und historischer Sicht. Ulmer, Stuttgart

EU (1992) Richtlinie 92/43/EWG des Rates vom 21. Mai 1992 zur Erhaltung der natürlichen Lebensräume sowie der wildlebenden Tiere und Pflanzen, die zuletzt durch Artikel 1 der Richtlinie 2013/17/EU des Rates vom 13. Mai 2013 geändert wurde

Greimel M, Handler F, Stadler M, Blumauer E (2003) Methode zur Ermittlung des einzelbetrieblichen und gesamtösterreichischen Arbeitszeitbedarfes in der Landwirtschaft. Bodenkultur 54:143–152

Güsewell S, Klötzli F (2012) Local plant species replace initially sown species on roadsides in the Swiss National Park. Eco Mont 4:23–33

Hagen D, Hansen TI, Graae BJ, Rydgren K (2014) To seed or not to seed in alpine restoration: introduced grass species outcompete rather than facilitate native species. Ecol Eng 64:255–261

Harlfinger O, Knees G (1999) Klimahandbuch der österreichischen Bodenschätzung. Klimatographie – Teil 1. Mitt Österr Bodenkdl Ges 58:5–196

Hautier Y, Randin CF, Stöcklin J, Guisan A (2009) Changes in reproductive investment with altitude in an alpine plant. J Plant Ecol:125–134

Hayha T, Franzese PP, Paletto A, Fath BD (2015) Assessing, valuing, and mapping ecosystem services in Alpine forests. Ecosyst Serv 14:12–23

Hiltbrunner E, Schwikowski M, Körner C (2005) Inorganic nitrogen storage in alpine snow pack in the Central Alps (Switzerland). Atmos Environ 39:2249–2259

Kollmann J (2013) Sport und Renaturierung in Gebirgslagen: Von Schäden zu Chancen. Nodium 2013:76–81

Körner C (2003) Alpine plant life. Springer, Berlin

Krautzer B, Klug B (2009) Renaturierung von subalpinen und alpinen Ökosystemen. In: Zerbe S, Wiegleb G (Hrsg) Renaturierung von Ökosystemen in Mitteleuropa. Spektrum Verlag, Heidelberg, S 209–234

Krautzer B, Parente G, Spatz G, Partl C (2003) Seed propagation of indigenous species and their use for restoration of eroded areas in the Alps. Project Final Report, FAIR CT98-4024, Irdning, Austria

Krautzer B, Graiss W, Peratoner G, Partl C, Venerus S, Klug B (2011) The influence of recultivation technique and seed mixture on erosion stability after restoration in mountain environment. Nat Hazards 56:547–557

Krautzer B, Uhlig C, Wittmann H (2012) Restoration of Arctic-Alpine Ecosystems. In: Andel J van, Aronson J (Hrsg) Restoration ecology: the new frontier. Wiley-Blackwell, Oxford, S 189–202

Larcher W (2003) Physiological plant ecology: ecophysiology and stress physiology of functional groups. Springer, Berlin

Neuffer B, Bartelheim S (1989) Geneology of *Capsella bursa-pastoris* from an altitudinal transect in the Alps. Oecologia 81:521–527

Ozenda P (1988) Die Vegetation der Alpen im europäischen Gebirgsraum. Gustav Fischer, Stuttgart

Pauli H, Gottfried M, Dullinger S, Abdaladze O, Akhalkatsi M, Alonso JLB, Coldea G, Dick J, Erschbamer B, Calzado RF, Ghosn D, Holten JI, Kanka R, Kazakis G, Kollar J, Larsson P, Moiseev P, Moiseev D, Molau U, Mesa JM, Nagy L, Pelino G, Puscas M, Rossi G, Stanisci A, Syverhuset AO, Theurillat JP, Tomaselli M, Unterluggauer P, Villar L, Vittoz P, Grabherr G (2012) Recent plant diversity changes on Europe's mountain summits. Science 336:353–355

Poschlod P (2015) Geschichte der Kulturlandschaft – Entstehungsursachen und Steuerungsfaktoren der Entwicklung der Kulturlandschaft, Lebensraum- und Artenvielfalt in Mitteleuropa. Ulmer, Stuttgart

Potschin M, Haines-Young R, Fish R, Turner K (2016) Routledge handbook of ecosystem services. Routledge, London

Price B, Kienast F, Seidl I, Ginzler C, Verburg PH, Bolliger J (2015) Future landscapes of Switzerland: risk areas for urbanisation and land abandonment. Appl Geogr 57:32–41

Rieger J, Stanley J, Traynor R (2014) Project planning and management for ecological restoration. Island Press, Washington

Roux-Fouillet P, Wipf S, Rixen C (2011) Long-term impacts of ski piste management on alpine vegetation and soils. J Appl Ecol 48:906–915

Rudmann-Maurer K, Weyand A, Fischer M, Stöcklin J (2008) The role of landuse and natural determinants for grassland vegetation composition in the Swiss Alps. Basic Appl Ecol 9:494–503

Rydgren K, Halvorsen R, Auestad I, Hamre LN (2013) Ecological design is more important than compensatory mitigation for successful restoration of alpine spoil heaps. Restor Ecol 21:17–25

Schlochtern MPMZ, Rixen C, Wipf S, Cornelissen JHC (2014) Management, winter climate and plant-soil feedbacks on ski slopes: a synthesis. Ecol Res 29:583–592

Stocking MA, Elwell HA (1976) Vegetation and erosion: a review. Scott Geogr Mag 92:4–16

Stokes A, Douglas GB, Fourcaud T, Giadrossich F, Gillies C, Hubble T, Kim JH, Loades KW, Mao Z, McIvor IR, Mickovski SB, Mitchell S, Osman N, Phillips C, Poesen J, Polster D, Preti F, Raymond P, Rey F, Schwarz M, Walker LR (2014) Ecological mitigation of hillslope instability: ten key issues facing researchers and practitioners. Plant Soil 377:1–23

Strebel N, Bühler C (2015) Recent shifts in plant species suggest opposing land-use changes in alpine pastures. Alp Bot 125:1–9

Tasser E, Mader M, Tappeiner U (2003) Effects of land use in alpine grasslands on the probability of landslides. Basic Appl Ecol 4:271–280

Urbanska KM, Schütz M (1986) Reproduction by seed in alpine plants and revegetation research above timberline. Bot Helv 96:43–60

Veit H (2002) Die Alpen. Geoökologie und Landschaftsentwicklung. Ulmer, Stuttgart

Wagner H (1989) Die natürliche Pflanzendecke Österreichs. In: Österreichische Akademie der Wissenschaften, Kommission für Raumforschung – Beiträge zur Regionalforschung (Bd 6). Wien

Wilmanns O (1998) Ökologische Pflanzensoziologie. Quelle & Meyer, Wiesbaden

Wipf S, Rixen C, Fischer M, Schmid B, Stoeckli V (2005) Effects of ski piste preparation on alpine vegetation. J Appl Ecol 42:306–316

Renaturierung anthropogen geprägter Ökosysteme

Inhaltsverzeichnis

Waldmäntel, Hecken und Gebüsche

Johannes Kollmann

© Springer-Verlag GmbH Deutschland, ein Teil von Springer Nature 2019
J. Kollmann et al., *Renaturierungsökologie*, https://doi.org/10.1007/978-3-662-54913-1_15

Zusammenfassung

Waldmäntel, Hecken und Gebüsche sind häufige Landschaftselemente in vielen Regionen Mitteleuropas, vor allem in den Mittelgebirgen und in manchen Küstengebieten. Sie treten an Extremstandorten mit natürlichen Waldgrenzen in Naturlandschaften auf und haben sich durch die historische Landnutzung Mitteleuropas auf Extensivweiden, Lesesteinhaufen, entlang von Grenzwällen oder an Abgrabungsstellen angesiedelt und standörtlich fein differenziert. Als Kleinstrukturen gliedern sie das Landschaftsbild, bieten und verbinden Lebensräume vieler Arten, fördern Nützlinge, mildern das Kleinklima und vermindern Erosion. Durch die Rationalisierung der modernen Landwirtschaft mit Mechanisierung, Flurbereinigung, verstärkter Düngung und Herbizideinsatz sind heute ein Großteil der Hecken und Gebüsche und die mit ihnen verbundenen Säume degradiert oder verschwunden. Pflege, Aufwertung oder Neuanlage dieser wesentlichen Elemente der Kulturlandschaft fördern Bestäuber sowie Niederwild und mindern die Auswirkungen extremer Witterungsereignisse. Diese Maßnahmen haben den stärksten Effekt in Landschaften mittlerer ökologischer Wertigkeit.

15.1 Vegetationsökologie der Waldmäntel, Hecken und Gebüsche

15

15.1.1 Entstehung, Standort und Struktur der Gebüschvegetation

Der Ursprung der Gebüschvegetation Mitteleuropas findet sich an Sonderstandorten, wo der Wald an ökologische Grenzen gerät, also in der subalpinen Höhenstufe, an Felsen, Flussauen, Moorrändern und Küstendünen (Wilmanns 1998, S. 284 f.). In der Kulturlandschaft sind Gebüsche anthropogene Ersatzgesellschaften und nur selten Reste einer unvollständigen Waldrodung, während Hecken meist bewusst angelegt wurden (Baudry et al. 2000). So siedeln sich Gehölze bei selektiver Unterbeweidung auf Triftweiden an, beispielsweise als lockerer Wacholderbestand, oder auf Grünlandbrachen. In Ackerbaugebieten mit steinigen Böden entwickeln sich Gebüsche durch spontane Sukzession auf Lesesteinhaufen, in anderen Gegenden in Mergelgruben oder anderen Abbaustätten sowie entlang von Kleingewässern. Ein besonderer Heckentyp, der „Knick", entstand durch planmäßige Pflanzung auf Wällen im Rahmen der Verkoppelung in Schleswig-Holstein, also bei Aufteilung der Allmende im 17. bis 19. Jahrhundert (Müller 2013). Nach Weber (2003) unterscheidet man lichtliebende Gebüsche der offenen Kulturlandschaft von schattentoleranten der Waldlichtungen. Letztere sind als Niederwälder oder vorwaldartige Gebüschstadien der Kahlschläge und Lichtungen in ► Kap. 8 beschrieben.

Der Höhepunkt des Hecken- und Gebüschreichtums Mitteleuropas liegt mindestens 200–300 Jahre zurück, als die Landschaftsöffnung durch Waldweide und extensive Landwirtschaft besonders stark war (Poschlod 2015). Waldmäntel haben dagegen von der zunehmenden Trennung von Wald und Offenland ab dem frühen 19. Jahrhundert profitiert. Mit der Gebüschvielfalt war auch die Entstehung und Ausbreitung vieler Brombeer-, Rosen- und Weißdorn-Arten verbunden (Weber 2003). Heute sind beispielsweise Brombeeren in Mitteleuropa mit fast 400 Kleinarten vertreten, von denen viele vergleichsweise jung und nur etwa 10 % überregional bedeutsam sind. In jüngerer Zeit entstehen Gebüsche als Verbuschungsstadien von Magerrasen und teilweise auch Grünland sowie als Relikte fragmentierter Hecken und um Einzelbäume in der Feldmark, sie entwickeln sich spontan unter Strommasten oder in nassen Ackersenken. Hecken und Gebüsche werden seit mehr als 50 Jahren entlang von Verkehrswegen, als Ausgleich für Baumaßnahmen, als Erosionsschutz, im Rahmen von Naturschutzmaßnahmen oder zur Förderung von Niederwild angepflanzt (◘ Abb. 15.1).

Abb. 15.1 Hecken, Gebüsche und Waldmäntel einer kleingliedrigen Kulturlandschaft bei Hainrode im Biosphärenreservat Karstlandschaft Südharz

Der wichtigste Standortfaktor von Waldmänteln, Hecken und Gebüschen sind regelmäßige Störungen durch Schlag, Verbiss oder Brand (Weber 2003). Die Gehölzarten vertragen eine niederwaldartige Bewirtschaftung mit Intervallen von 5–15 Jahren. Die assoziierten krautigen Arten der vorgelagerten Säume benötigen je nach Nährstoffverfügbarkeit eine jährliche oder alle 2–5 Jahre durchgeführte Mahd oder Beweidung, um eine Vergrasung und Verbuschung zu unterbinden und den Artenreichtum der Säume zu erhalten (► Kap. 16). Die resultierenden Vegetationstypen finden sich an trockenen bis nassen Standorten sowie auf sauren bis basischen Böden, die insgesamt eher mager sind, vor allem wenn die Gehölze auf Erdwällen oder Lesesteinhaufen stocken. Andererseits können Boden und Düngemittel aus den angrenzenden Wirtschaftsflächen eingetragen werden, und mit der Zeit kommt es unter Gehölzen aufgrund des tiefen Wurzelsystems, der Streuablagerung und des kühl-feuchten Mikroklimas zu einer gewissen Nährstoffanreicherung (Ellenberg und Leuschner 2010, S. 823 f.). Dadurch sind Waldmäntel, Hecken und Gebüsche in der Regel reicher an Kohlenstoff und Stickstoff als das angrenzende Grünland oder die benachbarten Äcker. Kleinstrukturen dieser Vegetationstypen sind Lesesteine und Altholzhaufen, Nassstellen und (ehemalige) Weidezäune.

Im Inneren von Waldmänteln, Hecken und Gebüsche dämpft sich die Variabilität des Windes, der Temperatur und Luftfeuchtigkeit, und es entstehen waldähnliche Verhältnisse (Ellenberg und Leuschner 2010, S. 823). Darüber hinaus ist das Kleinklima der Gebüsche expositionsbedingt differenziert; das gilt auch für die in ► Kap. 16 besprochenen Säume. Die Südseiten sind wärmer und meistens etwas lichter. Bei starker Windexposition sind die

Westseiten kühler und feuchter, während stärkere Taubildung an der Lee-Seite beobachtet wird und Nordseiten etwas nährstoffreicher sind. Von dem auftreffenden Sonnenlicht stehen im Gebüschinneren vor der Laubentfaltung 10–30 % und nach Belaubung 1–5 % zur Verfügung (Weber 2003) – es ist also fast so dunkel wie in einem mitteleuropäischen Buchenwald. Als Folge gibt es im Unterwuchs meistens keine sommergrüne Krautschicht, sondern nur ein paar Frühjahrsgeophyten. Der Eintrag von Laub schützt die bodennahen Knospen vor Frost und hat einen gewissen Düngeeffekt.

Waldmänteln, Hecken und Gebüsche bestehen überwiegend aus Sträuchern von 1–6 m Höhe sowie einigen Bäumen, die eine Weiterentwicklung zum Wald einleiten (Kollmann 1994). Gebüsche sind flächig entwickelt, Hecken und Waldmäntel mehr oder weniger linear. Unterschiedliche Lebensformen koexistieren als Zonierung, also einem Nebeneinander von Pflanzengesellschaften entlang eines steilen Gradienten der Lichtverfügbarkeit. Wegen der mäßigen Wuchshöhe und des hohen Lichtbedarfs der Arten gibt es allerdings oft keine deutliche Schichtung, sondern eher ein mosaikartiges Nebeneinander verschiedener Strukturen, die durch artspezifische Unterschiede des Wachstums und der Verzweigung der Gehölze zustande kommen (Küppers 1989). Das Zentrum von Hecken und Gebüschen wird von hohen Sträuchern und zum Teil Bäumen gebildet. Darum schließt der sogenannte Mantel aus Sträuchern und Lianen, wie er auch an Waldrändern ausgebildet ist. Zwischen Gehölzmantel und angrenzendem Wirtschaftsland entwickeln sich bei ausreichendem Platz Saumgesellschaften aus Stauden und krautigen Lianen. Die Randzonen der Gebüsche sind oft besonders stark von Lianen (► Kasten 15.1), vor allem von Brombeeren, durchzogen (Weber 2003). Von *Rubus*-Arten dominierte Bestände können auch als sogenannte Vormäntel entwickelt sein. Wenn Lianen ausgedehnte Überzüge bilden, wie es z. B. bei *Clematis vitalba* häufig der Fall ist, spricht man auch von „Schleiergesellschaften" (Schwabe-Braun und Wilmanns 1984). Diese strukturellen Einheiten sind an Grenzstandorten des Walds an Felsen, Ufern und Küsten besonders eng verzahnt.

Die Sukzession von Gebüschen auf Grünlandbrachen folgt einem bestimmten Muster (■ Abb. 15.2): Zunächst siedeln sich einzelne Gehölze an, die die krautige Vegetation kaum beeinflussen („Pionierphase"). Ab einer gewissen Größe und Beschattung löst sich der

15

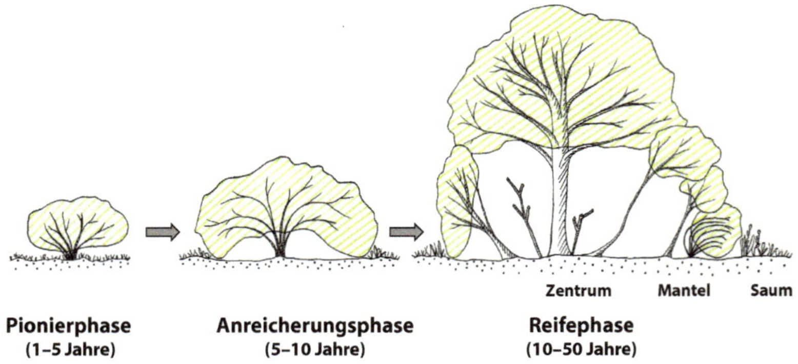

■ **Abb. 15.2** Entwicklung eines Feldgehölzes mit Zentrum, Mantel und Saum auf einer Grünlandbrache, dargestellt in Querprofilen von der Pionier- bis zur Reifephase. (nach Kollmann 1994)

Rasen unter dem Gebüsch auf, und es kommt aufgrund des vermehrten Sameneintrags durch Vögel, günstiger Keimungsbedingungen sowie Schutz vor Verbiss zur Etablierung weiterer Gehölzarten („Anreicherungsphase"). In solchen Gebüschen setzen sich nach einigen Jahrzehnten Baumarten durch, die eine zweite Kronenschicht bilden („Reifephase"). Bei fehlender Bewirtschaftung können alte Gebüsche zusammenbrechen („Abbauphase") und damit eine Neubesiedlung der Sträucher ermöglichen oder sich Richtung Wald entwickeln, wobei die Straucharten an den Rand abgedrängt werden und sich im Zentrum Waldarten ansiedeln.

Die lokale Gebüschvegetation spiegelt die biologische Vielfalt der Landschaft wider, da aus einer reich strukturierten Umgebung mit hoher Artenvielfalt auch eine raschere Besiedlung neuer Hecken und Gebüsche erfolgt, unter anderem deshalb, weil solche Landschaften für fruchtfressende Kleinvögel besonders attraktiv sind (Kollmann und Schneider 1999). Darüber hinaus sind der Boden und der zur Verfügung stehende Platz entscheidend für den Artenreichtum der Waldmäntel: Je höher die Basenverfügbarkeit und je breiter sich ein Waldrand ausbilden kann, umso artenreicher ist er. An Buchen- oder Fichten-Waldrändern ist die Artenzahl häufig gering, da der Boden durch die Streu versauert und es eine scharfe Grenze bezüglich des Lichtangebotes gibt, die kein Vordringen der Mantelarten in den Waldbestand erlaubt.

Kasten 15.1

Lianen als charakteristische Strukturelemente von Hecken und Gebüschen

Lianen bilden in ihren Hauptachsen nur wenig Stützgewebe aus und sind deshalb auf andere Pflanzen oder abiotische Strukturen zum Emporwachsen angewiesen (Rowe und Speck 2005). Das Wachstum vieler Lianen erfolgt vergleichsweise rasch, weshalb sie eine gute Wasser- und Nährstoffversorgung benötigen (Wyka et al. 2013). Lianen kommen an allen natürlichen Waldrändern vor, sind in Mitteleuropa mit vielen Familien vertreten und zeigen ganz unterschiedliche Kletterformen. So gibt es Spreizklimmer *(Galium aparine)*, Ranker *(Vicia cracca)*, Winder *(Humulus lupulus)* und Wurzelkletterer *(Hedera helix)*. Lianen legen sich schleierartig über die hohen Stauden der Säume und überziehen die Sträucher der Mäntel von Waldmänteln, Gebüschen und Hecken (Schwabe-Braun und Wilmanns 1984). Sie haben große Auswirkungen auf das Kleinklima, die Dynamik und Biodiversität der Gebüschgesellschaften (Schnitzer 2015).

15.1.2 Pflanzenarten und Typen der Gebüschvegetation

Neben Sträuchern (*Cornus sanguinea*, *Prunus spinosa*) treten in Hecken und Gebüschen Bäume *(Carpinus betulus*, *Quercus robur*), Lianen *(Galium aparine*, *Vicia cracca*) und Stauden *(Campanula rapunculoides*, *Dypopteris filix-mas)* auf (Abb. 15.3). Relativ selten sind Neophyten *(Acer negundo*, *Rubus armeniacus*), sie breiten sich jedoch dort aus, wo sie angepflanzt wurden. Die Gehölze haben ein hohes Regenerationsvermögen aus ruhenden Knospen im Stamm oder in der Wurzel, sie zeigen ein rasches Längen- und Höhenwachstum von bis über 1 m pro Jahr. Arten der Gattungen *Crataegus*, *Rosa* und *Rubus* sind gegen Fraßfeinde durch Stacheln und Dornen geschützt. Die vegetative Ausbreitung erfolgt aus bodennahen Knospen, Ausläufern oder Wurzelsprossen. Entscheidend für das Konkurrenzverhalten sind die Kosten der Kronenbildung, also diejenigen Ressourcen, die eine Art investieren muss, um ein bestimmtes Volumen auszufüllen (Küppers 1989). Diese Kosten sind bei konkurrenzstarken Arten wie *Acer campestre* relativ

15

Abb. 15.3 Typische Pflanzenarten der Waldmäntel, Hecken und Gebüsche: **a** *Rubus fruticosus*agg., **b** *Crataegus monogyna*, **c** *Carpinus betulus*, **d** *Ficaria verna*, **e** *Dryopteris filix-mas*, **f** *Campanula rapunculoides*

gering und bei konkurrenzschwachen Arten wie *Prunus spinosa* hoch. Lianen haben dagegen eine deutlich abweichende Strategie (▶ Kasten 15.1).

Die meisten Gehölze der Gebüschvegetation haben eine endozoochore Ausbreitung (Kollmann 1994). Bei Vögeln besonders beliebte Arten sind *Cornus sanguinea*, *Hedera helix* und *Sambucus nigra*, während *Ligustrum vulgare*, *Rosa canina* und *Viburnum opulus* nur wenig angenommen werden. Die meisten Samen werden in hohe und strukturell komplexe Gebüsche eingetragen, wo in der Reifephase die Verluste durch Samenprädatoren allerdings besonders hoch sind und zu wenig Licht für die Entwicklung der Jungpflanzen zur Verfügung steht (Kollmann 1994).

Die Vegetationstypen der Waldmäntel, Hecken und Gebüsche sind floristisch gegliedert in solche basenreicher (Ordnung Prunetalia spinosae) und solche basenarmer Standorte (Rubetalia plicati; ◘ Abb. 15.4). Die Gebüschgesellschaften der Prunetalia spinosae kommen auf basenreichen, trockenen bis feuchten Böden vor. Besonders artenreich sind thermophytische Gebüsche (Verband Berberidion) mit *Ligustrum vulgare*, *Rosa tomentosa* und *Viburnum lantana*. Die häufigste Gesellschaft dieses Verbandes ist das Schlehen-Liguster-Gebüsch (Pruno-Ligustretum) in den Tieflagen des südlichen Mitteleuropas. Von dieser Gesellschaft deutlich unterschieden sind die natürlichen Gebüsche der Kalkfelsen, das Cotoneastro-Amelanchieretum mit *Amelanchier ovalis* und *Cotoneaster intergerrimus*. In den (sub-)ozeanischen Gebieten des nördlichen Mitteleuropas kommen mesophytische Hasel- oder Schlehengebüsche der Verbände Carpino-Prunion und Pruno-Rubion radulae vor. Sie sind gekennzeichnet durch das Auftreten bestimmter Brombeer-Kleinarten und ein Fehlen thermophytischer Gebüscharten (Weber 2003); besonders häufig ist das Weissdorn-Schlehen-Gebüsch (Crataego-Prunetum spinosae).

Auf bodensauren, trockenen bis feuchten Standorten finden sich Gesellschaften der Ordnung Rubetalia plicati, in denen *Cornus sanguinea*, *Prunus spinosa* und die anspruchsvolleren Brombeerarten fehlen. Der Verband Lonicero-Rubion silvatici hat seinen Schwerpunkt auf frischen, eher nährstoffarmen Böden im nordwestlichen Mitteleuropa, mit Brombeeren, vor allem *Rubus plicatus*, als dominierender Gruppe. Auf trocken-sauren Böden der Altmoräne und in silikatischen

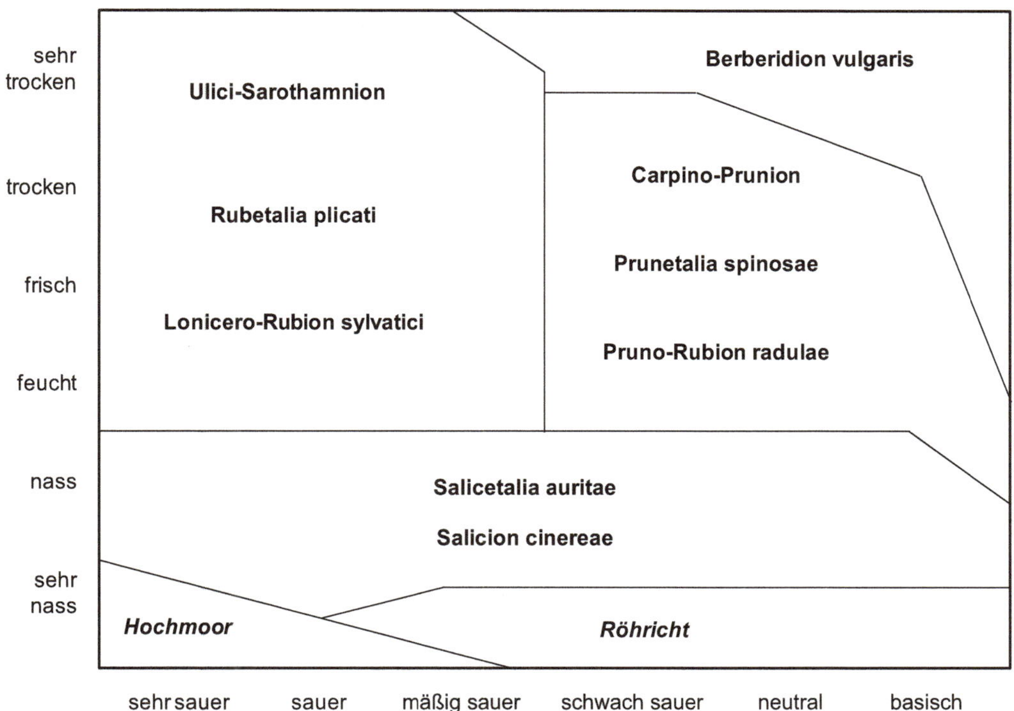

◘ **Abb. 15.4** Vegetationsgliederung der Waldränder, Hecken und Gebüsche der Tieflagen Mitteleuropas. Die Differenzierung der wichtigsten Verbände folgt den beschriebenen Gradienten der Bodenfeuchte und -reaktion. (nach Ellenberg und Leuschner 2010, S. 829)

Mittelgebirgen wachsen Besenginstergebüsche des Verbands Ulici-Sarothamnion. Auf nassen Standorten, z. B. bei Sukzession auf degradierten Niedermooren, entwickeln sich Grauweiden-Gebüsche des Salicion cinereae. Südosteuropäische Gebüschgesellschaften und solche der Waldlichtungen und Schläge werden hier nicht dargestellt, weil sie für die Praxis der Renaturierung in Mitteleuropa bisher von untergeordneter Bedeutung sind.

15.1.3 Ökosystemdienstleistungen der Gebüschvegetation

Waldmäntel, Hecken und Gebüsche nehmen in den Landschaften Mitteleuropas eine vergleichsweise geringe Fläche ein und sollten daher mit rentabler Landwirtschaft kompatibel sein (Tab. 15.1). Sie erfüllen seit Jahrhunderten wichtige Ökosystemdienstleistungen (Müller 2013). Ganz konkret gehört dazu die Grundstücksabgrenzung als lebende Einzäunung von Weidevieh (Poschlod 2015). Zudem dienen Sträucher der Produktion von Brennmaterial, während Bäume eher Bauholz liefern. Hecken und Gebüsche werden auch für die Ablagerung von Steinen und Schutt genutzt, sie verringern Winderosion und bremsen die Abschwemmung von Ackerboden, z. B. an Terrassenkanten. Ein Vorteil von Hecken ist, dass sie je nach Höhe, Breite und Artenzusammensetzung durchlässig sind und daher keine Verwirbelung erzeugen, durch die der Wind das Getreide niederwerfen könnte.

Einige Studien haben einen Mehrertrag von Grünland und Ackerflächen nachgewiesen, die von Hecken durchzogen sind (Müller 2013). Die Ursache dafür ist die geringere Windgeschwindigkeit und herabgesetzte Evapotranspiration auf der Lee-Seite, mehr Niederschlag und Tau, möglicherweise auch etwas höhere bodennahe CO_2-Konzentrationen (Sanchez und McCollin 2015). Ertragssteigernde Effekte sind im angrenzenden Wirtschaftsland bis zum 10- bis 20-fachen der Heckenhöhe nachgewiesen.

Hecken und Gebüsche bieten Lebensraum und Wandermöglichkeiten sowohl für Generalisten, als auch Spezialisten, besonders in intensiv genutzten Landschaften (Wehling und Diekmann 2009; Kremen und M'Gonigle 2015). Sie fördern Bestäuber durch eine insgesamt lang andauernde Blütezeit, beginnend mit Geophyten im zeitigen Frühjahr (*Anemone nemorosa*, *Arum maculatum*, *Ficaria verna*) bis hin zu den Lianen *Clematis vitalba* und *Hedera helix* im Spätsommer. Viele Untersuchungen belegen eine Förderung von Antagonisten,

15

Tab. 15.1 Nach- und Vorteile von Hecken in der Agrarlandschaft. (nach Weber 2003; Müller 2013)

Nachteile	Vorteile
Hecken verbrauchen Ackerfläche	Verluste werden durch Mehrertrag kompensiert
Hecken erfordern Pflegeaufwand	Kosten gerechtfertigt durch Mehrertrag der Gesamtfläche, durch Natur- und Landschaftsschutz
Bewirtschaftung der Agrarfläche mit großen Maschinen erschwert	Hecken können im Konfliktfall versetzt werden
Hecken reduzieren Ertrag durch Beschattung und Wurzelkonkurrenz	Gilt nur für einen Bereich, der so breit ist wie die Hecke hoch; kompensiert durch Mehrertrag
Wildkräuter wandern in den Acker ein	Selten beobachtet, statt dessen Ausfiltern windausgebreiteter Samen durch die Hecke
Hecke fördert Schädlinge des Pflanzenbaus	Trifft in der Regel nicht zu, stattdessen Förderung von Prädatoren und anderen Antagonisten

z. B. von Parasiten verschiedener Schädlinge, wobei mobile Organismen auch isolierte Hecken erreichen können. Je nach Mobilität strahlen die Arten der Gebüschvegetation unterschiedlich weit in die Agrarlandschaft aus (Batary et al. 2012). Die Nistmöglichkeiten in den Gehölzen und ein über das gesamte Jahr verteiltes Fruchten werden von Singvögeln gerne angenommen, Letzteres vor allem in Zeiten des Herbstzugs (Kollmann 1994). Nachgewiesen sind positive Effekte auf Kleinsäuger durch ein fast über das gesamte Jahr vorhandene Angebot von Samen und Früchte. Waldmäntel, Hecken und Gebüsche steigern insgesamt die Komplexität und damit Flexibilität von Nahrungsnetzen in der Agrarlandschaft (Evans et al. 2013). Schließlich sind sie vielerorts eindrucksvolle Zeugen der Landschaftsgeschichte und werten das Landschaftsbild im Sinne einer höheren Attraktivität für Naherholung und Tourismus auf (Müller 2013).

15.2 Rückgang der Waldmäntel, Hecken und Gebüsche

Im Laufe des 20. Jahrhunderts ist es zu starker Beeinträchtigung, Fragmentierung und insgesamt einem Rückgang der Waldmäntel, Hecken und Gebüsche in weiten Teilen Mitteleuropas gekommen (Müller 2013). Vielerorts sind mehr als 90 % der Hecken durch Vergrößerung der Ackerschläge verlorengegangen, obwohl beispielsweise die schleswig-holsteinischen Wallhecken schon im Jahr 1935 durch das Reichsnaturschutzgesetz unter Schutz gestellt worden waren (Weber 2003). Degradation und Verschwinden der Feldgehölze gehen dagegen vor allem auf mangelnde Pflege zurück, denn durchgewachsene Altersphasen von Gehölzen führen zu Verlusten der Straucharten. Bei Dominanz von Bäumen entstehen sogenannte Baumhecken (Müller 2013). Wenn deren Baumstämme zur Befestigung von Weidezäunen verwendet werden, verschwinden die wenigen noch verbliebenen Sträucher durch die Beweidung, und die Struktur der Hecke geht durch Viehtritt und Erosion verloren. Eine verbreitete Unsitte ist das Pflügen bis in die Hecke hinein (◘ Abb. 15.5d) oder die direkte Rodung mit dem Bagger, um dadurch großflächig zu bewirtschaftende Parzellen zu schaffen. Durch Flurbereinigung wurden in vielen Gebieten Mitteleuropas zwischen 1950 und 1980 Feldgehölze und die mit ihnen verbundenen Reliefstrukturen schon fast systematisch vernichtet. Ungünstig ist auch das seitliche Beschneiden von Gehölzen, die nicht mehr auf den Stock gesetzt werden (◘ Abb. 15.5e), was zu strukturarmen Heckenwänden führt und die Überalterung der Sträucher langfristig nicht verhindert. Auch die fehlende Zufuhr an Lesesteinen kann zu einer Verarmung von Feldgehölzen führen, weil dieses Strukturelement ein Rückzugsort beispielsweise für Kleinsäuger und Reptilien ist.

Die verbliebenen Hecken sind der allgemeinen Eutrophierung der Landschaften Mitteleuropas ausgesetzt, einem Ausbleiben der früher praktizierten Mahd oder Beweidung der Säume sowie der lokalen Abdrift von Düngemitteln sowie Herbiziden, die zu einer Dominanz von Gräsern führen. Ein Rückgang der Kräuter bewirkt ein geringeres Angebot an Blüten und Früchten für Insekten und Kleinsäuger. Ungepflegte, eutrophierte Hecken zeigen eine Verfilzung der krautigen Vegetation und eine Ruderalisierung der assoziierten Säume (vgl. ► Kap. 16). Weber (2003) berichtete nach langjährigen Untersuchungen in Schleswig-Holstein von einer Zunahme nitrophytischer Arten wie *Alliaria petiolata*, *Elymus repens*, *Galium aparine*, *Rubus caesius* und *Urtica dioica*. Zugleich kommt es zu einem Verschwinden seltener Brombeerarten und ausbreitungsschwacher Zeigerarten alter Hecken, z. B. *Arum maculatum*, *Hedera helix* und *Poa nemoralis*. Waldmäntel leiden ebenfalls unter den Folgen intensiver Land- und Forstwirtschaft und sind an Nadelforsten meistens nur schwach entwickelt (Richert und Reif 1992).

Abb. 15.5 Entwicklung und Pflege von Gebüschen, Hecken und Waldrändern: **a** Gebüschsukzession unterbeweideter Magerrasen auf Rügen, **b** traditionelle Pflege einer Wallhecke in Holstein unter Schonung der Eichbäume, **c** *Fagus sylvatica* beastet tief am Waldrand und unterdrückt die Ausbildung eines strukturreichen Waldmantels bei Questenberg im Südharz, **d** parzellenscharfe Ackernutzung bis an Gebüsche bei Großleinungen im Südharz, **e** seitliches Beschneides einer Hecke auf Seeland, **f** Neupflanzung eines Gehölzstreifens mit Strohmulch nach Straßenausbau in Oberbayern

15.3 Renaturierung von Waldmänteln, Hecken und Gebüschen

15.3.1 Pflege von Gebüschvegetation

Waldmäntel, Hecken und Gebüsche müssen regelmäßig in 10–20 cm Höhe auf den Stock gesetzt werden, damit die Sträucher nicht überaltern und nicht von Baumarten verdrängt werden (◘ Abb. 15.5b). Auch der vorgelagerte Saum sollte alle 2–5 Jahre und auf produktiven Standorten jährlich gemäht werden, damit Gräser, Hochstauden und Straucharten nicht überhandnehmen (vgl. ► Kap. 16). Für eine optimale Vitalität der Straucharten mit starkem Blüten- und Fruchtansatz dürfte ein bodennahes Abschlagen mit Motorsäge oder mit der sogenannten Knickschere alle 10–15 Jahre am günstigsten sein, häufiger bei guter Nährstoffversorgung und seltener auf trocken-warmen und nährstoffarmen Standorten. Beide Geräte bewältigen bis zu 15–20 cm dicke Gehölze, wobei der Einsatz der Knickschere das kostengünstigere, zeit- und kräftesparendere Verfahren ist, das von Lohnunternehmern für 150–200 € pro 100 m Hecke durchgeführt werden kann (NABU 2013).

Zu dieser Rationalisierung der Knickpflege trägt bei, dass die abgeschnittenen Gehölze als Ganzes neben dem Knick abgelegt werden können und bei angrenzenden Viehweiden der Zaun nicht vorher abgenommen werden muss, weil die Knickschere das Schnittgut über den Zaun hebt. Das Material darf jedenfalls nicht vor Ort abgelagert oder verbrannt werden, weil dadurch der Wiederaustrieb der Gehölze verhindert würde. Idealerweise wird es als Hackschnitzel an (lokale) Kraftwerke geliefert. Nachteilig bei bodennahem Einsatz der Knickschere ist das Aufplatzen und Zersplittern der Gehölzstümpfe, was langfristig zu Fäulnis und Auseinanderbrechen der Stubben führen kann, auch wenn das Ausschlagsvermögen der Gehölze im kommenden Frühjahr meist noch gut ist. Eine Glättung der Schnittflächen mit der Motorsäge würde hier Abhilfe schaffen, erfordert aber ein Anheben des Einsatzes der Knickschere auf 0,5–1,0 m Höhe. Die danach entstehenden Abschnitte sind als Brennholz gut verwendbar.

Alternativ zum Abschlagen der Gehölze kann eine Hecke auch an den Seiten und von oben abgeschlegelt werden, wenn eine zu starke Beschattung der angrenzenden Fläche vermieden werden soll. Dieses Verfahren ist aber langfristig nicht zur Erhaltung artenreicher Gebüsche geeignet und kommt vor allem bei niedrigen Weißdorn- oder Schlehenhecken, z. B. in England, zum Einsatz. Die Blüten- und Fruchtmenge nimmt dabei ab je häufiger die Sträucher beschnitten werden, wobei Herbstschnitt die Blüte weniger schädigt als Winterschnitt (◘ Abb. 15.6). Die historischen Formen des Abknickens und Verflechtens von Heckengehölzen (Müller 2013) sind heute aus ökonomischen Gründen kaum mehr durchführbar.

Nach dem Bundesnaturschutzgesetz ist es verboten, Hecken, lebende Zäune, Gebüsche und andere Gehölze in der Zeit vom 1. März bis zum 30. September abzuschneiden oder auf den Stock zu setzen. Zulässig ist nur ein schonender Pflegeschnitt zur Beseitigung des Zuwachses der Pflanzen (BNatSchG § 39 Abs. 5). Wer vorsätzlich oder fahrlässig gegen das genannte Verbot verstößt, handelt ordnungswidrig (§ 69 Abs. 3). Dieses Verbot gilt nicht für Kurzumtriebsplantagen oder den Erwerbsgartenbau, in manchen Bundesländern auch nicht für Haus- und Kleingärten.

15.3.2 Aufwertung degradierter Gebüschvegetation

Eine Herausforderung für die Landschaftsplanung und Renaturierung stellen degradierte Feldgehölze dar, die überaltert sind oder starke Einwirkungen von Herbiziden und Eutrophierung aufweisen. Hier gibt es bisher nur wenige praxistaugliche Methoden einer Aufwertung.

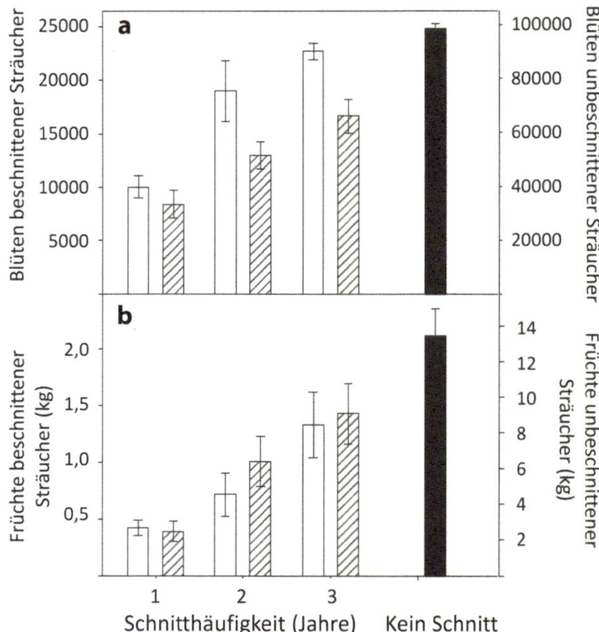

Abb. 15.6 Blüten- (**a**) und Fruchtmenge (**b**) von *Crataegus monogyna* in Ostengland per Heckenmeter über fünf Jahre bei ein-, zwei- und dreijährlichem Schnitt im Herbst (weiße Balken) oder Winter (schraffiert; Mittelwert ± Standardfehler); als Vergleich dient die nichtbeschnittene Hecke (schwarz; rechte Skala). (nach Staley et al. 2012)

Eine einfache Maßnahme ist das Wiedereinrichten einer Pufferzone von mindestens 1–2 m zum angrenzenden Acker oder Grünland, durch die seitliche Einträge von Dünger und Pestiziden reduziert werden. Hier kann zudem eine standörtlich angepasste Saumvegetation entwickelt werden, und zwar durch zunächst jährliche, später 2–3-jährliche Mahd im Spätsommer. In sehr verarmten Gebieten müssen die Zielarten ausgesät werden, in extremen Fällen nach Bodenabtrag (s. ► Kap. 16).

15 Die überalterten Gehölze sollten (wie oben beschrieben) wieder regelmäßig auf den Stock gesetzt werden. Bei sehr alten Gebüschen lässt man bis zu 1 m hohe Stämme stehen, um ein Absterben der Sträucher und Bäume zu vermeiden. Durchgewachsene Bäume solcher Hecken können alle 50–100 m stehenbleiben, weil dadurch die strukturelle Vielfalt und Biodiversität der Landschaft gefördert wird (Abb. 15.5b). Falls Lücken in der Hecke oder dem Waldmantel durch Absterben einzelner Sträucher entstanden sind, kann gezielt nachgepflanzt werden.

15.3.3 Neuanlage von Gebüschvegetation

Die Pflanzung von Waldmänteln, Hecken und Gebüschen ist an sich nicht besonders anspruchsvoll. Viele Methoden sind in der Praxis des Garten- und Landschaftsbaus etabliert (Andres et al. 2015), und Samen oder Steckhölzer der wichtigsten Arten als regionaler Provenienz in Baumschulen verfügbar (z. B. LfU 2017). Die häufigsten Gehölzarten haben zudem eine relativ weite standörtliche Amplitude und etablieren sich gut, jedenfalls wenn der Boden nicht zu nährstoffreich ist und die Konkurrenz von Wildkräutern aus der Samenbank nicht zu stark wird. Die Entwicklungspflege durch regelmäßiges Auf-den-Stock-Setzen erfordert ebenfalls keine spezifischen Kenntnisse, und die spontane Ansiedlung typischer Arten aus der Umgebung sorgt für eine natürliche Weiterentwicklung der Gehölze (vgl. Kollmann und Schneider 1999). Falls seltene (regionale) Arten, z. B. der Rosen, Weißdorne oder Brombeeren, in der Gegend vorhanden sind, erübrigt sich daher jede Form der Pflanzung dieser Arten. Neue Windschutzhecken weisen allerdings zunächst eine geringere Differenzierung der Exposition auf, und es fehlen Magerkeitszeiger und Geophyten, die in der Regel nicht gepflanzt werden (Weber 2003).

Kasten 15.2

Gehölzauswahl für **Hecken und Gebüsche**
Gehölze der Hecken und Gebüsche unterscheiden sich im Regenerationsvermögen nach niederwaldartiger Bewirtschaftung und sollten entsprechend des zu erwartenden Managements gepflanzt werden (ergänzt nach Weber 2003 und Matula et al. 2012):

- Starkes Wiederaustreiben nicht bedornter Gebüscharten: *Carpinus betulus, Corylus avellana, Fraxinus excelsior, Sambucus nigra, Sorbus aucuparia*
- Mäßiges Wiederaustreiben bedornter Gebüscharten: *Berberis vulgaris, Crataegus monogyna, Prunus spinosa, Rhamnus cathartica, Rosa canina*
- Schwaches Wiederaustreiben spätsukzessionaler Waldbäume: *Fagus sylvatica, Quercus robur*

Wichtig ist die Herkunft des Pflanzguts, da hier irreversible Fehler gemacht werden können, wenn falsche Arten oder Provenienzen aus einer anderen Region verwendet werden, die abweichende phänologische Entwicklung, schlechteren Wuchs und höhere Krankheitsanfälligkeit zeigen (z. B. Jones et al. 2001). In Deutschland ist das Ausbringen von Gehölzen in der freien Landschaft im BNatSchG § 40 geregelt, und zwar auf der Basis von sechs Vorkommensgebieten (BMU 2012). Diese Provenienz-Problematik spielt keine Rolle, wenn ganze Hecken, z. B. im Rahmen einer Flurbereinigung, versetzt werden (Weber 2003). Dazu sind Radlader oder Raupen nötig, mit unvermeidlichen Schäden an den Wurzelstöcken der Gehölze und einer Eutrophierung durch Störung des Bodens. Derart versetzte Hecken weisen in der Regel mehr Nährstoffzeiger auf und einen Rückgang der empfindlichsten Arten. Das Pflanzgut der Hecken bestand früher meist aus zufällig ausgewählter Naturverjüngung der näheren Umgebung, wobei aber schon früh durch Handel bestimmte Arten, wie *Crataegus monogyna*, überrepräsentiert waren (Weber 2003). In den 1960–70er-Jahren wurden auch nichteinheimische Arten wie *Acer tataricum*, *Spiraea alba* oder *Syringia vulgaris* verwendet (Reif und Aulig 1990), während man seit 10–20 Jahren zunehmend auf einheimische Arten in regionaler Provenienz achtet.

Neupflanzungen sollten daher die regionale pflanzensoziologische Literatur als Referenz zur Artenauswahl verwenden, vor allem bei Kleinarten der Brombeeren, Rosen und Weißdorne, und zur Festlegung der Mengenverhältnisse (Richert und Reif 1992). Autochthones Pflanzmaterial kann meist nicht im notwendigen Umfang in der Natur gesammelt werden und wird daher von Baumschulen bezogen. Die jeweils passende Provenienz muss schon bei Erstellung eines Angebots für eine bestimmte Maßnahme genannt werden (BMU 2012). Unterstützung dazu bieten die entsprechenden Fachstellen in Deutschland, Österreich und in der Schweiz. Bei Weidenarten empfiehlt sich der Einsatz von Steckhölzern (mindestens 10–15 cm lang und >1 cm Durchmesser; Schiechtl und Stern 1994), wobei Material von 5–10 Mutterpflanzen entnommen werden sollte, die mindestens 100 m voneinander entfernt stehen, um eine ausreichende genetische Vielfalt des neuen Gebüschs zu sichern. Gartenpflanzen (*Corylus colurna*, *Kerria japonica*) oder invasive Neophyten (*Buddleja davidii*, *Robinia pseudoacacia*) sollten nicht ausgebracht werden, weil einige dieser Arten verwildern, andere sich langfristig nicht halten und manche weniger Nahrungsangebot haben als einheimische Arten, auch wenn sie ästhetisch interessant sein können.

Bei Pflanzplänen sind eine Mindestbreite von 2–3 m sowie ein Mindestabstand zwischen den Gehölzen von 0,5–1,0 m einzuhalten und schon bei der Anordnung sollten die Expositionsunterschiede einer naturnahen Hecke (vgl. Kollmann 1992) nachgeahmt werden. Die verschiedenen Seiten naturnaher Gebüsche zeigen nämlich eine floristische Differenzierung: wärme- und lichtbedürftige Straucharten an der Südseite *(Berberis vulgaris, Ligustrum vulgare)* und feuchtebedürftige Arten auf der Nordseite *(Lonicera xylosteum, Sambucus nigra)*, wobei es regionale Unterschiede gibt. Windbedingt treten gewisse Unterschiede auch zwischen West- und Ostexpositionen auf, wobei *Crataegus*-Arten und *Prunus spinosa* besonders robust gegenüber Wind sind, während *Corylus avellana, Lonicera perclymenum, Rubus fruticosus* agg. und *Rubus idaeus* empfindlicher reagieren (Weber 2003). Die Unterschiede sollten bei der Planung von Hecken und Gebüschen einbezogen werden, damit möglichst rasch eine naturnahe Artenverteilung und Vegetationsstruktur entstehen und eine Fehlentwicklung von Pflanzungen vermieden wird. Bei hohem Wilddruck müssen die Neupflanzungen eingezäunt werden. Insbesondere bei nährstoffreicheren Böden muss ein Überwuchern der Gehölze mit Gräser und Stauden durch das Ausbringen einer Mulchschicht verhindert werden (◘ Abb. 15.5f). Bei Pflanzungen im Frühjahr kann es aufgrund von Trockenheit zu Ausfällen kommen, was bei Gehölzpflanzung im Herbst nicht der Fall ist.

15

Hecken und Waldmäntel werden von unterschiedlichen Vogelarten besiedelt; auch der Grad der Isolation spielt eine Rolle für die Wahrscheinlichkeit einer Besiedlung (Batary et al. 2012). Wo möglich sind doppelreihige Hecken zu pflanzen, da hier unter anderem die Vielfalt der Vögel besonders hoch ist (Weber 2003). So bevorzugen Fitis und Gartengrasmücke diese etwas waldartigen Strukturen, während Braunkehlchen und Rabenkrähe in weniger geschützten Einzelhecken häufiger sind. Innerhalb der Hecken und Gebüsche gibt es zudem eine klare Höhendifferenzierung der Nistplätze, die bei der Neuanlage berücksichtigt werden sollte. Der Heckenschnitt kann auch gezielt quirlartige Strukturen schaffen, in denen die Anlage von Nestern leichter möglich ist. Innerhalb von Waldmänteln ist möglichst ein Übergang von lichtliebenden strauchigen Arten über lichtliebende Baumarten hin zum Baumbestand des Waldes zu schaffen. Ein geschwungener Verlauf der Außenkante des Mantels erhöht die Strukturvielfalt (Richert und Reif 1992). Bei allen Gehölzanpflanzungen sollte möglichst ein mindestens 2 m breiter Saumbereich als Übergang und Pufferzone zur angrenzenden Nutzfläche eingeplant werden. Gebüschpflanzungen an mageren, artenreichen Standorten (z. B. Saumbiotopen) sind aus Naturschutzsicht allerdings unerwünscht.

Ein 1994 durchgeführter Versuch in Mittelfranken zur Entwicklung einer Hecke durch Ausbringen von regionalem Saatgut in den Oberboden eines Ackers verlief erfolgreich (E. Richert, pers. Mitteil.). Dabei wurden in der Umgebung des Standortes reife Samen von Weißdorn, Schlehe, Liguster und Rosen gesammelt und im Winter dem Frost ausgesetzt (stratifiziert). Um die Passage der Samen durch einen Vogelmagen zu simulieren, wurden die Samen anschließend mit einer Drahtbürste bearbeitet, sodass das Fruchtfleisch beseitigt und die Samenoberfläche leicht angekratzt wurde. Zur Regulierung konkurrierender krautiger Arten wurde der Oberboden (ca. 20 cm Auflage) abgetragen bzw. tief umgepflügt und anschließend die Samen in die oberste Bodenschicht eingearbeitet. Bei einer ausgebrachten Samenmenge von ca. 50 Samen m^{-2} konnten im dritten Jahr fünf Jungpflanzen m^{-2} nachgewiesen werden. Bei einer Kontrolle nach 22 Jahren wurde eine dichte Hecke am Standort vorgefunden. Demnach kann das Ausbringen von regionalem Saatgut zur Entwicklung von Gebüschstrukturen eine kostengünstige Alternative zu Anpflanzungen darstellen – die entsprechenden Samen sind auch kommerziell bei den einschlägigen Betrieben erhältlich (▶ www.rieger-hofmann.de; ▶ www.saaten-zeller.de/regiozert). In den Katalogen dieser

Firmen werden auch Samenmischungen krautiger Arten für sonnige oder schattige Säume sowie zur Unterdrückung unerwünschter Wildkräuter bei der Anlage von Waldmänteln, Hecken und Gebüschen angeboten. Als Schutz vor Erosion, Austrocknen und Kahlfrösten werden etwa 400 g m^{-2} Heu oder Stroh oder 2 kg m^{-2} Grasschnitt empfohlen (Rieger-Hofmann 2018). Ein „Schröpfschnitt" mit hochgestelltem Mähbalken in rund 20 cm Höhe kann in den ersten Jahren zum Zurückdrängen von Ackerwild- und Ruderalarten notwendig sein. Nach spätestens 5–10 Jahren sollte sich dann ein mittelwüchsiger, artenreicher Gehölzbestand etabliert haben.

Eine weitere Möglichkeit ist die Anlage von sogenannten Benjeshecken (Benjes 1997). Dieses Vorgehen besteht aus einer gezielten Ablagerung grober Reisighaufen, in denen Vögel rasten und dabei Samen mit dem Kot eintragen. Wichtig ist, dass das Schnittgut nicht zu schnell abgebaut wird und nicht zu viele Nährstoffe enthält, die zu einer Ruderalisierung der sich entwickelnden Hecke führen würden. Benjeshecken können auch auf Lesesteinhaufen angelegt werden, wodurch das Aufwachsen von *Cirsium vulgare* und *Urtica dioica* etwas reduziert ist. Von einer Anlage an nährstoffreichen Standorten ist eher abzuraten, weil aus dem Totholz zusätzlich organische Verbindungen und Phosphor ausgetragen werden (Auerswald und Weigand 1996). Zur Pflege von Hecken gehört auch die gelegentliche Zufuhr neuer Steine, die für Reptilien und Amphibien ein wichtiges Refugium darstellen, allerdings nicht das Ablagern von Bauschutt oder Totholz, das zu einer Ruderalisierung führen würde.

Die Anlage komplexer Hecken könnte sich an der traditionellen Methode der Einrichtung von Wallhecken orientieren, bei der aus dem Material zweier parallel verlaufender Gräben ein Wall aufgeschichtet wurde (Müller 2013). Dessen Seiten wurde mit Grassoden befestigt und die zum Auffangen von Wasser leicht eingedrückte Wallkrone mit Oberboden belegt. Die Gräben haben einen leicht dränierenden Effekt und vermindern zudem Nährstoff- und Pestizideinträge aus dem angrenzenden Acker in die Wallhecke. Die Anlage eines solchen Walls bewirkt eine kleinstandörtliche Differenzierung. Für die Gesamtanlage ist eine Breite von 5–6 m zu empfehlen, wobei der Wall etwa 2 m breit und 1 m hoch sein sollte. Ein Problem ist, dass so ein Wall relativ trocken ist und die jungen Sträucher daher eventuell eine höhere Sterblichkeit aufweisen. Die Auswahl der Heckenarten und ihre geplante Pflege sollten sich an dem unterschiedlichen Regenerationsvermögen orientieren (▶ Kasten 15.2).

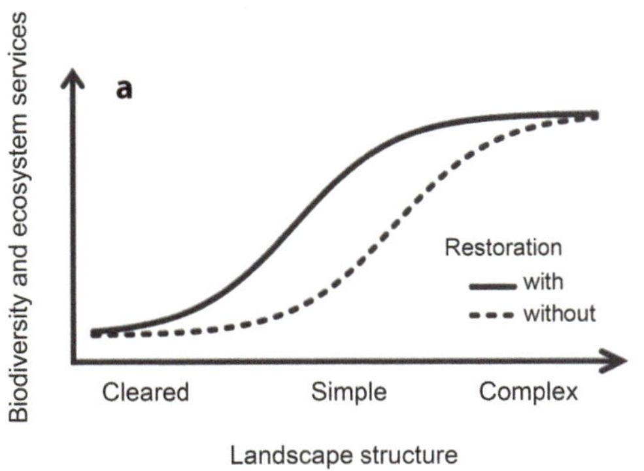

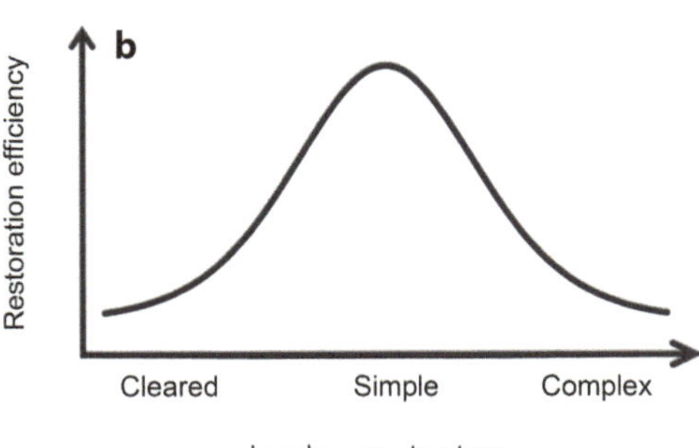

Abb. 15.7 Hypothesen zur Auswirkung der Landschaftskomplexität auf Biodiversität und Ökosystemdienstleistungen sowie die Wirksamkeit von Renaturierungsmaßnahmen. Die Aufwertung degradierter Habitate mittlerer Fragmentation ist am wirksamsten. (nach Tscharntke et al. 2012)

15.3.4 Landschaftsplanung von Gebüschvegetation

Waldmänteln, Hecken und Gebüschen sind besonders markante Elemente der Landschaft, deren Anlage sorgfältig geplant werden sollte. Das dabei entstehende Muster kann sich an historischen, gestalterischen oder ökologischen Gesichtspunkten orientieren. Die erste Frage ist allerdings die nach der Priorisierung unterschiedlich strukturierter Landschaften. Hierbei zeigt die aktuelle Forschung, dass gerade in Landschaften mittlerer Degradation die gezielte Pflanzung von Gebüschen einen besonders positiven Effekt haben kann (Abb. 15.7). In stark verarmten Landschaften entfalten die neuen Elemente eine vergleichsweise geringe positive Wirkung, während in strukturell reichen Landschaften die Pflanzungen nicht so sehr ins Gewicht fallen. Das muss aber kein Argument gegen Heckenpflanzungen in vollkommen ausgeräumten Ackerlandschaften sein, weil ja gerade hier die Erosionsproblematik besonders stark ist.

Weitere landschaftsökologische Argumenten sind die Größe (Länge) der Waldmäntel, Hecken und Gebüsche sowie ihre räumliche Konfiguration und Aggregation. Ersteres bestimmt die Anzahl der auftretenden Arten, letzteres die Funktion der Gehölzbestände für die lokale Wanderung von Arten und die Verbindung von Einzelbeständen zu Metapopulationen (vgl. Kollmann und Schneider 1999). Wichtig ist zudem der unmittelbare Kontext der geplanten Hecken und Gebüsche, z. B. die Nachbarschaft zu Äckern oder Grünland, Wegen oder Straßen. Diese Nachbarschaft verursacht nämlich ganz bestimmte Bodenverhältnisse und erfordert unterschiedliche Pflegeeingriffe. Ein Beispiel ist die Renaturierung durch Ansiedlung von naturnahem Felsgebüsch an Steilwänden entlang neuer Straßen- und Bahntrassen, was allerdings bisher selten umgesetzt wurde. Dies ist technisch aufwendig und erfordert die Einrichtung spezieller Steilwandstrukturen mit Balkonen und Ritzen, in denen die Wasser- und Nährstoffversorgung der Gehölze gesichert wird.

15

15.4 Schlussfolgerungen

Waldmäntel, Hecken und Gebüsche sind zentrale Elemente historischer Kulturlandschaften, die sich aufgrund der Rationalisierung der Landwirtschaft seit mehr als 50 Jahren in einem starken Rückgang befinden. Nach einer Phase der Degradation und Vernichtung dieser Strukturen gab es in den vergangenen Jahren viele gelungene Neupflanzungen und moderne Formen der Bewirtschaftung, die thermisch verwendbare Biomasse erzeugen. Die Landschaftsplanung sollte Gebüschvegetation wegen ihrer wesentlichen Ökosystemfunktionen gezielt anlegen und entsprechend pflegen. Die Bewahrung und Pflege historischer Waldmäntel, Hecken und Gebüsche hat aber nach wie vor höchste Priorität.

? Fragen zur Vertiefung

- Welche Standortfaktoren und Nutzungshistorie bestimmen die Haupttypen der Gebüschvegetation in Mitteleuropa?
- Welche historischen und zukünftigen Ökosystemfunktionen haben Waldmäntel, Hecken und Gebüsche?
- Welche negativen Einwirkungen belasten aktuell diese Ökosysteme?
- Welche Gesichtspunkte sind bei der Neuanlage und Pflege von Gebüschen zu beachten?

Literatur

Andres C, Bauer T, Diebel J, Fauth C, Lorenz M, Schelhorn C, Winninghoff S (2015) Das Baustellenhandbuch für den Garten- und Landschaftsbau. Forum Verlag Herkert, Merching

Auerswald K, Weigand S (1996) Ecological impact of dead-wood hedges: release of dissolved phosphorus and organic matter into runoff. Ecol Eng 7:183–189

Batary P, Kovacs-Hostyanszki A, Fischer C, Tscharntke T, Holzschuh A (2012) Contrasting effect of isolation of hedges from forests on farmland vs woodland birds. Community Ecol 13:155–161

Baudry J, Bunce RGH, Burel F (2000) Hedgerows: an international perspective on their origin function and management. J Environ Manage 60:7–22

Benjes H (1997) Die Vernetzung von Lebensräumen mit Benjeshecken. Verlag Natur & Umwelt, München

BMU (2012) Leitfaden zur Verwendung gebietseigener Gehölze. Bundesministerium für Umwelt Naturschutz und Reaktorsicherheit, Berlin. ► www.bfn.de/fileadmin/BfN/recht/Dokumente/leitfaden_gehoelze_.pdf. Zugegriffen: 12.11.2018

Ellenberg H, Leuschner C (2010) Vegetation Mitteleuropas mit den Alpen: in ökologischer dynamischer und historischer Sicht. Ulmer, Stuttgart

Evans DM, Pocock MJO, Memmott J (2013) The robustness of a network of ecological networks to habitat loss. Ecol Lett 16:844–852

Jones AT, Hayes MJ, Sackville Hamilton NR (2001) The effect of provenance on the performance of *Crataegus monogyna* in hedges. J Appl Ecol 38:952–962

Kollmann J (1992) Gebüschentwicklung in Halbtrockenrasen des Kaiserstuhls. Nat Landsch 67:20–26

Kollmann J (1994) Ausbreitungsökologie endozoochorer Gehölzarten. Veröff Projekt Angew Ökol 9:1–212

Kollmann J, Schneider B (1999) Landscape structure and diversity of fleshy-fruited species at forest edges. Plant Ecol 144:37–48

Kremen C, M'Gonigle LK (2015) Small-scale restoration in intensive agricultural landscapes supports more specialized and less mobile pollinator species. J Appl Ecol 52:602–610

Küppers K (1989) Ecological significance of above-ground architectural patterns in woody plants: a question of cost-benefit relationships. Trends Ecol Evol 12:375–379

LfU (2017) Gebietseigene Gehölze. Bayerisches Landesamt für Umwelt, Augsburg. ► www.lfu.bayern.de/natur/gehoelze_saatgut/gehoelze/index.htm. Zugegriffen: 12.11.2018

Matula R, Svatek M, Kurova J, Uradnicek L, Kadavy J, Kneifl M (2012) The sprouting ability of the main tree species in Central European coppices implications for coppice restoration. Eur J For Res 131:1501–1511

Müller G (2013) Europas Feldeinfriedungen. Wallhecken (Knicks), Hecken, Feldmauer (Steinwälle), Trockenstrauchhecken, Biegehecken, Flechthecken, Flechtzäune und traditionelle Holzzäune. Neuer Kunstverlag, Stuttgart

NABU (2013) Knickpflege wie sie sein sollte: Regelmäßig auf den Stock. ► https://schleswig-holstein.nabu.de/natur-und-landschaft/knicks/knickschutz-und-pflege/02788.html. Zugegriffen: 12.11.2018

Poschlod P (2015) Geschichte der Kulturlandschaft – Entstehungsursachen und Steuerungsfaktoren der Entwicklung der Kulturlandschaft, Lebensraum- und Artenvielfalt in Mitteleuropa. Ulmer, Stuttgart

Reif A, Aulig G (1990) Neupflanzung von Hecken im Rahmen von Flurbereinigungsmaßnahmen: Ökologische Voraussetzungen, historische Entwicklung der Pflanzkonzepte sowie Entwicklung der Vegetation gepflanzter Hecken. Ber Akad Nat schutz Landsch pfl 14:185–220

Richert E, Reif A (1992) Vegetation, Standorte und Pflege der Waldmäntel und Waldaußensäume im südwestlichen Mittelfranken, sowie Konzepte zur Neuanlage. Ber Akad Nat schutz Landsch pfl 16:123–160

Rieger-Hofmann (2018) Samen und Pflanzen gebietseigener Wildblumen und Wildgräser aus gesicherten Herkünften. Rieger-Hofmann GmbH, Blaufelden-Rabolzhausen

Rowe N, Speck T (2005) Plant growth forms: an ecological and evolutionary perspective. New Phytol 166:61–72

Sanchez IA, McCollin D (2015) A comparison of microclimate and environmental modification produced by hedgerows and dehesa in the Mediterranean region. A study in the Guadarrama region Spain. Landsc Urban Plan 143:230–237

Schiechtl HM, Stern R (1994) Handbuch für den naturnahen Wasserbau. Österreichischer Agrarverlag, Wien

Schnitzer SA (2015) The contribution of lianas to forest ecology, diversity, and dynamics. Sustain Dev Biodivers 5:149–160

Schwabe-Braun A, Wilmanns O (1984) Waldrandstrukturen. Vorbilder für die Gestaltung von Hecken und Kleinstgehölzen. Laufener Seminarbeitr 5(82):50–60

Staley JT, Sparks TH, Croxton PJ, Baldock KCR, Heard MS, Hulmes S, Hulmes L, Peyton J, Amy SR, Pywell RF (2012) Long-term effects of hedgerow management policies on resource provision for wildlife. Biol Conserv 145:24–29

Tscharntke T, Tylianakis JM, Rand TA, Didham RK, Fahrig L, Batary P, Bengtsson J, Clough Y, Crist TO, Dormann CF, Ewers RM, Frund J, Holt RD, Holzschuh A, Klein AM, Kleijn D, Kremen C, Landis DA, Laurance W, Lindenmayer D, Scherber C, Sodhi N, Steffan-Dewenter I, Thies C, Putten WH van der, Westphal C (2012) Landscape moderation of biodiversity patterns and processes – eight hypotheses. Biol Rev 87:661–685

Weber HE (2003) Gebüsche, Hecken, Krautsäume. Ulmer, Stuttgart

Wehling S, Diekmann M (2009) Importance of hedgerows as habitat corridors for forest plants in agricultural landscapes. Biol Conserv 142:2522–2530

Wilmanns O (1998) Ökologische Pflanzensoziologie. Quelle & Meyer, Wiesbaden

Wyka TP, Oleksyn J, Karolewski P, Schnitzer SA (2013) Phenotypic correlates of the lianescent growth form: a review. Ann Bot 112:1667–1681

Säume und Feldraine

Kathrin Kiehl und Anita Kirmer

© Springer-Verlag GmbH Deutschland, ein Teil von Springer Nature 2019
J. Kollmann et al., *Renaturierungsökologie*, https://doi.org/10.1007/978-3-662-54913-1_16

Zusammenfassung

Arten- und blütenreiche Säume und Feldraine sind typische Elemente alter Kulturlandschaften mit großer Bedeutung für den Biotopverbund. Besonders in intensiv genutzten Agrarlandschaften sind sie vielerorts durch Eutrophierung und ungeeignete Pflege degradiert oder durch Überführung in andere Nutzungsformen völlig verschwunden. Noch vorhandene natürliche Saumstrukturen weisen heute in den meisten Fällen nur noch einen Bruchteil ihres ursprünglichen Artenspektrums auf. Die Wiederherstellung des lebensraumtypischen Artenspektrums ist daher oftmals nur durch Neuanlage oder Aufwertung grasdominierter oder ruderalisierter Randstrukturen möglich. Dabei werden in der Regel standortangepasste Saatmischungen gebietseigener Herkunft nach gründlicher Bodenbearbeitung ausgesät. Eine regelmäßige extensive Pflege möglichst durch abschnittweise Mahd mit Abtransport des Mähguts ist sowohl bei neu angelegten als auch bei noch vorhandenen Säumen und Feldrainen von großer Bedeutung für die Förderung der Artenvielfalt.

16.1 Vegetationsökologie der Säume und Feldraine

16.1.1 Standortbedingungen und Vegetation der Säume und Feldraine

An natürlichen Waldgrenzstandorten, also z. B. an Felsen, in Flussauen, an Moorrändern oder in der subalpinen Höhenstufe, ändern sich im Übergang zwischen Wald und Offenland Klima- und Bodeneigenschaften. Dies führt zu einer Abfolge verschiedener Pflanzengemeinschaften (vgl. ► Abschn. 15.1). Dieser standörtliche Übergang, der auch als Ökoton bezeichnet wird (Weber 2003), führt zu einer Zonierung der Vegetation von Pflanzengesellschaften des Offenlands über krautreiche Säume und Hochstaudenfluren bis hin zum Waldmantel und Wald (◘ Abb. 16.1). Da solche Übergänge besonders reich an Pflanzen- und Tierarten sind und vielfältige Habitatstrukturen aufweisen, haben sie eine große Bedeutung für den Naturschutz (Dierschke 2000).

16

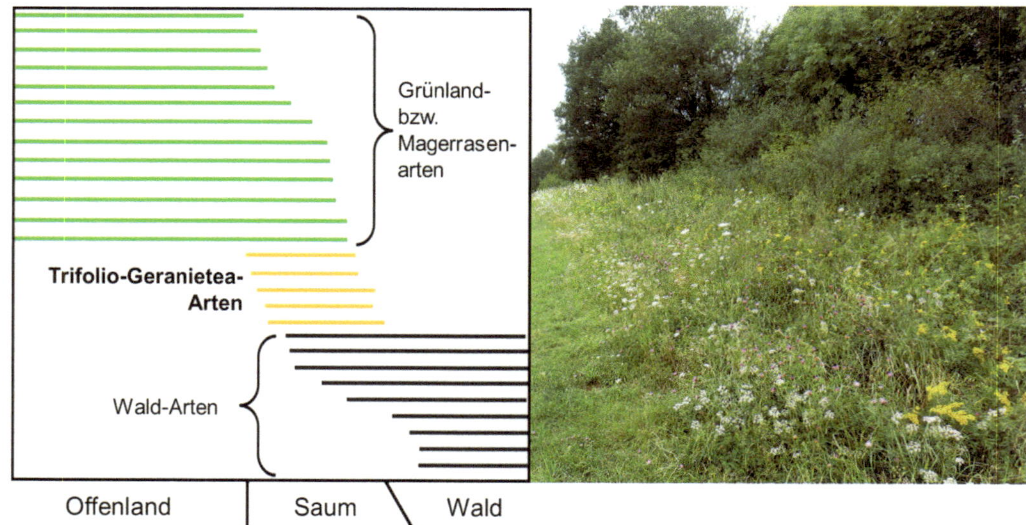

◘ **Abb. 16.1** Meso- und thermophytische Säume sind besonders artenreich, da sie nicht nur saumtypische Arten der Klasse Trifolio-Geranietea enthalten, sondern auch Arten der Offenlandbiotope (z. B. Grünland, Magerrasen) und der angrenzenden Wälder. (nach Dierschke 1974, verändert; Foto: R. Seifert)

Im Zuge der zunehmenden Auflichtung der vorwiegend bewaldeten Landschaft durch den Menschen zur Schaffung von Weiden und Triften, die in den alten großflächigen Weidelandschaften zunächst noch mit Gehölzbiotopen verzahnt waren, wurden Saum-Ökotone besonders gefördert (Ellenberg und Leuschner 2010, S. 823 f.). Während Saumgesellschaften heute überwiegend an anthropogen bedingten Waldrändern, Hecken oder Gehölzgruppen vorkommen, sind Feld- und Wegraine als Offenland-Ökotone im Übergang vom Acker zum Grünland oder am Rand von Feldwegen zu finden (◘ Abb. 16.3b). Feld- und Wegraine weisen viele Saumarten auf, sind aber oft grasreicher als Säume und beherbergen auch Arten angrenzender Wiesen und Äcker. Kleinklimatische und edaphische Gradienten sind hier weniger ausgeprägt als bei Säumen (Weber 2003).

In Abhängigkeit von den Bodeneigenschaften und dem durch die Exposition bedingten Mikroklima entwickeln sich unterschiedliche Saumgesellschaften (Dierschke 1974; Dengler et al. 2006, 2007). An besonnten süd- und westexponierten Wald-, Gebüsch- und Heckenrändern kommen meso- und thermophytische Säume der Klasse Trifolio-Geranietea mit Arten wie *Hypericum perforatum* oder *Origanum vulgare* vor. Nord- und ostexponierte Gehölzränder stellen dagegen kühlere und frischere Standorte für nitrophytische Saumgesellschaften der Artemisietea oder Galio-Urticetea dar. Weitere spezielle Saumgesellschaften, etwa der Waldlichtungen, der Moorränder und der subalpinen Waldgrenze werden in den ▶ Kap. 8, 11 und 14 angesprochen. Während artenreiche meso- und thermophytische Säume in alten Kulturlandschaften beweidet oder gemäht wurden – mit entsprechendem Biomasse- und Nährstoffentzug – findet bei nitrophytischen Saumgesellschaften in der Regel keine Nutzung oder Pflege statt.

Thermophytische Blutstorchschnabel-Saumgesellschaften des Verbands Geranion sanguinei bilden auf flachgründigen, meist basischen Böden den Übergang zwischen natürlichen oder anthropogen bedingten Trocken- oder Halbtrockenrasen und trockenen Gebüschen oder Wäldern (Ellenberg und Leuschner 2010, S. 832 f.). Charakteristische Arten sind *Campanula persicifolia, Dictamnus albus, Geranium sanguineum* und *Inula hirta* (◘ Abb. 16.2). Die meisten dieser wärmeliebenden Arten fallen in Deutschland aus klimatischen Gründen nach Norden hin aus. Thermophytische Säume sind reich an Tagfaltern (z. B. Großer Perlmutter-Falter, Thymian-Ameisenbläuling), die diese Flächen als Rückzugs- und Nahrungshabitate der Larven und Imagines nutzen, wenn die umliegenden Flächen gemäht oder abgeweidet sind.

Mesophytische Mittelklee-Odermenning-Saumgesellschaften des Verbands Trifolion medii finden sich auf tiefgründigeren, schwach sauren bis basischen Böden an anthropogen bedingten Waldrändern und Hecken, aber auch an Böschungen und im offenen Gelände in Kontakt zu Frischwiesen. Im Vergleich zu den thermophytischen Säumen weisen sie eine bessere Wasserversorgung auf, sind aber durch die Süd- und Westexposition immer noch wärmebegünstigt (Weber 2003). Neben charakteristischen Saumarten, wie *Agrimonia eupatoria, Clinopodium vulgare* oder *Trifolium medium* (◘ Abb. 16.2), finden sich in mesophytischen Säumen auch zahlreiche Grünlandarten, wie *Achillea millefolium* oder *Galium mollugo.* Relikte mesophytischer Säume können sich auch an Feld- und Wegrainen im Offenland halten, beispielsweise nachdem Hecken oder Feldgehölze entfernt worden sind. Solche Standorte werden dann aber zunehmend durch lichtliebende Grünlandarten (z. B. *Knautia arvensis, Leucanthemum vulgare*) und Arten trockener Ruderalgesellschaften geprägt *(Cichorium intybus, Echium vulgare).*

Azidophytische Saumgesellschaften kommen an trockenen bis frischen Wald- und Gebüschrändern auf sauren Böden vor, oft im Übergang von bodensauren Magerrasen zu Eichenwäldern, und zwar sowohl auf Sandböden als auch auf Böden aus silikatischen Ausgangsgesteinen (z. B. Ranker). Sie sind

Abb. 16.2 Pflanzenarten der mesophytischen Säume: **a** *Agrimonia eupatoria*, **b** *Clinopodium vulgare*, **c** *Trifolium medium;* an Feld- und Wegrainen kommt **d** *Knautia arvensis* vor. Wärmeliebende Arten der thermophytischen Säume: **e** *Centaurea scabiosa*, **f** *Dictamnus albus*. **g** *Geranium sanguineum*, **h** *Inula hirta*, **i** *Securigera varia*. (Fotos a: D. Jeschke, c: R. Seifert)

artenärmer als die oben beschriebenen thermo- und mesophytischen Säume, weisen jedoch spezialisierte Arten auf (Weber 2003). So sind die Wiesenwachtelweizen-Saumgesellschaften des Verbands Melampyrion pratensis durch *Melampyrum pratense* geprägt, einen Halbschmarotzer, der auf Sandböden mit *Agrostis capillaris* und *Holcus mollis* vergesellschaftet ist. Weitere Arten azidophytischer Säume sind *Hieracium lachenalii*, *Hieracium laevigatum* oder *Lathyrus linifolius*. Einen ozeanischen Verbreitungsschwerpunkt haben die ebenfalls azidophytischen Salbei-Gamander-Säume (Verband Teucrion scorodoniae). Die namengebende Art *Teucrium scorodonia* fällt in Deutschland nach Osten hin mehr und mehr aus.

Auf frischen Böden an nur wenig oder gar nicht besonnten Wald- und Gebüschrändern dominieren nitrophytische Saumgesellschaften der Klasse Galio-Urticetea, die durch Nitrophyten, wie *Alliaria petiolata, Glechoma hederacea* und *Silene dioica,* geprägt sind, darunter auch zahlreiche Doldenblütler wie *Aegopodium podagraria* oder *Chaerophyllum*-Arten (Ellenberg und Leuschner 2010, S. 834 f.). Durch Eutrophierung und mangelnde Pflege ehemals mesophytischer Säume haben sich artenarme nitrophytische Saumgesellschaften, z. B. mit *Urtica dioica* und *Galium aparine,* in Deutschland heute vielerorts stark ausgebreitet (Weber 2003).

Besonnte Feld- und Wegraine im Offenland weisen oftmals Grünlandgesellschaften der Klasse Molinio-Arrhenatheretea auf und stellen bei Pflege durch ein- bis zweischürige Mahd vielerorts heute Reliktstandorte für Pflanzenarten der Glatthaferwiesen dar, die ansonsten aus der umgebenden Landschaft verschwunden sind (vgl. ► Kap. 20). In (ehemaligen) Heide- und Magerrasenlandschaften kommen je nach Bodeneigenschaften und Pflegezustand auch Magerkeitszeiger wie *Dianthus carthusianorum* oder *Hieracium pilosella* und Arten trockener Ruderalfluren (*Verbascum*-Arten, in Süd- und Ostdeutschland auch *Anthemis tinctoria*) an Feld- und Wegrainen vor.

16.1.2 Ökosystemdienstleistungen der Säume und Feldraine

In historischen Kulturlandschaften wurden Säume und Feldraine im Zuge der Grünland- und Magerrasennutzung gelegentlich mit beweidet, für frisches Futter zur Kleinviehhaltung genutzt und bei Mangel an sonstigem Winterfutter auch zur Heugewinnung gemäht. Wegraine wurden einerseits zur

Abb. 16.3 Habitatfunktion und Bedeutung linearer Randstrukturen für den Biotopverbund: **a** Arten- und blütenreicher Blutstorchschnabelsaum in Thüringen (NSG Tote Täler), **b** artenreiche mesophytische Feld- und Wegraine (Reinstädter Grund), **c** Stein-Hummel auf *Knautia arvensis* an einem Feldrain, **d** Kaisermantel, eine typische Schmetterlingsart der Waldränder, saugt an *Centaurea jacea* Nektar. (Foto d: D. Jeschke)

Wegeunterhaltung und Verhinderung von Verbuschung ebenfalls gemäht, andererseits lieferten sie wandernden Schaf- und Rinderherden Futter. Durch nur extensive Beweidung und meist unregelmäßige Mahd wurden hochwüchsige, spätblühende Hochstauden (z. B. der Apiaceae und Asteraceae) sowie krautige Lianen (Fabaceae, Rubiaceae) gefördert.

Auch heute übernehmen arten- und blütenreiche Säume und Feldraine vielfältige Funktionen (Marshall und Moonen 2002). Sie bieten Pollen und Nektar für Bestäuber und zwar nicht nur zur Hauptblütezeit vieler Kulturpflanzen im Frühjahr und Frühsommer, sondern auch in den sogenannten „Trachtlücken" im Hoch- und Spätsommer aufgrund der spätblühende Arten (z. B. *Agrimonia eupatoria, Centaurea scabiosa;* vgl. Westrich 1990). Darüber hinaus stellen sie wichtige Nahrungs-, Fortpflanzungs-, Rückzugs- und Überwinterungshabitate für zahlreiche Tiergruppen wie Feldvögel, Schmetterlinge und Heuschrecken dar (Haaland et al. 2011), leisten einen Beitrag zur biologischen Schädlingsbekämpfung (Scheid 2010) und vermindern vor allem bei höhenlinienparalleler Lage Erosionsprozesse (Nentwig 2000).

Abhängig von der Landnutzungsintensität können Säume und Feldraine zur Erhaltung der Biodiversität im Naturraum beitragen (Link 2003). So ermittelten beispielsweise Dengler et al. (2006, 2007) 30–34 % aller Gefäßpflanzenarten der 124 km^2 Rasterquadrate der floristischen Kartierung in linearen Saumgesellschaften, die insgesamt nur 0,0009 % der Gesamtfläche einnahmen. Bei Nutzungsintensivierung in der umgebenden Landschaft stellen Säume und Feldraine Relikthabitate dar (Oppermann 1998), von denen aus nach lokalen Aussterbeprozessen eine Wiederbesiedlung benachbarter Flächen erfolgen kann. Nicht zuletzt steigert das Vorkommen arten- und blütenreicher Säume und Feldraine den Erholungswert von Kulturlandschaften und ermöglicht das Erleben wildlebender Pflanzen- und Tierarten am Wegrand bei Wanderungen und Spaziergängen. Die ästhetische Funktion dieser Strukturen erlangt vor allem in ausgeräumten Agrarlandschaften eine immer größere Bedeutung (Junge et al. 2015).

16

16.2 Gefährdung der Säume und Feldraine

Die zunehmende Intensivierung der Landwirtschaft führte seit den 1950er Jahren zu einem starken Rückgang linearer Landschaftselemente wie Säume, Feldraine, Hecken und anderer Kleinstrukturen (Weber 2003). Vor allem Feldraine, aber auch Säume an Ackerrändern fielen oft der randscharfen Bewirtschaftung zum Opfer und wurden weggepflügt (◘ Abb. 16.4a). Auch der Eintrag von Nährstoffen und Pflanzenschutzmitteln, das Verschwinden extensiv oder nicht genutzter Teilflächen und die Durchführung von Flurbereinigungsverfahren sind für den Flächenverlust verantwortlich (Schaffner et al. 2000). Dabei gingen vor allem thermo- und mesophytische Säume und Feldraine verloren. In intensiv genutzten Agrarlandschaften existieren heute vielfach nur noch Fragmente dieser Pflanzengesellschaften, die überwiegend von konkurrenzstarken Gräsern oder nährstoffliebenden, mehrjährigen Ruderalarten dominiert werden. Durch Intensivierung der Forstwirtschaft verschwanden zudem vielerorts breite naturnahe Waldränder und Waldmäntel mit ihrer Ökotonfunktion (Richert und Reif 1992; vgl. ▶ Kap. 15).

Eine weitere Ursache für den Artenschwund ist die fehlende oder ungeeignete Pflege der Säume und Feldraine. Sie werden heute meistens nur gemulcht – das heißt, das Mähgut wird nicht abtransportiert – häufig auch in zu kurzen Abständen (◘ Abb. 16.4b). Bei gleichzeitigem Nährstoffeintrag durch die Luft oder von angrenzenden Flächen kommt es deshalb zu immer stärkerer Eutrophierung und zur Dominanz von wenigen konkurrenzkräftigen Grasarten (z. B. *Dactylis glomerata, Elymus repens*). In ausgeräumten Landschaften ist eine spontane Wiederbesiedlung durch

Abb. 16.4 Degradation der Säume und Feldraine: **a** Durch Wegpflügen verschwundener Saum an einer Hecke, **b** häufiges Mulchen führt zu artenarmen, grasdominierten Feldrainen. (Foto b: S. Mann)

Zielarten thermo- und mesophytischer Säume und Feldraine auch nach einer Bodenstörung nahezu ausgeschlossen, weil diese Arten sowohl in der aktuellen Vegetation als auch in der Bodensamenbank fehlen (Kirmer et al. 2014).

16.3 Renaturierung von Säumen und Feldrainen

16.3.1 Ziele der Renaturierung

Bei der Renaturierung meso- und thermophytischer Krautsäume und Feldraine wird in der Regel die Wiederansiedlung arten- und blütenreicher Vegetation mit einem hohen Anteil naturraum- und lebensraumtypischer Kräuter angestrebt (Anderlik-Wesinger 2002). Konkurrenzkräftige Gräser, hochwüchsige Ruderalarten oder Neophyten sind dabei unerwünscht, da sie andere Arten unterdrücken (Kiehl et al. 2014). Bei noch vorhandenen Saumfragmenten, die durch mangelnde oder unzureichende Pflege verbuscht oder von hochwüchsigen Ruderalarten dominiert sind, ist das Ziel, durch ein verbessertes Management Gehölze und andere unerwünschte Arten zurückzudrängen, um saumtypische Arten zu fördern (s. ▶ Abschn. 16.3.2).

Sind Säume und Feldraine durch zu häufiges Mulchen vergrast und artenarm oder komplett verschwunden, dann ist das Ziel, durch aktive Wiederansiedlung lebensraumtypische Arten und Strukturen zu fördern (Kirmer et al. 2014). Durch den Vergleich mit der Literatur und mit noch intakten Referenzflächen (sofern vorhanden) gilt es herauszufinden, welche Arten der Säume und Feldraine typisch für den jeweiligen Naturraum sind und wieder angesiedelt werden sollten. Auf diese Weise wurden in einem Forschungsprojekt für den Naturraum Osnabrücker Hügelland in Nordwestdeutschland Arten der Klasse Trifolio-Geranietea und einige Arten des mesophytischen Grünlands sowie trockener Ruderalfluren als saumtypische Zielarten identifiziert (Kiehl et al. 2014; Kiehl und Jeschke 2016). Im gleichen Projekt wurden entsprechende Untersuchungen in der großflächig durch intensive Ackernutzung geprägten Landschaft der Magdeburger Börde bei Bernburg im Mitteldeutschen Trockengebiet durchgeführt (Kirmer et al. 2018). Da Referenzflächen in derart ausgeräumten Agrarlandschaften fehlen, ist das Ziel der Renaturierung dort, strukturreiche Säume mit ehemals für den Landschaftsraum typischen Offenland-Arten mit langen Blütezeiten und späten Blühaspekten wieder anzusiedeln, um Bestäuber und andere Tierarten zu fördern.

16.3.2 Pflege bestehender Säume und Feldraine

Arten- und blütenreiche Säume und Feldraine sind auf regelmäßige Pflege angewiesen (Kirmer et al. 2014). Bei geringer Biomasseproduktion auf nährstoffarmen Standorten reicht es aus, alle 2–3 Jahre im Spätsommer zu mähen oder zu beweiden. Um Winterquartiere für Insekten und Winternahrung für Vögel zu erhalten, sollte alternierend jeweils die Hälfte der Fläche stehenbleiben. Auf nährstoffreichen Standorten sollten Säume und Feldraine einmal jährlich abschnittsweise gestaffelt im Früh- bzw. Hochsommer gemäht werden – je nach Region jeweils die Hälfte Mitte Mai bis Mitte Juni oder Mitte Juli bis Mitte August. Optimal ist ein Abstand von mindestens 8–10 Wochen, da der erste Teil der Fläche dann schon wieder blüht, wenn der zweite Teil gemäht wird und so die ganze Vegetationsperiode über ein vielfältiges Nahrungsangebot für Insekten zur Verfügung steht (Kiehl und Jeschke 2016).

Vor allem Rhizomgräser, wie *Elymus repens*, aber auch andere konkurrenzkräftige Arten, breiten sich auf produktiven Flächen bei einer dauerhaft späten Mahd aus (▶ Exkurs 16.1). Mulchen ist unter nährstoffreicheren Bedingungen unbedingt zu vermeiden, weil dadurch kein Nährstoffaustrag stattfindet und dicke Streuauflagen entstehen (Klimes et al. 2013). Wenn keine Mahd durchgeführt werden kann und geeignete Weidetiere (Schafe, Ziegen) vorhanden sind, ist eine Beweidung (1- bis 2-mal jährlich) eine wirksame Alternative, die zudem an eine in vielen Regionen vormals weit verbreitete Nutzung der Säume und Feldraine anknüpft. Das früher häufige Abbrennen der Flächen führt zu einer ungünstigen Entwicklung der Vegetation (Moog et al. 2002), weil dadurch Rhizomgräser wie *Brachypodium pinnatum* oder *Elymus repens* gefördert werden und Überwinterungsstrukturen für Tiere verlorengehen. Daher ist es für viele Pflanzen- und Tierarten ungünstig und sollte unterbleiben.

Exkurs 16.1

Fallbeispiel Feldrain auf Schwarzerde im mitteldeutschen Trockengebiet

Auf einem produktiven Schwarzerdestandort im mitteldeutschen Trockengebiet (Jahresniederschlagssumme 511 mm, Jahresmitteltemperatur 9,7 °C; 1981–2010, Deutscher Wetterdienst) wurde ein artenarmer, von Gräsern dominierter Feldrain nach Bodenstörung durch Ansaat von fünf Gras-, vier Leguminosen- und 39 sonstigen Krautarten aufgewertet (Kiehl et al. 2014; Kiehl und Kirmer 2017; Kirmer et al. 2018). Die Flächen wurden einmal im Jahr, entweder im Juni oder im September, gemäht. Nach fünf Jahren erreichte die Gräserdeckung bei Juni-Mahd 20 % und bei September-Mahd 46 % (◘ Abb. 16.5). Die Deckung der angesäten Zielarten war im Sommer 2015 auf den früh gemähten Flächen etwa doppelt so hoch wie auf den spät gemähten Varianten (◘ Abb. 16.6). Die klimatischen und edaphischen Bedingungen in Mitteldeutschland begünstigen bei einer späten Mahd konkurrenzkräftige Gräser *(Arrhenatherum elatius, Dactylis glomerata, Elymus repens)*, während eine frühe Mahd zur Förderung der angesäten Zielarten, vor allem der Kräuter, beiträgt.

16.3.3 Aufwertung und Neuanlage von Säumen und Feldrainen

Da eine spontane Wiederbesiedlung verarmter Randstrukturen mit saumtypischen Pflanzenarten in intensiv genutzten und ausgeräumten Landschaften aufgrund mangelnder Samenverfügbarkeit nicht möglich ist, müssen die gewünschten Zielarten aktiv eingebracht werden (vgl. ▶ Kap. 5).

Die für eine Neuanlage bzw. Aufwertung ausgewählten Flächen sollten eine Mindestbreite von 3 m aufweisen und gut besonnt

Abb. 16.5 Aufwertung verarmter Feldraine durch Ansaat von 49 Zielarten nach Bodenstörung. Viereinhalb Jahre nach der Anlage unterscheidet sich der Blühaspekt der einmal im Jahr **a** im September und **b** im Juni gemähten Feldraine deutlich. Auf der im September gemähten Variante fehlt der Blühaspekt im Frühsommer. Von 2014 bis 2015 stieg dort die Gräserdeckung von 28 % auf 46 % an

sein. Beschattete sowie sehr schmale Flächen sind ungeeignet. Schmale Säume und Feldraine sind anfälliger für Störungen und beherbergen weniger Arten (Ma et al. 2002). Um Feldraine an konventionell genutzten Ackerflächen vor Herbizidabdrift zu schützen (Hahn et al. 2014), sollten je nach verwendeten Herbiziden Mindestabstände von 1–20 m eingehalten werden, wie auch für Gewässer vorgeschrieben. Säume und Feldraine können bei verschiedenen Ausgangsbedingungen angelegt werden:

- entlang landwirtschaftlicher Flächen (Äcker, Grünland, Feldwege);
- an süd- oder westexponierten Rändern von Hecken oder Wäldern;
- im innerstädtischen Bereich, z. B. an Wegen in Parkanlagen und auf Friedhöfen, am Rand von Schulhöfen und Sportplätzen, an wenig befahrenen Straßen und auf größeren Verkehrsinseln.

Sind noch Reste artenreicher Säume und Feldraine im Gebiet vorhanden, so können diese als Spenderflächen für eine Mähgutübertragung zur Ansiedlung saumtypischer Zielarten dienen (Anderlik-Wesinger 2002; Kiehl et al. 2010). Bei Mangel an artenreichen Spenderflächen sollte die Aufwertung und Neuanlage durch eine Ansaat mit zertifizierten Wildpflanzenmischungen aus regionaler Vermehrung erfolgen (Kirmer et al. 2014). Die Ansaatmischungen sollten möglichst artenreich sein (>35 Arten), um das Ausfallrisiko bei extremer Witterung oder inhomogenen Standortbedingungen zu verringern. Zudem bieten artenreiche Bestände, die über die gesamte Vegetationsperiode einen Blühaspekt aufweisen, Lebensräume und Nahrung für viele Tierarten. In siedlungsnahen Bereichen und zur kurzfristigen Bereitstellung von Nektar und Pollen können einjährige Arten beigemischt werden (z. B. *Cyanus segetum*, *Papaver rhoeas*), die dann im ersten Jahr einen Blühaspekt gewährleisten und später wieder verschwinden. Für nährstoffreiche Standorte müssen Arten ausgewählt werden, die einerseits konkurrenzkräftig genug sind, um sich gegenüber unerwünschten Gräsern und Ruderalarten durchsetzen zu können, und anderseits nicht dazu neigen, Dominanzbestände zu bilden (vgl. Kiehl et al. 2014). Auf nährstoffärmeren oder zur Austrocknung neigenden Böden sowie in niederschlagsarmen

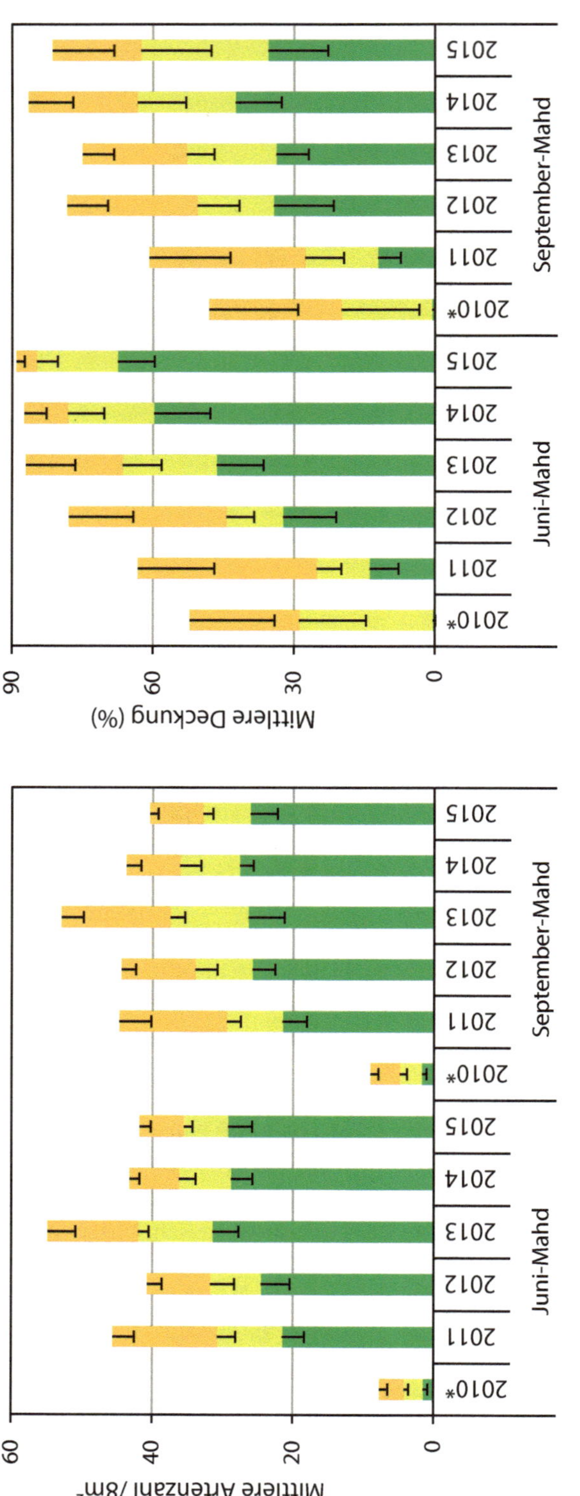

Abb. 16.6 Entwicklung der mittleren Artenzahlen und Deckungssummen unterschiedlicher Artengruppen in Abhängigkeit vom Mahdtermin (Mittelwert minus Standardabweichung; n = 10). Ansaat führt zu einer deutlichen Zunahme der Artenzahlen (2010*: vor der Ansaat). Die Deckung der angesäten Zielarten nimmt auf den Juni-Mahdvarianten stetig zu; auf den Flächen der September-Mahdvarianten ist sie dagegen seit 2014 rückläufig

Regionen können auch konkurrenzschwache Arten beigemischt werden. Ansaatstärken von 1,7–2,0 g m^{-2} haben sich dabei bewährt (Kirmer et al. 2014). Konkurrenzkräftige Gräser wie *Arrhenatherum elatius, Dactylis glomerata* und *Poa pratensis* sollten nicht angesät werden. Diese Arten sind oft bereits auf den Flächen vorhanden und können sich nach Bodenstörung meist rasch wieder regenerieren.

Um grasdominierte Flächen aufzuwerten, muss die Grasnarbe intensiv gestört werden (Kiehl et al. 2014). Zur Reduzierung ausdauernder Pflanzenarten mit unterirdischen Ausläufern (z. B. *Convolvulus arvensis, Elymus repens*) können deren Wurzeln und Rhizome mithilfe eines Grubbers herausgezogen werden, wenn der Boden nicht zu stark verdichtet ist. Idealerweise sollten die Wurzeln und Ausläufer an der Oberfläche abtrocknen, um ein Wiederaustreiben zu erschweren. Auf stark verdichteten Böden kann es erforderlich sein, die Flächen zunächst zu fräsen und dann zu grubbern. Gegebenenfalls ist es sinnvoll, die Bodenbearbeitung zwei- bis dreimal zu wiederholen.

In der Regel kommt es nach der Ansaat zu einem Massenauftreten einjähriger Ackerwildkräuter (*Atriplex* spp., *Chenopodium* spp., *Tripleurospermum inodorum*) sowie verschiedener Distelarten aus der Bodensamenbank oder der näheren Umgebung. Um diese Arten zu unterdrücken, sollte vor oder zu Beginn ihrer Blüte ein „Schröpfschnitt" erfolgen (Kirmer et al. 2014), bei dem die Schnitthöhe mindestens 10–15 cm betragen sollte, um die Jungpflanzen der angesäten Arten nicht zu schädigen. Je nach Standort können in der Vegetationszeit 2–3 Schröpfschnitte erforderlich sein (meist Mai, Juni/Juli, ggf. August). Bei trockener Witterung oder auf austrocknungsgefährdeten Flächen mit mäßiger Biomasseproduktion kann das abgemähte Pflanzenmaterial während der Entwicklungspflege als Verdunstungsschutz auf der Fläche verbleiben. Besteht die Gefahr, dass problematische Arten (*Arctium* spp., *Cirsium arvense, C. vulgare, Rumex obtusifolius, Sonchus* spp.) sich zu Dominanzbeständen entwickeln oder invasive Neophyten auftreten (*Fallopia* spp., *Heracleum mantegazzianum, Solidago canadensis*), sollten zusätzliche Managementmaßnahmen, wie das regelmäßige Ausmähen betroffener Bereiche oder ein selektives Ausstechen einzelner Pflanzen, erfolgen. Wichtig ist, dass der Eingriff frühzeitig, das heißt vor der Blüte der unerwünschten Arten, stattfindet.

16.4 Schlussfolgerungen

Säume und Feldraine können eine wichtige Funktion als Rückzugsflächen für zahlreiche Pflanzen- und Tierarten übernehmen. Dafür ist eine standortangepasste Pflege notwendig. Wiederansiedlungsmaßnahmen sind heute für lebensraumtypische Arten der Säume und Feldraine von großer Bedeutung, da artenreiche Randstrukturen in intensiv genutzten Agrarlandschaften vielerorts bereits verschwunden oder stark degradiert sind. Die langfristige Erhaltung noch vorhandener und neu angelegter Säume und Feldraine hängt nicht nur von der regelmäßigen Pflege ab, sondern auch von der Bereitschaft der Landwirte, Mindestabstände für den Herbizid- und Düngereinsatz einzuhalten und die Flächen bei der Bodenbearbeitung auszusparen.

Fragen zur Vertiefung

- Welche ökologischen Funktionen erfüllen Saumstrukturen in Agrarlandschaften?
- Nennen Sie drei charakteristische Saumarten aus der Klasse Trifolio-Geranietea.
- Nennen Sie verschiedene Ursachen für den Rückgang artenreicher Säume und Feldraine.
- Welche Standorte sind für die Neuanlage von Säumen und Feldrainen nicht geeignet?
- Warum ist vor der Ansaat eine Bodenstörung notwendig?
- Was ist hinsichtlich der Pflege auf produktiven Standorten zu beachten?

Literatur

Anderlik-Wesinger G (2002) Spontane und gelenkte Vegetationsentwicklung auf Rainen. Untersuchungen zur Effizienz verschiedener Methoden der Neuanlage. Agrarökol 43:1–164

Dengler J, Eisenberg M, Schröder J (2006) Die grundwasserfernen Saumgesellschaften Nordostniedersachsens im europäischen Kontext – Teil I: Säume magerer Standorte (Trifolio-Geranietea sanguinei). Tuexenia 26:51–93

Dengler J, Eisenberg M, Schröder J (2007) Die grundwasserfernen Saumgesellschaften Nordost-Niedersachsens im europäischen Kontext – Teil II: Säume nährstoffreicher Standorte (Artemisietea vulgaris) und vergleichende Betrachtung der Saumgesellschaften insgesamt. Tuexenia 27:91–136

Dierschke H (1974) Saumgesellschaften im Vegetations- und Standortsgefälle an Waldrändern. Scr Geobot 6:1–246

Dierschke H (2000) Kleinbiotope in botanischer Sicht – ihre heutige Bedeutung für die Biodiversität von Agrarlandschaften. Pflanzenbauwissenschaften 4:52–62

Ellenberg H, Leuschner C (2010) Vegetation Mitteleuropas mit den Alpen: in ökologischer dynamischer und historischer Sicht. Ulmer, Stuttgart

Haaland C, Naisbit RE, Bersier LF (2011) Sown wildflower strips for insect conservation: a review. Insect Conserv Divers 4:60–80

Hahn M, Lenhardt PP, Brühl CA (2014) Characterization of field margins in intensified agro-ecosystems – why narrow margins should matter in terrestrial pesticide risk assessment and management. Integr Environ Assess Manag 10:456–462

Junge X, Schüpbach B, Walter T, Schmid B, Lindemann-Matthies P (2015) Aesthetic quality of agricultural landscape elements in different seasonal stages in Switzerland. Landsc Urban Plan 133:67–77

Kiehl K, Jeschke D (2016) Artenreiche Säume aus gebietseigenem Wildpflanzensaatgut. Nat NRW 2016(1):28–32

Kiehl K, Kirmer A (2017) Wiederansiedlung arten- und blütenreicher Saumgesellschaften mit gebietseigenem Wildpflanzensaatgut. Nat Garten 2017(2): 26–29

Kiehl K, Kirmer A, Donath T, Rasran L, Hölzel N (2010) Species introduction in restoration projects – valuation of different techniques for the establishment of semi-natural grasslands in Central and Northwestern Europe. Basic Appl Ecol 11:285–299

Kiehl K, Kirmer A, Jeschke D, Tischew S (2014) Restoration of species-rich field margins and fringe communities by seeding of native seed mixtures. In: Kiehl K, Kirmer A, Shaw N, Tischew S (Hrsg) Guidelines for native seed production and grassland restoration. Cambridge Scholars Publishing, Newcastle, S 244–273

Kirmer A, Jeschke D, Kiehl K, Tischew S (2014) Praxisleitfaden zur Etablierung und Aufwertung von Säumen und Feldrainen. Eigenverlag Hochschule Anhalt, Bernburg

Kirmer A, Rydgren K, Tischew S (2018) Smart management is key for successful diversification of field margins in highly productive farmland. Agric Ecosyst Environ 251:88–98

Klimes L, Hajek M, Mudrak O, Dancak M, Preislerova Z, Hajkova P, Jongepierova I, Klimesova J (2013) Effects of changes in management on resistance and resilience in three grassland communities. Appl Veg Sci 16:640–649

Link M (2003) Flora und Vegetation linienförmiger Biotope in der Agrarlandschaft. Giess Geogr Schr 80:1–322

Ma M, Tarmi S, Helenius J (2002) Revisiting the species-area relationship in a semi-natural habitat: floral richness in agricultural buffer zones in Finland. Agric Ecosyst Environ 89:137–148

Marshall EJP, Moonen AC (2002) Field margins in northern Europe: their functions and interactions with agriculture. Agric Ecosyst Environ 89:5–21

Moog D, Poschlod P, Kahmen S, Schreiber KF (2002) Comparison of species composition between different grassland management treatments after 25 years. Appl Veg Sci 5:99–106

Nentwig W (2000) Die Bedeutung von streifenförmigen Strukturen in der Kulturlandschaft. In: Nentwig W (Hrsg) Streifenförmige ökologische Ausgleichsflächen in der Kulturlandschaft: Ackerkrautstreifen, Buntbrache, Feldränder. Verlag Agrarökologie, Bern, S 11–39

Oppermann FW (1998) Die Bedeutung von linearen Strukturen und Landschaftskorridoren für Flora und Vegetation der Agrarlandschaft. Diss Bot 298:1–214

Richert E, Reif A (1992) Vegetation, Standorte und Pflege der Waldmäntel und Waldaußensäume im südwestlichen Mittelfranken, sowie Konzepte zur Neuanlage. Ber Akad Nat schutz Landsch pfl 16:123–160

Schaffner D, Günter M, Häni F, Keller M (2000) Anlage und Pflege blütenreicher Bracheflächen. Schr reihe Landesanst Pflanzenbau Pflanzenschutz 6:45–54

Scheid BE (2010) The role of sown wildflower strips for biological control in agroecosystems. Dissertation, Universität Göttingen

Weber HE (2003) Gebüsche, Hecken, Krautsäume. Ulmer, Stuttgart

Westrich P (1990) Die Wildbienen Baden-Würtembergs. Ulmer, Stuttgart

Zwergstrauchheiden und bodensaure Magerrasen

Norbert Hölzel und Sabine Tischew

© Springer-Verlag GmbH Deutschland, ein Teil von Springer Nature 2019
J. Kollmann et al., *Renaturierungsökologie,* https://doi.org/10.1007/978-3-662-54913-1_17

Zusammenfassung

Zwergstrauchheiden und bodensaure Magerrasen sind durch historische Waldzerstörung und Aushagerung in den Geestlandschaften des Norddeutschen Tieflandes und auf sauren Lehmböden der Silikatmittelgebirge entstanden. Während bodensaure Magerrasen auf eine düngerlose Beweidung zurückgehen, waren für die Tieflandsheiden Beweidung, Plaggen, Brennen und Mahd typisch. Aktuell sind bodensaure Magerrasen und Heiden durch die Aufgabe der traditionellen Landnutzungen und nachfolgender Verwaldung bedroht, aber auch durch atmosphärische Stickstoffeinträge oder Nutzungsintensivierung. Diese Ökosysteme sind heute besonders schutzbedürftig, weil in ihnen viele gefährdete Arten vorkommen. Das höchste Entwicklungspotential besitzen Brache- und Verwaldungsstadien auf Flächen ohne hohe Nährstoffeinträge und in Kontakt zu Reliktvorkommen der Zielarten. Nach Entbuschung und weiteren Maßnahmen zur Verjüngung der Heidebestände und der Beseitigung von Streufilzdecken durch Mahd, Brennen oder Schoppern ist vor allem eine extensive Beweidung zu empfehlen. Auf vormals als Acker oder Intensivgrünland genutzten Flächen muss zur Reduktion des Nährstoffniveaus der Oberboden abgetragen und anschließend Zielarten aktiv eingebracht werden. Für die langfristige Erhaltung renaturierter Zwergstrauchheiden und Magerrasen ist eine standortangepasste, sozioökonomisch tragfähige Bewirtschaftung notwendig.

17.1 Vegetationsökologie der Zwergstrauchheiden und bodensauren Magerrasen

17.1.1 Entstehungsgeschichte und standörtliche Bedingungen

Bis zum Beginn des Industriezeitalters Mitte des 19. Jahrhunderts prägten von Besenheide *(Calluna vulgaris)* dominierte Zwergstrauchheiden über weite Strecken die sandigen Geestlandschaften des Norddeutschen Tieflandes (Ellenberg und Leuschner 2010, S. 840 f.). Ähnlich weit verbreitet waren bodensaure Magerrasen auf im Durchschnitt deutlich lehmigeren und mineralreicheren Böden der höheren Lagen der Silikatmittelgebirge, wie Eifel, Rheinischem Schiefergebirge, Schwarzwald, Vogelsberg, Rhön, den herzynischen Gebirgen sowie auf den Tertiär- und Flyschbergen am nördlichen Alpenrand (Peppler-Liesbach und Petersen 2001). Diese wurden überwiegend von Rindern und Schafen beweidet oder teilweise auch gemäht.

Großflächige Zwergstrauchheiden und bodensaure Magerrasen haben sich überwiegend auf potentiell waldfähigen Standorten entwickelt (◘ Abb. 17.1). Ihre Entstehung verdanken sie der fortschreitenden Auflichtung der Wälder durch den Menschen und seine Weidetiere seit Einsetzen des Neolithikums vor ca. 7000 Jahren (Ellenberg und Leuschner 2010).

17

◘ **Abb. 17.1** **a** Blühende Zwergstrauchheide in der Lüneburger Heide und **b** artenreicher Borstgrasrasen im Saarland. (Foto a: F. Richter, b: S. Dullau)

Ein Großteil des Florenbestandes dürfte direkt aus frühholozänen Lichtwäldern stammen. Regional landschaftsprägend waren Zwergstrauchheiden und bodensaure Magerrasen dann aber vor allem seit dem Hochmittelalter, als großflächig auch landwirtschaftlich periphere Sand- und Mittelgebirgsstandorte gerodet wurden. Im feucht-kühlen, ozeanisch geprägten Nordwesten Mitteleuropas entwickelte sich in der Folge eine ganz auf die Nutzung der *Calluna*-Zwergstrauchheiden abgestellte Heidewirtschaft (Webb 1998).

Kern der Bewirtschaftung war die großflächige und im schneearmen Nordwesten fast ganzjährige Beweidung der *Calluna*-Heiden mit sogenannten Heidschnucken, einer besonders robusten und anspruchslosen Schafrasse (Fottner et al. 2007). Daneben wurde die Heide zur Gewinnung von Einstreu und Winterfutter auch gemäht. Ein weiterer wichtiger Faktor der Verjüngung der Heide war regelmäßiges Brennen (Niemeyer 2005). Zu den wichtigsten Eingriffen im Rahmen der Heidewirtschaft zählte aber zweifelsohne das Plaggen, bei dem die gesamte Vegetationsdecke mitsamt der organischen Auflage und des humosen Oberbodens entfernt wurde (Webb 1998). Die kolloidarmen Sandböden wurden damit nahezu ihres gesamten Potentials an Basenkationen und essentiellen Nähstoffen wie Stickstoff (N) und Phosphor (P) beraubt. Die dabei gewonnenen Soden wurden als Einstreu in den Schafställen genutzt und – mit den Ausscheidungen der Tiere vermengt – auf den ackerbaulich genutzten sogenannten Eschböden als Dünger ausgebracht (Ellenberg und Leuschner 2010, S. 841). Diese „Plaggenesche" sind auch heute noch anhand ihrer stark humosen, bis zu 1 m mächtigen Auftragshorizonte zu erkennen. Um *Calluna vulgaris* zu verjüngen, die Futterqualität zu verbessern und das „Weideunkraut" Wacholder einzudämmen, wurden Heiden traditionell im Winter abgebrannt (◘ Abb. 17.2a, b).

Die Heidewirtschaft beruhte auf einem Nährstofftransfer innerhalb der Landschaft, wobei ausgedehnten Heideflächen durch Beweidung, Mahd, Brand und Plaggen Nährstoffe entzogen und auf relativ kleiner Fläche auf den Eschböden konzentriert wurden, um hier eine ackerbauliche Nutzung zu ermöglichen. Auf den Heideflächen führte der kontinuierliche Entzug von lebender und toter organischer Substanz in der Folge zu starker Versauerung und chronischer Nährstoffunterversorgung der ohnehin basenarmen Böden. Sogenannte Heidepodsole mit mächtigen Bleichhorizonten und einer Anreicherung von Eisenoxiden und Humusbestandteilen im Unterboden sind sichtbares Zeichen dieser starken Versauerung und Nährstoffverarmung. Teilweise ist die Podsolierung derart stark, dass es im Unterboden zur Ausbildung von Eisenkrusten, sogenanntem Ortstein, kommt, der kaum durchwurzelt werden kann. Letztendlich sind die großflächigen Heideökosysteme in den Sandebenen Mitteleuropas das Ergebnis einer jahrhundertealten Degradation kolloidarmer Sandstandorte (Ellenberg und Leuschner 2010).

Im Vergleich zu den Sandheiden des Tieflandes verfügen die zumeist lehmigeren Standorte der bodensauren Magerrasen im Mittelgebirgsbereich im Durchschnitt über ein besseres Nachlieferungspotential an Mineralstoffen (Hejcman et al. 2010). Unter diesen Bedingungen stellen sich bei starker Beweidung oder Mahd bodensaure Magerrasen ein, die von niederwüchsigen Gräsern und Kräutern dominiert werden (◘ Abb. 17.1a). Zwergstrauchheiden bleiben hier weitgehend auf extrem saure und nur mäßig intensiv beweidete Hochlagenstandorte beschränkt oder bilden ein Brachestadium von bodensauren Magerrasen. Im Norddeutschen Tiefland sind bodensaure Magerrasen schwerpunktmäßig auf lehmigeren Standorten oder Böden mit Grundwasseranschluss zu finden, die sich ebenfalls durch eine bessere Basenversorgung auszeichnen. Im Gegensatz zu den Zwergstrauchheiden rangieren bodensaure Magerrasen bezüglich des pH-Werts meist noch im Austauscher-Pufferbereich (pH > 4,2). Ein Abfallen in den

Abb. 17.2 Regeneration von Zwergstrauchheiden: **a** und **b** Verjüngung von *Calluna vulgaris* durch Brand sowie **c** und **d** durch Schoppern (unten). Beim Brennen, das bevorzugt im Winter durchgeführt wird, wird ein Großteil der oberirdischen Biomasse beseitigt, die organische Auflage bleibt weitestgehend erhalten und die Wurzelstöcke treiben wieder aus. Auch die Keimung von *Calluna vulgaris* wird durch kurzzeitige Erhitzung der Samen gefördert. Das Schoppern ist ein seit ca. 20 Jahren angewandtes maschinelles Pflegeverfahren, bei dem die oberirdische Biomasse und der größte Teil des Humuskörpers abgetragen wird. Im Gegensatz zum traditionellen Plaggen verbleibt eine dünne organische Auflage. Da die Wurzelstöcke nicht komplett beseitigt werden, können sich bereits im darauffolgenden Jahr die ersten blühenden Triebe entwickeln. Die offenen Bodenflächen fördern die Keimung von *Calluna vulgaris*

17

Aluminium-Pufferbereich, der das Wurzelwachstum hemmt und die Nährstoffaufnahme vermindert, kann wie auch bei Zwergstrauchheiden zu einem deutlichen Rückgang des Artenreichtums und zum Ausfall naturschutzfachlich besonders wertvoller Arten wie *Arnica montana*, *Gentiana pneumonanthe* und *Polygala serpyllifolia* führen (De Graaf et al. 1997 1998). Ähnlich wie die Zwergstrauchheiden sind bodensaure Magerrasen infolge jahrhundertelanger Biomasseentzüge mittels Mahd und Beweidung durch chronischen Stickstoff- und Phosphormangel geprägt. Angesichts des in der Regel sehr frischen Wasserhaushalts der Standorte lassen sich bodensaure Magerrasen durch NP-Düngung aber leicht und sehr rasch in produktives Wirtschaftsgrünland überführen (Hejcman et al. 2010).

17.1.2 Pflanzenarten und Vegetationstypen

Kennzeichnend für Zwergstrauchheiden ist die Dominanz von Zwergsträuchern aus der Familie der Ericaceae. In Abhängigkeit von

Klima und Boden kommt es innerhalb Mitteleuropas zu einer deutlichen Verschiebung der Dominanzverhältnisse der verschiedenen Zwergsträucher sowie der Zusammensetzung der Begleitflora. Im Einzelnen lassen sich dabei relativ trockene Tieflandsheiden (Verband Genistion pilosae) von Bergheiden (Vaccinion myrtilli), Küstenheiden (Empetrion nigri) und Feuchtheiden (Ericion tetralix) unterscheiden (Ellenberg und Leuschner 2010, S. 846 f.). Küstenheiden und manche Feuchtheiden kommen natürlicherweise auf Standorten vor, auf denen extreme Bedingungen einen Gehölzaufwuchs hemmen (Wind, Nässe); dasselbe gilt für Bergheiden oberhalb der Baumgrenze (kurze Vegetationsperiode, Schneelast).

In den Tieflandsheiden dominiert *Calluna vulgaris*, ein sehr robuster und regenerationsfähiger Zwergstrauch, der extremen Nährstoffmangel erträgt, aber empfindlich auf Austrocknung reagiert. Die Art gedeiht daher am besten unter auch im Sommer feuchten ozeanischen Klimabedingungen. *Calluna vulgaris* baut im Boden eine sehr große und langfristig persistente Samenbank auf und kann sich daher nach Schoppern, Plaggen oder Brennen spontan aus der Samenbank regenerieren. Auf reinen, zumeist podsolierten Sandböden sind neben den charakteristischen Ginsterarten wie *Genista anglica und G. sagittalis* (◘ Abb. 17.3a) nur wenige Aluminium-tolerante Sauerhumusbesiedler, wie *Avenella flexuosa* und *Trientalis europaea*, sowie Moose, wie *Pleurozium schreberi* und *Hypnum jutlandicum*, mit *Calluna vulgaris* vergesellschaftet. Typische Tierarten der Heidegebiete sind beispielsweise Ziegenmelker, Heidelerche und Argus-Bläuling (◘ Abb. 17.3d-f).

Floristisch reicher sind Heiden auf lehmreicheren Substraten, die sich durch eine

◘ **Abb. 17.3** Pflanzen- und Tierarten der Zwergstrauchheiden: **a** *Genista sagittalis* als charakteristische Art der Ginsterheiden, **b** *Vaccinium vitis-idaea* ist eine typische Art der Bergheiden, **c** *Empetrum nigrum* als kennzeichnende Art der Küstenheiden, **d** Ziegenmelker, **e** Heidelerche sowie **f** Argus-Bläuling sind typische Tierarten in Heideökosystemen. (Foto a: A. Lorenz, c: U. Anhalt, d, e: A. Schonert, f: C. Nolte)

etwas bessere Basen- und Wasserversorgung auszeichnen. Hier können zusätzlich Arten wie *Arnica montana*, *Polygala vulgaris* (◘ Abb. 17.4a, e) und *P. serpyllifolia* auftreten, die höhere Ansprüche an den Basenhaushalt stellen (Berg et al. 2005). Der Übergang zwischen diesen Lehmheiden und bodensauren Magerrasen ist fließend. Aufgrund ihrer günstigeren Standortbedingungen wurden Lehmheiden in der Vergangenheit bevorzugt in Äcker umgewandelt und sind heute sehr selten.

Bei weniger stabilen Substratverhältnissen und unter starkem Windeinfluss – wie auf entkalkten Küstendünen vorzufinden – kann *Calluna vulgaris* vollständig von der auch im Alter niederwüchsigen Krähenbeere (*Empetrum nigrum*, (◘ Abb. 17.3c) ersetzt werden, die etwa auf den Ostfriesischen Inseln großflächig die Vegetation der Nordhänge von Braundünen dominiert. Krähenbeerenheiden bilden dort recht persistente Endstadien der Dünensukzession (Ellenberg und Leuschner 2010, S. 647),

◘ **Abb. 17.4** Charakteristische Arten der bodensauren Magerrasen: **a** *Arnica montana*, **b** *Potentilla erecta* und **c** *Antennaria dioica* sind typische Arten von Borstgrasrasen; in feuchten Ausprägungen sind **d** *Pedicularis sylvatica* und **e** *Polygala vulgaris* zu finden. (Foto a: A. Schmidt)

deren Weiterentwicklung zu Wäldern meist sehr langsam verläuft (▶ Kap. 13).

Als Gegenstück zu den Küstenheiden finden sich in den Hochlagen der Mittelgebirge und der montanen bis subalpinen Stufe der Alpen Zwergstrauchheiden, die von Beersträuchern der Gattung *Vaccinium* dominiert werden (*Vaccinium myrtillus* und *V. vitis-idaea*, (▣ Abb. 17.3b). Unter den hier vorherrschenden kalt-feuchten Bedingungen mit kurzer Vegetationsperiode ist *Calluna vulgaris* weniger konkurrenzfähig. Zu den dominanten *Vaccinium*-Arten gesellen sich weitere Sippen mit boreo-alpiner Verbreitung *(Leontodon helveticus, Homogyne alpina, Trientalis europaea)* sowie vermehrt Arten der bodensauren Magerrasen *(Arnica montana, Meum athamanthicum, Poa chaixii)*, zu denen fließende Übergänge bestehen (Geringhoff und Daniëls 2003). Küstenheiden und Bergheiden wurden in der Vergangenheit ebenfalls gemäht und beweidet, im Gegensatz zu den *Calluna*-Heiden des Tieflandes aber weniger geplaggt oder gebrannt.

Auf grundwasserbeeinflussten Sandböden (Gleye, Podsolgleye) des Tieflandes finden sich verbreitet Feuchtheiden, in denen *Calluna vulgaris* als dominierende Art durch die Glockenheide *(Erica tetralix)* ersetzt wird (Ellenberg und Leuschner 2010, S. 851). Hinzu treten zahlreiche Feuchte- und Wechselfeuchtezeiger aus sauren Nieder- und Zwischenmoren wie *Molinia caerulea, Carex nigra, Drosera intermedia, Lycopodiella inundata* und *Narthecium ossifragum*. Aufgrund des Anschlusses an zumeist basenreicheres Grundwasser entwickeln die Feuchtheiden oft vergleichsweise artenreiche Bestände, die sich durch das Auftreten seltener Arten auszeichnen.

Im Gegensatz zu den Zwergstrauchheiden handelt es sich bei den bodensauren Magerrasen, die pflanzensoziologisch in der Ordnung Nardetalia (Borstgrasrasen) zusammengefasst werden, um von niederwüchsigen Gräsern und Kräutern dominierte Formationen. Besiedelt werden zumeist frische, mäßig bis stark saure Standorte, die natürlicherweise von Waldmeister- oder Hainsimsen-Buchen- und Buchen-Tannenwäldern eingenommen würden. In der weiteren Untergliederung kommen vor allem Basenreichtum und Bodenfeuchte sowie klimatische Faktoren zum Tragen. In der Krautschicht dominieren niederwüchsige Gräser wie das namensgebende Borstgras (*Nardus stricta*) neben *Agrostis tenuis, Anthoxanthum odoratum* und *Luzula campestris*, mit denen hochstete Kräuter wie *Potentilla erecta, Galium hercynicum* oder die inzwischen sehr seltenen *Arnica montana* und *Antennaria dioica* vergesellschaftet sind (▣ Abb. 17.4a–c). Auf etwas weniger sauren Standorten werden diese durch *Polygala vulgaris, Viola canina, Pimpinella saxifraga* und *Danthonia decumbens* ergänzt. Unter besonders basenreichen Bedingungen wie etwa auf Basalt in der Rhön, dem Vogelsberg und Westerwald treten weitere ausgesprochene Basenzeiger wie *Galium verum, Helictotrichon pratense* und *Helianthemum nummularium* hinzu, deren Verbreitungsschwerpunkt eigentlich in Kalkmagerrasen liegt. Insgesamt steigt mit zunehmendem Basenreichtum des Bodens die Artenzahl deutlich an. Analog zu den Zwergstrauchheiden gibt es an von Grund- oder Sickerwasser beeinflussten Standorten zumeist kleinflächig feuchte Borstgrasrasen, die sich durch das Auftreten von *Juncus squarrosus* und weiteren Feuchte- und Wechselfeuchtezeigern wie *Pedicularis sylvatica, Polygala vulgaris, Carex panicea, Viola palustris* und *Gentiana pneumonanthe* auszeichnen.

Floristisch eigenständige und oft besonders reich ausgestattete Borstgrasrasen finden sich weit verbreitet auf silikatischen Substraten in der subalpinen und alpinen Stufe der Alpen sowie in den Kammlagen der höheren Mittelgebirge (Grabherr und Mucina 1993; Peppler-Lisbach und Petersen 2001). Auch bei diesen hochmontanen bis alpinen Gesellschaften, denen zahlreiche wärmebedürftige Arten der tieferen Lagen fehlen (z. B. *Viola canina*), handelt es sich nur teilweise um „alpine Ur-Rasen", die auch ohne Zutun des Menschen und seiner Weidetiere fortbestehen würden (▶ Kap. 14).

17.1.3 Heiden und bodensaure Magerrasen im Schutzgebietssystem Natura 2000

Aufgrund ihrer europaweiten Bedeutung für die Erhaltung der Biodiversität und der daran gekoppelten Ökosystemdienstleistungen sind alle Verbände der Zwergstrauchheiden als Lebensräume von gemeinschaftlichem Interesse in der FFH-RL aufgeführt (EU 1992). Für diese Lebensräume müssen deshalb besondere Schutzgebiete im Netzwerk Natura 2000 ausgewiesen werden und es besteht für Lebensräume mit einem günstigen Erhaltungszustand ein Verschlechterungsverbot. Lebensräume mit einem schlechten Erhaltungszustand müssen wiederhergestellt werden.

Die Ginsterheiden (Genistion pilosae) werden mit Ausnahme der Vorkommen auf Binnendünen den „Europäischen trockenen Heiden (LRT 4030)" zugeordnet und sind in ganz Deutschland verbreitet (◘ Abb. 17.1), mit besonders gut und großflächig ausgeprägten Vorkommen im Nordost- und Nordwestdeutschen Tiefland. Die Vorkommen auf Binnendünen werden als eigenständiger Lebensraumtyp (LRT 2310 und 2320) ausgewiesen. Sie sind oft mit dem LRT 2330 (Offene Grasflächen mit *Cornephorus* und *Agrostis* auf Binnendünen) verzahnt.

Die Feuchtheiden des Verbandes Ericion tetralix entsprechen dem Lebensraumtyp „Feuchte Heidegebiete des nordatlantischen Raumes mit *Erica tetralix* (LRT 4010)". Die Zwergstrauchheiden der subalpinen und alpinen Höhenstufe werden zum Lebensraumtyp 4060 „Alpine und boreale Heiden" gestellt und kommen oft in Verzahnung mit Borstgrasrasen vor. Die Bergheiden niederer Lagen zählen dagegen zu den „Europäischen trockenen Heiden (LRT 4030)".

Artenreiche Borstgrasrasen der höheren Lagen der silikatischen Mittelgebirge sowie der niederen Lagen auf meist flachgründigen Böden über saurem Gestein oder Sanden in niederschlagsreichem Klima werden als Lebensraumtyp 6230 erfasst (◘ Tab. 17.1). Dieser Lebensraumtyp umfasst die durch *Nardus stricta* und weitere typische Arten wie *Arnica montana* oder *Viola canina* gekennzeichneten Magerrasen. Subalpine, natürliche Borstgrasrasen der Alpen sind dagegen in den Lebensraumtyp „Boreo-alpines Grasland auf Silikatsubstraten (LRT 6150)" eingeschlossen. Durch Überweidung irreversibel degradierte und verarmte Borstgrasrasen werden nicht als Lebensraumtyp erfasst.

Heiden und bodensaure Magerrasen haben auch eine besondere Bedeutung als Lebensraum für Arten des Anhangs I der Vogelschutz-Richtlinie (Richtlinie 2009/147/EG vom 30. November 2009) wie Ziegenmelker und Heidelerche. Großflächige und störungsarme Heiden in Verzahnung mit Mooren sind Lebensräume für das Birkhuhn; Ökotone zu beerkrautreichen Nadelwäldern sind für das Auerhuhn essentiell.

17.1.4 Ökosystemdienstleistungen der Heiden und bodensauren Magerrasen

Als typische Bestandteile der vorindustriellen Agrarlandschaft sind Zwergstrauchheiden und bodensaure Magerrasen aus landwirtschaftlicher Sicht für die Bereitstellung von Nahrung (z. B. Honig, Lammfleisch) und Rohstoffen (Einstreu) heute von nachrangiger Bedeutung. Ein sehr frühes Motiv für den Schutz von Heiden war deren Ästhetik insbesondere zur Heideblüte, welche dem romantischen Idealbild einer arkadischen Landschaft für mitteleuropäische Verhältnisse in besonderem Maß entsprach. Nicht zufällig erfolgte die Ausweisung des zweiten deutschen Naturschutzgebietes im Jahr 1921 in der Lüneburger Heide, die auch heute noch ein Magnet für die regionale Naherholung und den Tourismus darstellt.

Tab. 17.1 Nach Anhang I der FFH-Richtlinie (EU 1992) geschützte Lebensraumtypen der Zwergstrauchheiden und bodensauren Magerrasen Mitteleuropas im Binnenland. (* = prioritärer Lebensraumtyp; Definitionen und Beschreibungen nach BfN 2014)

Natura 2000-Code	FFH-Lebensraumtyp	Definition	Erläuterungen
23	Heiden und bodensaure Magerrasen auf Dünen im Binnenland (alt und entkalkt)		
2310	Sandheiden mit *Calluna* und *Genista*	Von Zwergsträuchern *(Calluna vulgaris, Genista anglica, Genista pilosa)* dominierte Heiden auf entkalkten oder kalkarmen Binnendünen mit meist einzelnen Gebüschen	Zum Lebensraumtyp gehören trockene bis frische Heiden auf Binnendünen. Es sind Halbkulturformationen, die durch Schafbeweidung, früher auch Plaggen oder durch Brand auf (weitgehend) entkalkten Sanden entstanden sind
2320	Sandheiden mit *Calluna* und *Empetrum nigrum* (Dünen im Binnenland)	Trockene Sandheiden mit *Calluna vulgaris* und *Empetrum nigrum* auf Dünen im Binnenland	Trockene bis frische Heiden auf Binnendünen, die von Krähenbeere, meist in Verbindung mit Besenheide beherrscht werden. Es sind Halbkulturformationen, die durch Schafbeweidung, früher auch Plaggen oder durch Brand auf (weitgehend) entkalkten Sanden entstanden sind
2330	Offene Grasflächen mit *Cornephorus* und *Agrostis* auf Binnendünen	Offene, meist lückige Grasflächen auf bodensauren Binnendünen: Kleinschmielen-Rasen, *Corynephorus canescens*-Rasen, ausdauernde lückige Sandtrockenrasen mit *Agrostis vinealis*, *Carex arenaria* u. a	Zum Lebensraumtyp gehören Binnendünen mit offener, meist lückiger Grasvegetation, z. B. mit Silbergrasrasen, Kleinschmielenrasen oder lückigen ausdauernden Sandrasen. Sie finden sich als artenreiche Pioniervegetation auf entkalkten Sanden mit moderatem Windeinfluß
40	Gemäßigte Heiden und Buschvegetation (zu Gebüschen siehe ▶ Kap. 15)		
4010	Feuchte Heidegebiete des nordatlantischen Raumes mit *Erica tetralix*	Feuchte Zwergstrauchheiden und Heidevermoorungen im nordatlantischen und mitteleuropäischen Raum mit *Erica tetralix*	Der Lebensraumtyp findet sich auf feucht- bis wechselfeuchten, sandig-anmoorigen, bodensauren oder torfigen Böden. *Erica tetralix* ist die vorherrschende Pflanzenart. Die Vorkommen sind grundwasserbeeinflusst oder liegen in niederschlagsreichen Gebieten
4030	Europäische trockene Heiden	Baumarme oder -freie, von Ericaceen dominierte, frische bis trockene Zwergstrauchheiden vom küstenfernen Flachland bis in die Mittelgebirge und Alpen auf silikatischem bzw. oberflächlich entkalktem Untergrund. Dazu gehören *Calluna vulgaris*-Heiden des Flachlandes, deren Krähenbeer- und Blaubeerreiche Ausbildungen sowie die Bergheiden der höheren Lagen	Von Heidekraut-Gewächsen dominierte, frische bis trockene Zwergstrauchheiden. Je nach Standort können *Calluna vulgaris, Empetrum nigrum* oder auch *Vaccinium myrtillus* als vorherrschende Arten auftreten. Ausschlaggebend für das Vorkommen des Lebensraumtyps sind schlechte Nährstoff-, Basen- und Wasserverhältnisse des Bodens

(Fortsetzung)

Tab. 17.1 (Fortsetzung)

Natura 2000-Code	FFH-Lebensraumtyp	Definition	Erläuterungen
4060	Alpine und boreale Heiden	Zwergstrauch-Heiden der subalpinen und alpinen Höhenstufe in Mitteleuropa auf silikatischen und kalkhaltigen Böden. Dominante Arten sind verschiedene Ericaceen, *Dryas octopetala* und *Juniperus communis* ssp. *alpina*. Oft sind hohe Anteile von Flechten (*Cladonia* spp. u. a.) in der niedrigwüchsigen Vegetation auffallend. Diese Gruppe umfasst arktisch-alpine Windheiden, *Vaccinium myrtillus*-*Empetrum nigrum*-Heiden und *Dryas octopetala*-Bestände	Heidekraut-Gewächse und *Juniperus communis* ssp. *alpina* sind vorherrschende Arten dieser Heiden. Oft sind hohe Anteile von Flechten (*Cladonia* spp. u. a.) in der niedrigwüchsigen Vegetation auffallend. Der Lebensraumtyp bildet verschiedene Typen mit Dominanzbeständen der genannten Arten aus
62	Naturnahes trockenes Grasland und Verbuschungsstadien (hier nur die bodensauren Magerrasen, Kalkmagerrasen siehe ► Kap. 19)		
6230*	Artenreiche Borstgrasrasen montan (und submontan auf dem europäischen Festland)	Geschlossene trockene bis frische Borstgrasrasen der höheren Lagen silikatischer Mittelgebirge (herzynisch), der Alpen und Pyrenäen und Borstgrasrasen der niederen Lagen (planar bis submontan: Violo-Nardion). Unter „artenreichen" Borstgrasrasen sind Borstgrasrasen mit hoher Artenzahl gemeint, während durch Überweidung (irreversibel) degradierte und verarmte Borstgrasrasen nicht eingeschlossen sind	Der Lebensraumtyp umfasst die durch *Nardus stricta* gekennzeichneten Magerrasen auf meist flachgründigen Böden über saurem Gestein oder Sanden in niederschlagsreichem Klima. Borstgrasrasen sind in der Regel durch extensive Beweidung entstanden. Typische Arten sind neben dem Borstgras beispielsweise *Arnica montana*, *Vaccinium myrtillus* oder *Viola canina*
Weitere verwandte Lebensraumtypen			
6150	Boreo-alpines Grasland auf Silikatsubstraten	Subalpines bis nivales natürliches oder naturnahes Grasland auf Silikatgesteinen. Dazu gehören die Krummseggenrasen (Caricetea curvulae) und subalpin-alpine Borstgrasrasen (Nardion strictae), das heißt borstgrasreiche Extensivweiden der Alpen einschließlich Übergängen zu Silikat-Schneetälchen	Natürliches oder naturnahes Grasland (Borstgrasrasen, Krummseggenrasen, Schneetälchen) auf saurem Gestein im Bereich oberhalb der Waldgrenze. Die Böden sind sehr flachgründig und zum Teil lange schneebedeckt. Die Standorte sind häufig dem Wind direkt ausgesetzt

Auch bodensaure Magerrasen, besonders jene etwas basenreicherer Standorte, können durch spektakuläre Blühaspekte begeistern und enthalten teilweise Massenbestände an optisch sehr attraktiven Arten wie *Arnica montana* oder lokal in der Eifel auch *Narcissus pseudonarcissus* (▣ Abb. 25.5; Peppler-Lisbach und Petersen 2001). Ähnlich wie andere nährstoffarme Offenlandökosysteme generieren Zwergstrauchheiden und bodensaure Magerrasen infolge ihrer extensiven Bewirtschaftungsformen besonders sauberes Oberflächen- und Grundwasser, wodurch sich gerade in Trinkwasserschutzgebieten sehr gute Optionen für eine Renaturierung ergeben.

17.2 Gefährdung von Zwergstrauchheiden und bodensauren Magerrasen

17.2.1 Melioration, Aufforstung und Nutzungsaufgabe

Kaum ein Lebensraumtyp hat in Mitteleuropa derart gravierende Flächenverluste hinnehmen müssen wie die Zwergstrauchheiden und bodensauren Magerrasen. Noch zu Beginn des 19. Jahrhunderts dominierten Heiden über weite Strecken das Landschaftsbild des Norddeutschen Tieflandes und nahmen etwa in Nordwestdeutschland nahezu 50 % der Landesfläche ein (Ellenberg und Leuschner 2010, S. 843). Noch im 19. Jahrhundert war der Nutzungsdruck vielerorts derart massiv, dass viele Heidegebiete durchsetzt waren von offenen Silbergrasfluren und Driftsandflächen. Durch den Einsatz von synthetischem Mineraldünger konnten Heiden ab Beginn des 20. Jahrhunderts zunehmend unter den Pflug genommen werden, und bei Feuchtheiden erfolgte durch Aufdüngung und milde Drainage oft eine Umwandlung in ertragreiche Feuchtwiesen und -weiden. Vielfach wurden die schlechtesten Standorte großflächig mit der anspruchslosen Wald-Kiefer (*Pinus sylvestris*) aufgeforstet. Hierzu war oft erst ein Aufbrechen der Ortsteinhorizonte der Heidepodsole durch Tiefpflügen notwendig. Inzwischen haben sich viele der ehemals extensiveren nährstoffdefizitären Heidelandschaften Nordwestdeutschlands zu Zentren der Massentierhaltung und Biogasproduktion entwickelt, in denen mit Gülle und Kunstdünger überdüngte Maisäcker das Landschaftsbild bestimmen und deren Nährstoffüberschüsse Grundwasser und Oberflächengewässer massiv belasten. Die Typen der Degradation und Transformation von Zwergstrauchheiden sind in ▣ Abb. 17.5 zusammengefasst.

Inzwischen sind Heiden nahezu vollständig aus dem Landschaftsbild Nordwestdeutschlands verschwunden. Größere zusammenhängende Restbestände von mehr als 100 ha finden sich fast nur noch in der Lüneburger Heide sowie auf größeren Truppenübungsplätzen wie etwa in der Senne bei Paderborn, der Colbitz-Letzlinger Heide in der Altmark oder in der Oranienbaumer Heide an der Mittelelbe.

Nach Aussetzen einer militärischen Nutzung, besonders nach dem Abzug der Roten Armee in Ostdeutschland, drohen viele der letzten großflächigen Heidevorkommen auf Truppenübungsplätzen durch Sukzession verlorenzugehen (z. B. Jüterbog, Lieberose und Oranienbaumer Heide, siehe ▸ Exkurs 17.1). Bei einem vollständigen Ausbleiben von Störungen entwickeln sich diese letzten landschaftsprägenden Heideökosysteme Mitteleuropas rasch zu naturschutzfachlich weitgehend unbedeutenden Vorwäldern aus Birke und Kiefer. Auf vielen ehemaligen Truppenübungsplätzen wurden zudem invasive Neophyten ausgebracht oder sie konnten sich spontan aus

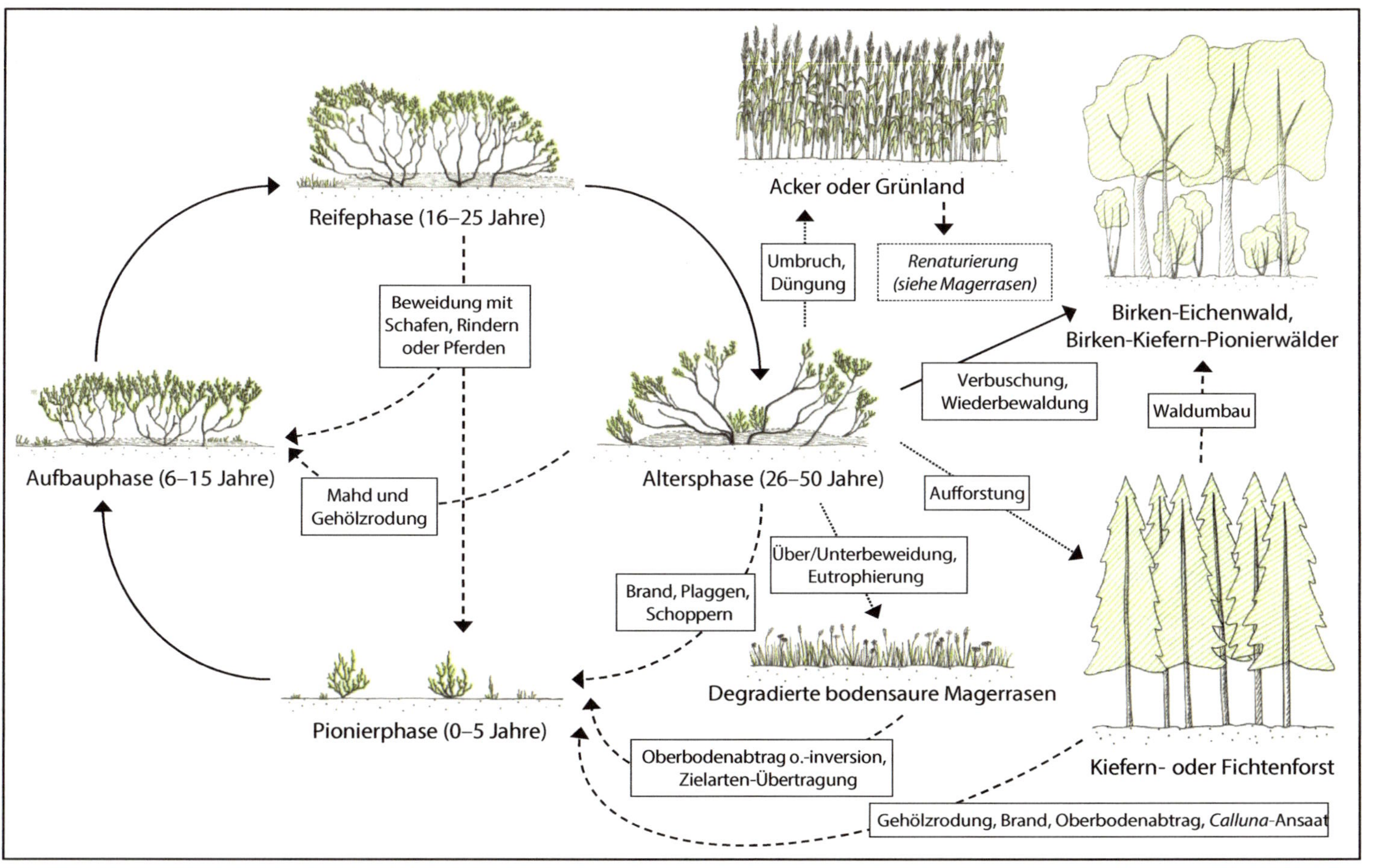

Abb. 17.5 Entwicklungszyklus von *Calluna vulgaris* (links) sowie Auswirkungen von Landnutzungsänderung auf trockenen Tieflandsheiden in Nordwestdeutschland seit Beginn des 20. Jahrhunderts sowie Renaturierungsoptionen (durchgezogene Pfeile = natürliche Entwicklung; gepunktete Pfeile = Degradation; gestrichelte Pfeile = Renaturierung)

der Umgebung ansiedeln. Arten wie *Prunus serotina* und *Robinia pseudoacacia* breiten sich nach Nutzungsaufgabe in den noch lichten Pionierwäldern stark aus und verzögern eine Entwicklung zu den Schlusswaldgesellschaften. Auch bei verzögerter Gehölzsukzession führt fehlendes Management mittelfristig zu einer in ◘ Abb. 17.5 beschriebenen Überalterung der Zwergstrauchheiden infolge von Mangel an offenem Boden für die Verjüngung und nachfolgend einsetzender Vergrasung *(Avenella flexuosa, Calamagrostis epigejos)* und Verstaudung *(Pteridium aquilinum)*. Auch die massenhafte Vermehrung des Heideblattkäfers, der als Larve und Käfer ausschließlich an *Calluna vulgaris* frisst, kann zum Absterben ganzer Bestände führen. Besonders ältere Heidebestände und solche mit erhöhten atmogenen Stickstoffeinträgen, die zu einem für den Heidekäfer günstigen niedrigeren C/N-Verhältnis in den Blättern führen, sind betroffen (Power et al. 1995). Frühere Landnutzungen in den großflächigen Tieflandsheiden haben spätestens beim Eintritt in die Altersphase von *Calluna vulgaris* durch Brand und Plaggen immer wieder alte Biomasse beseitigt und Regenerationsnischen geschaffen und so zu einer Verjüngung der Bestände beigetragen (◘ Abb. 17.5). Auch durch die darauffolgende Beweidung, oft in Kombination mit Mahd, wurde die generative und vegetative Verjüngung von *Calluna vulgaris* gefördert.

Analog zu den Zwergstrauchheiden wurden auch die bodensauren Magerrasen der Mittelgebirge und am Alpenrand seit Mitte des 19. Jahrhunderts großflächig mit *Picea abies* aufgeforstet oder durch Düngung und Kalkung in ertragreichere Gold- oder Glatthaferwiesen und Fettweiden umgewandelt. Heute sind bodensaure Magerrasen sowohl im Tiefland als auch in den Mittelgebirgen vielerorts nur noch als kleinflächige Fragmente anzutreffen. Größere Bestände in vielfältiger Ausprägung finden sich nahezu ausschließlich in über Naturschutz- oder Agrarumweltprogramme gemanagten Schutzgebieten, wie etwa der Langen Rhön in Bayern oder den Weidfeldern des Südschwarzwaldes.

17.2.2 Eutrophierung und Versauerung durch atmosphärische Stickstoffdepositionen

Atmosphärische Stickstoffdepositionen sind für Zwergstrauchheiden und bodensaure Magerrasen in dreierlei Hinsicht problematisch. Zum einen wirken sie eutrophierend und bewirken durch eine Erhöhung der Produktivität einen Ausfall kleinwüchsiger Arten infolge Lichtkonkurrenz. Stickstoffeinträge führen darüber hinaus zu Nährstoffungleichgewichten (insbesondere N/P-Verhältnis), unter denen die in den Heiden als Konkurrenten der Zwergsträucher auftretenden Gräser weniger leiden als die Zwergsträucher selbst. So kommt es beispielsweise in trockenen *Calluna*-Heiden bei Stickstoffdeposition häufig zu einer Ausbreitung von *Avenella flexuosa*, während in Feuchtheiden oft *Molinia caerulea* zur Dominanz gelangt, die den Stickstoff auch bei einem sehr knappen Phosphor-Angebot effektiv in Biomasse umzusetzen vermögen (Friedrich et al. 2011; Bähring et al. 2016).

Zum anderen wirken Stickstoffeinträge auf schwach gepufferten Standorten versauernd, was zu einer verstärkten Freisetzung von Aluminium in der Bodenlösung führt (Graaf et al. 1997, 1998). Als Folge dieser Prozesse kommt es zu einem Ausfall basikliner, naturschutzfachlich bedeutsamer Arten wie *Arnica montana, Polygala serpyllifolia, Succisa pratensis* und *Gentiana pneumonanthe* (Berg et al. 2005). Auch aus überregionalen Studien lässt sich ein deutlicher Zusammenhang zwischen Stickstoffdeposition und dem Rückgang des Gefäßpflanzenreichtums in bodensauren Magerrasen herstellen

(Stevens et al. 2004, 2006; Dupré et al. 2010). Während sich Stickstoffeinträge zumindest teilweise durch Managementmaßnahmen kompensieren lassen (Härdtle et al. 2006), besteht noch Forschungsbedarf in Bezug auf die Zurückführung von Versauerungseffekten. Kleine Reste von Zwergstrauchheiden und bodensauren Magerrasen in intensiv landwirtschaftlich genutzten Agrarlandschaften wie dem Norddeutschen Tiefland sind darüber hinaus massiv durch Nährstoffeinträge aus angrenzenden Agrarflächen bedroht.

Und schließlich wirken sich Stickstoffeinträge durch die Vergrößerung des Spross/Wurzel-Verhältnisses negativ auf die Trockenheitsresistenz von *Calluna vulgaris* besonders in den frühen Lebensstadien aus (Meyer-Grünefeldt et al. 2015). Vor dem Hintergrund des Klimawandels mit verstärkten Trockenperioden in der Vegetationsperiode wird das an Bedeutung gewinnen.

17.2.3 Entwässerung

Feuchte Zwergstrauchheiden und feuchte bodensaure Magerrasen werden durch Entwässerung in Form von Grabendrainagen oder Grundwasserabsenkung im Landschaftsmaßstab negativ in ihrer Zusammensetzung verändert. Neben dem Ausfall von typischen Feuchtezeigern kommt es durch die Abschneidung von basenhaltigem Grundwasser oft auch zur oberflächlichen Versauerung und zum Ausfall basikliner Arten. Mahnende Beispiele hierfür sind die großflächigen Grundwasserabsenkungen in der Lüneburger Heide im Zuge einer nicht nachhaltigen Grundwasserentnahme durch die Stadt Hamburg (Deutscher Rat für Landespflege 1985).

17.3 Renaturierung von Zwergstrauchheiden und bodensauren Magerrasen

17.3.1 Wiederherstellung aus Brachen und Verwaldungen

Am schnellsten und nachhaltigsten lassen sich Zwergstrauchheiden und bodensaure Magerrasen aus Brache- und Verwaldungsstadien dieser Biotoptypen wiederherstellen (vgl. ◘ Abb. 17.5). Besonders geeignet sind hierfür gegenüber landwirtschaftlicher Intensivnutzung (Nährstoffeintrag) gut abgeschirmte Waldinnenbereiche mit Relikten der ursprünglichen Vegetation in Bestandesblößen oder entlang von Wegrändern. Je jünger das Brachfallen und die Verwaldung, desto besser sind die Chancen einer raschen und vollständigen Regeneration, da die Wahrscheinlichkeit, dass das vollständige Inventar an Zielarten in Randbereichen oder in der Samenbank überdauert hat, damit erheblich steigt. Wichtig ist als erster Schritt eine radikale Zurücknahme der Gehölze (Lorenz et al. 2016; Borchard et al. 2017); hierbei dürfen auch optisch attraktive Wacholderbestände nicht ausgespart werden. Samenbäume der Birke sollten auch im näheren Umfeld möglichst konsequent eliminiert werden, um die Wiederansiedlung dieser Art zu verringern.

Im zweiten Schritt muss die organische Auflage bis zum Mineralboden entfernt werden

(Abb. 17.5). Diese Maßnahme dient zum einen der Minimierung von Mineralisationsschüben nach Freistellung und zum anderen der Reaktivierung der Samen- und Knospenbank im Boden. *Calluna vulgaris* ist bekannt für die Ausbildung einer umfangreichen Samenbank, welche durch Freistellung und Oberbodenstörungen leicht zum Keimen stimuliert werden kann. Die Oberbodenentblößung sollte nach Möglichkeit zeitlich nicht mit dem Samenflug der Birke im Juli bis November zusammenfallen, sondern möglichst danach erfolgen. Bereits im ersten Jahr nach Gehölzfreistellung sollten wiederaustreibende Gehölze und ruderale Schlagflurarten (z. B. *Rubus idaeus* et *fructicosus* agg.) durch eine Beweidung der Flächen zurückgedrängt werden, wofür Ziegen, aber auch robuste Schaf- und Rinderrasen gut geeignet sind. Lediglich in verbrachten Heiden, die kaum Nährstoffeinträgen aus der Luft ausgesetzt waren und in denen in der Vergangenheit ein militärischer Übungsbetrieb durch Bodenstörungen der Entwicklung mächtiger Humusauflagen entgegenwirkte, ist ein Oberbodenabtrag nicht notwendig (Fallbeispiel Oranienbaumer Heide).

Bodensaure Magerrasen, die nach Nutzungsaufgabe lediglich stark vergrast sind oder sich zu Staudenfluren (*Epilobium angustifolium*, *Lupinus polyphyllus*) entwickelt haben, können durch konsequente Mahd oder Beweidung wieder in ihren ursprünglichen Zustand überführt werden. Ein gezielter Winterbrand kann effizient dichte Streuschichten entfernen. Müssen Zielarten aktiv eingebracht werden, kann dies z. B. durch die Übertragung von Mahd- oder Rechgut aus zielartenreichen Beständen im Umfeld der Renaturierungsflächen erfolgen (► Kap. 5). Auch das Aufsaugen von Samen mit speziellen Sauggeräten oder Handsammlungen können auf kleinen oder schwer maschinell befahrbaren Flächen eine praktikable Alternative darstellen. Am günstigsten ist es, wenn Diasporen möglichst in frühen Sukzessionsphasen, in der Regel direkt nach der Gehölzberäumung eingebracht werden. Ist bereits ein weitgehender Narbenschluss erreicht, sollten konkurrenzarme Störstellen geschaffen werden, bevor das Samenmaterial verteilt wird. In stark eutrophierten bodensauren Magerrasen muss dagegen der Oberboden zumindest partiell flach abgeschoben und Zielarten durch oben beschriebene Maßnahmen eingebracht werden.

17.3.2 Wiederherstellung auf Äckern und Fettgrünland

Bei stärker aufgedüngten, ackerbaulich oder als Fettgrünland vorgenutzten Flächen ist ein Oberbodenabtrag zur Wiederherstellung von Zwergstrauchheiden und bodensauren Magerrasen in der Regel unabdingbar. Allein mit einer Aushagerungsmahd sind besonders die hierfür notwendigen niedrigen Phosphorgehalte auch mittelfristig kaum erreichbar (Gilhaus et al. 2015). Bei sehr starker Versauerung und hohen Konzentrationen von freiem Aluminium in der Bodenlösung kann durch die Ausbringung von Dolomitkalk eine leichte Erhöhung pflanzenverfügbarer Basen erreicht werden, wodurch sowohl die Pufferkapazität gegenüber Säureeinträgen erhöht als auch das Auftreten basikliner Arten gefördert wird. Durch den Oberbodenabtrag werden nicht nur die Nährstoffe rasch auf ein adäquates Maß reduziert, sondern auch besonders günstige Bedingungen für die Etablierung von Zielarten geschaffen.

Exkurs 17.1

Fallbeispiel Oranienbaumer Heide – Wiederherstellung von Heidelebensräumen nach Verbrachung

Die Oranienbaumer Heide ist ein ca. 2000 ha großer ehemaliger Truppenübungsplatz im Biosphärenreservat Mittelelbe (◘ Abb. 17.6). Dessen artenreiche Offenlandlebensraumtypen drohten nach Abzug der sowjetischen Streitkräfte durch vollständige Nutzungsaufgabe an Wert zu verlieren. Bereits vor der militärischen Nutzung wurde das durch Tal- und Bändersande geprägte Gebiet durch verschiedenste Beweidungsformen (Wald- und Triftweide mit Rindern, Schafen und Schweinen) in Teilbereichen offengehalten, und es entwickelte sich mit mehr als 800 Pflanzenarten und herausragenden Vorkommen an seltenen Vögeln und Wirbellosen eine einzigartige Artenvielfalt.

Um die biologische Vielfalt in der Oranienbaumer Heide langfristig zu erhalten und ein naturschutzfachlich und zugleich ökonomisch tragfähiges Offenlandmanagement zu realisieren, wurde nach großflächiger Entbuschung auf 450 ha (2009–2012) eine extensive Ganzjahresstandweide eingerichtet. Auf 800 ha weiden ca. 160–180 Heckrinder und Konik-Pferde (ca. 0,2 GVE ha^{-1}). Diese Tierrassen sind sehr anspruchslos in ihrer Nahrungswahl und können den Winter ohne einen Stall auf der Weide verbringen. Ungefähr 500 ha der Weidefläche sind aktuell Heiden, Sandrasen und Silbergraspionierfluren, die mit Gebüschen und Pionierwäldern verzahnt sind. Auf der Grundlage der Daten aus einem Netz von Dauerbeobachtungsflächen auf beweideten Flächen und unbeweideten Kontrollflächen werden der Renaturierungserfolg evaluiert und das Beweidungsmanagement angepasst (Lorenz et al. 2013, 2016).

Die Effekte der Wiederherstellungsmaßnahmen und der Beweidung auf die Zielarten der Heide- und Sandrasenökosysteme sind bemerkenswert. So konnte sich der Wiedehopf mit 15 Brutpaaren wieder ansiedeln, und seit Projektbeginn hat sich die Zahl der Brutpaare des Ziegenmelkers auf mehr als 100 versiebenfacht und die der Heidelerche verdreifacht (A. Schonert, unveröff. Daten 2017). Durch den Fraß der Weidetiere entwickelte sich die vormals hochwüchsige und streureiche Brachvegetation zu einem Mosaik aus sehr offenen, niederwüchsigen Weiderasen, die essentiell für die Nahrungssuche vieler Offenlandvogelarten sind, sowie höherwüchsigen, zumeist blütenreichen Rasen und Säumen.

Auch die Entstehung offener Bodenstellen durch den Tritt der Weidetiere sowie durch das Wälzen der Pferde sind wichtig für die Entwicklung vieler wärmebedürftiger Insektenarten, aber auch konkurrenzschwacher gefährdeter Pflanzenarten. Die blütenreichen Bestände sind als Nektar- und Pollenquelle für viele Insektenarten eine wichtige Nahrungsgrundlage. Der medikamentenfreie Dung fördert Dungkäfer, deren Vorkommen sich in der Oranienbaumer Heide vervielfacht haben, und die wiederum eine wichtige Nahrungsgrundlage für Vögel darstellen. Die vielfältigen Ökotone mit in die Weide integrierten lichten Pionierwäldern bieten Tierarten mit komplexen Lebensraumansprüchen, wie dem Ziegenmelker oder vielen Tagfalterarten, ideale Entwicklungsmöglichkeiten.

Die extensive Ganzjahresbeweidung ist auch deshalb ein geeignetes Instrument zur Offenhaltung der Landschaft, da die Weidetiere auch im Winter auf der Fläche weiden. In dieser Zeit werden verstärkt Gehölze, überständige Gräser und Kräuter sowie *Calluna vulgaris* gefressen, sodass der Offenhaltungseffekt in den futterarmen Wintermonaten am größten ist. In den ehemals durch das *Calamagrostis epigejos* dominierten Beständen hat sich die Zahl der Pflanzenarten deutlich erhöht, besonders die der lebensraumtypischen Zielarten, darunter zahlreiche gefährdete Arten, die im Gebiet mit Reliktvorkommen noch erhalten waren (◘ Abb. 17.7). Darüber hinaus siedelten sich Pflanzen- und Pilzarten neu an, die in Sachsen-Anhalt als ausgestorben galten, z. B. Ästige Mondraute *(Botrychium matricariifolium)* und Punktierte Porenscheibe *(Poronia punctata*; unveröff. Daten des Landesfachausschusses Mykologie). Die Ästige Mondraute etabliert sich vor allem in den von Rindern und Pferden geschaffenen Weidetierpfaden; die Punktierte Porenscheibe kommt speziell auf dem medikamentenfreien Dung der Weidetiere vor.

Abb. 17.6 Nach fast 20jähriger Brachephase waren auf dem ehemaligen Truppenübungsplatz Oranienbaumer Heide bei Dessau **a** großflächige Entbuschungen notwendig (Foto: A. Lorenz) und **b** die überalterten *Calluna vulgaris*-Bestände mussten durch einmalige Mahd verjüngt werden (Foto: A. Lorenz); **c** die Beweidung durch Koniks (Foto: C. Meier) und **d** Heckrinder trägt effizient zur Erhaltung der Heidelebensräume bei. Der selektive Fraß der Weidetiere führte zur fast vollständigen Zurückdrängung von *Calamagrostis epigejos* und mächtiger Streufilzdecken; **e** ausgezäunte Kontrollfläche und **f** daneben beweidete Fläche (Foto: C. Meier). Tritt und Wälzen der Weidetiere schaffen zusätzlich offene Bodenstellen, welche die Etablierung lichtbedürftiger und konkurrenzschwacher Arten begünstigt

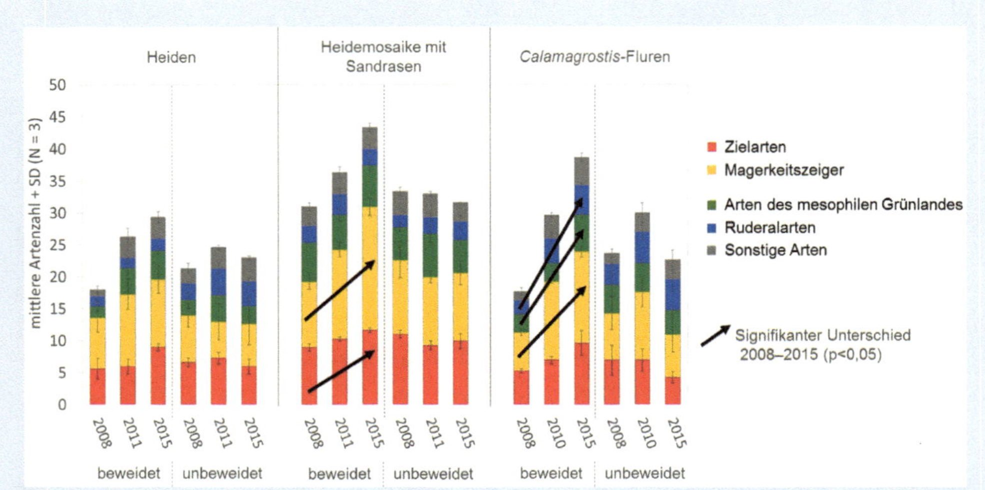

Abb. 17.7 Entwicklung der Zielarten und weiterer Artengruppen der Gefäßpflanzen auf beweideten Dauerbeobachtungsflächen in der Oranienbaumer Heide nach Entbuschungen und sieben Jahren Ganzjahresbeweidung mit Heckrindern und Koniks. Die Gesamtartenzahl hat in allen beweideten Lebensräumen signifikant zugenommen, in den unbeweideten Lebensräumen gab es hingegen keine signifikanten Veränderungen. (nach Henning et al. 2017b)

Die einmalige Mahd der überalterten Heidebestände in Kombination mit der extensiven Beweidung ermöglicht *Calluna vulgaris* in den lichtreichen und durch Tritt mit Offenboden durchsetzten Heiden wieder zu keimen, nachdem in den verbrachten Heiden kaum noch eine generative Verjüngung festgestellt werden konnte (Henning et al. 2017a). Allerdings ist durch das subkontinental geprägte Klima ein Überleben der Keimlinge nur in Gunstjahren in größerer Anzahl möglich. Förderlich wirkt außerdem eine leichte Beschattung durch einzelnstehende ältere Individuen von *Calluna vulgaris*. Deshalb sollte eine Wiederherstellungsmahd nicht zu gleichmäßig alle überalterten Individuen der Besenheide erfassen (Henning et al. 2015).

Bei ackerbaulicher Vornutzung ist auch nach Oberbodenabtrag nicht damit zu rechnen, dass noch Zielarten trockener Heiden und bodensaurer Magerrasen in der Bodensamenbank zu finden sind (Verhagen et al. 2001). Hier muss die Etablierung von Zielarten gezielt durch Mahd-, Drusch- oder Rechgut bzw. regional vermehrte Wildpflanzenmischungen unterstützt werden (▶ Kap. 5). Eine spontane Zuwanderung ist bei Neuanlagen eher unwahrscheinlich, da häufig im direkten Umfeld von Renaturierungsflächen kaum mehr mit vitalen Restpopulationen an Zielarten zu rechnen ist.

Wesentlich günstiger sind die Etablierungsaussichten aus der Samenbank bei Zielarten der Feuchtheiden und der feuchten bodensauren Magerrasen nach Oberbodenabtrag, vor allem wenn dieser so tief erfolgt, dass die Flächen zumindest zeitweise von Grundwasser überstaut werden. Zahlreiche Zielarten der Feuchtheiden neigen zur Ausbildung tief reichender und reich entwickelter persistenter Samenbanken und gelangen nach Oberbodenabtrag oft spontan zu massenhafter Entwicklung (Gilhaus et al. 2015). Hierzu zählen neben *Erica tetralix*, unter anderem *Drosera intermedia*, *Lycopodiella inudata*, *Rhynchospora fusca* und *Pilularia globulifera*, aber auch Seltenheiten wie *Cicendia filiformis* (Jansen et al. 2004). Andere typische Arten, die keine persistente Samenbank aufbauen wie z. B. *Gentiana pneumonanthe*, müssen in der Regel aktiv eingebracht werden.

17.3.3 Langfristiges Erhaltungsmanagement

Für das Management von Zwergstrauchheiden nach Renaturierung steht eine ganze Reihe von Maßnahmen zur Disposition, die auch wesentliche Bausteine der traditionellen Landnutzung waren. Dazu zählen Beweidung (ggf. kombiniert mit Entkusselungen aufkommender Gehölze), Mahd, Brennen, Schoppern und Plaggen (◘ Abb. 17.2, 17.5).

Keines der genannten Verfahren ist allein zielführend. Vielmehr bedarf es in der Regel einer Kombination verschiedener Maßnahmen, um die Existenz von Zwergstrauchheiden unter den aktuellen Umweltbedingungen langfristig sicherzustellen. Das Management muss darauf ausgerichtet sein, überschüssige Nährstoffe aus atmosphärischen Depositionen zu entziehen, der Vergrasung vorzubeugen und in regelmäßigem Turnus eine Verjüngung der Heide aus Samen zu ermöglichen (Härdtle et al. 2006). Niemeyer (2005) untersuchte die Gesamtentzüge an Nährstoffen und deren theoretische Wirkungsdauer in Jahren (TEP) von Heidepflegemaßnahmen in der Lüneburger Heide. Dabei ist TEP der Zeitraum, in dem die entzogene Menge an Nährelementen in Form atmosphärischer Einträge wieder in das System gelangt (◘ Tab. 17.2).

Diese Ergebnisse zeigen, dass bei hohen atmogenen Stickstoffeinträgen auf ein Schoppern oder Plaggen in größeren Abständen nicht verzichtet werden kann, da ein Mähen oder Brennen in den bei den derzeitigen Nährstoffeinträgen notwendigen kurzen Intervallen nicht mehr die Entwicklung von *Calluna vulgaris*-Beständen bis zur Optimalphase zulassen würde (vgl. ◘ Abb. 17.5). Durch eine extensive Beweidung können atmogene Stickstoffeinträge ausgeglichen werden, wenn eine Besatzdichte von ca. 1,1 Schafen pro ha nicht unterschritten wird und die Tiere über Nacht in Ställen gehalten werden (Fottner et al. 2007). In Gebieten mit geringen Stickstoffeinträgen haben sich dagegen extensive Ganzjahresweiden mit robusten Rinder- und Pferderassen bewährt (Lorenz et al. 2016; Rupprecht et al. 2016), zumal diese Weidetiere effizienter als Schafe Gräser zurückdrängen und vor allem im Winter zusätzlich effektiv Gehölze verbeißen.

Letztlich werden sozioökonomische Aspekte bei der Umsetzung eines langfristigen Erhaltungsmanagements einbezogen werden müssen. Beispielsweise muss in Regionen mit traditionellen Schafhutungen und wirtschaftlich relevanter Erholungsnutzung die Einrichtung von ganzjährig umzäunten Flächen durch eine gute Öffentlichkeitsarbeit (Informationstafeln, Flyer, geführte Exkursionen) und eine intelligente Wegeplanung begleitet werden. Interessierten Bürgern müssen einerseits die positiven Wirkungen dieser neuen Nutzungsform auf die Zwergstrauchheiden erläutert werden. Sie müssen aber auch auf entsprechend ausgewiesenen und gesicherten Wegen attraktive Bereiche der Weiden erleben können.

◘ Tab. 17.2 Wirksamkeit des Erhaltungsmanagements von Zwergstrauchheiden. Gesamtausträge an Stickstoff, Kalium und Phosphor durch verschiedene Pflegemaßnahmen und deren theoretische Wirkungsdauer (TEP) in Jahren in nordwestdeutschen Heiden. (nach Niemeyer 2005)

Pflegemaßnahmen	Nährstoffaustrag (kg ha^{-1}) und TEP (Jahre)					
	Stickstoff		Phosphor		Kalium	
Mähen	100	5	8	14	40	37
Brennen	106	5	2	3	29	15
Schoppern	1008	61	42	83	70	33
Plaggen	1712	90	72	144	176	118

Bei der Auswahl geeigneter Erhaltungsmaßnahmen müssen auch die Kosten sowie Möglichkeiten der Nutzung landwirtschaftlicher Fördergelder beachtet werden. Seit 2014 können in beweideten Zwergstrauchheiden erstmalig auch die Flächenprämien des Europäischen Landwirtschaftsfonds für die Entwicklung des ländlichen Raums (ELER) in Anspruch genommen werden. Müller und Schaltegger (2004) haben folgende Kosten für die weiteren Maßnahmen zum Management von Heiden zusammengestellt:

- Mahd 50–500 € ha^{-1},
- Brennen 300–380 € ha^{-1},
- Schoppern 1500–2000 € ha^{-1}
- Plaggen 2800–3500 € ha^{-1}.

Die weiten Spannen sind überwiegend auf die Länge der Transportwege bzw. unterschiedliche Kosten für die Entsorgung zurückzuführen. Die Kosten können gesenkt werden, wenn der humusreiche Oberboden beispielsweise im Gartenbau verwertet wird oder das Heidemähgut für die Anfertigung der Dachfirste von Reetdächern eingesetzt werden kann.

Auch das Erhaltungsmanagement von bodensauren Magerrasen steht vor der großen Herausforderung, eine Nutzung zu gewährleisten, die überschüssige Nährstoffe aus atmosphärischen Depositionen entzieht und somit am Boden lichtreiche Vegetationsbestände erhält, welche Voraussetzung für die Erhaltung zahlreicher konkurrenzschwacher Arten sind (Peppler-Lisbach und Petersen 2001). Auch bei starken atmosphärischen Nährstoffeinträgen kann dies eine großräumige Standweide mit einer an die Produktivität und die Länge der Vegetationsperiode angepassten Besatzdichte (0,3–1,0 GV ha^{-1}) und einer langen Weideperiode sein. Wie in der historischen Triftweide gehen die Weidetiere immer wieder über die gleiche Fläche und haben dabei die Möglichkeit bevorzugte Pflanzen sehr kurz zu verbeißen, während hartblättrige Arten *(Nardus stricta)* oder Rosettenpflanzen *(Arnica montana)* überdauern. Die Beweidung kann durch Rinder, Schafe, Ziegen oder durch robuste Pferderassen erfolgen. Eine Umtriebsweide mit hoher Besatzdichte, geringer Verweilzeit der Tiere auf der Fläche und jährlich mehrmaligem Weidegang kann dagegen kaum die gewünschte Futterselektion ermöglichen (Jäger und Frank 2002). Neben einer regelmäßigen Beweidung oder ersatzweise einschürigen Mahd ohne Düngung sind in Regionen mit hohen atmogenen Stickstoffeinträgen in größeren Abständen Maßnahmen notwendig, die dem System stärker Nährstoffe entziehen und ggf. überständige Biomasse entfernen. Dazu kann ein sehr tiefes Mähen mit abschließendem Ausrechen der alten Streu oder ein Schoppern beitragen (▣ Abb. 17.2c, d). Bei starker Versauerung und Basenverarmung infolge atmogener Stickstoffeinträge kann auch hier eine kontrollierte Ausbringung von Dolomitkalk erfolgen.

17.4 Schlussfolgerungen

Die Dauer der Degradationszeit, die Art der Landnutzungsänderung sowie die landschaftsökologische Lage von Heiden und bodensauren Magerrasen sind wesentliche Faktoren für die Auswahl geeigneter Renaturierungsverfahren und deren Erfolgsaussichten. Vor allem Brache- und Verwaldungsstadien auf Flächen ohne höhere Nährstoffeinträge und in Kontakt zu Restvorkommen der jeweiligen Zielarten lassen sich relativ einfach wiederherstellen. Nach Entbuschungen und an die jeweilige Situation angepassten Maßnahmen zur Verjüngung überalterter *Calluna vulgaris*-Bestände (Mahd, Brennen, Schoppern) ist vor allem eine extensive Beweidung geeignet, um die Zielzustände zu erreichen. Allerdings müssen in Gebieten mit besonders hohen Stickstoffeinträgen Maßnahmen wie Plaggen oder Schoppern eingesetzt werden, die eine Stickstoffakkumulation im System verhindern, da sonst Nicht-Zielarten dominieren. Auf vormals als Acker oder intensives Grünland genutzten Flächen müssen in der Regel der Oberboden entfernt und anschließend die Zielarten aktiv wieder eingebracht werden.

Fragen zur Vertiefung

- **Wie sind die großflächigen Zwergstrauchheiden in den sandigen Geestregionen entstanden?**
- **Unter welchen Standortbedingungen kommen natürliche Zwergstrauchheiden und bodensaure Magerrasen vor?**
- **Welche Gefährdungen führten zu dem massiven flächenmäßigen Rückgang und der starken Degradation vieler Zwergstrauchheiden und bodensaurer Magerrasen?**
- **Nach welchen Kriterien würden Sie besonders geeignete Renaturierungsflächen auswählen und welche Verfahren würden Sie situationsbedingt, das heißt in Abhängigkeit von der jeweiligen Degradation, anwenden?**
- **Welche Formen des langfristigen Erhaltungsmanagements sind für Zwergstrauchheiden und bodensauren Magerrasen geeignet?**

Literatur

Bähring A, Fichtner A, Ibe K, Schütze G, Temperton VM, Oheimb G von, Härdtle W (2016) Ecosystem functions as indicators for heathland responses to nitrogen fertilisation. Ecol Indic 72:185–193

Berg LJL van den, Dorland E, Vergeer P, Hart MAC, Bobbink R, Roelofs JGM (2005) Decline of acid-sensitive plant species in heathland can be attributed to ammonium toxicity in combination with low pH. New Phytol 166:551–564

BfN (2014) Die Lebensraumtypen und Arten (Schutzobjekte) der FFH- und Vogelschutzrichtlinie. ▸ www.bfn.de/lrt/0316-typ2320.html. Zugegriffen: 13.11.2018

Borchard F, Härdtle W, Streitberger M, Stuhldreher G, Thiele J, Fartmann T (2017) From deforestation to blossom. Large-scale restoration of montane heathland vegetation. Ecol Eng 101:211–219

Deutscher Rat für Landespflege (1985) Zur weiteren Entwicklung von Heide und Wald im Naturschutzgebiet Lüneburger Heide. Schr reihe Dtsch Rat Landespfl 48:745–830

Dupre C, Stevens CJ, Ranke T, Bleeker A, Peppler-Lisbach C, Gowing DJG, Dise NB, Dorland E, Bobbink R, Diekmann M (2010) Changes in species richness and composition in European acidic grasslands over the past 70 years – the contribution of cumulative atmospheric nitrogen deposition. Glob Chang Biol 16:344–357

Ellenberg H, Leuschner C (2010) Vegetation Mitteleuropas mit den Alpen: in ökologischer, dynamischer und historischer Sicht. Ulmer, Stuttgart

EU (1992) Richtlinie 92/43/EWG des Rates vom 21. Mai 1992 zur Erhaltung der natürlichen Lebensräume sowie der wildlebenden Tiere und Pflanzen, die zuletzt durch Artikel 1 der Richtlinie 2013/17/EU des Rates vom 13. Mai 2013 geändert wurde

Fottner S, Härdtle W, Niemeyer M, Niemeyer T, Oheimb G von, Meyer H, Mockenhaupt M (2007) Impact of sheep grazing on nutrient budgets of dry heathlands. Appl Veg Sci 10:391–398

Friedrich U, Oheimb G von, Dziedek C, Kriebitzsch WU, Selbmann K, Härdtle W (2011) Mechanisms of purple moor-grass *(Molinia caerulea)* encroachment in dry heathland ecosystems with chronic nitrogen inputs. Environ Pollut 159:3553–3559

Geringhoff HJT, Daniëls FJA (2003) Zur Syntaxonomie des Vaccinio-Callunetum Büker 1942 unter besonderer Berücksichtigung der Bestände im Rothaargebirge. Abh westfäl Mus Naturk 65:1–80

Gilhaus K, Vogt V, Hölzel N (2015) Restoration of sand grasslands by topsoil removal and self-greening. Appl Veg Sci 18:661–673

Graaf MCC de, Bobbink R, Verbeek PJM, Roelofs JGM (1997) Aluminium toxicity and tolerance in three heathland species. Water Air Soil Pollut 98:229–239

Graaf MCC de, Verbeek PJM, Bobbink R, Roelofs JGM (1998) Restoration of species-rich dry heaths: the importance of appropriate soil conditions. Acta Bot Neerl 47:89–111

Grabherr G, Mucina M (1993) Die Pflanzengesellschaften Österreichs – Teil 2. Gustav Fischer, Jena

Härdtle W, Niemeyer M, Niemeyer T, Assmann T, Fottner S (2006) Can management compensate for atmospheric nutrient deposition in heathland ecosystems? J Appl Ecol 43:759–769

Hejcman M, Ceskova M, Schellberg J, Pätzold S (2010) The Rengen Grassland Experiment: effect of soil chemical properties on biomass production, plant species composition and species richness. Folia Geobot 45:125–142

Henning K, Oheimb G von, Tischew S (2015) What restricts generative rejuvenation of *Calluna vulgaris* in continental, dry heathland ecosystems: seed production, germination ability or safe site conditions? Ecol Quest 21:25–28

Henning K, Oheimb G von, Härdtle W, Fichtner A, Tischew S (2017a) The reproductive potential and importance of key management aspects for successful *Calluna vulgaris* rejuvenation on abandoned continental heaths. Ecol Evol 7:2091–2100

Henning K, Lorenz A, Oheimb G von, Härdtle W, Tischew S (2017b) Year-round cattle and horse grazing supports the restoration of abandoned, dry sandy grassland and heathland communities by supressing *Calamagrostis epigejos* and enhancing species richness. J Nat Conserv 40:120–130

Jäger U, Frank D (2002) 6230* Artenreiche montane Borstgrasrasen (und submontan auf dem europäischen Festland) auf Silikatböden. In: Die Lebensraumtypen nach Anhang I der Fauna-Flora-Habitatrichtlinie. Naturschutz Sachsen-Anhalt 39:102–106

Jansen AJM, Fresco LFM, Grootjans AP, Jalink MH (2004) Effects of restoration measures on plant communities of wet heathland ecosystems. Appl Veg Sci 7:243–252

Lorenz A, Tischew S, Osterloh S, Felinks B (2013) Konzept für maßnahmenbegleitende, naturschutzfachliche Erfolgskontrollen in großen Projektgebieten am Beispiel des Managements von FFH–Lebensraumtypen in der Oranienbaumer Heide. Nat schutz und Landsch plan 45:365–372

Lorenz A, Seifert R, Osterloh S, Tischew S (2016) Renaturierung großflächiger subkontinentaler Sand-Ökosysteme: Was kann extensive Beweidung mit Megaherbivoren leisten? Nat Landsch 91:73–82

Meyer-Grünefeldt M, Calvo L, Marcos E, Oheimb G von, Härdtle W (2015) Impacts of drought and nitrogen addition on *Calluna* heathlands differ with plant life-history stage. J Ecol 103:1141–1152

Müller J, Schaltegger S (2004) Sozioökonomische Analyse des Heidemanagements in Nordwestdeutschland. Wirtschaftlichkeit, Kosten-Wirksamkeitsverhältnisse und Akzeptanz. NNA Ber 17/2:183–197

Niemeyer M (2005) Auswirkungen extensiver und intensiver Pflegeverfahren auf den Nährstoffhaushalt von *Calluna*-Heiden Nordwestdeutschlands am Beispiel von extensiver Mahd, kontrolliertem Winterbrand, Schoppern und Plaggen. Dissertation, Universität Lüneburg

Peppler-Lisbach C, Petersen J (2001) Calluno-Ulicetea (G3). Teil 1 Nardetalia strictae Borstgrasrasen. Synopsis der Pflanzengesellschaften Deutschlands 8. Selbstverlag der Floristisch-soziologischen Arbeitsgemeinschaft, Göttingen

Power SA, Ashmore MR, Cousins DA, Ainsworth N (1995) Long term effects of enhanced nitrogen deposition on a lowland dry heath in southern Britain. Water Air Soil Pollut 85:1701–1706

Rupprecht D, Gilhaus K, Hölzel N (2016) Effects of year-round grazing on the vegetation of nutrient-poor grass- and heathlands. Evidence from a large-scale survey. Agric Ecosyst Environ 234:16–22

Stevens CJ, Dise NB, Mountford JO, Gowing DJ (2004) Impact of nitrogen deposition on the species richness of grasslands. Science 303:1876–1879

Stevens CJ, Dise NB, Gowing DJG, Mountford JO (2006) Loss of forb diversity in relation to nitrogen deposition in the UK: regional trends and potential controls. Glob Chang Biol 12:1823–1833

Verhagen R, Klooker J, Bakker JP, Diggelen R van (2001) Restoration success of low-production plant communities on former agricultural soils after topsoil removal. Appl Veg Sci 4:75–82

Webb NR (1998) The traditional management of European heathlands. J Appl Ecol 35:987–990

Sandrasen

Johannes Kollmann

© Springer-Verlag GmbH Deutschland, ein Teil von Springer Nature 2019
J. Kollmann et al., *Renaturierungsökologie*, https://doi.org/10.1007/978-3-662-54913-1_18

Zusammenfassung

Sandrasen sind Ökosysteme des Offenlands, die in Mitteleuropa durch Rodung lichter Eichen-Birkenwälder vom Menschen gefördert wurden. Die Sandrasenvegetation war bis ins frühe 20. Jahrhundert entlang großer Flüsse und auf sandigen Ablagerungen der Altmoränen-Landschaften relativ häufig und je nach Bodenreaktion floristisch differenziert. Nährstoff- und Wassermangel erlauben nur eine langsame Vegetationsentwicklung, die durch trocken-heiße Jahre und Störungen zurückgeworfen wird. Bis auf wenige Reste sind Sandrasen heute in Ackerland oder Aufforstungen umgewandelt oder überbaut worden. Atmosphärische Stickstoffeinträge fördern eine Vergrasung der Sandrasen sowie Gehölzansiedlung. Methoden der Renaturierung sind das Entfernen von Gehölzen, Oberbodenabtrag, Förderung charakteristischer Sandrasenarten durch Aktivierung der Samenbank oder Wiederansiedlungsmaßnahmen. Die Pflege der Sandrasen erfordert extensive Beweidung durch Schafe, Ziegen oder Esel, Ausreißen von Gehölzjungwuchs und gelegentliche Bodenstörung. Für einen ausreichenden Austausch zwischen den Populationen und eine rationelle Organisation der Beweidung ist ein Netzwerk nahe beieinanderliegender Gebiete günstig.

18.1 Ökologie und Vegetation von Sandrasen

18.1.1 Entstehung und Verbreitung von Sandrasen

18

In Mitteleuropa sind Sandrasen und andere Offenlandhabitate seit Beginn der Nacheiszeit nachgewiesen und wurden durch menschliche Landnutzung seit der Jungsteinzeit gefördert (Ellenberg und Leuschner 2010, S. 23 f.). Natürliche und eingeführte Megaherbivore haben für eine Kontinuität zumindest einiger Offenlandbereiche in den mitteleuropäischen Waldlandschaften gesorgt, auch wenn die meisten Gegenden vor den Waldrodungen der Jungsteinzeit, also 7500–4000 v. Chr., von dichten Laubmischwäldern bestanden waren (Birks 2005). Rentier, Wildpferd und Wisent starben in weiten Teilen Mitteleuropas schon im Boreal aus (8000 v. Chr.), Elch und Auerochse im frühen Mittelalter; nur Biber, Rotwild, Rehwild und Schwarzwild konnten sich halten. Dafür wurden Hausschwein, Rind, Schaf, Ziege und Pferd im Atlantikum (4000 v. Chr.) eingeführt und haben vermutlich in dem Maße zur Offenhaltung der Landschaft beigetragen, in dem die Wildtiere zurückgingen; Damwild und Sikawild wurden in der Barockzeit angesiedelt. Durch umfangreiche Rodungen hat der Wald in Mitteleuropa bis zum Hochmittelalter fast kontinuierlich abgenommen, während Äcker und Grünland expandierten (Bork et al. 1998). Mitte des 19. Jahrhunderts war aufgrund verbreiteter extensiver Offenlandnutzung der Höhepunkt der landschaftlichen und biologischen Vielfalt des Offenlands und damit auch der Sandrasen in Mitteleuropa.

Entlang großer Flüsse wie Rhein, Donau, Elbe und Ems (■ Abb. 18.1) sowie auf Ablagerungen der vorletzten Eiszeit entstanden bei lückiger oder fehlender Walddeckung Flugsandfelder und Binnendünen, auf denen sich Magerrasenarten ansiedeln und eine Sandrasenvegetation entwickeln konnten (Ellenberg und Leuschner 2010, S. 655). Die Geschichte der Sandrasen in Mitteleuropa kann durch Pollendiagramme als Indikatoren der Klima- und Nutzungsgeschichte sowie durch historische Quellen erschlossen werden (Küster 1995). Erste anthropogene Binnendünen mit Sandrasen bildeten sich nach Waldrodung durch den Menschen, sie wurden gefördert durch Beweidung, Brand und Streunutzung von Almendeflächen. Sandrasen waren im Hochmittelalter besonders weit verbreitet, vor allem in Gegenden, in denen Waldzerstörung, Verarmung der Böden und Sandflug eine produktive landwirtschaftliche Nutzung erschwerten. Die Offenlandfläche nahm z. B. durch staatlich gelenkte Aufforstungen in Preußen seit Mitte des 19. Jahrhunderts wieder

Abb. 18.1 Sandrasen in Nordwestdeutschland. Beweidete Binnendünen in der Hudelandschaft des NSG „Borkener Paradies" an der Ems mit *Viola tricolor* ssp. *tricolor*, einer typischen Art der Sandrasen

ab (Bork et al. 1998), zu einem großen Teil auf Kosten der Sandrasen. Im 20. Jahrhundert kam es dann zu einer großflächigen Zerstörung und Fragmentierung dieser naturnahen Offenlandhabitate durch intensivierte Landwirtschaft. Gut ausgebildete Sandrasen haben sich in einigen militärischen Übungsgebieten durch Befahren mit schweren Fahrzeugen, Explosionen und Brände erhalten (Jentsch et al. 2009).

18.1.2 Standortfaktoren und Vegetation von Sandrasen

Sandrasen sind dynamische Pionierstandorte mit knapper Ressourcenverfügbarkeit des Bodens und häufigen, aber unregelmäßigen Störungen durch Wind, Tiere und menschliche Eingriffe (Ödman et al. 2012). Sandrasenflächen weisen meistens volle Besonnung auf und liegen in klimatisch begünstigten Regionen mit hohen Jahresmitteltemperaturen und geringem Niederschlag. Auf typischen Sandrasenstandorten sind die Böden tiefgründig, gut dräniert, nährstoff- und humusarm. Der pH-Wert liegt im schwach basischen bis sauren Bereich, mit geringen saisonalen Schwankungen; am Oberrhein sind die Sande allerdings kalkreich aufgrund entsprechender Flussablagerungen aus den Alpen. Die Stickstoffnachlieferung über das gesamte Bodenprofil ist wegen der häufig auftretenden Trockenperioden gering (Ellenberg und Leuschner 2010, S. 893 f.). Das Mikroklima der Sandrasen ist trocken-warm und führt wegen der wasser- und nährstoffarmen Böden zu hoher Wurzelkonkurrenz, während die oberirdische Konkurrenz wenig ausgeprägt ist.

Die wichtigsten differenzierenden Faktoren der Sandrasenvegetation sind die biogeographische Lage in Mitteleuropa, der pH-Wert, die Bodenfeuchte sowie die Störungshäufigkeit. Ohne Störung halten sich die spezialisierten Arten der Sandrasen nur etwa 10–20 Jahre, dann kommt es zu einer Nährstoffanreicherung im Boden und schließlich zur Dominanz weniger spätsukzessionaler Arten (◻ Abb. 18.2a). Gelegentliche Bodenstörung, etwa alle zehn Jahre, kann diesen Prozess nicht aufhalten, führt aber zu höherer zeitlicher Dynamik der Arten, wobei die Zielarten auch unter diesen Umständen nach 20–30 Jahren ausfallen (Schwabe und Kratochwil 2009). Häufiger Oberbodenabtrag (etwa alle zehn Jahre) führt zu einer geringeren Biomasseproduktion und einem Überwiegen der Zielarten der Sandrasen; diese Maßnahme ist aber wenig praxistauglich. Seltener Oberbodenabtrag (alle 30 Jahre) sorgt für ein Abwechseln von Ziel- und Nicht-Zielarten der Sandrasen (◻ Abb. 18.2b). Wichtig für die langfristige Erhaltung der Populationen spezialisierter Arten ist darüber hinaus ein räumliches Mosaik der Störungen in der Sandrasenlandschaft.

Darüber hinaus gibt es je nach Witterung jährliche Unterschiede der lückigen Sandrasenvegetation, die teilweise aufgrund der Samenbank mancher Arten möglich werden, die nicht in jedem Jahr zur Entfaltung kommen. Gewöhnliche Arten ohne spezifische Standortsansprüche sind *Jasione montana*, *Scleranthus perennis* und *Sedum acre*, also die kennzeichnenden Arten der Klasse Koelerio-Corynephoretea (◻ Abb. 18.3c, e). Die Sandrasen sind damit aufgrund ihrer Standortfaktoren, aber auch bezüglich der Vegetationsstruktur nicht scharf von den Kalkmagerrasen der Festuco-Brometea abgegrenzt (gilt vor allem für den Verband Koelerion; ► Kap. 19), die floristischen Unterschiede sind allerdings recht deutlich (Wilmanns 1998, S. 189).

Sandrasen wurden traditionell mit Schafen, Ziegen und Eseln beweidet, da die nutzbare Pflanzenbiomasse relativ gering ist (jährliche oberirdische Produktivität <100 g m^{-2}; Ellenberg und Leuschner 2010, S. 937). Außerdem gibt es einige stachelige, bittere und verholzende Arten, die von den meisten Weidetieren gemieden werden, beispielsweise *Carlina vulgaris*, *Centaurium umbellatum* und *Chondrilla juncea*. Je höher der Stickstoffgehalt der Pflanzen, desto stärker die Weidepräferenz von Schafen (Schwabe und Kratochwil 2009). Gemischte Herden sorgen für eine

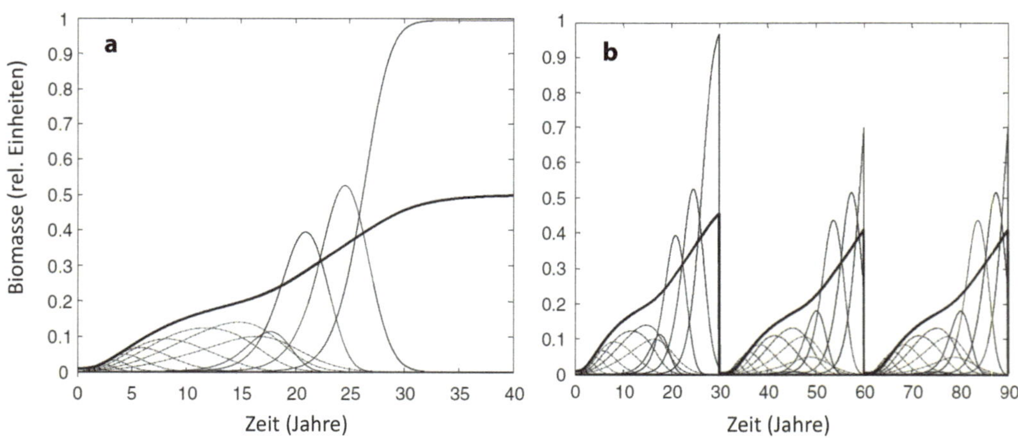

◻ **Abb. 18.2** Modell der Auswirkungen unterschiedlicher Störungsregime in Sandrasen. Veränderungen der Häufigkeit unterschiedlicher Arten nach Lotka-Volterra-Modellierung sowie Chemostat-Dynamik der Bodennährstoffe: **a** keine Störung, **b** Oberbodenabtrag alle 30 Jahre. Die gestrichelten Linien beschreiben Zielarten der Sandrasen, die durchgezogenen Linien andere Arten und die dicke Linie zeigt die Nährstoffakkumulation im Boden. (nach Ödman et al. 2012)

Abb. 18.3 Typische Pflanzen der Sandrasen (Klasse Koelerio-Corynephoretea): Arten früher Sukzessionsstadien sind **a** *Erodium cicutarium*, **b** *Corynephorus canescens* und **c** *Jasione montana*; Arten mittlerer Stadien sind **d** *Helichrysum arenarium* und **e** *Scleranthus perennis*; unerwünschte Arten sind die invasiven Neophyten **g** *Campylopus introflexus* und **h** *Senecio inaequidens* sowie das einheimisch-invasive Gras **f** *Calamagrostis epigejos*

gleichmäßigere Nutzung der Flächen, wobei Ziegen besonders stark Gehölze befressen, anspruchslose Schafrassen (wie Moorschnucken und Skudden) eine eher kurzrasige Vegetation erzeugen und Esel vor allem Gräser (z. B. *Calamagrostis epigejos*, Abb. 18.3f) und weniger Gehölze fressen sowie durch Wälzen offene Stellen schaffen. An diesen Stellen und in kleinräumigen Lücken, die durch Tritt entstehen, können einjährige Arten zur Entwicklung kommen, wie *Spergularia morisonii* und *Teesdalia nudicaulis* (Jentsch et al. 2009). Ein weiterer Faktor der historischen Nutzung der Sandrasenlandschaften war die weiträumige Ausbreitung von Samen durch Haustiere und landwirtschaftliche Geräte (Bonn und Poschlod 1998).

Die historischen Vegetationskomplexe mitteleuropäischer Sandrasen waren halboffene Weidelandschaften mit Pionier-, Rasen- und Gehölzgesellschaften (Pott und Hüppe 1991). So bestehen die offenen Grasflächen leicht versauerter Binnendünen mit *Agrostis vinealis*, *Corynephorus canescens* (Abb. 18.3b) und *Spergula morisonii* auch heute noch aus Pionierfluren des Spergulo morisoni-Corynephoretum canescentis und des Airetum praecocis sowie mehr oder weniger geschlossenen Rasen des Agrostietum vinealis (Schwabe und Kratochwil 2009). In Nordwest-Deutschland gehört zu diesem Komplex das Diantho deltoidis-Amerietum elongatae auf etwas frischeren Standorten und in Nordost-Deutschland das Armerio-Festucetum trachyphyllae sowie

Sileno otitae-Festucetum brevipilae auf regional bedingt trockneren Standorten. Das Mosaik der subkontinentalen Blauschillergrasrasen des Koelerion glaucae mit *Jurinea cyanoides*, *Koeleria glauca* und *Helichrysum arenarium* (Abb. 18.3d) kommt auf basenreichen Sanden vor. Die Pionierfluren werden hier als Sileno conico-Cerastietum semidecandri und Bromo tectorum-Phleetum arenarii bezeichnet. Sehr selten geworden ist das nach etwas Humusbildung auftretende Jurineo cyanoidis-Koelerietum glaucae und bei noch stärkerer Stabilisierung des Standorts das durch das Federgras besonders attraktive Allio sphaerocephali-Stipetum capillatae. Subpannonische Steppen-Trockenrasen gehören zur Ordnung der Festucetalia valesiacae (Wilmanns 1998).

Die Vegetation der Sandrasen folgt einer gerichteten Entwicklung, die in heiß-trockenen Sommern stagniert und durch Bodenstörung, Ausblasung oder Übersandung zurückgeworfen wird; dies wird detailliert beschrieben in Ellenberg und Leuschner (2010, S. 658, 943 f.). Besonders artenreich, mit vielen seltenen Arten sind frühe und mittlere Sukzessionsstadien. Sandrasen zeigen variable Sukzessionslinien und zwar in Abhängigkeit von den Standortverhältnissen und der Größe des Gebiets. Am Beispiel des Spergulo-Corynephoretums sind das zunächst biologische Krusten aus Cyanobakterien und Grünalgen, die den Sand binden, Stickstoff fixieren und damit die Ansiedlung von Moosen und Gefäßpflanzen vorbereiten. Darauf folgen Therophyten und kurzlebige Gräser (*Corynephorus canescens*, *Spergula morisonii*, *Teesdalia nudicaulis*). In älteren Beständen werden Flechten (*Cladonia* spp., *Cetraria islandica*) und Moose (*Polytrichum piliferum*) häufig, teilweise unter Dominanz des neophytischen Mooses *Campylopus introflexus* (Abb. 18.3g), das seit etwa 25 Jahren in viele Gebiete eingewandert ist und die einheimischen Kryptogamen verdrängt (Ketner-Oostra et al. 2012). Die Flechten und Moose tragen zur Stabilisierung der Dünen bei und verhindern unter Umständen die Verjüngung von Zielarten des Naturschutzes.

18

Nährstoffeinträge und höhere Bodenfeuchte fördern die Ansiedlung dominanter Grasarten wie *Agrostis capillaris*, *Calamagrostis epigejos* und *Deschampsia flexuosa* (Schwabe und Kratochwil 2009). Besonders *Calamagrostis epigejos* bildet aufgrund ihres klonalen Wachstums sehr dichte Bestände, die nur für wenige andere Arten Platz lassen. Als Grenzwerte für eine solche Vergrasung nennen Süss et al. (2004) die folgenden Nährstoffgehalte im Boden: $N_t > 0{,}04\,\%$, $P > 15\ \mathrm{mg\,kg^{-1}}$ sowie $K > 20\ \mathrm{mg\,kg^{-1}}$. Nach Nutzungsänderung kann die Vergrasung mit einer Verzögerung von 3–5 Jahren eintreten, die bei Wiederbeweidung erst nach etwa derselben Zeit wieder zurückgedrängt ist. Ältere Stadien weisen Gehölzanflug von Birken, Kiefern und Eichen auf sowie Brombeerdecken oder Besenginstergebüsche.

18.1.3 Sandrasenarten

Rund 25 Gefäßpflanzenarten kommen in Sandrasen vor (Abb. 18.3) sowie verschiedene Moos- und Flechtenarten, die ebenfalls mit bewegtem Substrat zurechtkommen müssen (Ellenberg und Leuschner 2010, S. 656 f.). Dabei überwiegen Therophyten, Hemikrypophyten sowie einige Chamaephyten, die meist kleinwüchsig sind mit dicken Blättern, ausgedehntem Wurzelsystem und reduziertem Wasserbedarf (vgl. Schulze et al. 2002, S. 325 f.). Bei stabileren Substratverhältnissen treten auch Geophyten oder sukkulente Arten auf. Moose und Flechten können durch ihren poikilohydren Wasserhaushalt zeitweilige Austrocknung besonders gut ertragen. Die Lebensstrategie vieler Pflanzenarten der Sandrasen ist spezifisch an die schwierigen abiotischen Verhältnisse des Standorts angepasst, und die meisten sind nach dem Grime'schen System stressertragende oder ruderale Arten (Grime 2001).

Typische Arten der Sandrasen haben einen kurzen Lebenszyklus mit umfangreicher Samenproduktion (*Spergularia morisonii*, *Erodium cicutarium*, Abb. 18.3a). Dabei ist die Fortpflanzung abgeschlossen, bevor die übliche Trockenperiode im späten Frühjahr beginnt. Manche dieser Arten haben eine wirksame Ausbreitung durch Wind oder Sandverdriftung (*Corynephorus canescens*, *Helichrysum arenarium*, *Phleum arenarium*); bei flussnahen Beständen können Samen auch mit dem Wasser transportiert werden (Hammes et al. 2012). Die meisten Arten streuen ihre Samen aber nur im engeren Umfeld der Mutterpflanze aus und werden maximal wenige 100 m ausgebreitet. Wenige Arten bauen eine Samenbank auf (*Silene otitis*, *Thymus serpyllum*), aber meist nur kurzlebig, also weniger als fünf Jahre (Eichberg et al. 2006). Ausdauernde Arten können nach Übersanden wieder austreiben, und viele haben, wie z. B. *Carex arenaria*, tief in den Boden reichende Wurzeln. Die sandigen Substrate mit geringer Wasserhaltekapazität sind in den obersten 5 cm meist wurzelfrei (Ellenberg und Leuschner 2010, S. 904). Einheimische konkurrenzstarke Gräser wie *Calamagrostis epigejos* und *Deschampsia flexuosa* spielen bei traditioneller Landnutzung mit häufiger Störung und knapper Nährstoffversorgung nur eine untergeordnete Rolle (Schwabe und Kratochwil 2009).

18.1.4 Ökosystemdienstleistungen von Sandrasen

Gebiete mit Sandrasen dienen der Naherholung, als Wasserschutzgebiet, als militärisches Übungsgebiet und für den Rohstoffabbau von Sandvorkommen. Diese Nutzungen können erwünschte Bodenstörungen durch Tritt, Befahren und Explosionen verursachen, während Nährstoffeinträge, z. B. durch Hunde- und Pferdekot, ungünstig sind, weil sie konkurrenzkräftige Arten nährstoffreicher Standorte fördern. Ein Abstimmen dieser konkurrierenden Nutzungsansprüche kann eine schwierige Herausforderung sein.

Neben speziell angepassten und zum Teil seltenen Pflanzen kommen in Sandrasen auch spezialisierte Tierarten vor, und zwar aus den Gruppen der Wildbienen, Heuschrecken, Laufkäfer, Weberknechte und Spinnen (Exeler et al. 2009; Heneberg und Rezac 2014). Solche Spezialisten brauchen trocken-warme Habitate und Lockersubstrate, unter anderem zur Anlage von Brutkammern und für Futterpflanzen der Larven und Imagines. Typische Vogelarten der Sandrasen sind Brachpieper, Heidelerche, Steinschmätzer, Wiedehopf und Ziegenmelker, die für die Nahrungssuche und für Brutplätze auf eine mehr oder weniger offene Landschaft mit magerer, lückiger Vegetation angewiesen sind. Sandökosysteme haben daher eine große Bedeutung für den Artenschutz. So ist die Artenzahl der Hautflügler, Spinnen und Weberknechte besonders groß in älteren, sich selbst überlassenen Sandgruben, während in rekultivierten Gebieten etwas weniger Arten zu finden sind (Heneberg und Rezac 2014).

18.2 Rückgang und Gefährdung von Sandrasen

Sandrasen-Landschaften sind in Mitteleuropa seit der zweiten Hälfte des 19. Jahrhunderts stark zurückgegangen, vor allem durch Eindeichen und Begradigen von Flüssen sowie großflächige Aufforstungen mit Kiefern und anderen Nadelbäumen (Bork et al. 1998). Dadurch wurden die Quellen für neuen Flugsand abgeschnitten und existierende Flugsandfelder festgelegt. Bei Brache wird vor allem die Pioniervegetation rasch durch einförmige Grasdecken (▣ Abb. 18.4a), z. B. aus *Calamagrostis epigejos* oder *Deschampsia flexuosa* verdrängt; nach Gehölzansiedlung gibt es aufgrund starker Kronendeckung in Beständen mittleren Alters oft gar keine Krautschicht mehr (▣ Abb. 18.4b). Stattdessen entwickelt sich eine dicke Streuschicht und es kommt zur Bildung eines humusreichen A-Horizonts mit Versauerung. Die Arten der Sandrasen überdauern unter diesen Bedingungen – wenn überhaupt – nur noch in der Samenbank (Schwabe und Kratochwil 2009).

Die Modernisierung der Landwirtschaft in der zweiten Hälfte des 20. Jahrhunderts

Abb. 18.4 Degradation von Sandrasen: **a** Sandrasenbrache mit Vergrasung durch *Deschampsia flexuosa* (bei Klein Köris), **b** Aufforstung mit *Pinus sylvestris* auf ehemaligen Sandrasen bei Storkow in Brandenburg

hat ebenfalls zu starken Rückgängen der Sandrasenvegetation geführt, z. B. durch Umwandlung in Erdbeer- und Spargelfelder. Weitere negative Faktoren sind Überbauung und Sandabbau. Die stärkste Gefährdung der verbleibenden Sandrasen (auch in Naturschutzgebieten) besteht allerdings in einer zu schwachen Beweidung oder Nutzungsaufgabe, durch invasive Neophyten Versauerung der Böden sowie Eutrophierung durch atmosphärische Stickstoffeinträge (Ellenberg und Leuschner 2010, S. 948).

Versauerung durch SO_2-Immissionen zeigte nach fast kontinuierlichem Anstieg im 19. und 20. Jahrhundert einen Höhepunkt etwa 1980. Höchste Belastungen traten in Mittelengland, den Beneluxstaaten und Mittel- und Südosteuropa auf (Ellenberg und Leuschner 2010, S. 61). Als Reaktion wurde eine effektivere Abgasreinigung eingeführt, die mittlerweile zu einer Reduktion der sauren Immissionen auf Werte wie im Jahr 1900 geführt hat. Die durch die Versauerung ausgelöste Entbasung vieler Sandrasen wirkt allerdings bis heute nach (vgl. ▶ Kap. 4). Eutrophierung durch NO_x-Einträge aus Verkehr, Industrie und Privatfeuerung liegen in ganz Mitteleuropa immer noch über den Grenzwerten von Sandrasen. Das gilt auch für Ammoniumstickstoff aus der Landwirtschaft mit Schwerpunkt in Nordwestdeutschland und im Voralpenland. Von den Schwefel- und Stickstoffeinträgen sind Sandrasen als nährstofflimitierte Systeme mit geringer Pufferkapazität besonders stark betroffen. Bei Stickstoffeinträgen wird beispielsweise *Corynephorus canescens* durch *Calamagrostis epigejos* verdrängt (Schwabe und Kratochwil 2009).

Die veränderte Landnutzung und die Stoffeinträge haben zu einem starken Rückgang der Sandrasen geführt. Dieser Vegetationstyp hat beispielsweise in den Niederlanden von 800 km^2 im Jahr 1900 auf 60 km^2 1960 und 1,4 km^2 2003 abgenommen (Riksen et al. 2006). Heute gibt es in Mitteleuropa nur noch Reliktvorkommen in Naturschutzgebieten, auf Truppenübungsplätzen sowie an Bahn- und Straßenböschungen. Fast überall sind negative Entwicklungen durch Vergrasung und Vordringen von Gehölzen zu beobachten. Sekundäre Vorkommen von Sandrasen entstehen in aufgelassenen Sandgruben sowie großflächig nach Braunkohletagebau (Fromm et al. 2002; ▶ Kap. 23).

Gefährdet sind vor allem Sandrasenarten mit niedrigen Ellenberg-N-Werten und niedrigen wie hohen R-Werten; dort gibt es auch die höchste Dichte seltener Arten (Ellenberg und Leuschner 2010, S. 63). Folglich werden in der aktuellen Roten Liste Deutschlands viele Pflanzenarten der Sandrasen als gefährdet und einige als ausgestorben aufgeführt (Korneck et al. 1996). Gefährdete Arten in Anhängen der FFH-Richtlinie (EU 1992) sind *Jurinea cyanoides* (Code 1805,

Tischew et al. 2017) und Wechselkröte (1201), während invasive Neophyten wie *Senecio inaequidens* in Sandrasen einwandern (◘ Abb. 18.3h).

18.3 Renaturierung von Sandrasen

18.3.1 Grundlagen des Schutzes und der Wiederherstellung von Sandrasen

Der Schutz der Sandrasen in Mitteleuropa ergibt sich im Wesentlichen aus den naturschutzrechtlichen Schutzvorschriften wie der FFH-Richtlinie der Europäischen Union und den nationalen Naturschutzgesetzen. In Deutschland sind offene Sandlebensräume (Binnendünen, Zwergstrauch-, Ginster- und Wacholderheiden, Borstgrasrasen, Trockenrasen) als Habitate gesetzlich geschützt. Damit sind Zerstörungen und erhebliche Beeinträchtigungen, also eine aktive negative Veränderung des Zustands eines geschützten Biotops durch menschliche Aktivitäten gesetzlich verboten. In Naturschutzgebieten werden diese Verbote in der Regel in den entsprechenden Verordnungen bekräftigt.

Im Anhang I der FFH-Richtlinie (EU 1992, Fauna-Flora-Habitat; BfN 2013) sind verschiedene in Deutschland vorkommende Lebensräume mit Sandrasenvegetation des Binnenlandes genannt (für Küstendünen siehe ► Kap. 13). Dazu zählen frühsukzessionale „Dünen mit offenen Grasflächen mit *Corynephorus* und *Agrostis*" (NATURA 2000-Code 2330), verzahnt mit den LRT spätsukzessionale „Trockene Sandheiden mit *Calluna* und *Genista*" (2310) und „Trockene Sandheiden mit *Calluna* und *Empetrum nigrum*" (2320), aber auch „Trockene europäische Heiden" (4030), zudem prioritär „Trockene, kalkreiche Sandrasen" (6120*) – Letztere werden auch als subkontinentale Blauschiller-Rasen bezeichnet. Im östlichen und südlichen Mitteleuropa und in teilweise isolierten Vorkommen in Brandenburg, Sachsen-Anhalt und Thüringen tritt der FFH-Lebensraumtyp „Subpannonischer Steppen-Trockenrasen" (6240*) teilweise auch auf Sand auf. Bei der Identifikation von Leitbildern für eine Wiederherstellung von Sandrasen sollten in den Regionen vorkommende Restbestände dieser Vegetationstypen genutzt werden. Allerdings sind die Bestände häufig stark degradiert, sodass historische Daten in die Leitbildentwicklung einbezogen werden müssen.

Exkurs 18.1

Erfolgsfaktoren für ein Renaturierungsprojekt mit Sandrasen (H. Rößling, pers. Mitteil.)

Erfolgreiche Renaturierungsprojekte in Sandrasen-Gebieten führen nicht nur zu Verbesserungen des Zustands von Biotopen und Habitaten. Sie genießen auch vor Ort Akzeptanz und werden von der Bevölkerung und den Landnutzern überwiegend positiv wahrgenommen. Bei der Wiederherstellung von Trockenlebensräumen im Naturpark Dahme-Heideseen in Brandenburg wendet die Stiftung NaturSchutzFonds Brandenburg das in Abb. 18.5 dargestellte Vorgehen an (► www.sandrasen.de).

Schon in der Vorbereitung eines Projekts werden die Weichen für den späteren Erfolg oder Misserfolg gestellt. Dabei ist es häufig notwendig, die fachlich hergeleiteten Projektziele an die Ergebnisse der Zustandserfassung anzupassen und offen für sinnvolle Hinweise von Gebietskennern und Akteuren aus der Region zu sein. Am Ende der Vorbereitungsphase müssen die Ziele der Renaturierungsmaßnahme von den direkt vom Projekt betroffenen Eigentümern und Nutzern akzeptiert werden.

Zur Umsetzungsphase gehören die Abstimmung mit den Zulassungsbehörden und die Planung der Bau- und sonstigen Leistungen. Da im Regelfall öffentliche Gelder für Renaturierungsprojekte eingesetzt werden, sind Verfahren nach den Vergabeordnungen durchzuführen. In der Ausführungsplanung wird das „Wie" der

Maßnahmendurchführung vorgezeichnet. Oft kommt es dann bei den praktischen Arbeiten und durch Hinweise der ökologischen Baubegleitung und der ausführenden Firmen zu Anpassungen, die auch finanzielle Auswirkungen haben können.

Wichtig für den Erfolg von Renaturierungsprojekten ist auch die Beobachtung und Betreuung der Flächen nach Abschluss der Hauptmaßnahmen, z. B. eines Oberbodenabtrags oder der Ausbringung von Pflanzenarten. Hier sind nicht nur Ressourcen für das Monitoring oder die Erfolgskontrolle erforderlich, sondern auch für ein flexibles Management der Flächen, das auf die Entwicklungen der Nachsorgephase reagieren kann.

Die Wiederherstellung oder Instandsetzung von Sandrasen und anderen offenen Sandlebensräumen im Binnenland erfordert eine sorgfältige Planung (► Exkurs 18.1). Entsprechende Projekte sollten, wo immer möglich, an natürlichen Standorten mit historischen bekannten Vorkommen stattfinden. Allerdings muss häufig auch auf Sekundärstandorte (Abbauflächen, militärische Übungsgebiete) oder Flächen, die sich im Eigentum von Naturschutzorganisationen befinden, ausgewichen werden. Das ist notwendig, weil im Regelfall bei dem notwendigen Umfang der Maßnahmen eine Zustimmung des Eigentümers erforderlich ist und andere Flächen oft nicht zur Verfügung stehen. Notwendig sind in der Regel Aktivitäten, die ungünstige Habitatzustände beseitigen und eine Entwicklung der Flächen in Richtung des Ziellebensraums ermöglichen. In der Praxis der lokalen Gebietsentwicklung geht es zunächst um eine Ersteinrichtung durch Zurückdrängen von Gehölzen und invasiven Neophyten, den Abtrag von Streu- und Humusauflagen oder

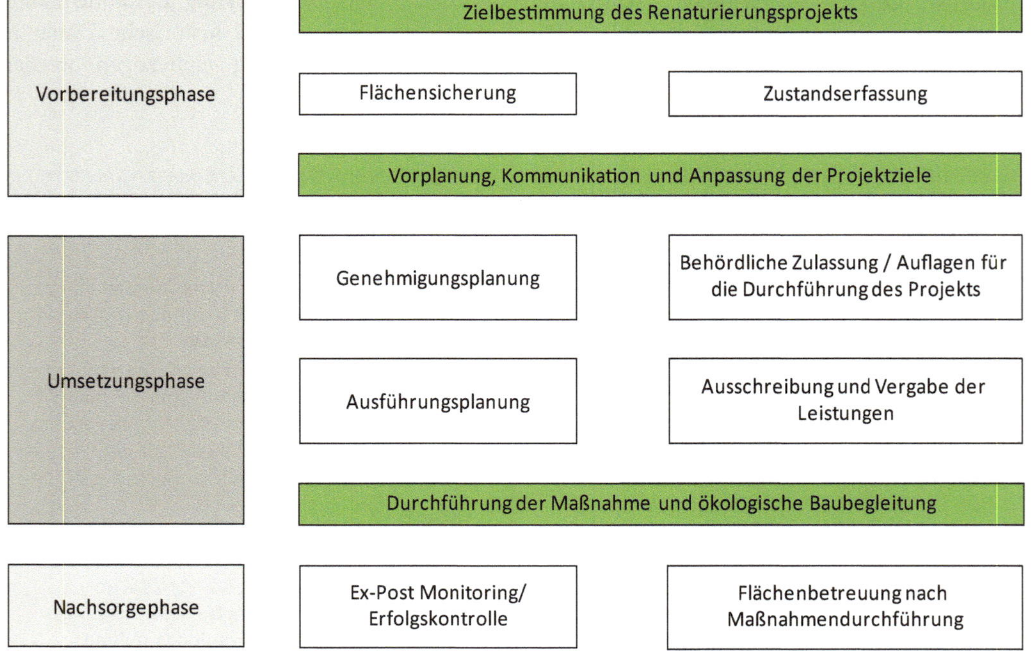

Abb. 18.5 Organisatorisches Vorgehen bei der Renaturierung von Sandrasen

des Oberbodens (◘ Abb. 18.6a, b). Auf entsprechend vorbereiteten Flächen können dann die noch existierenden Populationen von Zielarten gefördert oder (aus ex-situ-Vermehrung) neu begründet werden (◘ Abb. 18.6c).

Davon sind langfristige Maßnahmen zu unterscheiden, die in den Bereich der Landschaftspflege fallen (◘ Abb. 18.6d). Hierzu gehören Mahd oder Beweidung, die Streunutzung in Sandlandschaften mit Gehölzanteilen oder die konsequente Bekämpfung von Vorkommen der Problemarten. Eine erfolgreiche Pflege von Sandrasen kann militärische Aktivitäten und bestimmte Freizeitnutzung einbeziehen, z. B. Mountainbike-Parcours oder Reitbahnen. Wünschenswert sind in jedem Fall verlässliche und langfristige Nutzungsabsprachen mit einfachen und praktikablen Regeln, eine gesicherte Finanzierung und ein professionelles Flächenmanagement durch einen Landschaftspflegeverband oder eine andere Naturschutzorganisation in einvernehmlicher Zusammenarbeit mit den Landnutzern und Behörden (vgl. ▶ Kap. 7).

Im Idealfall gelingt es, ein System von Flächen zu etablieren, die durch Beweidung sinnvoll verbunden werden können (◘ Abb. 18.7). Habitatkorridore oder Trittsteinhabitate auf der Landschaftsebene tragen außerdem zu einer funktionellen Vernetzung fragmentierter Sandrasen in einem regionalen Verbund bei. Ohne solche Maßnahmen sind lebensfähige Populationen der Sandrasenarten auf Dauer nicht zu erhalten (Zehm 2004). Dabei ist die Einrichtung von Pufferstreifen mit mindestens 3–5 m Breite zur Vermeidung von Nährstoffeinträgen aus angrenzender landwirtschaftlicher Nutzung notwendig. Besser noch

◘ **Abb. 18.6** Methoden der Wiederherstellung von Sandrasen: **a** Abschlagen von *Betula pendula* in Brandenburg (Massow), **b** Kiefernkahlschlag mit Bodenabtrag (Groß Köris), **c** Auspflanzen von ex-situ-vermehrter *Scabiosa canescens* (Groß Köris), **d** Wiederbeweidung mit Schafen und Ziegen (Storkow)

sind größere Pufferflächen mit angepasster Nutzung, wie zum Beispiel anderen Magerrasen, lichten Gehölzbestände oder extensiv genutztem Ackerland.

Bei der Wiederanlage von Sandrasen sollten neben floristischen unbedingt auch zoologische Aspekte berücksichtigt werden (Schwabe und Kratochwil 2009), also beispielsweise die Förderung seltener Vögel, Laufkäfer, Heuschrecken, Spinnen und Wildbienen (◘ Abb. 18.7). Viele dieser Arten treten auch an Sekundärstandorten auf, beispielsweise in Sand- und Kiesgruben (Heneberg und Rezac 2014). Wildbienen reagieren vergleichsweise rasch auf eine Renaturierung von Sandrasen und sind zudem wichtige Bestäuber der Sandrasenarten (Exeler et al. 2009). Die Brut einiger Vogelarten der Sandrasen kann durch Nistkästen oder Steinhaufen unterstützt werden. Kaninchen können durch Beweidung die Sukzession von Sandrasen bremsen und schaffen durch ihr Graben immer wieder Pionierstandorte. Wichtig ist ein an die zu schützenden Tiergemeinschaften angepasstes Nutzungsregime.

18.3.2 Vorbereitung des Standorts

Offene Sandlebensräume erfordern entsprechende abiotische Ausgangsbedingungen, das heißt offenen Sand. Die Vorbereitung einer Fläche zur Wiederherstellung oder Instandsetzung von Sandrasen erfordert daher drastische Maßnahmen. Dabei müssen meist Gehölze und Gebüsche entfernt und Verfilzung durch überständige Grasvegetation beseitigt werden. Die sinnvollsten und kostengünstigsten Methoden ergeben sich im Einzelfall aus der Situation vor Ort. Geeignete Methoden sind das Beschneiden, Ausreißen oder Schreddern von Einzelgehölzen und

◘ **Abb. 18.7** Einrichtung eines Netzwerks von Sandrasen bei Darmstadt durch Schüttung eines Korridors mit nährstoffarmem Sand (Eichberg et al. 2010). Der neugeschaffene Lebensraum wurde von der stark gefährdeten Roten Röhrenspinne angenommen

18

Gebüschen. Oft werden die Gehölze etwa kniehoch über dem Boden abgeschlagen (◘ Abb. 18.6a), damit bei Wiederaustreibung noch einmal eine wirksame Maßnahme durchgeführt werden kann. Gerade bei Arten, wie *Prunus serotina* und *Robinia pseudoacacia*, die aus den Wurzeln wieder austreiben, sollten auch die Wurzelausläufer mit beseitigt werden. Für den Umgang mit invasiven Neobiota verweisen wir auf ► http://neobiota.bfn.de/ und die dort genannten Methoden.

Bei mit Gräsern verfilzten Oberböden mit Resten typischer Sandrasenvegetation sind sowohl Beweidung, Mahd oder auch Brennen geeignete Methoden. Etwa fünf Jahre nach Beweidungsbeginn wurde ein Rückgang der Deckung von *Calamagrostis epigejos* von 90 % auf 0–30 % beobachtet (Schwabe und Kratochwil 2009). Daneben kann auch eine fleckige Öffnung der Vegetation vorgenommen werden, da kurzlebige Arten sich vor allem in Lücken ansiedeln.

Nach längerer Brache, vorangegangenen Nährstoffeinträgen oder Versauerung ist der Boden, selbst nach Aufreißen der Grasnarbe, nicht mehr für die Ansiedlung von Spezialisten der Sandrasen geeignet. Zwar werden Nährstoffe aus Sandboden relativ leicht ausgewaschen, aber oft ist ein Abtragen der Streu und (besser noch) des Oberbodens notwendig (vgl. ► Kap. 4). Damit wird außerdem die Samenbank unerwünschter Arten beseitigt. Das Abtragen der Streu- und Humusauflagen und des Oberbodens bedarf der Abstimmung mit den Grundsätzen des Bodenschutzes und erzeugt Material, das nicht auf den Flächen verbleiben darf. Hier sollten im Umfeld der Maßnahme Möglichkeiten einer Weiterverwendung gesucht werden. Sinnvoll kann der Einbau in Lärmschutzwälle oder die Kompostierung des organischen Materials sein. Ein wesentlicher Faktor bei der Planung sind dabei die Transportkosten. Falls der Oberboden nicht von der Fläche abgeführt werden kann, sind Bodeninversion oder das Auftragen von nährstoffarmem Tiefensand brauchbare Alternativen. Solche Maßnahmen sind in LIFE-Projekten in Brandenburg (► www.sandrasen.de) und Schweden (► www.sandlife.se) durchgeführt worden. Sollen lediglich die Nährstoffe im Boden reduziert werden, sind die Ansaat und Ernte von Getreide ohne Düngung eine geeignete Methode (Kiehl et al. 2003). Begrenzend ist allerdings die knappe Wasserversorgung der Standorte, die eine nur geringe Biomasseproduktion und damit wenig Nährstoffentzug erlauben.

Eine typische Ausgangssituation für die Wiederherstellung von Sandmagerrasen sind Kiefernforste. Hier kommt Sandrasenvegetation häufig nur noch in Säumen vor. Es handelt sich meistens um Reste vor einigen Jahrzehnten noch existierender offener Sandlebensräume. Dieser Fall wurde in Ungarn gründlich untersucht (Szitar et al. 2014, 2016), wobei die Bodeneigenschaften nach einem Brand und dem Abräumen der verkohlten Kiefern nicht signifikant anders waren als die der Referenzflächen intakter Sandrasen – limitierend waren anscheinend biotische Wechselwirkungen. Das Entfernen von Nadelstreu der Kiefern hatte keinen positiven Effekt auf die Regeneration der Sandrasen. Graseinsaat steigerte die Vegetationsdeckung, war aber ungünstig für die (nicht eingesäten) Zielarten der Sandrasen und sollte daher zurückhaltend gehandhabt werden (◘ Abb. 18.8). Der invasive Neophyt *Asclepias syriaca* hatte nur vorübergehend negative Auswirkungen auf die eingesäten Gräser, und korrelierte positiv mit der Artenzahl und Deckung der spontan aufgelaufenen Arten der Sandrasen. Dieses Beispiel zeigt, dass für eine Wiederherstellung von Sandrasen auf stark veränderten Standorten allein die Beseitigung der oberirdischen Vegetation nicht ausreicht. Vielmehr stellt sich auch auf Sandstandorten mit geringmächtigen Streuauflagen und Humushorizonten das typische Arteninventar der Sandrasen von alleine nicht wieder ein.

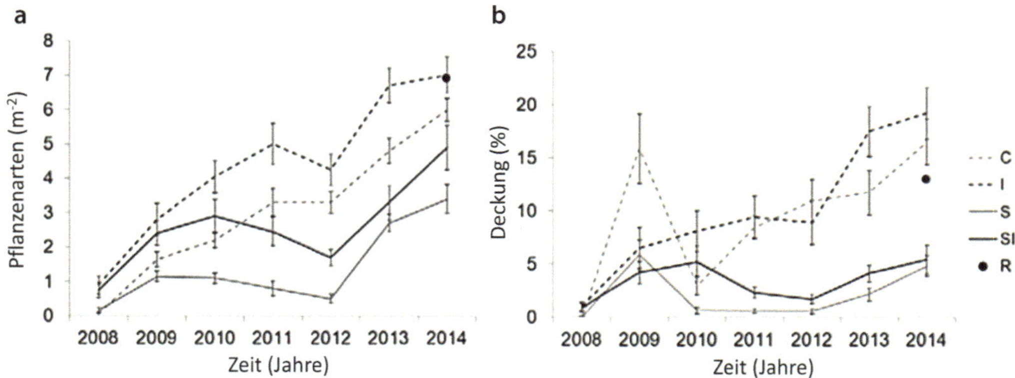

Abb. 18.8 Renaturierung von Sandrasen. Spontane Entwicklung **a** der Artenzahl und **b** der Deckung von Pflanzenarten der Sandrasen über sieben Jahre nach Abbrennen von Kiefernforsten in Südungarn. Abkürzungen der Behandlungen: C = unbehandelte Kontrolle, I = invasive Neophyt *(Asclepias syriaca)*, S = Ansaat, SI = Ansaat auf Flächen mit dem invasiven Neophyt, R = Referenz-Grasland. (nach Szitar et al. 2016)

18.3.3 Wiederansiedlung der Zielarten

Die für eine Renaturierung der Sandrasen vorgesehenen Flächen sind häufig durch das Fehlen oder durch kleine isolierte Populationen der Zielarten gekennzeichnet. Sollen Biotope mit einer entsprechenden Qualität entwickelt werden, die einem guten Zustand nach der FFH-Richtlinie entsprechen, ist die Stützung von Restpopulationen oder die Neubegründung von Populationen wertgebender Arten dieser Lebensraumtypen notwendig (Bank et al. 2002). Dabei muss die Regionalität der Spenderpopulationen berücksichtigt werden (vgl. ▶ Kap. 5).

Regionalität ist bei ungelenkter Sukzession der bearbeiteten Flächen ohnehin gegeben. Zielarten können sich spontan ansiedeln, z. B. auf brachgefallenen Sandäckern in der ungarischen Tiefebene (Albert et al. 2014). Über einen Zeitraum von 10–40 Jahren nahm die Deckung der kurzlebigen Arten ab, die der Hemikryptophyten und Geophyten dagegen zu, besonders solcher mit klonaler Ausbreitung. Zielarten der Sandökosysteme hatten sich schon in den frühen und mittleren Sukzessionsstadien angesiedelt. Spätere Ansiedlung in zunehmend geschlossenen Rasen war schwierig (Abb. 18.9). Der Erfolg dieser passiven Renaturierung hängt allerdings vom Vorhandensein entsprechender Vegetation in der Nachbarschaft ab.

Sind die Standortverhältnisse passend, aber die Möglichkeiten einer spontanen Wiederbesiedlung aus benachbarten Flächen nicht gegeben, wird eine aktive Ausbringung der Zielarten notwendig (Freund et al. 2015). Dies kann durch Weidemanagement mit Schafen oder Eseln geschehen, die Samen aus noch gut erhaltenen Vorkommen in der Umgebung in renaturierte Sandrasen verschleppen. Vorteile dieser Methode sind das Auftreten regionaler Artenkombinationen mit typischen Häufigkeiten. Nachteilig ist der Mangel an Planbarkeit und der oft unsichere Erfolg, weil die Zielarten sich doch nicht einstellen und stattdessen unerwünschte Arten auftreten, wie z. B. der invasive Neophyt *Erigeron annuus* oder andere windausgebreitete Ruderalarten.

Zuverlässiger sind das Übertragen von Mäh- oder Rechgut, das Verpflanzen von Soden, die Übertragung von Oberboden oder die Aussaat von Samen aus gesicherten Herkünften (▶ Kap. 5). Solche aktiven Wiederansiedlungen sollten im Regelfall kurz nach Vorbereitung des Standorts erfolgen, um das Einwandern unerwünschter Arten zu erschweren.

Das Übertragen von Mähgut von passenden Spenderflächen wird wie bei Kalkmagerrasen

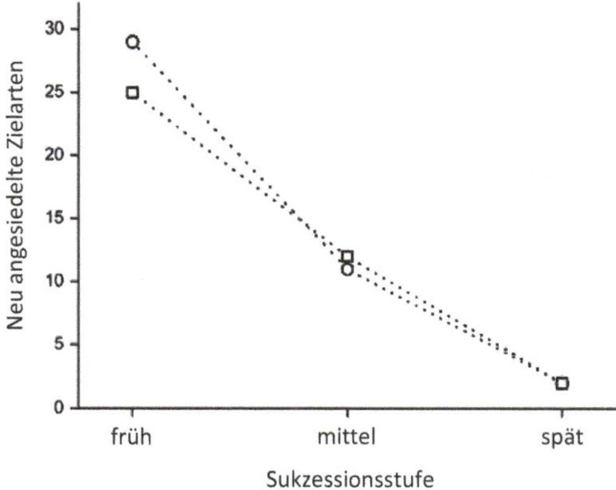

Abb. 18.9 Spontane Wiederansiedlung von Sandrasenarten auf sandigen Ackerbrachen in zwei Gebieten der Ungarischen Tiefebene (mit unterschiedlichen Signaturen). Die meisten Zielarten der passiven Renaturierung siedeln sich in den ersten zehn Jahren auf Flächen mit Pioniervegetation an. (nach Albert et al. 2014)

durchgeführt – man rechnet mit einer Schichtdicke von 3–5 cm, also etwa 1 kg m^{-2} (▶ Kap. 5). Die Gewinnung des Mähguts erfolgt, wenn die meisten Zielarten fruchten, also am besten Ende Juli bis Mitte August. Das ist eine kostengünstige und effektive Methode vor allem für große Flächen, die mit landwirtschaftlicher Technik bearbeitet werden können. Zudem hat dieses Vorgehen den Vorteil, dass unter dem Heu die Keimung begünstigt ist. Das Heu wird innerhalb von 2–3 Jahren abgebaut, und durch Hinzufügen von Stroh kann der Abbau verzögert werden. Eine solche Mulchschicht reduziert außerdem die Erosion, was bei starker Hangneigung erwünscht ist. Bei der Verwendung von Rechgut werden auch Moose und Flechten sowie kleinere Insekten übertragen. Mit dieser Methode wird schon nach vier Jahren eine deutliche Annäherung an die Vegetation der Referenzfläche erreicht (Eichberg et al. 2010; Freund et al. 2015).

Aufwendiger ist das Verpflanzen von Soden oder die Übertragung von Oberboden. Im Oberboden, also der Samenbank der obersten 1–6 cm, können 12–31 Sandrasenarten vorkommen mit 700–12.000 Samen m^{-2} (Schwabe und Kratochwil 2009). Die tieferen Bodenschichten sind ärmer an Samen und Arten. Besonders reich ist die Samenbank mittlerer Sukzessionstadien. Häufige Arten der Samenbank sind *Carex arenaria*, *Corynephorus canescens*, *Potentilla argentea* und *Rumex acetosella*. Die Samenbank kann auch Arten der Roten Liste enthalten, wie *Medicago minima*, *Silene conica* oder *Vicia lathyroides* (Eichberg et al. 2006). Sodenentnahme erfolgt bis 10–15 cm Tiefe und ist damit ein starker Eingriff in den Spenderrasen, kann aber auch Teil einer Redynamisierung eines solchen Bestandes bewirken (Bank et al. 2002). Bei gefrorenem Boden sind Sodenentnahme, Transport und Wiederausbringung besonders gut durchzuführen. Für die Sodenschüttung (etwa 1 cm Schichtdicke) ist trockenes Wetter im Oktober günstig. Sie kann von Hand oder mit dem Miststreuer durchgeführt werden (Kirmer et al. 2002). Schüttung von Soden oder Oberboden überträgt zwar Samen, Pflanzenfragmente und Bodenorganismen, führt aber auch zu verstärkter Mineralisation und damit zu einer möglicherweise ungewollten Düngung.

Eine gezielte Anlage neuer Sandrasen ist auch durch Aussaat von Saatgut möglich. In Schutzgebieten und bei Naturschutzprojekten sollten dabei Samen verwendet werden, die von Wildpflanzen aus regionalen Spenderpopulationen gewonnen wurden. Bei seltenen Arten ist der Aufbau von Vermehrungs- und Erhaltungskulturen sinnvoll, z. B. in Botanischen Gärten (Lauterbach et al. 2015). Die Begründung solcher ex-situ-Kulturen sollte in einer frühen Phase der Renaturierungsprojekte erfolgen, um ausreichend Saatgut zur Verfügung zu haben. Der Vorteil der Vermehrung und Wiederansiedlung seltener Arten ist, dass dadurch eine Gefährdung der Spenderpopulationen oder das Einschleppen unerwünschter Neophyten vermieden wird. Nachteilig ist, dass dadurch nur bestimmte Arten gefördert und Moosen, Flechten und Bodenorganismen nicht übertragen werden. Bei der Aussaat darf es außerdem nicht zu einer Verzerrung des Häufigkeitsspektrums der Zielarten oder unnatürlicher räumlicher Verteilung kommen.

18.3.4 Erhaltung und Pflege von Sandrasen

In den dicht besiedelten und intensiv genutzten Landschaften Mitteleuropas steht, abgesehen von militärischen Übungsgebiete, kaum noch genügend Raum für dynamische Flugsandfelder zur Verfügung, die eine gewisse Größe benötigen, um selbsterhaltend zu sein. Sandflug ist aber oft unerwünscht, da er zu Konflikten mit Siedlungen sowie land- und forstwirtschaftlicher Nutzung führen kann. Ohne Nutzung oder Pflege verbrachen daher auch die renaturierten Sandrasen und es wandern Gräser und Gehölze ein, die den offenen Landschaftscharakter verändern. Für die mittelfristige Sicherung des Renaturierungserfolgs sind daher eine landwirtschaftliche Nutzung oder Pflegemaßnahmen des Naturschutzes notwendig, meist durch Beweidung (Zehm 2004).

Beweidung hält die Vegetation niedrig und offen, und an Wälzstellen, Weidepfaden und Pferchstellen entsteht offener Boden, der die Etablierung von Arten aus der Samenbank fördert und für Wildbienen als Nistplätze genutzt wird (◘ Abb. 18.6d). Dies ist besonders bei Eselbeweidung der Fall (Freund et al. 2015). Die Tiere verschleppen Samen der schlecht ausgebreiteten Spezialisten mit geringer Diasporenbank, erhöhen aber nicht unbedingt die Anzahl der Zielarten. Alternative Methoden, die für begrenzte Zeiträume angewendet werden können, sind Mahd oder Mulchen. Letzteres ist weniger günstig, da keine Nährstoffe abgeführt werden, aber bei der geringen Produktivität der Sandrasen auch weniger problematisch als beispielsweise bei Glatthaferwiesen.

Bei der Pflege wiederhergestellter oder neu aufgeschütteter Binnendünen ist darauf zu achten, dass der Rasenschluss nicht zu dicht wird und genügend offene Sandflächen zur Verfügung stehen, die für die Verjüngung typischer Arten der Sandrasen wichtig sind. Dies konnte am Beispiel renaturierter Binnendünen an dem Fluss Hase im Emsland für *Corynephorus canescens* gezeigt werden (Hammes et al. 2012). Offener Boden ist auch besonders wichtig für Wildbienen, die rasch auf eine Redynamisierung von Binnendünen ansprechen, auch wenn sich die Struktur dieses Teils der Biozönose deutlich von der eines natürlichen Sandrasens unterscheidet (Exeler et al. 2009).

Trotz zahlreicher Vertragsnaturschutz- und Agrarumweltprogramme haben sich die Rahmenbedingungen für die Erhaltung von Sandrasen durch Beweidung und andere Formen landwirtschaftlicher Nutzung in den vergangenen Jahren nicht verbessert (vgl. Poschlod 2015, S. 179 f.). Das wird nicht nur an dem nach wie vor ungünstigen Erhaltungszustand der sandbezogenen FFH-Lebensraumtypen (BfN 2013) deutlich, sondern auch am Bestand an Schafen und Ziegen, die für eine Sandrasen-Pflege durch Beweidung eingesetzt werden können. So hat sich der Bestand in Deutschland von ca. 3,3 Mio. Schafen im Jahr 1991 auf ca. 1,6 Mio. im Jahr 2014 mehr als halbiert, und immer weniger Landwirte sehen eine berufliche oder wirtschaftliche Perspektive in der Schafhaltung (▶ www.destatis.de).

Um einen günstigen Erhaltungszustand zumindest in dem mit der FFH-Richtlinie etablierten Schutzgebietsnetz NATURA2000 zu erreichen, wären über die bestehenden Programme hinausgehende Investitionen in die Wiederherstellung offener Sandlebensräume erforderlich. Gleiches gilt für die Verbesserung der Rahmenbedingungen für die heute schon fast historisch anmutenden Bewirtschaftungsformen der Beweidung von Sandrasen.

18.4 Schlussfolgerungen

Die wichtigsten Ziele der Renaturierung von Sandrasen sind eine Redynamisierung festgelegter Flugsandfelder oder Binnendünen, das Zurückdrängen der Vergrasung ruderalisierter Bestände und ein Überführen von dichten Kiefernforsten in halboffene Weidelandschaften. Sandrasen werden in Mitteleuropa erst seit wenigen Jahren großflächig renaturiert – das Wissen um langfristige Veränderungen ist deshalb noch immer gering.

Die Ursachen für Defizite bei der Umsetzung des derzeitigen Wissens sind vielfältig. Sie reichen von gegenläufigen Zielvorstellungen für die Entwicklung solcher Flächen in der Naturschutzverwaltung (Prozessschutz, Wildnis oder Kulturlandschaftspflege) über fehlende finanzielle und institutionelle Ressourcen der Naturschutzverbände für die Projektumsetzung, die mangelnde Verfügbarkeit geeigneter Flächen für die Renaturierung bis hin zur generell geringen ökonomischen Attraktivität der Schafhaltung in diesen Lebensräumen. Insgesamt gibt es bei der Renaturierung und Pflege von Sandrasen immer noch große Herausforderungen.

? Fragen zur Vertiefung

- Was sind die wichtigsten Standortfaktoren der Vegetation von Sandrasen?
- Wie läuft eine typische Sukzession dieser Ökosysteme ab?
- Welche negativen Einflüsse gibt es auf Sandrasen?
- Mit welchen Methoden lassen sich Sandrasen wiederherstellen?

Literatur

Albert AJ, Kelemen A, Valko O, Miglecz T, Csecserits A, Redei T, Deak B, Tothmeresz B, Török P (2014) Secondary succession in sandy old-fields: a promising example of spontaneous grassland recovery. Appl Veg Sci 17:214–224

Bank P, Bemmerlein-Lux F, Böhmer HJ (2002) Übertragung von Sandmagerrasen durch Soden, Diasporenbank oder Heuauftrag? Nat schutz Landsch plan 34:60–66

BfN (2013) Nationaler Bericht 2013 zur FFH-Richtlinie. ▶ https://www.bfn.de/themen/natura-2000/berichte-monitoring/nationaler-ffh-bericht.html. Zugegriffen: 13.11.18

Birks HJB (2005) Mind the gap: how open were European primeval forests? Trends Ecol Evol 20:154–156

Bonn S, Poschlod P (1998) Ausbreitungsbiologie der Pflanzen Mitteleuropas – Grundlagen und kulturhistorische Aspekte. Quelle & Meyer, Wiesbaden

Bork HR, Bork H, Dalchow C, Faust B, Piorr HP, Schatz T (1998) Landschaftsentwicklung in Mitteleuropa. Klett-Perthes, Gotha

Eichberg C, Storm C, Kratochwil A, Schwabe A (2006) A differentiating method for seed bank analysis: validation and application to successional stages of Koelerio-Corynephoretea inland sand vegetation. Phytocoenologia 14:161–189

Eichberg C, Storm C, Stroh M, Schwabe A (2010) Is the combination of topsoil replacement and inoculation with plant material an effective tool for the restoration of threatened sandy grassland? Appl Veg Sci 13:425–438

Ellenberg H, Leuschner C (2010) Vegetation Mitteleuropas mit den Alpen: in ökologischer, dynamischer und historischer Sicht. Ulmer, Stuttgart

EU (1992) Richtlinie 92/43/EWG des Rates vom 21. Mai 1992 zur Erhaltung der natürlichen Lebensräume sowie der wildlebenden Tiere und Pflanzen, die zuletzt durch Artikel 1 der Richtlinie 2013/17/EU des Rates vom 13. Mai 2013 geändert wurde

Exeler N, Kratochwil A, Hochkirch A (2009) Restoration of riverine inland sand dune complexes: implications for the conservation of wild bees. J Appl Ecol 46:1097–1105

Freund L, Carrillo J, Storm C, Schwabe A (2015) Restoration of a newly created inland-dune complex as a model in practice: impact of substrate, minimized inoculation and grazing. Tuexenia 35:221–248

Fromm A, Jakob S, Tischew S (2002) Sandtrockenrasen in der Bergbaufolgelandschaft. Nat schutz Landsch plan 34:45–51

Grime JP (2001) Plant strategies, vegetation processes, and ecosystem properties. Wiley, Chichester

Hammes V, Remy D, Kratochwil A (2012) Investigations on long-term persistence of *Corynephorus canescens* populations in a large restoration area in an alluvial landscape (NW Germany). Tuexenia 32:119–140

Heneberg P, Rezac M (2014) Dry sandpits and gravel-sandpits serve as key refuges for endangered epigeic spiders (Araneae) and harvestmen (Opiliones) of Central European steppes aeolian sands. Ecol Eng 73:659–670

Jentsch A, Friedrich S, Steinlein T, Beyschlag W, Nezadal W (2009) Assessing conservation action for substitution of missing dynamics on former military training areas in Central Europe. Restor Ecol 17:107–116

Ketner-Oostra R, Aptroot A, Jungerius PD, Sykora KV (2012) Vegetation succession and habitat restoration in Dutch lichen-rich inland drift sands. Tuexenia 32:245–268

Kiehl K, Thormann A, Pfadenhauer J (2003) Nährstoffdynamik und Phytomasseproduktion in neu angelegten Kalkmagerrasen auf ehemaligen Ackerflächen. In: Pfadenhauer J, Kiehl K (Hrsg) Renaturierung von Kalkmagerrasen. Angew Landschaftsökol 55:39–71

Kirmer A, Jünger G, Tischew S (2002) Initiierung von Sandtrockenrasen auf Böschungen im Braunkohletagebau Goitsche. Kriterien und Empfehlungen für Strategien der Renaturierung. Nat schutz Landsch plan 34:52–59

Korneck D, Schnittler M, Vollmer I (1996) Rote Liste der Farn- und Blütenpflanzen (Pteridophyta et Spermatophyta) Deutschlands. Schr reihe Veg kd 28:21–187

Küster HJ (1995) Landschaftsgeschichte Mitteleuropas. Beck, München

Lauterbach D, Borgmann P, Daumann J, Kuppinger AL, Listl D; Martens A, Nick P, Oevermann S, Poschlod P, Radkowitsch A, Reisch C, Stevens AD, Straubinger C, Zachgo S, Zippel E, Burkart M (2015) Allgemeine Qualitätsstandards für Erhaltungskulturen gefährdeter Wildpflanzen. Gärtn Bot Brief 200:15–39

Ödman AM, Schnoor TK, Ripa J, Olsson PA (2012) Soil disturbance as a restoration measure in dry sandy grasslands. Biodivers Conserv 21:1921–1935

Poschlod P (2015) Geschichte der Kulturlandschaft – Entstehungsursachen und Steuerungsfaktoren der Entwicklung der Kulturlandschaft, Lebensraum- und Artenvielfalt in Mitteleuropa. Ulmer, Stuttgart

Pott R, Hüppe J (1991) Die Hudelandschaften Nordwestdeutschlands. Abh Westfäl Mus Nat kd 53:1–313

Riksen M, Ketner-Oostra R, Turnhout C van, Nijssen M, Goossens D, Jungerius PD, Spaan W (2006) Will we lose the last active inland drift sands of Western Europe? The origin and development of the inland drift-sand ecotype in the Netherlands. Landsc Ecol 21:431–447

Schulze ED, Beck E, Müller-Hohenstein K (2002) Pflanzenökologie. Spektrum, Heidelberg

Schwabe A, Kratochwil A (2009) Renaturierung von Sandökosystemen im Binnenland. In: Zerbe S, Wiegleb G (Hrsg) Renaturierung von Ökosystemen in Mitteleuropa. Spektrum, Heidelberg, S 235–263

Süss K, Storm C, Zehm A, Schwabe A (2004) Successional traits in inland sand ecosystems: which factors determine the occurrence of the tall grass species *Calamagrostis epigeios* (L.) Roth and *Stipa capillata* L. Plant Biol 6:465–476

Szitar K, Onodi G, Somay L, Pandi I, Kucs P, Kroel-Dulay G (2014) Recovery of inland sand dune grasslands following the removal of alien pine plantation. Biol Conserv 171:52–60

Szitar K, Onodi G, Somay L, Pandi I, Kucs P, Kroel-Dulay G (2016) Contrasting effects of land use legacies on grassland restoration in burnt pine plantations. Biol Conserv 201:356–362

Tischew S, Kommraus F, Fischer LK, Kowarik I (2017) Drastic site-preparation is key for the successful reintroduction of the endangered grassland species *Jurinea cyanoides*. Biol Conserv 214:88–100

Wilmanns O (1998) Ökologische Pflanzensoziologie. Quelle & Meyer, Wiesbaden

Zehm A (2004) Praxisbezogene Erfahrungen zum Management von Sand-Ökosystemen durch Beweidung und ergänzende Maßnahmen. NNA-Ber 17:221–232

Kalkmagerrasen

Kathrin Kiehl

© Springer-Verlag GmbH Deutschland, ein Teil von Springer Nature 2019
J. Kollmann et al., *Renaturierungsökologie*, https://doi.org/10.1007/978-3-662-54913-1_19

Zusammenfassung

Kalkmagerrasen, die auf relativ trockenen und basenreichen Böden durch jahrhundertelange extensive Nutzung entstanden sind, gehören zu den artenreichsten Ökosystemen Mitteleuropas. Aufgrund ihres hohen Anteils seltener und gefährdeter Arten stehen sie als § 30-Biotope und FFH-Lebensraumtypen unter besonderem Schutz. Durch Nutzungsintensivierung, Umbruch, Aufforstung oder Verbrachung sind artenreiche Kalkmagerrasen heute flächenmäßig stark zurückgegangen. Bestehende Kalkmagerrasenreste sind oft fragmentiert und durch Eutrophierung oder Verbuschung infolge unzureichender Nutzung gefährdet. Ziel der Renaturierung ist die Wiederherstellung einer niedrigwüchsigen Vegetation mit hohem Anteil lebensraumtypischer Arten auf trockenen, kalkreichen und nährstoffarmen Böden. Nach Verbrachung, Verbuschung oder Aufforstung müssen Gehölze entfernt und geeignete Nutzungssysteme dauerhaft wieder etabliert werden. Bei aufgedüngten Kalkmagerrasen sind Maßnahmen zur Nährstoffreduktion wie Oberbodenabtrag oder Mahd ohne Düngung notwendig. Lebensraumtypische Arten können am besten durch die Übertragung diasporenhaltigen Mähguts oder Rechguts von artenreichen Spenderflächen wieder angesiedelt werden. Sowohl historische als auch neu angelegte Kalkmagerrasen müssen durch Beweidung oder einschürige Mahd gepflegt werden.

19.1 Ökologie und Vegetation von Kalkmagerrasen

19.1.1 Entstehung und Nutzungsgeschichte von Kalkmagerrasen

Mitteleuropäische Kalkmagerrasen gehören ebenso wie Sandrasen oder artenreiches Feuchtgrünland zu den halbnatürlichen Graslandökosystemen. Sie zeichnen sich durch eine besonders hohe Vielfalt an spezialisierten Pflanzen- und Insektenarten aus (◘ Abb. 19.1). In extensiv genutzten Kalkmagerrasen können auf einem Quadratmeter bis zu 89 Pflanzenarten vorkommen; auf dieser Maßstabsebene sind sie damit sogar artenreicher als der tropische Regenwald (Wilson et al. 2012). Aufgrund ihrer besonderen Standortbedingungen werden Kalkmagerrasen auch als Kalk-Trocken- und Halbtrockenrasen bezeichnet (► Abschn. 19.1.2) und wegen ihrer Nutzungsgeschichte in Süddeutschland regional auch als Heiden

◘ **Abb. 19.1** Beispiele für Kalkmagerrasen: **a** Artenreicher Halbtrockenrasen (Adonisröschen-Steinzwenkenrasen) im Naturschutzgebiet Garchinger Heide in der Münchner Schotterebene mit *Linum perenne, Peucedanum oreoselinum* und *Rhinanthus glacialis,* **b** Erdseggen-Trockenrasen mit *Helianthemum apenninum* und *Trinia glauca* bei Karlstadt oberhalb des Mains

(Grasheiden). Sie haben sich im Zuge jahrhunderte- bis jahrtausendelanger extensiver Nutzung durch Beweidung, Streu- und Holzentnahme auf trockenen und nährstoffarmen Böden über Karbonatgesteinen (Kalk, Dolomit und anderen Ca-haltigen Sedimentiten) entwickelt (Poschlod und WallisDeVries 2002; Poschlod 2015, S. 179 f.).

Einige Arten der Kalkmagerrasen, wie z. B. *Stipa*-Arten oder *Adonis vernalis*, stammen aus den russischen Steppen und haben wohl bereits am Ende der letzten Eiszeit die damaligen Kältesteppen in Mitteleuropa besiedelt (Ellenberg und Leuschner 2010, S. 881 f.). Nach der Steppenheide-Theorie siedelten sich Menschen in der Naturlandschaft zum Zeitpunkt der Sesshaftwerdung im Neolithikum bevorzugt in Landschaften mit einem relativ trocken-warmen Klima und fruchtbaren, kalkreichen Böden an und lichteten die damals ohnehin weniger dichten Wälder durch Feuer und Weidenutzung weiter auf (Poschlod 2015, S. 28). An vielen Orten in Europa deuten steinzeitliche archäologische Funde und bronzezeitliche Grabhügel in und am Rand von Kalkmagerrasen darauf hin, dass es sich um alte Kulturlandschaften handelt, die damit nicht nur einen besonderen naturschutzfachlichen, sondern auch einen hohen kulturhistorischen Wert haben.

Ab der älteren Eisenzeit, ca. 500 v. Chr., konnten in Mitteleuropa vermehrt auch wärmeliebende submediterrane Arten der Kalkmagerrasen, wie z. B. *Helianthemum nummularium* (◘ Abb. 19.2h) oder verschiedene Orchideenarten nachgewiesen werden, die vermutlich als Kulturfolger mit dem Menschen und seinen Weidetieren vom Mittelmeerraum her nach Mitteleuropa eingewandert sind (Ellenberg und Leuschner 2010). Im Zuge der großen mittelalterlichen Waldrodungen und anschließenden Zunahme der Weidenutzung auf den Allmenden kam es dann zur großflächigen Ausbreitung von Kalkmagerrasen. Im 19. Jahrhundert erreichte ihre Ausdehnung vor allem durch Intensivierung der Schafbeweidung, verbunden mit Wanderschäferei, ein Maximum, da Wollproduktion in Europa damals profitabel war. In vielen Gegenden fand auch eine Mahd zur Gewinnung von Winterfutter statt, z. B. im Schweizer Jura oder Kaiserstuhl.

In Deutschland kommen Kalkmagerrasen heute noch großflächig in wärmebegünstigten, niederschlagsarmen Gegenden einiger Mittelgebirge vor, z. B. Mitteldeutschland (rund um das Thüringer Becken), Thüringische Rhön, Kaiserstuhl, Schwäbische Alb sowie in den Schotterauen der Alpenflüsse. In Norddeutschland finden sie sich kleinräumig an südexponierten Hängen, z. B. im Weserbergland oder am Teutoburger Wald.

19.1.2 Standortfaktoren und Lebensgemeinschaften der Kalkmagerrasen

Kalkmagerrasen sind an relativ trockene, basenreiche Böden gebunden, die sich auf Kalkstein, Gips, Dolomit oder kalkreichem Löss entwickelt haben. Bei den Bodentypen handelt es sich meistens um Rendzinen oder Pararendzinen, die durch hohe pH-Werte, ein geringes Wasserspeichervermögen und eine schlechte Nährstoffverfügbarkeit geprägt sind. Phosphat ist in solchen Böden oft als Calciumphosphat festgelegt und deshalb schlecht verfügbar. Die Stickstoffmineralisation wird häufig durch Trockenheit limitiert, da auch die mineralisierenden Bodenbakterien Wasser benötigen (Neitzke 1998). Mit ihren ausgedehnten Wurzelsystemen, Symbiosen mit Pilzen (Mykorrhiza) zur verbesserten Wasser- und Nährstoffaufnahme sowie internem Recycling von Nährstoffen sind Pflanzenarten der Kalkmagerrasen aber gut an diese Bedingungen angepasst (Ellenberg und Leuschner 2010, S. 889 f.). Fast alle Arten sind außerdem tolerant gegenüber Trockenheit und viele von ihnen weisen xeromorphe Blätter mit dicken Zellwänden, Behaarungen oder anderen Anpassungen an starke Sonneneinstrahlung und den durch hohe Temperaturen bewirkten Wasserverlust auf.

Abb. 19.2 Pflanzenarten der Kalkmagerrasen Mitteleuropas: **a** *Adonis vernalis*, **b** *Brachypodium pinnatum*, **c** *Carex humilis*, **d** *Carlina acaulis*, **e** *Cirsium acaule*, **f** *Filipendula vulgaris*, **g** *Gentiana cruciata*, **h** *Helianthemum nummularium*, **i** *Hippocrepis comosa*, **j** *Ophrys apifera*, **k** *Ophrys insectifera*, **l** *Teucrium montanum*. (Fotos a, d, e: M. Jeschke; Foto b: U. Walkowski)

Die hohe Artenvielfalt der Kalkmagerrasen lässt sich nicht nur durch den florengeschichtlich bedingten, umfangreichen Artenpool der Kalkpflanzen (Basiphyten) in Mitteleuropa erklären (Ewald 2003), sondern auch durch die mageren und trockenen Standortbedingungen, welche die Dominanz konkurrenzkräftiger, hochwüchsiger Arten verhindern. Darüber hinaus sorgen neben dem regelmäßigen Abweiden der Biomasse Bodenstörungen durch Tritt von Weidetieren oder durch Kleinsäuger für die Entstehung kleiner Vegetationslücken, die für die Etablierung von Keimlingen und Jungpflanzen von Bedeutung sind (Gigon und Leutert 1996).

Die Pflanzengesellschaften der Kalkmagerrasen gehören überwiegend zur Klasse Festuco-Brometea (Ellenberg und Leuschner 2010, S. 894 f.). In Abhängigkeit von der durch den Niederschlag und die Tiefgründigkeit der Böden beeinflussten Wasserverfügbarkeit entwickeln sich entweder Trocken- oder Halbtrockenrasen. Trespen-Halbtrockenrasen des Verbandes Bromion erecti (=Mesobromion) gedeihen bei einem submediterran-subatlantischen Klima mit eher milden Wintern auf potentiell baumfähigen Standorten mit etwas besserer Wasserversorgung (◘ Abb. 19.1a). Hier finden sich neben der namengebenden Art *Bromus erectus* typische Kalkmagerrasenarten wie *Gentiana cruciata* oder *Hippocrepis comosa* (◘ Abb. 19.2g, i), viele Orchideen wie *Ophrys insectifera* (◘ Abb. 19.2k) sowie einige Arten des mesophytischen Grünlands wie *Salvia pratensis* oder *Briza media*. Prägend für die eher subkontinental geprägten Halbtrockenrasen des Verbands Cirsio-Brachypodion sind dagegen *Brachypodium pinnatum* und pontische Arten wie *Adonis vernalis* (◘ Abb. 19.2a, b), die auch in den Wiesensteppen Osteuropas vorkommen.

Volltrockenrasen sind in Mitteleuropa vor allem in niederschlagsärmeren Gebieten auf extrem flachgründigen und stark besonnten Standorten zu finden, z. B. auf natürlich baumfreien Felskuppen oder dort, wo der Oberboden an Steilhängen nach Rodungen erodiert war (◘ Abb. 19.1b). Innerhalb der Klasse Festuco-Brometea ist der südwestlich verbreitete Verband Xerobromion vor allem durch trockenheitsresistente niedrigwüchsige Arten wie *Carex humilis* geprägt (◘ Abb. 19.2c). Dazu gehören auch submediterrane Zistrosengewächse wie *Fumana procumbens*, *Helianthemum nummularium*, oder *H. apenninum* sowie andere Zwergsträucher (z. B. *Teucrium montanum*; ◘ Abb. 19.2l). Typisch für kontinentale Steppenrasen des Verbands Festucion valesiacae, die ebenfalls zu den Trockenrasen gehören, sind dagegen *Festuca valesiaca* und verschiedene *Stipa*-Arten. Alle Kalk-Trocken- und Halbtrockenrasen enthalten nicht nur zahlreiche seltene und gefährdete Gefäßpflanzenarten, sondern auch an die extremen Standortbedingungen angepasste Moos- und Flechtenarten, von denen viele ebenfalls auf der Roten Liste stehen.

19.1.3 Ökosystemdienstleistungen von Kalkmagerrasen

Über Jahrtausende waren Kalkmagerrasen wesentliche Elemente extensiv genutzter Kulturlandschaften, die vor allem durch Beweidung, zum Teil aber auch durch Mahd genutzt wurden. Sie sind zudem von kulturhistorischer Bedeutung und enthalten zahlreiche Bodendenkmäler, wie z. B. Grabhügel, prähistorische Kultstätten oder archäologische Fundstätten der Römerzeit (Poschlod und WallisDeVries 2002).

Heute ist ihre Habitatfunktion für zahlreiche seltene und gefährdete Pflanzen-, Tier- und Pilzarten von besonderer Bedeutung (Swaay 2002; WallisDeVries et al. 2002; Schmid 2003). Sowohl die Kalk-Trocken- und Halbtrockenrasen der Klasse Festuco-Brometea, als auch die kontinentalen Steppenrasen sind deshalb nach Anhang I der FFH-Richtlinie geschützte Lebensraumtypen (◘ Tab. 19.1). Wegen ihres reizvollen Landschaftsbildes und ihrer Vielfalt

Tab. 19.1 Nach Anhang I der FFH-Richtlinie (EU 1992) geschützte Lebensraumtypen der Kalkmagerrasen Mitteleuropas. Dargestellt sind zudem die wichtigsten Gefährdungsfaktoren und Gründe für den Renaturierungsbedarf. * = prioritärer Lebensraumtyp

Natura 2000-Code	FFH-Lebensraumtyp	Gründe für Gefährdung und Renaturierungsbedarf
62	Naturnahes trockenes Grasland und Verbuschungsstadien	
6210*	*Naturnahe Kalk-Trockenrasen und deren Verbuschungsstadien (Festuco-Brometalia):* Basiphytische Trocken- und Halbtrockenrasen submediterraner bis subkontinentaler Prägung; schließt primäre Trespen-Trockenrasen (Xerobromion) und sekundäre, durch extensive Beweidung oder Mahd entstandene Halbtrockenrasen ein (Mesobromion, Koelerio-Phleion phleoidis) (*besondere Bestände mit bemerkenswerten Orchideen)	Nutzungsaufgabe, Aufforstung, Umbruch, Nutzungsintensivierung, Eutrophierung
6240*	*Subpannonische Steppen-Trockenrasen:* Subkontinentale Steppenrasen mit Vegetation des Verbands Festucion valesiacae und verwandter Syntaxa (z. B. Cirsio-Brachypodion); die Bestände können primär oder sekundär entstanden sein	Nutzungsaufgabe, Aufforstung, Umbruch, Nutzungsintensivierung, Eutrophierung
Weitere verwandte Lebensraumtypen		
5130	*Formationen von Juniperus communis auf Kalkheiden und -rasen:* Beweidete oder inzwischen brachgefallene Halbtrockenrasen und trockene Magerrasen auf Kalk mit Wacholdergebüschen, z. B. Wacholderheiden Süddeutschlands	Nutzungsaufgabe, Aufforstung, Eutrophierung

an attraktiv blühenden Pflanzenarten sowie Schmetterlingen, Heuschrecken und anderen besonderen Tierarten werden Kalkmagerrasen gerne für Tourismus, Naherholung und Umweltbildung genutzt.

19.2 Gefährdung von Kalkmagerrasen

19.2.1 Verluste durch Änderung der Landnutzung, Bebauung und Habitatfragmentierung

Mit dem Rückgang der Schafhaltung im Verlauf des 20. Jahrhunderts kam es auf einem großen Teil der Kalkmagerrasen Mitteleuropas zur Nutzungsaufgabe mit anschließender Verbuschung und Wiederbewaldung, vor allem in den 1970–80er-Jahren (Kollmann 1992; Poschlod und WallisDeVries 2002). Durch Streuakkumulation, Ausbreitung konkurrenzkräftiger Gräser wie *Brachypodium pinnatum* oder *Bromus erectus* auf Brachen und die mit der Verbuschung oder Aufforstung einhergehende Beschattung durch Gehölze werden auch heute noch typische niedrigwüchsige und konkurrenzschwache Pflanzenarten der Kalkmagerrasen verdrängt und die von ihnen abhängigen Tierarten verschwinden (z. B. Jacquemyn et al. 2003; Köhler et al. 2005).

Auf tiefgründigeren Böden wurden Kalkmagerrasen nach der Erfindung des Kunstdüngers durch Umbruch in Ackerland oder durch Düngung in produktives Grünland umgewandelt (Pfadenhauer 2001; Willems 2001). Auf Schotterplatten des Alpenvorlands wurden sie zudem häufig überbaut oder durch Verkehrswege zerschnitten (z. B. im Münchner Raum). Da Kalkmagerrasen heute in vielen Regionen Mitteleuropas nur noch kleinflächig in isolierten Naturschutzgebieten vorkommen, stellt die Habitatfragmentierung, die zur Verringerung der genetischen Vielfalt und der Fitness der Populationen und Individuen führen kann, heute für viele der lebensraumtypischen Arten ein großes Problem dar (Steffan-Dewenter und Tscharntke 2002; Butaye et al. 2005). Wenn traditionelle Nutzungen wie die Wanderschäferei aufgegeben werden, fehlen zudem Weidetiere als Ausbreitungsvektoren für Pflanzen und Tiere (z. B. Heuschrecken; vgl. Fischer et al. 1996), sodass Arten, die einmal verschwunden sind, isolierte Gebiete auch nicht mehr erreichen können.

19.2.2 Eutrophierung

Um die Produktivität zu steigern, wurden Kalkmagerrasen im Laufe des 20. Jahrhunderts vielerorts aufgedüngt oder Nährstoffe wurden von benachbarten intensiv genutzten Flächen eingetragen. Eutrophierung führt zu einem Artenrückgang, da hochwüchsige Pflanzenarten gefördert werden, die niedrigwüchsige Kalkmagerrasenarten durch Lichtkonkurrenz verdrängen (Bobbink et al. 1998). Durch Stickstoff werden insbesondere konkurrenzkräftige, klonale Gräser gefördert, darunter auch Magerrasenarten wie *Brachypodium pinnatum*. Stickstoffdeposition aus der Luft wirkt sich deshalb ebenfalls negativ auf die Entwicklung von Magerrasen aus.

Wenn bei zunehmendem Nährstoffeintrag zudem keine ausreichende oder gar keine Nutzung oder Pflege stattfindet, die einen Nährstoffaustrag garantiert, nimmt die Artenvielfalt eutrophierter Magerrasen besonders rasch ab (Jacquemyn et al. 2003). Bei Renaturierungsmaßnahmen wirkt sich eine zu hohe Nährstoffverfügbarkeit negativ auf die Wiederansiedlung typischer Zielarten der Kalkmagerrasen aus.

19.3 Renaturierung von Kalkmagerrasen

19.3.1 Ziele der Renaturierung von Kalkmagerrasen

Übergeordnetes Ziel der Renaturierung von Kalkmagerrasen ist die Wiederherstellung einer niedrigwüchsigen, extensiv genutzten Vegetation mit hohem Anteil lebensraumtypischer Arten auf kalkreichen und nährstoffarmen Böden mit geringer Wasserhaltefähigkeit. Je nach Art der Beeinträchtigung und Ausgangsbedingungen müssen dann Einzelziele benannt werden, wie etwa die Reduktion der Nährstoffverfügbarkeit bei eutrophierten Flächen oder die Verringerung der Gehölzdeckung bei verbuschten oder aufgeforsteten Kalkmagerrasen.

Ist das Ziel, die Artenvielfalt durch die Wiederansiedlung ehemals vorhandener Arten zu erhöhen, so müssen lebensraumtypische Zielarten definiert werden. Bei Kalkmagerrasen sind das in der Regel Pflanzenarten der Klasse Festuco-Brometea, die auch in dem entsprechenden Naturraum vorkommen. Je nach Gebiet können einzelne andere Arten dazukommen, die lokal typisch für Kalkmagerrasen sein können, z. B. aus den Klassen Koelerio-Corynephoretea, Seslerietea albicantis oder Trifolio-Geranietea (Kiehl 2009a).

Ein wichtiges Ziel der Renaturierung auf Landschaftsebene ist die Verminderung der Fragmentierung bestehender und neu angelegter Habitate durch Biotopverbundmaßnahmen, wie z. B. die Anlage von Verbindungskorridoren oder Triebwegen für Weidetiere (Pfadenhauer 2001), die für den genetischen Austausch von Populationen wichtig sind (Rico et al. 2014). Dabei kann auch die Herstellung eines charakteristischen Landschaftsbildes für bedeutsame alte Kulturlandschaften angestrebt werden (z. B. Twiston-Davies et al. 2014). Artenreiche Kalkmagerrasen, die als

Referenzökosysteme dem Leitbild „Vielfältige und vernetzte Kalkmagerrasen mit hohem Anteil lebensraumtypischer Arten“ zumindest teilweise entsprechen, finden sich heute noch in Naturschutzgebieten mit gut an den Lebensraum angepasstem Pflegemanagement.

19.3.2 Wiederherstellung von Kalkmagerrasen nach Verbrachung, Verbuschung oder Aufforstung

Da nur etwa ein Viertel der Kalkmagerrasenarten eine langfristig persistente Samenbank aufbaut, ist die Brachedauer bzw. der seit einer Aufforstung vergangene Zeitraum von großer Bedeutung für den Renaturierungserfolg (Kiehl 2009a). Nur Pflanzenarten, die in der aktuellen Vegetation oder der Samenbank verbrachter oder verbuschter Flächen noch vorkommen (Fagan et al. 2010), können sich ohne weitere Wiederansiedlungsmaßnahmen nach Rodungen und Wiederaufnahme der Pflege wieder ausbreiten.

Sind Zielarten noch im Gebiet oder auf direkt benachbarten Flächen vorhanden, so ist es sinnvoll, vor der Wiedereinführung einer kontinuierlichen Nutzung oder Pflege im Rahmen sogenannter Instandsetzungsmaßnahmen verfilzte Vegetationsdecken und dicke Streumatten durch Mahd zu entfernen, Gebüsche zu roden und Bäume zu fällen (◘ Abb. 19.3a). Ob es nach Aufforstungen ausreicht, Bäume nur zu fällen, oder ob auch Laub- oder Nadelstreuschichten entfernt und Wurzelstöcke gerodet werden müssen (was zu stärkeren Bodenstörungen führt), hängt einerseits davon ab, wie lange die Aufforstung zurückliegt und andererseits von der Wiederaustriebsfähigkeit der Gehölze (◘ Abb. 19.3b). Bodenstörung durch Rodungen kann zwar zur Aktivierung der Samenbank beitragen, schafft aber auch Ansiedlungsmöglichkeiten für unerwünschte Arten (Kollmann und Staub 1995).

Nach Gehölzentfernung muss unbedingt eine Folgepflege erfolgen, um Bäume, Sträucher und andere unerwünschte Arten dauerhaft zurückzudrängen, die Wiederausbreitung lichtliebender Kalkmagerrasenarten zu fördern und letztlich einen „günstigen Erhaltungszustand“ im Sinne der FFH-Richtlinie zu erreichen (◘ Abb. 19.3c). Vor allem bei Kalk-Halbtrockenrasen, die potentiell baumfähig sind, reicht eine jährliche Mahd dafür nicht aus, da zahlreiche Straucharten sich aus den Wurzelstöcken heraus nach Mahd relativ schnell regenerieren können. Stattdessen ist es sinnvoll, robuste Weidetierrassen zur Bekämpfung des Gehölzaufwuchses einzusetzen. Ziegenbeweidung ist sehr gut dafür geeignet, den Gehölzaufwuchs verbuschter Flächen zurückzudrängen, da Ziegen Holzpflanzen gegenüber anderen Arten bei der Nahrungswahl bevorzugen (◘ Abb. 19.3d; Elias et al. 2014; Elias und Tischew 2016). Sie fressen nicht nur Blätter, sondern können durch Schädigung der Rinde die Gehölze tatsächlich zum Absterben bringen. Sind auf der beweideten Fläche schützenswerte Gehölzindividuen vorhanden (z. B. *Juniperus communis*), so müssen diese bei Ziegenbeweidung eventuell ausgezäunt werden.

Im FFH-Gebiet „Tote Täler südwestlich Freyburg“ wurden nach temporärer Brache dichte *Arrhenatherum elatius*- und *Bromus erectus*-Bestände durch eine extensive Ganzjahresbeweidung mit Konik-Pferden sehr effektiv aufgelichtet und die Verbuschung wurde reduziert. Dadurch konnten sich große Populationen gefährdeter kalkmagerrasentypischer Pflanzen- und Tierarten regenerieren (► Exkurs 19.1). Auf nur kurzzeitig

Abb. 19.3 Entwicklung von Kalkmagerrasen nach Renaturierung: **a** Instandsetzung eines stark verbuschten Kalkmagerrasens im Rahmen eines LIFE-Projekts der EU durch Entfernen von Gehölzen, **b** Unerwünschter Wiederaustrieb von Gehölzen in einem durch Mahd gepflegten Kalkmagerrasen, **c** und **d** Ziegen eignen sich gut zur Gehölzbekämpfung auf Kalkmagerrasen. (Fotos b, c: U. Walkowski)

verbrachten und noch nicht verbuschten Flächen können auch mit robusten Schafrassen oder sogar mit Rindern (Jacquemyn et al. 2003) gute Erfolge bei der Wiederausbreitung im Gebiet noch vorhandener Zielarten der Kalkmagerrasen erzielt werden. So stieg die Artenvielfalt auf Dauerflächen nach Wiedereinführung einer Schafbeweidung durch Moorschnucken in verbrachten, von *Brachypodium rupestre* dominierten Kalkmagerrasen deutlich an (Kiehl 2009a). In kleinflächigen Kalkmagerrasen müssen bei der Auswahl der Beweidungszeiträume und der Weideführung die Blütezeiten und Wuchsorte seltener und gefährdeter Arten (z. B. Orchideen) berücksichtigt und gegebenenfalls auch temporäre Auszäunungen stark gefährdeter Arten durchgeführt werden, um deren Blüte und Samenreife zu ermöglichen.

19.3.3 Aushagerung ehemals gedüngter Kalkmagerrasen

Bei der Wiederherstellung von Magerrasen auf ehemals gedüngten Grasland-Standorten wird angestrebt, die Nährstoffgehalte der Böden durch Aushagerung zu verringern, um günstige Bedingungen für die Ansiedlung niedrigwüchsiger und konkurrenzschwacher Zielarten zu schaffen (Willems 2001). Je trockener der Standort ist, desto leichter kann die Biomasseproduktion auf Magerrasenniveau gesenkt werden, da Nährstoffe bei Trockenheit für Pflanzen schlecht verfügbar sind. Die bereits von Schiefer (1984) formulierte Ertragsgrenze von $350\,\mathrm{g\,m^{-2}}$ für die erfolgreiche Erhaltung von Magerrasen hat sich dabei für die Beurteilung des Erfolgs von Aushagerungsmaßnahmen bewährt (Kiehl et al. 2003).

Exkurs 19.1

Ganzjahresbeweidung zur Wiederherstellung artenreicher Kalkmagerrasen auf großen Flächen – FFH-Gebiet „Tote Täler südwestlich Freyburg/Unstrut"

In den Offenlandbereichen eines ehemaligen Truppenübungsplatzes wird seit 2009 eine extensive Ganzjahresbeweidung (ca. 0,3 Großvieheinheiten ha^{-1}) mit der robusten Pferderasse Konik Polski durchgeführt, um für einen 90 ha großen Kalk-Halbtrockenrasen nach temporärer Brache und Unterbeweidung mit Schafen einen günstigen Erhaltungszustand (nach FFH-Richtlinie) wiederherzustellen (Köhler et al. 2013).
Die gleichmäßige Habitatnutzung durch die großen Weidetiere führte zu einer deutlichen Verbesserung des Erhaltungszustandes hinsichtlich der Habitatstrukturen und des Arteninventars (◘ Abb. 19.4). Insbesondere die Entstehung dynamischer Mosaike aus lang- und kurzrasigen Bereichen sowie die vermehrte Schaffung offener Bodenstellen wirken sich durch das für thermophytische Arten günstige Kleinklima positiv auf die Fauna aus. Die überständige Vegetation bietet vor allem in den Wintermonaten Überwinterungs- und Nahrungshabitate für Insekten und Vögel. Zudem erhöht der ganzjährig vorhandene Dung der Weidetiere das Nahrungsangebot für Vögel, was sich in der positiven Entwicklung des Brutbestands wertgebender Vogelarten wie Feld- und Heidelerche, Sperbergrasmücke oder Grauammer widerspiegelt. Diese Arten profitieren direkt von der Beweidung, was durch Telemetriedaten der Weidetiere und Beobachtungsdaten der Vögel nachgewiesen werden konnte.
Obwohl durch den Verbiss der Weidetiere eine weitere Verbuschung verhindert wurde, blieben genügend Gebüschstrukturen für die Halboffenlandarten erhalten. Durch die Reduktion der Streuschicht und die Schaffung offener Bodenstellen wurde die Etablierung konkurrenzschwacher Pflanzenarten der Kalkmagerrasen gefördert (Köhler et al. 2013; Köhler und Tischew 2015). Auf 25 m^2 großen Dauerflächen stieg die Artenzahl der Gefäßpflanzen und der Anteil lebensraumtypischer Zielarten signifikant an (◘ Abb. 19.4). Für 2500 m^2 große „Makroplots" konnte nachgewiesen werden, dass alle lebensraumtypischen Arten erhalten blieben und insgesamt sogar leicht zunahmen (Köhler et al. 2016).
Die Orchideenart *Ophrys apifera* wurde nach sechs Jahren Beweidung mit einer Gesamtpopulation von mehr als 3174 fertilen Individuen nachgewiesen. Die Korrelation der flächendeckenden Individuenzählung mit den Aktivitätsdaten der Weidetiere zeigte statistisch signifikant höhere Individuenzahlen auf stärker genutzten Weidebereichen (Köhler et al. 2016).

In aufgedüngten Kalkmagerrasen kann ohne Düngung durch langjährige Mahd mit Abtransport des Mähguts ein Nährstoffaustrag erzielt und die Produktivität auf Magerrasenniveau gebracht werden. Dabei wird eine Absenkung der Stickstoffverfügbarkeit bereits nach etwa zehn Jahren erreicht, während für eine Reduktion der Phosphatverfügbarkeit deutlich längere Zeiträume veranschlagt werden müssen (Smits et al. 2008). Brenner et al. (2004) konnten nachweisen, dass auch durch Schafbeweidung beachtliche Mengen an Stickstoff, Phosphor und Kalium aus Kalkmagerrasen entzogen werden können, wenn die Schafe mittags und nachts außerhalb der Weideflächen gepfercht werden. Dies hängt vermutlich damit zusammen, dass Schafe wie auch Ziegen gezielt Pflanzen mit hohen Gehalten an N, P, K, Ca und Mg fressen (Hejcmanová et al. 2016).

19

19.3.4 Neuanlage von Kalkmagerrasen

In Regionen, in denen früher vorhandene Kalkmagerrasen durch Umbruch, Infrastruktur- oder Abbaumaßnahmen komplett zerstört wurden, ist es möglich, Wiederansiedlungsmaßnahmen zur Vergrößerung

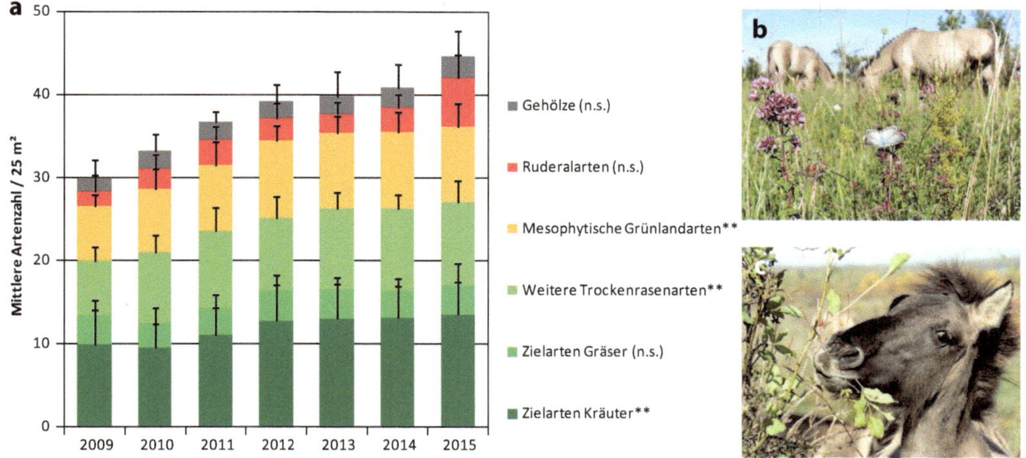

Abb. 19.4 **a** Mittlere Artenzahl der Gefäßpflanzen auf den beweideten Probeflächen (n = 8, mit SD) des oben beschriebenen Kalk-Halbtrockenrasens im FFH-Gebiet „Tote Täler südwestlich Freyburg" über sechs Jahre (nach Köhler et al. 2016, verändert). **signifikante Zunahme, n. s. nicht-signifikante Veränderung, ANOVA mit Messwiederholungen. Fotos **b** und **c** (T. Ruf): Weidende Konik-Pferde reduzieren Verbuschung und Gräserdominanz. (Köhler und Tischew 2015)

bestehender Kalkmagerrasen und zur Verbesserung des Biotopverbunds durchzuführen (Kiehl 2009a). Dies geschieht heute zum Teil über Naturschutzprojekte, etwa zur Verbesserung des Erhaltungszustands von FFH-Lebensräumen und -Arten, aber auch im Rahmen von Kompensationsmaßnahmen.

Wiederherstellung nährstoffarmer Standortbedingungen

Bei der Wiederherstellung von Kalkmagerrasen auf Flächen, die jahrzehntelang als Acker genutzt wurden, müssen zunächst wieder nährstoffarme Standortbedingungen hergestellt werden, um kalkmagerrasentypische Zielarten zu fördern (Tab. 19.2). Dies kann entweder durch den Abtrag des nährstoffreichen Oberbodens geschehen oder durch Aushagerungsmaßnahmen, die aber bei hohen Bodennährstoffgehalten langwierig sein können (Kiehl et al. 2003). Der Abtrag des nährstoffreichen Oberbodens führt dagegen zu einer starken und sofort wirksamen Reduktion der Bodennährstoffgehalte (Abb. 19.5; vgl. Kiehl 2009b). Gleichzeitig wird dabei auch die Samenbank entfernt, die nach jahrzehntelanger Ackernutzung in der Regel aus unerwünschten Ackerwildpflanzen und Ruderalarten besteht und keine Zielarten der Kalkmagerrasen mehr enthält (Hutchings und Booth 1996). Da Bodenabtrag wegen der hohen Kosten und aus Gründen des Bodenschutzes in Renaturierungsprojekten nicht überall durchgeführt werden kann, ist es häufig notwendig, stattdessen durch Aushagerungsmaßnahmen geeignete Standortbedingungen für die dauerhafte Etablierung von Magerrasenarten zu schaffen. Dies kann z. B. durch den Anbau von Getreide oder nährstoffzehrenden Feldfrüchten ohne Düngung vor Beginn der Renaturierungsmaßnahmen geschehen (Kiehl et al. 2003).

Auf flachgründigen Böden mit geringem Wasserhaltevermögen kann der Phytomasseertrag neu angelegter Kalkmagerrasen auch bei hohen Phosphat- und Kaliumgehalten des Bodens unter der von Schiefer (1984) genannten Grenze für Magerrasen von 350 g m^{-2} liegen. Das Pflanzenwachstum wird auf solchen Böden in trockenen Jahren durch Wasserknappheit und die dadurch

Tab. 19.2 Neuanlage von Kalkmagerrasen auf kalkreichen Böden. Übersicht über mögliche Maßnahmen zur Reduktion der Nährstoffverfügbarkeit, zur Wiederansiedlung lebensraumtypischer Zielarten und zur langfristigen Pflege neu angelegter Magerrasen in Abhängigkeit von den Ausgangsbedingungen. Bei nährstoffreichen Standortbedingungen (grau hinterlegt) ist der Pflegeaufwand größer und der Etablierungserfolg der Kalkmagerrasenarten geringer als bei Flächen, die nicht ausgehagert werden müssen

Ausgangsbedingungen	Reduktion der Nährstoffverfügbarkeit	Wiederansiedlung lebensraumtypischer Zielarten	Langfristige Pflege
Eutrophierte Standorte, z. B. ehemalige Äcker	Anbau nährstoffzehrender Feldfrüchte ohne Düngung vor Wiederansiedlungsmaßnahmen, mehrmalige Bodenbearbeitung zur Reduktion unerwünschter Arten aus der Samenbank	Mähgut- oder Rechgutübertragung Falls geeignete Spenderflächen fehlen: Ansaat mit standortangepasster gebietseigener Saatmischung Diasporeneintrag durch Weidetiere von direkt benachbarten beweideten Kalkmagerrasen	Jährliche Mahd mit Abtransport des Mähguts zur weiteren Aushagerung oder Schafbeweidung (Pferchen außerhalb)
	Abtrag nährstoffreichen Oberbodens		Beweidung und/oder Mahd zur Gehölzbekämpfung
Abbaustellen (z. B. Kalk-Steinbruch, Kiesgrube), Kalkschotterflächen	Nährstoffarme Bedingungen erhalten; Entfernung nährstoffreicher Substrate (falls vorhanden)		

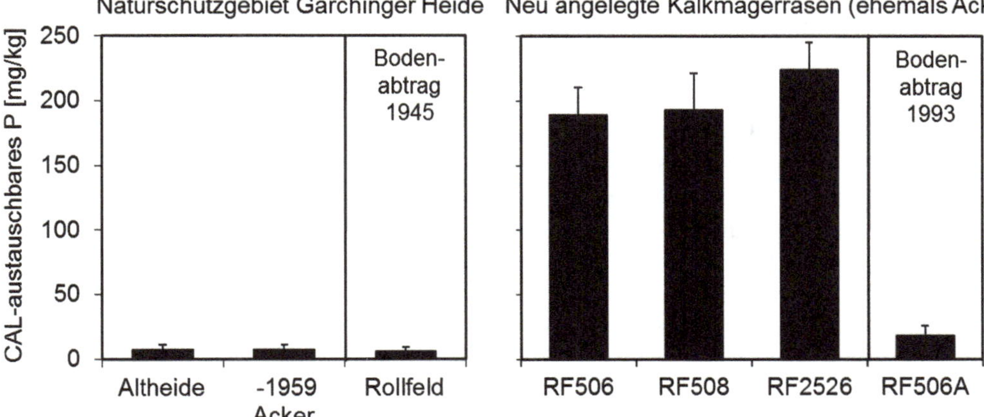

Abb. 19.5 Gehalte an CAL-austauschbarem Phosphor in neu angelegten Kalkmagerrasen mit und ohne Oberbodenabtrag (rechts) im Vergleich zu Referenzflächen (links) im Naturschutzgebiet Garchinger Heide. (Daten umgerechnet aus Kiehl 2009b)

reduzierte Stickstoffmineralisation limitiert. Eine weitere Aushagerung durch Mahd ist nach der Neuanlage von Magerrasen auf nährstoffreichen Böden dennoch erforderlich, da die Phytomasseproduktion in Jahren mit hohen Niederschlagsraten oder geringer Verdunstung im Frühjahr und Frühsommer die Grenze für Magerrasen deutlich übersteigen kann (Kiehl 2009a). Ein realistisches Ziel der Renaturierung ist unter diesen Bedingungen daher eher die Etablierung magerer mesophytischer Grünlandbestände, die auch einige Kalkmagerrasenarten enthalten.

Besteht die Möglichkeit, Kalkmagerrasen auf Rohböden von Abbaustellen (z. B. in Kiesgruben oder Steinbrüchen) anzulegen oder nach Erdarbeiten, bei denen Substrate aus tiefen Bodenschichten an die Oberfläche gekommen sind, so müssen nährstoffarme Standortbedingungen unbedingt erhalten werden (Tab. 19.2) und es darf kein Auftrag nährstoffreichen Oberbodens und keine Düngung erfolgen. Die extremen Standortbedingungen fördern die daran angepassten lebensraumtypischen Arten der Kalkmagerrasen und verhindern eine Dominanz unerwünschter Grünland- und Ruderalarten (s. ▶ Kap. 23).

Wiederansiedlung von Arten der Kalkmagerrasen

Die Nahausbreitung von Kalkmagerrasenarten, etwa durch Wind oder Ameisen, beträgt bei den meisten Arten nur wenige Meter pro Jahr (Hutchings und Booth 1996; Kiehl und Pfadenhauer 2007). Da die meisten Kalkmagerrasenarten außerdem keine langfristig persistente Samenbank aufbauen, Diasporenbanken nach Ackernutzung in der Regel keine Zielarten mehr enthalten und die Fernausbreitung in fragmentierten Landschaften stark eingeschränkt ist, sind in der Regel spezielle Maßnahmen notwendig, um Kalkmagerrasenarten auf Renaturierungsflächen wieder anzusiedeln (Tab. 19.2; Kiehl 2009a; Kienberg et al. 2013).

Nur dann, wenn Renaturierungsflächen an alte beweidete Kalkmagerrasen mit hohem Anteil an Zielarten direkt angrenzen und in die Beweidung einbezogen werden können, kann es durch die Weidetiere (Schafe) zur Ausbreitung und Ansiedlung lebensraumtypischer Arten auf Renaturierungsflächen kommen (Gibson et al. 1987). In allen anderen Fällen müssen Zielarten aktiv eingebracht werden (vgl. ▶ Kap. 5). Artenreiche Kalkmagerrasen können besonders gut durch die Übertragung diasporenhaltigen

Mäh- oder Rechguts wiederhergestellt werden, ergänzend auch durch Ansaat gebietseigenen Saatguts (◘ Tab. 19.2, ◘ Abb. 19.6). Die Übertragung von Oberboden oder mit Laubsaugern gewonnenen Pflanzenmaterials sind für die Praxis dagegen weniger zu empfehlen (Kiehl 2009a). Vor der Durchführung solcher Artentransfermaßnahmen, z. B. auf ehemaligen Ackerflächen, ist eine gründliche Bodenbearbeitung durch Pflügen und Eggen erforderlich, um die vorhandene Vegetationsdecke unerwünschter Arten zu zerstören und ein feinkrümeliges Saatbett zu schaffen. Nach Bodenabtrag oder auf Rohböden in Steinbrüchen, Kiesgruben oder anderen Abbauflächen (▶ Kap. 23) ist dagegen oft keine weitere Bodenbearbeitung notwendig (Kirmer 2004).

▪ Mähgutübertragung

Durch die Übertragung frisch geernteten samenreichen Mähguts (vgl. ▶ Kap. 5), das auf artenreichen Kalkmagerrasen geerntet und am besten noch am gleichen Tag auf den vorbereiteten Empfängerflächen verteilt wird, ist es möglich, artenreiche Kalkmagerrasen mit hohem Anteil lebensraumtypischer Arten wiederanzusiedeln (Kiehl 2009a). Bei Neuanlagen von Kalkmagerrasen in der Münchner Schotterebene wurde nachgewiesen, dass das Mähgut nicht nur Diasporen lebensraumtypischer Pflanzenarten enthält, sondern auch Sporen von Mykorrhizapilzen, welche die Ansiedlung von Zielarten auf nicht mykorrhizierten Rohböden fördern (Helfer 2000). Da die meisten Kalkmagerrasenarten Licht für die Keimung benötigen, wird das Mähgut nur 3–5 cm dick und etwas lückig aufgetragen; Flächenverhältnisse von 2:1 bis 3:1 zwischen Spender- und Empfängerfläche haben sich dabei bewährt (Kiehl et al. 2006).

Damit ein möglichst großes Artenspektrum angesiedelt werden kann, ist es sinnvoll, Mähgut verschiedener Erntetermine zwischen Mitte bis Ende Juli und Ende September zu kombinieren. Während auf kalkhaltigen Rohböden nach Mähgutübertragung vor allem trockenheitsresistente Arten dominieren, wie z. B. *Anthyllis vulneraria*, *Hippocrepis comosa* oder *Thymus pulegioides*, finden sich in neu angelegten Kalkmagerrasen ohne Bodenabtrag neben lebensraumtypischen Arten (*Dianthus carthusianorum*, *Filipendula vulgaris* etc.) auch Grünlandarten wie z. B. *Achillea millefolium* oder *Lotus corniculatus*

◘ **Abb. 19.6** Neuanlage von Kalkmagerrasen auf ehemaligen Ackerflächen: **a** Renaturierung durch Bodenabtrag, Mähgutübertragung und zusätzliche Ansaat von Zielarten (z. B. *Anthericum ramosum*, *Pulsatilla patens*, *Scabiosa canescens*) mit gebietseigenem für diese Maßnahme vermehrtem Saatgut nach acht Jahren, **b** durch Mähgutübertragung neu etablierter Kalkmagerrasen auf Flächen ohne Bodenabtrag mit kalkmagerrasentypischen Arten (z. B. *Dianthus carthusianorum*, *Filipendula vulgaris*, *Linum perenne*) und Grünlandarten (z. B. *Arrhenatherum elatius*) nach zwölf Jahren

(▣ Abb. 19.6; Kiehl und Pfadenhauer 2007). Um Populationen gefährdeter Arten zu stärken und das Artenspektrum neu angelegter Kalkmagerrasen zu vervollständigen, wurden *Anthericum ramosum*, *Pulsatilla patens*, *Scabiosa canescens* und weitere Arten, die im Münchner Norden nicht oder nur wenig mit dem Mähgut übertragen werden, gezielt im Naturraum vermehrt und dann direkt vor der Mähgutübertragung auf ehemaligen Äckern mit Boden ausgesät. Auf diese Weise konnten sehr artenreiche Kalkmagerrasen mit zahlreichen Rote-Liste-Arten wiederhergestellt werden (▣ Abb. 19.6a) und ca. 30.000 Individuen der hochgradig gefährdeten Art *Pulsatilla patens* (Art des Anhangs II und IV der FFH-Richtlinie) etabliert werden (Röder und Kiehl 2008).

Nicht nur Pflanzen, sondern auch wirbellose Tiere der Kalkmagerrasen können erfolgreich mit dem Mähgut übertragen und durch die angesiedelten Pflanzenarten gefördert werden (Fischer et al. 1996; Wagner und Kiehl 2004; Kiehl und Wagner 2006). So wurden z. B. lebende Individuen der Heuschreckenart *Metrioptera bicolor* (*=Bicolorana bicolor*) im frisch geernteten Mähgut nachgewiesen (Wagner 2004). Für wenig mobile phytophage Wirbellose ist es sinnvoll, dass das Mähgut in mehreren aufeinanderfolgenden Jahren auf benachbarte Flächen aufgebracht wird, um durch die erste Übertragung eine geeignete Vegetation zu etablieren, welche die Tiere bei späteren Übertragungen als Habitat nutzen können (vgl. Pfadenhauer et al. 2003).

▪ Rechgutübertragung

Durch die Übertragung diasporenhaltigen Rechguts ist es möglich, auch niedrigwüchsige Arten wie *Globularia cordifolia* und *Teucrium montanum* sowie seltene konkurrenzschwache Moos- und Flechtenarten (z. B. Arten der Bunten Erdflechtengesellschaft) auf geeigneten Empfängerflächen anzusiedeln (▣ Abb. 19.7). Das Rechgut wird durch Zusammenharken von Streu, Moos- und Flechtenbruchstücken sowie vegetativen Gefäßpflanzenteilen in bestehenden artenreichen Trockenrasen gewonnen und direkt im Anschluss auf vegetationslosen Rohbodenflächen (z. B. nach Oberbodenabtrag) in dünnen Schichten ausgebracht. Dabei können auch Samen oder Früchte von Gefäßpflanzenarten übertragen werden, die bereits ausgefallen sind und sich in der Streu- oder Kryptogamenschicht befinden (Jeschke 2008). Die Spenderflächen profitieren in der Regel ebenfalls von der Rechgutentnahme, da sie der Streuakkumulation und Verfilzung der Vegetation entgegenwirkt.

▪ Ansaat

Herkömmliche kommerzielle Saatmischungen eignen sich nicht für die Wiederansiedlung von Kalkmagerrasen (Thormann et al. 2003; Fagan et al. 2008). Wenn keine geeigneten Spenderflächen für eine Mähgut- oder Rechgutübertragung zur Verfügung stehen, können standortangepasste Saatmischungen aus zertifiziertem gebietseigenem Saatgut entwickelt und ausgesät werden (vgl. ▶ Kap. 5). Idealerweise werden dabei Arten, die typisch für den jeweiligen Naturraum sind, gezielt innerhalb des Naturraums für die Ansaat vermehrt, so wie es z. B. nach den Richtlinien des Verbands deutscher Wildsamen- und Wildpflanzenproduzenten e. V. in der Münchner Schotterebene geschieht (Röder und Kiehl 2007; Joas et al. 2010). Ansaaten von Kalkmagerrasenarten können – sofern Standorte mit nährstoffarmen kalkreichen Böden zur Verfügung stehen – auch im Rahmen von Kompensationsmaßnahmen in urbanen Räumen oder bei Dachbegrünungen durchgeführt werden (▶ Kap. 22).

19.3.5 Langfristige Pflege neu angelegter Kalkmagerrasen

Historische und neu angelegte Kalkmagerrasen müssen regelmäßig durch extensive Mahd oder Beweidung gepflegt werden, um die Artenvielfalt langfristig zu erhalten und

Abb. 19.7 Durch Rechgutübertragung etablierte Gefäßpflanzen, Moos- und Flechtenarten auf Bodenabtragsflächen im Umfeld des NSG Garchinger Heide (Münchner Schotterebene): **a** *Globularia cordifolia*, **b** *Tortella tortuosa*, **c** *Ditrichum flexicaule*, **d** *Catapyrenium squamulosum* und *Psora decipiens*, also Arten der Bunten Erdflechtengesellschaft. (Fotos: M. Jeschke)

die Regeneration neu angesiedelter lebensraumtypischer Arten zu sichern (Kiehl 2009a). Die Vegetationsentwicklung in neu angelegten Kalkmagerrasen zeigt, dass Mähgutübertragung und Bodenabtrag in den ersten 10–15 Jahren nach Beginn der Renaturierung einen größeren Einfluss auf Artenzahlen und Artenzusammensetzung der Vegetation haben als das Management (Kiehl und Pfadenhauer 2007; Kiehl 2009b). Die Pflege ist jedoch – vor allem auf Flächen ohne Bodenabtrag – essentiell für die Aushagerung und für die Bekämpfung konkurrenzkräftiger Ruderalarten, wie z. B. *Artemisia vulgaris*, *Calamagrostis epigejos* oder *Solidago canadensis*. Auf nährstoffarmen Rohböden, z. B. nach Bodenabtrag und anschließendem Mähgutauftrag, ist ein Management dagegen aufgrund der geringen Phytomasseproduktion zumindest in den ersten Jahren nicht notwendig. Lediglich Gehölze wie Birken oder Weiden müssen auf solchen Standorten regelmäßig entfernt werden.

Sowohl einschürige Mahd als auch Schafbeweidung eignen sich für die Pflege neu angelegter Kalkmagerrasen. Zweischürige Mahd führt zwar zu schnellerer Aushagerung, fördert aber schnitttolerantere Grünlandarten (vgl. Thormann et al. 2003). Auch für Heuschrecken und andere Insekten sollte die Mahdintensität nicht zu hoch sein, da der damit verbundene kurzzeitige Verlust an Deckungsstrukturen, Blütennahrung und Eiablageplätzen für Insekten problematisch sein kann. Zusätzlich können die Insekten z. B. durch Kreiselmäher geschädigt werden, weshalb Balkenmäher bevorzugt werden sollten (Wagner und Fischer 2003). Schafbeweidung fördert sowohl bei Pflanzen als auch bei Heuschrecken vor allem dann die Ausbreitung von Zielarten, wenn neu angelegte Magerrasen an beweidete ursprüngliche Magerrasen mit hoher Artenvielfalt angrenzen und die Schafe zwischen diesen hin- und herwechseln (vgl. Gibson et al. 1987; Fischer et al. 1996). Werden neu angelegte Magerrasen durch Triebwege verbunden (Pfadenhauer 2001), so können auch wandernde Schafherden den Zielartenaustausch zwischen Teilgebieten verbessern. Grundsätzlich müssen bei Beweidungskonzepten die Blüte- und Fruchtreifezeiträume tritt- und verbissempfindlicher Arten (z. B. Orchideen) berücksichtigt werden (s. auch ► Abschn. 19.3.2).

19.4 Schlussfolgerungen

Für die Erhaltung und Wiederherstellung artenreicher Kalkmagerrasen sind trockene, nährstoffarme Standortbedingungen sowie eine extensive Landnutzung durch Beweidung oder Mahd notwendig. Kalkmagerrasen, die durch Verbrachung oder Aufforstungen beeinträchtigt sind, können durch Gehölzentnahme und Beweidung mit robusten Tierarten und Rassen in einen günstigen Erhaltungszustand versetzt werden, wenn lebensraumtypische Zielarten noch vorhanden sind, die sich dann wieder ausbreiten. Die Aushagerung aufgedüngter Kalkmagerrasen durch Mahd und Abtransport des Mähguts ist sehr langwierig. Bei der Neuanlage von Kalkmagerrasen können dagegen durch Oberbodenabtrag oder Erhaltung von Rohböden an Abbaustellen bzw. nach Baumaßnahmen erfolgreich nährstoffarme Standortbedingungen hergestellt werden. Die Übertragung diasporenhaltigen Mäh- oder Rechguts eignet sich besonders gut für die Wiederansiedlung artenreicher Kalkmagerrasen mit hohem Anteil lebensraumtypischer Arten.

Fragen zur Vertiefung

- Wodurch unterscheiden sich Kalk-Trocken- und Halbtrockenrasen hinsichtlich der Standortbedingungen und der Vegetation?
- Durch welche Umweltfaktoren und Beeinträchtigungen sind Kalkmagerrasen heute besonders gefährdet?
- Warum würde sich die Schutzstrategie „Prozessschutz" negativ auf die Biodiversität von Kalkmagerrasen auswirken?
- Auf welche Weise kann für degradierte verbuschte Kalkmagerrasen ein „günstiger Erhaltungszustand" im Sinne der FFH-Richtlinie erreicht werden?
- Auf welche Weise können Kalkmagerrasen nach Umbruch und Ackernutzung wiederhergestellt werden und worauf muss dabei besonders geachtet werden?

Literatur

Bobbink R, Hornung M, Roelofs JGM (1998) The effects of air-borne nitrogen pollutants on species diversity in natural and seminatural European vegetation. J Ecol 86:717–738

Brenner S, Pfeffer E, Schumacher W (2004) Extensive Schafbeweidung von Magerrasen im Hinblick auf Nährstoffentzug und Futterselektion. Nat Landsch 79:167–174

Butaye J, Adriaens D, Honnay O (2005) Conservation and restoration of calcareous grasslands: a concise review of the effects of fragmentation and management on plant species. Biotechnol Agron Soc Environ 9:111–118

Elias D, Tischew S (2016) Goat pasturing – A biological solution to counteract shrub encroachment on abandoned dry grasslands in Central Europe? Agric Ecosyst Environ 234:98–106

Elias D, Mann S, Tischew S (2014) Ziegenstandweiden auf degradierten Xerothermrasenstandorten im Unteren Saaletal – Auswirkungen auf Flora und Vegetation. Nat Landsch 89:200–208

Ellenberg H, Leuschner C (2010) Vegetation Mitteleuropas mit den Alpen: in ökologischer, dynamischer und historischer Sicht. Ulmer, Stuttgart

EU (1992) Richtlinie 92/43/EWG des Rates vom 21. Mai 1992 zur Erhaltung der natürlichen Lebensräume sowie der wildlebenden Tiere und Pflanzen, die zuletzt durch Artikel 1 der Richtlinie 2013/17/EU des Rates vom 13. Mai 2013 geändert wurde

Ewald J (2003) The calcareous riddle: why are there so many calciphilous species in the Central European flora? Folia Geobot 38:357–366

Fagan KC, Pywell RF, Bullock JM, Marrs RH (2008) Do restored calcareous grasslands on former arable fields resemble ancient targets? The effect of time, methods and environment on outcomes. J Appl Ecol 45:1293–1303

Fagan KC, Pywell RF, Bullock JM, Marrs RH (2010) The seed banks of English lowland calcareous grasslands along a restoration chronosequence. PlantEcol 208:199–211

Fischer G, Poschlod P, Beinlich B (1996) Experimental studies on the dispersal of plants and animals on sheep in calcareous grasslands. J Appl Ecol 33:1206–1222

Gibson CWD, Watt TA, Brown VK (1987) The use of sheep grazing to recreate species-rich grassland from abandoned arable land. Biol Conserv 42:165–183

Gigon A, Leutert A (1996) The dynamic keyhole model of coexistence to explain diversity of plants in limestone and other grasslands. J Veg Sci 7:29–40

Hejcmanova P, Pokorna P, Hejcman M, Pavlu V (2016) Phosphorus limitation relates to diet selection of sheep and goats on dry calcareous grassland. Appl Veg Sci 19:101–110

Helfer W (2000) Die VA-Mykorrhiza und ihre Bedeutung für die Heidevegetation. Angew Landsch ökol 32:255–279

Hutchings MJ, Booth KD (1996) Studies on the feasibility of re-creating chalk grassland vegetation on ex-arable land. I. The potential roles of the seed bank and the seed rain. J Appl Ecol 33:1171–1181

Jacquemyn H, Brys R, Hermy M (2003) Short-term effects of different management regimes on the response of calcareous grassland vegetation to increased nitrogen. Biol Conserv 111:137–147

Jeschke M (2008) Einfluß von Renaturierungs- und Pflegemaßnahmen auf die Artendiversität und Artenzusammensetzung von Gefäßpflanzen und Kryptogamen in mitteleuropäischen Kalkmagerrasen. Dissertation, Technische Universität München

Joas C, Gnädinger J, Wiesinger K, Haase R, Kiehl K (2010) Restoration and design of calcareous grasslands in urban and suburban areas: Examples from the Munich Plain. In: Müller N, Werner P, Kelcey J (Hrsg) Urban biodiversity & design – implementing the Convention on Biological Diversity in towns and cities. Blackwell, Oxford, S 556–571

Kiehl K (2009a) Renaturierung von Kalkmagerrasen. In: Zerbe S, Wiegleb G (Hrsg) Renaturierung von Ökosystemen. Spektrum, Heidelberg, S 265–282

Kiehl K (2009b) Langfristige Perspektiven für die Entwicklung neu angelegter Kalkmagerrasen in der Münchner Schotterebene. Laufener Spezialbeitr 2/2009:87–96

Kiehl K, Pfadenhauer J (2007) Establishment and long-term persistence of target species in newly created calcareous grasslands on former arable fields. Plant Ecol 189:31–48

Kiehl K, Wagner C (2006) Effects of hay transfer on long-term establishment of vegetation and grasshoppers on former arable fields. Restor Ecol 14:157–166

Kiehl K, Thormann A, Pfadenhauer J (2003) Nährstoffdynamik und Phytomasseproduktion in neu angelegten Kalkmagerrasen auf ehemaligen Ackerflächen. Angew Landsch ökol 55:39–71

Kiehl K, Thormann A, Pfadenhauer J (2006) Evaluation of initial restoration measures during the restoration of calcareous grasslands on former arable fields. Restor Ecol 14:148–156

Kienberg O, Thill L, Becker T (2013) Wiederansiedlung von *Astragalus exscapus, Scorzonera purpurea* und *Pulsatilla pratensis* subsp. *nigricans* in Steppenrasen in Thüringen – erste Ergebnisse eines laufenden Projektes. In: Baumbach H, Pfützenreuter S (Hrsg) Steppenlebensräume Europas – Gefährdung, Erhaltungsmaßnahmen und Schutz. Thüringer Ministerium für Landwirtschaft, Forsten, Umwelt und Naturschutz, Erfurt, S 373–383

Kirmer A (2004) Methodische Grundlagen und Ergebnisse initiierter Vegetationsentwicklung auf xerothermen Extremstandorten des ehemaligen Braunkohlentagebaus in Sachsen-Anhalt. Diss Bot 385:1–167

Köhler B, Gigon A, Edwards PJ, Krüsi B, Langenauer R, Lüscher A, Ryser P (2005) Changes in the species composition and conservation value of limestone grasslands in Northern Switzerland after 22 years of contrasting managements. Perspect Plant Ecol Evol Syst 7:51–67

Köhler M, Hiller G, Tischew S (2013) Extensive Ganzjahresbeweidung mit Pferden auf orchideenreichen Kalk-Halbtrockenrasen: Effekte im FFH-Gebiet "Tote Täler südwestlich Freyburg" (Sachsen-Anhalt). Natursch Landsch plan 45:279–286

Köhler M, Tischew S (2015) Kalk- (Halb-) Trockenrasen. In: Bünzel-Drüke M, Böhm C, Ellwanger G, Finck P, Grell H, Hauswirth L, Herrmann A, Jedicke E, Joest R, Kammer G, Köhler M, Kolligs D, Krawczynski R, Lorenz A, Luick R, Mann S, Nickel H, Raths U, Reisinger E, Riecken U, Rößling H, Sollmann R, Ssymank A, Thomsen K, Tischew S, Vierhaus H, Wagner HG, Zimball O (Hrsg) Naturnahe Beweidung und NATURA 2000 – Ganzjahresbeweidung im Management von Lebensraumtypen und Arten im europäischen Schutzgebietssysten NATURA 2000. Heinz Sielmann Stiftung, Duderstadt, S 95–99

19

Köhler M, Hiller G, Tischew S (2016) Year-round horse grazing supports typical vascular plant species, orchids and rare bird communities in a dry calcareous grassland. Agric Ecosyst Environ 234:48–57

Kollmann J (1992) Gebüschentwicklung in Halbtrockenrasen des Kaiserstuhls. Nat Landsch 67:20–26

Kollmann J, Staub F (1995) Entwicklung von Magerrasen im Kaiserstuhl nach Entbuschung. Z Ökol Nat schutz 4:87–103

Neitzke M (1998) Changes in nitrogen supply along transects from farmland to calcareous grassland. Z Pflanzenernähr Bodenkd 161:639–646

Pfadenhauer J (2001) Some remarks on the sociocultural background of restoration ecology. Restor Ecol 9:220–229

Pfadenhauer J, Kiehl K, Fischer FP, Schmid H, Thormann A, Wagner C, Wiesinger K (2003) Empfehlungen zur Neuschaffung und Wiederherstellung von Kalkmagerrasen. Angew Landsch ökol 55:253–260

Poschlod P (2015) Geschichte der Kulturlandschaft – Entstehungsursachen und Steuerungsfaktoren der Entwicklung der Kulturlandschaft, Lebensraum- und Artenvielfalt in Mitteleuropa. Ulmer, Stuttgart

Poschlod P, WallisDeVries MF (2002) The historical and socio-economic perspective of calcareous grasslands – lessons from the distant and recent past. Biol Conserv 104:361–376

Rico Y, Holderegger R, Boehmer HJ, Wagner HH (2014) Directed dispersal by rotational shepherding supports landscape genetic connectivity in a calcareous grassland plant. Mol Ecol 23:832–842

Röder D, Kiehl K (2007) Ansiedlung von lebensraumtypischen Pflanzenarten in neu angelegten Kalkmagerrasen durch Ansaat und Pflanzung. Natursch Landsch plan 39:304–310

Röder D, Kiehl K (2008) Vergleich des Zustandes junger und historisch alter Populationen von *Pulsatilla patens* (L.) Mill. in der Münchner Schotterebene. Tuexenia 28:121–132

Schiefer J (1984) Möglichkeiten der Aushagerung von nährstoffreichen Grünlandflächen. Veröff Natursch Landschpfl Baden-Württ 57/58:33–62

Schmid H (2003) Sicherung und Entwicklung der Heiden im Norden von München: Die Großpilzflora. Angew Landsch ökol 32:237–254

Smits NAC, Willems JH, Bobbink R (2008) Long-term after-effects of fertilization on calcareous grasslands. Appl Veg Sci 11:279–286

Steffan-Dewenter I, Tscharntke T (2002) Insect communities and biotic interactions on fragmented calcareous grasslands – a mini review. Biol Conserv 104:275–284

Swaay CAM van (2002) The importance of calcareous grasslands for butterflies in Europe. Biol Conserv 104:315–318

Thormann A, Kiehl K, Pfadenhauer J (2003) Einfluss unterschiedlicher Renaturierungsmaßnahmen auf die langfristige Vegetationsentwicklung neu angelegter Kalkmagerrasen. Angew Landsch ökol 55:73–106

Twiston-Davies G, Mortimer S, Mitchley J (2014) Restoration of species rich grasslands in the Stonehenge World Heritage Site, UK. In: Kiehl K, Kirmer A, Shaw N, Tischew S (Hrgs) Guidelines for native seed production and grassland restoration. Cambridge Scholars Publishing, Newcastle, S 220–243

Wagner C (2004) Passive dispersal of *Metrioptera bicolor* (Phillipi 1830) (Orthopteroidea: Ensifera: Tettigoniidae) by transfer of hay. J Insect Conserv 8:287–296

Wagner C, Fischer FP (2003) Einfluss unterschiedlicher Renaturierungs- und Pflegemaßnahmen auf die Entwicklung der Heuschreckenfauna neu angelegter Kalkmagerrasen. Angew Landsch ökol 55:165–200

Wagner C, Kiehl K (2004) Einfluss unterschiedlicher Renaturierungsverfahren auf Vegetationsstruktur und Heuschreckenfauna neu angelegter Kalkmagerrasen nördlich von München. Articulata 19:183–193

WallisDeVries MF, Poschlod P, Willems JH (2002) Challenges for the conservation of calcareous grasslands in northwestern Europe: integrating the requirements of flora and fauna. Biol Conserv 104:265–273

Willems JH (2001) Problems, approaches and results in restoration of Dutch calcareous grassland during the last 30 years. Restor Ecol 9:147–154

Wilson BJ, Peet RK, Dengler J, Pärtel M (2012) Plant species richness: the world records. J Veg Sci 23:796–802

Wirtschaftsgrünland

Sabine Tischew und Norbert Hölzel

© Springer-Verlag GmbH Deutschland, ein Teil von Springer Nature 2019
J. Kollmann et al., *Renaturierungsökologie*, https://doi.org/10.1007/978-3-662-54913-1_20

Zusammenfassung

In Mitteleuropa ist das durch Beweidung und Mahd bei mäßiger Düngung entstandene Wirtschaftsgrünland ein typisches Element der bäuerlichen Kulturlandschaft. Bei nicht zu intensiver Nutzung weist dessen Vegetation eine hohe Artenvielfalt auf. Besonders in ackerbaulichen Gunstlagen ist es seit Mitte des 20. Jahrhunderts jedoch zu massiven quantitativen Grünlandverlusten und zur Degradation vieler Wiesen und Weiden gekommen. Neben der Wiedereinführung einer Nutzung von brachgefallenen Beständen bzw. einer Extensivierung der Nutzung in bestehendem Intensivgrünland spielt vor allem in Grünlanddefiziträumen des Tief- und Hügellands die Wiederherstellung von Grünland aus Ackerflächen eine zunehmende Rolle. Zur Wiederherstellung wertvoller Grünlandbestände leistet die aktive Wiederansiedlung lokal ausgestorbener Arten einen entscheidenden Beitrag, sowohl bei der Neuanlage auf ehemaligen Ackerflächen als auch zur Renaturierung von artenarmen Grünlandbeständen infolge früherer Intensivnutzung. Hierfür sind naturnahe Methoden zur Sicherstellung lokaler genetischer Anpassung in besonderem Maße geeignet. Bei geschlossenen Beständen hängt der Etablierungserfolg eingebrachter Arten maßgeblich von einer Öffnung der Grasnarbe ab. Die Sicherung einer den Schutzzielen entsprechenden, kontinuierlichen Nutzung durch Mahd und Beweidung ist eine Grundvoraussetzung zur Entwicklung und Erhaltung von artenreichen Grünlandbeständen.

20.1 Ökologie und Vegetation von Frisch- und Feuchtgrünland

20.1.1 Entstehung und Ökosystemdienstleistungen extensiven Wirtschaftsgrünlands

Artenreiches Wirtschaftsgrünland ist das Ergebnis einer langjährigen Nutzung von Flächen als Wiesen und Weiden mit geringer Viehbesatzdichte und Schnittfrequenz bei mäßiger Düngung. Weiden sind die älteste Form der Grünlandnutzung und dienten seit dem Sesshaftwerden des Menschen in der Jungsteinzeit als wichtigste Futterquelle für Haustiere (Ellenberg und Leuschner 2010, S. 48 f.). Im Winter wurde zusätzlich Laubheu zur Fütterung der robusten Rassen verwendet. Seit der Römischen Kaiserzeit wurde energiereicheres Winterheu in größerem Umfang benötigt, da anspruchsvollere Tierrassen über längere Zeit im Stall gehalten wurden. Mit Beginn der Trennung von Land- und Forstwirtschaft im 19. Jahrhundert, der Trockenlegung von Auen und Niedermooren und dem zunehmenden Einsatz von Mineraldünger wurde die Entstehung großflächiger Wiesenkomplexe zur Heugewinnung gefördert. Um genügend Einstreumaterial für die zunehmenden Viehbestände zu erzeugen, entstanden im 19. Jahrhundert im Alpenvorland großflächig Streuwiesen. Einen Überblick zur Geschichte der Grünlandnutzung gibt Poschlod (2015, S. 78 f.). Grünland gab es häufig in Gegenden mit hohen Niederschlägen, das heißt küstennah im norddeutschen Flachland, in den Mittelgebirgen und in der Voralpenregion. Die zum Frisch- und Feuchtgrünland komplementären Kalkmagerrasen werden in ▶ Kap. 19 behandelt.

Mehr als 1300 Gefäßpflanzenarten Mitteleuropas weisen eine mehr oder weniger enge Bindung an Grünlandökosysteme auf und fast 30 % dieser Arten kommen ausschließlich im Grünland vor (Bruchmann und Hobohm 2010). Durch ihre Strukturvielfalt und die zeitlich gestaffelten Blühabfolgen können Grünlandökosysteme nicht nur einen hohen ästhetischen Wert haben, sondern bieten auch Lebensräume für viele Tierarten (Dierschke und Briemle 2002). Man kann davon ausgehen, dass von jeder Pflanzenart 10–20 Insektenarten abhängig sind (für Bestäuber siehe Blüthgen 2014). Damit stellt extensives Grünland auch die Basis vieler Nahrungsketten dar. Besonders Feuchtgrünland ist von herausragender Bedeutung als Lebensraum für wiesenbrütende Vogelarten, die aktuell in Mitteleuropa rasante Bestandseinbrüche zeigen (Wahl et al. 2015; EBCC 2013, 2016). Darüber hinaus ist extensiv genutztes Grünland aufgrund der Anreicherung organischer Substanz im Boden, im Unterschied zu intensiv genutzten Äckern, eine wesentliche Kohlenstoffsenke (Soussana et al. 2007) und vermindert in Steillagen die Erosion. Eine Extensivierung verringert zudem Nährstoffeinträge in Seen, Fließgewässer, Moore und das Grundwasser (vgl. ▶ Kap. 9, 10 und 11).

20.1.2 Ordnungen und Verbände des Wirtschaftsgrünlands

Die Wiesen und Weiden der pflanzensoziologischen Ordnung Arrhenatheretalia elatioris kommen auf frischen bis mäßig trockenen, nicht zu basenarmen und mesotrophen Standorten vor. Sie werden in vier Verbände untergliedert, deren weitere Differenzierung vor allem nach Höhenlage und vorrangiger Nutzungsform erfolgt. Details zu dieser Gliederung finden sich in Dierschke (1997), Burkart et al. (2004) und Ellenberg und Leuschner (2010, S. 970 f.).

Die Glatthaferwiesen der planar-submontanen Höhenstufe des Verbands Arrhenatherion elatioris sind vor allem auf vergleichsweise warmen, basen- und nährstoffreichen Standorten verbreitet und werden klassischerweise als mäßig gedüngte zweischürige Heuwiesen genutzt. Es dominieren hochwüchsige Obergräser wie *Arrhenatherum elatius* und *Dactylis glomerata*, zu denen sich krautige Arten wie *Campanula patula*, *Geranium pratense*, *Knautia arvensis* und *Leucanthemum ircutianum* gesellen (◘ Abb. 20.1).

In der höheren submontanen bis montanen Stufe kommen unter kühl-frischen und oft deutlich basen- und nährstoffärmeren Standortverhältnissen Goldhaferwiesen des Verbands Polygono-Trisetion vor, die auch als Bergwiesen bezeichnet werden und traditionell nach Heuschnitt des Erstaufwuchses im zweiten Aufwuchs nachbeweidet wurden. In den verglichen mit den Glatthaferwiesen weniger produktiven Bergwiesen dominieren Mittel- und Untergräser, neben *Trisetum flavescens* vor allem *Festuca rubra*, *Anthoxanthum odoratum* und *Agrostis capillaris*. Nährstoffärmere und saurere Standortbedingungen finden ihren Ausdruck im Auftreten von Magerkeitszeigern wie *Luzula campestris*, *Meum athamanticum* und *Potentilla erecta* sowie frischebedürftigen Stauden wie *Bistorta officinalis*, *Geranium sylvaticum* und *Phyteuma orbiculare* (◘ Abb. 20.2).

◘ **Abb. 20.1** Planar-kolline Frischwiese mit **a** *Geranium pratense* und *Leucanthemum ircutianum*, **b** *Ranunculus acris* und *Campanula patula*

Abb. 20.2 Bergmähwiese im Osterzgebirge mit **a** *Meum athamanticum* im Vordergrund und **b** mit *Phyteuma orbiculare* sowie einem Grünwidderchen in Bergwiesen des Harzes

Bei Grünlandgesellschaften des Verbands Cynosurion cristati handelt es sich zumeist um Stand- oder Umtriebsweiden oder auch um häufig gemähte Parkrasen, in denen bei ausreichender Nährstoffzufuhr sehr regenerationsfähige Arten wie *Lolium perenne*, Kriechpioniere wie *Trifolium repens* sowie kleinwüchsige Rosettenpflanzen wie *Bellis perennis* und *Prunella vulgaris* dominieren. Bei mäßiger Besatzdichte und nicht zu intensiver Düngung können auch Weiderasen eine bemerkenswerte Artenvielfalt aufweisen. Neben dem Vorkommen von typischen Weidearten wie *Cynosurus cristatus*, *Hypochaeris radicata* und *Scorzoneroides autumnalis* finden sich darin auch zahlreiche Arten, die eher in Wiesengesellschaften zu optimaler Entwicklung gelangen, wie *Leucanthemum ircutianum* und *Poa pratensis* (Abb. 20.3). Übergänge zu reinen Wiesengesellschaften sind fließend und vielfältig, besonders bei Mähweiden mit häufig wechselnder Nutzung. Auch bei hoher Ähnlichkeit in der Artenzusammensetzung zeichnen sich vor allem extensive Ganzjahresweiden durch eine wesentlich stärkere vertikale und horizontale Strukturvielfalt als Mähwiesen aus, was sich positiv auf die Vielfalt an grünlandgebundenen Tierarten auswirkt (Bunzel-Drüke et al. 2015).

Die Alpenfettweiden des Verbands Poion alpinae sind in Mitteleuropa auf die hochmontan-subalpine Stufe der Alpen und höchsten Mittelgebirge beschränkt. Aufgrund der in diesen Höhenlagen zumeist sehr hohen kleinstandörtlichen Vielfalt und der extensiven Nutzung als Almweiden sind diese „Milchkrautweiden" oft sehr artenreich und enthalten zahlreiche Arten (sub)alpiner Rasengesellschaften wie *Bistorta vivipara*, *Crepis aurea*, *Ligusticum mutellina*, *Phleum alpinum* und *Poa alpina* (vgl. ► Kap. 14).

Aufgrund der weiten Verbreitung von Frischwiesen und -weiden sind in Abhängigkeit von der Nährstoff- und Wasserversorgung sowie der historischen und aktuellen Nutzung vielfältige Differenzierungen zu beachten (Ellenberg und Leuschner 2010, S. 973 f.). Bei starker Düngung dominieren Obergräser wie *Alopecurus pratensis* und *Arrhenatherum elatius* sowie konkurrenzkräftige Stauden wie *Anthriscus sylvestris* und *Heracleum sphondylium* auf Kosten niedrigwüchsiger Arten. Mit abnehmender Nährstoffversorgung nehmen dagegen genügsame Untergräser, wie *Anthoxanthum odoratum*, *Festuca rubra* und *Poa pratensis*, sowie konkurrenzschwache kleinwüchsige Stauden und Rosettenpflanzen zu (z. B. *Plantago lanceolata*). Artenreiche

Abb. 20.3 Extensive Ganzjahresweide **a** mit Heckrindern und Koniks in der Oranienbaumer Heide, auf der neben Arten der Weiderasen auch viele Arten des Arrhenatherion wie *Campanula patula*, *Centaurea jacea*, *Lathyrus pratensis* und *Leucanthemum ircutianum* vorkommen, **b** *Cynosurus cristatus* als charakteristische Art der Weiderasen

Bestände sind vor allem an Orten mit langer Nutzungstradition und engen räumlichen Bezügen zu Magerrasen und waldnahen Staudenfluren zu finden.

Bei den Gesellschaften der pflanzensoziologischen Ordnung Molinietalia caeruleae handelt es sich um durch ein- oder zweimalige Mahd geprägte Streu- und Futterwiesen wechselfeuchter bis nasser Standorte. Charakteristisch für die Molinietalia-Gesellschaften ist das Auftreten von Arten, die sauerstoffarme Bedingungen im Wurzelraum tolerieren können. Hierzu zählen neben zahlreichen Seggen und Binsen weitere typische Feuchte- und Nässezeiger, die ihre natürliche Verbreitung in Feuchtwäldern, Sümpfen und Mooren haben.

Sumpfdotterblumenwiesen des Verbands Calthion palustris sind auf dauerfeuchten und zugleich relativ nährstoffreichen Standorten zu finden. Es handelt sich dabei um vergleichsweise wüchsige ein- bis zweischürige Futterwiesen, in denen feuchtetolerante Süßgräser *(Alopecurus pratensis)*, Seggen *(Carex disticha)*, Binsen *(Juncus effusus)* und weitere Feuchtezeiger wie *Caltha palustris*, *Cardamine pratensis*, *Cirsium oleraceum* und *Lychnis flos-cuculi* besonders stark auffallen. In nährstoffärmeren Ausprägungen können auch ausgesprochene Magerkeitszeiger *(Ranunculus flammula)* sowie Orchideen wie *Dactylorhiza majalis* oder *D. maculata* vorkommen (Abb. 20.4).

Im Gegensatz zu den Sumpfdotterblumenwiesen bleiben die Pfeifengraswiesen des Verbands Molinion caeruleae auf nährstoffarme, in der Regel stärker phosphorlimitierte, wechselfeuchte bis nasse Standorte beschränkt, die traditionell als Streuwiesen genutzt, also nicht gedüngt und spät gemäht werden. Besonders auf kalk- und basenreichen Standorten können sie sehr artenreiche Bestände mit *Betonica officinalis*, *Epipactis palustris* und *Serratula tinctoria* ausbilden. Streuwiesen finden sich heute noch vergleichsweise großflächig im südlichen Bayerischen und Schwäbischen Alpenvorland. Diese Vorkommen sind unter anderem aufgrund ihrer reichen Wirbellosenfauna von internationaler naturschutzfachlicher Bedeutung. Besonders gut belegt ist dies für zahlreiche in Deutschland seltene Tagfalterarten wie den Skabiosen-Scheckenfalter und das Wald-Wiesenvögelchen, die auch europaweit als gefährdet gelten (Bubova et al. 2015; Kühn et al. 2016). Im Norden Deutschlands finden sich dagegen zumeist nur noch sehr kleinflächig überwiegend

Abb. 20.4 Montane Feuchtwiesen mit **a** hellrosa Blütenständen von *Bistorta officinalis* und **b** violetten Blüten von *Dactylorhiza majalis* im Osterzgebirge

Abb. 20.5 Typische Arten der Tieflandsfeuchtwiesen sind **a** *Sanguisorba officinale* und *Veronica longifolia* (Wulfener Bruch) sowie **b** *Gentiana pneumonanthe* im Küchenholzgraben bei Zahna (Sachsen-Anhalt)

basenarme Pfeifengraswiesen, die an typischen Charakterarten oft nur noch *Gentiana pneumonanthe* und *Succisa pratensis* enthalten (Abb. 20.5).

In den Überflutungsbereichen der großen Stromtalauen mit trocken-warmem Klima entlang des Oberrheins, der Elbe und der Oder treten Brenndolden-Auenwiesen des Verbands Cnidion dubii auf, deren Standorte durch einen scharfen Wechsel der hydrologischen Bedingungen zwischen Überflutung im Winter und Frühjahr und starker sommerlicher Austrocknung gekennzeichnet sind. Entsprechende Bedingungen finden sich großflächig in den Auen Osteuropas und Sibiriens, wo diese recht ertragreichen Futterwiesen eine große wirtschaftliche Bedeutung haben. Viele der an wechselfeuchte Bedingungen angepassten Arten der Stromtalwiesen wie *Allium angulosum, Scutellaria hastifolia, Selinum dubium* und *Viola pumila* stoßen in Mitteleuropa an die Westgrenze ihres Areals und sind dort durch massive Habitatverluste hochgradig gefährdet.

Tab. 20.1 Übersicht zur pflanzlichen Biodiversität und Produktivität des Wirtschaftsgrünlands (Quellen: Voigtländer und Jakob 1987; Briemle et al. 1991; Hutter et al. 1993; Nitsche und Nitsche 1994; Dierschke 1997; Dierschke und Briemle 2002; Burkart et al. 2004; Donath et al. 2004; Hölzel et al. 2006; Rosenthal und Hölzel 2009). Die Spannweiten der Artenzahlen berücksichtigen standörtliche und geographische Differenzierungen; dt TM = Dezitonne (100 kg) Trockenmasse

Ordnung oder Verband	Mittlere Artenzahl je Vegetationsaufnahme (ca. 25 m^2)	Biomasseproduktion (dt TM ha^{-1} a^{-1})
Frischwiesen und -weiden (Arrhenatheretalia elatioris)		
Glatthaferwiesen (Arrhenatherion elatioris)	Norddeutschland 25–35 Süddeutschland 45	Ungedüngte Wiesen 40–65 Gedüngte Wiesen 52–100
Bergwiesen (Polygono-Trisetion)	Rot-Schwingelreiche Gesellschaften 27 Kräuter- und Goldhaferreiche Gesellschaften 29–46	Ungedüngte Wiesen 25–60 Gedüngte Wiesen 35–70
Weide- und Parkrasen (Cynosurion cristati)	Intensivweiden 16–20 Extensivweiden 26–43	Ungedüngt 34–62 Gedüngt 70–140
Feucht- und Wechselfeuchtwiesen (Molinietalia caeruleae)		
Sumpfdotterblumenwiesen (Calthion palustris)	25–37	25–75
Brenndolden-Auenwiesen (Cnidion dubii)	Typische Ausprägung 21–38 Binsenreiche Ausprägung 13–25	47–68
Pfeifengraswiesen (Molinion caeruleae)	23–51	20–60

Einen Überblick über die mittleren Artenzahlen und die Biomasseproduktion für alle Verbände des Wirtschaftsgrünlands gibt Tab. 20.1.

20.2 Rückgang und Degeneration artenreicher Grünlandbestände

Seit Mitte des 20. Jahrhunderts geht in Mitteleuropa der Flächenanteil der extensiv genutzten Wiesen und Weiden stetig zurück. Aktuell gibt es in Deutschland noch 4,65 Mio. ha Grünland (Statistisches Bundesamt Deutschland 2016), wobei hier neben dem Wirtschaftsgrünland beispielsweise auch Magerrasen einbezogen sind. Viele Studien belegen, dass nur noch 25 % des Grünlands als artenreich eingestuft werden können (Poschlod und Schumacher 1998; Schumacher 2005). Wesche et al. (2012) wiesen zudem darauf hin, dass die Flächenverluste artenreichen Grünlands seit 1950 in Nord- und Mitteldeutschland je nach Region 15–85 % betragen. Die aktuelle Rote Liste der gefährdeten Biotoptypen Deutschlands weist beispielsweise für 78 % der feuchten Grünlandbiotope (wie z. B. artenreiches Feuchtgrünland) eine Gefährdung aus, und das artenreiche Grünland frischer Standorte ist von vollständiger Vernichtung bedroht (Finck et al. 2017).

Die Gründe für den Rückgang von artenreichen Grünlandökosystemen sind vielfältig. Seit den 1960er-Jahren wurde die landwirtschaftliche Nutzung vieler Wiesen durch massive Stickstoffausbringung in Form von Mineraldünger und Gülle (>120 kg N ha^{-1} a^{-1}) sowie dem großflächigen Übergang von der traditionellen Heunutzung zur Silagewirtschaft mit

Abb. 20.6 a Artenarmes Intensivgrünland in Nähe von Wermsdorf in Sachsen (Foto: D. Elias), b verbrachte Feuchtwiese im Biosphärenreservat Karstlandschaft Südharz (Foto: S. Dullau)

4–6 Schnitten pro Jahr so stark intensiviert, dass fast nur noch wenige nitrophytische und mahdtolerante Arten überdauern konnten (Abb. 20.6a). In Auen und Niedermooren resultiert eine Eutrophierung zusätzlich aus dem Eintrag stark phosphorhaltiger Sedimente sowie der fortschreitenden Mineralisation organischer Böden infolge Drainage (Hölzel et al. 2006). Weitere Ursachen für massive Grünlandverluste sind technische Hochwasserschutzmaßnahmen in Auen, vor allem Deichbau in ehemaligen Überflutungsauen, sowie die großflächige Entwässerung von Feuchtgebieten mit Grünlandumbruch und Einsaat von Hochleistungsgräsern. Vor allem auf schwer zu bewirtschaftenden und unproduktiven Standorten fielen viele Flächen brach (Abb. 20.6b). Folgen sind die nachfolgende Einwanderung von Gehölzen und ein lokales Aussterben der typischen Grünlandarten (BfN 2014).

20.3 Renaturierung von Frisch- und Feuchtgrünland

20.3.1 Grundlagen des Schutzes und der Renaturierung

Artenreiche Wiesen und Weiden der frischen und feuchten Standorte zählen europaweit zu den am stärksten gefährdeten Lebensräumen. Zu den Grünlandtypen von besonderer europäischer Bedeutung gehören z. B. Mähwiesen der planaren bis submontanen Stufe (Arrhenatherion, LRT 6510), Berg-Mähwiesen (Polygono-Trisetion, LRT 6520) und Brenndolden-Auenwiesen der Stromtäler (Cnidion, LRT 6440). Der nationale Bericht gemäß FFH-Richtlinie weist große Defizite im Erhaltungszustand aller Grünlandlebensräume mit einem sich verschlechternden Trend auf (BfN 2013; vgl. ▶ Kap. 3). Zugleich bieten Frisch- und Feuchtgrünland Lebensraum für zahlreiche Arten der EU-Vogelschutzrichtlinie, besonders Wiesenbrüter wie Großer Brachvogel, Uferschnepfe, Bekassine und Braunkehlchen, die seit einigen Jahrzehnten dramatische Bestandseinbrüche in Mitteleuropa verzeichnen (EBCC 2013). In Deutschland wurden außerdem vom Bundesamt für Naturschutz und dem Bundesministerium für Umwelt, Naturschutz, Bau und Reaktorsicherheit Arten ausgewiesen, für die Deutschland international eine besondere Verantwortung haben, weil sie ausschließlich oder mit einem hohen Anteil der Weltpopulation in Mitteleuropa vorkommen oder weltweit gefährdet sind. Hierzu zählen beispielsweise die Grünlandarten *Arnica montana* und *Dactylorhiza majalis*. Aus dem Begriff der Verantwortungsarten ergibt sich eine Verpflichtung zur Erhaltung ihrer Lebensräume.

Zum klassischen Methodenkanon des Naturschutzes zur Renaturierung von Grünland zählt neben einer Wiederaufnahme der Nutzung von brachgefallenen Beständen vor allem die Extensivierung der Bewirtschaftung. Hierzu zählen vor allem der Verzicht oder eine Einschränkung der Düngung sowie eine Reduktion der Schnitthäufigkeit und Viehbesatzdichten (BfN 2014). Entsprechende Maßnahmen werden Landwirten in der Regel durch Naturschutz- und Agrarumweltprogramme vergütet.

Während bei der Wiederaufnahme der Nutzung von Grünlandbrachen oft spektakuläre Erfolge zu verzeichnen sind, sofern auf den Flächen vor Nutzungsaufgabe keine intensive Nutzung stattgefunden hatte, haben Extensivierungsmaßnahmen im Intensivgrünland meist eine nur geringe Wirkung (Baasch et al. 2016). Hierbei hat sich gezeigt, dass die Extensivierung der Bewirtschaftung und die Wiederherstellung adäquater Wasserhaushalts- und Nährstoffverhältnisse als alleinige Maßnahmen selten erfolgreich sind (Klimkowska et al. 2007). Auch nach erfolgreicher Reduktion der Aufwuchsmenge auf das Niveau der Zielgesellschaft und einer Anpassung der Schnittfrequenz und Besatzdichte stellen sich die gewünschten Zielgesellschaften nicht oder nur unvollständig ein. In intensiv genutzten und häufig stark gedüngten Agrarlandschaften ist ein Großteil der relevanten Grünlandarten nämlich bereits vollständig verschwunden oder nur noch in kleinen Restpopulationen vorhanden, die kaum in der Lage sind, ausreichend Diasporen zur spontanen Wiederbesiedlung geeigneter Flächen bereitzustellen (Wesche et al. 2012). Zudem haben viele Arten des Wirtschaftsgrünlands keine morphologischen Anpassungen für eine Fernausbreitung und bilden nur kurzlebige Diasporenbanken (Dierschke und Briemle 2002). In besonderem Maße gilt dies für die durch industrielle Formen der Landwirtschaft geprägten modernen Agrarlandschaften des Tief- und Hügellands, welche durch starke Habitatfragmentierung und Biodiversitätsverluste des Grünlands gekennzeichnet sind.

Maßnahmen zur aktiven Wiederansiedlung von Arten haben daher sowohl bei der Neuanlage als auch zur Aufwertung von Grünland in jüngerer Zeit einen besonders hohen Stellenwert erlangt (vgl. ▶ Kap. 5). Die Neuanlage und naturschutzfachliche Aufwertung von Grünland haben dementsprechend in den vergangenen 15–20 Jahren eine hohe Priorität in Naturschutz und Renaturierung erhalten, was sich sowohl in der Anzahl der Projekte, als auch in deren Flächengröße zeigt (Kirmer et al. 2012; Harnisch et al. 2014). Dies gilt beispielsweise für die Umwandlung von Acker in Grünland im Rahmen von Kompensationsmaßnahmen nach infrastrukturellen Eingriffen oder für die Etablierung von artenreichem Grünland entlang von Verkehrswegen und an Böschungen, nach Abbau von Rohstoffen oder bei Deichrückverlegungen im Binnenland.

20.3.2 Beurteilung und Vorbereitung der Renaturierungsfläche

■ Abiotische Ausgangsbedingungen der Grünlandrenaturierung

Ein erster Schritt und wichtiger Faktor für den Erfolg aller Renaturierungen ist die sorgfältige Beurteilung des Zustands der Flächen und die Planung vorbereitender Maßnahmen. Zu einer fundierten Einschätzung der Renaturierungsfläche gehören bodenkundliche, geomorphologische und hydrologische Eigenschaften. Die Prüfung erstreckt sich bei bestehendem Grünland auf den obersten Bodenhorizont von 0–10 cm und bei ackerbaulich vorgenutzten Flächen auf den gesamten Pflughorizont (0–30 cm). Eine Sondersituation stellen hydromorphe Böden dar, bei denen vertikale Nährstoffverlagerungen stattfinden, oder solche, wo das Grundwasser oberflächennah ansteht. Dabei sollten folgende Standorteigenschaften erfasst werden:

- Hangneigung und Exposition;
- Bodentyp, Textur und Struktur;
- Humusgehalt, pH-Wert und Kalkgehalt;
- Gehalt an pflanzenverfügbaren Hauptnährstoffen (N, P und K);
- Wasserhaltevermögen (Feldkapazität), Grund- und Stauwassereinfluss.

Bei Grünlandrenaturierung geht es meistens um landwirtschaftlich vorgenutzte Flächen, die zur Steigerung der Produktivität in der Vergangenheit eine Aufdüngung erfahren haben. Dementsprechend kommt der Trophie des Standorts eine besondere Bedeutung bei der Beurteilung des Renaturierungspotentials und bei der Auswahl der angestrebten Zielgemeinschaften zu. Als Maß für die Trophie kann in bestehenden Grünlandbeständen die oberirdische Aufwuchsmenge im ersten Hochstand genommen werden. Diese sollte möglichst unter 50 Dezitonnen Trockenmasse ha^{-1} liegen, bei Molinion-Wiesen und mageren Ausprägungen der anderen Verbände besser sogar um 30 dt TM ha^{-1} (vgl. ◘ Tab. 20.1). Zusätzlich oder alternativ können auch Nährstoffgehalte im Boden und in der oberirdischen Biomasse zur Abschätzung des Trophieniveaus herangezogen werden. Besonders geeignet ist hierfür die Phosphorkonzentration: Diese muss in der oberirdischen Biomasse unter 0,2 Gew% liegen und bei Pfeifengraswiesen möglichst unter 0,1 Gew%. Analog sollten die Werte an pflanzenverfügbarem CAL-löslichem Phosphor im Boden geringer als 5 mg P pro 100 g Boden sein, und bei Molinion-Wiesen unter 2 mg P pro 100 g Boden (Rosenthal und Hölzel 2009).

Geeignete Trophieniveaus für Gesellschaften des artenreichen Wirtschaftsgrünlands können in der Regel durch Ausmagerungsschnitte und den Verzicht auf weitere Düngung erreicht werden. Je nach Ausgangslage und Zielzustand ist dabei mit einem Zeithorizont von ca. 5–15 Jahren zu rechnen (Rosenthal und Hölzel 2009). Ein Zielkonflikt ist, dass die Mahd für die Ausmagerung (in der Literatur auch „Aushagerung") zum Zeitpunkt hohen Stickstoffgehalts der Vegetation erfolgen muss, was etwa bezüglich des Wiesenvogelschutzes meist zu früh ist. Mit Beweidung und Mulchen können ebenfalls Ausmagerungseffekte erzielt werden, diese sind hinsichtlich des Nährstoffentzugs im Vergleich zu einer zweimaligen Mahd mit Abtransport des Mähguts jedoch wesentlich geringer und nur bei wenig produktiven Flächen zielführend. Im Vergleich zu bestehendem Grünland lässt sich auf ehemaligem Ackerland durch Ausmagerungsschnitte, ggfs. unterstützt durch den vorgeschalteten ein- bis zweijährigen Anbau zehrender Feldfrüchte wie Mais leichter eine Stickstofflimitierung erreichen. Das ist vor allem auf den Verlust an leicht mineralisierbarer organischer Substanz während der Beackerung zurückzuführen. Der Stickstoff geht zusätzlich durch Auswaschung und bei Feuchtgrünland auch gasförmig durch anaerobe Denitrifizierung verloren (Merbold et al. 2014). Demgegenüber lassen sich Düngungsrückstände des im Boden sehr immobilen Phosphors durch Ausmagerung nur sehr langfristig entziehen (Hölzel et al. 2006).

Als besonders ausmagerungsfreudig erweisen sich kolloidarme Sandböden sowie flachgründige Kalkverwitterungsböden, auf denen die Produktivität oft zusätzlich durch zeitweilige Trockenheit eingeschränkt wird. Als problematisch müssen demgegenüber tiefgründige Lehmböden sowie stark entwässertes Niedermoor mit anhaltender Torfmineralisation und flussnahe Sedimentationsbereiche in Auen gelten (Hölzel et al. 2006). Bei Letzteren ist aufgrund der ständigen Zufuhr nährstoffreicher Sedimente eine Ausmagerung nahezu unmöglich. Die für Pfeifengraswiesen notwendigen niedrigen P-Gehalte sind durch eine reine Ausmagerung durch Mahd meist nur sehr langfristig zu erreichen. Hier hilft bei vorangegangener Aufdüngung in der Regel nur ein Oberbodenabtrag, um zeitnah auf das notwendige Phosphorniveau zu gelangen. Mit Nährstoffen stark angereicherte Oberböden können gegebenenfalls auch durch Tiefpflügen („Rigolen") in tiefere Bodenschichten verlagert werden. Bei einer Arbeitstiefe von 60–100 cm gelangt dabei zugleich nährstoffarmes Unterbodenmaterial an die Oberfläche. Als positiver Nebeneffekt können damit gleichzeitig auch Bodensamenbanken unerwünschter Arten inaktiviert werden.

Maßnahmen zur Herstellung adäquater Wasserhaushaltsverhältnisse betreffen naturgemäß vor allem Feuchtwiesen. Diese umfassen den Verschluss von Entwässerungsgräben und die Beseitigung von Flächendrainagen sowie im Auenbereich auch die Rückverlegung von Deichlinien oder die Aufhöhung von Flusssohlen zur Steigerung der Überflutungshäufigkeit. Dabei ist darauf zu achten, dass der Wasserstand nicht zu niedrig, aber auch nicht zu hoch eingestellt wird. Letzteres kann unter anderem dazu führen, dass die für Feuchtgrünland notwendige Bewirtschaftung nicht mehr oder nur noch eingeschränkt, das heißt spät oder unregelmäßig, möglich ist, was zur unerwünschten Entwicklung von artenarmen Seggen- und Röhrichtgesellschaften führen kann.

Wenn Grünland auf Autobahn- und Deichböschungen entwickelt werden soll, muss die Erosionsgefährdung der zu begrünenden Fläche abgeschätzt und entsprechende Sicherungsmaßnahmen eingeplant werden (▶ Abschn. 5.3). Der Unterboden und die Hangneigung sind hier in der Regel durch ingenieurtechnische Vorgaben festgelegt. Die Entwicklung von Grünland auf Rohböden nach Tagebau wird in ▶ Kap. 23 behandelt.

▪ Biotische Ausgangsbedingungen der Grünlandrenaturierung

Bei großflächigen Renaturierungsvorhaben sollten nach Möglichkeit die Zusammensetzung und der Umfang des Bodensamenvorrates analysiert werden (Kirmer et al. 2012). Vor allem auf artenarmem Feuchtgrünland oder auf Grünlandbrachen kann so geprüft werden, ob Zielarten noch im Boden vorhanden sind. Auf Ackerbrachen kann der Umfang der Samenbank unerwünschter Arten Hinweise auf die später notwendige Entwicklungspflege geben. Auf allen Standorten sollte vor der Umsetzung von Maßnahmen die Umgebung auf das Vorkommen invasiver Neophyten (z. B. *Bunias orientalis, Lupinus polyphyllus, Solidago canadensis*) geprüft werden. Diese sollten nach Möglichkeit entfernt oder durch regelmäßige Mahd beziehungsweise Beweidung zumindest am Fruchten gehindert werden.

Für weitere Vorprüfungen muss zwischen ehemaligen Ackerflächen, bestehendem artenarmen Grünland sowie durch Extensivierungsmaßnahmen bereits ausgemagertem Grünland unterschieden werden. Auf frisch stillgelegten Äckern sowie nach Oberbodenabtrag erübrigt sich eine Bodenbearbeitung vor der Einbringung von Zielarten. Spontan auflaufende, einjährige Ackerwildkräuter beeinträchtigen aufgrund ihres schwach entwickelten Wurzelsystems und ihrer Kurzlebigkeit nicht die Etablierung von ausdauernden Zielarten, sondern gewähren im hochsensiblen Keimlingsstadium den eingebrachten Zielarten sogar einen gewissen Schutz vor Austrocknung, wie es auch eine „Ammensaat" von z. B. *Bromus secalinus* oder *B. hordeaceus* tut (Kirmer et al. 2014). Demgegenüber können ausdauernde ruderale Wurzelkriechpioniere wie *Elymus repens*, *Ranunculus repens* und *Trifolium repens* die Etablierung erheblich behindern und sogar fast vollständig verhindern. Diesen Arten ist nur durch tiefes Unterpflügen, mehrmaliges Grubbern oder Oberbodenabtrag beizukommen, falls man sie nicht auflaufen lässt und einmalig mit Herbiziden abspritzt.

Vor der Aufwertung bestehender artenarmer Wiesen, die bereits eine Ausmagerungsphase durch Extensivierungsprogramme erfahren haben, müssen konkurrenzarme Etablierungsnischen für die einzubringenden Arten geschaffen werden. Nach Schnitt und Entfernung der oberirdischen Biomasse, muss die Grasnarbe wirksam geöffnet werden (Schmiede et al. 2012; Baasch et al. 2016). Dies kann im einfachsten Fall händisch, mithilfe von Hauen oder Eisenrechen, geschehen; für größere Flächen empfehlen sich Schleppeggen, Kreiseleggen, Fräsen oder das Umpflügen der Grasnarbe. Verschiedene Versuche zeigten, dass die Etablierung der Zielarten umso erfolgreicher ist, je stärker die Grasnarbe im Vorfeld geöffnet wurde (Schmiede et al. 2012; Harnisch et al. 2014). Kann die Umsetzung nur streifenweise erfolgen, wird eine Streifenbreite von mindestens 4–5 m und ein maximaler Abstand von 50 m empfohlen, da eine Einwanderung der Arten in dazwischen liegende ungestörte Grünlandbereiche relativ

Abb. 20.7 Aufwertung von artenarmem Grünland durch streifenweises Öffnen der Grasnarbe mit **a** Eggen, **b** Mahd und **c** Übertragung von Mähgut sowie **d** Etablierung der Zielarten auf Renaturierungsflächen im Biosphärenreservat Mittelelbe. (Baasch et al. 2016; Foto a–c: R. Schmiede; Foto d: K. May)

langsam erfolgt (Abb. 20.7; Bischoff 2002). Um diesen Prozess zu unterstützen, sollte die nachfolgende Bearbeitung orthogonal zu den Streifen erfolgen, da Diasporen von Zielarten im Zuge von Mäh-, Schwad- und Bergearbeiten bevorzugt entlang der Arbeitsrichtung der Maschinen verschleppt werden.

Zeit- und kostensparender kann die Methode der Frässaat sein, bei der Bodenbearbeitung, Ansaat und Walzen kombiniert in einem Arbeitsgang durchgeführt werden. Ein Fräsrotor bearbeitet dabei den Boden in einer Tiefe von 10–15 cm; die Flächenleistung liegt bei 0,5–0,8 ha pro Stunde. Es kann auch nach der Einbringung weiterhin gestriegelt oder anderweitig gestört werden.

20.3.3 Aktives Einbringen von Zielarten

Praktikable und erfolgreiche Methoden zur aktiven Einbringung von Zielarten bei Grünlandrenaturierungen sind die Übertragung von samenreichem Mahd- und Druschgut sowie die Ansaat von Wildpflanzensaatgut. Dabei müssen die allgemeinen Hinweise zur Samengewinnung, zur regionalen Vermehrung und zur Ausbringung beachtet werden. Speziell für Grünland ist zu beachten, dass in vielen Regionen zielartenreiche und damit für die Samengewinnung interessante Wiesen nur noch kleinflächig zu finden sind. Bei der Suche nach geeigneten Flächen können Spenderflächenkataster wichtige Hinweise geben. Für weitere Informationen siehe ▶ Kap. 5.

Zwischen den einzelnen Verbänden des Wirtschaftsgrünlands bestehen erhebliche Unterschiede hinsichtlich Blühphänologie und Samenreife, die bei der Samengewinnung und dem Übertrag von Mähgut zu beachten sind. So zeichnen sich beispielsweise viele Zielarten der Arrhenatherion- und Calthion-Wiesen durch eine sehr frühe Blüte und Samenbildung aus (*Salvia pratensis* und *Crepis biennis* bzw. *Cardamine pratensis* und *Lychnis flos-cuculi)* während Molinion- und Cnidion-Wiesen zahlreiche sich spät entwickelnde Arten (*Succisa pratensis* und *Gentiana pneumonanthe* bzw. *Allium angulosum* und *Selinum dubium*) enthalten. Bei der Wahl der Mahd- oder Druschtermine sollte daher möglichst vorab eine an die lokalen Bedingungen angepasste phänologische Analyse der Spenderbestände erfolgen.

Bei Grünlandgesellschaften, deren Arten gestaffelt über einen längeren Zeitraum fruchten und daher bei der Ernte nicht alle Arten in ausreichendem Maß erfasst werden, oder bei Spenderflächen, in denen einige wichtige Zielarten fehlen, hat sich die Zugabe von regional vermehrten, gebietsheimischen Arten bewährt (Kirmer und Tischew 2014; Baasch et al. 2016). Auch das Vorziehen und Pflanzen konkurrenzschwacher Arten, die sich schlecht über Samen oder mit anderen Arten etablieren lassen, kann den Etablierungserfolg erheblich verbessern. Ähnlich wie bei Oberbodenabtrag oder dem Versetzen von Soden erhöhen sich dadurch die Kosten der Maßnahme erheblich. Dennoch sollten diese Methoden immer dann in Erwägung gezogen werden, wenn z. B. sehr seltene Pflanzengemeinschaften durch infrastrukturelle Eingriffe zerstört worden sind und eine qualitativ hochwertige Wiederherstellung an einem anderen Ort durchgeführt werden muss (Sengl et al. 2017).

20.3.4 Entwicklungspflege, Folgenutzung und Erfolgskontrolle

Der Erfolg einer Grünlandrenaturierung ist neben der Anwendung geeigneter Techniken zur Flächenvorbereitung und zur Etablierung von Grünlandarten vor allem auch von der Entwicklungspflege und einer kontinuierlichen extensiven Folgenutzung abhängig. Der Begriff „Entwicklungspflege" umfasst die ersten beiden kritischen Jahre nach der Umsetzung, in denen ein erhöhter Monitoring- und Pflegeaufwand unerlässlich sind. Die Notwendigkeit und die Intervalle der Entwicklungspflege sind vor allem vom Samenvorrat und dem Nährstoffstatus des Bodens abhängig. Auch problematische Arten auf angrenzenden Flächen können bei Sameneintrag eine gezielte Anpassung der Entwicklungspflege notwendig machen. Als Entwicklungspflege kommt vorrangig eine Mahd zum Einsatz, unter bestimmten Voraussetzungen kann aber auch eine angepasste Beweidung vorgenommen werden.

Auf nährstoffreichen Standorten mit umfangreicher Samenbank muss eine gezielte Entwicklungspflege bereits im Jahr der Umsetzung (Anlage im Frühjahr) oder ab dem ersten Folgejahr (Anlage im Herbst) erfolgen. Insbesondere auf ehemaligen Ackerböden kann es zu einem starken Auflaufen kurzlebiger oder ausdauernder Ruderalarten kommen, wobei kurzlebige, konkurrenzschwache Arten einen „Ammeneffekt" haben können, während besonders die ausdauernden Ruderalarten (*Elymus repens* und *Cirsium arvense*) die Grünlandarten in der Etablierungsphase behindern (Kirmer et al. 2012). Der erste Schnitt sollte bei Einsetzen des Dichtschlusses der Ruderalarten erfolgen (Bosshard 2000). Die Mahdhäufigkeit kann in Abhängigkeit von der Produktivität des Standortes bis auf 2–3 Schnitte erhöht werden, ohne die Grünlandarten in der Entwicklung zu beeinträchtigen (Williams et al. 2007; John et al. 2016). Noch höhere Schnittfrequenzen führen dagegen häufig zu einer Beeinträchtigung der Zielarten. Im ersten Jahr der Entwicklung befinden sich die Grünlandarten noch im Rosettenstadium oder werden als Jungpflanzen auch durch eine zeitige Mahd nicht in ihrer Entwicklung beeinträchtigt.

Eine Mahd der zu diesem Zeitpunkt eventuell bereits blühenden Pflanzen fördert sogar eine gewünschte Investition in die vegetativen Pflanzenteile und die Wurzelentwicklung. Für die Pflegeschnitte („Schröpfschnitte") sollten Schnitthöhen von ca. 10–15 cm gewählt werden, um eine Beschädigung der Keimlinge und jungen Rosetten zu vermeiden. Vor allem bei Mähgutüberträgen ist darauf zu achten, dass die aufliegende Mulchschicht nicht aufgerissen wird, da hierdurch Keimlinge und Jungpflanzen herausgezogen oder durch Lockerung geschädigt werden. Soweit möglich, sollte das Mähgut, besonders beim ersten Schnitt nach Anlage, gleich im Mähprozess aufgenommen werden. Dazu sind z. B. Schlegelmäher mit Mähcontainer geeignet. Auf kleinen Flächen können Sichelmäher mit Fangkorb (Aufsitzmäher) zum Einsatz kommen. In Ausnahmefällen, z. B. bei sehr großen Flächen, kann aus ökonomischen Gründen auch eine Mahd mit Großtechnik (Kreiselmäher, Ladewagen) erforderlich sein, wobei der Erfolg der Maßnahme nicht durch eine zu starke Störung der sich entwickelnden Vegetationsschicht gefährdet werden darf. Das Vorgehen bei Mäh- oder Druschgutübertrag wird in ▶ Kap. 5 beschrieben.

Auch eine Kombination von Mahd und Nachbeweidung oder Ganzjahresbeweidung kann in der Entwicklungsphase positiv auf die Etablierung und Ausbreitung von Zielarten wirken. Durch den selektiven Fraß der Weidetiere werden konkurrenzstarke Gräser und Stauden zurückgedrängt. Außerdem können durch einen räumlichen Verbund der Renaturierungsflächen mit artenreichen Flächen in der Umgebung Zielarten durch die Weidetiere eingetragen werden (Mann und Tischew 2010). Auf nassen oder erosionsgefährdeten Standorten ist die Beweidung neu etablierter Grünlandbestände aber erst nach Erreichen einer ausreichenden Bodenfestigung durch die Grasnarbe zu empfehlen.

Bei zielkonformer Entwicklung kann ab dem zweiten Jahr zu einer standortangepassten, extensiven Folgenutzung übergegangen werden, die sich an der gewünschten Zielvegetation und der Biomasseproduktion des Standortes orientieren sollte und bei der in der Regel eine im Vergleich zur Entwicklungspflege verminderte Mahd- oder Beweidungsintensität angewandt wird. Moderat versorgte und nährstoffreiche Standorte sollten auf keinen Fall gedüngt werden, um die Entwicklung der Kräuter nicht zu behindern. Spielt das Erreichen eines minimalen Ertragsniveaus eine entscheidende Rolle für die Nutzbarkeit der Fläche, können ausgeprägte Nährstoffungleichgewichte (PK-Mangel) gegebenenfalls durch Erhaltungsdüngungen (z. B. eine geringe PK-Grunddüngung oder leichte Festmistgabe) kompensiert werden (Briemle 2000).

Die Entwicklung neu angelegter Grünlandbestände sollte mit einer jährlichen Erfolgskontrolle über mindestens fünf Jahre hinweg begleitet werden (Conrad und Tischew 2011). Danach können die Intervalle vergrößert werden. Dabei wird der Zustand der renaturierten Bestände im Vergleich zu einem Ziel- bzw. Referenzzustand bewertet (vgl. ▶ Kap. 6). Die durchzuführenden Erfolgskontrollen sollten bereits in der Planungsphase festgelegt werden. Nur bei einer eindeutigen Zielformulierung ist der Erfolg der Maßnahmen auch bewertbar und eine zielgerichtete Entwicklungs- und Folgepflege plan- und modifizierbar. Als Indikatoren für den Renaturierungserfolg sind die Gesamtartenkombination, die Deckungsanteile der Ziel- und Problemarten sowie das Deckungsverhältnis zwischen Gräsern und Kräutern im Sinne der Produktivität und der Bestandsstruktur des renaturierten Grünlands geeignet.

20.4 Praxisbeispiel Umwandlung von Acker in artenreiches Grünland

Im ▶ Exkurs 20.1 werden am Beispiel eines Demonstrationsversuches die wichtigsten Umsetzungsschritte und Ergebnisse für die Umwandlung einer Ackerfläche in Grünland dargestellt (Kirmer und Tischew 2014). Die ehemalige Ackerfläche liegt in der fruchtbaren Schwarzerderegion des Mitteldeutschen Trockengebiets bei Bernburg (Sachsen-Anhalt) und wurde vor der Umwandlung über viele Jahrzehnte intensiv ackerbaulich genutzt. Als Zielvegetation wurde auf Grundlage der Standortbewertung eine Flachlandmähwiese (LRT 6510) gewählt.

Exkurs 20. 1

Praxisbeispiel Umwandlung von Acker in artenreiches Grünland bei Bernburg in Sachsen-Anhalt

Die Behandlung und Entwicklung der Versuchsfläche wird in den ◘ Abb. 20.8, ◘ Abb. 20.9, ◘ Abb. 20.10 und ◘ Abb. 20.11 dokumentiert

Flächenvorbereitung der Renaturierungsfläche

Ausmagerung durch düngerlosen Anbau von Hafer (2007/08) und Wintergerste (2008/09); mehrmaliges Grubbern der Fläche nach der Ernte im Abstand von 14 Tagen, um den Bodensamenvorrat typischer Ackerbeikräuter zu verringern.

Bodenanalysen von Spender- und Renaturierungsfläche in verschiedenen Jahren (2007 vor Ausmagerung)

	Renaturierungsfläche				Spenderfläche
	2007	2009	2011	2014	2009
P (mg/100 g Boden)	15,6	4,1	3,4	3,2	2,9
K (mg/100 g Boden)	16,8	10,7	10,9	10,0	11,3
N_t (%)	0,17	0,18	0,18	0,15	0,40

Ernte von Samen- und Pflanzenmaterial

Direkternte im zweiten Schnitt auf einer Spenderfläche mit 66 Zielarten, davon 42 im generativen Stadium am Ende August 2009: (a) samenreiches Mähgut auf 5100 m^2 mit ca. 3000 kg Frischgewicht und (b) Wiesendrusch auf 5100 m^2 mit ca. 53 kg Frischgewicht (= 35 kg Trockengewicht).

Anlage eines Blockversuches mit drei Wiederholungen

Frisches Mähgut ca. 670 g Trockengewicht m^{-2} sowie ungereinigter, frischer Wiesendrusch (ca. 15 g m^{-2}).

Entwicklungspflege ab 2010

Erster Schnitt ca. Mitte Juni, ab 2014 Triftbeweidung mit Schafen und danach (falls erforderlich) Pflegeschnitt; zweiter Schnitt Anfang bis Mitte September und ab 2012 Triftbeweidung mit Schafen.

◘ **Abb. 20.8** Renaturierungsfläche im Oktober 2008

◘ **Abb. 20.9** Wiesendruschernte mit Parzellendrescher

◘ **Abb. 20.10** Die sorgfältige Bodenvorbereitung führte zu einem geringen Unkrautdruck im ersten Jahr, lediglich *Papaver rhoeas* lief aus der Bodensamenbank auf (Mai 2010)

Monitoring

Jährliche Dokumentation der Vegetationsentwicklung auf sechs 4 × 4-m² großen Dauerbeobachtungsflächen pro Variante mit prozentgenauen Vegetationsaufnahmen.

Ergebnisse Stand 2016

- Gesamtübertragungsrate der Zielarten, die sich zum Zeitpunkt der Ernte im generativen Stadium befanden: 62 % (Mähgut) und 64 % (Wiesendrusch, Abb. 20.12).
- Nur im ersten Jahr traten höhere Anteile an Nichtzielarten aus der Bodensamenbank auf.
- Leichter Rückgang der Artenzahlen von 2014 bis 2016 durch die extrem trockene Witterung im Sommer 2015.

Gesamtbewertung

Beide Direkternte-Varianten der Grünlandrenaturierung entwickeln sich hinsichtlich Arteninventar und Vegetationsstruktur in Richtung der Zielgesellschaft Flachlandmähwiese (LRT 6510).

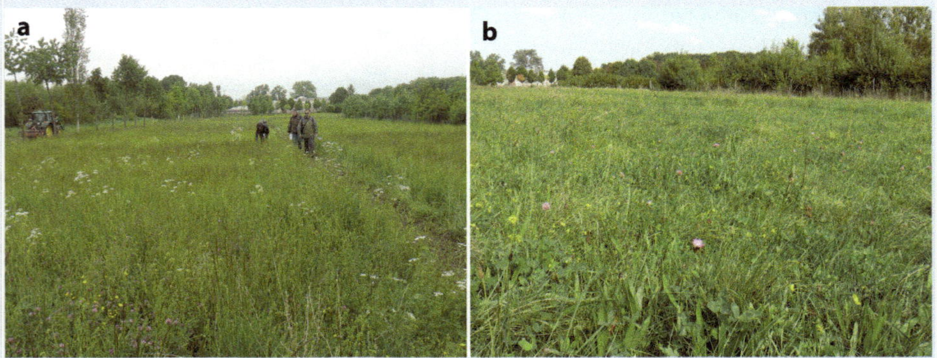

Abb. 20.11 **a** Blühaspekt im Mai 2014; **b** Blühaspekt im September 2015

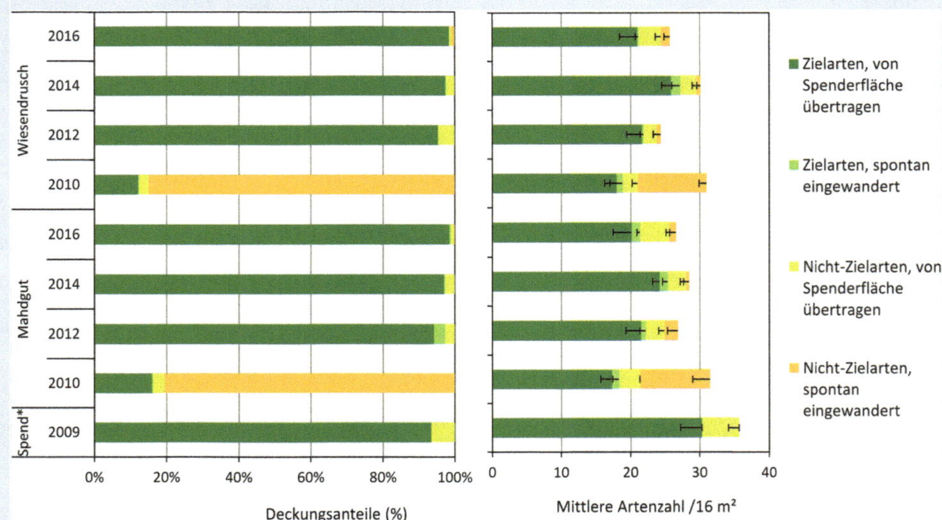

Abb. 20.12 Entwicklung der mittleren Deckungsanteile sowie der mittleren Artenzahlen auf den Renaturierungsflächen von 2010 bis 2016 (n = 6). Die Arten wurden über Mähgut und Wiesendrusch eingebracht, sind spontan eingewandert oder aus der Samenbank aufgelaufen. *Die Angaben zur Spenderfläche (Spend) beziehen sich auf alle Ziel- und Nicht-Zielarten, die zum Zeitpunkt der Ernte im August 2009 dort vorhanden waren; bei den Artenzahlen ist die Standardabweichung angegeben

20

20.5 Kosten von Grünlandrenaturierungen

Naturnahe Begrünungsverfahren im Wirtschaftsgrünland sind auf größeren Flächen erst in den vergangenen Jahren zunehmend zur Anwendung gekommen, sodass die vorliegenden Kostenkalkulationen überwiegend auf die Umsetzung von zumeist kleineren Modellprojekten zurückgehen. Die Höhe der anfallenden Kosten ist bei Direkternteverfahren abhängig von den Standortgegebenheiten (z. B. Wiesentyp und -zustand, Größe, Relief der Spender- und Renaturierungsfläche) sowie den regionalen Preisen für Dienstleistungen. Auch die Entfernung von den Spender- zu den Renaturierungsflächen wirkt sich auf den Preis von direkt geernteten Samenmischungen aus (Kirmer et al. 2012).

Die Kosten für Ansaatmischungen variieren stark in Abhängigkeit von der Artenzusammensetzung und der Artenzahl. Notwendige flächenvorbereitende Maßnahmen, die Größe, das Relief, die Lage und der Zustand der Renaturierungsfläche sowie die Verfügbarkeit entsprechender Technik beeinflussen zusätzlich die Höhe der Kosten. Deshalb sind in ◘ Tab. 20.2 nur Spannbreiten der Kosten angegeben. Naturnahe Begrünungsverfahren sind im Vergleich zu konventionellen Methoden durchaus konkurrenzfähig, wenn nicht nur Herstellungs-, sondern auch Folgekosten, das heißt der Aufwand für Nachbesserungen und Entwicklungspflege, bei der Gesamtkalkulation berücksichtigt werden (Conrad 2007).

20.6 Schlussfolgerungen

Es stehen bewährte Methoden zur Aufwertung artenarmer Grünländer, aber auch zur Anlage von artenreichem Grünland auf Ackerbrachen oder nach infrastrukturellen Eingriffen zur Verfügung. Für einen Erfolg der Maßnahmen sind die sorgfältige Beurteilung der Renaturierungsflächen, eine standortspezifische Flächenvorbereitung und die Wahl der am besten geeigneten Methode für den Artentransfer von entscheidender Bedeutung. Durch eine schlecht geplante oder unsachgemäß ausgeführte Entwicklungs- und Folgepflege können aber auch gut umgesetzte Maßnahmen das Renaturierungsziel verfehlen. Deshalb muss die Entwicklung der Flächen durch eine Erfolgskontrolle begleitet werden, um bei Fehlentwicklungen zeitnah gegensteuern zu können.

? Fragen zur Vertiefung

- Welche Verbände der Arrhenatheretalia elatioris und der Molinietalia caeruleae werden unterschieden und welche Standortbindung weisen sie auf?
- Welche Nutzungszeitpunkte und -intervalle fördern die Ausprägung artenreicher Bestände?
- Was sind die Ursachen für den Rückgang artenreicher Wiesenbestände?
- Welche Planungsschritte müssen bei der Renaturierung von Grünland beachtet werden?
- Welche Probleme können bei der Anlage von Grünland auf ehemaligen Ackerböden oder bei der Aufwertung artenarmer Grünlandbestände auftreten?
- Welche Maßnahmen der Flächenvorbereitung können diesen Problemen entgegenwirken?
- Welche Methoden zur aktiven Einbringung von Zielarten sind für die Grünlandrenaturierung geeignet?
- Unter welchen Bedingungen ist eine Entwicklungspflege besonders wichtig und wie wird sie umgesetzt?

Tab. 20.2 Renaturierungskosten von Wirtschaftsgrünland. (nach Thüringer Ministerium für Landwirtschaft, Naturschutz und Umwelt 2003; Conrad 2007; Bayerisches Landesamt für Umwelt 2010/2011; Kirmer et al. 2012)

Arbeitsschritt bzw. Produkt	Nettokosten (€ ha^{-1})
Vorbereitung Renaturierungsfläche	
Grubbern	45–90
Fräsen	120–380(865)
Eggen	35–140
Begrünung mit frischem Mähgut	
– Ernte der Spenderfläche	
Mahd mit Kreiselmähwerk am Allradschlepper	70–240
Schwaden mit Kreiselschwader am Allradschlepper	30–50(115)
– Mähgutaufnahme und Transport	
Aufnahme mit Kurzschnittladewagen am Schlepper	60–120
– Begrünung Renaturierungsfläche	
Verteilen mit Kurzschnittladewagen am Schlepper	50–70
Nachverteilen von Hand	225–510
Begrünung mit Wiesendrusch	
– Ernte der Spenderfläche	
Ernte von Wiesendrusch mit Parzellenmähdrescher	200–500
Ernte von Wiesendrusch mit Getreidemähdrescher	150–300
– Aufbereitung gewonnenen Samenmaterials	
Trocknung	120–150
Reinigung (optional)	80–250
Keimfähigkeitsprüfung (optional)	150–250
– Ausbringen Wiesendrusch	
Wiesendrusch gereinigt mit Düngestreuer inklusive Walzen	220–490
Handsaat	ca. 25
Walzen	ab 30
Begrünung mit gebietsheimischen Saatgut	
– Saatgutkosten	
Gebietsheimisches Wildpflanzensaatgut für Frischwiesen/Feuchtgrünländer	Bei 1–2(4)g m^{-2} und 20–40 Kräutern und 5–12 Gräsern 1500–3000(4000)
– Ausbringen des Saatgutes	
Handsaat	ca. 25
Walzen	ab 30
Breitsaat mit Düngestreuer mit Bodenauflockerung und Walzen	220–490

20

Literatur

Baasch A, Engst K, Schmiede R, May K, Tischew S (2016) Enhancing success in grassland restoration by adding regionally propagated target species. Ecol Eng 94:583–591

Bayerisches Landesamt für Umwelt (2010/2011) Kostendatei für Maßnahmen des Naturschutzes und der Landschaftspflege – Fortschreibung 2010/2011 – Vollversion

BfN (2013) Nationaler Bericht 2013 gemäß FFH-Richtlinie. ▶ https://www.bfn.de/themen/natura-2000/berichte-monitoring/nationaler-ffh-bericht/ergebnisuebersicht.html. Zugegriffen: 13.11.18

BfN (2014) BfN Grünland-Report: Alles im Grünen Bereich? ▶ https://www.bfn.de/fileadmin/MDB/documents/presse/2014/PK_Gruenlandpapier_30.06.2014_final_layout_barrierefrei.pdf. Zugegriffen: 13.11.18

Bischoff A (2002) Dispersal and establishment of floodplain grassland species as limiting factors in restoration. Biol Conserv 104:25–33

Blüthgen N (2014) Auswirkung der Landnutzung auf Bestäubernetzwerke. Soziale Insekten in einer sich wandelnden Welt. Rundgespr Komm Ökol 43:99–109

Bosshard A (2000) Blumenreiche Heuwiesen aus Ackerland und Intensiv-Wiesen. Eine Anleitung zur Renaturierung in der landwirtschaftlichen Praxis. Nat schutz Landsch plan 32:161–171

Briemle G (2000) Ansprache und Förderung von Extensiv-Grünland. Neue Wege zum Prinzip der Honorierung ökologischer Leistungen der Landwirtschaft in Baden-Württemberg. Nat schutz Landsch plan 32:171–175

Briemle G, Eickhoff D, Wolf R (1991) Mindestpflege und Mindestnutzung unterschiedlicher Grünlandtypen aus landschaftsökologischer und landeskultureller Sicht. Praktische Anleitung zur Erkennung, Nutzung und Pflege von Grünlandgesellschaften. Beih Veröff Nat schutz Landsch pfl Baden-Württ 60:1–160

Bruchmann I, Hobohm C (2010) Halting the loss of biodiversity: endemic vascular plants in grassland of Europe. Grassl Sci Eur 15:776–778

Bubova T, Vrabec V, Kulma M, Nowicki P (2015) Land management impacts on European butterflies of conservation concern: a review. J Insect Conserv 19:805–821

Bunzel-Drüke M, Böhm C, Ellwanger G, Finck P, Grell H, Hauswirth L, Herrmann A, Jedicke E, Joest R, Kämmer G, Köhler M, Kolligs D, Krawczynski R, Lorenz A, Luick R, Mann S, Nickel H, Raths U, Reisinger E, Riecken U, Rößling H, Sollmann R, Ssymank A, Thomsen K, Tischew S, Vierhaus H, Wagner HG, Zimball O (2015) Naturnahe Beweidung und NATURA 2000. Ganzjahresbeweidung im Management von Lebensraumtypen und Arten im europäischen Schutzgebietssystem NATURA 2000. Heinz Sielmann Stiftung, Duderstadt

Burkart M, Dierschke H, Hölzel N, Nowak B, Fartmann T (2004) Molinio-Arrhenatheretea (E1) – Kulturgrasland und verwandte Vegetationstypen. Teil 2: Futter- und Streuwiesen feucht-nasser Standorte und Klassenübersicht Molinio-Arrhenatheretea. Synopsis der Pflanzengesellschaften Deutschlands 9, Selbstverlag der Floristisch-soziologischen Arbeitsgemeinschaft, Göttingen

Conrad M (2007) Zielerreichung und Kosten von Maßnahmen zur Etablierung artenreicher Grünländer. Dissertation, Technische Universität Berlin

Conrad M, Tischew S (2011) Grassland restoration in practice: Do we achieve the targets? A case study from Saxony-Anhalt/Germany. Ecol Eng 37:1149–1157

Dierschke H (1997) Molinio-Arrhenatheretea (E 1) Kulturgrasland und verwandte Vegetationstypen Teil 1: Arrhenatheretalia Wiesen und Weiden frischer Standorte. Synopsis der Pflanzengesellschaften Deutschlands 3, Selbstverlag der Floristisch-soziologischen Arbeitsgemeinschaft, Göttingen

Dierschke H, Briemle G (2002) Kulturgrasland. Wiesen, Weiden und verwandte Staudenfluren. Ulmer, Stuttgart

Donath TW, Hölzel N, Bissels S, Otte A (2004) Perspectives for incorporating biomass from non- intensively managed temperate flood meadows into farming systems. Agric Ecosyst Environ 104:439–451

EBCC – European Bird Census Council (2013) Populations trends of common European breeding birds 2013. ▶ http://www.ebcc.info/index.php?ID=515. Zugegriffen: 13.11.18

EBCC – European Bird Census Council (2016) European wild bird indicators, update 2016 – common bird indicators, Europe, single European species habitat classification. ▶ https://www.ebcc.info/index.php?ID=613. Zugegriffen: 13.11.18

Ellenberg H, Leuschner C (2010) Vegetation Mitteleuropas mit den Alpen: in ökologischer dynamischer und historischer Sicht. Ulmer, Stuttgart

Finck P, St Heinze, Raths U, Riecken U, Ssymank A (2017) Rote Liste der gefährdeten Biotoptypen Deutschlands. Nat schutz Biol Vielfalt 156:1–637

Harnisch M, Otte A, Schmiede R, Donath TW (2014) Verwendung von Mahdgut zur Renaturierung von Auengrünland. Ulmer, Stuttgart

Hölzel N, Bissel S, Donath TW, Handke K, Harnisch M, Otte A (2006) Renaturierung von Stromtalwiesen am hessischen Oberrhein. Nat schutz Biol Vielfalt 31:1–266

Hutter CP, Briemle G, Fink L (1993) Wiesen, Weiden und anderes Grünland, Biotope erkennen, bestimmen, schützen. Weitbrecht, Stuttgart

John H, Dullau S, Baasch A, Tischew S (2016) Re-introduction of target species into degraded lowland hay meadows: how to manage the crucial first year? Ecol Eng 86:223–230

Kirmer A, Tischew S (2014) Conversion of arable land to lowland hay meadows: what influences restoration success. In: Kiehl K, Kirmer A, Shaw N, Tischew S (Hrsg) Guidelines for native seed production and grassland restoration. Cambridge Scholars Publishing, Newcastle upon Tyne, S 118–140

Kirmer A, Krautzer B, Scotton M, Tischew S (2012) Praxishandbuch zur Samengewinnung und Renaturierung von artenreichem Grünland. Österreichische Arbeitsgemeinschaft für Grünland und Futterbau, Irding

Kirmer A, Jeschke D, Kiehl K, Tischew S (2014) Praxisleitfaden zur Etablierung und Aufwertung von Säumen und Feldrainen. Eigenverlag Hochschule Anhalt, Bernburg

Klimkowska A, Diggelen R van, Bakker JP, Grootjans AP (2007) Wet meadow restoration in Western Europe: a quantitative assessment of the effectiveness of several techniques. Biol Conserv 140:318–328

Kühn E, Musche M, Harpke A, Wiemers M, Feldmann R, Settele J (2016) Tagfalter-Monitoring Deutschland: Jahresauswertung 2015. Tagfalter-Monitoring Deutschland, 6. Oedippus 32:6–33

Mann S, Tischew S (2010) Role of megaherbivores in restoration of species-rich grasslands on former arable land in floodplains. Waldökol Landsc forsch Natursch 10:7–15

Merbold L, Eugster W, Stieger J, Zahniser M, Nelson D, Buchmann N (2014) Greenhouse gas budget (CO_2, CH_4 and N_2O) of intensively managed grassland following restoration. Glob Chang Biol 20:1913–1928

Nitsche S, Nitsche L (1994) Extensive Grünlandnutzung. Neumann, Radebeul

Poschlod P (2015) Geschichte der Kulturlandschaft – Entstehungsursachen und Steuerungsfaktoren der Entwicklung der Kulturlandschaft, Lebensraum- und Artenvielfalt in Mitteleuropa. Ulmer, Stuttgart

Poschlod P, Schumacher W (1998) Rückgang von Pflanzen und Pflanzengesellschaften des Grünlandes – Gefährdungsursachen und Handlungsbedarf. Schr reihe Veg kd 29:83–99

Rosenthal G, Hölzel N (2009) Renaturierung von Feuchtgrünland, Auengrünland und mesophilem Grünland. In: Zerbe S, Wiegleb G (Hrsg) Renaturierung von Ökosystemen in Mitteleuropa. Spektrum Akademischer Verlag, Heidelberg, S 283–316

Schmiede R, Otte A, Donath TW (2012) Enhancing plant biodiversity in species-poor grassland through plant material transfer – the impact of sward disturbance. Appl Veg Sci 15:290–298

Schumacher W (2005) Erfolge und Defizite des Vertragsnaturschutzes im Grünland der Mittelgebirge Deutschlands. In: Deutsche Bundesstiftung Umwelt (Hrsg) Landnutzung im Wandel – Chance oder Risiko für den Naturschutz. Erich Schmidt Verlag, Berlin, S 191–200

Sengl P, Magnes M, Weitenthaler K, Wagner V, Erdős L, Berg C (2017) Restoration of lowland meadows in Austria: A comparison of five techniques. Basic Appl Ecol 24:19–29

Soussana JF, Allard V, Pilegaard K, Ambus C, Campbell C, Ceschia E, Clifton-Brown J, Czobel S, Domingues R, Flechard C, Fuhrer J, Hensen A, Horvath L, Jones M, Kasper G, Martin C, Nagy Z, Neftel A, Raschi A, Baronti S, Rees RM, Skiba U, Stefani P, Manca G, Sutton M, Tuba Z, Valentini R (2007) Full accounting of the greenhouse gas (CO_2, N_2O, CH_4) budget of nine European grassland sites. Agric Ecosyst Environ 121:121–134

Statistisches Bundesamt Deutschland (2016) Statistisches Jahrbuch 2016 für die Bundesrepublik Deutschland mit internationalen Übersichten. Statistisches Bundesamt Deutschland, Wiesbaden

Thüringer Ministerium für Landwirtschaft, Naturschutz und Umwelt (2003) Kostendateien für Ersatzmaßnahmen im Rahmen der naturschutzfachlichen Eingriffsregelung. ▶ https://www.thueringen.de/mam/th8/tmlfun/naturschutz/naturschutzrecht/kostendateien_fur_ersatzmassnahmen_im_rahmen_der_naturschutzrechtlichen_eingriffsregelung.pdf. Zugegriffen: 13.11.18

Voigtländer G, Jacob H (1987) Grünland und Futterbau. Ulmer, Stuttgart

Wahl J, Dröschmeister R, Gerlach B, Grüneberg C, Langgemach T, Trautmann S, Sudfeldt C (2015) Vögel in Deutschland – 2014. DDA, BfN, LAG VSW, Münster

Wesche K, Krause B, Culmsee H, Leuschner C (2012) Fifty years of change in Central European grassland vegetation: large losses in species richness and animal-pollinated plants. Biol Conserv 150:76–85

Williams DW, Laura L, Jackson LL, Smith DD (2007) Effects of frequent mowing on survival and persistence of forbs seeded into a species-poor grassland. Rest Ecol 15:24–33

Äcker

Johannes Kollmann

© Springer-Verlag GmbH Deutschland, ein Teil von Springer Nature 2019
J. Kollmann et al., *Renaturierungsökologie*, https://doi.org/10.1007/978-3-662-54913-1_21

Zusammenfassung
Äcker gehören zu den am stärksten vom Menschen geprägten Ökosystemen Mitteleuropas. Historisch war die Ackerbegleitvegetation sehr artenreich und standörtlich fein differenziert. Die Haupttypen der Ackervegetation gliedern sich nach der Bodenreaktion sowie der Feldfrucht. Bis auf Grenzertragsstandorte ist das Ackerland in den vergangenen 50 Jahren in artenarme Produktionssysteme umgewandelt worden. Dabei haben Flurbereinigung und intensive Düngung die Standortverhältnisse weitgehend vereinheitlicht. Bedingt durch den Einsatz von Pestiziden, mechanische Bekämpfung der Wildpflanzen und enge Fruchtfolgen hat sich die ursprüngliche Artenvielfalt der Äcker drastisch verringert. Eine zumindest teilweise ökologische Aufwertung der Äcker erfordert die Reaktivierung von in der Samenbank des Bodens ruhenden Reliktarten, die Wiedereinführung seltener Ackerwildpflanzen und die Förderung der tierischen Agrobiodiversität durch angepasste Bewirtschaftungsformen.

21.1 Ökologische Grundlagen der Agrarökosysteme

21.1.1 Entstehung der Agrobiodiversität

In Mitteleuropa wurde der Ackerbau an der Wende zur Jungsteinzeit um 5500 v. Chr. eingeführt (Gronenborn und Petrasch 2010). Mit dem Anbau kurzlebiger Feldfrüchte auf gerodeten Offenlandflächen schufen die Menschen einen neuen Ökosystemtyp, in dem sich Arten der einheimischen Flora und Fauna sowie bewusst und unbewusst eingeführte Arten aus dem Mittelmeergebiet und dem Nahen Osten ansiedeln konnten (Poschlod 2015, S. 43 f.). Die Landnutzung entwickelte sich aus einem Wanderfeldbau zur mittelalterlichen Dreifelderwirtschaft (Wintergetreide – Sommergetreide – Brache) und schließlich zur verbesserten Dreifelderwirtschaft ab 1850 mit Hackfrüchten oder Leguminosen statt der Brache. Durch die standörtliche Vielfalt der Ackerflächen, unterschiedliche Feldfrüchte, kleinparzellige Flurstücke und regional differenzierte Landnutzungssysteme entstanden vielfältige Kulturlandschaften mit hoher „Agrobiodiversität" (Edwards et al. 1999). Ackerflächen bedecken heute rund 33 % der Landesfläche Deutschlands (Statistisches Bundesamt 2015) und könnten damit besonders in den großflächigen Agrarlandschaften einen wichtigen Beitrag zur Sicherung und Förderung der zunehmend bedrohten biologischen Vielfalt leisten.

Die wichtigsten Standortfaktoren der Äcker sind eine gute Ressourcenverfügbarkeit und häufige Störungen durch die regelmäßigen Bodenbearbeitungen, die die Regeneration bestimmter Pflanzenarten fördert (Ellenberg und Leuschner 2010, S. 1078 f.). Ackerflächen weisen meistens volle Besonnung auf und liegen in klimatisch begünstigten Regionen mit überdurchschnittlichen Jahresmitteltemperaturen und ausreichendem Niederschlag. Auf günstigen Ackerstandorten sind die Böden in der Regel tiefgründig und gut dräniert, nährstoff- und humusreich und der pH-Wert liegt im neutralen Bereich. Daneben gibt es vor allem in Gebieten mit Silikat- und Kalkböden flachgründige „Grenzertragsstandorte" mit ungünstiger Wasser- und Nährstoffspeicherung (Hofmeister und Garve 2006). Die Nährstoffzufuhr in Agrarökosystemen erfolgt schubweise durch Ausbringung von Kompost, Festmist, Gülle oder Mineraldünger. Die Konkurrenz mit den Feldfrüchten um diese Ressourcen ist ausgeprägt und fällt ohne Eingriff des Menschen oft zugunsten der Ackerwildkräuter und -gräser (der „Ackerwildpflanzen") aus. Deshalb erfordert die landwirtschaftliche Nutzung eine regelmäßige Regulierung der Wildpflanzen, die mit physikalischen oder chemischen Mitteln erfolgen kann (Zwerger und Ammon 2002). Die physikalische Regulierung erfolgt in der Regel mechanisch, es gibt aber auch thermische Verfahren wie Abflämmen. Sobald die Feldfrucht ausgesät ist, wird nur noch gestriegelt oder gehackt, andererseits unterstützt die großflächige Bodenbearbeitung durch Grubbern, Eggen und Pflügen zwischen den Anbauphasen auch eine Unterdrückung der Wildpflanzen. Unter den chemischen Verfahren hat der Einsatz von Herbiziden seit rund 60 Jahren die größte Bedeutung erlangt.

Ein weiterer wesentlicher Faktor der historischen Ackerlandschaften ist die effektive Ausbreitung von Samen oder vegetativen Fragmenten der Wildpflanzen durch den Menschen und seine Haustiere (Bonn und Poschlod 1998). Begünstigt wurde diese Ausbreitung durch stationären Drusch des Ernteguts auf dem Hof, unvollständige Saatgutreinigung, Beweidung von Ackerbrachen, organischen Dünger und Plaggenwirtschaft, geringe Parzellengrößen sowie Verschleppen von Wildpflanzensamen durch landwirtschaftliche Geräte. Diese Faktoren waren nicht nur auf Äckern wirksam, sondern auch in Obstplantagen, Weinbergen und Gärten, und haben zu einem Austausch von Arten zwischen diesen Wirtschaftssystemen geführt.

21.1.2 Steuernde Faktoren der Ackervegetation

Die wichtigsten Standortfaktoren für die Zusammensetzung der Ackervegetation sind die Bodenreaktion, die Bodenfeuchte sowie Arten und Anbauzyklen der Feldfrüchte (Ellenberg und Leuschner 2010, S. 1080 f.). Der pH-Wert variiert bodenbedingt zwischen 3,7 und über 7,5. Viele Ackerwildpflanzen haben sehr spezifische Standortansprüche, aufgrund derer ihr Vorkommen als Indikator für Bodenreaktion, Bodenfeuchte und Stickstoffversorgung verwendet werden kann (vgl. Ellenberg et al. 2001). Säurezeiger sind beispielsweise *Scleranthus annuus* und *Spergula arvensis*, Kalkzeiger *Consolida regalis* und *Caucalis platycarpos* (◘ Abb. 21.1i). Die Wasserverfügbarkeit der Ackerstandorte hängt stark von der Bodenart ab, und Ackerwildpflanzen mit hohen Feuchteansprüchen sind beispielsweise *Gnaphalium uliginosum* und *Mentha arvensis*, solche vergleichsweise trockener Standorte *Scandix pecten-veneris* und *Adonis aestivalis* (◘ Abb. 21.1g). Es gibt in Grenzertragsäckern viele Arten, die mit sehr geringer Stickstoffkonzentration zurechtkommen *(Arnoseris minima,* ◘ Abb. 21.1h*)*, auf gut gedüngten Äckern aber auch solche mit hohen Stickstoffansprüchen *(Galium aparine)*. In intensiv bewirtschafteten Agrarlandschaften ist die Nährstoffversorgung allerdings weniger entscheidend für die Differenzierung der Ackervegetation, da hier kaum mehr nährstoffarme Standorte auftreten. Darüber hinaus gibt es je nach Witterung große Unterschiede der Vegetation zwischen den Jahren. Dies wird durch die ausgeprägte Samenbank vieler Ackerwildpflanzen möglich, die nicht in jedem Jahr zur Entfaltung kommen müssen. Gewöhnliche Arten ohne spezifische Standortansprüche sind *Capsella bursa-pastoris*, *Chenopodium album* ◘ Abb. 21.1b, *Galium aparine* und *Stellaria media*, also die kennzeichnenden Arten der Klasse Stellarietea mediae (Wilmanns 1998, S. 108 f.).

Die Ackervegetation Mitteleuropas gliedert sich bewirtschaftungsbedingt und standörtlich mit zunehmender Basenverfügbarkeit in fünf Verbände (◘ Tab. 21.1). Nach Ellenberg und Leuschner (2010, S. 1082 f.) ist zu unterscheiden zwischen:

1. Wintergetreideäckern basenarmer Sand- und Lehmböden,
2. Hackfrucht- und Sommergetreideäckern basenarmer, warmer Sand- und Lehmböden;
3. Hackfrucht- und Sommergetreideäckern kalkarmer, frischer Lehmböden;
4. Hackfrucht- und Sommergetreideäckern basenreicher Lehm- und Tonböden;
5. Wintergetreideäckern trockener Kalkböden.

Auf zeitweise vernässten, bodensauren Ackerflächen entwickeln sich Vertreter der Zwergbinsengesellschaften (Nanocyperion flavescentis), deren natürliche Habitate die Ufer von Flüssen, Seen und Teichen sind.

Häufig auftretende Arten der Wildkrautvegetation unter Getreide sind *Fallopia*

Abb. 21.1 Typische Pflanzen der Äcker Mitteleuropas. Häufige Arten: **a** *Amaranthus retroflexus*, **b** *Chenopodium album*, **c** *Cyanus segetum*, **d** *Papaver rhoeas*, **e** *Sonchus asper*, **f** *Tripleurospermum inodorum*; selten gewordene Arten: **g** *Adonis aestivalis*, **h** *Arnoseris minima*, **i** *Caucalis platycarpos*, **j** *Lathyrus tuberosus*, **k** *Legousia speculum-veneris*, **l** *Nigella arvensis*. Die unterschiedlichen Standortansprüche und Strategien der Arten werden im Text angesprochen. (Fotos g, l: M. Lang; h, i: H. Albrecht)

Tab. 21.1 Kennzeichnende Pflanzenarten der Haupttypen der Ackervegetation Mitteleuropas. Dunkelgrau die Charakterarten der synsystematischen Verbände: A) Die Wintergetreideäcker basenarmer Sand- und Lehmböden (Aphanion arvensis), B) die Hackfrucht- und Sommergetreideäcker basenarmer, warmer Sand- und Lehmböden (Panico-Setarion), C) die Hackfrucht- und Sommergetreideäcker kalkarmer, frischer Lehmböden (Spergulo-Oxalidion), D) die Hackfrucht- und Sommergetreideäcker basenreicher Lehm- und Tonböden (Veronico-Euphorbion) sowie E) Wintergetreideäcker relativ trockener Kalkböden (Caucalidion platycarpi). Mittelgrau die Charakterarten der Ordnungen Aperetalia spicae-venti und Secalietalia sowie hellgrau die der Klasse Stellarietea medii. (nach Ellenberg und Leuschner 2010, S. 1083 f.)

Kennarten der Vegetationseinheiten A–E	A	B	C	D	E
Apera spica-venti	x				
Cyanus segetum	x				
Digitaria sanguinalis		x			
Galinsoga quadriradiata		x			
Chenopodium polyspermum			x		
Oxalis stricta			x		
Euphorbia helioscopia				x	
Fumaria officinalis				x	
Legousia speculum-veneris					x
Lathyrus tuberosus					x
Anthemis arvensis	x	x	x		
Spergula arvensis	x	x	x		
Papaver rhoeas				x	x
Thlaspi arvense				x	x
Stellaria media	x	x	x	x	x
Viola arvensis	x	x	x	x	x

convolvulus und *Vicia hirsuta*, unter Hackfrucht *Atriplex patula* und *Fumaria officinalis* (Ellenberg und Leuschner 2010, S. 1106). Wildpflanzen der Wintergetreide, wie z. B. *Aphanes arvensis*, *Cyanus segetum* (Abb. 21.1c) und *Sinapis arvensis*, keimen nach der Bodenbearbeitung im Herbst und Winter bei relativ niedrigen Temperaturen (ebenda, S. 1090). Dazu gehören auch viele selten gewordene Arten, wie *Caucalis platycarpos*, *Consolida regalis*, *Legousia speculum-veneris* (Abb. 21.1k) und *Ranunculus arvensis*. Arten der Sommergetreide keimen im Frühjahr bei durchschnittlich höheren Temperaturen (*Chenopodium polyspermum*, *Echinochloa crus-galli* und *Mercurialis annua*). Diese Arten sind auch in Hackfruchtäckern häufig, weil hier die Bodenbearbeitung und damit die Aktivierung der Bodensamenbank erst spät im Frühjahr stattfinden, wenn die Temperaturen schon vergleichsweise hoch sind.

Wintergetreide entwickelt durch Bestockung höhere Dichten und weist bei maximaler Blattentfaltung schon Anfang Mai bodennah nur noch weniger als 5 % Licht auf (Ellenberg und Leuschner 2010, S. 1080). Sommergetreide- und Hackfruchtäcker bleiben dagegen bis in den Frühsommer etwas lichter, was für Ackerwildpflanzen günstig ist. Auch die vertikale Lichtverfügbarkeit kann sehr unterschiedlich sein: Roggen lässt im hochgewachsenen Zustand vergleichsweise viel Licht durch, während Raps und Sonnenblumen mit breiten, horizontal orientierten Blättern eine höhere Deckung bereits im oberen Teil der Bestände entwickeln. Der Ackerrand ist in der Regel deutlich artenreicher als das Zentrum, weil dort die Bewirtschaftung weniger intensiv ist, mehr Licht zur Verfügung steht und Arten aus der Umgebung einwandern können (Hofmeister und Garve 2006).

Zeitpunkt und Häufigkeit des Herbizideinsatzes sind der bestimmende Faktor für das Auftreten und die Differenzierung der Ackervegetation in der modernen Agrarlandschaft (Zwerger und Ammon 2002). Die Spritzmittel existieren als Vorauflauf-, Kontakt- oder systemische Herbizide. Wegen der Herbizide gibt es in den produktivsten Ackergebieten Mitteleuropas allerdings nur wenige Wildpflanzen, und vielerorts können nur noch besonders robuste und regenerationsfreudige Arten überleben, die aus unterirdischen Organen austreiben *(Cirsium arvense, Elymus repens, Equisetum arvense)* oder eine Herbizidresistenz entwickelt haben *(Chenopodium album)*. Falls die Herbizide die Wildpflanzen nicht direkt zum Absterben bringen, sind zumindest die Größe und der Samenansatz der Pflanzen reduziert (Schmitz et al. 2014). Weitere Pflanzenschutzmittel sind Fungizide und Insektizide, bei denen ebenfalls die Gefahren des Biodiversitätsverlusts, der Grundwasserverschmutzung und der Resistenzen bestehen. Deshalb muss, entsprechend den gesetzlichen Bestimmungen, eine Abdrift von Pflanzenschutzmitteln in angrenzende Säume und Hecken verhindert werden, weil sonst auch in der Umgebung der Äcker die Biodiversität stark zurückgeht (Geiger et al. 2010).

21.1.3 Herkunft und Lebensformen der Ackerwildpflanzen

Eine Ackerwildpflanze tritt spontan in Äckern auf, sie entwickelt sich in Reaktion auf die Bewirtschaftung und beeinträchtigt die Entwicklung der Kulturpflanzen oder andere landwirtschaftliche Ziele – sie ist aus anthropozentrischer Sicht „die falsche Art, am falschen Ort zur falschen Zeit", also ein „Unkraut". Ein Grund für die Persistenz der Ackerwildpflanzen ist ihre rasche Anpassung an die Bewirtschaftung, ihre genetische Diversität sowie oft hohe phänotypische Plastizität (Pakeman et al. 2015). Sie begleiten den Ackerbau weltweit, vor allem in Regionen mit langer Ackerbautradition. In Mitteleuropa gibt es 300–350 Ackerwildpflanzen (◘ Abb. 21.1), von denen aber nur rund 20 Arten deutliche Ertragseinbußen verursachen (Schneider et al. 1994; Kästner et al. 2013).

Die Wildpflanzen der Äcker lassen sich nach Herkunftsregionen und Einwanderungszeiten wie folgt gliedern:

1. Manche sind einheimische Steppenarten, die schon in spätglazialen Pollenproben nachgewiesen wurden *(Cyanus segetum)*.
2. Andere indigene Arten stammen von analogen Standorten der Naturlandschaft mit guter Ressourcenversorgung und einem hohen Maß an Störung, wie Tangwällen der Küsten *(Tripleurospermum inodorum,* ◘ Abb. 21.1f), Wechselwasserzonen von Flussufern *(Tussilago farfara)*, Rutschungen (*Sonchus asper*, ◘ Abb. 21.1e) oder Wildwechseln *(Galium aparine)*.
3. Viele Arten sind Archäophyten, die als Verunreinigung des Saatguts der Kulturpflanzen aus dem Nahen Osten *(Adonis aestivalis, Consolida regalis, Thlaspi arvense)* oder aus dem Mittelmeerraum *(Digitaria sanguinalis, Echinochloa crus-galli)* eingeschleppt wurden.
4. Relativ wenige Arten sind als Neophyten aus anderen Kontinenten eingewandert *(Galinsoga quadriradiata, Amaranthus retroflexus,* ◘ Abb. 21.1a*)*.

Die Lebensformen von Wildpflanzen der Äcker sind vielfältig (Albrecht et al. 2016). Einjährige Wildpflanzen haben einen kurzen Lebenszyklus mit umfangreicher Samenproduktion und eventuell mehreren Generationen pro Jahr, wie es für R-Strategen kennzeichnend ist *(Senecio vulgaris)*. Dabei kann die Fortpflanzung abgeschlossen sein, bevor die Vegetationsperiode im Frühjahr beginnt *(Euphorbia helioscopia)*. Manche Wildarten der Äcker haben eine wirksame Fernausbreitung durch den Wind *(Cirsium arvense)*, die meisten streuen ihre Samen aber nur lokal aus und bauen eine Samenbank über viele Dekaden und zum Teil Jahrhunderte auf *(Papaver rhoeas)*. Der landwirtschaftlichen Bekämpfung begegnen mehrjährige Ackerwildpflanzen durch vegetative Regeneration und Vermehrung aus Wurzel- oder Sprossfragmenten *(Elymus repens)*. Evolutiv besonders interessant sind Arten oder Ökotypen, die sich morphologisch und phänologisch an eine bestimmte Feldfrucht angepasst haben, wie z. B. *Agrostemma githago* und *Bromus secalinus* in Weizenfeldern. Diese Arten zeigen Eigenschaften der Kulturpflanzen, wie fehlende Ausbreitung und mangelnde Dormanz der Samen; ihre Samen weisen oft eine ähnliche Größe wie die der Kulturpflanzen auf. Durch Saatgutreinigung sind diese Arten in der modernen Landwirtschaft sehr selten geworden. In jüngerer Zeit beobachtet man bei einigen Arten Herbizidresistenz, weil das verwendete Mittel an der wachsigen Oberfläche der Pflanzen abläuft *(Equisetum arvense)* oder aufgrund physiologischer Änderungen die Wirkung ausbleibt *(Chenopodium album)*.

21.1.4 Rolle der Ackerwildpflanzen im Ökosystem

Die Rolle der Wildpflanzen im Agrarökosystem ist komplex und variiert mit der Art und Entwicklung der Feldfrucht. Als negativ wird die Konkurrenz mit den Kulturpflanzen um Wasser, Nährstoffe und Licht angesehen. Dichte Bestände können durch verändertes Mikroklima zu stärkerem Pilzbefall führen. Manche Wildpflanzen sind zudem (Zwischen-)Wirte von Schädlingen der Kulturpflanzen. Kletternde Arten, wie *Convolvulus arvensis* und *Galium aparine*, begünstigen das Umknicken des Getreides und erschweren somit dessen Abreife und die Ernte. Daher sollten Ackerwildpflanzen bis zu einem bestimmten Schwellenwert bekämpft werden, der als (ökonomische) Schadensschwelle je nach Feldfrucht unterschiedlich ausfällt (Coble und Mortensen 1992).

Positiv sind die durch die Wildpflanzen verursachte Bodendeckung und die dadurch verringerte Erosion, z. B. in steilen Weinbergen. Wildpflanzen sorgen für eine vielseitigere Durchwurzelung, fördern das Bodenleben und eine günstige Bodenstruktur. Zudem binden sie Nährstoffe – was wichtig ist – vor allem in Zeiten, in denen die Kulturpflanzen noch nicht in vollem Umfang oder nicht mehr die Nährstoffe binden. Dadurch kann Auswaschung verringert oder vermieden werden. Die Unterstützung von Prädatoren und anderen Nützlingen ist wichtig im Sinne einer biologischen Schädlingsbekämpfung. Blühende Ackerwildpflanzen dienen als Pollen- und Nektarquelle für Bestäuber wie Wildbienen und Hummeln (Gibson et al. 2006; Rollin et al. 2016), die wiederum für die Bestäubung vieler Kulturpflanzen, wie Körnerleguminosen, Ölpflanzen, Beerensträuchern und Obstbäumen, unentbehrlich sind (Klein et al. 2007).

Die biologische Vielfalt der Ackerwildpflanzen stellt darüber hinaus auch ein wichtiges genetisches Reservoir dar, das für zukünftige landwirtschaftliche Anwendungen Bedeutung gewinnen könnte. Manche sind beispielsweise als Heilpflanzen bekannt *(Equisetum arvense, Matricaria chamomilla, Tussilago farfara)* oder bereichern mit ihren attraktiven Blüten das Landschaftsbild *(Agrostemma githago, Cyanus segetum, Glebionis segetum)*. Die Samen von Ackerwildpflanzen stellen eine Nahrungsquelle für Feldvögel dar (Marshall et al. 2003), deren Rückgang durch abnehmende Nahrungsverfügbarkeit im Winter und Frühjahr wesentlich mitverursacht wird.

21.2 Veränderungen der Ackervegetation

21.2.1 Rückgang der Ackerwildpflanzen

Die Modernisierung der Landwirtschaft in der zweiten Hälfte des 20. Jahrhunderts hat zu starken Ertragssteigerungen, aber auch zu einer drastischen Verarmung der Ackervegetation geführt (Albrecht 1989; Potts et al. 2010; Meyer et al. 2013). Eine besondere Bedeutung bei dieser Entwicklung haben Herbizide, die heute im konventionellen Anbau auf nahezu 100 % der Fläche angewandt werden. Sie werden kritisch diskutiert, unter anderem wegen der Entwicklung von Resistenzen und wegen ihrer unerwünschten Auswirkungen auf die Umwelt und die menschliche Gesundheit. Herbizide sind besonders negativ für seltene Wildpflanzen der Wintergetreideäcker (*Adonis flammea, Nigella arvensis,* ◘ Abb. 21.1l), während Wildgräser wie *Alopecurus myosuroides, Apera spica-venti* und *Avena fatua* kaum betroffen werden. Diese unterschiedliche Wirkung von Herbiziden auf ein- und zweikeimblättrige Wildpflanzen lässt sich dadurch erklären, dass die meisten Kulturen heute wie die Wildgräser monokotyl sind und auf die eingesetzten Herbizide ähnlich unempfindlich reagieren wie das Getreide. Zur erfolgreichen Regulierung von Wildgräsern in Getreidekulturen sind in der Regel spezielle Wirkstoffe nötig, die die Kosten der Herbizidapplikation erhöhen.

Dass seltene Ackerwildpflanzen gegen Herbizide empfindlicher sind als häufige Arten, wurde vor Kurzem durch Untersuchungen von Rotches-Ribalta et al. (2015) widerlegt. In den Tests zeigten sowohl seltene, als auch häufige Arten eine hohe Sensitivität gegenüber Herbiziden. Das Problem der seltenen Arten ist offenbar, dass viele von ihnen nur bei niedrigen Temperaturen keimen, also zu der Zeit, zu der auch die Herbizide appliziert werden. Sie haben dann keine Möglichkeit mehr, der Herbizidwirkung zu entgehen. Dagegen können viele der häufigen Arten, wie *Stellaria media, Capsella bursa-pastoris* oder *Veronica persica,* das ganze Jahr über keimen und profitieren möglicherweise sogar davon, dass nach der Herbizidbehandlung weniger Konkurrenz herrscht. Das gilt auch für die sogenannte integrierte Bekämpfung, bei der Maßnahmen erst ab einer bestimmten Schadensschwelle ergriffen werden (Albrecht et al. 2016).

Ein weiterer Faktor ist die intensive Düngung, die zu besonders dichten Beständen der Kulturpflanzen führt und damit die Wildpflanzen benachteiligt. Zwar ist der Düngeeinsatz seit den frühen 1990er- Jahren nicht weiter angestiegen, in weiten Teilen Mitteleuropas gibt es aber immer noch N- und P-Überschüsse, die als Nitratauswaschung das Grundwasser belasten oder als Lachgasemission zu einer ungünstigen Klimabilanz beitragen (Heißenhuber et al. 2015). Die Bodenreaktion der meisten Ackerflächen ist durch Kalkung bodensaurer Standorte und Verwendung physiologisch saurer Düngemittel auf basenreichen Standorten im neutralen bis schwach sauren Bereich nivelliert worden. Im Zuge dieser Vereinheitlichung zugunsten eutropher und schwach saurer Verhältnisse wurden Magerkeitszeiger und Arten von Extremstandorten verdrängt. Der Anbau von Wintergetreide hat wegen höherer Erträge auf Kosten des Sommergetreides zugenommen, das für frühjahrskeimende Ackerwildpflanzen günstiger ist (Potts et al. 2010). Durch die Wahl bestimmter Kulturpflanzen im Rahmen der Fruchtfolgen kann der Landwirt die Bodenfruchtbarkeit erhalten und Wildpflanzen wirksam unterdrücken, wie es im ökologischen Landbau durch Einsaat von Klee-Gras-Mischungen geschieht. Konventionelle Betriebe haben dagegen relativ einfache Fruchtfolgen, vor allem wenn sie über viele Jahre Mais für die Biogaserzeugung anbauen.

Ein weiterer negativer Faktor für die Wildpflanzen ist, dass Grenzertragsstandorte aufgegeben worden sind. Außerdem hat die Flurbereinigung zu einer Vergrößerung der Schläge geführt, wodurch Ackerränder,

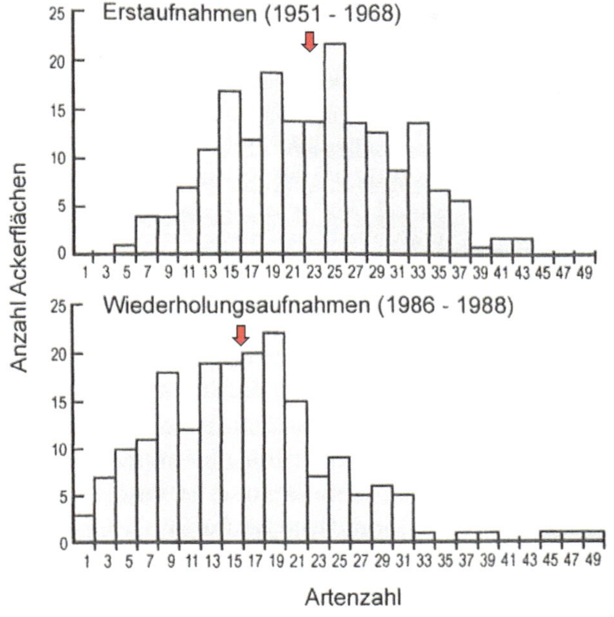

Strukturreiche Agrarlandschaft bei Coburg

Strukturarme Agrarlandschaft bei Freising

Abb. 21.2 Rückgang der Artenzahlen der Ackervegetation in Bayern (Albrecht 1989). Die Pfeile geben den Median der Artenzahlen an. (Fotos: H. Albrecht)

die oft weniger intensiv bewirtschaftet werden und ein höheres Lichtangebot aufweisen, verlorengingen. Mit der damit einhergehenden Zusammenlegung der Ackerflächen ist auch die Ausbreitung von Wildpflanzen zwischen Schlägen eines Betriebs verringert worden. Eine effiziente Saatgutreinigung bewirkt, dass heute kaum mehr Wildpflanzen ungewollt mit den Kulturpflanzen ausgesät werden. Und schließlich werden in der derzeitigen Landwirtschaft die Samenausbreitung durch Haustiere oder Maschinen weitgehend unterbunden und Restpopulationen seltener Arten dadurch stark verinselt (Albrecht et al. 2000). Neue Quellen von Wildpflanzensamen, beispielsweise von *Apera spica-venti*, sind Mähdrescher, die schon auf dem Feld die Spreu ausblasen.

Das Ergebnis dieser starken Veränderungen der Landwirtschaft sind einerseits Ertragssteigerungen bei gleichzeitiger Senkung der Betriebskosten, andererseits eine schon fast dramatische Abnahme der Artenzahlen und Deckungen von Ackerwildpflanzen (Abb. 21.2) sowie ein Rückgang vieler mit diesen Arten assoziierten Nützlinge (Geiger et al. 2010). Den Verlusten an Biodiversität der Ackerwildpflanzen von Grenzertragsstandorten *(Arnoseris minima, Caucalis platycarpos, Nigella arvensis, Teesdalia nudicaulis)* steht eine Zunahme weniger Arten mit hohen Nährstoffansprüchen und hohem Wuchs gegenüber *(Alpocurus myosuroides, Galium aparine, Tripleurospermum inodorum)*. Die Bodensamenbank puffert normalerweise Populationsschwankungen der Ackervegetation ab, aber auch hier gibt es einen markanten Rückgang selbst gewöhnlicher Arten wie *Chenopodium album, Stellaria media* und *Viola arvensis* (Albrecht 1989). Die Samenbank der Äcker geht bei unterbundener Samenneubildung pro Jahr um 40–80 % zurück und ist nach fünf Jahren auf weniger als 10 % reduziert (Ellenberg und Leuschner 2010). Eine Konsequenz daraus ist, dass nach der aktuellen Roten Liste

Deutschlands rund 120 von 350 Ackerwildpflanzen als gefährdet und 15–18 Arten als ausgestorben gelten (Korneck et al. 1996).

21.3 Renaturierung von Äckern

21.3.1 Grundlagen des Schutzes von Ackervegetation

In Mitteleuropa wurden seit den 1980er-Jahren Maßnahmen zum Schutz der Ackerwildpflanzen durchgeführt (Steffani 2015). Dies wird unterstützt durch Artenschutzprogramme verschiedener Bundesländer, Projekte und Stiftungen (z. B. ▶ http://www.bayerischekulturlandstiftung.de). Wegen potentieller Konflikte mit den Interessen der Landwirtschaft ist Ackervegetation allerdings nicht in die Liste der in Deutschland vorkommenden Lebensräume des Anhangs I der FFH-Richtlinie (EU 1992) aufgenommen worden, und *Bromus grossus* ist die einzige FFH-Anhangsart unter den Ackerwildkräutern. Die bisherigen Schutzmaßnahmen reichen daher bei weitem nicht aus, um den fortschreitenden Rückgang der biologischen Vielfalt der Agrarlandschaften aufzuhalten, wie sich bei Erhebungen in vielen Teilen Mitteleuropas zeigt (z. B. ◘ Abb. 21.3a).

Für den Schutz von Ackerwildpflanzen oder für eine Förderung der Agrobiodiversität im weiteren Sinne gibt es bisher sechs Optionen (vgl. Albrecht et al. 2016):

◘ **Abb. 21.3** Degradation und Renaturierung der Ackervegetation in Mitteleuropa: **a** Struktur- und artenarme Ackerlandschaft auf Löss bei Euskirchen (Kölner Bucht), **b** Ackerrandstreifen bei Groß Zicker (Rügen), **c** Ackerwildkrautstreifen auf der Hessischen Staatsdomäne Frankenhausen (Foto: H. Albrecht), **d** Feldflorenreservat auf Kalkscherben bei Titting (Fränkischer Jura)

1. Ackerbrachen, wie sie ab den 1980er-Jahren zur Verminderung der Überproduktion in der EU eingeführt worden sind, fördern in den ersten Jahren kurzlebige Ackerwildpflanzen, werden aber bereits nach wenigen Jahren von ausdauernden Gräsern und Stauden dominiert. Auf frischen, gut mit Nährstoffen versorgten Flächen können diese Bestände schnell so dicht werden, dass es mittelfristig nicht zur Ansiedlung von Gehölzen kommt (Ellenberg und Leuschner 2010, S. 1108). Bei geringerer Bestandsdichte können in der Umgebung vorhandene, ausbreitungsfreudige Gehölze und invasive Neophyten dagegen rasch Dominanz erlangen.
2. Am Feldrand ist die Artenvielfalt in der Regel höher als im Feldinneren, weil hier Arten aus der Umgebung einwandern können und die Landnutzung weniger intensiv ist (◘ Abb. 21.3b). Unter diesen Bedingungen konnten bei reduzierter Düngung und Verzicht auf Herbizide in den „Ackerrandstreifenprogrammen" (Schumacher 1980) viele seltene Arten gefunden werden. Da Landwirte unabhängig von der Artenausstattung der Flächen an diesen Programmen teilnehmen konnten, gab es allerdings auch Flächen ohne entsprechende Vorkommen und in manchen Fällen wurden unerwünschte Problemarten gefördert. Viele Landwirte verloren auch aufgrund einer kurzfristigen und nicht ausreichenden Förderung das Interesse an dieser grundsätzlich recht erfolgreichen Maßnahme.
3. In den 1990er-Jahren sind in der Schweiz Buntbrachen in intensiv genutzten Ackergebieten eingeführt worden (Ramseier 1994), vor allem als Habitat für Feldhasen, Feldlerchen und Rebhühner. Entsprechende Mischungen aus ausdauernden Ruderal-, Magerrasen- und Wiesenarten wurden zur Förderung von Nützlingen auch in Deutschland entwickelt. Sie wurden als „Schonstreifen" eingerichtet, auf denen keine Herbizide und Dünger ausgebracht werden (◘ Abb. 21.3c). Dazu werden Streifen von 5–10 m Breite temporär aus der Nutzung genommen und mit artenreichen Mischungen besät (Fenchel et al. 2015; Kirmer et al. 2016). Der ökologische Erfolg ist deutlich für einen Zeitraum von 5–10 Jahren, allerdings ohne dass spezifisch seltene Ackerwildpflanzen gefördert werden. Ackerwildkräuter sind sowohl einjährigen als auch mehrjährigen Blühmischungen beigemengt um einen ersten schönen Blühaspekt zu liefern (Eggenschwiler et al. 2007). Dieses Vorgehen zählt allerdings nicht wirklich als Schutzmaßnahme, da ein Fortbestand der Populationen meist nicht möglich ist (Elsen und Loritz 2013).
4. Eine weitere Möglichkeit der Förderung von Ackerwildkräutern sind sogenannte Schutzäcker in Gebieten mit besonders hoher Artenvielfalt (◘ Abb. 21.3d). Dieses Konzept wird in dem deutschlandweit erfolgreichen Programm der „100 Äcker für die Vielfalt" verfolgt (Meyer und Leuschner 2015). Bei den meisten Schutzäckern steht die Erhaltung seltener Ackerwildkrautarten im Vordergrund. Da es für jeden Schutzacker einen Betreuer gibt, ist die geeignete Bewirtschaftung in vielen Fällen gewährleistet. Damit ist dieses Programm eine gute Möglichkeit, bedeutende Restvorkommen gefährdeter Arten zu erhalten. Problematisch ist in solchen Feldflorareservaten die Förderung gewöhnlicher Arten durch falsche Bewirtschaftung, wie *Cirsium arvense*, *Elymus repens* und *Equisetum arvense*, die zum Ausfall der empfindlicheren Ackerwildpflanzen führen, auf kleinen Flächen auch verursacht durch Abdrift von Dünge- und Spritzmitteln aus Nachbarparzellen.
5. Sehr seltene Arten werden *ex situ*, also z. B. in Botanischen Gärten oder in Freilichtmuseen, kultiviert. Dabei besteht die Gefahr, dass ein Teil der genetischen

Diversität und der lokalen Anpassung (gemessen als Fitness der Nachkommen) durch Inzucht und genetische Drift verlorengehen (Lauterbach 2013).
6. Staatliche Fördersysteme wie das Vertragsnaturschutzprogramm (VNP) erlauben es sowohl ökologisch als auch konventionell wirtschaftenden Landwirten, sich freiwillig für den Ackerwildkrautschutz einzusetzen. Für eine langfristige und flächenhafte Erhaltung der Ackervegetation sind Maßnahmen der produktionsintegrierten Kompensation (PIK) sinnvoll (Buttschardt et al. 2016). Diese werden besonders vorteilhaft in ökologisch wirtschaftenden Betrieben umgesetzt, wo keine Herbizide und kein Mineraldünger zum Einsatz kommen, pfluglose Bodenbearbeitung häufig ist und wenig Mais angebaut wird.

Obwohl die Ackervegetation im ökologischen Landbau oft günstigere Entwicklungsbedingungen vorfindet als in konventionellen Betrieben, fehlen auch hier viele typische Arten, die aufgrund der Bewirtschaftung vorkommen könnten. Ein wichtiger Grund für das Ausbleiben dieser Arten ist, dass die meisten ökologischen Betriebe erst seit den 1990er-Jahren umgestellt haben. Durch die während der konventionellen Vornutzung jährlich wiederkehrende Herbizidanwendung waren die Bestände gefährdeter Ackerwildkrautarten oft schon damals ausgedünnt oder ganz verschwunden.

Erfolgte die Intensivierung großräumig, fehlen zudem die Möglichkeiten einer spontanen Wiederbesiedlung aus benachbarten Flächen. Da der Sameneintrag durch Weidetiere oder Saatgutverunreinigung keine Rolle mehr spielt, ist eine aktive Ausbringung von Samen notwendig. Weil die seltenen Ackerwildpflanzen generell eine geringe Konkurrenzkraft besitzen, sind durch Wiederansiedlung seltener Wildpflanzen auf ökologischen Betrieben kaum Ertragsausfälle zu erwarten (Albrecht et al. 2016).

21.3.2 Wiederansiedlung von Ackerwildkräutern

▪ Vorbereitung der Maßnahme

Das praktische Vorgehen bei der Wiederansiedlung von Ackerwildpflanzen ist in Wiesinger et al. (2015) ausführlich dargestellt. Dafür eignen sich mäßig nährstoffreiche, gut besonnte Feldränder; günstig ist weiterhin, wenn Schutzäcker, Feldflorareservate oder Äcker des Vertragsnaturschutzes in der Nähe liegen, da sie zur Vergrößerung und Vernetzung von Populationen gefährdeter Ackerwildpflanzen und der mit ihnen assoziierten Tierarten beitragen. Eine besonders große Wirkung der Wiederansiedlung ist in Landschaften mittlerer Komplexität zu erwarten (◘ Abb. 15.7, ◘ Abb. 21.4), also weder in besonders stark verarmten Agrargebieten, noch in den Resten reich strukturierter Kulturlandschaften (Tscharntke et al. 2012). Die Zielfläche sollte in der Vegetationsperiode vor der geplanten Ansiedlung untersucht werden, um zu klären, ob die auszusäenden Arten nicht bereits vorkommen oder problematische Arten den Erfolg der Wiederansiedlung gefährden könnten.

Das Saatgut der Ackerwildpflanzen sollte aus dem Naturraum der Ausbringungsfläche stammen. Solches autochthone Saatgut steht bisher nur begrenzt zur Verfügung, und für manche Arten, wie *Agrostemma githago* und *Cyanus segetum*, sind nichtheimisches Saatgut und Kultivare im Handel, die zu einer Florenverfälschung führen können (Keller et al. 2000), wovon auch assoziierte Organismen wie Herbivore und Bestäuber betroffen sind (Keller et al. 1999; Bucharova et al. 2016). Über die kommerzielle Verfügbarkeit von Ackerwildpflanzen regionaler Herkunft informiert der Verband deutscher Wildsamen- und Wildpflanzenproduzenten e. V. (► www.natur-im-vww.de). Wenn kein autochthones Saatgut im Handel verfügbar ist, können Samen der Zielarten in Feldflorenreservaten, Schutzäckern oder auf ökologisch bewirtschafteten Flächen gesammelt werden. Vor einer

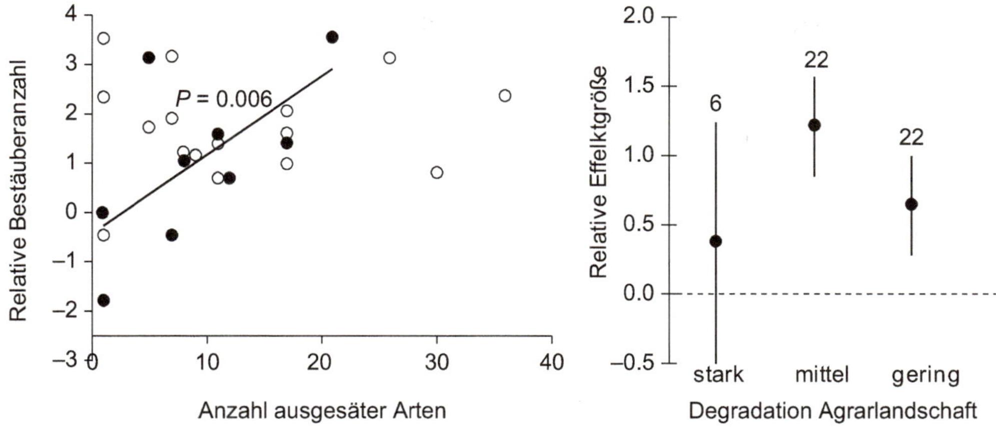

Abb. 21.4 Effektivität der Wiederherstellung von Agrobiodiversität je nach Landschaftsstruktur. Zusammenhang zwischen der Vielfalt von Pflanzen in Blühstreifen im Rahmen von Agrarumweltmaßnahmen und der Bestäuberdiversität. Stärkste Effekte wurden in Landschaften mit 1–20 % Restnatur gefunden. (nach Scheper et al. 2013)

solchen Entnahme ist die Zustimmung der zuständigen Behörden, die der Bewirtschafter und anderer Akteure, z. B. der lokalen Naturschutzverbände, einzuholen. Beim Sammeln ist darauf zu achten, dass die Samen reif sind, was artspezifisch recht unterschiedlich sein kann. Zudem darf die Entnahme das Überleben von Restpopulationen nicht gefährden. Um sicherzustellen, dass die genetische Vielfalt im Erntegut die der Spenderpopulation repräsentiert, sollte an möglichst vielen verschiedenen Pflanzen zu unterschiedlicher Zeit geerntet werden. Wenn ganze Pflanzen oder Samenstände entnommen werden, sollten diese an der Luft getrocknet und schonend gedroschen werden. Das Saatgut muss nach der Reinigung kühl, dunkel, trocken und mäusesicher gelagert werden.

Eine weitere Möglichkeit ist die Übertragung von Mähgut artenreicher Ackerbrachen. Dabei findet jedoch eine Selektion statt, da nur Arten übertragen werden, die zum Mahdzeitpunkt reif und noch nicht ausgefallen waren. Außerdem werden kleinwüchsige Arten schlechter erfasst, während für die Landwirtschaft problematische Wildpflanzen, wie *Galium aparine* oder *Avena fatua*, leicht übertragen werden. Eine vorherige Analyse der Vegetation von Ziel- und Spenderfläche ist daher bei dieser Revitalisierungsmethode notwendig.

Ausbringung der Ackerwildpflanzen

Ob eine Rein- oder Mischsaat bessere Ergebnisse liefert, ist bisher nur für wenige Ackerwildpflanzen bekannt. Reinsaat („Blanksaat") wird gewählt, wenn die Ackervegetation gezielt mit einzelnen, z. B. besonders seltenen Arten (z. B. *Adonis aestivalis*) angereichert werden soll. Mischsaaten erbringen dagegen auch beim Ausfall einzelner Arten normalerweise noch Etablierungserfolge und haben auf die assoziierten Tiere wie Blütenbesucher eine bessere Wirkung. Bei gemeinsam ausgesäten Arten ist wichtig, dass sie ähnliche Keimungszeiten haben, also entweder im Herbst oder im Frühjahr auflaufen. Um Arten unterschiedlicher Korngrößen auszusäen, empfiehlt sich eine Mischung mit Getreide- oder Sojaschrot, was eine Entmischung der Korngrößen vermindert und das gleichmäßige Ausbringen per Hand oder Maschine erleichtert (► Kap. 5).

Ackerwildpflanzen können sowohl in Blanksaat als auch durch Untersaat in die

Kultur ausgebracht werden. Bei Blanksaat wachsen die Pflanzen ohne Konkurrenz der Kulturpflanzen und können bei gleicher Saatdichte wie bei Untersaat höhere Samenmengen produzieren, was vor allem in den ersten Jahren der Wiederansiedlung wichtig ist. Bei dieser Methode ist es besonders sinnvoll, eine Mischung aus mehreren Arten anzusäen, da dadurch das Risiko verringert wird, dass unerwünschte Arten, wie *Amaranthus retroflexus*, *Cirsium arvense* oder *Stellaria media*, zur Dominanz kommen. Bei Untersaat wird das Saatgut der Ackerwildpflanzen unmittelbar nach der Deckfrucht ausgebracht. So haben die ausgebrachten Zielarten ähnliche Etablierungsbedingungen, als wenn sie aus dem Bodensamenvorrat auflaufen würden. Eine Einsaat in landwirtschaftliche Kulturen hat den Vorteil, dass Erträge erwirtschaftet werden können und dass das Risiko des Auftretens unerwünschter Ackerwildpflanzen reduziert ist, da normale Ackerbewirtschaftung Herbizidbehandlung oder mechanische Beikrautregulierung zulässt. Das Risiko, dass sich dadurch auch die Etablierung der Zielarten gegenüber der Blanksaat verschlechtert, lässt sich durch eine verringerte Saatstärke der Kulturpflanzen abschwächen. Dies führt zu einer verbesserten Etablierung der Zielarten, einer Unterdrückung unerwünschter Sippen und einem nur moderaten Rückgang des Ertrags der Kulturart.

Die Aussaat der Zielarten sollte je nach deren Keimtemperaturansprüchen im Herbst oder Frühjahr erfolgen. Viele seltene Ackerwildpflanzen sind winterannuell und keimen bevorzugt bei niedrigen Temperaturen im Herbst unter Wintergetreide (◘ Abb. 21.5). Da viele Ackerwildpflanzen kleinsamige Lichtkeimer sind, ist ein feinkörniges Saatbett anzustreben. Dazu sollte, wie bei der normalen Saatbettbereitung für die Kulturpflanzen, der Boden nach dem Pflügen z. B. mit einer Kreiselegge bearbeitet werden. Walzen nach der Saat erhöht den Bodenschluss und damit die Etablierung der Pflanzen.

Versuche von Lang et al. (2016) haben gezeigt, dass z. B. bei *Buglossoides arvensis*, *Consolida regalis* und *Legousia speculum-veneris* eine günstige Saatstärke bei 50–100 Samen m^{-2} liegt. Auf Basis des Tausendkorngewichtes der jeweiligen Art (Kästner et al. 2013) und der Größe der einzusäenden Fläche, lässt sich so die notwendige Saatgutmenge berechnen. Bei Mischungen mehrerer Arten ist insgesamt eine Saatstärke von 200–400 Samen m^{-2} anzustreben. Bei geringeren Saatmengen sinkt die

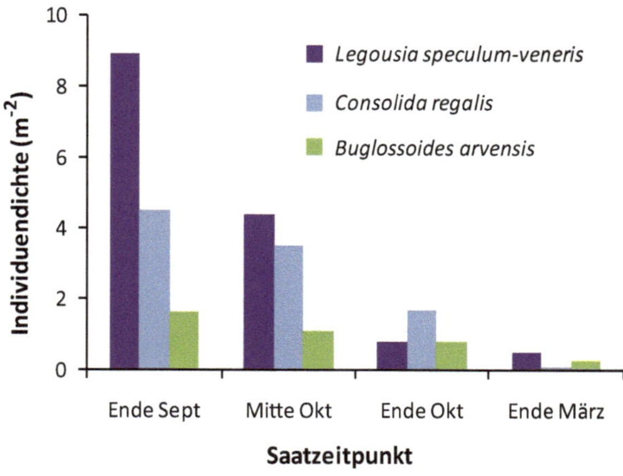

◘ **Abb. 21.5** Ansiedlungserfolg verschiedener Ackerwildkrautarten *(Buglossoides arvensis, Consolida regalis* und *Legousia speculum-veneris)* in Abhängigkeit von deren Aussaatzeitpunkt. Aussaat Herbst bzw. Frühjahr mit Deckfrucht Winterroggen, Aufnahme der Individuendichte kurz vor der Ernte im darauf folgenden Sommer. (nach Wiesinger et al. 2015)

Wahrscheinlichkeit einer erfolgreichen Etablierung deutlich, bei höheren Saatmengen machen sich die Ackerwildpflanzen gegenseitig Konkurrenz und können den Ertrag der Kultur verringern. Bei den empfohlenen Saatstärken lagen die Ertragsverluste von Roggen unter 10 %. Die Saatgutkosten hängen von der weiteren Entwicklung des Marktes ab. Aktuell fallen bei einer Mischsaat der drei oben genannten Arten mit je 100 Samen m^{-2} Saatgutkosten von bis zu 1000 € pro ha an, bei steigender Nachfrage ist mit einem deutlichen Rückgang der Kosten zu rechnen.

Eine weitere Möglichkeit der Ansiedlung von Ackerwildpflanzen ist die Übertragung von Oberboden, der von artenreichen Ackerflächen gewonnen wird und Samenbanken seltener Arten enthält (Wiesinger et al. 2015). Sinn ergibt eine solche Übertragung nur, wenn die Bodenverhältnisse (insbesondere pH-Wert und Tiefgründigkeit) der Ziel- und Spenderfläche ähnlich sind und die Flächen nah beieinanderliegen, um die Transportkosten gering zu halten. Die Entnahme von Boden, z. B. mithilfe eines Radladers, sollte zwischen Getreideernte und Wiederansaat stattfinden. Um das Absterben der Samen bei Lagerung zu vermeiden, sollte das Bodenmaterial möglichst rasch auf die Zielfläche ausgebracht werden. Nach leichter Bodenlockerung wird die Zielfläche 3–5 cm dick überschichtet, um ein Durchwachsen bereits vorhandener Pflanzen zu hemmen. Für einen größtmöglichen Etablierungserfolg dieser aufwändigen Maßnahme ist es günstig das Samenmaterial des übertragenen Bodens ohne Konkurrenz von Kulturpflanzen aufwachsen zu lassen. Ein Vorteil der Bodenübertragung gegenüber der Ansaat ist, dass die gesamte Pflanzengesellschaft der Spenderfläche mit den assoziierten Bodenlebewesen übertragen wird, also auch seltene Arten, die bei Handsammlung von Samen evtl. nicht erfasst werden. Zudem werden unterschiedlich alte Samen übertragen. Ein Nachteil ist die mögliche Übertragung unerwünschter Arten, Krankheiten und Agrochemikalien, was eine vorherige Überprüfung der Spenderfläche erforderlich macht.

▪ Bewirtschaftung und Ertragseffekte

Wie sollen Bestände wiederangesiedelter Ackerwildpflanzen möglichst langfristig erhalten werden? – Voraussetzung ist eine regelmäßige Bodenstörung, damit sich die meistens einjährigen Ackerwildkrautarten gegen Konkurrenten durchsetzen können. Für eine ackerwildkrautfreundliche Bewirtschaftung von Äckern sind ein Verzicht auf Pestizide und ein reduzierter Einsatz von Düngemitteln erforderlich. Der ökologische Landbau ist hierfür grundsätzlich gut geeignet, jedoch sind durch den Einsatz des Striegels oder der Hacke nicht nur ackerbaulich problematische Wildpflanzen, sondern auch die Zielarten betroffen. Unter Berücksichtigung der hohen Etablierungskosten sollte deshalb in den ersten beiden Jahren der Einsatz von Striegel oder Hacke unterbleiben (Wiesinger et al. 2015). Nach der Etablierungsphase kann das Striegeln in maßvollem Umfang wiedereinsetzen. Die Hacke ist in ihrer Effektivität dem Striegel überlegen, und sollte deshalb besser nicht eingesetzt werden.

Bestände alter Kultursorten sind lichtdurchlässig und besonders gut für die konkurrenzschwachen seltenen Ackerwildkrautarten geeignet, während Winterweizen und Wintergerste schnell dichte Bestände entwickeln und deshalb kaum Platz für die Zielarten bieten. Für die Ansiedlung winterannueller Arten eignet sich Wintergetreide, das früh gesät wird. Dazu gehören Dinkel, Winteremmer und Winterroggen, weniger günstig sind aufgrund später Saatzeiten und dichter Bestände Wintergerste, Winterweizen, Wintertriticale und Winterraps. Sommerungen, wie Hafer oder Sommergerste, fördern Ackerwildkrautarten die im Frühjahr keimen, z. B. *Neslia paniculata*. Sojabohnen, Erbsen, Kartoffeln und Zuckerrüben sind problematische Feldfrüchte für den Ackerwildkrautschutz. Auch in Getreidebeständen mit Untersaaten können sich die konkurrenzschwachen

21

Zielarten kaum durchsetzen. In Klee- und Luzerne-Grasmischungen kommen Ackerwildpflanzen wegen des häufigen Schnitts und der sich rasch schließenden Vegetation in der Regel nicht zur Entwicklung. Der Anbau ungünstiger Feldfrüchte kann jedoch von solchen Ackerwildkrautarten überdauert werden, die eine langlebige Samenbank im Boden besitzen.

Häufig wird im Vertragsnaturschutz als geeignete Maßnahme für Ackerwildpflanzen ein später Stoppelumbruch vorgeschlagen. Fuchs und Stein-Bachinger (2008) empfehlen für Naturschutz im Ökolandbau eine Stoppelbearbeitung erst nach Mitte September. Dadurch können manche Wildpflanzen, wie *Consolida regalis*, nach der Ernte erneut blühen und spätblühende Arten, wie *Kickxia spuria* und *Nigella arvensis*, die Fruchtreife erreichen. Außerdem profitieren Amphibien, Feldhasen und samenfressende Feldvögel von einem späten Umbruch.

Der Einfluss seltener Ackerwildpflanzen auf die Erträge der Kulturarten wurde bisher nur ansatzweise analysiert. Untersuchungen an *Buglossoides arvensis*, *Consolida regalis* und *Legousia speculum-veneris* (Wiesinger et al. 2015) zeigten, dass eine Ackerwildpflanzen-Einsaat (Mischsaat, 850 Samen m^{-2}) die Erträge von Wintergetreide nicht signifikant beeinflusst. In einem speziellen Saatdichte-Versuch hingegen trat bei Mischsaat der drei Arten ab 400 Samen m^{-2} ein Ertragsrückgang von 10 % auf (▣ Abb. 21.6). In Klee-Gras-Gemenge kamen keine und in Sommer-Erbse maximal 13 Individuen von *L. speculum-veneris* pro Quadratmeter vor; Ertragseinbußen dieser Kulturen können also nahezu ausgeschlossen werden. Soll ein Ertragsrückgang beim Wintergetreide also gänzlich vermieden werden, sind Saatstärken bis 400 Samen m^{-2} anzustreben, wird ein geringfügiger Ertragsrückgang von bis zu 25 % toleriert, kann die Saatstärke bei mehreren Arten auf bis zu 850 Samen m^{-2} erhöht werden.

Aussaatversuche auf Biobetrieben haben gezeigt, dass eine zumindest mittelfristige Etablierung gefährdeter Ackerwildkrautarten unter Praxisbedingungen möglich ist (Lang et al. 2018). Bei ackerwildkrautfreundlicher Bewirtschaftung lagen nach drei Jahren die

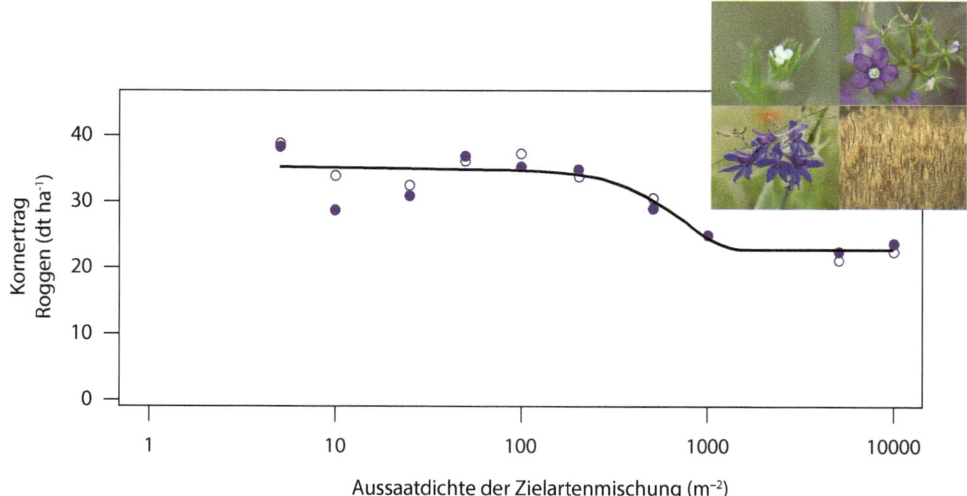

▣ **Abb. 21.6** Ertragsminderung durch Ackerwildkrautarten *(Buglossoides arvensis, Consolida regalis* und *Legousia speculum-veneris)* in Winterroggen. Ab Aussaatdichten von mehr als 850 Samen m^{-2} kommt es zu Ertragseinbußen von ca. 15 %. (nach Lang et al. 2016)

Samenbanken im Boden über der Zahl ausgesäter Samen, vor allem dann, wenn sich die Zielarten Jahr für Jahr reproduzieren konnten. Auch eine Verschleppung der Samen innerhalb eines Ackers durch die Bewirtschaftung kann zur erfolgreichen Etablierung beitragen. Längerfristige Erfolgskontrollen müssen überprüfen, ob die Zielarten dauerhaft lebensfähige Populationen ausbilden.

21.3.3 Weitere Maßnahmen des Ackerwildkrautschutzes

Förderung der Artenvielfalt in der Agrarlandschaft sollte nicht nur auf Wildpflanzen der Äcker beschränkt sein (Czybulka et al. 2009). Es sind daher verschiedene Maßnahmen zur Förderung der Agrobiodiversität entwickelt worden, die sich teilweise gut kombinieren lassen (Albrecht et al. 2016). In der Ackerfläche können Buntbrachen oder Blühstreifen angelegt werden, die primär für Bestäuber gedacht sind, aber auch viele andere Tierarten unterstützen. Spezielle Maßnahmen für Hamster, Feldlerche oder Kiebitz sind lichtere Kulturbestände oder integrierte kleine Bracheflächen („Lerchenfenster"; Buttschardt et al. 2016).

In manchen Regionen mit wasserundurchlässigen Böden kann es zu temporärer Überstauung von Ackersenken kommen, die für seltene Arten der Zwergbinsengesellschaften oder für Amphibien günstige Lebensbedingungen bieten und die deshalb gezielt gefördert werden sollten (Altenfelder et al. 2016). Unbefestigte Wege dienen als Brutplatz für Wildbienen. Zwischen Feldern sowie entlang von Wegen und Hecken können Säume angelegt werden (▶ Kap. 16), und viele ausgeräumte Ackerbaulandschaften würden von einer Neuanlage von Hecken profitieren (▶ Kap. 15). Generell wichtig sind Pufferzonen von mindestens 3–5 m zwischen intensiver Nutzung und diesen Kleinstrukturen, entgegen der Tendenz vieler Landwirte, auch bis an die Flurgrenze der Äcker und zum Teil darüber hinaus intensiv zu wirtschaften.

21.4 Schlussfolgerungen

Obwohl in den vergangenen Jahrzehnten die biologische Vielfalt der Agrarlandschaften Mitteleuropas stark zurückgegangen ist, sind Maßnahmen einer aktiven Renaturierung von Äckern erst seit wenigen Jahren entwickelt worden. Defizite bestehen immer noch aufgrund des mangelnden Interesses der landwirtschaftlichen Praxis und der noch nicht ausreichenden Bemühungen von Behörden und Verbänden um den Artenschutz auf Ackerflächen. Nötig sind weitere praxisorientierte Versuche zur Förderung und Wiederansiedlung seltener und gefährdeter Arten, eine bessere Beratung der Bewirtschafter, eine kommerzielle Erzeugung ausreichender Mengen regionalen Saatguts und eine effektive Unterstützung durch Behörden und Verbände. Maßnahmen zur Förderung der Pflanzenvielfalt auf Äckern kommen auch der Tierwelt zugute. Die Aufwertung der Äcker sollte in ein landschaftsplanerisches Gesamtkonzept integriert werden, das auch das Grünland einbezieht und die Wiedereinrichtung von Säumen, Lesesteinhaufen und Hecken vorsieht. Wegen der starken Degradation der Agrarlandschaften Mitteleuropas und der ökonomischen Zwängen der Landwirtschaft ist allerdings keine Renaturierung im engeren Sinne möglich, sondern nur eine „Revitalisierung", die bestimmte Arten und Funktionen dieser anthropogenen geprägten Ökosysteme fördert.

? Fragen zur Vertiefung

- Welche Faktoren steuern die unterschiedliche Ausprägung der Vegetation von Ackerflächen in Mitteleuropa?
- Warum ist die Pflanzenvielfalt der Äcker in den vergangenen Jahrzehnten zurück?
- Aus welchen Gründen ist eine Erhöhung der Biodiversität auf Äckern wünschenswert?
- Welche Maßnahmen stehen zur Förderung seltener und gefährdeter Pflanzenarten der Äcker zur Verfügung?

21

Literatur

Albrecht H (1989) Untersuchungen zur Veränderung der Segetalflora an sieben bayerischen Ackerstandorten zwischen den Erhebungszeiträumen 1951/68 und 1986/88. Diss Bot 141:1–201

Albrecht H, Mayer F, Mattheis A (2000) *Veronica triphyllos* L in the Tertiärhügelland landscape in southern Bavaria - an example for habitat isolation of a stenoeceous plant species in agroecosystems. Z Ökol Nat schutz 8:219–226

Albrecht H, Cambecedes J, Lang M, Wagner M (2016) Management options for the conservation of rare arable plants in Europe. Bot Lett DOI ► 101080/23818107201612378 86

Altenfelder S, Kollmann J, Albrecht H (2016) Effects of farming practice on populations of threatened amphibious plant species in temporarily flooded arable fields – implications for conservation management. Agric Ecosyst Environ 222:30–37

Bonn S, Poschlod P (1998) Ausbreitungsbiologie der Pflanzen Mitteleuropas. Quelle & Meyer, Wiesbaden

Bucharova A, Frenzel M, Mody K, Parepa M, Durka W, Bossdorf O (2016) Plant ecotype affects interacting organisms across multiple trophic levels. Basic Appl Ecol 17:688–695

Buttschardt T, Ganser W, Brüggemann T, Hogeback S, Kauling S (2016) Produktionsintegrierte Naturschutzmaßnahmen. Stiftung Westfälische Kulturlandschaft & Institut für Landschaftsökologie, Münster

Coble HD, Mortensen DA (1992) The threshold concept and its application to weed science. Weed Technol 6:191–195

Czybulka D, Hampicke U, Litterski B, Schäfer A, Wagner A (2009) Integration von Kompensationsmaßnahmen in die landwirtschaftliche Produktion. Nat schutz Landsch plan 41:245–256

Edwards EJ, Kollmann J, Wood D (1999) Determinants of agrobiodiversity in the agricultural landscape. In: Wood D, Lenné JM (Hrsg) Agrobiodiversity: characterization, utilization and management. CABI, Oxon, S 183–210

Eggenschwiler L, Richner N, Schaffner D, Jacot K (2007) Bedrohte Ackerbegleitflora: Wie fördern und erhalten? Agrarforschung 14:206–211

Ellenberg H, Leuschner C (2010) Vegetation Mitteleuropas mit den Alpen: in ökologischer dynamischer und historischer Sicht. Ulmer, Stuttgart

Ellenberg H, Weber HE, Düll R, Wirth V, Werner W, Paulissen W (2001) Zeigerwerte von Pflanzen in Mitteleuropa. Scr Geobot 18:1–262

Elsen T van, Loritz H (2013) Vielfalt aus der Samentüte? Ein Positionspapier zur Integration des Ackerwildkrautschutzes in Ansaat-Blühstreifen-Programme. Nat schutz Landsch plan 45:155–160

EU (1992) Richtlinie 92/43/EWG des Rates vom 21. Mai 1992 zur Erhaltung der natürlichen Lebensräume sowie der wildlebenden Tiere und Pflanzen, die zuletzt durch Artikel 1 der Richtlinie 2013/17/EU des Rates vom 13. Mai 2013 geändert wurde

Fenchel J, Busse A, Reichardt I, Anklam R, Schrödter M, Tischew S, Mann S, Kirmer A (2015) Hinweise zur erfolgreichen Anlage und Pflege mehrjähriger Blühstreifen und Blühflächen mit gebietseigenen Wildarten (mit Hinweisen zu einjährigen Blühstreifen und Blühflächen sowie Schonstreifen). MLU Sachsen-Anhalt, Magdeburg

Fuchs S, Stein-Bachinger K (2008) Naturschutz im Ökolandbau. Praxishandbuch für den ökologischen Ackerbau im nordostdeutschen Raum. Bioland, Mainz

Geiger F, Bengtsson J, Berendse F, Weisser WW, Emmerson M, Morales MB, Ceryngier P, Liira J, Tscharntke T, Winqvist C, Eggers S, Bommarco R, Part T, Bretagnolle V, Plantegenest M, Clement LW, Dennis C, Palmer C, Onate JJ, Guerrero I, Hawro V, Aavik T, Thies C, Flohre A, Hanke S, Fischer C, Goedhart PW, Inchausti P (2010) Persistent negative effects of pesticides on biodiversity and biological control potential on European farmland. Basic Appl Ecol 11:97–105

Gibson RH, Nelson IL, Hopkins GW, Hamlett BJ, Memmott J (2006) Pollinator webs plant communities and the conservation of rare plants arable weeds as a case study. J Appl Ecol 43:246–257

Gronenborn D, Petrasch J (2010) Die Neolithisierung Mitteleuropas. Römisch-Germanischen Zentralmuseum, Mainz

Heißenhuber A, Haber W, Krämer C (2015) 30 Jahre SRU-Sondergutachten „Umweltprobleme der Landwirtschaft" – eine Bilanz. Bundesministeriums für Umwelt, Naturschutz, Bau und Reaktorsicherheit, Berlin

Hofmeister H, Garve E (2006) Lebensraum Acker – Pflanzen der Äcker und ihre Ökologie. Kessel, Remagen

Kästner A, Jäger EJ, Schubert R (2013) Handbuch der Segetalpflanzen Mitteleuropas. Springer, Wien

Keller M, Kollmann J, Edwards PJ (1999) Palatability of weeds from different European origins to the slugs *Deroceras reticulatum* Muller and *Arion lusitanicus* Mabille. Acta Oecol 20:109–118

Keller M, Kollmann J, Edwards PJ (2000) Genetic introgression from distant provenances reduces fitness in local weed populations. J Appl Ecol 37:647–659

Kirmer A, Pfau M, Mann S, Schrödter M, Tischew S (2016) Erfolgreiche Anlage mehrjähriger Blühstreifen durch Ansaat wildkräuterreicher Samenmischungen und standortangepasste Pflege. Nat Landsch 3:109–118

Klein AM, Vaissiere BE, Cane JH, Steffan-Dewenter I, Cunningham SA, Kremen C, Tscharntke T (2007)

Importance of pollinators in changing landscapes for world crops. Proc R Soc Lond B Biol Sci 274:303–313

Korneck D, Schnittler M, Vollmer I (1996) Rote Liste der Farn- und Blütenpflanzen (Pteridophyta et Spermatophyta) Deutschlands. Schr reihe Veg kd 28:21–187

Lang M, Prestele J, Fischer C, Kollmann J, Albrecht H (2016) Reintroduction of rare arable plants by seed transfer. What are the optimal sowing rates? Ecol Evol 6:5506–5516

Lang M, Kollmann J, Prestele J, Wiesinger K, Albrecht H (2018) Reintroduction of rare arable plants on organic farms: seed production, seed dispersal and soil seed bank three years after sowing. Rest Ecol 26:170–178

Lauterbach D (2013) Ex situ-Kulturen gefährdeter Wildpflanzen – Populationsgenetische Aspekte und Empfehlungen für Besammlung, Kultivierung und Wiederausbringung. ANLiegen Natur 35:32–39

Marshall EJ, Brown VK, Boatman ND, Lutman PJ, Squire GR, Ward LK (2003) The role of weeds in supporting biological diversity within crop fields. Weed Res 43:77–89

Meyer S, Leuschner C (2015) 100 Äcker für die Vielfalt – Initiativen zur Förderung der Ackerwildkrautflora in Deutschland. Universitätsverlag, Göttingen

Meyer S, Wesche K, Krause B, Leuschner C (2013) Dramatic losses of specialist arable plants in Central Germany since the 1950s/60s – a cross-regional analysis. Divers Distrib 19:1175–1187

Pakeman RJ, Karley AJ, Newton AC, Morcillo L, Brooker RW, Schob C (2015) A trait-based approach to crop-weed interactions. Eur J Agron 70:22–32

Poschlod P (2015) Geschichte der Kulturlandschaft – Entstehungsursachen und Steuerungsfaktoren der Entwicklung der Kulturlandschaft, Lebensraum- und Artenvielfalt in Mitteleuropa. Ulmer, Stuttgart

Potts GR, Ewald JA, Aebischer NJ (2010) Long-term changes in the flora of the cereal ecosystem on the Sussex Downs, England, focusing on the years 1968–2005. J Appl Ecol 47:215–226

Ramseier D (1994) Entwicklung und Beurteilung von Ansaatmischungen für Wanderbrachen. Veröff Geobot Inst Eidg Eidgenöss Tech Hochsch Stift Rübel Zür 118:1–134

Rollin O, Benelli G, Benvenuti S, Decourtye A, Wratten SD, Canale A, Desneux N (2016) Weed-insect pollinator networks as bio-indicators of ecological sustainability in agriculture. A review. Agron Sustain Dev 36:8

Rotches-Ribalta R, Blanco-Moreno JM, Armengot L, Jose-Maria L, Sans FX (2015) Which conditions determine the presence of rare weeds in arable fields? Agric Ecosyst Environ 20:355–361

Scheper J, Holzschuh A, Kuussaari M, Potts SG, Rundlof M, Smith HG, Kleijn D (2013) Environmental factors driving the effectiveness of European agri-environmental measures in mitigating pollinator loss – a meta-analysis. Ecol Lett 16:912–920

Schmitz J, Schafer K, Bruhl CA (2014) Agrochemicals in field margins. Field evaluation of plant reproduction effects. Agric Ecosyst Environ 189:82–91

Schneider C, Sukopp U, Sukopp H (1994) Biologisch-ökologische Grundlagen des Schutzes gefährdeter Segetalarten. Schr reihe Veg kd 26:1–356

Schumacher W (1980) Schutz und Erhaltung gefährdeter Ackerwildkräuter durch Integration von landwirtschaftlicher Nutzung und Naturschutz. Nat Landsch 55:447–453

Statistisches Bundesamt (2015) Getreide dominiert mit 55 % auch 2015 den Anbau auf dem Ackerland. Pressemitteilung Nr. 278

Steffani B (2015) Äcker und Schutz der Ackerbegleitflora. Handbuch Naturschutz und Landschaftspflege XIII:7:12:1–32

Tscharntke T, Tylianakis JM, Rand TA, Didham RK, Fahrig L, Batary P, Bengtsson J, Clough Y, Crist TO, Dormann CF, Ewers RM, Frund J, Holt RD, Holzschuh A, Klein AM, Kleijn D, Kremen C, Landis DA, Laurance W, Lindenmayer D, Scherber C, Sodhi N, Steffan-Dewenter I, Thies C, Putten WH van der, Westphal C (2012) Landscape moderation of biodiversity patterns and processes – eight hypotheses. Biol Rev 87:661–685

Wiesinger K, Lang M, Elsen T van, Albrecht H, Prestele J, Kollmann J (2015) Praxisbroschüre Wiederansiedlung seltener und gefährdeter Ackerwildkräuter im Biobetrieb. Universität Kassel, TUM & LfL, Freising

Wilmanns O (1998) Ökologische Pflanzensoziologie. Quelle & Meyer, Wiesbaden

Zwerger P, Ammon HU (2002) Unkraut: Ökologie und Bekämpfung. Ulmer, Stuttgart

Urban-industrielle Ökosysteme

Kathrin Kiehl

© Springer-Verlag GmbH Deutschland, ein Teil von Springer Nature 2019
J. Kollmann et al., *Renaturierungsökologie*, https://doi.org/10.1007/978-3-662-54913-1_22

22

Zusammenfassung

Urbane Ökosysteme sind durch Bebauung, Bodenversiegelung, Abfälle und Abgase stark verändert. Stadtböden sind durch technogene Substrate sowie extreme Standortbedingungen gekennzeichnet und werden häufig gestört. Die Spontanvegetation urban-industrieller Ökosysteme ist daher durch Ruderalfluren mit hohen Anteilen an Neophyten geprägt. Durch natürliche Sukzession entstehen auf älteren Brachflächen Gebüsche und Vorwälder. Elemente „grüner Infrastruktur" wie Gärten, Grünanlagen, urbane Wälder oder Brachflächen sichern in Städten vielfältige Ökosystemdienstleistungen wie Kaltluftentstehung und Frischluftaustausch, Wasserretention, Feinstaubfilterung, Naherholung und Produktion von Nahrungsmitteln („urbane Agrikultur"). Häufig steht grüne Infrastruktur jedoch in Flächenkonkurrenz zu Bebauungsvorhaben. Bei der Renaturierung degradierter Ökosysteme werden in Städten unterschiedliche Ansätze verfolgt, die vor allem der Klimaanpassung, der Verbesserung der Erholungsfunktion und dem Naturschutz dienen. Die Entwicklung von Pionierfluren und Magerrasen kann gefördert werden, wenn nährstoffarme Substrate erhalten und Bodenstörungen zugelassen werden. Passive Renaturierung ermöglicht die Entwicklung „urban-industrieller Wildnis" bis hin zu neuartigen urbanen Wäldern. Das Nebeneinander von gepflegten Offenlandbereichen und freien Sukzessionsflächen fördert die Artenvielfalt und wird von Erholungssuchenden als besonders attraktiv empfunden. Durch aktive Standortvorbereitungs- und Wiederansiedlungsmaßnahmen können naturschutzfachlich wertvolle Biotope, z. B. artenreiche Magerrasen und Blumenwiesen, mit regionaltypischen Pflanzen- und Tierarten entwickelt werden.

22.1 Ökologie und Vegetation

22.1.1 Entstehung urban-industrieller Ökosysteme

Menschen haben mit dem Sesshaftwerden begonnen ihre Siedlungsplätze zu verändern und sowohl bewusst als auch unbewusst zur Ausbreitung bestimmter Pflanzen- und Tierarten beigetragen (Wittig 2002; Sukopp 2008). Stadtähnliche Strukturen mit hoher Bebauungs- und Einwohnerdichte entwickelten sich in Europa als neuartige Lebensräume zunächst in Griechenland und Italien, aber vor mehr als 2000 Jahren mit den keltischen „Oppida" (lat. für befestigte stadtartige Siedlungen) auch in Mitteleuropa (Ellenberg und Leuschner 2010, S. 1117 f.). Stadtgründungen erfolgten dabei oft an Orten mit Nahrungsmittel- und Rohstoffvorkommen oder die sich durch Flussquerungen, eine verkehrsgünstige Lage an einer Bucht oder am Fuß von Gebirgen auszeichneten. Häufig liegen Städte in Gebieten mit vielfältiger landschaftlicher Ausstattung zur Sicherung der Ernährungsgrundlage der Bevölkerung, also mit fruchtbarem Ackerland sowie guten Weide-, Fischerei- und Jagdmöglichkeiten. Viele Städte sind durch ihre Lage in Landschaften mit hoher geologischer Diversität bereits von Natur aus artenreich (Kühn et al. 2004), und ihre Artenvielfalt stieg durch die anthropogen geförderte Einwanderung gebietsfremder Pflanzenarten stark an (s. ► Abschn. 22.1.3).

Durch dichte Bebauung, Bodenversiegelung, Abfälle und Abgase sind die Atmosphäre, Hydrosphäre, Pedosphäre und Biosphäre von Städten gegenüber dem Umland stark verändert. Stadtlebensräume stellen nicht nur Ökosysteme mit besonderen Standortbedingungen dar, sondern sind durch die in ihnen lebenden und ihre Umwelt in besonderem Maße gestaltenden Menschen gekoppelte ökologisch-sozioökonomische Systeme (◘ Abb. 22.1). In Abhängigkeit von der räumlichen Lage sowie der Art und Intensität der Nutzung lassen sich unterschiedliche Stadtstrukturen unterscheiden (Endlicher 2012). Zur „grünen Infrastruktur" zählen in Städten neben Wäldern, Gewässern, Feuchtgebieten und Brachflächen auch naturnahe Parks, Gärten und Dachbegrünungen sowie landwirtschaftlich oder gartenbaulich genutzte Flächen (BMUB 2015). Komponenten der „grauen Infrastruktur" sind dagegen Wohnbebauung Geschäftszentren, Industrieflächen und Verkehrswege. Neuartige Produktionsweisen der urbanen Agrikultur auf und an Gebäuden nehmen eine Zwischenstellung ein (Specht et al. 2014). Die Entwicklung der grünen und der grauen Infrastruktur steht auf begrenztem Raum und bei rascher demographischer und ökonomischer Entwicklung in Konkurrenz zueinander und ist hinsichtlich des Ressourcenverbrauchs und der Umweltbelastungen oftmals nicht nachhaltig (Breuste et al. 2016).

Da weltweit inzwischen mehr als 50 % der Bevölkerung in Städten leben und die Zahl der Stadtbewohner noch steigt, ist vielerorts zukünftig einerseits eine weitere Urbanisierung mit zunehmender Verdichtung der Bebauung und Versiegelung zu erwarten, wodurch die Flächenkonkurrenz zwischen unterschiedlichen Nutzungsansprüchen sich weiter verschärft (Pauleit et al. 2016). Andererseits gibt es durch Strukturwandel in wirtschaftsschwachen Regionen auch schrumpfende Städte, in denen ganze Stadtviertel und Industrieanlagen abgerissen werden, sodass neue Flächen entstehen, die für eine urbane Renaturierung zur Verfügung stehen (Dettmar 2005). Nicht behandelt werden hier Industrielandschaften und Bergbaufolgelandschaften, die Gegenstand von ▶ Kap. 23 sind.

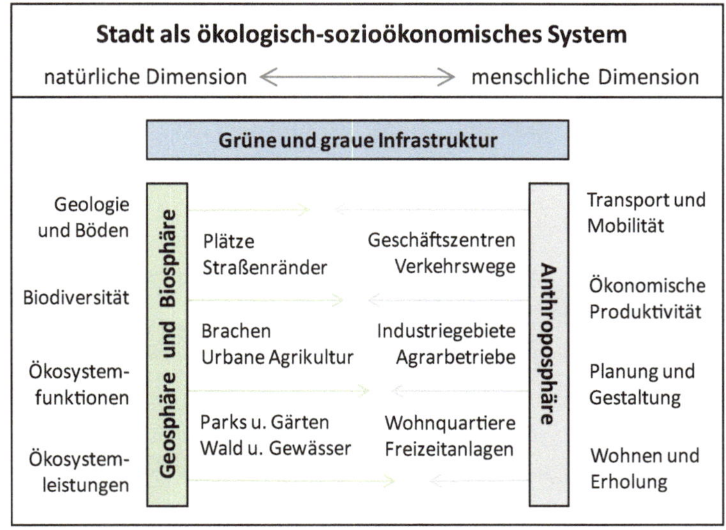

◘ **Abb. 22.1** Städtische Lebensräume sind sowohl Ökosysteme mit natürlichen und anthropogen veränderten Umweltfaktoren der Geo- und Biosphäre als auch sozioökonomische Systeme, die durch die sogenannte Anthroposphäre geprägt sind. Der relative Einfluss natürlicher und anthropogener Faktoren ist durch unterschiedliche Pfeillänge markiert. (nach Endlicher 2012, stark verändert)

22.1.2 Anthropogen geprägte Standortbedingungen

Urban-industrielle Ökosysteme sind hinsichtlich ihrer Standortbedingungen und Vegetation stark durch menschliche Tätigkeit geprägt. Natürlicherweise anstehende Böden sind in Städten oft versiegelt oder durch Befahren und Betreten verdichtet, sodass Niederschlagswasser überwiegend oberflächlich abfließt (Wittig 2002). Vielfach finden sich auf Stadtbrachen und ehemaligen Bahn- oder Industriegeländen auch anthropogene Böden, die je nach Ausgangsmaterial sehr heterogen sein können (Blume 1998). Zum Teil bestehen sie aus technogenen Substraten (Bauschutt, Asphaltreste, Aschen oder Schlacken), welche auch mit natürlichen Substraten durchmischt sein können (◘ Abb. 22.2). Durch Zementeinträge aus Bauschutt, Niederschläge von Staub und Asche sowie Düngung durch organischen Abfall (z. B. Hundekot) und Emissionen aus Verbrennungsprozessen sind Stadtböden oft basischer und auch reicher an Stickstoff und Phosphor als natürliche Böden des Umlands (Ellenberg und Leuschner 2010, S. 1119). Allerdings kann das Vorkommen von Schotter, Sand und Bauschutt in gut entwässerten, anthropogenen Auftragsböden mit geringem Humusgehalt auch zu besonders trockenen Standortbedingungen mit schlechter Nährstoffverfügbarkeit führen (Blume 1998). Stadtböden sind oft mit organischen und anorganischen Schadstoffen belastet (z. B. Streusalz, Schwermetalle, PAK), wodurch unter Umständen und je nach Folgenutzung aufwändige Altlastensanierungen erforderlich sind (Meuser 2013). Andererseits finden sich in Städten auch wertvolle natürliche Böden, die durch langjährige Garten- oder Parknutzung sehr tiefgründig und humos sein können und bei hoher Produktivität alle wesentlichen Bodenfunktionen voll erfüllen (Blume 1998).

Aufgrund der Bebauung, Versiegelung und erhöhten Abgasbelastung unterscheidet sich das Stadtklima von dem des Umlands (Haase und Sauerwein 2016). Die Temperaturen sind in mitteleuropäischen Städten gegenüber dem Umland deutlich erhöht, da Gebäude die Windgeschwindigkeit insgesamt reduzieren, weniger Kaltluft als im Umland entsteht, versiegelte Flächen und Gebäude Wärme speichern (◘ Abb. 22.3) und bei schlecht isolierten Bauwerken im Winter sogar abgeben. Dieser Effekt, der sich mit zunehmender Stadtgröße verstärkt, wird auch als „städtische Wärmeinsel" (*Urban heat island*) bezeichnet (Endlicher 2012). Innerhalb einer Stadt lassen

◘ **Abb. 22.2** Urban-industrielle Ökosysteme weisen oft extreme Standortbedingungen auf: **a** Ruderaler Trockenrasen mit *Sedum acre* auf sehr flachgründigem Boden aus Bauschutt mit Asphaltresten und Natternkopfflur auf etwas tiefgründigeren Böden im Hintergrund; **b** Wasserstau auf Flächen, die durch Gebäudereste versiegelt sind, dadurch hat sich *Typha latifolia* (Bildmitte, rechts) angesiedelt

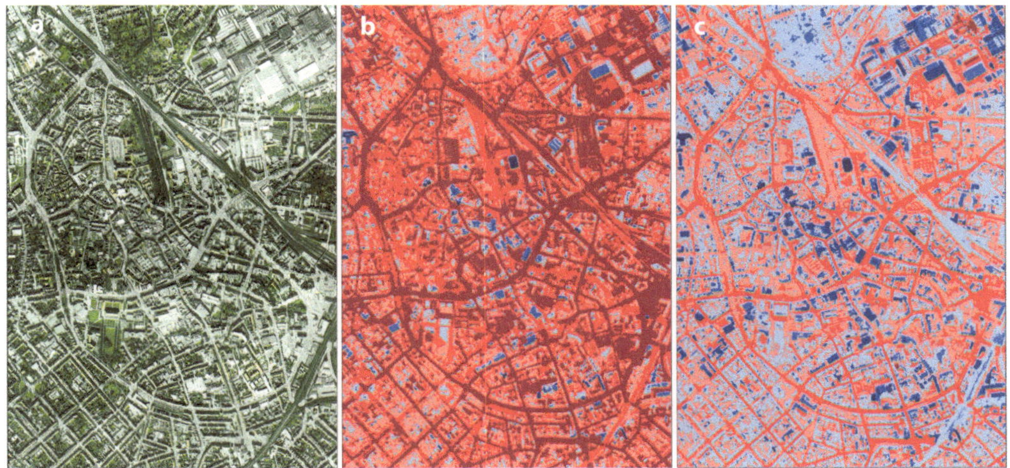

Abb. 22.3 Temperatureffekte des Stadtklimas: **a** Aufheizung und Wärmespeicherung von Gebäuden und versiegelten Flächen im Innenstadtbereich von Osnabrück, **b** Temperaturen am Abend des 5. August 1997 (dunkelblau $\leq$ 13 °C bis kräftig rot $\geq$ 20 °C), **c** am Morgen des folgenden Tages zeigen die blauen Farben dort, wo Grünflächen und Baumbestände vorkommen, eine deutliche Abkühlung. (nach Greiten und Wessels 2000)

sich Unterschiede zwischen wärmeren, dicht bebauten Zentren und kühleren, durch höhere Freiflächenanteile geprägten Randbereichen feststellen, die sich auch in der Vegetation widerspiegeln (Wittig 2002). Nicht nur die Temperaturen, sondern auch Niederschlagsprozesse sind in großen Städten gegenüber dem Umland verändert (Endlicher 2012). Besonders Starkregenereignisse, die im Zuge des Klimawandels zukünftig vermutlich häufiger auftreten werden, führen wegen des hohen Versiegelungsgrads der Böden zu Problemen.

Durch Abgase und Stäube aus Verkehr, Industrie und Hausbrand (Heizungen und Öfen) ist die Luftqualität in urban-industriellen Lebensräumen deutlich schlechter als in der ländlichen Umgebung. Die Belastung durch Schwefelverbindungen, vor allem Schwefeldioxid, ist in Deutschland seit den 1980er-Jahren zwar durch entsprechende Filteranlagen in Kraftwerken stark zurückgegangen (Endlicher 2012). Hohe Stickoxidkonzentrationen der Luft aus der Verbrennung fossiler Brennstoffe und Feinstaubbelastungen stellen aber weiterhin ein großes Problem dar und liegen derzeit unter anderem durch den hohen Anteil an Dieselfahrzeugen mit höherem NO_x-Ausstoß in vielen Städten über den durch die EU festgelegten Grenzwerten (Umweltbundesamt 2018).

22.1.3 Pflanzen- und Tierarten städtischer Lebensräume

In Städten werden viele Pflanzenarten durch Menschen in Gärten und Grünanlagen als Nahrungs-, Heil- oder Zierpflanzen gesät oder gepflanzt. Die spontan auftretenden Arten anthropogen gestörter Standorte werden auch als Ruderalpflanzen (lat. *rudus, rudera:* Schutt, Trümmer) bezeichnet (Wittig 2002). Die meisten der in Städten vorkommenden Pflanzenarten stammen ursprünglich aus natürlichen Lebensräumen. Einheimische Arten (Indigene), die ihr Habitatspektrum erweitert haben und anthropogene, durch Störungen und Nährstoffanreicherung geprägte Standorte in Siedlungen besiedeln, werden als Apophyten bezeichnet. Beispiele dafür sind Pflanzenarten der Flussauen *(Aegopodium podagraria, Urtica dioica)*, Spülsäume und Pionierfluren an Küsten und Binnengewässern *(Tripleurospermum inodorum, Plantago major,*

▫ Abb. 22.4h), Waldbinnensäume *(Chelidonium majus,* ▫ Abb. 22.4d), Felsspalten *(Asplenium ruta-muraria,* ▫ Abb. 22.4b), Trockenrasen *(Echium vulgare,* ▫ Abb. 22.4e), Steilküsten *(Tussilago farfara)* oder Windwurfflächen *(Cirsium arvense, Verbascum thapsus).*

Mit zunehmendem Waren- und Personenaustausch zwischen und innerhalb von Städten konnten auch gebietsfremde Arten in Städte einwandern (▫ Abb. 22.4j–l). Insbesondere wärmeliebende Arten werden in Städten durch trockene und gegenüber dem Umland wärmere Standortbedingungen begünstigt. In Mitteleuropa gehören viele in Städten vorkommende (ehemalige) Nahrungs- und Heilpflanzen zu den durch Menschen eingebrachten Archaeophyten (vor 1492 eingewanderte Alteinwanderer), z. B. *Artemisia absinthium* oder *Cichorium intybus.* Die meisten der heute in Deutschland verbreiteten, erst nach der Entdeckung Amerikas eingewanderten Neophyten wurden als Zier- und Gartenpflanzen eingeführt und sind verwildert (Kowarik 2010). Weitere Arten konnten sich in Städten nach ihrer Einbringung von Häfen, Bahngeländen und Müllplätzen aus besonders gut ausbreiten. Viele Neophyten sind inzwischen in Mitteleuropa eingebürgert, und einige gelten als problematische invasive Arten (s. ▶ Kap. 24).

Da Siedlungen evolutionsgeschichtlich gesehen noch sehr junge Standorte darstellen, haben sich bisher nur wenige Arten hier neu entwickelt. Es gibt allerdings Arten, für die kein natürlicher Standort bekannt ist und die als Anökophyten bezeichnet werden (z. B. *Hordeum murinum, Poa annua*). Bei der vor ca. 350 Jahren eingeführten Neophyten-Gattung *Oenothera* (▫ Abb. 22.4k) differenzierten sich ausgehend von amerikanischen Wildformen in Europa bereits mehrere neue Arten (Neoendemiten), die sich deutlich von ihren Vorfahren unterscheiden (Kowarik 2010).

Außer den oben genannten Artengruppen können auch weitere Arten natürlicher und kulturgeprägter Ökosysteme in Städten vorkommen, wenn entsprechende Habitate wie Gewässer, Wälder, Grünland oder Magerrasen vorhanden sind. Diese werden nicht zur Stadtflora im engeren Sinne gezählt (Wittig 2002), können aber im erheblichen Maß zur Biodiversität von Städten beitragen. Aufgrund des wärmeren Klimas (▫ Abb. 22.3) sind wärmeliebende Arten in Städten besonders häufig (ebd.).

Ebenso wie die urbane Flora ist auch die Stadtfauna sehr vielfältig (Reichholf 2007; Breuste 2016). Im Vergleich zu den durch die heutige Intensivlandwirtschaft an Arten und Strukturen stark verarmten Agrarlandschaften finden nicht nur Pflanzenarten, sondern auch zahlreiche Tierarten Ersatzlebensräume auf städtischen Brachflächen, in Parks und Gärten (Fuchs, Hase, Igel). Nicht nur bestimmte Fledermausarten (Breitflügelfledermaus, Zwergfledermaus), sondern auch einige der zahlreichen in Städten lebenden Vogelarten (Dohle, Mauersegler, Turmfalke) nutzen Gebäudestrukturen als Rast- und Fortpflanzungsstätten (Tobias 2011; Jung und Threlfall 2015).

22.1.4 Vegetationstypen urban-industrieller Lebensräume

In Abhängigkeit von der jeweiligen geologischen Ausgangssituation, Besiedlungs- und Nutzungsgeschichte kommen in urban-industriellen Räumen zahlreiche natur- und kulturgeprägte Vegetationstypen vor, z. B. Gebüsche und Vorwälder, intensiv genutztes Grünland (Parkrasen) und ruderalisierte Magerrasen (Ellenberg und Leuschner 2010, S. 1121 f.). Flächenmäßig besonders bedeutsam sind in Städten nitrophytische Therophytengesellschaften der Klasse Stellarietea mediae, ausdauernde Ruderalfluren der Klassen Artemisietea vulgaris (mäßig frische bis trockene Standorte) und Galio-Urticetea (frische bis feuchte Standorte, auch beschattet) sowie Trittpflanzengesellschaften der Klasse Plantaginetea majoris (Wittig 2002). Auf ehemaligen Bahn-, Kasernen- oder Flughafenstandorten und Industriebrachen finden sich auf trocken-mageren Böden aus Sand,

Abb. 22.4 Typische Pflanzenarten urbaner Lebensräume. Einheimische (indigene) Arten, die in Städten Ersatzlebensräume auf städtischen Brachflächen, an Mauern oder in Pflasterritzen besiedeln: **a** *Bryum fallax*, **b** *Asplenium-ruta-muraria*, **c** *Cymbalaria muralis*, **d** *Chelidonium majus*, **e** *Echium vulgare*, **f** *Reseda lutea*, **g** *Senecio jacobaea*, **h** *Plantago major*, **i** *Hypericum perforatum*. Gebietsfremde Arten (Neophyten) sind in Städtenbesonders häufig: **j** *Reynoutria japonica*, **k** *Oenothera fallax*, **l** *Robinia pseudacacia*

Schotter, Bauschutt und anderen grobporigen technogenen Substraten ausgedehnte Sandmagerrasen und Felsgrusfluren der Klasse Koelerio-Corynephoretea (◘ Abb. 22.2a), die oftmals seltene und gefährdete Pflanzen- und Tierarten enthalten (Hard 1991; Albrecht et al. 2009). Dort wo kalkhaltige Gesteine anstehen, wie beispielsweise in der Münchner Schotterebene, kommen auf solchen Standorten auch Kalkmagerrasen der Klasse Festuco-Brometea vor (Albrecht und Haider 2013). In Städten mit alten Bruchsteinmauern tragen auch Felsspalten- und Mauerfugengesellschaften der Klasse Asplenietea trichomanis zur Biodiversität bei (Brandes 1992). Moos- und Flechtengemeinschaften finden sich nicht nur auf Mauern und Grabsteinen, sondern auch auf gewöhnlichen Dächern. Konventionelle Gründächer sind zwar meist durch artenarme *Sedum*-Bestände geprägt, können aber auch Pflanzenarten der Sand- und Kalkmagerrasen sowie zahlreichen Insekten- und Spinnenarten einen Lebensraum bieten (Buttschardt 2001; Brenneisen 2009).

In städtischen Gärten und Grünanlagen sind Scherrasen häufig, die zum Verband Cynosurion der Klasse Molinio-Arrhenatheretea gehören, jedoch durch Vielschnittpflege und Düngung oftmals gräserdominiert und artenarm sind. Alte ausgehagerte Parkrasen, etwa in Landschaftsgärten, können allerdings auch artenreich und naturschutzfachlich wertvoll sein, vor allem dann wenn sie mit Magerrasen, Säumen und Gehölzbeständen verzahnt sind (Peschel 1998; Seitz et al. 2012).

Neben alten Waldbeständen mit heimischen Gehölzarten finden sich in Städten auf brachliegenden Sukzessionsflächen Gebüsche und Vorwälder mit Birken, Weiden und anderen Pioniergehölzen (Klassen Franguletea und Rhamno-Prunetea) sowie urbane Wälder mit neuartigen Artenkombinationen, in denen Neophyten, wie z. B. *Acer negundo*, *Ailanthus altissima* oder *Robinia pseudoacacia* (◘ Abb. 22.4l) dominieren (Wittig 2002; Burkhardt et al. 2008).

22.1.5 Ökosystemfunktionen und -dienstleistungen urbaner Freiflächen

Unbebaute und unversiegelte urbane Freiflächen (inklusive Gewässer) sichern in Städten vielfältige Ökosystemfunktionen (◘ Tab. 22.1), die oftmals auch wichtige Ökosystemdienstleistungen für den Menschen darstellen (Kowarik et al. 2016a). Essentiell für das Leben in der Stadt ist die Regulationsfunktion von Freiflächen für das Stadtklima und den Wasserhaushalt sowie biogeochemische Kreisläufe (Haase 2016). Unversiegelte Böden ermöglichen eine gute Wasserversickerung und Grundwasserneubildung; nicht oder nur wenig verbaute Gewässer und ihre Auen tragen zur Wasserretention nach Starkregenereignissen bei. In unversiegelten Böden werden wichtige Bodenfunktionen gewährleistet (z. B. Nährstoffmineralisation, Humusbildung), die nach Versiegelung, Kontamination oder bei Böden aus technogenen Substraten nur eingeschränkt zur Verfügung stehen.

Die Vegetation der Gärten, Grünanlagen, Brachflächen und Stadtwälder produziert nicht nur Sauerstoff, sondern filtert auch Feinstaub aus der Luft, dämpft Lärmbelastungen und trägt letztlich durch die Festlegung von Kohlenstoff in der Biomasse und im Boden auch zur Verbesserung der Kohlenstoffbilanzen von Städten bei (Whittinghill et al. 2014; Dorendorf et al. 2015; Haase 2016). Darüber hinaus hat die „grüne Infrastruktur“ der Städte einen deutlichen Kühleffekt (Bowler et al. 2010; Rahman et al. 2015), was vor allem in Zeiten des Klimawandels mit zunehmenden sommerlichen Hitzeperioden von großer Bedeutung für die menschliche Gesundheit ist (Kowarik et al. 2016a). Mit dem Fokus auf Gewässer und Wasserrückhalt in der Stadt wird in der Literatur auch von „blaugrüner Infrastruktur“ gesprochen. Das Prinzip der „Schwammstadt“ sieht dabei eine Zwischenspeicherung von Wasser für die

Tab. 22.1 Beispiele für urbane Ökosystemfunktionen verschiedener städtischer Freiflächentypen gegliedert nach Produktion-, Regulations-, Habitat- und Informationsfunktion. (nach Groot et al. 2002)

Ökosystemfunktionstyp	Funktionen	Relevante Stadtstrukturen
Regulationsfunktion	Klimaregulation, Wasserkreislauf, biogeochemische Kreisläufe	Unbebaute Freiflächen, unversiegelte Böden, nicht oder wenig verbaute Gewässer (Wasserretention und -versickerung, Kaltluftentstehung, Nährstoffrecycling); Vegetation der Gärten, Grünanlagen und Brachflächen, Stadtwald (Verdunstung, Luftfilterung, Lärmminderung, Kohlenstoff-Sequestrierung)
Produktionsfunktion	Produktion von Nahrungsmitteln und Rohstoffen	Gärten und Kleingärten (Obst- und Gemüseanbau, Imkerei, Hühnerhaltung), räumlich eingeschränkt auch land- und forstwirtschaftliche Flächen im Stadtgebiet
Habitatfunktion	Habitate für Pflanzen und Tiere, Schutz der biologischen Vielfalt	Brachflächen, Gärten und Grünanlagen, Stadtwald, landwirtschaftlich genutzte Freiflächen, Gewässer
Informationsfunktion	Wissenschaft, Bildung, ästhetische Werte, Erholung, Kultur, Kunst	Alle städtischen Freiflächentypen und Gewässer

Kühlung in heißen und trockenen Perioden vor (BBSR 2015a; Wang et al. 2018).

Die Produktion von Nahrungsmitteln und Rohstoffen findet in mitteleuropäischen Städten in den heute vielerorts zwar noch vorhandenen, aber unter beengten Bedingungen wirtschaftenden Gärtnereien sowie land- und forstwirtschaftlichen Betrieben statt. Dabei spielen kurze Wege eine wichtige Rolle für die Direktvermarktung. Für den Eigenbedarf werden Obst und Gemüse zudem in Kleingärten, Privat- und Gemeinschaftsgärten produziert (Dietrich 2014) bis hin zum Konzept der „essbaren Stadt" in Andernach (Kosack 2017). Die in vielen Städten mittlerweile etablierten Projekte eines „urbanen Gärtnerns" (*urban gardening*) tragen nicht nur zur Produktion frischer Nahrungsmittel und zur Erhaltung alter Kulturpflanzensorten bei, sondern haben durch die Stärkung der Gemeinschaft auch eine wichtige soziale Funktion (Müller 2011; Stillger et al. 2016). Moderne Ansätze der urbanen Agrikultur beziehen neben Gewächshäusern und Gebäuden *(indoor farming)* auch Dächer und Vertikalstrukturen in die städtische Nahrungsmittelproduktion mit ein (Specht et al. 2014; Thomeier et al. 2015).

Urban-industrielle Ökosysteme bieten Habitate für zahlreiche Pflanzen- und Tierarten (s. ▶ Abschn. 22.1.3). Darunter sind nicht nur Generalisten mit breiter Standortamplitude, sondern auch spezialisierte Arten, die an extreme Standortbedingungen (z. B. Trockenheit, Nährstoffmangel, häufige Bodenstörungen) angepasst sind (◘ Abb. 22.2a). Da die Artenvielfalt in intensiv genutzten Agrarlandschaften stark zurückgegangen ist und naturnahe Flächen, z. B. Sandmagerrasen, Felsfluren und mageres Grünland, im ländlichen Raum durch Eutrophierung, Nutzungsänderungen und Verinselung bedroht sind, stellen nährstoffarme städtische Brachflächen (z. B. ehemalige Bahn- und Industriegelände) und extensiv gepflegte Grünflächen wertvolle Ersatzhabitate für seltene und gefährdete Arten dar (Bonthoux et al. 2014). Auch Parks und Friedhöfe mit altem Baumbestand und relativ mageren Rasenflächen sowie innerstädtische Wälder und Auen haben eine hohe Bedeutung für die Biodiversität (Kowarik et al. 2016a). So ist etwa der Nymphenburger Schlosspark in München aufgrund seiner Bedeutung für FFH-Arten und Lebensraumtypen als Teil eines FFH-Gebiets geschützt (Seitz et al. 2012).

Nicht zuletzt ermöglichen naturnahe urbane Grünflächen das Erleben von Natur und „Stadtlandschaften" und dienen damit der Erholung und Inspiration (Rupprecht et al. 2015). Sie werden von Kindern zum Spielen genutzt (◘ Abb. 9.7a) und durch Kindergärten, Schulen und Einrichtungen der Erwachsenenbildung für Umweltbildung (Prominski et al. 2014). Sport und Bewegung in Grünflächen mit frischer Luft verbessern einerseits die physische Gesundheit von Menschen in Städten. Immer mehr Studien zeigen andererseits, dass sich Stadtnatur positiv auch auf die psychische Gesundheit auswirkt und z. B. zur Verbesserung der Konzentration und Leistungsfähigkeit, einem verbesserten Wohlbefinden und sogar zu einer Reduktion von Kriminalität führt. Eine umfassende Literaturauswertung liefern Kowarik et al. (2016a). Zudem tragen urbane Grünflächen zur ästhetischen Gestaltung der Stadt bei und können dadurch die Identifikation der Bürger und Bürgerinnen mit ihrem Umfeld sowie das Image einer Stadt verbessern (Breuste 2004).

22.2 Gefährdung und Degradation urban-industrieller Lebensräume

Obwohl viele der in urban-industriellen Biotopen vorkommenden Arten sich an anthropogene Störungen und Belastungen angepasst haben, sind Altlasten, Streusalz, Hundekot, Lärm, Luft- und Lichtverschmutzung in vielen Städten nicht nur ein Problem für die Menschen, sondern auch für Pflanzen und Tiere (Endlicher 2012). Durch Bevölkerungswachstum und Zuzug aus ländlichen Räumen kommt es derzeit weltweit zur Expansion von Städten in ehemals ländliche Räume hinein, wodurch Ökosysteme der Natur- und Kulturlandschaften zerstört oder beeinträchtigt werden (Pauleit et al. 2016). In wachsenden Städten mit zunehmendem Flächenbedarf für Wohnraum und Gewerbegebiete sind heute alle Freiflächentypen durch weitere Bebauung und Versiegelung bedroht (◘ Abb. 22.5a), und ihr Anteil hat in vielen mitteleuropäischen Städten in den vergangenen Jahren vielerorts stark abgenommen (BBSR 2015b). So findet derzeit aufgrund gesetzlicher Vorgaben in Deutschland bei der Stadtplanung prioritär eine „Innenverdichtung" statt, um

◘ **Abb. 22.5** Negative Eingriffe in urbane Ökosysteme: **a** Zerstörung kleinräumiger Bestände von Sandrasen auf einem ehemaligen Kasernengelände im Zuge der Erschließung eines neuen Baugebiets nach Gebäudeabriss in Osnabrück; **b** durch Mutterbodenauftrag, Ansaat von Regelsaatgutmischungen mit wüchsigen Grassorten und häufige Mulchmahd entstehen monotone artenarme Rasen

das Wachstum der Städte nach außen in den ländlichen Raum zu begrenzen (BauGB 2013). Zunehmende Innenverdichtung bedeutet aber einen Verlust unbebauter Freiflächen, deren Ökosystemfunktionen bezüglich der Regulation des Stadtklimas, des Wasserkreislaufs, der Bodenfunktionen und der Biodiversität urbaner Räume verlorengehen oder stark beeinträchtigt werden (▣ Tab. 22.1). Im Hinblick auf die Anpassung an zunehmende Hitzeperioden und Starkregenereignisse im Zuge des Klimawandels ist dies besonders problematisch, da für die Verbesserung der Kaltluftentstehung und -zufuhr sowie der Wasserretention eher mehr als weniger Grünflächen in Städten benötigt werden (Kowarik et al. 2016a; BMUB 2017).

Bestehende städtische Grünflächen sind in der Regel durch Ansaaten von artenarmen Saatmischungen mit konkurrenzkräftigen Zuchtsorten von Gräsern und Leguminosen entstanden und werden üblicherweise durch Vielschnittpflege (oft ohne Abtransport des Schnittgutes) gepflegt. Solche Rasenflächen sind artenarm und von nur geringer Bedeutung für die Biodiversität (▣ Abb. 22.5b; Birgelen 2014). Nährstoffarme Rohböden oder bauschuttreiche Substrate, die bei Baumaßnahmen anfallen, sind wertvolle Ersatzlebensräume für wärmeliebende Arten nährstoffarmer Biotope (Kausch und Felinks 2012). Leider wird in der Praxis oftmals nährstoffreicher Mutterboden auf diese Substrate aufgetragen, was nicht nur nährstoffliebende Grasarten und eine Vereinheitlichung der Vegetation fördert, sondern auch zu einem höheren Pflegeaufwand führt (Kiehl 2018). Das besondere standörtliche Potential urban-industrieller Lebensräume zur Förderung regionaltypischer Biodiversität bei reduzierten Pflegekosten wird vielfach noch nicht genutzt (Kowarik et al. 2016b).

Neophyten sind typisch für urban-industrielle Lebensräume und die meisten dieser Arten verursachen keine Probleme (Kowarik 2010). Als problematisch erweisen sich jedoch einige Pflanzenarten (z. B. *Solidago canadensis*, *Fallopia japonica*, ▣ Abb. 22.4j), die durch ihren hohen Wuchs und Ausbreitung wie Vermehrung durch Rhizome besonders konkurrenzkräftig sind, und daher auf Brachflächen schützenswerte heimische Arten und Vegetationstypen verdrängen. Andere invasive Neophyten sind für Menschen schädlich, wie *Ambrosia artemisiifolia* mit stark allergenem Pollen oder *Heracleum mantegazzianum* mit phototoxischem Pflanzensaft. Nicht nur Neophyten sind in Städten vergleichsweise häufig, sondern auch Neozoen, wie Alexandersittich, Bisamratte, Kanadagans, Nutria, Türkentaube und Waschbär. Diese Arten können einheimische Tiere verdrängen und zum Teil auch wirtschaftliche Schäden anrichten (Kowarik 2010).

22.3 Renaturierung urban-industrieller Lebensräume

22.3.1 Ziele der Renaturierung

Aufgrund der Besonderheiten und der großen Heterogenität urban-industrieller Lebensräume können für diese Ökosysteme keine allgemeingültigen Renaturierungsziele formuliert werden, sondern sie müssen an den jeweiligen stadtplanerischen, naturschutzfachlichen und gesellschaftlichen Kontext angepasst werden. Bereits konventionelle Gebäude- und Dachbegrünungen übernehmen bestimmte Regulations- und Habitatfunktionen (Oberndorfer 2007; Francis und Lorimer 2011; Bolton et al. 2014), stellen aber keine Ökosystemrenaturierung dar, weil ein Gebäude kein sich selbst regulierendes Ökosystem im engeren Sinne ist (vgl. ► Kap. 2). Der Rückbau von Gebäuden oder die Entsiegelung asphaltierter oder gepflasterter Flächen kann dagegen bereits als Renaturierung bezeichnet werden, wenn dadurch bestimmte Bodenfunktionen der Versickerung und Durchwurzelbarkeit sowie Habitatfunktionen für Pionierpflanzen und -tiere wiederhergestellt werden. In Abhängigkeit von der Bodenentwicklung und dem Management können sich im Zuge der Sukzession auf solchen Flächen auch anspruchsvollere Arten ansiedeln (Wittig 2002; Rebele und Bornkamm 2008).

Für Biotoptypen mitteleuropäischer Natur- und Kulturlandschaften, die nach dem Bundesnaturschutzgesetz oder der FFH-Richtlinie geschützt sind, z. B. bestimmte Wälder, Gewässer, Feuchtgebiete, Heiden und Magerrasen, gelten in urban-industriellen Räumen im Prinzip die gleichen Ziele wie im ländlichen Umland. Für diese Biotoptypen können Referenzzustände definiert werden, die bei der Renaturierung anzustreben sind (s. ▶ Kap. 2). Für die in Städten häufig vorkommenden sogenannten neuartigen Ökosysteme auf irreversibel veränderten Standorten oder mit neuartigen Artenkombinationen durch hohe Neophytenanteile ist die Zieldefinition dagegen deutlich schwieriger (vgl. ▶ Kap. 25). Grundsätzlich werden in urban-industriellen Lebensräumen unterschiedliche Ansätze der Renaturierung degradierter und zerstörter Ökosysteme verfolgt, die sowohl dem Klima-, Natur- und Ressourcenschutz als auch der Verbesserung der Lebensqualität in Städten (Gesundheitsvorsorge und Erholung) dienen (vgl. Rebele 2009):

- Sanierung durch Entfernung von Altlasten, Müll, Bauschutt etc.;
- Rekultivierung durch Baumpflanzungen an Straßen, Anlage von Gärten, Grünanlagen oder Energieholzpflanzungen auf vorher unbewachsenen Flächen mit Maßnahmen zur Bodenverbesserung sowie Pflanzung von Kultur- und Zierpflanzen;
- Revitalisierung von Gewässern durch Öffnen ehemals überbauter Bereiche oder Einbringen von Kiesbänken und Totholz in ansonsten baulich stark veränderte und eingeengte urbane Fließgewässer;
- passive Renaturierung durch Zulassen freier Sukzession auf Brachflächen und in Wäldern bis hin zur Entwicklung urban-industrieller Wildnis;
- aktive Renaturierung bestimmter Ökosystemtypen zur Erhaltung und Förderung seltener und gefährdeter Arten sowie naturschutzfachlich wertvoller Biotope und FFH-Lebensraumtypen, z. B. Gewässer, artenreiche Magerrasen und Blumenwiesen mit regionaltypischen Arten.

Nur die beiden zuletzt genannten Ansätze gelten als ökologische Renaturierung im engeren Sinne (▶ Kap. 2), für die in den folgenden Unterkapiteln naturschutzfachlich und umweltplanerisch sinnvolle Ziele formuliert werden. Dabei ist zu beachten, dass in der Regel nicht alle Ziele auf derselben Fläche erreicht werden können. Auf großen ehemaligen Industrie- und Bahnanlagen können aber durchaus für benachbarte Teilflächen eines Gebiets gleichzeitig unterschiedliche Ziele, z. B. Förderung von Pionierfluren und Magerrasen sowie Waldentwicklung, definiert werden. Beispiele dafür finden sich im Landschaftspark Duisburg-Nord (Latz 2016; ◘ Abb. 22.6b) oder auf dem Schöneberger Südgelände in Berlin (Kowarik und Langer 2010). Grundsätzlich ist eine erfolgreiche Renaturierung nur möglich, wenn die Flächen groß genug für die Gewährleistung der angestrebten Regulations- und Habitatfunktionen und die Erhaltung langfristig überlebensfähiger Populationen von Zielarten sind. Durch Sicherung von Biotopverbundstrukturen ist zudem ein Austausch mit anderen Biotopen im urbanen Raum und in der angrenzenden freien Landschaft anzustreben (Pfadenhauer 2001; Marzluff und Ewing 2008).

Wenn Renaturierungsmaßnahmen zur Kompensation von Eingriffen, z. B. nach Bau- oder Infrastrukturmaßnahmen, durchgeführt werden, sollte aus naturschutzfachlicher Sicht nach Möglichkeit ein angemessener funktioneller Ausgleich in der Nachbarschaft erfolgen und nicht nur ein Ausgleich nach einem Schema sogenannter Ökopunkte (Bruns 2007). Auch Firmengelände und Gründächer können durch die Ansiedlung gebietseigener Wildpflanzen naturnah gestaltet und gepflegt werden und damit zur Renaturierung urbaner Räume beitragen (Ebel et al. 1997; Heinz Sielmann Stiftung 2016; ▶ Exkurs 22.1). Im Angesicht des aktuellen Klima- und Landnutzungswandels haben zudem Aspekte der

Vorsorge im Hinblick auf Naturgefahren sowie der Resilienz und der Klimaanpassung städtischer Ökosysteme zunehmend Bedeutung für Renaturierungsvorhaben in Städten gewonnen (Breuste et al. 2016). So fördert etwa die Entsiegelung von Flächen die bei Starkregen besonders relevante Regenwasserversickerung und die Grundwasserneubildung. Wegen ihres positiven Einflusses auf das Stadtklima durch Verdunstungskühlung und Wasserretention bei Starkregen werden Dachbegrünungen in einigen Städten inzwischen durch Förderprogramme unterstützt (DDV 2011). Straßenbäume und Fassadenbegrünungen tragen außer zur Kühlung auch noch zur Bindung von Feinstaub und anderen Schadstoffen bei (Kowarik et al. 2016a).

22.3.2 Erhaltung nährstoffarmer Standorte für Pionierfluren und Magerrasen

In Deutschland sind Pflanzen- und Tierarten offener nährstoffarmer Lebensräume der Kulturlandschaften (Magerrasen, Heiden, Felsfluren) durch Lebensraumzerstörung, Eutrophierung, Nutzungsintensivierung und Aufgabe traditioneller Nutzungen besonders gefährdet (Korneck et al. 1998; Settele et al. 2015; Westrich 2015). Da geeignete Habitate in Agrarlandschaften kaum noch existieren und Reliktflächen häufig isoliert und degradiert sind, können Stadt- und Industriebrachen sowie ehemalige Tagebauflächen (► Kap. 23) wertvolle Sekundärlebensräume für solche Arten bieten (Fischer et al. 2013a; Bonthoux et al. 2014). Daher ist es ein wichtiges Ziel der ökologischen Renaturierung urban-industrieller Lebensräume, nährstoffarme Rohböden und Auftragsböden aus nährstoffarmen Substraten zu erhalten und eine Nährstoffanreicherung durch Aufbringen von Kompost oder Mutterboden zu vermeiden. Damit wird auch das Einbringen unerwünschter Ruderalarten (z. B. *Rumex obtusifolius*, *Urtica dioica*) durch Samen oder vegetative Pflanzenteile verhindert.

Wenn auf der Renaturierungsfläche selbst oder in der unmittelbaren Umgebung noch artenreiche Sand- oder Kalk-Pionierfluren und -magerrasen vorhanden sind, können lebensraumtypische Zielarten trockene und nährstoffarme Böden auf ehemaligen Bahnarealen oder anderen Stadt- und Industriebrachen durch natürliche Ausbreitung besiedeln (Rebele und Dettmar 1996; Albrecht et al. 2009). Auf dem Schöneberger Südgelände in Berlin stehen artenreiche Sandmagerrasen inzwischen sogar unter Naturschutz und werden durch regelmäßige Mahd und Beweidung offengehalten (Kowarik und Langer 2010). Albrecht und Haider (2013) stellten allerdings fest, dass die Artenvielfalt urbaner Kalkmagerrasen ohne aktive Wiederansiedlungsmaßnahmen geringer ist als die von Referenzflächen in Naturschutzgebieten außerhalb der Stadt.

Wenn Sand- oder Kalkmagerasen urban-industrieller Standorte zur Erhaltung ihrer Artenvielfalt längerfristig als Offenlandlebensräume erhalten werden sollen, ist eine regelmäßige Pflege durch Mahd mit Abtransport des Mähguts oder auch Beweidung (bei Flächen ohne Schadstoffbelastung) notwendig (vgl. ► Kap. 18 und 19). Gelegentliche Bodenstörungen, z. B. bei Nutzung städtischer Brachflächen als temporärer Lagerplatz oder Ausweichparkplatz für Großveranstaltungen haben in der Regel einen positiven Einfluss auf die Artenvielfalt, da die Dominanz einzelner Arten verhindert wird und seltene annuelle Pionierarten Lücken für ihre Reproduktion und das Auffüllen der Samenbank nutzen können (Hard 1991). Nach Schadek et al. (2009) wirken sich räumlich variable Bodenstörungen im Abstand von etwa fünf Jahren besonders positiv auf die Artenvielfalt der Vegetation urban-industrieller Brachflächen aus, weil dadurch Mosaike unterschiedlicher Sukzessionsstaden mit den jeweils dafür typischen Pflanzen- und Tierarten entstehen (◘ Abb. 22.2a).

Abb. 22.6 Unterschiedliche Ziele und Verfahren bei der Renaturierung urban-industrieller Lebensräume: **a** Durch Sukzession entstandenes Mosaik aus Sandrasen, Hochstaudenfluren und Pioniergehölzen nach Gebäuderückbau in Osnabrück; **b** Durch den Landschaftsarchitekten Peter Latz gestaltete Kombination von Industriekultur und -natur im Landschaftspark Duisburg-Nord (Latz 2016) mit Blick vom Hochofen auf ehemalige Erzbunker, gepflegte Offenlandbereiche und Gehölzsukzessionsflächen. (Foto a: R. Schröder)

22.3.3 Entwicklung urban-industrieller Wildnis

Obwohl Städte und Industriestandorte bei intensiver Bebauung und Nutzung naturfern sind, gibt es vielerorts Beispiele dafür, dass es möglich ist, auf Brachen und Rückbauflächen durch natürliche Sukzession (passive Renaturierung) die Entwicklung „neuer Wildnis" zu initiieren (Kowarik und Körner 2005). Damit sind in der Regel Ökosysteme gemeint, die im Sinne des Prozessschutzes selbstreguliert und weitgehend ohne Pflege oder Management einer dynamischen Entwicklung überlassen sind und sich – je nach Wasser- und Nährstoffverfügbarkeit – mehr oder weniger schnell zunächst zu Gebüschen und dann zu Pionierwäldern entwickeln. Aufgrund ihrer durch frühere Nutzung oder Bebauung gestörten oder technogenen Böden sowie hoher Anteile an Neophyten unterscheiden sich solche neuen Wildnisflächen hinsichtlich ihrer Struktur und Artenzusammensetzung grundsätzlich von alten naturraumtypischen Wäldern, die in Städten nur selten reliktartig vorkommen (Kowarik und Körner 2005). Stadtbewohner bewerten urbane „Wildnisinseln" oftmals positiv, wenn es um die Möglichkeit geht, Natur zu erleben und für Erholungszwecke und Umweltbildung zu nutzen (Zucchi und Stegmann 2009; Rink und Emmrich 2010). Kinder können hier ungestört spielen, ohne vorgefertigte Spielgeräte kreativ werden und Abenteuer erleben. Andererseits werden ältere Sukzessionsstadien aufgelassener Stadt- und Industriebrachen von manchen Anwohnern auch als ungepflegt oder sogar als bedrohlich empfunden (Bauer 2005; Mathey et al. 2016), was die Notwendigkeit differenzierter Gestaltungs- und Kommunikationsstrategien verdeutlicht. Die folgenden Beispiele zeigen, dass das Einbeziehen der besonderen Qualitäten postindustrieller Landschaften in die Entwicklungsplanung zu interessanten Ergebnissen führen kann.

Durch die Schließung von Zechen und Schwerindustriestandorten mit ihrer Infrastruktur kam es im Ruhrgebiet seit den 1980er-Jahren zu einem umfassenden Strukturwandel, durch den ca. 10.000 ha Brachflächen entstanden (Weiss et al. 2005; Hohn et al. 2007). Im Zuge der Planung des Emscher-Landschaftsparks wurden viele aufgelassene Industriestandorte nach teilweiser Demontage von Bauwerken bewusst der ungelenkten Sukzession zum Wald überlassen (Latz 2016). Dies geschah einerseits aus Kostengründen, andererseits aber auch zur Wahrung der Kulturgeschichte (etwa durch den Nichtabriss markanter Bauwerke) und wegen der besonderen Ästhetik der „Industrienatur", die zum Teil noch durch Kunstwerke verstärkt wurde (Dettmar 2005). Das Projekt „Industriewald Ruhrgebiet" strebte dabei an, den Waldanteil im vorher waldarmen Ruhrgebiet deutlich zu erhöhen, Rückeroberungs- und Regenerationsprozesse der Natur auf postindustriellen Standorten weitgehend zu ermöglichen, die eigenständige ästhetische Qualität der Flächen zu erhalten und sie teilweise auch durch wenige pflegende und erschließende Eingriffe für die Bevölkerung zugänglich zu machen (Keil und Otto 2007). Ein Teil der Flächen wird auch als Forst zur Holzproduktion genutzt. Nicht nur für den Naturschutz sind die der freien Sukzession unterliegenden Industriewaldflächen von Bedeutung, die zunächst von *Betula pendula* dominiert werden und in die langlebige Baumarten wie *Quercus robur* oder Ahornarten später einwandern. Im Sinne der „Umweltgerechtigkeit" haben sie in schrumpfenden Städten zudem eine wichtige soziale und integrative Funktion für die ökonomisch benachteiligte Bevölkerung angrenzender Stadtteile, in denen es oftmals Freiflächendefizite gibt (Hohn et al. 2007).

Neben naturschutzfachlich wertvollen Offenlandbiotopen, die durch Pflege erhalten werden, kommen auf dem Schöneberger Südgelände in Berlin auch durch Sukzession entstandene urbane Wälder vor, in denen der Neophyt *Robinia pseudoacacia* und die heimische *Betula pendula* dominieren (Kowarik und Langer 2010). In diesem Gebiet zeigt sich ebenso wie in vielen anderen, dass die höchsten Artenzahlen der Vegetation und Wirbellosenfauna und der höchste Anteil seltener und gefährdeter Arten in frühen und mittleren Sukzessionsstadien urban-industrieller Brachflächen zu finden sind (s. Schadek et al. 2009; Albrecht 2009; Keil 2016). Insgesamt gesehen ist auf Stadt- und Industriebrachen ein Wechsel von Wald und Offenland nicht nur aus naturschutzfachlicher Sicht positiv zu bewerten, sondern wird auch von Erholungssuchenden als besonders attraktiv empfunden (◘ Abb. 22.6b). Dies wird zunehmend auch bei der Gestaltung von Freiflächen berücksichtigt (Prominski et al. 2014, Latz 2016).

22.3.4 Wiederansiedlung naturraumtypischer Offenlandvegetation

Durch die Anwendung grasdominierter Regelsaatgutmischungen und die immer noch gängige Vielschnittpflege von Rasenflächen sind städtische Grünanlagen meistens arten- und strukturarm und unterscheiden sich auch überregional nur wenig. Die Wiederherstellung naturraumtypischer Offenlandökosysteme fördert nicht nur Reliktpopulationen seltener und gefährdeter Arten, die in urbanen Räumen kleinflächig noch existieren, sondern kann bei entsprechender Öffentlichkeitsarbeit und Information auch die Identifikation der Bevölkerung mit den naturraumtypischen Besonderheiten ihrer Stadt und Region stärken.

Durch Extensivierung der Pflege allein ist es in der Regel nicht möglich, artenarme, gräserdominierte Rasen und Wegraine in arten- und blütenreiche Bestände zu überführen, weil Zielarten und geeignete Ausbreitungsvektoren in der angrenzenden Stadtlandschaft selten sind oder fehlen (Kirmer et al. 2012). In alten ausgemagerten Parkrasen, in denen Arten des artenreichen Grünlands oder der Magerrasen bereits vorhanden sind, kann bei einer Umstellung auf ein- bis zweischürige Mahd mit der Entwicklung gewisser Blühaspekte und einer Zunahme der Artenzahlen von Wildbienen, Tagfaltern, Heuschrecken und anderen Wirbellosen gerechnet werden (Wastian et al. 2016). Bei starker Dominanz von Gräsern oder anderen konkurrenzkräftigen Arten ist jedoch eine komplette Zerstörung der Grasnarbe notwendig, um die Etablierung krautiger Zielarten zu ermöglichen. Wichtig ist auch die Herstellung eines feinkrümeligen Saatbetts für eine anschließende Mähgutübertragung oder eine Ansaat mit standortangepasstem, gebietseigenen Saatgut (vgl. ▶ Kap. 5, 19 und 20). Für die Neuanlage von artenreichem Grünland und Magerrasen in urbanen Räumen eignen sich wegen geringer Nährstoffbelastung insbesondere Flächen, auf denen infolge von Baumaßnahmen Rohböden anstehen oder auch Rückbauflächen mit bauschutthaltigen Böden. Für funktionsbezogene Kompensationsmaßnahmen ist dabei der naturraumtypische Charakter der anzustrebenden Zielvegetation von besonderer Bedeutung (◘ Abb. 22.7).

Sowohl bei der Gestaltung öffentlicher Grünflächen, als auch bei Ausgleichs- und Ersatzmaßnahmen werden in München und in anderen Kommunen der Münchner Schotterebene heute vielerorts arten- und blütenreiche Kalkmagerrasen durch das Einbringen von Mähgut aus Naturschutzgebieten oder gebietseigenes Wildpflanzensaatgut auf den anstehenden nährstoffarmen Kalkschotter-Böden angesiedelt. So wurden z. B. im Rahmen der BUGA 2005 auf dem ehemaligen Flughafengelände München-Riem und auf dem Friedhof München-Riem Kalkmagerrasen neu etabliert (Joas et al. 2010). Auch bei Kompensationsmaßnahmen für den Bau der Allianz-Arena in München wurden naturraumtypische Wildpflanzen der Kalkmagerrasen verwendet (◘ Abb. 22.7a).

Ein anderes Beispiel ist das Projekt „Sandachse Franken", bei dem naturraumtypische Sandrasenarten für die Begrünung öffentlicher Grünflächen in Nürnberg oder Bamberg verwendet wurden (SandAchse Franken 2004). Unter dem Titel „Dünen, Heiden, Trockenrasen" haben Kausch und Felinks (2012) im Rahmen der IBA 2010 erfolgreich städtische Rückbauflächen in Dessau-Roßlau mit unterschiedlichen Substraten (unter anderem Sand, Kies, Recyclingmaterialien) mit standortangepassten gebietseigenen Wildpflanzen begrünt. Hier wurden zunächst die Eigenschaften der Substrate genau untersucht, um dann Arten für eine jeweils passende Zielvegetation auszuwählen (Hochschule Anhalt 2011).

Versuche zur temporären Begrünung eines ehemaligen Kasernenstandorts in Osnabrück nach Gebäudeabriss zeigten, dass die Etablierungsrate der angesäten gebietseigenen Wildpflanzen stark von den kleinflächig variierenden lokalen Standortbedingungen abhängt (Schröder et al. 2018). In Bereichen mit etwas höheren pH-Werten und Humusgehalten entwickelten sich auf den Ansaatflächen attraktive Blühaspekte (◘ Abb. 22.7b),

◘ **Abb. 22.7** Renaturierung urbaner Lebensräume: **a** Ansaat regionaltypischer Kalkmagerrasenarten über dem Parkdeck der Allianz-Arena (München) als Kompensationsmaßnahme, **b** durch Ansaat etablierte arten- und blütenreiche Wildpflanzenvegetation als temporäre Begrünung nach Gebäudeabriss auf einem ehemaligen Kasernengelände in Osnabrück im dritten Jahr

die eine ästhetische Aufwertung der Brachfläche bewirkten. Durch die eingebrachten Kräuter wurde an nährstoffreicheren Standorten vor allem die Vorherrschaft konkurrenzkräftiger Gräser reduziert, die auf Brachflächen sonst monotone Bestände ausbilden. Auf humus- und nährstoffarmen Sanden mit niedrigen pH-Werten wurden anstelle der Ansaatarten dagegen vor allem „Spontanetablierer" gefunden, darunter auch mehrere Rote-Liste-Arten naturraumtypischer Sandmagerrasen und Pionierfluren. Hier zeigt sich, dass bei der Begrünung von Stadt- und Industriebrachen unter Umständen ein Zielkonflikt zwischen der ästhetischen Aufwertung durch Ansaat attraktiver großblühender Arten der Mähwiesen oder Kalkmagerrasen und der Förderung naturschutzfachlich wertvoller, aber vergleichsweise unscheinbarer Pflanzengemeinschaften der Sandmagerrasen sowie der Sand- und Felsgrus-Pionierfluren entstehen kann.

Exkurs 22.1

Entwicklung naturschutzfachlich hochwertiger Dachbegrünungen mit gebietseigenen Pflanzenarten der Sandtrockenrasen

Dachbegrünungen können als Elemente der „grünen Infrastruktur" positive Auswirkungen auf das Stadtklima haben (▶ Abschn. 22.3.1). Konventionelle extensive Gründächer sind jedoch meistens artenarm und weisen oft gebietsfremde und züchterisch veränderte, teils invasive Pflanzenarten (*Phedimus* spp.) auf. An der Hochschule Osnabrück werden seit 2015 neue Verfahren für Dachbegrünungen mit naturraumtypischen Wildpflanzenarten der Sandmagerrasen entwickelt, um den naturschutzfachlichen Wert von Gründächern für die Erhaltung und Förderung naturraumtypischer Biodiversität zu steigern (Schröder und Kiehl 2016). Auf kleinen Miniaturdächern mit speziellem Vegetationssubstrat wurde im März 2015 eine neu entwickelte Wildpflanzen-Saatmischung aus 25 Trockenrasenarten gebietseigener Herkunft in unterschiedlichen Ansaatstärken (1 g m^{-2} und 2 g m^{-2}) gesät. Zusätzlich zur Ansaat von 1 g m^{-2} wurde in einer dritten Versuchsvariante Rechgut aus einem historisch gewachsenen Sandmagerrasen eingebracht (◘ Abb. 22.8).

◘ **Abb. 22.8** Rechgut enthält nicht nur Samen von Gefäßpflanzen, sondern auch vegetative Pflanzenteile – hier *Sedum acre* sowie verschiedene Moos- und Strauchflechtenarten: **a** Rechgutvariante nach zwei Monaten, **b** nach sechs Monaten (September 2015); die angesäte Art *Silene vulgaris* kam bereits in der ersten Vegetationsperiode zur Blüte

Im ersten Jahr wurden die extrem nährstoffarmen Flächen leicht gedüngt und gelegentlich bewässert, um eine Etablierung der Ansaatarten sicherzustellen. Bis zum Frühsommer 2016 etablierten sich 88 % der angesäten Arten und die Krautschichtdeckung erreichte 60–70 %. Der Einfluss der Saatdichte war nicht signifikant. Durch Rechgutübertragung konnten weitere elf Pflanzenarten der Trockenrasen eingebracht werden, von denen acht auch im zweiten und dritten Jahr vorkamen. Mehrwöchige starke Trockenheit im Spätsommer 2016 in Kombination mit Einstellung der Bewässerung nach Abschluss der Instandsetzungspflege hatte in den Ansaatvarianten eine Reduktion der Krautschichtdeckung auf unter 10 % im Jahr 2017 zur Folge (◘ Abb. 22.9). Die Artenzahlen blieben von 2016 bis 2017 jedoch unverändert, sodass im Folgejahr mit einer Wiederausbreitung der Ansaatarten, von denen viele auch zur Samenreife kamen, zu rechnen ist. In der Rechgutvariante war der Rückgang der Krautschicht weniger ausgeprägt, was auf eine ausgleichende Wirkung der mit dem Rechgut eingebrachten Moose und Flechten schließen lässt.

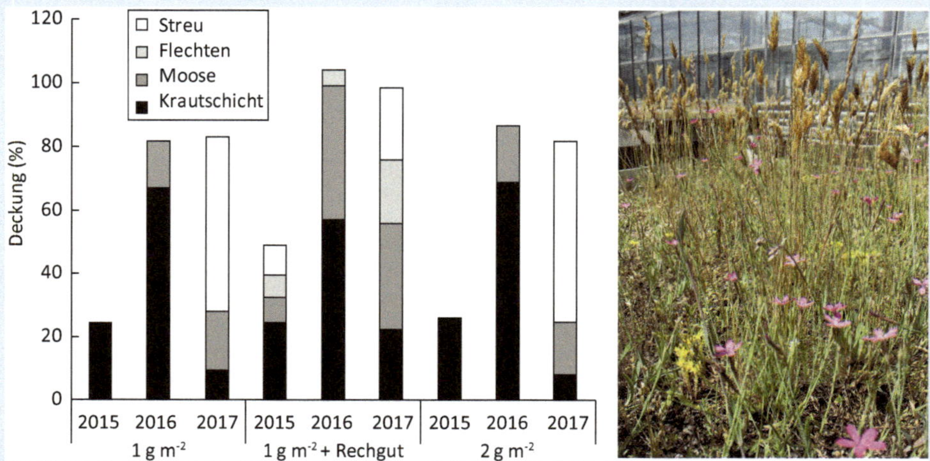

◘ **Abb. 22.9** Einfluss der Ansaat gebietseigener Sandtrockenrasenarten und einer Rechgutübertragung auf die mittlere Deckung (n = 5) der Kraut-, Moos-, Flechten- und Streuschicht von 2015 bis 2017 im Dachbegrünungsversuch. (Foto Juni 2016)

Andererseits weisen auch Fischer et al. (2013b) darauf hin, dass gerade die Beibehaltung heterogener Bodeneigenschaften auf Rückbauflächen sich positiv auf die Arten- und Strukturvielfalt der Vegetation auswirkt, da sowohl durch Saat- oder Mähgut eingebrachte Wildpflanzen als auch Spontanetablierer nebeneinander vorkommen können.

Nicht nur aus Gründen des Naturschutzes, sondern auch zur Kostenersparnis werden naturnahe Begrünungen seit einigen Jahren zunehmend für die Gestaltung urbaner Grünanlagen verwendet. So hat beispielsweise die Gemeinde Haar (Landkreis München) kommunale Grünflächen naturnah umgestaltet (Witt 2011). Viele Städte legen inzwischen Wildblumenwiesen mit gebietseigenem Saatgut an, um z. B. Wildbienen und andere blütenbesuchende Insekten zu fördern, und extensivieren die Pflege ehemaliger Vielschnittrasen (z. B. Unterweger et al. 2013; Voskuhl und Zucchi 2018).

22.4 Schlussfolgerungen

Aufgrund ihrer anthropogen geprägten und meistens extremen Standortbedingungen weisen Städte zahlreiche Sonderstandorte für spezialisierte Arten und Biozönosen auf, neben denen reliktartig auch noch Biotope der Natur- oder Kulturlandschaften vorkommen. Obwohl die Artenvielfalt in Städten heute zum Teil höher ist als in umgebenden Agrarlandschaften, besteht in urbanen Räumen wegen starker Umweltbelastungen und zunehmender Flächenversiegelung angesichts des Klima-, Struktur- und Landnutzungswandels ein besonderer Renaturierungsbedarf. Durch passive Renaturierung kann urbane Wildnis mit besonderen Qualitäten entstehen. Gezielt eingesetzte Pflegemaßnahmen wie das Offenhalten von Pionierfluren und Magerrasen fördern jedoch eine halboffene Landschaft, die sowohl aus naturschutzfachlicher als auch aus ästhetischer Sicht einen besonders hohen Wert hat. Wenn naturraumtypische Zielarten nicht in der Lage sind, Renaturierungsflächen zu erreichen (z. B. auf isolierten Rückbauflächen oder auf Dächern), können sie durch das Einbringen von Mäh- oder Rechgut artenreicher Spenderflächen oder gebietseigenen Saatguts erfolgreich angesiedelt werden.

Fragen zur Vertiefung

- Nennen Sie sechs wichtige Elemente der grünen Infrastruktur in Städten.
- Welche Besonderheiten können Böden städtischer Rückbauflächen aufweisen?
- Definierten Sie die Begriffe Apophyten, Archaeophyten und Neophyten.
- Beschreiben Sie die möglichen Regulationsfunktionen urbaner Grünflächen im Hinblick auf das Stadtklima.
- Auf welche Weise können auf urban-industriellen Brachflächen besonders hohe Artenzahlen und hohe Anteile seltener und gefährdeter Arten erhalten bzw. wiederhergestellt werden?
- Welche Renaturierungsverfahren eignen sich besonders gut für die Umwandlung artenarmer Rasenflächen in artenreiche Blumenwiesen mit naturraumtypischen Arten?

Literatur

Albrecht H, Albert S, Eder E, Haslberger K, Karp M, Langbehn T, Anderlik-Wesinger G (2009) Ehemaliges Gleislager München-Neuaubing. Bestand, Dynamik und Schutz der Vegetation einer urbanen Verkehrsbrache. Laufener Spezialbeitr 2/2009: 145–156

Albrecht H, Haider S (2013) Species diversity and life history traits in calcareous grasslands vary along an urbanization gradient. Biodivers Conserv 22:2243–2267

Bauer N (2005) Attitudes towards wilderness and public demands on wilderness areas. In: Kowarik I, Körner S (Hrsg) Wild urban woodlands: new perspectives for urban forestry. Springer, Berlin, S 47–66

BauGB (2013) Gesetz zur Stärkung der Innenentwicklung in den Städten und Gemeinden und weiteren Fortentwicklung des Städtebaurechts vom 11. Juni 2013. Bundesgesetzblatt Jahrgang 2013 Teil I Nr. 29, ausgegeben zu Bonn am 20. Juni 2013

BBSR (Bundesinstitut für Bau, Stadt- und Raumentwicklung) (2015a) Überflutungs- und Hitzevorsorge durch die Stadtentwicklung. Strategien und Maßnahmen zum Regenwassermanagement gegen urbane Sturzfluten und überhitzte Städte. Ergebnisbericht der fallstudiengestützten Expertise „Klimaanpassungsstrategien zur Überflutungsvorsorge verschiedener Siedlungstypen als kommunale Gemeinschaftsaufgabe". Bonn

BBSR (Bundesinstitut für Bau, Stadt- und Raumentwicklung) (2015b) Wachsen oder Schrumpfen? BBSR-Analysen KOMPAKT 2015(12):1–23

Birgelen A von (2014) Die Vegetation städtischer Rückbaufolgelandschaften in Großwohnsiedlungen der 70er und 80er Jahre in Ostdeutschland – Potentiale und Grenzen ihrer Freiraumentwicklung. Dissertation, Technische Universität Berlin

Blume HP (1998) Böden. In: Sukopp H, Wittig R (Hrsg) Stadtökologie – ein Fachbuch für Studium und Praxis. Gustav Fischer, Jena, S 168–185

BMUB (Bundesministerium für Umwelt, Naturschutz, Bau und Reaktorsicherheit) (2015) Grünbuch Stadtgrün: Grün in der Stadt – für eine lebenswerte Zukunft. Berlin

22

BMUB (Bundesministerium für Umwelt, Naturschutz, Bau und Reaktorsicherheit) (2017) Weißbuch Stadtgrün: Grün in der Stadt – für eine lebenswerte Zukunft. Berlin

Bolton C, Rahman MA, Armson D, Ennos AR (2014) Effectiveness of an Ivy covering at insulating a building against the cold in Manchester, U.K: a preliminary investigation. Build Environ 80:32–35

Bonthoux S, Brun M, Di Pietro F, Greulich S, Bouche-Pillon S (2014) How can wastelands promote biodiversity in cities? A review. Landsc Urban Plan 132:79–88

Bowler DE, Buyung-Ali L, Knight TM, Pullin AS (2010) Urban greening to cool towns and cities: a systematic review of the empirical evidence. Landsc Urban Plan 97:147–155

Brandes D (1992) Asplenietea-Gesellschaften an sekundären Standorten in Mitteleuropa. Ber Reinhold-Tüxen-Ges 4:73–93

Brenneisen S (2009) Ökologisches Ausgleichspotential von extensiven Dachbegrünungen: Bedeutung des Ersatz-Ökotops für den Arten- und Naturschutz und die Stadtentwicklungsplanung. Dissertation, Universität Basel

Breuste J (2004) Decision making, planning and design for the conservation of indigenous vegetation within urban development. Landsc Urban Plan 68:439–452

Breuste J (2016) Was sind die Besonderheiten des Lebensraumes Stadt und wie gehen wir mit Stadtnatur um? In: Breuste J, Pauleit S, Haase D, Sauerweis M (Hrsg) Stadtökosysteme – Funktion, Management und Entwicklung. Springer Spektrum, Berlin, S 86–128

Breuste J, Haase D, Pauleit S, Sauerwein M (2016) Wie verwundbar sind Stadtökosysteme und wie kann mit ihnen urbane Resilienz entwickelt werden? In: Breuste J, Pauleit S, Haase D, Sauerweis M (Hrsg) Stadtökosysteme – Funktion, Management und Entwicklung. Springer Spektrum, Berlin, S 165–205

Bruns E (2007) Bewertungs- und Bilanzierungsmethoden in der Eingriffsregelung – Analyse und Systematisierung von Verfahren und Vorgehensweisen des Bundes und der Länder. Dissertation, Technische Universität Berlin

Burkhardt I, Dietrich R, Hoffmann H, Leschner J, Lohmann K, Schoder F, Schultz A (2008) Urbane Wälder. Nat schutz Biol Vielfalt 63:19–214

Buttschardt TK (2001) Extensive Dachbegrünung und Naturschutz. Dissertation, KIT Karlsruhe

DDV – Deutscher Dachgärterverband (Hrsg) (2011) Leitfaden Dachbegrünung für Kommunen – Nutzen, Fördermöglichkeiten. Praxisbeispiele, Nürtingen

Dettmar J (2005) Forests for shrinking cities? The Project „Industrial Forests of the Ruhr". In: Kowarik I., Körner S (Hrsg) Wild urban woodlands: new perspectives for urban forestry. Springer, Berlin, S 263–276

Dietrich K (2014) Urbane Gärten für Mensch und Natur – Eine Übersicht und Bibliographie. BfN-Skripten 386:1–91

Dorendorf J, Eschenbach A, Schmidt K, Jensen K (2015) Both tree and soil carbon need to be quantified for carbon assessments of cities. Urban For Urban Greening 14:447–455

Ebel KG, Hug M, Klatt M, Schanowski A (1997) Grünflächen in Industrie- und Gewerbegebieten. Die Bedeutung für den Naturschutz. Flück-Wirth, Teufen

Ellenberg H, Leuschner C (2010) Vegetation Mitteleuropas mit den Alpen: in ökologischer, dynamischer und historischer Sicht. Ulmer, Stuttgart

Endlicher W (2012) Einführung in die Stadtökologie. Ulmer, Stuttgart

Fischer LK, Lippe M von der, Kowarik I (2013a) Urban land use types contribute to grassland conservation: the example of Berlin. Urban For Urban Greening 12:263–272

Fischer LK, Lippe M von der, Rillig MC, Kowarik I (2013b) Creating novel urban grasslands by reintroducing native species in wasteland vegetation. Biol Conserv 159:119–126

Francis RA, Lorimer J (2011) Urban reconciliation ecology: The potential of living roofs and walls. J Environ Manage 92:1429–1437

Franken SandAchse (2004) Naturnahe Grünflächen auf Sand – Arbeitsmappe. Ausschreiben, Anlegen, Planen, Unterhalten. Selbstverlag, Erlangen

Greiten U, Wessels K (2000) Osnabrück und sein Stadtklima (Broschüre). Umweltdezernat Stadt Osnabrück, Osnabrück, S 1–36

Groot RS de, Wilson M, Boumans RMJ (2002) A typology for the classification, description and valuation of ecosystem functions, goods and services. Ecol Econ 41:393–408

Haase D (2016) Was leisten Stadtökosysteme für die Menschen in der Stadt. In: Breuste J, Pauleit S, Haase D, Sauerwein M (Hrsg.) Stadtökosysteme – Funktion, Management und Entwicklung. Springer, Berlin, S 129–163

Haase D, Sauerwein M (2016) Was sind Stadtökosysteme und warum sind sie besonders? In: Breuste J, Pauleit S, Haase D, Sauerwein M (Hrsg.) Stadtökosysteme – Funktion, Management und Entwicklung. Springer, Berlin, S 61–84

Hard G (1991) Kleinschmielenrasen im Stadtgebiet – Entstehung und Bewertung am Beispiel von Osnabrück. Osnabrücker Naturwiss Mitteil 17:215–228

Heinz Sielmann Stiftung (2016) Naturnahe Firmengelände – Erfahrungen aus der Planungspraxis. Duderstadt

Hochschule Anhalt (2011): Praxisempfehlungen für eine standortangepasste Vegetationsetablierung auf Stadtumbauflächen. Bernburg

Hohn U, Jürgens C, Otto KH, Prey G, Piniek S, Schmitt T (2007) Industriewälder als Bausteine innovativer Flächenentwicklung in postindustriellen Stadtlandschaften – Ansätze zu einer integrativen wissenschaftlichen Betrachtung am Beispiel des Ruhrgebiets. Conturec 2:53–67

Joas C, Gnädinger J, Wiesinger K, Haase R, Kiehl K (2010) Restoration and design of calcareous grasslands in urban and suburban areas: Examples from the Munich Plain. In: Müller N, Werner P, Kelcey JG (Hrsg) Urban biodiversity and design. Wiley-Blackwell, Oxford, S 556–571

Jung K, Threlfall CG (2015) Urbanisation and its effects on bats – a global meta-analysis. In: Voigt C, Kingston T (Hrsg) Bats in the Anthropocene: Conservation of bats in a changing world. Springer, Cham, S 13–33

Kausch E, Felinks B (2012) Dünen, Heiden, Trockenrasen – Neue Vegetationsbilder für städtische Freiflächen. Eur J Turfgrass Sci 3:43–49

Keil A, Otto KH (2007) Industriewald Ruhrgebiet – neue Natur auf alten Industriearealen. In: Heineberg H (Hrsg) Westfalen Regional, Siedlung und Landschaft in Westfalen 35:72–73, Münster

Keil P (2016) Artenvielfalt der Industrienatur. In: Latz P (Hrsg) Rost Rot, Der Landschaftspark Duisburg-Nord. Hirmer, München, S 120–125

Kiehl K (2018) Landschaftsrasen. In: Thieme-Hack M (Hrsg) Handbuch Rasen. Ulmer, Stuttgart, S 13–17

Kirmer A, Krautzer B, Scotton M, Tischew S (2012) Praxishandbuch zur Samengewinnung und Renaturierung von artenreichem Grünland. Gumpenstein, Gera

Korneck D, Schnittler M, Klingenstein F, Ludwig G, Takla M, Bohn U, May R (1998) Warum verarmt unsere Flora? Auswertung der Roten Liste der Farn- und Blütenpflanzen Deutschlands. Schr reihe Veg kd 29:299–444

Kosack L (2017) Die essbare Stadt Andernach – urbane Landwirtschaft im öffentlichen Raum. Nat Gart 4:46–49

Kowarik I (2010) Biologische Invasionen. Neophyten und Neozoen in Mitteleuropa. Ulmer, Stuttgart

Kowarik I, Bartz R, Brenck M (2016a) Naturkapital Deutschland – TEEB DE: Ökosystemleistungen in der Stadt. Technische Universität Berlin, Helmholtz-Zentrum für Umweltforschung, Leipzig

Kowarik I, Bartz R, Fischer L (2016b) Stadtgrün pflegen, Ökosystemleistungen stärken, Wildnis wagen! Inform Raumentwickl 2016(6) :741–748

Kowarik I, Körner S (2005) Wild urban woodlands: new perspectives for urban forestry. Springer, Berlin

Kowarik I, Langer A (2010) Natur-Park Südgelände: Linking conservation and recreation in an abandoned railyard in Berlin. In: Kowarik I, Körner S (Hrsg) Wild urban woodlands: new perspectives for urban forestry. Springer, Berlin, S 287–299

Kühn I, Brandl R, Klotz S (2004) The flora of German cities is naturally species rich. Evol Ecol Res 6: 749–764

Latz P (2016) Rost Rot, Der Landschaftspark Duisburg-Nord. Hirmer, München

Marzluff JM, Ewing K (2008) Restoration of fragmented landscapes for the conservation of birds: A general framework and specific recommendations for urbanizing landscapes. In: Marzluff JM, Shulenberger E, Endlicher W, Alberti M, Bradley G, Ryan C, Simon U, ZumBrunnen C (Hrsg) Urban ecology. An international perspective on the interaction between humans and nature. Springer, New York, S 739–755

Mathey J, Arndt T, Banse J, Rink D (2016) Public perception of spontaneous vegetation on brownfields in urban areas – results from surveys in Dresden and Leipzig. Urban For Urban Greening 29:384–392

Meuser H (2013) Soil remediation and rehabilitation. Springer, Dordrecht

Müller C (2011) Urban Gardening: über die Rückkehr der Gärten in die Stadt. Oekom, München

Oberndorfer E, Lundholm J, Bass B, Coffman RR, Doshi H, Dunnett N, Gaffin S, Köhler M, Liu KKY, Rowe B (2007) Green roofs as urban ecosystems: ecological structures, functions, and services. Biosci 57:823–833

Pauleit S, Sauerweis M, Breuste J (2016) Urbanisierung und ihre Herausforderungen für die ökologische Stadtentwicklung. In: Breuste J, Pauleit S, Haase D, Sauerweis M (Hrsg) Stadtökosysteme – Funktion, Management, Entwicklung. Springer Spektrum, Berlin, S 1–30

Peschel T (1998) Wiesen und Rasen Potsdamer Parks – Floristisch-vegetationskundliche Bedeutung von 150 Jahre alten Landschaftsgärten des Weltkulturerbes. Nat schutz Landsch plan 30:45–48

Pfadenhauer J (2001) Some remarks on the socio-cultural background of restoration ecology. Rest Ecol 9:220–229

Prominski M, Maaß M, Funke L (2014) Urbane Natur gestalten. Entwurfsperspektiven zur Verbindung von Naturschutz und Freiraumplanung. Birkhäuser, Basel

Rahman MA, Armson D, Ennos AR (2015) A comparison of the growth and cooling effectiveness of five commonly planted urban tree species. Urban Ecosyst 18:371–389

Rebele F (2009) Renaturierung von Ökosystemen in urban-industriellen Landschaften. In: Zerbe S, Wiegleb G (Hrsg) Renaturierung von Ökosystemen in Mitteleuropa. Spektrum, Heidelberg, S 389–422

Rebele F, Bornkamm R (2008) Vom Wildkraut zum Urwald: Die Entwicklung urbaner Wälder im ökologischen Versuchsgarten "Kehler Weg" in Berlin-Dahlem. Shaker, Aachen

22

Rebele F, Dettmar J (1996) Industriebrachen – Ökologie und Management. Ulmer, Stuttgart

Reichholf JH (2007) Stadtnatur – eine neue Heimat für Tiere und Pflanzen. Oekom, München

Rink D, Emmrich R (2010) Surrogate nature or wilderness? Social perceptions and notions of nature in an urban context. In: Kowarik I, Körner S (Hrsg) Wild urban woodlands: new perspectives for urban forestry. Springer, Berlin, S 67–80

Rupprecht CDD, Byrne JA, Lo AY (2015) Memories of vacant lots: how and why residents used informal urban green space as children and teenagers in Brisbane, Australia, and Sapporo, Japan. Child Geographies 14:340–355

Schadek U, Strauss B, Biedermann R, Kleyer M (2009) Plant species richness, vegetation structure and soil resources of urban brownfield sites linked to successional age. Urban Ecosyst 12:115–126

Schröder R, Kiehl K (2016) Gebietseigene Wildpflanzen für extensive Dachbegrünungen – Versuche der Hochschule Osnabrück mit Arten der Sandtrockenrasen. Stadt + Grün 2016(7):39–43

Schröder R, Glandorf S, Kiehl K (2018) Temporal revegetation of demolition sites – a contribution to urban restoration? J Urban Ecol ▶ https://doi.org/10.1093/jue/juy010

Seitz R, Lang A, Hanak A, Urban R (2012) Der Schlosspark Nymphenburg als Teil eines Natura 2000-Gebietes. LWF Wissen 68:46–54

Settele J, Steiner R, Reinhardt R, Feldmann R, Hermann G (2015) Schmetterlinge. Die Tagfalter Deutschlands. Ulmer, Stuttgart

Specht K, Siebert R, Hartmann I, Freisinger UB, Sawicka M, Werner A, Thomaier S, Henckel D, Walk H, Dierich A (2014) Urban agriculture of the future: an overview of sustainability aspects of food production in and on buildings. Agric Human Values 31:33–51

Stillger V, Janko D, Manzke D, Dressler H von (2016) Produzieren, Begegnen, Mitmachen, Lernen und Genießen – Potenziale urbaner Agrikultur für die Zukunft der Stadt. Stadt + Grün 10:49–53

Sukopp H (2008) On the history of urban ecology in Europe. In: Marzluff JM, Shulenberger E, Endlicher W, Alberti M, Bradley G, Ryan C, Simon U, ZumBrunnen C (Hrsg) Urban ecology. An international perspective on the interaction between humans and nature. Springer, New York, S 79–97

Thomaier S, Specht K, Henckel D, Dierich A, Siebert R, Freisinger UB, Sawicka M (2015) Farming in and on urban buildings: Present practice and specific novelties of Zero-Acreage Farming (ZFarming). Renew Agric Food Syst 30:43–54

Tobias K (2011) Pflanzen und Tiere in städtischen Lebensräumen. In: Henninger S (Hrsg) Stadtökologie. Schöningh, Paderborn, S 149–174

Umweltbundesamt (2018) Luftschadstoffe im Überblick – Stickstoffoxide. ▶ www.umweltbundesamt.de/themen/luft/luftschadstoffe/stickstoffoxide. Zugegriffen: 13.11.18

Unterweger P, Ade J, Braun A, Koltzenburg M, Kricke C, Schnee L, Wastian L, Betz O (2013) Langfristige Etablierung extensiver Grünflächenpflege in Stadtgebieten. Die Initiative "Bunte Wiese" der Stadt Tübingen. In: Feit U, Korn H (Hrsg) Treffpunkt Biologische Vielfalt XII: Interdisziplinärer Forschungsaustausch im Rahmen des Übereinkommens über die Biologische Vielfalt. BfN, S 89–94

Voskuhl J, Zucchi H (2018) Wildbienen in der Stadt Osnabrück. Entdecken, verstehen, schützen. Osnabrück

Wang H, Mei C, Liu JH, Shao WW (2018) A new strategy for integrated urban water management in China: Sponge city. Sci. China Technol. Sci. 61:317

Wastian L, Unterweger PA, Betz O (2016) Influence of the reduction of urban lawn mowing on wild bee diversity (Hymenoptera, Apoidea). J Hymenopt Res 49:51–63

Weiss J, Burghardt W, Gausmann P, Haag R, Haeupler H, Hamann M, Leder B, Schulte A, Stempelmann I (2005) Nature returns to abandoned industrial land: Monitoring succession in urban-industrial woodlands in the German Ruhr. In: Kowarik I, Körner S (Hrsg) Wild urban woodlands: new perspectives for urban forestry. Springer, Berlin, S 143–162

Westrich P (2015) Wildbienen – die anderen Bienen. Pfeil, München

Whittinghill LJ, Rowe DB, Schutzki R, Cregg BM (2014) Quantifying carbon sequestration of various green roof and ornamental landscape systems. Landsc Urban Plan 123:41–48

Witt R (2011) Die Ökoflächen der Gemeinde Haar – Investitionen in nachhaltige Artenvielfalt – Ein naturnahes Pflegekonzept. Dr. Reinhard Witt, Ottenhofen, S 1–112

Wittig R (2002) Siedlungsvegetation. Ökosysteme Mitteleuropas aus geobotanischer Sicht. Ulmer, Stuttgart

Zucchi H, Stegmann P (2009) Umweltbildung. In: Stegmann P, Zucchi H (Hrsg) Dynamik-Inseln in der Kulturlandschaft. Haupt, Zürich, S 79–94

Tagebaufolgeflächen

Anita Kirmer und Sabine Tischew

© Springer-Verlag GmbH Deutschland, ein Teil von Springer Nature 2019
J. Kollmann et al., *Renaturierungsökologie*, https://doi.org/10.1007/978-3-662-54913-1_23

Zusammenfassung

Der Abbau von Rohstoffen geht mit einem drastischen Landschafts- und Ökosystemwandel einher. Um einen Teil der negativen Folgen auszugleichen, sind die beim Abbauprozess entstehenden Landschaftsstrukturen und die vielfältigen Entwicklungspotentiale dieser Flächen bei der Sanierungsplanung zu berücksichtigen. Das Besondere der neu entstandenen Ökosysteme ist ihre Großräumigkeit, Störungs- und Nährstoffarmut, Substratheterogenität und Eigendynamik. Standort- und Nischenvielfalt führen bei Vorhandensein geeigneter Lieferbiotope im Sukzessionsverlauf mittelfristig zu vielgestaltigen Biotopmosaiken. Ist eine schnelle Vegetationsentwicklung erforderlich oder verzögert sich die Entwicklung aufgrund fehlender Lieferbiotope oder Ausbreitungsbarrieren, können Zielarten über direkt geerntetes Material (Mähgut, Wiesendrusch) oder landwirtschaftlich vermehrtes Wildpflanzensaatgut aus zertifizierter Herkunft eingebracht werden. Pflanzungen neophytischer Gehölze und Ansaaten mit artenarmen und gräserreichen Regelsaatgutmischungen führen dagegen oft zu Fehlentwicklungen, die einen erhöhten Managementaufwand erfordern. Wenn auf Sukzessionsflächen gezielt naturschutzfachlich wertvolle Sukzessionsstadien oder Populationen seltener Tier- und Pflanzenarten erhalten bleiben sollen, muss frühzeitig ein entsprechendes Mahd- oder Beweidungsregime eingeplant werden.

23.1 Grundlagen Tagebaugebiete

23.1.1 Rechtlicher Rahmen des Tagebaus

Durch den Abbau von Bodenschätzen und damit einhergehenden Erdmassenbewegungen und Grundwasserabsenkungen kommt es zu tiefgreifenden Veränderungen der Landschaft und zum Verlust oder zur Beeinträchtigung vieler Lebensräume, die in einigen Fällen (Auen, Bruchwälder, Moore) viele hundert Jahre für eine Wiederherstellung benötigen. Bei Ausweisung als Vorranggebiet für die Rohstoffgewinnung überwiegen in der Regel die Belange der Abbauunternehmen. Außerhalb dieser Vorranggebiete sind dagegen Naturschutz und Landschaftspflege maßgeblich für die begleitende Planung (z. B. ▶ Abschn. 17.2). In jedem Fall müssen die Negativfolgen des Abbaus hinsichtlich Natur und Landschaft kompensiert werden. Können die erheblichen Beeinträchtigungen der Leistungs- und Funktionsfähigkeit des Naturhaushalts oder des Landschaftsbildes nicht bzw. nur teilweise kompensiert werden, muss geprüft werden, ob die Interessen des Naturschutzes und der Landschaftspflege gemäß § 15 Abs. 5 BNatSchG Vorrang vor dem Abbau haben. Auch die Zerstörung von durch spontane Sukzession entstandenen Biotopen auf stillgelegten Bergbauflächen, für die noch ein bergrechtlich zugelassener Rahmenbetriebsplan vorhanden ist, muss nach einem Urteil des Verwaltungsgerichtes Cottbus vom 15.10.2014 (Az. 3 K 460/13) kompensiert werden, wenn der Abbau länger als fünf Jahre unterbrochen wurde (s. § 30 Abs. 6 BNatSchG).

Im Bundesberggesetz ist nach § 4 Abs. 4 die Wiedernutzbarmachung („Rekultivierung") als ordnungsgemäße Gestaltung der vom Bergbau in Anspruch genommenen Fläche unter Beachtung des öffentlichen Interesses definiert. Damit verbunden sind die Gefahrenabwehr im Bereich der stillgelegten Bergbaubetriebe sowie die Wiederherstellung eines ausgeglichenen, sich weitgehend selbst regulierenden Wasserhaushaltes. Erst seit der Jahrtausendwende werden zunehmend auch naturschutzfachliche Zielstellungen in die Sanierungsplanung einbezogen. Beispielsweise werden in den aktuellen Braunkohlenplänen in Deutschland, welche die Festlegungen zum Abbau der Braunkohle sowie zur Wiedernutzbarmachung der abgebauten Tagebaue (Sanierungsrahmenplanung) enthalten, 10–15 % der Gesamtfläche als Renaturierungsfläche ausgewiesen. In vielen Regionen Deutschlands ist der Naturschutz inzwischen eine der wichtigsten Folgenutzungen auch von Sand- und Kiesgruben.

23.1.2 Typisierung von Tagebaugebieten

In Deutschland betrug im Jahr 2014 der Flächenverbrauch durch den Rohstoffabbau ca. 2500 ha (UBA 2016), also 7 ha pro Tag, mit der folgenden Verteilung: 3,6 ha für Baumineralien, 2,2 ha für Braunkohle, 0,9 ha für Torf und 0,3 ha für Industriemineralien. Die Ausführungen in diesem Kapitel beziehen sich schwerpunktmäßig auf Sand- und Kiesgruben, Steinbrüche sowie Braunkohletagebaue, gelten in gewissem Umfang aber auch für Abraumhalden von Untertagebau, z. B. der Steinkohle. Vertiefende Informationen sind in Pflug (1998), Gilcher und Bruns (1999), Tischew (2004) sowie Baumbach et al. (2013) zu finden.

Sande und Kiese sind mengenmäßig die wichtigsten Baurohstoffe und werden in entsprechenden Gruben abgebaut, die flächenmäßig derzeit den größten Anteil des Rohstoffabbaus stellen (UBA 2016). Im Zuge der Eiszeiten führten die Schmelzwässer der sich zurückziehenden Gletscher in Nord- und Mitteldeutschland sowie im Alpenvorland zur Bildung von Sand- und Kiesablagerungen in Sandern und Urstromtälern. Fluviatile Ablagerungen bilden sich dagegen auch rezent, beispielsweise auf den Terrassen größerer Flüsse. Natürlich vorkommende Kiese und Sande sind Lockersedimente, die durch Verwitterung und Umlagerung aus zersetzten Festgesteinen (Granit, Sandstein, Schiefer, Kalkstein) entstehen.

Natursteine werden dagegen in Steinbrüchen, Tage- und Tiefbauen abgebaut. Grotzinger und Jordan (2016) unterscheiden bei Natursteinen nach ihrer Entstehung drei Hauptgruppen:

1. Schmelzflussgesteine (Magmatite): durch Erstarrung von geschmolzenem Gesteinsmaterial entstanden, mit Trennung in silikatarm (Gabbro, Basalt) und silikatreich (Granit, Quarzporphyr);
2. Ablagerungsgesteine (Sedimentite): physikalische Verwitterung (Konglomerat, Sandstein, Tonstein, Schieferton), chemisch-biogene Sediment- und Ausscheidungsgesteine (Kalkstein, Dolomit, Gips, Anhydrit) und organische Sedimentgesteine (Torfe, Braunkohle, Steinkohle);
3. Umlagerungsgesteine (Metamorphite): Umwandlung bestehender Gesteine durch deutlich erhöhte Druck- und Temperaturbedingungen (Quarzite, Gneise, Schiefer).

Der oberflächennahe Abbau von Braunkohle hat bis zum Jahre 2015 in Gesamtdeutschland ca. 1765 km^2 in Anspruch genommen, davon entfallen 77 % auf den Osten Deutschlands (Lausitzer und Mitteldeutsches Revier). Um die Flöze im Tagebau abbauen zu können, wurden ca. 888 Mio. m^3 Abraum bewegt (Statistik der Kohlenwirtschaft 2013). In den frühen 1990er-Jahren wurden im Lausitzer und Mitteldeutschen Revier innerhalb weniger Jahre 31 von 39 Tagebauen mit einer Fläche von ca. 1000 km^2 geschlossen; der Anteil nicht rekultivierter Flächen lag damals bei fast 50 % (Ahlheim 1997). Seit 1994 ist die Lausitzer und Mitteldeutsche Bergbauverwaltungsgesellschaft für die Sanierung der Altbergbaugebiete im Osten Deutschlands verantwortlich. Aktuell gibt es in ganz Deutschland noch zwölf aktive Braunkohletagebaue (z. B. ◘ Abb. 23.1) mit einer Gesamtfläche von ca. 600 km^2 (Wronski und Küchler 2014).

23.2 Standort und Lebensgemeinschaften von Tagebaufolgeflächen

23.2.1 Standortökologische Grundlagen

Durch den Abbau von Bodenschätzen entstehen in der Regel nährstoff- und konkurrenzarme Flächen mit vielfältigen und eng verzahnten Standortgradienten (trocken bis nass, sauer bis basisch), die in der nacheiszeitlichen

Abb. 23.1 Großräumige Tagebaulandschaft im aktiven Braunkohletagebau Profen, MIBRAG GmbH

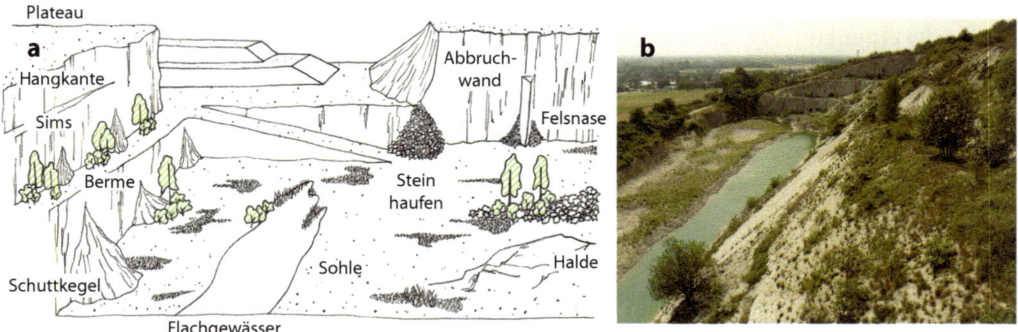

Abb. 23.2 Vielfältige Landschaftsstrukturen in Steinbrüchen: **a** Schematisch (verändert nach Trautner und Bruns 1988), **b** am Beispiel eines ehemaligen Kalksteinbruchs im Teutoburger Wald

Naturlandschaft für die Ausbreitung und Ansiedlung vieler Arten prägend waren, in der heutigen Kulturlandschaft aber kaum mehr zu finden sind. Nutzungsaufgabe auf Grenzertragsstandorten und fortschreitende Intensivierung landwirtschaftlicher Flächen (Düngung, Herbizid- und Pestizideinsatz, Erhöhung der Schnittfrequenz, Flurbereinigungen) führen seit mehr als 60 Jahren zu einer stetigen Beeinträchtigung und Zerstörung naturschutzfachlich wertvoller Offenlandökosysteme (siehe z. B. Ellenberg und Leuschner 2010, S. 875 f., 946 f. und 1032 f.; Wesche et al. 2012; Buhk et al. 2017). Dies spiegelt sich auch in den Roten Listen wider, die zeigen, dass Tiere und Pflanzen mit extremen Standortansprüchen (lichtreich, nährstoffarm, trocken, nass, sauer) besonders gefährdet sind (Korneck et al. 1996). Die wichtigsten naturschutzfachlichen Charakteristika von Abbaugebieten sind ihre Großflächigkeit, die Störungsarmut nach Abbauende, die Nährstoff- und Konkurrenzarmut der Rohbodenflächen, die kleinräumige Standortvielfalt und die hohe Dynamik geomorphologischer und biologischer Prozesse.

Spontansukzessionsflächen mit vielfältigen Reliefformen und Standortgradienten können sich zu Biotopmosaiken entwickeln (Abb. 23.2), die für Tierarten mit komplexeren Lebensraumansprüchen, wie Amphibien, Tagfalter und Wildbienen, Habitate bereitstellen (Kunz 2004). Auch störungsempfindliche Tierarten, wie z. B. Birkhuhn, Luchs, Seeadler und Wolf, können in großen stillgelegten Tagebauen Rückzugsgebiete finden (Wälter 2004). Um die Akzeptanz solcher Maßnahmen in der Bevölkerung zu erhöhen, sollte bereits im Vorfeld der Renaturierungsmaßnahmen eine umfassende Öffentlichkeitsarbeit durchgeführt werden. Gute Beispiele sind das Naturparadies Grünhaus (ca. 1930 ha, NABU Stiftung), Sielmanns Naturlandschaft Wanninchen (ca. 3000 ha, Heinz Sielmann Stiftung) und die Goitzsche-Wildnis (▶ Exkurs 23.2).

23.2.2 Naturschutzfachlich wertvolle Biotope und Artengemeinschaften

Die vielfältigen Biotopmosaike der Tagebaufolgelandschaften dienen nicht nur häufigen, sondern auch vielen seltenen und gefährdeten Pflanzen- und Tierarten als Ersatzlebensräume (Poschlod et al. 1997; Pflug 1998; Rademacher 2001; Tischew 2004; Baumbach et al. 2013; Landeck et al. 2017). Abhängig von den Ansprüchen der betrachteten Arten sowie der Größe und Struktur des Abbaugebietes werden die Flächen entweder ganzjährig oder nur als Reproduktions-, Nahrungs-, Rast- oder Überwinterungshabitat genutzt. Von hohem naturschutzfachlichem Wert sind vor allem lückige Pionier- und Felsfluren, Trockenrasen, Zwergbinsengesellschaften, Binnensalzstellen und Niedermoorinitiale (◘ Abb. 23.3).

Auf Extremstandorten (extrem nährstoffarme, trockene und/oder salzhaltige Substrate) ist mittel- bis langfristig die Erhaltung von Offenlandbiotopen ohne oder nur mit geringem Pflegeaufwand möglich. Je besiedlungsfreundlicher die Standorte sind, desto früher müssen Pflegemaßnahmen (Mahd, Beweidung) eingeleitet werden, wenn bestimmte Stadien erhalten bleiben sollen. Vor allem auf gut wasserversorgten Standorten schreitet die Verbuschung und Entwicklung zu Pionierwaldgesellschaften rasch voran. Auf Tagebauflächen mit bindigeren Substraten und nur leicht sauren bis neutralen pH-Werten können sich rasch Dominanzbestände von *Calamagrostis epigejos* entwickeln, wenn diese Art in der Nachbarschaft vorkommt und konkurrierende Arten fehlen (Tischew 2004, S. 123 f.; ◘ Abb. 23.11b).

◘ **Abb. 23.3** Naturschutzfachlich wertvolle Biotope und Artengemeinschaften in Tagebaugebieten: **a** Trockenrasen mit Massenbestand von *Globularia bisnagarica* im Steinbruch Kölme bei Halle (Saale), **b** *Ophrys apifera* im ehemaligen Braunkohlentagebau Kayna-Süd/Geiseltalrevier

Initiale und frühe Sukzessionsstadien (<15 Jahre) mit einem hohen Anteil an vegetationsfreiem Rohboden sowie Pioniervegetation und Initialphasen von Röhrichten (◘ Tab. 23.1) sind in Abbaugebieten von besonderer Bedeutung, da sie in der Kulturlandschaft kaum noch vorhanden sind. Sie bieten konkurrenzschwachen Pflanzenarten Rückzugsstandorte, wie z. B. *Ornithopus perpusillus* (Braunkohle, Kalk), *Linum tenuifolium* (Kalk), *Thymelaea passerina* (Braunkohle, Kalk) oder *Corynephorus canescens* und *Filago* spp. (Braunkohle, Sand) (Gilcher und Bruns 1999; Tischew 2004, S. 69 f.; Hübner und Tränkle 2013). Offene Bodenflächen wirken auch als Wärmeinseln für gefährdete xerotherme Offenlandarten wie z. B. den Sandohrwurm oder die Blauflügelige Sandschrecke. Aber auch seltene Vögel, wie Brachpieper und Steinschmätzer, profitieren von der Offenheit der Standorte. Diese Arten kommen in späteren Sukzessionsstadien nur noch auf Extremstandorten mit verzögerter Vegetationsentwicklung vor. Klein- und Kleinstgewässer werden in der Regel rasch von der Kleinen Pechlibelle, dem Südlichen Blaupfeil und bei entsprechenden Lieferbiotopen im Umfeld auch von Wechselkröte und Kreuzkröte besiedelt (Tischew 2004, S. 104 f., 116 f.; Hübner und Tränkle 2013). Bei größeren Gewässern entwickeln sich bei Vorhandensein von Flachwasserbereichen und einer starken Strukturierung der Ufer Mosaike aus Klein- und Großröhrichten sowie submerser und Schwimmblattvegetation. Eine flache Uferneigung begünstigt die Entwicklung eines breiten Schilfgürtels, der für störungsempfindliche Röhrichtbrüter, wie Rohrdommel, Rohrweihe, Teichrohrsänger und Zwergtaucher, wertvollen Lebensraum bereitstellt.

Von vielgestaltigen Mosaiken aus Rohbodenflächen, blütenreichen Magerrasen, mesophytischen Gras- und Krautfluren, Gebüschen und Vorwäldern in mittleren Entwicklungsstadien (16–45 Jahren, ◘ Tab. 23.1) profitieren unzählige Insektenarten, aber auch Amphibien, Reptilien und Vögel. Naturschutzfachlich besonders wertvolle Offenlandarten wie Braunkehlchen, Grauammer, Raubwürger und Schwarzkehlchen finden geeignete Ersatzhabitate in den ausgedehnten offenen und halboffenen Lebensräumen der mittleren Sukzessionsstadien (Tischew 2004, S. 96 f.; Schiel und Rademacher 2008). Die Verbuschung schreitet vor allem auf besiedlungsfähigen Standorten rasch voran, z. B. halbierte sich in ehemaligen Braunkohlentagebauen in Sachsen-Anhalt innerhalb von zehn Jahren die Offenlandfläche durch die spontane Einwanderung und Ausbreitung von Gehölzen (Landeck et al. 2017, S. 31 f.).

Bleiben infolge extremer Standortbedingungen mittelfristig offene, lichtreiche Standorte erhalten, können sich konkurrenzschwache Arten aus den Familien der Natternzungen-, Wintergrüngewächse und Orchideen ansiedeln. Diese Arten haben winzige Samen ohne Nährgewebe, die mit dem Wind ausgebreitet werden und Distanzen bis zu 40 km überbrücken können (Ash et al. 1994). Da sie aber auf das Vorhandensein artspezifischer Mykorrhiza angewiesen sind und im Fall der Natternzungengewächse eine bis zu zehn Jahre lange Entwicklungszeit von der Keimung bis zur Ausbildung oberirdisch in Erscheinung tretender Sporophyten durchlaufen (Johnson-Groh et al. 2002), treten sie in der Regel nicht sofort nach der Schüttung der Substrate auf (Tischew 2004, S. 85 f.). Einige dieser Arten sind in der Kulturlandschaft extrem selten geworden und haben den Schwerpunkt ihres Vorkommens in Bergbaufolgelandschaften, wo sie stellenweise recht große Populationen ausbilden, z. B. *Epipactis palustris* im Mitteldeutschen Braunkohlerevier (Tischew 2004, S. 76 f.) und *Thymelaea passerina* in Kalksteinbrüchen (Hübner und Tränkle 2013).

Als Arten mittlerer Stadien mit komplexen Habitatansprüchen treten beispielsweise Sperbergrasmücke, Zauneidechse und Segelfalter, aber auch viele Hymenopteren (Hautflügler) auf, wobei besonders der kleinräumige Wechsel verschiedener Habitatstrukturen die Artenvielfalt fördert (◘ Abb. 23.4). Aufgelassene Kalk- und Sandsteinbrüche, aber auch Kiesgruben bieten optimale Lebensbedingungen

Tab. 23.1 Abiotische Charakteristika und charakteristische Biotoptypen in typischen Entwicklungsstadien von Abbaugebieten. (nach Tischew 2004, S. 308 f.)

Entwicklungsstadium	Initialstadium (Rohbodenstadium)	Frühes Entwicklungsstadium (Rohboden- und Offenlandstadium)	Mittleres Entwicklungsstadium (Offenland-Vorwald-Mosaikstadium)	Spätes Entwicklungsstadium (Vorwald- und Intermediärwaldstadium)	Reifestadium, Endzustand (Waldstadium)
Alter	0–5 Jahre	6–15 Jahre	16–45 Jahre	46–100 Jahre	>100 Jahre
Abiotische Charakteristika	Hohe Dynamik, konkurrenz- und nährstoffarmer, offener Boden, Klein- und Kleinstgewässer auf bindig-tonigem Substrat	Nachlassende Dynamik, Frühstadium der Bodenentwicklung, Flachgewässer im Bereich der Tagebausohle	Kleinflächige Dynamik, Entstehung von Seen infolge von Flutung und Grundwasserwiederanstieg, fortschreitende Bodenentwicklung	Kleinflächige Dynamik, fortschreitende Bodenentwicklung, Extremstandorte mit offenem Boden	Relativ stabile Gleichgewichtszustände abiotischer, ökosystemarer Größen mit Ausnahme von Extremstandorten
Charakteristische Biotoptypen	Pioniervegetation, initiale Röhrichtentwicklung	Mosaike aus Rohböden, Pionierfluren, Magerrasen und mesophytischen Gras-Krautfluren, Einzelbäumen und Gehölzgruppen; lichte, oft (pflanzen-)artenreiche Röhrichte und Seggenrieder	Mosaike aus Magerrasen, mesophytischen Gras-Krautfluren, Gebüschgruppen und Vorwäldern; differenziertere, dichtere, mäßig artenreiche Röhrichte und Niedermoorinitiale; vegetationsarme Bereiche, vor allem auf Extremstandorten	Dichte Vorwaldbereiche mit einzelnen, überwiegend verbuschten Offenlandbereichen; dichte, artenarme Röhrichte und junge, differenziertere Niedermoore; vegetationsarme Bereiche auf Extremstandorten	Vorrangig Wälder, artenarme Röhrichte und gehölzreiche Niedermoore und Sümpfe; kleinflächige vegetationsarme Bereiche auf Extremstandorten

Abb. 23.4 Tagebaubiotope für Hymenopteren: **a** Abbaustätten bieten vielfältige Brut- und Nahrungshabitate für zahlreiche Hautflügler durch die Kombination von Nistplätzen im Offenboden, in Schuttkegeln oder in Steilwänden sowie einem reichen Blütenangebot der Magerrasen und Felsfluren (verändert nach Trautner und Bruns 1988); **b** Wechsel von Offenboden, Magerrasen und Gebüschen mit *Myricaria germanica* in einer ehemaligen Kiesgrube im Naturschutzgebiet „Magerstandorte bei Rosenau" in Niederbayern

für Hymenopteren, wobei das Artenspektrum in Sand- und Kiesgruben am größten ist, da in Steinbrüchen für grabende Arten weniger Nisthabitate vorhanden sind (Gilcher und Bruns 1999; Rademacher 2001; Heneberg et al. 2013).

Auf Sonderstandorten des ehemaligen Braunkohlentagebaus mit entsprechendem Substrat und Wasserstand können sich Niedermoorinitiale (Tischew 2004, S. 41) mit *Eriophorum angustifolium*, *Equisetum palustre* und *Sphagnum* spp. (s. ▶ Kap. 11) sowie Binnensalzstellen (Tischew 2004, S. 46) mit *Lotus maritimus*, *L. tenuis* und *Suaeda maritima* entwickeln. Makrophytenreiche Gewässer, zum Teil mit ausgeprägten Armleuchteralgenrasen, sind ebenfalls keine Seltenheit (Korsch 2013; Landeck et al. 2017, S. 141 f.).

Im späten Entwicklungsstadium (46–100 Jahre) und Reifestadium (>100 Jahre) dominieren Gehölze (Tab. 23.1). Mit zunehmendem Flächenalter wandern mehr und mehr Intermediärbaumarten (*Quercus robur*, *Carpinus betulus*, *Tilia cordata*) in die Vorwälder ein (Lorenz et al. 2009). Nach dem Zusammenbruch der Pionierbaumarten können sich vor allem auf besiedlungsfähigeren Standorten mit fortgeschrittener Bodenbildung artenreiche Laubmischwälder etablieren. Es kommt zum vermehrten Auftreten typischer Waldorchideen, wie z. B. *Cephalanthera damasonium*, *Cypripedium calceolus*, *Dactylorhiza fuchsii* und *Platanthera bifolia*. Auch Indikatorarten für alte Wälder (*Anemone nemorosa*, *Brachypodium sylvaticum*, *Stachys sylvatica*, *Viola reichenbachiana*) nehmen langsam an Stetigkeit zu (Lorenz et al. 2009; Kirmer et al. 2013). Noch bestehende Offenlandvegetation (z. B. Gras- und Krautfluren, Niedermoore, Sümpfe) verbuscht stark, und offene Bodenstellen existieren nur noch auf Extremstandorten (▶ Exkurs 23.2). Auch die Gewässerröhrichte werden mit der Zeit etwas artenärmer und die landseitigen Randbereiche werden häufig von Gehölzen überwachsen (vor allem *Alnus* spp., *Frangula alnus*, *Fraxinus excelsior*, *Salix* spp.).

Arten nährstoffreicher Ruderalfluren, die in der Kulturlandschaft sonst überrepräsentiert sind, spielen in den nährstoffarmen Sand- und Kiesgruben, Steinbrüchen und Tagebauen kaum eine Rolle (Poschlod et al. 1997; Prach et al. 2015). Auch der Anteil neophytischer Pflanzenarten ist in der Regel nicht höher als im Umland (Tischew et al. 2014). Nur wenn im Zuge einer falsch verstandenen Rekultivierung invasive, aber standortgerechte Gehölze (*Elaeagnus angustifolia*, *Hippophae rhamnoides*, *Quercus rubra*, *Robinia pseudoacacia*) gepflanzt wurden, breiten sich diese auf den nährstoffarmen Flächen rasch aus. Auch Prach et al. (2015) beschreiben für Sandgruben, dass spontane Sukzession nach 25 Jahren nur dann zur

Entwicklung von Zielgesellschaften führt, wenn *R. pseudoacacia* nicht im 100-m-Umkreis der Flächen vorkommt.

Generell ist das Vorhandensein geeigneter Diasporenquellen in der unmittelbaren Umgebung der Abbaugebiete für eine rasche Besiedlung der Zielarten einer Renaturierung von Vorteil. Großflächigkeit in Verbindung mit Nischenvielfalt führt über längere Zeiträume zur Akkumulation von Pflanzenarten, selbst wenn die Arten nicht in der unmittelbaren Umgebung vorhanden sind (Exkurs 23.1). Aufgrund des hohen Prozentsatzes der über weite Distanzen eingewanderten Pflanzenarten der Tagebaue ist neben der endo- und synzoochoren Ausbreitung durch Vögel auch eine anemochore Einwanderung über Starkwinde und Thermik anzunehmen. In mittelfristigen Zeiträumen können so neben weitverbreiteten Arten auch seltene Taxa aus der Umgebung einwandern (Kirmer et al. 2008; Tischew et al. 2014).

Exkurs 23.1

Fallbeispiel der Besiedlung von Tagebaufolgelandschaften in Sachsen und Sachsen-Anhalt

Das mitteldeutsche Braunkohlerevier zeichnet sich durch einen besonders hohen Anteil an Spontansukzessionsflächen und einen hohen Artenreichtum aus. Für zehn Tagebaubereiche wurde das nächste Vorkommen bereits eingewanderter Gefäßpflanzen in den Messtischblattquadranten der Floristischen Kartierung Sachsen-Anhalts und Sachsens analysiert (Kirmer et al. 2008). Die Untersuchungen zeigten deutlich den großen Einfluss des unmittelbaren und des weiteren Umlandes für Besiedlungsprozesse (▫ Abb. 23.5).

Liegen die Tagebaufolgeflächen in einem struktur- und artenreichen Umland, so sind fast 90 % der eingewanderten Arten im 0–3 km Umfeld zu finden. Dagegen erhöht sich in artenarmen, ausgeräumten Agrarlandschaften der Anteil an Arten, die ihre nächsten Vorkommen in mehr als 3 km Entfernung haben, auf 36 %. Die bereits eingewanderten Arten weisen signifikant niedrigere Samengewichte und geringere Fallgeschwindigkeiten auf und sind damit besser an Fernausbreitung angepasst als nicht eingewanderte Arten (Kirmer et al. 2008). Esfeld et al. (2008) wiesen mittels genetischer Analysen für *Epipactis palustris* nach, dass eine Einwanderung auch über weite Entfernungen möglich ist und mehrfach erfolgt. Es ist zu erwarten, dass es mit zunehmendem Flächenalter zu einer weiteren Akkumulation von Arten kommen wird, da die Tagebaue durch ihre Größe und den Nischenreichtum wie riesige „Diasporenfallen" in der Landschaft wirken.

23.2.3 Ökosystemfunktionen von Tagebaufolgeflächen

Vor allem in ausgeräumten Agrarlandschaften können ehemalige Abbaugebiete als Rückzugsräume und Trittsteine im Biotopverbund fungieren. Deshalb sollte besonders bei großflächigem Rohstoffabbau darauf geachtet werden, auf Flächen für die Folgenutzung „Arten- und Biotopschutz" die spezifischen Eigenschaften von Bergbaufolgelandschaften zu erhalten und auf Standortnivellierungen und Einsaaten mit Regelsaatgutmischungen weitgehend zu verzichten. Nährstoffreicher Mutterboden – sofern vorhanden – darf ausschließlich auf Flächen mit land- und forstwirtschaftlicher Folgenutzung aufgebracht werden. Soweit ingenieurtechnisch zulässig, sollten im terrestrischen Bereich betriebsbedingte Geländeformen, z. B. Steilwände, Schuttkegel, Bermen, Schüttrippen und Mulden, erhalten bleiben (▫ Abb. 23.2). Notwendige Renaturierungsmaßnahmen sollten sich auf erosions- und rutschungsgefährdete Böschungsbereiche sowie auf die Vermeidung von Staubbelastungen von angrenzenden

23

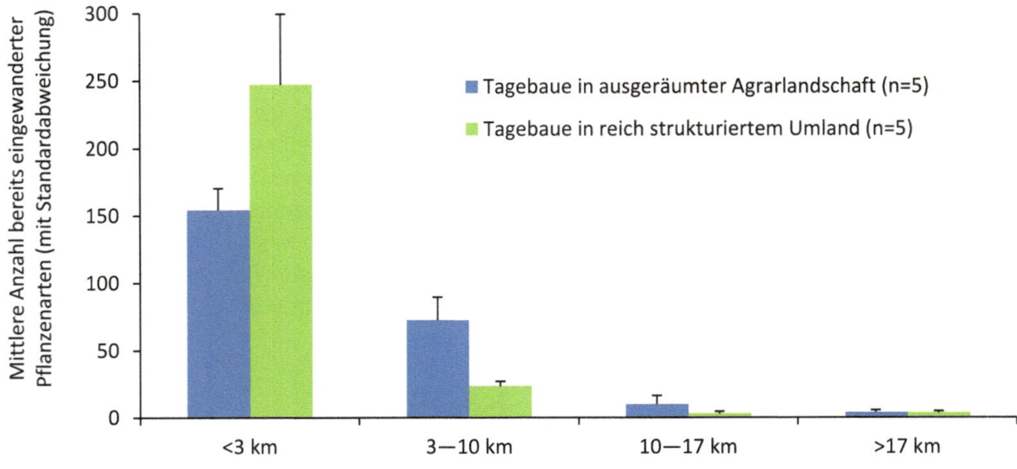

Abb. 23.5 Einwanderung von Pflanzenarten in Tagebauen in Abhängigkeit von entsprechenden Vorkommen in der Umgebung

Ortslagen beschränken. Eine möglichst hohe Standortvielfalt bietet Habitate für viele Pflanzen- und Tierarten und führt zur Entwicklung einer vielfältigen Tagebaulandschaft. Je nach Substratverhältnissen weisen diese Flächen eine unterschiedliche Entwicklungsgeschwindigkeit auf, sodass es in der Regel zu einem Nebeneinander von frühen und späten Sukzessionsstadien kommt. Renaturierte Tagebaue haben eine besondere Ästhetik, die z. B. in der Naturlandschaft Wanninchen, dem Naturparadies Grünhaus oder der Goitzsche-Wildnis im Rahmen von Führungen erlebbar ist.

Für viele in Folge des Abbaus entstehende Gewässer ist eine Nachnutzung für Naherholung und Tourismus geplant oder gewünscht. Baden und Wassersport sollte dabei gezielt auf abgegrenzte Ufer- und Seebereiche beschränkt bleiben, damit Konflikte mit naturschutzfachlichen Belangen (Erhaltung von Röhrichten, Schutz von Röhricht- und Uferbrütern, Amphibienschutz) minimiert werden können. Bojenketten eignen sich dabei gut zur Abgrenzung von Sperrgebieten. Das Einbeziehen von weniger sensiblen Bereichen als Naturerlebnisräume in die Umweltbildung ist dabei durchaus wünschenswert und fördert die Akzeptanz in der Bevölkerung.

23.3 Renaturierung von Tagebaufolgeflächen

23.3.1 Abiotische und biotische Rahmenbedingungen

Bei der Auswahl von Flächen für die Folgenutzung „Arten- und Biotopschutz" sollten folgende Kriterien beachtet werden:

- Möglichst große, zusammenhängende Flächen;
- Flächen mit hoher Substrat- und Reliefheterogenität;
- hoher Anteil spontaner Vegetationsentwicklung;
- möglichst keine invasiven Neophyten (vor allem Gehölze) auf oder nahe der Fläche,
- notwendige Begrünungen nur mit naturnahen Methoden (▶ Kap. 5);
- Flächen mit unterschiedlicher Altersstruktur (ältere Teilflächen als Diasporenquellen und Akkumulationsräume).

Da für die frühen Besiedlungsphasen vor allem Lieferbiotope benachbarter, älterer Abbauflächen mit ihren Pionierarten von Bedeutung sind, ist die schrittweise Ausweisung von Sukzessionsflächen bereits im Abbauprozess sinnvoll. Ein weiterer entscheidender Faktor sind die teilweise extremen abiotischen Standortfaktoren, die zunächst nur besonders angepassten Arten eine langfristige Etablierung ermöglichen. Infolge fortschreitender Bodengenese, der Veränderung mikroklimatischer Bedingungen und durch die Entstehung neuer Biotope (Vorwälder, Seen) ist sukzessive mit einer Verschiebung des Artenspektrums und veränderten Konkurrenzbeziehungen zu rechnen. Besiedlungsprozesse werden damit auch in Abhängigkeit vom erreichten Entwicklungsstadium durch unterschiedliche Attraktoren (z. B. Bäume für frugivore Vögel) und Vektoren (z. B. Säugetiere zum Transport von Pflanzensamen) beeinflusst (Tischew 2004, S. 131).

Wenn im unmittelbaren Umland des Tagebaus Zielarten vorhanden sind, sollten diese Flächen zielgerichtet in die Renaturierungsplanung eingebunden werden, z. B. durch das Verkippen geeigneter Substrate in räumlicher Nähe zu diesen Lieferbiotopen. Über Wildtiere und später auch Weidetiere können Tagebaue und Umland miteinander vernetzt und der Arten- und Genaustausch befördert werden. Rademacher und Buchwald (2003) beschrieben, dass Kiesflächen mit schütterer Vegetation stark von Wildkaninchen genutzt werden, wobei über den Kot Samen eingetragen werden. Auch durch die gezielte Verkippung von Substratgemischen können spätere Vegetationsmuster und Unterschiede in der Besiedlungsgeschwindigkeit vorherbestimmt werden. Besiedlungsfreundliche Quartärsubstrate wirken dabei als Akkumulationsräume und Lieferbiotope für die Entwicklung von Extremstandorten (Tischew 2004, S. 286).

Auch für Tiere sind Distanzeffekte im Hinblick auf fehlende Lieferbiotope und Vernetzungsstrukturen im Umland wirksam. Besonders bei weniger mobilen Artengruppen zeigen die Tagebaue deshalb mittelfristig oft nur ein Teilartenspektrum der umgebenden Landschaft (Tischew 2004, S. 162). In ausgeräumten Agrarlandschaften spielen Trittsteinbiotope und Ausbreitungskorridore wie Bachauen, Gräben, Gehölzreihen, Hecken und Feldraine im Tagebauumland für die faunistische Besiedlung eine große Rolle. Bei weniger mobilen Arten, wie z. B. Amphibien und Reptilien, hängt die Besiedlung vom Vorhandensein von Trittsteinbiotopen in der Umgebung ab, wobei beispielsweise die Wechselkröte mit 8–10 km (Günther und Podloucky 1996) einen höheren Aktionsradius aufweist als die Kreuzkröte mit ca. 2 km (König 1989).

Neben Vögeln gehören Libellen zu den mobilsten Insektengruppen. Bei Kleinlibellen ist die Überwindung großer Distanzen vor allem über eine passive Ausbreitung (z. B. über Windströmungen) möglich (Tischew 2004, S. 163). Neu entstehende Gewässer auf Abbauflächen können deshalb rasch durch eine Vielzahl von Libellenarten, z. B. den Plattbauch oder den Vierfleck, besiedelt werden. Weiherähnliche Gewässer mit und ohne Flachwasserzonen sowie kleinere Seen weisen dabei das größte Artenspektrum auf (◘ Abb. 23.6). Das häufig praktizierte Einsetzen von Fischen wirkt sich dabei negativ (Prädatoren) auf die Libellen, aber auch auf die Amphibienzönose aus.

Durch Planung und Gestaltung kann der naturschutzfachliche Wert von größeren Tagebaugewässern erhöht werden (Wiedemann 1998; Tischew 2004, S. 295 f.). Dies gilt besonders für die Kombination von strukturreichen Seen mit Flachwasserzonen und Verlandungsröhrichten in Verbindung mit weiherartigen Nebengewässern:

- Gestaltung von potentiellen Flachwasserzonen in windgeschützter Lage, z. B. in Buchten, entweder abgewandt von der Hauptwindrichtung oder mit einem Schutz vor Wellenschlag (Dämme, Inseln, Steine);
- Förderung der Röhrichtetablierung durch die Anlage wasserführender Mulden entlang der Uferlinie bei zu erwartendem starken Wellenschlag oder steiler Uferböschung;

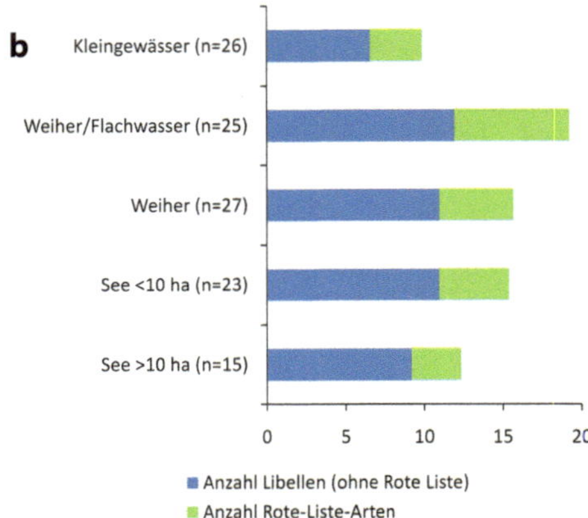

Abb. 23.6 Gewässertypen in Abbaugebieten als Libellenhabitate: **a** Weiherartige Gewässer im Sohlenbereich des Dyckerhoff-Steinbruchs Lengerich, **b** mittlere Anzahl von Libellenarten in verschiedenen Gewässertypen in Tagebaufolgelandschaften in Sachsen-Anhalt. (nach Tischew 2004, S. 118)

- Integration von Steilufern;
- Anlage von Flach- und Kleingewässern in Ufernähe als Habitate für Amphibien und Libellen.

Wenn in ehemaligen Abbaugebieten günstige abiotische Rahmenbedingungen geschaffen werden können, sind drei prinzipielle Strategien für eine Wiederbesiedlung möglich: spontane, initiierte und gelenkte Sukzession. Bei der Auswahl der Renaturierungsstrategie müssen vor allem mögliche Folgenutzungen (Naturschutz, Umweltbildung, Naherholung, Land- und Forstwirtschaft) und das Entwicklungsziel der Flächen (Prozessschutz, Arten- und Biotopschutz) beachtet werden.

23.3.2 Spontansukzession

Können in den Abbaugebieten vielfältige und dynamische spontane Entwicklungsprozesse ablaufen, z. B. durch die Auswahl geeigneter Sukzessionsflächen, eine gezielte Einflussnahme auf Substratverkippung und Reliefgestaltung oder das Zulassen geomorphologischer Prozesse, und befinden sich geeignete Diasporenquellen in der Nähe, kann eine Wiederbesiedlung über spontane Sukzession, also passive Renaturierung, erfolgen. Entwickeln sich die Flächen dann ohne weiteres Management, spricht man auch von Wildnisgebieten (▶ Exkurs 23.2). Dabei wird bewusst in Kauf genommen, dass sich im Sukzessionsverlauf das Konkurrenzgefüge zwischen den Arten verändert und z. B. im Zuge der Verbuschung auch Arten und Lebensgemeinschaften verschwinden. Der Fokus liegt auf der sukzessionsbedingten Dynamik und nicht auf der Erhaltung eines bestimmten Sukzessionsstadiums (Jedicke 1998). Ein Problem in Wildnis- oder Prozessschutzgebieten kann die unerwünschte Ausbreitung invasiver Neophyten darstellen (vgl. ▶ Kap. 24).

Exkurs 23.2

Das Goitzsche-Wildnisprojekt – ein Naturjuwel in Sachsen-Anhalt

Im Tagebau Goitzsche wurde auf einer Fläche von ca. 4 km^2 zwischen 1949 und 1991 ca. 318 Mio. t Braunkohle abgebaut und 826 Mio. m^3 Abraum bewegt (LMBV 2009). Zwischen 2000 und 2004 kauften die BUND-Landesverbände Sachsen-Anhalt und Sachsen ca. 1300 ha naturschutzfachlich wertvolle Bereiche für das Goitzsche-Wildnisprojekt auf. Durch den Grundwasserwiederanstieg wird inzwischen die Hälfte der Fläche von Gewässern und Feuchtgebieten dominiert. Die in den 1990er-Jahren noch großflächig vorhandenen Silbergrasfluren und Sandtrockenrasen sind heute nur noch auf Extremstandorten vorhanden (◘ Abb. 23.7).

Die Landschaft hat sich zu einem Mosaik aus Seen, Feuchtgebieten, Offenland und Sukzessionswäldern mit *Pinus sylvestris* und *Betula pendula* entwickelt (Heidecke et al. 2015). Mithilfe ehrenamtlicher Helfer werden seit dem Jahr 2006 Amphibien, Vögel, Schmetterlinge, Heuschrecken, Libellen und Pflanzen erfasst. Der Besiedlungsstand ist beeindruckend hoch: Bisher konnten zehn Amphibien-, 39 Libellen- und 130 Brutvogelarten nachgewiesen werden, unter anderem Kranich, See- und Fischadler, Eisvogel, Uferschwalbe und Kormoran. In den Halboffenlandschaften kommen Raubwürger, Neuntöter, Braun- und Schwarzkehlchen sowie der Wiedehopf vor. Der BUND bietet für Kinder und Erwachsene ein umfangreiches Programm zur Umweltbildung an. Die Goitzsche-Wildnis ist ein Projekt der UN-Dekade Biologische Vielfalt (▶ www.goitzsche-wildnis.de).

23.3.3 Initiierte Sukzession

Bei der aktiven Renaturierung wird mittels bestimmter Maßnahmen eine Entwicklung in Richtung der gewünschten Artengemeinschaft initiiert. Sie sollte sich dabei am Vorbild der spontanen Sukzession orientieren, das heißt mit möglichst geringen abiotischen und biotischen Manipulationen auskommen. Rohböden sind in der Regel gut besiedlungsfähig, wenn die pH-Werte >5 sind (Kirmer und Tischew 2006). Sehr saure und nährstoffarme Standorte sollten moderat grundmelioriert werden, um eine Vegetationsentwicklung zu ermöglichen (Grätz 2014). Allerdings entwickelten sich im Lausitzer Braunkohlerevier auf grundmeliorierten Flächen durch Spontansukzession rasch Land-Reitgras-Bestände (◘ Abb. 23.8). Um dies zu verhindern,

◘ **Abb. 23.7** Auf einer ca. 45 Jahre alten ehemaligen Bergbaufläche im Tagebau Goitzsche haben sich auf stark saurem, sandigen Tertiärsubstrat Mosaike aus Kiefern-Birkengebüschen, Einzelbäumen, kryptogamenreichen Silbergraspionierfluren, Sandmagerrasen und offenen Bodenstellen entwickelt

23

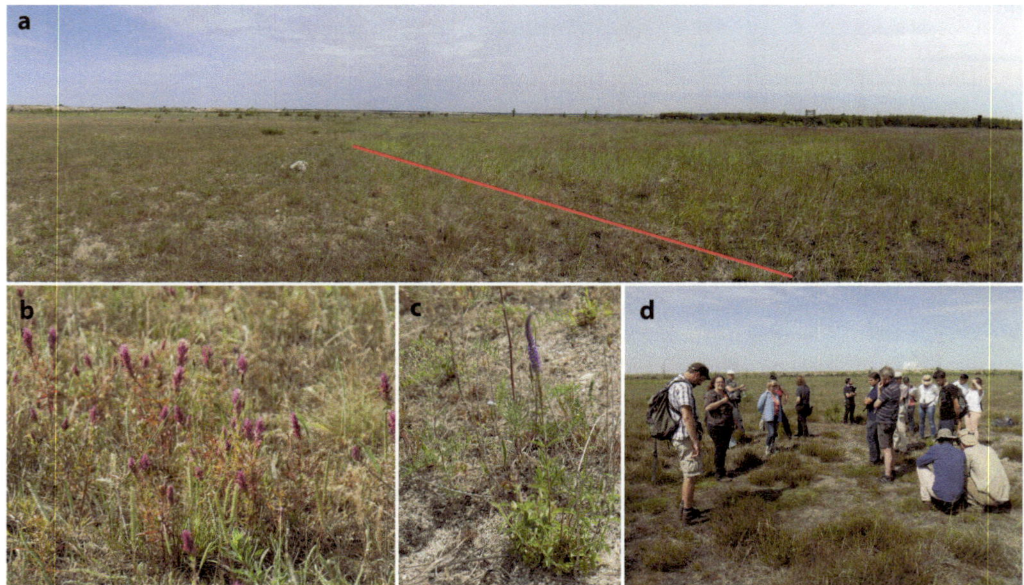

Abb. 23.8 Renaturierungsflächen im Tagebau Jänschwalde bei Cottbus: **a** Deutliche Abgrenzung zwischen fünf Jahre zuvor mit naturnahen Methoden begrünten und durch Spontansukzession entwickelten grundmeliorierten Flächen. Während sich auf den Flächen mit Mähgutauftrag links der roten Linie Trockenrasen etabliert haben, unter anderem mit **b** *Melampyrum arvense* und *Phleum phleoides* sowie **c** *Veronica spicata*, ist rechts der Linie ein eher unerwünschter Land-Reitgras-Dominanzbestand entstanden; **d** auf Flächen mit Auftrag von Heideoberboden aus dem Vorfeld des Tagebaus konnte sich innerhalb von acht Jahren *Calluna vulgaris* ansiedeln

kann die Vegetationsentwicklung über naturnahe Methoden gelenkt und beschleunigt werden (▶ Kap. 5). Zielarten sollten vor allem unter den folgenden Voraussetzungen aktiv eingebracht werden:

- Gefahrenabwehr: um Erosionsschutz und Böschungssicherung auf Standorten zu gewährleisten, die ansonsten nicht gefahrlos für die geplante Folgenutzung geeignet sind, oder bei nicht akzeptabler Staubbelastung angrenzender Siedlungen infolge von Substratverwehungen.
- Kompensation: für die zielgerichtete Entwicklung von Vegetationstypen als Ausgleich für durch den Abbau zerstörte Biotope, die sich aufgrund fehlender Lieferbiotope und/oder Vernetzung sowie fehlender Anpassung an Fernausbreitung nicht spontan entwickeln würden.
- Naherholung: für die zielgerichtete Initiierung von Vegetationsstrukturen zur Entwicklung von Erholungslandschaften, gegebenenfalls nach Abwägung, ob Spontansukzession in akzeptablen Zeiträumen zu einem vergleichbaren Ergebnis führen würde.

Bislang werden bei der Renaturierung von ehemaligen Abbaugebieten vorwiegend Regelsaatgutmischungen eingesetzt. Diese Mischungen wurden von der Forschungsgesellschaft für Landschaftsentwicklung und Landschaftsbau (FLL) entwickelt und enthalten Zuchtsorten mit exakt definierter Zusammensetzung hinsichtlich Genotypen und Mengenanteilen. Häufig werden reine Gräsermischungen eingesät (z. B. RSM 7.1.1). Auch in Mischungen mit Kräutern (RSM 7.1.2) entfallen auf die Gräser mindestens 98 % des Samengewichts, wobei ein Gräseranteil über 90 % die Artenvielfalt deutlich reduziert (Staab et al. 2015). Außerdem können sich besonders auf Flächen mit extremen Standortbedingungen diese für Rasenbau und Landwirtschaft entwickelten Zuchtsorten schlecht etablieren (◘ Abb. 23.9a). Auf besiedlungsfähigeren Substraten entsteht dagegen je nach Nährstoffangebot ein mehr oder weniger dichter Grasfilz, der die Einwanderung der erwünschten Arten deutlich verzögert (◘ Abb. 23.9b).

Zukünftig sollten daher auch bei der Begrünung von Abbaugebieten vorzugsweise gebietseigene, standortangepasste Wildpflanzen aus zertifizierter Herkunft oder direkt geerntetes Material (z. B. Mähgut, Wiesendrusch) verwendet werden (▶ Kap. 5). Dies wird durch die „Empfehlungen für Begrünungen mit gebietseigenem Saatgut" (FLL 2014) unterstützt. Wieden (2015) kritisiert allerdings die aus Elementen verschiedenster Vegetationstypen zusammengesetzten, vorgegebenen Regiosaatgutmischungen, die einer Entwicklung von naturnahen Zielgesellschaften entgegenstehen. Auch sind die Gräseranteile der Mischungen mit 70 % noch zu hoch.

Kirmer et al. (2012) untersuchten die Entwicklung einer reinen Gräsermischung (RSM 7.1.1., drei Arten) und einer artenreichen Wildpflanzenmischung (51 Arten) auf einer nährstoffarmen Tagebauböschung aus Geschiebemergel und Sand. Auf den Wildpflanzenvarianten entwickelte sich ein arten- und strukturreicher Bestand (◘ Abb. 23.9c); die Etablierungsrate lag nach neun Jahren noch bei über 80 %. Auf den RSM-Varianten dominierten *Festuca*-Zuchtsorten die niedrig-

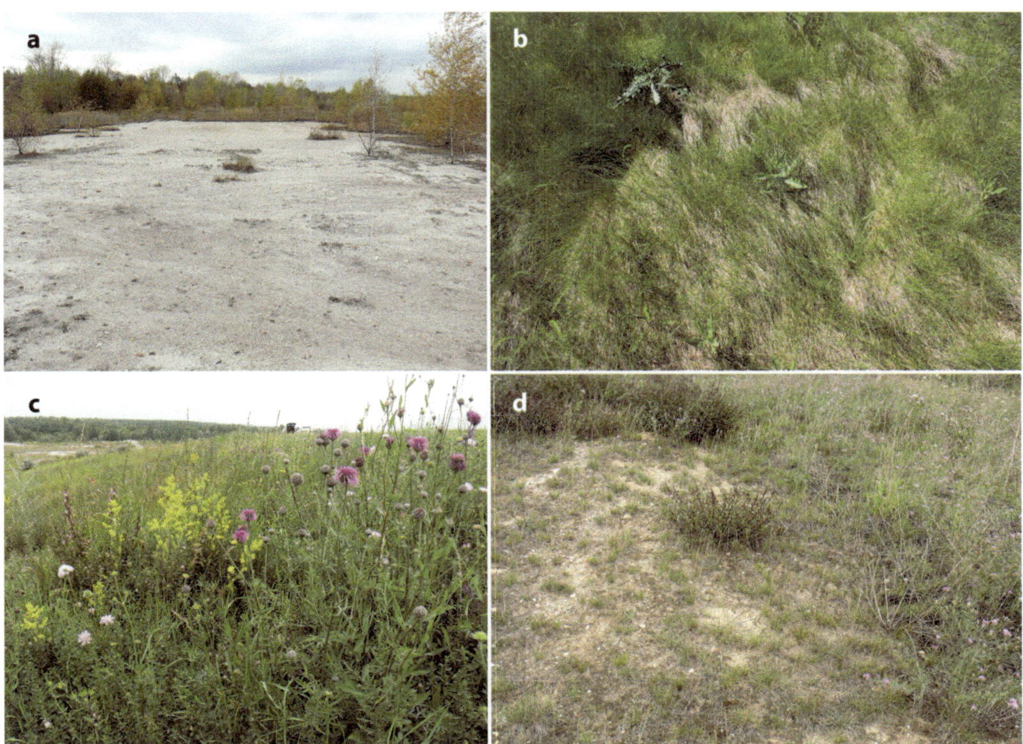

◘ **Abb. 23.9** Renaturierungseffekte von Ansaatmischungen: **a** Kompletter Ausfall der vor ca. zehn Jahren angesäten Landschaftsrasenmischung (RSM 7.1.2) auf saurem, nährstoffarmem Tertiärsubstrat; **b** dichter Grasfilz nach Ansaat einer reinen Gräsermischung (RSM 7.1.1) auf besiedlungsfähigem, nährstoffreichem Substrat; **c** Arten- und strukturreicher Bestand aus Magerrasen- und Grünlandarten (unter anderem *Centaurea scabiosa, Galium verum, Knautia arvensis*) auf einer nährstoffarmen Geschiebemergel-Sand-Böschung im Tagebau Profen, neun Jahre nach der Ansaat einer Wildpflanzenmischung; **d** allmähliche Einwanderung von Zielarten aus benachbarten Wildpflanzenansaaten in eine RSM-Ansaat (7.1.1) im Tagebau Profen; auch nach neun Jahren sind die Saatreihen noch deutlich erkennbar

wüchsige Vegetation. Durch die Nährstoffarmut der Fläche entstand eine lückige Matrix, in die krautige Wildpflanzen aus benachbarten Flächen langsam einwandern konnten (◘ Abb. 23.9d).

Auch wenn viele Pflanzenarten im Laufe der Zeit über spontane Sukzession ehemalige Abbaugebiete besiedeln können (▶ Exkurs 23.1), so gibt es doch einige Artengruppen, die nur in Ausnahmefällen größere Distanzen überbrücken. Tischew et al. (2014) zeigten, dass beispielsweise viele typische Gräser der Kalkmagerrasen auch nach mehreren Jahrzehnten nur vereinzelt in die großflächigen Tagebaufolgelandschaften des Braunkohleabbaus in Ostdeutschland einwandern (▶ Exkurs 23.3). Auch viele krautige Waldbodenarten mit Anpassungen an Ameisenausbreitung werden nur über geringe Distanzen transportiert (im Mittel <10 m; Tamme et al. 2014).

Exkurs 23.3

Vergleich spontaner und initiierter Entwicklung am Beispiel von Kalkmagerrasen

Um die Möglichkeit der spontanen Entwicklung von Kalkmagerrasen in ehemaligen Braunkohleabbaugebieten zu analysieren, wurden 54 potentiell für diese Zielvegetation geeignete Flächen aus sechs Altersklassen ausgewählt (Tischew et al. 2014). Für die aktive Renaturierung der Zielgesellschaft wurde ein Versuch im Tagebau Roßbach (Geiseltalrevier) herangezogen, der im Jahr 2000 durch Mähgutübertrag und Ansaat einer regionalen Wildpflanzenmischung angelegt wurde (Baasch et al. 2012). Als Referenzflächen dienten alte, beweidete Kalkmagerrasen, die sich in einem guten Erhaltungszustand und in einem Radius von maximal 25 km zu den Tagebauflächen befinden.

Eine Auswertung, die auf der Ähnlichkeit der Vegetationsaufnahmen beruht, zeigt, dass sich die Entwicklungsrichtung der Spontansukzessionsflächen und der Flächen mit Artentransfer deutlich unterscheidet (◘ Abb. 23.10). Die Veränderung im Arteninventar wird auf Achse NMDS2 abgebildet, die signifikant mit dem Flächenalter korreliert ist. Bei den Spontansukzessionsflächen ist die Gesamtartenzahl der Kalkmagerrasenarten über alle Altersklassen mit 43 Arten sehr hoch (γ-Diversität), allerdings bleibt deren mittlere Anzahl auf den Einzelflächen mit 3–9 Arten in allen Altersklassen gering (α-Diversität). Flächen mit Artentransfer entwickeln sich schneller in Richtung der Zielvegetation, da die Arten keine Ausbreitungsbarrieren überwinden müssen. Je mehr Kalkmagerrasenarten eingebracht werden, desto zielgerichteter verläuft die Entwicklung.

Auf den Spontansukzessionsflächen fehlen Kalkmagerrasengräser, wie z. B. *Brachypodium pinnatum*, *Briza media*, *Bromus erectus*, *Helictotrichon pubescens* und *Koeleria macrantha*; als Erstbesiedler tritt dort *Calamagrostis epigejos* auf (Baasch et al. 2012). In dem Versuch im Tagebau Roßbach stieg die mittlere Deckung von *C. epigejos* auf den Kontrollflächen ohne Artentransfer nach neun Jahren auf 30 %. Erst durch regelmäßige Mahd ging die Deckung allmählich zurück und sank im Sommer 2015 auf 2 % (A. Kirmer, unveröff. Daten). Die auf den Nachbarflächen aktiv eingebrachten Kalkmagerrasengräser nutzten die frei gewordenen Etablierungsnischen und erhöhten ihre Abundanz von zwei Arten mit 1,5 % (2009) auf sieben Arten mit 11 % (2015).

Bei der Besiedlung von großflächigen Abbaugebieten reicht das Zeitfenster für eine erfolgreiche Einwanderung von Kalkmagerrasenarten meistens nicht aus. Vor allem auf besiedlungsfähigen Standorten schreitet die Verbuschung rasch voran oder es entwickeln sich mehr oder weniger dichte Land-Reitgras-Fluren. Ausgenommen sind steile und/oder trockene Standorte, die länger offenbleiben, aber auch anfällig für Erosion sind. Sollen Kalkmagerrasen entwickelt werden, so ist es vorteilhaft, die Zielarten auf geeigneten Flächen möglichst frühzeitig aktiv einzubringen (Methoden s. ▶ Kap. 5). Dadurch können *Priority*-Effekte durch unerwünschte Arten, wie z. B. *Calamagrostis epigejos* oder Gehölze, aber auch Erosionsprozesse effektiv verhindert werden.

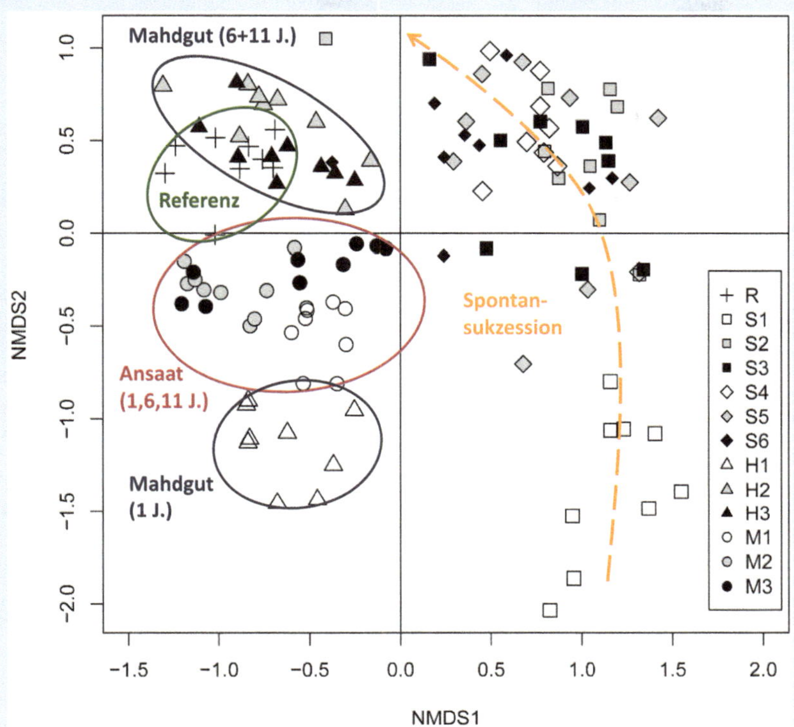

Abb. 23.10 Darstellung der über eine Strukturanalyse (NMDS) ermittelten Ähnlichkeiten von Vegetationsaufnahmen aus unterschiedlich alten Tagebauflächen mit spontaner und initiierter Sukzession: R = Referenzflächen im Umland; S = Spontansukzessionsflächen im Tagebau, S1 = 0–5 J., S2 = 6–10 J., S3 = 11–20 J., S4 = 21–30 J., S5 = 31–40 J., S6 = > 40 J.; H = Flächen mit Mähgutauftrag, 30 Bromion-Arten; H1 = 1 J., H2 = 6 J., H3 = 11 J.; M = Flächen mit Mulchdecksaat, 12 Bromion-Arten; M1 = 1 J., M2 = 6 J., M3 = 11 J. (verändert nach Tischew et al. 2014)

Neben Offenlandlebensräumen können auch Wälder über naturnahe Methoden entwickelt werden. Dabei ist vor allem auf großflächig offenen, jungen Abbauflächen der Einsatz von einheimischen Pionierbaumarten ökologisch und ökonomisch am sinnvollsten (Tischew 2004, S. 263 f.; Lorenz et al. 2017). Da Pionierbaumarten geringe Ansprüche an den Standort stellen, sind keine aufwendigen Meliorationsmaßnahmen notwendig. Zudem ist die Saat gegenüber der Pflanzung deutlich kostengünstiger. Durch ihr schnelles Jugendwachstum stellt sich bei Pionierbaumarten ein rascher Begrünungseffekt ein. *Betula pendula* und auf sehr nährstoffarmen, trockenen sandig-schluffigen Standorten auch *Pinus sylvestris* sollten vor allem dann eingebracht werden, wenn Diasporenquellen weit entfernt liegen: >200 m bei Birke (Harding 1981) und >100 m bei Kiefer (Miles und Kinnaird 1979); siehe auch Tab. 23.2 Als Verfahren eignen sich je nach Keimbettbedingungen Mulchdecksaaten sowie Schneesaaten mit Birke (► Kap. 5). Bei günstigen Keimbettbedingungen (>10 % Tonanteil, raue Oberfläche) kann eine einfache Schneesaat durchgeführt werden. Bei Erosions- oder Verwehungsgefahr sowie bei geringen Tonanteilen im Substrat (<10 %) sollten Birkenansaaten bevorzugt als Mulchdecksaaten ausgeführt werden (Lorenz et al. 2017).

Tab. 23.2 Spontane und initiierte Sukzession von Wäldern auf besiedlungsfähigen Rohbodenstandorten in ehemaligen Abbaugebieten. (nach Kirmer et al. 2009)

Jahre	Stadien der spontanen Waldentwicklung	Beschleunigung der Waldentwicklung durch Einbringen von Zielarten
1–10	Spontane Besiedlung von Pionierbaumarten bei vorhandenen Lieferbiotopen	Ansaat mit *Betula pendula* und *Pinus sylvestris* – bei ungünstiger Lage zu Lieferbiotopen – bei Erosionsgefahr und Staubentwicklung in Siedlungsnähe
11–30	Verjüngung mit Intermediär-/Schlusswald-Baumarten in der Krautschicht der Pionierwälder	Einbringen von Intermediär- und Schlusswald-Baumarten in Pionierwälder durch manuelle Ansaat oder unterstützte Hähersaat (Stimm und Knoke 2004) – bei hohem Isolationsgrad der Abbauflächen – bei fehlender Anpassung an Fernausbreitung – bei nahegelegenen Vorkommen von neophytischen Gehölzen, um deren Einwanderung zu verhindern
31–60	Akkumulation erster Waldarten in der Krautschicht sowie erster Intermediär-/Schlusswald-Baumarten in der Strauch- und unteren Baumschicht, vor allem *Quercus robur*; je nach Lieferbiotopen auch *Fraxinus excelsior, Tilia cordata, Carpinus betulus, Acer* spp.	
61–100	Übergang zu intermediären Waldstadien; verstärkte Akkumulation von krautigen Waldbodenarten sowie Intermediär- und Schlusswaldarten in der Baumschicht	Gezieltes Einbringen anspruchsvoller Waldbodenarten ohne Anpassungen an Fernausbreitung, z. B. durch Transfer von Waldboden aus Altwäldern (Wolf 1987)

23.3.4 Gelenkte Sukzession

Um naturschutzfachlich wertvolle Sukzessionsstadien zu erhalten oder Fehlentwicklungen zu korrigieren (z. B. Bildung von Land-Reitgras-Dominanzbeständen, Einwanderung neophytischer Gehölze), können Mahd und Beweidung als Managementmaßnahmen eingesetzt werden (Lorenz et al. 2016). Bereits seit mehr als zehn Jahren werden in ehemaligen Braunkohletagebauen, Steinbrüchen und Kiesgruben verschiedene ganzjährige Beweidungsprojekte mit Megaherbivoren (<0,5 Großvieheinheiten [GVE] ha−1) zur Offenhaltung und zur Neophytenkontrolle durchgeführt. Als besonders geeignet haben sich dabei Koniks, Galloways, Taurus-Rinder und Schottische Hochlandrinder erwiesen. Die Besatzstärke sollte bei 0,3–0,5 GVE ha−1 liegen. Beispiel für erfolgreiche Projekte gibt es im Restloch Grabschütz (Sachsen, Braunkohle, seit 2006), NSG Kayna-Süd (Sachsen-Anhalt, Braunkohle, seit 2008, Abb. 23.8a), Steinbruch Gerhausen (Schwäbische Alb, Kalkstein, seit 2012) und NSG Steinbruch Steinbühl (Nordpfalz, Porphyr, seit 2007). Eine weitere Möglichkeit ist die saisonale Beweidung mit robusten Ziegen- und Schafrassen sowie mit Rindern.

Durch die Beweidung entwickelten sich halboffene Weidelandschaften mit hoher Struktur- und Artenvielfalt (Birger et al. 2015; Lorenz et al. 2016). Gewässer müssen in die Weide einbezogen werden, wenn frühe Sukzessionsstadien erhalten werden sollen. Aufkommendes Röhricht an Gewässern wird von Rindern stark dezimiert, sodass besonnte, vegetationsarme Uferbereiche und damit Laichhabitate für Amphibien (z. B. Gelbbauchunke, Laubfrosch, Wechselkröte) entstehen. Um Habitate für schilfbrütende Vogelarten zu erhalten, ist eine teilweise Auszäunung des Röhrichts erforderlich. Ziegen eignen sich optimal zur Zurückdrängung von Gehölzen und können auch in Steillagen gut eingesetzt werden (Elias und Tischew 2016).

Abb. 23.11 Beweidung renaturierter Tagebaue: **a** Seit 2008 wird das NSG Bergbaufolgelandschaft Kayna-Süd mit Koniks und Galloways beweidet, um die Ölweide zurückzudrängen. Dabei kam es auch zu einem starken Rückgang der Land-Reitgras-Dominanzbestände zugunsten von Magerrasen- und Grünlandarten. **b** Sieben Jahre Beweidung mit Koniks und Heckrindern führte auf dem ehemaligen Truppenübungsplatz Oranienbaumer Heide zu einem massiven Rückgang des Land-Reitgrases zugunsten von Zielarten, während der unbeweidete Bereich nach wie vor von einer dichten Land-Reitgras-Flur geprägt wird

Bei der Bekämpfung von neophytischen Gehölzen ist häufig eine Entbuschung in Verbindung mit Beweidung (Verbiss des Wiederaustriebs) notwendig, wobei sich großflächige Ölweidenbestände als besonders problematisch erwiesen haben (Abb. 23.11a). Birger et al. (2015) empfehlen für diese Flächen jährliches Mulchen als zusätzliche Maßnahme. Auch Dominanzbestände von *Calamagrostis epigejos* können durch eine Sommermahd oder eine Beweidung mit robusten Rassen deutlich aufgelichtet werden (Abb. 23.11b). Bei einer Mahd kann die anfallende Biomasse zur Energiegewinnung in speziellen Biogasanlagen mit Trockenfermentation verwendet werden (Sauter et al. 2013); eine Heunutzung ist wegen des geringen Futterwerts des Land-Reitgrases nicht möglich.

23.4 Schlussfolgerungen

Das Entwicklungspotential von Bergbaufolgelandschaften muss in der Sanierungsplanung zukünftig stärker berücksichtigt werden. Die Förderung standortbedingter Besonderheiten und das Zulassen zeitlich differenzierter Besiedlungsprozesse führt zur Entwicklung von Biotopmosaiken, die gerade in homogenen Landschaften wichtige Funktionen als Rückzugsräume und Trittsteine im Biotopverbund übernehmen können. Sind die Abbaugebiete nur unzureichend mit geeigneten Lieferbiotopen vernetzt oder besteht die Gefahr der Einwanderung invasiver Neophyten, sind Eingriffe in den Sukzessionsverlauf, wie das Einbringen von Pflanzenarten oder ein gezieltes Management, erforderlich. Aufgrund der langen Planungs- und Umsetzungszeit müssen bereits im aktiven Tagebau Entwicklungsziele definiert und mit allen Akteuren abgestimmt werden. Maßnahmen zur Flächengestaltung, wie Substratauswahl, Reliefgestaltung, Lage und Flächengröße, sollten frühzeitig in die Sanierungsplanung integriert werden. Vor allem für Flächen mit Folgenutzung Naturschutz müssen bereits im Vorfeld die Verantwortlichkeiten hinsichtlich Pflege und Entwicklung festgelegt werden.

Fragen zur Vertiefung

- Welche naturschutzfachlich wertvollen standörtlichen Entwicklungspotentiale können in Abbaugebieten im Vergleich zur Normallandschaft auftreten?

23

- Für welche Tier- und Pflanzenarten(-gruppen), deren Vorkommen in der umgebenden Landschaft zurückgehen, können Abbaugebiete Ersatzlebensräume sein?
- Was ist bei der Auswahl von Flächen für Folgenutzung Arten- und Biotopschutz zu beachten?
- Welche Ökosystemfunktionen können Abbaugebiete übernehmen?
- Unter welchen Voraussetzungen sollten Zielarten aktiv eingebracht werden?
- Welche Faktoren spielen bei der Besiedlung durch Amphibien und Libellen eine besondere Rolle?
- Wie kann die Waldentwicklung in Tagebaufolgelandschaften beschleunigt werden?
- Welche Renaturierungsstrategien und Entwicklungsziele lassen sich kombinieren?

Literatur

Ahlheim M (1997) Kosten und Nutzen von Rekultivierungsmaßnahmen. In: Arndt U, Böcker R, Kohler A (Hrsg) Abbau von Bodenschätzen und Wiederherstellung der Landschaft. G. Heimbach, Ostfildern, S 47–64

Ash HJ, Gemmell RP, Bradshaw AD (1994) The introduction of native plant species on industrial waste heaps: a test of immigration and other factors affecting primary succession. J Appl Ecol 31:74–84

Baasch A, Kirmer A, Tischew S (2012) Nine years of vegetation development in a postmining site: effects of spontaneous and assisted site recovery. J Appl Ecol 49:251–260

Baumbach H, Sänger H, Heinze M (2013) Bergbaufolgelandschaften Deutschlands – Geobotanische Aspekte und Rekultivierung. Weissdorn, Jena

Birger J, Birger A, Thürkow F (2015) Naturschutz- und Landschaftspflegearbeiten im Natura 2000-Gebiet Bergbaufolgelandschaft Kayna-Süd. Projektphase II 2013 bis 2015. Unveröff. Abschlussbericht, FKZ: 407.1.9-60128/323012000039

Buhk C, Alt M, Steinbauer MJ, Beierkuhnlein C, Warren SD, Jentsch A (2017) Homogenizing and diversifying effects of intensive agricultural land-use on plant species beta diversity in Central Europe – a call to adapt our conservation measures. Sci Total Environ 576:225–233

Elias D, Tischew S (2016) Goat pasturing – a biological solution to counteract shrub encroachment on abandoned dry grasslands in Central Europe? Agric Ecosyst Environ 234:98–106

Ellenberg H, Leuschner C (2010) Vegetation Mitteleuropas mit den Alpen: in ökologischer dynamischer und historischer Sicht. Ulmer, Stuttgart

Esfeld K, Hensen I, Wesche K, Jakob SS, Tischew S, Blattner FR (2008) Molecular data indicate multiple independent colonizations of former lignite mining areas in Eastern Germany by *Epipactis palustris* (Orchidaceae). Biodivers Conserv 17:2441

FLL (2014) Empfehlungen für Begrünungen mit gebietseigenem Saatgut. Forschungsgesellschaft Landschaftsentwicklung Landschaftsbau, Bonn

Gilcher S, Bruns D (1999) Renaturierung von Abbaustellen. Ulmer, Stuttgart

Grätz C (2014) Naturnahe Begrünung der Renaturierungsflächen im Tagebau Jänschwalde, Entwicklungsziel Offenland. Ber Nat forsch Ges Oberlausitz 22:53–72

Grotzinger J, Jordan T (2016) Press/Siever Allgemeine Geologie. Springer, Berlin

Günther R, Podloucky R (1996) Wechselkröte – *Bufo viridis*. In: Günther R (Hrsg) Die Amphibien und Reptilien Deutschlands. Gustav Fischer, Jena, S 322–343

Harding GS (1981) Regeneration of birch (*Betula pendula* Roth and *Betula pubescens* Ehrh.). In: Newbould AN, Goldsmith FB (Hrsg) The regeneration of oak and beech – a literature review. Discussion papers in Conservation, University College London Bd 33, S 83–112

Heidecke F, Lindemann K, Heidecke H (2015) Natur aus zweiter Hand. 15 Jahre Wildnisentwicklung in der Bergbaufolgelandschaft Goitzsche. Nat Landsch 90:453–458

Heneberg P, Bogusch P, Rehounek J (2013) Sandpits provide critical refuge for bees and wasps (Hymenoptera: Apocrita). J Insect Conserv 17:473–490

Hübner F, Tränkle U (2013) Kalkabbaugebiete in Deutschland. In: Baumbach H, Sänger H, Heinze M (Hrsg) Bergbaufolgelandschaften Deutschlands – Geobotanische Aspekte und Rekultivierung. Weissdorn, Jena, S 533–562

Jedicke E (1998) Raum-Zeit-Dynamik in Ökosystemen und Landschaften – Kenntnisstand der Landschaftsökologie und Umsetzung in die Prozessschutz-Definition. Nat Landsch 30:229–236

Johnson-Groh C, Riedel C, Schoessler L, Skogen K (2002) Belowground distribution and abundance of *Botrychium* gametophytes and juvenile sporophytes. Am Fern J 92:80–92

Kirmer A, Tischew S (2006) Handbuch naturnahe Begrünung von Rohböden. Teubner, Wiesbaden

Kirmer A, Tischew S, Ozinga WA, Lampe M von, Baasch A, Groenendael JM van (2008) Importance of regional species pools and functional traits in colonisation processes: predicting re-colonisation after large-scale destruction of ecosystems. J Appl Ecol 45:1523–1530

Kirmer A, Lorenz A, Tischew S (2009) Renaturierung über Initialensetzungen – naturnahe Methoden zur Beschleunigung der Vegetationsentwicklung. In: Zerbe S, Wiegleb G (Hrsg) Renaturierung von Ökosystemen in Mitteleuropa. Spektrum, Heidelberg, S 372–380

Kirmer A, Baasch A, Tischew S (2012) Sowing of low and high diversity seed mixtures in ecological restoration of surface mined-land. Appl Veg Sci 15:198–207

Kirmer A, Lorenz A, Baasch A, Tischew S (2013) Braunkohlenbergbau in Mitteldeutschland. In: Baumbach H, Sänger H, Heinze M (Hrsg) Bergbaufolgelandschaften Deutschlands – Geobotanische Aspekte und Rekultivierung. Weissdorn, Jena, S 75–108

König H (1989) Untersuchungen an Knoblauchkröten *(Pelobates fuscus)* während der Frühjahrswanderung. Fauna Flora Rheinland-Pfalz 5:621–636

Korneck D, Schnittler M, Vollmer I (1996) Rote Liste der Farn- und Blütenpflanzen (Pteridophyta et Spermatophyta) Deutschlands. Schr reihe Veg kd 28:21–187

Korsch H (2013) Die Armleuchteralgen (Characeae) Sachsen-Anhalts. Ber Landesamt Umweltschutz Sachsen-Anhalt 1:1–85

Kunz W (2004) Der Braunkohle-Tagebau als Ort der Wiederansiedlung seltener Tagfalter und anderer Organismen: Was wird durch Rekultivierung zerstört? Entomol heute 16:245–255

Landeck I, Kirmer A, Hildmann C, Schlenstedt J (2017) Arten und Lebensräume der Bergbaufolgelandschaften – Chancen der Braunkohlesanierung für den Naturschutz im Osten Deutschlands. Shaker Verlag, Herzogenrath

LMBV (2009) Holzweißig/Goitzsche/Rösa – Wandlungen und Perspektiven. Lausitzer und Mitteldeutsche Bergbau-Verwaltungsgesellschaft (Hrsg) Mitteldeutsches Braunkohlenrevier 01

Lorenz A, Tischew S, Mahn EG (2009) Analyse der Sukzessionsdynamik spontan entwickelter Wälder auf Kippenflächen der ehemaligen ostdeutschen Braunkohlengebiete als Grundlage für Renaturierungskonzepte. Forstarchiv 80:151–162

Lorenz A, Seifert R, Osterloh S, Tischew S (2016) Renaturierung großflächiger subkontinentaler Sand-Ökosysteme. Was kann extensive Beweidung mit Megaherbivoren leisten? Nat Landsch 91:73–82

Lorenz A, Tischew S, Wagner S (2017) Verjüngungsökologie der Sandbirke *(Betula pendula* Roth*)* auf ehemaligen Abgrabungsflächen als Grundlage für Renaturierungskonzepte. Forstarchiv 88:111–124

Miles J, Kinnaird JW (1979) The establishment and regeneration of birch, juniper and Scots pine in the Scottish Highlands. Scott For 33:102–119

Pflug W (1998) Braunkohlenbergbau und Rekultivierung – Landschaftsökologie, Folgenutzung, Naturschutz. Springer, Berlin

Poschlod P, Tränkle U, Böhmer J, Rahmann H (1997) Steinbrüche und Naturschutz – Sukzession und Renaturierung. Ecomed, Landsberg

Prach K, Karesova P, Jirova A, Dvorakova H, Konvalinkova P, Rehounkova K (2015) Do not neglect surroundings in restoration of disturbed sites. Restor Ecol 23:310–314

Rademacher M (2001) Untersuchungen zur Vegetationsdynamik anthropogener Kiesflächen der Oberrheinebene unter Berücksichtigung landschaftsökologischer und naturschutzfachlicher Belange. Dissertation, Universität Freiburg i. Br.

Rademacher M, Buchwald R (2003) Die Bedeutung endozoochorer Ausbreitung durch Wildkaninchen *(Oryctolagus cuniculus* L.*)* für die Wiederbesiedlung von Kies- und Sandrohböden und die Rolle der Tiere im weiteren Sukzessionsverlauf. Ber Reinhold-Tüxen-Ges 15:193–202

Sauter P, Schicketanz S, Döhling F, Pilz A, Plöchl M, Lochmann Y (2013) Grünlandenergie. Praxishinweise für die Entwicklung von Gras und Schilf basierten Nutzungskonzepten zur Energiegewinnung. Schr reihe BMU-Förderprogr Energetische Biomassenutzung 10:1–42

Schiel FJ, Rademacher M (2008) Artenvielfalt und Sukzession in einer Kiesgrube südlich Karlsruhe. Nat schutz Landsch plan 40:1–10

Staab K, Yannelli F, Lang M, Kollmann J (2015) Bioengineering effectiveness of seed mixtures for road verges: Functional composition as a predictor of grassland diversity and invasion resistance. Ecol Eng 84:104–112

Statistik der Kohlenwirtschaft (2013) Braunkohle. ▸ http://www.kohlenstatistik.de/19-0-Braunkohle.html. Zugegriffen: 13.11.18

Stimm B, Knoke T (2004) Hähersaaten: ein Literaturüberblick zu waldbaulichen und ökonomischen Aspekten. Forst Holz 59:531–534

Tamme R, Götzenberger L, Zobel M, Bullock JM, Hooftman DAP, Kaasik A, Pärtel M (2014) Predicting species' maximum dispersal distances from simple plant traits. Ecology 95:505–513

Tischew S (2004) Renaturierung nach dem Braunkohleabbau. Teubner, Wiesbaden

Tischew S, Baasch A, Grunert H, Kirmer A (2014) How to develop native plant communities in heavily altered ecosystems: examples from large-scale surface mining in Germany. Appl Veg Sci 17:288–301

Trautner J, Bruns D (1988) Tierökologische Grundlagen zur Entwicklung von Steinbrüchen. Ber Akad Nat schutz Landsch pfl 12:205–228

UBA (2016) Flächenverbrauch für Rohstoffabbau. ▶ https://www.umweltbundesamt.de/daten/flaeche-boden-land-oekosysteme/flaeche/flaechenverbrauch-fuer-rohstoffabbau#textpart-1. Zugegriffen: 05.12.18

Wälter T (2004) Naturschutz und Bergbau in Südbrandenburg. Nat schutz Landsch pfl Brandenburg 2:56–63

Wesche K, Krause B, Culmsee H, Leuschner C (2012) Fifty years of change in Central European grassland vegetation: large losses in species richness and animal-pollinated plants. Biol Conserv 150:76–85

Wiedemann D (1998) Gestaltung eines Kippenstandortes für den Naturschutz. In: Pflug, W (Hrsg) Braunkohlentagebau und Rekultivierung. Landschaftsökologie, Folgenutzung, Naturschutz. Springer, Berlin, S 697–705

Wieden M (2015) Wildpflanzensaatgut im Spannungsfeld des Naturschutzes. Kritische Anmerkungen zu aktuellen Regelungsversuchen. Nat schutz Landsch plan 47:181–190

Wolf G (1987) Untersuchungen zur Verbesserung der forstlichen Rekultivierung mit Altwaldboden im Rheinischen Braunkohlenrevier. Nat Landsch 62:364–368

Wronski R, Küchler S (2014) Kostenrisiken für die Gesellschaft durch den deutschen Braunkohletagebau. Forum Ökologisch-Soziale Marktwirtschaft, Berlin

Weiterentwicklung der Renaturierungsökologie

Inhaltsverzeichnis

Neuartige Ökosysteme und invasive Neobiota

Johannes Kollmann

© Springer-Verlag GmbH Deutschland, ein Teil von Springer Nature 2019
J. Kollmann et al., *Renaturierungsökologie*, https://doi.org/10.1007/978-3-662-54913-1_24

24

Zusammenfassung

Durch irreversible Standortveränderungen und die Ansiedlung invasiver Fremdarten sind auch in Mitteleuropa in den vergangenen Jahrzehnten neuartige Ökosysteme entstanden. Bei diesen Ökosystemen ist die Wiederherstellung von Vegetationstypen der Naturlandschaft oder der historischen Kulturlandschaft sehr aufwendig oder unmöglich. Der naturschutzfachliche Wert neuartiger Ökosysteme wird kontrovers diskutiert, er ist aber im Einzelfall meist ungeklärt. Geeignete Pflege- und Renaturierungsmaßnahmen müssen noch entwickelt werden, z. B. bezüglich einer Bodensanierung oder passender Pflanzenarten zur Begrünung und zur Steigerung bestimmter Ökosystemprozesse. Auch in Bezug auf invasive Neobiota gibt es gegensätzliche Meinungen: Manche Experten fordern eine konsequente Ausrottung, um Schäden an einheimischen Arten und Ökosystemen zu vermeiden, andere appellieren an ein geduldiges Abwarten, wie sich diese Arten in die Nahrungsnetze einfügen werden und damit mit der Zeit ihre Ausbreitungsdynamik verlieren könnten. Die Naturschutzforschung und Renaturierungsökologie setzen sich derzeit intensiv mit dieser Problematik auseinander.

24.1 Einleitung

Die naturschutzfachliche Qualität der natürlichen und halbnatürlichen Ökosysteme Mitteleuropas kann aufgrund menschlicher Eingriffe viele Zwischenstufen durchlaufen: von schleichenden Veränderungen der Standortfaktoren und dem Verschwinden bestimmter Arten bis hin zur weitgehenden Umwandlung in „neuartige Ökosysteme", die es in dieser Form zuvor nicht gegeben hat. Weltweit zeigen zahlreiche Ökosysteme unumkehrbare Standortveränderungen aufgrund nicht nachhaltiger Landnutzung (Hobbs et al. 2009). Dies ist oft verbunden mit verändertem Wasserhaushalt, Versauerung, Eutrophierung oder der Ansiedlung invasiver Neobiota, was in vielen Fällen zur Verminderung der biologischen Vielfalt und der Nutzbarkeit dieser Ökosysteme führt (Hobbs et al. 2013). Ausnahmen dieser regional negativen Entwicklung sind urbane Räume (▶ Kap. 22), in denen sich einheimische Pflanzenarten mit verwilderten Zierpflanzen und invasiven Neophyten zu neuen, artenreichen Pflanzengesellschaften mischen (Kowarik 2011).

Das klassische Beispiel einer stufenweise negativen Entwicklung zeigen viele Moore in Mitteleuropa (◘ Abb. 24.1a). Ein Trampelpfad durch das Moor stellt nur eine lokale anthropogene Störung dar, die bei geeigneter Besucherlenkung über einen Holzsteg wieder rückgängig gemacht werden kann (◘ Abb. 24.1b). Solange der Wasser- und der Nährstoffhaushalt intakt bleiben, können sich Torfmoose und andere Moorpflanzen hier wieder ansiedeln und ein vitales Akrotelm regenerieren. Wird das Moor allerdings entwässert und kommt es zu Nährstoffeinträgen, können sich Birken und andere Gehölze ansiedeln, die dem Moor durch Verdunstung zusätzlich Wasser entziehen (◘ Abb. 24.1c). Ohne langfristige Renaturierungsmaßnahmen mit Grabenverschluss und konsequenter Gehölzbekämpfung ist in diesem Fall der ursprüngliche Zustand des Moores nicht wieder herstellbar. Durch die Entwässerung kann es allerdings zu einer unumkehrbaren Zerstörung der Torfstruktur und damit zu veränderter Wasserhaltekapazität mit höheren pH-Werten und steigenden Nährstoffkonzentrationen im Boden kommen (vgl. ▶ Kap. 11). Durch die Einwanderung bestimmter Neophyten, wie *Solidago gigantea* oder *Vaccinium macrocarpon*, beide aus Nordamerika, kann sich zudem die Vegetation der degradierten Moore irreversibel verändern (Scharfy et al. 2009; Gudzinskas et al. 2014). Die meisten der ehemals ausgedehnten Moore Mitteleuropas weisen solche Veränderungen der hydrologischen Verhältnisse und Torfstruktur auf, die eine nitrophytische Vegetation begünstigen, stellenweise durchsetzt von

Abb. 24.1 Stufenweise Degradation von Moorökosystemen: **a** Weitgehend intaktes Kesselmoor nördlich von Kopenhagen (Boellemose); **b** Trampelpfade in einem Teil desselben Moores, das sich aber bei Ausbleiben der Störung wieder selbstständig erholen kann; **c** teilentwässertes Durchströmungsmoor nördlich von Kopenhagen (Lyngby Aamose) mit Birkenanflug, der eine Anhebung des Moorwasserspiegels und ein konsequentes Zurückdrängen der Gehölze erfordert; **d** durch Drainage, Torfschwund und Einwanderung nitrophytischer Arten weitgehend zerstörtes Durchströmungsmoor in NO-Brandenburg, bei dem als realistische Renaturierungsziele nur noch extensives Feuchtgrünland oder ein naturnaher Erlenbruch in Frage kommen

invasiven Neophyten (Abb. 24.1d). Damit sind Ökosysteme entstanden, die in dieser Form nie zuvor in dieser Region vorhanden waren.

Ähnliche massive Veränderungen sind in vielen Ökosystemen Mitteleuropas eingetreten, die nach intensiver menschlicher Nutzung sich selber überlassen wurden. Zu den neuartigen Ökosystemen gehören auch solche, die nach Aufgabe einer Vornutzung entstanden sind und einen irreversibel veränderten Standort aufweisen. Hierzu zählen Brachen nach intensiver land- und forstwirtschaftlicher Nutzung, aufgelassene Abbau-, Industrie- und Gewerbegebiete sowie urbane Ökosysteme, durch wasserbauliche Maßnahmen hydrologisch veränderte Flussauen und andere Feuchtgebiete. Daher finden sich neuartige Ökosysteme in den regulierten Auen einiger großer Flüsse, in vielen aufgelassenen Tagebaugebieten und auf Industriebrachen (▸ Kap. 9, 22 und 23). Ohne weitere Eingriffe entwickeln sich solche Gebiete nach einigen Jahrzehnten zu völlig neuen Ökosystemen mit einer zuvor nicht gekannten Artenzusammensetzung und entsprechenden Interaktionen. Solche Systeme sind in der Vegetationskunde und Ökosystemlehre als „gestört" oder „unnatürlich" bezeichnet worden und waren in Forschung und Naturschutz der meisten

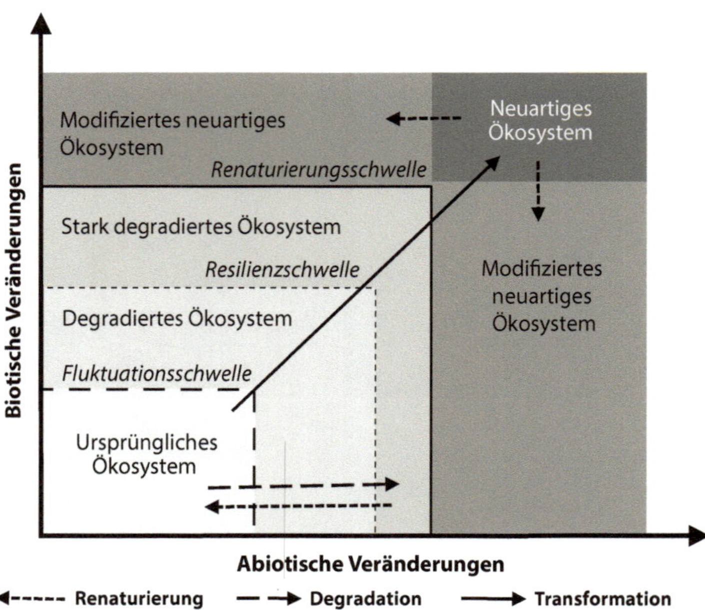

Abb. 24.2 Stufenweise Degradation oder Transformation natürlicher Ökosysteme durch Veränderung der abiotischen und biotischen Verhältnisse sowie Möglichkeiten ihrer Aufwertung. (nach Andrade et al. 2015)

Regionen Mitteleuropas lange Zeit unterrepräsentiert (vgl. Ellenberg und Leuschner 2010). In Berlin und im Ruhrgebiet hat die Erforschung urbaner Ökosysteme allerdings eine lange und erfolgreiche Tradition, wie beispielsweise in dem Lehrbuch von Sukopp und Wittig (1998) beschrieben. Diese Diskussion ist nicht unproblematisch, da der Endzustand nach unbekannter Dauer der Entwicklung (theoretisch) zur potentiell natürlichen Vegetation (PNV) führen könnte (Leuschner 1997; Kowarik 2016).

24.2 Das Konzept der neuartigen Ökosysteme

International ist der Wert dieser neuartigen Ökosysteme vor etwa zehn Jahren erkannt worden (Hobbs et al. 2009). Verwilderte, ungenutzte *Eucalyptus*-Wälder in Kalifornien, Gebüsche aus Neophyten auf Mauritius oder durch Grundwasseraufstieg versalzte Gebiete in Australien sind solche Beispiele. Renaturierungsökologen um Richard Hobbs (Perth, Australien) haben für entsprechende Fälle die Begriffe *hybrid ecosystem* und *novel ecosystem* geprägt, die wir im Folgenden mit „Hybridökosystem" und „neuartiges Ökosystem" übersetzen. Die Übergänge zwischen diesen Zuständen werden in Abb. 24.2 erläutert. Kontinuierlich land- oder forstwirtschaftlich genutzte Flächen werden nicht zu den neuartigen Ökosystemen gezählt, da ungesteuerte, also natürliche Prozesse eine wesentliche Grundlage des Konzepts darstellen.

In der Regel orientieren sich Renaturierungsziele an Referenzsystemen mit Artenkombinationen und Ökosystemprozessen, die aus der Vergangenheit bekannt sind (vgl. ► Kap. 2). Verändern sich durch menschliches Einwirken abiotische oder biotische Eigenschaften in nur geringem Umfang, so reagiert das System entweder gar nicht oder kehrt nach einiger Zeit durch eine Art Selbstreparatur zum Ausgangszustand zurück (Andrade et al. 2015). Das System bewegt sich also innerhalb einer „Fluktuationsschwelle" mit Veränderungen, wie sie möglicherweise auch unter rein natürlichen Verhältnissen vorkommen und eben als Fluktuationen von Ökosystemen bezeichnet werden. Es ist also keine natürliche Sukzession abgelaufen, und es sind auch keine (regional) neuen Arten eingewandert oder neuartige Habitatzustände aufgetreten.

Bei noch stärkeren Eingriffen, wie bereits oben für Moore beschrieben, entstehen Hybridökosysteme, die jenseits der „Resilienzschwelle" des Ökosystems liegen (Andrade et al. 2015). In diesem Fall sind aktive Maßnahmen einer Renaturierung notwendig, um wieder den historisch belegten Zustand zu erreichen. Die meisten Projekte der adaptiven Landschaftspflege oder Renaturierung betreffen solche Systeme mit Wiedervernässung, Entbuschen oder Beweidung (z. B. ► Kap. 11 und 18). Wobei auch hier keineswegs klar ist, ob der historische Zustand jemals wieder erreicht werden kann.

Entfernt sich das degradierte Ökosystem über eine weitere Schwelle weg vom Referenzzustand, z. B. bei irreversibler Veränderung der Standortverhältnisse oder durch Entstehung von Artenkombinationen, die im gegebenen Naturraum zuvor nicht existiert haben, ist eine Renaturierung aufgrund zu hoher ökologischer, aber auch praktischer, finanzieller und kultureller Beschränkungen nicht mehr oder nur noch teilweise machbar, weil eine Transformation des Ökosystems über eine „Renaturierungsschwelle" stattgefunden hat (Andrade et al. 2015). Falls die abiotischen oder biotischen Veränderungen nur mäßig stark sind, kann unter entsprechendem Aufwand zumindest ein Teil der ursprünglichen Eigenschaften des Systems wiederhergestellt werden. Bei drastischen Veränderungen muss man den Übergang zu eben einem neuartigen Ökosystem akzeptieren, dessen Eigenschaften und Naturschutzwert oft nicht ausreichend bekannt sind. Die Frage nach der Schutzwürdigkeit neuartiger Ökosysteme sollte man an ihrem Natürlichkeitsgrad im Vergleich zur Umgebung festmachen. Eine Brache auf einem aufgelassenen Bahngelände in einer sonst stark versiegelten Stadt gilt als erstrebenswert, auch wenn viele der dort vorkommenden Arten invasive Neophyten sind (Kowarik und Langer 2005).

Dieses konzeptionelle Modell ist allerdings aus mehreren Gründen kritisch zu hinterfragen und wird auch in der Literatur kontrovers diskutiert (z. B. Murcia et al. 2014). Erstens gibt es den praktischen Einwand, dass die Einstufung eines degradierten Ökosystems als „nicht renaturierbar" aufgrund künftiger Fortschritte in der Renaturierungstechnik widerlegt werden könnte.

Zweitens ist der theoretische Einwand zu berücksichtigen, dass dem Konzept die Annahme eines ökologischen Gleichgewichts zugrunde liegt, um das das Ökosystem fluktuiert. Häufig vertretene Gegenmeinungen konstatieren dagegen, dass es Gleichgewichtszustände in Organismengemeinschaften im eigentlichen Sinne gar nicht gibt (Perring et al. 2015). Wenn man diese Ansicht vertritt, ergibt das Modell von Hobbs et al. (2009) wenig Sinn und man hätte Schwierigkeiten verlässliche Renaturierungsziele zu bestimmen.

Drittens ist Neuartigkeit eine Frage der zeitlichen Perspektive (Hermann und Kollmann 2015). Für Renaturierungsökologen der Neuen Welt galt lange Jahre, soweit bekannt, die vorkolumbianische Natur als Referenzzustand, der allerdings in vielen Fällen auch schon durch Menschen beeinflusst war (Jackson und Hobbs 2009). Daher diskutieren beispielsweise amerikanische Wissenschaftler das Konzept neuartiger Ökosysteme besonders kontrovers, weil die Frage der Natürlichkeit von Referenzökosystemen nicht immer geklärt ist. Die meisten Regionen Mitteleuropas sind dagegen seit der Jungsteinzeit zunehmend anthropogen geprägt worden, was zu einer Umwandlung der nacheiszeitlichen Naturlandschaft unter anderem in Hudewälder, Heiden und Magerrasen geführt hat, oft begleitet von Einwanderungen neuer Arten aus Süd- oder Osteuropa, den sogenannten Archaeophyten. Diese Beispiele sind sozusagen historisch neuartige Ökosysteme, die heute besonders schutzwürdig sind.

Für mitteleuropäische Ökologen ist der Begriff der neuartigen Ökosysteme daher wenig überraschend und der Renaturierungswert einiger Ökosysteme der Kulturlandschaft unstrittig. Die Society for Ecological Restoration (SER) übernahm allerdings erst 1994 den für große Teile Europas vertretenen Standpunkt, dass auch halbnatürliche Ökosysteme Gegenstand einer Renaturierung sein können, also beispielsweise solche, die sich unter historischer Landnutzung entwickelt haben (Higgs 1997). Das gilt keineswegs nur für Mitteleuropa, sondern auch für andere Regionen Europas mit jahrtausendealten Kulturlandschaften, z. B. in Schottland, Spanien und Ungarn.

Ein deutlich anders gelagerter Fall sind Gebiete in den Ballungszentren Mitteleuropas, in denen sich invasive Neophyten ausbreiten und urbane oder industrielle Landnutzungen zu tiefgreifenden Veränderungen der Standortsverhältnisse geführt haben (▶ Kap. 22). Auch hier gibt es aber Ansätze, solchen neuartigen Ökosystemen einen naturschutzfachlichen Wert zuzusprechen, wie bei der Unterschutzstellung des Schöneberger Südgeländes in Berlin geschehen (Kowarik und Langer 2005). Dadurch wird es langfristig zu einer Aufwertung dieser Ökosysteme in der Naturschutzbewegung kommen, wie von Pearce (2015) postuliert.

Insgesamt ist die unterschiedliche Betrachtung (und Zielsetzung) der Renaturierungsökologie entsprechend der Herkunft der Renaturierungsökologen auffallend. Und manche Konzepte lassen sich kaum oder nur schwer auf andere Kontinente übertragen, besonders der von Richard Hobbs in Australien entwickelte Ansatz der *novel ecosystems* auf Europa. Möchte man das tun, bedarf es einer neuen Systematik unterschiedlich stark veränderter Pflanzengemeinschaften bzw. Ökosysteme, wobei die Qualität einer ungestörten Sukzession eine wichtige Rolle spielen muss, jedenfalls in Europa. Die naturhistorischen und nutzungsgeschichtlichen Gegebenheiten in Australien, Nord- oder Südamerika sind mit der Situation in Europa eben nur bedingt vergleichbar.

24.3 Neuartige Ökosysteme und Renaturierung

Mit der Diskussion zum ökologischen Wert von Hybrid- und neuartigen Ökosystemen verbindet sich die Frage nach ihrer möglichen Pflege und Entwicklung. Seit einigen Jahren wird daher intensiv erforscht, ob und gegebenenfalls wie ökologische Renaturierung beitragen kann, bestimmte Artengemeinschaften und Ökosystemfunktionen zu fördern. Dabei gibt es nach Kowarik (1988, 2016) zwei gegensätzliche Standpunkte: Einige Wissenschaftler befürworten den unbedingten Fokus auf natürliche oder halbnatürliche Referenzsysteme, auch wenn diese unter fortschreitenden Umweltveränderungen immer schwieriger zu erreichen sind. Andere Experten plädieren dafür, ausgewählten neuartigen Ökosystemen einen eigenständigen naturschutzfachlichen Wert zuzusprechen, z. B. Dominanzbeständen invasiver Neobiota mit Verdrängung heimischer Biodiversität entsprechend dem Ansatz von Hobbs et al. (2009). Sie fordern damit eine realistische Anpassung der Zielvorstellungen, das heißt eine größere Akzeptanz gegenüber anthropogen stark veränderten Systemen. Dazu gehört ein Integrieren neuer abiotischer Eigenschaften, z. B. schwermetall- oder salzbelasteter Böden, wie auch das Tolerieren bestimmter Neophyten, sofern diese in der Lage sind, in gewissem Umfang Ökosystemfunktionen zu übernehmen (Walther et al. 2009).

Es ist im Einzelfall eine schwierige Aufgabe zu klären, unter welchen Bedingungen eine Orientierung an historischen Ökosystemtypen nicht mehr sinnvoll ist und welche Voraussetzungen bei der Entwicklung alternativer Entwicklungsziele und geeigneter

Referenzzustände zu beachten sind (Hermann et al. 2013). Solche Entscheidungen sind besonders sorgfältig zu treffen, weil sie als Präzedenzfälle wirken können, die manchen Gegnern des Naturschutzes aufgrund kostengünstigerer Lösungen entgegenkommen und bei politischen Entscheidungsprozessen zur Finanzierung von Renaturierungsvorhaben bevorzugt werden könnten. Dies würde langfristig die Bemühungen um einen konsequenten Naturschutz schwächen. Diese Alibifunktion gilt im Prinzip für die gesamte Renaturierungsökologie, denn wenn ein Ökosystem nach historischem Vorbild wiederhergestellt werden kann, könnte man es ja andernorts zerstören (vgl. ► Abschn. 7.1.2).

24.4 Gebietsfremde Arten als Herausforderung

Einerseits werden viele Renaturierungsprojekte, vor allem in Südafrika, Australien und den USA, mit dem Ziel eingeleitet, invasive Neobiota zurückzudrängen (► vgl. Kasten 6.1), andererseits ist aufgrund der mit entsprechenden Maßnahmen verbundenen Störungen das Risiko einer Ansiedlung solcher Arten besonders hoch (SER 2004). Deshalb sollten sofort nach Beseitigung der invasiven Neophyten heimische Arten angesiedelt werden. In Nordamerika gibt es bereits heute weit verbreitete Ökosysteme, die überwiegend aus invasiven Neophyten bestehen, z. B. im Unterwuchs kalifornischer Hartlaubwälder oder auf Hawaii die Massenausbreitung von *Hedychium gardnerianum* in den tropischen Regenwäldern (Minden et al. 2010).

Der Umgang mit gebietsfremden Arten und Genotypen wird aber seit einigen Jahren kontrovers diskutiert, und es wird zunehmend schwieriger, dieses Qualitätsmerkmal für renaturierte Ökosysteme aufrechtzuerhalten. Im Sinne der vorangehenden Diskussion zu neuartigen Ökosystemen dürften nicht-heimische Arten einen immer größeren Anteil haben, auch in renaturierten Ökosystemen, und zwar überall auf der Welt (◘ Abb. 24.3). Im Grunde widerspricht die Forderung nach ausschließlich heimischen Arten der Vorstellung dynamischer Ökosysteme. Das gilt in der Renaturierungsökologie vor allem für Pflanzen, aber zunehmend auch für Tiere, wie von Nehring et al. (2013, 2015) umfassend für Deutschland beschrieben. Dabei muss grundsätzlich zwischen einem bewussten Ausbringen durch Aussaat oder Anpflanzen und einem ungewollten Verschleppen unterschieden werden, weil diese Einwanderungsmechanismen unterschiedliche Vorbeugemaßnahmen erfordern.

Man beobachtet vier Stufen der Invasion (Heger und Trepl 2003). Für Arten, die diese Stadien durchlaufen, wird der Begriff „invasiver Neophyt" verwendet, z. B. *Impatiens glandulifera, Heracleum mantegazzianum* und *Prunus serotina*. Ein erster Schritt ist das Eintreffen der Art, meistens aus anderen Kontinenten, z. B. als Zier- oder Nutzpflanze in Gärten, Parks und Forsten. In einem zweiten Schritt vermehrt sich diese Art eigenständig auf den Kulturflächen, wenn sie mit den klimatischen Verhältnissen der Region zurechtkommt. Anpassung über mehrere Generationen und wiederholte Einbringung in naturnahe Ökosysteme, z. B. durch Gartenabfall, führt in einem dritten Schritt dazu, dass die Art sich nach mehreren Jahrzehnten außerhalb der ursprünglichen Gebiete ansiedeln und ausbreiten kann. Wenn die natürlichen Interaktionen der Bestäubung und Samenausbreitung dann voll etabliert sind und gleichzeitig Pathogene und Herbivore noch nicht begrenzend auftreten, kann es in einem vierten Schritt zu einer Massenvermehrung und großflächigen Ausbreitung in der Landschaft kommen.

Dabei können artenarme Bestände auf Kosten heimischer Arten entstehen, was erhebliche ökologische und ökonomische Probleme verursachen kann (Pimentel et al. 2005). Nach einer Studie des Umweltbundesamtes betrug der volkswirtschaftliche Schaden von 20 untersuchten gebietsfremden Arten in Deutschland im Jahr 2002 rund 167 Mio. EUR (Geiter et al. 2002). Ein anderer

Abb. 24.3 Gebietsfremde Pflanzenarten und Varietäten: **a** Massenbestand von *Heracleum mantegazzianum* in einem als Müllkippe genutzten ehemaligen Versumpfungsmoor nördlich von Kopenhagen (Salpetermose), **b** Verwilderung der zur Bodenverbesserung auf Wiesen und Böschungen angesäten *Lupinus polyphyllus* an Straßenböschungen bei Hof in Nordbayern, **c** gelbfrüchtige Sorte von *Ilex aquifolium* als Gartenflüchtling in Wuppertal, **d** ruderales Wäldchen mit *Ailanthus altissima* in Mannheim

Fall ist dagegen der Umgang mit den vielen Neophyten, die in Mitteleuropa unabsichtlich in geringem Umfang eingeschleppt worden sind und die keine Massenbestände bilden. Hier empfiehlt es sich meistens, diese fremden Arten in den zu renaturierenden Gebieten zu tolerieren, weil nur ein sehr kleiner Teil sich als invasiv herausstellt. Allerdings müssen diese Arten vor dem Hintergrund des Klimawandels in Bezug auf mögliche Invasionen beobachtet werden.

Invasive Ausbreitung kann allerdings auch bei gebietsfremden Genotypen einheimischer Arten auftreten, wie z. B. bei europäischen Herkünften von *Phragmites australis* in Nordamerika (Bart et al. 2006). Daher sollte man bei Begrünungen und Renaturierungsmaßnahmen nur gebietseigene Arten und Ökotypen einsetzen, die die regionale genetische Vielfalt und Eigenart nicht gefährden (Vander Mijnsbrugge et al. 2010). Basierend auf diesem Wissensstand und in Übereinstimmung mit dem Bundesnaturschutzgesetz § 40 (4) sollte bei Renaturierung auf den Einsatz von Neophyten, gebietsfremden Ökotypen und Zuchtsorten verzichtet werden (► Kap. 5).

Schließlich können auch heimische Pflanzen Dominanzbestände bilden, z. B. *Betula pendula*, *Calamagrostis epigejos* und *Pteridium aquilinum* auf offenen Magerstandorten verbrachter Zwergstrauchheiden, entwässerter Hochmoore und in Tagebauen. Diese Arten haben häufig negative Auswirkungen auf die Artenvielfalt der degradierten Ökosysteme,

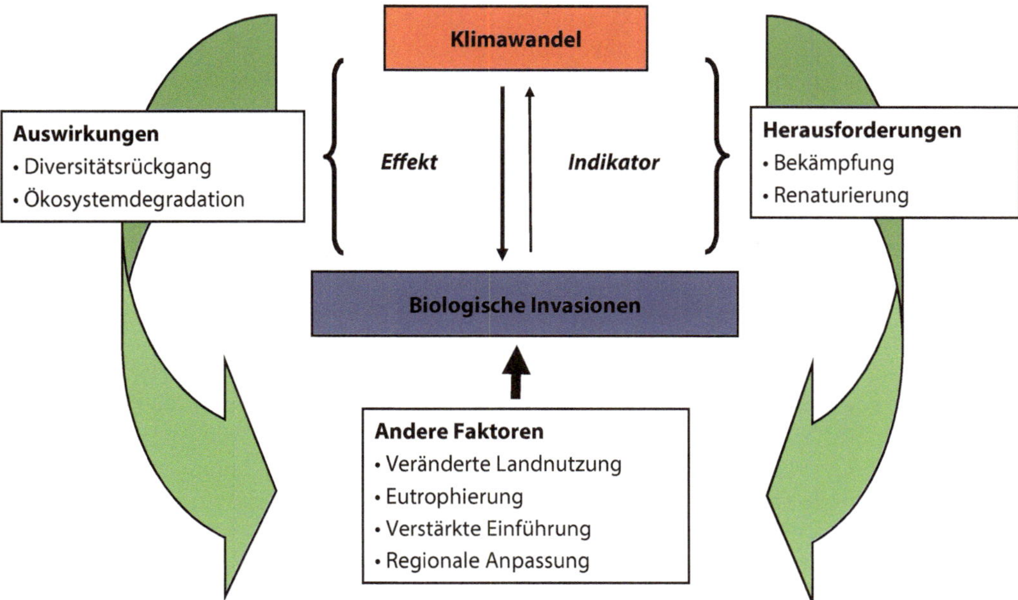

Abb. 24.4 Effekte des Klimawandels und anderer anthropogener Faktoren auf das Auftreten invasiver Neophyten (nach Kollmann et al. 2010). Nicht-einheimische Arten werden durch den Klimawandel überdurchschnittlich gefördert, wobei andere Einflüsse, vor allem veränderte Landnutzung, noch wichtiger sind, was zu direkten und indirekten Kausalzusammenhängen führt. Invasive Neophyten können daher nur beschränkt als Indikatoren des Klimawandels dienen. Die negativen Auswirkungen der Invasionen sind eine zunehmende Herausforderung für die Landschaftspflege und Renaturierungen

können aber durch geeignete Renaturierungsmaßnahmen wie das Einbringen regionaler Samenmischungen (Baasch et al. 2012) oder Beweidung und Mahd in ihrer Ausbreitung eingeschränkt werden (Lorenz et al. 2016).

Neophyten werden durch den Klimawandel oft überdurchschnittlich stark gefördert, z. B. die lederblättrigen Arten *Mahonia aquifolium* und *Prunus laurocerasus,* die in strengen Wintern in Mitteleuropa zurückfrieren und in den vergangenen Jahrzehnten deutlich häufiger geworden sind (Kowarik 2010). Dies zeigte sich auch bei der Auswertung von Verbreitungskarten und phänologischen Aufzeichnungen von invasiven Neophyten verglichen mit Indigenen und Archaeophyten in Großbritannien (Hulme 2011). Dabei ist allerdings zu bedenken, dass andere Faktoren, wie veränderte Landnutzung und Eutrophierung, die ebenfalls durch den Klimawandel beeinflusst werden, eine zusätzliche und möglicherweise sogar wichtigere Rolle spielen können (Abb. 24.4). Hinzu kommen bei manchen Arten eine verstärkte Einführung, z. B. in der gärtnerischen Pflanzenverwendung, sowie eine allmähliche Anpassung an die regionalen klimatischen Verhältnisse zeitgleich mit den klimatischen Veränderungen (Kollmann und Banuelos 2004).

Invasive Neophyten können daher bisher nur in geringem Umfang als Indikatoren des Klimawandels dienen. Ihre negativen Auswirkungen auf einheimische Arten und bestimmte Ökosystemfunktionen sind aber zweifelsohne eine zunehmende Herausforderung für das Ökosystemmanagement in Zeiten eines sich wandelnden Klimas (Kollmann et al. 2010).

24.5 Perspektiven für ökologische Renaturierung

Der Zustand der in Mitteleuropa naturschutzfachlich als wertvoll eingestuften halbnatürlichen Ökosysteme, wie Flachmoore,

Zwergstrauchheiden, trockene und feuchte Magerrasen, ist durch Landnutzungswandel vor allem im 20. Jahrhundert überwiegend negativ beeinflusst worden (z. B. ▶ Kap. 11, 17, 18 und 19). Intensivierung der Landwirtschaft, Zersiedelung und Straßenbau haben zum Auslöschen oder zur Fragmentierung vieler Pflanzen- und Tierpopulationen geführt und damit zu einem andauernden regionalen Artenschwund (European Environment Agency 2010). Dem kann und soll durch Maßnahmen des Naturschutzes und der Renaturierung begegnet werden, auch wenn dabei in einigen Fällen neuartige Ökosysteme zurückgedrängt werden müssen, soweit sie ungünstig für die gebietseigene Biodiversität sind.

Andererseits sollte Neuartigkeit in biotischer oder abiotischer Hinsicht auch in Mitteleuropa akzeptiert werden, wenn sie dem Schutz bestimmter Arten und Ökosystemfunktionen dient. So wurde in einigen Regionen beobachtet, dass bestimmte neuartige Ökosysteme oder Hybridökosysteme günstige Auswirkungen auf seltene einheimische Arten haben (Tischew et al. 2014; Meyer et al. 2015; Kasari et al. 2016). Noch komplizierter ist, dass bestimmte Neophyten negative Effekte in einheimischer Vegetation, aber günstige Wirkungen in neuartigen Ökosystemen haben können (Packer et al. 2016). Diese komplexen Zusammenhänge müssen erforscht werden, bevor naturschutzfachlich passende Empfehlungen möglich sind. Gefragt sind Konzepte, die zu einer ökonomisch vertretbaren Bekämpfung problematischer Neophyten oder zumindest zur Verhinderung einer weiteren Ausbreitung beitragen. Insbesondere sollte geprüft werden, inwieweit durch gezielte Wiederaufnahme einer historischen Nutzung Neophyten zurückgedrängt werden können, die oft nicht Verursacher, sondern das Ergebnis einer veränderten Landnutzung sind (MacDougall und Turkington 2005).

Allerdings ist auch in Mitteleuropa eine Orientierung an historischen Referenzzuständen dann nicht mehr sinnvoll, wenn die Standortverhältnisse grundlegend verändert sind, wie beispielsweise in Bergbaufolgelandschaften (vgl. ▶ Kap. 23). Ziel einer Renaturierung industriell genutzter Flächen kann sein, für jedes Sukzessionsstadium eine möglichst hohe und standörtlich passende Diversität heimischer Arten zu entwickeln. Diese Ziele werden unter anderem durch das Belassen oder bewusste Schaffen einer möglichst hohen Standortvielfalt, die Erhaltung nährstoffarmer Sonderstandorte und das Zulassen dynamischer Prozesse erreicht. Bei der Übertragung von Arten wird auch in diesem Fall die Verwendung von gebietseigenen Ökotypen und die Anpassung der Artenkombinationen an die vorherrschenden Standortbedingungen empfohlen.

Andere Beispiele sind die Anlage von Blühflächen und Feldrainen bei der Aufwertung intensiv genutzter Agrarlandschaften oder die naturnahe Begrünung von Stadt- und Industriebrachen (▶ Kap. 16, 21 und 22). Nicht akzeptabel ist dabei die Schaffung artenreicher Ökosysteme durch Einbringung gebietsfremder Arten und Genotypen im Zuge einer generellen Kostenreduktion und unter Verweis auf möglicherweise positive Aspekte neuartiger Ökosysteme. Einige Ökosystemdienstleistungen können zwar von Neophyten übernommen werden, so z. B. Erosionsschutz und Blütenangebot für Bestäuber, demgegenüber steht aber das Risiko, dass konkurrenzstarke Neophyten mit hohem Invasionspotential rasch artenarme Dominanzbestände bilden (Thiele et al. 2010).

Kontrovers wird in der Renaturierungsökologie diskutiert, ob gebietseigene Arten durch spontane Ausbreitung oder genetische Anpassung mit den derzeitigen und zukünftigen Umweltveränderungen Schritt halten können. Es ist wahrscheinlich, dass die klimatischen Änderungen der kommenden Jahre zu rasch für solche Arten sein werden, die genetisch nicht ausreichend variabel sind und in den fragmentierten Landschaften Mitteleuropas nicht genügend wandern können. Manche Wissenschaftler plädieren daher für eine gelenkte Sukzession zur Neuanlage von Zielökosystemen des Naturschutzes bis hin zum Transfer oder sogar zur züchterischen Veränderung von Zielarten im Sinne einer *assisted migration* (Hewitt et al. 2011) oder *assisted evolution* (Jones und Monaco 2009). Auch die aktive Verwendung invasiver Neophyten bei Renaturierungen (Ferrero-Serrano et al. 2011) mit der Begründung, „neue Arten" für neuartige Ökosysteme zu benötigen (Jones et al. 2015), wird kontrovers diskutiert. Diese Vorschläge erfordern weitere gründliche Untersuchungen und sind daher in der Praxis auf absehbare Zeit nicht einsetzbar.

24.6 Schlussfolgerungen

Die globalen und regionalen Veränderungen von Natur und Landschaft durch den Menschen haben sich in den vergangenen Jahrzehnten beschleunigt, wie bei der aktuellen Diskussion zu neuartigen Ökosystemen und invasiven Neobiota deutlich wird. Daher erkennen immer mehr Wissenschaftler und Praktiker des Naturschutzes und der Renaturierung die Notwendigkeit, Zielvorstellungen neu zu definieren sowie Kosten und Nutzen von praktischen Verfahren gegeneinander abzuwägen. Für den Umgang mit neuartigen Ökosystemen bietet die Renaturierungsökologie bisher nur Teillösungen an. Während viele anthropogen stark veränderte Ökosysteme (z. B. Tagebaue) durchaus unter Verwendung heimischer Arten aktiv zu naturschutzfachlich wertvollen neuartigen Ökosystemen entwickelt werden können, bedarf der Umgang mit invasiven Neobiota einer weiteren umfassenden Auseinandersetzung in Wissenschaft und Gesellschaft.

? Fragen zur Vertiefung

- Lassen sich Referenzzustände neuartiger Ökosysteme definieren?
- Wie sollen Ökosysteme mit etablierten Neophyten bewertet werden?
- Unter welchen Umständen ist durch Renaturierung ein Zurückdrängen oder zumindest Verhindern der weiteren Ausbreitung invasiver Arten anzustreben?

Literatur

Andrade BO, Koch C, Boldrini II, Velez-Martin E, Hasenack H, Hermann JM, Kollmann J, Pillar VD, Overbeck GE (2015) Grassland degradation and restoration: a conceptual framework of stages and thresholds illustrated by southern Brazilian grasslands. Brazilian J Nat Conserv 13:95–104

Baasch A, Kirmer A, Tischew S (2012) Nine years of vegetation development in a postmining site: effects of spontaneous and assisted site recovery. J Appl Ecol 49:251–260

Bart D, Burdick D, Chambers R, Hartman JM (2006) Human facilitation of *Phragmites australis* invasions in tidal marshes: a review and synthesis. Wetl Ecol Manag 14:53–65

Ellenberg H, Leuschner C (2010) Vegetation Mitteleuropas mit den Alpen: in ökologischer dynamischer und historischer Sicht. Ulmer, Stuttgart

European Environment Agency (2010) EU 2010 biodiversity baseline. EEA Technical report 12. EEA, Copenhagen

Ferrero-Serrano A, Hild AL, Mealor BA (2011) Can invasive species enhance competitive ability and restoration potential in native grass populations? Restor Ecol 19:545–551

Geiter O, Homma S, Kinzelbach R (2002) Bestandsaufnahme und Bewertung von Neozoen in Deutschland – Untersuchung der Wirkung von Biologie und Genetik ausgewählter Neozoen auf Ökosysteme und Vergleich mit den potenziellen Effekten gentechnisch veränderter Organismen. Umweltforschungsplan des Bundesministeriums für Umwelt Naturschutz und Reaktorsicherheit Forschungsbericht 296 89 901/01 UBA-FB 000215

Gudzinskas Z, Petrulaitis L, Arlikeviciute L (2014) *Vaccinium macrocarpon* – a new alien plant species in Lithuania. Bot Lith 20:41–45

Heger T, Trepl L (2003) Predicting biological invasions. Biol Invasions 5:313–321

Hermann JM, Kollmann J (2015) Restoration of historical and novel vegetation in Central Europe. Ber Reinhold-Tüxen-Ges 27:153–164

Hermann JM, Kiehl K, Kirmer A, Tischew S, Kollmann J (2013) Renaturierungsökologie im Spannungsfeld zwischen Naturschutz und neuartigen Ökosystemen. Nat Landsch 88:149–154

Hewitt N, Klenk N, Smith AL, Bazely DR, Yan N, Wood S, MacLellan JI, Lipsig-Mumme C, Henriques I (2011) Taking stock of the assisted migration debate. Biol Conserv 144:2560–2572

Higgs ES (1997) What is good ecological restoration? Conserv Biol 11:338–348

Hobbs RJ, Higgs E, Harris JA (2009) Novel ecosystems: implications for conservation and restoration. Trends Ecol Evol 24:599–605

Hobbs RJ, Higgs E, Hall CM (2013) Novel ecosystems: intervening in the new ecological world order. Wiley-Blackwell, Oxford

Hulme PE (2011) Contrasting impacts of climate-driven flowering phenology on changes in alien and native plant species distributions. New Phytol 189:272–281

Jackson ST, Hobbs RJ (2009) Ecological restoration in the light of ecological history. Science 325:567–569

Jones TA, Monaco TA (2009) A role for assisted evolution in designing native plant materials for domesticated landscapes. Frontiers Ecol Environ 7:541–547

Jones TA, Monaco TA, Rigby CW (2015) The potential of novel native plant materials for the restoration of novel ecosystems. Elementa Sci Anthropocene 3:1–18

Kasari L, Saar L, de Bello F, Takkis K, Helm A (2016) Hybrid ecosystems can contribute to local biodiversity conservation. Biodivers Conserv 25:3023–3041

Kollmann J, Bañuelos MJ (2004) Latitudinal trends in growth and phenology of the invasive alien plant *Impatiens glandulifera* (Balsaminaceae). Divers Distrib 10:377–385

Kollmann J, Brink-Jensen K, Isermann M (2010) Invasive Pflanzenarten als Indizien des Klimawandels? Die Situation in Dänemark und Norddeutschland. Ber Reinhold-Tüxen-Ges 22:81–95

Kowarik I (1988) Zum menschlichen Einfluss auf Flora und Vegetation. Theoretische Konzepte und ein Quantifizierungsansatz am Beispiel von Berlin (West). Landsch entwick Umweltforsch 56:1–280

Kowarik I (2010) Biologische Invasionen: Neophyten und Neozoen in Mitteleuropa. Ulmer, Stuttgart

Kowarik I (2011) Novel urban ecosystems, biodiversity and conservation. Environ Pollut 159:1974–1983

Kowarik I (2016) Das Konzept der potentiellen natürlichen Vegetation (PNV) und seine Bedeutung für Naturschutz und Landschaftspflege. Nat Landsch 10:429–435

Kowarik I, Langer A (2005) Natur-Park Südgelände: Linking conservation and recreation in an abandoned railyard in Berlin. In: Kowarik I, Körner S (Hrsg) Wild urban woodlands. Springer, Berlin, S 287–299

Leuschner C (1997) Das Konzept der potentiellen natürlichen Vegetation (PNV): Schwachstellen und Entwicklungsperspektiven. Flora 192:379–391

Lorenz A, Seifert R, Osterloh S, Tischew S (2016) Renaturierung großflächiger subkontinentaler Sand-Ökosysteme: Was kann extensive Beweidung mit Megaherbivoren leisten? Nat Landsch 91:73–82

MacDougall AS, Turkington R (2005) Are invasive species the drivers or passengers of change in degraded ecosystems? Ecology 86:42–55

Meyer JY, Pouteau R, Spotswood E, Taputuarai R, Fourdrigniez M (2015) The importance of novel and hybrid habitats for plant conservation on islands: a case study from Moorea (South Pacific). Biodivers Conserv 24:83–101

Minden V, Jacobi JD, Porembski S, Boehmer HJ (2010) Effects of invasive alien kahili ginger (*Hedychium gardnerianum*) on native plant species regeneration in a Hawaiian rainforest. Appl Veg Sci 13:5–14

Murcia C, Aronson J, Kattan GH, Moreno-Mateos D, Dixon K, Simberloff D (2014) A critique of the ‚novel ecosystem' concept. Trends Ecol Evol 29:548–553

Nehring S, Kowarik I, Rabitsch W, Essl F (2013) Naturschutzfachliche Invasivitätsbewertungen für in Deutschland wild lebende gebietsfremde Gefäßpflanzen. BfN Skripten 352:1–202

Nehring S, Rabitsch W, Kowarik I, Essl F (2015) Naturschutzfachliche Invasivitätsbewertungen für in Deutschland wild lebende gebietsfremde Wirbeltiere. BfN Skripten 409:1–222

Packer J, Delean S, Kueffer C, Prider J, Abley K, Facelli JM, Carthew SM (2016) Native faunal communities depend on habitat from non-native plants in novel but not in natural ecosystems. Biodivers Conserv 25:503–523

Pearce F (2015) The new wild: why invasive species will be nature's salvation. Beacon, Boston

Perring MP, Standish RJ, Price JN, Craig MD, Erickson TE, Ruthrof KX, Whiteley AS, Valentine LE, Hobbs RJ (2015) Advances in restoration ecology: rising to the challenges of the coming decades. Ecosphere 6:131

Pimentel D, Zuniga R, Morrison D (2005) Update on the environmental and economic costs associated with alien-invasive species in the United States. Ecol Econo 52:273–288

Scharfy D, Eggenschwiler H, Olde Venterink H, Edwards PJ, Güsewell S (2009) The invasive alien plant species *Solidago gigantea* alters ecosystem properties across habitats with differing fertility. J Veg Sci 20:1072–1085

SER (Society for Ecological Restoration International Science & Policy Working Group) (2004) The SER International Primer on Ecological Restoration. Tucson, Arizona. ▶ https://www.ser.org/pdf/primer3.pdf. Zugegriffen: 13. Nov. 18

Sukopp H, Wittig R (1998) Stadtökologie. Ein Lehrbuch für Studium und Praxis. Spektrum, Heidelberg

Thiele J, Isermann M, Otte A, Kollmann J (2010) Competitive displacement or biotic resistance? Disentangling relationships between community diversity and invasion success of tall herbs and shrubs. J Veg Sci 21:213–220

Tischew S, Baasch A, Grunert H, Kirmer A (2014) How to develop native plant communities in heavily altered ecosystems: examples from large-scale surface mining in Germany. Appl Veg Sci 14:288–301

Vander Mijnsbrugge K, Bischoff A, Smith B (2010) A question of origin: Where and how to collect seed for ecological restoration. Basic Appl Ecol 11:300–311

Walther GR, Roques A, Hulme P, Sykes MT, Pysek P, Kühn I, Zobel M, Bacher S, Botta-Dukat Z, Bugmann H, Czucz B, Dauber J, Hickler T, Jarosik V, Kenis M, Klotz S, Minchin D, Moora M, Nentwig W, Ott J, Panov VE, Reineking B, Robinet C, Semenchenko V, Solarz W, Thuiller W, Vila M, Vohland K, Settele J (2009) Alien species in a warmer world: risks and opportunities. Trends Ecol Evol 23:686–693

Renaturierungsökologie als Element des Naturschutzes

Norbert Hölzel

© Springer-Verlag GmbH Deutschland, ein Teil von Springer Nature 2019
J. Kollmann et al., *Renaturierungsökologie*, https://doi.org/10.1007/978-3-662-54913-1_25

Zusammenfassung

Die Renaturierungsökologie hat sich in den vergangenen 20 Jahren neben dem konservierenden Flächenschutz zu einer tragenden Säule des Naturschutzes entwickelt. Die Situation zahlreicher seltener und gefährdeter Arten und Lebensräume kann heute nur noch durch Renaturierung, das heißt durch Rückführung früher eingetretener Degradationen stabilisiert und verbessert werden. Die zunehmende Belastung, Zerstörung und Fragmentierung von Ökosystemen sowie die komplexen Ansprüche der menschlichen Gesellschaft an deren Funktionen und Dienstleistungen erweisen sich somit als Hauptgrund für den enormen Bedeutungszuwachs der Renaturierungsökologie als Teil des Naturschutzes. Ein Schwerpunkt renaturierungsökologischen Handelns liegt immer noch auf dem Schutz der Biodiversität, jedoch gewinnen Synergien mit unterstützenden, regulierenden und kulturellen Ökosystemfunktionen und -dienstleistungen an Bedeutung. Das äußert sich unter anderem auch in einer Ausdehnung von Renaturierungsaktivitäten auf den urbanen Raum.

25.1 Abgrenzung Renaturierungsökologie und Naturschutz?

Wenngleich Renaturierungsmaßnahmen innerhalb des Naturschutzes immens an Bedeutung gewonnen haben, sind die Übergänge zwischen traditionell konservierendem Naturschutz und der Renaturierungsökologie fließend und es finden sich renaturierungsökologische Aspekte auch bereits in den Anfängen des modernen Naturschutzes im späten 19. Jahrhundert und davor (Frohn und Schmoll 2006). So können schon die ersten Aufforstungsaktivitäten des späten Mittelalters und der frühen Neuzeit als Renaturierung im weiteren Sinne gelten (► Kap. 2).

Grundsätzlich liegt der Schwerpunkt des Naturschutzes auf der Erhaltung seltener Populationen, Lebensgemeinschaften, Ökosysteme und Landschaften (Plachter 1995), während die Renaturierung auf die Wiederherstellung oder Entwicklung dieser Zielgrößen des biologischen Umweltschutzes fokussiert (◘ Abb. 25.1). Die Wahl und Kombination erhaltender und entwickelnder

◘ **Abb. 25.1** Schwerpunkte der Renaturierung und des Naturschutzes als Ergebnis des Grads der Degradation und Fragmentation von Lebensräumen sowie der Aufwertungsziele möglicher Maßnahmen. Die Schwerpunkte sind in einer Diskussion der Ziele und Erfolge der komplementären Ansätze zu verhandeln

Ansätze richtet sich nach dem Grad der Degradation und Fragmentierung der Zielsysteme sowie der Zielstellung und der vorhandenen Maßnahmenoptionen (Andel und Aronson 2012). Durch eine Evaluation des Erfolgs der jeweiligen Maßnahmen können Defizite offen gelegt und in der Folge Ziele und Maßnahmen optimiert und an die realen Bedingungen angepasst werden (Suding 2011).

Bei dem in den vergangenen Jahrzehnten beobachteten Bedeutungszuwachs der Renaturierungsökologie handelt es sich um eine notwendige Erweiterung der fachlichen Praxis (Suding 2011). Ausgelöst wurde diese Entwicklung des Naturschutzes durch den zunehmenden Verlust und die Degradation natürlicher und naturnaher Ökosysteme sowie immer komplexere, multifunktionale Ansprüche der Gesellschaft an die Landschaft und ihre Ökosysteme (Dobson et al. 1997). Dabei mangelt es nicht an Kritik an den Ideen und Konzepten der Renaturierungsökologie (Elliot 1997; Ott 2009). So wird die anthropogen initiierte und temporär unterstützte Wiederherstellung von Ökosystemen und deren Biodiversität nicht selten als „verfälschte Natur“ (*fake nature*) bezeichnet (Elliot 1982), die ihre Existenz nicht spontanen natürlichen Prozessen, sondern menschlicher Absicht und Initialisierung verdankt. Angesichts der menschlichen Dominanz unseres Planeten im Anthropozän ist dann aber auch die Frage zu stellen, ob es auf der Erde überhaupt noch „echte Natur“ gibt.

Als problematisch wird z. B. von Katz (1996) auch der scheinbar durch die Renaturierungsökologie implizierte Gedanke angesehen, natürliche und naturnahe Ökosysteme seien beliebig reproduzier- und wiederherstellbar. Damit geht die Befürchtung einher, dies könnte als Argument für die weitere Zerstörung noch intakter Ökosysteme missbraucht werden – ein Argument das von Ott (2009) klar widerlegt wird. Auch die gezielte Einbringung von Zielarten auf Renaturierungsflächen wurde bis vor Kurzem von Botanikern oft noch als krude „Ansalberei“ diffamiert, selbst wenn dabei besonders naturnahe, die lokale genetische Adaption von Arten bewahrende Methoden, wie etwa die Übertragung von Mähgut aus nahegelegenen leitbildhaften Spenderbeständen, angewandt wurden (▶ Kap. 5). Entsprechende Ideen- und Zielkonflikte sind auch dem Naturschutz insgesamt nicht fremd (Reichholf 2010). Sie haben ihre Ursache in divergierenden Konzepten und Ideen von Natur und Natürlichkeit unter den Beteiligten und bedürfen der gesellschaftlichen Diskussion und Priorisierung.

25.2 Gründe für ökologische Renaturierung als naturschutzfachliche Option

Im klassischen Naturschutz stand seit Beginn des 20. Jahrhunderts zunächst die Sicherung von bestehender „Restnatur“ im Mittelpunkt praktischer Bemühungen (Frohn und Schmoll 2006). Hauptmotive dieses konservierenden Naturschutzes waren neben dem Schutz seltener und gefährdeter Arten und Lebensgemeinschaften vor allem ästhetische Kriterien, etwa der landschaftlichen Schönheit der Lüneburger Heide und die soziokulturelle Idee der Heimatverbundenheit, wie bei der Ausweisung des „Drachenfels“ im Jahr 1836 als erstes flächenhaftes Naturdenkmal in Deutschland (Plachter 1995).

Spätestens mit der Verabschiedung einer modernen Naturschutzgesetzgebung in den 1970er-Jahren hat die Renaturierung degradierter oder zerstörter Ökosysteme zunehmend an Bedeutung gewonnen. Mit der Herausbildung und Professionalisierung als eigenständige praxisorientierte Disziplin innerhalb der Ökologie seit den 1990er-Jahren ist die Renaturierungsökologie damit in den Fokus von Naturschutzaktivitäten gerückt (Dobson et al. 1997; Andel und Aronson 2012). Maßgebliche Gründe hierfür sind:

- Rückgang noch schützenswerter, naturnaher Lebensräumen;
- Anwendung der Eingriffs-Ausgleichs-Regelung;
- Zunehmend eutrophierte und entwässerte Habitate;
- Habitatbedarf von Metapopulationen auf der Landschaftsebene;
- Ausbreitungslimitierung vieler Zielarten in fragmentierten Landschaften;
- Fokus auf Ökosystemfunktionen und Ökosystemdienstleistungen;
- Notwendigkeit der Nachsorge von Rohstoffabbaustätten;
- Rasche Veränderungen der Landnutzung;
- Möglichkeiten der Aufwertung urbaner Freiräume;
- Anpassung an den Klimawandel.

Ein erster wesentlicher Grund für den Aufstieg der Renaturierungsökologie ist die Tatsache, dass durch den massiven Flächenverlust an naturnahen Lebensräumen besonders in intensiv genutzten Agrarlandschaften der konservierende Naturschutz heute vielfach keine geeigneten Objekte mehr findet (Reichholf 2010). Das heißt, eine Anreicherung mit naturnahen Landschaftselementen kann meistens nur über eine Renaturierung erfolgen. Ein weiterer Punkt ist, dass die gesetzlichen Regelungen zum Ausgleich von Eingriffen in Natur und Landschaft heute vielfach nur noch über Renaturierungen erfüllt werden können, unter anderem da es oft an geeigneten naturnahen Objekten im gleichen Naturraum mangelt. Die starken Landnutzungsänderungen mit Entwässerung und Eutrophierung erlauben keine weitere Entwicklung wertvoller Lebensgemeinschaften ohne vorbereitende Eingriffe. Renaturierungen finden daher heute vor allem auf hydrologisch und nährstoffökologisch stark veränderten Standorten statt. Zur Wiederherstellung adäquater abiotischer Verhältnisse sind daher in der Regel spezielle Kenntnisse und Techniken notwendig, die der klassische Naturschutz noch nicht kannte (Lamers et al. 2015).

Neuere Erkenntnisse der Naturschutzbiologie, vor allem im Bereich der Metapopulationstheorie und der „Aussterbeschuld“ zeigen, dass Populationen gefährdeter Arten nur wiederhergestellt und erhalten werden können, wenn es zu einer Vergrößerung und Verdichtung bestehender Habitat-Patches auf der Landschaftsebene kommt (Kuussaari et al. 2009). Beides kann im Regelfall nur über Renaturierungsmaßnahmen erreicht werden (◘ Abb. 25.2). Durch die massive Verkleinerung, Fragmentierung und räumliche Isolierung von Habitaten sowie den Wegfall von traditionellen Ausbreitungsvektoren wie Triftbeweidung und Heuwerbung gelingt es heute vielen Arten nicht mehr oder nur über sehr lange Zeiträume sich in neuen Gebieten zu etablieren. Dadurch ergibt sich zunehmend die Notwendigkeit zur gezielten Einbringung von Arten der Zielgemeinschaften. Die hierfür notwendige Expertise ist ein spezifisches Thema der Renaturierungsökologie.

Während ursprünglich vor allem der Schutz der Biodiversität im Zentrum von Naturschutz und Renaturierung stand, hat in den vergangenen 20 Jahren die Gewährleistung und Verbesserung essentieller Ökosystemdienstleistungen für die menschliche Gesellschaft an Bedeutung gewonnen (◘ Abb. 25.3). Zu nennen ist in diesem Kontext besonders die Reinhaltung von Grund- und Oberflächenwasser, die Dämpfung von Hochwasserspitzen, der Rückhalt von Wasser, Nährstoffen und Sedimenten sowie die Bestäubung von Nutzpflanzen; im Zuge der Klimadiskussion vermehrt auch die temporäre oder dauerhafte Festlegung von atmosphärischem Kohlenstoff. Neben diesen Bereitstellungs- und Regulationsfunktionen gewinnt auch die Funktion der Landschaft als Erholungs- und Erlebnisraum zunehmend an Bedeutung. Bei einer Bündelung all dieser Funktionen lassen sich Synergien generieren, und Renaturierungsprojekte gewinnen dadurch erheblich an gesellschaftlicher Akzeptanz und politischer

Abb. 25.2 Das NSG „Külsheimer Gipshügel" in der Windsheimer Bucht (Nordbayern) mit Fragmenten seltener Steppenrasengesellschaften liegt inselartig in einer offenen, intensiv genutzten Agrarlandschaft. Der eigentliche Gipshügel, auf dem nach wie vor reliktische Steppenpflanzen wie *Adonis vernalis* und *Scorzonera purpurea* vorkommen, umfasst weniger als 1 ha und wird zudem randlich beeinträchtigt durch Eutrophierung aus den angrenzenden Agrarflächen. Angesichts der Kleinflächigkeit und räumlichen Isolation des Habitats ist von einem *extinction debt* auszugehen, also einem verzögerten Aussterben unterkritischer Kleinpopulationen, dem nur durch eine Flächenvergrößerung und Abpufferung mittels Renaturierung des Umfelds begegnet werden kann

Durchschlagskraft im Vergleich zu einer alleinigen argumentativen Fokussierung auf den Schutz von Biodiversität. Gleichzeitig können aber auch erhebliche Konflikte zwischen dem Schutz von Biodiversität und anderen Ökosystemfunktionen auftreten, z. B. bei natürlichen Feuerregimes versus Kohlenstofffestlegung. Die Planung und Durchführung derartiger, multifunktional motivierter Renaturierungsmaßnahmen ist entsprechend anspruchsvoll, komplex und vielschichtig. Sie bedürfen daher eines besonders breiten und fachübergreifenden Ansatzes inklusive der intensiven Einbindung von Betroffenen und Akteuren (▶ Kap. 7).

Ein wichtiges Handlungsfeld der Renaturierungsökologie ist die naturnahe Begrünung von Rohböden, die durch Gesteins- und anderen Rohstoffabbau über Tage entstanden sind (▶ Kap. 23). Hierzu zählen in Mitteleuropa vor allem Braunkohletagebaue, Steinbrüche, Kies-, Sand- und Tongruben. Die Konzepte einer ingenieurbiologisch ausgerichteten und kostenintensiven Rekultivierung haben hier aus naturschutzfachlicher Sicht fast stets zu unbefriedigenden Ergebnissen geführt. Demgegenüber erweisen sich Renaturierungsstrategien, die auf spontane natürliche Sukzession unter Ausnutzung des hydrologisch vielfältigen und meistens extrem nährstoffarmen Standortpotentials setzen, oft als wesentlich erfolgreicher, wenngleich das Ergebnis oft sehr stark vom Vorhandensein von Quellpopulationen der Zielarten im Umfeld abhängt. Um die Sukzession in eine gewünschte Richtung zu lenken, kann sich

Abb. 25.3 Praktische Umsetzung von Renaturierung und Naturschutz: **a** Renaturierung der kanalisierten Isar in der Münchner Innenstadt (April 2011), **b** das Ergebnis nach drei Jahren – das Gebiet wird von der Bevölkerung intensiv zur Erholung genutzt, **c** und **d** Strandwiesen und Flachwasserzonen der Insel Amager am Stadtrand von Kopenhagen, wo ein Betretungsverbot zum Schutz der Brut- und Rastvögel besteht, die aber von einem Turm aus störungsfrei beobachtet werden können

auch hier die Notwendigkeit des Einbringens von Zielarten sowie eines Offenhaltungsmanagements ergeben. Am Beispiel der Abbaubiotope wird deutlich, dass auch das Zulassen spontaner Sukzession zur Agenda der Renaturierungsökologie gehören kann.

Eine andere Entwicklung der vergangenen Jahrzehnte sind die zunehmend raschen und tiefgreifenden Veränderungen der Landnutzung, aus denen sich großflächige Renaturierungsoptionen ergeben. Dies betrifft beispielsweise zahlreiche Transformationsländer des ehemaligen Ostblocks, wo es nach dem Zusammenbruch der kommunistischen Systeme infolge radikal veränderter politischer, wirtschaftlicher und sozialer Rahmenbedingungen zu großflächigen Nutzungsaufgaben besonders in produktionsungünstigen peripheren Räumen kam. So liegen etwa allein in Russland derzeit noch rund 45 Mio. ha ehemaliger Ackerflächen brach (Kurganova et al. 2014), welche enorme Naturentwicklungs- und Renaturierungspotentiale in sich tragen (Kamp et al. 2011; Brinkert et al. 2016; Kämpf et al. 2016).

Naturschutzfachlich motivierte Ideen, die renaturierungsökologische Konzepte verfolgen, haben spätestens seit den 1980er-Jahren eine deutliche Ausweitung in den urbanen Raum erfahren (Prominski et al. 2014). Dabei wird versucht – etwa mithilfe von Dachbegrünungen – positive Effekte auf das Stadt- und Gebäudeklima (Ludwig et al. 2017) mit dem Wunsch nach naturnaher Ästhetik und mehr Biodiversität im technikdominierten urbanen Umfeld zu kombinieren (▶ Kap. 22). Ähnlich motiviert ist das Zulassen spontaner Sukzession auf innerstädtischen Industriebrachen *(brownfields)*. Entsprechende Konzepte erfahren aktuell eine Renaissance auf städtischen Grünflächen und Anlagen, deren Potential als Refugien für artenreiches Grünland – nicht zuletzt aufgrund verringerter Pflegeaufwendung für die Kommunen – erst in jüngster Zeit entdeckt und thematisiert wurde (Klaus 2013; Rudolph et al. 2017). Und schließlich entwickelt sich aktuell die Adaption an den Klimawandel als umfassendes zukünftiges Handlungsfeld der Renaturierungsökologie (Thomas et al. 2004). Hierbei wird es unter anderem darum gehen,

- die Wasserbilanz von Feuchtgebieten positiv zu beeinflussen;
- Habitat-Patches und Populationen zu vergrößern um das Aussterberisiko bei Extremereignissen zu verringern;
- Ökotone und lokale standörtliche Gradienten zu verlängern um ein flexibles Ausweichen von Arten und Populationen zu ermöglichen;
- und Habitat-Patches zu verdichten und Habitatkorridore wiederherzustellen um großräumige Wanderbewegungen zu ermöglichen.

Viele der entsprechenden Maßnahmen sind auch aus anderen naturschutzfachlichen Erwägungen als ausgesprochen positiv zu bewerten und somit auch ohne Klimawandel mehr als wünschenswert. Spezifischere Klimaanpassungsmaßnahmen konzentrieren sich bislang auf den Forstbereich, wo es vor allen darum geht durch Waldumbau, Baumartenauswahl und die Einführung neuer Provenienzen die Klimastabilität der Wälder gegenüber Hitze, Trockenheit und Stürmen zu erhöhen (Reif et al. 2010). Auf anderen Kontinenten, wie in Australien und Nordamerika, wird die als klimatisch präadaptierte Provenienzauswahl *(climate adjusted provenancing)* bezeichnete gezielte Einführung an zukünftige Klimazustände angepasster Provenienzen auch bereits für krautige Pflanzen und Tiere angedacht (Lawler und Olden 2011; Vitt et al. 2016), obwohl für deren Sinnhaftigkeit bislang kaum empirische Evidenz existiert (Bucharova 2017). In Europa herrscht demgegenüber noch fast durchweg das Paradigma der Erhaltung und des Nutzens lokaler Anpassung, die auch bei klimatischen Extremereignissen deutliche Vorteile aufweist (Bucharova et al. 2016). Demgegenüber birgt die klimatisch präadaptierte Provenienzauswahl die Gefahr der Zerstörung historisch gewachsener geographisch-genetischer Entitäten und Differenzierung in sich und kann unvorhersehbare biotische Interaktionen mit anderen trophischen Ebenen nach sich ziehen. Insgesamt besteht zu diesem Fragenkomplex noch erheblicher Forschungsbedarf.

25.3 Naturschutzfachliche Handlungsschwerpunkte der Renaturierung in Mitteleuropa

25.3.1 Vergrößerung und Neuschaffung von wertvollen und gefährdeten Habitaten

Akuter Renaturierungsbedarf besteht bei einer Vielzahl naturschutzfachlich besonders relevanter Lebensräume, z. B. bei nährstoffarmen Offenland- und Feuchtlebensräumen, welche fast durchweg auch in der FHH-Richtlinie als besonders schützenswert ausgewiesen sind. Dies gilt vor allem für Landschaften, in denen in der Vergangenheit ein massiver Flächenschwund und eine starke Fragmentierung und Verinselung entsprechender Lebensräume eingetreten ist und verbliebene, oft sehr kleinflächige Restbestände sich in einem schlechten Erhaltungszustand befinden. Um einen weiteren Schwund an Lebensraumfläche und wertgebenden Arten zu vermeiden, ist es hier zwingend notwendig kleine Habitatrestflächen zu vergrößern (◻ Abb. 25.4) und den Flächenverbund durch die Neuschaffung von entsprechenden Habitaten im Zwischenraum zu verbessern (Suding 2011). Letzteres ist von zentraler Bedeutung für den Wiederaufbau und die Stärkung von Metapopulationen, wie wir sie beispielsweise bei vielen Tagfaltern finden. Da es sich bei den relevanten Lebensräumen zumeist um mehr oder weniger stark nährstofflimitierte Systeme handelt, sind vorab fast immer Ausmagerungsmaßnahmen vonnöten.

Bei stark P-limitierten Systemen wie Kalkmagerasen oder Pfeifengraswiesen, aber auch bei Weichwasserseen, bodensauren Heiden und Magerrasen ist dies bei intensiver landwirtschaftlicher Vornutzung in aller Regel nur durch einen Oberbodenabtrag zu erreichen. Nur im Falle von eu- bis mesotrophen Zielsystemen wie Glatthafer- und Sumpfdotterblumenwiesen oder bei schwacher Eutrophierung sind entsprechende Trophieniveaus auch alleine durch Ausmagerungsmahden zu erzielen. Da es sich häufig um sehr kleine oder isolierte Flächen handelt, ist mit einer selbstständigen Etablierung von Zielarten, besonders bei gleichfalls isolierten Neuanlagen, kaum zu rechnen. Daher sind im Regelfall Maßnahmen zur Unterstützung der Etablierung von Zielarten notwendig.

Da die entsprechenden Lebensräume aber oft viele seltene Arten enthalten, die als zertifiziertes Regiosaatgut (Bucharova et al. 2018) in der Regel nicht erhältlich sind, kommt hier nur möglichst lokal gewonnenes Mahd- oder Druschgut für eine Artenübertragung in Frage (▸ Kap. 5). Die Renaturierung naturschutzfachlich besonders hochwertiger Lebensräume stellt eine hohe Anforderung an die fachliche Expertise des Bearbeiters und bedarf zur Erzielung qualitativ hochwertiger Ergebnisse einer gründlichen Planung und Vorbereitung. Entsprechende Maßnahmen sind vielerorts von zentraler Bedeutung zur Verbesserung des Erhaltungszustands defizitärer Lebensräume der FFH-Richtlinie und können gleichzeitig auch als Anpassungsmaßnahme an Folgen des Klimawandels gesehen werden.

◻ **Abb. 25.4** Durch die Renaturierung von wachsenden Moorökosystemen auf degradierten Resttorfkörpern mittels Wiedervernässung ergeben sich vielfältige Synergien zwischen Natur- und Klimaschutz. (Foto: B. Hofer)

25.3.2 Verbesserung der Qualität von Ersatz- und Ausgleichsmaßnahmen

Alljährlich fließen deutschlandweit Hunderte von Millionen Euro in die Planung und Umsetzung von naturschutzrechtlichen Ersatz- und Ausgleichsmaßnahmen (Reichholf 2010). Die Qualität dieser Maßnahmen ist hinsichtlich Ausführung und Ergebnis oft leider mehr als beklagenswert, wie unter anderem Untersuchungen von Tischew et al. (2010) belegen. So geht der aktuelle Stand des Wissens in der Renaturierungsökologie leider nur selten und in geringem Maße in diese Maßnahmen ein. Massive Defizite ergeben sich sowohl bei der Standortwahl und der Etablierung von Zielarten und -gemeinschaften, als auch bei der nachgeschalteten Entwicklungs- und Unterhaltungspflege sowie fast generell beim Monitoring des Maßnahmenerfolgs. Das Spektrum der Maßnahmen geht leider immer noch wenig über die Pflanzung von Gehölzen sowie die Anlage von Streuobstwiesen und Kleingewässern hinaus.

Qualitativ höherwertige und fachlich anspruchsvollere Renaturierungstechniken wie Oberbodenabtrag oder die Übertragungen lokal angepasster Artengemische mittels Mahd- oder Druschgut finden leider immer noch kaum Anwendung (▶ Kap. 4, ▶ Kap. 5). Dementsprechend gehören naturschutzfachlich höherwertige Habitattypen wie etwa Magerrasen, Heiden oder Pfeifengraswiesen bislang kaum zum Portfolio von Ersatz- und Ausgleichmaßnahmen. Das Potential für qualitativ hochwertige Ersatz- und Ausgleichsmaßnahmen ist enorm, wird bislang aber völlig ungenügend ausgenutzt. Hauptursache hierfür ist neben einem unzureichenden und stark verzögerten Transfer gesicherter wissenschaftlicher Erkenntnisse in die Praxis des Naturschutzes und der Landschaftspflege vor allem auch die mangelnde Anerkennung und Honorierung qualitativ hochwertiger Maßnahmen in den entsprechenden Planungsverfahren.

25.3.3 Entwicklung von Abgrabungen und militärischen Übungsflächen

Abgrabungen und aufgegebene militärische Übungsflächen bilden vielerorts in Mitteleuropa die letzten größeren Inseln mit niedrigem Nährstoffniveau in einer ansonsten stark eutrophierten Landschaft (▶ Kap. 23). Da es sich dabei häufig um junge und noch sehr offene Sukzessionsstadien handelt, bieten sie ein hervorragendes Potential zur Entwicklung nährstoffarmer Offenlandlebensräume und Feuchtgebiete wie Sand- und Kalkmagerasen, Zwergstrauchheiden, Kalkflachmoorinitialen und oligotrophen Stillgewässern, die in Mitteleuropa die Mehrzahl der stark gefährdeten Arten beherbergen. Spontane Sukzessionsprozesse auf jungen Rohböden können hier bei Bedarf durch eine gezielte Einbringung von Zielarten unterstützt werden, sofern keine Spenderpopulationen innerhalb oder im Umgriff der Flächen vorhanden sind (Kirmer et al. 2008). Zur Offenhaltung eignen sich aufgrund der oft erheblichen Flächenausdehnung vor allem Ganzjahresbeweidungssysteme (Köhler et al. 2016). Infolge der meist rasch voranschreitenden Sukzession besteht besonders auf aufgegebenen militärischen Übungsflächen hierbei häufig akuter Handlungsbedarf (Henning et al. 2017).

25.3.4 Gewässer, Auen und Moore – Synergien zwischen der Wiederherstellung von Biodiversität, Ökosystemfunktion und -dienstleistung

Feuchtgebiete wie Moore, Still- und Fließgewässer und deren Auen sind von besonders hoher Bedeutung sowohl für die Biodiversität als auch für den Naturhaushalt (◘ Abb. 25.4). Durch Regulierung, Trockenlegung, Verschmutzung und Umwandlung in agrarische

Nutzflächen waren sie im vergangenen Jahrhundert besonders starker Degradation und Zerstörung ausgesetzt. Aufgrund dessen setzten verstärkte Renaturierungsbemühungen bereits in den 1980er-Jahren ein (► Kap. 9, ► Kap. 10, ► Kap. 11). Standen dabei zunächst die Gewässerreinhaltung und der Schutz der Biodiversität im Vordergrund, so haben in den vergangenen beiden Jahrzehnten Synergien mit weiteren Ökosystemfunktionen und -dienstleistungen in der Argumentation an Bedeutung gewonnen. Bei den Auen gilt dies insbesondere hinsichtlich ihrer Retentionsfunktion zur Dämpfung von Hochwasserspitzen. Weitere auenspezifische Funktionen sind die Rückhaltung von Nährstoffen und Sedimenten, die Festlegung von Bodenkohlenstoff oder auch ihre Funktion als Wanderkorridore für Organismen in Zeiten des Klimawandels (Scholz et al. 2012). Die Bedeutung von Mooren als Quellen (im entwässerten Zustand) oder Senken (im nassen Zustand) für atmosphärischen Kohlenstoff ist erst seit den 1990er-Jahren im Zuge der Diskussion um den Klimawandel schrittweise ins öffentliche Bewusstsein getreten.

Heute liefert gerade die Kohlenstoffsenkenfunktion von wiedervernässten Mooren (◘ Abb. 25.4) im Zuge der Klimadiskussion neben dem Schutz der Biodiversität ein weiteres starkes Argument für die Renaturierung (Freibauer et al. 2009). In ähnlicher Weise liefert die ausgeprägte Erholungsfunktion von Still- und Fließgewässern eine weitere starke Motivation für deren Renaturierung, wenngleich es hier auch deutlich Konfliktlinien mit dem klassischen Naturschutz gibt, die aber durch eine gründliche Planung und Funktionstrennung lösbar sind. Ästhetischer Naturgenuss als Touristenattraktion ist auch in anderen Lebensräumen ein wichtiges Argument für Renaturierungsmaßnahmen. Zu nennen sind in diesem Zusammenhang unter anderem die *Calluna*-Heiden der Lüneburger Heide, die Narzissenwiesen der Eifel (◘ Abb. 25.5), die an Küchenschellen, Orchi-

◘ Abb. 25.5 Die größtenteils aus Fichtenaufforstungen renaturierten Narzissenwiesen der Eifel haben sich inzwischen zu einem Touristenmagneten entwickelt und sind von erheblicher Bedeutung für die regionale Fremdenverkehrswirtschaft. Entsprechende, oft nur durch Renaturierung zu erzielende Synergismen zwischen Naturschutz, Tourismus und Naherholung sollten argumentativ vermehrt im öffentlichen Diskurs genutzt werden. (Foto: V. Klaus)

deen und Enzianen reichen Kalkmagerrasen der Kalk-Mittelgebirge oder die teils spektakulär blütenreichen Streu- und Buckelwiesen des südlichen Alpenvorlandes und der Talböden der Randalpen. Eine geschickte und kreative Nutzung von Synergien, wo immer dies möglich erscheint, ist zweifelsohne von zentraler Bedeutung, um Renaturierungsmaßnahmen – über den Schutz der Biodiversität hinaus – argumentativ auf eine breitere gesellschaftliche Basis zu stellen.

25.4 Schlussfolgerungen

Gerade in den reichen, stark industrialisierten Ländern mit intensiver Landnutzung ist der Naturschutz zunehmend auf die Reparatur und Rückführung bereits eingetretener Schäden angewiesen. Der Bedarf an renaturierungsökologischem Handeln steigt demnach mit dem Grad der Zerstörung und Degradation von natürlichen und naturnahen Ökosystemen. Dies gilt sowohl global als auch regional innerhalb Deutschlands. Renaturierung agiert wie der Naturschutz im gesellschaftlichen Raum und ist daher auf eine möglichst breite Unterstützung angewiesen, die durch das Aufzeigen von Nutzen, der über den Schutz von Biodiversität hinausgeht, deutlich verbreitert werden kann. Bemerkenswerterweise besteht nach wie vor eine erstaunliche Diskrepanz zwischen dem wissenschaftlichen Kenntnisstand in der internationalen (sprich englischsprachigen) Renaturierungsökologie und dessen Verbreitung, Popularisierung und Anwendung im Naturschutz des deutschsprachigen Raums. Hier liegt offensichtlich ein Kommunikationsproblem vor, das nicht nur auf die Dominanz des Englischen in der einschlägigen Fachliteratur zurückgeführt werden kann.

? Fragen zur Vertiefung

- Warum hat die ökologische Renaturierung in den vergangenen 30 Jahren im Naturschutz stark an Bedeutung gewonnen?
- Welche möglichen Synergien bestehen zwischen Biodiversitätsschutz auf der einen und der Wiederherstellung von Ökosystemfunktionen und Ökosystemdienstleistungen auf der anderen Seite bei der Renaturierung?
- Wo liegen in Mitteleuropa aktuell die Schwerpunkte für Renaturierungsaktivitäten aus Sicht des Naturschutzes?

Literatur

Andel J van, Aronson J (2012) Restoration ecology: The new frontier. Wiley, Malden

Brinkert A, Hölzel N, Sidorova TV, Kamp J (2016) Spontaneous steppe restoration on abandoned cropland in Kazakhstan: Grazing affects successional pathways. Biodivers Conserv 25:2543–2561

Bucharova A (2017) Assisted migration within species ignores biotic interactions and lacks evidence. Restor Ecol 25:14–18

Bucharova A, Durka W, Hermann JM, Hölzel N, Michalski S, Kollmann J, Bossdorf O (2016) Plants adapted to warmer climate do not outperform regional plants during a natural heat wave. Ecol Evol 6: 4160–4165

Bucharova A, Bossdorf O, Hölzel N, Kollmann J, Prasse R, Durka W (2018) Mix and match: Regional admixture provenancing as the golden mean between seed-sourcing strategies for ecological restoration. Conserv Genet ▶ https://doi.org/10.1007/s10592-018-1067-6

Dobson AP, Bradshaw AD, Baker AA (1997) Hopes for the future: Restoration ecology and conservation biology. Science 277:515–522

Elliot R (1982) Faking nature. Inquiry 25:81–93

Elliot, R. (1997) Faking nature. The ethics of environmental restoration. Routledge, London

Freibauer A, Drösler M, Gensior A, Schulze ED (2009) Das Potenzial von Wäldern und Mooren für den Klimaschutz in Deutschland und auf globaler Ebene. Nat Landsch 84:20–25

Frohn HW, Schmoll F (2006) Natur und Staat. Staatlicher Naturschutz in Deutschland 1906–2006. Landwirtschaftsverlag, Münster

Henning K, Lorenz A, Oheimb G von, Härdtle W, Tischew S (2017) Year-round cattle and horse grazing supports the restoration of abandoned, dry sandy grassland and heathland communities by supressing *Calamagrostis epigejos* and enhancing species richness. J Nat Conserv 40:120–130.

Katz E (1996) The problem of ecological restoration. Environm Ethics 18:222–224

Kämpf I, Mathar W, Kuzmin I, Hölzel N, Kiehl K (2016) Post-Soviet recovery of grassland vegetation on abandoned fields in the forest steppe zone of Western Siberia. Biodivers Conserv 25:2563–2580

Kamp J, Urazaliev R, Donald PF, Hölzel, N (2011) Post-Soviet agricultural change predicts future declines after recent recovery in Eurasian steppe bird populations. Biol Conserv 144:2607–2614

Kirmer A, Tischew S, Ozinga WA, Lampe M von, Baasch A, Groenendael JM van (2008) Importance of regional species pools and functional traits in colonisation processes: Predicting re-colonisation after large-scale destruction of ecosystems. J Appl Ecol 45:1523–1530

Klaus VH (2013) Urban grassland restoration: A neglected opportunity for biodiversity conservation. Restor Ecol 21:665–669

Köhler M, Hiller G, Tischew S (2016) Year-round horse grazing supports typical vascular plant species, orchids and rare bird communities in a dry calcareous grassland. Agric Ecosyst Environ 234:48–57

Kurganova I, Lopes de Gerenyu V, Six J, Kuzyakov Y (2014) Carbon cost of collective farming collapse in Russia. Glob Change Biol 20:938–947.

Kuussaari M, Bommarco R, Heikkinen RK, Helm A, Krauss J, Lindborg R, Öckinger E, Pärtel M, Pino J, Rodà F, Stefanescu C, Teder T, Zobel M, Steffan-Dewenter I (2009) Extinction debt: A challenge for biodiversity conservation. Trends Ecol Evol 24:564–571

Lamers LP, Vile MA, Grootjans AP, Acreman MC, Diggelen R van, Evans MG, Richardson CJ, Rochefort L, Kooijman AM, Roelofs JGM, Smolders AJP (2015) Ecological restoration of rich fens in Europe and North America: from trial and error to an evidence-based approach. Biol Rev 90:182–203

Lawler JJ, Olden JD (2011) Reframing the debate over assisted colonization. Front Ecol Environ 9:569–574

Ludwig F, Schönle D, Bellers M (2017) Klimaaktive baubotanische Bautypologien Modellprojekte und Planungswerkzeuge für innovative Stadtquartiere und grüne Infrastrukturen. Transforming Cities 1:78–82

Ott K (2009) Zur ethischen Dimension von Renaturierungsökologie und Ökosystemrenaturierung. In: Zerbe S, Wiegleb G (Hrsg) Renaturierung von Ökosystemen in Mitteleuropa. Spektrum Akademischer Verlag, Heidelberg, S 423–439

Plachter H (1995) Der Beitrag des Naturschutzes zu Schutz und Entwicklung. In: Erdmann KH, Kastenholz HG (Hrsg) Umwelt- und Naturschutz am Ende des 20. Jahrhunderts. Probleme, Aufgaben und Lösungen. Springer, Berlin, S 197–254

Prominski M, Maass M, Funke L (2014) Urbane Natur gestalten: Entwurfsperspektiven zur Verbindung von Naturschutz und Freiraumnutzung. Birkhäuser, Basel

Reichholf JH (2010) Naturschutz: Krise und Zukunft. Suhrkamp, Frankfurt

Reif A, Brucker U, Kratzer R, Schmiedinger A, Bauhus J (2010) Waldbau und Baumartenwahl in Zeiten des Klimawandels aus Sicht des Naturschutzes. BfN-Skripten 272:1–125

Rudolph M, Velbert F, Schwenzfeier S, Kleinebecker T, Klaus VH (2017) Patterns and potentials of plant species richness in high- and low-maintenance urban grasslands. Appl Veg Sci 20:18–27

Scholz M, Mehl D, Schulz-Zunkel C, Kasperidus HD, Born W, Henle K (2012) Ökosystemfunktionen von Flussauen. Analyse und Bewertung von Hochwasserretention, Nährstoffrückhalt, Kohlenstoffvorrat, Treibhausgasemissionen und Habitatfunktion. Naturschutz und Biologische Vielfalt 124. Landwirtschaftsverlag, Münster

Suding KN (2011) Toward an era of restoration in ecology: Successes, failures, and opportunities ahead. Annu Rev Ecol Syst 42:465–487

Thomas CD, Cameron A, Green RE, Bakkenes M, Beaumont LJ, Collingham YC, Erasmus BFN, Siqueira MF de, Grainger A, Hannah L, Hughes L, Huntley B, Jaarsveld AS van, Midgley GF, Miles L, Ortega-Huerta MA, Peterson AT, Phillips OL, Williams SE (2004) Extinction risk from climate change. Nature 427:145–148

Tischew S, Baasch A, Conrad MK, Kirmer A (2010) Evaluating restoration success of frequently implemented compensation measures: Results and demands for control procedures. Rest Ecol 18:467–480

Vitt P, Belmaric PN, Book R, Curran M (2016) Assisted migration as a climate change adaptation strategy: Lessons from restoration and plant reintroductions. Isr J Plant Sci 63:250–261

Zukünftige Strategien der Renaturierungsökologie

Johannes Kollmann

© Springer-Verlag GmbH Deutschland, ein Teil von Springer Nature 2019
J. Kollmann et al., *Renaturierungsökologie*, https://doi.org/10.1007/978-3-662-54913-1_26

Zusammenfassung
Die weltweiten Umweltprobleme stellen die Renaturierungsökologie vor Herausforderungen, für die es noch keine befriedigenden Lösungen gibt. Auch in Mitteleuropa entwickelt sich durch die Intensivierung der Landnutzung, durch Nährstoffüberschüsse, invasive Neobiota und den Klimawandel ein wachsender Bedarf nach Wiederherstellung geschädigter Ökosysteme. Das Fach muss auf diese Situation mit verbesserten Methoden und neuen Kooperationen, aber auch mit einer Stärkung seines theoretischen Fundaments reagieren. Zudem sollte der Unterricht in der Renaturierungsökologie an den Hochschulen verstärkt werden, damit zukünftige Landschaftsarchitekten und Umweltplaner, Landnutzer und Naturschützer die Möglichkeiten und Grenzen der Renaturierungsökologie kennen und ihre Methoden erfolgreich anwenden können. Eine weitere wichtige Strategie ist eine wirksamere Vermittlung der Grundlagen ökologischer Renaturierung und ihrer aktuellen Weiterentwicklung bei Praktikern der Naturschutzverwaltung, der Land- und Forstwirtschaft. Die Notwendigkeiten und Erfolge von Renaturierungsprojekten sollten in der Öffentlichkeit zudem mehr Raum einnehmen. Bei diesem Wissenstransfer kommt allen Umweltverbänden mit Interesse an renaturierungsökologischen Themen eine wichtige Rolle zu.

26.1 Weiterentwicklung der Renaturierungsökologie

26.1.1 Rahmenbedingungen des fachlichen Profils

Die Renaturierungsökologie ist eine junge Wissenschaft mit einem starken Anwendungsbezug (Dobson et al. 1997; Andel und Aronson 2012). Sie ist daher an einer stetigen Verbesserung ihres theoretischen Fundaments und an einer deutlichen Abgrenzung gegen andere anwendungsorientierte Fachrichtungen wie Naturschutz, Umweltschutz und Landschaftsplanung interessiert. Das Fach darf sich nicht einfach als eine Zusammenstellung einigermaßen passender Theorien und Methoden der angewandten Ökologie verstehen, die sich mit der Aufwertung von Ökosystemen beschäftigen. Andererseits ist eine Abgrenzung als voraussetzungslose und völlig unabhängige Wissenschaft ebenfalls unzutreffend, denn schon vor dem Aufkommen der Renaturierungsökologie haben sich Biologen und Ökologen um Pflege und Entwicklung von Lebensgemeinschaften und Ökosystemen im Sinne des biologischen Umweltschutzes gekümmert (Brüggemeier und Engels 2005; Frohn und Schmoll 2006).

Im Kern ist die Renaturierungsökologie aber ganz eindeutig eine anwendungsorientierte Ökologie, die naturwissenschaftliche Erkenntnisse zu Pflanzen, Tieren, Pilzen und Mikroben sowie den daraus resultierenden Lebensgemeinschaften und Habitaten für die Verbesserung degradierter Ökosysteme verwendet. Jeder Renaturierung geht dabei ein Prozess der Zielfindung voraus, wie er heute in der Landschaftsplanung und Landschaftsarchitektur üblich ist, nämlich partizipativ, das heißt unter Einbindung aller Betroffenen, und in der Umsetzung als Kooperation zwischen Biologen, Landschaftsplanern, Ingenieurökologen und der Naturschutzverwaltung (▶ Kap. 7). Insofern hat Renaturierungsökologie viel mit Umweltpolitik und Umweltökonomie zu tun. Diese inter- und transdisziplinären Rahmenbedingungen sind bei der Weiterentwicklung des fachlichen Profils unbedingt zu berücksichtigen.

Für Renaturierungsökologen sind ein großes Erfahrungswissen und eine kritische Reflexion unterschiedlicher Projekte bei der Aufwertung degradierter Vegetationstypen und Ökosysteme wichtig, die sich eigentlich nur in langjähriger beruflicher Praxis erwerben lassen. Nur in der Vielfalt der Einzelfälle werden die Prinzipien des Fachs wirklich fassbar. Andererseits ist ohne generelle Theorien und Modelle die spezifische Situation des Einzelfalls nicht ausreichend verständlich und nicht befriedigend zu vermitteln. Hier liegt die Aufgabe einer forschungsnahen Ausbildung von RenaturierungsökologInnen an den Hochschulen. Gründliche Erfahrung mit den jeweiligen Besonderheiten degradierter Systeme und ihren Entwicklungsmöglichkeiten erlauben eine adaptive Annäherung an die optimale Lösung konkreter Umweltprobleme durch unterschiedliche Maßnahmen und alternative Zielzustände (◘ Abb. 6.4).

Theorie und Praxis der ökologischen Renaturierung müssen außerdem in Erfahrung bringen, bis zu welcher Intensität und Häufigkeit Eingriffe in ein Ökosystem noch sinnvoll sind. Während ein andauerndes Korrigieren der ökosystemaren Eigendynamik weg von dem standörtlich vorgegebenen Zielzustand wenig Sinn macht, sind traditionelle Bewirtschaftungsmethoden, z. B. der Kalkmagerrasen und Zwergstrauchheiden, im konkreten Fall durchaus gerechtfertigt, wenn dieses Vorgehen einen historischen und ökologisch besonders wertvollen Zustand erhält (► Kap. 17 und 19). Es ist jedenfalls zu unterscheiden zwischen Ökosystemen mit ungestörter Entwicklung und solchen, bei denen wiederholte Eingriffe einer Pflege oder Bewirtschaftung nötig sind, damit eine bestimmte Biodiversität und die damit verbundenen ökologischen Funktionen erhalten bleiben.

Eine noch schwierigere Thematik der Zulässigkeit von Interventionen der Renaturierungsökologie ist die Translokation von Organismen *(assisted migration)*, um ein lokales Aussterben von Arten zu verhindern. Angesichts des Klimawandels wird dies in anderen Regionen, z. B. in Australien und Südafrika, bereits gemacht (Lawler und Olden 2011; Vitt et al. 2016). Der Einsatz von Arten außerhalb ihrer Verbreitungsgrenzen darf allerdings nur nach Abwägen des potentiellen Nutzens und Schadens erfolgen und muss von entsprechenden Experten fachlich begleitet und von den zuständigen Fachbehörden genehmigt werden (Koch und Kollmann 2012). Man wird sich in Zukunft vermehrt fragen müssen, ob es Sinn ergibt, Tier- und Pflanzenarten an einem bestimmten Ort zu erhalten, wenn der Klimawandel das immer weiter erschwert (Thomas et al. 2004).

26.1.2 Lernen von Nachbardisziplinen

Die Renaturierungsökologie hat deutliche Schnittmengen mit anderen Fachrichtungen, wie der Naturschutzbiologie, der Landschaftsplanung und dem technischen Umweltschutz, und sie weist dadurch in der Praxis einen oft stark interdisziplinären Charakter auf (◘ Abb. 26.1). Über das problembezogene Kombinieren der Methoden verwandter Disziplinen hinaus strebt die Renaturierungsökologie aber einen transdisziplinären Ansatz an, bei dem in einer übergeordneten Zusammenschau aus verschiedenen Fachrichtungen eine ganz neue Disziplin entsteht (Jahn et al. 2012). Die Herausforderungen dieses Anspruchs sind hoch und in vielen Fällen nicht ausreichend erfüllt. Das liegt auch daran, dass die Theorie und Methodik der Transdisziplinarität noch nicht ausreichend entwickelt sind. Das dürfte sich aber in den kommenden Jahren rasch ändern.

Für die weitere Entwicklung der Renaturierungsökologie empfiehlt sich jedenfalls auch in Zukunft die kritische Prüfung innovativer Ansätze dieser Nachbardisziplinen auf ihre Anwendbarkeit in Forschung und Praxis der Renaturierung. Zentral ist dabei eine enge Zusammenarbeit, aber auch deutliche Abgrenzung von der Naturschutzbiologie, zu der es fließende Übergänge gibt (► Kap. 24). Tendenziell ist die Arbeit des Naturschutzes stärker auf das Erhalten bestimmter Arten und Habitate ausgerichtet, während die Renaturierung das Entwickeln weniger degradierter Zustände von Ökosystemen anstrebt (◘ Abb. 24.1). Das ursprüngliche Anliegen des Naturschutzes ist ein Bewahren der vorhandenen Biodiversität in ihrer natürlichen biogeographischen Ausformung (Aßmann und Härdtle 2002). Dieser etwas verengte Begriff von Naturschutz wird allerdings der Raum-Zeit-Dynamik von

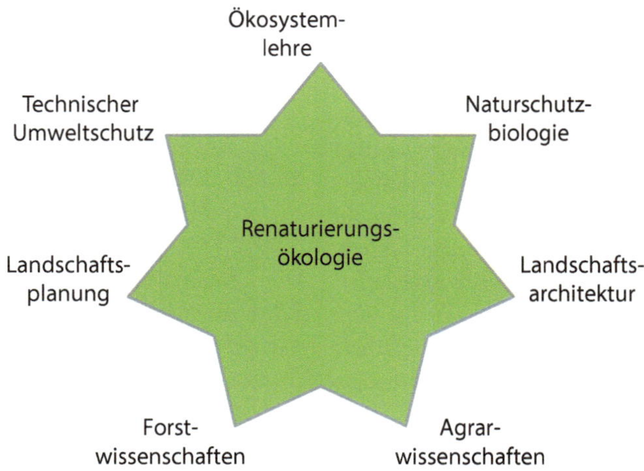

Abb. 26.1 Anknüpfungspunkte der Renaturierungsökologie an benachbarte Disziplinen, die ihrerseits untereinander zusammenarbeiten

Ökosystemen und Landschaften nicht gerecht (Jedicke 1998). Ein so definierter Naturschutz hätte einen statischen Charakter und würde Weiterentwicklungen nicht erlauben, wie beispielsweise von Reichholf (2010) kritisiert. Ein wichtiges theoretisches Prinzip, das auch in der ökologischen Renaturierung eine Rolle spielt, ist daher der Prozessschutz, definiert als Schutz und Förderung von Interaktionen zwischen Organismen sowie ihnen und der unbelebten Umwelt (Plachter 1995). Prozesse sind eigentlich Stoff- und Energieflüsse, Artenwanderungen etc. und widersprechen daher zumindest teilweise einer ungestörten Entwicklung. Schwierig ist auch der immer wieder auftretende Konflikt von Biotop- und Artenschutz versus Prozessschutz (Schuster 2010). Das ungestörte Ablaufen von Prozessen entspricht dem Ansatz einer passiven Renaturierung, bei der Gebiete sich selber überlassen werden (▶ www.goitzsche-wildnis.de/), was zur Entwicklung von neuen „Wildnisgebieten" führen kann, wie in jüngster Zeit zunehmend gefordert wird (Pereira und Navarro 2015).

Aus der Populationsbiologie entlehnt die ökologische Renaturierung die Theorie der minimal lebensfähigen Populationen, der Inzucht, des Genflusses und „Aussterbestrudels" (Frankham et al. 2002). Mit diesen Begriffen wird das Zusammenspiel stochastischer und deterministischer Faktoren beim Fragmentieren und Schrumpfen von Populationen beschrieben, von dem sich diese nicht mehr erholen können. Verschärft wird diese negative Entwicklung durch eine geringe Individuendichte, bei der sich Kreuzungspartner nicht mehr finden können, also sogenannten Allee-Effekten auftreten (Courchamp et al. 1999). Zur Vermeidung des Aussterbens isolierter Kleinpopulationen wird in der Renaturierungsökologie daher die Übertragung von Pflanzenmaterial angewendet (▶ Kap. 5). Hinsichtlich der Anforderungen an eine regions- oder lokalitätsspezifische Verwendung von entsprechendem Pflanzenmaterial kann die Renaturierung von der Provenienzforschung der Forstwissenschaften lernen (Reif et al. 2010). Die technische und rechtliche Entwicklung dieser Thematik sollte in enger Abstimmung mit dem wachsenden wissenschaftlichen Verständnis der regionalen Differenzierung und der Unterschiede standörtlicher Ökotypen erfolgen, das bei krautigen Arten aber noch in Entwicklung ist. Bei den bisher modellartig untersuchten Grünlandarten treten jedenfalls deutliche genetische und phänotypische Unterschiede zwischen Regionen in Deutschland auf, die sich auch auf biotische Interaktionen, z. B. mit Herbivoren und deren Parasiten, auswirken (Bucharova et al. 2016, 2017; Durka et al. 2017). Dies entspricht der derzeit gültigen regionalen Gliederung Deutschlands für Regiosaatgut (Bucharova et al. 2018).

Bei der Entwicklung neuer Grünlandmischungen wäre eine gezielte Kombination bestimmter ökologisch-funktioneller und phylogenetischer Pflanzentypen zu untersuchen, um invasive Neophyten (*Ambrosia artemisiifolia*, *Solidago gigantea*) und andere unerwünschte Pflanzen (*Rumex obtusifolius*, *Senecio aquaticus*) zurückzudrängen (Staab et al. 2015; Yannelli et al. 2017). Dabei spielen Prioritätseffekte eine große Rolle, denn unerwünschte Arten werden besonders effektiv unterdrückt, wenn sie auf eine bereits zumindest teilweise etablierte Vegetation stoßen (Plückers et al. 2013). Durch neuartige Samenmischungen kann möglicherweise auch eine Resilienz der renaturierten Ökosysteme gegenüber den mit dem Klimawandel verbundenen Hitzewellen, Trockenperioden und Überschwemmungen erreicht werden. Hier könnten Erfahrung mit Mischkulturen aus der Landwirtschaft einfließen, die durch positive Interaktionen, z. B. von Gräsern und Schmetterlingsblütlern, zu höherer Biomasseproduktion und Fitness führen (Temperton et al. 2007). Die Theorie und die Mechanismen von Mischkulturen sollten als Grundlage für neue Praxislösungen der Renaturierung verwendet werden, weil positive Interaktionen in stressgeprägten Habitaten von besonders großer Bedeutung sind, während Konkurrenz in ressourcenreichen Habitaten überwiegt (z. B. Reisner et al. 2015).

Ein immer wichtiger werdendes Thema sind Boden-Pflanze-Interaktionen, bei dem die Renaturierungsökologie von der Bodenökologie lernen kann. Diese Interaktionen werden ganz wesentlich von Mikroorganismen beeinflusst, auch wenn die Mechanismen erst ansatzweise verstanden sind. So konnten Wubbs et al. (2016) bei Renaturierung von Ackerland in den Niederlanden zeigen, dass die Etablierung von Zwergstrauchheiden nach Beimpfung mit Extrakten von Heideboden erfolgreicher verläuft verglichen mit Extrakten von Magerrasenboden. Das gilt umgekehrt auch für die Etablierung der Magerrasen und war besonders deutlich bei Bodenabtrag. Eine Animpfung von Projektflächen mit Bodenmikroorganismen des Zielökosystems könnte in Zukunft zu praxistauglichen Lösungen führen. Bei großflächigen Projekten an erosionsgefährdeten Hängen, bei gestörter hydrologischer Situation und Altlasten im Boden sind allerdings Methoden der Ingenieurbiologie und des technischen Umweltschutzes einzubeziehen (Hacker und Johannsen 2012).

Neue renaturierungsnahe Lösungen bei der urbanen Freiraumplanung ergeben sich aus der Baubotanik als Werkzeug der Landschaftsarchitektur, die sich mit der Begrünung an und auf Gebäuden beschäftigt (Ludwig et al. 2017). Bei Dach- und Fassadenbegrünung spielen gestalterische Aspekte eine wichtige Rolle, zusätzlich zu Kühleffekten der Vegetation, Isolation, Schalldämmung, Rückhaltung von Niederschlagswasser und Schadstoffen (◘ Abb. 26.2b).

Um die langfristige Entwicklung der zu renaturierenden Systeme zu verstehen, sind Modellierungsansätze der Ökosystemlehre notwendig. Ein aktueller Fall solcher Herausforderungen ist das Management von Küstengebieten im Klimawandel, z. B. die Nutzung von Pioniervegetation in Ästuaren zur Dämpfung der Wellenenergie (Carus et al. 2016). Hierbei müssen Daten zum globalen Klimawandel einbezogen werden, damit die am zutreffendsten Szenarien als Grundlage für nachhaltig wirksame Eingriffe ausgewählt werden.

26

Abb. 26.2 Vielfalt möglicher Anwendungen von Maßnahmen der ökologischen Renaturierung: **a** Versuch der Wiederherstellung naturnah dynamischer Weißdünen nach mechanischer Bekämpfung der invasiven *Rosa rugosa* auf Seeland, **b** Gestaltung und ökologische Aufwertung einer Fassade in Kopenhagen

26.1.3 Optionen der Renaturierungsökologie

Es ist noch immer nicht ganz klar, welche Strategien in der Renaturierungsökologie prioritär verfolgt werden sollen. Zwei Strategien markieren sozusagen Extreme der praktischen Umsetzung: erstens die ungestörte Entwicklung, die als passive Renaturierung oder (in Naturschutzkreisen) mit dem Begriff Prozessschutz bezeichnet wird. Hier kann ein Qualitätsziel meistens nicht eindeutig bestimmt werden. Es bleibt vage, weil man nicht weiß, wohin die Entwicklung geht, schon gar nicht unter Berücksichtigung des Klimawandels und weiteren Änderungen der Landnutzung. Also kann das Renaturierungsziel nur die ungestörte Entwicklung selbst sein. Sie kann in beschränktem Umfang gesteuert werden, indem man die Standortfaktoren verändert, die invasiven Neophyten entfernt und Schlüsselarten einbringt, um eine bestimmte Entwicklung zu initiieren. Dennoch bleibt in jedem Fall eine erhebliche Zielunsicherheit. Zukünftige Forschung sollte sich hier vor allem auf die Frage fokussieren, ob man überhaupt und wenn ja, in welcher Zeit, vom klassischen Naturschutz bevorzugte Ökosysteme wiederherstellen kann und wie sich diese von den historischen Zuständen unterscheiden (Abb. 26.2a). Und dann müsste man klären, ob es alternative („neuartige") Ökosysteme gibt, die noch nicht oder nur rudimentär existieren, und die eine ähnliche Funktion wie die historischen haben könnten (▶ Kap. 24).

Die zweite Strategie ist die Pflege als regelmäßiger Eingriff in das zu erhaltende oder zu entwickelnde Biotop (siehe z. B. ▶ Kap. 15, 16, 17, 18, 19, 20, 21 und 22). In der Regel ahmt man hier historisch belegte Maßnahmen nach, und zwar mit mehr oder minder großem Erfolg. Solche Verfahren sind häufig nicht mehr zeitgemäß, können nur unter erheblichem Aufwand durchgeführt werden und passen meistens nicht in die gegenwärtigen Landnutzungssysteme. Aufgabe der Renaturierungsökologie wäre es hier, alternative Pflege- und Bewirtschaftungsverfahren unter rationellem Maschineneinsatz oder mit neuen Beweidungsformen (z. B. großflächige Ganzjahresweiden) zu finden und durch Experimente zu verbessern. Ein passendes Konzept wäre der Integrierte Naturschutz (Pfadenhauer 1991), dessen Kern Naturschutz durch Landbewirtschaftung sein sollte, so z. B. Ökolandbau für eine artenreichere Agrarlandschaft. So etwas wird zurzeit auch für Siedlungs- und Verkehrsräume entwickelt (Prominski et al. 2014). Hier liegt ein gewaltiges Forschungspotential, das unter anderem unter dem Begriff des *animal-aided design* auftritt (Weisser und Hauck 2017). Hier werden Habitatansprüche von Tieren gezielt in der urbanen Freiraumplanung genutzt, um z. B. die Ansiedlung von Feldsperlingen, Buntspechten oder Nachtigallen in der Stadt zu fördern.

26.2 Vermittlung des Fachs

Im Unterricht vieler Hochschulen Mitteleuropas ist ein Rückgang von Inhalten der organismischen Biologie zu beobachten (Blüthgen 2015). Die entsprechenden Kenntnisse zu den Arten, Vegetationstypen und Ökosystemen Mitteleuropas sind bei Absolventen biologischer Studiengänge seit Jahren rückläufig und meist nicht mehr praxistauglich, selbst bei einer Spezialisierung auf ökologische Fächer. Das gilt vor allem für die in der Praxis dringend benötigten Kenner spezieller Artengruppen, z. B. der Schwebfliegen, Wildbienen, Moose, Flechten und Pilze (Frobel und Schlumprecht 2016). Auch in vielen Umweltstudiengängen des deutschsprachigen Raums wird die Vermittlung von Praxiswissen bestimmter Organismengruppen vernachlässigt, auch wenn sich die Absolventen dieser Studiengänge durch Erwerben spezifischer Artenkenntnisse einen Konkurrenzvorteil auf dem Arbeitsmarkt erwerben könnten. Das Gleiche gilt übrigens auch für ein vertieftes Verständnis der planerischen und gestalterischen Grundlagen der Renaturierungsökologie sowie des Umweltrechts, wie es von Mitarbeitern in Planungsbüros und in der Naturschutzverwaltung unbedingt erwartet wird.

Die Renaturierungsökologie kann in dieser Situation einige Defizite abdecken, indem sie, wie in diesem Buch vorgeschlagen, Grundlagen der Vegetationsökologie mit einer Darstellung der ökosystemspezifischen Umweltprobleme und ihrer planerischen Lösungen verbindet. Als effektive Methodik im Hochschulunterricht ist das problembasierte Lernen zu empfehlen, bei dem in Projektgruppen anhand konkreter Fallstudien Wissen erworben und angewandt wird (Lewinsohn et al. 2015). Diese im Grundstudium erarbeiteten Kenntnisse sollten zur weiteren Beschäftigung mit aktuellen Forschungsfragen des Fachs anregen, die in diesem Buch nur exemplarisch dargestellt werden können und Gegenstand von Veranstaltungen für Fortgeschrittene sind.

Trotz der ständig steigenden Anforderungen der sich nach dem Studium entfaltenden beruflichen Praxis sollte der Austausch mit der aktuellen Forschung im Sinne einer regelmäßigen Fortbildung gepflegt werden, damit nicht die praktischen Probleme von morgen mit den Rezepten von gestern behandelt werden, und umgekehrt die Forschung sich nicht von den konkreten Bedürfnissen der Praxis abkoppelt. Das Zusammenspiel von Wissenschaft und Praxis der Renaturierung als System regelmäßiger Rückkopplung ist in (◘ Abb. 26.3)

◘ **Abb. 26.3** Interaktionen von Wissenschaft und Praxis in der Weiterentwicklung der Renaturierungsökologie. Erfolge und Defizite von Renaturierungsprojekten werden im Sinne einer Zielanpassung kommuniziert, dabei sind die Rahmenbedingungen der technischen Sachzwänge, des Umweltrechts, der Kosten und der Kommunikation zu beachten

schematisch beschrieben. Die Theorie, die Experimente und Analysen der wissenschaftlichen Renaturierungsökologie müssen sich in der Praxis der ökologischen Renaturierung in konkrete Planungen, Maßnahmen und ein angemessenes Monitoring übersetzen lassen. Dabei sind die Kommunikation mit den Akteuren der Renaturierungsökologie sowie die Sachzwänge inklusive Umweltrecht und Kosten entscheidende Filter, die bestimmen, was tatsächlich umgesetzt werden kann. Die Kommunikation über Erfolg oder Misserfolg von Renaturierungen sollte jedenfalls als intensiver Dialog zwischen Praktikern und Wissenschaftlern ablaufen.

26.3 Professionalisierung der Praxis

Die internationale Society for Ecological Restoration hat konkrete Standards der praktischen Ausführung von Renaturierung formuliert (McDonald et al. 2016), die sich an den Anforderungen von Ingenieurberufen messen können. In Mitteleuropa wäre die Professionalisierung vor allem der freiberuflichen Renaturierungsökologen noch zu steigern, was sich in einer Verbesserung der Felderhebungen, in höherer Belastbarkeit der resultierenden Pläne, in zuverlässigerer Ausführung und einem besseren Monitoring von Renaturierungsprojekten äußern sollte. Hier wäre auch die Entwicklung einer evidenzbasierten Renaturierungsökologie anzustreben, die sich positiv von einem bisher oft üblichen Versuch-und-Irrtums-Vorgehen unterscheidet (Lamers et al. 2015). Im idealen Fall würde diese Stärkung des Berufsstandes Haftungsaspekte und feste Kostensätze der Dienstleistungen einschließen, die nicht durch Billiganbieter unterlaufen werden dürfen.

26.4 Popularisierung der Anwendung

Die Renaturierungsökologie sollte als Schlüsselwissenschaft zur nachhaltigen Bewältigung des globalen Wandels begriffen werden. Die mitteleuropäische Industriegesellschaft ist herausgefordert bei der Definition und Umsetzung entsprechender Renaturierungsziele, denn die Pflege und Entwicklung schutzwürdiger Ressourcen (hier besonders Arten, Lebensgemeinschaften und ihre Biotope, aber auch Speicher- und Pufferfunktionen etc.) sind eine gesellschaftliche und damit politische Aufgabe. Die große Frage ist, wie man die Gesellschaft als Nutzer (Erholung, Land-, Forstwirtschaft, Wasserbau usw.) dazu bringt, sich für die Verbesserung der Ressourcenqualität einzusetzen, die scheinbar gratis und unbegrenzt zur Verfügung steht. Derzeit ist das Bewusstsein der Bevölkerung hinsichtlich Biodiversität jedenfalls noch weit von dem Ziel entfernt, dass 75 % der deutschen Bevölkerung einen Bezug zur biologischen Vielfalt haben sollten, der in den Teilbereichen Wissen, Einstellung und Verhaltensbereitschaft mindestens ausreichend ist (BMUB 2017). Ein weiterer Weg der besseren Verankerung der ökologischen Renaturierung in der Gesellschaft könnte eine effektivere Lobbyarbeit von Wissenschaftlern und Praktikern bei Umweltpolitikern sein, die mit noch größerem Verständnis für die notwendigen Projekte, z. B. einer Deichrückverlegung oder Schutzwaldsanierung, diese aktiv fördern und gegen sachfremde Argumente verteidigen.

Gewinnen könnte die Renaturierungsökologie durch ein noch stärkeres Einbeziehen der von den Maßnahmen Betroffenen (vgl. ▶ Kap. 7). Im idealen Fall sind Renaturierungsprojekte keine von staatlichen Stellen oder

Landbesitzern verordneten Eingriffe, sondern Anliegen von Bürgern, die eine Verbesserung ihrer Umwelt wünschen und die Ergebnisse dieser Bemühungen als einen persönlichen Gewinn erleben. Der ehrenamtliche Einsatz von Vereinen oder Einzelpersonen führt dabei zu einem besseren Abwägen der Möglichkeiten und Grenzen konkreter Projekte. Naturkundlich erfahrene Laien können außerdem die Entwicklung renaturierter Ökosysteme durch eine lange und eingehende Kenntnis ihrer Gegend oft wirksamer begleiten als es für Planungsbüros im Rahmen relativ kurzer Aufträge möglich ist oder wie es Wissenschaftler während der Laufzeit entsprechender Projekte tun. Im Englischen spricht man bei dieser Mobilisierung ehrenamtlicher Experten, von einer *citizen science*, also einer Bürgerwissenschaft (Dickinson et al. 2012; Vohland et al. 2013). Beispiele von aus dieser Praxis resultierenden Datensätzen sind die Verbreitungsatlanten vieler Artengruppen, jährlich wiederholte Wintervogelzählungen oder die Aufnahme phänologischer Schwellenwerte, z. B. die Erstblüte von Schneeglöckchen in England. Diese Daten erlauben interessante wissenschaftliche Auswertungen und sind für Naturschutz und Renaturierung potentiell bedeutsam (Silvertown 2009; Conrad und Hilchey 2011).

Die Popularisierung der Renaturierungsökologie kann auch durch ein Sponsoring mit entsprechendem Engagement großer Firmen erreicht werden. Ein gutes Beispiel für ein solches Vorgehen ist der Quarry Life Award der Firma HeidelbergCement (▶ https://www.quarrylifeaward.com/), der 2017–2018 zum vierten Mal mit großem Erfolg ausgetragen worden ist. Dies ist sowohl ein nationaler, als auch ein internationaler Wettbewerb für Schüler, Studierende und interessierte Bürger zur Entwicklung von Vorschlägen einer Aufwertung der Biodiversität in Steinbrüchen. Dabei verbindet das Zementunternehmen mit dieser Initiative die Suche nach innovativen Methoden einer biologischen Aufwertung von Kalksteinbrüchen und Kiesgruben mit geschickter Öffentlichkeitsarbeit und verbesserten Produktionsmethoden. Im Idealfall nützen solche Anstrengungen nachhaltig der Natur, verankern die Renaturierung lokal und verbessern die ökonomische Situation der Firma.

26.5 Was ist zu tun?

Einerseits: In Deutschland beträgt der Anteil der Siedlungs- und Verkehrsfläche ca. 14 % an der Gesamtfläche und täglich kommen im Durchschnitt 66 ha dazu (Daten von 2015; UBA 2017). Deshalb brauchen wir einen rechtlichen Rahmen, der bei der Planung grüner Infrastruktur in Städten sowie im Klein- und Hausgartenbereich die Verwendung gebietseigener Wildpflanzen befördert. Außerdem benötigen wir eine bessere Aufklärung der Bevölkerung, um die Bereitschaft zu erhöhen, dies auch umzusetzen. Auch in der ausgeräumten und fragmentierten Kulturlandschaft kann Begleitgrün von Infrastrukturtrassen, Windparks und Solarfeldern ökologische Aufgaben übernehmen, die in den vergangenen Jahrzehnten verlorengegangen sind. Dies festzulegen ist eine wichtige Aufgabe zukünftiger Renaturierungsökologie. Zum Erreichen der durch die Europäische Union formulierten Ziele (ARCADIS 2013) ist außerdem die Weiterentwicklung einer nachhaltigen Landwirtschaft dringend nötig, die biologische Vielfalt als ein Ergebnis ihrer Tätigkeit sieht, und zwar mit einem Fokus auf Ökosystemdienstleistungen. Eine zukünftige ökologische Renaturierung wird zudem eine konsequente Prävention und Bekämpfung invasiver Neobiota betreiben. Im globalen Wandel ist der Umgang mit Naturgefahren eine weitere Herausforderung ökologischer Renaturierung. Umweltrisiken werden durch gutes Funktionieren ökologischer Systeme reduziert, wie sich am Beispiel von Deichstabilität, Hangsicherung und Hochwasserrückhaltung zeigen lässt. Nur so wird es Fortschritt in Richtung einer „Ära der Renaturierung“ geben (Suding 2011).

Andererseits: Auch wenn ab sofort alle Eingriffe in den Naturhaushalt gestoppt werden könnten, würde dies nicht zu einer raschen Entwicklung eines positiven Zustands der Umwelt führen, da die Reaktion von Populationen und Ökosystemen auf negative Einwirkungen oft zeitverzögert erfolgt, was im Naturschutz mit dem Begriff *„Aussterbeschuld"* beschrieben wird (Kuussaari et al. 2009). Außerdem ist mit „Kipppunkten" zu rechnen, bei denen die Degradation eines Ökosystems selbstbeschleunigend und oft irreversibel verläuft (Andersen et al. 2009). Umgekehrt kann es bei der Wiederherstellung degradierter Ökosysteme eine „Renaturierungsschuld" geben, wenn beispielsweise passende Standortverhältnisse hergestellt worden sind, die Zielarten der Renaturierung sich aber nicht einstellen und aktiv eingebracht werden müssen (Moreno-Mateos et al. 2017).

Es gibt also wirklich noch viel zu tun!

26.6 Schlussfolgerungen

Was macht gute ökologische Renaturierung aus? – Analog zur ärztlichen Kunst wird zunächst eine genaue Erfassung des Ausgangszustands degradierter Ökosysteme benötigt, also eine Art Anamnese. Darauf muss ein wissenschaftlich begründetes Feststellen der spezifischen Fehlentwicklungen folgen – eine Diagnose. Und schließlich sind viel Erfahrung und einiger Erfindungsgeist bei der Therapie erforderlich, das heißt bei der Planung der am besten geeigneten Eingriffe zur Aufwertung der Biodiversität und bestimmter ökologischer Funktionen. Ein Monitoring, also eine Nachsorge, überprüft schließlich, ob das Projekt erfolgreich war und ob Nachbesserungen gegebenenfalls erforderlich wären. Gute fachliche Praxis zukünftiger Renaturierungsökologie erfordert daher eine fallspezifische Balance zwischen langfristiger Planung und adaptiver Flexibilität. Das sind große, aber grundsätzlich machbare Herausforderungen.

? Fragen zur Vertiefung

- Mit welchen Umweltproblemen muss die ökologische Renaturierung in den kommenden Jahren rechnen?
- Welche neuen Ansätze können bei der Bewältigung dieser Probleme eingesetzt werden?
- Welche Prinzipien der Renaturierungsökologie werden auch in Zukunft Bestand haben?
- In welchen Ökosystemen und Landschaften sollte die Renaturierungsökologie verstärkt aktiv werden.

Literatur

Andel J van, Aronson J (2012) Restoration ecology: the new frontier. Wiley, Malden

Andersen T, Carstensen J, Hernández-García E, Duarte CM (2009) Ecological thresholds and regime shifts: approaches to identification. Trends Ecol Evol 24:49–57

ARCADIS (2013) Implementation of 2020 EU Biodiversity Strategy: priorities for the restoration of ecosystems and their services in the EU. European Commission DG ENV, Brussels

Aßmann T, Härdtle W (2002) Naturschutzbiologie. In: Studium der Umweltwissenschaften. Springer, Berlin, S 113–213

Blüthgen N (2015) Bestimmungsübungen – vom Aussterben bedroht? Nachr GfÖ 45:13–15

BMUB (2017) Biologische Vielfalt in Deutschland: Fortschritte sichern – Herausforderungen annehmen! Rechenschaftsbericht 2017 der Bundesregierung zur Umsetzung der Nationalen Strategie zur biologischen Vielfalt. Bundesministerium für Umwelt, Natuschutz, Bau und Reaktorsicherheit, Bonn

Brüggemeier FJ, Engels JI (2005) Natur- und Umweltschutz nach 1945. Konzepte, Konflikte, Kompetenzen. Campus, Frankfurt

Bucharova A, Frenzel M, Mody K, Parepa M, Durka W, Bossdorf O (2016) Plant ecotype affects interacting organisms across multiple trophic levels. Basic Appl Ecol 17:688–695

Bucharova A, Michalski S, Hermann JM, Heveling K, Durka W, Hölzel N, Kollmann J, Bossdorf O (2017) Genetic differentiation and regional adaptation among seed origins used for grassland restoration: lessons from a multi-species reciprocal transplant experiment. J Appl Ecol 54:127–136

Bucharova A, Bossdorf O, Hölzel N, Kollmann J, Prasse R, Durka W (2018) Mix and match: regional admixture provenancing as the golden mean between seed-sourcing strategies for ecological restoration. Conserv Genet ▶ https://doi.org/10.1007/s10592-018-1067-6

Carus J, Paul M, Schröder B (2016) Vegetation as self-adaptive coastal protection: reduction of current velocity and morphologic plasticity of a brackish marsh pioneer. Ecol Evol 6:1579–1589

Conrad CC, Hilchey KG (2011) A review of citizen science and community-based environmental monitoring: issues and opportunities. Environ Monit Assess 176:273–291

Courchamp F, Clutton-Brock T, Grenfell B (1999) Inverse density dependence and the Allee effect. Trends Ecol Evol 14:405–410

Dickinson JL, Shirk J, Bonter D, Bonney R, Crain RL, Martin J, Phillips T, Purcell K (2012) The current state of citizen science as a tool for ecological research and public engagement. Front Ecol Environ 10:291–297

Dobson AP, Bradshaw AD, Baker AA (1997) Hopes for the future: restoration ecology and conservation biology. Science 277:515–522

Durka W, Michalski S, Bossdorf O, Bucharova A, Hermann JM, Hölzel N, Kollmann J (2017) Grassland plants show species-specific patterns of genetic differentiation among seed transfer zones. J Appl Ecol 54:116–126

Frankham R, Ballou JD, Briscoe DA (2002) Introduction to conservation genetics. Cambridge University Press, Cambridge

Frobel K, Schlumprecht H (2016) Erosion der Artenkenner. Nat schutz Landsch Plan 48:105–113

Frohn HW, Schmoll F (2006) Natur und Staat. Staatlicher Naturschutz in Deutschland 1906–2006. Landwirtschaftsverlag, Münster

Hacker E, Johannsen R (2012) Ingenieurbiologie. Ulmer, Stuttgart

Jahn T, Bergmann M, Keil F (2012) Transdisciplinarity: between mainstreaming and marginalization. Ecol Econ 79:1–10

Jedicke E (1998) Raum-Zeit-Dynamik in Ökosystemen und Landschaften. Kenntnisstand der Landschaftsökologie und Formulierung einer Prozessschutz-Definition. Nat schutz Landsch Plan 30:229–236

Koch C, Kollmann J (2012) Wiederansiedlung und Translokation regional ausgestorbener Pflanzenarten. Eine Expertenbefragung. Nat schutz Landsch Plan 44:77–82.

Kuussaari M, Bommarco R, Heikkinen RK, Helm A, Krauss J, Lindborg R, Öckinger E, Pärtel M, Pino J, Rodà F, Stefanescu C, Teder T, Zobel M, Steffan-Dewenter I (2009) Extinction debt: a challenge for biodiversity conservation. Trends Ecol Evol 24:564–571

Lamers LP, Vile MA, Grootjans AP, Acreman MC, Diggelen R van, Evans MG, Richardson CJ, Rochefort L, Kooijman AM, Roelofs JGM, Smolders AJP (2015) Ecological restoration of rich fens in Europe and North America: from trial and error to an evidence-based approach. Biol Rev 90:182–203

Lawler JJ, Olden JD (2011) Reframing the debate over assisted colonization. Front Ecol Environ 9: 569–574

Lewinsohn TM, Attayde JL, Fonseca CR, Ganade G, Jorge LR, Kollmann J, Overbeck GE, Prado PI, Pillar VD, Popp D, Rocha PLB da, Silva WR, Spiekermann A, Weisser WW (2015) Ecological literacy and beyond: problem-based learning for future professionals. Ambio 44:154–162

Ludwig F, Schönle D, Bellers M (2017) Klimaaktive baubotanische Bautypologien Modellprojekte und Planungswerkzeuge für innovative Stadtquartiere und grüne Infrastrukturen. Transform Cities 1: 78–82

McDonald T, Gann GD, Jonson J, Dixon KW (2016) International standards for the practice of ecological restoration – including principles and key concepts. Society for Ecological Restoration, Washington

Moreno-Mateos D, Barbier EB, Jones PC, Jones HP, Aronson J, López-López JA, McCrackin ML, Meli P, Montoya D, Benayas JMR (2017) Anthropogenic ecosystem disturbance and the recovery debt. Nat Commun 8:14163

Pereira HM, Navarro LM (2015) Rewilding European landscapes. Springer, New York

Pfadenhauer J (1991) Integrierter Naturschutz. Garten Landsch 91(2):13–17

Plachter H (1995) Der Beitrag des Naturschutzes zu Schutz und Entwicklung. In: Erdmann KH, Kastenholz HG (Hrsg) Umwelt-und Naturschutz am Ende des 20. Jahrhunderts. Probleme, Aufgaben und Lösungen. Springer, Berlin, S 197–254

Plückers C, Rascher U, Scharr H, Gillhaussen P von, Beierkuhnlein C, Temperton VM (2013) Sowing different mixtures in dry acidic grassland produced priority effects of varying strength. Acta Oecol 53:110–116

Prominski M, Maass M, Funke L (2014) Urbane Natur gestalten: Entwurfsperspektiven zur Verbindung von Naturschutz und Freiraumnutzung. Birkhäuser, Basel

Reichholf JH (2010) Naturschutz: Krise und Zukunft. Suhrkamp, Frankfurt

Reif A, Brucker U, Kratzer R, Schmiedinger A, Bauhus J (2010) Waldbau und Baumartenwahl in Zeiten des Klimawandels aus Sicht des Naturschutzes. BfN-Skripten 272:1–125

Reisner MD, Doescher PS, Pyke DA (2015) Stress-gradient hypothesis explains susceptibility to

Bromus tectorum invasion and community stability in North America's semi-arid *Artemisia tridentata wyomingensis* ecosystems. J Veg Sci 26:1212–1224

Schuster U (2010) Der Prozessschutzgedanke in Deutschland: Seine Ursprünge, seine Verfechter, seine Argumentation. Laufener Spezialbeitr 2010: 34–42

Silvertown J (2009) A new dawn for citizen science. Trends Ecol Evol 24:467–471

Staab K, Yannelli F, Lang M, Kollmann J (2015) Bioengineering effectiveness of seed mixtures for road verges: functional composition as a predictor of grassland diversity and invasion resistance. Ecol Eng 84:104–112

Suding KN (2011) Toward an era of restoration in ecology: successes, failures, and opportunities ahead. Annu Rev Ecol Syst 42:465–487

Temperton VM, Mwangi PN, Scherer-Lorenzen M, Schmid B, Buchmann N (2007) Positive interactions between nitrogen-fixing legumes and four different neighbouring species in a biodiversity experiment. Oecologia 151:190–205

Thomas CD, Cameron A, Green RE, Bakkenes M, Beaumont LJ, Collingham YC, Erasmus BFN, Siqueira MF de, Grainger A, Hannah L, Hughes L, Huntley B, Jaarsveld AS van, Midgley GF, Miles L, Ortega-Huerta MA, Peterson AT, Phillips OL, Williams SE (2004) Extinction risk from climate change. Nature 427:145–148

UBA (2017) Siedlungs- und Verkehrsfläche. Umweltbundesamt, Dessau-Roßlau. ▶ www.umweltbundesamt.de/daten/flaeche-boden-land-oekosysteme/flaeche/siedlungs-verkehrsflaeche#textpart-1. Zugegriffen: 13.11.18

Vitt P, Belmaric PN, Book R, Curran M (2016) Assisted migration as a climate change adaptation strategy: lessons from restoration and plant reintroductions. Isr J Plant Sci 63:250–261

Vohland K, Knapp M, Patzschke E, Premke-Kraus M, Zschiesche M, Zimmer R, Freitag J, Herlitzius L, Kaufmann G, Vogel J (2013) Bürgerbeteiligung und internationale Verhandlungen – die World Wide Views on Biodiversity in Deutschland. Nat schutz Landsch Plan 45:148–154

Weisser W, Hauck T (2017) Animal-aided design-using a species life-cycle to improve open space planning and conservation in cities and elsewhere. bioRxiv, 150359

Wubs EJ, Putten WH van der, Bosch M, Bezemer TM (2016) Soil inoculation steers restoration of terrestrial ecosystems. Nat Plants 2:16107

Yannelli FA, Koch C, Jeschke JM, Kollmann J (2017) Limiting similarity and Darwin's naturalization hypothesis: understanding the drivers of biotic resistance against invasive plant species. Oecologia 183:775–784

Serviceteil

© Springer-Verlag GmbH Deutschland, ein Teil von Springer Nature 2019
J. Kollmann et al., *Renaturierungsökologie*, https://doi.org/10.1007/978-3-662-54913-1

Sachverzeichnis

A

C

D

E

F

G

I

J

K

L

M

N

Q

R

S

T

U

Z

springer-spektrum.de

Topfit für das Biologiestudium

Erstklassige Lehrbücher unter springer-spektrum.de

A13958

springer.com

Willkommen zu den Springer Alerts

Jetzt anmelden!

- Unser Neuerscheinungs-Service für Sie:
  aktuell *** kostenlos *** passgenau *** flexibel

Springer veröffentlicht mehr als 5.500 wissenschaftliche Bücher jährlich in gedruckter Form. Mehr als 2.200 englischsprachige Zeitschriften und mehr als 120.000 eBooks und Referenzwerke sind auf unserer Online Plattform SpringerLink verfügbar. Seit seiner Gründung 1842 arbeitet Springer weltweit mit den hervorragendsten und anerkanntesten Wissenschaftlern zusammen, eine Partnerschaft, die auf Offenheit und gegenseitigem Vertrauen beruht.

Die SpringerAlerts sind der beste Weg, um über Neuentwicklungen im eigenen Fachgebiet auf dem Laufenden zu sein. Sie sind der/die Erste, der/die über neu erschienene Bücher informiert ist oder das Inhaltsverzeichnis des neuesten Zeitschriftenheftes erhält. Unser Service ist kostenlos, schnell und vor allem flexibel. Passen Sie die SpringerAlerts genau an Ihre Interessen und Ihren Bedarf an, um nur diejenigen Information zu erhalten, die Sie wirklich benötigen.

Mehr Infos unter: springer.com/alert